Kurzes Lehrbuch der Elektrotechnik

von

Professor Dr. **Adolf Thomälen**

Zehnte
stark umgearbeitete Auflage

Mit 581 Textbildern

Springer-Verlag Berlin Heidelberg GmbH
1929

Ursprünglich erschienen bei Julius Springer in Berlin 1929.
Softcover reprint of the hardcover 10th edition 1929

ISBN 978-3-662-35699-9 ISBN 978-3-662-36529-8 (eBook)
DOI 10.1007/978-3-662-36529-8

Aus dem Vorwort zur ersten Auflage.

Das vorliegende „Kurze Lehrbuch der Elektrotechnik" steht in der Mitte zwischen den allgemeinverständlichen Darstellungen und den Spezialwerken. Es will den Studierenden nicht bloß mit den Erscheinungen auf dem Gebiet der Elektrotechnik bekannt machen, sondern ihn auch zum „elektrotechnischen Denken" erziehen, d. h. ihm die Vorstellungen und Anschauungen aneignen, mit deren Hilfe er sich die Erscheinungen auf dem Gebiet der Elektrotechnik erklären kann. Endlich will das vorliegende Werk den Studierenden in den Stand setzen, die Wirkungsweise der elektrischen Maschinen auf rechnerischem Wege zu verfolgen.

Um den erwähnten Zweck zu erreichen, mußte das Beschreiben, sowie das Eingehen auf Einzelheiten der Ausführung verhältnismäßig zurücktreten. Das konnte um so mehr geschehen, als wir eine Reihe von hervorragenden Werken beschreibender und konstruktiver Natur über Elektrotechnik besitzen.

Altenburg S.-A., im Mai 1903.

Vorwort zur zehnten Auflage.

In der vorliegenden zehnten Auflage des kurzen Lehrbuches der Elektrotechnik wurden alle physikalischen Gleichungen von dem Ballast bestimmter Maßeinheiten entlastet. Sie sind aber ohne weiteres für das zahlenmäßige Rechnen verwendbar unter Benutzung eines in sich abgestimmten Maßsystems. Als solches dient das System mit den gesetzlich bestimmten Grundeinheiten Zentimeter, Sekunde, Ampere und Ohm. Im Zusammenhang hiermit wird mit der absoluten Permeabilität und der absoluten Dielektrizitätskonstante gearbeitet, die beide als eine Leitfähigkeit bezeichnet werden. Für das im praktischen Falle oft erwünschte Arbeiten mit Einheiten, die außerhalb des Systems liegen, wird auf Seite 60 ein einfaches Umrechnungsverfahren gegeben. Das absolute Maßsystem ist noch mehr als schon in den früheren Auflagen zurückgetreten. Dies konnte um so mehr geschehen, als darauf verzichtet wurde, für das Feld der Elektromagneten eine Grundlage durch Besprechung der viel schwierigeren Erscheinungen im Feld des Dauermagneten zu geben.

Beim Wechselstrom ist die Anwendung der Vektorgleichungen gegenüber den planimetrischen und trigonometrischen Ableitungen stärker in den Vordergrund getreten. Allerdings wird die planimetrische Darstellung immer ihren großen Wert behalten, wo sie einen deutlichen Einblick in den physikalischen Zusammenhang bietet und das Ergebnis sich in einfacher Weise ableiten läßt, wie z. B. im Kraftflußbild auf Seite 270. In vielen andern Fällen scheint aber die Rechnung den Vorzug vor der Zeichnung zu besitzen, da sie es gestattet, die Probleme des Transformators, Drehstrommotors, Phasenschiebers, Frequenzwandlers, Doppelkäfigankers und des kompensierten Drehstrommotors stets auf demselben Wege und in einfacher Weise zu behandeln. Die Abneigung, die immer noch bei vielen gegen die komplexe Behandlung besteht, liegt nicht etwa in der Schwierigkeit des Verfahrens, sondern in einer unbequemen Bezeichnungsweise der komplexen oder imaginären Größen. Gründliche Abhilfe ist hier durch die Einführung einfacher und deutlicher Substitutionen geschaffen. Man wird bei der Behandlung der obigen Probleme die imaginäre Einheit kaum entdecken.

Neu hinzugekommen ist die ständige Probebildung bei der Leitungsberechnung, die Zerlegung von verzerrten Wellen in Grundwelle und Oberwellen, die Blindleistungsmessung bei Einphasenstrom und Drehstrom, die Zerlegung unsymmetrischer Drehstromsysteme in symmetrische, die Abschnitte über das Kippen des Netzes und Nullpunkterdung und beim Transformator die V-Schaltung, die Unsymmetrie des dreiphasigen Kernes, der Einfluß der Eisensättigung, die Berechnung der Streuung und der Wirbelstromverluste und der Einfluß der unsymmetrischen Belastung.

Das Verhalten der Synchronmaschine im Betriebe ist durch die Diagramme der Erregungen an Stelle der Spannungsbilder dargestellt. Der Verfasser hat im Unterricht mit den Spannungsbildern, bei denen mit der Gesamtinduktivität des Ständers gearbeitet wird, niemals Glück gehabt. Schon allein die verhältnismäßig hohe Sättigung verbietet die Einführung dieser Größe, die bei den Asynchronmaschinen immer größere Bedeutung gewinnt, bei den Synchronmaschinen.

Neu hinzugekommen ist bei den Synchronmaschinen die Behandlung der Bruchlochwicklungen und des Wicklungsfaktors der Oberwellen, des Querfeldes bei ausgeprägten Polen und des Kurzschlußstromes.

Die Abschnitte über den Drehstrommotor sind durch Behandlung der Stromverdrängungsmotoren, der Polumschaltung und der kompensierten Motoren erweitert.

Die Aufnahme eines Kapitels über Quecksilbergleichrichter erforderte in mehr als einer Hinsicht reifliche Überlegung, erwies sich aber bei der Wichtigkeit des Gebietes als dringend.

Bei der Durchsicht einzelner Abschnitte hat Herr Dipl.-Ing. Walther Richter vor längerer Zeit in dankenswerter Weise geholfen. Der Verlagsbuchhandlung bin ich für ihr freundliches Entgegenkommen beim Erscheinen der stark umgearbeiteten neuen Auflage zu Dank verpflichtet.

Karlsruhe, im Oktober 1929.

Ad. Thomälen.

Inhaltsverzeichnis.

I. Grundgesetze des Gleichstromes.

Seite

II. Elektrochemie.

III. Elektromagnetismus.

IV. Das elektrische Feld.

V. Maßsysteme.

VI. Gleichstromanker.

VII. Magnetische Verhältnisse bei Gleichstrommaschinen.

VIII. Gleichstromerzeuger.

IX. Gleichstrommotoren.

X. Leitungen.

XI. Grundgesetze des Wechselstromes.

XII. Reihenschaltung von Wechselstromwiderständen.

XIII. Nebenschaltung und gemischte Schaltung.

XIV. Geometrische Örter.

XV. Mehrphasenströme.

XVI. Ausgleichvorgänge und Wanderwellen.

XVII. Transformatoren.

XVIII. Bau und Spannung der Wechselstrommaschinen.

XIX. Synchronmaschinen im Betrieb.

XX. Drehstrommotoren.

XXI. Einphasische Induktionsmotoren.

XXII. Einphasenmotoren mit Stromwender.

Berichtigungen.

Auf S. 77 Zeile 7 v. u. ist einzufügen: Die Kurve für Schmiedeeisen ist in Bild 46 nicht mehr mit aufgenommen.

Auf S. 329 Zeile 19 v. u. ist einzufügen: Dabei vird $P_s P_\mu$ größer gewählt als I_μ.

I. Grundgesetze des Gleichstromes.

1. Der elektrische Strom.

Wir schreiben die Erhitzung der Glühlampen, die Arbeitsleistung des Elektromotors, die Magnetisierung des Eisens, die Zersetzung von Flüssigkeiten usw. der Wirkung des elektrischen Stromes zu. Alle diese Vorgänge erfolgen wie bei dem Ausgleich ungleichnamiger, durch Reibung erzeugter Elektrizitätsmengen unter dem Einfluß einer elektrischen Spannung.

Ähnlich wie das Wasser von oben nach unten fließt oder die Wärme vom heißen auf den kalten Körper überströmt, wird die Elektrizität durch eine zwischen zwei Orten bestehende Spannung in Bewegung gesetzt. Dieser Ausgleich wird der elektrische Strom genannt, gleichgültig, ob er sich zwischen zwei ungleichnamig geladenen Metallkugeln vollzieht oder zwischen den Klemmen einer Zelle oder einer Maschine.

Dennoch besteht zwischen der Reibungselektrizität und der durch Zellen oder Maschinen erzeugten strömenden Elektrizität ein Unterschied. Die Elektrizitätsmenge, die auf einer Leydener Flasche gesammelt und durch den Funken entladen wird, ist verschwindend gering gegenüber der Menge, die in kurzer Zeit von einer Daniellzelle geliefert wird oder während eines Tages durch das Kabelnetz einer Stadt fließt. Anderseits ist die Spannung, die wir hier zunächst nur als Ausgleichbestreben auffassen, bei der Reibungselektrizität viel höher als die übliche Spannung der Maschinen. Man erkennt dies daran, daß die Reibungselektrizität mit Leichtigkeit die Luft durchschlägt. Außerdem handelt es sich bei der Reibungselektrizität meist um einen plötzlichen, dagegen bei der strömenden Elektrizität um einen gleichmäßigen Ausgleich.

Ohne über die physikalischen Zusammenhänge zu urteilen, stellen wir uns für die rechnerische Behandlung vor, daß beim elektrischen Strom nur die positive Elektrizität, wie sie z. B. auf einem mit Seide geriebenen Glasstab entsteht, in Bewegung gesetzt wird. Die Stromstärke ist dann die Elektrizitätsmenge, die in der Zeiteinheit durch den Querschnitt fließt. Ist also Q die Elektrizitätsmenge und t die Zeit, so ist

$$I = Q/t. \tag{1}$$

Nach dem deutschen Reichsgesetz hat ein Strom die Einheit der Stärke, wenn er in 1 sek 1,118 mg Silber aus einer Silberlösung ausscheidet. Diese Stromstärke heißt ein Ampere.

Die Elektrizitätsmenge, die bei einem Amp. in 1 sek durch den Querschnitt fließt, wird als ein Coulomb bezeichnet. Eine Amperestunde ist dann gleich 3600 Coulomb. Ist also die Stromstärke einer Metallfadenlampe $I = 0{,}5$ Amp., so ist die Elektrizitätsmenge, die in einer Stunde oder 3600 sek durch die Lampe fließt

$$Q = I \cdot t = 0{,}5 \cdot 3600 = 1800 \text{ Coulomb} = 0{,}5 \text{ Amperestunden.}$$

Als Stromdichte wird das Verhältnis der Stromstärke zum Querschnitt bezeichnet.

Die Erfahrung ergibt, daß die magnetischen und elektrolytischen Wirkungen des Stromes in einem festen Verhältnis stehen. Meist dient daher die magnetische Wirkung zum Messen der Stromstärke. Meßgeräte, in denen eine Stromspule richtend oder anziehend auf Eisen oder auf eine andere Stromspule wirkt, heißen Stromzeiger oder, bei schwachen Strömen, Galvanometer.

2. Die elektrische Spannung.

Die Spannung, durch die die Elektrizität in Bewegung gesetzt wird, wird entweder durch Maschinen geliefert, in denen eine Drahtwicklung vor einem Magneten entlang geführt wird, oder durch Zellen, die aus zwei chemisch verschiedenen Platten in einer Flüssigkeit bestehen. Die Chromzelle besteht z. B. aus Zink und Kohle, die in Chromsäure (CrO_3) und Schwefelsäure (H_2SO_4) tauchen. Die Untersuchung der offenen Zelle mit einem Elektrometer zeigt, daß die Kohle außen positiv, das Zink außen negativ geladen ist. Zwischen den Klemmen der Zelle herrscht also eine elektrische Spannung. Wenn sie durch einen metallischen oder flüssigen Leiter verbunden werden, so erfolgt der Ausgleich oder der elektrische Strom. Die positive Elektrizität fließt dabei außen von der Kohle zum Zink (Bild 1).

Nun strömt trotz dieses Ausgleiches die Elektrizität dauernd durch den äußeren Leiter. Sie kehrt also im Inneren der Zelle wieder vom Zink zur Kohle zurück. Ähnlich wird auch das Wasser, das von den Bergen herunter dem Meere zufließt, wieder in die Höhe geschafft dadurch, daß es zum Verdunsten gebracht wird. In der Zelle ist also eine Ursache der Elektrizitätsbewegung, durch welche die Elektrizität im beständigen Kreislauf durch den inneren Widerstand der Zelle und den äußeren Widerstand getrieben wird. Diese Ursache der Elektrizitätsbewegung nennen wir die elektromotorische Kraft. Wir vergleichen sie mit einer Pumpe, die das Wasser in beständigem Kreislauf durch eine in sich zurücklaufende Rohrleitung treibt. Die elektromotorische Kraft ist gleich der Klemmenspannung bei offenem äußeren Kreis. Bei geschlossenem Stromkreis können wir sie nur aus ihren Wirkungen längs der ganzen Strombahn berechnen, nicht aber als eine Spannung zwischen zwei Punkten messen. Wir müssen sie als die im ganzen Stromkreise wirkende Spannung ansehen und führen dafür die Bezeichnung „erzeugte Spannung“ ein.

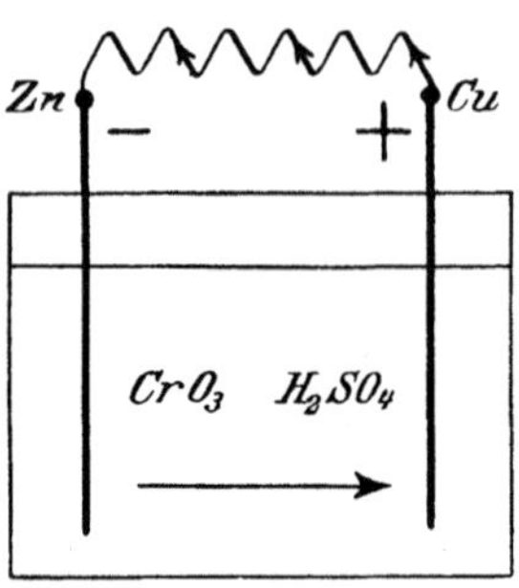

Bild 1. Chromzelle.

Meist mißt man die Spannung durch den Strom, der durch sie verursacht wird. Wenn z. B. bei zwei in Verbindung stehenden Gefäßen der Widerstand der Ausgleichleitung, d. h. die Hahnöffnung, unveränderlich ist, so stehen die in der Zeiteinheit von dem einen Gefäß zum anderen fließenden Wassermengen in demselben Verhältnis wie die Drücke oder Spannungen. In ähnlicher Weise legen wir denselben Ausgleichleiter, z. B. die Wicklung eines Meßgerätes, nacheinander an die zu messenden Spannungen, z. B. an die Klemmen mehrerer Zellen. Die Stromstärke im Meßgerät ist dann ein Maß für die elektrische Spannung.

Dabei ergibt sich, daß die von einer Zelle erzeugte Spannung fast unveränderlich und von den Abmessungen der Zelle unabhängig ist. Wir vergleichen eine Zelle mit einem hochgelegenen Wasserbehälter. Durch diesen ist ein für allemal ein gegebener Druck geschaffen, der durch den Höhenunterschied zwischen Wasserspiegel und Verbrauchstelle gegeben ist. Es ist gleichgültig, ob der Behälter groß oder klein ist, sofern er nur überhaupt voll gehalten wird. Die Stärke des Wasserstromes hängt dabei willkürlich davon ab, ob viel oder wenig Wasser verbraucht wird. Ebenso ist nicht die Stromstärke, sondern die von der Zelle erzeugte Spannung eine wesentlich unveränderliche Größe, die sich bei offener Zelle durch ein Elektroskop feststellen läßt. Die Stromstärke hängt dagegen davon ab, ob wir dem Strom einen mehr oder weniger bequemen Weg öffnen, also einen geringeren oder größeren äußeren Widerstand einschalten.

Die übliche Einheit der Spannung ist halb so groß wie die der oben erwähnten Chromzelle und wird ein Volt genannt.

3. Das Ohmsche Gesetz.

Wenn wir verschiedene Spannungen nacheinander an denselben Ausgleichleiter legen, so stehen die Stromstärken in demselben Verhältnis wie die Spannungen. Wir verbinden nun anderseits die Klemmen derselben Zelle nacheinander durch Drähte, die nach Art des Metalles, Länge und Querschnitt verschieden sind. Wir beobachten dann eine verschiedene Stromstärke, und folgern, daß die Drähte dem Strome einen mehr oder weniger großen Widerstand entgegensetzen. Bei geringer Stromstärke schließen wir auf einen hohen Widerstand, bei hoher Stromstärke auf einen geringen Widerstand. Die Stromstärken verhalten sich also umgekehrt wie die Widerstände. Ähnlich ist bei gegebenem Druckunterschied die Wassermenge, die in der Zeiteinheit durch ein Rohr gepreßt wird, um so kleiner, je größer die Rohrlänge und die Reibung an der inneren Rohrwand und je enger das Rohr ist, d. h. je größer der Widerstand ist.

Die Stromstärken stehen also im gleichen Verhältnis wie die Spannungen und im umgekehrten Verhältnis wie die elektrischen Widerstände. Ist E die erzeugte Spannung und R der Widerstand des Stromkreises, so ist die Stromstärke

$$I = E/R. \tag{2}$$

Gl. (2) wird das Ohmsche Gesetz genannt. Die praktische Einheit des Widerstandes ergibt sich daraus als der Widerstand, in dem die Spannung 1 Volt den Strom 1 Amp. erzeugt. Diese Einheit heißt das Ohm. Dies ist der Widerstand eines Quecksilberfadens von der Länge 106,3 cm und dem Querschnitt 1 mm².

Ist die erzeugte Spannung einer Maschine $E = 115$ Volt, der Widerstand der Maschine 0,05 Ohm und der äußere Widerstand 1,1 Ohm, so ist der Gesamtwiderstand $R = 1{,}15$ Ohm, also $I = E/R = 100$ Amp.

Nach der gesetzlichen Festlegung ist 1 Amp. die Stromstärke, die 1,118 mg Silber in 1 sek niederschlägt, und 1 Ohm der Widerstand eines Quecksilberfadens von 106,3 cm Länge und 1 mm² Querschnitt. Daraus folgt: 1 Volt ist die Spannung, die in dem Widerstand 1 Ohm den Strom 1 Amp. erzeugt.

Die obigen Einheiten des Amp. und Ohm sind in Verbindung mit den Einheiten des Zentimeters und der Sekunde die Grundeinheiten des praktischen Maßsystems. Jedes in sich abgestimmte Maßsystem hat den Vorteil, daß die allgemeinen physikalischen Gleichungen, die ohne Rücksicht auf Maßeinheiten gelten, ohne weiteres für das Zahlenrechnen gelten, wenn man die einzelnen Größen in den Einheiten des Maßsystems einsetzt.

Wir formen nun Gl. (2) um und erhalten $R = E/I$. Dies ist der Ausdruck dafür, daß wir bei einem Versuche auf einen großen Widerstand schließen, wenn trotz einer hohen Spannung doch nur eine geringe Stromstärke auftritt. Der Widerstand ist also nichts anderes als das Verhältnis der Spannung zur Stromstärke. Man darf ihn nicht als eine Gegenspannung auffassen. Vielmehr erhält man die Spannung erst, wenn man den Widerstand mit der Stromstärke vervielfacht, nach der Gleichung $E = I \cdot R$. Darin ist die linke Seite die von der Stromquelle erzeugte Spannung und die rechte Seite die im Widerstand R bei dem Strom I verbrauchte Spannung. Beide sind einander gleich.

Das Ohmsche Gesetz gilt nicht nur für den ganzen Kreis, sondern auch für jeden einzelnen Teil. Der Strom I durchfließe z. B. nacheinander die Widerstände R_1, R_2 und R_3 (Bild 2). Sind U_1, U_2, U_3 die Klemmenspannungen an den Widerständen, so ergibt der Versuch:

$$U_1 = I \cdot R_1 \qquad U_2 = I \cdot R_2 \qquad U_3 = I \cdot R_3$$
$$R_1 = U_1/I \qquad R_2 = U_2/I \qquad R_3 = U_3/I.$$

Wie stark man also auch den Strom durch Anwendung einer höheren Spannung macht, so hat doch z. B. das Verhältnis der Klemmenspannung U_1 zu der Stromstärke I einen festen Wert, der sich nur durch Temperaturschwankungen etwas ändert. Dieses feste Verhältnis nennen wir den Widerstand. Gl. (2) gilt daher auch für jeden Teil eines Stromkreises, wenn R der Widerstand dieses Teiles ist und für E die Klemmenspannung U eingesetzt wird.

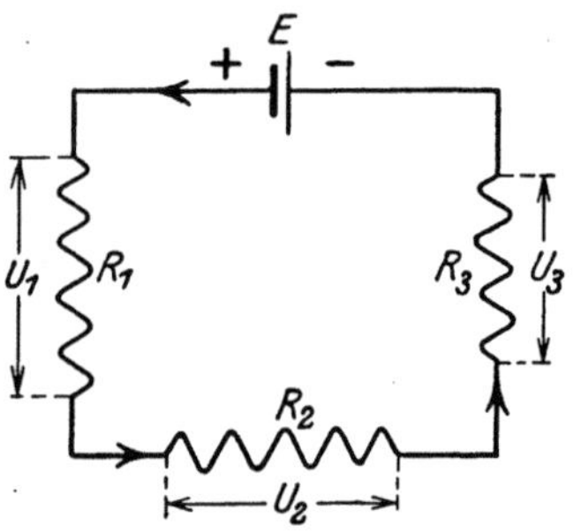

Bild 2. Reihenschaltung.

Der Widerstand 1 Ohm liege z. B. in Reihe mit dem Anker eines laufenden Motors an einer Spannung von 110 Volt. Die Stromstärke sei 15 Amp. Dann ist der Spannungsverlust im Widerstand $1 \cdot 15 = 15$ Volt und die Spannung am Anker des Elektromotors $110 - 15 = 95$ Volt.

Wir wollen nun die Wirkungsweise der Strom- und Spannungszeiger verfolgen. Beide Arten von Meßgeräten beruhen auf den magnetischen Wirkungen einer Stromspule und messen daher streng genommen beide eine Stromstärke. Sie unterscheiden sich durch Schaltung und Ausführung.

Stromzeiger liegen nach Bild 3 im Hauptschluß und besitzen wenig Windungen eines starken Drahtes, damit die im Meßgerät entwickelte Wärme und der Spannungsverlust gering werden.

Soll dagegen ein Meßgerät als Spannungszeiger dienen, so legt man es an die zu messende Spannung, also z. B. in Bild 3 an die Klemmen der Maschine. Dadurch liegt der Spannungszeiger im Nebenschluß zu dem Teil, dessen Klemmenspannung gemessen werden soll. Da der Strom im Spannungszeiger für den Betrieb ein Verlust ist, so gibt man dem Spannungszeiger einen großen Widerstand oder schaltet ihn mit einem großen Widerstand in Reihe. Dadurch ist dann zugleich das Einschalten des Spannungszeigers ohne Einfluß auf die Spannung oder den Strom der Verbrauchskörper. Bei dem geringen Strom, der durch den Spannungszeiger fließt, kann der Drahtquerschnitt sehr klein sein. Zur Erzielung einer kräftigen magnetischen Wirkung hat man viele Windungen nötig.

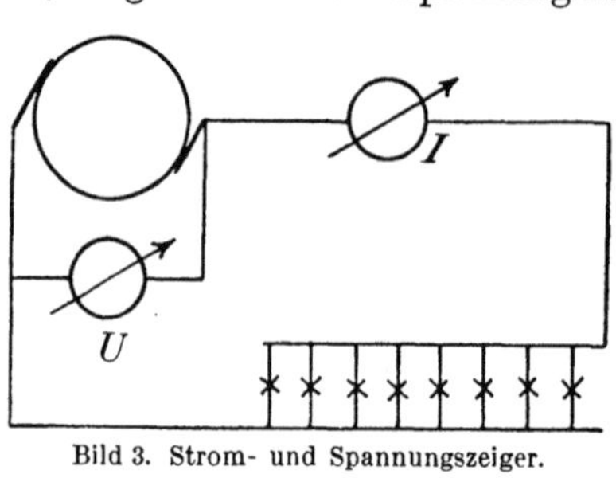

Bild 3. Strom- und Spannungszeiger.

Da der Ausschlag durch den hindurchfließenden Strom verursacht wird, so arbeitet ein Spannungszeiger in Wirklichkeit ebenfalls als Stromzeiger. Vervielfacht man aber diesen Strom mit dem Widerstand des Spannungszeigers, so erhält man die Spannung an den Enden des Meßgerätes, die natürlich gleich auf der Teilung aufgetragen ist. Die grundsätzliche Gleichheit der Strom- und Spannungszeiger folgt daraus, daß manche Meßgeräte für beide Zwecke gebraucht werden. Schaltet man z. B. einen Stromzeiger, bei dem $^1/_{1000}$ Amp. einen Grad Ausschlag hervorruft, als Spannungszeiger, indem man den Widerstand des Meßzweiges durch Zuschaltung eines Widerstandes auf 1000 Ohm bringt, so entspricht ein Grad Ausschlag einer Spannung von $1000 \cdot 1/1000 = 1$ Volt.

Stromzeiger, die mit einander verglichen werden sollen, sind hintereinander zu schalten (Bild 4). Soll ein Stromzeiger in eine schon fertige Schaltung eingebaut werden, so ist dazu die Schaltung zu unterbrechen und dann wieder über den Stromzeiger zu schließen.

Spannungszeiger, die miteinander zu vergleichen sind, sind nebeneinander zu schalten, d. h. sämtlich an die zu messende Spannung zu legen. In Bild 5 wird z. B.

bei einer Eichung von Spannungszeigern die Spannung am Widerstand R gemessen. Die vorgeschalteten Lampen vernichten einen Teil der Maschinenspannung, um so die Spannung am Widerstand R zu regeln.

Man muß sich hüten, Spannungszeiger, die verglichen werden sollen, in Reihe zu schalten, da die Gesamtspannung sich bei ungleichem Widerstand der Spannungszeiger ungleich auf die Meßgeräte verteilt.

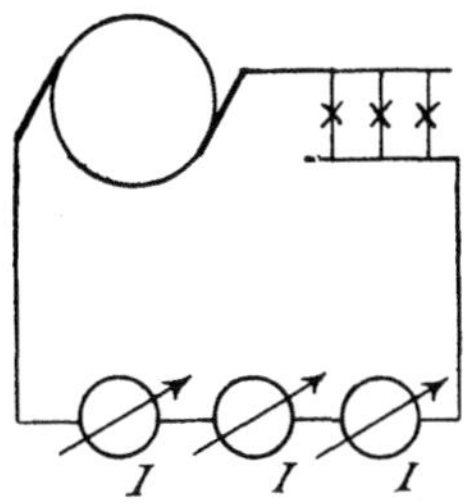

Bild 4.
Eichung von Stromzeigern.

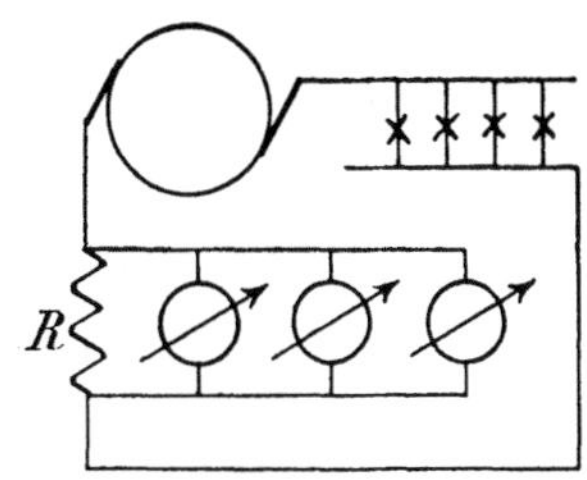

Bild 5.
Eichung von Spannungszeigern.

Strom- und Spannungszeiger können auch zur Widerstandsmessung verwendet werden, aber nur dann, wenn in einem Stromzweige keine elektromotorische Kraft erzeugt wird. Leitet man z. B. einen Strom von 10 Amp. durch den stillstehenden Anker eines Elektromotors und mißt die Spannung U an den Bürsten zu 2 Volt, so ist der Ankerwiderstand $R = U/I =$ 0,2 Ohm. Der Widerstand wird dabei unter Ausschluß irgendeines Zuleitungswiderstandes gemessen.

4. Der elektrische Widerstand.

Der Widerstand, der oben das Verhältnis der Spannung zur Stromstärke war, steht in einfacher Beziehung zu der Länge und dem Querschnitt des Leiters. Er hängt außerdem vom Stoff und in geringem Maße von der Temperatur ab. Ist l die Länge, q der Querschnitt und ϱ ein Festwert, so ergibt die Erfahrung

$$R = \varrho \cdot l/q. \qquad (3)$$

Der Widerstand wächst also in demselben Verhältnis wie die Länge und umgekehrt wie der Querschnitt. ϱ ist bei den einzelnen Stoffen verschieden. Seine Bedeutung ergibt sich, wenn in Gl. (3) $l = 1$ und $q = 1$ gesetzt wird, wodurch $R = \varrho$ wird. ϱ ist also der Widerstand der Längeneinheit bei der Einheit des Querschnittes und heißt der spezifische Widerstand. Unter Abweichung von dem Maßsystem auf S. 2 wird die Länge meist in Meter, der Querschnitt in Quadratmillimeter, also ϱ in Ohm $\times$ mm²/m gemessen. Man erhält unter dieser Voraussetzung folgende Werte für den spezifischen Widerstand:

Kupfer bei 15°	0,017	Nickelin	0,2 bis 0,4
Aluminium	0,029	Kohle	100 bis 1000
Quecksilber	1/1,063 = 0,94	Schwefelsäure (25%)	14000.

Das Nickelin wird wegen seines hohen spezifischen Widerstandes zur Herstellung von Widerstandsgeräten, die zum Abschwächen des Stromes oder zur Vernichtung von Spannung dienen, verwendet. Dagegen stellt man die Wicklungen der Maschinen und Meßinstrumente und meist auch die Leitungen aus dem bestleitenden Metall, dem Kupfer, her, um den Spannungsverlust zu verringern. Ist z. B. die einfache Länge einer Kupferleitung gleich 20 m, also die Hin- und Rückleitung zusammen $l = 2 \cdot 20 = 40$ m und der Querschnitt $q = 50$ mm², so erhalten wir den Widerstand der Hin- und Rückleitung zu $R = \varrho \cdot l/q = 0{,}017 \cdot 40/50 = 0{,}0136$ Ohm. Bei 60 Amp. ergibt sich dann der Spannungsverlust zu $I \cdot R = 0{,}0136 \cdot 60 = 0{,}8$ Volt. Nur für Freileitungen ist das Aluminium aus wirtschaftlichen Gründen vorteilhafter.

Der spezifische Widerstand wächst bei allen Metallen mit steigender Temperatur. Der Temperaturkoeffizient ist die Widerstandszunahme, welche die bei 15° bestimmte Widerstandseinheit bei 1° Temperaturerhöhung erfährt. Bezeichnet R_{15} den

Widerstand bei 15^0, R den Widerstand bei ϑ^0 und α den Temperaturkoeffizienten so ist:

$$R = R_{15}[1 + \alpha(\vartheta - 15)].$$

Mit Hilfe des Temperaturkoeffizienten läßt sich die Temperaturerhöhung in einem Teil einer Maschine berechnen, der für ein Thermometer unzugänglich ist. Bei der Raumtemperatur ϑ_1 sei der Anfangswiderstand der Magnetwicklung einer Maschine R_1, nach mehrstündigem Betrieb R_2.

Dann ergibt sich

$$\frac{R_1}{R_2} = \frac{R_{15}[1 + \alpha(\vartheta_1 - 15)]}{R_{15}[1 + \alpha(\vartheta_2 - 15)]}.$$

Durch Umformung erhalten wir:

$$\frac{R_1}{R_2 - R_1} = \frac{1 + \alpha(\vartheta_1 - 15)}{\alpha(\vartheta_2 - \vartheta_1)} \quad \text{oder} \quad \vartheta_2 - \vartheta_1 = \frac{R_2 - R_1}{R_1}\left(\frac{1}{\alpha} + \vartheta_1 - 15\right).$$

Für Kupfer ist $\alpha = 0{,}004$, also $1/\alpha = 250$, d. h. die sogenannte Erwärmung wird

$$\vartheta_2 - \vartheta_1 = \frac{R_2 - R_1}{R_1}(235 + \vartheta_1).$$

Ist $R_1 = 40$ Ohm, $\vartheta_1 = 20^0$, $R_2 = 47$ Ohm, so wird $\vartheta_2 - \vartheta_1 = 255 \cdot 7 : 40 = 44{,}6^0$.

Da der Temperaturkoeffizient der Metalle mit Ausnahme des Quecksilbers groß ist, so ist ihre Verwendung für genaue Widerstandsgeräte ausgeschlossen. Man verwendet für solche Zwecke das Neusilber oder Nickelin, das den Temperaturkoeffizient 0,0002 bis 0,0004 und einen hohen spezifischen Widerstand besitzt. Der Widerstand des Manganins, einer Kupfer-Manganlegierung, ist fast unabhängig von der Temperatur.

Im Gegensatz zu den Metallen nimmt der Widerstand der Kohle und der flüssigen Leiter mit zunehmender Temperatur ab, der Temperaturkoeffizient ist also negativ. Der Widerstand einer Kohlenfadenlampe ist also während des Brennens geringer, als wenn die Lampe ausgeschaltet ist. Er ist aus Spannung und Stromstärke zu berechnen.

Häufig benutzt man den Leitwert, d. h. den umgekehrten Wert des Widerstandes. Die Einheit des Leitwertes ist 1 Siemens, der umgekehrte Wert des Ohm. Ist z. B. der Widerstand gleich 20 Ohm, so ist der Leitwert $^1/_{20} = 0{,}05$ Siemens. Der spezifische Leitwert oder das Leitvermögen ergibt sich dann als der umgekehrte Wert des spezifischen Widerstandes, also z. B. bei reinem Kupfer zu $1 : 0{,}017 = 59$ Siemens × m : mm², beim technisch verwendeten Kupfer zu 57 oder 58 Siemens × m : mm².

5. Die Kirchhoffschen Regeln.

1. Die Erfahrung ergibt: An jedem Verzweigungspunkt ist die Summe der zufließenden Ströme gleich der Summe der abfließenden Ströme. Führt man die zufließenden Ströme als positiv und die abfließenden als negativ ein, so ist für jeden Verzweigungspunkt

$$\Sigma I = 0. \tag{4}$$

Die Klemmenspannung einer Nebenschlußmaschine sei z. B. $U = 220$ Volt, die Stromstärke im äußeren Kreise (Bild 6) $I = 100$ Amp. und der Widerstand der Nebenschlußwicklung $R_m = 50$ Ohm. Dann sind die Stromstärken in der Magnetwicklung und im Anker $I_m = U/R_m = 4{,}4$ Amp. und $I_a = I + I_m = 104{,}4$ Amp.

Nach Gl. (4) ist die Auffassung, daß die Elektrizität längs des ganzen Stromkreises von der positiven bis zur negativen Klemme aufgebraucht werde, falsch. Wenn wir von Ladungen absehen, fließt die ganze Elektrizitätsmenge, die aus der positiven Klemme austritt, in die negative Klemme zurück und von da aus durch die Stromquelle wieder zur positiven Klemme. Sie wird also auch nicht fortwährend neu erzeugt, sondern dieselbe Elektrizitätsmenge wird durch den ganzen Kreis hindurch in Bewegung gesetzt, ohne daß sie sich irgendwo staut oder verschwindet. Auch das Wasser, das durch ein Steigrohr in ein Haus eintritt, wird nicht aufgebraucht in dem Sinne, als ob es verschwindet, sondern die ganze Wassermenge gelangt nach unten und wird von dort durch Verdunsten wieder in die Höhe geschafft. Wenn man dennoch von Stromverlusten spricht, so meint man damit nur, daß der Strom sich zum Teil einen Weg sucht, auf dem man ihn nicht ausnutzt. Was jedoch verbraucht wird, ist nicht Elektrizitätsmenge, sondern Spannung.

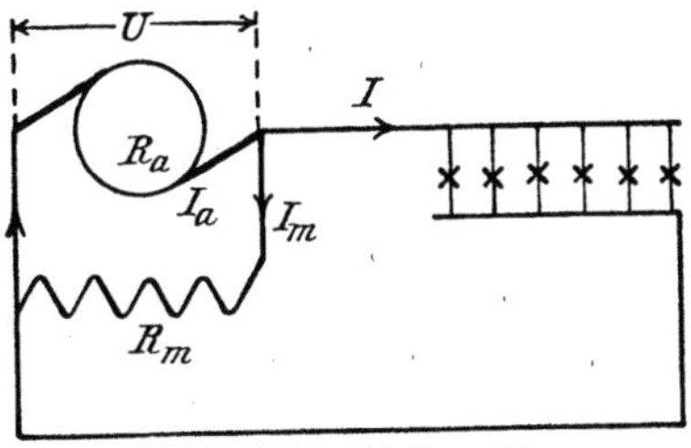

Bild 6. Nebenschlußmaschine.

2. In jedem geschlossenen Stromkreise ist die Summe der Produkte aus Stromstärke und Widerstand gleich der Summe der in dem Stromkreise erzeugten Spannungen.

$$\Sigma IR = \Sigma E. \tag{5}$$

Hierbei hat man jedem Zweig der Schaltung eine bestimmte Zählrichtung zuzuordnen, die man natürlich, falls die Stromrichtung bekannt ist, mit dieser zusammenfallen läßt. Man verfolgt dann jeden geschlossenen Stromkreis in einem beliebigen Umlaufsinn, und führt bei Aufstellung von Gl. (5) alle erzeugten Spannungen als negativ ein, die dem Umlaufsinn entgegenwirken, und ebenso alle Ströme als negativ, deren Zählpfeile dem Umlaufsinn entgegenlaufen. Ergibt dann schließlich die Rechnung für eine Stromstärke einen negativen Wert, so fließt der Strom dem willkürlich gewählten Zählpfeil entgegen.

In Bild 7 seien eine Maschine und eine Batterie gegeneinander geschaltet. Die erzeugten Spannungen E und E_b der Maschine und der Batterie wirken dabei beide von links nach rechts. Die Stromrichtung sei noch zweifelhaft und der Pfeil in der Leitung rechts oben sei nichts weiter als ein willkürlich angenommener Zählpfeil für den Strom im ganzen Kreis. Wir verfolgen dann den Stromkreis willkürlich im Uhrzeigersinn und erhalten nach Gl. (5)

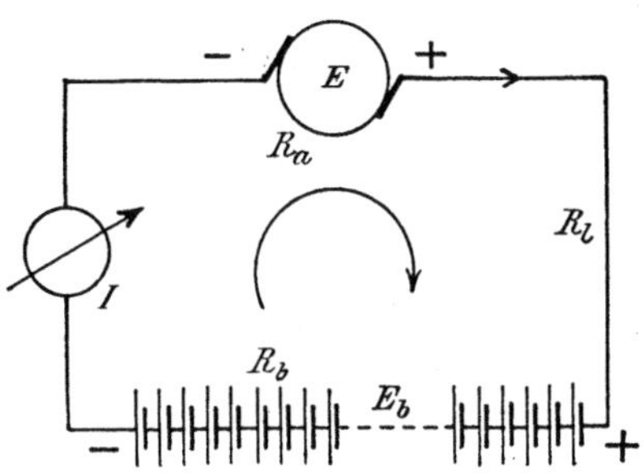

Bild 7. Gegeneinanderschaltung.

$$I \cdot R_a + I \cdot R_l + I \cdot R_b = E - E_b$$

oder

$$I = (E - E_b) : (R_a + R_l + R_b). \tag{a}$$

Ist nun $E > E_b$, so ist I positiv, d. h. der Strom fließt im Sinne des Zählpfeiles. Die Maschine ist dann ein Stromerzeuger, in welchem die erzeugte Spannung und der Strom gleichgerichtet sind. Bei $E = 116$ und $E_b = 100$ Volt und $R_a = 0{,}1$, $R_l = 0{,}12$ und $R_b = 0{,}18$ Ohm wird

$$I = \frac{116 - 100}{0{,}1 + 0{,}12 + 0{,}18} = \frac{16}{0{,}4} = 40 \text{ Amp.}$$

Die einzelnen Spannungsverluste sind $I \cdot R_a = 4$, $I \cdot R_l = 4{,}8$ und $I \cdot R_b = 7{,}2$ Volt, zusammen also 16 Volt. Die erzeugte Spannung der Maschine von 116 Volt wird also aufgebraucht, um den Spannungsverlust zu decken und die erzeugte Gegenspannung der Batterie von 100 Volt zu überwinden, wobei die Batterie geladen wird. Dabei ergeben sich die Klemmenspannungen der Maschine und der Batterie zu

$$U_m = E - I \cdot R_a = 112 \text{ Volt} \qquad U_b = E_b + I \cdot R_b = 107{,}2 \text{ Volt.}$$

Der Unterschied beider ist der Spannungsverbrauch in der Leitung, nämlich 4,8 Volt, wie oben.

Bild 7 und Gl. (a) gelten nun auch für den Fall, daß $E_b > E$ ist. Gl. (a) liefert dann einen negativen Wert für die Stromstärke. Der Strom fließt also entgegengesetzt dem Zählpfeil und ist der erzeugten Spannung der Maschine entgegengerichtet. Die Maschine läuft dabei als Motor und empfängt eine Leistung aus der Batterie.

6. Widerstand und Stromverteilung bei einer Schleife.

Bei Reihenschaltung ist der Gesamtwiderstand gleich der Summe der einzelnen Widerstände, also größer als ein Einzelwiderstand. Dagegen ergibt die Nebenschaltung zweier Widerstände R_1 und R_2 (Bild 8) keine Vergrößerung, sondern eine Verringerung des Widerstandes gegenüber einem einzelnen Leiter. Nicht der Widerstand, sondern der Leitwert der Verzweigung wird durch die Nebenschaltung vergrößert. Er ist die Summe der Leitwerte der einzelnen Zweige. Sind also R_1 und R_2 die Einzelwiderstände, so folgt der Gesamtwiderstand R der Verzweigung aus der Gleichung

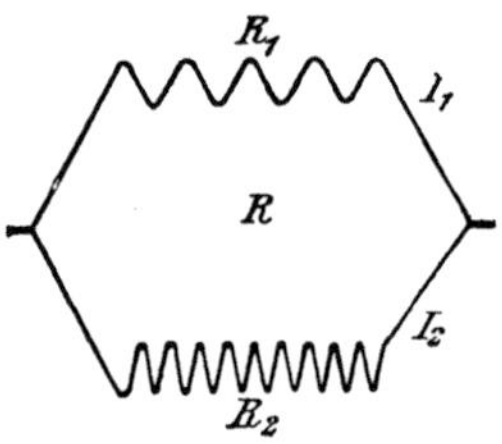

Bild 8.

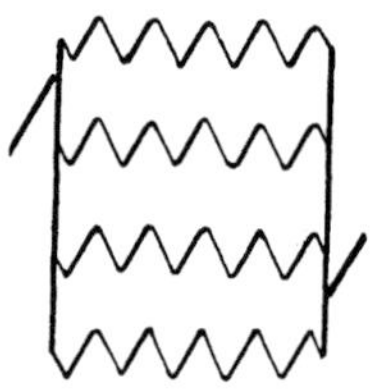

Bild 9.

Nebenschaltung von Widerständen.

$$1/R = 1/R_1 + 1/R_2, \quad \text{d. h.} \quad R = R_1 \cdot R_2 : (R_1 + R_2). \tag{6}$$

Durch die Nebenschaltung von Widerständen wird es möglich, sehr kleine Widerstände genau abzugleichen. Man stellt sich zunächst einen etwas zu großen Widerstand R_1 her und schaltet neben diesen einen zweiten Widerstand R_2. Es sei z. B. $R_1 = 0{,}102$ Ohm. Durch Nebenschaltung eines Widerstandes R_2 sei der Gesamtwiderstand R auf 0,1 Ohm zu bringen.

Aus Gl. (6) folgt: $0{,}1 = 0{,}102 \cdot R_2 : (0{,}102 + R_2)$, d. h. $R_2 = 5{,}1$ Ohm.

Macht man nun z. B. einen Fehler von 2%, so daß R_2 in Wirklichkeit nur 5 Ohm ist, so wird $R = R_1 \cdot R_2/(R_1 + R_2) = 0{,}09996$ Ohm. Der Fehler im Gesamtwiderstand beträgt also nur 0,04%.

Bei mehr als zwei Zweigen ergibt sich der Leitwert $1/R$ der gesamten Verzweigung als die Summe der einzelnen Leitwerte, d. h.

$$1/R = 1/R_1 + 1/R_2 + 1/R_3 + \ldots$$

Daraus berechnet sich dann der Gesamtwiderstand R. Sind die Einzelwiderstände gleich, so wird die Rechnung bequemer. Die Ankerwicklung einer vierpoligen Maschine bestehe z. B. aus vier gleichen nebeneinander geschalteten Zweigen (Bild 9). Ist die Gesamtlänge des Drahtes gleich 200 m und der Querschnitt 10 mm², so ist der Widerstand jedes Zweiges, wenn der spezifische Widerstand des warmen Kupfers gleich 0,02 Ohm × mm² : m ist, $\varrho \cdot l/q = 0{,}1$ Ohm. Der Widerstand der vier Zweige ist viermal so klein.

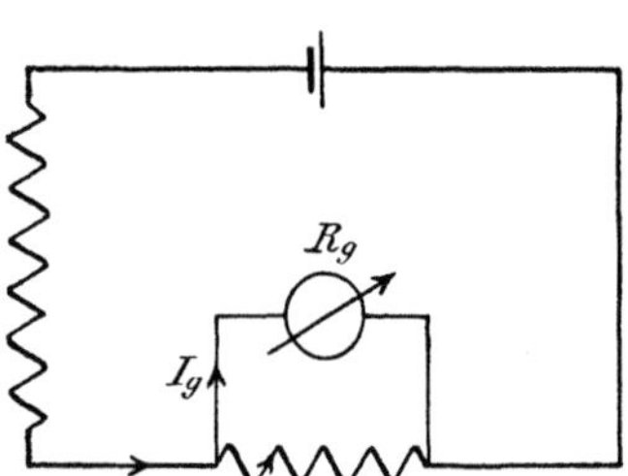

Bild 10. Messung mit Abzweigung.

Wir berechnen nun das Verhältnis der Stromstärken in Bild 8. Die Klemmenspannung, die sowohl am Widerstand R_1 als am Widerstand R_2 liegt, sei U. Sind I_1 und I_2 die Stromstärken, so ergibt sich:

$$U = I_1 R_1 = I_2 R_2, \quad \text{d. h.} \quad I_1 : I_2 = R_2 : R_1. \tag{7}$$

Die Stromstärken in einer Verzweigung verhalten sich also umgekehrt wie die Widerstände. Man macht davon Gebrauch, wenn man mit einem Meßgerät für schwache Ströme einen starken Strom messen will. Dabei legt man nach Bild 10 in den Hauptschluß einen großen Widerstand und legt das Meßgerät in den Nebenschluß zu einem bekannten kleinen Zweigwiderstand R_z. Ist R_g

der Galvanometerwiderstand, I_g der Strom im Meßgerät und I_z der Strom im Zweigwiderstand, so ergibt sich:

$$I_g : I_z = R_z : R_g \quad \text{oder} \quad I_g : (I_g + I_z) = R_z : (R_g + R_z).$$

Nun ist nach Bild 10 $I_g + I_z = I$, d. h.

$$I = I_g \cdot (R_g + R_z) : R_z.$$

Am bequemsten macht man R_z gleich $^1/_9$, $^1/_{99}$ oder $^1/_{999} \cdot R_g$. Ist z. B. $R_g = 100$ Ohm und $R_z = 100/999$ Ohm, so ergibt sich:

$$I = I_g \cdot \frac{100 + 100/999}{100/999} = 1000\, I_g.$$

7. Reihenschaltung und Nebenschaltung von Zellen.

Bei der Reihenschaltung von Zellen ist die positive Klemme einer Zelle mit der negativen Klemme der folgenden Zelle verbunden (Bild 11), so daß derselbe Strom alle Zellen hintereinander durchfließt. Dabei wirken alle Spannungen in derselben Richtung, so daß sie sich ebenso wie die inneren Widerstände der Zellen zueinander fügen. Ist nun der Zellenwiderstand klein im Verhältnis zum äußeren Widerstand, so hat er selbst bei großer Zellenzahl keinen besonderen Einfluß, während die Spannung durch die Reihenschaltung groß wird. Man verwendet daher die Reihenschaltung, um bei großem äußeren Widerstand eine große Stromstärke zu erzielen.

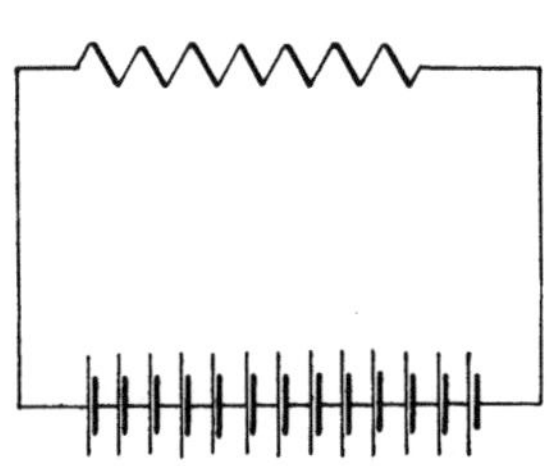

Bild 11. Reihenschaltung.

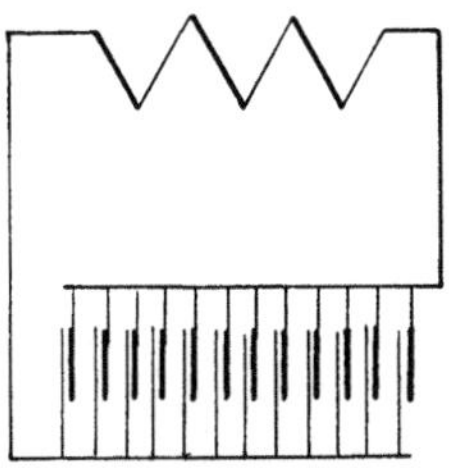

Bild 12. Nebenschaltung.

Bei der Nebenschaltung (Bild 12) verbindet man dagegen einerseits alle positiven und anderseits alle negativen Klemmen miteinander. Dabei ergibt sich am äußeren Widerstande nur eine geringe Spannung, da sich nebeneinander geschaltete Spannungen nicht addieren. Wenn man z. B. von gleich hoch gelegenen Wasserbehältern zwei Rohre herunterführt, so hat man, abgesehen von dem geringeren Druckverlust, nur den gleichen Druck wie bei Anwendung eines einzelnen Wasserbehälters. Trotzdem ergibt sich oft gerade durch die Nebenschaltung eine hohe Stromstärke. Dies ist der Fall, wenn der äußere Widerstand klein ist und daher keine hohe Spannung zur Erzielung eines starken Stromes nötig ist und der Zellenwiderstand gegenüber dem äußeren Widerstand stark ins Gewicht fällt.

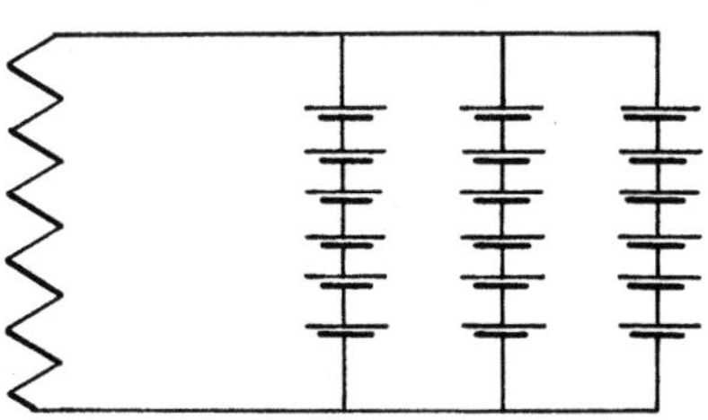

Bild 13. Gemischte Schaltung von Zellen.

Außer der Reihenschaltung und der Nebenschaltung kann man dann noch nach Bild 13 einige Zellen hintereinander und mehrere derartige Zweige nebeneinander schalten. Es sei R der äußere Widerstand, R_b der Batteriewiderstand, R_i der Zellenwiderstand, E die erzeugte Spannung einer Zelle, x die Zahl der Zellen in Reihe, z die Gesamtzahl der Zellen. Dann ist die Anzahl der Zweige z/x, der Widerstand eines Zweiges $R_i \cdot x$, die erzeugte Batteriespannung $E \cdot x$ und der Batteriewiderstand

$$R_b = \frac{R_i \cdot x}{z/x} = \frac{R_i \cdot x^2}{z}.$$

Demnach ist die Stromstärke I im äußeren Kreise:

$$I = \frac{E \cdot x}{R + R_i \cdot x^2/z} = \frac{E}{R/x + R_i \cdot x/z}.$$

Sie wird am größten, wenn der Nenner am kleinsten wird. Setzen wir den Differentialquotienten des Nenners nach x gleich Null, so ergibt sich $R = R_i \cdot x^2/z$. Der innere Widerstand der Batterie muß also gleich dem äußeren Widerstande gemacht werden, damit die Stromstärke am größten wird. Diese Regel ist aber nur in der Schwachstromtechnik von Bedeutung.

8. Die Wheatstonesche Brücke.

Außer durch Messung der Spannung und Stromstärke können Widerstände auch mit Hilfe der Wheatstoneschen Brücke (Bild 14) bestimmt werden. Eine Zelle, deren erzeugte Spannung E nicht bekannt und unveränderlich zu sein braucht, liegt an den Enden A und B eines mit einer Teilung versehenen blanken Meßdrahtes, auf dem das Schleifstück C verschoben werden kann. In Nebenschaltung zu dem Drahte liegen mit Hilfe möglichst widerstandsfreier Verbindungen der zu messende Widerstand x und ein bekannter Widerstand R in Reihe. Ein Galvanometer liegt im Brückenzweig zwischen C und D.

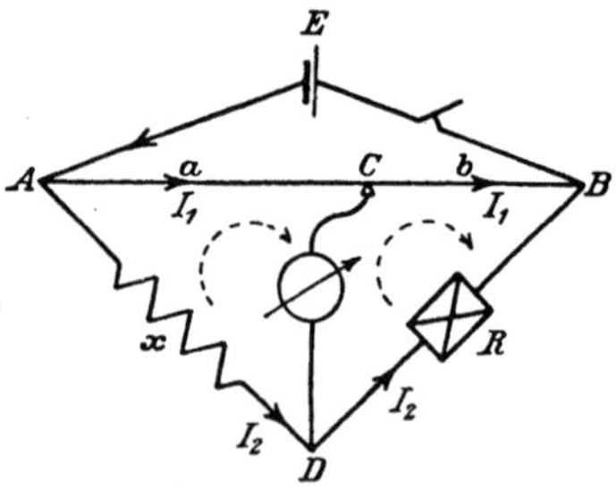

Bild 14. Wheatstonesche Brücke.

Man verschiebt nun das Schleifstück, bis der Brückenzweig stromlos ist. Dann fließt der Strom I_1 durch die Widerstände a und b und der Strom I_2 durch die Widerstände x und R. Wir verfolgen nun die beiden unteren Stromkreise in Richtung der gestrichelten Pfeile. Da in ihnen keine Sopannungen erzeugt werden und der Brückenzweig stromlos ist, so ergibt die zweite Kirchhoffsche Regel:

$$I_1 \cdot a + 0 - I_2 \cdot x = 0 \quad \text{und} \quad I_1 \cdot b - I_2 \cdot R + 0 = 0.$$

Daraus folgt: $x : R = a : b$. Darin ist a/b zunächst das Verhältnis der Widerstände, dann aber unmittelbar das Verhältnis der Drahtlängen.

Unsere Gleichung wird verständlich durch den Vergleich mit einem Wasserstrom, der sich in zwei nebeneinander liegende, senkrechte Rohre verzweigt. Wenn man

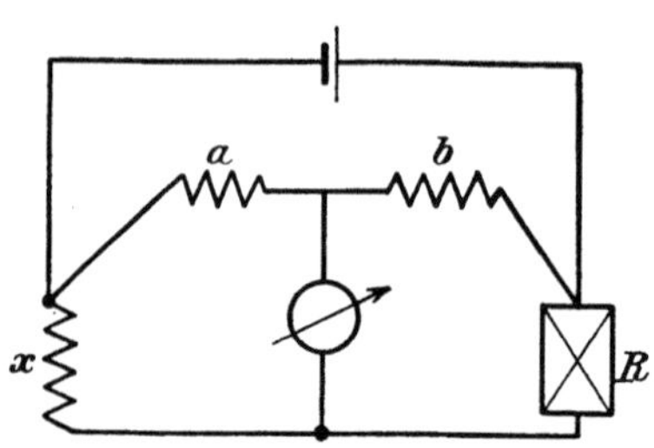

Bild 15. Wheatstonesche Brücke mit teilweisem Ausschluß von Fehlerquellen.

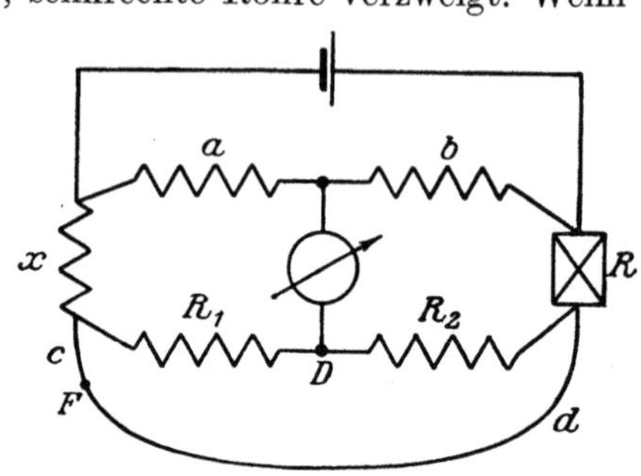

Bild 16. Thomsonsche Doppelbrücke.

beide Rohre durch eine wagerechte Leitung verbindet, so fließt durch diese kein Strom, weil kein Höhenunterschied vorhanden ist. Ähnlich besteht bei der Wheatstoneschen Brücke, wenn das Galvanometer stromlos ist, zwischen den Punkten C und D keine Spannung, und der Spannungsverbrauch von A bis C ist gleich dem von A bis D. Demnach ist, wie oben, $I_1 \cdot a = I_2 \cdot x$ und $I_1 \cdot b = I_2 \cdot R$.

Die Genauigkeit ist am größten, wenn R etwa gleich x gewählt wird.

Bei kleinen Widerständen verursachen die Zuleitungen Meßfehler. Man kann diese zum Teil dadurch vermeiden, daß man die Zelle nach Bild 15 unmittelbar an die Enden der Widerstände x und R legt und statt des Meßdrahtes Spulenwiderstände a und b benutzt, die so groß sind, daß ihre Zuleitung nicht in Betracht kommt. Dagegen bleibt der Einfluß der Zuleitung zwischen x und R bestehen. Legt man in

Bild 15 das Meßgerät unmittelbar an das Ende des Widerstandes x, so wird R um den Betrag der Zuleitung zwischen x und R vergrößert. Legt man das Meßgerät dagegen unmittelbar an R, so mißt man x zu groß.

Der Einfluß der Zuleitung zwischen x und R wird beseitigt, wenn man das Meßgerät durch zwei Widerstände R_1 und R_2, die sich wie a zu b verhalten, an x und R zugleich anschließt (Bild 16). x und R bleiben durch die unten gezeichnete Leitung miteinander verbunden. Man bringt dann durch Änderung des Widerstandes R den Strom im Brückenzweig auf Null. Zwischen D und dem Punkt F, der den Widerstand der Verbindungsleitung zwischen x und R im Verhältnis $c:d = R_1:R_2 = a:b$ teilt, besteht dann keine Spannung. Wir können also das Meßgerät unter Weglassung der Widerstände R_1 und R_2 statt an D unmittelbar an F gelegt denken. Wenn also der Brückenzweig stromlos geworden ist, besteht die Gleichung: $a:b = (x+c):(R+d)$.

Da nun $c/d = a/b$ ist, so ist auch x/R genau gleich a/b, der Widerstand der Zuleitung ist also herausgeschafft. Kleine Widerstände, wie z. B. Ankerwiderstände von Maschinen, lassen sich so sehr genau messen.

9. Spannungsmessung durch Gegenschaltung.

Eine Zelle von der Spannung E_0 liege an einem mit einer Teilung versehenen Meßdraht (Bild 17). Ihre Spannung braucht nicht bekannt zu sein. Sie darf sich aber während des Versuches nicht ändern und muß größer sein als die zu messenden Spannungen.

Zwischen den Anfang A des Meßdrahtes und das Schleifstück sei unter Zwischenschaltung eines Galvanometers und eines Widerstandes eine Zelle von der bekannten Spannung E_n angeschlossen derart, daß die Spannungen E_0 und E_n gegeneinander geschaltet sind.

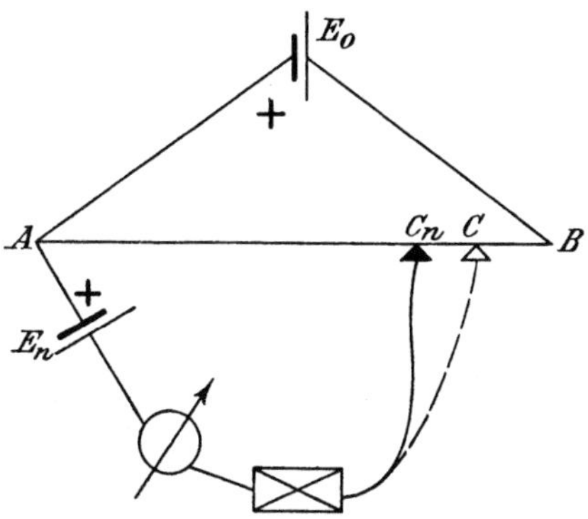

Bild 17. Spannungsmessung durch Gegenschaltung.

Man verschiebt nun das Schleifstück, bis das Meßgerät angenähert stromlos ist, und schließt den Widerstand kurz. Man bringt dann das Schleifstück nach C_n, wo das Meßgerät den Strom Null anzeigt.

Nun ersetzt man die Zelle von der Spannung E_n durch die Zelle mit der zu messenden Spannung E, wobei die Spannungen E_0 und E wieder gegeneinander zu schalten sind. Das Meßgerät sei stromlos, wenn das Schleifstück nach C verschoben ist.

Die zwischen A und B bestehende Spannung wird dabei längs des Meßdrahtes verbraucht, und zwar ist der Spannungsverbrauch in jedem Teile des Meßdrahtes proportional der Drahtlänge. Nun hält die Spannung AC_n der Spannung E_n das Gleichgewicht, während die Spannung AC der Spannung E das Gleichgewicht hält. Wenn wir also statt der Spannungen die entsprechenden Drahtlängen einführen, erhalten wir $AC_n:AC = E_n:E$.

Ebenso ergibt sich die Spannung U zwischen A und B aus $AB:AC_n = U:E_n$. Dabei ist U eine Klemmenspannung, die um den inneren Spannungsverlust kleiner ist als die erzeugte Spannung E_0. Es darf nicht übersehen werden, daß die Zelle, welche die Spannung E_0 erzeugt, nicht wie die zu vergleichenden Zellen stromlos ist.

Das Verfahren wird für die Eichung von Meßgeräten fast ausschließlich angewendet. (Kompensationsapparat nach Feussner.) Man ersetzt dabei den Meßdraht durch genau abgeglichene Widerstände, die Zelle E_0 durch eine Sammlerbatterie und verwendet als bekannte Spannung die einer Westonzelle.

10. Elektrische Arbeit und Leistung.

Ein stromdurchflossener Leiter wird erwärmt. Der Versuch ergibt, daß die Wärmemengen mit der Spannung U, der Stromstärke I und der Zeit t im gleichen Verhältnis stehen. Da Wärme gleichwertig ist mit Arbeit, so stellt $U \cdot I \cdot t$ eine elektrische Arbeit dar. Diese ist also:

$$A = U \cdot I \cdot t. \tag{8}$$

Dies wird deutlich durch den Vergleich mit dem Wasserstrom. Bei diesem erhält man die während eines Zeitraumes geleistete Arbeit, wenn man die Wassermenge mit der Fallhöhe vervielfacht. Ähnlich verfahren wir bei Berechnung der elektrischen Arbeit, da $I \cdot t$ die Elektrizitätsmenge ist, die während der Zeit t unter dem Einfluß der Spannung U in Bewegung gesetzt ist.

Die Arbeit, die von dem Strom 1 Amp. bei der Spannung 1 Volt 1 sek lang geleistet wird, heißt 1 Joule. Die Einheiten des Volt und des Amp. sind dabei willkürlich so gewählt, daß die Beziehung gilt:

$$1 \text{ Joule} = \frac{1}{9{,}81} \text{ mkg} = 0{,}102 \text{ mkg}. \tag{9}$$

Liefert z. B. eine Maschine bei 220 Volt durch 10 Stunden = 36000 sek einen Strom von 50 Amp., so ist die geleistete Arbeit

$$A = 220 \cdot 50 \cdot 36000 = 396 \cdot 10^6 \text{ Joule} = 40{,}5 \cdot 10^6 \text{ mkg}.$$

Liefert ferner eine Zelle 1 Stunde lang den Strom 0,55 Amp. bei einer Spannung von 2 Volt, so ist die Arbeit

$$A = 2 \cdot 0{,}55 \cdot 3600 = 3960 \text{ Joule} = 400 \text{ mkg}.$$

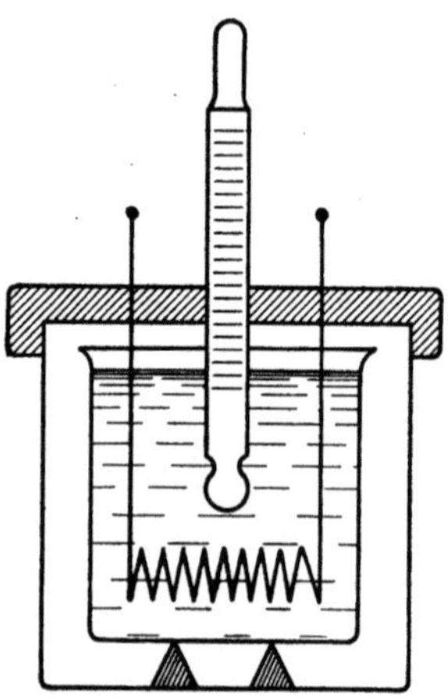
Bild 18. Ermittlung des Jouleschen Gesetzes.

Aus Gl. (8) folgt nun eine schärfere Fassung für die elektrische Spannung. Die Spannung zwischen zwei Punkten ist die Arbeit, die geleistet wird, wenn sich die Einheit der Elektrizitätsmenge von dem einen Punkt zum andern bewegt. Im elektrostatischen Feld bezeichnet man diese Arbeit auch als Potentialunterschied (vgl. Abschn. 34). Auf dem Gebiete der strömenden Elektrizität sollte diese Bezeichnung aber nur da angewandt werden, wo die Arbeit unabhängig vom Weg ist, was z. B. bei Wechselstrom nicht immer der Fall ist.

Aus Gl. (8) ergibt sich nun die vom Strom entwickelte Wärmemenge. Da Wärme gleichwertig ist mit Arbeit, so wäre es an sich möglich, sie in Joule zu messen. Es ist aber üblich, als Einheit die Grammkalorie zu nehmen, d. h. die Wärmemenge, durch die 1 g Wasser um 1° erwärmt wird.

Nun ist 1 gkal = 0,427 mkg = 0,427 · 9,81 Joule oder 1 Joule = 0,24 gkal. Wird also U in Volt, I in Amp. und t in sek gemessen, so wird die Wärmemenge in gkal:

$$Q = 0{,}24 \cdot U \cdot I \cdot t. \tag{10}$$

Die Gleichung heißt das Joulesche Gesetz. Um es durch den Versuch zu prüfen, leiten wir einen Strom durch eine gemessene Menge Wasser mit Hilfe einer im Wasser liegenden Platinspirale, deren Enden für die Stromzuführung mit starken Kupferdrähten versehen sind. Das innere Glasgefäß in Bild 18, welches das Wasser enthält, wird am besten auf Korkschneiden gestellt und durch einen Luftzwischenraum vom äußeren Gefäß getrennt, um einen Wärmeverlust möglichst zu vermeiden. Man bestimmt die Spannung, die Stromstärke, die Zeit und die Temperaturerhöhung $\vartheta_2 - \vartheta_1$. Dann berechnet man die Wärmemenge in Grammkalorien, indem man das Wassergewicht in Gramm mit der Temperaturerhöhung vervielfacht.

Bei einiger Vorsicht findet man die Gl. (10) erfüllt. Es empfiehlt sich, den Versuch unter Zimmertemperatur zu beginnen und ihn ebensoviel über Zimmertemperatur zu beendigen, wie man unter Zimmertemperatur angefangen hat. Dann geht in der zweiten Hälfte des Versuches eine ebenso große Wärmemenge von innen nach außen, wie in der ersten Hälfte von außen nach innen, und Fehler durch Wärmeverluste heben sich heraus. Das Wassergewicht schließt den Wasserwert des inneren Glases ein. Man erhält diesen, wenn man das Gewicht des Glases in Gramm mit der spezifischen Wärme des Glases, also mit 0,19, vervielfacht.

Da $U \cdot I \cdot t$ die elektrische Arbeit ist, so ist die Arbeit in der Zeiteinheit oder die elektrische Leistung

$$N = U \cdot I. \tag{11}$$

Die Leistung, die von der Spannung 1 Volt bei der Stromstärke 1 Amp. geliefert wird, heißt 1 Watt. 1 Watt ist demnach 1 Joule/sek oder 1 Joule ist gleich 1 Wattsek.

Ist z. B. die Spannung $U = 100$ Volt, die Stromstärke $I = 10$ Amp., so ist die Leistung $N = U \cdot I = 100 \cdot 10 = 1000$ Watt.

Da eine Pferdestärke gleich 75 mkg/sek ist, so folgt:

$$1 \text{ PS} = 75 \text{ mkg/sek} = 75 \cdot 9{,}81 \text{ Joule/sek} = 735 \text{ Watt}.$$

1000 Watt werden unter der Bezeichnung Kilowatt zusammengefaßt. Diese Einheit ist auch als mechanische Einheit der Leistung an Stelle der Pferdestärke üblich geworden. 1 Kilowattstunde ist gleich $1000 \cdot 3600$ Wattsek, also gleich $3{,}6 \cdot 10^6$ Joule.

11. Die Verluste durch Stromwärme.

Mit der Gleichung $U = I \cdot R$ erhalten wir aus Gl. (11) die in der Zeiteinheit in Wärme umgesetzte Leistung zu

$$N_w = I^2 R. \tag{12}$$

Sie ist also dem Quadrate der Stromstärke und dem Widerstand proportional.

Eine Leistung N sei z. B. auf die Entfernung $l/2$ mit dem relativen Verlust v zu übertragen. Dies kann bei niederer Spannung und hoher Stromstärke oder bei hoher Spannung und niederer Stromstärke geschehen. Allgemein wird

$$I = N/U. \tag{a}$$

Nach Gl. (12) und (6) wird nun für Hin- und Rückleitung zusammen

$$R = \frac{N_w}{I^2} = \frac{vN}{I^2} \quad \text{und} \quad q = \varrho \frac{l}{R} = \frac{\varrho \cdot l}{vN} \cdot I^2. \tag{b}$$

Der Querschnitt ist also bei gegebener übertragener Leistung N und bei gegebenem relativem Verlust proportional dem Quadrat der Stromstärke, also umgekehrt proportional dem Quadrat der Spannung.

Ist z. B. die zu übertragende Leistung $N = 10000$ kW $= 10^7$ Watt, die Länge l für Hin- und Rückleitung zusammen 300 km $= 3 \cdot 10^5$ m und der relative Verlust 0,1, so ergibt sich mit $\varrho = 0{,}017$ Ohm × mm²:m für Kupfer:

$$q = \frac{\varrho \cdot l}{v \cdot N} I^2 = 50 \cdot 10^{-4} \cdot I^2 \text{ mm}^2.$$

Wir wählen dann nacheinander Spannungen von 100, 1000, 10000 und 100000 Volt und erhalten nach Gl. (a) und (b) die folgende Zahlentafel:

U	$I = \frac{10^7}{U}$	$q = 50 \cdot 10^{-4} \cdot I^2$
100 Volt	100 000 Amp	$50 \cdot 10^6$ mm²
1 000 „	10 000 „	$50 \cdot 10^4$ „
10 000 „	1 000 „	$50 \cdot 10^2$ „
100 000 „	100 „	50 „

Wegen der Kosten ist nur die letzte Anordnung, wie sie in zahlreichen Fällen für Wechselstrom ausgeführt ist, möglich.

Die Rücksicht auf die Verluste in der Zuleitung bzw. auf den Leitungsquerschnitt führt häufig zur Dreileiterschaltung. Eine Metallfadenlampe habe bei 0,25 Amp. die vorgeschriebene Lichtstärke und Lebensdauer. Ihr Widerstand sei im heißen Zustand 440 Ohm. Sie bedarf dann einer Klemmenspannung von $440 \cdot 0{,}25 = 110$ Volt, damit ein Strom von 0,25 Amp. hindurchfließt. Es seien nun 400 Lampen auf 2 km Entfernung zu speisen, wobei in der Zuleitung ein Verlust von 10% zugelassen werde. Gesucht wird der Leitungsquerschnitt.

1. Fall. Spannung 110 Volt. Alle Lampen nebeneinander (Bild 19). Bei 400 Lampen von je 0,25 Amp. ist der Gesamtstrom $I = 0{,}25 \cdot 400 = 100$ Amp. Die übertragene Leistung ist: $N = U \cdot I = 110 \cdot 100 = 11\,000$ Watt. Der Verlust in der Leitung ist 10%, also 1100 Watt. Dann ist der Leitungswiderstand

$$R = \frac{N_w}{I^2} = \frac{1100}{100^2} = 0{,}11 \text{ Ohm}.$$

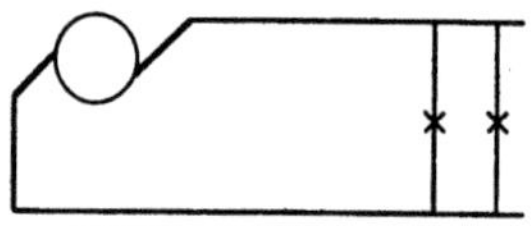

Bild 19. Glühlampen in Zweileiterschaltung.

Bei einer Länge $l = 2 \cdot 2000 = 4000$ m und dem spezifischen Widerstand $\varrho = 0{,}017$ Ohm $\times$ mm²/m ergibt sich

$$q = \frac{\varrho \cdot l}{R} = \frac{0{,}017 \cdot 4000}{0{,}11} = 620 \text{ mm}^2.$$

2. Fall. Spannung 220 Volt. Je 2 Lampen in Reihe. Wir schalten zwei Maschinen von je 110 Volt hintereinander (Bild 20). Die Spannung jeder Lampe wird 110 Volt. Wir haben dann bei 400 Lampen nur 200 Zweige von je 0,25 Amp., d. h. eine Stromstärke $I = 200 \cdot 0{,}25 = 50$ Amp. Die Leistung ist also wie früher $N = U \cdot I = 220 \cdot 50 = 11\,000$ Watt. Die Verluste sollen wie früher 10%, also 1100 Watt betragen. Wir erhalten jetzt

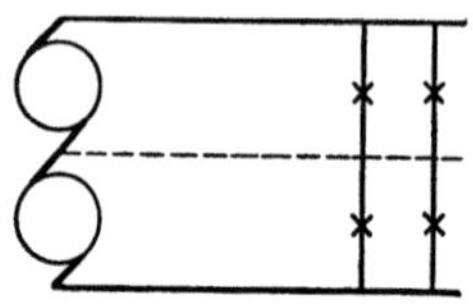

Bild 20. Glühlampen in Dreileiterschaltung.

$$R = \frac{1100}{50^2} = 0{,}44 \text{ Ohm},$$

$$q = \frac{0{,}017 \cdot 4000}{0{,}44} = 155 \text{ mm}^2.$$

In beiden Fällen werden gleich viele Lampen gespeist. Der Leitungsquerschnitt ist aber durch das Verdoppeln der Netzspannung viermal so klein geworden. Umgekehrt kann man bei demselben Leitungsquerschnitt bei gleichem relativem Verlust die vierfache Leistung übertragen, wenn man die Netzspannung verdoppelt.

Damit auch im zweiten Fall alle Lampen unabhängig voneinander geschaltet werden können, ist vom Verbindungspunkt der Maschinen nach den Verbindungspunkten je zweier Lampen ein Nulleiter geführt. Dieser hat gewöhnlich den halben Querschnitt wie die Außenleiter. Trotz des dritten Leiters ist die Ersparnis an Kupfer bedeutend.

II. Elektrochemie.

12. Die Vorgänge bei der Elektrolyse.

Die Leiter erster Klasse, zu denen die Metalle und die Kohle gehören, werden durch den Strom nicht verändert. Die Leiter zweiter Klasse, zu denen die Basen, Säuren und Salze in gelöstem oder geschmolzenem Zustand gehören, werden durch den Stromdurchgang zersetzt. Man nennt diese Zersetzung Elektrolyse.

Das Gerät, in dem die Zersetzung vor sich geht, heißt die Zersetzungszelle, und die in die Flüssigkeit tauchenden Leiter, durch die der Strom zu- und abgeleitet wird, heißen Elektroden. Die positive Elektrode, die den Strom zuführt, wird als Anode, die negative, an welcher der Strom austritt, als Kathode bezeichnet (Bild 21).

Von den Bestandteilen der Flüssigkeit wandert der eine mit dem Strom zur Kathode, der andere gegen den Strom zur Anode. Sie heißen daher Ionen, d. i. Wanderer. Die Spaltung in Ionen ist schon vor dem Durchgang des elektrischen Stromes vorhanden. Dazu führt unter anderem die Beobachtung des osmotischen Druckes, mit dem Wasser durch eine halbdurchlässige Wand in die Lösung eines Stoffes einzudringen sucht. Im allgemeinen ergibt sich für stark verdünnte Lösungen, die in gleichen Raumteilen gleich viele Moleküle enthalten, der gleiche osmotische Druck. Jedoch zeigen gerade die Leiter zweiter Klasse eine Abweichung. So ist z. B. der osmotische Druck bei der Salzsäure doppelt so groß und bei der Schwefelsäure dreimal so groß wie man erwartet. Diese Schwierigkeit löste Arrhenius durch die Annahme, daß das Molekül in mehrere kleinste Teilchen (Ionen) zerfallen ist, die nun in bezug auf den osmotischen Druck dieselbe Wirkung ausüben, wie sonst die Moleküle. Das Molekül der Salzsäure (HCl) ist z. B. in die beiden Ionen H und Cl, das der Schwefelsäure (H_2SO_4) in drei Ionen H, H und SO_4 zerfallen.

In bezug auf Gefrierpunkterniedrigung und Siedepunkterhöhung zeigen die Leiter zweiter Klasse dasselbe abweichende Verhalten. Dadurch erhält die Anschauung, daß ein Leiter zweiter Klasse freie Ionen enthält, eine weitere Stütze. Sie bedingen geradezu die Leitfähigkeit.

Die positiv geladenen Ionen heißen Kationen. Sie werden beim Stromdurchgang von der Kathode angezogen, wandern in der Stromrichtung und geben ihre positive Ladung an die Kathode ab. Die negativ geladenen Ionen heißen Anionen. Sie wandern gegen den Strom zur Anode, wo sie ihre negative Ladung abgeben. Dies ist nicht leicht mit der Vorstellung in Einklang zu bringen, wonach beim elektrischen Strom nur die positive Elektrizität fließt. Man wird am besten beide Vorstellungen nebeneinander bestehen lassen.

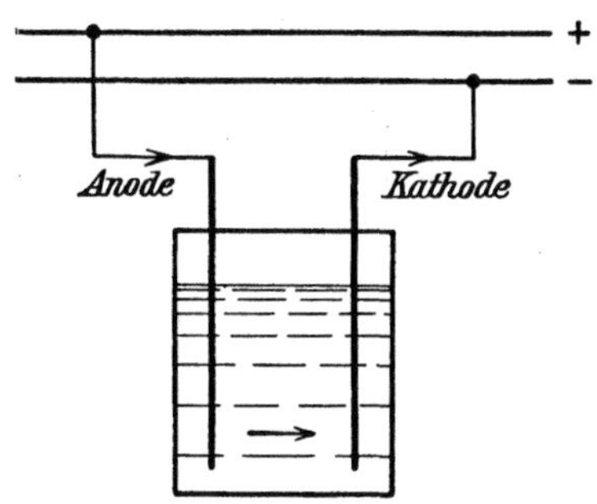

Bild 21. Zersetzungszelle.

Zu den Kationen gehören die Ionen der Metalle, wie Kalium, Magnesium, Eisen, Gold. Diese zeichnen sich durch ihren eigentümlichen Metallglanz aus, sind gute Leiter für Wärme und Elektrizität, und ihre Verbindungen mit Wasserstoff und Sauerstoff, z. B. Natronlauge ($NaOH$), Kalilauge (KOH), gelöschter Kalk ($Ca[OH]_2$), sind Basen. Die Basen sind dadurch gekennzeichnet, daß sie rotes Lackmuspapier blau färben, ätzend wirken, laugenhaft schmecken und Säuren neutralisieren. Da der Wasserstoff ebenfalls mit dem Strom zur Kathode wandert, so ist er, wie die Metalle, elektropositiv. Er ist also zu den Metallen zu rechnen, um so mehr, als er durch Metalle vertreten werden kann.

Zu den Anionen gehören die Ionen der Nichtmetalle. Diese sind, soweit sie in festem Zustand vorkommen, schlechte Leiter für Wärme und Elektrizität, und ihre Verbindungen mit Wasserstoff und Sauerstoff sind Säuren, wie z. B. Salzsäure (HCl), Schwefelsäure (H_2SO_4), Salpetersäure (HNO_3) Phosphorsäure (H_3PO_4). Die Säuren sind wiederum dadurch gekennzeichnet daß sie sauer schmecken, blaues Lackmuspapier rot färben, Metalle auflösen und Basen neutralisieren.

Chlor, Brom, Jod und Fluor sind in ihren Wasserstoffverbindungen ohne weiteres Anionen. Ferner gehören zu den Anionen noch die Säurereste SO_4, PO_4, NO_3 usw., sowie die Hydroxylgruppe OH der Basen.

Beispiele.

Kalilauge (KOH) wird zersetzt nach der Gleichung $2KOH = 2K + 2OH$. Das Kalium wandert mit dem Strom und macht an der Kathode unter Bildung von Kalilauge Wasserstoff frei: $2K + 2H_2O = 2KOH + H_2$. Die Hydroxylgruppe OH dagegen, die gegen den Strom wandert, macht an der Anode Sauerstoff frei: $2OH = H_2O + O$. Es scheint also, als ob allein Wasser zersetzt wäre. Dies trifft jedoch nicht zu, da reines Wasser ein vollkommener Nichtleiter ist.

Salzsäure wird zersetzt nach der Gleichung: $HCl = H + Cl$. Dabei tritt an der Kathode Wasserstoff und an der Anode Chlor auf.

Schwefelsäure wird zersetzt nach der Gleichung: $H_2SO_4 = H_2 + SO_4$. Dabei tritt ebenfalls an der Kathode Wasserstoff auf, während der Säurerest SO_4 zur Anode wandert. Falls diese aus Kohle oder Platin besteht, so zerfällt die Gruppe SO_4 nach der Gleichung: $SO_4 + H_2O = H_2SO_4 + O$. Es ist also wieder, als wenn Wasser allein zersetzt wäre. Besteht die Anode dagegen aus Kupfer, so wird sie von der Gruppe SO_4 zu Kupfersulfat gelöst: $SO_4 + Cu = CuSO_4$.

Chlorkali wird zersetzt nach der Gleichung: $KCl = K + Cl$. Dabei wandert das Kalium mit dem Strom zur Kathode. Dort bildet sich durch einen zweiten Vorgang, wie oben, Kalilauge. Das Chlor wandert dagegen zur Anode. Sind die beiden Elektroden durch eine halbdurchlässige Schicht, wie z. B. eine Tonzelle, getrennt, so ist das Endergebnis Kalilauge und Chlor. Arbeitet man jedoch ohne solche Schicht, so wirkt das gebildete Chlor auf die Kalilauge ein. In kalter Lösung entsteht bei diesem dritten Vorgang unterchlorigsaures Kali: $2KOH + 2Cl = KClO + KCl + H_2O$. In heißer Lösung bildet sich dagegen chlorsaures Kali: $6KOH + 6Cl = KClO_3 + 5KCl + 3H_2O$.

Kupfersulfat wird zersetzt nach der Gleichung: $CuSO_4 = Cu + SO_4$. Das Kupfer wandert mit dem Strom zur Kathode und verkupfert diese, während die Gruppe SO_4 zur Anode wandert. Besteht diese aus Platin oder Kohle, so wird, wie oben, Sauerstoff frei. Besteht sie aber aus Kupfer, so wird dieses aufgelöst, nach der Gleichung: $Cu + SO_4 = CuSO_4$.

Die obigen Beispiele beziehen sich auf die Zersetzung wässeriger Elektrolyte. Ein Beispiel für die Zersetzung von geschmolzenen Elektrolyten ist die Elektrolyse von Tonerde (Al_2O_3). Diese wird in einer Schmelze von Aluminiumfluorid und Aluminiumchlorid, die durch die Stromwärme flüssig gehalten wird, gelöst und durch den Strom nach der Gleichung $Al_2O_3 = 2Al + O_3$ zersetzt. Der gebildete Sauerstoff verbindet sich mit der Kohlenanode.

13. Die Gewichtsverhältnisse bei der Elektrolyse.

Nach Faraday stehen die an einer Elektrode ausgeschiedenen Gewichtsmengen in festem Verhältnis zu der Stromstärke und der Zeit, also zu der Elektrizitätsmenge. Sie sind außerdem von der Zusammensetzung des Elektrolyten abhängig. Wir leiten z. B. unter Benutzung von Platinelektroden denselben Strom durch Zersetzungszellen mit Schwefelsäure (H_2SO_4), Salzsäure (HCl), Kupfervirtiol ($CuSO_4$), Kupferchlorid ($CuCl_2$) und Kupferchlorür ($CuCl$) (Bild 22). Der Versuch werde fortgesetzt, bis 2 mg Wasserstoff in der ersten Zelle ausgeschieden sind. Dann erhalten wir die unten angegebenen Gewichtsmengen. Bei diesen ist in Klammern das Atomgewicht angegeben, d. h. die kleinste Gewichtsmenge eines Elementes, bezogen auf Wasserstoff, die eine chemische Verbindung eingeht. So ist das Atomgewicht des Chlors 35,4, weil Salzsäure (HCl) auf einen Teil Wasserstoff 35,4 Teile Chlor enthält. Wir erhalten:

1. (H_2SO_4)	2 mg	Wasserstoff	($H = 1$),	16 mg	Sauerstoff	($O = 16$).
2. (HCl)	2 mg	Wasserstoff	($H = 1$),	70,8 mg	Chlor	($Cl = 35{,}4$).
3. ($CuSO_4$)	63,2 mg	Kupfer	($Cu = 63{,}2$),	16 mg	Sauerstoff	($O = 16$)
4. ($CuCl_2$)	63,2 mg	Kupfer	($Cu = 63{,}2$),	70,8 mg	Chlor	($Cl = 35{,}4$).

Bis dahin ist alles regelmäßig. Man hätte aus den Gewichtsmengen der ersten Zelle die der nächsten drei Zellen berechnen können, da in der zweiten ebensoviel Wasserstoff gebildet wird wie in der ersten, in der dritten ebensoviel Sauerstoff wie in der ersten und in der vierten ebensoviel Kupfer wie in der dritten. Der Versuch scheint zu ergeben, daß die ausgeschiedenen Gewichtsmengen eines Elementes bei gleichem Strom und gleicher Zeit überall dieselben sind.

Beim Kupferchlorür (*CuCl*) findet man jedoch eine Schwierigkeit. Da im Kupferchlorür 63,2 Teile Kupfer auf 35,4 Teile Chlor enthalten sind, so erhalten wir entweder 63,2 mg Kupfer, wie in der dritten und vierten Zelle, woraus sich 35,4 mg Chlor ergeben, oder 70,8 mg Chlor, wie in der zweiten und vierten Zelle, was 126,4 mg Kupfer entspricht. Der Versuch entscheidet für den zweiten Fall, d. h. wir erhalten:

5. (*CuCl*) 126,4 mg Kupfer ($Cu = 63{,}2$), 70,8 mg Chlor ($Cl = 35{,}4$).

Man erhält also aus einer Chlorürlösung durch den gleichen Strom in der gleichen Zeit doppelt so viel Kupfer wie aus einer Chloridlösung.

Allgemein richten sich die ausgeschiedenen Gewichtsmengen nicht nach dem Atomgewicht, sondern nach dem Äquivalentgewicht. Dieses ist das Atomgewicht geteilt durch die Wertigkeit, wobei unter Wertigkeit die Anzahl

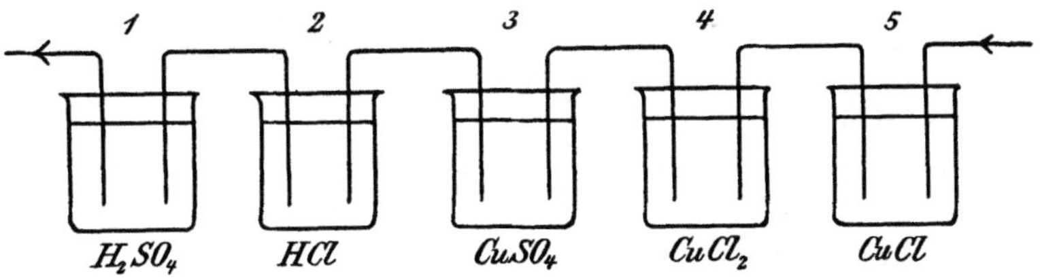

Bild 22. Reihenschaltung von Zersetzungszellen.

der Wasserstoffatome zu verstehen ist, die ein Element bindet oder vertritt. So ist z. B. das Chlor einwertig, weil es ein Atom Wasserstoff zu Salzsäure (HCl) bindet. Ebenso ist Kalium einwertig, weil es im Chlorkalium (KCl) ein Atom Wasserstoff der Salzsäure vertritt. Anderseits ist Sauerstoff zweiwertig, weil ein Atom Sauerstoff zwei Atome Wasserstoff zu Wasser (H_2O) bindet. Am besten stellt man sich diese Bindungen als Arme vor, durch die sich die Elemente aneinander hängen. So bindet im Kupferchlorür ein Atom Kupfer ein Atom Chlor, das Kupfer ist also hier einwertig. Denken wir uns nun, ein Atom Wasserstoff wöge 1 mg, so hätten wir im obigen Beispiel in der ersten Zelle im ganzen zwei Atome Wasserstoff von der Gruppe SO_4 getrennt, also zwei Bindungen oder Wertigkeiten gelöst. Ebenso findet man, daß in allen folgenden Zellen je zwei Wertigkeiten oder Arme gelöst sind. Man gelangt so zu der einfachsten Form des Faradayschen Gesetzes: Derselbe Strom löst in gleichen Zeiten überall gleich viele Bindungen, oder er scheidet überall äquivalente Gewichtsmengen aus.

Ist also G das Gewicht, a das Atomgewicht, n die Wertigkeit, I die Stromstärke und t die Zeit, so ist mit einem Festwert c

$$G = c \cdot \frac{a}{n} \cdot I \cdot t. \tag{1}$$

Der Versuch ergibt $c = 1{,}0386 \cdot 10^{-5}$g/Coulomb. Da $I \cdot t$ die Elektrizitätsmenge und a/n das Äquivalentgewicht ist, so nimmt das Faradaysche Gesetz die Form an: Gleichwertige Gewichtsmengen befördern die gleiche Elektrizitätsmenge, d. h. sie haben den gleichen Fassungsraum für Elektrizität.

Die Gewichtsmenge, die durch die Einheit der Elektrizitätsmenge ausgeschieden wird, heißt das elektrochemische Äquivalentgewicht. Es ergibt sich nach der obigen Gleichung zu $0{,}010386 \cdot a/n$ mg:Coulomb. Dies ist also die Gewichtsmenge, die bei ihrer Wanderung die Elektrizitätsmenge 1 Coulomb befördert. Das elektrochemische Äquivalentgewicht des Silbers ist z. B. $0{,}010386 \cdot 107{,}6/1 = 1{,}118$ mg:Coulomb und das des Kupfers in der Chlorid- und Sulfatlösung $0{,}010386 \cdot 63{,}2/2 = 0{,}328$ mg:Coulomb.

Mit Hilfe der spezifischen Gewichte der Gase ergibt sich der Raum des ausgeschiedenen Knallgases: 1 Amp. liefert in 1 sek. 0,174 cm³ trockenes Knallgas von 0^0 und 760 mm Druck.

Bei der Wasserzersetzung treten nach der Formel H_2O doppelt so viele Atome Wasserstoff auf wie Sauerstoff. Da zwei Atome Wasserstoff und zwei Atome Sauerstoff je ein Molekül bilden, so werden doppelt so viele Moleküle Wasserstoff gebildet wie Sauerstoff. Nach der Avogadroschen Regel nimmt dann auch der ausgeschiedene Wasserstoff doppelt soviel Raum ein wie der Sauerstoff.

14. Die Polarisation.

Zersetzt man verdünnte Schwefelsäure zwischen Platinelektroden, so mißt man an der Zersetzungszelle eine Spannung von 2 bis 3 Volt. Legt man eine geringere Spannung an, so wird das Wasser überhaupt nicht zersetzt, und legt man nach Bild 23 eine höhere Spannung, z. B. 10 oder 20 Volt, unter Zwischenschaltung eines Widerstandes an, so stellt sich von selbst eine Klemmenspannung von 2 bis 3 Volt her. Ist in Bild 23 E_o die von der Maschine erzeugte Spannung, I die Stromstärke, R der Vorschaltwiderstand einschließlich des Widerstandes der Maschine und der Zuleitung, so ist die Spannung der Zersetzungszelle $U = E_o - I \cdot R$.

Obwohl die Spannung von außen an die Zelle gelegt wird und den Strom durch die Zelle treibt, ist ihre Größe von der Zelle bestimmt. Wir können sie also nicht willkürlich ändern, sondern sie ist von der Beschaffenheit der Zelle selbst abhängig. Sie bleibt z. B. wesentlich dieselbe, wenn wir durch Änderung der Maschinenspannung oder des vorgeschalteten Widerstandes die Stromstärke erheblich ändern. Sie bleibt sogar auch dann angenähert dieselbe, wenn wir den Abstand der beiden Elektroden, also den Widerstand der Flüssigkeit, verändern. Demnach kann sie nicht, wie die Spannung an einem Metallwiderstand, durch die Stromstärke und den inneren Widerstand R_i gegeben sein. Tatsächlich ist sie viel größer als der Ohmsche Spannungsverbrauch.

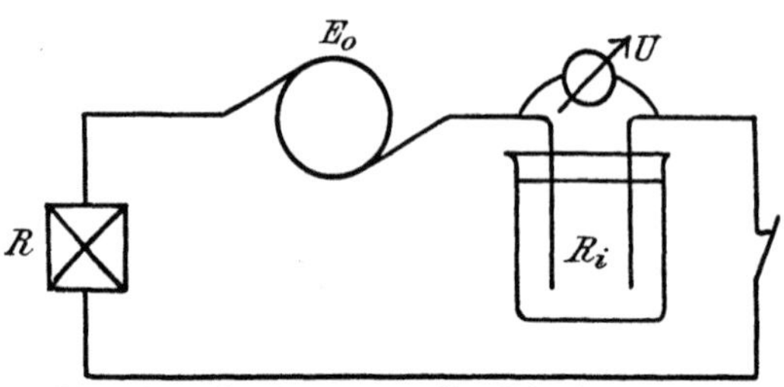

Bild 23. Maschine, Zersetzungszelle, Widerstand in Reihe.

Das wird erklärlich durch die Beobachtung, daß die Zelle nach Unterbrechung des Hauptstromes einen Strom durch den im Nebenschluß zur Zersetzungszelle liegenden Spannungszeiger sendet. Sie arbeitet dann wie eine Stromquelle, die den Strom aus derselben Klemme heraustreibt, in die er früher eingetreten war. Dieser Strom heißt der Polarisationsstrom, und die jetzt wirksame Spannung ist die Polarisationsspannung. Sie ist nur so lange wirksam, wie die beiden Elektroden noch mit Glasbläschen bedeckt sind. Wir haben dabei eine stromerzeugende Zelle, die aus Wasserstoff, Schwefelsäure und Sauerstoff besteht. Die von ihr erzeugte Spannung E wirkt dem ursprünglichen Strom entgegen.

Nun ist diese Spannung schon während des ursprünglichen Stromes wirksam gewesen. Die Klemmenspannung U hatte dabei den geringen Ohmschen Spannungsverbrauch zu liefern und die Gegenspannung E der Polarisation zu überwinden. Sie ist dann während des ursprünglichen Stromdurchganges: $U = E + I \cdot R_i$.

Die Polarisationsspannung ist also die Spannung, die durch die Veränderung der Elektroden der Zersetzungszelle entsteht. Wenn sie, wie gewöhnlich, gegenüber dem Ohmschen Spannungsverbrauch sehr groß ist, so ist die Klemmenspannung fast nur durch sie und nicht durch die Stromstärke oder den inneren Widerstand bedingt.

Durch das Energiegesetz wird das Auftreten der Polarisationsspannung noch deutlicher. Vervielfachen wir die obige Gleichung mit $I \cdot t$, so erhalten wir: $U \cdot I \cdot t = E \cdot I \cdot t + I^2 \cdot R_i \cdot t$. Darin stellt $U \cdot I \cdot t$ die der Zelle zugeführte Arbeit und $I^2 \cdot R_i \cdot t$ den Verbrauch durch Stromwärme dar. Wir schließen also, daß die Arbeit $E \cdot I \cdot t$ bei der Wasserzersetzung verbraucht ist. Das wird noch deutlicher, wenn wir beachten, daß das entwickelte Knallgas eine Energie besitzt. Wenn wir es zur Entzündung bringen, wird Wärme entwickelt oder Arbeit geleistet, die gleich der bei der Zersetzung aufgewendeten Arbeit ist.

Da die bei der Zersetzung aufgespeicherte chemische Energie der Gewichtsmenge und diese wieder der Elektrizitätsmenge proportional ist, so folgt, daß die Polarisationsspannung für ein und dieselbe Art von Zersetzungszellen stets denselben Wert hat. Sie ist aber bei verschiedenen Zellen verschieden. Wenn z. B. Kupfer und Sauerstoff unter Anwendung von Platinelektroden aus Kupfersulfat ausgeschieden werden, so ist die Polarisation eine andere, als wenn Wasser in Wasserstoff und Sauerstoff zerlegt wird. In Übereinstimmung damit ist die Verbrennungswärme bei Wiedervereinigung der Endprodukte in beiden Fällen verschieden.

Wir wollen nun die Polarisation vorausberechnen. Nach Gl. (1) ist die ausgeschiedene Gewichtsmenge $G = c \cdot I \cdot t \cdot a/n$. Die bei der Zersetzung geleistete Arbeit ist dann

$$A = E \cdot I \cdot t = \frac{E \cdot G}{c \cdot a/n} \quad \text{oder} \quad E = \frac{c \cdot A \cdot a/n}{G}.$$

Nun ist $A : G$ die Arbeit für die Gewichtseinheit, also $A \cdot a/n : G$ die Arbeit, die bei der Zersetzung äquivalenter Gewichtsmengen zugeführt oder bei der Wiedervereinigung in Form von Wärme wiedergewonnen wird. Wird die Arbeit in Joule, das Gewicht in Gramm, und c in Gramm/Coulomb eingesetzt, so erhält man die Spannung E in Volt.

Bei der Bildung eines Grammäquivalentes Wasser werden z. B. 34000 gkal frei, was nach Gl. (10) auf S. 12 einer Arbeit von $34000 : 0{,}24 = 141700$ Joule entspricht. Demnach wird

$$E = 1{,}0386 \cdot 10^{-5} \cdot 141700 = 1{,}47 \text{ Volt}.$$

Man kann also z. B. mit einer Daniellzelle, deren Spannung wenig mehr als 1 Volt ist, kein Wasser zersetzen. Die wirkliche Polarisationsspannung ist übrigens noch höher als 1,47 Volt, da wir nur die wesentlichste Ursache der Polarisation berücksichtigen.

Zersetzt man Kupfervitriollösung unter Anwendung einer Reinkupferplatte als Anode, so wird an der Anode Kupfer aufgelöst und an der Kathode Kupfer gefällt. Beide Elektroden haben dauernd die gleiche chemische Beschaffenheit, können also nie mit der Flüssigkeit zusammen eine Stromquelle bilden. Die Polarisation ist daher Null. Zur Ausfällung des Kupfers an der Kathode wird genau die Arbeit verbraucht, die bei der Lösung des Kupfers an der Anode gewonnen wird, so daß die eigentliche Zersetzung ohne Arbeitsaufwand vor sich geht. Die Klemmenspannung ist dann genau gleich dem Ohmschen Spannungsverbrauch.

15. Die Sammler.

Die Sammler oder Akkumulatoren enthalten Bleiplatten, zwischen denen verdünnte Schwefelsäure zersetzt wird. Die positiven Platten sind nach Bild 24 Bleigitter, die durch Behandlung mit Perchlorat oberflächlich in Bleisuperoxyd verwandelt sind. Die negativen Platten bestehen ebenfalls aus Bleigittern, enthalten aber weitere Maschen, die mit Bleiglätte, d. i. Bleioxyd, ausgefüllt sind. Sie werden nach Aufstellung der Zellen durch eine 40stündige Ladung in metallisches Blei übergeführt. Die Platten liegen mit ihren Nasen auf dem Rand der Glasgefäße. Die gleichnamigen Platten jeder Zelle sind durch Bleistreifen miteinander verlötet (Bild 25).

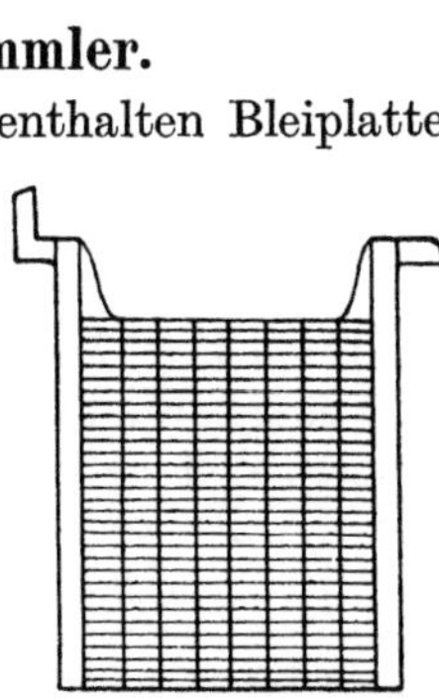
Bild 24. Sammlerplatte.

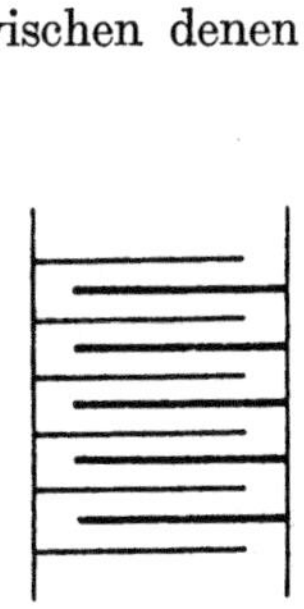
Bild 25. Verbindung.

Die erzeugte Spannung beträgt 2 *Volt.* Sie ist nicht nur bei der Entladung, sondern auch während der Ladung vorhanden und wirkt dabei dem Strome oder der Klemmenspannung entgegen. Der Strom fließt bei der Entladung aus derselben Klemme heraus, in die er bei der Ladung eintritt. Diese Klemme ist also in beiden Fällen positiv, da man bei einem *Stromerzeuger* (Entladung) die Klemme als positiv bezeichnet, an welcher der Strom austritt, während bei einem *Stromverbraucher* (Ladung) die Klemme positiv ist, an welcher der Strom eintritt. Bei der *Entladung* vollzieht sich nun, wie *Wilh. Kohlrausch* zuerst erkannte, folgender Vorgang:

Zustand vor der Entladung:	$+PbO_2$	H_2SO_4	$Pb-$
Stromrichtung in der Zelle:	$\longleftarrow$		
Wanderungsrichtung der Ionen:	$H_2 \longleftarrow$		$\longrightarrow SO_4$
Vorgänge an den Platten:	$PbO_2 + H_2 + H_2SO_4 = PbSO_4 + 2\,H_2O$		$Pb + SO_4 = PbSO_4$
Zustand nach der Entladung:	$PbSO_4$		$PbSO_4$

Beide Platten werden also während der Entladung in schwefelsaures Blei übergeführt: die positive dadurch, daß das Bleisuperoxyd durch Wasserstoff zu (schwefelsaurem) Bleioxyd reduziert wird, die negative dadurch, daß das Blei durch Sauerstoff zu (schwefelsaurem) Bleioxyd oxydiert wird. Das Bleisuperoxyd der positiven Platte gibt also gleichsam seinen überschüssigen Sauerstoff an das Blei der negativen Platte ab. Die Oxydation des Bleies ist dabei in ähnlicher Weise die Quelle der elektrischen Arbeit, wie die Oxydation der Kohle im Ofen die Ursache der Wärmeentwicklung ist. Wenn schließlich die positive Platte ihren überschüssigen Sauerstoff abgegeben hat und die negative Platte dadurch oxydiert ist, so ist die aufgespeicherte Energie frei geworden und der Sammler entladen. Dies geht daraus hervor, daß die beiden Platten jetzt chemisch gleich sind, also keine Stromquelle bilden können.

Der entladene Sammler werde nun wieder geladen:

Zustand vor der Ladung:	$+PbSO_4$	H_2SO_4	$PbSO_4-$
Stromrichtung in der Zelle:		$\longrightarrow$	
Wanderungsrichtung der Ionen:	$SO_4 \longleftarrow$		$\longrightarrow H_2$
Vorgänge an den Platten:	$PbSO_4 + SO_4 + 2\,H_2O = PbO_2 + 2\,H_2SO_4$		$PbSO_4 + H_2 = H_2SO_4 + Pb$
Zustand nach der Ladung:	PbO_2		Pb

An den Platten ist also wieder Bleisuperoxyd und Blei gebildet, so daß die Zersetzungszelle wieder eine Stromquelle geworden ist.

Neben der Oxydation und Reduktion sind auch die Änderungen der Säuredichte bei den Arbeitsvorgängen beteiligt. Das spezifische Gewicht wird bei der Entladung geringer, bei der Ladung größer.

Der Vorgang der Ladung besteht also in einer Umwandlung der wirksamen Masse und nicht etwa in der Aufspeicherung von Elektrizität. Wenn man trotzdem von einer *Kapazität* des Sammlers spricht, so meint man die Elektrizitätsmenge, die bei der Entladung in *Bewegung gesetzt* wird. Von einer Aufspeicherung ist dabei keine Rede.

Da die Kapazität durch das Gewicht der wirksamen Masse gegeben ist, so ist sie *theoretisch* unabhängig davon, ob mit starkem Strom kurze Zeit oder mit schwachem Strom längere Zeit entladen wird, und mit welcher Stromstärke etwa vorher geladen ist. In Wirklichkeit ist allerdings die Kapazität bei Entladung mit starkem Strom kleiner, da die wirksame Masse dann nur oberflächlich umgewandelt wird.

Der *Wirkungsgrad* hinsichtlich der Elektrizitätsmenge ist das Verhältnis der Produkte aus Stromstärke mal Zeit bei der Entladung und bei der Ladung. Er übersteigt meist den Wert 0,9. Grundsätzlich müßte er Eins sein, da Ladung und Entladung in der Bildung und Rückbildung der wirksamen Masse bestehen und die in Bewegung gesetzten Elektrizitätsmengen der umgewandelten wirksamen Masse proportional sind. Wenn jedoch eine längere Zeit zwischen Ladung und Entladung liegt, so entlädt sich der Sammler von selbst. Dies liegt weniger an einer schlechten Isolation, als an Selbstentladung durch Ströme, die an einer und derselben Platte durch Unreinigkeit der Säure, unvollständige Ladung oder ungleiche Säuredichte auftreten. Endlich wird der Wirkungsgrad auch dadurch verringert, daß ein Teil der bei der Ladung aufgewendeten Elektrizitätsmenge nutzlos zur Gasentwicklung verwendet wird. Wenn gegen Ende der Ladung die wirksame Masse größtenteils umgewandelt ist, kann der Wasserstoff und Sauerstoff die Platten nicht mehr anangreifen, d. h. die Gasentwicklung beginnt. Nur dann, wenn man die Ladung unterbricht, bevor eine stärkere Gasentwicklung auftritt, wird der Wirkungsgrad hoch.

Wichtiger ist der Wirkungsgrad hinsichtlich der Arbeit. Um ihn zu ermitteln, beobachten wir bei Ladung und Entladung mit dem vorgeschriebenen Strome die Klemmenspannung. Diese beträgt im Anfang der Ladung etwa 2,1 Volt und steigt wegen der an den Elektroden haftenden Gasblasen am Ende der Ladung (Bild 26a). Wenn die Spannung von 2,6 Volt erreicht ist, wird die Ladung meist unterbrochen. Bei der Entladung beträgt die Klemmenspannung anfangs etwa 1,9 Volt und fällt am Schluß auf 1,8 Volt (Bild 26b). Eine weitere Entladung würde die Platten verderben, und die Spannung würde auch bald stark sinken.

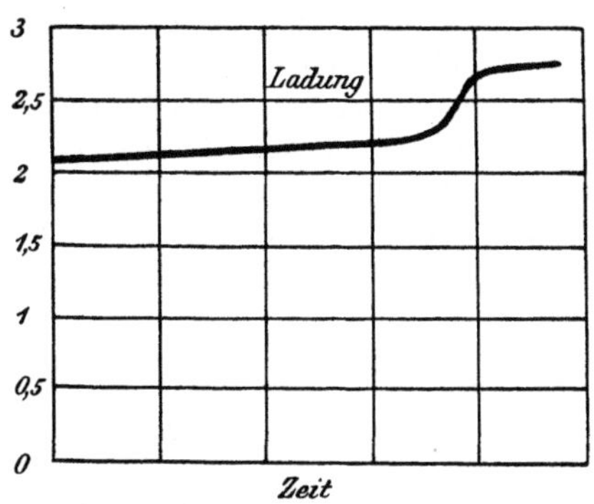

Bild 26a. Spannung bei Ladung.

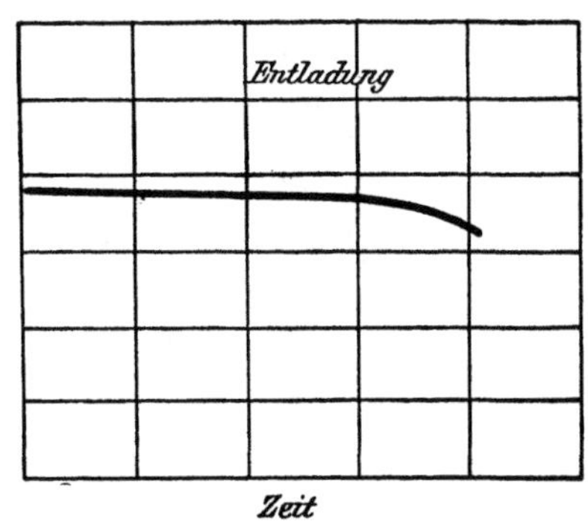

Bild 26b. Spannung bei Entladung.

Die Ursache, weshalb die Klemmenspannung bei der Entladung kleiner ist als bei der Ladung, liegt hauptsächlich in dem inneren Spannungsverlust. Ist E die vom Sammler erzeugte Spannung und R_i der innere Widerstand, so ist die Klemmenspannung bei der Ladung $U = E + I \cdot R_i$, bei der Entladung $U = E - I \cdot R_i$. Außerdem ist auch die vom Sammler erzeugte Spannung bei der Entladung kleiner als der durch die Gasentwicklung vergrößerte Wert bei der Ladung. Der Wirkungsgrad bezogen auf die elektrische Arbeit ist also nur etwa 0,8 bis 0,9.

16. Die Vorgänge in Zellen.

Die einfachste Zelle besteht aus Kupfer und Zink in verdünnter Schwefelsäure. Das Zink ist verquickt, damit es nicht auch ohne die Tätigkeit der Zelle von der Schwefelsäure gelöst wird. Man beobachtet nun bei offener Zelle durch ein Elektrometer, daß das Kupfer positiv, das Zink negativ geladen ist. Verbindet man die Klemmen durch einen Leiter, so fließt ein Strom außen vom Kupfer zum Zink und innen vom Zink zum Kupfer. Dabei wird die Schwefelsäure zerlegt, und der Wasserstoff wandert mit dem Strome zum Kupfer, wo er sich in Blasen ansetzt. Dadurch entsteht eine neue Zelle, die aus Wasserstoff, Schwefelsäure und Zink besteht, und deren Spannung der ursprünglichen entgegengesetzt ist. Infolgedessen sinkt die Spannung allmählich, d. h. die Zelle polarisiert sich. Man muß daher die Polarisierung durch den Wasserstoff verhindern, d. h. ihn im Augenblick des Entstehens binden oder statt seiner ein Metall ausfällen.

Die Daniell-Zelle enthält zu diesem Zwecke Kupfervitriol und verdünnte Schwefelsäure, die durch eine halbdurchlässige Trennwand getrennt sind. Eine Kupferplatte im Kupfervitriol bildet den positiven, eine Zinkplatte in der Schwefelsäure den negativen Pol: $+ Cu —— CuSC_4 \| H_2SO_4 —— Zn —$.

Der Strom, den die Zelle erzeugt, fließt in der Zelle vom Zink zum Kupfer. Der Wasserstoff aus der Schwefelsäure durchdringt dabei die Trennwand und fällt das Kupfer an der Kupferelektrode aus: $H_2 + CuSO_4 = Cu + H_2SO_4$. Das Zink wird dagegen durch die Gruppe SO_4, die gegen den Strom wandert, zu Zinksulfat ($ZnSO_4$) gelöst: $Zn + SO_4 = ZnSO_4$. Durch diesen Oxydationsvorgang wird die Arbeit im äußeren Kreise, die Stromwärme in der Zelle und die zur Ausfällung des Kupfers verbrauchte Arbeit geliefert. Die elektrische Arbeit ist dabei der Unterschied der bei der Lösung des Zinks gewonnenen und bei der Ausfällung des Kupfers verbrauchten Arbeit. Da die Elektroden unverändert bleiben, so tritt keine Polarisierung ein. Die Spannung ist unverändert 1,07 Volt.

Die Bunsen-Zelle besteht aus Kohle in starker Salpetersäure und Zink in verdünnter Schwefelsäure. Die Flüssigkeiten sind durch eine halbdurchlässige Trennwand getrennt: $+ C —— HNO_3 \| H_2SO_4 —— Zn —$. Die Kohle ist der positive, das Zink der negative Pol. Die Gruppe SO_4 löst Zink unter Bildung von Zinksulfat, während der mit dem Strom wandernde Wasserstoff an der Kohle durch den Sauerstoff der Salpetersäure gebunden wird: $3H_2 + 2HNO_3 = 2NO + 4H_2O$. Das Stickoxyd ($NO$) oxydiert sich an der Luft zu braunem Stickstoffdioxyd (NO_2). Die Spannung ist 1,8 bis 1,9 Volt. Der innere Widerstand ist gering.

Die Chromzelle besteht aus Kohle und Zink in einer Lösung von verdünnter Schwefelsäure und Kaliumbichromat (K_2CrO_4, CrO_3):

$$+ C —— H_2SO_4,\ K_2CrO_4,\ CrO_3 —— Zn — .$$

Die Zelle enthält keine Trennwand. Die Kohle ist der positive Pol. Die Gruppe SO_4 löst Zink, während der an der Kohle auftretende Wasserstoff durch Sauerstoff aus dem doppeltchromsauren Kali gebunden wird. Dieses enthält Chromsäure (CrO_3), die durch Wasserstoff zu Chromoxyd reduziert wird: $2\,CrO_3 + 3\,H_2 = Cr_2O_3 + 3\,H_2O$. Die rote Farbe der Chromsäure geht in die grüne des schwefelsauren Chromoxyds über. Zugleich wird die Spannung, die ursprünglich 2 Volt betrug, geringer.

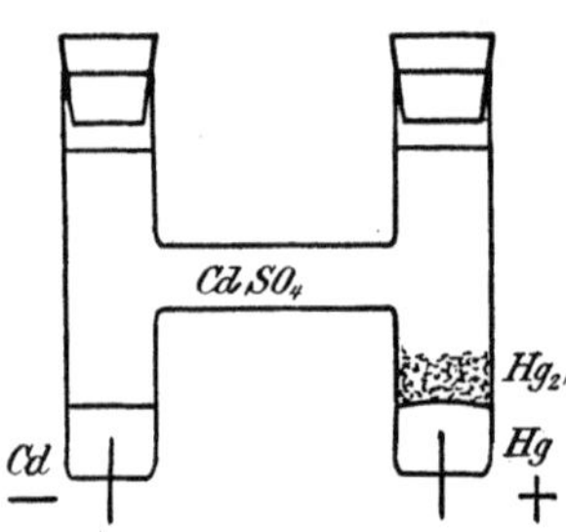

Bild 27. Weston-Zelle.

Die Leclanché-Zelle enthält Zink und Kohle in Salmiaklösung: $+ C —— NH_4Cl —— Zn —$. Das Chlor wandert zum Zink und löst es zu Chlorzink, ein Vorgang, bei dem ebenso wie bei einer Oxydation Arbeit frei wird. Die Gruppe NH_4, die sich wie ein Metall verhält, wandert zur Kohle und zerfällt hier in Ammoniak und Wasserstoff nach der Gleichung: $NH_4 = NH_3 + H$. Der Wasserstoff würde die Zelle polarisieren, wenn er nicht durch Braunstein, von dem die Kohle umgeben ist, gebunden würde. Braunstein oder Mangansuperoxyd (MnO_2) gibt Sauerstoff unter Bildung von Manganoxyd (Mn_2O_3) an den Wasserstoff ab, nach der Gleichung: $2\,MnO_2 + H_2 = Mn_2O_3 + H_2O$. Er kann aber bei stärkerem Strom den Wasserstoff nicht schnell genug binden. Die erzeugte Spannung, die im stromlosen Zustand 1,4 Volt beträgt, sinkt daher, wenn ein stärkerer Strom entnommen wird.

Die Weston-Zelle (Bild 27) besteht aus einem Glasgefäß in H-Form, in das zwei Platindrähte eingeschmolzen sind. Die positive Elektrode ist Quecksilber (Hg), die negative Kadmiumamalgam mit 12 bis 13% Kadmium (Cd). Als Flüssigkeit dient eine gesättigte Kadmiumsulfatlösung ($CdSO_4$), deren Sättigung durch beigegebene Kadmiunmsulfatkristalle aufrecht gehalten wird. Beim Stromdurchgang wandert das Kadmium mit dem Strom. Damit es sich nicht mit der positiven Elektrode legiert und beide Elektroden dadurch mehr und mehr gleich werden, befindet sich über dem Quecksilber eine Mischung von Quecksilberoxydulsulfat (Hg_2SO_4), Kadmiumsulfatkristallen und metallischem Quecksilber. Die Kadmium-Ionen bilden nun mit dem Quecksilberoxydulsulfat Quecksilber und Kadmiumsulfat: $Cd + Hg_2SO_4 = CdSO_4 + 2Hg$. Da also die positive Elektrode Quecksilber bleibt, so tritt keine Polarisation auf. An der negativen Elektrode wird Kadmium von der Gruppe SO_4 gelöst. Die Spannung ist bei der Entnahme ganz schwacher Ströme unverändert 1,0183 Volt.

17. Voltameter.

Um die Stromstärke genau zu messen, benutzt man ein Silbervoltameter. Als Kathode dient ein Platintiegel, der eine Lösung von 20 bis 40 Gewichtsteilen reinen Silbernitrats ($AgNO_3$) in 100 Teilen Wasser enthält, während die Anode durch einen Stab aus reinem Silber gebildet wird. Die Lösung darf nur so lange benutzt werden, bis 3 g Silber auf 100 cm³ der Lösung ausgeschieden sind, und auf 1 cm² der Kathode darf nicht mehr als 0,1 g Silber niedergeschlagen werden. Die Stromdichte soll an der Anode nicht mehr als $^1/_5$ Amp., an der Kathode nicht mehr als $^1/_{50}$ Amp. auf 1 cm² betragen. Der Tiegel wird vor dem Versuch gewogen. Nach dem Versuch wird er mit chlorfreiem, destilliertem Wasser gespült, bis das Waschwasser nach Zusatz von Salzsäure keine Trübung mehr zeigt. Dann wird 10 Min. lang mir destilliertem Wasser von 70 bis 90⁰ ausgelaugt und gespült, bis das Waschwasser mit Salzsäure keine Trübung ergibt. Man trocknet den Tiegel bei gelinder Wärme, läßt im Trockengefäß erkalten und wägt 10 Min. später.

Die Berührung der inneren Tiegelwandung mit dem Finger ist streng zu vermeiden, da der Silberniederschlag sonst nicht fest haftet. Um etwaige Verunreinigungen organischer Natur zu zerstören, ist der Tiegel vor Ausführung des Versuches zu glühen. Er darf dabei aber keine Spur von Silber enthalten, da sich sonst eine leicht schmelzende Platin-Silberlegierung bildet. Auch darf nur die Spitze einer nichtleuchtenden Flamme benutzt werden, da sich sonst Kohlenstoffplatin bildet.

Ist G_1 bzw. G_2 das Gewicht vor und nach dem Versuch, t die Zeit und a das elektrochemische Äquivalentgewicht, so ist

$$I = (G_2 - G_1) : a\, t.$$

Führt man das Gewicht in Milligramm, die Zeit in sek. und $a = 1{,}118$ mg/Coulomb ein, so erhält man die Stromstärke in Amp.

III. Elektromagnetismus.

18. Die magnetische Induktion.

Nach Faraday nennen wir die Umgebung eines Dauermagneten oder eines Elektromagneten, wo magnetische Wirkungen beobachtet werden, das magnetische Feld. Die Wirkungen bestehen in der Kraftwirkung auf Magnetpole oder stromdurchflossene Leiter, oder in der Induktionswirkung, durch die bei Drehung einer Drahtschleife oder Bewegung eines Leiters im magnetischen Feld eine Spannung erzeugt wird.

Da wir seit Faraday keine Fernwirkung mehr annehmen, muß die Ursache aller dieser Wirkungen an der Stelle vorhanden sein, an der die Wirkung beobachtet wird. Welche von den Wirkungen wir dabei zur Kennzeichnung des Feldes voranstellen, ist gleichgültig. Wir wollen von der Induktionswirkung ausgehen. Sie zeigt sich z. B. durch den Stromstoß, den wir erhalten, wenn wir eine Drahtwindung im magnetischen Feld um 180⁰ drehen. Der Einfachheit wegen nehmen wir an, daß das Feld gleichförmig ist, oder wir setzen die Fläche der Windung so klein voraus, daß wir in der nächsten Umgebung mit einem gleichförmigen Feld rechnen können. Dann zeigt sich, daß der Stromstoß unter sonst gleichen Umständen mit der Fläche der Schleife wächst und bei einer bestimmten Anfangslage der Schleife am stärksten ist. Wir bringen nun eine Windung, welche eine ebene Fläche gleich der Flächeneinheit umfaßt, in die Stellung, in der wir bei einer Drehung um 180° den größten Stromstoß erhalten. Die Größe des Feldes, die wir durch diesen Stromstoß bei gegebenem Widerstand des Meßgerätes messen, heißt die magnetische Induktion.

Da wir zur Ermittlung der Induktion unsere Windung in eine bestimmte Anfangslage bringen mußten, so hat die Induktion, ähnlich wie eine Kraft, eine Richtung im Raum. Diese ist bei unserem Versuch gegeben durch die Senkrechte auf die Ebene unserer Windung in unserer Anfangslage. Wenn man also Induktionen, die von verschiedenen Polen an einer Stelle des Feldes herrühren, zusammensetzen will, so muß man sie wie Kräfte geometrisch aneinanderfügen.

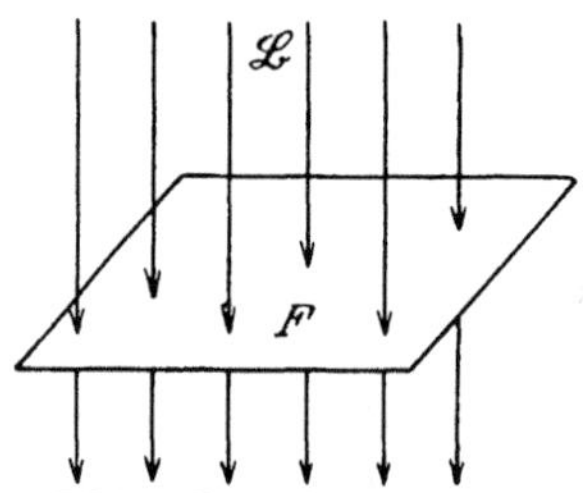

Bild 28. Induktionslinien, eine Fläche senkrecht durchsetzend.

Eine anschauliche Vorstellung von der Induktion erhalten wir, wenn wir mit Faraday das magnetische Feld von sogenannten Induktionslinien oder Kraftlinien erfüllt denken, die willkürlich als vom Nordpol ausgehend angesehen werden (Bild 28). Sie geben nichts anderes an als die Richtung der Induktion. Indem man sie aber verschieden dicht zeichnet, kann man sie benutzen, um auch die ungefähre Größe der Induktion an den einzelnen Stellen des Feldes anschaulich zu machen. Die magnetische Induktion ist dann gleichbedeutend mit der Dichte der Kraftlinien oder der sogenannten magnetischen Dichte.

Wir können die Induktionslinien oder Kraftlinien dadurch zur Darstellung bringen, daß wir Eisenfeilspäne von oben auf eine Unterlage streuen, die wir dabei etwas

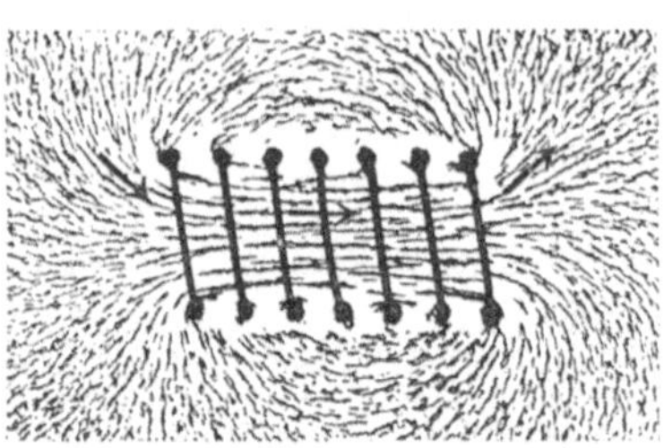
Bild 29. Kraftlinien einer stromdurchflossenen Spule (aus Pohl, Einführung in die Elektrizitätslehre, Berlin 1927).

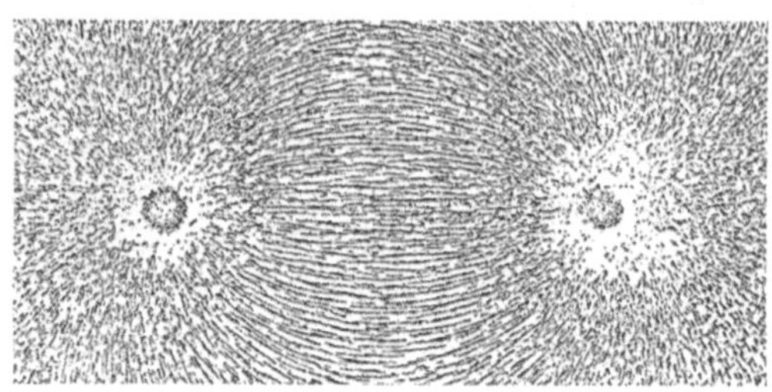
Bild 30. Eisenfeilspäne im Feld zweier ungleichnamiger Pole (aus Benischke, Wissenschaftliche Grundlagen der Elektrotechnik 6. Aufl., Berlin 1922).

erschüttern. Die Eisenfeilspäne werden beim Herunterfallen selbst magnetisch, ziehen sich gegenseitig an und ordnen sich in bestimmten Kurven an. Bild 29 (aus Pohl, Einführung in die Elektrizitätslehre, Berlin 1927) gibt die Kraftlinien einer stromdurchflossenen Spule, während Bild 30 (wie in den früheren Auflagen aus Benischke, Wissenschaftliche Grundlagen der Elektrotechnik) die Kraftlinien zweier ungleichnamiger Pole darstellt.

Die Kurven zeigen uns an jeder Stelle die Richtung der Kraft und damit auch der Induktion an. Gleichzeitig liegen die Feilspäne am dichtesten in der Nähe der Pole, wo die Induktion am größten ist.

19. Der Induktionsfluß.

Das Produkt aus der Fläche, die von den Induktionslinien durchsetzt wird, und der zur Fläche senkrechten Komponente der Induktion heißt der **Induktionsfluß** durch die Fläche. Er wird mit Φ bezeichnet. Die magnetische Dichte $\mathfrak{B}$ ist also der Fluß durch die Flächeneinheit. Stehen die Induktionslinien nach Bild 28 senkrecht auf der Fläche F, so ist

$$\Phi = \mathfrak{B} \cdot F \qquad (1) \qquad \mathfrak{B} = \frac{\Phi}{F}.$$

Die Einheit des Flusses Φ ist der Fluß, der gleichmäßig in 1 sek. aus einer Windung verschwindend die Spannung 1 Volt erzeugt. Diese Einheit heißt 1 **Voltsekunde**. Der 10^8te Teil wird oft als ein Maxwell oder als eine Kraftlinie bezeichnet. Die Einheit der Induktion $\mathfrak{B}$ ist dann 1 **Voltsek/cm²**. 10^{-8} **Voltsek/cm²** werden als 1 **Gauß** oder als 1 **Kraftlinie/cm²** bezeichnet.

Ist z. B. die dem Anker gegenüberstehende Fläche des Nordpols eines Stromerzeugers $F = 500$ cm² und die zur Fläche senkrechte, gleichförmige Induktion $\mathfrak{B} = 10000$ Gauß $= 10000 \cdot 10^{-8}$ Voltsek/cm², so ist der in den Anker eintretende Fluß

$$\Phi = \mathfrak{B} \cdot F = 10000 \cdot 10^{-8} \cdot 500 = 5 \cdot 10^{-2} \text{ Voltsek} = 5 \cdot 10^6 \text{ Kraftlinien.}$$

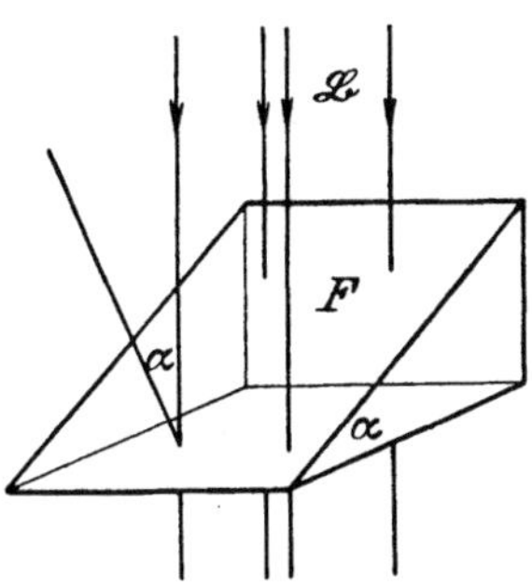

Bild 31. Fluß durch die Fläche F.

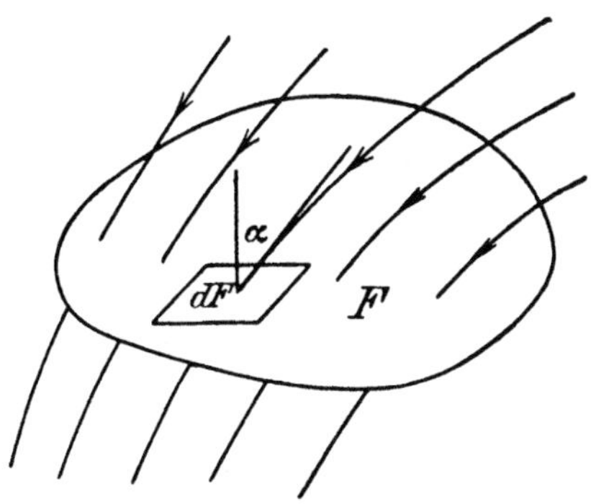

Bild 32. Fluß durch die Fläche F.

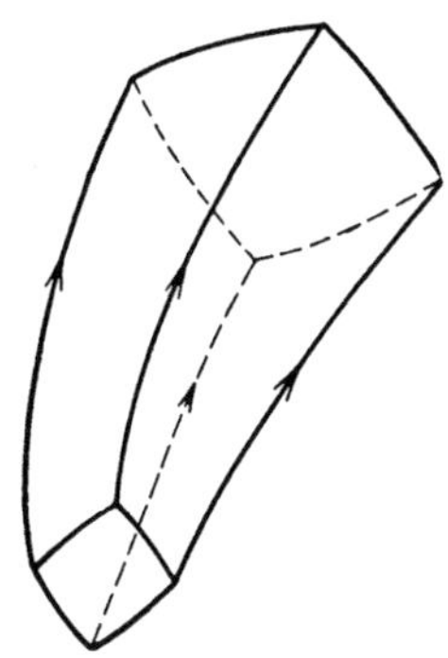
Bild 33. Induktionsröhre.

Bildet die gleichförmige Induktion $\mathfrak{B}$ mit der Senkrechten auf der ebenen Fläche F den Winkel α, so ist die zur Fläche senkrechte Komponente der Induktion gleich $\mathfrak{B} \cdot \cos\alpha$ (Bild 31). Demnach ist der Fluß durch die Fläche

$$\Phi = \mathfrak{B} \cdot F \cdot \cos\alpha. \qquad (2)$$

Ist das Feld ungleichförmig oder die Fläche krumm, und ist α nach Bild 32 der Winkel zwischen der jeweiligen Induktion und der Senkrechten auf dem zugehörigen Flächenteilchen dF, so wird

$$\Phi = \int \mathfrak{B} \cdot dF \cdot \cos\alpha.$$

Im Gegensatz zur Induktion hat der Fluß **keine Richtung im Raum**. Mehrere Flüsse, die also eine Fläche durchsetzen, muß man **algebraisch** zusammenzählen, gleichgültig, wie die Induktionen zur Fläche gerichtet sind.

Wir zerlegen nun das Feld in nebeneinander verlaufende Kanäle von beliebigem Querschnitt, so daß die Wandung an jeder Stelle gleiche Richtung mit der jeweiligen Induktion hat (Bild 33). Ein solcher Kanal heißt eine **Induktionsröhre**. Sie ist dadurch bestimmt, daß der Fluß durch jedes Flächenteilchen der Wandung gleich Null ist, d. h. die Wandung ist gleichsam undurchlässig für den Fluß.

Quer durch eine solche Röhre legen wir eine beliebige Fläche. Dann ergibt der Versuch für alle Querschnitte einer Röhre **denselben Induktionsfluß**, und zwar auch dann, wenn die Röhre nacheinander **verschiedene Mittel**, wie z. B. **Luft und Eisen durchdringt**.

Da der Fluß durch jeden Querschnitt einer Röhre gleich groß ist, so kommen wir zu der Vorstellung eines sich innerhalb der Röhre fortsetzenden Flusses, der die Röhre erfüllt, nacheinander die einzelnen Teile einer Röhre durchdringt, sich verzweigt usw. Er geht vom Nordpol aus, durchdringt das ganze Feld und mündet in den Südpol ein. Wir dürfen sogar annehmen, daß er sich auch dort noch fortsetzt, also im Inneren eines Magneten vom Südpol zum Nordpol zurückkehrt, daß also die Induktionslinien geschlossene Kurven sind.

Im Gegensatz zu $\int \mathfrak{B} \cdot dF$ ist der den Raum durchdringende Fluß keine physikalische Größe, sondern nur eine Hilfsvorstellung, mit der man aber bequem und zuverlässig arbeitet. Allerdings handelt es sich im Gegensatz zum fließenden Wasser nicht um einen Bewegungsvorgang, sondern um einen Ruhezustand, zu dessen Aufrechterhaltung keine Arbeit nötig ist. Auch liegt es an sich noch nicht im Wesen eines Flusses, daß seine Stärke beim Durchgang durch verschiedene Mittel dieselbe bleibt, d. h. daß der Fluß quellenfrei ist. Die Quellenfreiheit des Induktionsflusses ergibt sich vielmehr erst durch den Versuch.

20. Das Induktionsgesetz.

In Bild 34 sei für eine Spule willkürlich eine bestimmte Umlaufrichtung durch den Rundpfeil festgelegt. Wir setzen dann auf die Fläche der Windung die Spitze eines Korkziehers und drehen den Handgriff im Sinne der Umlaufrichtung. Die Richtung, nach der sich die Schraube bewegt, bezeichnen wir dann als positive Spulenachse. Sie ergibt sich bei dem Umlaufsinn in Bild 34 als von rechts nach links gerichtet, gleichgültig, ob wir den Korkzieher von rechts oder von links her auf die Fläche der Windung setzen. Umlaufrichtung und Spulenachse sind auf diese Weise fest verbunden. Spannungen und Ströme in Richtung des Umlaufsinnes, sowie Flüsse im Sinne der Spulenachse werden dann als positiv gerechnet. Nach S. 29 ist die Korkzieherregel gleichbedeutend damit, daß wir von einem positiven Strom auch einen positiven Fluß erzeugt sein lassen.

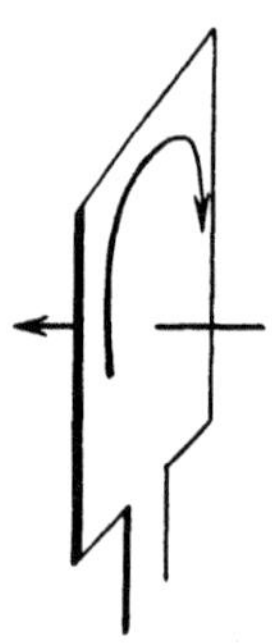

Bild 34. Umlauf und Spulenachse.

Nach Faraday wird nun, wie schon auf S. 23 erwähnt wurde, in einer Spule eine elektromotorische Kraft induziert oder eine Spannung erzeugt, sobald und solange sich der von den Windungen umfaßte Induktionsfluß ändert. Sie ist so gerichtet, daß ein von ihr erzeugter Strom einer Änderung des Flusses entgegenwirkt. Bei positiver Zunahme des Flusses wird also eine negative Spannung erzeugt.

Der von w Windungen umfaßte Fluß Φ ändere sich nun in der Zeit dt um den Betrag $d\Phi$. Nach unserer Regel über das Vorzeichen ist dann der Zeitwert der Spannung

$$e = -w \cdot d\Phi/dt. \tag{3}$$

Wird Φ in Voltsek. und t in sek. gemessen, so ist e die erzeugte Spannung in Volt.

Dabei ist zu beachten, daß e zunächst nur eine kurze Bezeichnung für die rechte Seite der Gl. (3) ist. Die Bedeutung des Induktionsgesetzes tritt erst dann hervor, wenn wir es in der Form schreiben

$$\Sigma i \cdot R = -w \cdot d\Phi/dt. \tag{4}$$

Die Summe des Ohmschen Spannungsverbrauches in einem geschlossenen Kreise ist gleich der Abnahme des umfaßten magnetischen Flusses in der Zeiteinheit. Jetzt kann jede der beiden Seiten für sich gemessen werden, und der Versuch ergibt dann ihre Gleichheit.

Die Flußänderung kann so erfolgen, daß sich der von einer stillstehenden Spule umfaßte Fluß, wie bei Transformatoren, zeitlich ändert. Sie kann aber auch dadurch zustande kommen, daß eine Windung oder Spule, wie in elektrischen Maschinen, ihre Lage in einem Magnetfeld ändert. In Bild 35 bis 37 wird z. B. eine Schleife an einem hinter der Papierebene liegenden Südpol vorbeibewegt. Der Fluß dringt dabei von vorn nach hinten durch die Windungsfläche. Entsprechend der Regel über die magnetische Wirkung des Stromes auf S. 29 ergibt sich dann: Sehen wir auf die Fläche der Windung in dem Sinne, in dem sie vom Fluß durchsetzt wird, also in unserem Falle von vorne nach hinten, so wirkt die erzeugte Spannung bei Zunahme des Flusses im positiven Umlaufsinn der Mathematik, d. h. entgegen dem Uhrzeiger. Dies ist z. B. in Bild 35 der Fall.

In Bild 36 hat der umfaßte Fluß seinen größten Wert und ändert sich überhaupt nicht. Die erzeugte Spannung ist daher Null.

Endlich ergibt sich in Bild 37 infolge der Abnahme des umfaßten Flusses eine Spannung, die im Sinne des Uhrzeigers wirkt. Die Spannung hat daher in dem Zeitpunkt in Bild 36 ihre Richtung gewechselt.

Die Schleife, durch deren Bewegung im magnetischen Feld die Spannung erzeugt wird, hat in der Regel zwei gerade Leiter, die senkrecht zu den Feldlinien liegen und bei der Bewegung durch diese hindurchschneiden. Es sei dann in Bild 35 die Länge des Teiles, der vor dem Pol liegt, gleich l und die Geschwindigkeit gleich v. Die Induktion $\mathfrak{B}$ sei auf der Länge l überall dieselbe. Die Richtung der Bewegung stehe senkrecht zur Leiterlänge und zur Induktion. Legt der Leiter in der Zeit dt den Weg ds zurück, so ist die von ihm beschriebene Fläche gleich $l \cdot ds$ und die Zunahme des umfaßten Flusses $d\Phi = \mathfrak{B} \cdot l \cdot ds$. Wenn wir der Einfachheit wegen auf die Richtung keine Rücksicht nehmen, so ergibt sich die Spannung zu

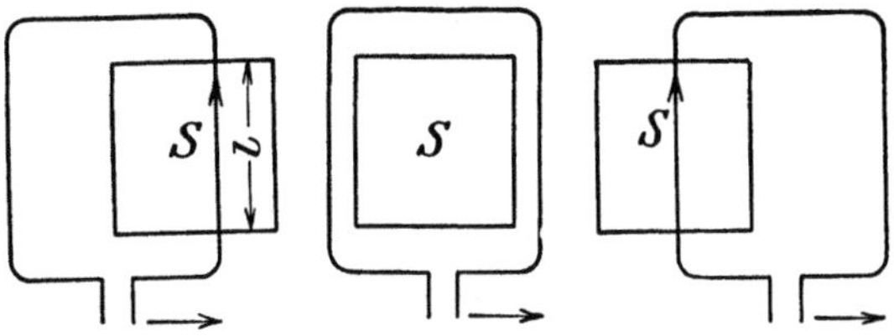

Bild 35. Bild 36. Bild 37.
Bewegung einer Schleife im magnetischen Feld.

$$e = d\Phi/dt = \mathfrak{B} \cdot l \cdot ds/dt = \mathfrak{B} \cdot l \cdot v. \tag{5}$$

Wird $\mathfrak{B}$ in Voltsek/cm², l in cm und v in cm/sek eingesetzt, so ist e die Spannung in Volt.

Da die Änderung des umfaßten Flusses gleich der Zahl der vom Leiter geschnittenen Kraftlinien ist, so können wir uns nach Faraday auch vorstellen, daß die erzeugte Spannung dadurch zustande kommt, daß der Leiter die Kraftlinien schneidet. 1 Volt wird erzeugt, wenn ein Leiter von der Länge 1 cm mit der Geschwindigkeit 1 cm/sek durch ein Feld von der Induktion 1 Voltsek/cm² senkrecht hindurchschneidet.

Bei einer mehrpoligen Maschine sei die senkrecht durch das Feld bewegte Länge eines Leiters gleich 30 cm, die in Reihe geschaltete Leiterzahl vor allen Polen zusammen gleich 400, die Geschwindigkeit 20 m/sek = 2000 cm/sek und die Induktion 7000 Gauß = $7000 \cdot 10^{-8}$ Voltsek/cm². Dann ist die erzeugte Spannung nach Gl. (5)

$$e = 7000 \cdot 10^{-8} \cdot 30 \cdot 400 \cdot 2000 = 1680 \text{ Volt}.$$

Steht die Leiterlänge nicht senkrecht zur Richtung des Feldes, oder ist die Bewegungsrichtung nicht senkrecht zum Leiter und zum Feld, so sind für l oder v die senkrechten Komponenten einzuführen.

Die Richtung der erzeugten Spannung ergibt sich wie früher, kann jedoch nach der Faradayschen Schwimmerregel bestimmt werden. Schwimmt man in der positiven Richtung der Feldlinien und sieht nach der Bewegungsrichtung des Leiters, so wirkt die erzeugte Spannung nach rechts. In Bild 35 bis 37 schwimmen wir z. B. von vorn nach hinten mit dem Gesicht nach rechts. Dann wirkt die Spannung nach unserem ausgestreckten rechten Arm, also von unten nach oben.

In Bild 38, wo der Leiter feststeht und der Pol nach rechts bewegt wird, ist die relative Bewegung des Leiters gegenüber dem Pol nach links gerichtet. Die Schwimmerregel ergibt dann eine Spannung, die von oben nach unten wirkt. Auch hier hätten wir die Richtung der Spannung aus der Zu- oder Abnahme des umfaßten Flusses bestimmen können.

Die Änderung des Flusses bezieht sich naturgemäß immer nur auf einen geschlossenen Kreis. Selbst wenn wir die Klemmen einer elektrischen Maschine, wie es bei Leerlauf der Fall ist, offen lassen, messen wir nicht die Flußänderung in einem ungeschlossenen Kreis, da wir ja den Kreis durch den Spannungszeiger schließen. Dies ist auch dann der Fall, wenn wir ein elektrostatisches Meßgerät verwenden, da die Spannung in diesem durch die Isolation hindurch wirkt (vgl. Abschn. 32).

Wir werden daher sicher gehen, wenn wir immer nur von der erzeugten Spannung in einem geschlossenen Kreise sprechen. Dabei ist es nicht nötig, daß der Kreis aus Leitern besteht, sondern er kann auch teilweise oder sogar vollständig aus Nichtleitern bestehen. Wir kommen dadurch zu dem Schlusse, daß in jeder geschlossenen Kurve, gleichgültig ob sie in einem Leiter oder Nichtleiter verläuft, die elektrische Gesamtspannung gleich der Änderungsgeschwindigkeit des umfaßten magnetischen Flusses ist. Die Gesamtspannung ist dabei gleich $\int \mathfrak{E} \cdot dl \cdot \cos\alpha$, wo $\mathfrak{E}$ die Spannung für die Längeneinheit, d. h. die elektrische Feldstärke und α der Winkel zwischen der Feldstärke und dem Wegteilchen dl ist und das Integral über eine geschlossene Kurve zu nehmen ist, die gegebenenfalls auch durch ein Dielektrikum verläuft. Das Induktionsgesetz ergibt sich so in seiner allgemeinsten Form zu

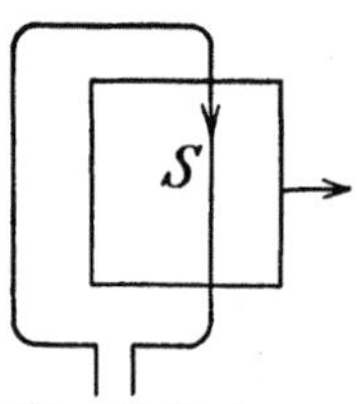

Bild 38. Feld, den Leiter schneidend.

$$\int \mathfrak{E} \cdot dl \cdot \cos\alpha = -w \cdot d\Phi/dt. \tag{6}$$

Wir berechnen nun die von einer Spule gelieferte elektrische Arbeit. Ist i der Zeitwert des Stromes, so ist die in der Zeit dt von der Spule gelieferte elektrische Arbeit nach Gl. (3)

$$dA = e \cdot i \cdot dt = -i \cdot w \cdot d\Phi. \tag{7}$$

Wird i in Amp. und Φ in Voltsek eingesetzt, so erhält man die Arbeit in Joule.

Wenn i und $d\Phi$ gleiches Vorzeichen haben, ist die Arbeit negativ, d. h. der Spule wird elektrische Arbeit von außen zugeführt. Dies ist z. B. beim Schließen eines Stromkreises der Fall.

21. Magnetische Wirkung des elektrischen Stromes.

Wir betrachten einen geraden Stromleiter von sehr großer Länge. Die anderen Teile des Stromkreises seien so weit entfernt, daß ihr Einfluß vernachlässigt werden kann. Das umgebende Mittel sei gleichförmig, also z. B. Luft. Wir bewegen dann eine kleine Magnetnadel in Richtung ihrer magnetischen Achse weiter oder streuen Eisenfeilspäne auf eine Ebene, die der Stromleiter senkrecht durchdringt (Bild 39). Die Feldlinien des geraden Stromleiters ergeben sich dann als Kreise, deren Ebenen vom Stromleiter im Mittelpunkt senkrecht durchsetzt werden. Ein frei beweglicher Nordpol, dessen zugehöriger Südpol weit entfernt ist, umkreist den Stromleiter in Richtung der Feldlinien. Diese Richtung, die senkrecht auf einer durch Leiter und Pol gelegten Ebene steht, ergibt sich aus der Ampereschen Schwimmerregel: Schwimmt

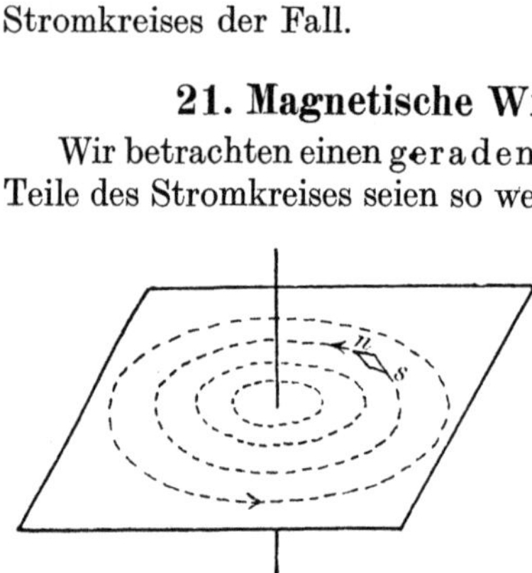

Bild 39. Feld eines geraden Stromleiters.

man in der Richtung des Stromes und sieht nach der Magnetnadel, so erscheint der Nordpol nach links abgelenkt.

Bei einer Stromschleife (Bild 40) treten die Induktionslinien nach der Ampereschen Regel von der einen Seite in die Fläche der Windung ein und auf der anderen Seite aus, um sich dann außen zu schließen. Eine ebene Schleife ist also eine magnetische Scheibe, deren Nordpol an der Seite liegt, wo die Feldlinien austreten. Sieht man auf die Fläche der Windung und fließt der Strom im Uhrzeigersinn, so hat man einen Südpol, andernfalls einen Nordpol vor sich. Sehr bequem ist die Korkzieherregel: Man setzt die Spitze des Korkziehers auf die Fläche der Schleife und dreht den Handgriff im Sinne des Stromes. Dann gibt die Längsbewegung der Schraube die Richtung der Feldlinien an. Man kann auch den Stromleiter mit der rechten Hand so umfassen, daß der Daumen in die Stromrichtung zeigt. Dann zeigen die Fingerspitzen in die Richtung der Feldlinien.

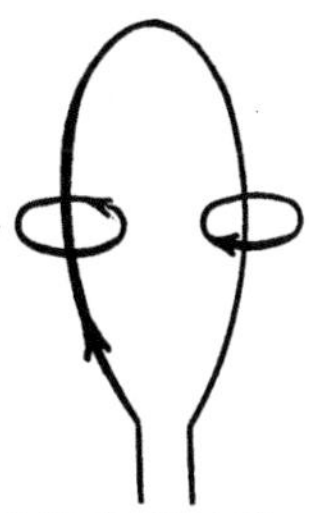
Bild 40. Schleife.

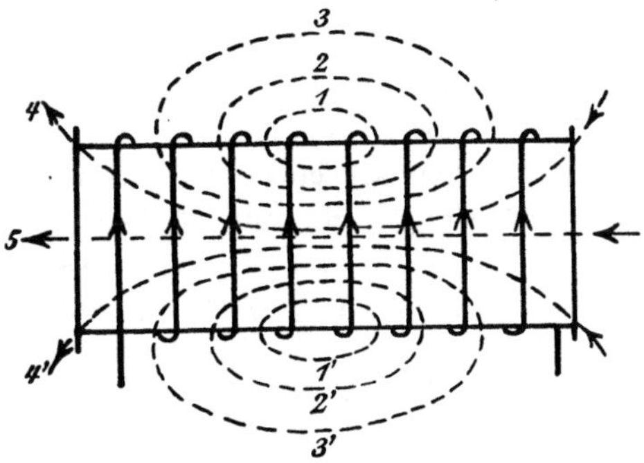

Bild 41. Feldlinien einer Spule.

Vereinigen wir nach Bild 41 mehrere Windungen zu einer Spule, so dringen die Feldlinien, wie in Bild 40, durch die Flächen der Schleifen. Sie vereinigen sich aber jetzt zu langen Feldlinien, von denen einige die ganze Spule durchdringen, im Inneren wesentlich gleichgerichtet mit der Spulenachse sind und sich außen schließen.

Wie bei einem Magneten treten die Feldlinien zum Teil durch die Stirnfläche, zum Teil durch die Mantelfläche aus. Die Ähnlichkeit wird dann besonders stark, wenn wir nach S. 26 auch beim Magneten die Induktionslinien, die in den Südpol einmünden, im Inneren weitergehen und dann aus dem Nordpol austreten lassen.

Die magnetische Wirkung von Stromspulen wird in den Meßgeräten, in denen eine Stromspule richtend oder anziehend auf Eisenteile wirkt, zum Messen von Strömen und Spannungen benutzt.

22. Die magnetische Leitfähigkeit.

Im Bild 42 sei eine Ringspule von w Windungen gegeben, die vom Strom I durchflossen werden. Das Innere kann luftleer sein oder Luft oder Eisen enthalten. Das Feld im Inneren ist durch die gestrichelte Kurve angedeutet. Ist der Querschnitt des Ringes senkrecht zu den Induktionslinien klein gegenüber dem Durchmesser, so können wir mit einer gleichmäßigen Induktion im Innern rechnen.

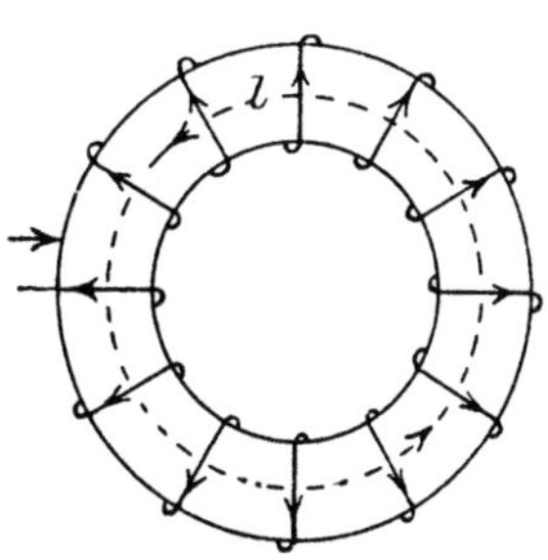

Bild 42. Ringförmige Stromspule.

Wir legen nun über die Windungen eine Hilfsspule und messen den Stromstoß, den wir erhalten, wenn wir den Strom der Ringspule ausschalten und damit das Feld zum Verschwinden bringen. Daraus schließen wir auf den Fluß Φ und auf die Induktion $\mathfrak{B}$.

Die Erfahrung ergibt dann, daß die Induktion mit dem Produkt $I \cdot w$ zunimmt und mit der Länge l des Kraftlinienweges abnimmt. Nennen wir $I \cdot w$ die Erregung, so nimmt die Induktion mit der Erregung für die Längeneinheit zu. Diese Erregung für die Längeneinheit nennen wir die **Feldstärke** und bezeichnen sie mit $\mathfrak{H}$. Es ist also

$$\mathfrak{H} = \frac{I \cdot w}{l}.$$

Die Feldstärke wird im praktischen Maß in Amp/cm gemessen. Sie ist nicht etwa die Erregung *auf* der Längeneinheit, sondern die magnetische Spannung *an* der Längeneinheit, d. h. gleich der Erregung, die *für* die Längeneinheit des Kraftlinienweges aufgewendet werden muß.

Da die Induktion außerdem vom Material abhängt, so setzen wir

$$\mathfrak{B} = \Pi \cdot \mathfrak{H} = \Pi \cdot \frac{I \cdot w}{l}. \tag{8}$$

Dabei können wir Π als die **magnetische Leitfähigkeit** des Materials bezeichnen. Wird $\mathfrak{B}$ in Voltsek/cm² und $\mathfrak{H}$ in Amp/cm eingesetzt, so ist Π in Voltsek/cm²: Amp/cm = Ohmsek/cm einzusetzen. Man bezeichnet 1 Ohmsek. als 1 **Henry**, mißt also Π in Henry/cm. Für den luftleeren Raum und Luft ergibt der Versuch

$$\Pi_0 = 4\pi \cdot 10^{-9} \text{ Henry/cm}.$$

Daß dabei der Faktor 10^{-9} und 4π vorkommt, beruht auf den ganz willkürlich gewählten Einheiten für Stromstärke und Spannung.

Wird die Induktion nicht in Voltsek/cm², sondern in Gauß gemessen, so erhält man in der Luft

$$\mathfrak{B} = \Pi \cdot \frac{I \cdot w}{l} \cdot 10^8. \tag{8a}$$

Durch einen Luftraum von der Länge $l = 0{,}7$ cm und der Fläche $F = 400$ cm² soll z. B. ein Fluß $\Phi = 4 \cdot 10^{-2}$ Voltsek $= 4 \cdot 10^6$ Kraftlinien hindurchgetrieben werden. Dann ist die Kraftliniendichte $\mathfrak{B} = 4 \cdot 10^6 : 400 = 10000$ Gauß, also die dafür nötige Erregung für die Längeneinheit nach Gl. (8a)

$$\mathfrak{H}_l = \frac{I \cdot w}{l} = \frac{\mathfrak{B}}{\Pi_0 \cdot 10^8} = \frac{10\,000}{0{,}4\,\pi} = 8000 \text{ Amperewindungen/cm}.$$

Die Erregung für die Länge $l = 0{,}7$ cm ist also

$$(I \cdot w)_l = 8000 \cdot 0{,}7 = 5600 \text{ Amperewindungen}.$$

Wenn sich im Bild 42 Eisen statt der Luft im Inneren der Spule befindet, so ergibt der Versuch eine μmal so große magnetische Leitfähigkeit als für die Luft. Man bezeichnet dann μ als die **Durchlässigkeit**, bezogen auf Luft. Sie ist im Gegensatz zur magnetischen Leitfähigkeit eine reine Zahl. Sie kann Werte bis zu 3000 und mehr erreichen. Die magnetische Leitfähigkeit ergibt sich dann allgemein zu $\Pi = \mu \cdot \Pi_0$, wobei μ für die Luft gleich Eins wird.

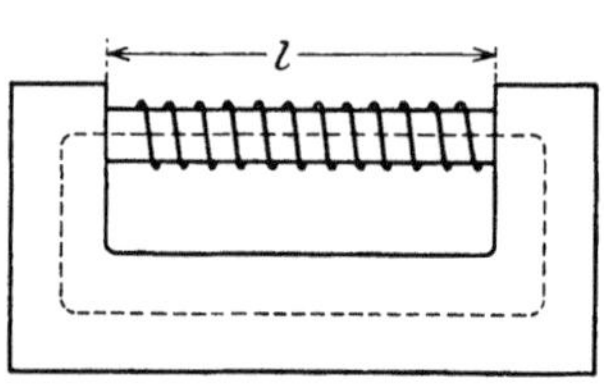

Bild 43. Gleichförmige Magnetisierung.

Die Erfahrung ergibt, daß statt der Ringspule in Bild 42 auch die Anordnung in Bild 43 zur Eisenuntersuchung benutzt werden kann. Dabei wird ein Eisenstab von der Länge l in ein Joch eingespannt, dessen Leitwert sehr groß, dessen magnetischer Widerstand also fast Null ist. Dann gilt auch hier für den Eisenstab $\mathfrak{B} = \Pi \cdot I \cdot w/l$. Dabei ist jetzt l nicht die Länge des ganzen Kraftlinienweges, sondern die des Eisenstabes.

Die größere magnetische Leitfähigkeit bringt es mit sich, daß Eisen, wenn es in ein bisher gleichförmiges Feld gebracht wird, die Induktionslinien gleichsam in sich hineinzieht (Bild 44). An der Seite, wo diese Linien eintreten, zeigt sich daher ein Südpol, wo sie austreten ein Nordpol. Gleichzeitig vergrößert sich die Dichte an diesen Polen gegenüber dem ursprünglichen Feld, während sie am „Äquator“ verringert wird. Die Induktionslinien treten dabei nahezu senkrecht in die Eisenoberfläche ein. Allgemein verhalten sich beim Übergang in ein anderes Mittel die Tangenten der Brechungswinkel α_1 und α_2 wie die Durchlässigkeiten μ der betreffenden Mittel (Bild 45).

Wir können nun aus Gl. (8) ein Ohmsches Gesetz für Magnetismus ableiten. In Bild 42 war eine Induktionsröhre gegeben, die auf der Länge l dieselbe Fläche und dieselbe magnetische Leitfähigkeit besitzt. Wenn wir dann die Gleichung $\mathfrak{B} = \Pi\mathfrak{H} = \Pi \cdot I \cdot w/l$ mit der Fläche der Induktionsröhre erweitern, so erhalten wir den Fluß, der die Röhre erfüllt, zu

$$\Phi = \mathfrak{B}F = \frac{\Pi \cdot F}{l} \cdot I \cdot w.$$

Darin ist $\Pi \cdot F/l$ einem elektrischen Leitwert vergleichbar, der ebenfalls proportional dem Querschnitt und umgekehrt proportional der Länge ist. Wir setzen also

$$\Lambda = \frac{\Pi \cdot F}{l} \tag{9}$$

und bezeichnen Λ als den magnetischen Leitwert der Röhre. Wird Π in Henry/cm, F in cm² und l in cm eingesetzt, so ist Λ der Leitwert in Henry.

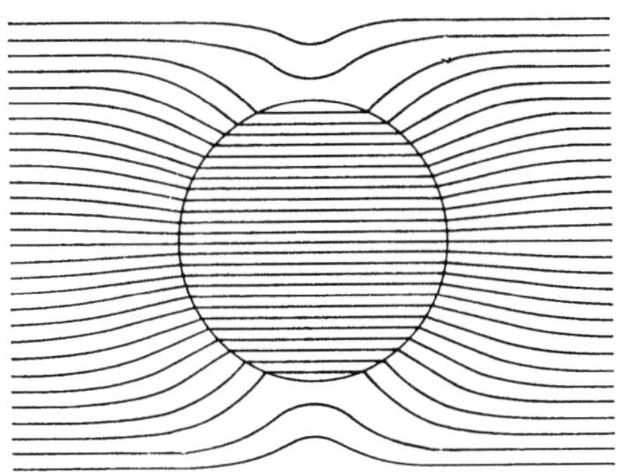

Bild 44. Eisenkugel im gleichförmigen Feld.

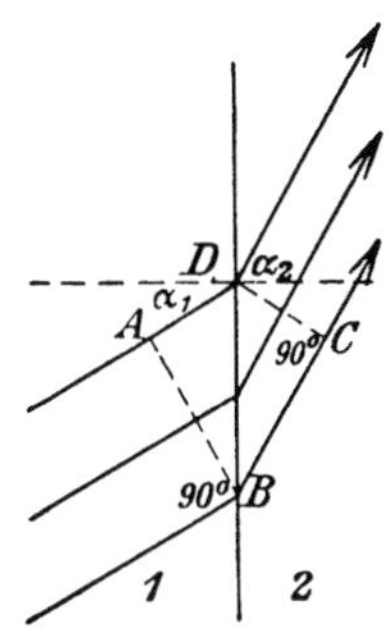

Bild 45. Brechung.

Wir vergleichen dann den Fluß Φ mit dem elektrischen Strom und erhalten in der Gleichung

$$\Phi = I \cdot w \cdot \Lambda \tag{10}$$

das sog. Ohmsche Gesetz für Magnetismus. In diesem spielt die Erregung $I \cdot w$ die Rolle einer magnetischen Spannung, die benötigt wird, um den Fluß durch die Röhre von dem Leitwert Λ zu treiben. Die Feldstärke wird dadurch zu der magnetischen Spannung für die Längeneinheit.

In dem obigen Beispiel des Luftraumes einer Maschine war $\Phi = 4 \cdot 10^{-2}$ Voltsek und

$$\Lambda_l = \frac{\Pi_0 \cdot F}{l} = \frac{4\,\pi \cdot 10^{-9} \cdot 400}{0{,}7} = 7{,}14 \cdot 10^{-6} \text{ Henry.}$$

Demnach ist die für den Luftraum erforderliche Erregung, wie oben

$$(I \cdot w)_l = \Phi/\Lambda_l = 4 \cdot 10^{-2} : 7{,}14 \cdot 10^{-6} = 5600 \text{ Amperewindungen.}$$

Zwischen dem Ohmschen Gesetz für Magnetismus und für den elektrischen Strom besteht aber ein wesentlicher Unterschied. Die Aufrechterhaltung eines magnetischen Feldes verlangt im Gegensatz zum elektrischen Strom keinen Arbeitsaufwand. Sobald sich nach dem Einschalten das Gleichgewicht hergestellt hat, wird die Arbeit, die einer Spule zugeführt wird, vollständig in Stromwärme und nicht etwa in magnetische Energie umgesetzt. Diese Arbeit wäre bei demselben Strom auch dieselbe, wenn sich Luft statt Eisen in der Spule befände, also der Fluß sehr klein wäre. Da also die Magnetisierung im Gleichgewichtszustand keine Arbeit erfordert, so bedeutet es keine unmittelbare Verringerung des Wirkungsgrades, wenn bei elektrischen Maschinen neben dem Fluß im Anker ein Streufluß auftritt.

Auch sonst besteht noch ein wesentlicher Unterschied. Die magnetische Leitfähigkeit Π ist weder bei den verschiedenen Eisensorten gleich, noch bei einer und derselben Eisensorte immer dieselbe, da sie von der chemischen Zusammensetzung und von der Behandlung, z. B. vom Glühen des Eisens abhängt. Dazu kommt noch, daß sie stark von der Größe der Induktion abhängt und auch bei ansteigender und abnehmender Magnetisierung verschieden ist. Abgesehen von theoretischen Entwicklungen rechnet man also nur bei der Luft und nicht beim Eisen mit der Leitfähigkeit oder dem Leitwert.

Beim Eisen verwendet man vielmehr die durch den Versuch ermittelten sogenannten Magnetisierungskurven. Man trägt die für die Längeneinheit aufgewendete Erregung $\mathfrak{H} = I \cdot w/l$ wagerecht und die zugehörige Induktion $\mathfrak{B}$ senkrecht

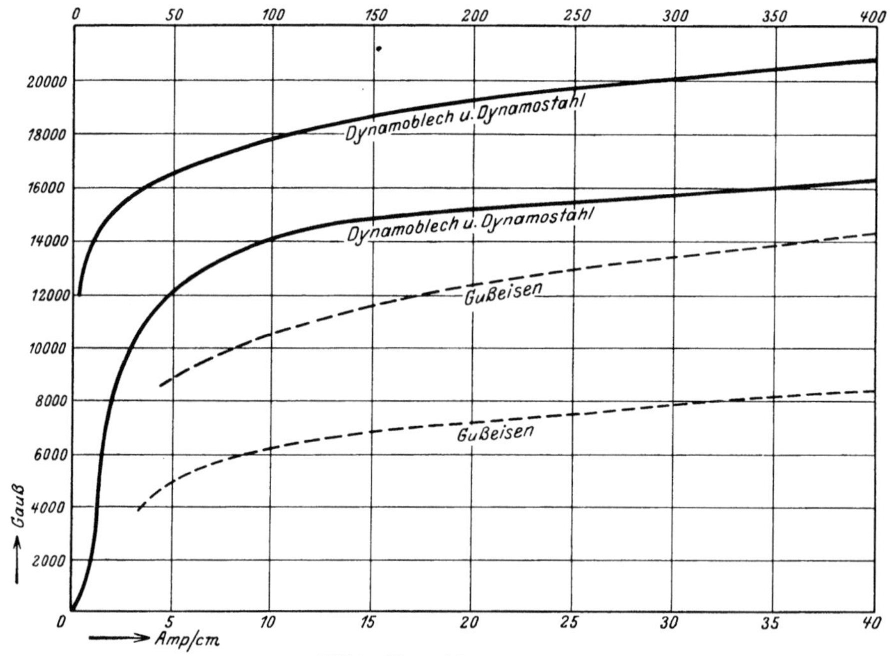

Bild 46. Magnetisierungskurven.

auf und erhält so die sogenannte Magnetisierungskurve (Bild 46). Die untere wagerechte Teilung gilt dabei für die untere, die obere Teilung für die obere Kurve[1].

Die Induktion nimmt anfangs angenähert proportional der Feldstärke oder der Erregung für die Längeneinheit zu. Schließlich verlaufen aber die Kurven sehr flach und man erhält für eine starke Zunahme der Feldstärke nur mehr eine kleine Zunahme der Induktion. Man nennt dann das Eisen gesättigt, obwohl sich nicht angeben läßt, wann die Sättigung anfängt. Als vollständig gesättigt könnte man das Eisen dann bezeichnen, wenn die Zunahme der Induktion nur mehr so groß ist wie in der Luft, d. h. $d\mathfrak{B} = \Pi_0 \cdot d\mathfrak{H}$. Man erhält dann bei zunehmender Feldstärke immer noch eine proportionale Zunahme der Induktion, aber diese Zunahme ist sehr gering.

Die Kurven zeigen das vorteilhafte Verhalten des Dynamoblechs und des weichen Dynamogußstahls. Gußeisen ist wesentlich ungünstiger, obwohl es jetzt auch Gußeisensorten gibt, die verhältnismäßig weich sind und sich daher leichter magneti-

[1] Die Kurven sind mit Benutzung der von Gumlich ermittelten Magnetisierungskurven gezeichnet (vgl. Handbuch der Physik, Bd. XV A. 4. Berlin: Julius Springer 1927).

sieren lassen. Die Überlegenheit des weichen Eisens wird uns verständlich, wenn wir den Vorgang der Magnetisierung nach Weber als ein Richten der kleinsten Eisenteilchen auffassen. Diese sind von Natur magnetisch, liegen aber nach Bild 47 wirr durcheinander, das Eisen ist also nach außen unmagnetisch. Bringen wir das Eisen dann nach Bild 48 in ein magnetisches Feld, so werden die kleinsten Teile gleichgerichtet, und zwar um so vollständiger, je weicher das Eisen ist. Das Eisen erscheint dann wegen des freien Magnetismus an den Endflächen magnetisch, während sich im Inneren die Wirkungen der ungleichnamigen Pole der kleinsten Teile gegenseitig aufheben.

Diese Anschauung wird dadurch bestätigt, daß nach dem Entfernen aus dem magnetischen Feld Schmiedeeisen in geringem Maße, hartes Gußeisen in höherem Grade und gehärteter Stahl stark magnetisch bleibt. Die einmal gerichteten kleinsten Teile kehren dabei nicht vollständig in ihre ursprüngliche Lage zurück, und zwar verharren sie in ihrer Lage um so mehr, je härter das Eisen ist. Nun erklärt

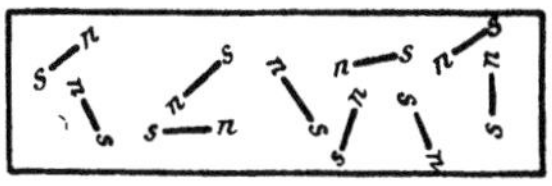

Bild 47. Eisen vor der Magnetisierung.

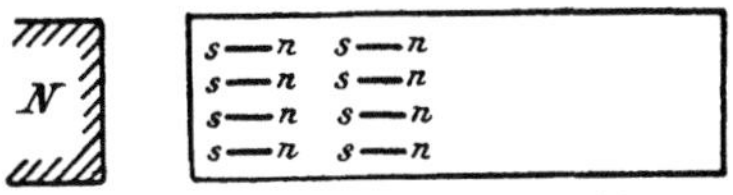

Bild 48. Eisen während der Magnetisierung.

es sich auch, daß ein Stahlmagnet in der Mitte unmagnetisch ist, aber nach dem Durchbrechen an den Bruchflächen entgegengesetzte Pole zeigt.

Eine weitere Bestätigung dieser Anschauung ist die Wärmeentwicklung beim Ummagnetisieren des Eisens. Die kleinsten Teile werden dabei um 180° gedreht. Die dadurch verursachte Reibung hat eine Wärmeentwicklung zur Folge, die durch einen Arbeitsaufwand gedeckt werden muß. Man bezeichnet diese Erscheinung als magnetische Reibung oder als Hysteresis, d. h. als ein Zurückbleiben.

23. Der magnetische Kreis.

Ein magnetischer Kreis besteht aus mehreren Teilen, die nach Länge, Querschnit und magnetischer Leitfähigkeit verschieden sein können (vgl. Bild 49) und hintereinander vom magnetischen Fluß durchsetzt werden. Die für den Gesamtkreis erforderliche Erregung ist dann nach Hopkinson gleich der Summe der Erregungen für die einzelnen Teile.

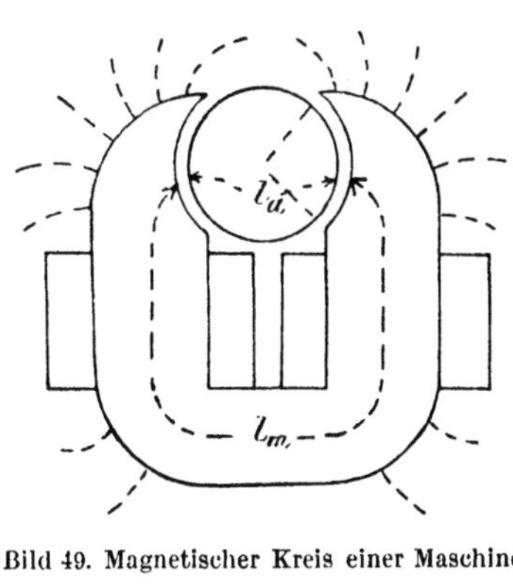

Bild 49. Magnetischer Kreis einer Maschine.

Wie die Erfahrung ergibt, kann dabei die Gesamterregung $\Sigma I w$ auf einen einzelnen Teil des magnetischen Kreises zusammengedrängt sein, sie ist also z. B. bei einer Dynamomaschine gleich dem Produkt aus Magnetstrom I und Windungszahl w auf den Magnetschenkeln. Wir fassen diese Erregung als eine magnetische Spannung auf, die den Fluß hintereinander durch die magnetischen Widerstände des magnetischen Kreises treibt.

Die einzelnen Teile von verschiedener Leitfähigkeit mögen zunächst jeder für sich konstanten Querschnitt, also auf der Länge l eine konstante Induktion besitzen. Dann ist die Erregung $\mathfrak{H}$ für die Längeneinheit auf der Länge l konstant, und wir erhalten, wenn der Weg l in die Richtung der Kraftlinien fällt:

$$\Sigma \mathfrak{H} \cdot l = \Sigma I \cdot w. \tag{11}$$

Im allgemeinen Fall, wo der Querschnitt, die Induktion und die Feldstärke auf der Länge l nicht konstant sind, aber der Weg l noch in die Richtung der Kraftlinie fällt, wird daraus

$$\int \mathfrak{H} dl = \Sigma I \cdot w. \tag{12}$$

Dabei war bisher $\Sigma I \cdot w$ die Gesamterregung, die in Amperewindungen gemessen wird. Nun ist die Windungszahl w zahlenmäßig gleich der Drahtzahl innerhalb eines Fensters des magnetischen Kreises. $\Sigma I \cdot w$ ist also die Anzahl der Ströme, die durch das Fenster „hindurchfluten" und wird daher Durchflutung genannt. Gl. (12) wird dann als das Durchflutungsgesetz bezeichnet. Es sagt aus, daß der gesamte magnetische Spannungsverbrauch des Kreises gleich der Durchflutung ist.

Die Erfahrung ergibt, daß dies auch gilt, wenn man statt einer Induktionslinie nach Bild 50 eine beliebige geschlossene Kurve verfolgt. Jedoch ist dann jeweils nur die Komponente der Feldstärke $\mathfrak{H}$ einzusetzen, die in Richtung des Weges dl wirkt. Man erhält also, wenn die Feldstärke $\mathfrak{H}$ mit dem Wegteilchen dl den Winkel α bildet:

$$\int \mathfrak{H} dl \cdot \cos \alpha = \Sigma I w. \tag{13}$$

In den folgenden Beispielen beschränken wir uns jedoch auf den Weg einer Induktionslinie.

1. Es sei zunächst der Streufluß einer elektrischen Maschine (Bild 51) zu berechnen. Hierdurch wird es besonders deutlich, daß die Erregung nichts anderes ist

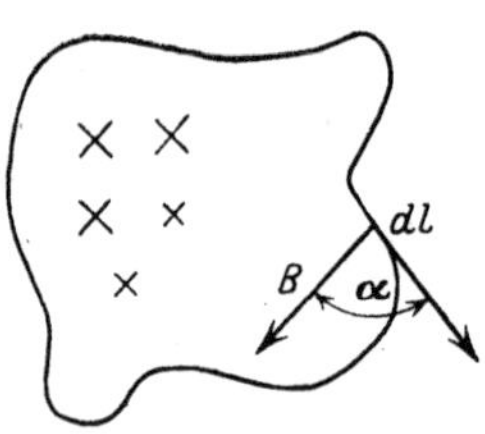

Bild 50. Durchflutung.

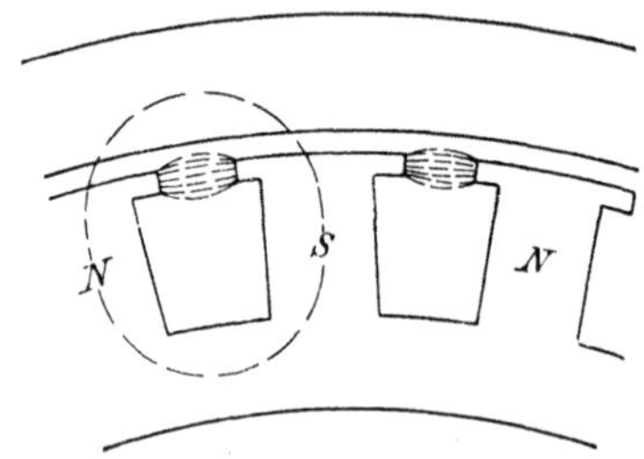

Bild 51. Wechselstrommaschine.

als eine magnetische Spannung. Wie die elektrische Spannung einen Strom nicht nur durch die Lampen und Motoren, sondern auch durch die dazu im Nebenschluß liegende Isolation bewirkt, so treibt die magnetische Spannung an den Polköpfen einer Maschine nicht nur den Fluß durch den Luftspalt und Anker, sondern auch einen Streufluß seitlich durch die Luft. Die Erregung auf einem Polpaar sei gleich 6200 Amperewindungen.

Die einfache Entfernung zwischen den Köpfen eines Nord- und Südpoles in Bild 51 sei $l_1 = 6{,}5$ cm, und die einseitige Seitenfläche eines Polkopfes sei 75 cm². Wenn sich die Streulinien in der Mitte zwischen den ungleichnamigen Polköpfen auf den doppelten Querschnitt ausbreiten, so ist der mittlere Einzelquerschnitt $1{,}5 \cdot 75$ cm², also der Querschnitt für den nach beiden Seiten austretenden Fluß $F_1 = 2 \cdot 1{,}5 \cdot 75 = 225$ cm². Die Erregung für diesen Fluß ist $(I \cdot w)_1 = 6200$ Amperewindungen.

Ebenso sei für den aus den beiden Seitenflächen eines Nordpols austretenden Streufluß $l_2 = 10$ cm und $F_2 = 960$ cm². Da die Erregung an den Polköpfen gleich 6200 Amperewindungen und am Magnetjoch gleich Null ist, so rechnen wir für den Streufluß zwischen den Seitenflächen nur $(I \cdot w)_2 = 6200 : 2 = 3100$ Amperewindungen.

Die Rechnung wird dadurch besonders einfach, daß wir wegen der großen Leitfähigkeit des Magneteisens in Gl. (11) den Weg der Streulinien durch das Magneteisen vernachlässigen können, obwohl das Magneteisen durch den Hauptfluß ziemlich stark gesättigt ist. Wir erhalten also unmittelbar nach Gl. (8)

$$\mathfrak{B}_1 = \Pi_0 \cdot \frac{(I \cdot w)_1}{l_1} = \frac{4\,\pi \cdot 10^{-9} \cdot 6200}{6{,}5} = 12 \cdot 10^{-6}\ \text{Voltsek/cm}^2$$

$$\Phi_1 = \mathfrak{B}_1 \cdot F_1 = 0{,}27 \cdot 10^{-2}\ \text{Voltsek}$$

$$\mathfrak{B}_2 = \Pi_0 \cdot \frac{(I \cdot w)_2}{l_2} = \frac{4\,\pi \cdot 10^{-9} \cdot 3100}{10} = 39 \cdot 10^{-6}\ \text{Voltsek/cm}^2$$

$$\Phi_2 = \mathfrak{B}_2 \cdot F_2 = 0{,}37 \cdot 10^{-2}\ \text{Voltsek.}$$

Auch hier wieder hätte man mit den Stromdrähten innerhalb der geschlossenen Induktionslinien statt mit Stromwindungen rechnen können. Auch hätte man das Ohmsche Gesetz für Magnetismus benutzen können. Danach ist

$\Lambda_1 = \Pi_0 \cdot F_1/l_1 = 430 \cdot 10^{-9}$ Henry $\quad \Phi_1 = (Iw)_1 \cdot \Lambda_1 = 0{,}27 \cdot 10^{-2}$ Voltsek.

$\Lambda_2 = \Pi_0 \cdot F_2/l_2 = 1200 \cdot 10^{-9}$ Henry $\quad \Phi_2 = (Iw)_2 \cdot \Lambda_2 = 0{,}37 \cdot 10^{-10}$ Voltsek.

2. Gesucht wird ferner für die Maschine in Bild 51 die Erregung, die nötig ist, um im Anker und Luftspalt einen Fluß $2{,}5 \cdot 10^{-2}$ Voltsek zu erreichen. Die Streuung seitlich an den Polköpfen sei etwa 17%, so daß wir in den Magneten mit einem Fluß von $3 \cdot 10^{-2}$ Voltsek rechnen können. Die Längen der magnetischen Wege sind mit l, die Querschnitte mit F bezeichnet. l_l ist das Doppelte des einfachen Luftabstandes. Der Anker bestehe aus Dynamoblech, das Magnetgestell aus Gußeisen. Beim Ankerquerschnitt ist der Raumverlust durch Papierisolierung der Bleche, der etwa 10% beträgt, bereits berücksichtigt. Die Ankerzähne, die bei ihrer Sättigung in Wirklichkeit eine Rolle spielen, sind der Einfachheit wegen vernachlässigt. Die Induktion sei in Gauß berechnet, indem man den Fluß in Voltsek. durch die Fläche in cm² teilt und mit 10^8 vervielfacht. Die Feldstärken $\mathfrak{H}$ sind für das Eisen aus Bild 46 entnommen und für die Luft nach Gl. (8a) auf S. 30 zu $0{,}8 \cdot \mathfrak{B}_l$ berechnet.

Wir erhalten:

	Anker	Luft	Magnetgestell
Weglänge	$l_a = 20$ cm²	$l_l = 0{,}8$ cm	$l_m = 110$ cm
Querschnitt	$F_a = 290$ cm	$F_l = 420$ cm²	$F_m = 400$ cm²
Fluß	$\Phi = 2{,}5 \cdot 10^{-2}$ Voltsek	$\Phi = 2{,}5 \cdot 10^{-2}$ Voltsek	$\Phi_m = 3 \cdot 10^{-2}$ Voltsek
Induktion $\mathfrak{B} = \Phi/F$.	$\mathfrak{B}_a = 8600$ Gauß	$\mathfrak{B}_l = 5960$ Gauß	$\mathfrak{B}_m = 7500$ Gauß
Feldstärke	$\mathfrak{H}_a = 2{,}0$ Amp/cm	$\mathfrak{H}_l = 4770$ Amp/cm	$\mathfrak{H}_m = 25$ Amp/cm
Erregung $\mathfrak{H} \cdot l$ . . .	$(I \cdot w)_a = 40$ Amp	$(I \cdot w)_l = 3820$ Amp	$(I \cdot w)_m = 2750$ Amp

Die für den ganzen magnetischen Kreis erforderliche Erregung ist also $40 + 3820 + 2750 = 6610$ Amperewindungen. Dabei ist es gleichgültig, ob z. B. 6610 Windungen von je 1 Amp. oder 3305 Windungen von je 2 Amp. auf den Polkernen liegen.

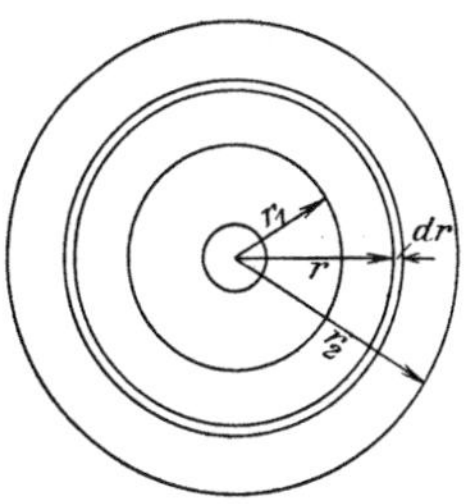

Bild 52. Feld eines zur Papierebene senkrechten Leiters.

3. Gesucht werde die Induktion in der Luft im Abstand r von einem unendlich langen Leiter von rundem Querschnitt, der vom Strom I durchflossen wird (vgl. Bild 52). Aus Symmetriegründen ist die Erregung $\mathfrak{H}$ für die Längeneinheit längs eines Kreises vom Halbmesser r, dessen Mittelpunkt mit dem des Leiterquerschnittes zusammenfällt, konstant. Da $\cos\alpha = 1$ und $w = 1$ ist, so folgt aus Gl. (13):

$$\int \mathfrak{H}\, dl \cos\alpha = \mathfrak{H} \cdot 2\, r\pi = I$$

oder nach Gl. (8):

$$\mathfrak{B} = \Pi_0 \cdot \mathfrak{H} = \frac{\Pi_0 \cdot I}{2\, r\, \pi}. \tag{14}$$

Ist z. B. $I = 100$ Amp., so ist die Induktion in Gauß in 10 cm Entfernung von der Achse mit $\Pi_0 = 4\pi \cdot 10^{-9}$ Henry/cm

$$\mathfrak{B} = \frac{10^8 \cdot 4\,\pi \cdot 10^{-9} \cdot 100}{2 \cdot 10 \cdot \pi} = \frac{0{,}2 \cdot 100}{10} = 2\ \text{Gauß.}$$

Wir zerlegen nun das Feld in magnetische Röhren, d. h. nach Bild 52 in konzentrische Hohlzylinder. Ist r_1 der innere und r_2 der äußere Halbmesser einer Röhre und l die Länge einer Röhre, so ist der Fluß durch die zur Papierebene senkrechte Fläche $l \cdot dr$ gleich $\mathfrak{B} \cdot l \cdot dr$. Summieren wir zwischen r_1 und r_2, so erhalten wir

$$\Phi = \int_{r_1}^{r_2} \mathfrak{B}\, l\, dr = \int_{r_1}^{r_2} \frac{\Pi_0 \cdot I \cdot l}{2\, r\, \pi} \cdot dr = \frac{\Pi_0 \cdot I \cdot l}{2\, \pi} \ln \frac{r_2}{r_1}. \qquad (15)$$

Die Flüsse der einzelnen Röhren sind also gleich groß, wenn je zwei aufeinander folgende Halbmesser in demselben Verhältnis stehen.

24. Die Kraft zwischen Stromleiter und Feld.

Wir wenden uns nun zu der Kraft, die ein gerader Stromleiter im gleichförmigen Feld erfährt. Falls das Feld feststeht und der Stromleiter beweglich ist, gilt die Regel: Wir schwimmen mit dem Strom und sehen nach dem Nordpol, von wo die Feldlinien ausgehen. Dann erfährt der Nordpol eine Kraft nach links, der Leiter selbst eine solche nach rechts. Schwimmen wir z. B. in Bild 53 von unten nach oben und sehen nach dem Nordpol hinter der Papierebene, so bewegt sich der Leiter nach rechts. Ebenso schwimmen wir in Bild 54 von links nach rechts und sehen nach dem Nordpol vor der Papierebene. Dann bewegt sich der Stromleiter nach unserer rechten Hand, also nach oben.

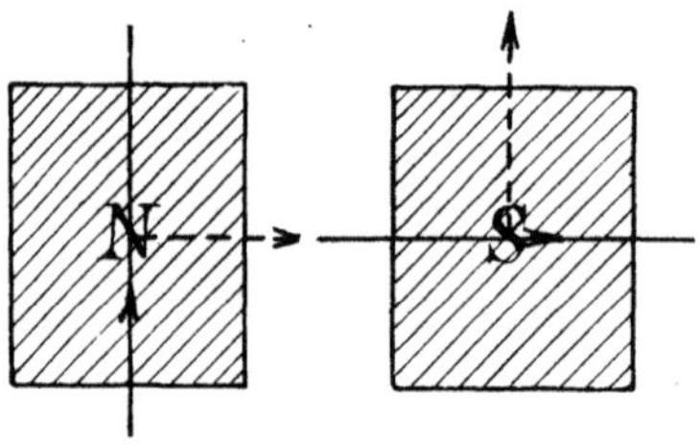

Bild 53. Bild 54.
Kraft zwischen Feld und Stromleiter.

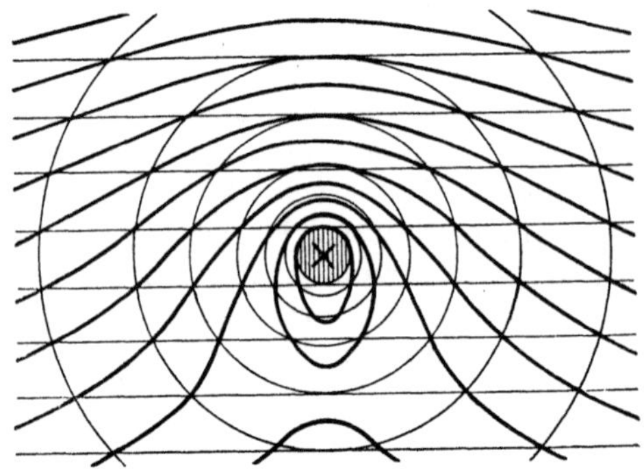

Bild 55. Feld und Stromleiter.

Die Kraft, die ein gerader Stromleiter in einem gleichförmigen Feld erfährt, wird in großem Maßstabe in Elektromotoren, daneben auch in Meßgeräten nutzbar gemacht. Um uns das Wesen des Vorganges deutlich zu machen, betrachten wir in Bild 55 in einem gleichförmigen, von links nach rechts gerichteten Feld einen geraden Stromleiter, der die Papierebene senkrecht durchsetzt und von vorn nach hinten durchflossen wird. Wir zerlegen dann das äußere Feld durch gleichgerichtete Ebenen von gleichem Abstand in plattenförmige Röhren von gleichem Fluß. Ebenso zerlegen wir das vom Stromleiter erzeugte Feld in Röhren, die aus Hohlzylindern bestehen und sämtlich denselben Fluß führen mögen wie die plattenförmigen Röhren des ursprünglichen Feldes. Die Durchmesser je zweier aufeinander folgender Zylinderflächen stehen dabei nach Gl. (15) in demselben Verhältnis. Die gleichgerichteten Geraden und die Kreise sind die Schnitte der Papierebene mit den Röhrenwänden.

Wir verbinden dann die Schnittpunkte der Geraden und der Kreise in der gezeichneten Weise durch Kurven und führen diese in der Längsrichtung des Leiters, also senkrecht zur Papierebene, entlang. Ein zwischen zwei Schnittpunkten liegender Kurventeil beschreibt dann eine Fläche, durch die zwei gleiche Flüsse von entgegengesetzten Seiten hindurchtreten, die also die Wandung einer magnetischen Röhre ist. Die Kurven sind also Feldlinien des Gesamtfeldes.

Nun ergibt die obige Schwimmerregel, da das Feld ursprünglich von links nach rechts gerichtet war, daß sich der Stromleiter nach unten bewegt. Dadurch wird in schöner Weise die Faradaysche Anschauung bestätigt, wonach die Kraftwirkungen im magnetischen Feld dadurch zustande kommen, daß die Kraftlinien einen Längszug ausüben, durch den sie sich zu verkürzen suchen und gleichzeitig einen Querdruck ausüben, durch den sie sich Platz zu machen suchen.

Die Kraft, die ein Feld und ein Stromleiter auf diese Weise aufeinander ausüben, ist die Ursache, weshalb zur Drehung einer stromerzeugenden Maschine eine Arbeit geleistet werden muß. Der durch Bewegung erzeugte Strom widersetzt sich der Bewegung (Lenzsches Gesetz). Die Antriebsmaschine muß dabei eine gleich große Kraft aufwenden, um die Gegenkraft zu überwinden.

Wir können jetzt die Kraft auf einen Leiter von der Länge l, der den Strom I führt, im Felde von der Induktion $\mathfrak{B}$ berechnen. Wurde der Leiter in Bild 35 in der Zeit dt um ds senkrecht zu seiner Richtung und zur Richtung der Induktion bewegt, so war die Spannung nach Gl. (5) auf S. 27: $e = \mathfrak{B} \cdot l \cdot ds/dt$. Die erzeugte elektrische Arbeit in der Zeit dt ist dann:

$$dA = e \cdot I \cdot dt = \mathfrak{B} \cdot I \cdot l \cdot ds.$$

Dazu ist eine gleich große mechanische Arbeit erforderlich. Teilen wir diese durch den Weg ds, so erhalten wir die Kraft zwischen dem magnetischen Feld und einem senkrecht zur Induktion liegenden Leiter zu

$$P = \mathfrak{B} \cdot I \cdot l. \tag{16}$$

Liegt der Leiter nicht senkrecht zur Induktion, so ist die zur Induktion senkrechte Komponente des Leiters einzuführen.

Setzt man die Induktion in Voltsek/cm², die Stromstärke in Amp. und die Länge in cm ein, so erhält man die Kraft in Joule/cm. Soll die Kraft in kg und die Induktion in Gauß gemessen werden, so setze man

$$1\ \text{kg} = \frac{1\ \text{mkg}}{100\ \text{cm}} = \frac{9{,}81\ \text{Joule}}{100\ \text{cm}}. \qquad 1\ \text{Gauß} = 10^{-8}\ \text{Voltsek/cm}^2.$$

Diese Umrechnungsfaktoren führt man ganz mechanisch in Gl. (16) ein und erhält

$$\frac{9{,}81}{100} P = 10^{-8}\, \mathfrak{B} \cdot I \cdot l$$

oder

$$P = 10{,}2 \cdot 10^{-8} \cdot \mathfrak{B} \cdot I \cdot l. \tag{17}$$

Ist z. B. $\mathfrak{B} = 8000$ Gauß, $I = 20$ Amp. und $l = 30$ cm, so ist

$$P = 10{,}2 \cdot 8000 \cdot 20 \cdot 30 \cdot 10^{-8} = 0{,}493\ \text{kg}.$$

Die Anordnung in Bild 35 stellte bisher einen Stromerzeuger dar, in welchem der Strom durch die erzeugte Spannung geschaffen wird und mit ihr gleiche Richtung hat. Unsere Gleichung gilt aber auch für den Fall, daß wir den Strom von außen durch eine aufgedrückte Klemmenspannung erzeugen. Anstatt dann den Stromleiter entgegen der vom Feld und Strom aufeinander ausgeübten Kraft zu bewegen, überlassen wir ihn sich selbst. Unsere Anordnung wird dabei zum Motor, und der Stromleiter bewegt sich bei derselben Richtung des Feldes und des Stromes entgegengesetzt wie früher. Die Richtung der erzeugten Spannung wird dadurch ebenfalls entgegengesetzt, so daß sie dem Strome entgegenwirkt und dieser durch den Unterschied der aufgedrückten Klemmenspannung und der erzeugten Gegenspannung zustande kommt. Der Teil der Klemmenspannung, der zur Überwindung der erzeugten Gegenspannung verbraucht wird, ergibt dann mit dem Strome den Anteil der zugeführten elektrischen Leistung, der sich in mechanische Leistung umsetzt.

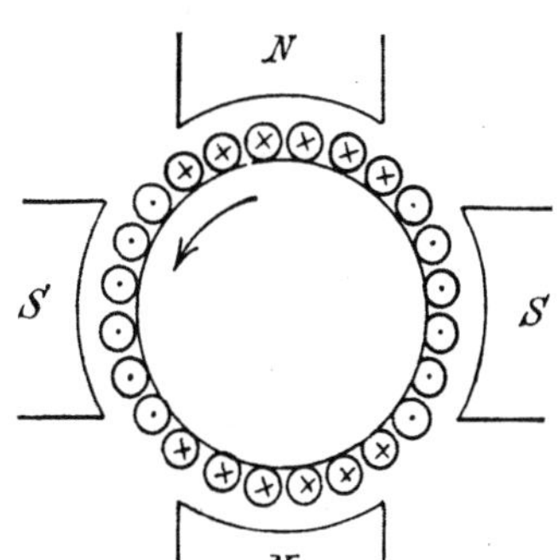

Bild 56. Elektromotor.

Bei der wirklichen Ausführung liegen die Stromleiter nach Bild 56 auf dem Umfang einer Eisentrommel. Sie sind so geschaltet, daß die vor den verschiedenen Polen auftretenden Kräfte in gleichem Sinne wirken (vgl. Schaft und Spitze der Strompfeile). l ist in Gl. (16) die gesamte vor den Polen liegende Drahtlänge.

Es sei z. B. die Induktion vor den Polen $\mathfrak{B} = 7000$ Gauß, die Stromstärke eines Leiters $I = 14$ Amp., die Leiterzahl $z = 944$, die Länge des Ankers $b = 24$ cm, der Durchmesser des Ankers $d = 40$ cm, das Verhältnis des Polbogens zur Polteilung 2/3. Die vor den Polen liegende Leiterlänge ergibt sich dann zu $l = z \cdot b \cdot 2/3 = 15000$ cm, und wir erhalten

$$P = 10{,}2 \cdot 10^{-8} \cdot 7000 \cdot 14 \cdot 15000 = 150 \text{ kg}.$$

Bei einem Halbmesser von 20 cm = 0,2 m ist also das Drehmoment

$$M = 150 \cdot 0{,}2 = 30 \text{ mkg}.$$

Wir lassen nun zwei gerade Stromleiter von kreisförmigem Querschnitt im gleichförmigen Mittel in Bild 57 von gleichgerichteten Strömen durchflossen sein. Wir schlagen dann Kreise, derart, daß der Mittelpunkt mit dem des Leiterquerschnittes zusammenfällt und je zwei aufeinander folgende Halbmesser nach Gl. (15) in demselben Verhältnis stehen. Die Schnittpunkte der Kreise verbinden wir in der

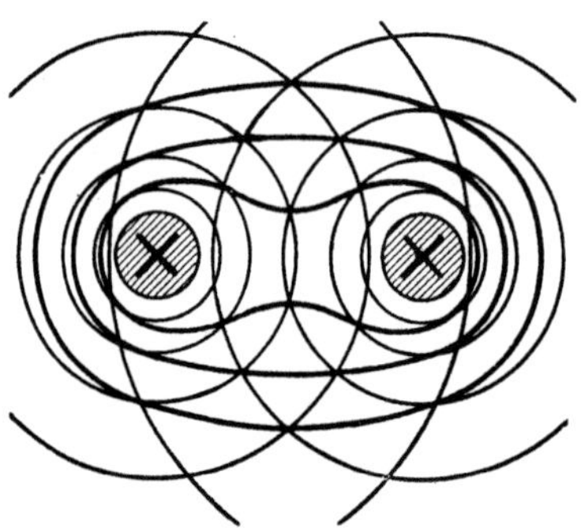

Bild 57. Gleichgerichtete Ströme.

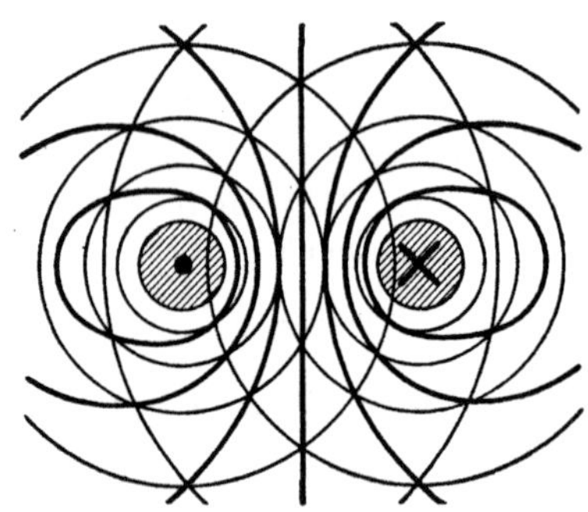

Bild 58. Entgegengesetzt gerichtete Ströme.

dargestellten Weise durch Kurven und verschieben diese in Richtung der Leiterlänge. Dann beschreiben die zwischen je zwei Schnittpunkten liegenden Kurvenstücke Flächen, durch die gleiche Flüsse von entgegengesetzten Seiten hindurchtreten. Die Flächen sind also die Wandungen von Feldröhren, und die gezeichneten Kurven sind Feldlinien. Diese umschließen beide Leiter gemeinsam. Dies folgt auch daraus, daß die magnetischen Wirkungen beider Ströme sich außen unterstützen und zwischen den Leitern mehr oder weniger aufheben. Der Längszug der Feldlinien außen sucht nun die Leiter zu nähern. Dies ist der Grund, warum Leiter mit gleichgerichteten Strömen sich anziehen.

Wenn die Ströme der beiden Stromleiter entgegengesetzt gerichtet sind, so haben wir die Schnittpunkte zweier Kreise wie in Bild 58 zu verbinden und wieder die Kurven in Richtung der Leiterlänge zu führen. Die Kurvenstücke, die zwischen zwei Schnittpunkten liegen, beschreiben dann Flächen, durch die wieder gleich große Flüsse von entgegengesetzten Seiten hindurchtreten, die also die Wände der Feldröhren sind. Der gezeichnete Verlauf der Feldlinien ergibt sich auch daraus, daß die magnetischen Wirkungen beider Ströme sich jetzt innerhalb der Leiter unterstützen und außerhalb mehr oder weniger aufheben. Der Querdruck der Feldlinien innerhalb der Leiter drängt nun die Leiter auseiander. Dies ist der Grund, weshalb entgegengesetzt durchflossene Stromleiter sich abstoßen. Da die beiden Leiter die beiden Seiten einer einzigen Windung darstellen können, so folgt, daß jede stromdurchflossene Windung ihre Fläche zu vergrößern sucht.

Die Kraft zwischen Stromleitern oder Spulen wird in Meßgeräten (Elektrodynamometern) zum Messen von Strömen, Spannungen und Leistungen benutzt. Die bewegliche Spule sucht sich dabei so zu stellen, daß sie den größten magnetischen Fluß umfaßt.

25. Die Selbstinduktion.

Eine elektrische Spannung wird erzeugt, wenn sich der umfaßte Fluß einer Spule ändert. Diese Änderung kommt nicht nur zustande, wenn die Spule ihre Lage im Magnetfeld ändert, sondern auch dann, wenn sich der Strom der Spule, der ein magnetisches Feld erzeugt, ändert. Man bezeichnet dies als Selbstinduktion.

Will man auch hier nach S. 27 annehmen, daß die Spannung durch ein Schneiden von Feldlinien erzeugt wird, so kann man sich nach Bild 59 vorstellen, daß die Feldlinien beim Entstehen des elektrischen Stromes aus einem Leiter heraustreten und sich dann, wie die Wellenlinien nach dem Hineinwerfen eines Steines ins Wasser, ausbreiten.

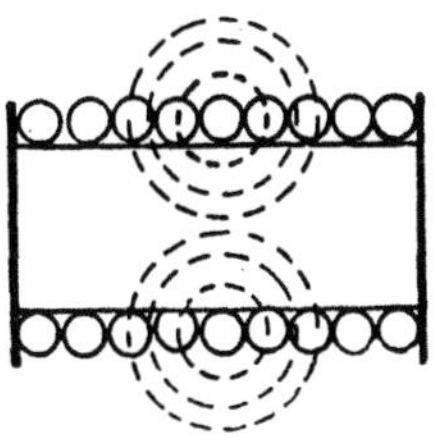

Bild 59. Entstehendes Feld.

Die durch Änderung des umfaßten Flusses erzeugte Spannung ist allgemein so gerichtet, daß der von ihr erzeugte Strom der Änderung des Flusses entgegenwirkt. Die durch Selbstinduktion erzeugte Spannung ist also dem zunehmenden Strom entgegengerichtet, dem abnehmenden Strom gleichgerichtet.

Ein magnetischer Kreis werde nun durch w Windungen einer Spule magnetisiert, wobei alle Windungen denselben Fluß umfassen mögen. Der Leitwert Λ des magnetischen Kreises sei von der Induktion unabhängig. Dies ist stets bei der Luft und bei geringer Sättigung angenähert auch beim Eisen der Fall, oder auch dann, wenn der Widerstand der Luft im magnetischen Kreis über den des Eisens überwiegt. Nimmt dann der Strom in der Zeit dt um di zu, so ist die Zunahme des erzeugten Flusses nach dem Ohmschen Gesetz für Magnetismus $d\Phi = di \cdot w \cdot \Lambda$, und die erzeugte Spannung ist:

$$e = -w \cdot d\Phi/dt = -w^2 \cdot \Lambda \cdot di/dt.$$

Wir bezeichnen jetzt $w^2 \cdot \Lambda$ als die Induktivität L. Dann wird

$$L = w^2 \Lambda \quad (18) \qquad \text{und} \qquad e = -L \cdot di/dt. \qquad (19)$$

Die Einheit der Induktivität besitzt die Spule, in der 1 Volt erzeugt wird, wenn sich der Strom gleichmäßig in 1 sek um 1 Amp. ändert. Diese Einheit heißt 1 Henry, wobei Henry gleich Ohm × sek ist. Da die Windungen einerseits magnetisieren, anderseits aber in ihnen die Spannung erzeugt wird, so ist die Induktivität vom Quadrat der Windungszahl abhängig.

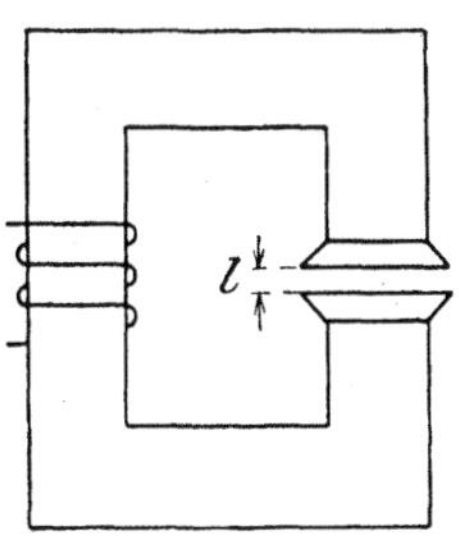

Bild 60. Drosselspule.

Nun ist nach dem Ohmschen Gesetz für Magnetismus $\Phi = I \cdot w \cdot \Lambda$. Die Induktivität ist also die Verkettung des Flusses mit den Windungen bei der Einheit der Stromstärke und die Induktivität in Henry ist die Flußverkettung in Voltsek bei dem Strom 1 Amp.

Enthält eine Spule von $w = 100$ Windungen nach Bild 42 einen Eisenkern von der Länge $l = 40$ cm bei dem Querschnitt $F = 20$ cm² und der magnetischen Leitfähigkeit $\mu \Pi_0 = 4000 \cdot 4\pi \cdot 10^{-9}$ Henry/cm, so ist die Induktivität

$$L = \frac{100^2 \cdot 4000 \cdot 4\,\pi \cdot 10^{-9} \cdot 20}{40} = 0{,}25 \text{ Henry}.$$

Enthält der Eisenkern nach Bild 60 einen Luftspalt, wie dies bei den sogenannten Drosselspulen der Fall ist, so kann der magnetische Widerstand des Eisens gegenüber dem der Luft vernachlässigt werden. In Gl. (18) ist dann für l und F die Länge und der Querschnitt der Luftstrecke einzusetzen. Ist z. B. $w = 200$, $l = 0{,}5$ cm und $F = 100$ cm², so ist

$$L = 200^2 \cdot 4\pi \cdot 10^{-9} \cdot 100/0{,}5 = 0{,}1 \text{ Henry}.$$

Wir berechnen nun die Induktivität einer Leitung, wobei wir beachten, daß es sich immer nur um die Induktivität einer Schleife, aber nicht um die Induktivität eines einzelnen Leiters oder Leiterteiles handeln kann (Bild 61). Da nach S. 39 die Induktivität gleich Fluß × Windungszahl durch Stromstärke ist und w gleich Eins ist, so ist bei der Länge l, dem Abstand d und dem Halbmesser r des Drahtes nach Gl. (15) auf S. 36 der Teil der Induktivität, der durch den im Luftzwischenraum verlaufenden Fluß eines Leiters herrührt:

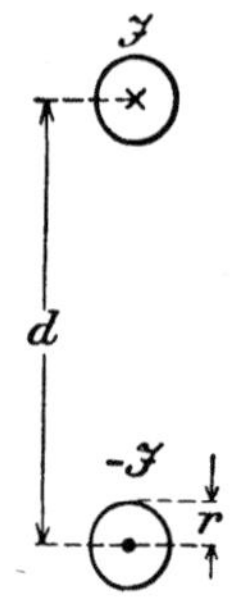

Bild 61. Leitung.

$$L_1 = \frac{\Pi_0 l}{2\pi} \ln \frac{d}{r}.$$

Da der Strom in dem einen Leiter hin- und im anderen zurückfließt, so haben die von beiden Strömen erzeugten Flüsse im Inneren der Schleife gleiches Vorzeichen. Für die Schleife ist also

$$L = 2\,L_1 = \frac{\Pi_0 l}{\pi} \cdot \ln \frac{d}{r}. \tag{20}$$

Dann ist die Induktivität für 1 km, d. h. für 10^5 cm, wenn $\Pi_0 = 4\pi \cdot 10^{-9}$ Henry/cm eingesetzt wird

$$L' = \frac{4\pi \cdot 10^{-9} \cdot 10^5}{\pi} \ln \frac{d}{r} = 4 \cdot 10^{-4} \ln \frac{d}{r} \text{ Henry/km}. \tag{21}$$

Dabei sind d und r in gleichem Maß einzusetzen. Ist z. B. die Länge 20 km, der Abstand $d = 80$ cm und der Halbmesser $r = 0{,}4$ cm, so ist die Induktivität

$$L = 20\,L' = 20 \cdot 4 \cdot 10^{-4} \ln \frac{80}{0{,}4} = \frac{20 \cdot 4 \cdot 10^{-4} \cdot 2{,}301}{0{,}4343} = 0{,}0424 \text{ Henry}.$$

Die nach Gl. (21) berechnete Induktivität wird durch das Feld in den Leitern selbst nicht unwesentlich vergrößert (vgl. Abschn. 89). Dabei wird man statt der Verkettung des Flusses mit Windungen die Verkettung mit Strömen einführen müssen.

Wir berechnen nun die mittlere Spannung E der Selbstinduktion bei einer Spule eines Gleichstromankers, die teilweise in Nuten des Ankereisens eingebettet ist. Die Ankerlänge sei gleich 30 cm und die Windungszahl $w = 2$. Jedes Zentimeter der in die Nuten eingebetteten Leiter erzeuge bei 1 Amp. einen Fluß von $6 \cdot 10^{-8}$ Voltsek. Der Leitwert für 1 cm einer Nut ist also $6 \cdot 10^{-8}$ Henry/cm. Für ein Nutenpaar ist also bei 30 cm Ankerlänge $\Lambda = 2 \cdot 30 \cdot 6 \cdot 10^{-8} = 360 \cdot 10^{-8}$ Henry. Nun sind zwei Windungen in Reihe geschaltet. Demnach ist

$$L = w^2 \Lambda = 4 \cdot 360 \cdot 10^{-8} = 14{,}4 \cdot 10^{-6} \text{ Henry}.$$

Wenn sich der Strom in der Zeit $T = 0{,}004$ sek von -50 auf $+50$ Amp. ändert, so ist die mittlere Änderungsgeschwindigkeit $2 \cdot I/T$, demnach die mittlere erzeugte Spannung

$$E = L \cdot \frac{2\,I}{T} = 14{,}4 \cdot 10^{-6} \cdot \frac{100}{0{,}004} = 0{,}36 \text{ Volt}.$$

Eine beträchtliche Größe erreicht die Spannung der Selbstinduktion, wenn der Strom eines Elektromagneten plötzlich unterbrochen wird. Dann verschwindet der starke Fluß, der von den vielen Windungen des Elektromagneten umfaßt wurde, sehr schnell. In der Gleichung $e = -w \cdot d\Phi/dt$ ist dann auf der rechten Seite der Zähler sehr groß und der Nenner sehr klein. Die Spannung der Selbstinduktion kann dabei so hoch werden, daß die Isolation durchschlagen wird. Jedenfalls hat man es an der Unterbrechungsstelle mit einer Funkenbildung zu tun. Diese ist insofern von Vorteil, als der Strom noch durch die Luftstrecke hindurch aufrecht gehalten und die Spannung der Selbstinduktion hierdurch verringert wird.

Mit Rücksicht auf die Selbstinduktion unterbricht man den Strom eines Elektromagneten oft erst, nachdem man ihn durch einen Widerstand abgeschwächt hat, oder man schaltet, wie in Bild 62, vor dem Ausschalten einen Widerstand R neben die Magnetwicklung R_m. Wenn dann der Strom in der gemeinsamen Leitung unterbrochen wird, so nimmt der Strom der Magnetwicklung und der umfaßte Fluß langsam ab. Er erzeugt dabei in der Magnetwicklung eine Spannung der Selbstinduktion, die dem abnehmenden Strome gleichgerichtet ist. Sie treibt eine Zeitlang einen Strom durch Magnetwicklung und Widerstand, so daß die rasche Unterbrechung des Magnetstromes vermieden wird.

In vielen Fällen ist es erforderlich, die Selbstinduktion ganz aufzuheben. Bei der Wheatstoneschen Brücke für Wechselstrom wird z. B. als Stromquelle ein Induktor und als Meßgerät im Brückenzweig ein Telephon benutzt. Eine Selbstinduktion in dem zu messenden Widerstand würde dann die Messung stören, da der Strom nun nicht mehr allein vom Ohmschen Widerstand, sondern auch von der Selbstinduktion abhängt, die den Strom zeitweise verstärkt und zeitweise abschwächt. Daher lassen sich nur induktionsfreie Widerstände, wie z. B. Glühlampen oder gerade Leiter, nach diesem Verfahren untersuchen. Die Vergleichswiderstände müssen ebenfalls induktionsfrei sein. Zu diesem Zweck wird der aufzuwickelnde Draht nach Bild 63 in der Mitte umgebogen und zweifädig aufgewickelt. Zwei benachbarte Windungen werden dann entgegengesetzt durchflossen.

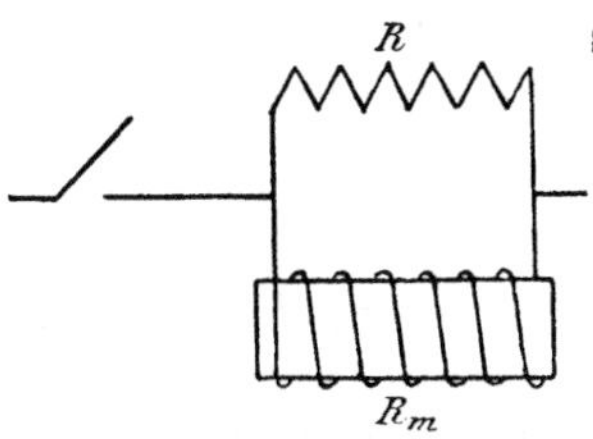

Bild 62. Elektromagnet.

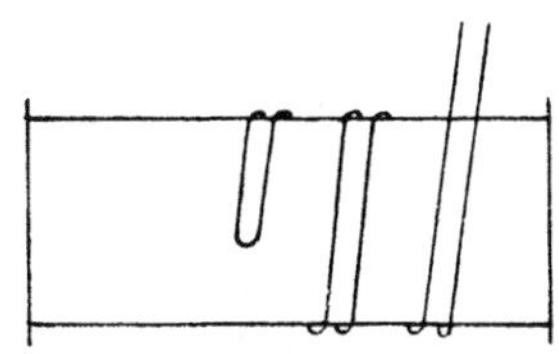

Bild 63. Zweifädige Wicklung.

26. Die gegenseitige Induktion.

In einer Spule wird auch dann eine Spannung erzeugt, wenn sich der Strom in einer benachbarten Spule ändert (gegenseitige Induktion). Nach Bild 64 ist es in bezug auf die erzeugte Spannung gleichgültig, ob die mit 2 bezeichnete Windung wie bei dem Vorgang der Selbstinduktion zu dem Stromkreise der Windung 1 oder zu einem selbständigen Stromkreise gehört. In beiden Fällen erzeugt die Änderung des Stromes i_1 in der Spule 1 eine Spannung in der Spule 2. Wir erhalten daher auch für die Spannung der gegenseitigen Induktion in der zweiten Spule dieselbe Richtung wie für die der Selbstinduktion. Sie ist dem anwachsenden Strom der ersten Spule entgegengerichtet, dem abnehmenden Strom gleichgerichtet.

Bild 64. Gegenseitige Induktion.

Während aber die Selbstinduktion durch den gesamten, von der ersten Spule umfaßten Fluß verursacht wird, kommt die gegenseitige Induktion nach Bild 64 nur durch den Teil des Flusses der ersten Spule zustande, der die zweite durchsetzt. Der als Streuung bezeichnete Teil des Flusses, der nur die erste Spule, nicht aber die zweite umschlingt, trägt nur zur Selbstinduktion der ersten Spule, nicht aber zur gegenseitigen Induktion bei.

Ist jetzt Λ der Leitwert für den Teil des Flusses der ersten Spule, der die zweite durchsetzt, so ist dieser Teil nach dem Ohmschen Gesetz bei w_1 Windungen der ersten Spule und beim Zeitwert i_1 des Stromes der ersten Spule $\Phi =$

$i_1 \cdot w_1 \cdot \Lambda$. Enthält die zweite Spule w_2 Windungen, so ist die in ihr bei Änderung des Flusses erzeugte Spannung $e_{12} = -w_2 \cdot d\Phi/dt = -w_1 \cdot w_2 \cdot \Lambda \cdot di_1/dt$. Wir setzen jetzt

$$M = w_1 \cdot w_2 \cdot \Lambda, \quad (22) \qquad \text{d. h. } e_{12} = -M \cdot di_1/dt \quad (23)$$

und bezeichnen M als die gegenseitige Induktivität. Sie wird im praktischen Maß wie die Selbstinduktivität in Henry gemessen.

Die gegenseitige Induktivität bleibt dieselbe, wenn die beiden Spulen ihre Rolle vertauschen. Die Spannung der gegenseitigen Induktion ist also in der ersten Spule $e_{21} = -M \cdot di_2/dt$. Dabei hat man eine positive Spulenachse festzusetzen und alle Ströme als positiv einzuführen, deren Fluß die Windung im Sinne der positiven Spulenachse durchsetzt.

Eine Spannung der gegenseitigen Induktion kommt nun nicht nur durch eine Stromänderung zustande, sondern auch dadurch, daß die Spule 2 ihre Lage gegenüber der von gleichbleibendem Strom durchflossenen Spule 1 ändert. In Bild 64 mögen z. B. beide Spulen in Richtung ihrer Achse einander genähert oder voneinander entfernt werden. Der dadurch erzeugte Strom in der Spule 2 wirkt der Änderung des umfaßten Flusses entgegen. Nun nimmt bei Näherung der von der Spule 2 umfaßte Fluß zu, also ist der in der zweiten Spule erzeugte Strom dem Strom der ersten Spule entgegengerichtet. Umgekehrt ist bei Entfernung der beiden Spulen voneinander der in der Spule 2 erzeugte Strom dem Strom der Spule 1 gleichgerichtet. Gleichzeitig ergibt sich aus den Gesetzen über die Kraftwirkung von Stromleitern: Der in der zweiten Spule erzeugte Strom hindert die Bewegung.

27. Elektrische Arbeit und magnetische Energie.

Wenn der Strom in einer Spule anwächst, so wird eine Spannung der Selbstinduktion erzeugt, die dem Strom entgegenwirkt und das Anwachsen verlangsamt. Dadurch, daß die aufgedrückte Klemmenspannung die Spannung der Selbstinduktion überwindet, leistet sie in Verbindung mit dem Strom und der Zeit eine elektrische Arbeit, die als magnetische Energie aufgespeichert wird und sich bei Stromunterbrechung unter Funkenbildung in Wärme umsetzt.

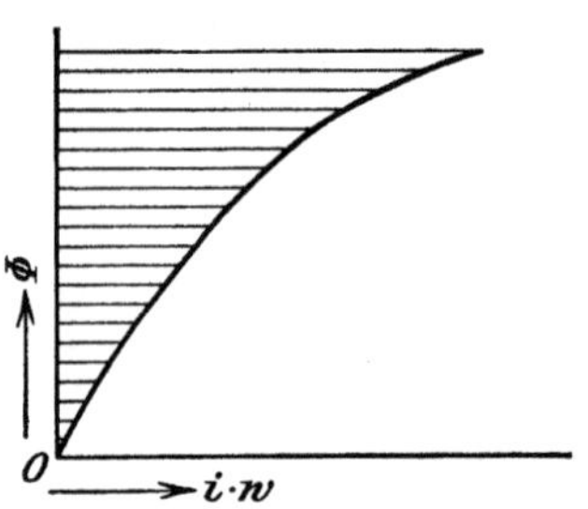

Bild 65. Durchlässigkeit veränderlich.

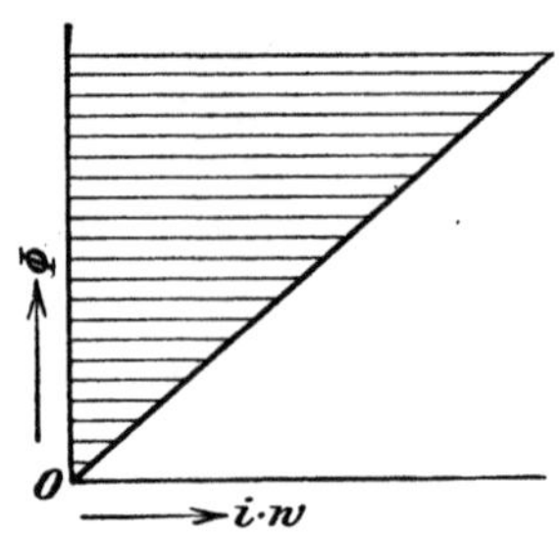

Bild 66. Durchlässigkeit gleichbleibend.

Magnetische Energie, dargestellt durch die gestreifte Fläche.

Der Strom i in w Windungen magnetisiere einen magnetischen Kreis so, daß alle Windungen mit dem ganzen Fluß Φ verkettet sind, und wachse in der Zeit dt um di. Dabei wächst der Fluß um $d\Phi$, so daß in der Spule eine Spannung $e = -w \cdot d\Phi/dt$ erzeugt wird. Dann ist die von der Spule gelieferte elektrische Arbeit nach Gl. (7) auf S. 28 $dA = e \cdot i \cdot dt = -i \cdot w \cdot d\Phi$.

Bei Zunahme des Stromes und des Flusses haben i und $d\Phi$ dasselbe Vorzeichen, die elektrische Arbeit ist also negativ. Dabei wird von außen Arbeit zugeführt und Energie aufgespeichert. Bei Abnahme des Stromes und des Flusses haben i und $d\Phi$ entgegengesetztes Vorzeichen, und die von der Spule gelieferte elektrische Arbeit wird positiv. Die Spule liefert diese elektrische Arbeit unter Abnahme der magnetischen Energie.

Wir lassen nun den Strom von Null an auf I zunehmen und tragen in Bild 65 den Zeitwert $i \cdot w$ wagerecht und den Zeitwert Φ senkrecht auf. Dann ist die elektrisch zugeführte Arbeit gleich $i \cdot w \cdot d\Phi$, also gleich dem Inhalt eines schmalen Flächenstreifens. Die Arbeit, die beim Anwachsen des Stromes bis auf seinen Endwert I elektrisch zugeführt wird, ist dann gleich der gestreiften Fläche.

Wenn eine mechanische Arbeit, wie sie beim Hub eines Elektromagneten geleistet wird, während der Zunahme des Stromes nicht vorkommt und die geringe Wärmeentwicklung beim Richten der Eisenteilchen vernachlässigt wird, wird die ganze zugeführte Arbeit in magnetische Energie umgesetzt. Diese wird also dann ebenfalls durch die gestreifte Fläche dargestellt und ist

$$W = \int_0^I i \cdot w \cdot d\Phi. \qquad (24)$$

Wenn dann beim Ausschalten der Strom von i auf Null abnimmt, so wird die Energie wieder in Stromwärme umgesetzt. Dies geschieht so, daß der verschwindende Fluß eine Spannung der Selbstinduktion und diese wieder einen ihr gleichgerichteten Strom erzeugt. Häufig führt dies zu einer Funkenbildung an der Unterbrechungsstelle, wodurch der Strom noch eine kleine Zeit aufrecht gehalten wird.

Bei gleichbleibender Durchlässigkeit wird die Abhängigkeit des Flusses von der Erregung durch die Gerade in Bild 66 dargestellt. Die magnetische Energie ist wieder gleich der gestreiften Fläche, also gleich dem halben Produkt aus Breite und Höhe. Ist also jetzt Φ der Endwert des Flusses beim Strome I, so wird die Energie unter Benutzung von Gl. (10) auf S. 31 und Gl. (18) auf S. 39

$$W = 0{,}5 I \cdot w \cdot \Phi = 0{,}5 L \cdot I^2 \qquad (25)$$

Wir berechnen jetzt die Energie in Abhängigkeit von der Induktion $\mathfrak{B}$ und der Feldstärke $\mathfrak{H}$ und betrachten dazu einen prismatischen Raum von der Leitfähigkeit Π, dem Querschnitt F und der Länge l. Er sei durch $i \cdot w$ Stromwindungen magnetisiert. Dann ist für einen beliebigen Zeitpunkt, wenn Φ, $\mathfrak{B}$, $\mathfrak{H}$ und i Augenblickswerte sind

$$\Phi = \mathfrak{B} \cdot F \qquad \text{und} \qquad i \cdot w = \mathfrak{H} \cdot l.$$

Setzen wir beides in Gl. (24) ein, so wird die Energie

$$W = \int_0^{\mathfrak{B}} \mathfrak{H} \cdot d\mathfrak{B} \cdot l \cdot F$$

Da $l \cdot F$ der magnetisierte Raum ist, so ist die Energie für die Raumeinheit oder die Energiedichte:

$$\sigma = \int_0^{\mathfrak{B}} \mathfrak{H} \cdot d\mathfrak{B}. \qquad (26)$$

Da wir den betrachteten Raum immer hinreichend klein wählen können, so gilt Gl. (26) auch für ungleichmäßige Magnetisierung. Für feste Leitfähigkeit Π wird $\mathfrak{H} = \mathfrak{B} : \Pi$, also

$$\sigma = \int_0^{\mathfrak{B}} \frac{\mathfrak{B} \cdot d\mathfrak{B}}{\Pi} = \frac{\mathfrak{B}^2}{2\,\Pi} = \frac{\mathfrak{H} \cdot \mathfrak{B}}{2} \qquad (27)$$

Darin sind zuletzt $\mathfrak{H}$ und $\mathfrak{B}$ die Endwerte. Bei der Drosselspule auf S. 39 sei z. B. die Stromstärke $I = 20$ Amp. und die Windungszahl $w = 200$. Bei der Luftlänge $l = 0{,}5$ cm ist also die Erregung für die Längeneinheit $\mathfrak{H} = I \cdot w/l = 8000$ Amp/cm Die Induktion ist also

$$\mathfrak{B} = \Pi_0 \cdot I \cdot w/l = 4 \cdot \pi \cdot 10^{-9} \cdot 8000 = 10000 \cdot 10^{-8}\ \text{Voltsek/cm}^2 = 10000\ \text{Gauß}.$$

Nun war der magnetisierte Raum $V = F \cdot l = 100 \cdot 0{,}5 = 50\ \text{cm}^3$. Demnach ist die im Luftraum aufgespeicherte Energie

$$W = \sigma \cdot V = \frac{\mathfrak{H} \cdot \mathfrak{B}}{2} \cdot V = \frac{8000 \cdot 10\,000 \cdot 10^{-8}}{2} \cdot 50 = 20\ \text{Joule}.$$

Gl. (25) gibt mit dem früher berechneten Wert $L = 0{,}1$ Henry ebenfalls 20 Joule.

Ist der magnetische Widerstand des Eisens einer Drosselspule nicht zu vernachlässigen, so wird außerdem eine geringe Energie im Eisen aufgespeichert, die sich nach Gl. (26) oder Bild 65 ergibt.

28. Hub und Tragkraft eines Elektromagneten.

Die Gleichung $A = \int i \cdot w \cdot d\Phi$ stellt uns in jedem Falle die zugeführte elektrische Arbeit dar, aber nur dann, wie im vorigen Abschnitt, die magnetische Energie, wenn keine sonstige Arbeit geleistet wird. Wir wenden uns jetzt zu dem Fall, wo die Änderung des Flusses gleichzeitig mit Leistung einer mechanischen Arbeit verbunden ist, was beim Hub eines Elektromagneten der Fall ist.

Vor dem Hub haben wir einen großen Abstand zwischen den Polen und dem Anker, also einen großen magnetischen Widerstand und daher für einen gegebenen Strom einen verhältnismäßig geringen magnetischen Fluß AB in Bild 67. Die Kurve OB stelle bei einem Gleichstrommagneten die Abhängigkeit des Flusses von der Erregung vor dem Hub dar, also bei dem festen großen Abstand.

Während des Hubes verringert sich der Luftabstand und der Fluß nimmt daher zu. Dies verursacht eine erzeugte Spannung, die der Klemmenspannung entgegenwirkt, so daß der Strom vorübergehend abnimmt, entsprechend der Kurve BC. Schließlich stößt der Anker auf einen Anschlag, kommt zur Ruhe und der Strom wächst dann wieder auf seinen Wert OA, den er im Anfang hatte, an, wobei sich der Fluß, entsprechend der für den festen verkleinerten Luftweg geltenden Magnetisierungskurve OCD, auf AD erhöht.

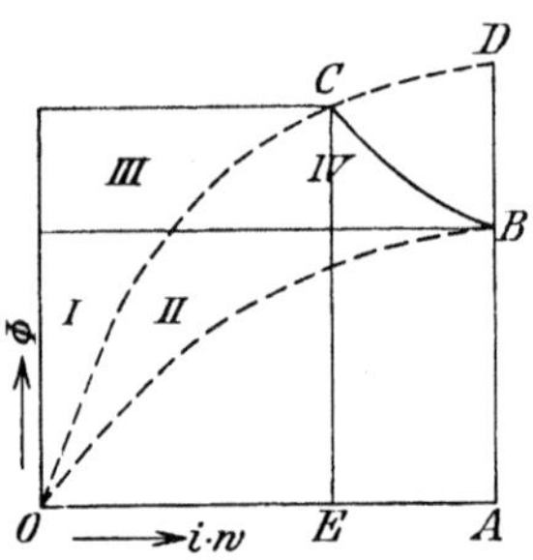

Bild 67.
Durchlässigkeit veränderlich.

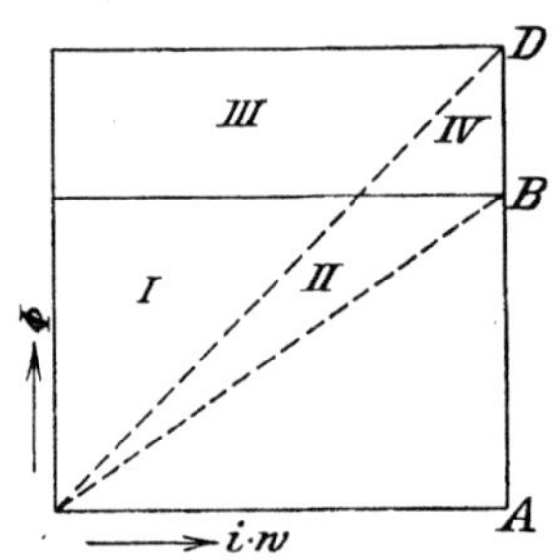

Bild 68.
Durchlässigkeit gleichbleibend.

Arbeits- und Energieflächen eines Gleichstrommagneten.

Nun ist die elektrisch zugeführte Arbeit $\int iwd\Phi$, also gleich der Fläche III + IV. Die Zunahme der magnetischen Energie ist $I + III - (I + II) = III - II$. Demnach ist die mechanische Arbeit als die Differenz der zugeführten und aufgespeicherten Arbeit gleich $II + IV$. Die Stromquelle führt also nicht nur die Hubarbeit, sondern auch die in magnetische Energie umgesetzte Arbeit zu (vgl. Emde, ETZ 1908, S. 817).

Vor die Wicklung sei nun ein sehr großer Widerstand geschaltet und die Spannung der Stromquelle entsprechend hoch gewählt. Dann ist die Spannung, die während des Hubes durch die Änderung des Flusses erzeugt wird, gegenüber der Spannung der Stromquelle zu vernachlässigen. Der Strom bleibt daher unveränderlich gleich OA, und die Kurve BC fällt mit BD zusammen. Ist nun weiter die Leitfähigkeit fest, so erhalten wir Bild 68. Die zugeführte Arbeit, die der Fläche $III + IV$ entspricht, ist dann doppelt so groß wie die Hubarbeit, die durch die Fläche $II + IV$ gegeben ist. Ein der Hubarbeit gleicher Betrag wird also für die Erhöhung der magnetischen Energie zugeführt. Bild 68 gilt z. B. für den Luftraum des Elektromagneten, wobei iw die für den Luftraum allein nötige Erregung bedeutet.

Wir ermitteln daraus die Zugkraft des Elektromagneten, wobei wir wieder annehmen, daß sich die Stromstärke während des Hubes nur unwesentlich ändert. In einem beliebigen Zeitpunkt des Hubes sei die Induktion gleich $\mathfrak{B}$ und der Luftabstand l. In dem Zeitraum, in dem die Induktion um $d\mathfrak{B}$ wächst, ergibt sich dann die elektrisch zugeführte Arbeit dA_z und die halb so große mechanische Arbeit dA_m bei der Polfläche F zu

$$dA_2 = d\mathfrak{B} \cdot F \cdot i \cdot w \qquad dA_m = 0{,}5\, d\mathfrak{B} \cdot F \cdot i \cdot w. \tag{a}$$

Nun ist

$$\mathfrak{B} = \Pi_0 \cdot \frac{i \cdot w}{l}, \quad \text{d. h.} \quad d\mathfrak{B} = -\Pi_0 \cdot \frac{i \cdot w}{l^2} \cdot dl.$$

Wir setzen den Wert von $d\mathfrak{B}$ in Gl. (a) ein und ersetzen $i \cdot w$ durch $\mathfrak{B} \cdot l/\Pi_0$. Dadurch ergibt sich

$$dA_m = -0{,}5\,\mathfrak{B}^2 F \cdot dl/\Pi_0.$$

Da $-dl$ der Weg ist, auf dem die Arbeit geleistet wird, so ist die Zugkraft

$$P = 0{,}5\,\mathfrak{B}^2 \cdot F/\Pi_0. \tag{28}$$

Es sei z. B. $\mathfrak{B} = 5000$ Gauß und $F = 100\ \mathrm{cm}^2$. Die Zugkraft soll in kg gemessen werden. Wir erhalten

$$1\ \mathrm{kg} = \frac{9{,}81\ \mathrm{Joule}}{100\ \mathrm{cm}} \qquad 1\ \text{Gauß} = 10^{-8}\ \mathrm{Voltsek/cm^2}.$$

Mit $\Pi_0 = 4\pi \cdot 10^{-9}$ Henry/cm wird also

$$P \cdot \frac{9{,}81}{100} = \frac{0{,}5 \cdot 10^{-16} \cdot 5000^2 \cdot 100}{4\pi \cdot 10^{-9}}\ \mathrm{kg},$$

d. h. $P \cong 4 \cdot 5000^2 \cdot 100 \cdot 10^{-8} = 100$ kg.

Bei einem Hufeisenmagneten ist für F das doppelte der einzelnen Polfläche einzusetzen.

Wir wenden uns nun zum Wechselstrommagneten (vgl. Thomälen ETZ 1917 S. 473). Bei diesem ändert sich der Fluß ständig zwischen einem positiven und negativen Höchstwert. Dieser ist wie bei einem Transformator in Abschnitt 103 bei kleinem Widerstand der Wicklung durch die Klemmenspannung vorgeschrieben, also unveränderlich. Wenn die Zeit einer Periode des Wechselstromes klein gegenüber der Hubzeit ist, so erreicht der Fluß während der Hubzeit mehrere Male seinen Höchstwert, und jedesmal ist der Abstand zwischen Polen und Anker geringer geworden. Diesen Abständen, bei denen der Höchstwert auftritt, entsprechen die Höchstwerte der Ströme YB, NE, YH und NL und die gestrichelt gezeichneten Magnetisierungskurven OB, OE, OH, OL usw. in Bild 69.

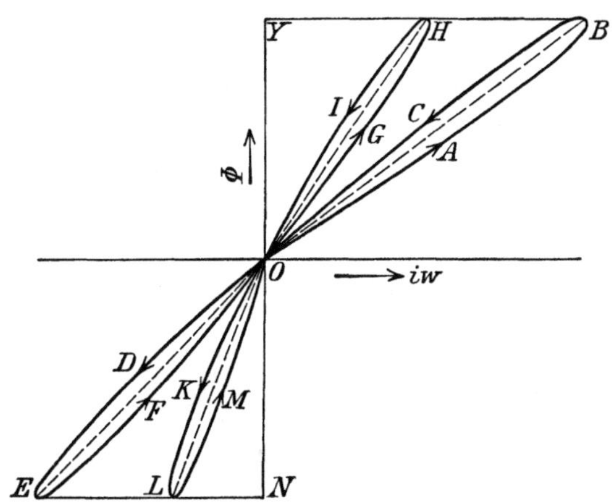

Bild 69. Arbeitsflächen des Wechselstrommagneten.

Wir betrachten der Einfachheit wegen nur die vollen Perioden während der Hubzeit. Die Abhängigkeit des Flusses von der Erregung ist dann durch die ausgezogene Kurve $OABCOD$ usw. gegeben, die in der Folge des Alphabets in Richtung der Pfeile zu verfolgen ist. Entsprechend dem jeweiligen Luftabstand ist der Fluß bei ansteigender Magnetisierung kleiner, bei abfallender Magnetisierung größer als der durch die gestrichelte Kurve gegebene Wert.

Nun ist in der ersten viertel Periode die vom Netz zugeführte elektrische Arbeit, ähnlich wie in Bild 65 gleich der Fläche $OABY$. Davon wird in der zweiten viertel Periode die elektrische Arbeit $BCOY$ wieder ans Netz zurückgegeben. Da der Strom und damit die magnetische Energie am Anfang und Ende gleich Null ist, also keine Arbeit in magnetische Energie umgesetzt wird, so ist die schmale Fläche $OABCO$ gleich der Hubarbeit in der ersten halben Periode. Die Summe aller schmalen Flächen ist dann die ganze Hubarbeit.

29. Die Hysteresis.

Bei der Aufnahme der Magnetisierungskurven geht man vom unmagnetischen Zustand des Eisens aus. Man läßt dann den magnetisierenden Strom von Null an zunehmen, wodurch die Erregung $\mathfrak{H}$ für die Längeneinheit und die magnetische Induktion $\mathfrak{B}$ gleichzeitig wachsen. Trägt man nun die Erregung $\mathfrak{H}$ für die Längeneinheit wagerecht und die Induktion $\mathfrak{B}$ senkrecht auf, so erhält man die Kurve OA in Bild 70.

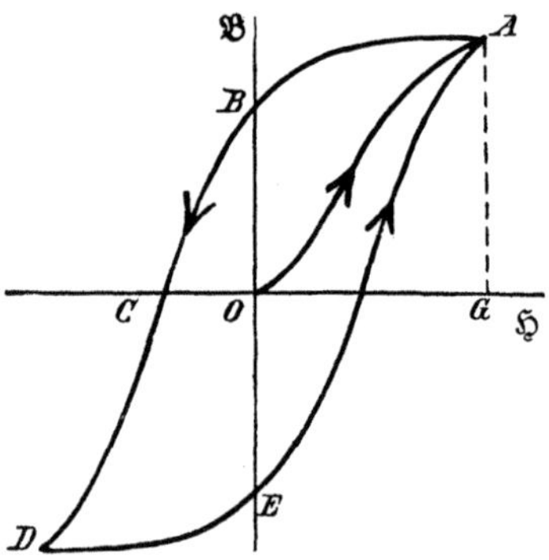

Bild 70. Hysteresisschleife.

Schwächt man nach Erreichung einer willkürlich gewählten größten Induktion $GA = \mathfrak{B}_m$ den Strom wieder ab, so ist die Induktion für einen gleichen Wert der Erregung für die Längeneinheit bei abnehmender Magnetisierung größer als bei ansteigender. Trägt man wieder die Erregung für die Längeneinheit wagerecht und die zugehörige Induktion senkrecht auf, so erhält man die Kurve AB. Dieses Verhalten des Eisens läßt darauf schließen, daß von der starken Magnetisierung her ein Rest von Magnetismus im Eisen zurückbleibt (Hysteresis).

Für $\mathfrak{H} = 0$ ist die Induktion bei abnehmender Magnetisierung gleich OB. Dies ist die Induktion des magnetischen Rückstandes. Hysteresis und magnetischer Rückstand sind also in gewissem Sinne dasselbe. Wir erklären beide Erscheinungen daraus, daß die einmal gerichteten Eisenteilchen infolge der Reibung in ihrer Lage zu verharren suchen.

Kehrt man nun die Stromrichtung um, so ist eine Erregung für die Längeneinheit gleich OC nötig, um den zurückbleibenden Magnetismus zu vernichten. Man sieht

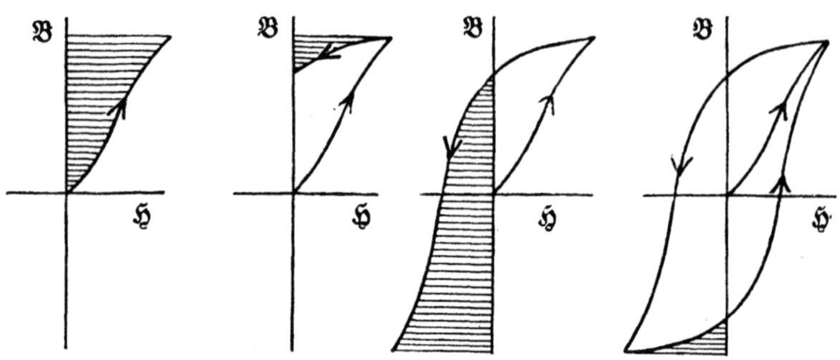

Bild 71. Bild 72. Bild 73. Bild 74.
Arbeit bei Magnetisierung von Eisen, dargestellt durch Flächen.

deutlich, daß die Eisenteilchen sich einer Ummagnetisierung widersetzen. Erst wenn die Erregung für die Längeneinheit über OC hinaus erhöht wird, erhält man eine Induktion in umgekehrter Richtung. CD entspricht dann der ansteigenden und DE der abfallenden Magnetisierung. OE ist der magnetische Rückstand usw.

Nun ist nach Gl. (26) auf S. 43 die Energie für die Raumeinheit $\sigma = \int \mathfrak{H} \cdot d\mathfrak{B}$. Da $\mathfrak{H} \cdot d\mathfrak{B}$ gleich einem der schmalen Flächenstreifen in Bild 71 ist, so ist $\int \mathfrak{H} \cdot d\mathfrak{B}$ gleich der ganzen gestreiften Fläche. Diese stellt also den Arbeitsverbrauch für die Raumeinheit während der Magnetisierung von Null bis zum Endwert der Induktion dar.

Wenn die Magnetisierung abnimmt, so wird $d\mathfrak{B}$ und dadurch die Arbeit negativ, d. h. von der Arbeit wird der Teil wiedergewonnen, der durch die Fläche in Bild 72 gegeben ist. Nach Umkehrung des Stromes wird die aufgespeicherte Arbeit wieder positiv und entspricht der Fläche in Bild 73. Davon wird der Betrag wiedergewonnen, der durch die Fläche in Bild 74 dargestellt ist, usw. Die Ummagnetisierungsarbeit für die Raumeinheit und eine Periode ist also gleich der Hysteresisfläche. Setzt man $\mathfrak{B}$ in Voltsek/cm² und $\mathfrak{H}$ in Amp/cm ein, so erhält man die Arbeit für die Raumeinheit in Joule/cm³. Der Arbeitsverlust durch Hysteresis ist angenähert dem Quadrate der größten Induktion proportional.

30. Wirbelströme.

Unter Wirbelströmen versteht man Ströme in einem Leiter von starkem Querschnitt, die nicht in vorgeschriebener Bahn verlaufen, sondern sich da schließen, wo sie den geringsten Widerstand finden. Wenn es sich um Bewegung eines Leiters im magnetischen Feld handelt, so wirkt die Spannung des Wirbelstromes senkrecht zur Richtung der Induktion und senkrecht zur Bewegungsrichtung. Ist z. B. eine Kupferwindung, wie im oberen Teil in Bild 75 auf eine ungeteilte Eisentrommel gewickelt, und wird diese so gedreht, daß der obere Leiter aus der Papierebene heraustritt, so wirkt nach der Faradayschen Regel die im Draht erzeugte Spannung in Richtung des Pfeiles. Eine gleiche Spannung wird aber auch in dem darunter liegenden Eisen erzeugt. Infolgedessen entstehen im Eisen bei dem großen Querschnitt, also bei dem geringen Widerstand, sehr erhebliche Ströme. Diese würden eine starke

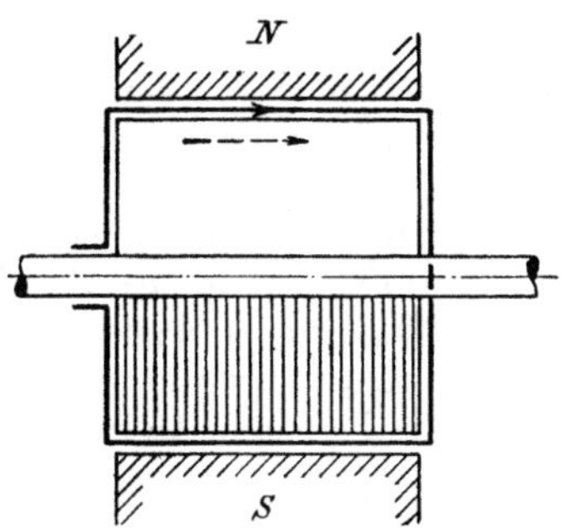

Bild 75.
Ungeteilte bzw. geblätterte Eisentrommel.

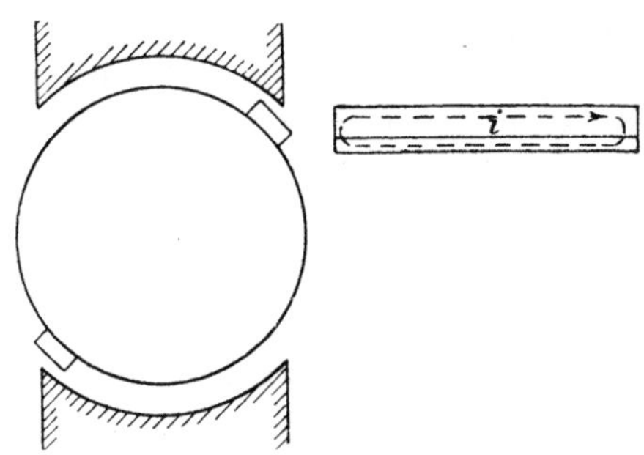

Bild 76.
Wirbelströme in starken Leitern.

Erwärmung des Ankers und einen großen Arbeitsverlust zur Folge haben. Das wird deutlich, wenn man das Eisen in Bild 75 als einen kurz geschlossenen Stromerzeuger betrachtet, in welchem der erzeugte Strom der Bewegung entgegenwirkt und daher einen Arbeitsverlust verursacht. Dieser Verlust ist proportional dem Quadrate des Wirbelstromes, also proportional dem Quadrate der im Wirbelstromkreis erzeugten Spannung, demnach proportional dem Quadrat der Frequenz und dem Quadrat der Induktion.

Über die Berechnung der Wirbelströme im Dynamo- und Transformatorenblech siehe Abschn. 102.

Man kann den Arbeitsverbrauch durch Wirbelströme dadurch zeigen, daß man eine Kupferscheibe zwischen den Polen eines noch unerregten Elektromagneten hin- und herschwingen läßt. Sobald der Elektromagnet erregt wird, bleibt die Scheibe zwischen den Polen wie in einem Brei stecken, da die erzeugten Wirbelströme die Bewegung hemmen (Waltenhofensches Pendel). Die Energie der Bewegung setzt sich dabei in Stromwärme im Kupfer um.

Da Wirbelströme einen Verbrauch von elektrischer Arbeit bedeuten, so muß man den Anker einer Maschine aus Eisenblechen zusammensetzen, wie es der untere Teil des Ankers in Bild 75 zeigt, um dadurch die Wirbelströme, wenn auch nicht ganz zu unterdrücken, so doch wesentlich zu verringern. Die Eisenbleche sind durch ihre Oxydschicht oder durch Lack, oder, wie gewöhnlich, durch Seidenpapier voneinander getrennt. Allgemein hat man das Eisen senkrecht zu dem Leiter zu unterteilen, in welchem eine Spannung erzeugt wird.

Bei Maschinen mit Nutenankern ist es meist auch nötig, die Polschuhe aus Blechen zusammenzusetzen. Der Fluß hat das Bestreben, durch die Zähne des Ankers zu verlaufen, und wird durch den Zahn, der aus der Polecke austritt, zeitweise mitgenommen. Dadurch werden Wirbelströme in den Polecken erzeugt. Auch unter der Polfläche können Wirbelströme auftreten, da die Induktion im Poleisen gegenüber dem Zahn größer ist als gegenüber der Nut und die Orte der größten und kleinsten Induktion sich bei der Drehung verschieben.

Aber auch im Ankerkupfer können Wirbelströme auftreten, wie Bild 76 in übertriebener Weise zeigt. Besteht nämlich die Wicklung aus Kupferstäben von großem Querschnitt, so liegt zeitweise die eine Kante des Stabes noch im Feld, während die andere Kante sich nicht mehr im Bereiche des Poles befindet. Der von der Seite gesehene Stab ist rechts herausgezeichnet. Die im oberen Teile des Leiters erzeugte Spannung bewirkt in diesem Teile des Leiters einen Strom, der in der Hauptsache durch die Stirnverbindungen und das äußere Netz weiterfließt, sich aber zum Teil in Richtung der punktierten Kurve schon durch den unteren Teil des Leiters selbst schließt. In Wirklichkeit ergibt sich im unteren Teil des Leiters keine entgegengesetzte Stromrichtung, sondern eine kleinere Stromdichte, also eine Stromverdrängung.

Man vermeidet die Wirbelströme im Ankerkupfer dadurch, daß man die Polecken abschrägt oder abrundet oder den Luftzwischenraum zwischen den Polen und dem Anker an den Polecken vergrößert. Man erreicht dadurch einen ganz allmählichen Abfall des Feldes.

Bei den gegenwärtig allgemein verwendeten Nutenankern ist die Wirbelstrombildung im Ankerkupfer indessen meist sehr gering. Der Fluß verläuft nach Bild 127 fast vollständig durch die Zähne des Ankers und wird, wie wir es oben bereits bei der Polecke sahen, bei der Drehung teilweise mitgenommen und dadurch gedehnt. Schließlich schneidet das Feld schnell durch den ganzen Querschnitt der Nut hindurch und erzeugt in allen Teilen des Ankerleiters dieselbe Spannung, so daß Wirbelströme fast ausgeschlossen sind.

Bei großer Drehgeschwindigkeit und gleichzeitiger großer radialer Abmessung der Ankerleiter wird jedoch auch bei Nutenankern die Wirbelstrombildung oder Stromverdrängung bedenklich. Man ist dann genötigt, die Leiter, wie z. B. bei den Röbelstäben, aus mehreren parallelen, voneinander isolierten Drähten zusammenzusetzen und innerhalb der Nut zu verdrillen oder zu verschränken.

In ähnlicher Weise wie bei Dynamomaschinen treten auch im Eisen von Transformatoren Wirbelstromverluste auf.

Der gesamte Verlust im Eisen setzt sich also aus dem Hysteresis- und Wirbelstromverlust zusammen. Man ermittelt ihn, indem man das Eisen durch Wechselstrom magnetisiert und die zugeführte Leistung mißt. Dies geschieht durch den Ausschlag eines Leistungszeigers, dessen eine Spule vom Strom durchflossen wird, während die andere an die Spannung angeschlossen ist.

Als Verlustziffer des Eisens bezeichnet man dann den gesamten Verbrauch in Watt für 1 kg Eisen bei 50 Perioden/sek und bei einer größten Induktion von 10000 Gauß. Diese Verlustziffer ist bei den gebräuchlichen Eisenblechen von 0,5 mm Stärke 3 bis 4 Watt für 1 kg Eisen. Durch Verwendung von siliziumhaltigen Eisenblechen, sogenannten legierten Blechen, die einen größeren elektrischen Widerstand besitzen, läßt sich der Verlust etwa auf die Hälfte herabsetzen.

Wenn das gewöhnliche Eisenblech längere Zeit einer höheren Temperatur ausgesetzt wird, so nimmt die Verlustziffer zu (Altern des Eisens). Bei legierten Blechen bleibt sie ungeändert.

In besonderen Fällen sind Wirbelströme von Vorteil. So beruht die Wirkung von

Wirbelstrombremsen auf der magnetischen Kraft, die von den Polen eines Elektromagneten auf die bei der Bewegung in einer Eisenscheibe erzeugten Wirbelströme ausgeübt wird.

Ebenso benutzt man die Wirbelströme zur Dämpfung von Meßgeräten, indem man den beweglichen Magneten innerhalb eines Vollkörpers aus Kupfer aufhängt. Der Magnet stellt sich dann, ohne zu schwingen, in seine neue Ruhelage ein. Besteht das Meßgerät aus einer beweglichen Spule, die vor den Polen eines Stahlmagneten schwingt, wie z. B. oft bei Spiegelgalvanometern, so dämpft man die Bewegung dadurch, daß man die Spule kurz schließt. Sie wird dann durch die Ströme, die bei den Schwingungen in ihr erzeugt werden, oft augenblicklich zur Ruhe gebracht. Dabei haben wir es allerdings mit Strömen in Drähten anstatt mit Wirbelströmen zu tun.

IV. Das elektrische Feld.

31. Elektrische Verschiebung.

Wie wir die Umgebung eines Magneten als ein magnetisches Feld ansehen, sehen wir die Umgebung eines statisch geladenen Körpers oder eines von Elektrizität durchströmten Leiters als ein elektrisches Feld an. Das Feld ist bei den üblichen Gleichstromspannungen allerdings sehr schwach gegenüber dem Feld der statischen Elektrizität. Bei hohen Wechselstromspannungen nähert man sich indessen den Verhältnissen, wie sie bei Versuchen mit Influenzmaschinen vorkommen.

Von den Wirkungen des Feldes ist die Kraft, die sich z. B. in der Abstoßung gleichnamiger Elektrizitätsmengen äußert, längst bekannt. Wichtiger ist auch hier, wie im magnetischen Feld, die Dichte des elektrischen Feldes, die auch als die elektrische Verschiebung oder in Anlehnung an das magnetische Feld als die elektrische Induktion bezeichnet wird. Diese messen wir durch den Stromstoß, der beim Entstehen oder Verschwinden des elektrischen Feldes scheinbar durch die Flächeneinheit des Dielektrikums hindurchgeht.

Wir laden oder entladen z. B. einen Plattenkondensator, messen durch den Stromstoß die Elektrizitätsmenge, die in Bewegung gesetzt wird, und teilen sie durch die Fläche der Zwischenschicht. Dann erhalten wir die sogenannte elektrische Dichte oder elektrische Verschiebung im Dielektrikum. Sie wird in Coulomb/cm^2 gemessen und mit $\mathfrak{D}$ bezeichnet. Eine anschauliche Vorstellung von der Dichte gewinnen wir, wenn wir parallel zur Plattenfläche des Kondensators eine Querschnittsfläche durch die Zwischenschicht legen und diese links mit negativer, rechts mit positiver Elektrizität belegt denken. Die Ladung für die Flächeneinheit ist dann die elektrische Dichte oder Verschiebung.

Die elektrische Dichte hat ebenso wie die magnetische eine bestimmte Richtung im Raume, die mit der Kraftrichtung zusammenfällt. Verschiedene Verschiebungen an derselben Stelle sind also geometrisch zur Gesamtverschiebung zusammenzuzählen.

Über die elektrischen Kraftlinien und Röhren gilt dasselbe wie über die magnetischen, mit dem einzigen Unterschied, daß die elektrischen Kraftlinien und Röhren an positiv geladenen Flächen beginnen und an negativ geladenen endigen, während die magnetischen Induktionslinien und Röhren in sich geschlossen sind. Nur da, wo ein magnetischer Fluß entsteht oder verschwindet, gibt es nach dem Induktionsgesetz nicht nur in einer umgebenden Drahtwindung, sondern auch im Dielektrikum geschlossene elektrische Feldlinien.

Die Richtung der elektrischen Feldlinien kann durch einen elektrischen Kompaß bestimmt werden, der aus zwei isoliert auf einer Achse befestigten und entgegengesetzt geladenen Metallkugeln besteht. Sie läßt sich auch durch Hineinstreuen eines feinen Pulvers in das Feld ermitteln, ähnlich wie man die Richtung eines magnetischen Feldes durch Eisenfeilspäne feststellt.

Der elektrische Verschiebungsfluß ist das Produkt aus einer Fläche und der zur Fläche senkrechten Komponente der Verschiebung. Er ergibt sich im Dielektrikum, wie der magnetische Fluß, als quellenfrei, ist also für jeden Querschnitt einer Röhre derselbe.

Da die Verschiebung in Coulomb/cm² gemessen wird, so ist die Einheit des elektrischen Flusses 1 Coulomb. 10^{-6} Coulomb werden als 1 Mikrocoulomb bezeichnet.

Ist α der Winkel, den die Senkrechte auf der Fläche dF mit der Verschiebung $\mathfrak{D}$ bildet, so ist der Fluß

$$Q = \int \mathfrak{D} \cdot dF \cdot \cos \alpha . \tag{1}$$

Wir haben der Einheit der Elektrizitätsmenge willkürlich die Einheit des Flusses zugeordnet. Wir können dann nicht nur den Fluß und die Elektrizitätsmenge in demselben Maß, also in Coulomb, messen und mit denselben Buchstaben bezeichnen, sondern wir haben den großen Vorteil, daß nun der elektrische Fluß durch eine Fläche vollständig die Stelle der Elektrizitätsmenge, mit der man früher arbeitete, einnimmt. An die Stelle der Elektrizitätsmenge, die auf der Oberfläche eines isolierten Leiters angesammelt wird, tritt jetzt der Fluß in dem aus Nichtleitern bestehenden sogenannten Dielektrikum. Auf diese Weise machen wir wirklich Ernst mit der Faradayschen Anschauung, daß alle Vorgänge, z. B. die Ladung oder Entladung eines Kondensators, im Dielektrikum vor sich gehen. Die isolierten Leiter behalten allerdings die wichtige Eigenschaft, daß sie die Ausgangsstellen für den elektrischen Fluß sind und dies auch bleiben, wenn sie ihre Lage ändern.

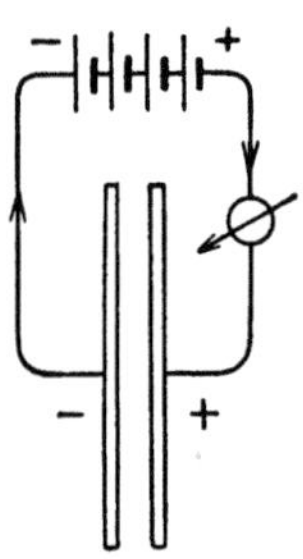

Bild 77. Ladung.

Der sogenannte Verschiebungsstrom als die Änderung der Elektrizitätsmenge in der Zeiteinheit ist jetzt die Änderung des durch das Dielektrikum tretenden Flusses in der Zeiteinheit, d. h.

$$i = dQ/dt. \tag{2}$$

Wenn wir z. B. den Kondensator in Bild 77 laden, so fließt von der positiven Klemme der Stromquelle positive Elektrizität nach der rechten Platte und negative Elektrizität von der negativen Klemme der Stromquelle nach der linken Platte. Der letztere Vorgang ist gleichbedeutend damit, daß positive Elektrizität, wie gezeichnet, von der linken Platte zur negativen Klemme der Stromquelle zurückfließt. Wir kommen dadurch zu der Vorstellung eines Kreisstromes, bei dem die Elektrizität trotz der Unterbrechungsschicht des Kondensators durch den ganzen Stromkreis fließt. Der wirkliche Strom in der Zuleitung findet dabei seine Fortsetzung in dem sogenannten Verschiebungsstrom in der Zwischenschicht. Ist die Ladung beendigt, so ist der Verschiebungsstrom Null und nur der Verschiebungsfluß vorhanden.

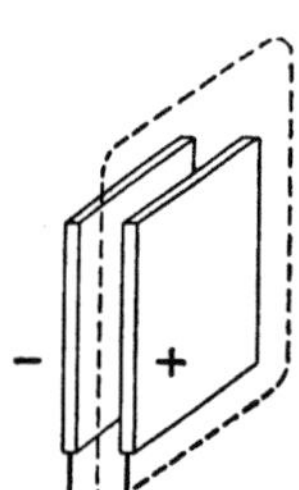

Bild 78. Durchflutung durch die umrandete Fläche bei Ladung oder Entladung.

Besonders auffallend ist die Erscheinung des Verschiebungsstromes, wenn wir eine Wechselstromquelle an ein unbelastetes, also offenes Kabel legen. Dann fließt in das Kabel dauernd ein ziemlich starker Strom, obwohl kein Verbraucher angeschlossen und der Isolationswiderstand groß ist.

Der Verschiebungsstrom übt dieselbe magnetische Wirkung aus wie ein geschlossener Kreisstrom. Denken wir also in Bild 78 durch das Dielektrikum eine gestrichelt umrandete Fläche gelegt, so ist nach dem Durchflutungsgesetz die magnetische Spannung $\int \mathfrak{H} dl$ längs der geschlossenen, gestrichelten Kurve proportional dem die Fläche bei der Ladung oder Entladung durchfließenden Verschiebungsstrom, d. h.

proportional der Änderung des elektrischen Flusses in der Zeiteinheit. Damit ist die Übereinstimmung der Vorgänge im magnetischen und elektrischen Feld vollkommen. Längs einer geschlossenen Kurve ist die elektrische Spannung proportional der Änderungsgeschwindigkeit des umfaßten magnetischen Flusses, die magnetische Spannung proportional der Änderungsgeschwindigkeit des umfaßten elektrischen Flusses.

Beispiele.

1. Bei einem Plattenkondensator sind die elektrischen Feldlinien unter Vernachlässigung der Randwirkung nach Bild 79 überall gleichgerichtet. Die Dichte $\mathfrak{D}$ ist dann überall dieselbe und der Fluß oder die Ladung Q ergibt sich bei der einseitigen Plattenfläche F zu

$$Q = \mathfrak{D} \cdot F.$$

Ist z. B. die einseitige Fläche gleich 1000 cm² und die Ladung gleich 3 Mikrocoulomb $= 3 \cdot 10^{-6}$ Coulomb, so ist die elektrische Induktion im Dielektrikum $\mathfrak{D} = Q/F = 0{,}003 \cdot 10^{-6}$ Coulomb/cm².

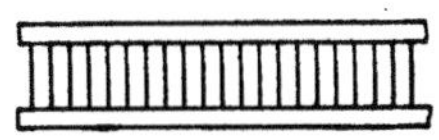

Bild 79. Feldlinien des Plattenkondensators.

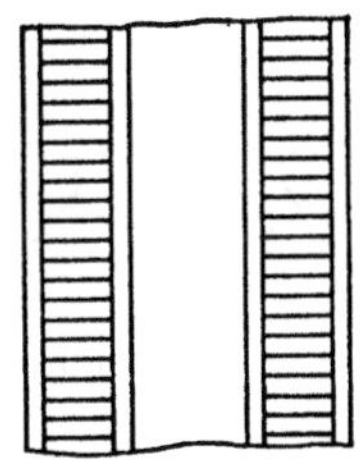

Bild 80. Feldlinien des Röhrenkondensators.

2. Bei einem sehr langen Röhrenkondensator, also z. B. einem gleichachsigen Kabel (Bild 80) ist die Induktion unter Vernachlässigung der Randwirkung auf einer Zylinderfläche im Dielektrikum überall dieselbe. Ist l die Länge des Kondensators und r der Halbmesser der Zylinderfläche, so ist die Fläche gleich $2r\pi \cdot l$. Bei einem Flusse oder einer Ladung Q ist dann die Induktion im Abstand r von der Achse:

$$\mathfrak{D} = Q/F = Q/2\pi r l.$$

Ist z. B. die Länge 2 km $= 2 \cdot 10^5$ cm und der äußere Halbmesser des inneren Leiters gleich 1 cm, so wird bei einer Ladung von 0,0025 Coulomb die Induktion auf der Oberfläche des inneren Leiters $\mathfrak{D} = Q/2r\pi l = 0{,}002 \cdot 10^{-6}$ Coulomb/cm². Unsere Gleichung gilt auch für die Induktion in der Entfernung r cm von einem einzelnen, unendlich dünnen geraden Leiter.

3. Beim Kugelkondensator wird im Abstand r vom Mittelpunkt

$$\mathfrak{D} = Q/4r^2\pi.$$

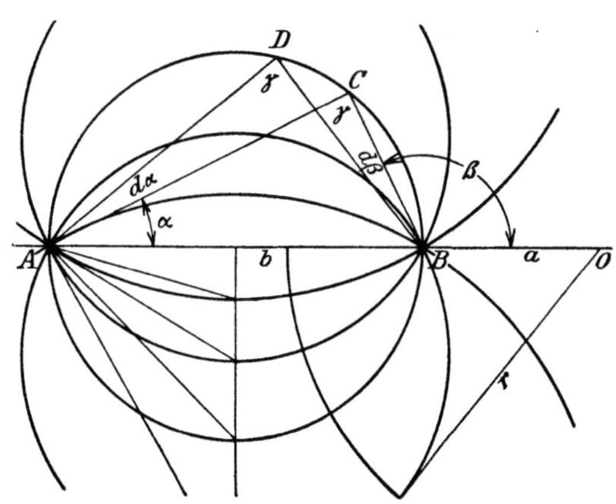

Bild 81. Feldlinien zwischen unendlich dünnen Leitern.

Dies ist auch die Verschiebung außen im Abstand r vom Mittelpunkt einer einzelnen, mit der Elektrizitätsmenge Q geladenen Kugel im gleichförmigen Mittel, wenn keine Leiter in der Nähe die gleichmäßige Ausstrahlung der Feldlinien in den Raum stören. Die Feldlinien endigen dann grundsätzlich im Unendlichen auf einer entgegengesetzt geladenen inneren Kugelfläche. Tatsächlich finden sie allerdings ihr Ende an entgegengesetzten Ladungen der Zimmerwände, was jedoch die Verteilung in der Nähe der kleinen Kugel nicht wesentlich beeinflußt.

4. Wir ermitteln nun die Feldlinien zweier entgegengesetzt geladener gerader Leiter von unendlicher Länge und unendlich kleinem Querschnitt, die in Bild 81 die Papierebene in A und B senkrecht durchsetzen. Die Punkte C und D

mögen auf einer Feldlinie liegen, die bei ihrer Verschiebung in der Längsrichtung der Leiter die Wandung einer elektrischen Röhre beschreibt. Wächst in Bild 81 α um $d\alpha$, so wächst β um $d\beta$. Nun geht durch die Wandung von der Breite CD kein Fluß hindurch, d. h. von A und B gehen zwei entgegengesetzt gleiche Flüsse durch CD. Daraus folgt: $d\beta = d\alpha$, oder, wenn wir integrieren und die Integrationskonstante gleich γ setzen: $\beta = \alpha + \gamma$. Der Winkel γ ist also unveränderlich, d. h. die Feldlinie ist ein Kreisbogen über $AB = b$.

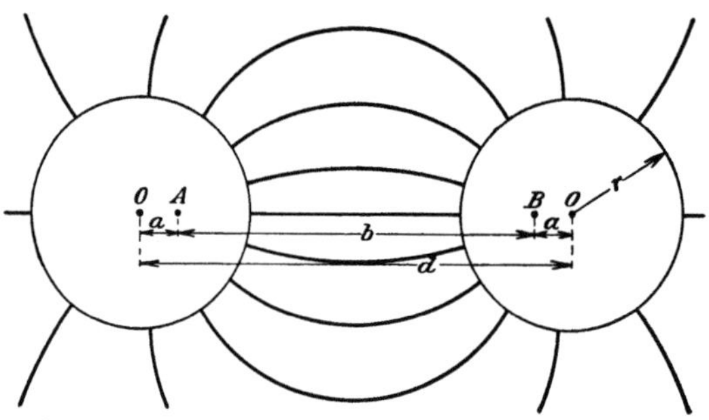

Bild 82. Feldlinien zweier Drähte von gleichem Halbmesser.

Wir zerlegen nun das Feld in Röhren gleichen Flusses. Wir ziehen dazu von A in gleichem Abstand Strahlen und schlagen durch A und B eine Reihe von Kreisen, deren Mittelpunkte die Schnittpunkte der Strahlen mit der Mittelsenkrechten auf AB sind. Die Kreise sind, wie oben abgeleitet wurde, elektrische Feldlinien. Wenn wir sie in Richtung der Leiter verschieben, bildet der Raum zwischen je zwei aufeinander folgenden Kreisen eine Feldröhre. Da die Tangenten an alle Kreise in A oder B gleiche Winkel miteinander bilden, so ist der Fluß aller Röhren derselbe.

5. Wir zeichnen nun in Bild 82 die Feldlinien von entgegengesetzt geladenen langen geraden Leitern von rundem Querschnitt. Dazu benutzen wir die Tatsache, daß in Bild 81 das Quadrat der Tangenten r, die von einem Punkte O der Verlängerung von AB an die Kreise gezogen werden, für alle Kreise denselben Wert hat, d. h.

$$r^2 = a(a + b). \quad \text{(a)}$$

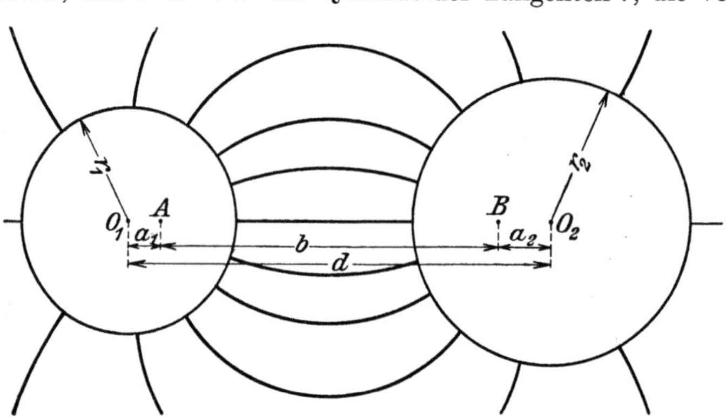

Bild 83. Elektrische Feldlinien zweier Drähte von ungleichem Halbmesser.

Ein Kreis um O mit der Tangente als Halbmesser schneidet aber alle Feldlinien rechtwinklig, er ist also eine Niveaulinie. Wir nehmen nun die Tatsache voraus, daß die Feldlinien stets senkrecht zu einer Leiteroberfläche gerichtet sind und man daher jede zu ihnen senkrechte Fläche im Dielektrikum durch eine Leiteroberfläche ersetzen kann. An der Verteilung der Feldlinien außen wird also nichts geändert, wenn wir die Oberfläche des Zylinders mit dem Halbmesser r durch eine gleiche metallische Fläche ersetzen, d. h. wenn der Zylinder die Oberfläche eines Drahtes ist. Man muß dann allerdings die Feldlinien im Innern des Zylinders wegnehmen, da sich bei einem metallischen Leiter die Ladung nur an der Oberfläche befindet und das Feld im Innern gleich Null ist.

Wir ersetzen also in Bild 82 unsere Leiter durch zwei Leiter von unendlich dünnem Querschnitt und verlegen sie nach den noch näher zu bestimmenden sogenannten elektrischen Achsen A und B. Für die Leiter von unendlich dünnem Querschnitt führen wir dann die Zeichnung nach Bild 81 aus. Die Feldlinien werden dabei wieder Kreise, die durch A und B gehen.

Wir haben jetzt diese Achsen A und B zu ermitteln. Die Mittelpunkte sind mit O und der Abstand der Mittelpunkte mit d bezeichnet. Wie in Bild 81 sei a der Abstand der elektrischen Achsen vom Mittelpunkt und b der Abstand beider Achsen voneinander. Da $b = d - 2a$ ist, so nimmt die Gleichung für r^2 die Form an: $r^2 = a(d-a)$, d. h.

$$a = d/2 - \sqrt{d^2/4 - r^2}.$$

Ist z. B. der Halbmesser $r = 0{,}4$ cm und der Abstand der Leitermitten $d = 32$ cm, so ist der Abstand a der elektrischen Achse von der Leitermitte $a = 16 - \sqrt{256 - 0{,}16}$ $= 0{,}005$ cm. Wie das Beispiel zeigt, kann man, wenn der Halbmesser klein ist gegenüber dem Abstand, die elektrischen Achsen mit den Leitermitten zusammenfallen lassen.

Sind die Halbmesser nach Bild 83 ungleich, so ist

$$r_1^2 = a_1(a_1 + b) \qquad r_2^2 = a_2(a_2 + b) \qquad a_1 + a_2 + b = d.$$

Daraus lassen sich a_1, a_2 und b berechnen. Auch hier kann man bei großem Leiterabstand a_1 und a_2 gleich Null setzen.

7. Wir bestimmen schließlich die Feldlinien zwischen einer ebenen leitenden Fläche und einem zu ihr gleichgerichteten, entgegengesetzt geladenen Leiter. Da die Feldlinien auf der Ebene senkrecht stehen, so können wir diese durch die Ebene ersetzen, die in Bild 82 durch die Mitte von AB geht und auf allen Feldlinien senkrecht steht. Wir zeichnen also das Spiegelbild des Leiters in bezug auf die leitende Ebene und verfahren dann nach Bild 82.

32. Die elektrische Feldstärke.

Als die Ursache, die ein elektrisches Feld erzeugt, betrachten wir die elektrische Spannung. Sie besteht zwischen zwei Punkten eines stromdurchflossenen Leiters, wobei sie neben dem Strom im Leiter auch ein Feld in Dielektrikum erzeugt. Aber auch zwischen den Endplatten eines Kondensators und sogar zwischen zwei Punkten eines vom elektrischen Feld erfüllten Isoliermittels herrscht eine solche Spannung. An jeder Stelle des elektrischen Feldes ist dann eine Spannung für die Längeneinheit wirksam. Man nennt diese Spannung für die Längeneinheit die Feldstärke. Sie ergibt sich also im gleichförmigen Feld, wenn U die Spannung an der Länge l ist, zu

$$\mathfrak{E} = \frac{U}{l}. \tag{3}$$

Allgemein wird im ungleichförmigen Feld $U = \int \mathfrak{E} \cdot dl \cdot \cos\alpha$, wo α der Winkel zwischen der Feldstärke und dem Wegteilchen dl ist. Die Feldstärke ist dadurch als die Spannung für die Längeneinheit bestimmt. Erweitert man auf der rechten Seite von Gl. (3) mit der Elektrizitätsmenge Q, so erhält man im Zähler eine Arbeit. Da die Arbeit auf der Längeneinheit gleich einer Kraft ist, so ist die Feldstärke auch die Kraft auf die Einheit der Elektrizitätsmenge und kann durch die Schwingungszahl eines elektrischen Kompasses bestimmt werden.

Die Einheit der elektrischen Feldstärke im praktischen System ist 1 Volt/cm. Ist z. B. der Abstand der Platten eines Kondensators $l = 0{,}1$ cm, so ist bei der Spannung $U = 100$ Volt die Feldstärke unabhängig vom Isoliermittel $\mathfrak{E} = U/l = 1000$ Volt/cm.

Überschreitet die Feldstärke einen gewissen Wert, der von der Art des Isoliermittels abhängt, so erfolgt der Durchschlag. So z. B. ist die Durchschlagsfestigkeit der Luft 23500 Volt/cm.

33. Die dielektrische Leitfähigkeit.

Wir untersuchen einen Plattenkondensator von der Fläche F und dem Plattenabstand l. Das Dielektrikum bestehe aus einem beliebigen Isoliermittel. Der Versuch ergibt, daß die elektrische Dichte $\mathfrak{D}$ oder die Verschiebung um so größer ist, je größer die Feldstärke ist, d. h. je größer die Spannung und je kleiner der Plattenabstand ist und außerdem von dem jeweiligen Isoliermittel abhängt. Man erhält also mit einem Festwert $\varDelta$

$$\mathfrak{D} = \varDelta \cdot \frac{U}{l} = \varDelta \cdot \mathfrak{E}. \tag{4}$$

Wenn wir die elektrische Dichte durch die Feldstärke erzeugt denken, so erhält $\varDelta$ die Bedeutung einer dielektrischen Leitfähigkeit. Wenn die Feldstärke in Volt/cm und die Dichte in Coulomb/cm² gemessen wird, so ist die dielektrische Leitfähigkeit $\varDelta$ in Coulomb/cm²:Volt/cm einzusetzen. Nun bezeichnet man Coulomb: Volt als Farad. Die Einheit der dielektrischen Leitfähigkeit ist also 1 Farad/cm.

Für die Luft ergibt der Versuch

$$\varDelta_0 = 8{,}84 \cdot 10^{-14}\ \text{Farad/cm} \tag{5}$$

Das Produkt $\Pi_0 \cdot \varDelta_0$ ist der reziproke Wert des Quadrates der Lichtgeschwindigkeit. Setzt man Π_0 in Henry/cm und $\varDelta_0$ in Farad/cm ein, so ist die Lichtgeschwindigkeit in cm/sek, also gleich $3 \cdot 10^{10}$ cm/sek zu setzen.

Ersetzen wir bei einem Luftkondensator die Luft durch ein anderes Isoliermittel, so wird die Dichte bei derselben Spannung, d. h. bei derselben Feldstärke, εmal so groß. Man bezeichnet ε als die Dielektrizitätskonstante. Es ist dann

$$\varDelta = \varepsilon \cdot \varDelta_0 \tag{6}$$

Die Dielektrizitätskonstante hat bei den gewöhnlichen Isoliermitteln, wie Ebonit, Glimmer, Glas, getränktes Papier usw. Werte, die zwischen 2 und 10 liegen.

Laden wir z. B. einen Plattenkondensator vom Plattenabstand $l = 0{,}1$ cm mit einer Spannung von 100 Volt, so ist die Feldstärke im Dielektrikum $\mathfrak{E} = U/l = 1000$ Volt/cm. Bei einem Stoff von der Dielektrizitätskonstante $\varepsilon = 5$ wird also die Dichte

$$\mathfrak{D} = 5 \cdot 8{,}84 \cdot 10^{-14} \cdot 1000 = 4{,}42 \cdot 10^{-10}\ \text{Coulomb/cm}^2.$$

Bei $F = 100$ cm² ist also die Ladung oder der Fluß $Q = 0{,}044$ Mikrocoulomb.

Eine anschauliche Vorstellung gewinnen wir, wenn wir Gl. (4) auf beiden Seiten mit der Fläche F vervielfachen. Wir erhalten dann den Fluß im Dielektrikum zu

$$Q = \frac{\varDelta \cdot F \cdot U}{l} \tag{7}$$

Diese Gleichung können wir als ein Ohmsches Gesetz[1] für den elektrischen Fluß auffassen, wobei $\varDelta \cdot F/l$ die Rolle eines dielektrischen Leitwertes spielt. Es sei z. B. der Raum zwischen den Platten eines Kondensators nach Bild 84 zum Teil durch Luft, zum Teil durch Glas mit der Dielektrizitätskonstante ε ausgefüllt. Da die Spannung an der Luftstrecke dieselbe ist wie am Glase, so gilt für die Feldstärken die Gleichung $\mathfrak{E}_l = \mathfrak{E}_g$. Nach Gl. (4) und (6) ist dann die Dichte im Glase εmal so groß wie in der Luft.

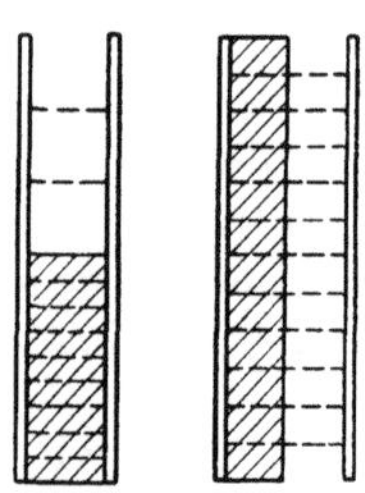

Bild 84. Bild 85.
Verschiedene Mittel.

Ist der Raum dagegen nach Bild 85 ausgefüllt, so ist die Dichte im Glase und in der Luft gleich, also nach Gl. (4) und (6) die Feldstärke im Glase εmal so klein wie in der Luft.

Das Ohmsche Gesetz macht das sehr anschaulich. Von der Gesamtspannung U wird in dem Stoff von großer dielektrischer Leitfähigkeit nur ein ganz kleiner Teil verbraucht. Der Hauptteil der Spannung liegt also an der dahinter geschalteten Luftstrecke, die Spannung für die Längeneinheit ist also an der Luftstrecke groß. Hierdurch erklärt es sich, daß ein Luftkondensator, dessen Feldstärke weit unterhalb der Durchschlagsgrenze von 23000 Volt/cm liegt, nach Hineinschieben einer Glasplatte nach Bild 85 durchschlägt, obwohl gerade Glas eine so große Durchschlagsfestigkeit besitzt.

[1] Vgl. Werner Siemens Lebenserinnerungen 5. Aufl. Berlin 1879 S. 180.

Hieraus ergibt sich auch, daß ein Raum, der mit Isolierstoff von hoher Durchschlagsfestigkeit ausgefüllt wird, keine Luftschichten enthalten darf.

Die dielektrische Leitfähigkeit hat im elektrischen Feld dieselbe Bedeutung wie die magnetische Leitfähigkeit im magnetischen Feld. Wenn z. B. die elektrischen Feldlinien nacheinander verschiedene Mittel durchdringen, so verhalten sich wie in Bild 45 die Tangenten der Brechungswinkel wie die dielektrischen Leitfähigkeiten der betreffenden Mittel.

Ebenso drängen sich die elektrischen Feldlinien, wie die magnetischen, nach dem Körper von größerer Leitfähigkeit hin zusammen, so daß Bild 44 auch für die elektrischen Feldlinien gilt. Allerdings besteht ein Unterschied dem Grade nach. Die dielektrische Leitfähigkeit ist zwar größer als die der Luft, aber doch sehr gering gegenüber der magnetischen Leitfähigkeit des Eisens. Daher treten die elektrischen Feldlinien auch nicht, wie die magnetischen, fast senkrecht in einen Stoff von größerer Leitfähigkeit ein.

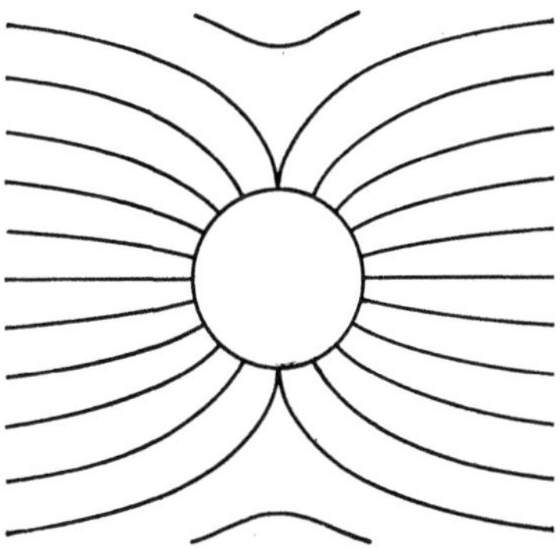

Bild 86. Leiter im gleichförmigen elektrischen Feld.

Nur wenn wir einen metallischen Leiter in ein elektrisches Feld bringen, treten die Feldlinien nach Bild 86 genau senkrecht in den Leiter ein, da seine dielektrische Leitfähigkeit unendlich ist. Das Metall bildet also einen vollständigen Kurzschluß für die Feldlinien, und das Feld im Innern ist gleich Null. Dies gilt auch, wenn der Leiter hohl ist. Zwischen den einzelnen Punkten des Leiters ist dann auch keine Spannung. Die Feldlinien endigen an einer Seite des Leiters und entspringen neu auf der anderen (Influenz). Wegen der senkrechten Richtung der Feldlinien auf einer metallischen Fläche umgibt man bei Drehstromkabeln für sehr hohe Spannung jeden einzelnen Leiter mit einem metallisierten Mantel. Ohne diesen würden die Feldlinien der drei Leiter, deren Ladungen in jedem Augenblick verschieden sind, einen sehr unregelmäßigen Verlauf haben, wodurch der Isolierstoff ungünstig beansprucht wird.

34. Das elektrische Potential.

Unter Potential versteht man die Spannung gegenüber einem unendlich entfernten Punkt. Ein solches Potential gibt es nur dann, wenn die Spannung unabhängig ist von dem Wege, auf dem sie gemessen oder berechnet wird. Diese Bedingung ist beim elektrischen Feld erfüllt.

Gesucht werde das Potential eines Punktes P im Feld zweier unendlich langer Leiter von rundem Querschnitt. Nach S. 52 ersetzen wir dabei die Leiter durch ihre elektrischen Achsen, die die Papierebene bei A und B durchsetzen (Bild 87). Die Ladung auf der Längeneinheit sei $\pm q$.

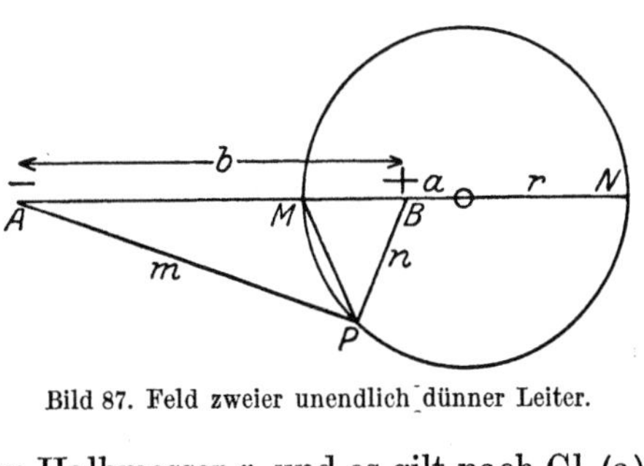

Bild 87. Feld zweier unendlich dünner Leiter.

Dann ist die Niveaufläche, auf der P liegt, nach S. 52 ein Zylindermantel mit dem Halbmesser r, und es gilt nach Gl. (a) auf S. 52

$$\frac{r}{a} = \frac{a+b}{r} \quad \text{oder} \quad \frac{r+a}{r-a} = \frac{a+b+r}{a+b-r}. \tag{a}$$

Anstatt dann das Potential in P zu berechnen, ermitteln wir das gleich große

Potential in N. Gehen wir von N aus wagerecht nach rechts, so ergibt sich zunächst die Induktion und danach die Feldstärke im Abstand x von B zu

$$\mathfrak{D} = \frac{q}{2\pi x} - \frac{q}{2\pi(b+x)} \qquad \mathfrak{E} = \frac{q}{\Delta_0 \cdot 2\pi}\left(\frac{1}{x} - \frac{1}{b+x}\right).$$

Demnach ist

$$P = \int_{a+r}^{\infty} \mathfrak{E} \cdot dx = \frac{q}{2\pi\Delta_0} \left| \ln \frac{x}{b+x} \right|_{a+r}^{\infty} = \frac{q}{2\pi \cdot \Delta_0} \ln\left(\frac{a+b+r}{a+r}\right).$$

Da nach Gl. (a) die Strecke NA durch B und M harmonisch geteilt ist, so ist $(a+b+r):(a+r) = m:n$ und man erhält

$$P = \frac{q}{2\pi \cdot \Delta_0} \cdot \ln \frac{m}{n}. \tag{8}$$

35. Die Kapazität.

Das Verhältnis der Elektrizitätsmenge oder des Flusses zur Spannung wird **Kapazität** genannt und mit C bezeichnet. Ist U die Spannung, so ist der Fluß oder die Ladung

$$Q = C \cdot U. \tag{9}$$

Die Einheit der Kapazität hat ein Kondensator, in welchem bei 1 Volt der Fluß durch die Fläche gleich 1 Coulomb ist. Diese Einheit heißt 1 **Farad**. 1 Mikrofarad ist gleich 10^{-6} Farad.

Der Vergleich mit Gl. (7) zeigt, daß die Kapazität nichts anderes ist als der dielektrische Leitwert, daß also Gl. (9) das **Ohm**sche Gesetz für den elektrischen Fluß darstellt. Die Kapazität berechnet sich also wie der Leitwert.

1. Bei einem **Plattenkondensator** von der Fläche F und dem Plattenabstand l ist also die Kapazität

$$C = \frac{\Delta \cdot F}{l} = \frac{\varepsilon \cdot \Delta_0 \cdot F}{l}. \tag{10}$$

Wir sehen deutlich, daß sich die Kapazität wie ein elektrischer Leitwert berechnet. Bei einem Kondensator sei z. B. die einseitige Fläche **einer** Platte gleich 400 cm². Wie in Bild 25 seien 30 gleichnamige Platten nebeneinander geschaltet. Dann ist die Fläche auf beiden Seiten $F = 2 \cdot 30 \cdot 400 = 24000$ cm². Der Abstand l sei 0,2 cm. Die Zwischenschicht bestehe aus Luft. Dann wird nach Gl. (10)

$$C = \frac{\Delta_0 \cdot F}{l} = \frac{8{,}84 \cdot 10^{-14} \cdot 24000}{0{,}2} = 0{,}0106 \cdot 10^{-6} \text{ Farad}.$$

2. Häufig müssen wir zur Berechnung der Kapazität den dielektrischen Widerstand, d. h. den umgekehrten Wert der Kapazität einführen. Beim **Röhrenkondensator** von der axialen Länge l haben wir z. B. den dielektrischen Widerstand eines Hohlzylinders von der Wandstärke dr im Abstand r von der Achse zu berechnen, indem wir den umgekehrten Wert von C aus Gl. (10) bilden. Dabei haben wir dr statt l und $2r\pi \cdot l$ statt F einzuführen. Der Gesamtwiderstand wird dann bei dem inneren Halbmesser r_1 und dem äußeren Halbmesser r_2:

$$\int_{r_1}^{r_2} \frac{dr}{\Delta \cdot 2r\pi l} = \frac{1}{\Delta \cdot 2\pi l} \ln \frac{r_2}{r_1}.$$

Der umgekehrte Wert ist die Kapazität, d. h.

$$C = \frac{\Delta \cdot 2\pi l}{\ln r_2/r_1}. \tag{11}$$

Daraus ergibt sich dann die Dichte und Feldstärke auf dem inneren Leiter zu

$$\mathfrak{D}_1 = \frac{Q}{2r_1\pi l} = \frac{C \cdot U}{2r_1\pi l} = \frac{\Delta \cdot U}{r_1 \cdot \ln r_2/r_1} \quad \text{und} \quad \mathfrak{E}_1 = \frac{U}{r_1 \ln r_2/r_1}.$$

Wir fragen nun, für welchen Wert von r_1 die Feldstärke auf dem inneren Leiter bei gegebenem Halbmesser r_2 den kleinsten Wert hat. Wir differenzieren dazu den Nenner nach r_1 und setzen den Differentialquotienten gleich Null. Dies gibt

$$\ln r_2/r_1 + r_1 \cdot \frac{1}{r_2/r_1}\left(-\frac{r_2}{r_1^2}\right) = 0$$

oder $\ln r_2/r_1 = 1$. Dadurch wird $r_2/r_1 = \varepsilon = 2{,}718$ oder $r_1 = r_2 : 2{,}718$.

Bei kleinerem Wert von r_1 ist die Kapazität und damit der Fluß zwar klein, aber die Fläche des inneren Leiters wird gleichzeitig sehr gering, so daß die Dichte und damit die Feldstärke groß wird. Bei größerem r_1 wird der Abstand beider Leiter zu klein, und die Kapazität und damit der Fluß zu groß. Unsere Bedingung wird wichtig bei Abmessung des inneren Leiters von Stromdurchführungen.

Teilen wir Gl. (11) durch die Länge l, so erhalten wir die Kapazität für die Längeneinheit zu

$$C' = \frac{\Delta \cdot 2\pi}{\ln r_2/r_1}. \tag{12}$$

Mit $\Delta = \varepsilon \cdot \Delta_0 = \varepsilon \cdot 8{,}84 \cdot 10^{-14}$ Farad/cm und 1 km $= 10^5$ cm wird

$$C' = \frac{\varepsilon \cdot 2\pi \cdot 8{,}84 \cdot 10^{-14} \cdot 10^5}{\ln r_2/r_1} = \frac{\varepsilon \cdot 5{,}54 \cdot 10^{-8}}{\ln r_2/r_1} \text{ Farad/km.}$$

Bei einem gleichachsigen Kabel von 2 km Länge sei z. B. der äußere Halbmesser des inneren Leiters $r_1 = 1$ cm, der innere Halbmesser des äußeren Leiters $r_2 = 1{,}5$ cm und $\varepsilon = 4$. Dann ist nach Gl. (12): $C = 2C' = 1{,}1 \cdot 10^{-6}$ Farad. Bei einer Spannung von 1000 Volt ist also die Ladung $Q = C \cdot U = 1100 \cdot 10^{-6}$ Coulomb. Die Induktion und die Feldstärke auf der Oberfläche des inneren Leiters werden dann

$$\mathfrak{D}_1 = Q : 2 r_1 \pi l = 0{,}00088 \cdot 10^{-6} \text{ Coulomb/cm}^2$$

und

$$\mathfrak{E}_1 = \mathfrak{D}_1 : \varepsilon \Delta_0 = 2470 \text{ Volt/cm.}$$

An der inneren Oberfläche des äußeren Leiters ist wegen der größeren Fläche die Induktion im Verhältnis 1 : 1,5 kleiner, demnach die Feldstärke 2470 : 1,5 = 1650 Volt/cm. Wäre die Spannung von 1000 Volt gleichmäßig längs des Abstandes von 0,5 cm verteilt, so wäre die Feldstärke überall 1000 : 0,5 = 2000 Volt/cm.

3. Für eine in der Luft befindliche Kugel vom Halbmesser r, der im Endlichen keine leitende Flächen gegenüberstehen, haben wir den dielektrischen Leitwert einer Hohlkugel von der Wandstärke dx im Abstand x vom Mittelpunkt nach Gl. (10) zu berechnen und den umgekehrten Wert zu bilden. Der ganze dielektrische Widerstand des umgebenden Raumes ist dann:

$$\int_r^\infty \frac{dx}{\Delta_0 \cdot 4\pi x^2} = \frac{1}{4\pi\Delta_0} \cdot \frac{1}{r} \qquad \text{d. h. } C = 4\pi\Delta_0 \cdot r. \tag{13}$$

Anstatt den Vorgang der Ladung einer solchen Kugel auf die Oberfläche zu verlegen, haben wir ihn bei unserer obigen Rechnung im unendlichen Raum angenommen Der leitende Körper ist dabei schließlich nichts anderes als ein Hohlraum im Dielektrikum. Eine große Kugel hat nicht deswegen auch eine große Kapazität, weil ihre Oberfläche groß ist, sondern weil der Widerstand des umgebenden Raumes klein ist. Jedenfalls ist die Auffassung von der Kapazität als eines dielektrischen Leitwertes zutreffender als die noch jetzt in ihrem Namen nachwirkende Anschauung, daß sie eine Aufnahmefähigkeit der Leitoberflächen darstellt. Je mehr man sie als Leitwert ansieht, desto greifbarer wird es, daß die Vorgänge sich im Dielektrikum, nicht aber auf der Leitoberfläche abspielen. Die Oberflächen der Leiter spielen indessen doch eine wichtige Rolle, da sie nach S. 49 die Quellen des Flusses sind und diese Quellen bei Bewegung der Leiter mit ihnen bewegt werden.

4. Wir berechnen nun die Kapazität einer langen Leitung vom Drahthalbmesser r

(Bild 88). Dabei führen wir wieder die elektrischen Achsen A und B ein, wobei a nach S. 53 berechnet wird. Da das Potential in P nach Gl. (8) entgegengesetzt ist wie in Q, so ist die Spannung oder die Potentialdifferenz

$$P_P - P_Q = \frac{q}{\pi \cdot \varDelta_0} \ln \frac{a+b-r}{r-a}.$$

Demnach ist die Kapazität für die Längeneinheit

$$C' = \frac{q}{P_P - P_Q} = \frac{\pi \cdot \varDelta_0}{\ln \frac{a+b-r}{r-a}}. \tag{14}$$

Mit $\varDelta_0 = 8{,}84 \cdot 10^{-14}$ Farad/cm erhält man C' in Farad/cm. Die Kapazität für 1 km ist 10^5 mal so groß. Gewöhnlich kann $r-a$ gleich r und $a+b-r$ gleich dem Drahtabstand d gesetzt werden. Ist also z. B. die Länge 10 km, der Abstand $d =$ 50 cm und der Halbmesser 0,5 cm, so ist

$$C = \frac{10 \cdot 10^5 \cdot \pi \cdot 8{,}84 \cdot 10^{-14}}{\ln \frac{50}{0{,}5}} = 0{,}06 \cdot 10^{-6} \text{ Farad.}$$

5. Bei einer Einfachleitung mit Erde als Rückleitung haben wir das Spiegelbild der Leitung einzuführen und nach Bild 89 die Entfernung beider Leiter $d = 2h$ zu setzen. Ferner wird $\varepsilon = 1$. Die Kapazität zwischen Leiter und Spiegelbild berechnet

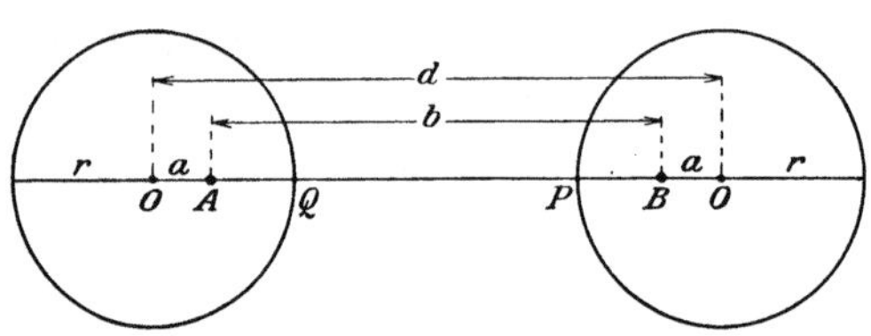

Bild 88. Leiter von gleichem Durchmesser.

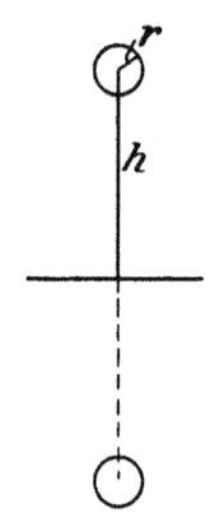

Bild 89. Erde als Rückleitung.

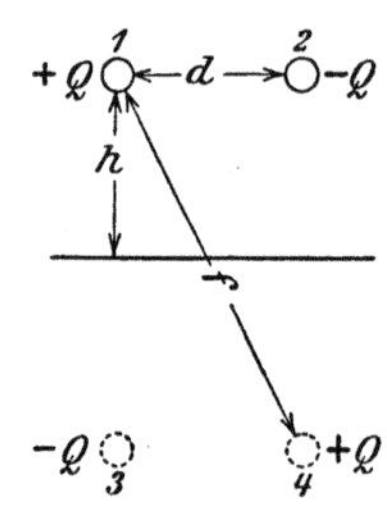

Bild 90. Doppelleitung.

sich dann nach Gl. (14). Nun ist der dielektrische Widerstand zwischen Leiter und Erde halb so groß wie zwischen Leiter und Spiegelbild, also die Kapazität doppelt so groß. Sie ergibt sich also für die Längeneinheit zu

$$C' = \frac{2\pi \cdot \varDelta_0}{\ln \frac{2h}{r}}. \tag{15}$$

6. Um mit Berücksichtigung der Erde die Kapazität einer Doppelleitung zu ermitteln, die aus den in gleicher Höhe liegenden Leitern 1 und 2 für Hin- und Rückleitung besteht, zeichnet man nach Bild 90 die Spiegelbilder 3, 4. Dann rührt das Potential an der Oberfläche des Leiters 1 gleichzeitig vom Feld der Schleifen 1,3 und 2,4 her. Ist r der Halbmesser, h die Aufhängehöhe, d der Leiterabstand und f nach Bild 90 die Entfernung 1,4, also gleich $\sqrt{d^2 + 4h^2}$, so sind die Beiträge der Schleifen 1, 3 und 2, 4 zum Potential auf dem Leiter 1 nach Gl. 8 auf S. 56

$$\frac{q}{2\pi \cdot \varDelta_0} \cdot \ln \frac{2h}{r} \quad \text{und} \quad \frac{q}{2\pi \cdot \varDelta_0} \cdot \ln \frac{d}{f}.$$

Die Summe ist das Potential des Leiters 1. Das Potential des Leiters 2 ist entgegengesetzt gleich, demnach ist die Kapazität für die Längeneinheit

$$C' = \frac{q}{P_1 - P_2} = \frac{\pi \cdot \varDelta_0}{\ln \frac{2h \cdot d}{r \cdot f}}. \tag{16}$$

Mit $\varDelta_0 = 8{,}84 \cdot 10^{-14}$ Farad/cm erhält man C' in Farad/cm. Die Kapazität für 1 km ist 10^5 mal so groß.

36. Die Energie des elektrischen Feldes.

Wir wollen einen Kondensator dadurch laden, daß wir eine Spannung anlegen, die wir von Null an bis auf den Endwert U steigern. Ist u der Zeitwert der Spannung, so ist der Zeitwert der Ladung $Q_t = C \cdot u$. Wächst dann die Spannung in der Zeit dt um du, so wächst die Ladung um $dQ_t = C \cdot du$, und die zufließende Elektrizitätsmenge in der Zeiteinheit, d. h. der Ladestrom ist

$$i = dQ_t/dt = C \cdot du/dt.$$

Die Arbeit, die bei der Ladung zugeführt wird, ist dann

$$A = \int_0^U u \cdot i \cdot dt = \int_0^U C \cdot u \cdot du = 0{,}5\ C \cdot U^2. \tag{17}$$

Sie läßt sich auch in der Form $Q \cdot U/2 = Q^2/2C$ schreiben, wobei $Q = C \cdot U$ der Endwert der Ladung ist. Diese Arbeit wird als Energie des elektrischen Feldes aufgespeichert und setzt sich bei der Entladung wieder in elektrische Arbeit um. Ist z. B. die Kapazität eines Kabels $1 \cdot 10^{-6}$ Farad und die Spannung 10000 Volt, so ist die aufgespeicherte Energie $W = 0{,}5\,C \cdot U^2 = 50$ Joule.

Wir berechnen nun die Dichte der elektrischen Energie. Wenn wir bei einem Plattenkondensator von der Fläche F und dem Abstand l die Randwirkung vernachlässigen und mit $\mathfrak{D}$ die Induktion, mit $\mathfrak{E}$ die Feldstärke bezeichnen, so wird $Q = \mathfrak{D} \cdot F$ und $U = \mathfrak{E} \cdot l$. Setzen wir dann in Gl. (17) $C \cdot U = Q$, so wird die Energie:

$$W = 0{,}5 Q \cdot U = 0{,}5 \mathfrak{E} \cdot \mathfrak{D} \cdot F \cdot l.$$

Da $F \cdot l$ der Raum ist, so ist die Energiedichte

$$\sigma = 0{,}5\ \mathfrak{E} \cdot \mathfrak{D}. \tag{18}$$

Wird die Feldstärke in Volt/cm und die elektrische Dichte in Coulomb/cm² gemessen, so erhält man die Dichte der Energie in Joule/cm³.

V. Maßsysteme.

37. Gleichungen und Maßeinheiten.

1. Die Gleichungen zwischen den physikalischen Größen gelten ohne Rücksicht auf bestimmte Maßeinheiten. Will man sie zum zahlenmäßigen Rechnen benutzen, so müssen Maßeinheiten gewählt werden. Werden in einer Gleichung alle Einheiten willkürlich gewählt, so erhält die Gleichung einen Proportionalitätsfaktor, der sich aus den Einheiten ergibt. Andernfalls, wenn die Gleichung keinen solchen Faktor enthalten soll, so müssen die Einheiten aufeinander abgestimmt sein, d. h. alle Einheiten bis auf eine einzige sind willkürlich und die letzte ergibt sich aus den gewählten Einheiten. Wird z. B. in der Gleichung $U = I \cdot R$ die Stromstärke I in Amp. und der Widerstand R in Ohm eingesetzt, so ergibt sich die Spannung in Volt, wobei Volt = Amp. × Ohm ist. Zweckmäßig stimmt man ein ganzes System von Einheiten mit einigen Grundeinheiten und untereinander ab.

1. Das praktische Maßsystem. Im praktischen System, das zuerst von Mie angegeben[1] und neuerdings von Wallot angewendet ist[2], dienen als Grundeinheiten das Zentimeter, die Sekunde, das Ampere und das Ohm.

Ein Zentimeter ist der 100. Teil eines in Paris aufbewahrten Normal-Meterstabes.

Eine Sekunde ist der 86400. Teil eines mittleren Sonnentages.

Ein Ampere ist die Stromstärke, die in 1 sek 1,118 mg Silber ausscheidet.

Ein Ohm ist der Widerstand eines Quecksilberfadens von der Länge 106,3 cm bei dem Querschnitt von 1 mm².

[1] Mie, Lehrbuch der Elektrizität und des Magnetismus, Stuttgart 1910.

[2] ETZ 1922, S. 1381.

Diese vier Einheiten sind willkürlich. Allerdings sind die Einheiten des Ampere und des Ohm geschichtlich auf Grund des sogenannten absoluten Gaußschen Maßsystems (s. unten) gebildet. Da aber dieses System selbst willkürlich ist, so können das Ampere und das Ohm ebensogut als völlig willkürlich bezeichnet werden wie die Sekunde und das Zentimeter. Aus diesen Grundeinheiten leiten sich dann folgende Einheiten des praktischen Systems ab:

Größe	Einheit	Größe	Einheit
Spannung U	Volt = Amp × Ohm	Magn. Feldstärke $\mathfrak{H}$	Amp/cm
Leistung N	Watt = Volt × Amp	Magn. Leitwert Λ	Henry = Ohm × sek
Arbeit A	Joule = Watt × sek	Magn. Leitfähigkeit Π	Henry/cm
Drehmoment M	Joule = 1/9,81 mkg	Elektrizitätsmenge Q	Coulomb = Amp × sek
Kraft P	Joule/cm = $\frac{100}{9{,}81}$ kg	El. Dichte $\mathfrak{D}$	Coulomb/cm²
Drehzahl n	sek^{-1}	El. Feldstärke $\mathfrak{E}$	Volt/cm
Magn. Fluß Φ	Volt × sek	Kapazität C	Farad = Coulomb/Volt
Magn. Dichte $\mathfrak{B}$	Voltsek/cm²	Diel. Leitfähigkeit Δ	Farad/cm.

Mit Benutzung dieser Einheiten gelten die allgemeinen Gleichungen ohne Umrechnungsfaktoren für das Zahlenrechnen. Setzt man z. B. in der Gleichung $P = \mathfrak{B} \cdot I \cdot l$ die Induktion in Voltsek/cm², die Stromstärke I in Amp. und die Länge l in cm ein, so erhält man die Kraft P in Joule/cm.

Werden beliebige andere Einheiten eingeführt, so treten Umrechnungsfaktoren auf. Man drückt dann vorteilhaft die willkürlichen Einheiten durch die des praktischen Systems aus (nicht umgekehrt). Die Faktoren, die sich dabei ergeben, hat man dann in die allgemeine Gleichung zu übernehmen. In der obigen Gleichung $P = \mathfrak{B} \cdot I \cdot l$ soll z. B. die Kraft in kg und die Induktion in Gauß gemessen werden. Dabei ist

$$1\,\text{kg} = \frac{9{,}81}{100}\,\text{Joule/cm} \qquad 1\,\text{Gauß} = 10^{-8}\,\frac{\text{Voltsek}}{\text{cm}^2}\,.$$

Man erhält dann

$$P \cdot \frac{9{,}81}{100} = \mathfrak{B} \cdot 10^{-8} \cdot I \cdot l \qquad \text{oder} \qquad P = 10{,}2 \cdot 10^{-8} \cdot \mathfrak{B} \cdot I \cdot l.$$

Gleichungen, die auf solche willkürlichen, vom Maßsystem abweichenden Einheiten zugeschnitten sind, sind immer an ihren willkürlichen Zahlenfaktoren zu erkennen.

Wird in einer Gleichung ein Buchstabe durch seinen für einen bestimmten Fall geltenden Zahlenwert ersetzt, so verliert die Gleichung ihre allgemeine Bedeutung und wird zu einer Zahlengleichung. Soll z. B. in einer Zahlentafel der Strom angegeben werden, der bei verschiedenen Spannungen U durch den Widerstand $R = 10$ Ohm fließt, so erhält man am Kopf der Zahlentafel $I = U/10$, wobei I in Amp. und U in Volt eingesetzt wird. Eine solche unvollständige Gleichung gilt nur für die Zahlenwerte in einem bestimmten Fall und gibt natürlich keine allgemeine Beziehung zwischen den physikalischen Größen an.

2. Das Gaußsche absolute Maßsystem. Das Gaußsche absolute Maßsystem beruht auf den Grundeinheiten des Zentimeters, des Grammes und der Sekunde. Das Gramm ist die Masseneinheit.

Daraus folgt als Einheit der Kraft 1 Dyn = 1 g·cm/sek² = 1/981000 kg, wobei kg die technische Krafteinheit ist. Die Einheit der Arbeit ist dann 1 Erg = 1 zentimeterdyn = 10^{-7} Joule.

Durch die Kraft, die zwei punktförmige Pole in 1 cm Entfernung in der Luft aufeinander ausüben, ist dann die Einheit der Polstärke bestimmt. Indem man der Poleinheit 4π Kraftlinien zuordnet, folgt daraus die Einheit des Flusses, die als 1 Maxwell oder eine Kraftlinie bezeichnet wird, und die als 1 Gauß bezeichnete Einheit der Induktion. Die Einheit der Spannung ist dann 1 Kraftlinie/sek = 10^{-8} Volt.

Die Leistungsgleichung $N = U \cdot I$ ergibt dann die Einheit der Stromstärke im Gaußschen System.

Von den obigen Einheiten werden 1 Gauß und 1 Maxwell häufig beim Elektromagnetismus gebraucht, während die Einheit für die Induktivität, nämlich 1 cm $= 10^{-9}$ Henry, oft in der Hochfrequenztechnik benutzt wird.

Indem willkürlich 1 Amp. gleich dem zehnten Teil der Gaußschen Einheit und 1 Volt gleich 10^8 Gaußschen Einheiten gesetzt ist, sind diese beiden praktischen Einheiten aus den absoluten hervorgegangen.

Der wesentliche Unterschied des absoluten Systems vom praktischen System besteht darin, daß die Dimensionen und Einheiten für magnetische Induktion und Feldstärke willkürlich gleich gesetzt werden und an Stelle der magnetischen Leitfähigkeit Π ein reiner Zahlenwert erscheint. Die auf dem absoluten System beruhende Gleichung $\mathfrak{B} = \mu \cdot 0{,}4\ \pi \cdot I \cdot w/l$, wo $\mathfrak{B}$ in Gauß, I in Amp. und l in cm einzusetzen ist, ist daher nur eine Gleichung zwischen den Zahlenwerten und nicht mehr zwischen den physikalischen Größen.

3. Das elektrostatische Maßsystem. Das elektrostatische Maßsystem beruht ebenfalls auf den Grundeinheiten des cm, g, sek. Die statische Einheit der Elektrizitätsmenge ist die, die in der Luft in 1 cm Entfernung auf die gleiche punktförmige Elektrizitätsmenge die Kraft 1 Dyn ausübt.

Wie Maxwell durch Versuche feststellte, ist diese statische Einheit $3 \cdot 10^{10}$mal so klein wie die absolute. Da $3 \cdot 10^{10}$ die Lichtgeschwindigkeit in cm/sek ist, so schloß Maxwell, daß das Licht eine elektromagnetische Erscheinung sei, und daß es elektrische Wellen ebensogut geben müsse wie Lichtwellen, was erst viele Jahre später durch Hertz bestätigt wurde.

Würde man nach einem Versuch von Rowland einem Kreisring, der auf jedem Zentimeter des Umfanges mit der statischen Einheit der Elektrizitätsmenge geladen ist, die Umfangsgeschwindigkeit $3 \cdot 10^{10}$ cm/sek erteilen können, so würde der Ring dieselbe magnetische Wirkung ausüben wie ein Kreisstrom von der absoluten Einheit der Stromstärke.

Wir leiten jetzt das Verhältnis der statischen Einheiten der Spannung und der Kapazität zu den entsprechenden praktischen Einheiten ab. Wir erhalten:

$$1 \text{ stat. Spannungseinheit} = \frac{1 \text{ Erg}}{\text{stat. Einh. d. Elektrizitätsmenge}}.$$

Nun ist $1 \text{ Erg} = 10^{-7}$ Joule und die stat. Einheit der Elektrizitätsmenge gleich $\frac{1}{3 \cdot 10^{10}}$ absoluten Einheiten, also gleich $\frac{1}{3 \cdot 10^{9}}$ Coulomb. Daraus folgt:

$$1 \text{ stat. Spannungseinheit} = 10^{-7} \cdot 3 \cdot 10^{9} \frac{\text{Joule}}{\text{Coulomb}} = 300 \text{ Volt}.$$

Ferner ist

$$1 \text{ stat. Kapazitätseinheit} = \frac{10}{3 \cdot 10^{10}} \text{ Coulomb} : 300 \text{ Volt} = \frac{1}{9 \cdot 10^{11}} \text{ Farad}.$$

Nun wird dadurch, daß im statischen System die dielektrische Leitfähigkeit als reine Zahl eingeführt wird, die Dimension der Kapazität die einer Länge und die Einheit 1 cm. Wir erhalten also $1 \text{ cm} = \frac{1}{9 \cdot 10^{11}}$ Farad.

VI. Gleichstromanker[1].

38. Doppel-T-Anker mit zweiteiligem Stromwender.

Durch Faradays Arbeiten, die er 1831 und 1832 unter dem Titel „Experimental researches on electricity" veröffentlichte, wurde die Erscheinung, daß durch Bewegung eines Leiters im magnetischen Feld eine Spannung erzeugt wird, bekannt.

---

[1] s. Richter: Ankerwicklungen für Gleich- u. Wechselstrommaschinen, Berlin Julius Springer 1920.

Etwa 1851 fand sie in dem Siemensschen Doppel-T-Anker (Bild 91) ihre wichtigste Anwendung. Dieser Anker besteht aus einer Eisentrommel, in deren Nuten eine Wicklung aus isoliertem Kupferdraht untergebracht ist. Die Wicklung ist an einen zweiteiligen Stromwender angeschlossen. Wird die Trommel zwischen den Polen eines Magneten gedreht, so schneiden die in den Nuten liegenden Drähte durch das Feld hindurch, so daß in ihnen eine Spannung erzeugt wird.

In Bild 91 befinden sich die Spulenseiten, d. h. die zu einer Gruppe vereinigten Drähte, gerade vor der Polmitte und schneiden dort durch ein gleichmäßiges Feld. Nach der Faradayschen Schwimmerregel auf S. 27 ist die erzeugte Spannung bei der gegebenen Rechtsdrehung in den Drähten vor dem Nordpol von vorn nach hinten und vor dem Südpol von hinten nach vorn gerichtet. Die Spannungen in beiden Teilen einer Windung wirken also in demselben Sinne und ebenso auch die Spannungen aller Windungen.

Tritt die Spulenseite *I* aus dem Bereich des Nordpoles, so sinkt die Spannung allmählich auf Null. Tritt sie dann in den Bereich des Südpoles, so kehrt die Spannung ihre Richtung um. In der Spule werden also Wechselspannungen erzeugt.

Während des Zeitraumes, in dem sich die Spulenseiten vor dem Polbogen befinden, ist die Spannung nahezu gleichmäßig. Ist $\mathfrak{B}$ die Induktion unter den Polen, l die ganze Leiterlänge in den Nuten und v die Umfangsgeschwindigkeit, so ist in dem betrachteten Zeitraum die Spannung nach Gl. (5) auf S. 27 $E = \mathfrak{B} \cdot l \cdot v$.

Wir verbinden nun die beiden Hälften des Stromwenders durch Schleifbürsten mit einem äußeren Stromkreise. Statt der ursprünglich hierfür verwendeten Drahtbürsten benutzt man jetzt allgemein Kohlestücke. Wenn wir der Einfachheit wegen voraussetzen, daß der Stromwender in der Windungsebene der Spulen unterteilt ist, so müssen die Bürsten in der neutralen Zone angelegt werden, d. h. in dem Ankerdurchmesser, der senkrecht auf der Längsrichtung der Pole steht. Wenn dann die Richtung der Spannung in der Spule wechselt, werden gleichzeitig die Enden der Spule an andere Bürsten, d. h. an andere Klemmen des äußeren Netzes angeschlossen. Dadurch bleibt die Stromrichtung im äußeren Stromkreise immer dieselbe. Aus dem Wechselstrom in der Spule ist also im Netz ein in seiner Stärke wechselnder Gleichstrom geworden. Wenn die Nuten nicht übermäßig breit sind, ergibt sich dann die Stromstärke in Abhängigkeit von der Zeit nach Bild 92.

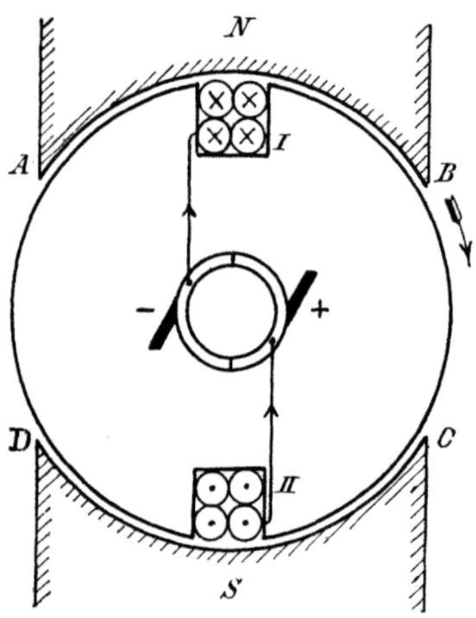

Bild 91. Doppel-T-Anker.

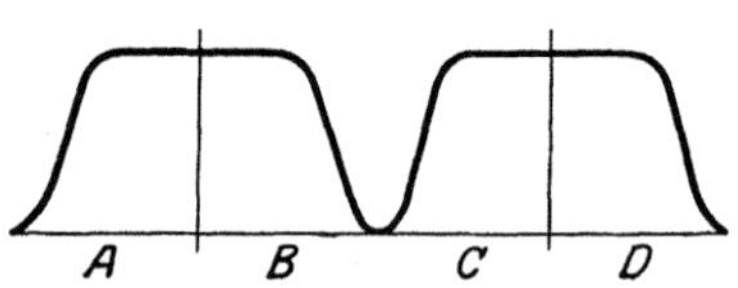

Bild 92. Zeitlicher Verlauf des Stromes.

39. Zweipolige Ring- und Trommelwicklung.

Damit der äußere Strom nicht nur in seiner Richtung, sondern auch in seiner Stärke gleich bleibt, muß man statt des einen Nutenpaares eine große Anzahl Nuten verwenden und den Stromwender in eine große Anzahl Teile teilen. Dies geschah zuerst 1860 beim Ringanker von Pacinotti. Die Ringwicklung wurde später von der 1872 durch v. Hefner-Alteneck erfundenen Trommelwicklung verdrängt.

Dennoch werden wir oft auf sie zurückkommen, da alle Verhältnisse sich leichter übersehen lassen als bei der Trommel.

Die Ringwicklung ist eine in sich geschlossene Spirale, die auf einen Eisenring aufgewickelt ist. Sie besteht in Bild 93 aus acht Spulen von je zwei Windungen. Die Zahl der Spulen ist aber in Wirklichkeit viel größer. Sie sind sämtlich in gleichem Sinne gewickelt. Auf der verlängerten Achse befindet sich der vierteilige Stromwender aus Bronze oder Kupfer. Dieser ist in Richtung der Achse in ebensoviele voneinander isolierte Stege oder Segmente geteilt, wie der Anker Spulen enthält.

Man verbindet nun die Spulen elektrisch miteinander und zweigt von jeder Verbindungsstelle einen Draht nach dem davor liegenden Steg ab, oder man führt das Ende einer Spule unmittelbar zu einem Steg und vereinigt es dort mit dem Anfang der nächsten Spule.

Wird nun der Ring zwischen den Polen eines Elektromagneten gedreht, so schneiden die Drähte der Wicklung durch das magnetische Feld. Da die Feldlinien durch das Eisen des Ringes verlaufen und der Luftraum innen beinahe frei vom Feld ist,

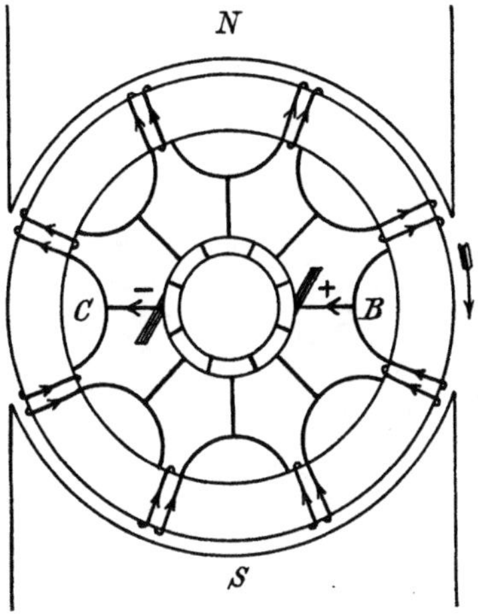

Bild 93. Alle Spulen im Stromkreis.

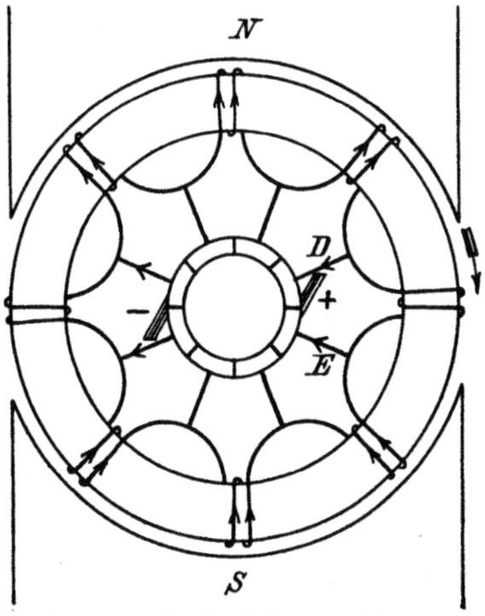

Bild 94. Je eine Spule kurzgeschlossen.

so werden nur an der äußeren Mantelfläche Feldlinien geschnitten. Anstatt nun die Stromrichtung nach der Faradayschen Schwimmerregel durch Zeichnung von Schaft und Spitze des Pfeiles im Querschnitt der Drähte anzugeben, können wir sie auch durch Pfeile in den Stirnverbindungen angeben. Bei Rechtsdrehung eines Stromerzeugers fließt der Strom in allen vorderen Stirnverbindungen in der Richtung vom Südpol zum Nordpol.

Die Pfeile in Bild 93 zeigen, daß die Spannungen in der oberen und unteren Ankerhälfte auf den Punkt B hinwirken. Es ist, als wenn bei B zwei gleiche Drücke aufeinanderstoßen, die sich entgegenwirken und sich innerhalb der Maschine gegenseitig aufheben. Legen wir nun bei B und C die Bürsten auf und verbinden sie durch einen äußeren Leiter, so tritt der Strom bei B aus der Maschine heraus. Er fließt dann durch den äußeren Leiter und bei C wieder in die Maschine hinein, um auf zwei Wegen nebeneinander durch die Wicklung nach B zurückzufließen. Wir haben also bei B die positive und bei C die negative Bürste. Wenn die Isolation zwischen den Stegen sich der zugehörigen Spule gegenüber befindet, liegen die Bürsten wieder auf einem zur Induktion senkrechten Durchmesser, also in der neutralen Zone.

Ist die Anzahl der Spulen und Stege sehr groß, so liegen vor den Polen in jedem Zeitpunkt immer gleichviel Drähte, und die Spannung ist in allen Augenblicken gleich groß.

Die Spannung ändert sich auch dann nicht, wenn nach Bild 94 durch die Drehung des Ankers je eine Bürste auf zwei Stege zu gleicher Zeit zu liegen kommt. Allerdings werden die in der neutralen Zone liegenden beiden Spulen durch die Bürsten kurz geschlossen und dadurch aus dem Stromkreise ausgeschaltet. Der Strom fließt dann unmittelbar von *D* und *E* auf die positive Bürste zu. Die ausgeschalteten Spulen schneiden aber bei richtiger Bürstenstellung überhaupt kein Feld, so daß ihr Kurzschluß keinen Einfluß auf die Spannung hat. Auch auf den Ankerwiderstand ist die Ausschaltung je einer Spule durch Kurzschluß nur von unwesentlichem Einfluß, da die Zahl der Spulen groß gewählt wird.

Hätten wir nach Bild 95 und 96 beim Wickeln eine oder mehrere Spulen überschlagen, so hätten wir eine mehrgängige Wicklung mit einer größeren Anzahl von Stromzweigen erhalten. Hat dabei der Schritt, gemessen in Spulen, um den man beim Wickeln weiterschreitet, mit der Spulenzahl einen gemeinsamen Teiler, so erhält man eine mehrfach geschlossene Wicklung. So ergeben sich in Bild 95 die getrennten, in sich geschlossenen Wicklungen

1 3 5 7 9 11 1 und 2 4 6 8 10 12 2.

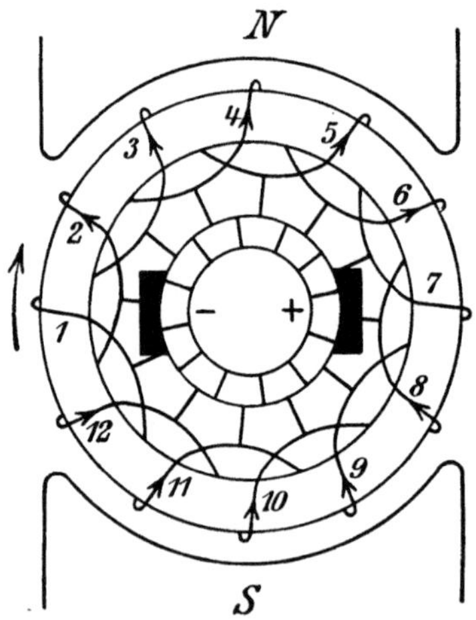

Bild 95. Mehrgängig, zweifach geschlossen.

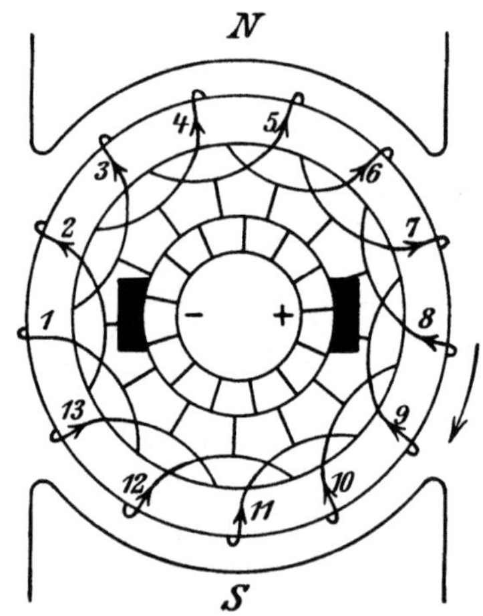

Bild 96. Mehrgängig, einfach geschlossen.

Haben Wicklungsschritt und Spulenzahl keinen gemeinsamen Teiler, so ist die Wicklung einfach geschlossen. In Bild 96 erhalten wir z. B. die Reihenfolge

1 3 5 7 9 11 13 2 4 6 8 10 12 1.

Zeichnen wir, wie früher, die Strompfeile in die Wicklungen, so sehen wir, daß der Anker in vier Zweigen durchflossen wird und die Bürsten stets gleichzeitig mindestens je zwei Stege bedecken müssen. Der Stromlauf ist dann im gezeichneten Zeitpunkt

		2	4	6				3	5	7	
in Bild 95	−	12	10	8	+	in Bild 96	−	12	10	8	+
		3	5					2	4	6	
		11	9					13	11	9	

Wir wenden uns jetzt zur Trommelwicklung. Sie besteht, wie der Ring, aus einer Reihe von Spulen, die miteinander verbunden und deren Enden zu je einem Steg des Stromwenders geführt sind. Die Zahl der Spulen ist also gleich der Zahl der Stege. Wir wählen sie immer weit kleiner, als es der wirklichen Ausführung entspricht.

Bei großen Maschinen enthält jede Spule nur eine einzige Windung von stabförmigem Querschnitt. Bei kleinen Maschinen besteht die Spule aus mehreren Windungen, von denen wir jedoch immer nur eine zeichnen. Die Wicklung wird auf der Mantelfläche entlang und dann quer über die Stirnfläche wieder zum Umfang geführt.

Jede Spule enthält zwei auf der Mantelfläche liegende Spulenseiten. Wenn sich diese einander genau gegenüberliegen, so daß die Spulenweite gleich dem Durchmesser oder bei mehrpoligen Maschinen gleich der Polteilung ist, so haben wir eine Durchmesserwicklung. Ist die Spulenweite kleiner oder größer, so haben wir eine Sehnenwicklung. Die Sehne muß immer so groß sein, daß der Fluß, der die Ankeroberfläche durchsetzt, fast ganz von der Spule umfaßt wird.

Statt der früher üblichen glatten Wicklung, bei der die Spulenseiten auf dem Umfang der Trommel liegen, wird jetzt allgemein die Nutenwicklung verwendet, die sich leichter und billiger herstellen läßt. Die Spulen werden dabei vorher fertig gewickelt, auf einer Schablone in die erforderliche Form gebracht und dann mit ihren Seiten in Nuten des Ankereisens eingebettet. Der Nutenanker hat außerdem den Vorteil einer besseren Ausnutzung, einer sichereren Befestigung der Wicklung und eines geringeren Verlustes durch Wirbelströme (vgl. S. 48).

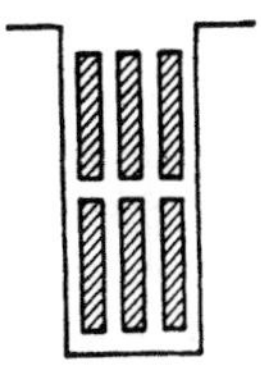
Bild 97. Spulenseiten.

Bei der üblichen Zweischichtwicklung, die wir im folgenden stets voraussetzen, liegen in jeder Nut zwei Schichten von Spulenseiten übereinander. Von den beiden Spulenseiten einer Spule liegt also immer die eine, die wir als den Spulenanfang bezeichnen wollen, oben, die andere, die wir als das Spulenende bezeichnen, rund um eine Polteilung verschoben, unten in einer Nut. Meist liegen auch nach Bild 97 mehrere Spulenseiten nebeneinander in einer Nut (vgl. auch Bild 110). Die in der Nut nebeneinander liegenden Spulenseiten einer Schicht sind an nebeneinander liegende Stege angeschlossen. In bezug auf die Schaltung macht es nichts aus, ob die Nut in einer Schicht einen oder mehrere Stäbe enthält.

Jede obere Spulenseite nimmt mit der räumlich unter ihr liegenden, aber zu einer anderen Spule gehörigen Spulenseite ein gewisses Feld auf dem Umfang ein. Wir bezeichnen diese Felder fortlaufend und geben den beiden übereinander liegenden Spulenseiten die Nummer des Feldes (vgl. Bild 110). Bei Aufstellung der Reihenfolge machen wir dann die obere Spulenseite durch fetten Druck der Zahlen kenntlich. Enthält die Nut in einer Schicht nur je eine Spulenseite, so fallen die Felder mit den Nuten zusammen.

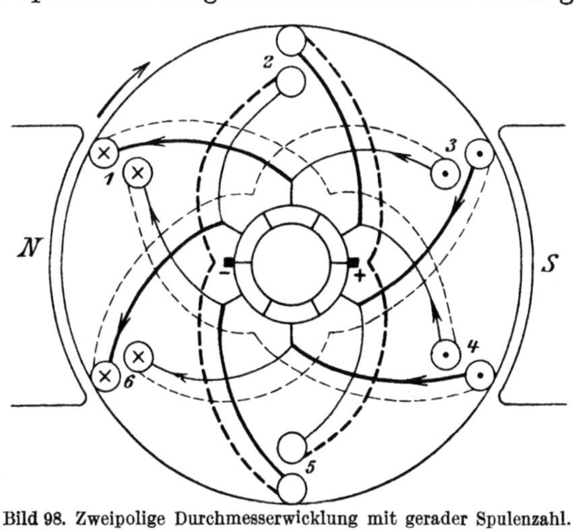

Bild 98. Zweipolige Durchmesserwicklung mit gerader Spulenzahl.

Die Spulenköpfe, welche die Verbindungen zweier, zu einer Spule gehörigen Spulenseiten an den Stirnseiten bilden, liegen entweder auf der Stirnfläche selbst oder wie bei der Faßwicklung auf einer Mantelfläche, welche die Verlängerung des Mantels der Trommel bildet. Jeder Spulenkopf besteht aus zwei Teilen, die ebenso wie die Stirnverbindungen zweier folgender Spulen in verschiedenen, zur Achse senkrechten Ebenen liegen. So können sich zwei Spulenköpfe oder Stirnverbindungen überkreuzen, ohne sich zu berühren. Bei der Stirnverbindung der vorderen Stirnfläche wird von uns der in der Zeichnung vorn liegende Teil, der an die obere Spulenseite angeschlossen ist, stark ausgezogen (vgl. Bild 98). Die Spulenköpfe der hinteren

Stirnfläche sind durch einfache gestrichelte Linien dargestellt. Sind diese stark gestrichelt, so ist die Spule durch eine Bürste kurz geschlossen.

Bild 98 zeigt eine zweipolige Wicklung mit 6 Spulen, die in 6 Nuten untergebracht sind. Die zusammengehörigen Spulenseiten einer Spule, z. B. 1 (oben), 4 (unten), die hinten durch die gestrichelte Verbindung verbunden sind, liegen sich genau gegenüber, wir haben also eine Durchmesserwicklung. An die Spule 1 4 ist mit Hilfe der über den Stromwender führenden Stirnverbindung 4 2 die folgende Spule 2 5 angeschlossen usw. Schließlich wird die Wicklung in sich kurz geschlossen, und es ergibt sich die nebenstehende Reihenfolge.

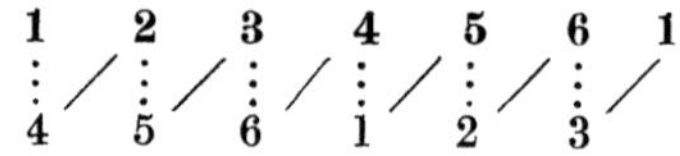

Die senkrechte punktierte Verbindung bedeutet dabei die Spulenweite oder den Spulenkopf, entsprechend der gestrichelten Linie auf der Stirnfläche hinten. Der schräge Strich bedeutet die über den Stromwender führende Verbindung zweier Spulen auf der Vorderseite.

Drehen wir den Anker im Sinne des Uhrzeigers, so fließt der Strom wieder vor dem Nordpol von vorn nach hinten, also auf der vorderen Stirnfläche auf den Nordpol zu und vom Südpol weg. Dadurch ergeben sich die Strompfeile in den Spulenseiten und den Stirnverbindungen. In den Feldern 2 und 5, die in der neutralen Zone liegen lassen wir die Pfeile weg. Wir erkennen dann, daß die Bürsten in der gezeichneten Stellung aufzulegen sind. Dabei werden im dargestellten Zeitpunkt die Spulen 2 5 und 5 2, deren Spulenkopf hinten stark gestrichelt ist, durch je eine Bürste kurz geschlossen. Da es sich um einen Stromerzeuger handelt, so tritt der Strom bei der negativen Bürste hinein. Er durchfließt dann die Wicklung in zwei Zweigen nebeneinander, und wir erhalten den Stromlauf wie linksstehend:

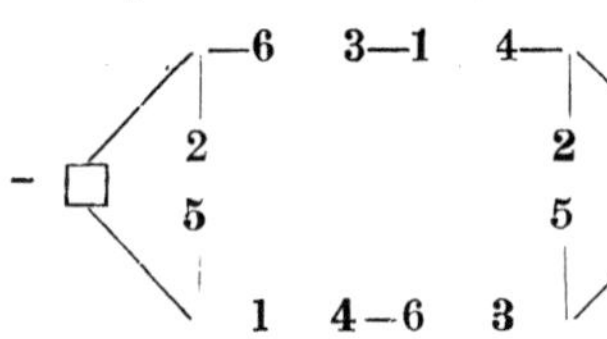

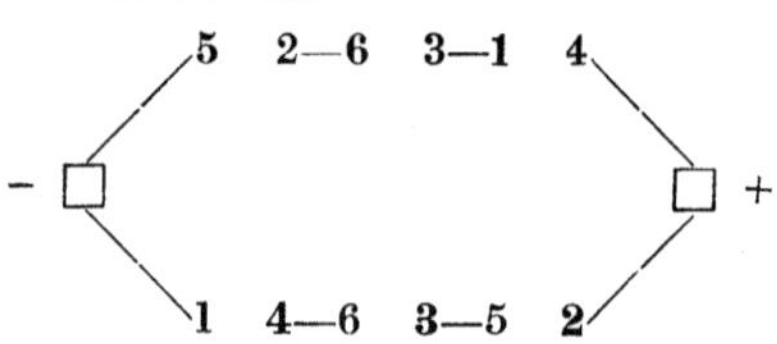

Sobald die Bürsten nur auf je einem Steg aufliegen, sind alle Spulen im Stromkreis und der Stromlauf ist wie rechtsstehend.

Wenn wir die Mantelfläche abrollen, erhalten wir für einen Zeitpunkt, in dem nicht alle Spulen im Stromkreise liegen, Bild 99. Dabei sind alle oberen Spulenseiten und die zugehörigen Teile der Verbindungen der Vorderseite stark ausgezogen. Die unteren Spulenseiten sind der Deutlichkeit wegen neben den in derselben Nut liegenden oberen Spulenseiten gezeichnet. Die Wicklung gleitet im Sinne des Pfeiles vor den hinter der Papierebene liegenden Polen und an den feststehenden Bürsten vorbei.

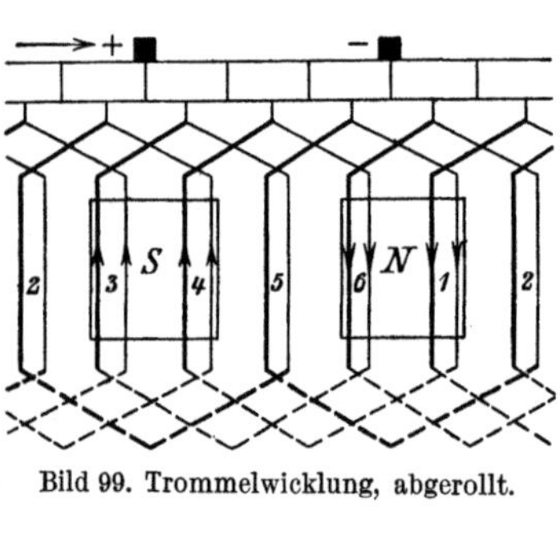

Bild 99. Trommelwicklung, abgerollt.

Wenn die Nutenzahl eines Polpaares ungerade ist, so umfaßt eine Spule, wie in Bild 100, nicht den vollen Durchmesser. Gleichzeitig tritt, wenn dann die Bürsten höchstens einen Steg bedecken, der Kurzschluß für die beiden ungleichnamigen Bürsten nacheinander auf. In der Regel bedecken aber die Bürsten mehrere Stege, so daß auch bei der Wicklung in Bild 100 gleichzeitig Spulen durch die ungleichnamigen Bürsten kurz geschlossen werden.

In bezug auf funkenfreien Gang ist es nachteilig, wenn die durch ungleichnamige

Spulen zum Kurzschluß kommenden Spulenseiten in denselben Nuten liegen. Dies läßt sich durch Wicklungen mit kurzer Sehne vermeiden.

In Bild 101 ist z. B. die Verbindung von 1 aus nicht, wie bei der Durchmesserwicklung, nach 6, auch nicht an die daneben liegende Stelle 5, sondern nach 4 geführt und an die Spule 1 4 dann die Spule 2 5 angeschlossen. Wir erhalten dadurch die Reihenfolge:

1 2 3 4 5 6 7 8 9 10 1
4 5 6 7 8 9 10 1 2 3

Durch Einzeichnen der Strompfeile erhalten wir den Stromlauf:

− □ : 2 9—1 8—10 7—9 6—8 5 : □ +
− □ : 10 3—1 4— 2 5—3 6—4 7 : □ +

Die durch die ungleichnamigen Bürsten kurzgeschlossenen Spulen liegen jetzt nicht mehr in denselben Nuten.

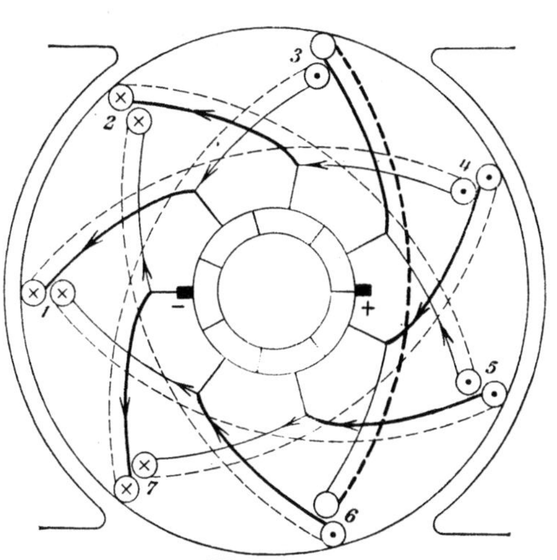

Bild 100. Ungerade Spulenzahl.

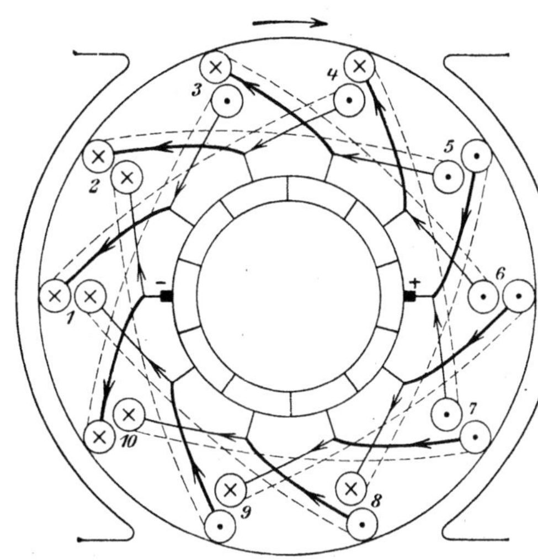

Bild 101. Sehnenwicklung.

Bei der Sehnenwicklung werden die Drähte, die in der neutralen Zone liegen, wie z. B. die Drähte in den Nuten 3, 4, 8 und 9, von entgegengesetzten Strömen durchflossen. Dies hat den Vorteil, daß die gesamte magnetische Wirkung des Ankers kleiner wird (vgl. Abschn. 46). Man darf aber die Abweichung der Spulenweite vom Durchmesser nicht zu groß machen, da sonst die Wendepole, die man zur Erreichung eines funkenfreien Ganges anbringt, zu breit werden müßten.

40. Mehrpolige Schleifenwicklung.

Mit zunehmender Größe der Maschine wird das zweipolige Magnetgestell zu unförmlich und wegen seiner gedrungenen Form in bezug auf Lüftung sehr ungünstig. Dazu kommt, daß die Zahl der Stromdrähte vor einem Pol, d. h. das Produkt aus der Stromstärke eines Leiters und der Anzahl der vor einem Pol liegenden Leiter wegen der magnetischen Wirkung des Ankerstromes einen bestimmten Betrag nicht überschreiten darf. Endlich führt bei Maschinen mit hoher Stromstärke auch die Rücksicht auf den funkenlosen Gang und auf die Wirbelströme dazu, die Ankerwicklung unter Verwendung eines mehrpoligen Magnetgestells in mehr als zwei Zweige zu zerlegen.

Wir betrachten zunächst in Bild 102 einen gewöhnlichen eingängigen Ringanker innerhalb eines vierpoligen Magnetgestells, das so erregt ist, daß ungleichnamige Pole aufeinander folgen. Wenn wir für Rechtsdrehung die Strompfeile einzeichnen, ergibt sich, daß wir je zwei positive und negative Bürsten in der gezeichneten Lage aufzulegen haben. Die gleichnamigen Bürsten werden miteinander und mit der entsprechenden Klemme des Netzes verbunden. Wir sehen dann, daß der Anker nebeneinander in vier Zweigen durchflossen wird, von denen jeder vor einem Pol liegt. Ist p die Anzahl der Polpaare und a die halbe Anzahl der parallelen Ankerzweige, so wird für die eingängige Ringwicklung $a = p$.

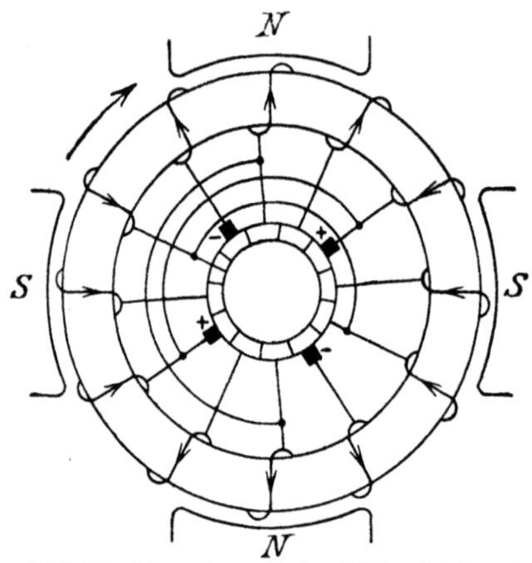

Bild 102. Ringanker mit Ausgleichverbindern.

Bei der mehrpoligen Trommel mit Schleifenwicklung besitzt jede Spule zwei Spulenseiten, die vor entgegengesetzten Polen liegen, und von denen wir die eine als den Anfang, die andere als das Ende ansehen. In Bild 103 betrachten wir z. B. den Draht 1 oben als den Anfang und den zugehörigen Draht 4 unten als das Ende der ersten Spule. Dieses wird mit dem Anfang der zweiten Spule verbunden. In Bild 103 ist also z. B. 4 unten mit 2 oben verbunden. Die Anfänge der im Wicklungsgang folgenden Spulen liegen nebeneinander. Man schreitet vom Ende der 1. Spule zurück zum Anfang der 2. Spule.

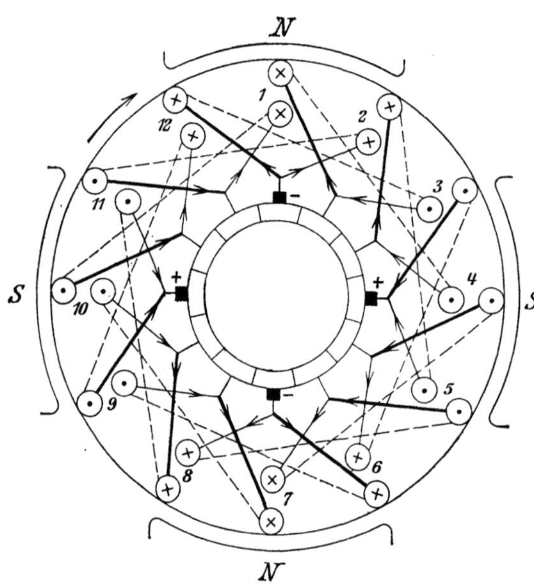

Bild 103. Vierpolige Trommel mit Schleifenwicklung.

Die mehrpolige Trommel stimmt völlig mit dem Ring überein. Wenn wir in Gedanken die Spulenseiten, welche die Enden bilden, weglassen oder mit den Anfängen zusammenfassen, so erhalten wir ohne weiteres die aufeinander folgenden äußeren Spulenseiten des Ringankers. Bei Schleifenwicklung ist also ebenso wie bei der Ringwirkung die halbe Anzahl der Stromzweige, und damit auch die Bürstenzahl, gleich der Polpaarzahl, d. h. es wird $a = p$. Die Schleifenwicklung eignet sich daher für hohe Stromstärken, so daß fast alle größeren Maschinen mit ihr ausgeführt werden.

Umfaßt die Spule genau eine Polteilung, so haben wir Durchmesserwicklung, andernfalls Sehnenwicklung.

Die Spulenzahl können wir an sich beliebig wählen, jedoch macht man sie mit Rücksicht auf funkenfreie Stromwendung durch die Zahl der Polpaare teilbar. Bild 103 zeigt eine vierpolige Trommel mit Schleifenwicklung und 12 Spulen, die in 12 Nuten untergebracht sind. Die einzelnen Felder, die je eine Anfangs- und Endspulenseite übereinander enthalten, sind wieder fortlaufend bezeichnet. Der gestrichelte Spulenkopf umfaßt die volle Polteilung, wir haben also Durchmesserwicklung.

Wir bezeichnen wieder die oberen Spulenseiten durch fette Zahlen und erhalten die Reihenfolge:

1 **2** **3** **4** **5** **6** **7** **8** **9** **10** **11** **12** **1**

4 5 6 7 8 9 10 11 12 1 2 3

Wenn wir die Strompfeile eintragen, sehen wir, daß der Anker im dargestellten Zeitpunkt in den nebenstehenden vier Stromzweigen durchflossen wird.

−	**2**	11—**1**	10—**12**	9
	12	3—**1**	4—**2**	5 +, +
−	**8**	5—**7**	4—**6**	3
	6	9—**7**	10—**8**	11

Nach $^1/_{24}$ Umdrehung kommen gleichzeitig alle in den Feldern 11, 2, 5 und 8 liegenden Spulenseiten zum Kurzschluß.

Die Spulenseiten der einzelnen Ankerzweige liegen bei der Trommel vor je einem Polpaar, beim Ring vor je einem Pol. Sind nun die Polpaare nicht gleich, so können Ungleichheiten in der Strombelastung der Zweige auftreten. Die erzeugte Spannung betrage z. B. bei einer vierpoligen Maschine vor dem einen Polpaar $E_1 = 115$, vor dem anderen Polpaar $E_2 = 114$ Volt. Der Widerstand je eines vor einem Polpaar liegenden Doppelzweiges in Bild 102 sei $R = 0{,}05$ Ohm und der Gesamtstrom gleich 100 Amp. Da die Bürstenspannung für beide Doppelzweige dieselbe ist, so entsprechen die Ströme I_1 und I_2 in den beiden Doppelzweigen der Gleichung $E_1 - I_1 R = E_2 - I_2 R$. Demnach ist $I_1 - I_2 = 20$, d. h. bei dem Gesamtstrom von 100 Amp. wird $I_1 = 60$ und $I_2 = 40$ Amp.

Man sucht daher bei größeren Maschinen die Ungleichmäßigkeiten wenigstens von den Bürsten fernzuhalten. Dies geschieht durch Ausgleichverbinder, durch welche die Stege, die um eine doppelte Polteilung voneinander entfernt sind, nach Bild 102 und 104 entweder in regelmäßigem Abstand oder sämtlich miteinander verbunden werden. Die Zahl der Stege muß dabei durch die Zahl der Polpaare teilbar sein.

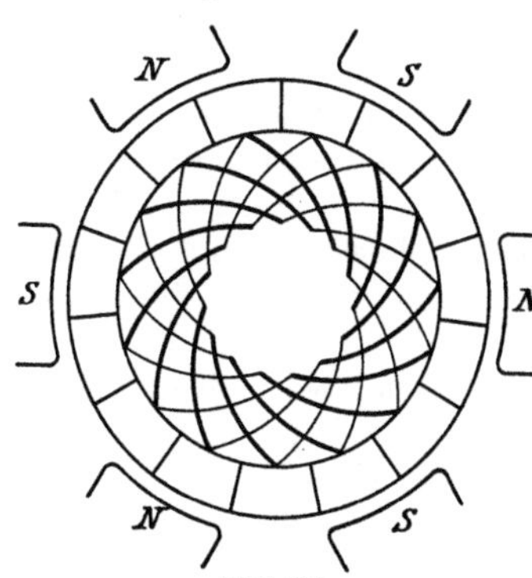

Bild 104.
Stromwender mit Ausgleichverbindern.

Bei Gleichheit der Polpaare besteht zwischen den verbundenen Stegen keine Spannung, so daß die Verbinder stromlos sind. Bei ungleicher Stromverteilung übernehmen sie dagegen den Überschuß des Stromes, so daß allen Bürsten derselbe Strom zufließt.

Durch die Ausgleichverbinder wird nun auch gleichzeitig eine Verbindung zwischen den Stegen, auf denen gleichnamige Bürsten schleifen, hergestellt. Wenn also alle Stege mit Verbindern versehen werden, kann man mit zwei Bürsten auskommen. Jedoch wird hiervon nur in seltenen Fällen Gebrauch gemacht.

Die Verbinder werden wie in Bild 102 an die Zuführungen zum Stromwender, oder wie in Bild 104 an der dem Anker zugewendeten Seite des Stromwenders unmittelbar an die Stege angeschlossen, oder auch auf der entgegengesetzten Stirnseite an der Wicklung angebracht.

Bei vierpoligen Trommelankern sucht der ungleich auf die einzelnen Zweige verteilte Ankerstrom infolge seiner magnetischen Wirkung die Ungleichheit der Pole auszugleichen, so daß die Verschiedenheit in der Stromverteilung weniger erheblich ist. Man wird jedoch auch hier mit Rücksicht auf funkenfreien Gang einige Ausgleichverbinder einbauen.

41. Mehrpolige Wellenwicklung.

Bei der mehrpoligen Wellenwicklung schaltet man nicht, wie bei der Schleifenwicklung, hinter eine Spule die räumlich folgende desselben Polpaares, sondern nach Bild 105 und 106 eine ähnlich liegende des nächsten Polpaares. Auf diese Weise fährt man fort und schaltet bei einem Umgang p Spulen in Reihe. Man tut auf diese Weise dasselbe, wie wenn man einer Spule der zweipoligen Maschine die $p$fache Windungszahl gibt. In Bild 105 sind z. B. die Spulen 1, 5 und 9 eines Umganges gleichwertig einer Spule von dreifacher Windungszahl, die auf der Breite 1 bis ausschließlich 13 liegt. Ebenso sind in Bild 106 die Spulen 1 6 11 eines Umganges gleichwertig einer Spule von dreifacher Windungszahl, die auf der Breite 1 bis ausschließlich 3 liegt. Jede Spule eines Umganges ist gegen die vorhergehende im magnetischen Feld etwas verschoben, und die Summe aus diesen einzelnen Verschiebungen ist die Gesamtverschiebung eines Umganges.

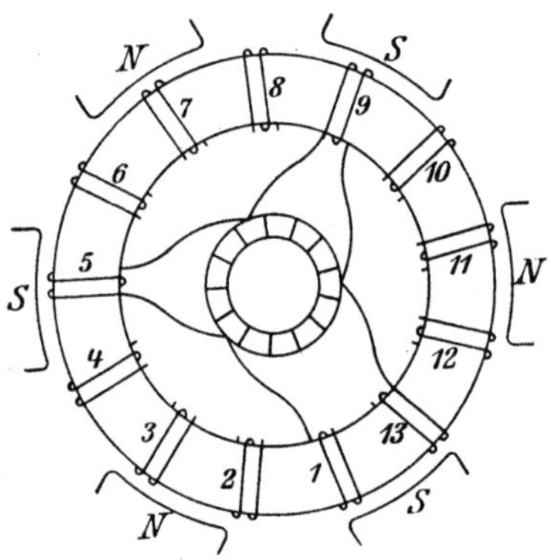

Bild 105. Wellenwicklung ($a = 1$).

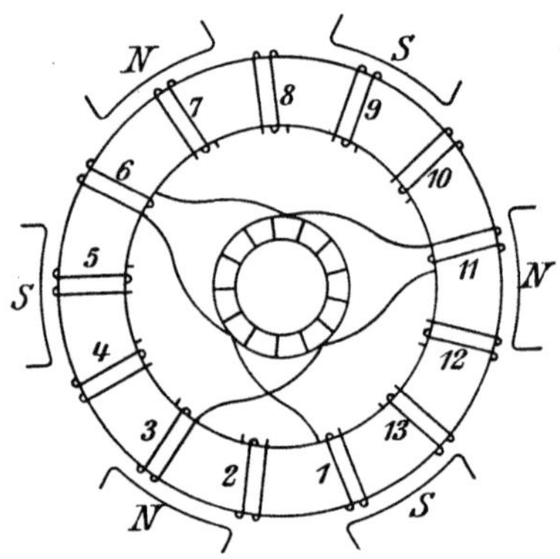

Bild 106. Wellenwicklung ($a = 2$).

Kommt man nach einem Umgang, also nach dem Durchlaufen von p Spulen, wie in Bild 105, an die dem Ausgangspunkt unmittelbar benachbarte Stelle, so ist die Wicklung einer eingängigen zweipoligen Wicklung gleichwertig. Nur werden p ähnlich liegende Spulen durchlaufen, ehe man zu der auf die Anfangsspule räumlich folgenden kommt. Wir erhalten dann wie bei der eingängigen zweipoligen Wicklung zwei Stromzweige, von denen jeder sich mit seinen Spulenseiten auf alle Pole verteilt. Grundsätzlich kommt man dann auch mit zwei Bürsten aus, jedoch legt man meist, wie bei der Schleifenwicklung, $2p$ Bürsten in Abständen von einer Polteilung auf.

Kommt man dagegen nach einem Umgang an eine Stelle, die von der Ausgangsspule gerechnet um a Spulenanfänge entfernt ist, so ist die Wicklung einer mehrgängigen zweipoligen Wicklung nach Bild 95 und 96 gleichwertig. Sie zerfällt dann, wie diese, in $2a$ Stromzweige. In Bild 106 kommt man z. B., bei 1 beginnend, in einem Umgang nach 3, d. h. a ist gleich 2 und die Wicklung enthält $2a = 4$ Stromzweige. Man könnte jetzt mit $2a$ Bürsten auskommen, legt aber auch jetzt wieder $2p$ Bürsten auf.

Dies gilt für Ring und Trommel. Ist S die Zahl der Spulen oder Stege, $2a$ die Zahl der Stromzweige und $2p$ die Polzahl, so entspricht der Wicklungsschritt Y, der beim Ring in Spulen, bei der Trommel in Spulenanfängen oder in beiden Fällen in Stegen gemessen wird, der Arnoldschen Gleichung

$$p \cdot Y = S \pm a. \qquad (1)$$

Das untere Vorzeichen gibt eine ungekreuzte Wicklung (Bild 105), das obere Vorzeichen eine gekreuzte Wicklung mit einer etwas größeren Wicklungslänge (Bild 106). Die Wicklung ist einfach geschlossen, wenn S und Y teilerfremd sind.

Der Schritt besteht bei der Trommel aus zwei Teilen, die angenähert gleich gewählt werden. Von diesen bestimmt der Teil auf der Stirnfläche hinten, z. B. 1 3 in Bild 107, die **Spulenweite**, während der über den Stromwender führende Teil auf der Stirnfläche vorn, z. B. 3 6 in Bild 107, den **Schaltschritt** vom Ende einer Spule zum Anfang der nächsten angibt. Der ganze Schritt von 1 über 3 und den Stromwender nach 6 ist dann der **Wicklungsschritt**, der in Spulenanfängen oder Stegen zu zählen ist, also gleich $6-1=5$ ist.

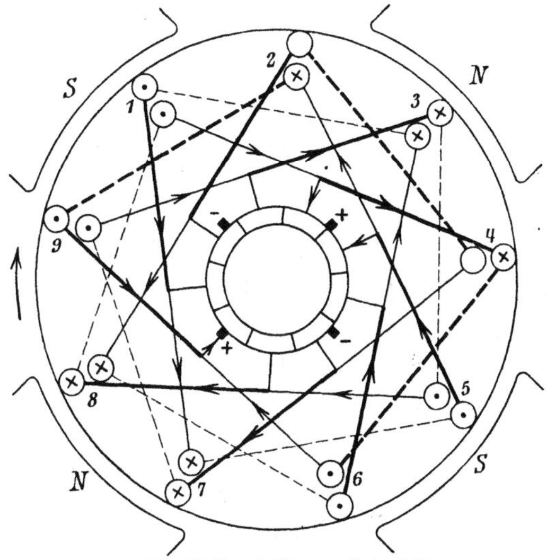

Bild 107. Vierpolige Wellenwicklung mit zwei Stromzweigen.

Bei der üblichen **Zweischichtwicklung** liegen Anfänge und Enden verschiedener Spulen **übereinander**. Wir bezeichnen dann die **Felder**, die je eine obere und untere Spulenseite enthalten, wie früher fortlaufend und zählen den Schritt Y in diesen Feldern.

Bild 107 zeigt eine Wellenwicklung mit $S=9$ Spulen und $2a=2$ Stromzweigen. Je zwei Spulenseiten liegen in einer Nut. Aus Gl. (1) ergibt sich für $S=9$, $a=1$ und $p=2$, $Y=(S\pm a)/p=5$ oder 4. Wir wählen den Schritt gleich fünf und den Teilschritt hinten, d. h. die Spulenweite gleich 2 und den Teilschritt vorn gleich 3. Dann erhalten wir die Reihenfolge:

1 6 2 7 3 8 4 9 5 1
: / : / : / : / : / : / : / : / : /
3 8 4 9 5 1 6 2 7

Wir legen nun vier Bürsten im Abstand von je einer Polteilung auf, und zwar so, daß der Strom aus 1 und 5 auf eine Bürste, die zwei Stege bedeckt, zufließt. Diese Bürste, die im Bilde oben rechts liegt, schließt im gezeichneten Zeitpunkt die Spulen 4 6 und 9 2 in Reihe geschaltet, kurz. Daneben schließen die beiden negativen Bürsten die Spule 2 4 kurz. Die hinten liegenden Spulenköpfe der genannten Spulen sind stark gestrichelt. Wir erhalten den nebenstehenden Stromlauf.

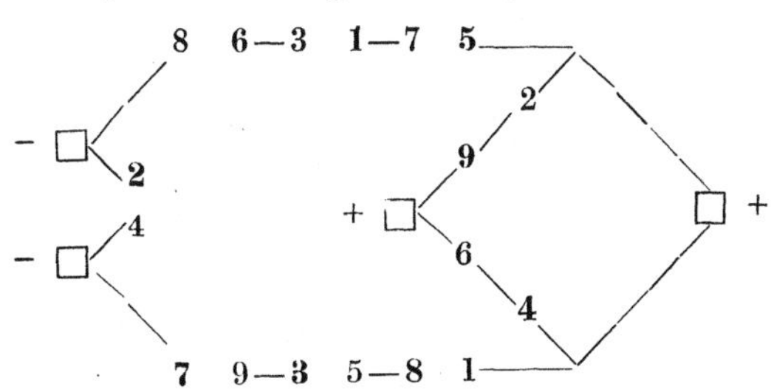

Da der Spulenwiderstand gegenüber dem Übergangswiderstand der Bürsten verschwindend klein ist, so nehmen die Spulen 2 9 und 4 6 an der Stromführung teil, und der Ankerstrom verteilt sich fast gleichmäßig auf beide positiven Bürsten.

Wenn wir die Spulenseiten eines Stromzweiges der Reihe nach verfolgen, erkennen wir, daß sie sich auf alle Pole verteilen. Ihre Lage zu den Polen verschiebt sich dabei allmählich, so daß sie einem längs **eines** Polpaares verteilten Stromzweig gleichwertig sind. Bild 108 zeigt die in eine Ebene abgerollte Wicklung. Die durch die positiven Bürsten kurz geschlossenen Spulen sind stark ausgezogen. Sie führen nur etwa den halben Strom.

Bild 109 zeigt eine sechspolige Trommel mit zehn Spulen und vier Stromzweigen. Für $S=10$, $p=3$ und $a=2$ wird nach Gl. (1) $Y=(S\pm a):p=(10\pm 2):3=4$. Da

S und Y den gemeinsamen Teiler 2 haben, so ist die Wicklung zweifach geschlossen. Wählen wir nun jeden der beiden Teilschritte gleich 2, so erhalten wir die Reihenfolge

1 5 9 3 7 1   2 6 10 4 8 2
3 7 1 5 9   4 8 2 6 10

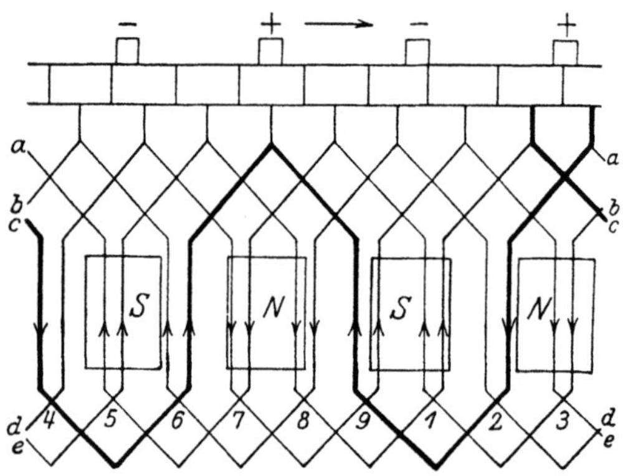

Bild 108. Abgerollte Wellenwicklung.

Von 1 oben anfangend, kommt man in $p = 3$ vollen Schritten, von denen jeder die Spulenweite hinten und den Schaltschritt vorne umfaßt, nach 3 oben. Da dies der zweite Spulenanfang neben dem Ausgang ist, so ist $a = 2$, d. h. die Wicklung enthält $2a = 4$ Stromzweige nebeneinander.

Ferner zeigt Bild 110 eine achtpolige Wellenwicklung mit $2a = 4$ Stromzweigen nebeneinander. Die Spulen- oder Stegzahl ist $S = 30$, die Anzahl der Spulenseiten nebeneinander in der Nut gleich 3. Der Wicklungsschritt wird $Y = (S \pm a)/p = 8$ oder 7. Wir nehmen willkürlich $Y = 7$, und wählen den Schritt hinten 4 und vorne gleich 3. Dabei ist der Schritt hinten nicht durch die Zahl der Spulenseiten nebeneinander in der Nut teilbar. Die Spulenweiten hinten sind also nicht gleich lang (Treppenwicklung). Die Reihenfolge ist:

1 8 15 22 29
5 12 19 26 3 usw.

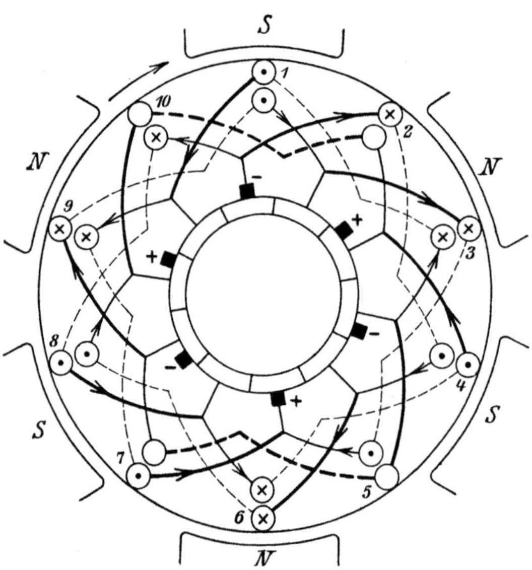

Bild 109. Sechspolige Wellenwicklung mit vier Stromzweigen.

Um den Stromlauf und den Kurzschluß der Spulen bequem zu übersehen, führen wir die Wicklung auf ein zweipoliges Ersatzbild zurück (Bild 111). Wir arbeiten dabei mit Spulen statt mit Spulenseiten und geben jeder Spule die Nummer ihrer oberen Spulenseite. Den an die obere Spulenseite angeschlossenen Steg bezeichnen wir mit der Nummer der angeschlossenen oberen Spulenseite. Wir teilen dann den Stromwender in p gleiche Teile, von denen jeder also einer doppelten Polteilung entspricht. Diese Teile legen wir genau senkrecht untereinander und fügen den ersten Teil unten nochmals hinzu. In unserem Falle ist $p = 4$, und wir erhalten $p + 1 = 5$ solcher Reihen.

Die im Wicklungsgang aufeinander folgenden Stege liegen dann schräg untereinander, z. B. in Bild 111 die Stege 4, 11, 18, 25 und 2. Die Wicklung schreitet dann im Zickzack z. B. von Steg 10 über 17, 24, 1 nach 8, von dort zu dem damit übereinstimmenden, senkrecht darüber liegenden Steg 8 der obersten Reihe und von dort über 15 und 22 weiter.

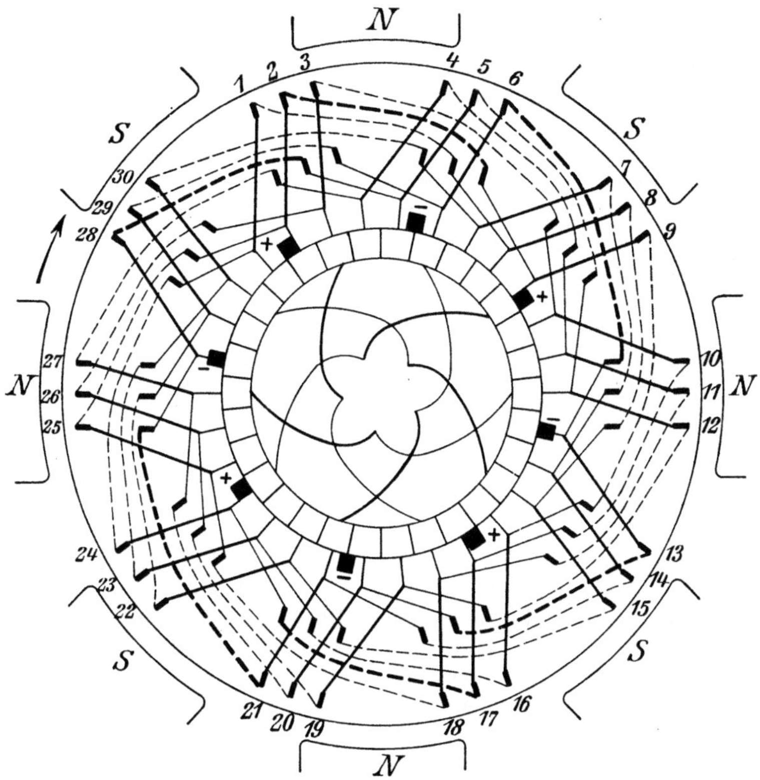

Bild 110. Achtpolige Wellenwicklung für vier Stromzweige mit Ausgleichverbindern.

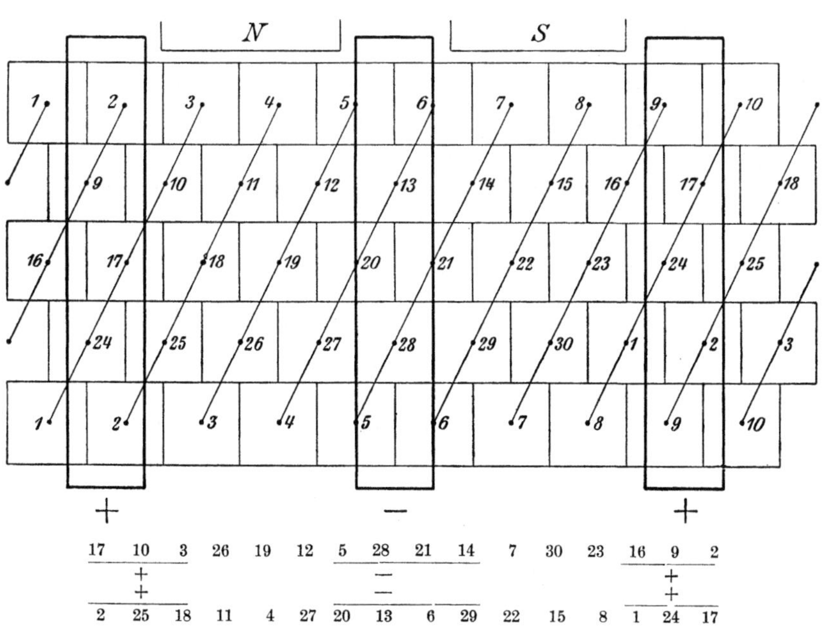

Bild 111. Zweipoliges Ersatzbild.

Da man in p Schritten, d. h. einem vollen Umgang um a Stege weiterschreitet, so ist die Verschiebung zweier in Bild 111 untereinander liegender Stege gleich a/p.

Die Spulen bilden die Verbindungen zwischen den Stegen. Der schräge Strich zwischen den Stegen 3 und 10 deutet die Spule **3 7** an, die über den Steg 10 an die Spule **10 14** angeschlossen ist.

Da alle gleichnamigen Bürsten übereinander liegen, so können wir sie zu einer einzigen Bürste vereinigen, die alle Reihen bedeckt. Man sieht dann deutlich, daß die Wicklung in zwei Gängen oder allgemein in a Gängen an den Bürsten vorbeigleitet, und daß der in eine Bürste eintretende Strom sich nach rechts und links hin in $2a$ Zweige teilt (vgl. Bild 111 unten). Wir können nun auch leicht feststellen, daß die verschiedenen gleichnamigen Bürsten, die hier zu einer Gesamtbürste vereinigt sind, mehrere Spulen zu einem Ring kurz schließen. Für die positive Bürste sind dies die Spulen 10 (zwischen 10 und 17), 17 und 24 und zurück über die Bürste nach 10. Die kurzgeschlossenen Spulen nehmen an der Stromführung teil. Der Strom wird also einem Ankerzweig teilweise unmittelbar, teilweise durch Vermittlung einer kurzgeschlossenen Spule zugeführt.

Obwohl sich die Spulenseiten eines Ankerzweiges bei Wellenwicklungen auf verschiedene Pole verteilen und dadurch Ungleichheiten der Pole unschädlich sind, sind doch auch bei Wellenwicklungen Ausgleichverbinder erforderlich. Sie kommen natürlich nur bei mehr als 2 Stromzweigen in Frage. Dabei sind je a Stege, die gleichen Abstand und gleiche relative Lage zu den Polen besitzen, zu verbinden. Die Spulen- oder Stegzahl und die Polpaarzahl muß also durch a teilbar sein. Bei mehreren Spulenseiten nebeneinander in der Nut ist es vorteilhaft, wenn auch die Nutenzahl durch a teilbar ist, damit nicht Spulenseiten, die eine verschiedene Lage in der Nut haben, verbunden zu werden brauchen.

Diese Bedingungen sind bei der Wicklung in Bild 110 erfüllt. Je zwei Stege, die um $S/a = 30/2$ Stegteilungen voneinander entfernt sind, können also durch Ausgleichverbinder verbunden werden. Von diesen braucht nur ein Teil ausgeführt zu werden. In Bild 110 ist z. B. der dritte Teil der möglichen Verbindungen gezeichnet. Man sieht deutlich, daß die verbundenen Stege, d. h. auch die angeschlossenen Spulenseiten, genau dieselbe Lage gegenüber den Polen haben.

42. Spannung und Ankerwiderstand der Gleichstrommaschinen.

Die Zeit, in der sich eine Spulenseite von der Mitte eines Poles bis zur Mitte des nächsten gleichnamigen Poles bewegt, ist $T = 1 : pn$. Ist Φ der Fluß eines Poles, so nimmt der von einer Windung umfaßte Fluß in der Zeit $T/4$ um Φ zu oder ab. Die mittlere erzeugte Spannung in einer Windung ist also nach dem Induktionsgesetz $M(e) = \Phi : T/4$. Ist dann z die Drahtzahl, so sind $z/2a$ Drähte, d. h. $z/4a$ Windungen in Reihe geschaltet. Demnach ist die erzeugte Spannung der Maschine

$$E = M(e) \cdot \frac{z}{4a} = \frac{p}{a} \cdot \Phi \cdot n \cdot z. \tag{2}$$

Ist Φ der Fluß in Voltsek und n die Drehzahl in der Sekunde, so ist E die erzeugte Spannung in Volt.

Bei der zweipoligen Maschine ist $p = 1$ und, sofern die Wicklung eingängig ist, auch $a = 1$. Bei mehrpoligen Maschinen mit Schleifenwicklung ist, ebenfalls unter Voraussetzung einer eingängigen Wicklung, $a = p$. Bei Wellenwicklung sind p und a verschieden. Gl. (2) gilt auch für Ringanker, sofern man für z die Drahtzahl auf dem äußeren Umfang einsetzt.

Ist nun l die Gesamtlänge der Wicklung, so ist die Länge eines Zweiges gleich $l/2a$, also der Widerstand eines Zweiges gleich $\varrho l : 2aq$. Bei $2a$ Zweigen nebeneinander ist der Ankerwiderstand $2a$ mal so klein, er ergibt sich also allgemein zu

$$R_a = \varrho \cdot l/4a^2 q. \tag{3}$$

Für den spezifischen Widerstand des warmen Kupfers kann 0,02 Ohm × mm²:m eingesetzt werden. Zum Widerstand der Wicklung kommt der Übergangswiderstand der Bürsten hinzu. Genauer rechnet man mit einem von der Stromstärke unabhängigen Spannungsverlust der Bürsten, der für beide Bürsten zusammen 1,5 bis 2 Volt beträgt.

Ist z. B. die Drahtlänge $l = 400$ m, der Querschnitt $q = 40$ mm² und die halbe Zahl der Stromzweige $a = 2$, so ist $R_a = 0{,}02 \cdot 400 : 4 \cdot 4 \cdot 40 = 0{,}0125$ Ohm. Bei einem Strom von 400 Amp. ist dann der Spannungsverlust im Anker $I_a \cdot R_a = 0{,}0125 \cdot 400 = 5$ Volt. Ist der Spannungsverlust unter den Bürsten 1,5 Volt, so ist der gesamte Spannungsverlust 6,5 Volt. Bei einer Klemmenspannung von 220 Volt muß also die erzeugte Spannung eines Stromerzeugers 226,5 Volt betragen.

Wir können jetzt beurteilen, wann die Wellenwicklung an Stelle der Schleifenwicklung am Platze ist. In allen Fällen soll der Querschnitt eines Ankerleiters nicht zu klein werden, da sonst die Isolation der Leiter zuviel Platz wegnimmt. Auch wird eine Wicklung mit Stäben von großem Querschnitt billiger als eine Spulenwicklung aus Drähten. Die Stromstärke für einen Ankerzweig darf also nicht zu klein und die Zahl der Ankerzweige nicht zu groß sein.

Kleine Maschinen, d. h. Maschinen mit verhältnismäßig geringen Stromstärken, erhalten daher vorteilhaft nur zwei Stromzweige, d. h. eine Wellenwicklung mit $a = 1$.

Bei großen Maschinen mit starken Strömen ergibt sich auch bei $2p$ Stromzweigen eine genügend hohe Stromstärke für den Ankerzweig, also ein großer Stabquerschnitt. Solche Maschinen werden also mit Schleifenwicklung ausgeführt, die den Vorteil einer großen Gleichmäßigkeit in der Leiterzahl aller Zweige besitzt.

Wird der Strom eines Zweiges bei nur zwei Zweigen zu groß und bei $2p$ Zweigen zu klein, so empfiehlt sich nach Arnold-la Cour, Die Gleichstrommaschine, 3. Aufl., Berlin 1921, eine Wellenwicklung mit vier Stromzweigen.

VII. Magnet. Verhältnisse bei Gleichstrommaschinen.

43. Die Feldmagnete.

Die Feldmagnete enthalten mehrere miteinander verschraubte Teile, die aus Dynamoblech, Gußeisen, Gußstahl oder Flußeisen bestehen.

Das Dynamoblech, das für den Anker gebraucht wird, wird meist auch für die Polschuhe verwendet, um durch Unterteilung den Verlust durch Wirbelströme zu verringern. Häufig werden nicht nur die Polschuhe, sondern auch die Polkerne aus Blechen zusammengesetzt. Bei der großen magnetischen Leitfähigkeit des Dynamobleches kommt man mit einem kleinen Polquerschnitt, also einem kleinen Gewicht der Erregerwicklung aus.

Gußeisen wurde früher fast allgemein für das Magnetgestell benutzt. Wegen seiner geringen magnetischen Leitfähigkeit kommt es indessen jetzt nur für mittlere und kleinere Maschinen in Frage. Dabei werden Grundplatte und Magnetgestell in einem Stück gegossen. Die geringen Herstellungskosten und der billige Preis des Gußeisens wiegen in vielen Fällen den Nachteil des durch die geringe magnetische Leitfähigkeit veranlaßten größeren Kupfer- und Eisengewichtes auf.

Der Dynamogußstahl hat das Gußeisen neuerdings überall verdrängt, wo es gilt, große Maschinen mit hohem Wirkungsgrad zu bauen. Er besitzt eine hohe magnetische Leitfähigkeit, die sich von der des Dynamobleches kaum unterscheidet. Man kann also eine viel höhere Induktion zulassen als bei Gußeisen und braucht dabei trotzdem verhältnismßäig wenig Erregung auf den Polen. Infolgedessen wird das Eisen- und Kupfergewicht der Feldmagnete bedeutend verringert. Dadurch werden die Maschinen gefälliger und leichter und sind auch in bezug auf Abkühlung günstiger. Diesen Vorteilen stehen der höhere Preis des Gußstahles und die höheren Bearbeitungskosten entgegen, die dadurch verursacht werden, daß sich das Magnetgestell mit der Grundplatte nicht in einem Stück gießen läßt.

Infolge der Streuung ist der Fluß in den Magneten größer als im Anker. Die dadurch vergrößerte Induktion in den Magnetkernen und im Joch veranlaßt dann einen größeren Aufwand an Erregung als bei einer streuungslosen Maschine. Die Form des Magnetgestelles muß daher so gewählt werden, daß die Streuung möglichst gering wird. Die scharfen Kanten in Bild 112 vergrößern unnötig das Eisengewicht der Maschinen und vermehren den seitlichen Streufluß.

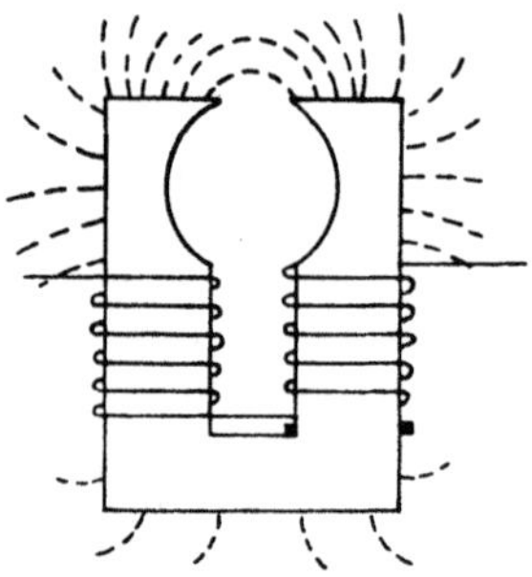

Bild 112. Streufeld bei ungünstiger Form des Magnetgestelles.

Das Verhältnis des Flusses in den Magneten zu dem Fluß im Anker heißt der Streufaktor. Um ihn zu ermitteln, wird nach Bild 112 eine Hilfsspule um den Magnetkern gewickelt und die Enden der Spule zu einem Meßgerät für Stromstoß geführt. Beim Unterbrechen des Erregerstromes verschwindet dann das Feld nicht nur in der Erregerspule, sondern auch in der Hilfsspule. Der Ausschlag des Meßgerätes ist ein Maß für den Fluß. Derselbe Versuch wird mit einer um den Anker gelegten Hilfsspule wiederholt, und das Verhältnis der Ausschläge liefert dann den Streufaktor. Dieser hat bei der jetzt allein gebräuchlichen, von Lahmeyer angegebenen eisenumschlossenen Maschine (Bild 113), bei der die Erregerspulen ganz nahe am Anker liegen und deshalb der Querschnitt des Streufeldes verhältnismäßig gering ist, etwa den günstigen Wert 1,15. Dieser Wert stellt aber nur eine rohe Annäherung dar. Die Streuung kann bei Maschinen ein und derselben Art verschieden sein, je nachdem der Widerstand des Streufeldes größer oder geringer ist. So z. B. wird unter sonst gleichen Verhältnissen der Streufluß größer bei rechteckigem als bei rundem Polquerschnitt, und ebenfalls größer, wenn ungleichnamige Pole nahe aneinander stehen, als wenn sie weit voneinander entfernt sind. Außerdem kommt es noch sehr auf den magnetischen Widerstand des Nutzfeldes an. Ist z. B. der Luftabstand zwischen Polen und Anker besonders groß, so ist zur Überwindung dieses magnetischen Widerstandes eine große Erregung nötig. Diese schafft dann auch einen besonders großen Streufluß bei verhältnismäßig geringem nutzbaren Fluß. Dies wird noch deutlicher, wenn man Streufluß und nutzbaren Fluß als zwei nebeneinander fließende Ströme auffaßt, die zu den magnetischen Widerständen der betreffenden Wege im umgekehrten Verhältnis stehen.

Anderseits kann der Wert des Streufaktors für ein und dieselbe Maschine bei zwei verschiedenen Betriebszuständen verschieden sein, weil man je nach der Magneterregung einen verschiedenen Fluß im Anker hat. Infolgedessen sind auch die Zähne verschieden gesättigt, und ihr magnetischer Widerstand ist nicht unveränderlich. Endlich beeinflußt bei wendepollosen Maschinen die Gegenerregung des Ankers das Verhältnis des nutzbaren Flusses zum Streufluß.

Man trägt diesen Verhältnissen Rechnung, indem man den Leitwert des Streufeldes einführt. Er ist bei dem Querschnitt F und der Länge l des Streuweges nach S. 35 $\Lambda = \Pi_0 F/l$, wo $\Pi_0 = 4\pi \cdot 10^{-9}$ Henry/cm ist. Wird nun allgemein die Erregung $I \cdot w$ mit Θ bezeichnet und ist die Erregung $\Theta_a + \Theta_z + \Theta_l$ nötig, um den Fluß Φ durch Anker, Zähne und Luft zu treiben, und ist noch die Gegenerregung Θ_g des Ankers zu überwinden, so ist der Streufluß

$$\Phi_s = (\Theta_a + \Theta_z + \Theta_l + \Theta_g) \cdot \Lambda.$$

Der Fluß durch den Magnetquerschnitt ist dann $\Phi_m = \Phi + \Phi_s$. Ein Beispiel für eine solche Berechnung der Streuung ist in Abschn. 23 gegeben. Man muß sich aber hüten, derartigen Rechnungen ein übermäßiges Vertrauen entgegenzubringen.

Wir wollen nun die Magneterregung bei einer gegebenen Maschine vorausberechnen und ermitteln zunächst die Querschnitte der magnetischen Wege. Nach Bild 113 und 114 sei

Ankerdurchmesser	d = 15,0 cm,		Einfacher Luftabstand	0,2 cm,
Wellendurchmesser	d_w = 3,5 „		Polbogen β	70°,
Ankerlänge . . .	b = 11,0 „		Polkerndurchmesser .	7,4 cm,
Nutentiefe . . .	t_n = 2,0 „		Jochquerschnitt . .	33,5 cm²,
Nutenbreite . .	b_n = 0,5 „		Nutenzahl	36.

Dann ist der Ankerquerschnitt bei 15% Raumverlust durch Papier $F_a = 0{,}85(d - d_w - 2t_n)\cdot b = 70\ \text{cm}^2$.

Den Zahnquerschnitt erhalten wir, wenn wir vom Umfang des mittleren Zahnkreises die Summe der Nutenbreiten abziehen und den Rest mit $b\cdot\beta/360$ vervielfachen. Bei 36 Nuten wird dann: $F_z = 0{,}85[(d - t_n)\pi - 36\cdot b_n]b\cdot\beta/360 = 41{,}5\ \text{cm}^2$.

Der Luftquerschnitt F_l ist nach Bild 114 das Mittel aus der Fläche einer Polbohrung und der Eisenoberfläche des Ankers vor einem Pol. Bei dem doppelten Luftabstand $l_l = 0{,}4$ cm ist die Fläche der Polbohrung gleich $(d + l_l)\pi\cdot\beta\cdot b/360 = 104\ \text{cm}^2$. Die Eisenoberfläche des Ankers vor einem Pol ist bei 36 Nuten $(d\pi - 36\cdot b_n)\cdot b\cdot\beta/360 = 62\ \text{cm}^2$. Das Mittel ist: $F_l = 0{,}5(104 + 62) = 83\ \text{cm}^2$.

Der Querschnitt der Polkerne ist: $F_p = 7{,}4^2\cdot\pi/4 = 43\ \text{cm}^2$.

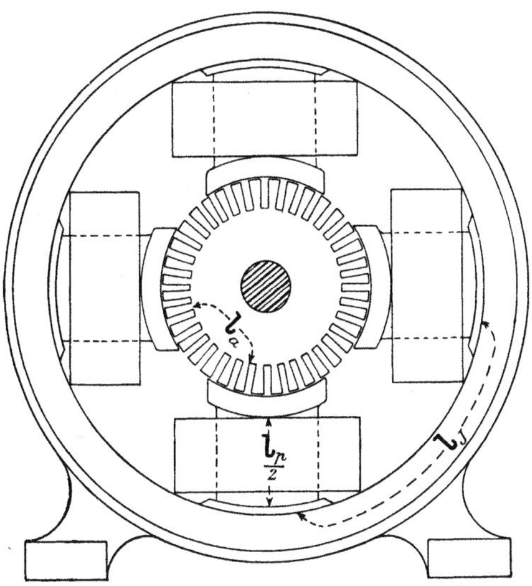

Bild 113. Vierpolige Maschine. Maßstab 1 : 6.

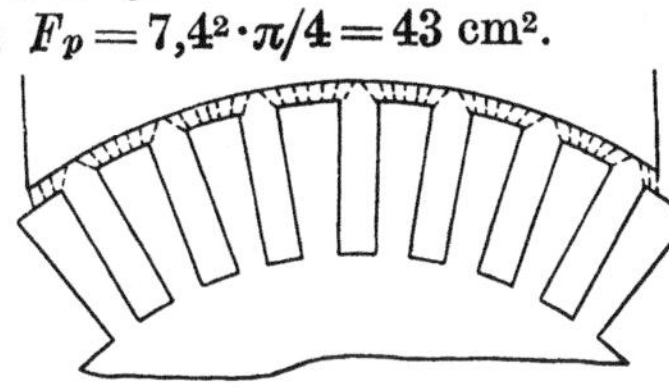

Bild 114. Blechschnitt. Maßstab 1 : 2.

Der Jochquerschnitt ergibt sich, da der Fluß eines Poles sich im Joch in zwei Teile teilt, zu: $F_J = 2\cdot 33{,}5 = 67\ \text{cm}^2$.

Die Längen der magnetischen Wege ergeben sich aus der Zeichnung, wobei l_l der doppelte Luftabstand, l_z die doppelte Zahntiefe und l_p die doppelte Länge eines Polkernes ist. l_J bedeutet die einfache Länge des magnetischen Weges im Joch. Die Polschuhe sollen vernachlässigt werden. Wir erhalten:

Dynamoblech	Dynamoblech	Luft	Schmiedeeisen	Gußeisen
$F_a = 70$	$F_z = 41{,}5$	$F_l = 83$	$F_p = 43$	$F_J = 67\ \text{cm}^2$
$l_a = 7$	$l_z = 4$	$l_l = 0{,}4$	$l_p = 12{,}5$	$l_J = 22$ cm.

Wir wählen beliebige Werte des Flusses Φ, vervielfachen den Fluß in Voltsek mit 10^8, teilen durch den Querschnitt und entnehmen aus Bild 46 auf S. 32 die zugehörige Erregung $\mathfrak{H}$ in Amperewindungen für 1 cm. Diese haben wir mit der Länge des Weges zu vervielfachen, um die für den betreffenden Teil erforderliche Erregung zu erhalten. Dabei ist der Fluß Φ_m in den Polkernen und im Joch wegen der Streuung schätzungsweise 1,2 mal so groß wie der Fluß Φ im Anker und in der Luft. Die Erregung für die Luftstrecke l_l erhalten wir nach Gl (8a) unmittelbar zu $\Theta_l = 0{,}8\,\mathfrak{B}_l l_l$.

Es genügt, die Erregung für die Nennspannung und für hohe Sättigung zu berechnen. Wir wählen $\Phi = 0{,}4\cdot 10^{-2}$ und $0{,}6\cdot 10^{-2}$ Voltsek und setzen $\mathfrak{B}$ in Gauß ein.

$\Phi =$	0,4	$0{,}6 \cdot 10^{-2}$		$\Phi_m = 1{,}2\,\Phi$	0,48	$0{,}72 \cdot 10^{-2}$
$\mathfrak{B}_a = 10^8 \cdot \Phi/F_a =$	5700	8550		$\mathfrak{B}_p = 10^8 \cdot \Phi_m/F_p$	11200	16800
$\mathfrak{H}_a =$	1,1	1,8		$\mathfrak{H}_p =$	5	100
$\Theta_a = \mathfrak{H}_a \cdot l_a =$	7,7	12,6		$\Theta_p = \mathfrak{H}_p \cdot l_p$	62,5	1250
$\mathfrak{B}_l = 10^8 \cdot \Phi/F_l =$	4820	7220		$\mathfrak{B}_J = 10^8 \cdot \Phi_m/F_J$	7200	10740
$\Theta_l = 0{,}8\,\mathfrak{B}_l l_l$	1540	2310		$\mathfrak{H}_J =$	19	107
				$\Theta_J = \mathfrak{H}_J \cdot l_J$	418	2350
$\mathfrak{B}_z = 10^8 \cdot \Phi/F_z =$	9650	14400		$\Sigma\Theta =$	2040	5960
$\mathfrak{H}_z =$	2,3	9				
$\Theta_z = \mathfrak{H}_z \cdot l_z =$	9,2	36				

Wir tragen nun den Fluß senkrecht und die Erregungen für die einzelnen Teile und den Gesamtkreis wagerecht auf (Bild 115). Die Kurve für die Luft ist eine Gerade. Die Kurve für die Gesamterregung Θ schmiegt sich anfangs dieser Geraden an, bis sie endlich mit zunehmender Sättigung des Eisens immer flacher verläuft. Wir können sie als die Magnetisierungskurve der Maschine bezeichnen. Für einen beliebigen Fluß OA ist dann die Erregung für die Pole gleich AB, für das Joch gleich AC, für die Luft gleich AD und für den ganzen Kreis $AE = AB + AC + AD$. Anker und Zähne sind vernachlässigt. In der Regel ist jedoch die Erregung für die Zähne wegen der großen Zahnsättigung nicht zu vernachlässigen.

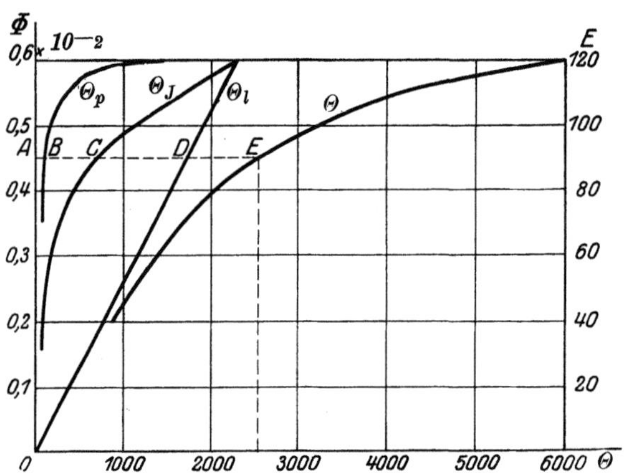

Bild 115. Die Erregung für die Teile und den ganzen Kreis.

Es sei nun die Drahtzahl auf dem Anker $z = 720$, die Polpaarzahl $p = 2$ und die Drehzahl 1665/min, also $n = 27{,}8$/sek. Dann erhalten wir für Schleifenwicklung nach Gl. (2) auf S. 74: $E = p/a \cdot \Phi \cdot n \cdot z = 2 \cdot 10^4 \cdot \Phi$. Unsere Kurve gibt also in dem Maßstab rechts die Abhängigkeit der Spannung von der Erregung eines Polpaares an (Leerlaufkurve).

44. Der Strom der kurzgeschlossenen Spule.

Während eine Spule durch eine Bürste kurzgeschlossen ist, kehrt der Strom in ihr seine Richtung um. Wir wollen den zeitlichen Verlauf des Kurzschlußstromes ermitteln. Die Bürstenbreite sei gleich einer Stegteilung, so daß eine Bürste nur eine Spule kurzschließt.

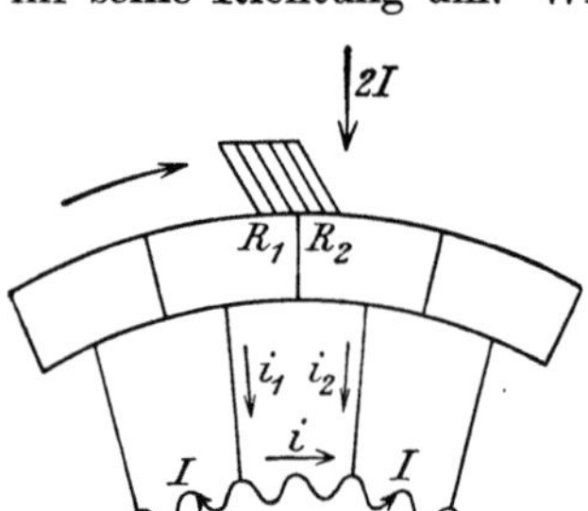

Bild 116. Kurzgeschlossene Spule.

Der Anker werde in Bild 116 von links nach rechts an der feststehenden Bürste vorbeibewegt. Der unter die Bürste einlaufende Steg werde mit 1, der unter der Bürste auslaufende Steg mit 2 bezeichnet. Die positive Zählrichtung sei in der Bürste und den Verbindungen zwischen Stromwender und Spule von oben nach unten angenommen, in der Spule dagegen von links nach rechts, entsprechend der Richtung des Stromes nach dem Stromwechsel. Es sei I der Strom eines Ankerzweiges, i_1 und i_2 der Zeitwert des Stromes in der Verbindungsleitung und i der Zeitwert des Stromes in der kurzgeschlossenen Spule. Dann ergibt die erste Kirchhoffsche Regel:

$$i_1 = I + i \qquad i_2 = I - i.$$

Der Widerstand der Spule und der Verbindungsleitungen werde vernachlässigt. Es sei R der Übergangswiderstand der ganzen Bürste, t die Zeit, gerechnet vom Anfang des Kurzschlusses und T die Zeitdauer des Kurzschlusses. Wenn wir dann von einem etwaigen Einfluß der Stromdichte auf den Übergangswiderstand absehen, so verhalten sich die Übergangswiderstände R_1 und R_2 des ein- und auslaufenden Steges umgekehrt wie die Berührungsflächen. Daraus folgt:

$$R_1 = R \cdot T/t \qquad R_2 = R \cdot T/(T - t).$$

Wir nehmen nun zunächst an, daß in der kurzgeschlossenen Spule weder von außen, noch durch die eigene Selbstinduktion eine Spannung erzeugt wird. Dann ergibt die zweite Kirchhoffsche Regel im Kurzschlußkreise $i_1 R_1 - i_2 R_2 = 0$. Daraus erhalten wir unter Benutzung der Gleichungen für R_1 und R_2

$$i_1 : i_2 = R_2 : R_1 = t : (T - t), \quad \text{d. h.} \quad i_1 : (i_1 + i_2) = t : T.$$

Wir setzen $i_1 + i_2$ gleich dem Bürstenstrom $2I$ und i_1 wie oben gleich $I + i$. Dann erhalten wir

$$i = 2I \cdot t/T - I. \tag{1}$$

Trägt man in Bild 117 t wagerecht und i senkrecht auf, so erhält man eine Gerade. Für $t < T/2$ ist der Kurzschlußstrom negativ. Zu einer beliebigen Zeit $t = OA$ ist

$$AC = i$$
$$BC = I + i = i_1$$
$$CE = I - i = i_2.$$

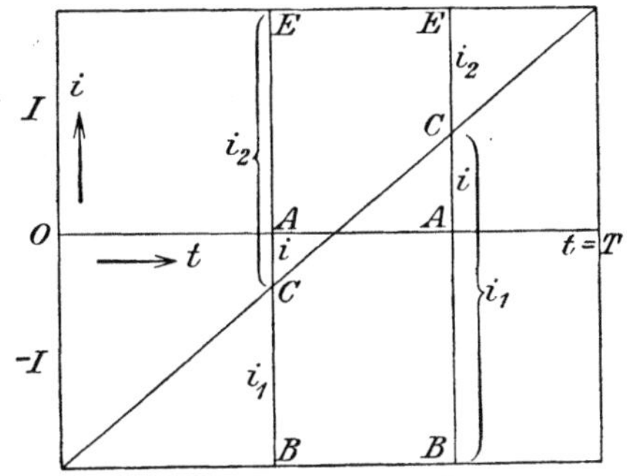

Bild 117. Geradlinige Kurzschlußkurve.

Wir berücksichtigen nun die Induktivität L der kurzgeschlossenen Spule. Sie berechnet sich aus dem Induktionsfluß, der die Nuten und die Stirnverbindungen umschließt. Falls gleichzeitig durch eine ungleichnamige Bürste eine zweite Spule kurzgeschlossen wird, deren Spulenseiten in denselben Nuten liegen wie die der betrachteten Spule, ist für den durch den Nutenfluß verursachten Anteil der Indukivität der doppelte Wert einzusetzen.

Nach S. 40 ergibt sich der Mittelwert E_s der Selbstinduktionsspannung zu

$$E_s = 2I \cdot L/T. \tag{2}$$

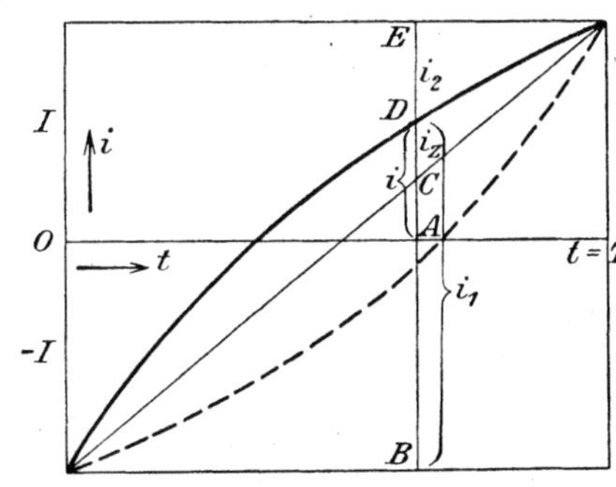

Bild 118. Kurven des Kurzschlußstromes.

In der Spule werde nun noch durch ein äußeres sog. Wendefeld eine Wendespannung e_w erzeugt, die eine beliebige Funktion der Zeit sei. Eine positive Wendespannung wirke in der Zählrichtung unserer Spule, also im Sinne des Stromes nach dem Stromwechsel.

Wenn die Wendespannung in jedem Zeitpunkt entgegengesetzt gleich der Selbstinduktionsspannung ist, so ist die Summe der erzeugten Spannungen stets Null. Wir erhalten dann dieselbe geradlinige Stromkurve wie oben. Der Zeitwert der Selbstinduktionsspannung ist dann während der ganzen Kurzschlußzeit derselbe, und zwar gleich dem Mittelwert in Gl. (2). Ebenso groß muß dann während der ganzen Kurzschlußzeit die Wendespannung sein.

Sind die Zeitwerte der Wendespannung ständig größer als die mittlere Selbstinduktionsspannung, so liegt die Kurve des Kurzschlußstromes nach Bild 118 oberhalb der geradlinigen Kurve. Der Stromwechsel findet dann schon statt, ehe die halbe Kurzschlußzeit verstrichen ist. Für den Zeitpunkt A ist:

$$AD = i \qquad BD = I + i = i_1 \qquad DE = I - i = i_2.$$

Sind endlich die Zeitwerte der Wendespannung ständig kleiner als die mittlere Selbstinduktionsspannung, so liegt die Kurve des Kurzschlußstromes unterhalb der geradlinigen Stromkurve. Der Stromwechsel findet dann erst statt, nachdem die halbe Kurzschlußzeit bereits verstrichen ist.

Wir setzen nun den Kurzschlußstrom i gleich der Summe aus dem geradlinigen Kurzschlußstrom AC und einem zusätzlichen Kurzschlußstrom $i_z = CD$. Da der geradlinige Kurzschlußstrom nach Gl. (1) gleich $2I \cdot t/T - I$ ist, so ist der Kurzschlußstrom selbst

$$i = 2I \cdot t/T - I + i_z.$$

Demnach ist

$$i_1 = I + i = 2I \cdot t/T + i_z \qquad i_2 = I - i = 2I(T - t)/T - i\,.$$

Wir differenzieren die Gleichung für i nach t und erhalten unter Benutzung von Gl. (2)

$$e_s = -L \cdot di/dt = -E_s - L \cdot di_z/dt.$$

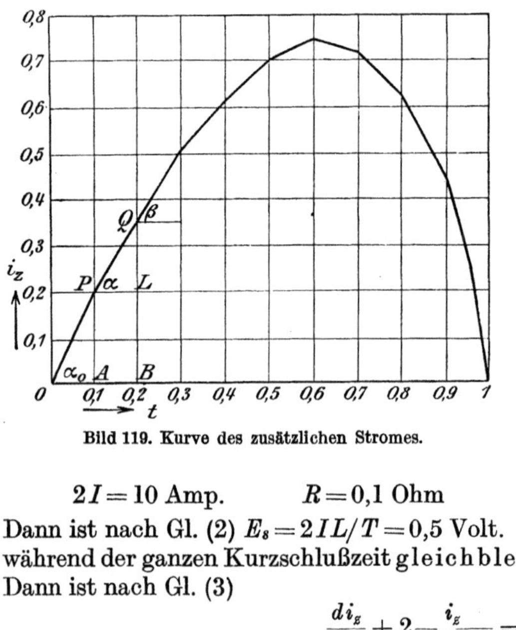

Bild 119. Kurve des zusätzlichen Stromes.

Nun lautet die zweite Kirchhoffsche Regel für den Kurzschlußkreis: $e_s + e_w = i_1 R_1 - i_2 \cdot R_2$. Darin führen wir die Werte für e_s, i_1 und i_2, sowie R_1 und R_2 von S. 79 ein und setzen $e_w - E_s = e_z$. Dadurch erhalten wir die Gleichung des zusätzlichen Kurzschlußstromes

$$L \cdot \frac{di_z}{dt} = e_z - \frac{i_z \cdot R \cdot T^2}{t(T-t)}. \qquad (3)$$

Wir wollen nun die Kurve, die den zusätzlichen Strom in Abhängigkeit von der Zeit darstellt, in Bild 119 näherungsweise ermitteln (vgl. Rothert, ETZ 1902, S. 865). Es sei z. B. ganz willkürlich

$$2I = 10 \text{ Amp.} \qquad R = 0{,}1 \text{ Ohm} \qquad L = 0{,}05 \text{ Henry} \qquad T = 1 \text{ sek.}$$

Dann ist nach Gl. (2) $E_s = 2IL/T = 0{,}5$ Volt. Der Zeitwert der Wendespannung sei während der ganzen Kurzschlußzeit gleichbleibend $e_w = 0{,}8$ Volt, also $e_z = 0{,}3$ Volt. Dann ist nach Gl. (3)

$$\frac{di_z}{dt} + 2\frac{i_z}{t(T-t)} = 6\,\frac{\text{Amp}}{\text{sek}}.$$

Im Beginn des Kurzschlusses ist $t = 0$, $T - t = T$, $i = -I$ und i_z nach der Gleichung für i gleich 0, ferner ist $i_z/t = di_z/dt$. Unsere Gleichung nimmt also für $t = 0$ die Form an:

$$\frac{di_z}{dt} + \frac{2 \cdot di_z}{1 \cdot dt} = 6\,\frac{\text{Amp}}{\text{sek}}, \text{ d. h. tg } \alpha_0 = \frac{di_z}{dt} = \frac{6}{3} = 2\,\frac{\text{Amp}}{\text{sek}}.$$

Bei der Zeichnung in Bild 119 ist gegebenenfalls eine Verschiedenheit des Maßstabes der Senkrechten und Wagerechten zu beachten.

Wir nehmen nun an, daß die Steigung in dem ersten kleinen Zeitraum $OA = 0{,}1$ sek gleichbleibt und erhalten den zusätzlichen Strom im Zeitpunkt A zu $i_z = AP = OA \cdot \text{tg}\alpha_0 = 0{,}1 \cdot 2 = 0{,}2$ Amp. Im Zeitpunkt A ist also $t = 0{,}1$ sek und $i_z = 0{,}2$ Amp. Setzen wir diese Werte in unsere Gleichung ein, so wird im Zeitpunkt A die Steigung $\text{tg}\,\alpha = di_z/dt = 6 - 2 \cdot 0{,}2 : 0{,}1\,(1 - 0{,}1) = 1{,}556$ Amp/sek.

Der nächste Zeitraum AB sei willkürlich wieder gleich 0,1 sek. Dann ist der **Zuwachs** des Stromes in diesem Zeitraum $LQ = AB \cdot \operatorname{tg} \alpha = 0{,}1 \cdot 1{,}556 = 0{,}1556$ Amp. Im Zeitpunkt B ist also $t = 0{,}2$ sek und $i_z = BQ = AP + LQ = 0{,}2 + 0{,}1556 = 0{,}3556$ Amp. Setzen wir wieder diese Werte in unsere Gleichung ein, so erhalten wir die Steigung im Zeitpunkt B zu $\operatorname{tg} \beta = di_z/dt = 6 - 2 \cdot 0{,}3556 : 0{,}2\,(1 - 0{,}2) = 1{,}556$ Amp/-sek usw. In dieser Weise erhalten wir unsere Kurve hinreichend genau.

Der Verlauf der Kurve des zusätzlichen Stromes hängt von $e_z = e_w - E_s$ ab. Wir wollen jetzt annehmen, daß e_z während der Kurzschlußzeit das Vorzeichen höchstens einmal wechselt.

Wie Gl. (3) zeigt, geht die Kurve des zusätzlichen Stromes im Beginne des Kurzschlusses, also für $i_z = 0$, nach oben, wenn in diesem Zeitpunkt e_z positiv ist. Bleibt

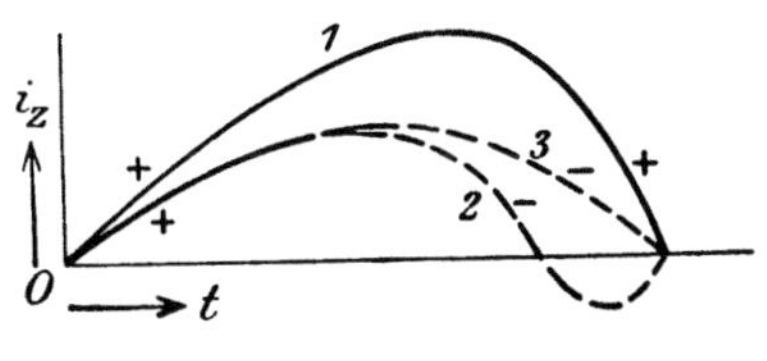

Bild 120.

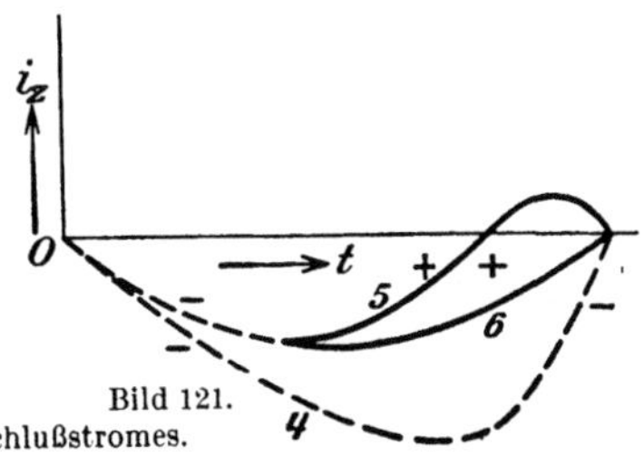

Bild 121.

Kurven des zusätzlichen Kurzschlußstromes.

dann e_z während der ganzen Kurzschlußzeit positiv, so erhalten wir die Kurve 1 in Bild 120. Wird dagegen e_z im Laufe der Kurzschlußzeit negativ, so erhalten wir die Kurvenformen 2 oder 3.

Ist im Beginne des Kurzschlusses e_z negativ, so geht die Kurve im Beginn des Kurzschlusses nach unten. Bleibt dann e_z während der ganzen Kurzschlußzeit negativ, so erhalten wir die Kurvenform 4 in Bild 121. Wird dagegen e_z im Laufe der Kurzschlußzeit positiv, so erhalten wir die Kurvenformen 5 oder 6.

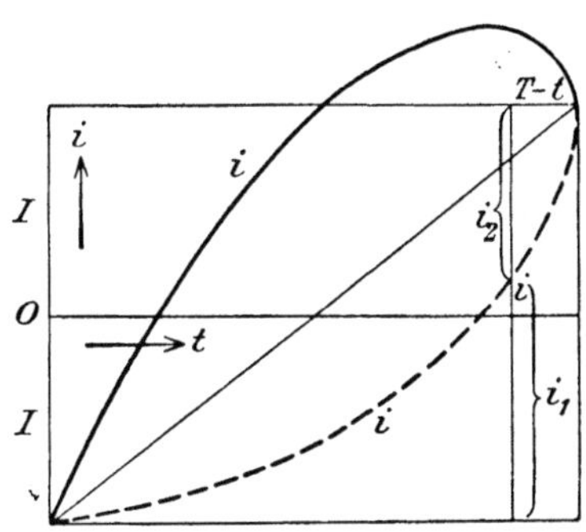

Bild 122. Steigung oder Gefälle unendlich für $t = T$.

Alle Kurvenformen sind da, wo e_z positiv ist, ausgezogen, und da, wo e_z negativ ist, gestrichelt. Je nachdem sie oberhalb oder unterhalb der Wagerechten liegen, ist der zusätzliche Strom positiv oder negativ. Wo sie ansteigen, ist di_z/dt positiv, wo sie fallen, ist di_z/dt negativ.

Am Ende des Kurzschlusses, also für $t = T$ und $i = I$, ist der zusätzliche Strom nach der Gleichung für i auf S. 80 in allen Fällen Null. Es ist nun in bezug auf funkenlosen Gang sehr schädlich, wenn die Steigung oder das Gefälle in diesem Zeitpunkt unendlich ist. Dann wird mit di_z/dt auch di/dt und damit die Selbstinduktionsspannung am Ende des Kurzschlusses unendlich groß. In Bild 122 ist dieser Fall beim ständigen Überwiegen der Wendespannung durch die ausgezogene Kurve, beim ständigen Überwiegen der mittleren Selbstinduktionsspannung durch die gestrichelte Kurve dargestellt. Gleichzeitig wird nach Bild 122 das Verhältnis $i_2 : (T - t)$, das der **Stromdichte** unter der ablaufenden Bürstenkante proportional ist, für $t = T$ unendlich groß. Beides führt zur Funkenbildung, wenn die Bürste vom ablaufenden Steg abgleitet.

Nun ist in dem Falle, wo die Steigung oder das Gefälle der Kurve des zusätzlichen Stromes am Ende gleich **unendlich** ist, schon kurz **vor dem Endpunkt** e_z gegen $L \cdot di_z/dt$ zu vernachlässigen. Gl. (3) nimmt daher die Form an:

$$\frac{R \cdot T}{L} = -\frac{di_z/dt}{i_z/(T-t)} \cdot \frac{t}{T}.$$

Dabei ist nach Bild 123 kurz vor dem Ende $i_z/(T-t)$ größer als $-\operatorname{tg}\alpha$, also größer als $-di_z/dt$ und ebenso T größer als t. Demnach ist RT/L kleiner als Eins, wenn die Steigung oder das Gefälle am Ende unendlich wird.

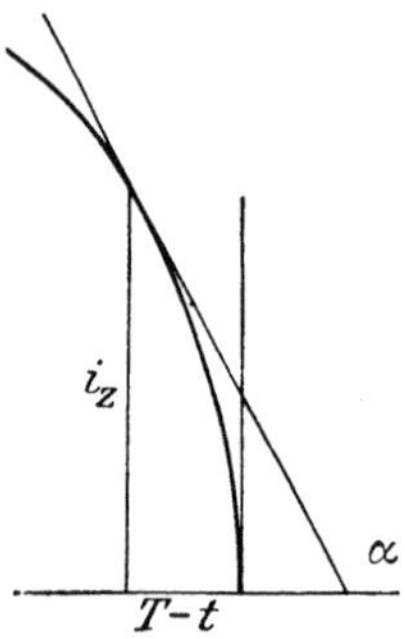

Bild 123. Gefälle unendlich für $t = T$.

Wenn anderseits die Steigung endlich bleibt, so ist am Ende des Kurzschlusses $i_z:(T-t) = -di_z/dt$. Gl. (3) ergibt dann für den Endpunkt des Kurzschlusses mit $t = T$

$$\frac{di_z}{dt} = -\frac{e_z}{RT-L}.$$

Nun hat in den Fällen der Kurven 1, 2, 4 und 5 di_z/dt am Ende des Kurzschlusses entgegengesetztes Vorzeichen wie e_z. Die Steigung ist also nach unserer Gleichung bei diesen Kurven endlich, wenn RT größer ist als L.

Nur bei den Kurven 3 und 6 hat e_z am Ende des Kurzschlusses dasselbe Vorzeichen wie di_z/dt. Unsere Gleichung ergibt dann in diesen Fällen für $RT < L$ eine endliche Steigung. Die Wendespannung müßte dann aber ganz genau abgeglichen sein. Sonst erhält man die Kurvenformen 2 und 5 und damit für $RT < L$ eine unendliche Steigung. Auf eine endliche Steigung kann also mit Sicherheit nur bei $RT > L$ gerechnet werden.

Bisher war die Bürstenbreite gleich einer Stegteilung. Ist die Breite größer, so werden durch die Bürste mehrere Spulen gleichzeitig kurzgeschlossen. Zu der Selbstinduktion der betrachteten Spule kommt dann die gegenseitige Induktion durch die anderen, gleichzeitig kurzgeschlossenen Spulen hinzu. Da sich aber jetzt die Kurzschlußzeit verlängert, so wird dadurch der Einfluß der gegenseitigen Induktion größtenteils wieder aufgehoben. Man kann diese daher ganz vernachlässigen, wenn man unter T, wie früher, die Kurzschlußzeit bei einer Bürstenbreite gleich der Stegteilung versteht.

45. Funkenloser Gang.

Je steiler die Kurve des Kurzschlußstromes am Ende der Kurzschlußzeit verläuft, desto größer ist nach S. 81 die Selbstinduktionsspannung, sowie die Stromdichte unter der ablaufenden Bürstenkante, desto größer also die Gefahr der Funkenbildung. Man erstrebt daher eine möglichst geradlinige Kurzschlußkurve. Das beste Mittel hierfür sind Wendepole, die 1884 von Menges vorgeschlagen, aber erst 20 Jahre später eingeführt wurden. Sie werden bei allen mittleren und größeren Maschinen angewendet (vgl. Pichelmayer, ETZ 1903, S. 101).

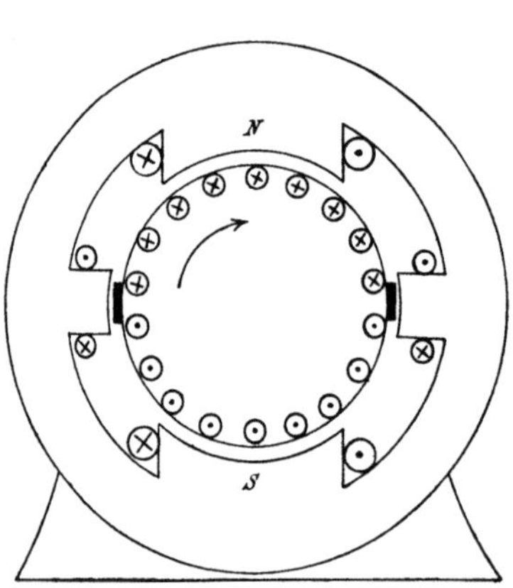

Bild 124. Maschine mit Wendepolen.

Die Wendepole stehen ebenso wie die Bürsten in der neutralen Zone. Ihre Windungen werden nach Bild 124 derart vom Ankerstrom durchflossen, daß sie den Stromwindungen des Ankers, die in Richtung des Bürstendurchmessers magnetisierend wirken, entgegenwirken. Damit dabei nicht nur die magnetische Wirkung des Ankers aufgehoben wird, sondern unter dem Wendepol ein sogenanntes Wendefeld entsteht, müssen die Stromwindungen der Wendepole etwas größer sein als die des Ankers, so daß der magnetische Spannungsverbrauch im Kreis der Wendepole gedeckt wird. Das Wendefeld muß über dem Hauptteil der Wendezone eine konstante Induktion besitzen und so stark sein, daß es in der kurzgeschlossenen Spule bei der Drehung des Ankers eine Spannung gleich der mittleren Selbstinduktionsspannung erzeugt. Dann ist die Kurve des Kurzschlußstromes nach S. 79 geradlinig, und Wendespannung und Selbstinduktionsspannung heben sich in jedem Zeitpunkt auf. Richtiger wird man sagen, daß die Änderung des von der kurzgeschlossenen Spule selbst erzeugten Flusses durch die Änderung des umfaßten Wendeflusses ausgeglichen wird und der von der Spule umfaßte Fluß sich daher überhaupt nicht ändert. Die Stromwendung erfolgt dann allein unter dem Einfluß des Übergangswiderstandes der Bürsten. Die Stromdichte ist dabei konstant.

Da sich die Erregung der Wendepole in demselben Maße ändert wie die magnetische Wirkung des Ankers und der kurzgeschlossenen Spule, so hat das Wendefeld, wenn es für eine bestimmte Belastung richtig bemessen wird, bei einer Änderung der Belastung immer die erforderliche Stärke. Wendepolmaschinen sind also gegen Änderungen der Belastung unempfindlich. Ihre Überlastbarkeit ist dann weniger durch die Rücksicht auf funkenlosen Gang, als durch die Erwärmung gegeben.

Da die Selbstinduktionsspannung in jedem Zeitpunkt durch die Wendespannung aufgehoben wird, kann man beim Entwurf der Maschinen verhältnismäßig große Werte der mittleren Selbstinduktionsspannung zulassen, ohne eine Funkenbildung befürchten zu müssen. Dies ist besonders wichtig bei den Turbomaschinen, die mit Umdrehungen bis zu 3000/min laufen. Bei solchen hohen Drehzahlen ist die Zeitdauer des Kurzschlusses einer Spule besonders gering, so daß die Änderungsgeschwindigkeit des Stromes und damit die mittlere Selbstinduktionsspannung groß werden. Solche Maschinen sind erst durch die Wendepole lebensfähig geworden.

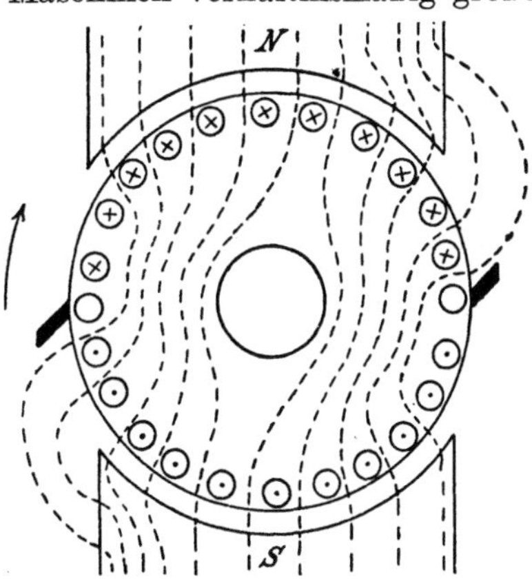

Bild 125. Verzerrung des Feldes.

Natürlich ist es auch bei Wendepolmaschinen von Vorteil, wenn man die Induktivität der kurzgeschlossenen Spule nach Möglichkeit beschränkt. Man verwendet daher offene Nuten und bei größeren Maschinen eine einzige Windung für die Spule. Auch sorgt man durch eine Abweichung der Spulenweite von der Polteilung dafür, daß die von ungleichnamigen Bürsten kurzgeschlossenen Spulenseiten nicht in denselben Nuten liegen, da sonst die Gesamtinduktivität verdoppelt würde.

Endlich verwendet man jetzt zur Sicherung des funkenlosen Ganges Kohlebürsten statt der früher üblichen Kupferbürsten. Nur bei elektrolytischen Maschinen mit ihren kleinen Spannungen und ihren hohen Stromstärken sind Kohlebürsten wegen ihres großen Spannungsabfalles nicht immer anwendbar.

Kohlebürsten verursachen allerdings größere Reibung und eine stärkere Erwärmung des Stromwenders, so daß man sich anfangs scheute, sie bei den rasch laufenden Turbomaschinen anzuwenden. Durch Hohlstege und Teilung des Stromwenders in Richtung der Achse ist es indessen gelungen, für genügende Lüftung zu sorgen.

Wir wenden uns nun zu den Maschinen ohne Wendepole und lassen bei diesen zunächst die Bürsten auch bei Belastung in der für Leerlauf günstigsten Stellung, d. h. in der geometrischen neutralen Zone stehen. Die Spulenseiten der kurzgeschlossenen Spulen schneiden jetzt durch ein starkes, vom Anker erzeugtes Querfeld hindurch. In Wirklichkeit setzt sich dieses Querfeld mit dem Längsfeld der Magnete zu einem Gesamtfeld zusammen, das nach Bild 125 gegen das ursprüngliche Feld verzerrt ist. Die Induktion wird da, wo der Anker den Pol eines Stromerzeugers verläßt, vergrößert und an der anderen Seite verringert. Die kurzgeschlossenen Spulenseiten liegen also jetzt nicht an einer feldfreien Stelle. Infolgedessen wird in ihnen eine Spannung erzeugt, die wie die Selbstinduktion den abnehmenden Strom aufrecht zu halten sucht und dem zunehmenden Strom entgegenwirkt. Wir können sie als eine negative Wendespannung einführen, welche die Stromwendung verzögert. Dadurch wird die Kurve des Kurzschlußstromes am Schlusse steiler und die Gefahr des Funkens vergrößert.

Man verschiebt daher die Bürsten beim Stromerzeuger in Richtung der Drehung, beim Motor gegen die Drehrichtung. Dadurch kommen die Spulenseiten der kurzgeschlossenen Spule zunächst in eine feldfreie Stelle, so daß wenigstens die nachteilige Wirkung des vom Anker erzeugten Feldes beseitigt ist. Zur Aufhebung der schädlichen Wirkung der Selbstinduktion bedarf man dann aber noch eines positiven Wendefeldes. Man verschiebt daher die Bürsten noch weiter in die Nähe der Polspitzen, bis die kurzgeschlossenen Spulenseiten nach Bild 126 in einem Feld von der erforderlichen Stärke liegen.

Um die Bürsten entsprechend einstellen zu können, muß man für einen allmählichen Übergang des Feldes von der neutralen Zone bis unter den Polbogen sorgen. Abrundung der Polecken hat schon oft das Übel der Funkenbildung beseitigt. Auch die Abschrägung der Seitenflächen der Pole erleichtert die Einstellung der Bürsten auf funkenlosen Gang. Aber ein Feld, das wie bei den Wendepolen über dem Hauptteil der Wendezone gleichförmig ist, wird sich nicht erreichen lassen.

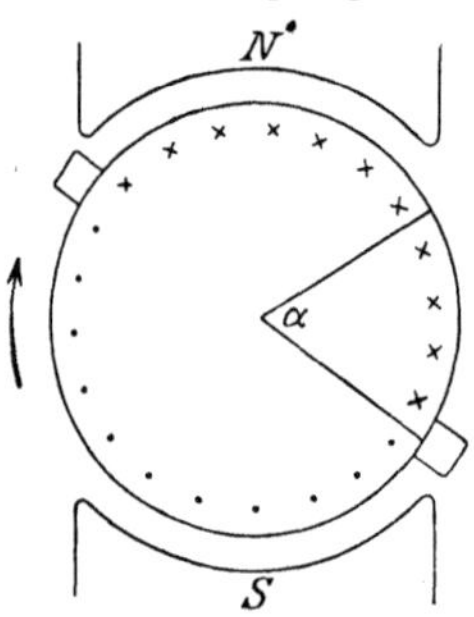

Bild 126. Maschine mit Bürstenverschiebung.

Besonders nachteilig ist es außerdem, daß sich das Feld in der Wendezone bei Änderungen der Belastung im Gegensatz zu den Wendepolmaschinen sehr stark ändert. Diese Änderung ist gerade deswegen so groß, weil das Feld nur durch den Unterschied der Magneterregung und der Stromwindungen des Ankers zustande kommt. Also gerade bei starker Belastung wird das Feld an der Stelle, wo sich die Spulenseiten der kurzgeschlossenen Spule befinden, geschwächt, anstatt daß es wie bei Wendepolmaschinen verstärkt wird. Man müßte also jedesmal die Bürsten bei Änderung der Belastung neu einstellen. Dies ist aber zu unbequem und auch jetzt, wo ein funkenfreier Lauf zwischen Leerlauf und 25% Überlastung ohne Bürstenverstellung verlangt wird, ausgeschlossen. Man muß also die Bürsten für eine mittlere Belastung einstellen, so daß die Maschine bei geringer Belastung mit einem zu starken, bei starker Belastung mit einem zu schwachen Wendefeld arbeitet.

Bei Maschinen ohne Wendepole kann man also nicht damit rechnen, daß die Selbstinduktionsspannung der kurzgeschlossenen Spule in jedem Zeitpunkt durch die Wendespannung aufgehoben wird. Um dann trotzdem einen funkenlosen Gang zu erreichen, wird man nach dem Schluß des vorigen Abschnittes dafür sorgen müssen, daß der Übergangswiderstand R der Bürste, die Induktivität L der kurzgeschlossenen Spule und die Kurzschlußzeit T die Bedingung erfüllen

$$R \cdot T/L > 1 \quad (4) \qquad \text{d. h.} \qquad 2I \cdot R > 2IL/T. \quad (5)$$

Der Spannungsverlust unter der Bürste bei gleichmäßiger Stromdichte muß also größer sein als die mittlere Spannung der Selbstinduktion. Nun ist der Spannungsverlust erfahrungsgemäß bei Kohlenbürsten stets angenähert 1 Volt. Ebenso groß darf dann die mittlere Spannung der Selbstinduktion sein. Wenn man in Wirklichkeit etwa den doppelten Wert zuläßt, so kommt dies wohl daher, daß schon eine geringe, kaum sichtbare Funkenbildung den Übergangswiderstand R erhöht, so daß die Ungleichung (4) dann leichter erfüllt wird. Auch hier sehen wir die Notwendigkeit einer Beschränkung der Induktivität L, sowie den Vorteil der Kohlenbürsten mit ihrem großen Übergangswiderstand. Ohne sie wäre eine feste Bürstenstellung bei Änderung der Belastung gar nicht denkbar.

46. Quermagnetisierung und Ankerrückwirkung.

Wie wir sahen, wird der Anker durch seine Stromwindungen zu einem Elektromagneten, dessen Wicklungsachse mit dem Bürstendurchmesser zusammenfällt. Wir betrachten nun insonderheit die Stromwindungen des Ankers, deren Drähte vor den Polen liegen und als Querwindungen bezeichnet werden.

Wenn die Pole unerregt sind, so erzeugen die Querwindungen ein Querfeld, das nach Bild 127 unter der Polmitte gleich Null ist und nach beiden Seiten proportional dem Umfang zunimmt, bis es in der Gegend der Polecken seinen größten Wert annimmt.

Wenn die Pole erregt werden, so kommt das Feld unter den Polen durch die vereinigte Wirkung der Magneterregung und der Querwindungen des Ankers zustande. Sind dabei Polschuhe und Ankerzähne schwach gesättigt, so können wir das von de Magneterregung bei Leerlauf erzeugte Feld und das bei stromloser Magnetwicklung von Ankerstrom erzeugte Querfeld zum Gesamtfeld vereinigen. Wir erhalten dann beim Stromerzeuger da, wo der Anker unter den Pol tritt, eine Feldschwächung, da, wo er heraustritt, eine Feldverstärkung gegenüber dem Leerlauf. Die Wirkung der Querwindungen zeigt sich dann in einer Feldverzerrung, ohne daß sich am Gesamtfluß und damit an der erzeugten Spannung etwas ändert.

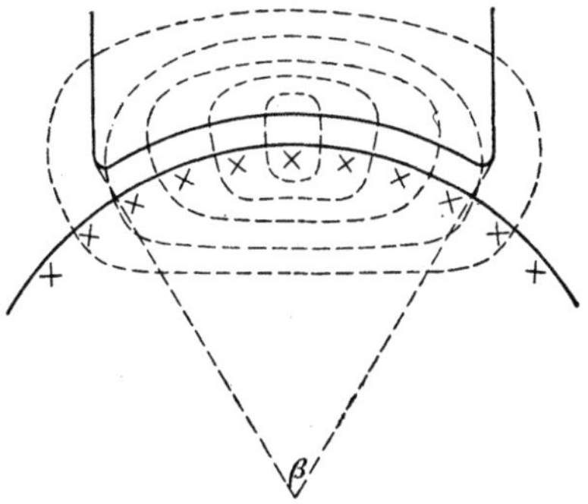

Bild 127. Querfeld des Ankers.

Sind dagegen die Polschuhe und die Zähne gesättigt, was im allgemeinen an der Austrittsstelle des Ankers stets der Fall ist, so hat die Zunahme der Induktion an dieser Stelle eine Verringerung der magnetischen Durchlässigkeit zur Folge, die durch die geringe Vergrößerung der Durchlässigkeit an der Eintrittsstelle des Ankers nicht ausgeglichen wird. Das Feld wird also nicht nur verzerrt, sondern der Fluß wird auch geringer als bei Leerlauf. Die Quermagnetisierung hat daher einen Spannungsabfall gegenüber dem Leerlauf zur Folge, der allerdings wegen seiner Kleinheit ohne Bedeutung ist.

Wenn sich das Feld an der Austrittsstelle des Ankers durch Belastung wesentlich verstärkt, so kann dies zum Überschlagen eines Funkens zwischen den Stegen des Stromwenders und damit zu einem Rundfeuer von Bürste zu Bürste führen. Man pflegt daher die Maschine so zu entwerfen, daß die Zähne schon bei Leerlauf stark gesättigt sind, und hält dabei die Umfangsgeschwindigkeit und die im Feld liegende Leiterlänge einer Spule in solchen Grenzen, daß keine Gefahr des Überschlagens eines Funkens besteht. Die Sättigung bei Leerlauf hat dann zur Folge, daß die Induktion an der Austrittstelle des Ankers durch die Belastung keine große Zunahme mehr erfahren kann. Man kommt dabei an der Zahnwurzel auf Induktionen von 20000 bis 24000 Gauß. Dabei ist allerdings zu berücksichtigen, daß diese hohen Induktionen sich in Wirklichkeit dadurch verringern, daß ein Teil des Flusses neben dem Zahn durch die Nut verläuft.

Bei Maschinen, die stark beansprucht sind oder stoßweise einer starken Belastung ausgesetzt werden, muß die Feldverzerrung ganz ausgeschlossen werden. Dies geschieht nach Bild 128 durch eine sogenannte Kompensationswicklung, die in Nuten der Polschuhe untergebracht ist und so vom Ankerstrom durchflossen wird, daß die Ströme im Anker und in der Kompensationswicklung entgegengesetzt gerichtet sind. Ihre Windungszahl ist gleich der Anzahl der Querwindungen des Ankers vor dem Polbogen, so daß die Quermagnetisierung bei allen Belastungszuständen aufgehoben und damit die Feldverzerrung beseitigt wird. Die Erregung der Wendepole wird in diesem Falle um den Betrag der Stromwindungen der Kompensationswicklung geringer als bei Maschinen ohne Kompensation.

Bei der von Déri angegebenen Kompensationswicklung besitzt das Magnetgestell nach Bild 129 keine ausgeprägten Pole, sondern es ist ähnlich wie der Ständer eines Drehstrommotors gebaut. Die Wicklungsachse der Hauptwicklung, die in Nuten des Magnetgestells liegt, ist senkrecht zum Bürstendurchmesser, während die Wicklungsachse der Kompensationswicklung mit dem Bürstendurchmesser gleichgerichtet ist. Die Kompensationswicklung wird auf diese Weise zu einem genauen Spiegelbild der Ankerwicklung, so daß die magnetische Wirkung des Ankers an jeder Stelle des Umfanges aufgehoben wird. Da in der Wendezone diese Wirkung nicht nur aufgehoben, sondern ein Wendefeld geschaffen werden muß, so sind auch hier Wendepole, d. h. in unserem Falle Wendezähne im Magnetgestell, nicht zu entbehren.

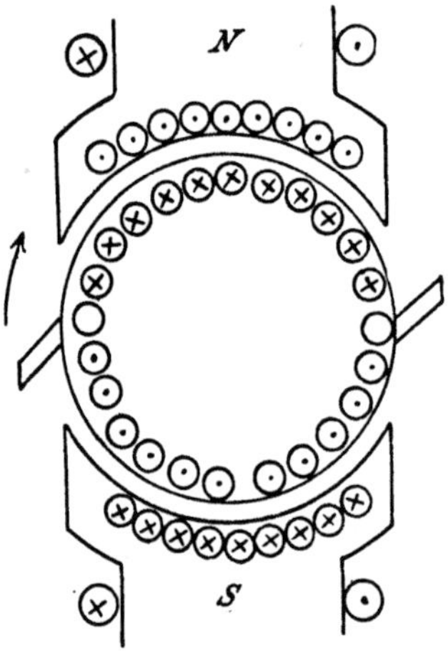

Bild 128. Maschine mit Kompensationswicklung.

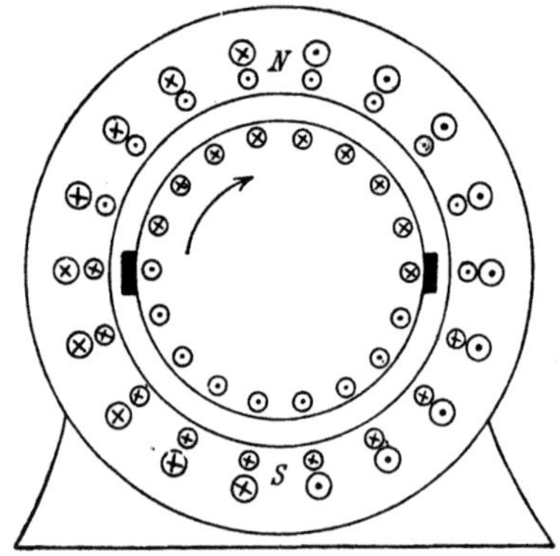

Bild 129. Dérimaschine.

Bei Maschinen ohne Wendepole wird die Quermagnetisierung nicht nur wegen der Verstärkung des Feldes an der Austrittstelle, sondern auch wegen der Schwächung an der Eintrittstelle des Ankers nachteilig, da an dieser Stelle die kurzgeschlossenen Spulenseiten das zum funkenfreien Gang erforderliche Wendefeld vorfinden müssen. Ist I_a der Ankerstrom, $2a$ die Zahl der Stromzweige des Ankers, z die gesamte Drahtzahl und β der Winkel der Polbohrung, so ist die Zahl der Stromdrähte vor einem Pol, d. h. die Zahl der quermagnetisierenden Stromwindungen für einen magnetischen Kreis

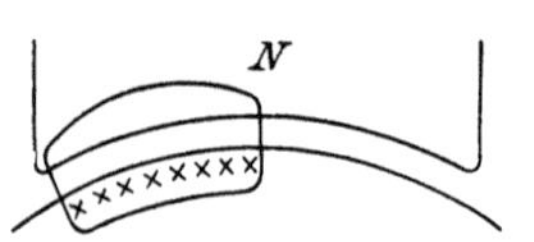

Bild 130. Ermittlung der Induktion an der Eintrittstelle.

$$\Theta_q = \frac{I_a}{2a} \cdot z \cdot \frac{\beta}{360}. \tag{6}$$

Wir ermitteln nun die Quermagnetisierung, die bei wendepollosen Maschinen mit Rücksicht auf funkenlosen Gang noch zulässig ist. Wir schreiten dazu nach Bild 130 an der Eintrittstelle des Ankers durch den Ankerzahn und die Luft zur Polecke, von da quer durch den Polschuh zur Polmitte, dort durch die Luft und den Ankerzahn zum Ankerkern und dann zurück zur Ausgangsstelle. Ist $\mathfrak{B}_w$ die für funkenfreien Gang erforderliche Induktion in der Luft an der Eintrittstelle und l der doppelte Luftabstand, so ist der magnetische Spannungsverbrauch in der Luftstrecke an der Eintrittstelle des Ankers gleich $\mathfrak{B}_w \cdot l/_2 : \Pi_0$. Dabei wird allerdings die nicht ganz zutreffende Annahme gemacht, daß die Induktion auf dem ganzen Wege $l/2$ dieselbe ist.

Ist ferner Θ_l und Θ_z die unter der Polmitte für den doppelten Luftspalt und die doppelte Zahntiefe erforderliche Erregung, so ist der magnetische Spannungsverbrauch auf dem *einfachen* Wege gleich $^1/_2(\Theta_l + \Theta_z)$. Der magnetische Spannungsverbrauch quer durch Polschuh und Anker, sowie der im Ankerzahn an der Eintrittstelle werde wegen seiner Kleinheit vernachlässigt. Dann ergibt das Durchflutungsgesetz:

$$\frac{(\Theta_l + \Theta_z)}{2} - \mathfrak{B}_w \frac{l}{2 \cdot \Pi_0} = \frac{\Theta_q}{2} \quad \text{d. h.} \quad \mathfrak{B}_w = \Pi_0 \cdot \frac{\Theta_l + \Theta_z - \Theta_q}{l}.$$

Will man $\mathfrak{B}_w$ in Gauß erhalten, so ist Π_0 in Henry/cm, Θ in Ampere und l in cm einzusetzen und rechts mit 10^8 zu vervielfachen.

Für Θ_l und Θ_z können ohne Fehler die Werte eingesetzt werden, die nötig sind, um bei *Leerlauf*, d. h. bei gleichmäßiger Feldverteilung, den Fluß durch Luft und Zähne zu treiben. Aus unserer Gleichung erhält man dann die zulässige Anzahl der quermagnetisierenden Stromwindungen. Ergibt sich beim Entwurf eine zu große Quermagnetisierung, so muß man die Drahtzahl auf dem Anker unter gleichzeitiger Erhöhung der Luftinduktion verkleinern. Wie unsere Gleichung zeigt, ist eine hohe Luftinduktion günstig, da hierdurch einerseits die Erregung Θ_l vergrößert und gleichzeitig die Drahtzahl auf dem Anker und damit die Quererregung Θ_q herabgesetzt wird. Man kommt bei großen langsam laufenden Maschinen bis auf eine Luftinduktion von 10000 Gauß. Eine Vergrößerung des Luftspaltes ist ebenfalls vorteilhaft, da hierdurch der Zähler in unserer Gleichung sich stärker vergrößert als der Nenner. Der Vorteil wird aber nur durch Aufwand an Magnetkupfer erkauft.

Bei Maschinen mit Bürstenverstellung übt der Anker neben der Quermagnetisierung auch eine *Längsmagnetisierung* aus. Nach Bild 126 wirken die Stromwindungen des Ankers, die innerhalb des doppelten Bürstenverschiebungswinkels liegen, denen der Magnete genau entgegen. Man bezeichnet diese Stromwindungen als die *Ankerrückwirkung*. Das Längsfeld der Maschine kommt jetzt durch den Unterschied der Magneterregung und der Ankerrückwirkung zustande. Um also dieselbe Spannung zu erzeugen wie bei Leerlauf, *muß man die Leerlauferregung um den Betrag der Ankerrückwirkung erhöhen*. Ist α der doppelte Bürstenverschiebungswinkel, I_a die Ankerstromstärke, $2a$ die Zahl der Stromzweige und z die gesamte Drahtzahl des Ankers, so ist die Ankerrückwirkung infolge der Bürstenverschiebung

$$\Theta_g = \frac{I}{2a} \cdot z \cdot \frac{\alpha}{360}. \tag{7}$$

VIII. Gleichstromerzeuger.

47. Die fremderregte Maschine.

Wir betrachten eine Maschine, deren Magnetwicklung durch eine äußere unabhängige Stromquelle gespeist wird (Bild 131). Die Maschine laufe zunächst leer. Wir

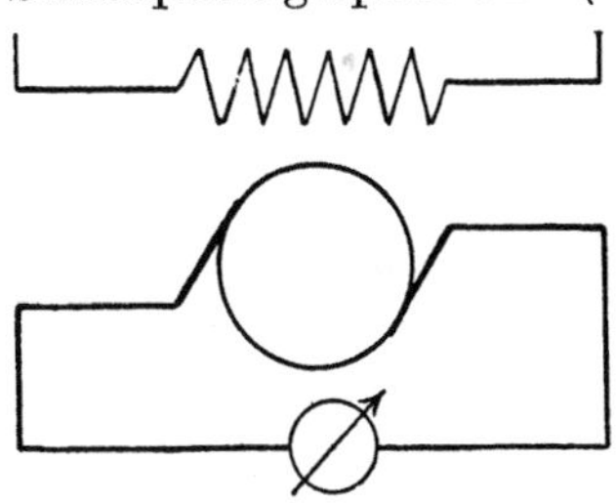

Bild 131. Maschine mit gleichbleibender Erregung bei Leerlauf.

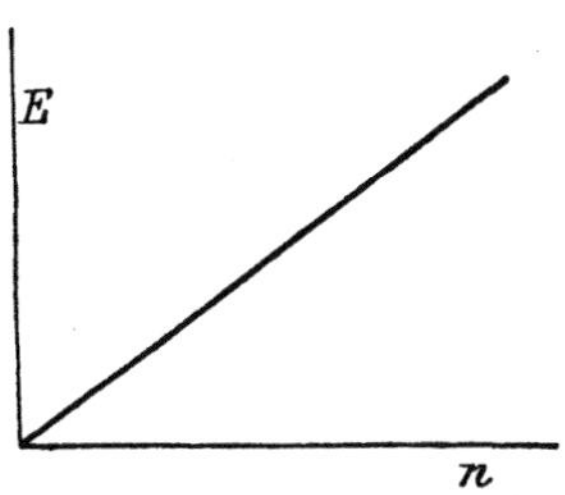

Bild 132. Abhängigkeit der Spannung von der Drehzahl bei gleichbleibender Erregung.

lassen die Erregung ungeändert und ändern nur die Drehzahl. Nach Gl. (2) auf S. 74 ist die erzeugte Spannung $E = p/a \cdot \Phi \cdot n \cdot z$, also proportional der Drehzahl (Bild 132).

Wir lassen jetzt umgekehrt die Drehzahl ungeändert und ändern durch einen Regelwiderstand den Erregerstrom (Bild 133). Wir tragen dann den Erregerstrom I_m oder die Magneterregung wagerecht und die abgelesene Spannung senkrecht auf und erhalten so in Bild 134 die sogenannte Leerlaufkurve. Die Spannung wächst

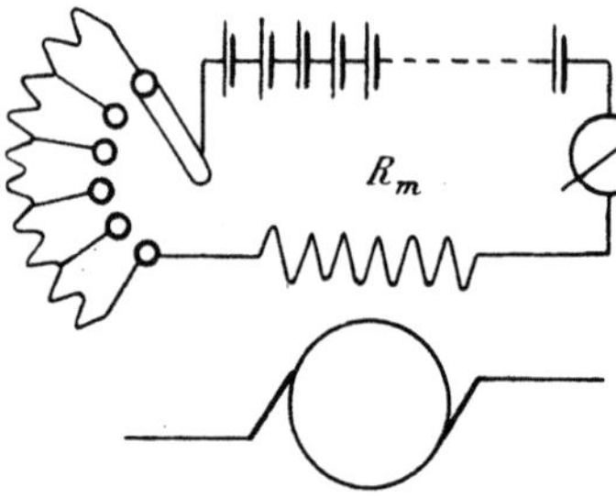

Bild 133. Maschine bei Leerlauf.

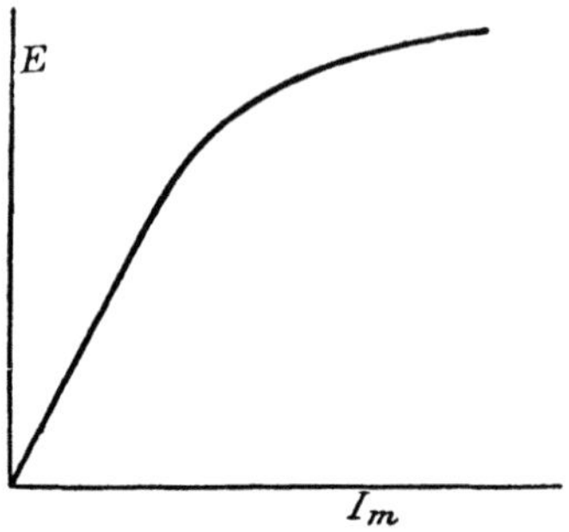

Bild 134. Leerlaufkurve.

zunächst proportional dem Erregerstrom, bis bei zunehmender Eisensättigung eine Verstärkung des Erregerstromes nur mehr eine geringe Erhöhung der Spannung bewirkt.

Nun ist die Klemmenspannung bei Leerlauf gleich der erzeugten Spannung, also dem Fluß proportional. Bild 134 stellt also die Abhängigkeit des Flusses vom Erregerstrom dar. Die Leerlaufkurve ist daher die Magnetisierungskurve der Maschine.

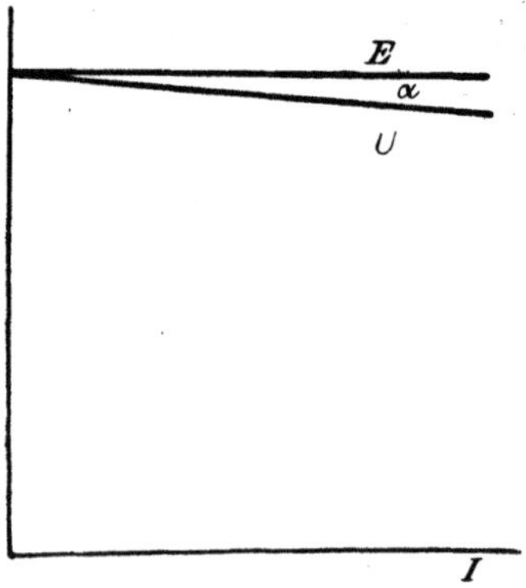

Bild 135.
Abhängigkeit der Klemmenspannung vom Strom bei gleichbleibender Erregung.

Wir ändern jetzt die Belastung, d. h. den entnommenen Strom I bei fester Erregung und Drehzahl. Die Klemmenspannung, die bei Leerlauf gleich der erzeugten Spannung war, ist nun um den inneren Spannungsverlust geringer. Ist E die erzeugte Spannung, I der Ankerstrom und R_a der Ankerwiderstand, so ist die Klemmenspannung $U = E - I \cdot R_a$. Wenn wir von Ankerrückwirkung absehen, so ist die erzeugte Spannung E infolge der festen Erregung unveränderlich (Bild 135). Der Spannungsverlust ist der Stromstärke proportional. Wir ziehen also die Gerade U so, daß $\operatorname{tg}\alpha = I \cdot R_a/I = R_a$ ist, wobei wir den Maßstab in wagerechter und senkrechter Richtung berücksichtigen. Die Unterschiede zwischen den Senkrechten der Kurven E und U stellen dann den Spannungsverlust, die Senkrechten der geneigten Geraden die Klemmenspannung dar. Beim Versuch wird umgekehrt aus Klemmenspannung und Spannungsverlust die erzeugte Spannung berechnet.

48. Schaltungen für Selbsterregung.

Als Dynamomaschinen werden alle Maschinen bezeichnet, in denen durch Bewegung eines Leiters im magnetischen Feld elektrische Arbeit erzeugt wird. Auf Grund einer Entdeckung, die Werner Siemens 1866 machte (Poggendorffs Annalen 1867), werden die Dynamomaschinen als selbsterregende Maschinen gebaut.

Beim Ingangsetzen ist zunächst nur das Feld des magnetischen Rückstandes vorhanden. Dadurch wird eine geringe Spannung und, falls der Stromkreis geschlossen ist, ein schwacher Strom erzeugt. Indem dieser Strom nach Bild 136 um die Schenkel der Maschine fließt, verstärkt er den magnetischen Rückstand. Dadurch wächst dann die Spannung und dadurch wieder der Strom usw. So arbeitet sich die Maschine selbst in die Höhe und erzeugt sich ihren Magnetismus selbst.

Die Stärke des so geschaffenen Feldes und die Spannung hängt von den Betriebsverhältnissen ab. Es könnte scheinen, daß sich die Maschine bis zur vollständigen Sättigung des Eisens, die allerdings ein dehnbarer Begriff ist, in die Höhe arbeiten müßte. Der Strom wächst jedoch nur solange an, wie die erzeugte Spannung stärker wächst als der Spannungsverbrauch im Erregerstromkreis. Dabei ist die Stromstärke zwar nach dem Ohmschen Gesetz durch die Spannung und den Widerstand gegeben, aber anderseits ist das Feld und damit die Spannung selbst von der Stromstärke und also auch vom Widerstand abhängig.

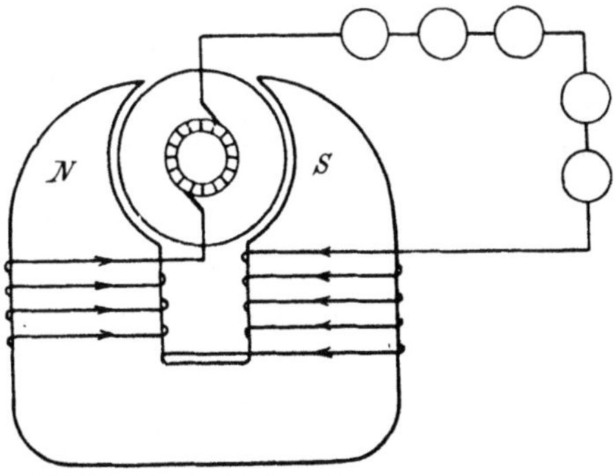

Bild 136. Hauptschlußmaschine.

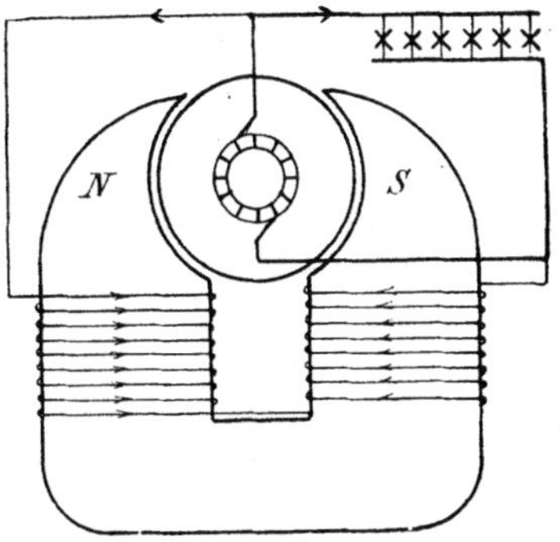

Bild 137. Nebenschlußmaschine.

Die Magnetwicklung besteht bei der Hauptschlußmaschine (Bild 136) aus wenig Windungen eines dicken Drahtes. Sie liegt mit dem Anker und dem äußeren Netz in Reihe.

Bei der Nebenschlußmaschine (Bild 137) besteht die Magnetwicklung aus vielen Windungen eines dünnen Drahtes. Sie liegt unmittelbar an den Bürsten, also im Nebenschluß zum äußeren Netz. Infolge des großen Widerstandes der Wicklung ist der Magnetstrom sehr klein gegenüber dem äußeren Strom.

Die Doppelschluß- oder Compoundmaschine (Bild 138 und 139) ist eine Nebenschlußmaschine, deren Feld durch die Wirkung einer Hauptschlußwicklung verstärkt wird. Dadurch wird die Klemmenspannung bei Vergrößerung des Strom-

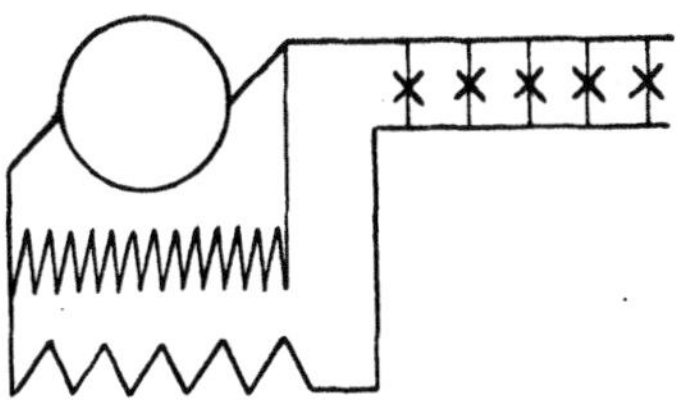
Bild 138. Doppelschlußmaschine, Nebenschluß von den Bürsten abgezweigt.

Bild 139. Doppelschlußmaschine, Nebenschluß von den Klemmen abgezweigt.

verbrauches trotz des vergrößerten Spannungsverlustes im Anker auf demselben Betrag gehalten. Die Schaltung ist derartig, daß die Ströme in der Hauptschluß- und Nebenschlußwicklung gleichgerichtet sind. In Bild 138 ist der Nebenschluß von den Bürsten, in Bild 139 von den Klemmen abgezweigt.

Besonders wichtig sind die Bedingungen, unter denen die Selbsterregung der Dynamomaschinen möglich wird.

Die Magnetwicklung muß so geschaltet sein, daß der magnetische Rückstand durch den erzeugten Strom verstärkt wird. Nun hängt die Richtung des Stromes, der durch den magnetischen Rückstand erzeugt wird, von der Drehrichtung ab, d. h. die Schaltung der Magnetwicklung und die Drehrichtung müssen zueinander passen. Bei gegebener Schaltung erregt sich die Maschine nicht, wenn die Drehrichtung falsch ist. Umkehrung der Drehrichtung ruft dann in der Regel die Selbsterregung hervor. Ebenso erregt sich die Maschine bei gegebener Drehrichtung nicht, wenn die Magnetwicklung falsch geschaltet ist. Umschaltung der Magnetwicklung bringt die Maschine dann in der Regel zur Selbsterregung.

Erregt sich die Maschine auch nach Umkehrung der Drehrichtung oder Umschaltung der Magnetwicklung nicht, so muß entweder die Drehzahl erhöht oder der Widerstand des Magnetkreises verringert werden. Dieser Widerstand ist bei Nebenschlußmaschinen der Widerstand der Magnetwicklung einschließlich eines etwaigen Regelwiderstandes, bei Hauptschlußmaschinen die Summe aus dem äußeren und inneren Widerstand. Kommt man auch dann noch nicht zum Ziel, so kann dies an schlechter Bürstenstellung oder schlechter Auflage der Bürsten liegen.

Die Polarität des magnetischen Rückstandes hat keinen Einfluß auf die Selbsterregung, sondern nur auf das Vorzeichen der Bürsten.

Nebenschlußmaschinen werden bei Leerlauf angelassen, ehe die Maschine auf Stromverbraucher geschaltet ist. Der durch den magnetischen Rückstand erzeugte geringe Strom fließt dann in seiner vollen Stärke durch die Magnetwicklung. Andernfalls würde er zum Hauptteil in das äußere Netz fließen, und der Magnetismus würde ungenügend verstärkt. Hauptschlußmaschinen können dagegen nur angelassen werden, wenn die äußere Belastung eingeschaltet ist. Dabei darf der äußere Widerstand nicht zu groß sein.

49. Die Hauptschlußmaschine.

Bei der Hauptschlußmaschine sind Ankerstrom, Erregerstrom und äußerer Strom gleich. Wir ändern nun bei einer mit gleichbleibender Drehzahl angetriebenen Hauptschlußmaschine die Stromentnahme (Bild 140) und tragen die Stromstärke I wagerecht und die Klemmenspannung U senkrecht auf (Bild 141). Wir ziehen dann

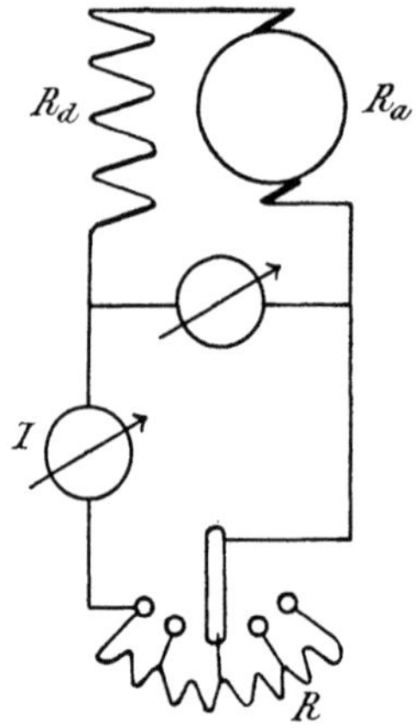

Bild 140. Hauptschlußmaschine bei Belastung.

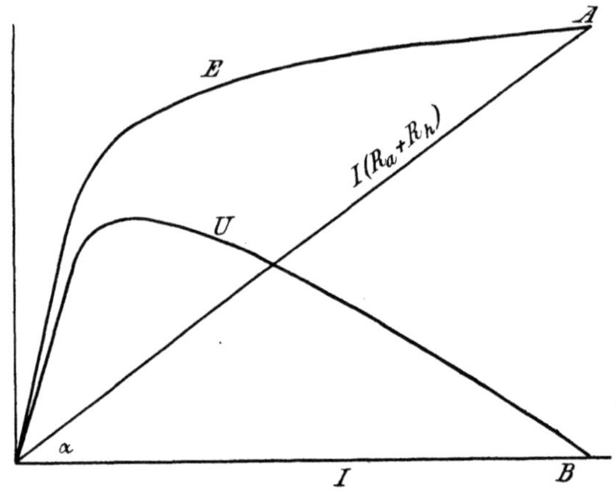

Bild 141. Abhängigkeit der erzeugten Spannung und Klemmenspannung einer Hauptschlußmaschine von der Stromstärke.

eine Gerade unter einem Winkel α gegen die Wagerechte, so daß $\operatorname{tg}\alpha = R_a + R_h$ ist, wobei R_h der Widerstand der Hauptschlußwicklung auf den Magneten ist. Eine Verschiedenheit des Maßstabes in wagerechter und senkrechter Richtung ist wieder zu beachten. Die Senkrechten der Geraden stellen dann den Spannungsverlust $I \cdot (R_a + R_h)$ in der Maschine dar. Wenn wir sie zu den Senkrechten der Klemmenspannungskurve hinzuzählen, so erhalten wir die erzeugte Spannung E in Abhängigkeit vom magnetisierenden Strom. Hätten wir das Produkt aus Stromstärke und Magnetwindungszahl wagerecht aufgetragen, so hätten wir die Kurve in Bild 115 erhalten.

Die erzeugte Spannung ist Null bei offenem Stromkreis, d. h. bei Leerlauf, da mit dem magnetisierenden Strom auch das Feld Null wird. Schließen wir die Klemmen durch einen nicht zu großen Widerstand, so erregt sich die Maschine selbst, wodurch eine Spannung und ein Strom zustande kommt. Je mehr wir nun den äußeren Widerstand verringern, desto größer wird die Stromstärke, desto stärker das Feld und die erzeugte Spannung, bis sie bei Kurzschluß ihren höchsten Wert erreicht.

Die Klemmenspannung steigt mit der Belastung an, um nachher nach Erreichung eines höchsten Wertes wieder zu fallen, wenn wegen der Sättigung des Eisens der Gewinn an erzeugter Spannung durch Verstärkung des Stromes kleiner ist als der vermehrte Spannungsverlust in der Maschine. Bei Kurzschluß, den die Maschine natürlich nicht aushält, wird die Klemmenspannung Null. Die ganze erzeugte Spannung BA wird dann verbraucht, um den Strom OB durch den inneren Widerstand zu treiben. Wegen der Veränderlichkeit der Spannung werden Hauptschlußmaschinen nicht als Stromerzeuger benutzt. Als Motoren für Straßenbahnen und Krane haben sie aber große Bedeutung.

50. Die Nebenschlußmaschine und Doppelschlußmaschine.

Wir treiben eine Nebenschlußmaschine leer mit fester Drehzahl an und ändern den Magnetstrom durch einen Regelwiderstand. Da der Anker nur den schwachen Magnetstrom liefert, so ist der Spannungsverlust im Anker sehr klein und die Klemmenspannung gleich der erzeugten Spannung. Tragen wir also den Magnetstrom I_m wagerecht und die Klemmenspannung U senkrecht auf, so erhalten wir die Leerlaufkurve wie in Bild 115 und 134.

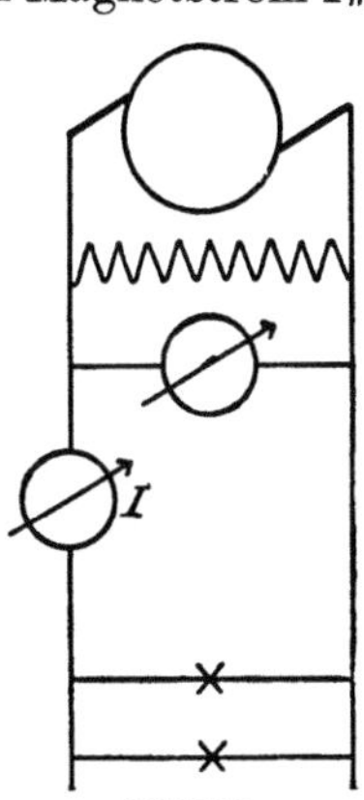

Bild 142. Nebenschlußmaschine.

Wir schalten nun die Nebenschlußmaschine auf einen äußeren Verbrauchskreis (Bild 142). Die Änderung des Stromverbrauches durch Einschalten der Lampen wirkt jetzt im Gegensatz zur Hauptstrommaschine nicht mehr unmittelbar auf das Feld zurück. Der Einfluß des Stromverbrauchs auf die Erregung und die erzeugte Spannung ist vielmehr gering, so daß wir es in den Betriebsgrenzen mit einer ziemlich unveränderlichen Spannung zu tun haben.

Eine Vergrößerung des äußeren Stromes I bedingt zunächst eine Erhöhung des Ankerstromes I_a nach der Gleichung $I_a = I + I_m$, so daß der Spannungsverlust im Anker wächst. Die Klemmenspannung ändert sich dabei nach der Gleichung $U = E - I_a \cdot R_a$. Sie ist am größten bei Leerlauf und nimmt mit zunehmender Belastung ab.

Weil nun die Magnetwicklung unmittelbar an den Klemmen liegt, so wird bei verringerter Klemmenspannung auch der Magnetstrom geringer. Dadurch wird das Feld schwächer, und die erzeugte Spannung und die Klemmenspannung wird dadurch nochmals verringert (Bild 143 oberer Teil). Die Spannungsänderung bei Belastung gegenüber dem Leerlauf ist bei der Nebenschlußmaschine zwar gering, aber doch größer als bei Fremderregung.

Wenn wir nun bei unserem Versuch die Zahl der eingeschalteten Lampen übermäßig erhöhen, so wird schließlich die Stromstärke dadurch nicht mehr vergrößert, sondern verringert, wobei die Klemmenspannung mehr und mehr abnimmt (Bild 143 unten). Schließlich wird sie bei Kurzschluß, wenn beide Klemmen gleichsam zu einem einzigen Punkt vereinigt sind, gleich Null, wobei auch der Magnetstrom und das Feld gleich Null werden. Hätte die Maschine keinen magnetischen Rückstand, so wäre auch die erzeugte Spannung und der Ankerstrom bei Kurzschluß gleich Null.

Dieses Verhalten der Nebenschlußmaschine wird deutlich, wenn wir den Magnetstrom bei Betrieb wagerecht und die erzeugte Spannung E senkrecht auftragen (Bild 144). Da der Magnetwiderstand ungeändert bleibt, so ist die Klemmenspannung dem Magnetstrom proportional nach der Gleichung $U = I_m \cdot R_m$. Wir erhalten also für die Klemmenspannung die Gerade OB. Die Unterschiede der Senkrechten der Kurven E und U ergeben den Spannungsverlust $I_a \cdot R_a = (I + I_m) \cdot R_a = I \cdot R_a + I_m \cdot R_a$. Bei Leerlauf wird der Magnetstrom gleich OC und der Spannungsverlust im Anker $OC \cdot R_a = BA$. Daraus folgt allgemein, daß der Unterschied der Senkrechten der Geraden OA und OB gleich $I_m \cdot R_a$ ist. Der Unterschied zwischen den Senkrechten der Kurve E und der Geraden OA ist dann $I \cdot R_a$, er stellt uns also im passenden Maßstab den äußeren Strom dar. Dieser Strom ist in Bild 144 senkrecht aufgetragen und so die Kurve I gezeichnet. Für einen bestimmten Betriebszustand hat die Stromstärke ihren größten Wert. Da der Magnetstrom I_m der Klemmenspannung proportional ist, so ist die Kurve I bei passender Wahl des Maßstabes nach Drehung um 90^0 das Spiegelbild der Kurve in Bild 143.

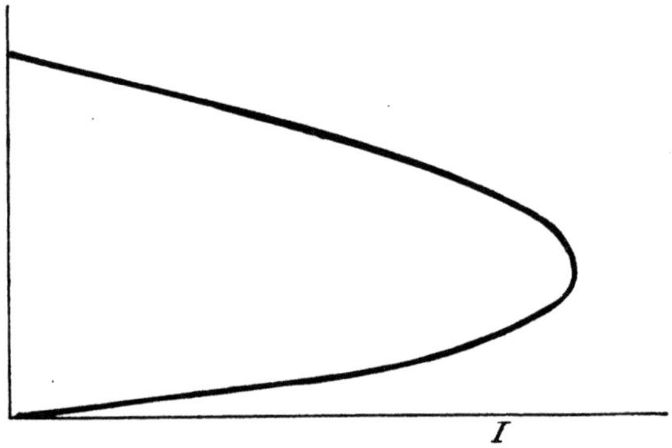

Bild 143. Klemmenspannung einer Nebenschlußmaschine.

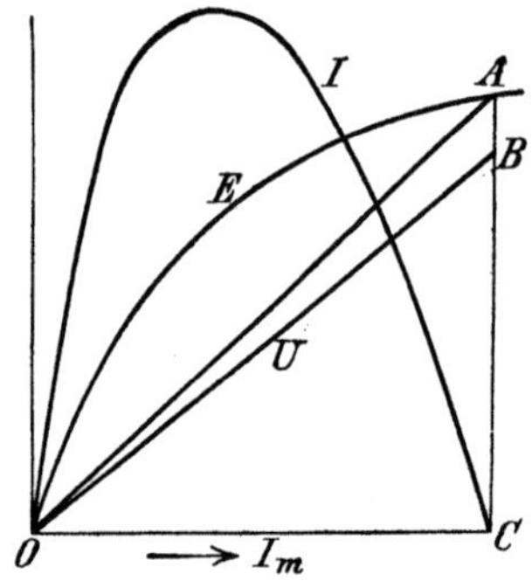

Bild 144. Spannung und Strom der Nebenschlußmaschine, abhängig vom Magnetstrom.

Um einen besonders kleinen Spannungsabfall zu erhalten, baut man die Maschinen so, daß die Polkerne oder die Zähne stark gesättigt sind. Dann hat die Änderung der Erregung, die durch die Belastung auftritt, kaum einen Einfluß auf das Feld, und der Spannungsabfall bei Belastung gegenüber dem Leerlauf ist nur wie bei Fremderregung gleich dem Spannungsverbrauch $I_a \cdot R_a$. Solche Maschinen eignen sich besonders für Lichtanlagen, bei denen mit Rücksicht auf ruhiges Brennen der Lampen eine feste Klemmenspannung gefordert wird. Bei Kohlefadenlampen ist diese Forderung deswegen besonders dringend, weil der Widerstand der Kohle mit steigender Erwärmung abnimmt. Spannungsschwankungen verursachen daher besonders große Stromschwankungen, wodurch die Lichtschwankung außerordentlich groß wird und die Lebensdauer der Lampe stark herabgesetzt wird. Metallfadenlampen sind allerdings viel weniger empfindlich, aber auch bei diesen muß die Spannung wesentlich gleichbleiben. Maschinen, die ohne eine im Nebenschluß geschaltete Batterie arbeiten, müssen also einen geringen Spannungsabfall aufweisen. Etwa dann noch vorkommende Spannungsänderungen lassen sich durch Veränderung des Regelwiderstandes im Magnetkreis ausgleichen.

Im Gegensatz zu Lichtmaschinen arbeiten Maschinen zum Laden von Sammlern mit geringer Sättigung des magnetischen Kreises. Im Anfang der Ladung, wo zur Überwindung der Gegenspannung der Zellen noch keine besonders große Klemmenspannung nötig ist, ist ein Widerstand im Magnetkreis eingeschaltet, der dann im Laufe der Ladung nach und nach ausgeschaltet wird.

Anstatt, wie oben, die Klemmenspannung bei veränderter Belastung durch einen Regelwiderstand im Magnetkreis auf derselben Höhe zu halten, kann man auch die

Wirkung der Nebenschlußwicklung durch eine Hauptschlußwicklung verstärken (Doppelschluß- oder Compoundmaschine). Wir tragen in Bild 145 die Erregung, gleichgültig ob sie von der Nebenschluß- oder Hauptschlußwicklung herrührt, wagerecht auf. Bei Leerlauf haben wir nur die Erregung $OO' = \Theta_n$ der Nebenschlußmaschine. Dazu fügt sich von O' an bei Betrieb die Erregung Θ_h durch den Hauptstrom. Die Kurve E gibt die Abhängigkeit der erzeugten Spannung von der Gesamterregung an. Sie nähert sich in ihrem zweiten Teil einer Geraden, die mit der Wagerechten den Winkel α bildet. Nun ist der Spannungsverlust proportional dem Hauptstrom, also auch proportional der Erregung Θ_h. Durch passende Wahl der Hauptschlußwindungen kann man also erreichen, daß die Klemmenspannung U, die nach Abzug des Spannungsverlustes von der erzeugten Spannung E übrig bleibt, bei wechselnder Erregung Θ_h, also wechselnder Stromstärke, unveränderlich ist. Kurzzeitige Spannungsschwankungen sind allerdings wegen Unempfindlichkeit des Reglers der Antriebsmaschine unvermeidlich.

Zum Laden von Sammlern sind Doppelschlußmaschinen, ebenso wie Hauptschlußmaschinen, nicht zu gebrauchen. Wenn die Drehzahl der Antriebsmaschine aus irgendeinem Grunde nachläßt, so überwiegt die von der Batterie erzeugte Spannung und treibt einen Strom in entgegengesetzter Richtung durch die Hauptschlußwindungen der Magnete. Diese werden dadurch ummagnetisiert, und die von der Maschine und der Batterie erzeugten Spannungen sind nicht mehr gegeneinander, sondern hintereinander geschaltet. Da der ganze Kreis nur aus dem geringen Widerstand des Ankers, der Leitung und der Batterie besteht, so entsteht ein gefährlicher Kurzschluß. Will man daher mit einer Doppelschlußmaschine eine Batterie laden, so muß man die Maschine als reine Nebenschlußmaschine benutzen. Dabei liegt die positive Klemme der Batterie immer an der positiven Klemme der Maschine, und die Magnetwicklung wird immer in gleichem Sinne durchflossen, auch wenn der Hauptstrom einmal seine Richtung umkehrt. Die von der Batterie und Maschine erzeugten Spannungen bleiben also immer gegeneinander geschaltet. Allerdings kann eine Funkenbildung am Stromwender auftreten. Man schaltet daher in die Hauptleitung einen selbsttätigen Ausschalter, der den Hauptstrom unterbricht, wenn dieser stark abnimmt.

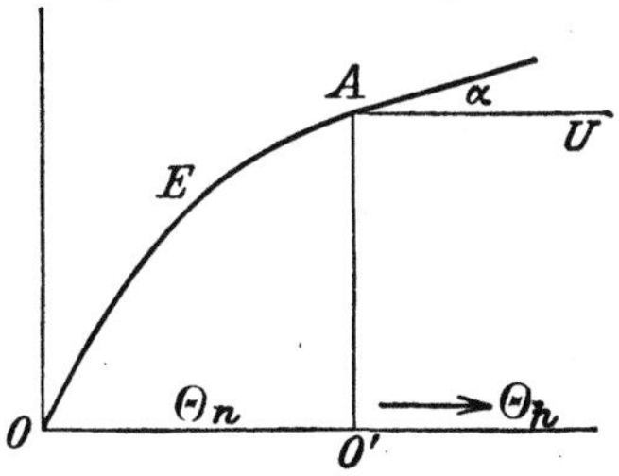

Bild 145.
Spannung einer Doppelschlußmaschine.

51. Batterie und Maschine in Nebenschaltung.

Bei Nebenschaltung einer Maschine und Batterie ist die Netzspannung fast konstant. Außerdem braucht die Maschine nur für die mittlere und nicht für die höchste Netzbelastung bemessen zu sein und kann auch ganz abgestellt werden. Wir verfolgen nun die Wirkungsweise.

1. Änderungen im Stromverbrauch. Die von der Batterie erzeugte Spannung können wir während eines längeren Zeitraumes als gleichbleibend ansehen Bei dem geringen inneren Spannungsverlust in der Batterie ist dann auch die Klemmenspannung U der Batterie gleichbleibend. Die Maschine wird also von einem festen Magnetstrom erregt, d. h. bei ungeänderter Drehzahl ist die von der Maschine erzeugte Spannung E unveränderlich. Damit bleibt auch der Ankerstrom unverändert nach der Gleichung

$$I_a = (E - U)/R_a. \tag{1}$$

Wenn z. B. die Batterie entladen wird (Bild 146) und im äußeren Netz die Anzahl der nebeneinander liegenden Glühlampen vergrößert wird, so wird der Mehrverbrauch des Stromes fast allein von der Batterie gedeckt. Werden umgekehrt bei

Ladung der Batterie (Bild 147) mehr Lampen eingeschaltet, so nimmt das Netz der Batterie einen Teil des Ladestromes weg. Ausnahmsweise liefert hierbei die Stromquelle bei wechselndem Stromverbrauch ein und denselben Strom, den wir willkürlich in die Batterie und ins Netz verteilen können.

Die Batterie kann sogar durch Änderung des äußeren Stromes willkürlich aus der Ladung in die Entladung übergeführt werden. Die Maschine liefere z. B. allein den Strom in das Netz, so daß der Batteriestrom Null ist. Die Klemmenspannung und die von der Batterie erzeugte Gegenspannung heben sich dabei genau auf. Werden dann Lampen ausgeschaltet, so fließt der überschüssige Strom als Ladestrom in die

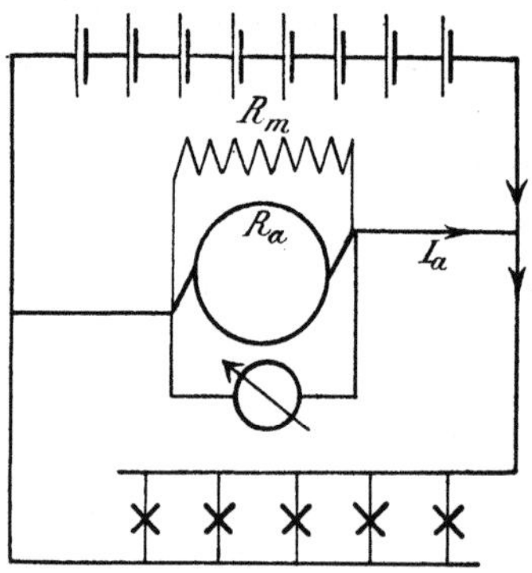

Bild 146. Stromverlauf bei Entladung.

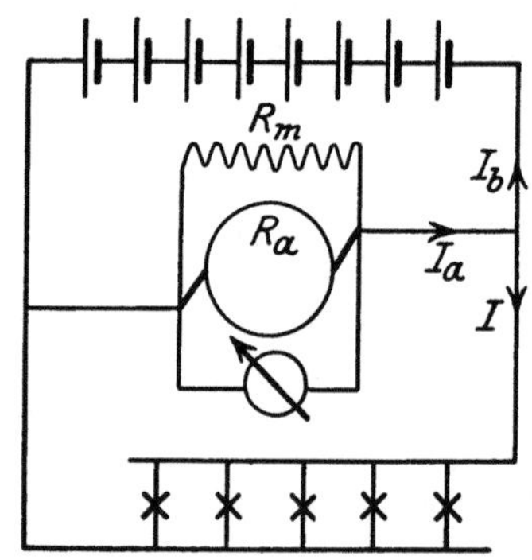

Bild 147. Stromverlauf bei Ladung.

Batterie. Werden dagegen mehr Lampen eingeschaltet, so fließt ein Entladestrom aus der Batterie heraus. Wird die Maschine so erregt, daß sie einen mittleren Stromverbrauch liefert, so geht die Batterie bei Änderungen des Stromverbrauchs dauernd aus Entladung in Ladung über und umgekehrt. (*Pufferwirkung.*)

Mit dem betrachteten Vorgang sind allerdings geringe Änderungen der Klemmenspannung verbunden. Genau genommen ist nur die *erzeugte Batteriespannung*, nicht aber die Klemmenspannung unveränderlich. Den wirklichen Verhältnissen kommen wir auf einem anderen Wege näher. In Bild 148 sind zwei Stromquellen nebeneinander geschaltet, deren erzeugte Spannung angenähert gleich ist. Bei Vergrößerung des Netzstromes fließt dann der Hauptteil des zusätzlichen Stromes durch den Zweig, der den geringsten Widerstand hat. Ebenso entfällt bei Nebeneinanderschaltung von Batterie und Maschine der Hauptteil der Stromzunahme auf die Batterie, die den geringeren inneren Widerstand hat, während nur ein geringer Teil auf die Maschine entfällt. Die Pufferwirkung der Batterie ist also um so besser, je größer der Maschinenwiderstand im Verhältnis zum Batteriewiderstand ist.

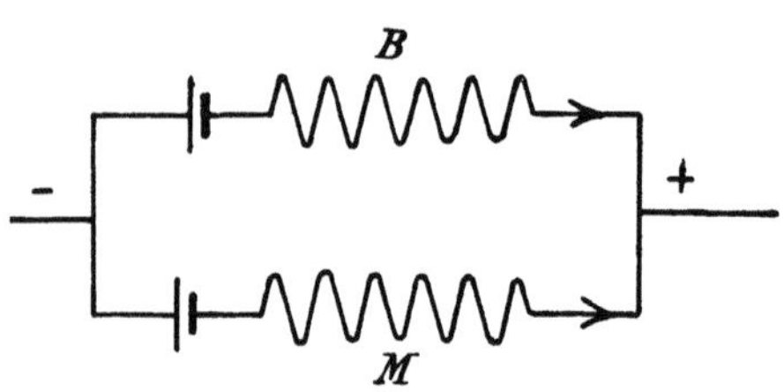

Bild 148. Nebeneinander geschaltete Stromquellen.

Eine *vollkommene* Pufferwirkung setzt einen unendlich kleinen Batteriewiderstand voraus. Es wird daher häufig nötig, nach *Pirani* die Batterie dadurch zum besseren *Ansprechen* zu bringen, daß man nach Bild 149 in den Batteriezweig eine *Zusatzmaschine* schaltet. Diese wird durch eine an der Batterie liegende Nebenschlußwicklung und eine im entgegengesetzten Sinne wirkende, vom Netzstrom gespeiste Hauptschlußwicklung erregt. Bei *mittlerer Netzbelastung* heben sich die Wirkungen beider Wicklungen auf, so daß die von der Zusatzmaschine erzeugte Spannung Null ist.

Die von der Batterie erzeugte Spannung ist nun gleich der Netzspannung gewählt, so daß der Batteriestrom bei mittlerem äußeren Stromverbrauch gleich Null ist. Bei starkem Stromverbrauch überwiegt die Hauptschlußwicklung, und die von der Zusatzmaschine erzeugte Spannung wirkt dann in demselben Sinne wie die der Batterie. Diese wird daher kräftig zur Stromlieferung herangezogen. Bei geringem äußeren Stromverbrauch überwiegt die Wirkung der Nebenschlußwicklung, und die von der Zusatzmaschine erzeugte Spannung wirkt in demselben Sinne wie die Maschinenspannung, d. h. die Batterie wird geladen. Der Maschinenstrom bleibt also von den starken Leistungsschwankungen, wie sie sich bei Straßenbahnen in kurzen Zwischenräumen ständig wiederholen, unberührt. Dabei muß die Batterie so bemessen werden, daß sie die Stromstöße aufnehmen kann.

Durch Änderung eines Widerstandes im Nebenschlußzweig der Zusatzmaschine kann man den Änderungen des mittleren Netzstromes Rechnung tragen, sowie willkürlich den Ladezustand der Batterie erhöhen, indem man der Batterie in den kurzen Zeiträumen der Ladung mehr elektrische Arbeit zuführt, als man in den kurzen Zeiträumen der Entladung entnimmt.

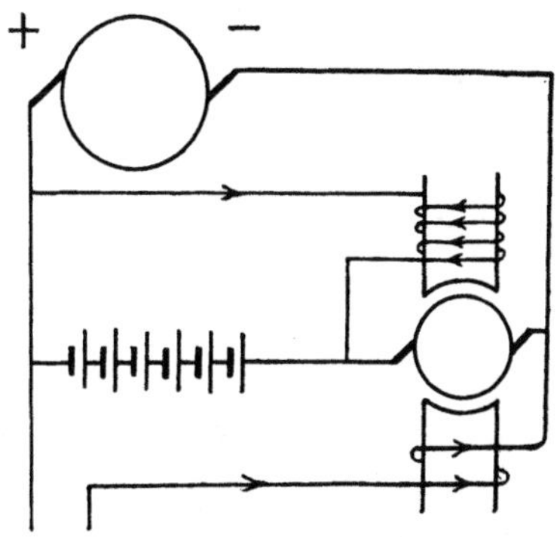

Bild 149. Piranimaschine.

Meist besitzt die Zusatzmaschine eine eigene Erregermaschine, die nun statt der Piranimaschine selbst mit den oben beschriebenen beiden Wicklungen versehen wird. Durch Änderung des Widerstandes des Nebenschlußkreises der Erregermaschine trägt man, wie oben, der Änderung der mittleren Netzbelastung Rechnung oder erhöht den Ladezustand der Batterie. Außerdem kann man jetzt auch durch Änderung eines Widerstandes im Erregerkreis der Zusatzmaschine den Grad der Pufferung willkürlich einstellen, d. h. man kann nach Bedarf, wenn die Rücksicht auf die größte zulässige Stromstärke der Batterie es erfordert, die Stromstöße statt ganz auf die Batterie auch teilweise auf die Maschine übertragen.

2. Änderung der Magneterregung. Eine Maschine sei auf eine Batterie zu schalten oder allgemein auf ein Netz, dessen Spannung durch andere bereits im Betrieb befindliche Maschinen oder eine Batterie fest gegeben ist. Man erregt die Maschine zunächst so, daß ihre Spannung etwas größer ist als die Batteriespannung oder Netzspannung. Dann verbindet man die gleichnamigen Klemmen der Maschine und der Batterie, bzw. des Netzes. Da die Spannungen sich entgegenwirken und die der Maschine erst nur wenig überwiegt, so ist die Stromstärke noch gering. Man bringt dann nach Gl. (1) durch Verstärkung der Erregung den Ankerstrom auf den gewünschten Betrag. Der Ausschlag des Spannungszeigers ändert sich dabei nicht, da er durch Batterie oder Netz gegeben ist. Umgekehrt schwächt man vor dem Abschalten die Erregung der Maschine, bis der Ankerstrom fast Null wird.

Eine Batterie, die im Nebenschluß zu einer einzelnen Maschine am Netz liegt und noch stromlos ist, soll nun geladen werden. Wir verstärken dazu die Erregung der Maschine und dadurch den Ankerstrom, wobei die Netzspannung, die ja zugleich die Batteriespannung ist, sich wieder nicht ändert. Wenn sich im äußeren Stromverbrauch nichts ändert, fließt die Zunahme des Maschinenstromes in die Batterie, wodurch diese geladen wird. Umgekehrt schwächt man, um die Ladung zu unterbrechen, den Erregerstrom der Maschine, bis der Maschinenstrom gleich dem Netzstrom ist, wodurch der Batteriestrom zu Null wird. Die Batterie bleibt dann als Spannungsregler am Netz liegen.

Bei starkem Stromverbrauch wird die Maschine so erregt, daß sie voll belastet ist und die Batterie nur den Mehrverbrauch an Strom liefert.

3. Die Änderung der Batteriespannung. Der Batteriespannung ist entprechend der Lade- und Entladekurve allmählichen zeitlichen Änderungen

unterworfen, die durch einen Zellenschalter ausgeglichen werden müssen. Damit dann der Strom beim Zu- oder Abschalten einer Zelle nicht unterbrochen wird, ist der Hebel des Zellenschalters als Doppelhebel ausgebildet, dessen beide Teile voneinander isoliert und durch einen Zwischenwiderstand verbunden sind. In Bild 150 ist z. B. die erste Schaltzelle durch die beiden Hebel und den Zwischenwiderstand in sich geschlossen. Bei Rechtsdrehung gleitet der Haupthebel vom linken Metallkontakt ab, und das Netz ist durch den Zwischenwiderstand hindurch an die um eine Zelle verstärkte Batterie angeschlossen. Bei weiterer Rechtsdrehung liegen beide Hebel gleichzeitig auf dem Kontakt, so daß das Netz unmittelbar an einer um 2 Volt größeren Spannung liegt. Wird der Zwischenwiderstand so bemessen, daß der Spannungsverlust in ihm beim vorgeschriebenen Strom 1 Volt beträgt, so erhöht sich die Spannung in zwei Abständen um je 1 Volt.

Bei der leitungsparenden Schaltung sind zwischen je zwei Kontakte des Zellenschalters zwei Zellen geschaltet, In die Verbindung zwischen den Hebeln wird eine Hilfszelle gelegt, die so geschaltet wird, daß ihre Spannung der Batteriespannung entgegenwirkt. Dann ändert sich die Batteriespannung bei Betätigung des

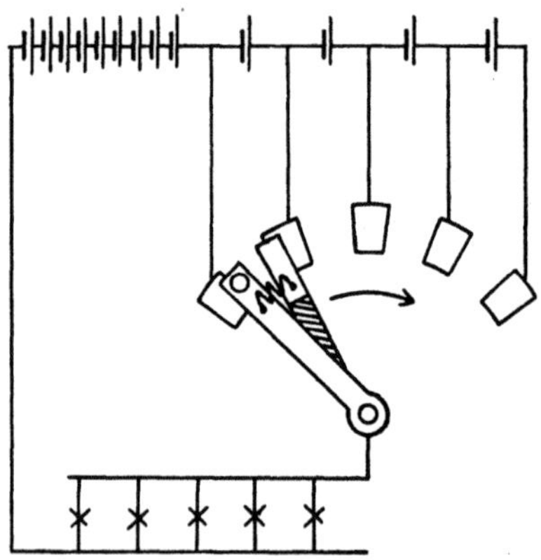

Bild 150. Entladung mit Einfachzellenschalter.

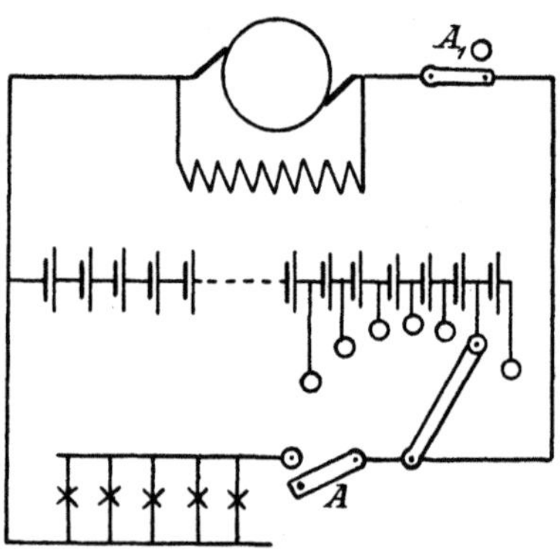

Bild 151. Schaltbild für Einfachzellenschalter.

Zellenschalters zunächst um die Spannung von 2 — 1 Zellen, d. h. um eine Zelle, und erst bei weiterer Betätigung des Zellenschalters, bei welcher die Hilfszelle abgeschaltet wird, um zwei Zellen.

Bild 151 zeigt das Schaltbild für den Einfachzellenschalter. Mit diesem kann man ein Netz gemeinsam durch Maschine und Batterie speisen. (Entladung.) Bei der Ladung muß aber das Netz durch den Schalter A abgeschaltet sein, da der Hebel die Schaltzellen, die nur in den letzten Nachtstunden Strom geliefert haben und daher eher vollgeladen sind, abzuschalten hat. Soll daher auch während der Ladung das Netz gespeist werden, wie dies im allgemeinen der Fall ist, so hat man einen Doppelzellenschalter anzuwenden (Bild 152). Dabei liegt das Netz dauernd unten am Entladehebel, der jetzt sowohl während der Ladung als auch während der Entladung als Spannungsregler dient. Der Ladehebel oben steht dauernd jenseits des Entladehebels. Er schaltet während der Ladung die vollgeladenen Schaltzellen ab, so daß sie nicht durch lang andauernde Überladung Schaden leiden. Die Schaltzellen zwischen beiden Hebeln werden dabei allerdings von der Summe aus Batteriestrom und Netzstrom durchflossen.

Am Schlusse der Ladung stehen beide Hebel in Bild 152 ganz links auf demselben Kontakt. Will man dann mit der Ladung aufhören, so macht man durch Regeln im Nebenschluß die Batterie stromlos und legt den Hebel des Umschalters um. Die Batterie dient dann zunächst nur als Spannungsregler, bis sie bei wachsendem Stromverbrauch selbsttätig zur Stromlieferung mit herangezogen wird. Ihre

Spannung sinkt dabei allmählich und muß daher durch den Zellenschalter auf dem gleichen Betrag gehalten werden. Der von Hand betätigte oder selbsttätige Entladehebel wandert dabei nach rechts und nimmt durch einen Anschlag den Ladehebel mit. Grundsätzlich wäre also die Umlegung des Schalters nicht nötig, da beide Hebel bei Entladung immer auf demselben Kontakt stehen. Sie ist jedoch notwendig, damit nicht in den Abendstunden die Schleiffedern des Entladehebels durch die Summe aus Batteriestrom und Maschinenstrom beansprucht werden. Da die entsprechenden Kontakte für den Lade- und Entladehebel verbunden sind, so kommt man mit einer einzigen Kontaktreihe für beide Hebel aus.

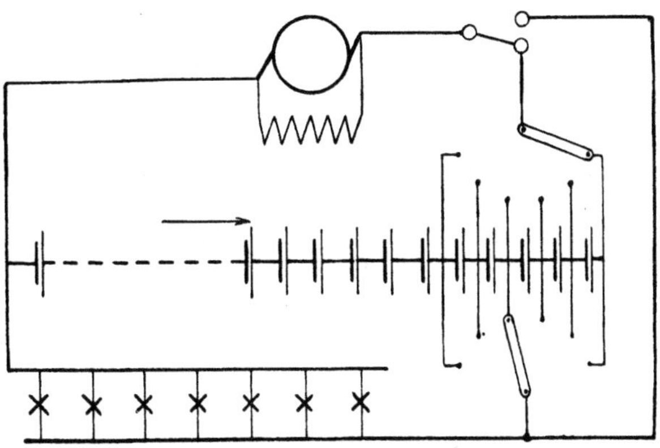

Bild 152. Schaltbild für Doppelzellenschalter.

Die Maschine muß für die hohe Spannung am Ende der Ladung gebaut sein. Sie liefert aber beim Zusammenarbeiten mit der Batterie nur die Netzspannung, wird also nicht vollständig ausgenutzt. Sie muß z. B. bei einer Netzspannung von 110 Volt eine Spannung von 150 Volt liefern können. Dieser Nachteil wird vermieden durch eine Zusatzmaschine, wobei die Hauptmaschine nur für die Netzspannung bemessen ist und daher billiger wird. Sie liegt dann nach Bild 153 dauernd am Entladehebel, also am Netz, während die zwischen Lade- und Entladehebel liegenden Schaltzellen durch die Zusatzmaschine geladen werden. Unter der Voraussetzung, daß der Ladestrom der Schaltzellen durch Regeln der Zusatzmaschine gleich dem Ladestrom des Hauptteils der Batterie gemacht wird, fließt der Batteriestrom unmittelbar vom Hauptteil der Batterie in gleicher Stärke durch die Schaltzellen und die Zusatzmaschine. Der Entladehebel ist also stromlos, weil er zwei Punkte gleichen Niveaus verbindet. Er dient dabei rein als Spannungsregler.

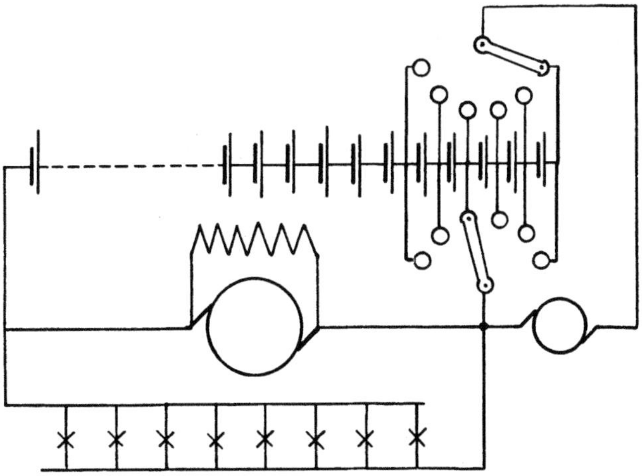

Bild 153. Doppelzellenschalter mit Zusatzmaschine.

Die Anzahl der Schaltzellen beim Doppelzellenschalter folgt daraus, daß die Spannung jeder Zelle am Ende der Ladung 2,7 Volt, am Ende der Entladung 1,8 Volt beträgt. Der Hauptteil der Batterie muß also bei 110 Volt Netzspannung aus $110:2,7=40$ Zellen bestehen, und die ganze Batterie mit den Schaltzellen muß $110:1,8=60$ Zellen enthalten. Also sind $60-40=20$ Zellen oder etwa 30% aller Zellen an den Zellenschalter anzuschließen.

4. Die Drehzahlschwankungen. Wir fragen uns jetzt, welchen Einfluß eine Schwankung der Drehzahl der Maschine bei festem Stromverbrauch auf den

Ankerstrom hat. Die Netzspannung ist zugleich die Klemmenspannung der Batterie, also wesentlich unveränderlich. Dagegen ändert sich der Ankerstrom I_a, wenn sich die Drehzahl und dadurch die von der Maschine erzeugte Spannung E ändert, nach Gleichung (1). Da sich im äußeren Stromkreise nichts ändert, so ändert sich mit dem Ankerstrom entsprechend der Batteriestrom. Drehzahlschwankungen setzen sich also in Stromschwankungen der Batterie um.

52. Spannungsteilung.

Wenn eine Batterie im Nebenschluß zur Maschine arbeitet, führt man zur Spannungsteilung einfach den Mittelleiter zum Mittelpunkt der Batterie. Die Batteriehälften werden dabei allerdings oft ungleich beansprucht.

Man kann auch zwei gekuppelte, hintereinander geschaltete Ausgleichmaschinen als Spannungsteiler verwenden (Bild 154). Von diesen läuft die Maschine auf der stärker belasteten Netzseite als Stromerzeuger, der nach Bild 154 den Strom I liefert. Sie wird durch die zweite Maschine, die als Motor läuft, angetrieben. Ist I_0 der Leerstrom für eine einzelne Maschine, so nimmt der Motor den Strom $I + 2I_0$ auf. Der Strom im Mittelleiter, d. h. der Unterschied der Ströme I_1 und I_2 ist dabei $2I + 2I_0$.

Um den Einfluß des Ohmschen Spannungsverbrauchs im Anker bei den Maschinen zu verringern, kann man jede Einzelmaschine von der nicht zugehörigen Netzhälfte erregen, oder den Strom des Mittelleiters benutzen, um das Feld des Stromerzeugers zu verstärken und das des Motors zu schwächen.

Bei der Spannungsteilung durch Drosselspule nach Dobrowolski (Bild 155) werden zwei Punkte

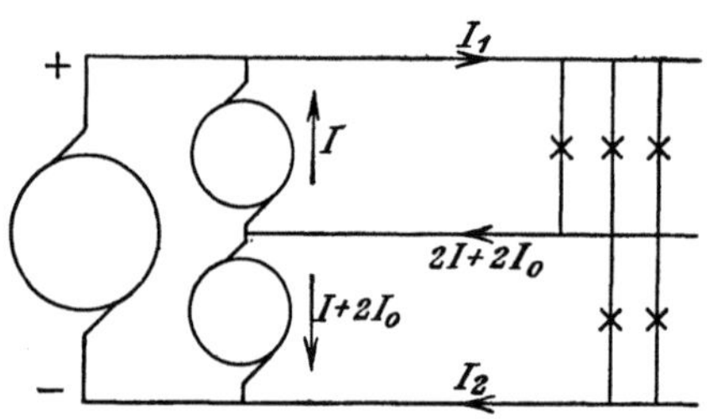

Bild 154. Drei Leiter mit Ausgleichmaschinen.

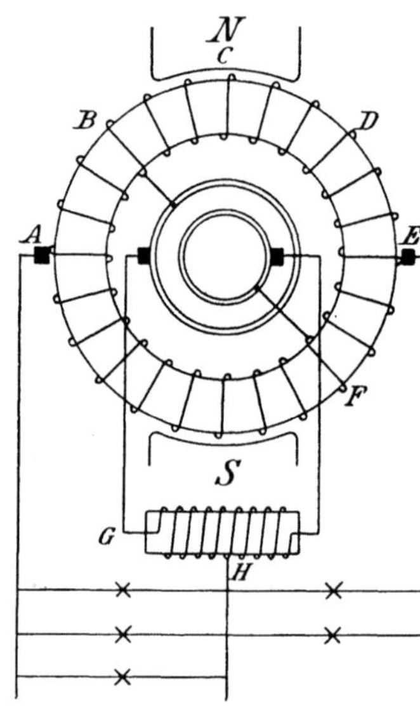

Bild 155. Spannungsteilung durch Drosselspule.

der Ankerwicklung, die bei zweipoligen Maschinen um eine Polteilung voneinander entfernt sind, zu Schleifringen geführt. Zwischen diesen herrscht eine Wechselstromspannung, durch die eine sogenannte Drosselspule gespeist wird. Diese ist nach Abschnitt 72 fast undurchlässig für Wechselstrom, aber durchlässig für Gleichstrom.

Die ganze Wechselstromspannung ist die Spannung BF. Davon heben sich die Spannungen DE und EF auf, die Wechselstromspannung ist also gleich der Spannung BD, die halbe Wechselstromspannung also gleich BC. Sie ist aber auch gleich der Spannung GH. Fügen wir jede dieser Spannungen zur Spannung AB, so erhalten wir im ersten Falle die halbe Gleichstromspannung, im zweiten Falle die Spannung AH. Diese ist also gleich der halben Gleichstromspannung.

Noch vollkommener wirkt die Spannungsteilung nach Sengel, bei der drei um $^2/_3$ der Polteilung abstehende Punkte der Wicklung über Schleifringe zu drei in Stern geschalteten Drosselspulen geführt werden. Der Nulleiter wird an den Sternpunkt angeschlossen (vgl. ETZ 1898, S. 544). Endlich kann man nach Dettmar den Nullleiter mit Hilfe einer Hilfsbürste, die genau zwischen zwei Hauptbürsten auf dem Stromwender schleift, zur Maschine zurückführen (vgl. ETZ 1897, S. 55 u. 230).

53. Maschinen für gleichbleibenden Strom.

Die Rosenbergmaschine, die zur Zugbeleuchtung dient[1] und von der Radachse der Bahnwagen, also mit sehr veränderlicher Drehzahl angetrieben wird, wird vom Anker erregt. Obgleich dieser eine einzige Wicklung besitzt, können wir uns doch in Bild 156 zwei getrennte Wicklungen mit zwei Stromwendern vorstellen. Von diesen ist die innen gezeichnete X-Wicklung, die den Erregerstrom I_x führt, über die Bürsten B_1, B_2 kurz geschlossen. Von der außen gezeichneten Y-Wicklung, die den Strom I_y führt, wird über die Bürsten B_3, B_4 der äußere Stromkreis gespeist. An diesen Bürsten liegt auch die Magnetwicklung der Maschine, sowie die Batterie.

Der Erregerstrom I_x, der einen wagerechten Fluß Φ_x erzeugt, kommt dadurch zustande, daß die X-Wicklung das Feld eines senkrechten Hilfsflusses Φ_y schneidet. Dieser wird erzeugt durch die Entgegenwirkung des festen Stromes in der Magnetwicklung und des Stromes I_y im Anker.

Die vom Strom I_y ausgeübte Erregung ist nun immer kleiner als die des festen Magnetstromes, da bei Gleichheit beider Erregungen der Fluß Φ_y und damit der erzeugte Strom I_x verschwindet. Damit würden dann auch der Fluß Φ_x sowie der durch ihn erzeugte Strom I_y gleich Null werden. Demnach bleibt der Strom I_y unter allen Umständen unter einer gewissen Grenze, selbst wenn die Drehzahl n ins Ungemessene steigt. Deutlicher ergibt sich die Wirkungsweise durch die Rechnung, bei der a bis f Festwerte sind.

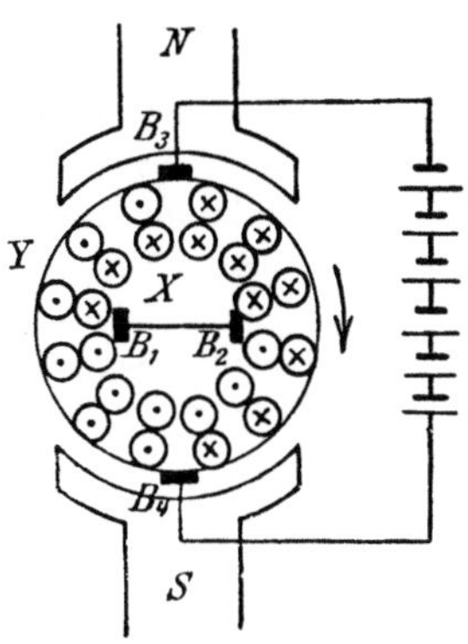

Bild 156. Rosenberg-Maschine.

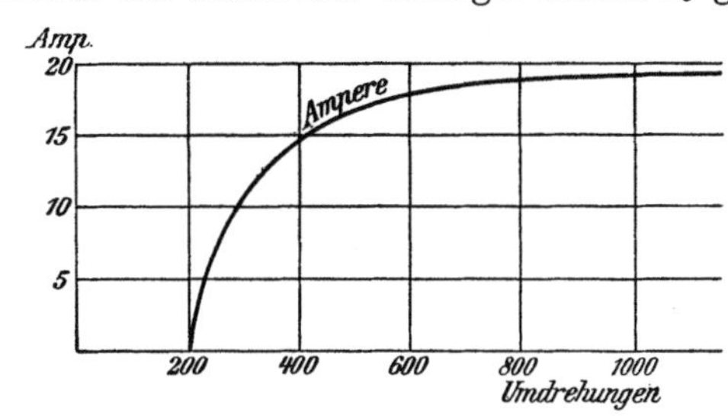

Bild 157. Stromstärke einer Rosenberg-Maschine.

In der kurzgeschlossenen X-Wicklung wird eine Spannung erzeugt, die dem Fluß Φ_y und der Drehzahl n proportional ist. Sie ist anderseits nach dem Ohmschen Gesetz dem Strom I_x, d. h. auch dem von ihm erzeugten Fluß Φ_x proportional. Daraus folgt $\Phi_y \cdot n = a \cdot \Phi_x$. Darin ist Φ_y proportional dem Unterschied zwischen der festen Magneterregung b und den Stromwindungen $c \cdot I_y$. Anderseits ist Φ_x bei der festen Spannung U an den senkrechten Bürsten umgekehrt proportional der Drehzahl. Die obige Gleichung nimmt daher die Form an:

$$(b - c \cdot I_y)\,n = d/n, \quad \text{d. h.} \quad I_y = e - f/n^2.$$

Für genügend hohe Drehzahlen verschwindet das zweite Glied der rechten Seite, d. h. der Strom ist annähernd unabhängig von der Drehzahl. In Bild 157 ist die Stromstärke in Abhängigkeit von der Drehzahl für $e = 20$ und $f = 80 \cdot 10^4$ aufgetragen.

Damit nicht für ganz geringe Drehzahlen ein Rückstrom auftritt, ist zwischen Maschine und Batterie eine Aluminiumzelle eingeschaltet, bestehend aus einer

[1] Über die Zugbeleuchtung durch Maschinen mit Nebenschlußerregung siehe den Aufsatz von Grob, ETZ 1927, S. 1061.

Aluminium- und einer Eisenelektrode in einer ammoniakalischen Lösung. Sie läßt einen Strom nur in der Richtung vom Eisen zum Aluminium durch. Die Vorzeichen der Hauptbürsten $B_3 B_4$ sind unabhängig von der Drehrichtung. Die Maschine kann sich durch ihren zurückbleibenden Magnetismus selbst erregen.

Die Krämersche Maschine, die mit gleichbleibender Drehzahl betrieben und für Scheinwerfer und Schweißmaschinen benutzt wird, liefert gleichbleibenden Strom bei starken Änderungen des äußeren Widerstandes (vgl. ETZ 1909, S. 798). Auf den Polen liegen drei Wicklungen (Bild 158). Von diesen ist die Nebenschlußwicklung *1* an die Bürsten angeschlossen, während die Wicklung *2* im Hauptschluß liegt und die Wicklung *3* von einer festen Spannung fremd erregt wird. Die Maschine ist eine sogenannte labile Maschine mit ganz ungesättigtem Eisen. Es sei U die Klemmenspannung, I_1 der Strom im Zweig *1* und R_1 der Widerstand der Magnetwicklung *1*. Durch Einstellung des Widerstandes R_1 wird erreicht, daß die Leerlaufkurve in Bild 159, die wegen der geringen Sättigung eine Gerade ist, genau der Beziehung entspricht: $BA : OB = U : I_1 = R_1$. Die allein unter dem Einfluß der Nebenschlußwicklung erzeugte Spannung genügt dann in jedem Augenblick, um den Verbrauch im Widerstand R_1 der Wicklung *1* zu decken. Eine solche Maschine erregt sich nicht. Eine zusätzliche Fremderregung bewirkt dann, daß sich die Maschine in ihrer Spannung so lange hinauf oder herunter arbeitet, bis die zusätzliche Erregung aufgehört hat, wobei die Spannung dann den erreichten Wert beibehält.

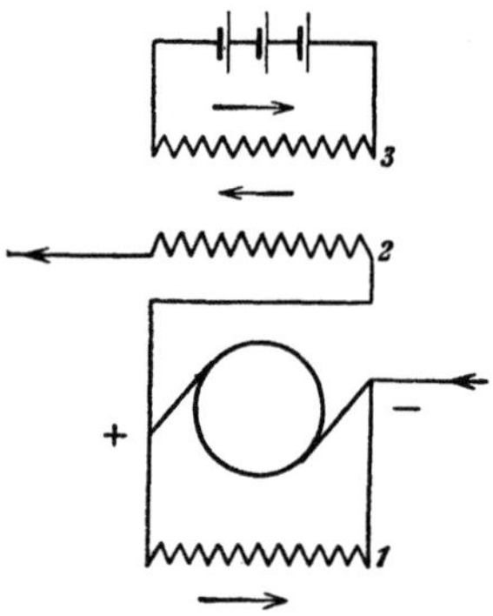

Bild 158. Krämersche Maschine.

In unserem Falle ist die zusätzliche Erregung der Unterschied zwischen der Hauptschlußerregung *2* und der gleichbleibenden Erregung *3*. Wird nun z. B. der äußere Widerstand kleiner, so nimmt zunächst die Stromstärke zu. Dadurch überwiegt die Hauptschlußerregung *2*, die der Nebenschlußerregung *1* entgegenwirkt, über die Erregung *3* und die Spannung sinkt. Der Hauptstrom nimmt daher ab, und zwar so lange, bis dadurch die zusätzliche Erregung zu Null geworden ist. In diesem Augenblicke ist Gleichgewicht, da die Spannung, die jetzt unter dem Einfluß der Nebenschlußwicklung erzeugt wird, gerade genügt, um den Strom in der Nebenschlußwicklung aufrecht zu halten. Die Spannung ist dabei in Bild 159 z. B. von BA auf $B'A'$ heruntergegangen.

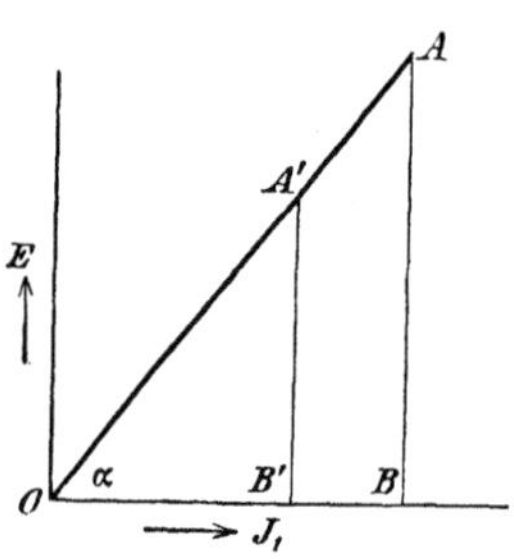

Bild 159. Labile Leerlaufkurve.

Da der Hauptstrom, unter Berücksichtigung der Windungszahlen der Spulen *2* und *3*, gleich dem festen Strom der Fremderregung ist, so läßt er sich willkürlich durch Regelung dieses Stromes einstellen.

54. Der Wirkungsgrad.

Die Verluste einer Maschine bestehen aus den Verlusten durch Stromwärme in der Anker- und Magnetwicklung und aus den Leerlaufverlusten. Die Leerlaufverluste sind unter Voraussetzung einer festen Drehzahl und Erregung bei Betrieb dieselben wie bei Leerlauf. Sie bestehen aus dem Reibungsverlust und den Eisenverlusten.

Der Reibungsverlust wird verursacht durch Lager-, Bürsten- und Luftreibung. Gerade der Verlust durch Luftreibung ist nicht unwesentlich, wenn die Maschine, wie es z. B. stets bei Turbomaschinen der Fall ist, zur besseren Abführung der Wärme gekapselt ausgeführt wird. Die Stirnseiten des umlaufenden Teiles werden dabei als Ventilatoren ausgebildet, und die durch eine Öffnung des Gehäuses angesaugte Luft streicht durch Zwischenräume der Maschine hindurch.

Die **Eisenverluste** bestehen aus dem Hysteresis- und Wirbelstromverlust. Von diesen ist der Hysteresisverlust nach den Vorschriften des Verbandes Deutscher Elektrotechniker dem Quadrate der Induktion proportional.

Der Verlust durch Wirbelströme, der im Ankereisen, Poleisen und Ankerkupfer, sowie in den Ankerbolzen auftritt, ist dem Quadrate der Induktion proportional, weil mit der Induktion nicht nur die erzeugte Spannung, sondern auch die Stromstärke des Wirbelstromes wächst.

Es sei nun E die erzeugte Spannung der Maschine, U die Klemmenspannung, I der äußere Strom, I_a der Ankerstrom, I_m der Magnetstrom, R_a der Ankerwiderstand und N_0 die dem Anker der als Motor laufenden Maschine bei Leerlauf zugeführte Leistung. Dann ergibt sich der Wirkungsgrad der Nebenschlußmaschine als Stromerzeuger zu:

$$\eta = \frac{U \cdot I}{E \cdot I_a + N_0} = \frac{U \cdot I}{U \cdot I + I_a^2 \cdot R_a + U \cdot I_m + N_0}. \tag{2}$$

Zur Ermittlung des Wirkungsgrades kann man die dem Stromerzeuger mechanisch zugeführte Leistung durch den Versuch bestimmen und dann die Nutzleistung durch die mechanische Leistung teilen. Man kann aber auch den Wirkungsgrad aus den Einzelverlusten bestimmen. Dazu läßt man die Maschine leer als Motor laufen, wobei die vom Anker aufgenommene Leistung gleich der Leerlaufleistung N_0 ist. Dazu fügt man die Stromwärme in den Magneten, sowie die dem Betriebstrom entsprechende Stromwärme $I_a^2 \cdot R_a$ und erhält so den Gesamtverlust bei der Belastung mit dem Strom I_a.

Bei großer Belastung überwiegt der Verlust $I_a^2 \cdot R_a$ durch Stromwärme im Anker, und der Wirkungsgrad wird gering. Bei geringer Belastung überwiegt der gleichbleibende Verlust $U \cdot I_m$ durch Stromwärme in der Magnetwicklung und der Leerlaufverlust N_0, so daß der Wirkungsgrad wieder gering ist. Bei einer mittleren Belastung, bei der die veränderlichen Verluste durch Stromwärme im Anker etwa gleich den festen Verlusten sind, wird der Wirkungsgrad am größten.

Da die Kurve des Wirkungsgrades in der Nähe des Höchstwertes über eine große Strecke fast wagerecht verläuft, so hat in diesem Bereich selbst eine starke Änderung der Belastung wenig Einfluß auf den Wirkungsgrad.

Eine Maschine liefere z. B. eine Klemmenspannung $U = 110$ Volt, die durch Änderung des Regelwiderstandes im Magnetkreis auf demselben Betrag gehalten werde. Der Ankerwiderstand einschließlich der Bürsten sei 0,2 Ohm. Die Leerlaufkurve der Maschine sei in Bild 115 gegeben, und es mögen die Wagerechten, durch 4000 geteilt, den Magnetstrom darstellen. Die Leerlaufverluste seien gleich 250 Watt. Da sie durch Änderung der Magneterregung nur zum Teil beeinflußt werden, so sollen sie als fest angenommen werden. Die Ankerrückwirkung sei Null. Gesucht wird der Wirkungsgrad bei Ankerströmen von 25, 50 und 75 Amp. Es ergibt sich, wenn $U \cdot I + U \cdot I_m + I_a^2 R_a + N_0 = \Sigma N$ gesetzt wird:

I_a	25	50	75	$U \cdot I$	2620	5335	8040
$I_a \cdot R_a$	5	10	15	$U \cdot I_m$	130	165	210
$E = U + I_a \cdot R_a$.	115	120	125	$I_a^2 \cdot R_a$	125	500	1120
I_m aus Bild 115	1,2	1,5	1,9	N_0	250	250	250
$I = I_a - I_m$ . . .	23,8	48,5	73,1	$\eta = UI/\Sigma N$ . . .	0,84	0,856	0,838

Wir trennen nun die Leerlaufverluste bei **einer bestimmten festen Erregung** durch einen Versuch. Wir kuppeln dazu zwei gleiche Maschinen und treiben die erste Maschine als Motor an, während wir die zweite Maschine zunächst unerregt lassen. Wir ziehen dann von der dem Motor zugeführten Leistung die Stromwärme $U \cdot I_m + I_a^2 \cdot R_a$ ab. Der Rest wird für die Reibung beider Maschinen und für Hysteresis und Wirbelströme in der ersten Maschine verbaucht. Wir erregen dann die zweite Maschine betriebsmäßig, wobei sie aber noch leer läuft. Zu dem früheren Verbrauch im Motor ist dann der Verbrauch für Hysteresis und Wirbelströme in der zweiten Maschine hinzugekommen. So läßt sich die Reibungsleistung und die Summe aus Hysteresis- und Wirbelstromverlust ermitteln.

Um diese Summe dann in ihre beiden Teile zu zerlegen, wiederholt man den Versuch mit anderer Drehzahl, wobei natürlich die Erregung, d. h. das Feld der Maschinen unverändert bleiben muß. Die Drehzahl ist also nach Abschn. 58 durch einen Widerstand im Ankerkreis des Motors zu ändern. Da der Verlust durch Hysteresis der 1. Potenz und der Verlust durch Wirbelströme der 2. Potenz der Drehzahl proportional ist, so ergibt sich mit Hilfe zweier Festwerte c_1 und c_2 die Summe aus Hysteresisverlust N_h und Wirbelstromverlust N_w zu

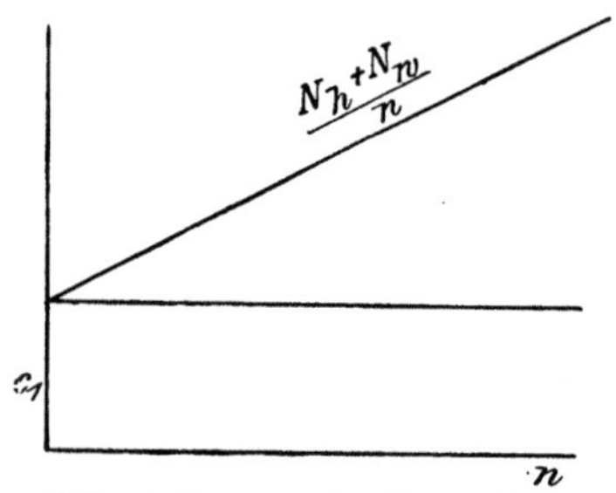

Bild 160. Trennung der Eisenverluste.

$$N_h + N_w = c_1 \cdot n + c_2 \cdot n^2,$$

$$\text{d. h.} \quad (N_h + N_w) : n = c_1 + c_2 \cdot n. \tag{3}$$

Tragen wir also in Bild 160 die Drehzahl n wagerecht und $(N_h + N_w)/n$ senkrecht auf, so erhalten wir eine Gerade, deren Abschnitt c_1 auf der senkrechten Achse uns den Hysteresisverlust bei einer Umdrehung angibt. Wir haben diesen mit der Drehzahl zu vervielfachen, um den Hysteresisverlust zu erhalten und so die Leerlaufleistung in ihre Teile zu zerlegen.

Die Reibungsverluste können auch durch den Auslaufversuch ermittelt werden. Wir treiben dazu die betriebsmäßig erregte Maschine mit einer etwas über die vorgeschriebene Geschwindigkeit hinausgehenden Drehzahl als Elektromotor an, unterbrechen dann den Ankerstrom und lassen die Maschine bei ungeänderter Magneterregung auslaufen, wobei die Verzögerung durch die bremsende Wirkung der

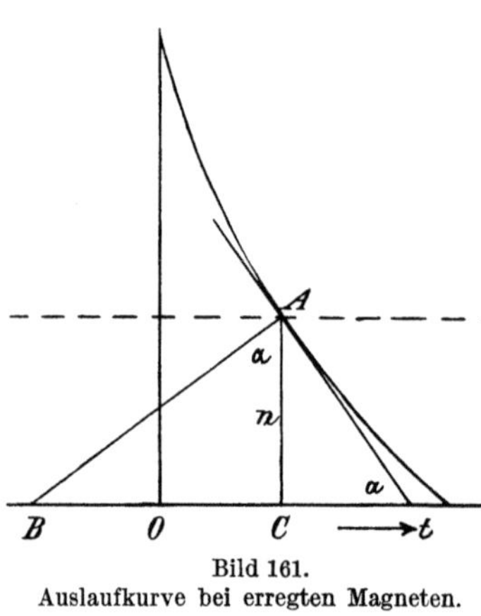

Bild 161.
Auslaufkurve bei erregten Magneten.

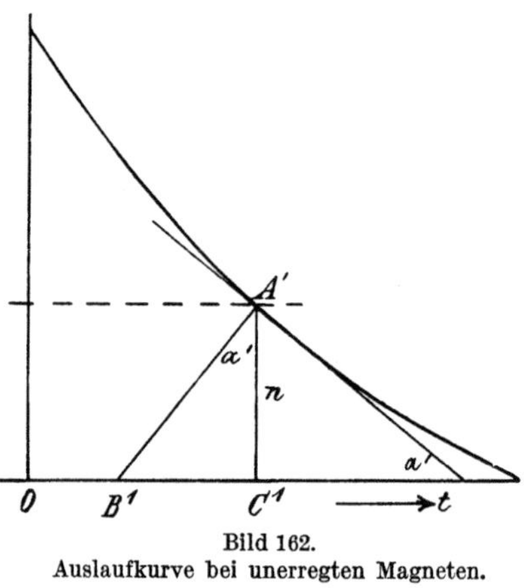

Bild 162.
Auslaufkurve bei unerregten Magneten.

gesamten Leerlaufverluste N_0 bewirkt wird. Während des Auslaufens beobachten wir zu bestimmten Zeitpunkten die jeweilige Drehzahl und tragen die Zeit wagerecht und die Drehzahl senkrecht auf (Bild 161). Anstatt der Drehzahl kann die damit proportionale Klemmenspannung beobachtet werden. Wir lassen dann die Maschine auch mit unterbrochenem Anker- und Magnetstrom auslaufen. Die Auslaufzeit wird jetzt größer, weil die Bremsung durch Eisenverluste fehlt (Bild 162).

Die betriebsmäßige Drehzahl n sei gleich AC und $A'C'$. Wir zeichnen dann die Normalen AB und $A'B'$ und setzen die Energie der Bewegung des umlaufenden Ankers dem Quadrate der Drehzahl proportional. Wenn also k einen Festwert bedeutet, so ist die Energie der Bewegung $W = k \cdot n^2$, d. h.: $dW/dt = k \cdot 2n \cdot dn/dt$. Dabei ist dW/dt die durch die Bremswirkung der Verluste verursachte Änderung der

Energie in der Zeiteinheit, d. h. die bei Leerlauf mit der gleichen Drehzahl aufzuwendende Leistung. Diese ist in Bild 161 gleich den Gesamtverlusten N_0 und in Bild 162 gleich den Reibungsverlusten N_r. Anderseits ist dn/dt gleich $\operatorname{tg}\alpha$, bzw. gleich $\operatorname{tg}\alpha'$. Demnach ist $N_0 = k \cdot 2n \cdot \operatorname{tg}\alpha$, und $N_r = k \cdot 2n \cdot \operatorname{tg}\alpha'$, d. h. $N_r : N_0 = \operatorname{tg}\alpha' : \operatorname{tg}\alpha = B'C' : BC$.

Da der Gesamtverlust N_0 (ohne Stromwärme) bei der Drehzahl n und der gegebenen Magneterregung durch einen Leerlaufversuch gemessen werden kann, so läßt sich der Verlust N_r berechnen.

Man kann nach dem Vorgang von Dettmar den Reibungsverlust auch dadurch ermitteln, daß man mit Hilfe eines Vorschaltwiderstandes die Bürstenspannung der als Motor laufenden Maschine ändert und dann die Drehzahl durch Änderung des Magnetstromes i_m auf dem vorgeschriebenen festen Wert n hält. Man trägt dann in Bild 163 i_m oder die Bürstenspannung U als Wagerechte und den gemessenen Leerlaufverlust N_0 nach Abzug der Stromwärme im Anker als Senkrechte auf. Die Kurve, die man dadurch erhält, verlängert man, bis sie in A die senkrechte Achse schneidet. Dann ist OA der Leerlaufverlust bei unerregten Magneten, d. h. der Reibungsverlust. Die Eisenverluste, die durch das Feld des magnetischen Rückstandes veranlaßt werden, sind dabei gleich Null gesetzt. Wird i_m^2 oder U^2 wagerecht aufgetragen (Bild 164), so läßt sich die Kurve mit größerer Sicherheit verlängern (vgl. Arnold-la Cour: Die Gleichstrommaschine, Bd. I, 3. Aufl., Berlin 1921).

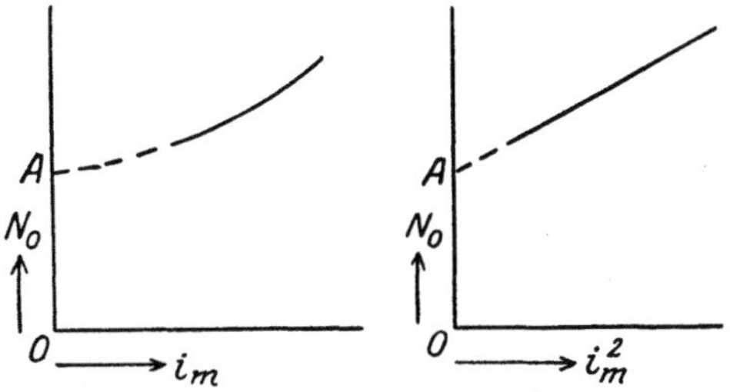

Bild 163. Bild 164.
Ermittlung des Reibungsverlustes.

Hopkinson hat ein Verfahren angegeben, das die Untersuchung bei voller Belastung selbst dann ermöglicht, wenn eine entsprechend große Leistungsquelle nicht zur Verfügung steht. Man kuppelt dabei zwei gleiche zu untersuchende Maschinen. Die eine wird als Motor aufs Netz geschaltet. Sie treibt die zweite Maschine, die als Generator zunächst noch leer läuft, an. Man erregt diese Maschine nun so, daß ihre Spannung gleich der Netzspannung ist und schaltet sie nach S. 95 auf das Netz. Durch Verstärkung der Erregung zwingt man dann die zweite Maschine nach S. 95 dazu, Strom ins Netz zu liefern. Der Antriebsmotor, der die verlangte Leistung hergeben muß, nimmt einen entsprechenden Strom aus dem Netz auf. In Wirklichkeit fließt dabei der Strom des Stromerzeugers unmittelbar in den Motor zurück (Rückarbeitung) und das Netz liefert nur die durch die Gesamtverluste in beiden Maschinen bedingte Leistung, die auf diese Weise gemessen werden kann. Man hat dabei die Erregung beider Maschinen so zu wählen, daß Drehzahl und Stromstärke dem gewöhnlichen Betrieb entsprechen. Die stärker erregte Maschine läuft als Stromerzeuger, die schwächer erregte als Motor.

IX. Gleichstrommotoren.

55. Drehrichtung der Motoren.

Gleichstrommotoren unterscheiden sich in der Bauart nicht von den Stromerzeugern. Dieselbe Maschine kann sogar bald als Stromerzeuger, bald als Motor arbeiten. Eine Maschine sucht sogar, während sie als Stromerzeuger angetrieben wird, als Motor zu arbeiten, indem sie ein Drehmoment ausübt, das dem Antriebsmoment entgegenwirkt. Ebenso sucht ein Motor gleichzeitig als Stromerzeuger zu wirken, indem er eine Spannung erzeugt, die dem Strom entgegengerichtet ist.

Die Drehung eines Stromerzeugers erfordert nach dem Gesetz von der Erhaltung der Arbeit einen Aufwand von Arbeit. Der durch die Bewegung erzeugte Strom hemmt die Bewegung, indem das Feld auf die Stromleiter eine Kraft ausübt, die der Bewegungsrichtung entgegengesetzt ist. Wird z. B. der Stromerzeuger in Bild 165 im Sinne des Uhrzeigers gedreht, so übt der Strom mit dem Feld eine Kraft aus, die den Anker entgegengesetzt dem Uhrzeiger, also im Sinne des gestrichelten Pfeiles zu drehen sucht.

Wir denken nun die Antriebsmaschine abgestellt und die elektrische Maschine als Motor in Bild 166 derart von einer Stromquelle gespeist, daß die Stromrichtung in der Anker- und Magnetwicklung gegenüber Bild 165 nicht geändert ist. Dann muß

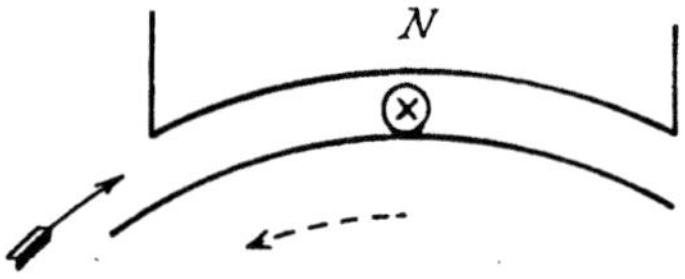

Bild 165. Stromerzeuger, dem Antrieb entgegenwirkend.

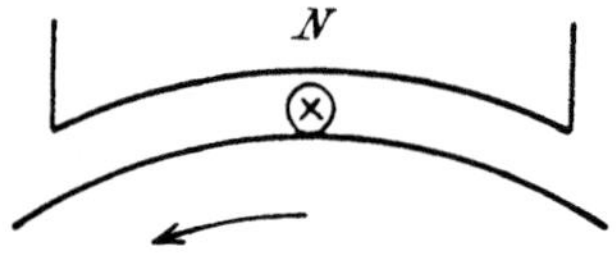

Bild 166. Motor, infolge der elektromagnetischen Wechselwirkung umlaufend.

die Maschine entgegen der früheren Drehrichtung laufen, d. h. bei gleicher Stromrichtung in der Anker- und Feldwicklung läuft die Maschine als Motor entgegengesetzt der Richtung, in der sie als Stromerzeuger angetrieben wurde.

Daraus folgt aber nicht, daß jede Maschine, wenn sie aus dem Zustand des Stromerzeugers in den des Motors übergeht, ihre Drehrichtung ändert. Die Umkehrung der Drehrichtung gilt nur für den Fall, daß die Stromrichtung im Anker und in den Magneten nicht geändert wird. Wir haben nun zu untersuchen, ob und wann diese Voraussetzung zutrifft.

Eine Hauptschlußmaschine werde in Bild 167 als Stromerzeuger angetrieben und laufe ohne Umschaltung in Bild 168 als Motor. Dann hat der Strom im Motor gegenüber dem Stromerzeuger seine Richtung sowohl im Anker als auch in den Magneten umgekehrt. Die Drehrichtung ist dann dieselbe, wie wenn der Strom in beiden Teilen dieselbe Richtung beibehalten hätte. Die Hauptschlußmaschine läuft daher ohne Änderung der Schaltung als Motor entgegengesetzt wie als Stromerzeuger, d. h. gegen die Bürsten.

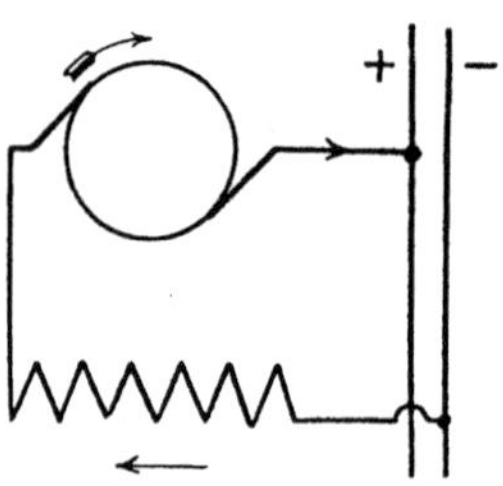

Bild 167. Hauptschlußmaschine als Stromerzeuger.

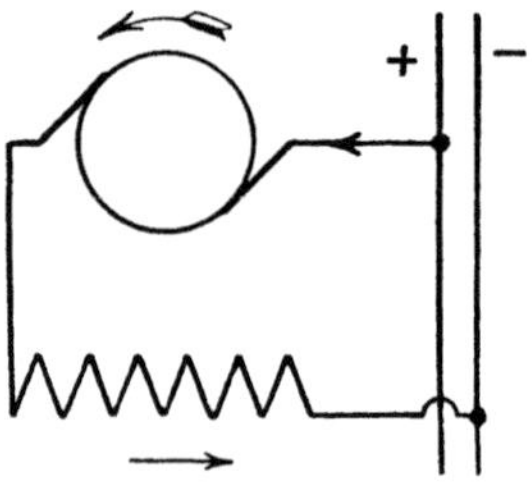

Bild 168. Hauptschlußmaschine als Motor.

Soll also bei Übergang einer Hauptschlußmaschine vom Betrieb als Stromerzeuger in den Betrieb als Motor die Drehrichtung dieselbe bleiben, so hat man entweder die Magnete oder, wie es meist üblich ist, den Anker umzuschalten.

Ebenso muß man die Magnete im Verhältnis zum Anker umschalten, wenn man einen im Lauf befindlichen Hauptstrommotor, wie es bei der Bremsung von Straßenbahnwagen und Kranen der Fall ist, von der Zuleitung trennt und als Stromerzeuger auf Widerstände schaltet. Andernfalls erregt sich die Maschine nicht, da die durch den magnetischen Rückstand erzeugte Spannung dieselbe Richtung hat, wie die Gegenspannung des Motors, also einen Strom erzeugt, der den magnetischen Rückstand schwächt.

Wir wollen nun eine Nebenschlußmaschine ohne Änderung der Schaltung als Motor benutzen. Dann bleibt nach Bild 169 und 170 die Richtung des Magnetstromes dieselbe. Dagegen hat der Ankerstrom in beiden Maschinen eine entgegengesetzte Richtung. Wäre die Stromrichtung überall dieselbe geblieben, so würde der Motor entgegengesetzt wie der Stromerzeuger laufen. Nun aber, wo im Anker allein eine Umkehrung stattgefunden hat, läuft die Maschine als Motor in demselben Sinne wie als Stromerzeuger. Eine Nebenschlußmaschine, die als Stromerzeuger betrieben wurde, läuft also bei ungeänderter Schaltung als Motor in der früheren Drehrichtung. Ebenso erregt sich eine Nebenschlußmaschine als Stromerzeuger, wenn sie ohne Änderung der Schaltung in der Drehrichtung angetrieben wird, in der sie als Motor gelaufen ist.

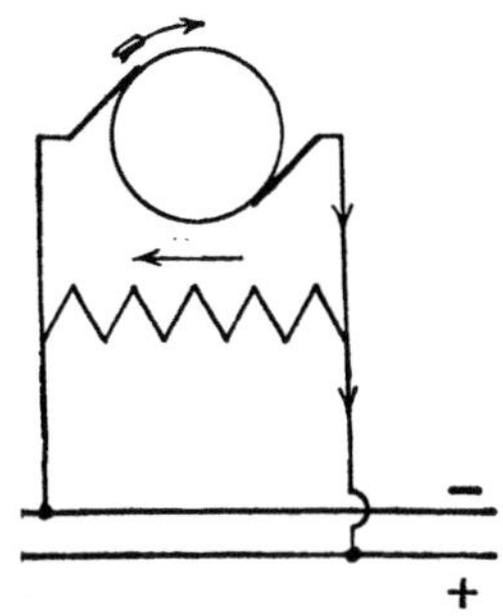

Bild 169. Nebenschlußmaschine als Stromerzeuger.

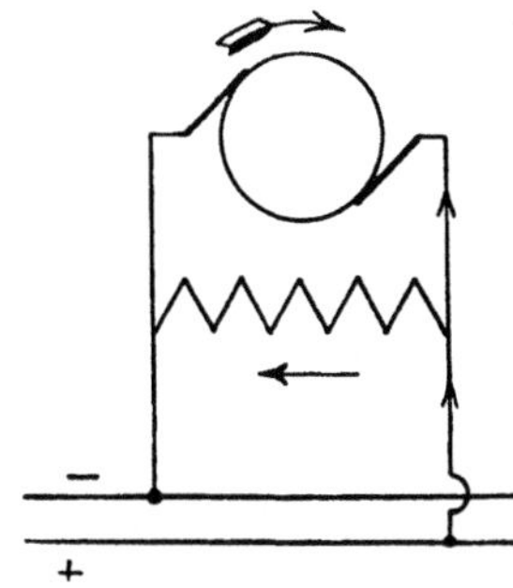

Bild 170. Nebenschlußmaschine als Motor.

Eine Vertauschung der Hauptleitungen ist ohne Einfluß auf die Drehrichtung, weil dabei der Strom sowohl im Anker als auch in der Magnetwicklung umgekehrt wird. Man muß also zum Umsteuern entweder allein den Ankerstrom oder allein den Magnetstrom umkehren. In der Regel kehrt man wegen des Einflusses der Hysteresis den Ankerstrom um (Bild 171 und 172).

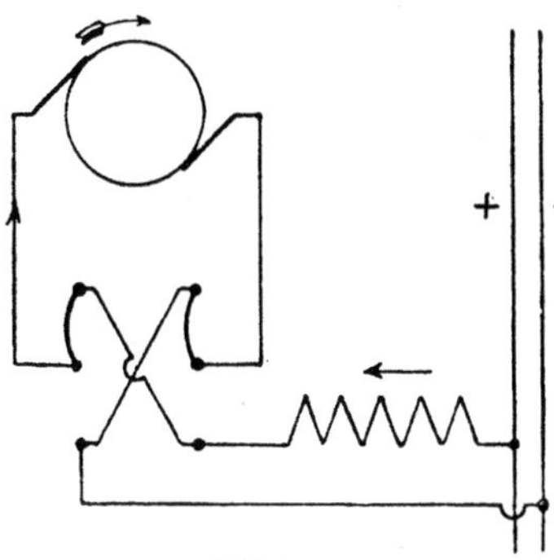

Bild 171.

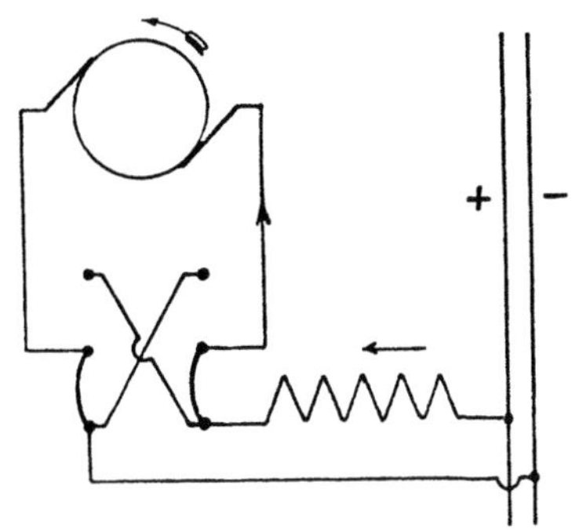

Bild 172.

Umsteuerung eines Hauptschlußmotors.

56. Drehmoment, Drehzahl und Leistung.

Es sei unter Voraussetzung einer glatten Ankerwicklung $\mathfrak{B}$ die Induktion an irgendeiner Stelle der Ankeroberfläche. Ferner sei b die Ankerlänge, d der Ankerdurchmesser, z die Drahtzahl, p die Zahl der Polpaare, $2a$ die Zahl der Stromzweige und I_a der Ankerstrom. Auf der Breite dx liegt die Drahtlänge $z \cdot b \cdot dx/d\pi$. Demnach ist beim Strom $I_a/2a$ im einzelnen Draht die Kraft auf der Breite dx nach Gl. (16) auf S. 37

$$dP = \mathfrak{B} \cdot \frac{I_a}{2a} \cdot \frac{z \cdot b \cdot dx}{d \cdot \pi}.$$

Nun ist $\mathfrak{B} \cdot b \cdot dx$ der Fluß durch die Fläche $b \cdot dx$. Wenn wir über eine Polteilung integrieren, erhalten wir den Fluß Φ eines Poles und damit die Zugkraft einer Polteilung. Wir vervielfachen mit der Polzahl $2p$ und mit dem Halbmesser, also mit $d/2$. Dadurch erhalten wir das Drehmoment zu

$$M = \frac{p}{a} \cdot \frac{\Phi \cdot z \cdot I_a}{2\pi}. \tag{1}$$

Setzt man Φ in Voltsek und I_a in Amp. ein, so erhält man das Drehmoment in Joule, wobei 1 Joule 0,102 mkg ist.

Unsere Gleichung ist für einen glatten Anker abgeleitet, gilt aber auch für einen Nutenanker. Das nutzbare Drehmoment ist um den Betrag geringer, der bei Leerlauf zur Drehung erforderlich ist.

Ursprünglich besagt Gl. (1), daß das vom Motor ausgeübte Drehmoment dem Fluß und dem Ankerstrom proportional ist. Im Beharrungszustand entspricht nun ein vom Motor ausgeübtes Drehmoment einem gleichen Drehmoment, das von der Last ausgeübt wird. Beide Drehmomente sind genau gleich, und das Kraftmoment überwiegt nicht etwa über das Lastmoment, wie man im Anfang zu glauben geneigt ist. Das Produkt $\Phi \cdot I_a$ richtet sich also stets nach der Belastung, d. h. nach dem durch die Last geforderten Drehmoment. Nur solange der Motor noch stillsteht und die Stromstärke, die beim Anlassen mit Hilfe eines Widerstandes geregelt wird, noch nicht zum Anziehen genügt, können wir den Strom willkürlich durch einen Widerstand einstellen. Sobald sich aber der Motor gleichmäßig dreht, gilt Gl. (1), d. h. die Stromstärke richtet sich nach dem durch die Belastung gegebenen Drehmoment. Dieses schließt das Reibungsmoment mit ein.

Daß sich die Stromstärke ohne einen selbsttätigen Regler stets genau der Last entsprechend einstellt, liegt daran, daß der Anker ebenso wie der eines Stromerzeugers durch ein Feld hindurchschneidet und dadurch eine Gegenspannung erzeugt wird (vgl. S. 103). Diese ist der Drehzahl proportional und übt in bezug auf den zufließenden Strom dieselbe drosselnde Wirkung aus, wie es der Regler einer Dampfmaschine in bezug auf den zuströmenden Dampf tut.

Wird z. B. die Belastung des Motors, d. h. das Drehmoment der Last, vergrößert, so genügt der bisherige Strom nicht mehr, um die Last durchzuziehen. Es findet also eine Verzögerung statt, wodurch sich die erzeugte Gegenspannung verringert. Dadurch wird dann ein stärkeres Zufließen des Stromes ermöglicht, bis zu dem Betrage, der dem neuen Drehmoment entspricht.

Umgekehrt ist bei Verringerung der Belastung das vom Motor bei dem gegebenen Strom noch ausgeübte Drehmoment zu groß, so daß der Motor beschleunigt wird. Die dadurch vergrößerte Gegenspannung drosselt den Strom soweit ab, daß im Beharrungszustand wieder das ausgeübte Drehmoment gleich dem Lastmoment ist.

Die Drehzahl ergibt sich aus der erzeugten Gegenspannung E. Diese ist

$$E = p/_a \cdot \Phi \cdot n \cdot z.$$

Da die Netzspannung U die Gegenspannung E zu überwinden und den Spannungsverlust $I_a \cdot R_a$ zu decken hat, so folgt: $U = E + I_a \cdot R_a$. Aus beiden Gleichungen ergibt sich:

$$n = \frac{E}{p/_a \cdot \Phi \cdot z} = \frac{(U - I_a \cdot R_a)}{p/_a \cdot \Phi \cdot z}. \tag{2}$$

Eine Änderung der Belastung, d. h. des Ankerstromes bringt also nicht nur eine vorübergehende, sondern auch eine dauernde Änderung der Drehzahl mit sich. Die Änderung ist nach Gl. (2) bei Motoren mit gleichbleibendem Feld (Nebenschlußmotoren) sehr gering, sie ist aber groß, wenn sich mit dem Ankerstrom auch das Feld ändert (Hauptschlußmotoren).

Erst jetzt leiten wir die Gleichung für die Leistung ab, die das Produkt aus Drehmoment und Winkelgeschwindigkeit ist, d. h.

$$N = M \cdot \omega. \tag{3}$$

Darin ist $\omega = 2\pi \cdot n$. Setzt man M in Joule und ω in sek^{-1} ein, so erhält man die Leistung in Watt.

Um die abgegebene Leistung auch durch elektrische Größen auszudrücken, vervielfachen wir die Gleichung für U mit I_a und erhalten: $U \cdot I_a = E \cdot I_a + I_a^2 \cdot R_a$. Darin ist $U \cdot I_a$ die auf den Anker übertragene Leistung, während $I_a^2 \cdot R_a$ uns die im Anker in Stromwärme umgesetzte Leistung angibt. Demnach ist $E \cdot I_a$

die mechanische Leistung, welche die Nutzleistung und die Leerlaufleistung umfaßt.

Wenn nun das Gesetz von der Erhaltung der Arbeit erfüllt sein soll, muß $E \cdot I_a = M \cdot \omega$ sein. Dies ergibt sich in der Tat aus der Gleichung für M und E auf S. 105 und 106.

Bei sehr kleinem Drehmoment, also geringem Ankerstrom, ist die Leistung gering. Mit zunehmender Belastung wird sie größer, bis sie schließlich infolge der Abnahme der Drehzahl bei sehr großer Belastung wieder heruntergeht. Um zu bestimmen, wann die Leistung ihren höchsten Wert erreicht, differenzieren wir die Gleichung $N = E \cdot I_a = U \cdot I_a - I_a^2 \cdot R_a$ nach I_a und setzen den ersten Differentialquotienten gleich Null. Wir erhalten dann $U - 2 I_a \cdot R_a = 0$, d. h. $I_a \cdot R_a = U/2$. Die Leistung ist also am größten, wenn die Hälfte der Netzspannung für den Spannungsverlust verbraucht wird oder dieser gleich der Gegenspannung ist. Natürlich liegt dieser Fall weit außerhalb der Betriebsgrenzen, da der Motor die hohe Stromstärke nicht aushält. Da außerdem für $E = I_a \cdot R_a$ die Hälfte der zugeführten Leistung in Stromwärme umgesetzt wird, so ist der Wirkungsgrad bei so starker Überlastung nur gleich 0,5.

57. Der Nebenschlußmotor.

Beim Nebenschlußmotor wird die Magnetwicklung gesondert von der Stromquelle gespeist. Zunächst sei sowohl die Magnetwicklung als auch der Anker ohne Zwischenschaltung von Widerständen an die Netzspannung angeschlossen.

Das ganze Drehmoment ergibt sich nach G. (1) zu:

$$M = \frac{p}{a} \cdot \frac{\Phi \cdot z \cdot I_a}{2\pi}.$$

Da das Feld unveränderlich ist, so ist das Drehmoment dem Ankerstrom proportional (Bild 173).

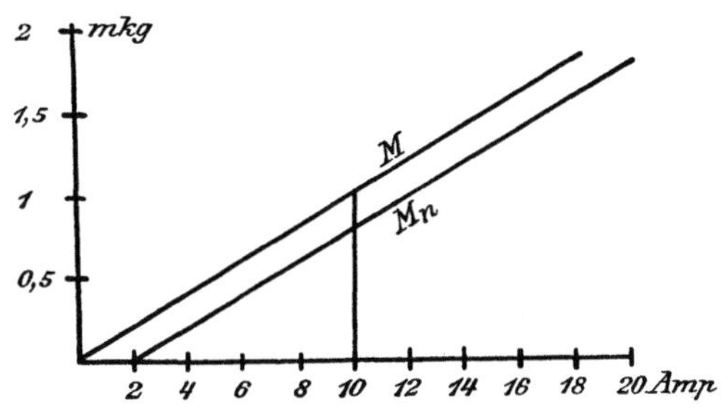

Bild 173. Drehmoment und Ankerstrom.

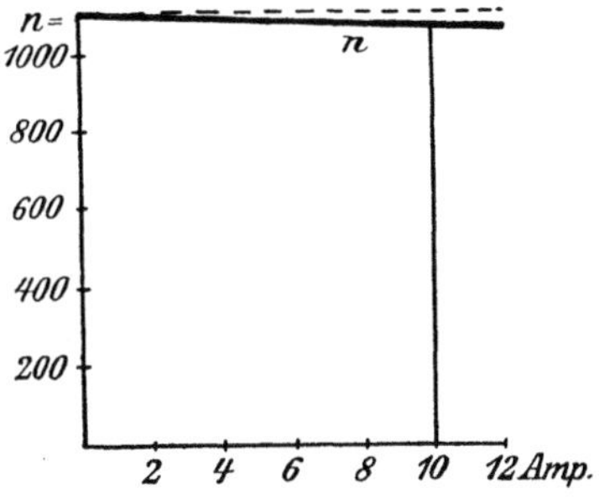

Bild 174. Drehzahl und Ankerstrom.

Das nutzbare Drehmoment M_n ist um den Leerlaufverlust geringer. Es ist also, wenn I_0 der Leerstrom im Anker ist, dem Unterschied $I_a - I_0$ proportional. Wir erhalten dafür in Bild 173 eine Gerade, die mit der ersten Geraden gleiche Richtung hat und auf der wagerechten Achse den Abschnitt I_0 abschneidet.

Die Drehzahl ist nach G. (2) $n = (U - I_a \cdot R_a) \cdot p/a \Phi \cdot z$. Da der Fluß wieder unveränderlich ist, so ist die Drehzahl der Gegenspannung $U - I_a \cdot R_a$ proportional. Die Abnahme der Drehzahl gegenüber dem Leerlauf ist dann dem Spannungsverlust $I_a \cdot R_a$, also dem Strom I_a proportional (Bild 174). Da der Spannungsverlust immer sehr gering ist, so hat der Nebenschlußmotor zwischen Leerlauf und Vollbelastung fast dieselbe Drehzahl. Er kommt also für Gruppenantrieb allein in Frage.

Die Nutzleistung ergibt sich nach Gl. (3) zu $M_n \cdot 2\pi \cdot n$ oder zu $E(I_a - I_0)$. Wenn dann I die Summe des Ankerstromes I_a und des Magnetstromes I_m bezeichnet, so ist der Wirkungsgrad:

$$\eta = \frac{E\,(I_a - I_0)}{U \cdot I} = \frac{(U - I_a \cdot R_a) \cdot (I_a - I_0)}{U \cdot (I_a + I_m)}. \tag{4}$$

Beim Leerlauf ist $I_a = I_0$ und der Wirkungsgrad gleich Null. Er wird ebenfalls gleich Null, wenn die Belastung derartig groß wird, daß selbst der stärkste mögliche Ankerstrom $I_a = U/R_a$, den übrigens der Anker nur ganz ausnahmsweise und auch dann nicht dauernd aushält, den Motor nicht zum Anziehen bringt.

Bei einer mittleren Belastung, bei der die Stromwärme im Anker etwa gleich den festen Verlusten durch Leerlauf und Stromwärme in den Magneten ist, wird der Wirkungsgrad am größten. Bei kleiner Belastung fallen die festen Verluste und bei großer Belastung die Stromwärme zu sehr ins Gewicht.

Wir gehen nun zu einem Beispiel über. Bei einem zweipoligen Motor sei

$$U = 110 \text{ Volt} \qquad z = 300 \qquad I_m = 1 \text{ Amp}$$
$$\Phi = 2{,}05 \cdot 10^{-2} \text{ Voltsek} \qquad R_a = 0{,}3 \text{ Ohm} \qquad I_0 = 2 \text{ Amp.}$$

Dann wird nach Gl. (1) das Drehmoment in mkg, wenn Φ in Voltsek und I in Amp. eingesetzt wird

$$M = \frac{1}{9{,}81} \cdot \frac{2{,}05 \cdot 10^{-2} \cdot 300}{6{,}28} \cdot I_a = 0{,}1\, I_a.$$

Das nutzbare Drehmoment ist dann $M_n = 0{,}1\,(I_a - I_0)$.

Ebenso wird die Drehzahl in der Minute nach Gl. (2)

$$n = \frac{60\,(110 - 0{,}3\, I_a)}{2{,}05 \cdot 10^{-2} \cdot 300} = 1073 - 2{,}93\, I_a.$$

Ist z. B. das nutzbare Drehmoment $M_n = 0{,}8$ mkg, so ist der Ankerstrom $I_a = 8 + 2 = 10$ Amp., das gesamte Drehmoment gleich 1 mkg und die Drehzahl $n = 1044\ \text{min}^{-1}$. Die Abnahme der Drehzahl gegenüber 1073 bei absolutem Leerlauf ist also etwa 3% (vgl. Bild 173 und 174).

Gleichzeitig wird die Nutzleistung

$$N = E\,(I_a - I_0) = (U - I_a R_a)\,(I_a - I_0) = 856 \text{ Watt}$$

und der Wirkungsgrad

$$\eta = \frac{N}{U\,(I_a + I_m)} = 0{,}7.$$

Wir fragen nun, bei welchem Strom der Wirkungsgrad am größten wird. Da die festen Verluste sich zu $U \cdot I_0 + U \cdot I_m = 330$ Watt ergeben, so ist beim günstigsten Wirkungsgrad der Verlust $I_a^2 \cdot R_a$ auch etwa gleich 330 Watt. Bei dem Ankerwiderstand $R_a = 0{,}3$ Ohm ist also $I_a = \sqrt{330/0{,}3} = 33$ Amp. Wir berechnen nun den Wirkungsgrad bei dieser Belastung, sowie bei halber und doppelter Belastung.

I_a	$I = I_a + I_m$	$I_a - I_0$	$E = U - I_a \cdot R_a$	$\eta = E(I_a - I_0) : UI$
17	18	15	105	0,8
33	34	31	100	0,825
66	67	64	90	0,78.

Demnach ändert sich der Wirkungsgrad wenig, wenn man die Belastung stark ändert. Beim Entwurf braucht man daher auch nicht vorzuschreiben, daß der günstigste Wirkungsgrad gerade bei Nennlast erreicht wird. Kleine Motoren arbeiten mit Rücksicht auf eine geringe Abnahme der Drehzahl gegenüber dem Leerlauf meist unterhalb ihrer für den Wirkungsgrad günstigsten Belastung.

58. Anlassen und Regeln des Nebenschlußmotors.

1. Das Anlassen. Wenn man den geringen Widerstand des stillstehenden Ankers ohne Vorschaltwiderstand an die volle Netzspannung legt, so wird die Stromstärke und dadurch die Erwärmung des Ankers meist zu hoch. Wenn schwere Massen in Bewegung zu setzen sind, ist es auch aus mechanischen Gründen unzulässig, wenn der Strom und damit das Drehmoment beim Angehen übermäßig groß ist. Endlich verursacht ein starker Stromstoß einen großen Spannungsverlust in der Leitung und dadurch eine Lichtschwankung benachbarter Lampen. Man hat demnach beim Anlassen Widerstand vor den Anker zu schalten, damit die Stromstärke nicht zu groß

wird. Wenn dann der Motor in Gang gesetzt ist, so wächst mit der Geschwindigkeit die Gegenspannung. Diese sorgt dann dafür, daß der Ankerstrom den durch das Lastmoment gegebenen Wert erhält. Der Anlaßwiderstand kann also allmählich ausgeschaltet werden.

Der Anlasser muß allein im Ankerkreis und nicht in einer gemeinsamen Zuleitung für Anker und Magnete liegen. Sonst ist bei Stillstand die Magnetwicklung durch den im Nebenschluß zu ihr liegenden Anker fast kurz geschlossen und die Spannung an ihren Klemmen fast Null. Da die Magnete also nicht erregt werden, so läuft der Motor nicht an. Ein Nebenschlußmotor erfordert daher immer drei Zuleitungen.

Ohne Anlasser kommt man in besonderen Fällen aus, wenn nur ganz geringe Massen zu beschleunigen sind. Dies trifft z. B. bei Antriebsmotoren von Schiffen zu, da die Schiffsschraube beim Anlassen nur „Schaumschlägerei treibt" und der Fahrwiderstand noch verschwindend gering ist. Zwei Nebenschlußmotoren werden dabei mit ihren Ankern hintereinander ohne Widerstand an die Netzspannung gelegt. Dabei kommt zunächst auf jeden Anker die halbe Netzspannung, und erst wenn er sich in Bewegung gesetzt hat, wird jeder an die volle Spannung gelegt. Ein solches Anlassen ohne Widerstand ist deswegen zulässig, weil die Selbstinduktion des Ankers das Anwachsen des Stromes verlangsamt und das einfache Ohmsche Gesetz für den Einschaltvorgang nicht gültig ist (vgl. Trettin, ETZ 1912, S. 759). Aus diesem Grunde werden auch kleine Hauptstrommotoren, bei denen sich die große Selbstinduktion der Magnete zu der des Ankers hinzufügt, ohne Anlasser eingeschaltet, wenn nur kleine Massen zu beschleunigen sind.

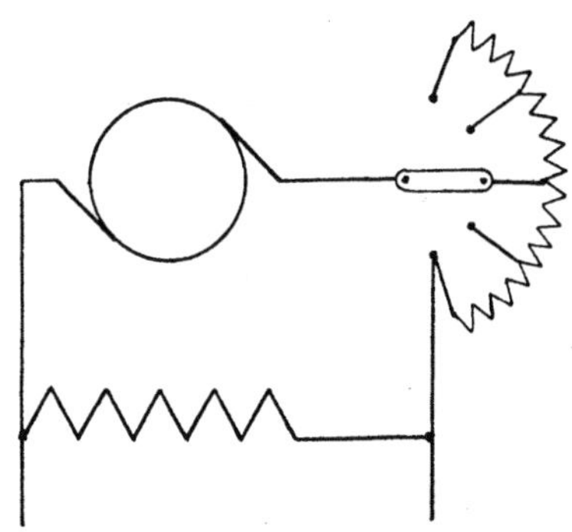

Bild 175. Widerstandsregelung.

2. Widerstandsregelung. Die Magnetwicklung eines Motors liege unmittelbar an der festen Netzspannung, während der Anker mit Hilfe eines regelbaren Widerstandes an die Netzspannung angeschlossen ist (Bild 175). Die Belastung sei gleichbleibend. Eine Änderung des Drehmomentes mit der Drehzahl, wie sie bei Gebläsen eintritt, sei also ausgeschlossen. Wir machen dann, gleichgültig ob der Motor stark oder schwach oder nur durch seine eigene Reibung belastet ist, die überraschende Beobachtung, daß eine Veränderung des Vorschaltwiderstandes die Stromstärke nicht beeinflußt. Gl. (1) auf S. 105 fordert nämlich zwingend, daß die Stromstärke sich allein nach der Belastung richtet, also nicht beeinflußt wird, wenn man bei gleichbleibender Belastung den Vorschaltwiderstand verändert. Allerdings nimmt die Stromstärke bei Verkleinerung des Widerstandes im ersten Augenblicke etwas zu. Dadurch wird das vom Anker ausgeübte Drehmoment größer als das durch die Belastung geforderte Drehmoment, so daß der Anker beschleunigt wird. Hiermit wächst dann die Gegenspannung und die Stromstärke nimmt wieder genau bis auf den früheren Wert ab, der dem durch die Belastung geforderten Drehmoment entspricht. Eine Änderung der Stromstärke tritt beim Motor nur durch eine Änderung der Belastung auf.

Dagegen ist die Drehzahl stark von dem vorgeschalteten Widerstande abhängig. Die Netzspannung U hat jetzt nicht nur die Gegenspannung zu überwinden und den Spannungsverlust im Anker zu liefern, sondern auch den Spannungsverbrauch im Vorschaltwiderstand R zu decken, d. h. $U = E + I_a \cdot R_a + I_a \cdot R$. In dieser Gleichung sind U und R_a ohne weiteres unveränderlich und I_a bleibt gleich, solange wir die Belastung ungeändert lassen. Daraus folgt, daß die Veränderung des Vorschaltwiderstandes die Gegenspannung und damit die Drehzahl stark beeinflußt.

Das wird noch deutlicher, wenn wir den geringen Spannungsverlust im Anker ganz vernachlässigen und die Bürstenspannung entgegengesetzt gleich der Gegenspannung setzen. Dann mißt man durch einen Spannungszeiger an den Bürsten ohne weiteres die Gegenspannung. Man findet dann bei Veränderung des Widerstandes R, daß die Drehzahl fast genau der Bürstenspannung proportional ist. Die Genauigkeit ist am größten bei Leerlauf, da dann der Spannungsverlust im Anker am kleinsten ist. In dem Beispiel auf S. 108 ergibt sich z. B. für den Leerlauf bei 110 Volt Bürstenspannung nach Gl. (2) auf S. 106 $n = 1067$/min. Drosseln wir die Spannung durch einen Vorschaltwiderstand auf 55 Volt ab, so bleibt an den Bürsten 55 Volt übrig und die Drehzahl wird nach Gl. (2) auf S. 106 $n = 531$/min. Bei 55 Volt Bürstenspannung messen wir also fast genau die halbe Drehzahl wie bei 110 Volt. Die Drehzahlen verhalten sich demnach wie die Bürstenspannungen. Angenähert bleibt dies auch für alle Betriebszustände gültig. Man kann also die Drehzahl regeln, indem man durch einen Vorschaltwiderstand die Bürstenspannung ändert.

Der Vorschaltwiderstand muß dabei, wie oben beim Anlassen, allein im Ankerzweig und nicht in der für Anker und Magnete gemeinsamen Zuleitung liegen. Sonst ändern wir gleichzeitig die Spannung des Ankers und der Magnete. Erhöhen wir beide gleichzeitig auf das Doppelte, so wächst der Fluß bei wenig gesättigten Magneten auch auf fast das Doppelte. Dann aber wird in der Gleichung (2) auf S. 106 sowohl E im Zähler als auch Φ im Nenner verdoppelt, und die Drehzahl bleibt ungeändert. Nur wenn die Magnete stark gesättigt sind, bewirkt eine Erhöhung der dem Anker und dem Magneten gemeinsamen Klemmenspannung auch angenähert eine proportionale Erhöhung der Drehzahl.

Eine Änderung der Drehzahl durch Vorschaltwiderstände ist ferner nur dann möglich, wenn der Hebel des Widerstandes dauernd bedient wird, wie es z. B. bei Regelung der Hauptschlußmotoren für Straßenbahnen der Fall ist. Jede Änderung der Belastung bewirkt sofort eine Änderung des Ankerstromes, also auch des Spannungsverbrauches im Vorschaltwiderstand. Die Folge ist, daß auch die Bürstenspannung und die Drehzahl sich erheblich ändern. Belastet man z. B. einen leerlaufenden Motor, vor dessen Anker ein sehr großer Widerstand liegt, so geht die Drehzahl bis auf Null zurück. Die selbsttätige starke Änderung der Drehzahl bei vorgeschaltetem Widerstand muß also durch Änderung des Widerstandes ausgeglichen werden.

3. Feldregelung. Statt durch Vorschaltwiderstände kann die Drehzahl auch durch Feldänderung geregelt werden. Am einfachsten ergibt sich dies, wenn wir in Gl. (2) auf S. 106 die kleine Größe $I_a \cdot R_a$ vernachlässigen und die Gegenspannung als unveränderlich gleich der Klemmenspannung annehmen. Schwächt man also durch einen Regelwiderstand den Magnetstrom und dadurch den Fluß Φ, so wird die Drehzahl größer. Der Motor muß bei dem schwachen Feld schneller laufen, um eine der Klemmenspannung gleiche Gegenspannung zu erzeugen. Der innere Grund für diese Beschleunigung liegt darin, daß beim Schwächen des Feldes die bei der gegebenen Drehzahl erzeugte Gegenspannung zunächst geringer wird. Dadurch nimmt der Ankerstrom unverhältnismäßig stark zu, so daß das Drehmoment des Motors über das Lastmoment überwiegt und eine Beschleunigung zustande kommt.

Da $\Phi \cdot I_a$ der Belastung proportional ist, so muß bei einer Schwächung des Feldes gleichzeitig der für dieselbe Belastung nötige Ankerstrom wachsen. In unserem obigen Beispiel war $U = 110$ Volt, $R_a = 0{,}3$ Ohm, $z = 300$ und $\Phi = 2{,}05 \cdot 10^{-2}$ Voltsek. Für $I_a = 10$ Amp. ergab sich dann auf S. 108 $n = 1046$/min. Wenn wir nun bei gleichbleibender Belastung das Feld im Verhältnis 0,8 : 1 schwächen, so nimmt der Ankerstrom im Verhältnis 1 : 0,8 zu. Wir erhalten dann: $\Phi = 0{,}8 \cdot 2{,}05 \cdot 10^{-2}$ Voltsek $= 1{,}64 \cdot 10^{-2}$ Voltsek und $I_a = 10/0{,}8 = 12{,}5$ Amp. Diese Zunahme des Ankerstromes ist nicht ganz ohne Einfluß auf die Drehzahl, da sie eine Zunahme des Spannungsverlustes bedingt. Wir erhalten nach Verringerung des Flusses die Drehzahl aus Gl. (2) auf S. 106 zu $n = 1296$/min. Bei einem Motor mit verschwindend kleinem Ankerwiderstand hätten wir statt dessen genau eine Erhöhung der Drehzahl im Verhältnis 1:0,8, also von 1073 auf 1340 erhalten.

Bei übermäßiger Feldschwächung wird schließlich der Einfluß des Spannungsverlustes auf die Drehzahl so groß, daß diese wieder abnimmt. Sie geht bei Unterbrechung des Magnetstromes natürlich auf Null zurück. Es muß also einen Wert für Φ oder I_a geben, für den die Drehzahl bei der gegebenen Belastung am größten wird. Um den Wert für I_a zu ermitteln, setzen wir nach S. 106 die mechanische Leistung gleich dem dafür verbrauchten Teil der elektrischen Leistung, d. h.

$$M \cdot 2\pi \cdot n = U \cdot I_a - I_a^2 \cdot R_a.$$

Da die Belastung bei unserem Versuche nicht geändert wird, ist M unveränderlich. Wenn wir dann $dn : dI_a$ gleich Null setzen, erhalten wir $I_a \cdot R_a = U/2$. Die Drehzahl wird also für die gegebene Belastung am größten, wenn das Feld soweit geschwächt ist, daß der Spannungsverlust halb so groß ist wie die Klemmenspannung. Dieser Fall liegt wegen des großen Ankerstromes und des geringen Wirkungsgrades außerhalb der Betriebsgrenzen.

Bei der Feldregelung treten im Unterschied von der Widerstandsregelung keine nennenswerten Verluste auf. Jedoch fallen Motoren mit Feldregelung größer aus als Motoren ohne Feldregelung. Sie arbeiten bei hoher Drehzahl mit schwachem Felde, so daß sie magnetisch durchaus nicht ausgenutzt sind. Anderseits laufen sie bei starkem Feld so langsam, daß sie mechanisch wenig ausgenutzt werden. Eine starke Feldschwächung ist übrigens oft nur bei einem verringerten Drehmoment möglich, da der Motor sonst die mit der Feldschwächung verbundene Erhöhung des Ankerstromes nicht aushält.

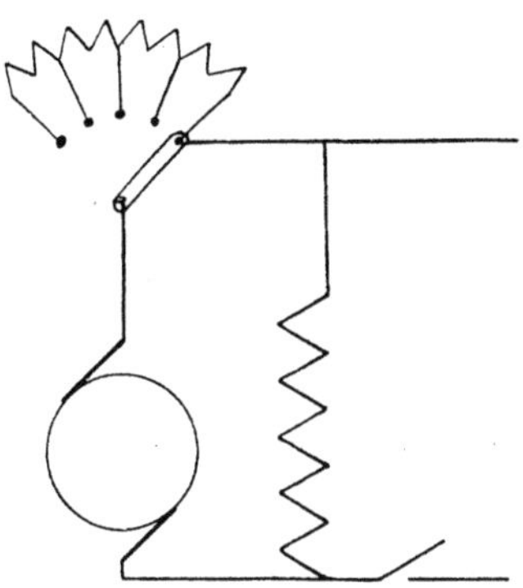

Bild 176. Unzulässiges Abschalten.

4. Schaltung der Widerstände. Da eine Unterbrechung des Magnetstromes beim Abstellen des Motors wegen der Selbstinduktion ein Durchschlagen der Isolation, jedenfalls aber eine Funkenbildung an der Unterbrechungsstelle zur Folge haben kann, so hat man dafür zu sorgen, daß der Magnetstrom langsam bis auf Null abnimmt. Dies kann — allerdings nicht im wirklichen Betrieb — dadurch geschehen, daß man den Schalter in Bild 176 öffnet. Der Anker läuft dann zunächst durch die Energie der Bewegung weiter, und durch das nur langsam verschwindende Feld wird in ihm noch eine Spannung erzeugt. Da diese mit der vorher bei Betrieb wirksamen Gegenspannung gleiche Richtung hat, so treibt sie durch die Magnetwicklung einen Strom, der dem früheren Magnetstrom gleichgerichtet ist. Indem der Motor dann allmählich zur Ruhe kommt, fällt der Magnetstrom und damit das Feld ganz langsam auf Null. Man kann das gut an einem an den Motorklemmen liegenden Spannungszeiger beobachten. Ein solches Ausschalten des Hauptstromes ist jedoch sehr bedenklich, weil dann der Hebel des Anlassers beim Stillsetzen des Motors in einer Stellung verbleibt, die beim Wiedereinschalten einen gefährlichen Kurzschluß veranlaßt.

Dagegen kommt man zum Ziel, wenn man nach Bild 177 Anlasser und Anker an einer Stelle aneinander legt und die Magnetwicklung zwischen das freie Ende des Ankers und des Anlassers schaltet (vgl. Krause, ETZ 1901, S. 233). Bei einer mittleren Stellung des Hebels ist dann der rechte Teil des Widerstandes Anlasser, während der linke Teil im Magnetkreis liegt. Anker und Magnete bleiben dabei wie in Bild 176 dauernd verbunden. Das Ausschalten erfolgt dabei funkenfrei, besonders wenn man es schnell und bei voller Drehzahl vornimmt.

Daß in Bild 177 der Widerstand des Magnetkreises etwas erhöht wird, ist ohne besondere Bedeutung, da der Anlaßwiderstand viel kleiner ist als der Widerstand der Magnetwicklung. Will man den Verlust im Magnetkreis etwas verringern, kann man den Magnetstrom von einem Teile des Anlassers abzweigen (Bild 178). Allerdings erreicht dann der Magnetstrom beim Einschalten nicht gleich seinen vollen Wert. Durch einen Hebel mit zwei Schleiffedern nach Bild 179 kann dieser Nachteil, sowie der zusätzliche Verlust im Magnetkreis vermieden werden.

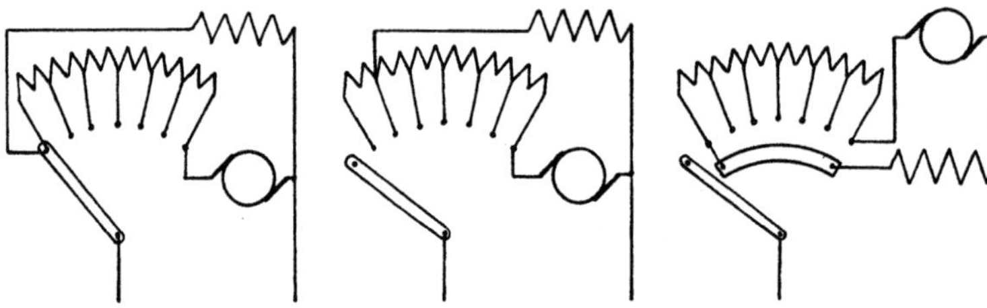

Bild 177. Bild 178. Bild 179.
Schaltungen für den Anlaß- und Regelwiderstand eines Nebenschlußmotors.

Dasselbe ist bei dem Anlasser mit Feldregelung in Bild 180 der Fall. Der Hebel besitzt wieder zwei Schleiffedern. Der Widerstand R_1 ist Anlaßwiderstand. Beim gewöhnlichen Betrieb steht der Hebel auf dem rechten Ende des linken Schleifstückes. Bei weiterer Drehung nach rechts wird dann zur Erhöhung der Drehzahl der Widerstand R_2 in den Magnetkreis eingeschaltet. Mit Rücksicht auf funkenfreies Ausschalten ist das linke Ende des Anlassers mit dem rechten Ende des Regelwiderstandes verbunden, so daß die Feldwicklung wie in Bild 176 bis 179 dauernd am Anker liegen bleibt.

5. Anlaß- und Regelmaschinen. Der Bau von Anlassern für sehr große Motoren bietet erhebliche Schwierigkeiten, und ihre Anwendung verursacht besonders dann, wenn große Massen zu beschleunigen sind, große Verluste. Man verwendet daher für schwierige Betriebsbedingungen, bei denen Motoren für große Leistungen in kurzen Zwischenräumen zu steuern sind, z. B. für Förderanlagen, Kohlenkipper, Hobelmaschinenantrieb usw. besondere Anlaß- und Regelmaschinen. Diese ermöglichen auch eine besonders feinstufige und genaue Regelung.

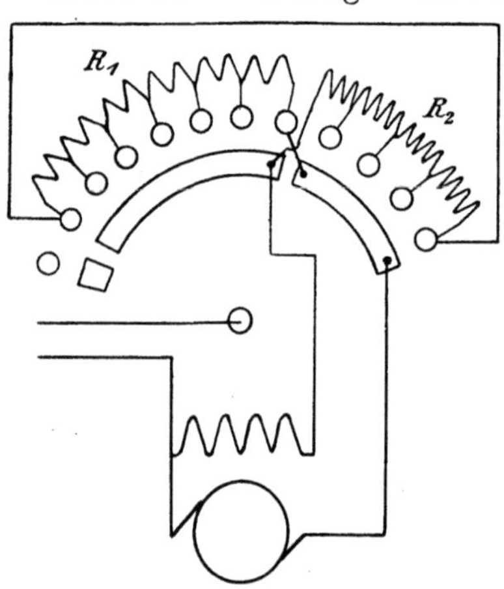

Bild 180. Anlaß- und Regelwiderstand.

So wird bei der Leonard-Schaltung (Bild 181) der Anker des fest erregten Arbeitsmotors nicht vom Netz, sondern von einer besonderen fremderregten Maschine, der sogenannten Steuerdynamo gespeist, mit der er dauernd ohne Zwischenschaltung eines Anlaßwiderstandes verbunden ist. Die Steuerdynamo wird durch den sogenannten Steuermotor, der meist ein Drehstrommotor ist, dauernd mit angenähert fester Drehzahl angetrieben. Ihre Spannung wird durch einen in ihrem Magnetkreis liegenden Widerstand geregelt. Solange der Arbeitsmotor stillsteht, ist der Magnetkreis der Steuerdynamo unterbrochen. Soll der Arbeitsmotor angelassen werden, so wird die Erregung der Steuerdynamo allmählich verstärkt. Ebenso wird der Arbeitsmotor durch Schwächung des Feldes der Steuerdynamo bis auf Null stillgesetzt.

Bei Maschinen, die fortdauernd angelassen und wieder stillgesetzt werden, wird oft nach Ilgner auf der Welle des Steuermotors und der Steuerdynamo ein Schwungrad angeordnet. Dieses gibt unter Verringerung seiner Drehzahl beim Anfahren des Arbeitsmotors einen Teil der aufgespeicherten Energie ab. Beim Stillsetzen des Arbeitsmotors arbeitet dieser als Stromerzeuger auf die nun als Motor laufende, in ihrer Erregung geschwächte Steuerdynamo, so daß Energie durch die Beschleunigung des Schwungrades aufgespeichert wird. Auf diese Weise wird dem Netz auch bei stark wechselndem Betriebe dauernd eine fast gleichbleibende Leistung entnommen. Man muß allerdings dafür sorgen, daß der Steuermotor bei Belastung einen starken Abfall in der Drehzahl zeigt (12 bis 15%), damit das Schwungrad zur Geltung kommt. In dieser Beziehung wirkt ein großer Ankerwiderstand im Steuermotor günstig. Wäre der Ankerwiderstand gleich Null, so würde der Steuermotor mit gleichbleibender Drehzahl laufen, d. h. die Belastungsschwankungen würden vom Netz statt vom Schwungrad gedeckt.

Man kann bei einem Gleichstromsteuermotor die erforderliche Verzögerung auch durch eine Hauptschlußwicklung auf dem Steuermotor erreichen, die so vom Strome dieses Motors durchflossen wird, daß die Wirkung der Nebenschlußwicklung verstärkt wird. Ihre Wirkung beruht darauf, daß die Gegenspannung den Strom des Steuermotors bei Belastung des Arbeitsmotors stark abdrosselt.

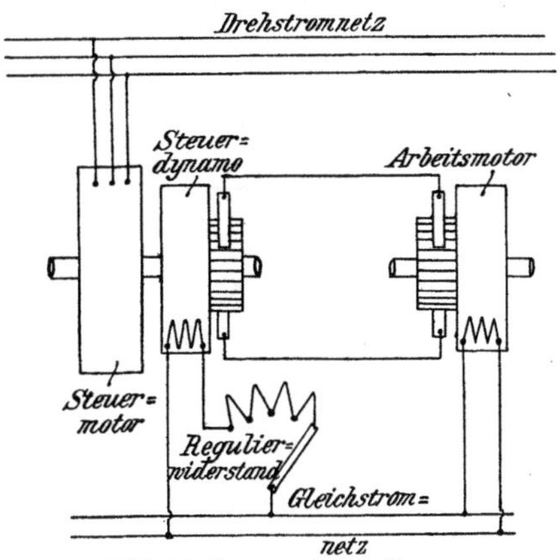

Bild 181. Leonard-Schaltung.

Noch vollkommener arbeitet der Ilgner-Umformer, wenn beim Anlassen des Arbeitsmotors selbsttätig in den Ankerkreis des Steuermotors Widerstand eingeschaltet wird, der dann beim Stillsetzen selbsttätig wieder eingeschaltet wird. Dadurch wird der Strom des Steuermotors konstant gehalten. Dem Steuermotor wird also eine feste Leistung zugeführt, und die Belastungsschwankungen werden vom Schwungrad gedeckt. Man kann auch durch Änderung der Erregung den Strom eines Gleichstromsteuermotors auf dem gleichen Betrag halten. Das Kraftwerk liefert auf diese Weise dauernd denselben Strom in den Steuermotor, gleichgültig, ob der Arbeitsmotor Strom verbraucht oder Strom zurückliefert oder für einen Zeitraum stille steht. Beim Anlassen des Arbeitsmotors arbeiten Steuermotor und Schwungrad zusammen auf die Steuerdynamo, beim Bremsen arbeiten Steuermotor und die als Motor angetriebene Steuerdynamo zusammen auf das Schwungrad.

Einer bestimmten Stellung des Steuerhebels entspricht bei Förderanlagen, unabhängig von der Belastung, eine ganz bestimmte Tiefe der Förderschale im Schacht, was beim Regeln mit Vorschaltwiderstand nicht zu erreichen ist.

Große Motoren können auch durch eine Zusatzmaschine angelassen werden, deren erzeugte Spannung der Netzspannung zuerst entgegengerichtet und nachher gleichgerichtet ist. In Bild 182 sei z. B. der Arbeitsmotor, der fest erregt ist, für 1000 Volt, die Zusatzmaschine und die mit ihr gekuppelte, fest erregte Hilfsmaschine für 500 Volt gebaut. Die Netzspannung sei 500 Volt. Da die Hilfsmaschine unmittelbar am Netz liegt, so laufen Hilfs- und Zusatzmaschine dauernd mit annähernd fester Drehzahl. Dabei dient der Arbeitsmotor, solange er noch stillsteht, nur als Zuleitung für die Zusatzmaschine. Diese treibt als Motor die Hilfsmaschine, deren erzeugte Spannung infolge geeigneter Erregung genau entgegengesetzt gleich der Netzspannung ist, leer an.

Wir schwächen jetzt die Erregung der als Motor laufenden Zusatzmaschine und beschleunigen sie dadurch ein wenig. Infolge der größer gewordenen Drehzahl überwiegt dann die erzeugte Spannung der Hilfsmaschine über die Netzspannung und liefert einen Strom I_1. Dadurch wird zugleich die Motorleistung der Zusatzmaschine größer, und der Strom I_2 nimmt zu. In Wirklichkeit fließt dabei der Strom I_1 über den Anker des Arbeitsmotors in die Zusatzmaschine.

Schließlich wird der Strom I_2 so stark, daß der Arbeitsmotor anzieht. Wir haben dann rechts zwei Motoren in Reihe, die nicht gekuppelt sind. Im allgemeinen verteilt sich dann die Netzspannung ganz willkürlich auf beide Motoren. In unserem Falle ist aber nach dem Obigen die Drehzahl der Zustzmaschine fast unveränderlich, ihre erzeugte Spannung also durch die jeweilige Erregung gegeben. Zur Überwindung dieser Gegenspannung wird dann ein ganz bestimmter Teil der Netzspannung verbraucht. Der Rest der Spannung liegt dann am Arbeitsmotor, der daher eine bestimmte Drehzahl annimmt.

Zugleich ist jetzt, nachdem der Arbeitsmotor angezogen hat, die Stromstärke I_2 nach S. 106 durch die Belastung des Arbeitsmotors gegeben, sie wächst also nicht mehr bei weiterer Schwächung des Feldes der Zusatzmaschine. Daher nimmt das Drehmoment der Zusatzmaschine, das dem Fluß und dem jetzt gleichbleibenden Strom I_2 proportional ist, bei Schwächung ihres Feldes jetzt ab, d. h. diese Maschine wird, entgegen den Ausführungen auf S. 110 durch weitere Schwächung des Feldes verzögert. Wenn auch diese Verzögerung gering ist, so genügt sie doch, um den von der Hilfsmaschine erzeugten Strom auf Null zu bringen.

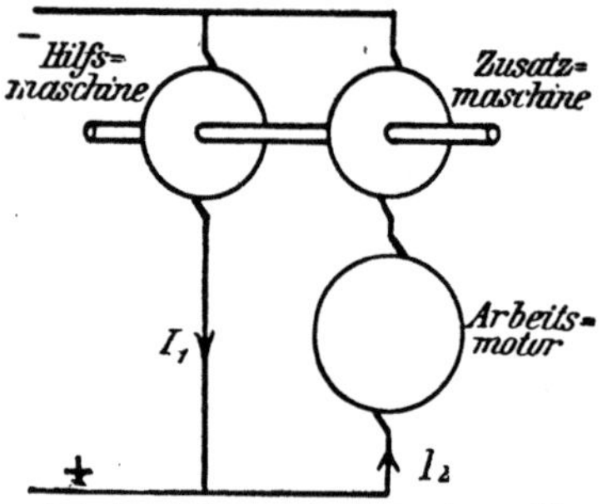

Bild 182. Anlassen durch Zusatzmaschine.

Das Feld der Zusatzmaschine wird dann auf Null gebracht. Sie wird dabei von der jetzt bereits als Motor laufenden Hilfsmaschine leer angetrieben, liefert aber keine Spannung, so daß am Arbeitsmotor die Netzspannung von 500 Volt liegt.

Wir erregen jetzt allmählich die von der Hilfsmaschine angetriebene Zusatzmaschine im umgekehrten Sinne, so daß ihre erzeugte Spannung dem Strome I_2 gleichgerichtet ist. Sie wird dadurch zum Stromerzeuger, dessen Spannung sich zur Netzspannung hinzufügt. Dadurch wächst dann die Spannung an den Klemmen des Motors allmählich bis auf 1000 Volt, so daß er seine volle Drehzahl erreicht. Seine Leistung wird dabei zur Hälfte unmittelbar vom Netz, zur Hälfte von der Zusatzmaschine, mittelbar natürlich ganz vom Netz geliefert.

59. Hauptschlußmotoren.

Beim Hauptschlußmotor ist der Ankerstrom, der in Verbindung mit dem Fluß das Drehmoment ergibt, zugleich der Erregerstrom. Belasten wir daher einen Hauptschlußmotor stärker, so wächst sowohl der Strom im Anker als auch der Fluß. Die Erhöhung des Drehmomentes kommt dann nach Gl. (1) auf S. 105 durch die Erhöhung der beiden wirksamen Größen Φ und I_a zustande. Bei einem Motor mit ungesättigtem Eisen entspricht also dem doppelten Strom auch ein doppelter Fluß, also das vierfache Drehmoment. Wird umgekehrt die Belastung vervierfacht, so nimmt der Strom nur um das Doppelte zu.

Die Drehzahl ergibt sich nach Gl. (2) auf S. 106 zu $n = (U - I_a \cdot R_a) : p/a\, \Phi z$. Dabei ist unter R_a der Gesamtwiderstand des Ankers und der Feldmagnete verstanden. Bei einer Vergrößerung der Belastung, also des Stromes, bleibt der Zähler in der obigen Gleichung ziemlich ungeändert, weil der Gesamtwiderstand des Ankers und der Magnete immer sehr klein ist. Dagegen ändert sich der Nenner erheblich, weil sich mit dem Ankerstrom auch der Fluß ändert. Daher wird die Drehzahl durch eine Änderung der Belastung stark beeinflußt. Bei einer Erhöhung der Belastung genügt z. B. eine kleinere Drehzahl, um eine der Klemmenspannung fast gleiche Gegenspannung zu erzeugen.

Das große Drehmoment bei verhältnismäßig geringem Strom macht den Hauptschlußmotor im Unterschied vom Nebenschlußmotor besonders geeignet für den Betrieb von Kranen und Straßenbahnwagen. Beim Anfahren muß das Kraftmoment wegen der Massenbeschleunigung größer sein als das von der Last ausgeübte Drehmoment. Da ist es dann sehr günstig, daß der Hauptschlußmotor das große Drehmoment bei geringem Stromverbrauch liefert. Ebenso liefert ein Hauptschlußmotor das große Drehmoment, das bei starker Steigung der Bahnstrecke von ihm gefordert wird, mit einem verhältnismäßig geringen Aufwand an Strom. Die Belastungsschwankungen des Kraftwerkes sind also nicht so bedeutend.

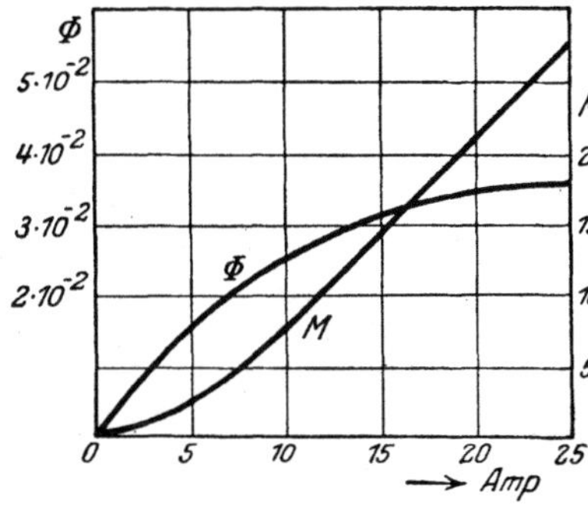

Bild 183. Fluß, Drehmoment und Stromstärke eines Hauptschlußmotors.

Natürlich kann das große Drehmoment nicht erreicht werden, ohne daß gleichzeitig die oben besprochene Verringerung der Drehzahl eintritt. Leistung ist gleich Kraft mal Geschwindigkeit. Wenn also ein Hauptschlußmotor eine große Zugkraft entwickelt und dabei verhältnismäßig wenig Strom, d. h. wenig Leistung aus dem Kraftwerk entnimmt, so muß seine Drehzahl dabei gering sein. Der starke Abfall der Drehzahl mit der Belastung ist also kein Nachteil, sondern mit Rücksicht auf gleichmäßige Leistung des Kraftwerkes ein Vorteil.

Um das Verhalten des Hauptschlußmotors zu verfolgen, ermitteln wir die Magnetisierungskurve, indem wir die Maschine als Stromerzeuger durch einen Motor mit fester Drehzahl n_g antreiben. Wir messen dabei den von unserem Stromerzeuger

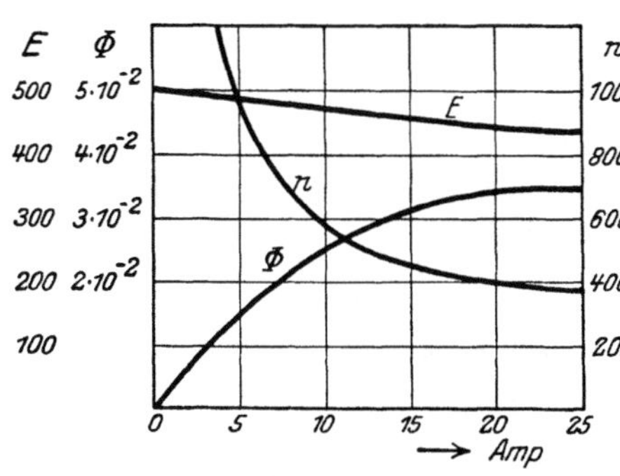

Bild 184.

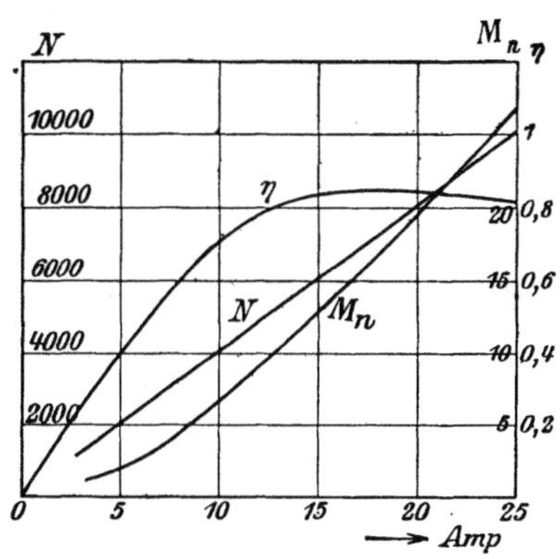

Bild 185.

Stromstärke, Drehzahl, Nutzleistung, Nutzmoment und Wirkungsgrad eines Hauptschlußmotors.

gelieferten Strom I_a und die Klemmenspannung und berechnen die erzeugte Spannung, indem wir den Spannungsverlust $I_a \cdot R_a$ zur Klemmenspannung hinzuzählen. Dabei ist wieder R_a der gesamte innere Widerstand. Wir teilen nun die erzeugte Spannung durch $p/a \cdot z \cdot n_g$ und erhalten dadurch den Fluß Φ, der durch den Strom I_a geschaffen wird (Bild 183). Die Kurve des Flusses unterscheidet sich von der Kurve der erzeugten Spannung nur durch den Maßstab und gilt im Gegensatz zu dieser nicht nur für den **Stromerzeuger**, sondern auch für den **Motor**.

Ist eine solche Messung nicht möglich, so kann man auch die Maschine bei fester Klemmenspannung U als **Motor** laufen lassen und mechanisch belasten. Man mißt dann die Drehzahl n und die **Stromstärke** I_a des Motors und berechnet den Fluß nach Gl. (2) auf S. 106.

Man bildet dann das Produkt $\Phi \cdot I_a$ und erhält so die Kurve des Drehmomentes M in Bild 183. Sie ist anfangs konvex gegen die wagerechte Achse, d. h. das Drehmoment nimmt schneller zu als die Stromstärke. Schließlich wenn das Eisen gesättigt ist, wird die Kurve fast geradlinig, und die Zunahme des Drehmomentes ist der Zunahme des Stromes proportional.

Wir zeichnen nun in Bild 184 eine Wagerechte im Abstande E von der wagerechten Achse (in Bild 184 ist dieser Abstand gleich 500 Volt) und ziehen durch den Schnittpunkt mit der senkrechten Achse eine Gerade, so daß die Tangente ihres Neigungswinkels gegen die Wagerechte unter Berücksichtigung der Maßstäbe gleich R_a ist. R_a bedeutet dabei, wie früher, den Gesamtwiderstand des Motors. Dann ist der Unterschied der Senkrechten zwischen der Wagerechten und der geneigten Geraden gleich $I_a \cdot \operatorname{tg} \alpha = I_a \cdot R_a$, d. h. gleich dem Spannungsverlust. Die Senkrechten der geneigten Geraden stellen uns also die Gegenspannung E dar. Wenn wir sie durch den Fluß teilen, erhalten wir nach Gl. (2) auf S. 106 ein Maß für die Drehzahl und damit die Kurve n in Bild 184. Sie zeigt, daß der Hauptschlußmotor bei vollständigem Leerlauf durchgeht. Seine Drehzahl steigert sich derartig, daß er in Stücke fliegt. Falls also die Motoren nicht, wie bei Straßenbahnwagen, ständig genügend belastet sind, müssen sie durch selbsttätige Schalter geschützt werden. Mit zunehmender Belastung nimmt die Drehzahl anfangs ab, bis sie sich, wenn das Eisen gesättigt ist, einem festen Werte nähert.

Zur Berechnung des Wirkungsgrades setzen wir das Reibungsmoment bei allen Betriebszuständen als gleichbleibend voraus. Wir haben dann von dem Moment M dieses Moment M_0 abzuziehen und erhalten dadurch das nutzbare Drehmoment M_n in Bild 185. Vervielfachen wir dann das nutzbare Drehmoment mit der Drehzahl, so erhalten wir, abgesehen vom Maßstab, die Nutzleistung N und dann durch Teilung mit $U \cdot I_a$ den Wirkungsgrad. Dieser ist bei geringer Belastung wegen des Einflusses der Leerlaufleistung gering. Er steigt mit zunehmender Belastung bis zu einem Höchstwert, um dann schließlich wieder geringer zu werden, wenn mit wachsendem Ankerstrom die Stromwärme stark ins Gewicht fällt.

60. Beispiel.

Bei einem Straßenbahnmotor der Maschinenfabrik Örlikon ist nach Kapps Elektromechanischen Konstruktionen $U = 500$ Volt, $R_a = 2{,}75$ Ohm, $z = 944$, $p = 2$ und $a = 1$. Die Abhängigkeit der erzeugten Spannung E_g vom Strom für die Maschine als Stromerzeuger entspricht bei einer Drehzahl $n_g = 450$/min den ersten beiden senkrechten Reihen der folgenden Zahlentafel.

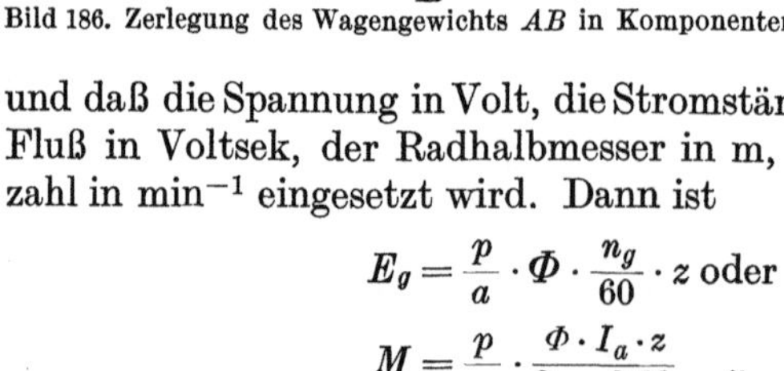

Bild 186. Zerlegung des Wagengewichts AB in Komponenten.

Wir setzen nun fest, daß die Gleichungen dieses Abschnittes sich nur auf die Zahlenwerte beziehen sollen, und daß die Spannung in Volt, die Stromstärke in Amp., der Widerstand in Ohm, der Fluß in Voltsek, der Radhalbmesser in m, das Drehmoment in mkg und die Drehzahl in min^{-1} eingesetzt wird. Dann ist

$$E_g = \frac{p}{a} \cdot \Phi \cdot \frac{n_g}{60} \cdot z \text{ oder } \Phi = 7{,}07 \cdot 10^{-5}\, E_g$$

$$M = \frac{p}{a} \cdot \frac{\Phi \cdot I_a \cdot z}{2\pi \cdot 9{,}81} \quad \text{„} \quad M = 30{,}7\, \Phi\, I_a$$

$$E = U - I_a R_a \quad \text{„} \quad E = 500 - 2{,}75\, I_a$$

$$E = \frac{p}{a} \cdot \Phi \cdot \frac{n}{60} \cdot z \quad \text{„} \quad n = 3{,}18 \cdot 10^{-2} \cdot E : \Phi.$$

Für willkürlich gewählte Ankerströme ergibt sich dann die folgende Zahlentafel. Die obigen Kurven beziehen sich auf unser Beispiel.

Stromerzeuger		Motor und Stromerzeuger		Motor	
I_a	E_g	$\Phi = 7{,}07 \cdot 10^{-5}\, E_g$	$M = 30{,}7 \cdot \Phi \cdot I_a$	$E = 500 - 2{,}75\, I_a$	$n = 3{,}18 \cdot 10^{-2} \cdot E : \Phi$
5	225	$1{,}59 \cdot 10^{-2}$	2,45	486,2	970
10	362	$2{,}56 \cdot 10^{-2}$	7,85	472,5	590
15	450	$3{,}18 \cdot 10^{-2}$	14,6	458,7	470
20	490	$3{,}46 \cdot 10^{-2}$	21,3	445	410
25	505	$3{,}56 \cdot 10^{-2}$	27,3	431,2	390

Es sei nun G das Wagengewicht, f der Bahnwiderstand, d. h. die Kraft, die nötig ist, um die Einheit des Wagengewichtes auf ebener Strecke zu bewegen und s die relative Steigung. Dann ist die Zugkraft auf ebener Strecke gleich $G \cdot f$ und bei Steigungen $G(f+s)$ (vgl. Bild 186). Ist dann r der Radhalbmesser, c die Übersetzung, d. h. das Verhältnis des Durchmessers des treibenden Rades auf der Motorachse zum Laufraddurchmesser und η der Wirkungsgrad der Übersetzung, so ergibt sich das Drehmoment für alle Motoren zusammen zu $c \cdot G \cdot r (f+s) : \eta$. Bei zwei Motoren im Wagen ist also das Drehmoment für einen Motor

$$M = 0{,}5 \cdot c \cdot G \cdot r (f+s) : \eta .$$

Das Wagengewicht sei $G = 8$ Tonnen $= 8000$ kg und der Bahnwiderstand $f =$ 12 kg/tonne, also 0,012 kg/kg. Der Radhalbmesser sei $r = 0{,}39$ m, die Übersetzung $c = 0{,}204$ und der mittlere Wirkungsgrad 0,8. Dann ist das von einem Motor geforderte Drehmoment in mkg

$$M = 0{,}5 \cdot 0{,}204 \cdot 8000 \cdot 0{,}39\,(0{,}012 + s) : 0{,}8 \quad \text{oder} \quad s = \frac{2{,}5\,M - 12}{1000} .$$

Mit den Werten von M aus der Zahlentafel erhalten wir für jedes Drehmoment die zugehörige Steigung, d. h. auch für jede Steigung den zugehörigen Stromverbrauch. Negative Steigung bedeutet Gefälle. Gleichzeitig wird die Wagengeschwindigkeit in m/min gleich $2 r \pi n \cdot c$. Die Geschwindigkeit in km/st erhalten wir also zu

$$v = \frac{2 \cdot 0{,}39 \cdot 3{,}14 \cdot 60 \cdot 0{,}204}{1000}\, n = 0{,}03 \cdot n .$$

Endlich ist der Gesamtstrom des Wagens bei zwei Motoren $I = 2 \cdot I_a$. Hiermit ergibt sich die folgende Zahlentafel:

I_a	M	s (auf tausend)	v	I
5 Amp	2,45 mkg	− 5,85	29 km/st	10 Amp
10 „	7,85 „	7,4	17,7 „	20 „
15 „	14,6 „	24,6	13,8 „	30 „
20 „	21,3 „	41,5	12,3 „	40 „
25 „	27,3 „	56,5	11,7 „	50 „

61. Die Regelung der Hauptschlußmotoren.

Die Drehzahl eines Motors ist nach Gl. (2) auf S. 106 $n = (U - I_a \cdot R_a) : p/a\, \Phi z$. Der nächste Weg zur Änderung der Drehzahl des Hauptschlußmotors ist also eine Veränderung der Motorspannung U durch den Anlasser. Der durch die Belastung gegebene Strom erzeugt dabei im Vorschaltwiderstand einen Spannungsverlust, wodurch die Motorspannung erniedrigt wird. Diese Regelung durch Vorschaltwiderstände hat sich bei Hauptschlußmotoren am besten bewährt. Dabei ist allerdings der Verlust durch Stromwärme ziemlich bedeutend.

Man regelt zuweilen die Drehzahl nach aufwärts wie beim Nebenschlußmotor durch Veränderung des Feldes. Man hat dazu den Regelwiderstand in den Nebenschluß zur Magnetwicklung zu schalten. Man erreicht dadurch, daß der Ankerstrom, der durch das Drehmoment gegeben ist, nicht in seiner vollen Stärke durch die Magnetwicklung fließt.

Wir wählen z. B. bei dem Motor in Bild 183 den Widerstand des Nebenschlusses gleich dem der Magnetwicklung, so daß der Ankerstrom nur zur Hälfte durch die Magnetwicklung fließt. Dann wird ein gegebenes Feld durch denselben Magnetstrom, also bei dem doppelten Ankerstrom erzeugt wie vorher. Wir haben also die Kurve Φ in Bild 187 ungeändert zu lassen, aber die Zahlenwerte der Wagerechten zu verdoppeln. Das Produkt des Ankerstromes und des Flusses ergibt, mit 30,7 aus der Zahlentafel auf S. 117 vervielfacht, das Drehmoment in Bild 187.

Für eine Belastung von z. B. 14 mkg erhalten wir aus Bild 183 einen Ankerstrom von 15 Amp. und einen Fluß von $3{,}1 \cdot 10^{-2}$ Voltsek, dagegen aus Bild 187 einen Ankerstrom von 19 Amp. und einen Fluß von $2{,}5 \cdot 10^{-2}$ Voltsek. Wenn wir von dem Einfluß des geringen Spannungsverlustes im Motor absehen, steht die Drehzahl zu dem Fluß im umgekehrten Verhältnis, sie hat sich also durch Einschaltung des Nebenschlusses im Verhältnis 3,1:2,5 erhöht.

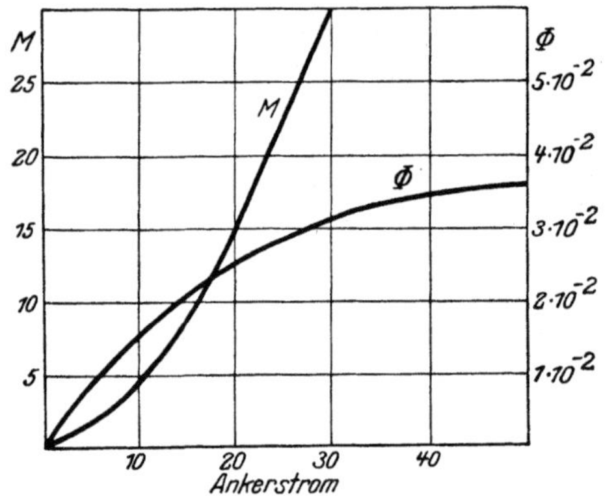

Bild 187. Motor nach Einschaltung des Nebenschlusses.

Das Feld kann auch nach Sprague dadurch geändert werden, daß die Magnetspulen beim Anfahren in Reihe und bei voller Fahrt nebeneinander geschaltet werden. Die Anker der Motoren eines Wagens sind dabei für sich allein nebeneinander geschaltet. Dies kann indessen bei ungleichem magnetischen Widerstande der Motoren eines Wagens oder schlechtem Kontakt der Magnetzweige oder endlich bei ungleichem Übergangswiderstande der Bürsten zu ungleicher Stromaufnahme der Motoren führen (vgl. Sieber, ETZ 1901, S. 35).

Ein Wagen enthalte z. B. zwei nebeneinander geschaltete Anker, deren Bürstenspannung U gleich 500 Volt und deren Ankerwiderstand gleich 1 Ohm ist. Ist

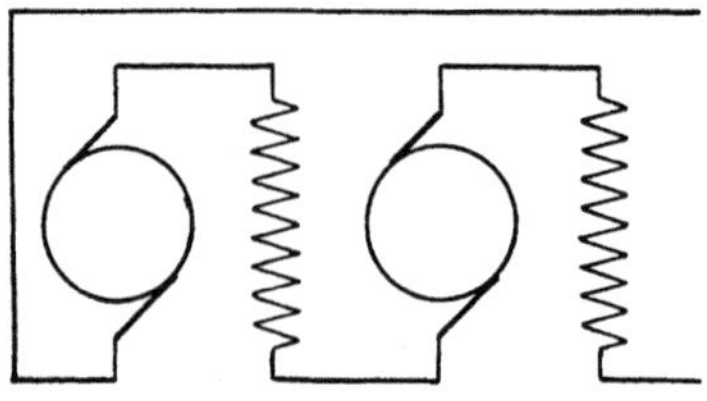

Bild 188. Reihenschaltung.

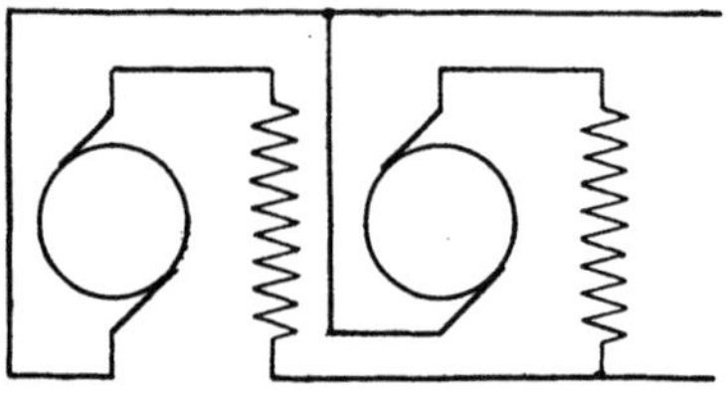

Bild 189. Nebenschaltung.

dann die Stromstärke des einen Motors 15 Amp., so ist seine Gegenspannung $E = 500 - 15 \cdot 1 = 485$ Volt. Der zweite Motor des Wagens läuft mit derselben Drehzahl wie der erste Motor. Sein Feld sei um 5% schwächer, dann ist für diesen Motor $E = 845 \cdot 0{,}95 = 460$ Volt. Demnach fließt in den zweiten Motor der Strom $I_a = (U - E)/R_a = 40$ Amp.

Zusammen fließen also in den Wagen $40 + 15 = 55$ Amp., und zwar 15 Amp. in den stärker erregten und 40 Amp. in den schwächer erregten Motor. Der zweite leistet also fast die dreifache Arbeit wie der erste. Bei großer Verschiedenheit der Erregung kann sogar die erzeugte Spannung der stärker erregten Maschine größer sein als die Bürstenspannung, so daß die Maschine als Stromerzeuger arbeitet und Strom in den andern Motor liefert. Dieser hat nicht nur für sich allein den Wagen zu ziehen, sondern auch noch die andere, als Stromerzeuger wirkende Maschine anzutreiben. Er leidet dann durch die zu große Stromwärme Schaden.

Man ist demnach davon abgekommen, die Drehzahl durch Umschaltung der Feldwicklungen zu verändern, und begnügt sich mit Regelung durch Vorschaltwiderstände, wobei man die Motoren eines Wagens, die bei der Fahrt nebeneinander geschaltet sind, beim Anfahren in Reihe schaltet (Bild 188 und 189). Auf jeden Motor kommt dann beim Anfahren nur die halbe Spannung. Zugleich wird aus dem Kraftwerk nur der einfache Strom entnommen, was bei der hohen Anfahrstromstärke sehr wesentlich ist.

Allerdings ist auch jetzt bei der Nebenschaltung eine ungleiche Verteilung der Belastung nicht ganz ausgeschlossen. Da indessen der Anker eines Motors immer mit der zugehörigen Magnetwicklung verbunden bleibt, so bewirkt ein größerer Ankerstrom auch eine größere Gegenspannung, die den Ankerstrom der Hauptsache nach

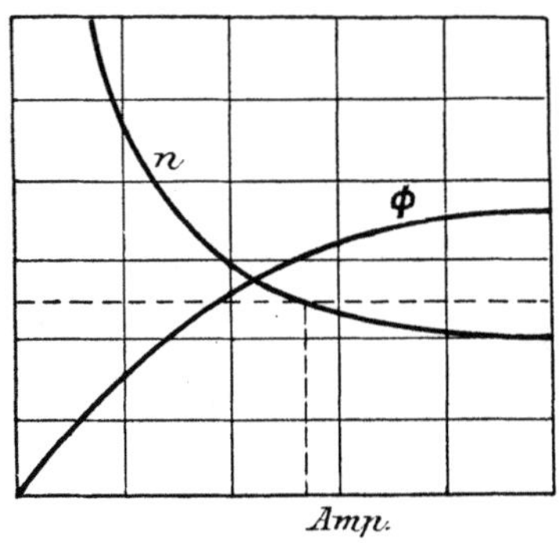

Bild 190.

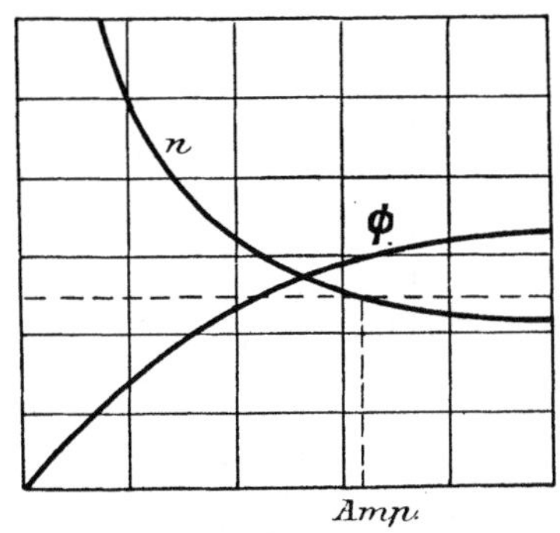

Bild 191.

Drehzahl und Stromstärke bei Motoren mit ungleichem Feld.

wieder herabdrückt. Der eine Motor besitze z. B. einen größeren Abstand des Ankereisens vom Magneteisen als der andere. Sein Fluß sei daher für gleichen Ankerstrom ständig 10% kleiner als der des anderen Motors (Bild 190 und 191). Wenn wir dann aus den Kurven des Flusses unter Vernachlässigung des inneren Widerstandes die Kurven für die Drehzahlen beider Motoren zeichnen, so liegt die Kurve des zweiten Motors höher. Für eine bestimmte Drehzahl, wie sie durch die gestrichelte Wagerechte gegeben ist, ergibt sich dann allerdings eine verschiedene Stromstärke. Aber die Unterschiede sind nie so groß wie bei der Sprague-Schaltung.

62. Steuerwalzen.

Kranmotoren und Straßenbahnmotoren werden durch drehbar gelagerte Steuerwalzen gesteuert. Diese besitzen isolierte metallische Belege, die an federnden Metallfingern vorbeigleiten. Die Finger sind mit den einzelnen Teilen der Schaltung verbunden.

In Bild 192 sind die bei einem Straßenbahnmotor herzustellenden Schaltungen gezeichnet. Dabei bedeutet *a* den Fahrdraht, *bcd* die Klemmen des Anlassers, *ef* die des Ankers und *gh* die der Feldwicklung. Die Klemme *h* ist gleichzeitig zur Laufschiene geführt. Die Stellungen *1* bis *3* sind Fahrtstellungen, *I* und *II* Bremsstellungen. Dazwischen ist eine Nullstellung. Beim Übergang von der Fahrt zur Bremsung ist nach S. 104 der Anker im Verhältnis zur Feldwicklung umzuschalten. Das Ausschalten eines Teiles des Widerstandes geschieht, um Funken zu vermeiden, durch Kurzschließen. Wir denken uns nun die Widerstände, den Anker und die Feldwicklung bis auf die durch Punkte angedeuteten Klemmen weggelöscht und, wie in Bild 193, an die Metallfinger *a* bis *h* angeschlossen. Dann stellen die erwähnten Punkte nebst ihren Verbindungen schon die Belege auf dem abgerollten Mantel der Walze dar.

Damit aber der Strom nicht unnötig unterbrochen und die Herstellung einfacher wird, müssen nebeneinander stehende Belege, soweit es zulässig ist, miteinander zu Streifen vereinigt werden. Man schreibt dazu die herzustellenden Verbindungen, wie es unten in Bild 192 geschehen ist, für jede Stellung heraus, so daß sich wagerechte Reihen ergeben (vgl. Edler, Entwurf von Schaltungen und Schaltapparaten, Hannover 1905). Die Reihenfolge in jeder senkrechten Reihe ist beliebig, wird aber zweckmäßig so gewählt, daß möglichst gleichartige Verbindungen nebeneinander stehen, was sich meist schon von selbst ergibt.

Verbindungen, die in allen Schaltstellungen vorkommen oder ausgeführt werden dürfen, scheidet man aus und führt sie als feste Verbindungen aus. Dies ist z. B. in Bild 192 bereits für die Verbindung zwischen den beiden Teilen des Widerstandes

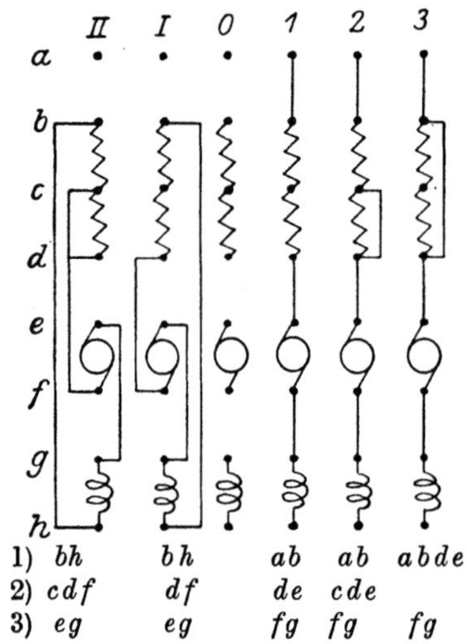

Bild 192. Schaltverbindungen.

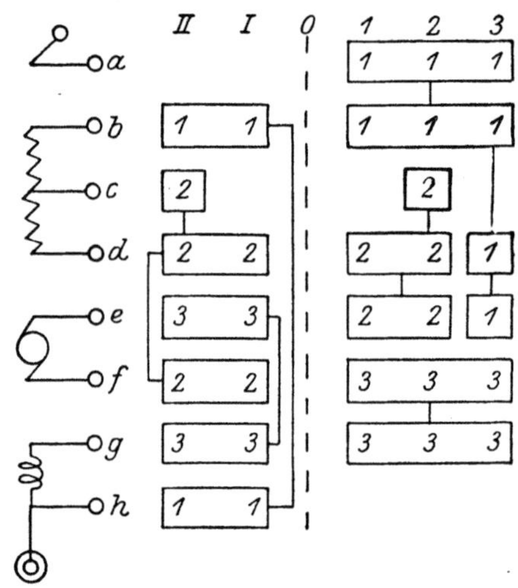

Bild 193. Abgerollter Mantel der Steuerwalze.

und für die Verbindung zwischen der Klemme *h* der Feldwicklung und der Laufschiene geschehen.

Die wagerechten Reihen werden nun numeriert. Jede darin vorkommende Klemme erhält die Nummer der Reihe und wird mit dieser Nummer in Bild 193 eingetragen. So ist z. B. in der Bremsstellung *II* in der Höhe von *b* und *h* die Nummer *1*, in der Höhe von *c*, *d* und *f* die Nummer *2* und in der Höhe von *e* und *g* die Nummer *3* einzutragen.

Gleich bezeichnete Stellen übereinander müssen nun elektrisch verbunden werden. Gleich bezeichnete Stellen nebeneinander dürfen elektrisch verbunden werden. Daraus ergibt sich der Belag in Bild 193 mit den senkrechten Verbindungsleitungen. Um deren Länge zu verringern, kann man noch wagerechte Reihen nebst dem zugehörigen Finger miteinander vertauschen. Es wird z. B. zweckmäßig sein, den Finger *h* nebst der zugehörigen wagerechten Reihe ganz nach oben zu verlegen.

X. Leitungen.

63. Grundlagen der Leitungsberechnung.

Eine Strecke ist der unverzweigte Teil einer Leitung. Sie wird entweder von Speisepunkten, die durch starke Speiseleitungen sämtlich auf gleicher Spannung gehalten werden, oder von Knoten des Leitungsnetzes begrenzt. Wie üblich, zeichnen wir nur den positiven Leiter. Der Strom fließt durch eine Rückleitung von gleicher Länge zum Kraftwerk zurück. Es sei l die einfache Länge, q der Querschnitt, k das

Leitvermögen, i die wirkliche Stromstärke und ε der Spannungsabfall eines Knotens gegenüber den Speisepunkten. Der von einem Knoten in eine Strecke fließende Strom werde in der Richtung vom Knoten in die Strecke als positiv gezählt.

Ist in Bild 194 ε_2 größer als ε_1, so wirkt eine Spannung $\varepsilon_2 - \varepsilon_1$ auf der Strecke von *1* nach *2*. Sie ergibt sich zu

$$\varepsilon_2 - \varepsilon_1 = 2\,[i_1 l_1 + (i_1 - i_a)\,l_2 + (i_1 - i_a - i_b)\,l_3] : kq, \text{ d. h.}$$

$$i_1 = \frac{i_b \cdot l_3 + i_a\,(l_2 + l_3)}{l_1 + l_2 + l_3} + \frac{kq\,(\varepsilon_2 - \varepsilon_1)}{2\,(l_1 + l_2 + l_3)}. \tag{1}$$

Ebenso wird

$$i_2 = \frac{i_a \cdot l_1 + i_b\,(l_1 + l_2)}{l_1 + l_2 + l_3} - \frac{kq\,(\varepsilon_2 - \varepsilon_1)}{2\,(l_1 + l_2 + l_3)}. \tag{2}$$

Das erste Glied der rechten Seite in Gl. (1) und (2) ist vom Spannungsabfall der Knoten unabhängig. Es stellt einen Teil des dem Knoten aus dem übrigen Netz zufließenden Stromes dar, und zwar ist es für das übrige Netz, also auch für den Spannungsabfall der Knoten, gleichgültig, ob wir diesen Teil in die Strecke selbst fließen lassen, oder wie einen Verbrauchstrom I_1 bzw. I_2 an den Knoten abnehmen und dadurch die Strecke entlasten (Bild 194 unten). Wir setzen also:

$$I_1 = \frac{i_b \cdot l_3 + i_a\,(l_2 + l_3)}{l_1 + l_2 + l_3}, \qquad I_2 = \frac{i_a \cdot l_1 + i_b\,(l_1 + l_2)}{l_1 + l_2 + l_3}. \tag{3}$$

Da sich diese Ströme wie die Auflagedrücke bei einem wagerechten Balken berechnen, so bezeichnen wir sie als die Belastungen, die bei Entlastung der Strecke auf die Knoten geworfen werden. Ihre Summe ist gleich der Streckenbelastung $i_a + i_b$.

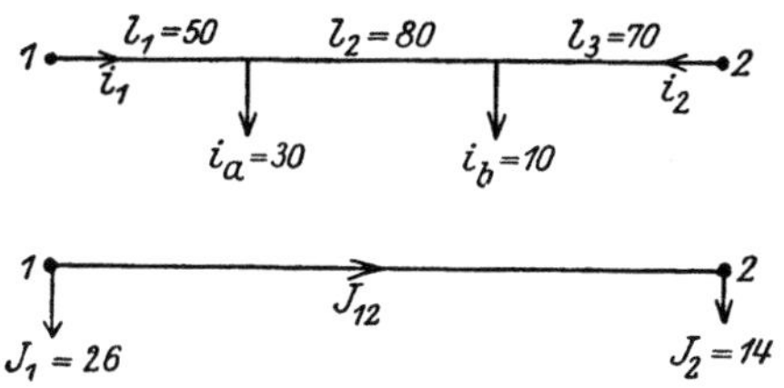

Bild 194. Leitungsstrecke.

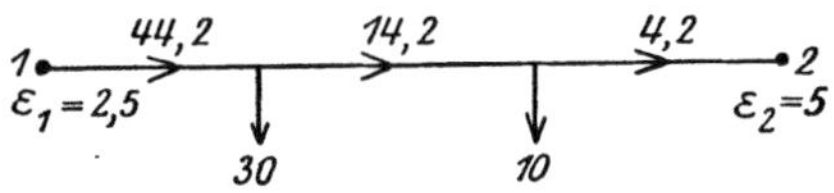

Bild 195. Stromverteilung.

Das zweite Glied der rechten Seite in Gl. (1) und (2) ist der sogenannte Ausgleichstrom, der bei den gegebenen Spannungsabfällen der Knoten durch die unbelastete Strecke von *1* nach *2* fließen würde. Wir bezeichnen ihn mit I_{12} und rechnen ihn in der Richtung von *1* nach *2* als positiv. Nun ist allgemein der Leitwert bei der Gesamtlänge l

$$a = k \cdot q : 2l. \tag{4}$$

Demnach ist nach Gl. (1) und (2):

$$I_{12} = (\varepsilon_2 - \varepsilon_1) \cdot a_{12}, \qquad I_{21} = (\varepsilon_1 - \varepsilon_2)\,a_{12} = -I_{12}. \tag{5}$$

Die Strecke ist dabei zwar entlastet, aber nicht stromlos (Bild 194 unten). Nach Gl. (1) und (2) ist dann:

$$i_1 = I_1 + I_{12}, \qquad i_2 = I_2 + I_{21} = I_2 - I_{12}. \tag{6}$$

Der wirkliche, vom Knoten in die Strecke fließende Strom ergibt sich also, wenn man zu dem Ausgleichstrom bei entlasteter Strecke die Belastung hinzuzählt, die bei Entlastung der Strecke auf den Knoten geworfen wurde.

In Bild 194 sei für $\varepsilon_1 = 2{,}5$ und $\varepsilon_2 = 5$ Volt, $k = 58$ Siemens $\times$ m/mm², $l = 50 + 80 + 70$ m und $q = 50$ mm² die Stromverteilung zu ermitteln. Wir entlasten zunächst die Strecke und werfen auf die Knoten die Belastungen

$$I_1 = (10 \cdot 70 + 30 \cdot 150) : 200 = 26, \quad I_2 = 10 + 30 - 26 = 14 \text{ Amp.}$$

Dann berechnen wir den Leitwert zu $a_{12} = 58 \cdot 50 : 400 = 7{,}3$ Siemens und erhalten den Ausgleichstrom bei entlasteter Strecke $I_{12} = (5 - 2{,}5) \cdot 7{,}3 = 18{,}2$ Amp.

Die wirklichen, in die Strecke fließenden Ströme sind also

$$i_1 = I_1 + I_{12} = 26 + 18{,}2 = 44{,}2, \quad i_2 = I_2 - I_{12} = 14 - 18{,}2 = -4{,}2 \text{ Amp.}$$

Ein positiver Strom von 4,2 Amp. fließt dabei auf der Strecke dem Knoten *2* zu. Die 1. Kirchhoffsche Regel gibt dann die Stromverteilung in Bild 195.

64. Die Knotengleichungen.

Die Spannungsabfälle ε gegenüber den Speisepunkten, die gegeneinander keine Spannung aufweisen mögen, sind im vorigen Abschnitt als gegeben angenommen. In Wirklichkeit sind sie nach einem von Coltri angegebenen und von Teichmüller verbesserten Wege zu berechnen. In Bild 196 seien *1* bis *4* Knoten und *0* ein Speisepunkt. Die Summe der Belastungen, die bei Entlastung der Strecken auf den Knoten *1* geworfen sind, sei A_1. Dann wird

$$I_{21} = (\varepsilon_1 - \varepsilon_2)\, a_{12} \qquad I_{31} = (\varepsilon_1 - \varepsilon_3)\, a_{13} \qquad I_{41} = (\varepsilon_1 - \varepsilon_4)\, a_{14} \qquad I_{01} = \varepsilon_1 \cdot a_{10}.$$

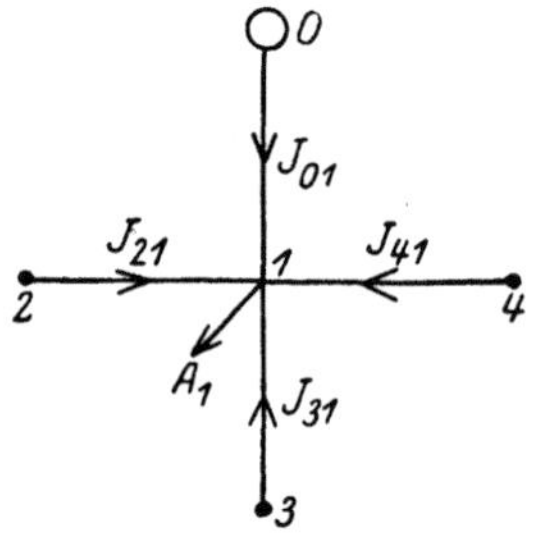

Bild 196. Knoten.

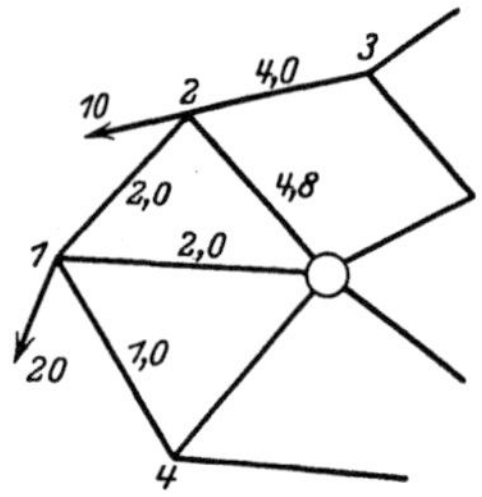

Bild 197. Netzteil. Die Zahlen sind Leitwerte.

Die Summe dieser vier Ströme ist gleich A_1. Setzen wir

$$a_{11} = -(a_{12} + a_{13} + a_{14} + a_{10}), \tag{7}$$

so wird

$$a_{11}\varepsilon_1 + a_{12}\varepsilon_2 + a_{13}\varepsilon_3 + a_{14}\varepsilon_4 + A_1 = 0.$$

Allgemein ergeben sich also für ein Netz mit n Knoten n Gleichungen von der Form

$$\left.\begin{array}{l}
a_{11}\varepsilon_1 + a_{12}\varepsilon_2 + a_{13}\varepsilon_3 + a_{14}\varepsilon_4 \;\ldots\ldots\; + A_1 = 0.\\
a_{12}\varepsilon_1 + a_{22}\varepsilon_2 + a_{23}\varepsilon_3 + a_{24}\varepsilon_4 \;\ldots\ldots\; + A_2 = 0.\\
a_{13}\varepsilon_1 + a_{23}\varepsilon_2 + a_{33}\varepsilon_3 + a_{34}\varepsilon_4 \;\ldots\ldots\; + A_3 = 0.\\
a_{14}\varepsilon_1 + a_{24}\varepsilon_2 + a_{34}\varepsilon_3 + a_{44}\varepsilon_4 \;\ldots\ldots\; + A_4 = 0.\\
\vdots \qquad\quad \vdots \qquad\quad \vdots \qquad\quad \vdots \qquad\qquad\qquad \vdots
\end{array}\right\} \tag{8}$$

Dabei sind a_{11}, a_{22}, a_{33}, a_{44} ... jeweils die negativen Summen aller an den betreffenden Knoten angeschlossenen Leitwerte.

Um ε_1 wegzuschaffen, vervielfachen wir die erste Gleichung mit $-a_{12}/a_{11}$ und zählen sie zu der zweiten hinzu. Ebenso vervielfachen wir die erste Gleichung mit $-a_{13}/a_{11}$ und zählen sie zu der dritten hinzu usw. Dadurch ergibt sich

$$\left.\begin{array}{l}
b_{22}\varepsilon_2 + b_{23}\varepsilon_3 + b_{24}\varepsilon_4 \;\ldots\ldots\; + B_2 = 0.\\
b_{23}\varepsilon_2 + b_{33}\varepsilon_3 + b_{34}\varepsilon_4 \;\ldots\ldots\; + B_3 = 0.\\
b_{24}\varepsilon_2 + b_{34}\varepsilon_3 + b_{44}\varepsilon_4 \;\ldots\ldots\; + B_4 = 0.\\
\vdots \qquad\quad \vdots \qquad\quad \vdots \qquad\qquad\quad \vdots \qquad \vdots
\end{array}\right\} \tag{9}$$

Darin ist z. B.

$$\left.\begin{array}{l}
b_{22} = a_{22} + \dfrac{a_{12}\,a_{12}}{-a_{11}} = a_{22} + a'_{22} \qquad b_{23} = a_{23} + \dfrac{a_{12}}{-a_{11}} \cdot a_{13} = a_{23} + a'_{23}\\
\qquad\qquad B_2 = A_2 + \dfrac{a_{12}}{-a_{11}}\, A_1 = A_2 + A'_2.
\end{array}\right\} \tag{10}$$

Nun ergibt sich, daß auch in den Gleichungen (9) die in Gl. (7) ausgedrückte Beziehung gilt, d. h. die Gleichungen (9) stellen das vom Knoten 1 befreite Netz dar. Wegschaffung einer Unbekannten aus den Gleichungen ist also gleichbedeutend mit Wegschaffung eines Knotens aus dem Netz (vgl. Herzog und Feldmann, El. und Maschinenbau, 1914, S. 250). In dem neuen Netz sind dann neben den ursprünglichen Werten noch die nach Gl. (10) gebildeten Zusatzwerte a' und A' enthalten.

Wir setzen nun voraus, daß die Knoten in der Reihe ihrer Ordnungszahlen weggeschafft werden. Die Reihenfolge der Numerierung ist an sich willkürlich, jedoch fängt man zweckmäßig an einer schmalen Seite des Netzes an und schreitet, ohne Nachzügler zu hinterlassen, derartig fort, daß quer zur Fortschreitungsrichtung stets möglichst wenig Knoten liegen.

Für den Netzteil in Bild 197 ist $a_{11} = -5{,}0$. Wir erhalten also bei Wegschaffung des Knotens 1 folgende Zahlentafel, in die zur Probebildung auch $a_1 = a_{10} - A_1$ aufgenommen ist.

$$a_{11} = -5 \qquad a_{12} = 2 \qquad a_{14} = 1 \qquad A_1 = 20 \qquad a_1 = -18$$

$$a'_{22} = \frac{a_{12}}{-a_{11}} \cdot a_{12} = 0{,}8 \quad a'_{24} = \frac{a_{12}}{-a_{11}} \cdot a_{14} = 0{,}4 \quad A'_2 = \frac{a_{12}}{-a_{11}} A_1 = 8 \quad a'_2 = \frac{a_{12}}{-a_{11}} \cdot a_1 = -7{,}2$$

$$a'_{44} = \frac{a_{14}}{-a_{11}} \cdot a_{14} = 0{,}2 \quad A'_4 = \frac{a_{14}}{-a_{11}} A_1 = 4 \quad a'_4 = \frac{a_{14}}{-a_{11}} \cdot a_1 = -3{,}6.$$

Damit ist der Knoten *1* weggeschafft. Beim Knoten *2* sind dann außer den ursprünglichen Werten die obigen Zusatzwerte zu berücksichtigen. Für a_{22} ist die negative Summe aller ursprünglichen, an den Knoten *2* angeschlossenen Strecken einzusetzen. a_2 ist wieder $a_{20} - A_2$. Wir schreiben also die ursprünglichen Werte und die Zusatzwerte untereinander, zählen zusammen und bilden die bei Wegschaffung der Knotens *2* entstehenden Zusatzwerte.

$$a_{22} = -10{,}8 \qquad a_{23} = 4{,}0 \qquad A_2 = 10 \qquad a_2 = -5{,}2$$

$$a'_{22} = 0{,}8 \qquad a'_{24} = 0{,}4 \qquad A'_2 = 8 \qquad a'_2 = -7{,}2$$

$$b_{22} = -10 \qquad b_{23} = 4{,}0 \qquad b_{24} = 0{,}4 \qquad B_2 = 18 \qquad b_2 = -12{,}4$$

$$a'_{33} = 4 \cdot \frac{4}{10} \quad a'_{34} = \frac{4 \cdot 0{,}4}{10} \quad A'_3 = \frac{4}{10} \cdot 18 \quad a'_3 = \frac{-4}{10} \cdot 12{,}4$$

$$a'_{44} = \frac{0{,}4}{10} \cdot 0{,}4 \quad A'_4 = \frac{0{,}4}{10} \cdot 18 \quad a'_4 = \frac{-0{,}4}{10} \cdot 12{,}4.$$

Damit ist der Knoten *2* weggeschafft usw.

Zur Vereinfachung empfiehlt sich folgendes Formular, in dem die Fußzeichen durch Kopf und linkes Randzeichen ersetzt sind.

	1)	2)	4)	*A*)	*a*)
	− 5	2	1	20	− 18
2′)		0,8	0,4	8	− 7,2
4′)			0,2	4	− 3,6

	2)	3)	4)	*A*)	*a*)
Ursprünglich	− 10,8	4,0		10	− 5,2
Zusatz	0,8		0,4	8	− 7,2
Gesamt	− 10	4,0	0,4	18	− 12,4
3′)		1,6	0,16	7,2	− 4,96
4′)			0,016	0,72	− 0,5.

Bisher war zu den ursprünglichen Werten nur eine Reihe Zusatzwerte zu addieren. Dies ändert sich im Laufe der Rechnung. Man hat allgemein bei Wegschaffung eines Knotens zu dessen ursprünglichen Werten sämtliche Zusatzreihen zu addieren, die links die betreffende Nummer tragen.

Eine Probe erhält man jedesmal dadurch, daß die Zahlenreihe unter dem Summationsstrich die Summe Null ergeben muß.

Schließlich bleibt nur ein einziger Knoten mit der Gesamtbelastung B_n übrig, der mit den vereinigt gedachten Speisepunkten durch den Gesamtleitwert $-b_{nn}$ verbunden ist. Dann ergibt sich

$$\varepsilon_n = \frac{B_n}{-b_{nn}} \, .$$

Aus diesem Spannungsabfall kann man rückwärtsschreitend die übrigen berechnen, da die Werte unter dem Summationsstrich ständig die Knotengleichung in dem entsprechenden Stadium der Netzumformung darstellen. Ist z. B. $\varepsilon_3 = 5$ und $\varepsilon_4 = 7$ bekannt, so ergibt sich für den Knoten *2*

$$-10 \cdot \varepsilon_2 + 4{,}0 \cdot 5 + 0{,}4 \cdot 7 + 18 = 0, \quad \text{d. h.} \quad \varepsilon_2 = 4{,}08,$$

und ebenso für den Knoten *1*

$$-5\varepsilon_1 + 2{,}0 \cdot 4{,}08 + 1{,}0 \cdot 7 + 20 = 0, \quad \text{d. h.} \quad \varepsilon_1 = 7{,}03.$$

Zur Probe berechnet man die ohnehin bei der späteren Rechnung nötigen Ausgleichströme, also z. B. bei dem Knoten *1*

$$I_{21} = (\varepsilon_1 - \varepsilon_2)\, a_{12} \qquad I_{31} = (\varepsilon_1 - \varepsilon_3)\, a_{13} \qquad I_{01} = \varepsilon_1 \cdot a_{10}$$

und prüft, ob ihre Summe für jeden Knoten gleich der ursprünglichen Knotenbelastung ist.

Der wirklich von einem Knoten in die Strecke fließende Strom ist dann nach S. 121 die Summe aus dem Ausgleichstrom und dem Strom, der beim Entlasten der Strecke auf den Knoten geworfen war.

65. Zeichnerische Lösung.

Das im folgenden gegebene Verfahren schließt sich an das von Schwaiger, ETZ 1920, S. 227 gegebene Verfahren an. Man wählt die Maßstäbe

$$1 \text{ cm} = c_a \text{ Siemens} \qquad 1 \text{ cm} = c_i \text{ Amp} \qquad 1 \text{ cm} = c_u \text{ Volt.}$$

In Bild 199a tragen wir dann auf einer Wagerechten, die den Abstand $OQ = c_i : c_a c_u$ cm von der Achse hat, für den Knoten 1 in den gewählten Maßstäben a_{12},

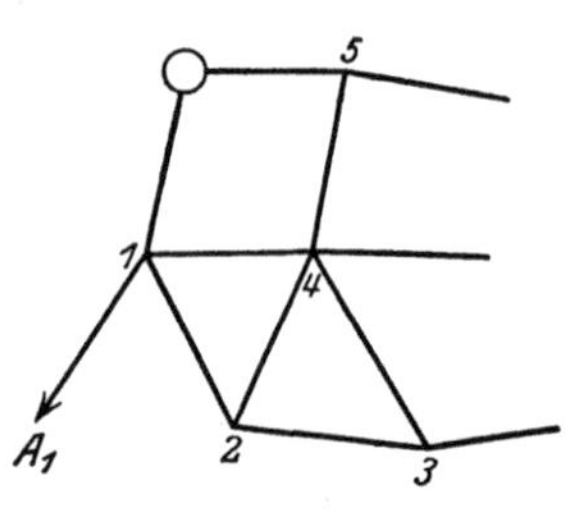

Bild 198. Netzteil.

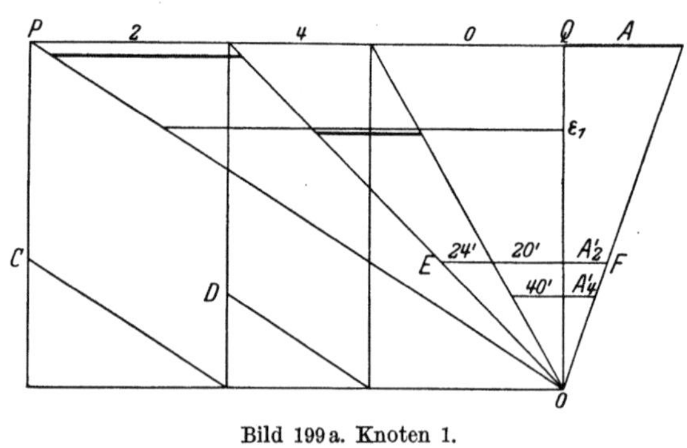

Bild 199a. Knoten 1.

a_{14}, a_{10} und A_1 aus Bild 198 auf. Zur Probe bilden wir rechnerisch die Summe $a_{12} + a_{14} + a_{10} + A_1 \cdot c_a/c_i$ und teilen sie durch c_a. Dies muß die Gesamtlänge der oberen Wagerechten in cm sein.

Wir zeichnen dann das Strahlenbündel O, loten die Teilpunkte der oberen Wagerechten herunter und ziehen durch die Fußpunkte Parallele zur Diagonale OP, die die Lote in C und D schneiden. Die Wagerechten durch C und D liefern dann die Zusatzwerte bei Wegschaffung des Knotens *1*.

Beim Knoten *2* trägt man in Bild 199b in den gewählten Maßstäben die zeichnerisch gebildete Summe der ursprünglichen und zusätzlichen Werte auf. Unter 4 ist also $a_{24} + a'_{24}$, unter 0 ist nur a'_{20} und unter A ist $A_2 + A'_2$ aufzutragen. Gegebenenfalls sind bei späteren Knoten alle früher gebildeten zugehörigen Zusatzwerte zu berücksichtigen. Zur Probe bildet man rechnerisch nach Bild 198 die Summe der an den Knoten *2* angeschlossenen Leitwerte höherer Ordnungszahl, aber einschließlich a_{20}, und addiert dazu $A_2 \cdot c_a : c_i$. Die Summe, durch c_a geteilt, und zeichnerisch in cm zu EF addiert, muß die obere Wagerechte des Knotens *2* ergeben. Die Wagerechten durch C und D ergeben dann die Zusatzwerte bei Wegschaffung des Knotens *2*.

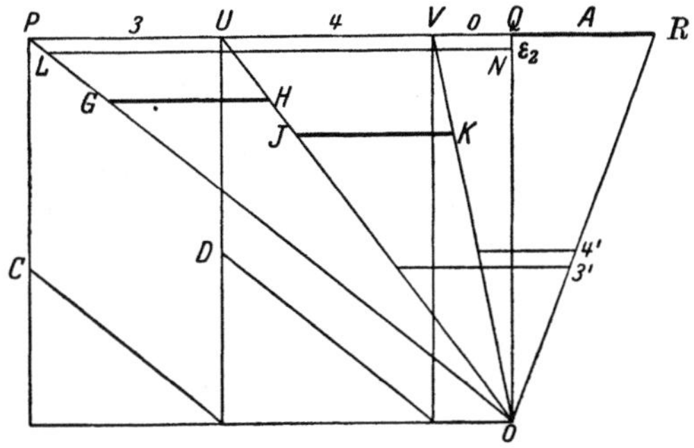

Bild 199b. Knoten 2.

Auf diese Weise fährt man fort und behält schließlich einen einzigen Knoten übrig mit einer Gesamtbelastung B, die ihm aus den vereinigt gedachten Speisepunkten durch einen Gesamtleitwert b_0 zufließt (Bild 199c). Er trage die Nummer 8. Wir passen dann $B_8 = QR$ als ST wagerecht zwischen die zu b_0 gehörigen Strahlen ein. Wenn dann OT, OQ usw. in cm gemessen werden, so ist

$$OT = OQ \cdot \frac{ST}{PQ} = \frac{c_i}{c_a \cdot c_u} \cdot \frac{B_8/c_i}{b_0/c_a} = \frac{B_8}{c_u \cdot b_0} = \frac{\varepsilon_8}{c_u}.$$

Demnach ist $OT \cdot c_u$ gleich dem gesuchten Spannungsabfall ε_8. Rückwärts schreitend ergeben sich daraus die übrigen Spannungsabfälle. Sind z. B. ε_3 und ε_4 bekannt, so ziehen wir in Bild 199b wagerecht GH in Höhe von $\varepsilon_3 : c_u$ cm und JK

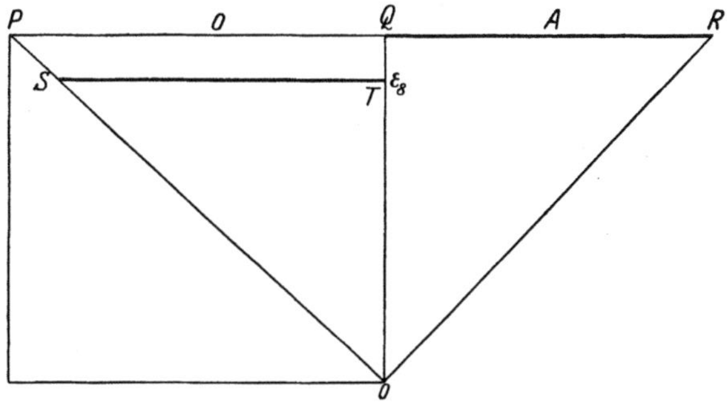

Bild 199c. Knoten 8.

in Höhe von $\varepsilon_4 : c_u$ cm. Wir passen dann die Summe LN der stark ausgezogenen Strecken wagerecht zwischen OP und OQ ein. Wenn dann die Gesamtwerte mit b und B bezeichnet und die Maßstäbe zunächst gleich Eins gesetzt werden, so ist

$$\frac{GH}{b_{23}} = \frac{\varepsilon_3}{OQ} \qquad \frac{JK}{b_{24}} = \frac{\varepsilon_4}{OQ} \qquad PQ = -b_{22} \qquad QR = B_2.$$

Dadurch wird, da $LN = GH + JK + QR$ gezeichnet ist:

$$ON = \frac{LN \cdot OQ}{PQ} = \frac{b_{23}\varepsilon_3 + b_{24}\varepsilon_4 + B_2 \cdot OQ}{-b_{22}}.$$

In Wirklichkeit sind die entsprechenden Längen einzuführen, also b/c_a statt b, ε/c_u statt ε und B/c_i statt B. Mit $OQ = c_i : c_a c_u$ erhält man also

$$ON = \frac{b_{23}\varepsilon_3 + b_{24}\varepsilon_4 + B_2}{-b_{22} \cdot c_u} = \frac{\varepsilon_2}{c_u}.$$

Man kann also ohne Rechnung in $c_u \cdot ON$ unmittelbar ε_2 ablesen. Ebenso ergibt sich ε_1 in Bild 199a.

XI. Grundgesetze des Wechselstromes.

66. Stromstärke und Spannung des Wechselstromes.

Bei einem Gleichstrom ist die Stärke und Richtung des Stromes in allen Zeitpunkten dieselbe. Bei einem Wechselstrom ändert sich die Stromstärke und die Richtung periodisch mit der Zeit. Tragen wir die Zeit t wagerecht und den Zeitwert i der Stromstärke senkrecht auf, so erhalten wir die sogenannte Stromkurve. Die Zeit T, innerhalb welcher sich derselbe Zustand wiederholt, heißt die Zeit einer vollen Periode. Die Periodenzahl in der Zeiteinheit oder die Frequenz ist dann

$$f = 1/T. \tag{1}$$

Der Strom nimmt von Null an bis auf einen Höchstwert zu, nimmt dann wieder bis auf Null ab und ändert beim Durchgang durch Null zweimal in einer Periode seine Richtung.

Die praktische Einheit der Frequenz ist 1 Hertz gleich 1 Periode in der Sekunde.

Wir setzen nun für die Spannungs- und Stromkurve eine Sinuskurve voraus, die für den Betrieb am günstigsten ist und eine einfache Behandlung der Vorgänge

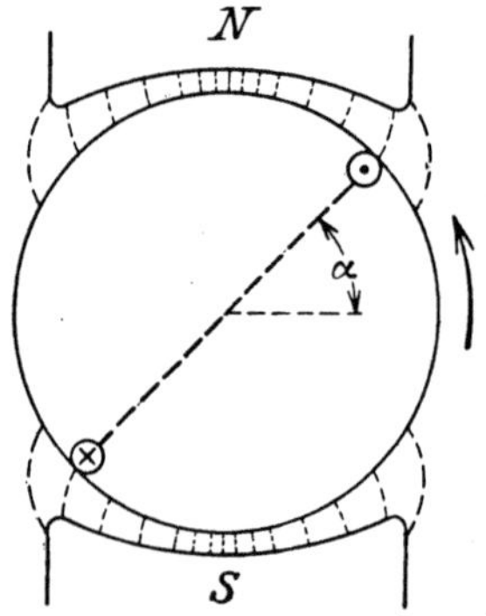

Bild 200. Lage des Ankers zur Zeit t.

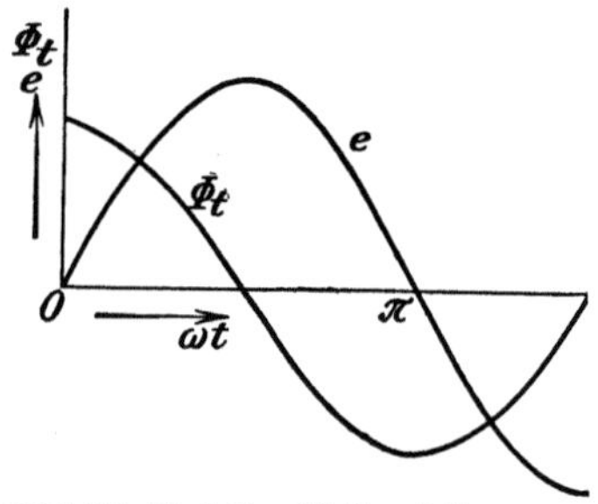

Bild 201. Umfaßter Fluß und Spannung.

möglich macht (Bild 201). Man erreicht einen sinusförmigen Verlauf der Spannungskurve bei den Maschinen dadurch, daß man nach Bild 200 den Luftspalt von der Polmitte nach den Polspitzen allmählich etwas erweitert, außerdem auch durch geeignete Verteilung der Wicklung am Umfang (vgl. Abschn. 110).

Wir wollen annehmen, die Kraftliniendichte sei eine Sinusfunktion des Ortes. Indem dann die Spulenseiten durch das Feld hindurchschneiden, wird in ihnen eine sinusförmige Spannung erzeugt. Statt den Zeitwert aus der Gleichung $e = \mathfrak{B} \cdot l \cdot v$ zu berechnen, ermitteln wir ihn aus der Änderung des umfaßten Flusses.

Ist $\mathfrak{B}_m$ die größte Induktion unter der Polmitte, so ist die Induktion im Bogenabstand x von der neutralen Zone gleich $\mathfrak{B}_m \cdot \sin x$. Bei einer Ankerlänge b und einem Ankerhalbmessers r ist die dem Bogen dx entsprechende Oberfläche gleich $b \cdot r \cdot dx$. Sind also die Nuten gegen die neutrale Zone um den Bogen α vorgeschritten, so ist der Zeitwert des von einer Windung umfaßten Flusses:

$$\Phi_t = \int_{\alpha}^{\pi+\alpha} \mathfrak{B}_m \cdot \sin x \cdot b \cdot r \cdot dx = 2 \cdot \mathfrak{B}_m \cdot b \cdot r \cdot \cos \alpha. \tag{1a}$$

Liegen die Nuten in der neutralen Zone, so ist $\alpha = 0$ und $\cos \alpha = 1$, und der umfaßte Fluß ist am größten. Der Höchstwert des umfaßten Flusses ist dann $\Phi = 2 \cdot \mathfrak{B}_m \cdot b \cdot r$ und der Zeitwert $\Phi_t = \Phi \cdot \cos \alpha$.

Zur Zeit $t=0$ mögen die Nuten in der neutralen Zone liegen, so daß eine Windung den Höchstwert Φ des Flusses umfaßt. Ist $\omega=2\pi\cdot n$ die Winkelgeschwindigkeit, d. h. der Bogen in der Zeiteinheit, so ist der in der Zeit t zurückgelegte Bogen $\alpha=\omega t$. Liegen dann w Windungen in derselben Nut, so ist der von jeder Windung zur Zeit t umfaßte Fluß $\Phi_t=\Phi\cdot\cos\omega t$. Der Zeitwert der erzeugten Spannung ist dann

$$e=-w\cdot d\Phi_t/dt=w\cdot\omega\cdot\Phi\cdot\sin\omega t. \tag{2}$$

Für $\alpha=\omega t=0$ liegen die Spulenseiten in der neutralen Zone und die erzeugte Spannung ist Null. In Übereinstimmung damit wird in Gl. (2) $\sin\omega t$ und damit der Zeitwert der Spannung gleich Null. Dabei ist gleichzeitig der umfaßte Fluß am größten. Um uns das noch deutlicher zu machen, tragen wir in Bild 201 den der Zeit proportionalen Bogen ωt wagerecht und den umfaßten Fluß senkrecht auf. In dem Zeitpunkt, in welchem der umfaßte Fluß am größten ist, verläuft seine Kurve wagerecht, und die Änderung in der Zeiteinheit ist Null. Daher geht in diesem Zeitpunkt die Spannung durch Null hindurch.

Für $\omega t=\pi/2$ liegen die Spulenseiten im stärksten Feld vor der Polmitte, so daß der Höchstwert der Spannung erzeugt wird. In Übereinstimmung damit erhalten wir in Gl. (2) für $\sin\omega t$ jetzt den Höchstwert der Spannung:

$$e_m=w\cdot\omega\cdot\Phi. \tag{3}$$

Gl. (2) können wir daher auch in der Form schreiben

$$e=e_m\cdot\sin\omega t. \tag{4}$$

Der Höchstwert wird in dem Zeitpunkt erzeugt, in welchem der umfaßte Fluß gleich Null ist. Dies geht auch aus Bild 201 hervor. Wenn der umfaßte Fluß durch

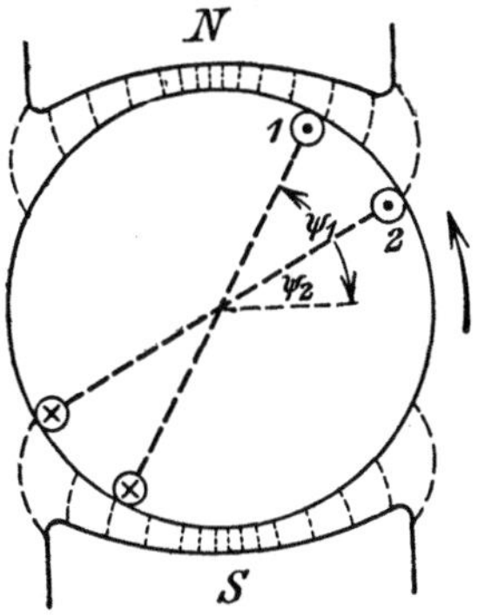

Bild 202. Phasenverschobene Spannungen zur Zeit $t=0$.

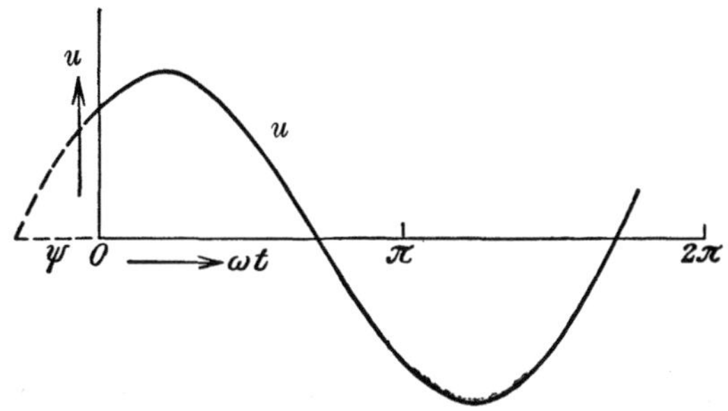

Bild 203. $u=u_m\cdot\sin(\omega t+\psi)$.

Null hindurchgeht, ist seine Kurve am steilsten. Die Änderung in der Zeiteinheit ist also am größten.

Nimmt ωt über $\pi/2$ hinaus zu, so kommen die Spulenseiten wieder in ein schwächeres Feld und die erzeugte Spannung nimmt ab. Für $\omega t=\pi$ liegen die Spulenseiten wieder in der neutralen Zone. Gleichzeitig wird $\sin\omega t$ und die erzeugte Spannung gleich Null. Bei weiterer Drehung ändert sich die Richtung, in der die Spulenseiten durch das Feld hindurchschneiden, und damit auch die Richtung der erzeugten Spannung, d. h. sie wird negativ. Dies erhalten wir auch aus Gl. (2), da der Sinus eines überstumpfen Winkels negativ ist.

Setzen wir $\cos\alpha=\sin(\alpha+\pi/2)$, so erhalten wir $\Phi_t=\Phi\cdot\sin(\omega t+\pi/2)$. Der Vergleich mit Gl. (4) zeigt, daß die Spannung um 90° gegen den Fluß zurückbleibt, durch dessen Änderung sie erzeugt wird. Dies wird auch durch Bild 201 bestätigt, wo der Höchstwert der erzeugten Spannung um $1/4$ Periode später auftritt als der Höchstwert des umfaßten Flusses.

Es seien nun mehrere Spannungen oder Ströme gegeben, die in ihrem zeitlichen Zustand, d. h. in ihrer Phase, verschieden sind. Auf dem Anker einer Maschine mögen z. B. zwei gleiche um einen Winkel verschobene Spulen liegen. Bild 202 zeige die Lage zur Zeit $t = 0$. In diesem Zeitpunkt sind die Spulenseiten der Spule 1 um ψ_1 und die der Spule 2 um ψ_2 gegen die neutrale Zone vorgeschritten. Dann sind die Zeitwerte der in beiden Spulen erzeugten Spannungen: $e_1 = e_m \cdot \sin(\omega t + \psi_1)$ und $e_2 = e_m \cdot \sin(\omega t + \psi_2)$. Wir können die Richtigkeit dieser Gleichungen unmittelbar prüfen, wenn wir $t = 0$ setzen. Ist also allgemein ψ der Winkel, um den die Wechselstromwelle zur Zeit $t = 0$ gegen ihren Ursprung vorgeschritten ist, so ist der Zeitwert, entsprechend Bild 203

$$e = e_m \cdot \sin(\omega t + \psi). \tag{5}$$

Bei unserer zweipoligen Maschine ist die Zeit einer Periode gleich der Zeit einer Umdrehung. Bei mehrpoligen Maschinen, deren Windungen natürlich etwa eine Polteilung umfassen müssen, haben wir bei p Polpaaren während einer Umdrehung p Perioden. Ist also n die Drehzahl, so ist die Frequenz

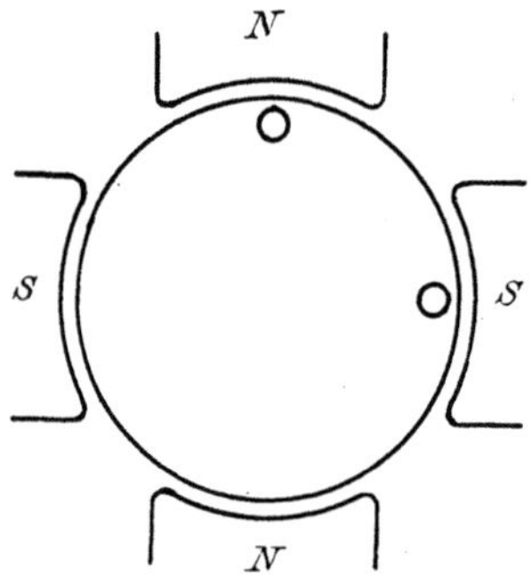

Bild 204. Ankerspule einer vierpoligen Maschine.

$$f = p \cdot n. \tag{6}$$

Die übliche Frequenz ist 50 Hertz. Bei 2 Polpaaren muß also die Drehzahl gleich 1500/min sein, damit die Frequenz gleich 50 Hertz wird.

Bei der mehrpoligen Maschine entspricht der Bogen einer doppelten Polteilung einer vollen Periode oder dem Bogen 2π. Ist z. B. bei der vierpoligen Maschine in Bild 204 eine Spulenseite aus der neutralen Zone bis unter die Polmitte, also um räumlich $45^0 = \pi/4$ vorgeschritten, so hat sich die Spannung von Null bis auf ihren Höchstwert geändert. Wir müssen also unter einem elektrischen Grad nicht mehr den 360. Teil einer Umdrehung, sondern den 360. Teil einer Periode verstehen. In diesem Sinne ist π immer der Bogen einer Polteilung. Die elektrische Winkelgeschwindigkeit oder die sogenannte Kreisfrequenz ω ist dann nicht mehr der räumliche Bogen in der Zeiteinheit, sondern das Verhältnis des Bogens 2π zur Zeit einer Periode, d. h.

$$\omega = 2\pi/T = 2\pi f. \tag{7}$$

Die erzeugte Spannung ändert sich auch dann zeitlich sinusförmig, wenn eine ruhende Spule, wie beim Transformator, von einem Wechselstrom durchflossen wird, der sich selbst zeitlich sinusförmig ändert. Der Bogen ωt hat dabei allein noch eine Beziehung zur Zeit.

67. Grundwelle und Oberwellen.

Bisher war angenommen, daß Stromstärke und Spannung einfache Sinusfunktionen der Zeit sind. Ist dies nicht der Fall, wie z. B. in Bild 205, so enthält die Gesamtwelle nach Fourier eine sinusförmige Grundwelle von der Frequenz der Gesamtschwingung und sinusförmige Oberwellen, deren Frequenz ein ganzes Vielfaches der Grundfrequenz ist. Ist dann ω die Kreisfrequenz der Grundwelle eines Stromes und $x = \omega t$, so ist die Welle von der Ordnungszahl λ und die Gesamtwelle

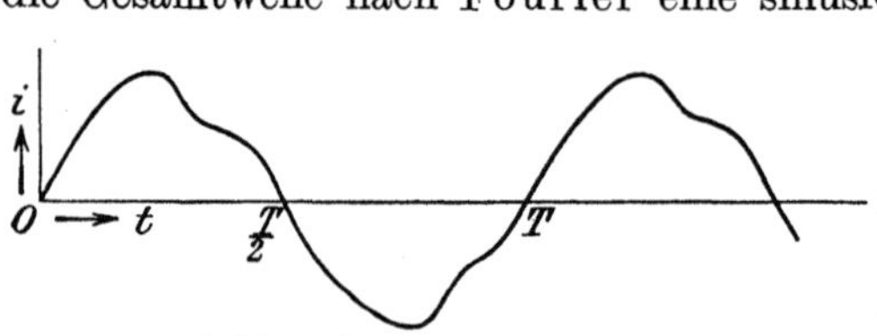

Bild 205. Verzerrte Stromkurve.

$$i_\lambda = i_{\lambda m} \cdot \sin(\lambda x + \psi_\lambda) \tag{a}$$

$$i = \sum_{\lambda=0}^{\lambda=\infty} i_{\lambda m} \cdot \sin(\lambda x + \psi_\lambda). \tag{b}$$

Die Ordnungszahl 1 bezieht sich auf die Grundwelle, die Ordnungszahl 0 auf ein übergelagertes Gleichstromglied, durch das die Flächen der positiven und negativen Halbwelle verschieden groß werden.

Bild 206 zeigt z. B. die Grundwelle und eine dritte Oberwelle. Da i_λ gleich Null wird für $x = -\psi_\lambda/\lambda$, so ist $OA = -\psi_3/3$. Die Summierung der Grundwelle und der dritten Oberwelle ergibt die Gesamtwelle, falls keine anderen Oberwellen vorhanden sind.

Wir lösen nun $\sin(\lambda x + \psi_\lambda)$ auf und setzen

$$i_{\lambda_m} \cdot \cos \psi_\lambda = a_\lambda \qquad \text{und} \qquad i_{\lambda_m} \sin \psi_\lambda = b_\lambda.$$

Dadurch wird

$$i_{\lambda_m} \cdot \sin(\lambda x + \psi_\lambda) = a_\lambda \cdot \sin \lambda x + b_\lambda \cdot \cos \lambda x.$$

Davon ist $a_\lambda \cdot \sin \lambda x$ eine Welle, die für $t = 0$ durch Null hindurchgeht und $b_\lambda \cdot \cos \lambda x$ eine Welle, die für $t = 0$ ihren positiven oder negativen Höchstwert b_λ hat.

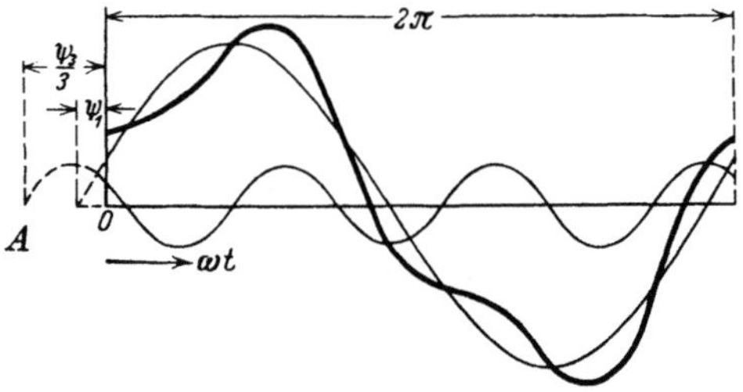

Bild 206. Grundwelle und dritte Oberwelle.

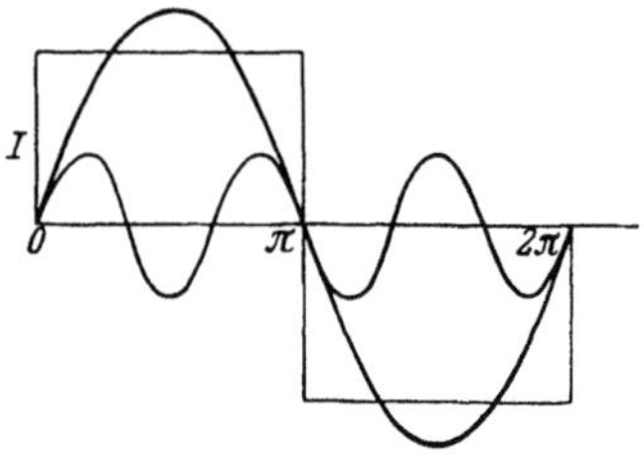

Bild 207. Rechteckige Stromkurve.

Der Zeitwert des Stromes i sei nun durch irgendeine mathematische Gleichung gegeben. Gesucht wird die Welle von der Ordnungszahl k. Wir vervielfachen Gl. (b) mit $\sin kx$ und erhalten nach einer Umformung:

$$i \cdot \sin kx = \sum_{\lambda=0}^{\lambda=\infty} 0{,}5\, i_{\lambda_m} \left\{\cos(\lambda x - kx + \psi_\lambda) - \cos(\lambda x + kx + \psi_\lambda)\right\}.$$

Wir vervielfachen dann beide Seiten mit dx und integrieren zwischen $x = 0$ und $x = 2\pi$. Dann ergibt das zweite Glied der rechten Seite für jeden Wert von λ und das erste Glied für $\lambda \lesseqgtr k$ den Wert Null, und man erhält für $\lambda = k$

$$\int_0^{2\pi} i \cdot \sin kx\, dx = i_{k_m} \cdot \cos \psi_k \cdot \pi = \pi \cdot a_k,$$

und auf ähnliche Weise

$$\int_0^{2\pi} i \cos kx\, dx = i_{k_m} \cdot \sin \psi_k \cdot \pi = \pi \cdot b_k.$$

Dann wird

$$i_{km} = \sqrt{a_k^2 + b_k^2} \qquad \operatorname{tg} \psi_k = \frac{b_k}{a_k}.$$

Sind die Wellen symmetrisch zur wagerechten Achse, so sind nur Oberwellen ungerader Ordnungszahl enthalten. Dann kann man sich darauf beschränken, zwischen 0 und π zu integrieren, und man erhält dadurch

$$0{,}5\, \pi \cdot a_k \qquad \text{und} \qquad 0{,}5\, \pi \cdot b_k.$$

Haben die Wellen ihren Ursprung für $x = 0$ und sind sie symmetrisch zu der Ordinate, die zu $x = \pi/2$ gehört, so enthält die Welle nur Sinusglieder, d. h. Wellen mit dem Höchstwert a_k, die für $t = 0$ durch Null hindurchgehen. Man braucht dann nur zwischen 0 und $\pi/2$ zu integrieren und erhält $0{,}25\,\pi \cdot a_k$ und $0{,}25\,\pi \cdot b_k$.

Ist z. B., wie in Bild 207, $i = I = \text{const}$, so erhält man

$$\int_0^{\pi/2} I \sin kx\,dx = \frac{-I}{k} \Big| \cos kx \Big|_0^{\frac{\pi}{2}} = \frac{I}{k} = 0{,}25\,\pi \cdot a_k, \text{ d. h. } a_k = \frac{4 \cdot I}{\pi \cdot k}.$$

Die Gesamtwelle ist

$$i = \frac{4}{\pi} \cdot I \left(\sin \omega t + \frac{1}{3} \sin 3\,\omega t + \frac{1}{5} \sin 5\,\omega t + \ldots \right).$$

Die Grundwelle und die dritte Oberwelle sind in Bild 208 gezeichnet.

Ist die Stromkurve nicht durch eine Gleichung gegeben, sondern durch den Versuch, z. B. durch den Oszillographen ermittelt, so teilt man die Basis 2π der ganzen Periode der Grundwelle in $2n$ gleiche Teile und errichtet nach Bild 208 Senkrechte in den Teilpunkten. Man vervielfacht dann jede Senkrechte y mit dem zugehörigen Wert von $\sin kx$ und bildet die Summe. Man erhält dadurch

$$\sum_{x=\frac{2\pi}{2n}}^{x=2\pi} y \cdot \sin kx = \sum_{\lambda=0}^{\lambda=\infty} \sum_{x=\frac{2\pi}{2n}}^{x=2\pi} 0{,}5\, i_{\lambda_m} \{\cos(\lambda x - kx + \psi_\lambda) - \cos(\lambda x + kx + \psi_\lambda)\}. \tag{c}$$

Nun ist die Summe von Strahlen, die den Winkel $(\lambda \pm k) \cdot 2\pi$ in gleiche Teile teilen, im allgemeinen Null und daher gibt auch die Summierung in Gl. (c) im allgemeinen Null. Wenn jedoch $\lambda \pm k$ durch $2n$ teilbar ist, wird $(\lambda \pm k)x$ für jeden in Frage kommenden Wert von x ein ganzes Vielfaches von 2π, und die rechte Seite von Gl. (c) ergibt entweder $n \cdot a_\lambda$ oder $-n \cdot a_\lambda$.

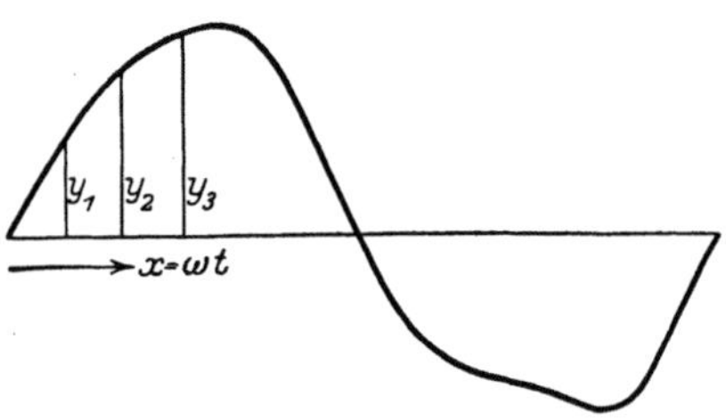

Bild 208. Basis der ganzen Welle in $2n = 12$ Teile geteilt.

Die in Frage kommenden Werte von λ ergeben sich aus folgender Tafel:

$\lambda - k$	λ	$\lambda + k$	λ
$0 \cdot 2n$	k		
$1 \cdot 2n$	$2n + k$	$1 \cdot 2n$	$2n - k$
$2 \cdot 2n$	$4n + k$	$2 \cdot 2n$	$4n - k$
$3 \cdot 2n$	$6n + k$	$3 \cdot 2n$	$6n - k.$
:	:	:	:

Demnach wird

$$\sum_{x=\frac{2\pi}{2n}}^{x=2\pi} y \sin kx = n\,(a_k - a_{2n-k} + a_{2n+k} - a_{4n-k} + a_{4n+k} \ldots).$$

Auf ähnliche Weise erhält man

$$\sum_{x=\frac{2\pi}{2n}}^{x=2\pi} y \cdot \cos kx = n\,(b_k + b_{2n-k} + b_{2n+k} + b_{4n-k} + b_{4n+k} \ldots).$$

Vernachlässigt man nun die Wellen höherer Ordnungszahl, so erhält man durch die Summierung für Wellen bis zur Ordnungszahl n—1 angenähert $n \cdot a_\varkappa$, bzw. $n \cdot b_k$. Für eine Welle, die durch die Endpunkte der $2n$ Senkrechten geht und keine Welle mit einer höheren Ordnungszahl als $n - 1$ enthält, ist das Verfahren genau.

Für eine Welle, die in bezug auf die wagerechte Achse symmetrisch ist, teilt man die Halbwelle in n gleiche Teile, vervielfacht wieder jeweils mit $\sin kx$ bzw. $\cos kx$ und erhält durch Summierung der Produkte $a_k \cdot n/2$, bzw. $b_k \cdot n/2$. Für $n = 12$ hat Fraenkel im Anschluß an Runge ein sehr einfaches Formular gegeben[1], bei dem berücksichtigt wird, daß sich dieselben Zahlenfaktoren häufig wiederholen und Senkrechte, die gleich weit vom Anfang und Ende abstehen, mit dem gleichen

[1] Fraenkel, Theorie der Wechselströme, 2. Aufl. Berlin: Julius Springer 1921.

sin kx und entgegengesetzt gleichen cos kx zu vervielfachen sind. Man bildet zunächst die folgenden Summen s und Differenzen d, wobei z. B. $s_1 = y_1 + y_{11}$ und $d_6 = -y_{12}$ ist:

	y_1	y_2	y_3	y_4	y_5	y_6
y_{12}	y_{11}	y_{10}	y_9	y_8	y_7	
	s_1	s_2	s_3	s_4	s_5	s_6
d_6	d_5	d_4	d_3	d_2	d_1	

Die Summen s der unten folgenden Tafel vervielfacht man mit den Zahlen der linken Spalte, addiert die Produkte, und erhält dadurch $6a_k$.

Ersetzt man die Summen s durch die mit gleichem Fußzeichen versehenen Differenzen d, so erhält man durch die Summierung und Berücksichtigung des Vorzeichens $6b_k$.

0,259	s_1		s_5	s_5		s_1
0,5	s_2		s_2	$-s_2$		$-s_2$
0,707	s_3	$s_1+s_3-s_5$	$-s_3$	$-s_3$	$s_1+s_3-s_5$	s_3
0,866	s_4		$-s_4$	s_4		$-s_4$
0,966	s_5		s_1	s_1		s_5
1,0	s_6	s_2-s_6	s_6	$-s_6$	$-(s_2-s_6)$	$-s_6$
	$6a_1$	$6a_3$	$6a_5$	$6a_7$	$6a_9$	$6a_{11}$
	$6b_1$	$-6b_3$	$6b_5$	$-6b_7$	$6b_9$	$-6b_{11}$.

68. Mittelwert und Effektivwert.

Wenn wir den Zeitwert i des Stromes mit der Zeit dt vervielfachen, so erhalten wir die während der Zeit dt in Bewegung gesetzte Elektrizitätsmenge. Wir summieren die Elektrizitätsmengen über eine Halbwelle des Stromes, also über die Zeit einer halben Periode und teilen die Summe durch die Zeit. Dadurch erhalten wir die mittlere Elektrizitätsmenge in der Zeiteinheit oder die mittlere Stromstärke zu

$$M(i) = \frac{1}{T/2} \cdot \int_0^{T/2} i\, dt. \tag{8}$$

Wenn wir den Wechselstrom nach Bild 91 gleichrichten und durch ein Voltameter leiten, so ergibt sich aus dem Niederschlag und der Zeit der Mittelwert des Stromes. Dieser heißt der e l e k t r o l y t i s c h e Mittelwert.

Ist die Stromkurve eine S i n u s k u r v e, so tragen wir nach Bild 209 den Bogen $\alpha = \omega t$ wagerecht und den Zeitwert des Stromes senkrecht auf. Dann ist einer der Flächenstreifen gleich $i \cdot d\alpha$. Wir ersetzen dann die ganze gestreifte Fläche durch ein Rechteck über derselben Grundlinie π und erhalten in der Höhe den gesuchten Mittelwert zu

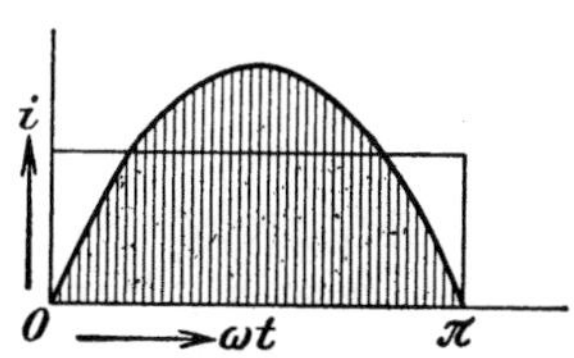

Bild 209. Bildung des Mittelwertes.

$$M(i) = \frac{1}{\pi} \cdot \int_0^{\pi} i_m \cdot \sin\alpha \cdot d\alpha = \frac{2}{\pi} \cdot i_m. \tag{9}$$

Bei Sinuskurven verhält sich also der Mittelwert zum Höchstwert wie 2 zu π oder wie 7 zu 11.

Ist z. B. der Höchstwert des sinusförmigen Feldes einer Maschine $\mathfrak{B}_m$, so ist der Mittelwert der Induktion gleich $\mathfrak{B}_m \cdot 2/\pi$. Bei der Polteilung τ und der Ankerlänge b ist dann der Fluß $\Phi = b \cdot \tau \cdot \mathfrak{B}_m \cdot 2/\pi$.

Ist ferner bei einem Kurzschlußanker eines Drehstrommotors (Bild 210) der Höchstwert des Ankerstromes i_m, so ist bei der räumlich sinusförmigen Verteilung der Ströme der Mittelwert gleich $i_m \cdot 2/\pi$. Ist dann z die Stabzahl und p die Zahl der Polpaare, so ist die größte Erregung, die vom Ankerstrom ausgeübt wird, gleich $i_m \cdot 2/\pi \times z/2p$. Diese ist an der Stelle wirksam, wo der Strom Null ist und erzeugt dort den Höchstwert des vom Rotorstrom geschaffenen Feldes. Dieses ergibt sich beim doppelten Luftabstand l unter Vernachlässigung des Eisenweges zu

$$B_{2m} = \frac{\Pi_0}{l} \cdot \frac{i_m \cdot 2}{\pi} \cdot \frac{z}{2p} \cdot$$

Das Feld ist sinusförmig verteilt. Bei der Polteilung τ, der Ankerlänge b und dem Mittelwert $\mathfrak{B}_{2m} \cdot 2/\pi$ ist also der vom Rotorstrom erzeugte Fluß

$$\Phi'' = b \cdot \tau \cdot \mathfrak{B}_{2m} \cdot 2/\pi = \Pi_0 \cdot \frac{4}{\pi^2} \cdot i_m \cdot \frac{z}{2p} \cdot b \cdot \tau .$$

Der Effektivwert I des Stromes ist die Stromstärke, die gleichmäßig fließend dieselbe Stromwärme erzeugt wie der Wechselstrom. Nun ist die im Widerstand R erzeugte Stromwärme des Wechselstromes in der Zeit dt gleich $i^2 \cdot R \cdot dt$. Demnach ist

$$I^2 \cdot R \cdot T = \int_0^T i^2 \cdot R \cdot dt, \qquad \text{d. h. } I = \sqrt{\frac{1}{T} \cdot \int_0^T i^2 \cdot dt}. \tag{10}$$

Der Effektivwert ist also die Wurzel aus dem Mittelwert der Quadrate der Zeitwerte, d. h. der quadratische Mittelwert.

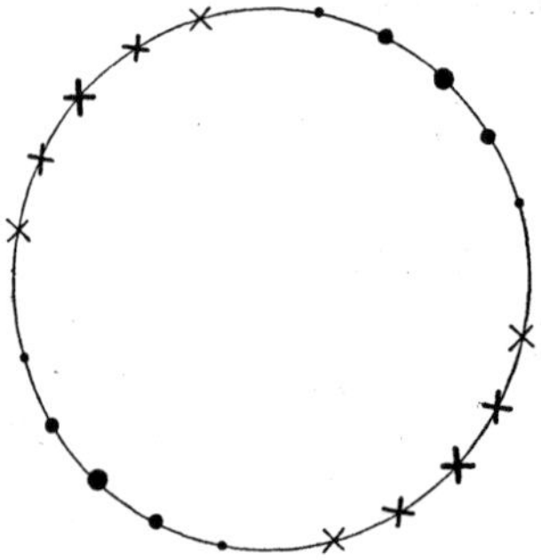

Bild 210. Rotorstrom eines vierpoligen Drehstrommotors.

Zur Berechnung des Effektivwertes bei Sinuskurven tragen wir in Bild 211 den Bogen $\alpha = \omega t$ wagerecht und das Quadrat des Zeitwertes des Stromes senkrecht auf. Der Inhalt eines Flächenstreifens ist gleich $i^2 \cdot d\alpha$. Wenn wir dann die ganze gestreifte Fläche durch ein Rechteck über derselben

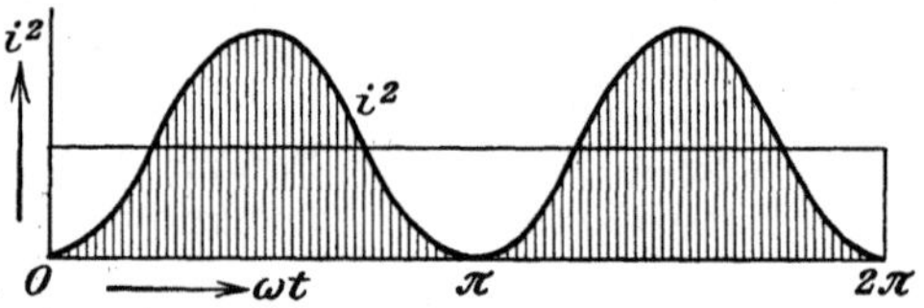

Bild 211. Ermittlung des Effektivwertes.

Grundlinie 2π ersetzen, so erhalten wir in der Höhe des Rechtecks das mittlere Quadrat. Die Wurzel daraus ist der gesuchte Effektivwert. Setzen wir $i = i_m \cdot \sin \alpha$, so erhalten wir den Effektivwert zu

$$I = \sqrt{\frac{1}{2\pi} \cdot \int_0^{2\pi} i_m^2 \cdot \sin^2 \alpha \cdot d\alpha} = \frac{i_m}{\sqrt{2}} = 0{,}707 \cdot i_m . \tag{11}$$

Der Effektivwert des Stromes ist also bei Sinuskurven das 0,707fache des Höchstwertes. Dasselbe gilt für die Spannung. Wir erhalten also den Effektivwert der erzeugten Spannung zu $E = 0{,}707 \cdot e_m$ und den der Klemmenspannung zu $U = 0{,}707 \cdot u_m$.

Die Effektivwerte werden von vielen Meßgeräten, die mit Gleichstrom geeicht sind, unmittelbar angezeigt. Wir leiten z. B. einen Wechselstrom durch ein für Gleichstrom geeichtes Dynamometer, das aus einer festen und einer beweglichen Spule besteht. Beide Spulen können in Reihe geschaltet werden. Der Strom kehrt in beiden gleichzeitig seine Richtung um. Das Drehmoment, das beide Spulen auf einander ausüben, wirkt also stets in demselben Sinne. Der Ausschlag ist dabei von dem Strom in der festen und der beweglichen Spule, also vom Quadrat der zu messenden Stromstärke abhängig, und das Meßgerät nimmt infolge seiner Trägheit gleichsam das Mittel aus den Quadraten der Zeitwerte des Stromes. Der Ausschlag ist dann derselbe wie bei einem gleichmäßig fließenden Strom von der Stärke I, der durch Gl. (10) bestimmt ist. Daraus folgt, daß das für Gleichstrom geeichte Meßgerät unabhängig von der Kurvenform bei Wechselstrom den Effektivwert anzeigt.

Dasselbe ist der Fall bei Hitzdrahtmeßgeräten, bei denen sich ein stromdurchflossener Platindraht durch die Stromwärme verlängert und dadurch den Zeigerausschlag bewirkt. Auch hier wird der Ausschlag durch das Mittel aus dem Quadrat der Zeitwerte bedingt.

Bei den Meßgeräten, in denen eine Stromspule richtend oder anziehend auf einen Eisenkern wirkt, ist die Kraft den Zeitwerten des Stromes und des im Eisen erzeugten Magnetismus, also bei geringer Sättigung ebenfalls dem Quadrate des Zeitwertes des Stromes proportional. Grundsätzlich haben wir also auch hier dieselbe Teilung für Gleichstrom und Wechselstrom. Infolge der Hysteresis des Eisens ist aber der Ausschlag bei einem Wechselstrom von gegebenem Effektivwert im allgemeinen etwas kleiner als bei Gleichstrom von demselben Zahlenwert. Solche Meßgeräte sind daher mit Wechselstrom zu eichen, und zwar mit Hilfe von Dynamometern oder Hitzdrahtmeßgeräten, die selbst wieder mit Gleichstrom geeicht sind.

Eine solche Eichung ist auch bei den sogenannten Ferrarismeßgeräten nötig. Diese besitzen einen zweiphasig bewickelten Ständer und einen aus einer Aluminiumtrommel bestehenden Läufer. Die beiden Wicklungen des Ständers, die um räumlich 90° versetzt sind, werden durch Ströme verschiedener Phase gespeist, was durch Einschaltung einer zusätzlichen Induktivität in den Kreis der einen Wicklung erreicht wird. Dadurch entsteht ein Drehfeld und damit ein Läuferstrom, die beide aufeinander ein Drehmoment ausüben.

69. Die mittlere Leistung des Wechselstromes.

Sind u und i die Zeitwerte der Spannung und Stromstärke, so ist der Zeitwert der Leistung gleich $u \cdot i$ und die Arbeit während der Zeit dt gleich $u \cdot i \cdot dt$. Die mittlere Leistung, die unabhängig von der Kurvenform vom Leistungszeiger angegeben wird, ist dann:

$$N = \frac{1}{T} \cdot \int_0^T u \cdot i \cdot dt. \tag{12}$$

Wir setzen nun voraus, daß Spannung und Strom sinusförmig sind, wobei wir uns auf eine halbe Periode beschränken können, und behandeln sofort den allgemeinen Fall, daß Spannung und Strom in der Phase verschoben sind. Der Strom entspreche der Gleichung $i = i_m \sin \omega t$, während die Spannung durch die Gleichung $u = u_m \cdot \sin (\omega t + \varphi)$ gegeben sei. Dies bedeutet, daß die Spannung zur Zeit 0, wo der Strom gleich Null ist, bereits den Wert $u_m \cdot \sin \varphi$ besitzt (vgl. Bild 212). Die Spannung eilt dann dem Strom um den Winkel φ voraus. Wir dürfen nicht etwa daraus, daß die Stromkurve weiter nach rechts vorgeschoben ist als die Spannungskurve, schließen, daß der Strom vor der Spannung vorauseilt. Tatsächlich hat die Spannung zu einem Zeitpunkt bereits den Höchstwert erreicht, in welchem der Strom seinen Höchstwert noch nicht erreicht hat. Die Spannung eilt also in Bild 212 vor dem Strome voraus.

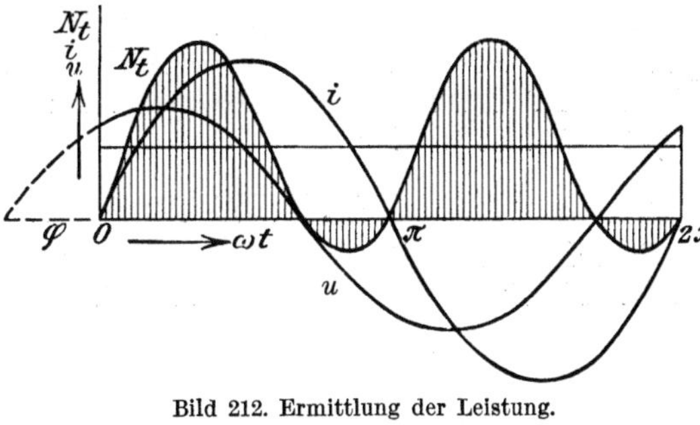

Bild 212. Ermittlung der Leistung.

Wir bilden nun für jeden Zeitpunkt den Zeitwert $N_t = u \cdot i$ der Leistung, tragen ihn senkrecht auf und erhalten so die Kurve N_t. Der Inhalt $u \cdot i \cdot dt$ eines Flächenstreifens ist dann die Arbeit während der Zeit dt, und die Arbeit während einer Periode gleich der gestreiften Fläche. Die Flächen unterhalb der wagerechten Achse stellen dabei eine negative Arbeit dar. Bei einem Stromerzeuger bedeutet dies, daß zu gewissen Zeiten Arbeit aus dem Netz in die Maschine zurückgeliefert wird, die dann in diesen Zeiträumen als Motor läuft.

Wir summieren nun die Flächenstreifen über eine halbe Periode unter Berücksichtigung des Vorzeichens und ersetzen die Gesamtfläche durch ein Rechteck über der Zeit einer halben Periode. Die Höhe dieses Rechtecks ist dann die mittlere Leistung N. Diese ist wegen der negativen Flächen kleiner, als man nach der Spannung und Stromstärke erwarten sollte. Wenn wir statt der Zeit, wie in Bild 212, den Bogen auftragen, wird die Rechnung am bequemsten. Noch einfacher setzen wir

$$\cos\varphi = \cos(\alpha + \varphi - \alpha) = \cos(\alpha + \varphi)\cdot\cos\alpha + \sin(\alpha + \varphi)\cdot\sin\alpha$$
$$\cos(2\alpha + \varphi) = \cos(\alpha + \varphi + \alpha) = \cos(\alpha + \varphi)\cdot\cos\alpha - \sin(\alpha + \varphi)\cdot\sin\alpha.$$

Wir ziehen beide Gleichungen voneinander ab. Mit Benutzung der dadurch erhaltenen Gleichung ergibt sich:

$$N_t = u_m \cdot i_m \cdot \sin(\alpha + \varphi)\cdot\sin\alpha = 0{,}5 \cdot u_m i_m \{\cos\varphi - \cos(2\alpha + \varphi)\}.$$

Der Zeitwert der Leistung ist also eine Kosinusfunktion von der doppelten Frequenz. Er schwingt um den festen Mittelwert $N = 0{,}5\, u_m \cdot i_m \cdot \cos\varphi$. Mit den Effektivwerten $U = u_m/\sqrt{2}$ und $I = i_m/\sqrt{2}$ erhalten wir die mittlere Leistung oder die sogenannte Wirkleistung zu

$$N = U \cdot I \cdot \cos\varphi. \tag{13}$$

Diese Leistung wird durch die mittlere Höhe der Kurve N_t, d. h. durch die Höhe der Symmetrielinie in Bild 212 dargestellt. Man bezeichnet allgemein $U \cdot I$ als die Scheinleistung und das Verhältnis der Wirkleistung zur Scheinleistung als den Leistungsfaktor. Er ist

$$\cos\varphi = N : UI. \tag{14}$$

Wenn Strom und Spannung, wie bei Glühlampenbelastung, gleiche Phase haben, so wird $\varphi = 0$ und $\cos\varphi = 1$. Dann wird $N = U \cdot I$. Ist $\varphi = 90^0$, so wird $N = 0$.

Im Gegensatz zur Wirkleistung $UI\cos\varphi$ wird das Produkt $UI\sin\varphi$ als die Blindleistung bezeichnet.

Ist die Spannungs- und Stromwelle verzerrt, so ist die Gesamtleistung N gleich der Summe der Leistungen der Einzelwellen, wobei die Leistung einer Oberwelle von der Ordnungszahl k gegeben ist durch $N_k = U_k \cdot I_k \cdot \cos\varphi_k$. Im Zusammenhang damit ist das Quadrat des Effektivwertes der Gesamtwelle des Stromes oder der Spannung gleich der Summe der Quadrate der Effektivwerte der Einzelwellen. Der Leistungsfaktor wird, wie früher, gleich $N : UI$, sollte aber jetzt nicht mehr als $\cos\varphi$ bezeichnet werden.

70. Darstellung durch Strahlen.

Sinusförmige Ströme und Spannungen lassen sich durch Strahlen darstellen. Die Spannung sei $u = u_m \cdot \sin\omega t$. Wir drehen in Bild 213 den Strahl OE,

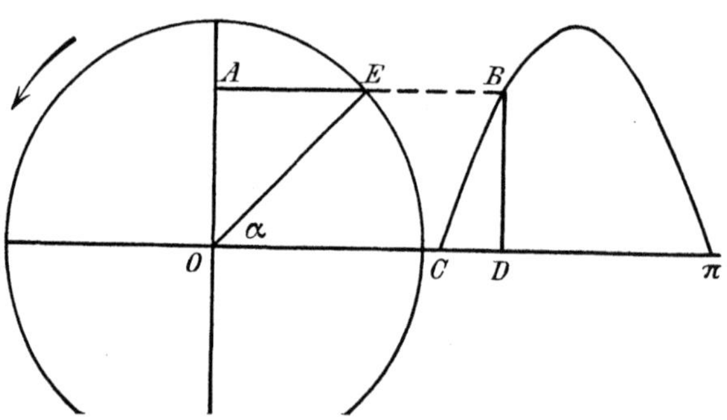

Bild 213. Darstellung der Spannung durch einen Strahl.

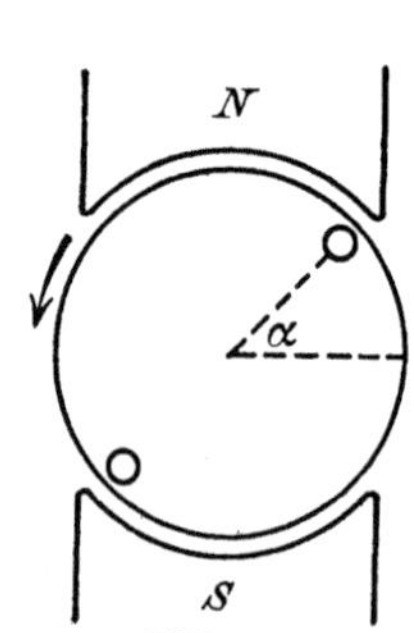

Bild 214. Umlaufende Spule.

dessen Länge den Höchstwert u_m darstellt, entgegen dem Uhrzeiger mit der Winkelgeschwindigkeit $\omega = 2\pi f$, wobei f die Frequenz des Wechselstromes ist. Bei einer zweipoligen Maschine (Bild 214) dreht sich also der Strahl mit derselben Drehzahl wie die Maschine.

Für $t=0$ wird $\alpha=0$. Die Ankerspule liegt dann in der neutralen Zone, und der Strahl der Spannung fällt in die positive Richtung der wagerechten Achse. In einem beliebigen Zeitpunkt bildet der Strahl mit dieser Achse den Winkel α, d. h. denselben Winkel, den bei zweipoliger Maschine die Ebene der Spule mit der neutralen Zone bildet. Der Zeitwert u der erzeugten Spannung ist dann $u_m \cdot \sin\alpha$, also gleich der Projektion OA des Strahles OE auf die senkrechte Achse. In der Sinuskurve rechts ist der Höchstwert gleich u_m, der Bogen CD für den gezeichneten Zeitpunkt gleich α und DB gleich dem Zeitwert OA.

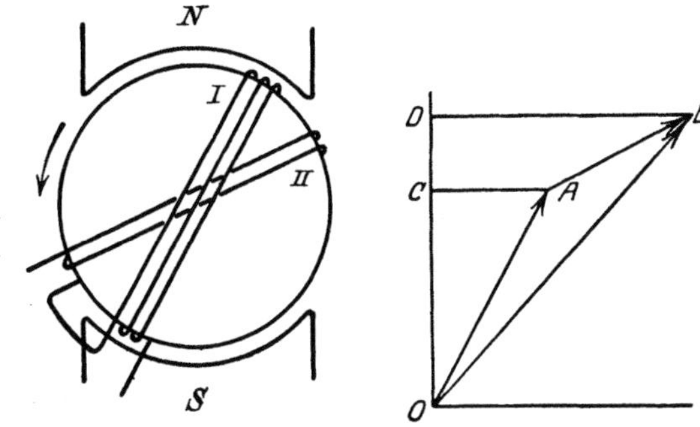

Bild 215. Spannungen verschiedener Phase.

Wir können nun Spannungen, deren Effektivwert und Phase verschieden sind, zusammensetzen. Auf dem Anker einer Maschine in Bild 215 liegen z. B. zwei in Reihe geschaltete Wicklungen, die gegeneinander verschoben sind. Die Spule I hat die größere Drahtzahl, also auch die größere Spannung. Wir ziehen nun in Bild 215 die Strahlen OA und AB, welche die Höchstwerte der Spannungen darstellen, in Richtung der entsprechenden Ebenen der Spulen, zeichnen aus beiden die Summe OB wie bei Zusammensetzung von Kräften und bilden die Projektionen OC und CD auf die senkrechte Achse. Wir sehen dann, daß die Summe aus den Zeitwerten OC und CD der Spannungen beider Spulen gleich dem Zeitwert OD der geometrischen Summe OB ist. Wir können also allgemein Spannungen geometrisch zusammensetzen.

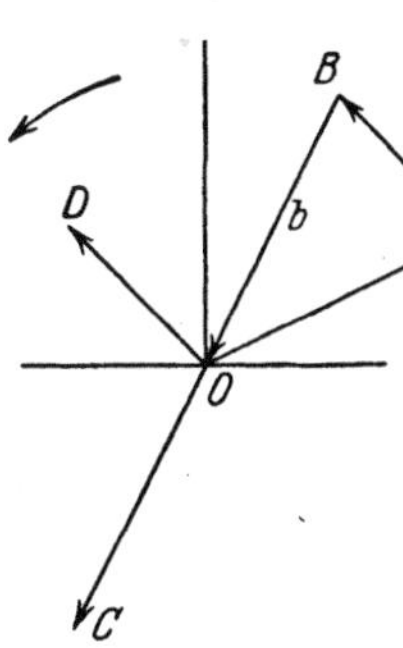

Bild 216. Strahlen.

Man kann nun statt der Höchstwerte die Effektivwerte einführen. Dabei ändert sich nur der Maßstab. Der Strahl OB gibt dann den Effektivwert der Gesamtspannung an.

Ebenso wie die Spannungen kann man bei einer Verzweigung Ströme zusammensetzen, die nach Stärke und Phase verschieden sind.

Wir haben statt der sonst vielfach üblichen Zusammensetzung nach dem Parallelogramm der Kräfte die einfachere Aneinanderreihung der Strahlen benutzt. Sie beruht darauf, daß sich ein Strahl nicht ändert, wenn man ihn parallel zu sich selbst verschiebt. Die Strahlen brauchen also nicht vom Anfangspunkt auszugehen. Es empfiehlt sich dann aber, die Richtung des Strahles durch einen Pfeil zu bezeichnen und bei Benennung der Strahlen die Anfangs- und Endpunkte in der Reihenfolge zu nennen, die durch die Richtung des Strahles gegeben ist. So ist der Strahl a in Bild 216 gleich dem Strahl OD, und man wird ihn mit AB und nicht mit BA benennen. Ebenso ist der Strahl b gleichbedeutend mit OC, und man wird mit BO und nicht mit OB benennen.

Das Wesen der geometrischen Addition wird durch die Aneinanderreihung viel deutlicher als durch das Parallelogramm. In Bild 216 erhalten wir aus AB und BO die Summe AO. Ihre Richtung geht von A nach O, weil man mit A angefangen hat und immer im Sinne der Pfeile von A über B weiter schreitend nach O gelangt.

Ebenso ziehen wir einen Strahl von einem zweiten ab, indem wir seine Richtung umkehren und ihn dann hinzufügen. Falls zwei Strahlen von ein und demselben Punkt ausgehen, wie in Bild 216 die Strahlen AB und AO, so ist die Differenz die Verbindungslinie der Endpunkte. Sie ist dabei die Fortsetzung des subtrahierten Strahles. In Bild 216 ist z. B. $AO - AB = BO$, weil $AB + BO = AO$ ist.

Bei Wechselstrom gelten nun die Kirchhoffschen Regeln, wenn man die geometrische Summe einführt. So ist z. B. bei einem Stromerzeuger die durch das Magnetfeld erzeugte Spannung E die geometrische Summe aus dem inneren Spannungsverlust und der von der Maschine gelieferten Klemmenspannung U_k. Wie sich im Abschnitt 72 ergeben wird, besteht der innere Spannungsverlust aus einem Ohmschen Spannungsverlust IR, der in Phase mit dem Strom I ist, und einem induktiven Spannungsverlust $IL\omega$, der gegen den Strom um 90⁰ voreilt. In Bild 217 ist OA um 90⁰ gegen den Strom voreilend gleich $IL\omega$, AB in Phase mit dem Strom gleich IR, BC gleich U_k und OC gleich E. Weiter ist in Bild 218, wo nur die Reihenfolge ge-

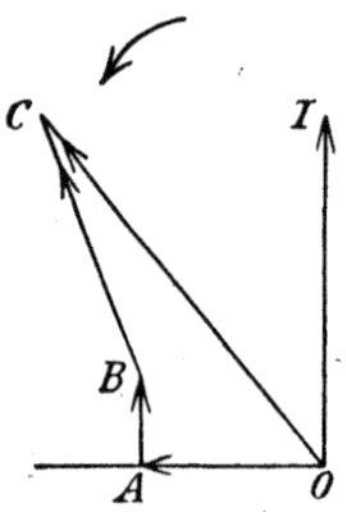

Bild 217.

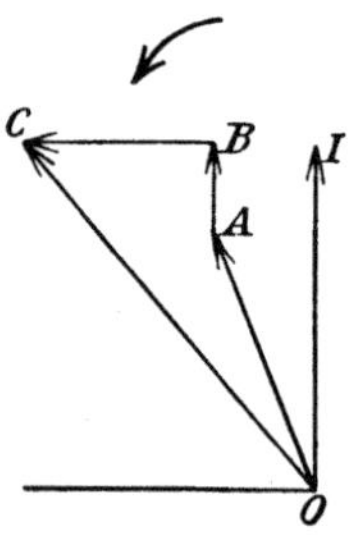

Bild 218.

Spannungsbild eines Stromerzeugers mit Einführung des induktiven Spannungsverbrauchs.

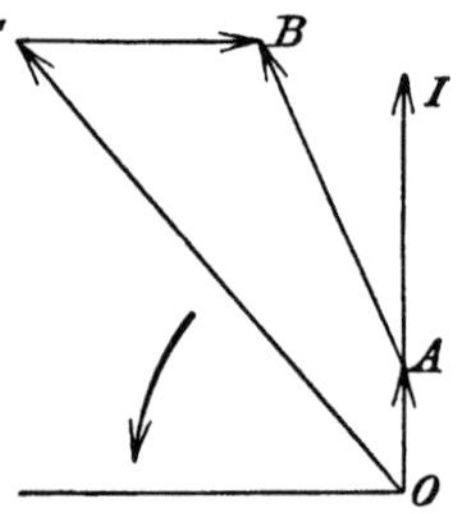

Bild 219.

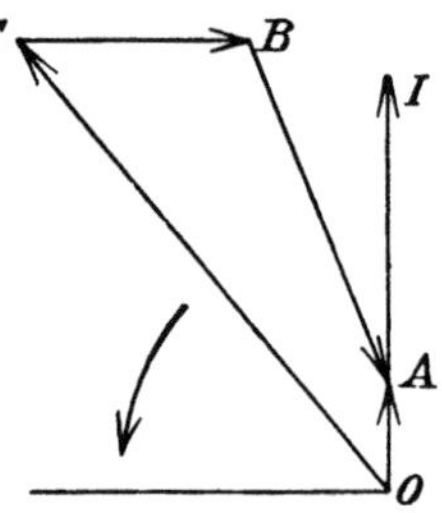

Bild 220.

Spannungsbild eines Stromerzeugers mit Einführung der erzeugten Spannung der Selbstinduktion.

ändert ist, OA gleich U_k, AB in Phase mit dem Strom gleich IR, BC um 90⁰ gegen den Strom voreilend gleich $IL\omega$ und OC gleich E.

An Stelle des induktiven Spannungsverlustes können wir nach Abschnitt 72 auch die erzeugte Spannung E_s der Selbstinduktion einführen, die gegen den Strom um 90⁰ zurückbleibt. Dann ist in Bild 219 $OA = IR$, $AB = U_k$, und die Summe OB ist gleich der gesamten erzeugten Spannung. Davon wird OC durch das Magnetfeld und CB, um 90⁰ gegen den Strom zurückbleibend, durch die Selbstinduktion erzeugt.

Wenn der Stromerzeuger auf ein Netz geschaltet ist, das noch von andern Maschinen gespeist wird, können wir statt einer von der Maschine gelieferten Klemmenspannung U_k auch eine entgegengesetzt gleiche, von den andern Maschinen oder dem Netz erzeugte, dem Stromerzeuger aufgedrückte Spannung $U = BA$ einführen. Dann liefert in Bild 220 die Summe aus den drei Spannungen OC, CB und BA, die durch das Magnetfeld, die Selbstinduktion und das Netz erzeugt werden, den inneren Ohmschen Spannungsverbrauch OA.

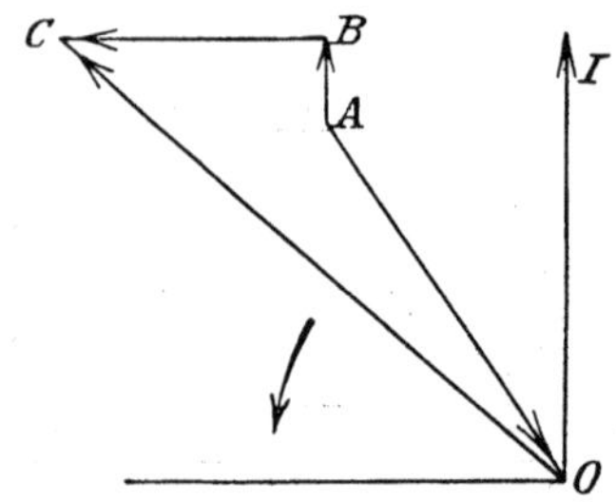

Bild 221. Spannungsbild eines Motors mit Einführung des induktiven Spannungsverbrauchs.

Bei einem Motor wird der Strom von der Netzspannung U geliefert, er ist also mit ihr wesentlich in Phase, während er der durch das Magnetfeld erzeugten Spannung entgegengerichtet ist. Berücksichtigen wir die Selbstinduktion durch Einführung eines induktiven Spannungsverlustes, so erhalten wir Bild 221, in welchem AO die durch das Magnetfeld erzeugte Spannung und OC die vom Netz aufgedrückte Spannung ist. $AO + OC$ ist dann gleich dem Spannungsverlust AC, der aus dem Ohmschen Verlust AB und dem induktiven Verlust BC besteht.

Wollen wir die Selbstinduktion dagegen durch Einführung einer von der Selbstinduktion erzeugten Spannung berücksichtigen, so brauchen wir nur in Bild 221 unter Umkehrung des Pfeiles unter CB die von der Selbstinduktion erzeugte Spannung zu verstehen. Die Summe $AO + OC + CB$ ist dann die vom Magnetfeld, dem Netz und der Selbstinduktion erzeugte Spannung und ist gleich dem Ohmschen Spannungsverbrauch AB.

Zwei Verbraucher mit den Klemmenspannungen U_1 und U_2 seien nun in Reihe geschaltet. Der Strom I, der in beiden dieselbe Phase hat, bleibe hinter U_1 um φ_1, hinter U_2 um φ_2 und hinter der Gesamtspannung U um φ zurück (Bild 222). Wir projizieren nun die Strahlen U_1, U_2 und U auf den Strahl des Stromes. Nun ist die Leistung allgemein gleich $I \cdot U \cdot \cos\varphi$, d. h. gleich dem Strom I mal der rechtwinkligen Teilspannung, die mit dem Strom gleiche Phase hat. Diese Teilspannung $U \cdot \cos\varphi$ heißt die Wirkspannung. Demnach ist die Summe der Einzelleistungen $U_1 \cdot I \cdot \cos\varphi_1 + U_2 \cdot I \cdot \cos\varphi_2 = I \cdot OA + I \cdot OB$. Nun ist $OA + OB = OC$, also gleich $U \cdot \cos\varphi$. Demnach ist $U_1 I \cos\varphi_1 + U_2 I \cos\varphi_2 = UI\cos\varphi$. Die Leistung der Gesamtspannung ist also gleich der Summe der Leistungen der Teilspannungen.

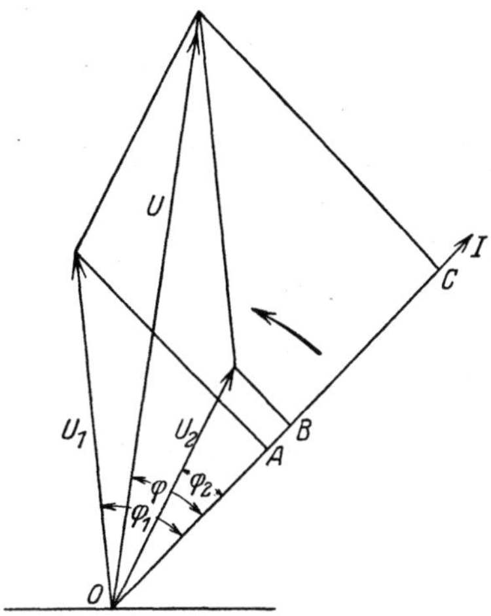

Bild 222. Leistung der Gesamtspannung gleich Leistung der Teilspannungen.

71. Komplexe Rechnung.

Wir wollen nun die Strahlen der Spannungen und Ströme auch in die Rechnung einführen. Ein Strahl ist bestimmt durch seine Länge, d. h. durch seinen Betrag, und durch seine Richtung. Der Betrag ist in unserem Falle der Effektivwert des Stromes oder der Spannung. Die Richtung ist gegeben durch die Phase, d. h. durch den Winkel, den der Strahl mit der positiven Richtung der wagerechten Achse bildet. Um solche gerichtete Größen darzustellen, wollen wir uns der deutschen Buchstaben bedienen. Wir ordnen also z. B. dem Strom $\mathfrak{I}$ in Gedanken nicht nur eine bestimmte Stärke I, sondern auch einen bestimmten Phasenwinkel ψ zu. Dieser Winkel ist bei Spannungen und Strömen von der Anfangslage abhängig, von der aus die Winkel gezählt werden.

Der Strom $\mathfrak{I}$ in Bild 223 besteht nun aus einem Teilstrom a in Richtung der positiven wagerechten Achse und einem Teilstrom b in Richtung der positiven senkrechten Achse. Um anzudeuten, daß b um 90^0 im positiven Drehsinn gegen a gedreht ist, vervielfachen wir b mit $+j$. Ist also I der Betrag, d. h. der Effektivwert, und ψ die Phase des Stromes, so wird

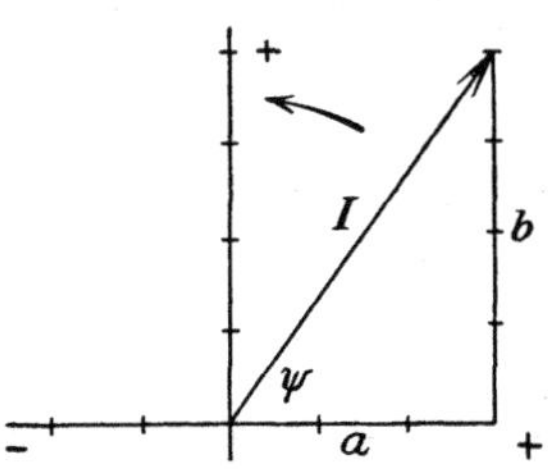

Bild 223. Rechtwinklige Teilströme.

$$\mathfrak{I} = a + jb, \quad (15) \qquad \operatorname{tg}\psi = b/a, \quad (16) \qquad I = \sqrt{a^2 + b^2}. \quad (17)$$

Nach Bild 223 können wir dann Gl. (15) auch in der Form schreiben

$$\mathfrak{I} = I \cdot \cos\psi + jI \cdot \sin\psi. \quad (18)$$

Wir können nun Spannungen und Ströme rechnerisch statt zeichnerisch zusammensetzen. In Bild 224 sind zwei Spannungen von den Effektivwerten U_1 und U_2 und den Phasen ψ_1 und ψ_2 gegeben. Die Summe hat den Effektivwert U und die

Phase ψ. Dabei ist $\mathfrak{U}_1 = -4 + j3$ und $\mathfrak{U}_2 = +3 + j2$. Durch Summierung erhalten wir $\mathfrak{U} = \mathfrak{U}_1 + \mathfrak{U}_2 = -1 + j5$, was durch Bild 224 bestätigt wird. Nach Gl. (16) und (17) ergibt sich dann

$$U = \sqrt{(-1)^2 + 5^2} = \sqrt{26}. \qquad \operatorname{tg}\psi = +5/(-1) = -5.$$

Drehen wir den Strahl $\mathfrak{U}$ um 180°, so wird daraus $-\mathfrak{U}$. Vervielfachung mit -1 verschiebt also einen Strahl um 180°.

Vervielfachung mit $+j$ verschiebt nach der obigen Festsetzung einen Strahl um 90° im positiven Drehsinne. Vervielfachung mit $-j$ verschiebt ihn also um 90° im negativen Drehsinn.

Zweimalige Vervielfachung mit j, also Vervielfachung mit j^2, dreht dann den Strahl um $2 \cdot 90°$, wobei aus dem Strahl $\mathfrak{U}$ der Strahl $-\mathfrak{U}$ wird. Daher ist $j^2 \cdot \mathfrak{U} = -\mathfrak{U}$, d. h.

$$j^2 = -1 \quad \text{und} \quad j = \sqrt{-1}.$$

Demnach ist j nichts anderes als die sonst mit i bezeichnete imaginäre Einheit. Gl. (15) und (18) geben also den Strahl in komplexer Form. Komponenten in Richtung der positiven senkrechten Achse werden dabei als positiv imaginär, solche in Richtung der negativen senkrechten Achse als negativ imaginär eingeführt. Man bezeichnet diese Rechnung als die komplexe (früher als die symbolische).

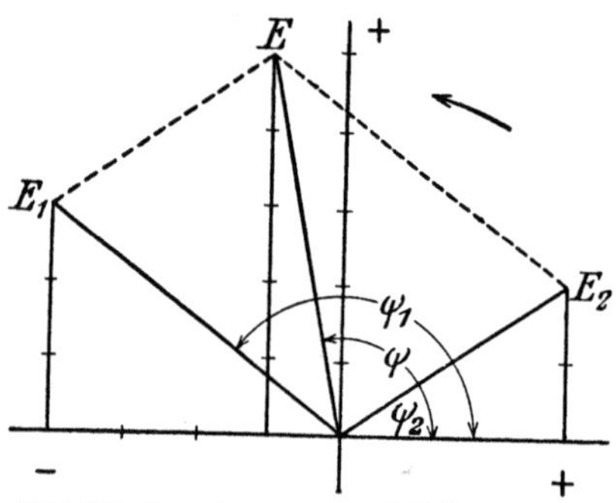

Bild 224. Gesamtspannung und Teilspannungen.

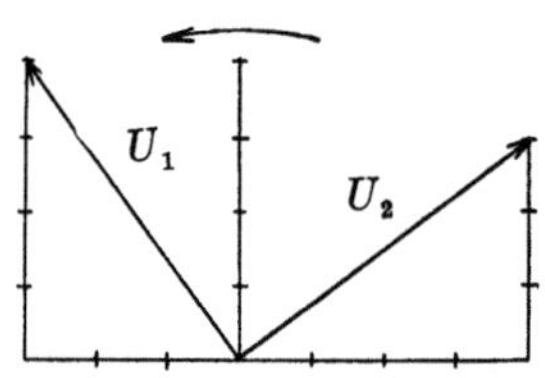

Bild 225. Um 90° verschobene Spannungen.

In Bild 225 werde z. B. der Strahl $U_2 = 4 + j3$ ohne Änderung seiner Länge um 90° nach vorwärts verschoben. Dies geschieht durch Vervielfachung mit $+j$. Wir erhalten

$$\mathfrak{U}_1 = j\mathfrak{U}_2 = j(4 + j3) = -3 + j4.$$

Ein Blick auf Bild 225 bestätigt das Ergebnis. Nun werde $\mathfrak{U}_1 = -3 + j4$ wieder um 90° nach rückwärts verschoben. Wir erhalten

$$\mathfrak{U}_2 = -j\mathfrak{U}_1 = -j(-3 + j4) = 4 + j3.$$

Für die Rechnung mit komplexen Zahlen gilt die Regel, daß jede Gleichung sich in zwei Gleichungen zerlegen läßt, indem die reellen und imaginären Glieder beider Seiten je für sich einander gleich sein müssen.

Daraus folgt dann ohne weiteres, daß man in einer Gleichung überall alle imaginären Glieder je für sich mit -1 vervielfachen kann, oder daß man in jedem Glied die komplexe Zahl durch die konjugiert komplexe ersetzen kann. Ist z. B. $\mathfrak{A} = \mathfrak{B} + \mathfrak{C}$, so ist auch $\mathfrak{A}_k = \mathfrak{B}_k + \mathfrak{C}_k$. Darin ist, wenn $\mathfrak{A} = p + jq$ ist, $\mathfrak{A}_k = p - jq$ usw.

Ausdrücke, die eine komplexe Zahl im Nenner enthalten, formt man für die Weiterrechnung um, indem man mit der konjugiert komplexen Zahl erweitert und dadurch den Nenner reell macht. Z. B.

$$\frac{2 + j5}{3 + j4} = \frac{(2 + j5)(3 - j4)}{(3 + j4)(3 - j4)} = \frac{26}{25} + \frac{j7}{25}.$$

Neben der komplexen Form und der trigonometrischen Form gibt es noch eine Exponentialform des Strahles. Diese ist besonders vorteilhaft, wenn es sich um Vervielfachen oder Teilen von Größen handelt, die in komplexe Form gegeben sind. In Bild 226 liege A in der reellen Achse, und es sei der Bogen ψ in m Teile geteilt, wobei m beim Grenzübergang gleich ∞ ist. Beim Übergang zur Grenze steht $\mathfrak{a}$ senkrecht auf A und sein Betrag ist $A\cdot\psi/m$. Demnach ist $\mathfrak{a}=j\cdot A\cdot\psi/m$, d. h.

$$\mathfrak{A}_1=A+\mathfrak{a}=A\,(1+j\,\psi/m) \qquad \mathfrak{A}_2=\mathfrak{A}_1\,(1+j\,\psi/m)=A\left(1+j\,\frac{\psi}{m}\right)^2$$

$$\mathfrak{A}=\lim_{m=\infty} A\left(1+j\,\frac{\psi}{m}\right)^m=\lim_{m=\infty} A\left(1+\frac{1}{m/j\psi}\right)^{j\psi\cdot m/j\psi}.$$

Wir setzen jetzt $m/j\psi=n$ und beachten, daß $\lim\limits_{m=\infty}\left(1+\frac{1}{n}\right)^n=\varepsilon=2{,}71828$ ist, wo ε die Basis der natürlichen Logarithmen ist. Demnach wird

$$\mathfrak{A}=A\,\varepsilon^{j\psi}. \tag{19}$$

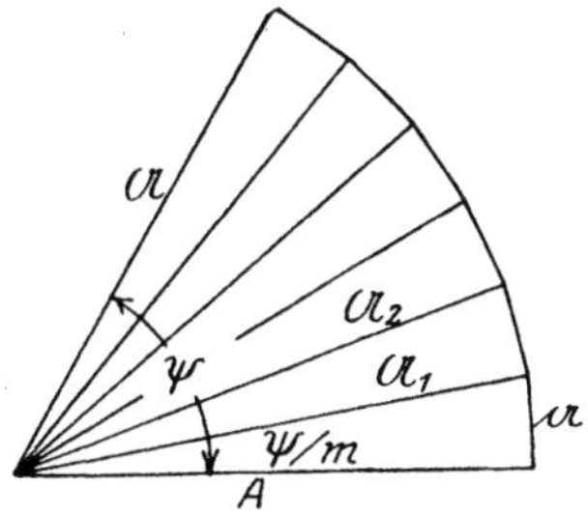

Bild 226.
Ableitung der Exponentialform.

Aus Gl. (18) folgt dann:

$$\cos\psi+j\sin\psi=\varepsilon^{j\psi}.$$

Dasselbe Ergebnis erhalten wir, wenn wir die bekannte Reihe für $\sin\psi$ mit j vervielfachen und dazu die Reihe für $\cos\psi$ hinzuzählen. Wir erhalten dadurch dieselbe Reihe, wie wenn wir $\varepsilon^{j\psi}$ in bekannter Weise in einer Reihe entwickeln.

Sind z. B. die drei Strahlen oder komplexen Zahlen $\mathfrak{A}_1$, $\mathfrak{A}_2$ und $\mathfrak{A}_3$ gegeben, und soll $\mathfrak{A}_1\cdot\mathfrak{A}_2/\mathfrak{A}_3$ berechnet werden, so ergibt sich

$$\frac{\mathfrak{A}_1\cdot\mathfrak{A}_2}{\mathfrak{A}_3}=\frac{A_1\cdot A_2}{A_3}\cdot\varepsilon^{j(\psi_1+\psi_2-\psi_3)}. \tag{20}$$

Gleichzeitig folgt: Vervielfachung eines Strahles mit einer komplexen Zahl ergibt einen Strahl, dessen Länge gleich dem Produkt der absoluten Beträge ist, und der um den Phasenwinkel der komplexen Zahl nach vorwärts gedreht ist.

Der Strom $\mathfrak{J}$ soll z. B. mit $\mathfrak{z}=R+jx$ vervielfacht werden. Man setzt dann

$$\mathfrak{J}=I\,\varepsilon^{j\psi} \qquad z=\sqrt{R^2+x^2} \qquad \cos\varphi=R/z \qquad \mathfrak{z}=z\varepsilon^{j\varphi}$$

und erhält

$$\mathfrak{J}\cdot\mathfrak{z}=I\cdot\varepsilon^{j\psi}\cdot z\cdot\varepsilon^{j\varphi}=I\cdot z\cdot\varepsilon^{j(\psi+\varphi)}.$$

Dies ist nach Bild 227 ein Strahl, der gegen $\mathfrak{J}$ um den Winkel φ vorgeschoben ist. Es muß aber betont werden, daß ein Produkt zweier komplexer Zahlen ganz etwas anderes ist, als das skalare innere Produkt oder das vektorielle äußere Produkt in der reinen Vektorrechnung.

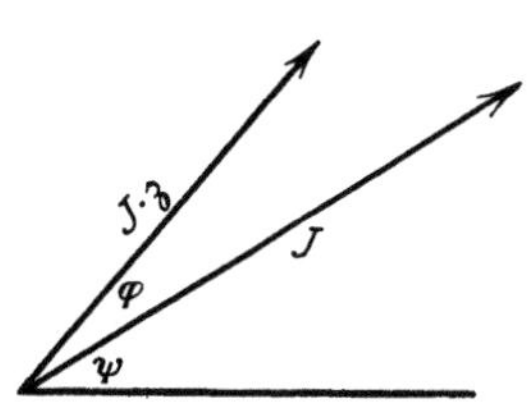

Bild 227. $\mathfrak{J}\cdot\mathfrak{z}=I\cdot z\,\varepsilon^{j\,(\psi+\varphi)}$.

Auch für die Berechnung von Potenzen, Wurzeln und Logarithmen von komplexen Zahlen erweist sich die Exponentialform als sehr bequem.

Aus der Exponentialform eines Strahles oder einer komplexen Zahl folgt nun auch, daß durch eine Proportion zwischen vier Strahlen zwei ähnliche Dreiecke gegeben sind. Es sei $\mathfrak{A}:\mathfrak{B}=\mathfrak{C}:\mathfrak{D}$. Dann ergibt sich

$$\frac{A\,\varepsilon^{j\alpha}}{B\cdot\varepsilon^{j\beta}}=\frac{C\cdot\varepsilon^{j\gamma}}{D\cdot\varepsilon^{j\delta}},\ \text{d. h.}\ \frac{A}{B}\cdot\varepsilon^{j(\alpha-\beta)}=\frac{C}{D}\cdot\varepsilon^{j(\gamma-\delta)}.$$

Die beiden Seiten der Gleichung sind jetzt zwei Strahlen, die gleich sind. Der Betrag ist $A/B=C/D$ und der Phasenwinkel ist $\alpha-\beta=\gamma-\delta$. Daraus folgt die Ähnlichkeit der Dreiecke in Bild 227a. Dabei ist der Umlaufsinn beide Male derselbe. Sind zwei Dreiecke gegeben, die nicht denselben Umlaufsinn haben, aber im übrigen ähnlich sind, so ergibt sich die Proportion nur für die Beträge, nicht für die komplexen Zahlen.

Im Gegensatz zur Stromstärke und Spannung können wir die Leistung nicht in demselben Strahlbild zum Ausdruck bringen, da sie nach Bild 212 die doppelte Frequenz hat wie Strom und Spannung. Wir können aber den **Mittelwert** der Leistung aus der komplexen Form des Stromes und der Spannung berechnen.

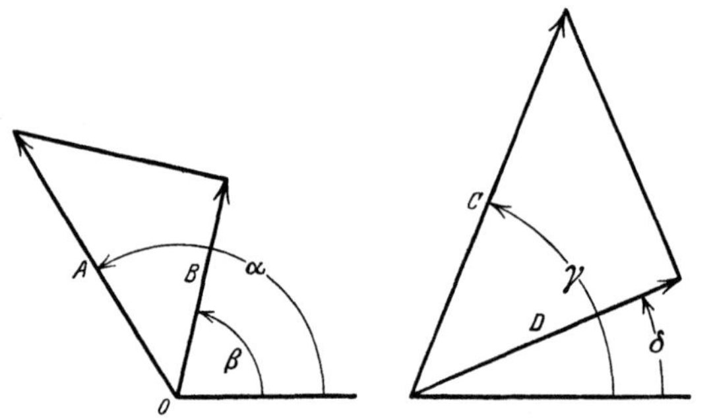

Bild 227a. $\mathfrak{A} : \mathfrak{B} = \mathfrak{C} : \mathfrak{D}$.

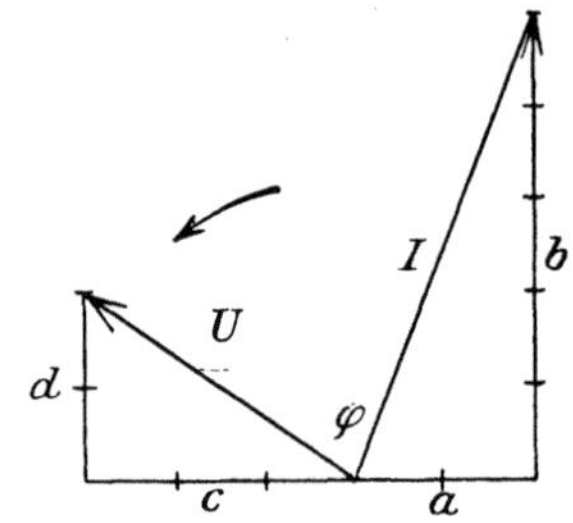

Bild 228. $N = a \cdot c + b \cdot d$.

Es sei nach Bild 228 $\mathfrak{J} = a + jb$ und $\mathfrak{U} = c + jd$. Dann ergibt die Komponente a nur mit c, und die Komponente b nur mit d eine Leistung, und wir erhalten $N = a \cdot c + bd$. In unserem Falle ist c als negativ einzusetzen.

Man kann auch den Strahl $\mathfrak{J}$ des Stromes durch die konjugiert komplexe Größe $\mathfrak{J}_k$ ersetzen und erhält, wenn $\mathfrak{U} = U \cdot \varepsilon^{j\psi}$, $\mathfrak{J} = I \cdot \varepsilon^{j(\psi - \varphi)}$, also $\mathfrak{J}_k = I \cdot \varepsilon^{j(\varphi - \psi)}$ ist:

$$\mathfrak{U} \cdot \mathfrak{J}_k = U \cdot I\, \varepsilon^{j\varphi} = U \cdot I \cdot \cos\varphi + jU \cdot I \cdot \sin\varphi.$$

Darin ist das erste Glied der rechten Seite die Wirkleistung und der Betrag des zweiten Gliedes die Blindleistung.

72. Die Selbstinduktion in Wechselstromkreisen.

Wir betrachten eine Spule mit einer festen Induktivität. Falls sie einen Eisenkern enthält, muß also die Sättigung so gering sein, daß die Durchlässigkeit während einer Periode und auch bei verschiedenen Betriebszuständen als fest angesehen werden kann. Es genügt auch, wenn im magnetischen Kreis eine Luftstrecke enthalten ist, deren magnetischer Widerstand groß ist gegenüber dem des Eisens. Ist L die Induktivität, so ist nach Gl. (19) auf S. 139 der Zeitwert der erzeugten Spannung der Selbstinduktion $e_s = -L \cdot di/dt$. Ist die Stromkurve sinusförmig, so ist $i = i_m \cdot \sin\omega t$, d. h. $di/dt = i_m \cdot \omega \cdot \cos\omega t = -i_m \cdot \omega \cdot \sin(\omega t - \pi/2)$. Demnach wird

$$e_s = +L\omega \cdot i_m \sin(\omega t - \pi/2). \tag{21}$$

Der Höchstwert ist $L\omega \cdot i_m$ und der Effektivwert

$$E_s = L\omega I. \tag{22}$$

Eine Drosselspule enthalte z. B. nach Bild 60 einen bewickelten, an einer Stelle aufgeschnittenen Eisenkern. Wenn die Induktion nicht zu hoch ist, kann der magnetische Widerstand des Eisens gegenüber der Luftstrecke vernachlässigt werden. Es sei nun der Luftweg $l = 0{,}6$ cm, die Stromstärke $I = 10$ Amp., der Luftquerschnitt $F = 12\ \mathrm{cm}^2$, die Frequenz $f = 50$ Hertz und die Windungszahl $w = 200$. Dann ergeben sich nach S. 31 und 39 Leitwert und Induktivität zu

$$\Lambda = \Pi_0 \cdot F/l = 4\pi \cdot 10^{-9} \cdot 12/0{,}6 \text{ Henry} \qquad L = w^2 \cdot \Lambda = 0{,}01 \text{ Henry}.$$

Da die Kreisfrequenz ω gleich $2\pi \cdot f$, also gleich 314/sek wird, so ist der Effektivwert der erzeugten Spannung $E_s = L\omega I = 31{,}4$ Volt.

Unten wird sich ergeben, daß ein an die Drosselspule gelegter Spannungszeiger fast genau diese Spannung von 31,4 Volt mißt, daß also die Drosselspule, wie ein Widerstand, diese Spannung abdrosselt. Aus dem Verhältnis der Spannung zur Stromstärke ergibt sich also $L\omega$.

Zur Berechnung einer Drosselspule müssen wir von der allgemeinen Gl. (2) für die erzeugte Spannung auf S. 127 ausgehen, damit wir nicht bei willkürlicher Wahl des Eisenquerschnittes oder der Windungszahl auf ungünstige Werte der Induktion im Eisen kommen. Zu dem Zwecke setzen wir in Gl. (2) auf S. 127 $\omega = 2\pi f$ und bilden den Effektivwert der Spannung, indem wir den Höchstwert durch $\sqrt{2}$ teilen. Dann wird

$$E_s = 2\pi \cdot w \cdot f \cdot \Phi/\sqrt{2} = 4{,}44 \cdot w \cdot f \cdot \Phi. \qquad (23)$$

Dabei ist Φ der Höchstwert des von einer Windung umfaßten Flusses, also das Produkt aus der größten Induktion $\mathfrak{B}_m$ und der vom Fluß durchsetzten Fläche F. Wird der Weg im Eisen vernachlässigt, so daß nur die Luft in Betracht kommt, so ist nach S. 30 die größte Induktion

$$\mathfrak{B}_m = \Pi_0\, i_m \cdot w/l = \Pi_0 \cdot \sqrt{2}\, I \cdot w/l. \qquad (24)$$

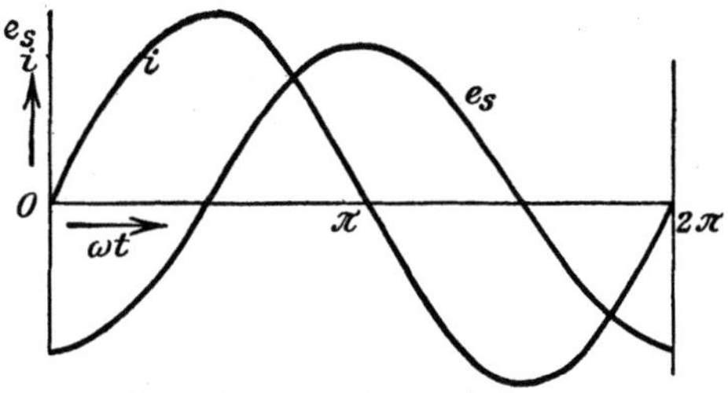

Bild 229. Strom und erzeugte Spannung.

Es sei z. B. die Stromstärke $I = 10$ Amp., der Luftquerschnitt $F = 15$ cm², die Frequenz $f = 50$ Hertz, die größte Induktion $\mathfrak{B}_m = 5000$ Gauß $= 5000 \cdot 10^{-8}$ Voltsek/cm² und die zu erzeugende Spannung $E_s = 30$ Volt. Dann wird

$$\Phi = 5000 \cdot 10^{-8} \cdot 15 = 75000 \cdot 10^{-8} \text{ Voltsek}$$

und nach Gl. (23) und (24)

$$w = \frac{E_s}{4{,}44\ \Phi \cdot f} = 180 \qquad l = \frac{4\pi \cdot 10^{-9} \cdot \sqrt{2} \cdot I \cdot w}{5000 \cdot 10^{-8}} = 0{,}64 \text{ cm}.$$

Da am Luftspalt eine Streuung der Feldlinien auftritt, so drosselt die Spule bei unserem Strom von 10 Amp. etwas mehr als 30 Volt. Die Streuung wirkt also in unserem Falle günstig.

Wenden wir uns jetzt zur Phase der erzeugten Spannung der Selbstinduktion bei sinusförmigem Strom. Aus der Gleichung für e_s auf S. 140 geht hervor, daß diese Spannung gegen den Strom um 90⁰ zurückbleibt (vgl. Bild 229).

Für $t = 0$ ist die Stromstärke gleich Null, und die Spannung der Selbstinduktion hat nach der Gleichung für e_s auf S. 140 ihren negativen Höchstwert. Dies hängt

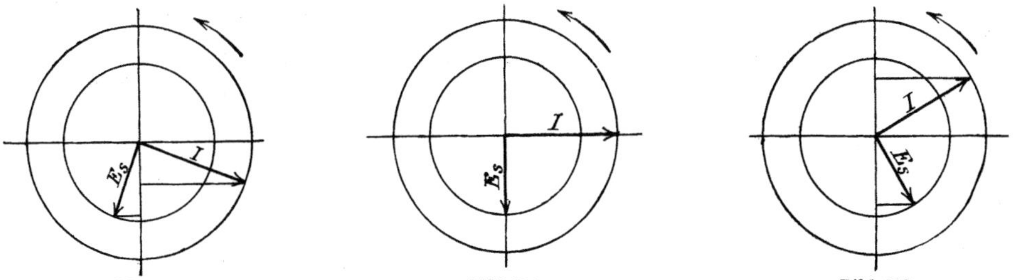

Bild 230. Bild 231. Bild 232.
Phase der durch Selbstinduktion erzeugten Spannung.

damit zusammen, daß die Kurve der Stromstärke in dem Zeitpunkt, in welchem sie durch Null hindurchgeht, am steilsten ist, di/dt also am größten ist.

Für $\omega t = \pi/2$ ist die Stromstärke am größten und die Stromkurve verläuft wagerecht. Der Strom und damit der von der Spule umfaßte Fluß ändert sich also in diesem Zeitpunkt gar nicht, und die Spannung der Selbstinduktion ist Null. So erhalten wir die Kurve e_s der durch Selbstinduktion erzeugten Spannung, die dem Strom um 90⁰ nacheilt.

Die Strahlbilder 230 bis 232 machen uns diese Erscheinungen deutlich. Sie bestätigen auch, daß die von der Selbstinduktion erzeugte Spannung dem abnehmenden Strom gleichgerichtet und dem anwachsenden Strom entgegengesetzt ist.

Der vom Strom erzeugte Fluß hat nun unter Vernachlässigung des geringen Einflusses der Hysteresis dieselbe Phase wie der Strom. Die Spannung der Selbstinduktion bleibt also um 90° nicht nur hinter dem Strome, sondern auch hinter dem Flusse zurück, durch dessen Änderung sie erzeugt wird. Ersetzt man also in Bild 229 i durch den Zeitwert Φ_t, so erhält man Bild 201.

Wir führen nun statt der erzeugten Spannung der Selbstinduktion die entgegengesetzt gleiche Größe ein und nennen sie den induktiven Spannungsverbrauch. Es ist der Teil der Gesamtspannung, der dazu dient, die erzeugte Spannung e_s der Selbstinduktion zu überwinden. Der induktive Spannungsverbrauch ist also

$$u_s = -e_s = +L\,di/dt. \tag{25}$$

Er eilt dem sinusförmigen Strom um 90° vor. (Bild 233.) Ist also der Wirkwiderstand einer Induktionsspule verschwindend klein, so bleibt der Strom nach Bild 233 um 90° gegen die Spannung zurück. Da hierdurch $\cos\varphi = 0$ wird, so ist die Leistung $N = U \cdot I \cdot \cos\varphi$ gleich Null. Dies erklärt sich daraus, daß der Zeitwert $N_t = u_s \cdot i$ nach Bild 233 im Zeitraum von 0 bis $\pi/2$ positiv, im Zeitraum $\pi/2$ bis π negativ ist usw. Positive Flächen der Kurve N_t stellen eine der Spule zugeführte elektrische Arbeit, negative eine von ihr zurückgegebene Arbeit dar. Die Gesamtarbeit wird also Null. Selbstinduktionsspulen bieten also die Möglichkeit, einen Teil der Spannung ohne nennenswerten Verlust abzudrosseln.

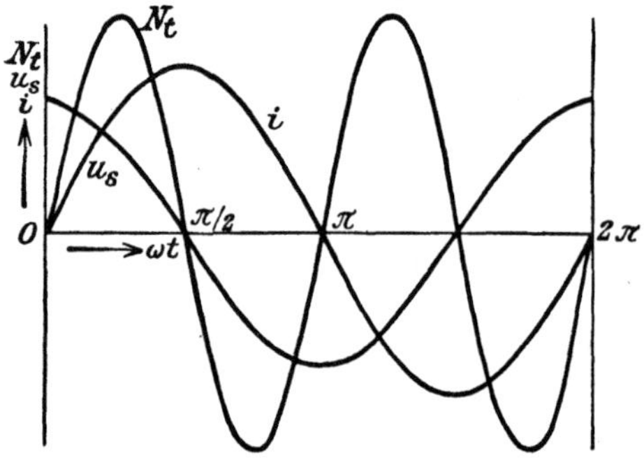

Bild 233. Strom, Spannung und Leistung für $R = 0$.

Drosselspulen sind von Bedeutung für die Nebeneinanderschaltung von Wechselstrommaschinen. Wie aus S. 39 hervorgeht, wirkt die Selbstinduktion wie eine Art Trägheit der Änderung des Stromes entgegen. Dies nutzt man aus, wenn die Möglichkeit besteht, daß starke Ströme zwischen nebeneinander geschalteten Wechselstrommaschinen hin und her fließen (vgl. Abschn. 115). Man verhindert solche Ströme durch Drosselspulen, die zwischen Maschine und Sammelschiene eingeschaltet werden. Der Verbrauch an Leistung in einer solchen Drosselspule ist verhältnismäßig gering, da der Strom um fast 90° hinter der Klemmenspannung der Drosselspule zurückbleibt. Der Spannungsverlust in den Drosselspulen wird durch den Vorteil des ruhigen Zusammenarbeitens ausgeglichen. Bei der Swinburneschen Schaltung (Bild 234) wird der Spannungsverlust noch dazu ganz vermieden. Dabei umfließen die von den beiden Maschinen ins Netz gelieferten Ströme den Kern einer Drosselspule derartig, daß ihre magnetischen Wirkungen sich aufheben. Bei Gleichheit beider Ströme wird also kein Feld erzeugt und der Spannungsverlust ist Null. Wenn zwischen beiden Maschinen Ausgleichströme hin und her fließen, kommt die Drosselspule zur Wirksamkeit und hindert das Anwachsen der Ausgleichströme.

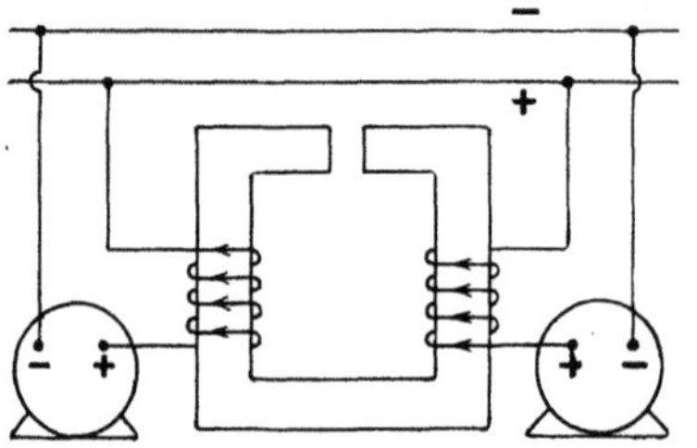
Bild 234. Swinburnesche Drosselspule.

Auch für den Überspannungsschutz von Wechselstromanlagen werden Drosselspulen verwendet.

Wir führen jetzt noch die Selbstinduktionsspannung in die komplexe Rechnung ein. Da die Selbstinduktionsspannung nach Bild 235 um 90° hinter dem Strom $\mathfrak{J}$

zurückbleibt, so erhalten wir $\mathfrak{E}_s$, wenn wir $\mathfrak{J}$ nicht nur mit $L\omega$, sondern auch mit $-j$ vervielfachen. Ebenso erhalten wir den induktiven Spannungsverbrauch, der dem Strom um 90^0 voreilt, wenn wir $\mathfrak{J}$ mit $L\omega$ und mit $+j$ vervielfachen. Es wird also

$$\mathfrak{E}_s = -jL\omega\mathfrak{J}. \tag{26}$$

$$\mathfrak{U}_s = +jL\omega\mathfrak{J}. \tag{27}$$

Ist z. B. wie in Bild 235 $\mathfrak{J} = 3 + j2$ Amp. und $L\omega = 2$ Ohm, so ergibt sich unter Berücksichtigung, daß $j^2 = -1$ ist:

$$\mathfrak{E}_s = -j \cdot 2(3+j2) = 4 - j6 \text{ Volt}$$

$$\mathfrak{U}_s = +j \cdot 2(3+j2) = -4 + j6 \text{ Volt.}$$

Die Effektivwerte sind $I = \sqrt{3^2 + 2^2} = 3{,}6$ Amp. und $E_s = U_s = \sqrt{4^2 + (-6)^2} = 7{,}2$ Volt. Die Tangenten der Winkel, um welche die Strahlen gegen die positive Richtung der wagerechten Achse voreilen, werden für den Strom gleich $+2/(+3)$, für die durch Selbstinduktion erzeugte Spannung $-6/(+4)$ und für die Klemmenspannung $+6/(-4)$. $\mathfrak{J}$ liegt daher im ersten, $\mathfrak{E}_s$ im vierten und U_s im zweiten Quadranten.

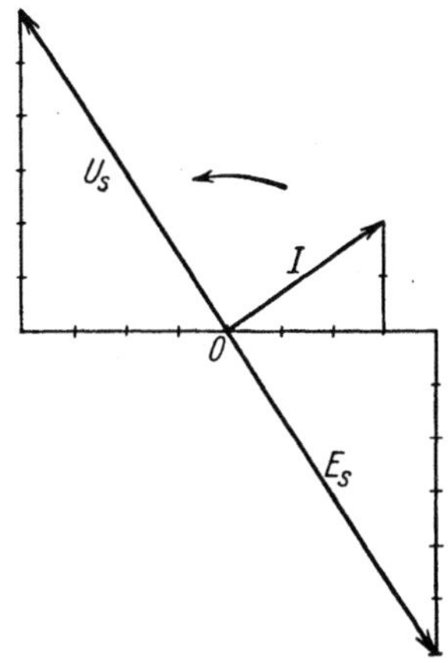

Bild 235. Stromstärke, Klemmenspannung und erzeugte Selbstinduktionsspannung einer Drosselspule.

73. Die Kapazität in Wechselstromkreisen.

Eine aus der Stromquelle, der Leitung und einem Kondensator bestehende Schaltung kann als ein geschlossener Stromkreis betrachtet werden (vgl. S. 50). Bei der Ladung fließt z. B. ebensoviel positive Elektrizität von der negativen Belegung ab, wie zur positiven zufließt. Der Strom der Zuleitungen findet dabei nach Maxwell seine Fortsetzung in dem durch die Änderung des elektrischen Feldes bedingten Verschiebungsstrom im Dielektrikum. Ebenso wie der Kondensator verhält sich jeder Teil der Schaltung, der, wie z. B. ein Kabel, Kapazität besitzt.

Wächst die Spannung an einem Kondensator von der Kapazität C in der Zeit dt um du, so ist die Zunahme der Elektrizitätsmenge $dQ_t = C \cdot du$, also der Zeitwert des Stromes

$$i = dQ_t/dt = C \cdot du/dt. \tag{28}$$

Integrieren wir zwischen $t = 0$ und $t = t$, so erhalten wir den Spannungszuwachs gegenüber der Spannung u_0 zur Zeit $t = 0$. Die Spannung zur Zeit t ist dann:

$$u = u_0 + \frac{1}{C}\int_0^t i\,dt. \tag{29}$$

Die Stromkurve sei nun sinusförmig und $i = i_m \cdot \sin \omega t$. Dann ist

$$\frac{1}{C}\int_0^t i_m \cdot \sin \omega t \cdot dt = -\frac{i_m}{C\omega}\Big|\cos \omega t\Big|_0^t = -\frac{i_m}{C\omega}\cos \omega t + \frac{i_m}{C\omega}.$$

Wenn wir stationären Zustand voraussetzen, liegt die Kurve der Spannung symmetrisch zur wagerechten Achse, d. h. wir erhalten

$$u = -\frac{i_m}{C\omega}\cos \omega t = \frac{i_m}{C\omega}\sin\left(\omega t - \frac{\pi}{2}\right). \tag{30}$$

Der Höchstwert ist also $i_m/C\omega$ und der Effektivwert

$$U = I/C\omega. \tag{31}$$

Nach Gl. (30) bleibt die Spannung am Kondensator um 90^0 hinter dem Strom zurück, d. h. der Strom eilt der Spannung um 90^0 vor (Bild 236). Für $\omega t = 0$ ist $i = 0$, und die Spannung hat ihren negativen Höchstwert, der sich für diesen Augenblick gar nicht ändert. Der Kondensator ist voll geladen und fängt an sich zu entladen, sobald die äußere Spannung anfängt, abzunehmen. Strom und Spannung sind also in der nächsten viertel Periode einander entgegengerichtet.

Für $\omega t = \pi/2$ ändert sich die Spannung am meisten, daher hat auch die Stromstärke ihren höchsten Wert. Während dann in der nächsten viertel Periode die Spannung anwächst, erzeugt sie einen ihr gleichgerichteten Strom. Spannung und Stromstärke sind also positiv usw.

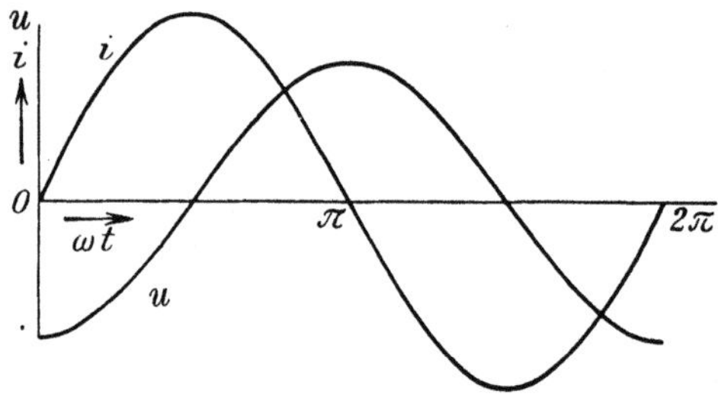

Bild 236. Spannung und Strom eines Kondensators.

Im ersten Viertel der Periode, wo Strom und Spannung entgegengesetzte Richtung haben, ist die zugeführte Leistung negativ, d. h. der Kondensator gibt Arbeit in die Stromquelle zurück. Im zweiten Viertel der Periode wird dann der Kondensator wieder aufgeladen, und die Energie erreicht den Höchstwert. Dieser ergibt sich unter Benutzung von Gl. (28) zu

$$W_m = \int_0^{u_m} u \cdot i \cdot dt = \int_0^{u_m} C \cdot u \cdot du = 0{,}5\, C \cdot u_m^2. \qquad (32)$$

Da die positive und negative Arbeit gleich ist, so ist die mittlere Leistung gleich Null, entsprechend $\varphi = -90^0$ und $\cos\varphi = 0$.

In der komplexen Rechnung bringen wir das Nacheilen der Kondensatorspannung um 90^0 gegenüber dem Strom dadurch zum Ausdruck, daß wir nach Gl. (30) schreiben

$$\mathfrak{U} = -j \cdot \mathfrak{J}/C\omega, \qquad (33) \qquad \text{d. h. } \mathfrak{J} = j \cdot C\omega \cdot \mathfrak{U}. \qquad (34)$$

XII. Reihenschaltung von Wechselstromwiderständen.

74. Widerstand und Selbstinduktion in Reihe.

Der Widerstand *R* und eine Spule mit der festen Induktivität *L* und einem verschwindend kleinen Widerstand seien nach Bild 237 in Reihe an eine Stromquelle

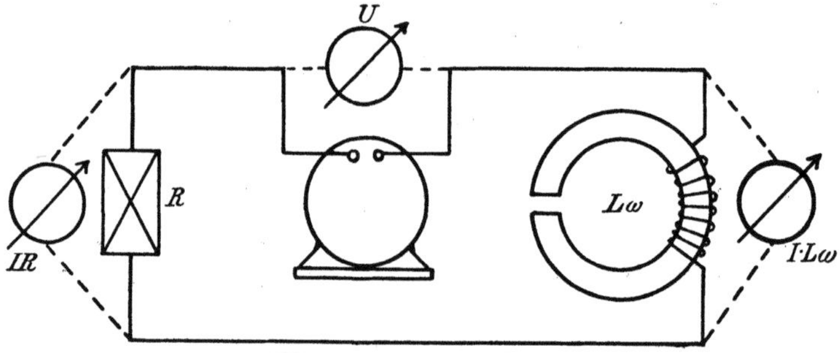

Bild 237. *R* und *Lω* in Reihe.

geschaltet. In einem beliebigen Zeitpunkt sei die Stromstärke gleich *i*. Dann ist die von der Selbstinduktion erzeugte Spannung $e_s = -L \cdot di/dt$. Sie ergibt mit der Klemmenspannung *u* den Spannungsverbrauch $i \cdot R$, d. h.

$$i R = u + e_s = u - L \cdot di/dt.$$

Wir nehmen nun sinusförmigen Strom an und tragen in Bild 238 den Bogen ωt wagerecht und den mit dem Strome phasengleichen Spannungsverbrauch $i \cdot R$, sowie die von der Selbstinduktion erzeugte, dem Strom um 90^0 nacheilende Spannung der Selbstinduktion senkrecht auf.

Für ωt gleich Null ist i und damit $i \cdot R$ gleich Null, und die durch die Selbstinduktion erzeugte Spannung hat ihren negativen Höchstwert. Nun kann die Stromstärke nur dann Null sein, wenn überhaupt keine Spannung wirksam ist. Der Höchstwert der erzeugten Spannung der Selbstinduktion wird also gerade aufgehoben durch den Zeitwert u der Klemmenspannung.

Im Zeitpunkt A ist $i \cdot R$ positiv und die erzeugte Spannung der Selbstinduktion negativ. Ein Teil der Klemmenspannung u wird dann für die Spannung $i \cdot R$ verbraucht, der andere Teil dient dazu, die erzeugte Spannung der Selbstinduktion zu überwinden.

Im Zeitpunkt B ist die erzeugte Spannung der Selbstinduktion Null, also die Klemmenspannung gleich $i \cdot R$, und beide Kurven schneiden sich.

Endlich ist im Zeitpunkt C die erzeugte Spannung der Selbstinduktion gleich der Spannung $i \cdot R$. Diese wird also jetzt von der Spannung der Selbstinduktion geliefert, so daß die Klemmenspannung Null ist.

Unser Bild ist für $I = 10$ Amp., $R = 10$ Ohm und $L\omega = 6{,}28$ gezeichnet. Wir erhalten dabei einen Höchstwert der Klemmenspannung gleich 167 Volt, gegenüber einem Höchstwert der im Widerstand verbrauchten Spannung von $I \cdot R \cdot \sqrt{2} = 141{,}4$ Volt. Die Stromstärke ist also kleiner, als man nach der Klemmenspannung und dem Widerstand R erwarten sollte. Das Ohmsche Gesetz $U = I \cdot R$ gilt also nicht mehr allgemein für Wechselstrom.

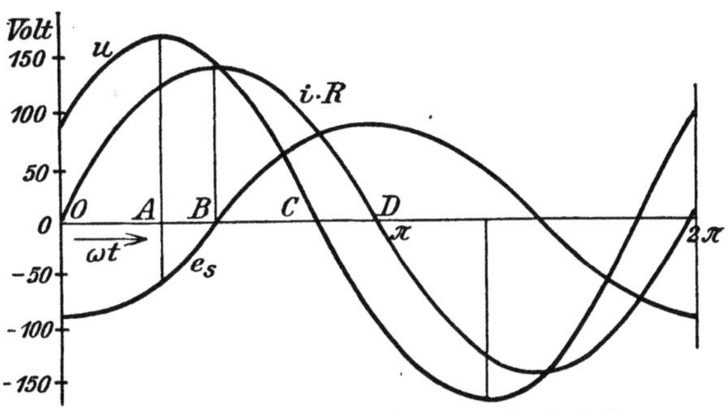

Bild 238. Widerstand und Selbstinduktion in der Reihe.

Ein Spannungszeiger mißt die Spannung am Widerstand zu $I \cdot R = 100$ Volt, an der Selbstinduktionsspule zu $I \cdot L\omega = 62{,}8$ Volt und an den Gesamtklemmen zu $167/\sqrt{2} = 118$ Volt. Die zweite Kirchhoffsche Regel, wonach die Gesamtspannung gleich der algebraischen Summe der Einzelspannungen ist, gilt also nur mehr für die Zeitwerte, aber nicht mehr für die Effektivwerte.

Endlich eilt die Klemmenspannung vor dem Strom um einen Winkel φ vorauf, der in Bild 238 dem Bogen CD entspricht. Der Strom erreicht also seinen Höchstwert später als die Klemmenspannung. Man nennt diesen Winkel den Phasenverschiebungswinkel und rechnet ihn beim Voreilen der Spannung vor dem Strome als positiv.

Wir führen nun statt der erzeugten Spannung der Selbstinduktion, die dem Strom um 90^0 nacheilt, wieder den entgegengesetzt gleichen induktiven Spannungsverlust ein, der also dem Strome um 90^0 voreilt. Er ist der Teil der Klemmenspannung, der dazu dient, der erzeugten Spannung der Selbstinduktion das Gleichgewicht zu halten. Aus der Gleichung für $i \cdot R$ auf S. 144 folgt nämlich

$$u = i \cdot R + L \cdot di/dt. \tag{1}$$

Die Klemmenspannung hat dann in jedem Zeitpunkt die Spannung $i \cdot R$ und den induktiven Spannungsverbrauch $+L \cdot di/dt$ zu liefern. Man nennt dann den Spannungsverbrauch $i \cdot R$, der in Phase mit dem Strom ist, die Wirkspannung und bezeichnet den induktiven Spannungsverbrauch, der dem Strom um 90^0 voreilt, als eine Blindspannung.

Der induktive Spannungsverbrauch wird durch einen Strahl dargestellt, welcher dem der erzeugten Spannung der Selbstinduktion entgegengesetzt gleich, also in der komplexen Rechnung gleich $+jL\omega\mathfrak{J}$ ist. Da die Richtung oder das Vorzeichen im Effektivwert nicht zum Ausdruck kommt, wollen wir zur Unterscheidung die erzeugte Spannung der Selbstinduktion mit $L\omega I$, den induktiven Spannungsverbrauch mit $I \cdot L\omega$ bezeichnen.

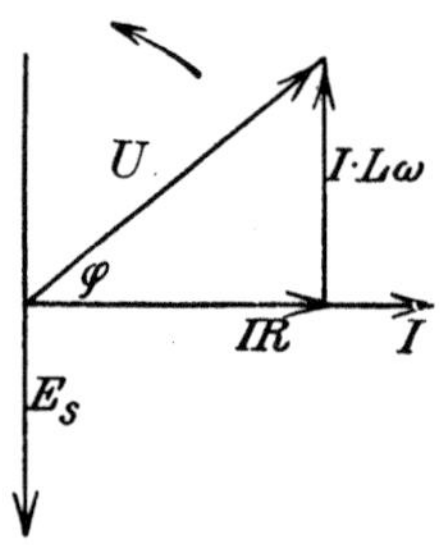

Bild 239. Widerstand und Selbstinduktion in Reihe.

Der Strahl des Stromes, der durch die Gleichung $i = i_m \cdot \sin \omega t$ gegeben sei, werde in Bild 239 willkürlich in die positive Richtung der wagerechten Achse gelegt. Das Bild ist also für die Zeit $t = 0$ gezeichnet. Der Spannungsverbrauch $I \cdot R$ hat dieselbe Phase wie der Strom. Um 90° gegen den Strom zurückbleibend, also senkrecht nach unten, wird der Strahl der Spannung der Selbstinduktion E_s und entgegengesetzt der gleich große Strahl des induktiven Spannungsverbrauches $I \cdot L\omega$ gezeichnet. Früher war dann $I \cdot R$ die Summe aus der Klemmenspannung U und der Spannung E_s der Selbstinduktion. Statt dessen wird nach Einführung des induktiven Spannungsverbrauches die Klemmenspannung U die Summe aus $I \cdot R$ und $I \cdot L\omega$. Der Strom bleibt wieder um den Winkel φ hinter der Klemmenspannung zurück. Aus Bild 239 ergibt sich nun $U^2 = (I \cdot R)^2 + (I \cdot L\omega)^2$, oder

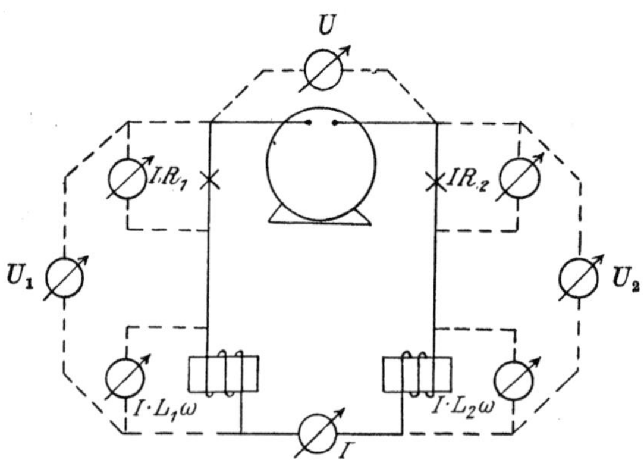

Bild 240. Wirkwiderstände und Blindwiderstände in Reihe.

$$I = U : \sqrt{R^2 + L^2\omega^2} \qquad (2)$$

$$\operatorname{tg}\varphi = L\omega/R \qquad (3)$$

Während wir in Bild 238 aus Stromstärke, Widerstand und Selbstinduktion die Klemmenspannung ermittelten, können wir jetzt umgekehrt aus Klemmenspannung, Widerstand und Selbstinduktion die Stromstärke nach Größe und Phase bestimmen. Für $U = 118$ Volt, $R = 10$ Ohm und $L\omega = 6{,}28$ Ohm erhalten aus Gl. (2) und (3):

$$I = 118 : \sqrt{10^2 + 6{,}28^2} = 10 \text{ Amp.} \qquad \operatorname{tg}\varphi = 6{,}28/10 = 0{,}628.$$

Der zu $\operatorname{tg}\varphi = 0{,}628$ gehörige Bogen, der rund gleich $\pi/6$ ist, wird in Bild 238 durch CD dargestellt.

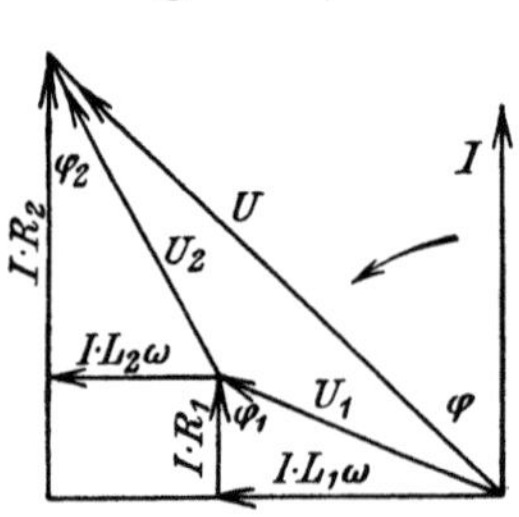

Bild 241. Spannungsbild.

In Bild 240 sind nun zwei Zweige in Reihe geschaltet, die beide Widerstand und Selbstinduktion besitzen. Dann ist: $U_1 = I \cdot \sqrt{R_1^2 + L_1^2\omega^2}$, $\operatorname{tg}\varphi_1 = L_1\omega/R_1$, $U_2 = I \cdot \sqrt{R_2^2 + L_2^2\omega^2}$ und $\operatorname{tg}\varphi_2 = L_2\omega/R_2$.

Die Wirkspannungen $I \cdot R_1$ und $I \cdot R_2$ haben gleiche Phase und ebenso die Blindspannungen $I \cdot L_1\omega$ und $I \cdot L_2\omega$. Wir erhalten daher Bild 241, in welchem der Strahl des Stromes willkürlich gelegt ist. Die Summe der Teilspannungen U_1 und U_2 ist die Gesamtspannung U. Die Teilspannungen sind im allgemeinen in der Phase gegeneinander verschoben, während die Stromstärke in allen Teilen eines unverzweigten Kreises dieselbe Phase hat. Die Gesamtspannung U und ihre Phase folgt aus

$$U = I\sqrt{(R_1 + R_2)^2 + (L_1 + L_2)^2\omega^2} \quad (4) \qquad \operatorname{tg}\varphi = (L_1 + L_2)\,\omega : (R_1 + R_2). \quad (5)$$

Widerstand und Selbstinduktion können auch in einem Teile des Stromkreises vereinigt sein. Bei einer Wechselstrommaschine sei:

die Spannung	$U_k = 2000$ Volt	die Induktivität	$L = 0{,}04$ Henry
die Stromstärke	$I =$ 50 Amp	der Ankerwiderstand	$R = 1$ Ohm
die Frequenz	$f =$ 50 Hertz	$\cos\varphi$ im Netz	0,8.

Der Ohmsche Spannungsverlust, der in Phase mit dem Strom ist, wird $I \cdot R = 50 \cdot 1 = 50$ Volt und der induktive Spannungsverlust, der dem Strom um 90^0 voreilt, $I \cdot L\omega = 50 \cdot 0{,}04 \cdot 2\pi \cdot 50 = 628$ Volt. Der gesamte Spannungsverlust OF (Bild 242) ist die Summe aus $I \cdot R$ und $I \cdot L\omega$, also $OF = \sqrt{50^2 + 628^2} = 630$ Volt. Dieser große Spannungsverlust ist fast ganz durch Selbstinduktion verursacht, die also recht nachteilig ist.

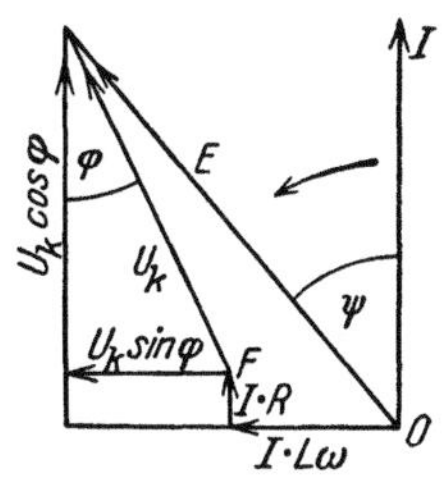

Bild 242. Spannungsbild.

Die äußere Wirkspannung wird nach Bild 242 gleich $U_k \cdot \cos\varphi$, also $2000 \cdot 0{,}8 = 1600$ Volt, während der äußere induktive Spannungsverbrauch gleich $U_k \cdot \sin\varphi = 2000 \cdot 0{,}6 = 1200$ Volt wird. Die Summe der Wirkspannungen ist dann $I \cdot R + U_k \cdot \cos\varphi = 50 + 1600$ Volt und die Summe der Blindspannungen $I \cdot L\omega + U_k \sin\varphi = 628 + 1200 = 1828$ Volt. Die vom Kraftfluß zu erzeugende Spannung wird

$$E = \sqrt{1650^2 + 1828^2} = 2460 \text{ Volt.}$$

Sie eilt dem Strom um den Winkel $\psi = \arccos 1650/2460$ vor.

Der Unterschied zwischen der erzeugten Spannung und der Klemmenspannung ist $2460 - 2000 = 460$ Volt, während der Spannungsverlust $OF = 630$ Volt ist. Dieser scheinbare Widerspruch erklärt sich daraus, daß der Spannungsverlust OF und die Klemmenspannung U_k sich geometrisch zur Gesamtspannung E zusammensetzen.

Sehr lehrreich ist es, wenn man eine feste Induktivität und einen veränderlichen Widerstand R in Reihe an eine feste Spannung U legt. Je kleiner der Widerstand R ist, desto größer ist natürlich der Strom nach der Gleichung $I = U : \sqrt{R^2 + L^2\omega^2}$. Die Leistung nimmt dagegen bei Verringerung des Widerstandes R nur bis zu einem bestimmten Betrag zu, um bei weiterer Verringerung des Widerstandes R wieder abzunehmen, nach der Gleichung

$$N = I^2 \cdot R = U^2 \cdot R : (R^2 + L^2\omega^2).$$

Sie ist also gleich Null, wenn $R = 0$ und der ganze Stromkreis rein induktiv ist und erreicht einen Höchstwert für $R = L\omega$.

Die Größe $L\omega$, die wie ein vergrößerter Widerstand wirkt, bezeichnen wir als den induktiven Widerstand. Sie hat als das Verhältnis einer Spannung zur Stromstärke die Dimension eines Widerstandes und wird wie der Ohmsche Widerstand in Ohm gemessen. Demnach ist $L\omega$ unmittelbar der induktive Widerstand. Der Widerstand R heißt im Gegensatz dazu der Wirkwiderstand. Man nennt dann $\sqrt{R^2 + L^2\omega^2}$ den Scheinwiderstand. Wir bezeichnen ihn mit z.

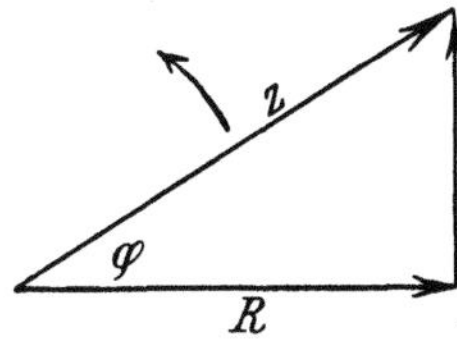

Bild 243.
Flemingsches Widerstandsbild.

Teilen wir alle Seiten des Spannungsdreiecks in Bild 239 durch den Strom I, so erhalten wir in Bild 243 ein rechtwinkliges Widerstandsdreieck, in welchem der Scheinwiderstand die Summe aus dem Wirkwiderstand und induktiven Widerstand ist. Zugleich ist der Phasenverschiebungswinkel φ, um den die Spannung gegen den Strom vorauseilt, gleich dem Winkel, um den der Scheinwiderstand gegen den Wirkwiderstand vorauseilt (Flemingsches Widerstandsbild). Der Pfeil in Bild 243 bedeutet dabei nicht mehr einen Drehsinn von Strahlen, sondern einen positiven Zählsinn für die Winkel. Es ist also

$$z = \sqrt{R^2 + L^2\omega^2} \quad (6) \qquad \cos\varphi = R/z \quad (7) \qquad \sin\varphi = L\omega/z. \quad (8)$$

Wir können nun den Scheinwiderstand, ebenso wie die Stromstärke und Spannung, als einen Strahl einführen, dessen Phasenwinkel φ aber im Gegensatz zu dem der Stromstärke und Spannung unveränderlich ist. Im Zusammenhang damit fällt R stets in die reelle Achse. Wir erhalten dann in komplexer Schreibweise nach Gl. (19) auf S. 139 den Scheinwiderstand zu

$$\mathfrak{z} = R + j \cdot L\omega \quad \text{oder} \quad \mathfrak{z} = z \cdot \varepsilon^{j\varphi}. \tag{9}$$

Wir verbinden also mit $\mathfrak{z}$ die Vorstellung eines Betrages $z = \sqrt{R^2 + L^2\omega^2}$ und eines Widerstandswinkels φ, dessen Tangente gleich $L\omega/R$ ist. In dieser Vorstellung und der kurzen Bezeichnung $\mathfrak{z}$, die wie jede andere Buchstabenbezeichnung in die Rechnungen eingeführt wird, liegt die Bedeutung der komplexen Schreibweise.

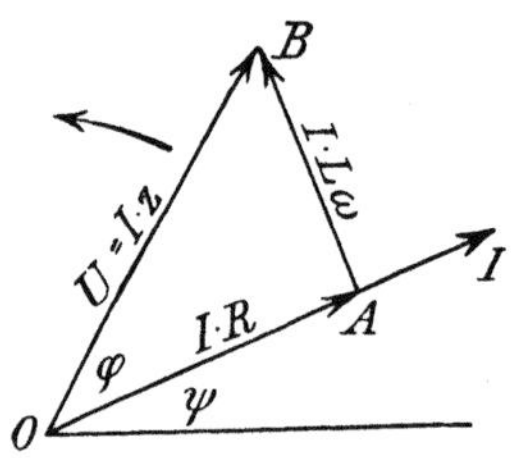

Bild 244. $\mathfrak{U} = \mathfrak{J} \cdot \mathfrak{z}$.

Wir vervielfachen nun den in komplexer Form gegebenen Strom $\mathfrak{J}$ mit $\mathfrak{z} = R + jL\omega$. Wir erhalten dadurch zunächst $\mathfrak{J} \cdot R$, d. h. eine Größe, deren Betrag gleich $I \cdot R$ ist, und die mit dem Strom $\mathfrak{J}$ dieselbe Phase hat. Das zweite Glied wird $j\mathfrak{J} \cdot L\omega$, d. h. eine Größe vom Betrag $I \cdot L\omega$, die gegen den Strom $\mathfrak{J}$ um 90^0 vorwärts gedreht ist (Bild 244). Die Summe aus beiden Gliedern ist dann $OA + AB = I\sqrt{R^2 + L^2\omega^2} = I \cdot z$, d. h. die Spannung U. Da die Summe um den Winkel arc tg $L\omega/R$ gegen den Strom voreilt, so stellt sie die Spannung U auch nach ihrer Phase dar, so daß wir sie mit $\mathfrak{U}$ bezeichnen können. Wir erhalten also das Ohmsche Gesetz in komplexer Form:

$$\mathfrak{U} = \mathfrak{J} \cdot \mathfrak{z} \tag{10}$$

Die obige Ableitung ist nur ein besonderer Fall der auf S. 139 abgeleiteten Regel, daß man durch Vervielfachung gerichteter Größen eine Größe erhält, deren Betrag das Produkt der Beträge und deren Phase die Summe der Phasenwinkel ist.

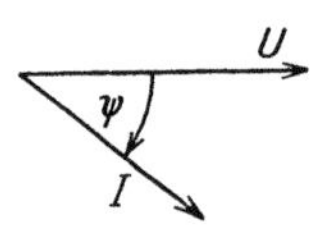

Bild 245. Strom mit dem Phasenwinkel ψ.

Wir wollen nun das Beispiel auf S. 146 durch komplexe Rechnung lösen, obwohl sie in einem solchen einfachen Falle keinen Vorteil bieten kann. Es war $U = 118$ Volt, $R = 10$ Ohm und $L\omega = 6{,}28$ Ohm. Gesucht wird der Strom nach Stärke und Phase. Wir legen den Strahl der Klemmenspannung U in Bild 245 willkürlich in die positive Richtung der wagerechten Achse und haben dann die Spannung als reelle Zahl, also mit $U = 118$ in die Rechnung einzuführen. Wir erhalten dann den Strom zu $\mathfrak{J} = \mathfrak{U}/\mathfrak{z} = 118/(10 + j6{,}28)$ Amp. Wir machen den Nenner reell, indem wir mit $10 - j6{,}28$ erweitern. Dabei haben wir $j = \sqrt{-1}$, also $j^2 = -1$ zu setzen. Dadurch wird

$$\mathfrak{J} = \frac{118}{10 + j \cdot 6{,}28} \cdot \frac{10 - j \cdot 6{,}28}{10 - j \cdot 6{,}28} = \frac{118}{10^2 + 6{,}28^2} \cdot (10 - j\ 6{,}28) \text{ Amp}$$

oder $\mathfrak{J} = 8{,}5 - j5{,}31$ Amp. Effektivwert und Phase des Stromes sind dann

$$I = \sqrt{8{,}5^2 + 5{,}31^2} = 10 \text{ Amp} \qquad \operatorname{tg}\psi = -5{,}31/8{,}5 = -0{,}628.$$

Absichtlich haben wir den Phasenwinkel mit ψ und nicht mit φ bezeichnet, denn die Rechnung gibt zunächst nur die Verschiebung gegen die positive wagerechte Achse. ψ liegt im vierten Quadranten und ist ein negativer Winkel, der als solcher durch einen Pfeil bezeichnet ist, der gegen den positiven Drehsinn zeigt. Im Gegensatz dazu ist der Phasenverschiebungswinkel φ, der immer von Strom an gezählt wird, in unserem Falle positiv.

75. Widerstand und Kapazität in Reihe.

Ein Widerstand R sei mit einem Kondensator von der Kapazität C in Reihe geschaltet. Der Effektivwert der Gesamtspannung sei U, der Zeitwert sei u. Dann ist nach Gl. (29) auf S. 143.

$$u = u_0 + i \cdot R + \frac{1}{C}\int_0^t i \cdot dt. \tag{11}$$

Die Gesamtspannung besteht bei sinusförmigem Strom aus einer Teilspannung von dem Effektivwert $I \cdot R$, die mit dem Strom in Phase ist, und nach S. 143 aus einer Teilspannung $I/C\omega$, die gegen den Strom um 90^0 nacheilt. Die letztere ist eine

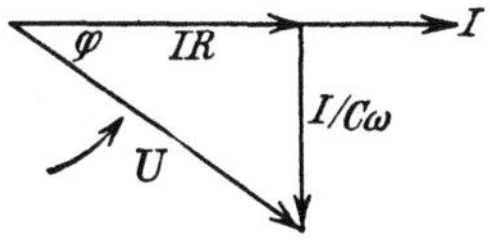

Bild 246. Widerstand und Kapazität in Reihe.

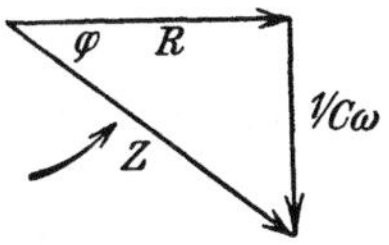

Bild 247. Widerstand und Kapazität in Reihe.

Blindspannung, die im Unterschied von der induktiven Spannung als **kapazitive Spannung** bezeichnet wird. Die Zusammensetzung der Sinuskurven für die Wirkspannung und kapazitive Spannung können wir in ähnlicher Weise vornehmen wie in Bild 238. Schneller erhalten wir in Bild 246:

$$U = I \cdot \sqrt{R^2 + \frac{1}{C^2\,\omega^2}} \quad (12) \qquad \operatorname{tg}\varphi = -\frac{1/C\omega}{R}. \quad (13)$$

Das negative Vorzeichen im Ausdruck für $\operatorname{tg}\varphi$ rührt daher, daß der Winkel φ im vierten Quadranten liegt, wenn nach Bild 246 $I \cdot R$ in die positive Richtung der wagerechten Achse gelegt wird.

Wenn wir dann wieder alle Strahlen in Bild 246 durch den Strom I teilen, so erhalten wir in Bild 247 ein rechtwinkliges Widerstandsdreieck, in welchem $z = U/I$ der Scheinwiderstand, R der Wirkwiderstand und $1/C\omega$ der sogenannte **kapazitive Widerstand** ist. Dabei ist

$$z = \sqrt{R^2 + 1/C^2\omega^2}, \tag{14}$$

während sich $\operatorname{tg}\varphi$ wie oben ergibt. Wollen wir, statt zu zeichnen, komplex rechnen, so haben wir nach Bild 247 $1/C\omega$ um 90^0 gegen R **zurückbleibend** einzuführen, also nach S. 139 mit $-j$ zu vervielfachen. Dadurch wird

$$\mathfrak{z} = R - j \cdot 1/C\omega. \tag{15}$$

Der kapazitive Widerstand ist also ein negativer induktiver Widerstand.

76. Das allgemeine Ohmsche Gesetz für Wechselstrom.

Liegen Wirkwiderstand, induktiver und kapazitiver Widerstand in Reihe, so ist nach S. 140 und 143 die Gesamtspannung

$$u = u_0 + iR + L \cdot \frac{di}{dt} + \frac{1}{C}\int_0^t i\,dt. \tag{16}$$

Bei sinusförmigem Strom hat $I \cdot R$ die Phase des Stromes, die Spannung $I \cdot L\omega$, die zur Überwindung der Selbstinduktion dient, eilt dem Strom um 90^0 vor, und die Spannung $I/C\omega$ an der Kapazität bleibt hinter dem Strom um 90^0 zurück. Die Summe aus allen drei Spannungen ist dann die Gesamtspannung U (vgl. Bild 248).

Ist $OA = I \cdot L\omega - I/C\omega$, so ist die Summe aus OA und $I \cdot R$ die Gesamtspannung. Demnach ist $U^2 = (I \cdot R)^2 + OA^2$ oder

$$U = I\sqrt{R^2 + (L\omega - 1/C\omega)^2} \quad (17) \qquad \text{und} \qquad \operatorname{tg}\varphi = (L\omega - 1/C\omega) : R. \quad (18)$$

Gl. (17) heißt das allgemeine Ohmsche Gesetz für Wechselstrom. Teilen wir nun, wie früher, alle Strahlen durch den Strom I, so erhalten wir das Widerstandsbild in Bild 249. In diesem ist R der Wirkwiderstand, $L\omega - 1/C\omega$ der sogenannte Blindwiderstand x und $z = U/I$ der Scheinwiderstand. Demnach ist

$$x = L\omega - 1/C\omega \quad (19) \qquad\qquad z = \sqrt{R^2 + x^2} \quad (20)$$

$$\cos\varphi = R/z \quad (21) \qquad \sin\varphi = x/z \quad (22) \qquad \operatorname{tg}\varphi = x/R \quad (23)$$

Da die Vervielfachung mit $+j$ einen Strahl $\mathfrak{I}$ um 90^0 vorwärts dreht, so lautet das Ohmsche Gesetz in der komplexen Schreibweise

$$\mathfrak{U} = \mathfrak{I} \cdot R + j\mathfrak{I} \cdot x = \mathfrak{I} \cdot \mathfrak{z}. \qquad (24)$$

Dabei ist der Scheinwiderstand $\mathfrak{z}$ in komplexer Form

$$\mathfrak{z} = R + j(L\omega - 1/C\omega) = R + j \cdot x. \qquad (25)$$

Man ermittelt diesen Scheinwiderstand eines Stromzweiges, indem man die Spannung U und die Stromstärke I, sowie die Leistung N mißt. Man

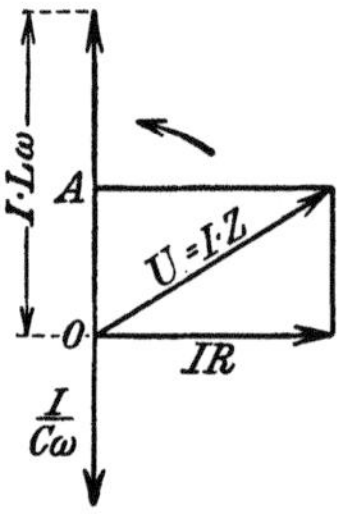

Bild 248. Wirkspannung, induktive und kapazitive Spannung in Reihe.

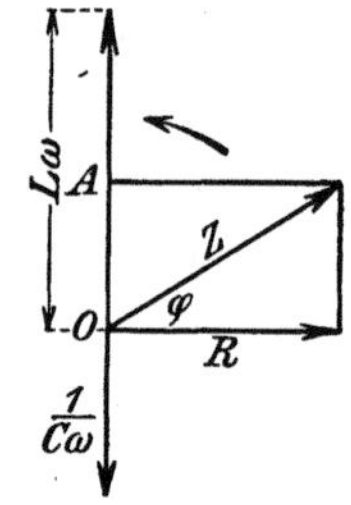

Bild 249. Wirkwiderstand, induktiver und kapazitiver Widerstand in Reihe.

berechnet dann $\cos\varphi = N/UI$ und daraus $\sin\varphi$. Dann ist der Scheinwiderstand z in reeller Form, d. h. der Betrag der gerichteten Größe $z = U/I$. Daraus folgt dann $R = z \cdot \cos\varphi$ und $x = z \cdot \sin\varphi$, also $\mathfrak{z} = z(\cos\varphi + j \cdot \sin\varphi)$. Man kann statt dessen auch $z = U/I$, $R = N/I^2$ und $x = \sqrt{z^2 - R^2}$ berechnen.

Es ist aber dabei zu beachten, daß zu einem positiven Wert von $\cos\varphi$ ebensowohl ein negativer wie ein positiver Winkel gehören kann. Im Zusammenhang damit kann $\sqrt{z^2 - R^2}$ positiv oder negativ sein. Die Messung sagt also über das Vorzeichen des Blindwiderstandes nichts aus, d. h. sie entscheidet nicht darüber, ob er induktiv oder kapazitiv ist. Wenn es also nicht von vornherein sicher ist, daß der Stromkreis induktiv und die Phasenverschiebung daher positiv ist, muß man das Vorzeichen besonders feststellen, indem man zu dem Stromkreis eine reine Induktivität, die aber nicht zu groß sein darf, hinzuschaltet. Wird dadurch die Phasenverschiebung, absolut genommen, größer, so war der Blindwiderstand vorher induktiv, andernfalls war er kapazitiv.

Da ω in der Klammer der Gl. (17) im Zähler und im Nenner steht, muß es eine Frequenz geben, für welche die Größe innerhalb der Klammer Null wird. Wir erhalten sie aus der Gleichung: $L\omega - 1/C\omega = 0$, oder wenn wir für ω auflösen und die Frequenz f einführen:

$$\omega = \frac{1}{\sqrt{C \cdot L}}, \quad (26) \qquad \text{d. h. } f = \frac{\omega}{2\pi} = \frac{1}{2\pi\sqrt{C \cdot L}}. \quad (27)$$

Für diese Frequenz wird die Klammergröße im Ausdruck für z gleich Null, und wir erhalten $I = U/R$. Die Stromstärke ist dann also ebenso groß, wie wenn wir ohne Selbstinduktion und Kapazität allein den Widerstand R an die Spannung U legen, und die Phasenverschiebung ist Null.

Die von einer Maschine erzeugte Spannung sei z. B. $E = 10000$ Volt, ihre Induktivität $L = 0{,}4$ Henry, die Kapazität eines Kabels $C = 2{,}5 \cdot 10^{-6}$ Farad, und der Widerstand des Kabels für Hin- und Rückleitung 5 Ohm. Die Induktivität des Kabels werde vernachlässigt. Die Frequenz f sei zunächst gleich 50 Hertz. Wir können dann das Kabel durch einen Kondensator ersetzt denken, der in der Mitte zwischen der Maschine und dem Ende des Kabels angebracht ist. Für den Widerstand zwischen Maschine und Kondensator haben wir dann die Hälfte des ganzen Widerstandes, nämlich 2,5 Ohm einzusetzen. Der gesamte Blindwiderstand ergibt sich bei der Frequenz $f = 50$ Hertz zu

$$L\omega - \frac{1}{C\omega} = 0{,}4 \cdot 6{,}28 \cdot 50 - \frac{10^6}{2{,}5 \cdot 50 \cdot 6{,}28} = 126 - 1275 = -1149 \text{ Ohm.}$$

Die in das offene Kabel fließende Stromstärke wird dann nach Gl. (17) $I = 10000 : \sqrt{2{,}5^2 + (-1149)^2} = 8{,}7$ Amp. Die Phasenverschiebung ist dabei fast -90^0, $\cos\varphi$ fast gleich Null und dadurch die Leistung ebenfalls fast gleich Null. Wir fragen uns nun, bei welcher Frequenz die Stromstärke bei den obigen Werten der Spannung, der Induktivität und der Kapazität ihren höchsten Wert erreicht. Diese gefährliche Frequenz ergibt sich aus Gl. (27) zu:

$$f = \frac{1}{2\pi\sqrt{C \cdot L}} = \frac{1}{2\pi\sqrt{2{,}5 \cdot 10^{-6} \cdot 0{,}4}} = 160 \text{ Hertz.}$$

Dabei wird die Klammergröße in Gl. (17) Null, und wir erhalten, obgleich das Kabel offen ist, eine Stromstärke $I = E/R = 10000/2{,}5 = 4000$ Amp.!! Dabei erreichen die Spannungen der Kapazität und Selbstinduktion jede den außerordentlichen Wert:

$$I/C\omega = L\omega \cdot I = 0{,}4 \cdot 2\pi \cdot 160 \cdot 4000 = 1{,}62 \cdot 10^6 \text{ Volt!!}$$

Natürlich hält das Kabel die hohe Stromstärke und Spannung nicht aus. Man nennt den bei der gefährlichen Frequenz eintretenden Zustand, bei welchem die Netzfrequenz f mit der sogenannten Eigenfrequenz $1 : 2\pi\sqrt{LC}$ des Stromkreises übereinstimmt, die Resonanz. In jedem Augenblick reicht dabei die durch die Selbstinduktion erzeugte Spannung aus, um die hohe Kapazitätsspannung zu liefern, und umgekehrt, so daß die erzeugte Spannung der Maschine nur dazu dient, den Schwingungskreis anzuregen. Dabei ist aber zu beachten, daß die Induktivität $L = 0{,}4$ Henry groß gewählt ist und nur für eine kleine Maschine paßt, wie sie etwa zur Isolationsprüfung verwendet wird. Ist L kleiner, wie das bei Maschinen für große Leistungen der Fall ist, so liegt die gefährliche Frequenz höher als bei 160.

Aber auch in unserem Falle liegt die Frequenz 160 Hertz so hoch, daß bei der gewöhnlichen Frequenz 50 Hertz keine Annäherung an die Resonanz zu bestehen scheint. Es kann aber vorkommen, daß die Spannungskurve nicht sinusförmig ist, daß also nach S. 128 neben der Grundwelle noch Oberwellen höherer Frequenz bestehen. Bei einer Netzfrequenz $f = 50$ Hertz würde z. B. die Oberwelle dritter Ordnung die Frequenz 150 Hertz besitzen. Dieser Wert liegt so nahe bei 160 Hertz, daß der Zustand sich der Resonanz nähert und der Strom der dritten Oberwelle sehr groß wird. Er ergibt sich, wenn in Gl. (17) statt der Kreisfrequenz ω der Grundwelle der Wert 3ω und für U die Spannung der dritten Oberwelle eingeführt wird.

Die Spannung der dritten Oberwelle sei in unserem Falle gleich 5% der Grundwelle, also 500 Volt. Dann ergibt sich bei $f = 50$ Hertz der Strom der dritten Oberwelle zu

$$I_3 = \frac{50}{\sqrt{2{,}5^2 + (0{,}4 \cdot 3 \cdot 2\pi\, 50 - \frac{1}{2{,}5 \cdot 10^{-6} \cdot 3 \cdot 2\pi\, 50)^2}}} = 72 \text{ Amp.}$$

Er ist also im Verhältnis 72 : 8,7 (!) größer als der Strom der Grundwelle.

XIII. Nebenschaltung und gemischte Schaltung.

77. Wechselstromwiderstände in Nebenschaltung.

Anstatt bei Phasenverschiebung zwischen Strom und Spannung die Spannung in Wirkspannung und Blindspannung zu zerlegen, kann man auch den Strom in einen Wirkstrom I_w und Blindstrom I_b zerlegen. Dabei ist

$$I_w = I \cdot \cos\varphi \quad (1) \qquad I_b = I \cdot \sin\varphi \quad (2)$$

Der Wirkstrom ist nach Bild 250 die Komponente des Stromes, die in Phase mit der Spannung ist oder mit der Spannung vervielfacht die Leistung ergibt. Der Blindstrom ist die Komponente des Stromes, die mit der Spannung die Wirkleistung Null ergibt oder mit der Spannung die Blindleistung ergibt. Bei positiver Phasenverschiebung, also nacheilendem Strom, ist $\sin\varphi$ und damit der Blindstrom positiv. Ein solcher positiver Blindstrom bleibt gegen die Spannung um 90° zurück. In kapazitiven Stromkreisen eilt er gegen die Spannung um 90° vor und ist negativ.

Gleichzeitig folgt aus Bild 250:

$$I^2 = I_w^2 + I_b^2 \quad (3) \qquad \operatorname{tg}\varphi = I_b/I_w. \quad (4)$$

Die Zerlegung in Wirkstrom und Blindstrom ist gleichbedeutend mit dem Ersatz eines einzelnen Stromzweiges, der Wirk- und Blindwiderstand in Reihe enthält, durch eine Parallelschaltung zweier Zweige, von denen der eine nur Wirkwiderstand, der andere nur Blindwiderstand enthält.

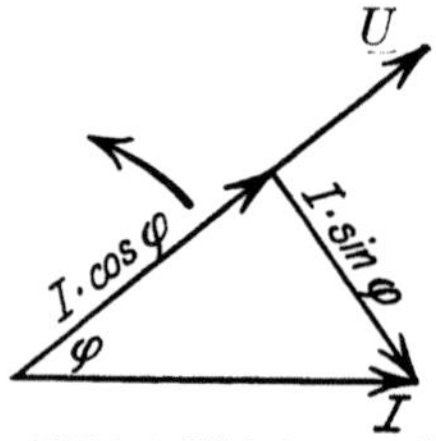

Bild 250. Wirkstrom und Blindstrom.

Zur Erzeugung des Blindstromes wird zwar keine Leistung verbraucht. Er belastet aber die Querschnitte der Motoren, Leitungen und Stromerzeuger und erhöht, ohne zur Leistung beizutragen, den Spannungsverlust und den Arbeitsverlust durch Stromwärme, der dann durch den Wirkstrom mit gedeckt werden muß. Bei den Maschinen hat dies zur Folge, daß sie für die Scheinleistung in kVA (Kilovoltampere) und nicht für die Wirkleistung gebaut werden müssen. Man sucht daher die Phasenverschiebung zwischen Strom und Spannung und damit den Blindstrom nach Möglichkeit einzuschränken.

Die Zerlegung in Wirkstrom und Blindstrom setzt uns nun instand, den Gesamtstrom bei Parallelschaltung mehrerer Zweige nach Größe und Phase zu berechnen. Wir ermitteln dazu für jeden Zweig die Größe des Stromes und seine Phase gegen-

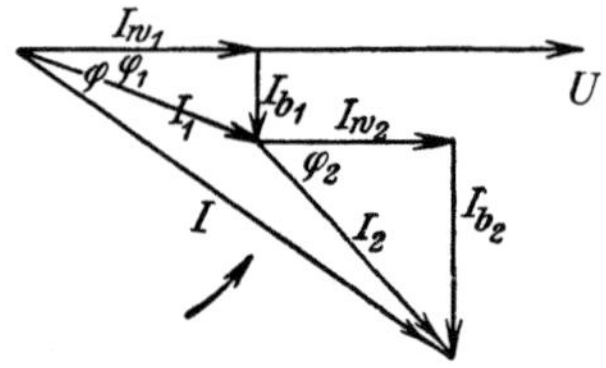

Bild 251. Gesamtstrom I der Verzweigung.

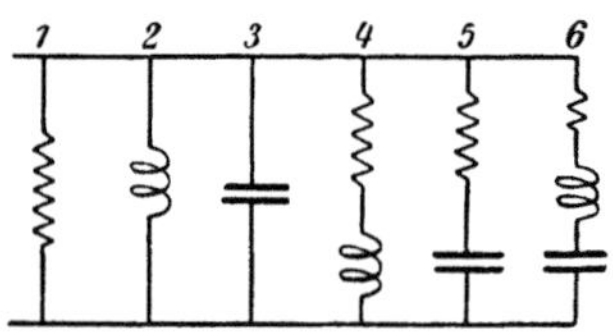

Bild 252. Wechselstromzweige nebeneinander.

über der Spannung und zerlegen jeden Strom in einen Wirkstrom und einen Blindstrom. Wenn wir dann die Summe der Wirkströme und die Summe der Blindströme rechtwinklig zusammenfügen, so erhalten wir den Gesamtstrom. Sein Betrag und seine Phase sind dann nach Bild 251 gegeben durch

$$I = \sqrt{(\Sigma I_w)^2 + (\Sigma I_b)^2} \quad (5) \qquad \operatorname{tg}\varphi = \Sigma I_b / \Sigma I_w. \quad (6)$$

An einer Spannung $U = 300$ Volt liegen z. B. die in Bild 252 gegebenen Zweige, deren Widerstände in der folgenden Zahlentafel angegeben sind. Wir berechnen dann für jeden Zweig

$$z = \sqrt{R^2 + (L\omega - 1/C\omega)^2} \qquad I = U/z$$
$$\cos\varphi = R/z \qquad \sin\varphi = (L\omega - 1/C\omega) : z$$
$$I_w = I \cdot \cos\varphi \qquad I_b = I \cdot \sin\varphi.$$

Alle Größen seien im praktischen Maß gemessen.

Zweig	R	$L\omega$	$1/C\omega$	z	I	$\cos\varphi$	$\sin\varphi$	I_w	I_b
1	6	—	—	6	50	1	0	50	0
2	—	15	—	15	20	0	1	0	20
3	—	—	30	30	10	0	−1	0	−10
4	4	3	—	5	60	0,8	0,6	48	36
5	6	—	8	10	30	0,6	−0,8	18	−24
6	4	8	11	5	60	0,8	−0,6	48	−36
								164	−14.

Dann erhalten wir den Gesamtstrom nach Größe und Phase aus

$$I = \sqrt{164^2 + (-14)^2} = 164{,}5 \qquad \operatorname{tg}\varphi = -14/164 = -0{,}0855.$$

Die Phasenverschiebung ist negativ, d. h. der Strom eilt vor.

Wir können unsere Aufgabe auch auf komplexem Wege lösen, indem wir für jeden Zweig $\mathfrak{z} = R + j\,(L\omega - 1/C\omega)$ und daraus $\mathfrak{I} = \mathfrak{U}/\mathfrak{z}$ berechnen, die Nenner reell machen und die Ströme zusammenzählen. Wenn wir den Strahl der Spannung willkürlich in die positive Richtung der wagerechten Achse legen, haben wir für $\mathfrak{U}$ den reellen Wert $U = 300$ einzuführen. Wir erhalten dann:

Zweig	$\mathfrak{z}$	$\mathfrak{I} = \mathfrak{U}/\mathfrak{z}$
1	6	50
2	$j15$	$-j20$
3	$-j30$	$+j10$
4	$4+j3$	$48-j36$
5	$6-j8$	$18+j24$
6	$4-j3$	$48+j36$
		$\Sigma\mathfrak{I} = 164+j14.$

Unser Ausdruck für $\Sigma\mathfrak{I}$ hat an sich mit Wirkstrom und Blindstrom nichts zu tun, sondern gibt nur die Teilströme, bezogen auf die wagerechte und senkrechte Achse. Beide sind positiv, d. h. der Strahl des Gesamtstromes liegt im ersten Quadranten und eilt dem in die positive wagerechte Achse gelegten Strahl der Spannung vor. Wir haben zwar einen positiven Phasenwinkel ψ des Strahles $\mathfrak{I}$, aber eine negative Phasenverschiebung zwischen Strom und Spannung.

Anstatt des Wirkstromes und des Blindstromes kann man auch mit dem Wirkleitwert und dem Blindleitwert arbeiten, die nichts anderes sind als die entsprechenden Ströme bei der Spannung Eins. Wir fassen dafür zunächst einen einzelnen Zweig ins Auge, der den Wirkwiderstand R und den Blindwiderstand x in Reihe enthält. Sein Scheinleitwert, der in reeller Form mit y und in komplexer Form mit $\mathfrak{y}$ bezeichnet werden soll, ist der umgekehrte Wert des Scheinwiderstandes, d. h.

$$\mathfrak{y} = \frac{1}{\mathfrak{z}} = \frac{1}{R + jx} = \frac{R}{R^2 + x^2} - j\,\frac{x}{R^2 + x^2}. \tag{7}$$

Wir nennen nun $R/(R^2 + x^2)$ den Wirkleitwert g. Ebenso nennen wir $x/(R^2 + x^2)$ den Blindleitwert b. Demnach ist

$$g = R : (R^2 + x^2) \quad (8) \qquad b = x : (R^2 + x^2) \quad (9) \qquad \mathfrak{y} = g - jb \quad (10)$$

$$y = \sqrt{g^2 + b^2} \quad (11) \qquad I = U \cdot y \quad (12) \qquad \text{und } \operatorname{tg}\varphi = b/g \quad (13)$$

Dabei ist φ der Phasenwinkel des Scheinwiderstandes, d. h. der Winkel der Voreilung der Spannung vor den Strom. Er ist nicht zu verwechseln mit dem zum Strahl $\mathfrak{y}$ gehörigen Winkel, der nach Gl. (10) gleich $\operatorname{arc}\operatorname{tg}(-b)/g$, also gleich $-\varphi$ ist und bei positivem b im vierten Quadranten liegt.

In Wirklichkeit ist die Einführung von Gl. (10) wieder gleichbedeutend mit dem Ersatz der Reihenschaltung von R und x durch eine Nebenschaltung zweier Zweige, von denen der eine nur Wirkstrom und der andere nur Blindstrom führt.

Wir wollen nun die beiden Zweige in Bild 253 so abstimmen, daß die Phasenverschiebung zwischen Gesamtstrom und Spannung gleich Null wird. In diesem Falle muß die Summe der Blindströme, d. h. $I_1 \cdot \sin\varphi_1 + I_2 \cdot \sin\varphi_2$ gleich Null werden. Nun ist $I_1 = U/z_1$ und $I_2 = U/z_2$. Ferner ist $\sin\varphi_1 = L\omega : z_1$ und $\sin\varphi_2 = -(1/C\omega) : z_2$. Demnach lautet unsere obige Bedingung mit $z_1 = \sqrt{R_1^2 + L_1^2\omega^2}$ und $z_2 = \sqrt{R_2^2 + 1/C^2\omega^2}$:

$$\frac{L\omega}{R_1^2 + L^2\omega^2} = \frac{1/C\omega}{R_2^2 + 1/C^2\omega^2}.$$

Die Summe der Blindströme ist in diesem Falle gleich Null. Der Blindstrom des einen Zweiges wird dann vom Blindstrom des andern Zweiges geliefert, und in der Zuleitung fließt nur Wirkstrom (Stromresonanz). Man könnte daher an sich die Selbstinduktion von Verbrauchskörpern, z. B. von Drehstrommotoren, für die Zuleitung und die Stromerzeuger dadurch unschädlich machen, daß man im Nebenschluß zu den Verbrauchskörpern Kondensatoren einschaltete. Diese lassen sich aber nicht genügend haltbar herstellen. Wir werden jedoch später sehen, daß ein übererregter Synchronmotor wie ein Kondensator wirkt, indem er einen der Spannung voreilenden Strom aufnimmt. Falls also in der Anlage Synchronmotoren laufen, wird man diese übererregen. In besonderen Fällen werden auch übererregte leerlaufende Synchronmotoren an der Verbrauchsstelle als Phasenregler aufgestellt.

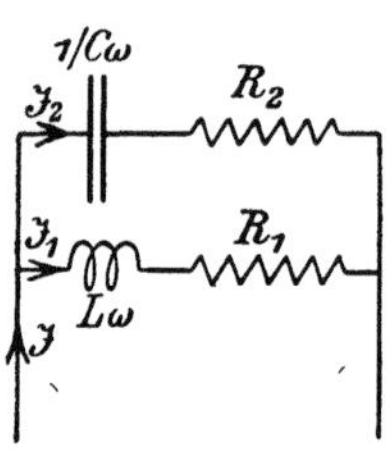

Bild 253. Wechselstromzweige nebeneinander.

Für $R_1 = R_2$ lautet die Bedingung für Stromresonanz $L\omega = 1/C\omega$. Ist dann weiter R_1 und R_2 praktisch gleich Null, so ist nach Gl. (8) der Wirkleitwert jedes Zweiges gleich Null, also in der Zuleitung nicht nur der Blindstrom, sondern auch der Wirkstrom gleich Null, während in der Verzweigung ein Strom $U : L\omega$ kreist. Die Verzweigung stellt in diesem Falle für die Zuleitung einen unendlichen Widerstand dar.

Man kann bei Nebenschaltung von Wechselstromwiderständen den gesamten Scheinwiderstand $\mathfrak{z}$ der Verzweigung auch wie bei Gleichstrom (!) entsprechend Gl. (7) auf S. 8 berechnen. Dieser wird

$$\mathfrak{z} = \mathfrak{z}_1\mathfrak{z}_2/(\mathfrak{z}_1 + \mathfrak{z}_2). \tag{14}$$

In Bild 253 haben wir z. B. $\mathfrak{z}_1 = R_1 + j\,L\omega$ und $\mathfrak{z}_2 = R_2 - j\,1/C\omega$ zu setzen und den Nenner in Gl. (14) reell zu machen. Dadurch erhalten wir den Gesamtwiderstand in komplexer Form. Soll dann die ganze Verzweigung nur wie ein Ohmscher Widerstand wirken, so muß das imaginäre Glied verschwinden. Wir erhalten dadurch dieselbe Bedingung wie oben.

78. Verteilte Selbstinduktion und Kapazität.

Bisher wurde stets von uns angenommen, daß Selbstinduktion und Kapazität in besonderen Teilen des Stromkreises vorhanden waren. Wir gehen jetzt zu dem bei Leitungen und Kabeln vorliegenden Fall über, wo jeder Teil der Leitung sowohl Selbstinduktion als auch Kapazität besitzt. In diesem Falle ist nicht nur die Spannung zwischen Hin- und Rückleitung, sondern auch die Stromstärke je nach der Entfernung vom Anfang verschieden. Wir wollen zunächst ein Näherungsverfahren anwenden, das uns das Wesen der Sache deutlich macht und durchaus befriedigende

Ergebnisse erzielt. Das Kabel oder die Freileitung wird dabei in eine Anzahl Teile geteilt und dann durch den Kettenleiter in Bild 254a dargestellt. Es genügt völlig, wenn die Zahl der Teile gleich 3 gewählt wird. R, $L\omega$ und $C\omega$ sind dann die Größen für den dritten Teil des Kabels.

Gegeben sei z. B. am Leitungsende die Spannung $U_2 = 1000$ Volt, die Stromstärke $I_2 = 20$ Amp. und der Leistungsfaktor $\cos\varphi_2 = 0{,}8$, bei Voreilung der Spannung vor dem Strom. Für 1 km Kabellänge sei der Widerstand $R' = 0{,}4$ Ohm, die Induktivität $L' = 2 \cdot 10^{-3}$ Henry, die Kapazität $C' = 0{,}56 \cdot 10^{-6}$ Farad und die Ableitung, d. h. der reziproke Wert des Isolationswiderstandes $A' = 0$. Die Länge sei gleich 15 km. In angenäherter Rechnung wird dann für den dritten Teil des Kabels, also für 5 km $R = 2$ Ohm, $L = 1 \cdot 10^{-2}$ Henry, $C = 2{,}8 \cdot 10^{-6}$ Farad. Die Frequenz sei $f = 50$ Hertz, also $\omega = 2\pi f = 314$/sek, d. h. $L\omega = 3{,}14$ Ohm und $C\omega = 8{,}8 \cdot 10^{-4}$ Siemens. Gesucht wird am Leitungsanfang die Spannung U_1, die Stromstärke I_1 und der Leistungsfaktor $\cos\varphi_1$.

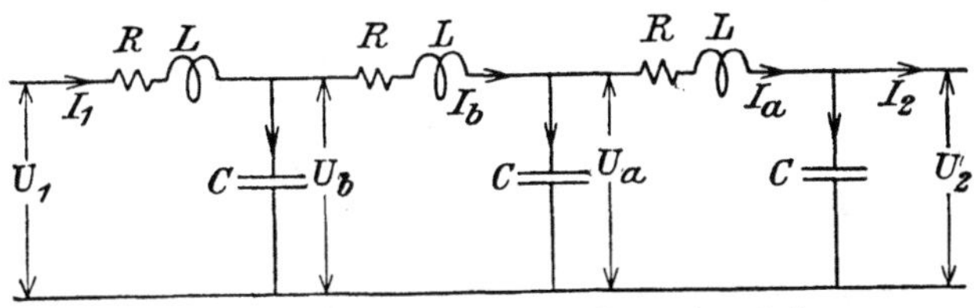

Bild 254a. Kettenleiter als Ersatzschaltung einer Leitung.

Wir legen in Bild 254b willkürlich den Strahl der Spannung U_2 nach rechts in die wagerechte Achse und lassen den Strahl OA des Stromes I_2 um den gegebenen

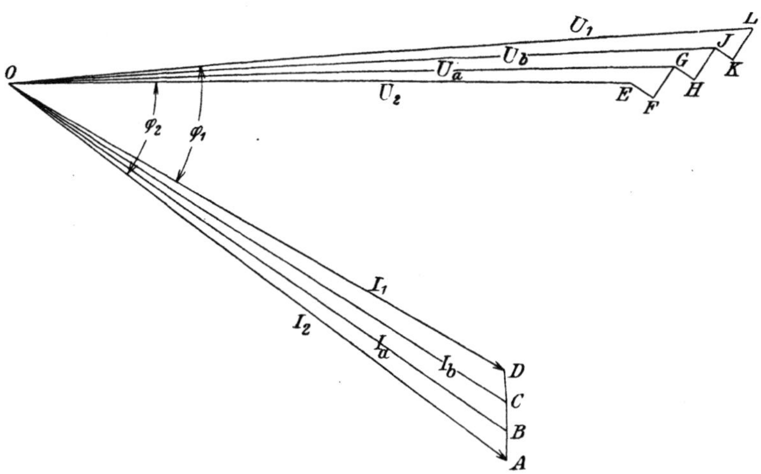

Bild 254b. Strombild bei verteilter Selbstinduktion und Kapazität.

Winkel φ_2 gegen die Spannung U_2 zurückbleiben. Die Spannung U_2 treibt nun nach Bild 254a durch den rechten Kondensator einen Strom, der gegen die Spannung U_2 um 90^0 voreilt. Er ergibt sich nach Gl. (31) auf S. 143 zu

$$AB = U_2 \cdot C\omega = 1000 \cdot 8{,}8 \cdot 10^{-4} = 0{,}88 \text{ Amp.}$$

Wir fügen also den Strahl AB an OA an, so daß er um 90^0 gegen OE voreilt, und erhalten in OB den Strom I_a nach Größe und Phase. Aus der Zeichnung ergibt sich $I_a = 19{,}5$ Amp. Wir fügen nun zu der Spannung $U_2 = OE$ in Richtung des Stromes I_a den Spannungsverlust $EF = I_a \cdot R = 19{,}5 \cdot 2 = 39$ Volt und um 90^0 voreilend den Spannungsverlust $FG = I_a \cdot L\omega = 19{,}5 \cdot 3{,}14 = 61{,}2$ Volt. Statt dessen hätten wir auch $EG = I_a \sqrt{R^2 + L^2\omega^2}$ gegen I_a um $\operatorname{arc\,tg} L\omega/R$ voreilend an OE antragen können. Wir erhalten so die Spannung U_a in Bild 254a. Die Zeichnung ergibt $OG = 1070$ Volt.

Die Spannung U_a erzeugt im mittleren Kondensator den Strom

$$BC = U_a \cdot C\omega = 1070 \cdot 8{,}8 \cdot 10^{-4} = 0{,}94 \text{ Amp.}$$

Wir tragen BC um 90° gegen OG voreilend an OB an und erhalten in OC den Strom I_b. Die Zeichnung ergibt $I_b = 18{,}9$ Amp.

An OG tragen wir nun wieder in Richtung von I_b den Strahl $GH = I_b \cdot R = 18{,}9 \cdot 2 = 37{,}8$ Volt und um 90° voreilend den Strahl $HJ = I_b \cdot L\omega = 18{,}9 \cdot 3{,}14 = 59$ Volt an und erhalten in OJ die Spannung U_b. Sie ergibt sich aus der Zeichnung zu 1130 Volt.

Die Spannung U_b erzeugt im linken Kondensator den Strom

$$CD = U_b \cdot C\omega = 1130 \cdot 8{,}8 \cdot 10^{-4} = 0{,}99 \text{ Amp.}$$

Wir fügen ihn, um 90° gegen OJ voreilend, zu OC hinzu und erhalten dadurch den Strom $OD = I_1$ nach Größe und Phase zu 18,35 Amp.

An $OJ = U_b$ tragen wir nun in Richtung von I_1 den Spannungsverlust $JK = I_1 R = 18{,}35 \cdot 2 = 36{,}7$ Volt und um 90° voreilend $KL = I_1 \cdot L\omega = 18{,}35 \cdot 3{,}14 = 57{,}5$ Volt und erhalten die Klemmenspannung $U_1 = OL$. Die Zeichnung ergibt

$$U_1 = 1200 \text{ Volt} \qquad I_1 = 18{,}35 \text{ Amp} \qquad \cos\varphi_1 = 0{,}827.$$

Der Deutlichkeit wegen sind R, C und L größer gewählt als der Wirklichkeit entspricht. Die Aufgabe hätte sich auch ebensogut und nicht weniger übersichtlich auf komplexem Wege lösen lassen. Die Spannung U_2 wird dabei als reell, der sekundäre Strom als $\mathfrak{J}_2 = I_2 \cdot (\cos\varphi - j\sin\varphi)$ eingeführt, sowie $R + j \cdot L\omega$ gleich $\mathfrak{z}$ und $j \cdot C\omega = \mathfrak{y}$ gesetzt. Die Spannung U_2 erzeugt den um 90° voreilenden Strom $jU_2 \cdot C\omega = U_2 \cdot \mathfrak{y}$. Dann ergibt sich durch Rechnung

$$\mathfrak{J}_a = \mathfrak{J}_2 + U_2 \cdot \mathfrak{y} = 16 \quad -j\,11{,}12 \qquad \mathfrak{U}_a = U_2 + \mathfrak{J}_a \cdot \mathfrak{z} = 1067 \quad +j\,27{,}9$$
$$\mathfrak{J}_b = \mathfrak{J}_a + \mathfrak{U}_a \cdot \mathfrak{y} = 15{,}98 - j\,10{,}18 \qquad \mathfrak{U}_b = \mathfrak{U}_a + \mathfrak{J}_b \cdot \mathfrak{z} = 1130{,}7 + j\,57{,}5$$
$$\mathfrak{J}_1 = \mathfrak{J}_b + \mathfrak{U}_b \cdot \mathfrak{y} = 15{,}92 - j\,9{,}19 \qquad \mathfrak{U}_1 = \mathfrak{U}_b + \mathfrak{J}_1 \cdot \mathfrak{z} = 1191 \quad +j\,8{,}88.$$

Daraus folgt nach Gl. (17) auf S. 137 und nach S. 140

$$I_1 = 18{,}4 \text{ Amp} \qquad U_1 = 1196 \text{ Volt} \qquad \cos\varphi_1 = N_1 : U_1 I_1 = 0{,}825.$$

Wir gehen jetzt dazu über, Spannung und Strom längs der Leitung genau zu ermitteln (vgl. Rößler, Die Fernleitung von Wechselströmen, Berlin 1905). Die Länge x werde vom Leitungsende aus gerechnet. Spannungen und Ströme seien Sinusfunktionen der Zeit. Dann sind die Zunahmen der Spannung und des Stromes auf der Länge dx:

$$d\mathfrak{U} = \mathfrak{J}(R' + jL'\omega)\,dx \qquad (15) \qquad\qquad d\mathfrak{J} = \mathfrak{U}(A' + jC'\omega)\,dx. \qquad (16)$$

Differenziert man Gl. (15), so erhält man mit Gl. (16):

$$d^2\mathfrak{U}/dx^2 = (R' + jL'\omega)\,(A' + jC'\omega) \cdot \mathfrak{U}. \qquad (16\text{a})$$

Die Theorie der Differentialgleichungen ergibt die leicht durch zweimaliges Differenzieren nachzuprüfende Lösung:

$$\mathfrak{U} = \mathfrak{A}\varepsilon^{\mathfrak{c}x} + \mathfrak{B}\varepsilon^{-\mathfrak{c}x} \quad (17), \qquad \text{wo } \mathfrak{c} = \sqrt{(R' + jL'\omega)(A' + jC'\omega)}. \qquad (18)$$

Differenziert man dann Gl. (17) nach x, so erhält man mit Gl. (15) und (18):

$$\mathfrak{J} \cdot \mathfrak{Z} = \mathfrak{A}\varepsilon^{\mathfrak{c}x} - \mathfrak{B}\varepsilon^{-\mathfrak{c}x} \quad (19), \qquad \text{wo } \mathfrak{Z} = \sqrt{(R' + jL'\omega) : (A' + jC'\omega)}. \qquad (20)$$

Man bezeichnet $\mathfrak{Z}$ als den Schwingungswiderstand der Leitung. Wir ermitteln jetzt die Konstanten. Ist $\mathfrak{U}_2$ die Spannung und $\mathfrak{J}_2$ die Stromstärke am Leitungsende, also für $x = 0$, so folgt aus Gl. (17) und (19):

$$\begin{aligned} \mathfrak{U}_2 &= \mathfrak{A} + \mathfrak{B} \\ \mathfrak{J}_2\mathfrak{Z} &= \mathfrak{A} - \mathfrak{B}, \end{aligned} \qquad \text{d. h.} \quad \left. \begin{aligned} \mathfrak{A} &= 0{,}5\,(\mathfrak{U}_2 + \mathfrak{J}_2 \cdot \mathfrak{Z}) \\ \mathfrak{B} &= 0{,}5\,(\mathfrak{U}_2 - \mathfrak{J}_2 \cdot \mathfrak{Z}). \end{aligned} \right\} \qquad (21)$$

Damit sind alle Grundlagen gegeben, um an irgendeiner Stelle der Leitung die Spannung und den Strom nach Gl. (17) und (19) zu berechnen. Statt der Rechnung benutzen wir die Zeichnung, und zwar für das oben berechnete Beispiel. Die Spannung $\mathfrak{U}_1$ und der Strom $\mathfrak{J}_1$ am Leitungsanfang seien zu ermitteln. Es war

$$x = 15 \text{ km}, \quad R' = 0{,}4 \text{ Ohm/km}, \quad L' = 2 \cdot 10^{-3} \text{ Henry/km},$$
$$C' = 0{,}56 \cdot 10^{-6} \text{ Farad/km}, \quad A' = 0.$$

Mit $\omega = 2\pi f = 314/\text{sek}$ wird dann $L'\omega = 0{,}628$ Ohm/km und $C'\omega = 176 \cdot 10^{-6}$ Siemens/km.

1. Wir zeichnen in beliebigen Maßstäben in Bild 255 $OD = R' + j\,L'\omega$ und $OF = A' + j \cdot C'\omega$. Aus der Zeichnung lesen wir die absoluten Beträge ab, vervielfachen sie miteinander und ziehen die Wurzel. Dies gibt nach Gl. (18) den Betrag des Strahles $\mathfrak{c}$ zu $c = 0{,}0114\ \text{km}^{-1}$, also $cx = 0{,}171$. Ferner summieren wir die zu OD und OF gehörenden Bögen und halbieren die Summe. Dies gibt den Phasenwinkel γ von $\mathfrak{c}$. Wir zeichnen dann unter diesem Phasenwinkel in beliebigem Maßstab $OG = \mathfrak{c} \cdot x$ und setzen $\mathfrak{c} = a + j \cdot b$. Dann ist $OH = ax = 0{,}048$ und $HG = bx = 0{,}165$.

Nun ist $\log \varepsilon^{ax} = ax \log \varepsilon = 0{,}048 \cdot 0{,}4343 = 0{,}0208$. Demnach wird $\varepsilon^{ax} = \text{num} \log 0{,}0208 = 1{,}05$ und $\varepsilon^{-ax} = 0{,}95$.

2. Ebenso ziehen wir nach Gl. (20) die Wurzel aus dem Verhältnis der Beträge von OD und OF und erhalten den absoluten Betrag des Schwingungswiderstandes $\mathfrak{Z}$ zu $Z = 65$ Ohm. Ferner ziehen wir den Phasenwinkel des Strahles OF von dem des Strahles OD ab und halbieren den Rest. Dies gibt den Phasenwinkel ζ des Schwingungswiderstandes $\mathfrak{Z}$.

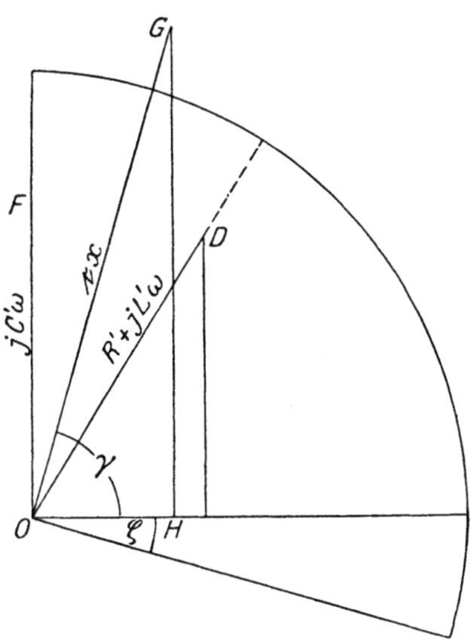

Bild 255. Ermittlung von $\mathfrak{c}$ und $\mathfrak{Z}$.

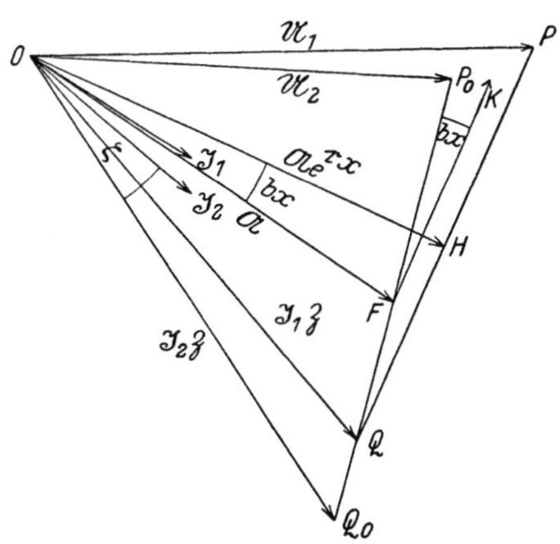

Bild 256. Ermittlung von $\mathfrak{A}$, $\mathfrak{B}$, $\mathfrak{U}_1$ und $\mathfrak{J}_1$.

3. Wir legen nun in Bild 256 willkürlich den Strahl $OP_0 = \mathfrak{U}_2 = 1000$ Volt fest, und lassen den Strahl $\mathfrak{J}_2$ so weit zurückbleiben, daß $\cos \varphi_2 = 0{,}8$ wird. Dann tragen wir den Strahl $OQ_0 = I_2 \cdot Z = 20 \cdot 65 = 1300$ Volt so auf, daß er gegen $\mathfrak{J}_2$ um den Winkel ζ voreilt, also in unserem Falle, wo ζ negativ ist, um $-\zeta$ zurückbleibt. Ist F der Mittelpunkt von Q_0P_0, so ist nach Gl. (21) $OF = \mathfrak{A}$ und $FP_0 = \mathfrak{B}$.

4. Wir haben dann den Strahl $\mathfrak{A}$ mit $\varepsilon^{ax} = 1{,}05$ zu vervielfachen und um den Bogen $bx = 0{,}165$ nach vorwärts zu drehen. Dies gibt $OH = \mathfrak{A}\varepsilon^{\mathfrak{c}x}$. Ebenso haben wir den Strahl $\mathfrak{B} = FP_0$ mit $\varepsilon^{-ax} = 0{,}95$ zu vervielfachen und um $bx = 0{,}165$ nach rückwärts zu drehen. Dies gibt $FK = \mathfrak{B}\varepsilon^{-\mathfrak{c}x}$. Die Zeichnung wird in unserem Falle dadurch bequem, daß bx ein kleiner Winkel ist, dessen Sinus gleich dem Bogen ist.

Nach Gl. (17) und (19) ist dann $OP = OH + FK = \mathfrak{U}_1$ und ebenso $OQ = OH - FK = \mathfrak{J}_1 \cdot \mathfrak{Z}$. Wir haben dann OQ durch $Z = 65$ Ohm zu teilen und um ζ nach rückwärts, also $-\zeta$ nach vorwärts zu drehen und erhalten den Strom $\mathfrak{J}_1$. Wir lesen ab:

$U_1 = 1194$ Volt, $I_1 = 18{,}3$ Amp., $\cos\varphi_1 = 0{,}83$. Die frühere angenäherte Rechnung war also bereits sehr genau.

Führt man die Zeichnung für beliebige Werte von x längs der Leitung aus, so beschreiben die Punkte H und K je eine logarithmische Spirale. Bei verlustfreier Leitung liegen sie auf je einem Kreise, so daß P und Q Ellipsen beschreiben.

XIV. Geometrische Örter.

79. Gleichungen der Geraden und des Kreises[1].

1. In der Gleichung $\mathfrak{R} = \mathfrak{C} + \mathfrak{D}\cdot\lambda$ seien $\mathfrak{C}$ und $\mathfrak{D}$ Festwerte, die durch Strahlen oder komplexe Zahlen gegeben sind, und λ ein reeller Parameter. Dann liegt der Endpunkt von $\mathfrak{R}$ bei den verschiedenen Werten von λ nach Bild 257 auf einer Geraden, die durch den Endpunkt von $\mathfrak{C}$ geht und mit $\mathfrak{D}$ gleichgerichtet ist. Für $\lambda = 0$ wird $\mathfrak{R}_0 = \mathfrak{C}$. Die Gleichung $\mathfrak{R} = \mathfrak{C} + \mathfrak{D}\cdot\lambda$ ist die Gleichung der Geraden.

2. In der Gleichung

$$\mathfrak{R} = \frac{\mathfrak{A} + \mathfrak{B}\cdot\lambda}{\mathfrak{C} + \mathfrak{D}\cdot\lambda} \tag{1}$$

seien $\mathfrak{A}$, $\mathfrak{B}$, $\mathfrak{C}$ und $\mathfrak{D}$ Festwerte und λ ein reeller Parameter. Für $\lambda = 0$, $\lambda = 1$ und $\lambda = \infty$ wird

$$\mathfrak{R}_0 = \frac{\mathfrak{A}}{\mathfrak{C}} \quad (2) \qquad \mathfrak{R}_1 = \frac{\mathfrak{A} + \mathfrak{B}}{\mathfrak{C} + \mathfrak{D}} \quad (3) \qquad \mathfrak{R}_\infty = \frac{\mathfrak{B}}{\mathfrak{D}}\cdot \quad (4)$$

Löst man Gl. (1) für λ auf, so erhält man mit Gl. (2) und (4)

$$\lambda = \frac{\mathfrak{R}\cdot\mathfrak{C} - \mathfrak{A}}{\mathfrak{B} - \mathfrak{R}\cdot\mathfrak{D}} = \frac{\mathfrak{C}}{\mathfrak{D}}\cdot\frac{(\mathfrak{R} - \mathfrak{R}_0)}{\mathfrak{R}_\infty - \mathfrak{R}}. \tag{5}$$

Ist nun

$$\mathfrak{C} = C\cdot\varepsilon^{j\gamma} \qquad \text{und} \qquad \mathfrak{D} = D\cdot\varepsilon^{j\delta},$$

so eilt nach Gl. (5) $\mathfrak{R} - \mathfrak{R}_0$ gegen $\mathfrak{R}_\infty - \mathfrak{R}$ um den festen Winkel $\eta = \delta - \gamma$ vor, da der Phasenwinkel von λ gleich 0 und der von $\mathfrak{C}:\mathfrak{D}$ gleich $\gamma - \delta$ ist. In Bild 258 beschreibt also P einen Kreis mit dem Peripheriewinkel $\pi - \eta$ über der Sehne P_0P_∞. Gl. (1) ist die Gleichung des Kreises. Der Mittelpunkt ergibt sich allgemein daraus, daß ein Strahl, der von P_0 aus gezogen wird und gegen P_∞ um den Winkel η voreilt, eine Tangente ist.

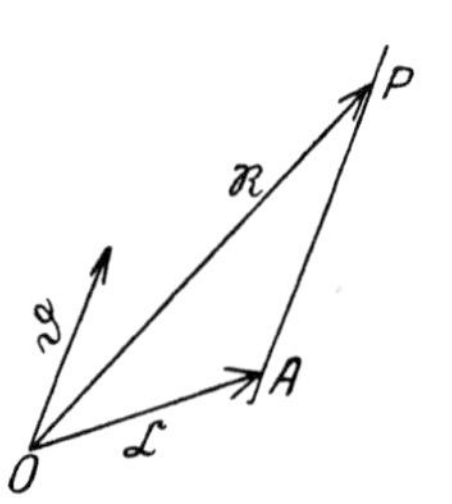

Bild 257. $\mathfrak{R} = \mathfrak{C} + \mathfrak{D}\cdot\lambda$.

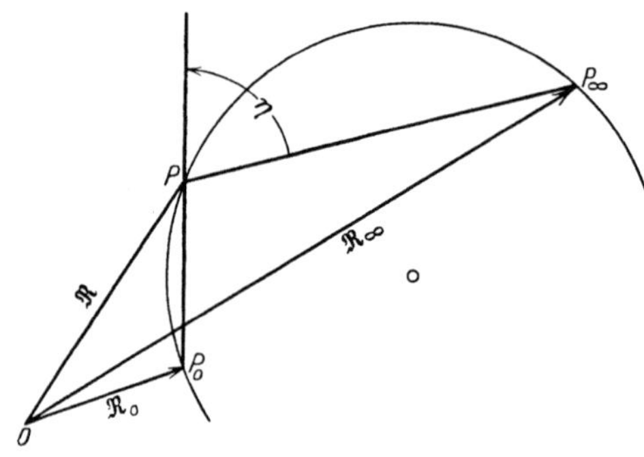

Bild 258. $\mathfrak{R} = \dfrac{\mathfrak{A} + \mathfrak{B}\cdot\lambda}{\mathfrak{C} + \mathfrak{D}\cdot\lambda}$

Der Kreis geht durch den Anfangspunkt, wenn $\mathfrak{A}$ oder $\mathfrak{B}$ gleich Null ist oder beide denselben Phasenwinkel haben, bzw. wenn $\mathfrak{A}$ und $\mathfrak{B}$ in der Phase genau entgegengesetzt sind. In diesen Fällen läßt sich immer ein reeller Wert des Parameters λ ermitteln, für den $\mathfrak{R}$ gleich Null ist.

[1] M. Schenkel, Geom. Örter an Wechselstromdiagrammen ETZ 1901, S. 1043 und Bloch, Die Ortskurven der graphischen Wechselstromtechnik, Zürich und Leipzig 1917.

Der Kreis artet in eine Gerade aus, wenn $\mathfrak{E}$ und $\mathfrak{D}$ denselben Phasenwinkel besitzen oder $\mathfrak{E}$ oder $\mathfrak{D}$ gleich Null ist.

Der Parameter soll nun aus der Zeichnung abgelesen werden. Für $\lambda = 1$ wird nach Gl. (5)

$$1 = \frac{\mathfrak{E}}{\mathfrak{D}} \cdot \frac{\mathfrak{R}_1 - \mathfrak{R}_0}{\mathfrak{R}_\infty - \mathfrak{R}_1} \quad (5\,\mathrm{a}), \qquad \text{d. h. } \lambda = \frac{\mathfrak{R} - \mathfrak{R}_0}{\mathfrak{R}_\infty - \mathfrak{R}} \cdot \frac{\mathfrak{R}_\infty - \mathfrak{R}_1}{\mathfrak{R}_1 - \mathfrak{R}_0} = \frac{P_0 P}{P P_\infty} \cdot \frac{P_1 P_\infty}{P_0 P_1}. \quad (5\mathrm{b})$$

Wir ziehen dann in Bild 259 eine Tangente in P_0 und eine Parallele zu $P_0 P_\infty$, die von der Tangente in Q, von $P_0 P$ in S und von $P_0 P_1$ in T geschnitten wird. Wir fällen dann weiter von P auf den Halbmesser in P_0 ein Lot, das $P_0 P_\infty$ in A und $P_0 P_1$ in B schneidet. Dann sind, abgesehen vom verschiedenen Umlaufsinn, die Dreiecke $P_0 P P_\infty$ und $S Q P_0$ einander ähnlich, und ebenso $P_1 P_\infty P_0$ und $Q P_0 T$. Für die Beträge gilt also

$$\frac{P_0 P}{P P_\infty} = \frac{Q S}{P_0 Q} \quad \text{und} \quad \frac{P_1 P_\infty}{P_0 P_1} = \frac{P_0 Q}{Q T}.$$

Nach Gl. (5b) ist also

$$\lambda = \frac{Q S}{Q T} = \frac{A B}{A P}. \quad (5\mathrm{c})$$

Ist QT gleich 100 mm, so ist QS in mm gleich $100 \cdot \lambda$.

Man kann den Kreis auch durch den Peripheriewinkel ε über der Sehne $P_0 P_1$ bestimmen. Nach Gl. (5a) ist

$$\frac{\mathfrak{D}}{\mathfrak{E}} = \frac{\mathfrak{R}_1 - \mathfrak{R}_0}{\mathfrak{R}_\infty - \mathfrak{R}_1} = \frac{P_0 P_1}{P_1 P_\infty}, \quad \text{d. h.} \quad \frac{\mathfrak{E} + \mathfrak{D}}{\mathfrak{E}} = \frac{P_0 P_1 + P_1 P_\infty}{P_1 P_\infty} = \frac{P_0 P_\infty}{P_1 P_\infty}. \quad (6)$$

ε ist also der Phasenwinkel von $(\mathfrak{E} + \mathfrak{D}) : \mathfrak{E}$.

80. Anwendung auf Drehstrommotoren.

Es seien $\mathfrak{U}_1$ die Ständerspannung, $\mathfrak{J}_1$ und $\mathfrak{J}_2$ die Stromstärken im Ständer und Läufer, R_1 und R_2 die Widerstände, ω die primäre Kreisfrequenz, σ die Schlüpfung.

Ferner seien unter Annahme einer konstanten Durchlässigkeit L_1 und L_2 die Induktivitäten, verursacht durch den ganzen von der betreffenden Wicklung erzeugten Fluß und M die gegenseitige Induktivität.

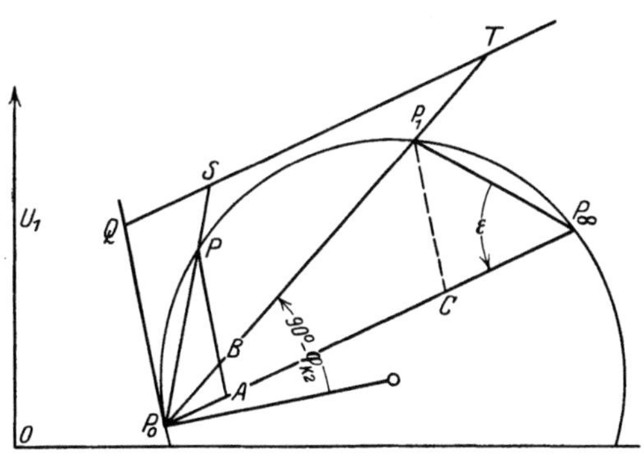

Bild 259. Strombild des Drehstrommotors.

Wir setzen dann $a = j L_1 \omega$, $b = j L_2 \omega$ und $c = j M \omega$ und erhalten nach der zweiten Kirchhoffschen Regel:

$$\mathfrak{U}_1 = \mathfrak{J}_1 (R_1 + a) + \mathfrak{J}_2 \cdot c \quad (7)$$

$$0 = \mathfrak{J}_1 \cdot \sigma \cdot c + \mathfrak{J}_2 (R_2 + \sigma b). \quad (8)$$

Eliminiert man $\mathfrak{J}_2$, so erhält man

$$\mathfrak{J}_1 = \mathfrak{U}_1 \cdot \frac{R_2 + b \cdot \sigma}{(R_1 + a) \cdot R_2 + [(R_1 + a) \cdot b - c^2] \cdot \sigma}. \quad (9)$$

Dies ist nach Gl. (1) die Gleichung eines Kreises. Wir legen die Spannung U_1 in die senkrechte Achse und erhalten für $\sigma = 0$ (Leerlauf), $\sigma = 1$ (Kurzschluß) und $\sigma = \infty$ (Antrieb mit unendlicher Drehzahl gegen das Drehfeld) die Ständerströme OP_0, OP_k und OP_∞. Der Punkt P_1 in Bild 259 ist dabei identisch mit dem Kurzschlußpunkt P_k.

Dabei ist nach Gl. (9)

$$\mathfrak{J}_0 = \frac{\mathfrak{U}_1}{R_1 + a} \quad (10) \qquad \mathfrak{J}_k = \mathfrak{U}_1 \cdot \frac{(R_2 + b)}{(R_1 + a)\,(R_2 + b) - c^2} \quad (11) \qquad \mathfrak{J}_\infty = \frac{\mathfrak{U}_1 \cdot b}{(R_1 + a)\, b - c^2}. \quad (12)$$

Durch Messung von Spannung, Stromstärke und Leistung seien nun im Prüffeld $\mathfrak{J}_0$ und $\mathfrak{J}_k$ bestimmt. Man braucht dann noch den Winkel ε über der Sehne P_0P_k. Da in Gl. (9) $\mathfrak{C}=(R_1+a)\cdot R_2$ und $\mathfrak{D}=(R_1+a)b-c^2$ ist, so ist nach Gl. (6)

$$\frac{P_0P_\infty}{P_kP_\infty}=\frac{(R_1+a)(R_2+b)-c^2}{(R_1+a)\cdot R_2}. \tag{13}$$

Der Phasenwinkel ε dieses Ausdrucks läßt sich nun durch den Versuch ermitteln, indem man den Ständer kurz schließt und den Läufer mit einer Spannung $\mathfrak{U}_2$ speist. Unter Vertauschung der Fußzeichen und Induktivitäten wird dabei der dem Läufer zugeführte Strom nach Gl. (11)

$$\mathfrak{J}_{k_2}=\mathfrak{U}_2\cdot\frac{R_1+a}{(R_1+a)(R_2+b)-c^2}. \tag{14}$$

Der dabei gemessene Scheinwiderstand ist also mit Gl. (14) und (13)

$$\mathfrak{z}_{k_2}=\frac{\mathfrak{U}_2}{\mathfrak{J}_{k_2}}=\frac{(R_1+a)(R_2+b)-c^2}{R_1+a}=\frac{P_0P_\infty}{P_kP_\infty}\cdot R_2. \tag{15}$$

Der zugehörige Winkel φ_{k2} ist also der gesuchte Peripheriewinkel ε über der Sehne P_0P_k. Man zieht also von P_0 einen Strahl, der gegen P_0P_k um $90^0-\varphi_{k2}$ nacheilt. Er schneidet die Mittelsenkrechte auf P_0P_k im Kreismittelpunkt. Gl. (15) ergibt dann weiter den nach Abschnitt 126 erforderlichen Punkt P_∞, indem man nach Petersen $P_kP_\infty:P_0P_\infty$ gleich $R_2:z_{k_2}$ macht.

Nun ergibt sich weiter der Rotorstrom $\mathfrak{J}_2$ nach Gl. (7) und (10) zu

$$\mathfrak{J}_2=\frac{\mathfrak{U}_1-\mathfrak{J}_1(R_1+a)}{c}=\frac{R_1+a}{c}(\mathfrak{J}_0-\mathfrak{J}_1)=\frac{R_1+a}{c}\cdot PP_0. \tag{16}$$

Wir ermitteln nun weiter den Verlust im Rotor und benutzen dazu den Rotorstrom $\mathfrak{J}_{2k}$ bei Kurzschluß mit S p e i s u n g d e s S t ä n d e r s. Er ergibt sich einerseits aus Gl. (16), anderseits aus Gl. (8) und (11) zu

$$\mathfrak{J}_{2k}=\frac{R_1+a}{c}\cdot P_kP_0 \qquad \text{und} \qquad \mathfrak{J}_{2k}=-\frac{\mathfrak{J}_k\cdot c}{R_2+b}=-\frac{\mathfrak{U}_1\cdot c}{(R_1+a)(R_2+b)-c^2}.$$

Aus beiden Gleichungen folgt mit Gl. (13):

$$\mathfrak{J}_{2k}^2\cdot R_2=-\mathfrak{U}_1\cdot\frac{(R_1+a)\cdot R_2}{(R_1+a)(R_2+b)-c^2}\cdot P_kP_0=-\mathfrak{U}_1\frac{P_kP_\infty}{P_0P_\infty}\cdot P_kP_0.$$

Wenn wir dann P_kC senkrecht auf dem Halbmesser in P_0 ziehen und uns wieder a u f d i e B e t r ä g e b e s c h r ä n k e n, so wird

$$I_{2k}^2R_2=U_1\cdot CP_k.$$

Da nach Gl. (16) $I_2^2:I_{2k}^2=AB:CP_k$ ist, so ist allgemein

$$I_2^2R_2=U_1\cdot AB. \tag{17}$$

Da nach Abschnitt 127 der relative Verlust im Rotor gleich der Schlüpfung ist, so folgt aus Gl. (5c) die auf den Läufer übertragene Leistung zu

$$N_{12}=U_1\cdot AP. \tag{18}$$

Wesentlich einfacher wird das Strombild, wenn $R_1=0$ ist. Dann bleiben $\mathfrak{J}_0$ und $\mathfrak{J}_\infty$ um 90^0 gegen $\mathfrak{U}_1$ zurück und P_0P_∞ wird Durchmesser.

81. Anwendung auf Transformatoren.

Bei der Entwicklung des Kreisdiagrammes für Transformatoren muß, wie beim Drehstrommotor, konstante Durchlässigkeit des magnetischen Kreises vorausgesetzt werden, was streng genommen nur für einen Transformator ohne Eisen gilt.

1. Der Transformator sei induktionslos durch einen Widerstand R_n belastet und die Eisenverluste seien Null. Dann gelten mit den Bezeichnungen auf S. 159 die Gleichungen

$$\mathfrak{U}_1=\mathfrak{J}_1(R_1+a)+\mathfrak{J}_2\cdot c \tag{19}$$

$$0=\mathfrak{J}_1\cdot c+\mathfrak{J}_2(R_2+R_n+b). \tag{20}$$

Setzt man $R_2 + R_n$ gleich R_2/σ, so stimmen unsere Gleichungen mit Gl. (7) und (8) überein. Ein Drehstrommotor verhält sich also bei der Schlüpfung σ wie ein Transformator, der mit dem äußeren Sekundärwiderstand $R_n = R_2 \frac{1-\sigma}{\sigma}$ belastet ist. Man erhält also für den Transformator dasselbe Kreisdiagramm wie für den Motor. Der Punkt P_∞ entspricht jetzt nach der Gleichung für R_n dem äußeren Widerstand $-R_2$, d. h. dem sekundären Gesamtwiderstand Null, also dem ideellen Kurzschluß. Er kann daher sowohl beim Transformator, als auch beim Drehstrommotor mit P_{ki} bezeichnet werden.

Wie beim Drehstrommotor ist $U_1 \cdot AB$ der Verlust im sekundären Teil und $U_1 \cdot AP$ die auf den sekundären Teil übertragene Leistung. Die Nutzleistung ist also $U_1 \cdot BP$.

Für $R_1 = 0$ treten wieder die Vereinfachungen auf S. 160 auf.

2. Der Transformator sei durch einen Scheinwiderstand $\mathfrak{z}_n$ belastet, dessen Betrag z_n verändert wird, dessen Phasenwinkel φ_n aber unveränderlich sei. Man kann dann in Gl. (19) und (20) R_n durch $\mathfrak{z}_n$ ersetzen und $\mathfrak{J}_2$ eliminieren. Statt dessen wollen wir das Strombild aus der Ersatzschaltung in Bild 260 ableiten und dabei gleichzeitig auch in angenäherter Weise die Eisenverluste berücksichtigen. Es seien R_1 und R_2 die Widerstände der beiden Wicklungen, x_1 und x_2 die durch Streuung veranlaßten Blindwiderstände, R der Wirkwiderstand bei Leerlauf nach Abzug von R_1, d. h. ein Widerstand, dessen Stromwärme die Eisenverluste ersetzt, und x der Blindwiderstand bei Leerlauf nach Abzug von x_1. Ferner sei

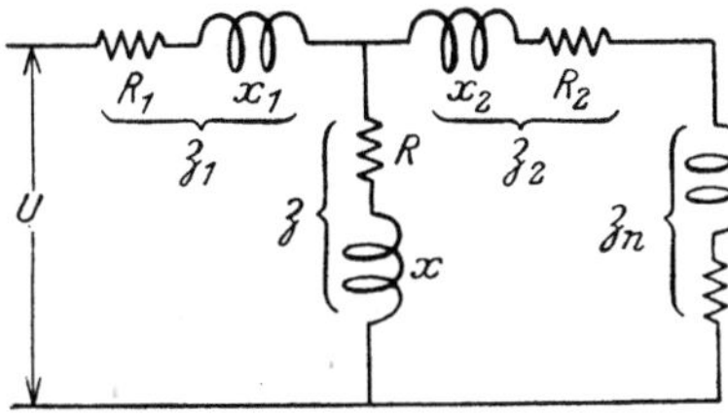

Bild 260. Ersatzschaltung.

$$\mathfrak{z}_1 = R_1 + j\,x_1 \qquad \mathfrak{z}_2 = R_2 + j\,x_2 \qquad \mathfrak{z} = R + j\,x.$$

Dann ist bei primärer Speisung der Gesamtwiderstand bei Leerlauf und Kurzschluß

$$\mathfrak{z}_0 = \mathfrak{z}_1 + \mathfrak{z} \qquad \mathfrak{z}_k = \mathfrak{z}_1 + \frac{\mathfrak{z}_2 \cdot \mathfrak{z}}{\mathfrak{z}_2 + \mathfrak{z}} = \frac{\mathfrak{z}_1 \cdot \mathfrak{z}_2 + \mathfrak{z}_1 \cdot \mathfrak{z} + \mathfrak{z}_2 \cdot \mathfrak{z}}{\mathfrak{z}_2 + \mathfrak{z}}$$

und bei sekundärer Speisung

$$\mathfrak{z}_{02} = \mathfrak{z}_2 + \mathfrak{z} \qquad \mathfrak{z}_{k_2} = \mathfrak{z}_2 + \frac{\mathfrak{z}_1 \cdot \mathfrak{z}}{\mathfrak{z}_1 + \mathfrak{z}} = \frac{\mathfrak{z}_1 \mathfrak{z}_2 + \mathfrak{z}_1 \mathfrak{z} + \mathfrak{z}_2 \mathfrak{z}}{\mathfrak{z}_1 + \mathfrak{z}}.$$

Dann wird nach dem Ohmschen Gesetz und der Regel über den Widerstand einer Verzweigung mit $\mathfrak{U}_1 : \mathfrak{z}_0 = \mathfrak{J}_0$:

$$OP = \mathfrak{J}_1 = \frac{\mathfrak{U}_1}{\mathfrak{z}_1 + \frac{(\mathfrak{z}_2 + \mathfrak{z}_n) \cdot \mathfrak{z}}{\mathfrak{z}_2 + \mathfrak{z}_n + \mathfrak{z}}} = \mathfrak{J}_0 \cdot \frac{\mathfrak{z}_{02} + \mathfrak{z}_n}{\mathfrak{z}_{k_2} + \mathfrak{z}_n}. \tag{21}$$

Dies ist die Gleichung eines Kreises. Dabei ist zu beachten, daß man jetzt für $\mathfrak{z}_n = 0$ den Kurzschlußstrom $\mathfrak{J}_k$ und für $\mathfrak{z}_n = \infty$ den Leerstrom $\mathfrak{J}_0$ erhält. Der Parameter ist z_n, und es wird nach Gl. (1) $\delta = \varphi_n$ und $\gamma = \varphi_{k2}$, also $\eta = \delta - \gamma = \varphi_n - \varphi_{k2}$. Nach der allgemeinen Regel auf S. 158 hat man also jetzt von P_k (!) einen Strahl zu ziehen, der gegen $P_k P_0$ um $\varphi_n - \varphi_{k2}$ voreilt bzw. um $\varphi_{k2} - \varphi_n$ nacheilt. Er bildet die Tangente, wodurch sich der Mittelpunkt zeichnen läßt (Bild 261).

Wir ermitteln jetzt die sekundäre Stromstärke und Spannung. Aus Bild 260 erhalten wir mit $\mathfrak{U}_1 = \mathfrak{J}_0 \cdot \mathfrak{z}_0$:

$$\mathfrak{U}_1 = \mathfrak{J}_1 \mathfrak{z}_1 + (\mathfrak{J}_1 - \mathfrak{J}_2) \cdot \mathfrak{z}, \quad \text{d. h.} \quad \mathfrak{J}_2 = (\mathfrak{J}_1 - \mathfrak{J}_0)\, \mathfrak{z}_0/\mathfrak{z} = P_0 P \cdot \mathfrak{z}_0/\mathfrak{z}. \tag{22}$$

Lösen wir dann Gl. (21) für $\mathfrak{z}_n$ auf, so erhalten wir mit $\mathfrak{z}_{02} : \mathfrak{z}_{k2} = \mathfrak{z}_0 : \mathfrak{z}_k$ und $\mathfrak{J}_0 \cdot \mathfrak{z}_0 = \mathfrak{J}_k \cdot \mathfrak{z}_k$:

$$\mathfrak{z}_n = \mathfrak{z}_{k_2} \cdot \frac{\mathfrak{J}_k - \mathfrak{J}_1}{\mathfrak{J}_1 - \mathfrak{J}_0}. \tag{23}$$

Demnach ist die sekundäre Klemmenspannung

$$\mathfrak{U}_2 = \mathfrak{I}_2 \cdot \mathfrak{z}_n = (\mathfrak{I}_k - \mathfrak{I}_1) \cdot \mathfrak{z}_{k_2} \cdot \mathfrak{z}_0/\mathfrak{z} = PP_k \cdot \mathfrak{z}_{k_2} \cdot \mathfrak{z}_0/\mathfrak{z}. \tag{24}$$

Nun ist mit den Gleichungen für die Leerlauf- und Kurzschlußwiderstände auf S. 161

$$\mathfrak{I}_k - \mathfrak{I}_0 = \frac{\mathfrak{U}_1}{\mathfrak{z}_k} - \frac{\mathfrak{U}_1}{\mathfrak{z}_0} = \mathfrak{U}_1 \cdot \frac{\mathfrak{z}_0 - \mathfrak{z}_k}{\mathfrak{z}_0 \cdot \mathfrak{z}_k} = \mathfrak{U}_1 \cdot \frac{\mathfrak{z}^2}{\mathfrak{z}_0^2 \cdot \mathfrak{z}_{k_2}}.$$

Demnach erhält man aus Gl. (24) und (22) und dann weiter unter Beschränkung auf die Beträge auf Grund der Ähnlichkeit der Dreiecke P_0BP und P_0PP_k, indem $\mathfrak{I}_1 - \mathfrak{I}_0 = P_0P$, $\mathfrak{I}_k - \mathfrak{I}_1 = PP_k$ und $\mathfrak{I}_k - \mathfrak{I}_0 = P_0P_k$ gesetzt wird:

$$\mathfrak{U}_2 \cdot \mathfrak{I}_2 = \frac{(\mathfrak{I}_1 - \mathfrak{I}_0)(\mathfrak{I}_k - \mathfrak{I}_1)}{\mathfrak{I}_k - \mathfrak{I}_0} \cdot \mathfrak{U}_1 \quad \text{oder} \quad U_2 \cdot I_2 = U_1 \cdot BP. \tag{25}$$

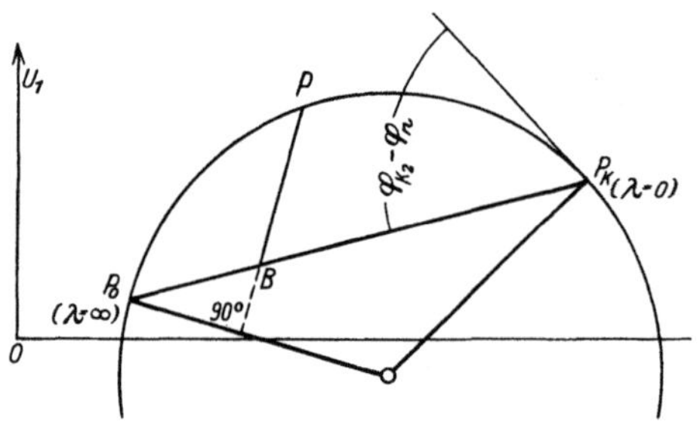

Bild 261. Transformator bei konstantem φ_n.

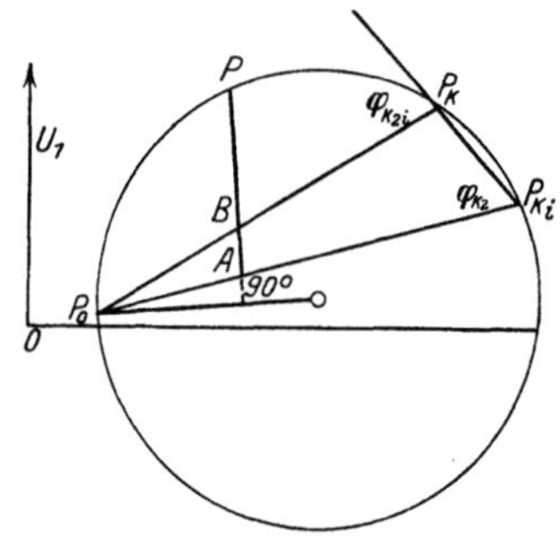

Bild 262. Transformator, $\varphi_n = 0$.

In dem besonderen Fall der induktionslosen Belastung ist $\varphi_n = 0$. Der Peripheriewinkel über P_0P_k ist dann φ_{k2} und der Winkel über P_0P_{ki} gleich φ_{k2i} (Bild 262). Da $\mathfrak{z}_{k2i}$ nach Bild 263 erhalten wird, wenn von $\mathfrak{z}_{k2}$ der Widerstand R_2 abgezogen wird und die Winkel mit denen des Dreiecks $P_kP_{ki}P_0$ übereinstimmen, so ergibt sich auch hier wieder Gl. (15) und damit das Mittel zur Zeichnung von P_{ki} (vgl. Kittler-Petersen, Allg. Elektrotechnik, Bd. 2, Stuttgart 1909). Die abgegebene Leistung ist nach Gl. (25) $U_1 \cdot BP$. Sie wäre $U_1 \cdot AP$, wenn $R_2 = 0$ wäre, d. h. $U_1 \cdot AP$ ist die auf den sekundären Teil übertragene Leistung und $U_1 \cdot AB$ der sekundäre Kupferverlust.

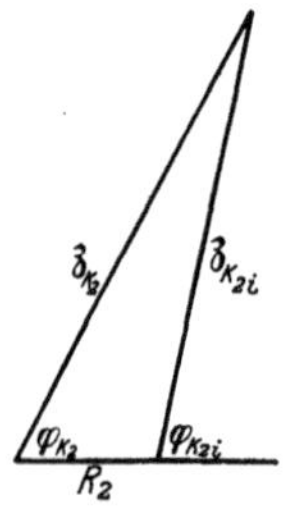

Bild 263. Ideeller Kurzschluß.

Da beim Transformator der Leerstrom und die Blindwiderstände durch Streuung außerordentlich gering sind, so hat das oben entwickelte Strombild nur eine Bedeutung deswegen, weil sich der Drehstrommotor wie ein induktionslos belasteter Transformator verhält.

82. Inversion.

Zuweilen benutzt man zur Ableitung eines geometrischen Ortes für den Endpunkt eines Strahles die Inversion.

In Bild 264 ist ein Kreis durch den Anfangspunkt und eine Gerade, die auf dem Durchmesser senkrecht steht, gegeben. Dann gilt für die absoluten Beträge

$$OA = OC \cdot OD \cdot 1/OB.$$

Der reziproke Wert eines Strahles kann also, wenn $OC \cdot OD$ gegeben ist, nach seinem Betrag unmittelbar abgelesen werden. Auch die Phase ist aus der Zeichnung abzulesen, aber mit einer gewissen Einschränkung. Nach S. 138 ist

$$a - jb = (a^2 + b^2) : (a + jb).$$

Eine komplexe Zahl und ihr reziproker Wert haben also nicht dieselben, sondern entgegengesetzt gleiche Phasenwinkel, d. h. der inverse Strahl gibt nicht unmittelbar den reziproken Wert, sondern dessen Spiegelbild in bezug auf die reelle Achse.

In Bild 265 seien ferner zwei Kreise gegeben, die den Anfangspunkt O als Ähnlichkeitspunkt besitzen, d. h. sie haben denselben Mittelpunktsstrahl und dieselben Tangenten. Dann ist

$$OB = \frac{OE^2}{OC} \text{ und } \frac{OE}{OC} = \frac{OD}{OA}, \quad \text{d. h.} \quad OB = OD \cdot OE \cdot \frac{1}{OA}.$$

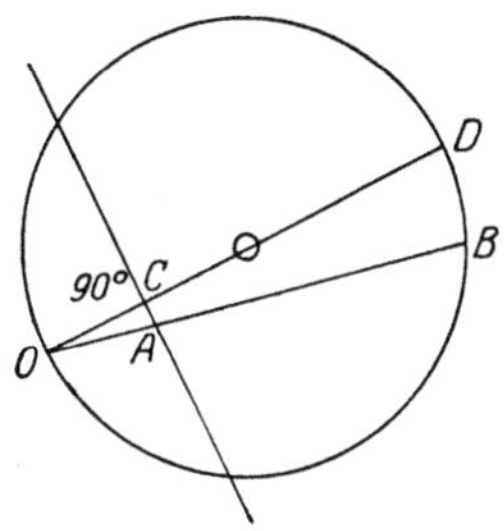

Bild 264. Inversion einer Geraden und eines Kreises.

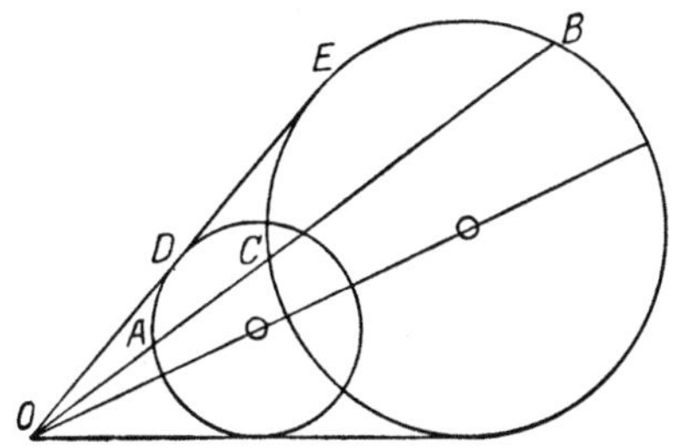

Bild 265. Inversion zweier Kreise.

Das Spiegelbild des Strahles des einen Kreises in bezug auf die reelle Achse ist also, abgesehen vom Maßstab, der reziproke Wert des Strahles des andern Kreises.

Man kann auch den Kreis als seine eigene inverse Kurve auffassen. Ist in Bild 266 ϱ die Tangente vom Anfangspunkt, so ist $OA = \varrho^2 \cdot 1/OB$.

Gesucht werde das Strombild bei konstanter Netzspannung für die Ersatzschaltung in Bild 260, wobei aber $\mathfrak{z}$ ein rein induktiver Widerstand x und $\mathfrak{z}_n$ ein reiner Wirkwiderstand R_n sein möge. Wir ermitteln dazu umgekehrt die primäre Spannung, die bei Änderung der Belastung aufgedrückt werden muß, um einen gleichbleibenden primären Strom I_1 zu erzeugen. Dazu legen wir in Bild 267 den Strahl des Stromes I_1 in die positive senkrechte Achse. Dann fällt $OA = I_1 R_1$ ebenfalls in diese Richtung, während $AB = I_1 \cdot x_1$ um 90° voreilt. Ist dann BG die Spannung an der Verzweigung, so ist OG die Gesamtspannung.

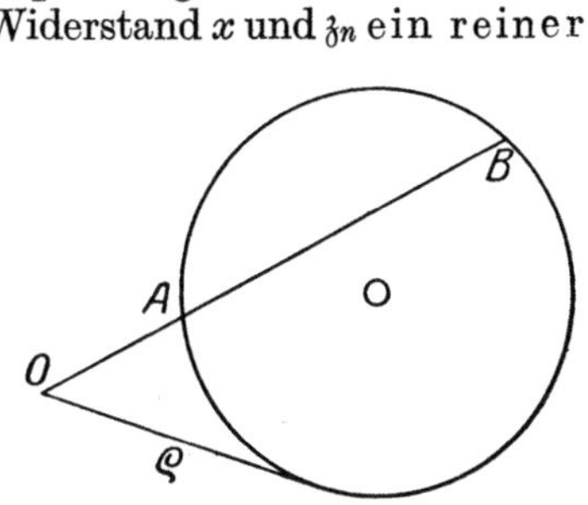

Bild 266. Der Kreis als seine eigene inverse Kurve.

Nun ist die Spannung an der Verzweigung $BG = j(\mathfrak{J}_1 - \mathfrak{J}_2)x = j\mathfrak{J}_1 x - j\mathfrak{J}_2 x$. Es sei BD, um 90° gegen I_1 voreilend, gleich $I_1 \cdot x$; dann ist die Differenz GD gleich $I_2 \cdot x$. Sie eilt dem Strom I_2 um 90° vor, der also in die Richtung CG fällt.

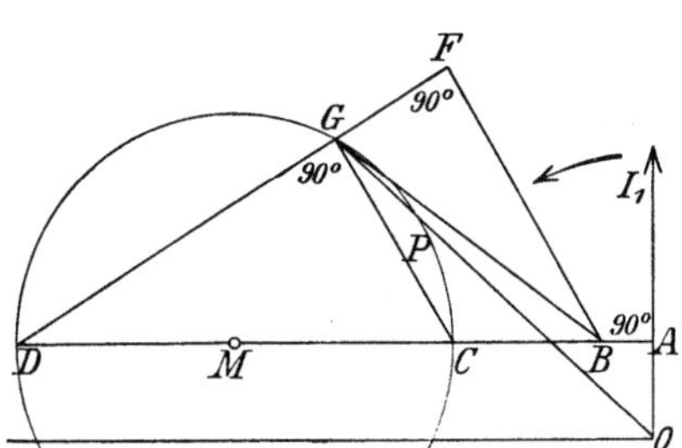

Bild 267. Spannungsbild für festen Strom, gleichzeitig Widerstandsbild.

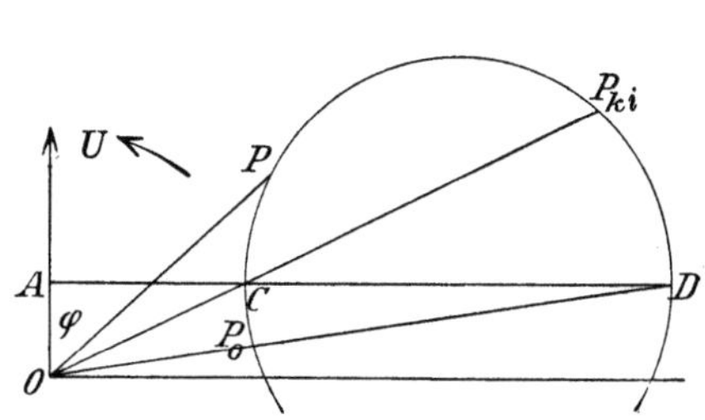

Bild 268. Strombild für feste Spannung.

Nun liegt die Spannung BG auch am sekundären Zweige, sie besteht also aus den Teilspannungen $BF = I_2 \cdot (R_2 + R_n)$ in Phase mit dem Strome I_2 und $FG = I_2 \cdot x_2$, um 90^0 gegen I_2 voreilend. Dabei ist $BC:CD = FG:GD = x_2:x$. G bewegt sich also bei Änderung von R_n auf einem Kreise mit dem Durchmesser CD.

Wir teilen nun alle Strahlen durch I_1 oder wählen $I_1 = 1$. Dann wird das Spannungsbild zum Widerstandsbild. Darin ist $OA = R_1$, wodurch die senkrechte Achse zur reellen Achse wird. Ferner ist $AB = x_1$ und $BD = x$. BG ist gleich dem Scheinwiderstand der Verzweigung, während OG gleich dem Scheinwiderstand der Gesamtschaltung ist und der Endpunkt G wieder auf dem Kreise liegt.

Bei Leerlauf ist $R_n = \infty$. Bei ideellem Kurzschluß ist R_2 gleich Null gedacht. In beiden Fällen ist der Widerstand der Verzweigung rein induktiv. Der gesamte induktive Widerstand bei Leerlauf und ideellem Kurzschluß ist dann

$$x_0 = x_1 + x = AD \qquad x_{ki} = x_1 + x_2 \cdot x/(x_2 + x) = AC.$$

Wir gehen nun durch Inversion zum Strombild für feste Spannung über. Ist r der Halbmesser und ϱ die Tangente vom Anfangspunkt, beide gemessen in Ohm, so ist

$$\varrho^2 = \overline{OM^2} - r^2 = \overline{OA^2} + \overline{AM^2} - r^2 = \overline{OA^2} + (AM + r)(AM - r).$$

Dafür erhalten wir nach Bild 267: $\varrho^2 = R_1^2 + x_0 \cdot x_{ki}$. Demnach wird bei dem Gesamtwiderstand OG der Strom bei fester Spannung U nach S. 163

$$I_1 = U/OG = OP \cdot U/\varrho^2.$$

Dabei ist nach S. 163 das Spiegelbild des Widerstandsbildes in bezug auf die reelle Achse,d. h. auf die senkrechte Achse zu zeichnen (Bild 268). In diese Richtung fällt auch der Strahl der festen Klemmenspannung, da sie gegen den Strom um denselben Winkel φ voreilt wie in Bild 268 der Scheinwiderstand gegen den Wirkwiderstand. Damit wir nicht jedesmal mit U/ϱ^2 zu vervielfachen brauchen, vervielfachen wir von vornherein alle Strecken, die zur Zeichnung des Kreises dienen, mit U/ϱ^2, machen also in Bild 268:

$$OA = R_1 \cdot U/\varrho^2$$
$$AC = x_{ki} \cdot U/\varrho^2$$
$$AD = x_0 \cdot U/\varrho^2.$$

Dann beschreibt der Endpunkt P des Strahles OP des Stromes I_1 bei festgehaltenem Strahl der Klemmenspannung für die verschiedenen Betriebszustände einen Kreis über CD. In diesem Strombild ist dann der zu OD inverse Strahl OP_0 der Leerstrom und der zu OC inverse Strahl OP_{ki} der ideelle Kurzschlußstrom.

Bild 268 ist das genaue Heylandsche Strombild für den induktionslos belasteten Transformator oder für den Drehstrommotor, ohne Berücksichtigung der Eisenverluste (vgl. Heyland, ETZ 1894, S. 561).

XV. Mehrphasenströme.

83. Wesen des Drehstromes.

Mehrphasige Wechselströme sind in ihrem zeitlichen Zustand, d. h. in ihrer Phase, gegeneinander verschoben. Die Stromerzeuger für die Erzeugung von mehrphasigem Wechselstrom oder Drehstrom besitzen eine Reihe von besonderen Wicklungen oder Strängen, die gegeneinander um denselben räumlichen Winkel verschoben sind. Die in ihnen erzeugten Spannungen haben dann entsprechend eine zeitliche Verschiebung gegeneinander. Sind alle Stränge gleichmäßig belastet, so haben auch die Ströme dieselbe Phasenverschiebung gegeneinander.

Eine vollkommene Drehstromwicklung müßte aus unendlich vielen oder wenigstens sehr vielen einzelnen Strängen bestehen. In Bild 269 gehört z. B. je eine Nut mit der auf demselben Durchmesser liegenden Nut zu einem besonderen Strang. Jeder Strang der Wicklung sei zu besonderen Klemmen geführt und an eine äußere Belastung angeschlossen, die der Einfachheit wegen nur Wirkwiderstand enthalten möge. Die Feldverteilung sei sinusförmig. Der induktive Widerstand der Wicklung werde vernachlässigt, so daß der Strom in jedem Strang gleiche Phase mit der durch das Magnetfeld erzeugten Spannung hat. Er hat dann seinen Höchstwert in der Nut, vor der sich gerade die Polmitte befindet, und fällt in dem dargestellten Zeitpunkt nach beiden Seiten hin räumlich sinusförmig ab. Dies ist in Bild 269 durch entsprechend starke Zeichnung der Strompfeile deutlich gemacht.

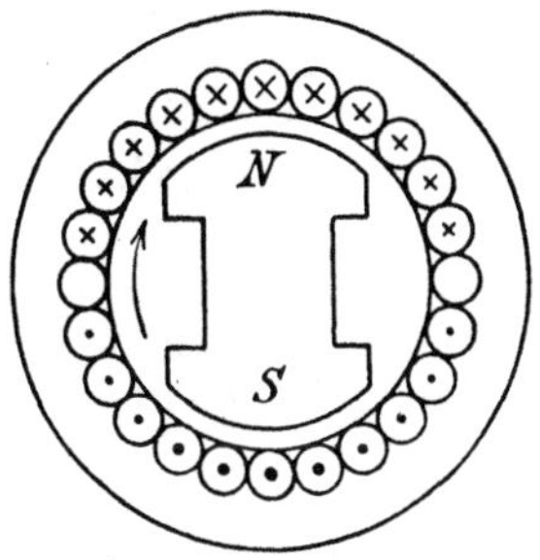

Bild 269. Ankerströme der Vielphasenwicklung, Durchmesserwicklung.

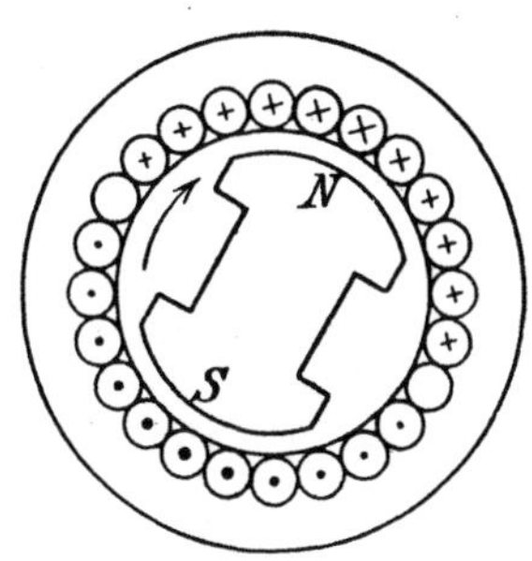

Bild 270. Ankerströme, $^1/_{12}$ Periode später als in Bild 269.

Nach $^1/_{12}$ Periode steht das Polrad in der durch Bild 270 gegebenen Lage, und der Strom ist wieder am stärksten in den Nuten, vor denen sich die Polmitte befindet. Synchron oder gleichlaufend mit dem Polrad dreht sich also in den feststehenden Drähten die sinusförmige Stromverteilung. Wir haben es also beim Mehrphasenstrom mit einem wirklichen Drehstrom zu tun. Als Vergleich ziehen wir den Fall heran, bei dem eine Reihe von Glühlampen auf dem Umfang eines Kreises liegen, die Lichtstärke der Lampen sinusförmig verteilt ist, und diese sinusförmig verteilte Lichterscheinung sich wie bei einer Reklamebeleuchtung im Kreise dreht.

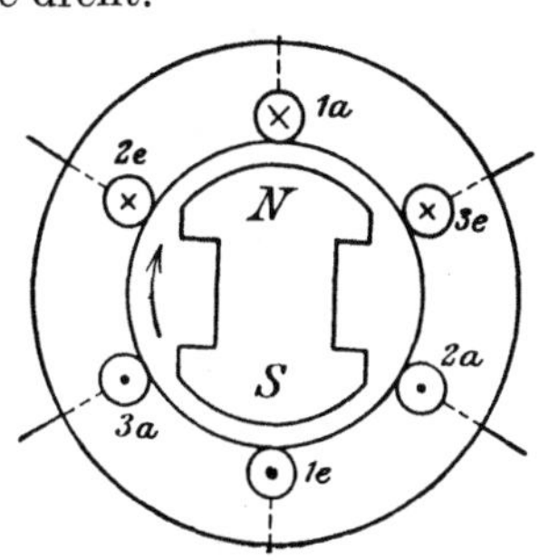

Bild 271. Ankerströme der Dreiphasenwicklung.

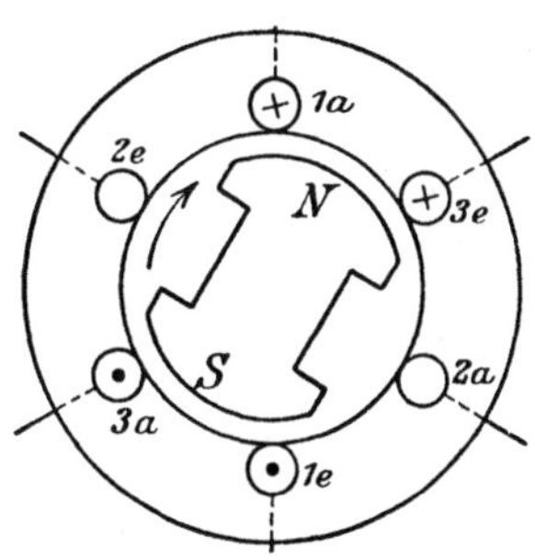

Bild 272. Ankerströme, $^1/_{12}$ Periode später als in Bild 271.

In Wirklichkeit beschränkt man sich auf drei Stränge, die schon eine sehr vollkommene Wirkung ergeben. Bei Einankerumformern kommen sechs, bei Kaskadenumformern zwölf Stränge vor.

Bild 271 zeigt eine zweipolige Dreiphasenwicklung. Die Nuten 1*a*, 1*e* bzw. 2*a*, 2*e* oder 3*a*, 3*e* gehören zu je einem Strang. Die Anfänge der Stränge sind mit *a*, die Enden mit *e* bezeichnet. Die drei Anfänge sind um $^1/_3$ des Umfanges oder bei mehrpoligen Maschinen um $^2/_3$ der Polteilung voneinander entfernt.

Die drei Stränge sind in gleichem Sinne gewickelt, d. h. alle Anfänge sind von hinten nach vorn durch die Nut geführt. Sie sind in der Reihenfolge bezeichnet, in der sie nacheinander vor die Polmitte zu liegen kommen. Die drei Stränge seien je zu besonderen Klemmen geführt und mögen einen Wirkstrom von gleichem Effektivwert führen.

Der Strang, der gerade vor der Polmitte liegt, führt den größten Strom i_m. In den benachbarten Spulenseiten der anderen Stränge ist der Strom gleichgerichtet, hat aber bei sinusförmiger Feldverteilung nur den Wert $i_m \cdot \sin 30^0 = 0{,}5\, i_m$. Die Spulenseite des Stranges, der den größten Strom führt, wird also zu beiden Seiten eingefaßt von Spulenseiten der anderen Stränge, die einen gleichgerichteten, aber halb so starken Strom führen.

Nach $^1/_{12}$ Periode liegen die Spulenseiten des Stranges 2 nach Bild 272 zwischen den Polen, so daß Spannung und Strom in diesem Strange gleich Null sind. Die beiden anderen Stränge führen dann den Strom $i_m \cdot \sin 60^0 = 0{,}866\, i_m$. Vor einem Pol liegen dann zwei Spulenseiten, die zu verschiedenen Strängen gehören und einen Strom von gleicher Richtung und Stärke führen.

Nach weiterem Verlauf von $^1/_{12}$ Periode wiederholt sich das Bild 271, jedoch führt jetzt der Strang 3 den größten Strom. Auch hier wieder dreht sich die Durchflutung im Gleichlauf mit dem Magnetfeld, wenn sie auch nicht gleich bleibt und nicht vollkommen sinusförmig verteilt ist.

84. Dreieck- und Sternschaltung.

Die sechs Zuleitungen in Bild 271 und 272 lassen sich durch Dreieck- oder Sternschaltung auf drei verringern, wobei die eine Leitung stets die Rückleitung für die beiden anderen bildet. Wir bezeichnen, wie früher, die Stränge eines Stromerzeugers in der Reihenfolge, in der die Spannung in ihnen erzeugt wird, mit arabischen Ziffern und die Klemmen der Maschine mit römischen Ziffern, derart, daß vollständige Gleichmäßigkeit entsteht. In den Schaltbildern (Bild 275)

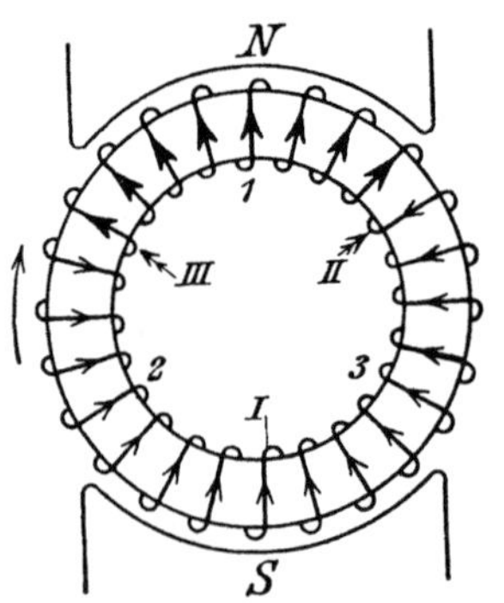

Bild 273. Drehstromwicklung eines umlaufenden Ringankers in Dreieckschaltung.

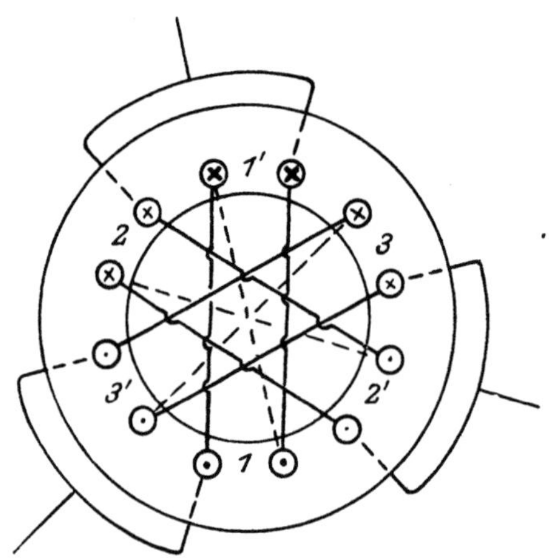

Bild 274. Drehstromwicklung eines feststehenden Trommelankers in Dreieckschaltung.

legen wir durch Pfeile eine Zählrichtung für die Ströme und Spannungen fest. Die Pfeile geben nicht die Richtung der Ströme und Spannungen in einem bestimmten Zeitpunkt, sondern die Richtung, in der die Spannungen und Ströme als positiv zu zählen sind. Sie sind also nichts anderes als Zählpfeile. An ein und derselben Stelle verwendet man immer nur einen Zählpfeil, gleichgültig, ob es sich um einen Strom, einen Spannungsverbrauch, eine erzeugte Spannung oder eine Gegenspannung handelt. Die Pfeile können willkürlich gewählt werden, jedoch muß man sie in den drei Strängen übereinstimmend wählen, wenn man in den Gleichungen für Ströme und Spannungen das Fußzeichen der Reihenfolge nach vertauschen will. In einem unverzweigten Stromkreise wählt man sie häufig in einem Sinne fortlaufend.

Bei der Dreieckschaltung wird das Ende eines Stranges mit dem Anfang des folgenden verbunden und so die Wicklung in sich geschlossen (Bild 273). Eine Gleichstromwicklung, sei es Ring oder Trommel, die wir an drei um 120° versetzten Stellen zu Schleifringen führen, ist also gleichzeitig eine in Dreieck geschaltete Drehstromwicklung. Bild 274 zeigt die Dreieckschaltung bei der Trommelwicklung eines Stromerzeugers oder beim Drehstrommotor. Wir schreiten in der linken Nut der Spulenseite 1 von hinten nach vorn und verfolgen in zwei Windungen den Strang 1 1'. Bei der rechten Nut der Spulenseite 1' gehen wir hinten nach der Spulenseite 2, die gegen 1 um 120° verschoben ist, also den Anfang des zweiten Stranges bildet usw. Die Netzleiter werden an die Verbindungspunkte zweier Stränge angeschlossen.

Bei sinusförmiger Spannungswelle sind die drei Spannungen um 120° verschoben und geben die Summe Null. Obwohl also die Wicklung in sich geschlossen ist, können doch keine inneren Ströme auftreten. Oberwellen, deren Ordnungszahlen durch 3 teilbar sind, geben jedoch zu inneren Strömen Anlaß.

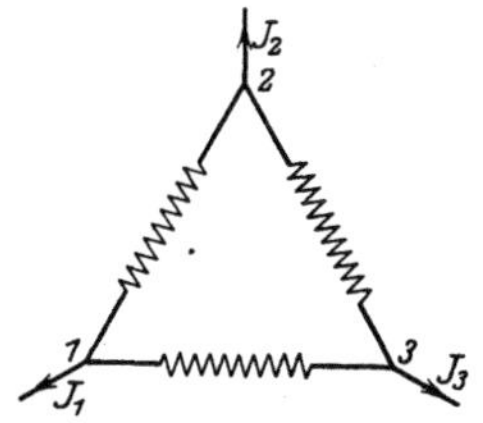

Bild 275. Positive Zählrichtungen bei Dreieckschaltung.

Bei Dreieckschaltung ist die Spannung zwischen zwei Netzleitern gleich der Klemmenspannung eines Stranges. Wir wollen die Spannung zwischen den Klemmen 1 und 2 mit U_{12} bezeichnen und sie außen von 1 nach 2 hin als positiv zählen (vgl. Bild 275). Daraus ergeben sich auch die positiven Zählrichtungen der Spannungen U_{23} und U_{31}.

Wir setzen nun eine positive Zählrichtung in den Außenleitern fest und wählen diese passend, aber willkürlich beim Stromerzeuger von der Maschine weggerichtet (vgl. Bild 275). Die positive Zählrichtung in den Wicklungen ist dann ganz willkürlich. Am besten verzichtet man dabei ganz auf Zählpfeile und macht die Zählrichtung durch Fußzeichen kenntlich. So ist z. B. in Bild 275

$$\mathfrak{J}_2 = \mathfrak{J}_{12} + \mathfrak{J}_{32} = \mathfrak{J}_{12} - \mathfrak{J}_{23}.$$

Bild 276 zeigt diese Differenzbildung der Strahlen. Man hat dabei die Eckpunkte des Dreiecks im Sinne des Uhrzeigers zu numerieren, damit, wenn sich das Dreieck im positiven Drehsinn z. B. um den Schwerpunkt dreht, 1 vor 2 und 2 vor 3 herläuft.

Wir sehen, daß der Strom eines Netzleiters $\sqrt{3}$ mal so groß ist wie der Strom eines Stranges und gegen die Ströme der angeschlossenen Stränge um 30° bzw. 150° verschoben ist. Er hat seinen Höchstwert, wenn die angeschlossenen Strangströme unter Vernachlässigung des Vorzeichens je den Wert $i_m \cdot \sin 60°$ haben.

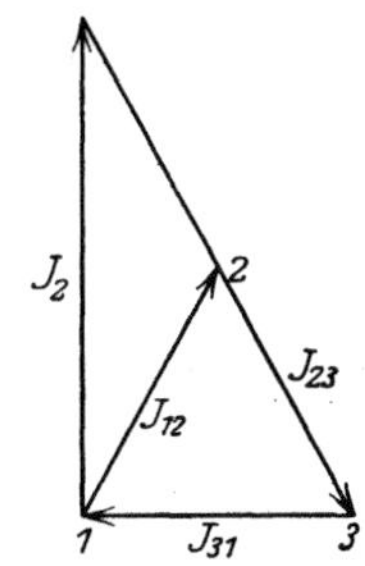

Bild 276. Ströme der Dreieckschaltung.

Bei der Sternschaltung sind die Anfänge der drei Stränge in einem Sternpunkt aneinander gelegt und die Enden zu den Netzklemmen geführt. Die Summe der um 120° verschobenen Ströme ist Null. Ist z. B. der Strom in Phase mit der erzeugten Spannung, so hat er in Bild 277 im Strang 1 seinen größten Wert und in den beiden anderen Strängen je den halben Wert. Demnach tritt durch die Vereinigung der drei Stränge bei sinusförmigen Strömen kein störender Ausgleich auf.

Der Strom im Netzleiter ist beim Stern nach Größe und Phase gleich dem Strom im angeschlossenen Strange. Wie beim Dreieck setzen wir in Bild 278 wieder die positive Zählrichtung der drei Ströme in den Netzleitern vom Stromerzeuger weggerichtet fest.

Bei den Spannungen haben wir uns zu entscheiden, wie wir die Strangspannungen oder deutlicher die Sternspannungen als positiv zählen wollen. Wir entscheiden uns für die Zählrichtung außen auf den Nullpunkt zu. Dadurch ergeben sich nach Bild 279 die Netzspannungen, also z. B.

$$\mathfrak{U}_{12} = \mathfrak{U}_{10} + \mathfrak{U}_{02} = \mathfrak{U}_{10} - \mathfrak{U}_{20}.$$

Die Netzspannung ist dann $\sqrt{3}$mal so groß wie die Strangspannung und gegen die beiden Strangspannungen, aus denen sie besteht, um 30° bzw. 150° verschoben. Der Höchstwert der verketteten Spannung wird erreicht, wenn die beiden Sternspannungen, aus denen sie besteht, je gleich $u_m \cdot \sin 60^0 = 0{,}866 \cdot u_m$ sind.

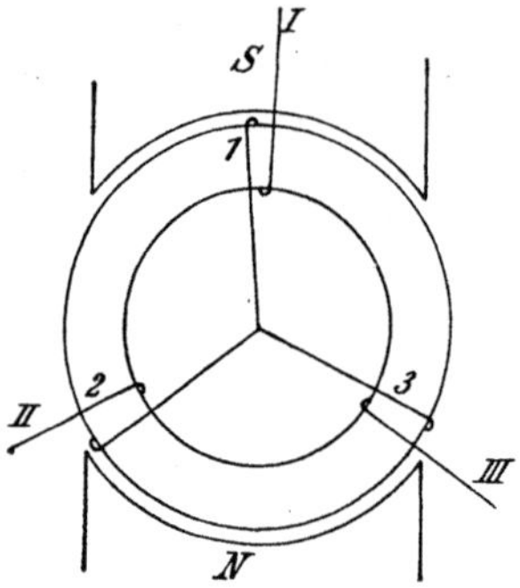

Bild 277. Sternschaltung.

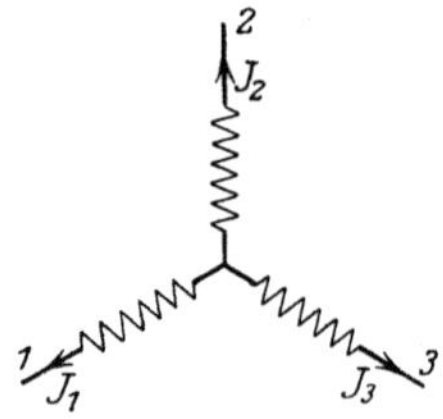

Bild 278. Sternschaltung.

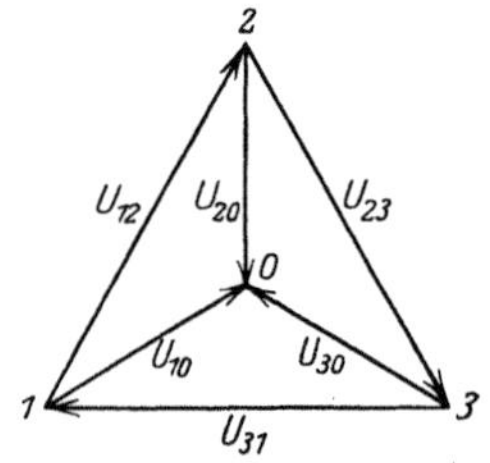

Bild 279. Sternspannung und Netzspannung.

Bei Arbeitsübertragungen mit hohen Spannungen zieht man die Sternschaltung beim Stromerzeuger und Motor vor, weil die Spannung für die Wicklung eines Stranges nur 1,73mal so klein zu sein braucht wie die Netzspannung. Sind Lampen statt der Motoren eingeschaltet, so können sie ebenfalls in Stern- oder Dreieckschaltung geschaltet werden. Ohne besondere Vorkehrungen darf jedoch nur bei Dreieckschaltung, nicht aber bei Sternschaltung die Anzahl der Lampen zwischen den Netzleitern verschieden sein.

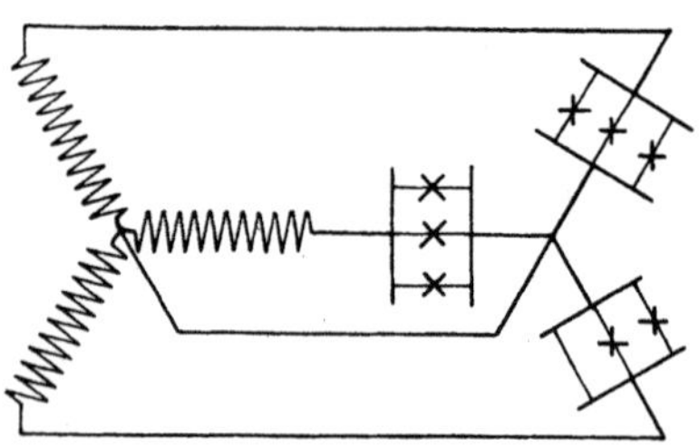

Bild 280. Drehstromverteilung mit Nulleiter.

Will man auch bei Sternschaltung des Netzes eine ungleiche Belastung zwischen den Netzleitern ermöglichen, ohne daß die für die Glühlampen erforderliche Gleichheit der Spannung zwischen den Netzleitern gestört wird, so hat man nach Bild 280 die Sternpunkte des Stromerzeugers und des Netzes zu verbinden.

85. Die Wirkleistung des Drehstromes.

Nach S. 134 ist der Zeitwert der Leistung eines einzelnen Stranges die Summe aus einem gleichbleibenden Mittelwert und einer Sinusfunktion von der doppelten Frequenz des Stromes. Der Zeitwert der Gesamtleistung ist dann bei symmetrischer Belastung die Summe aus dem dreifachen Mittelwert eines Stranges und aus drei Sinusfunktionen, deren Abstand gleich $^1/_3$ Periode der einfachen Frequenz und gleich $^2/_3$ Periode der doppelten Frequenz ist. Wie eine Darstellung durch Strahlen leicht zeigt, ist die Summe dieser Sinusfunktionen in jedem Zeitpunkt gleich Null. Die Gesamtleistung ist also in jedem Zeitpunkt gleich dem dreifachen Mittelwert eines Stranges.

Unabhängig von der Schaltung sei in einem Strang die Spannung gleich U_1, die Stromstärke I_1 und der Leistungsfaktor gleich $\cos\varphi$, ferner sei U die Netzspannung und I der Netzstrom. Dann ist bei gleicher Belastung der Stränge die Gesamtleistung

$$N = 3 \cdot U_1 \cdot I_1 \cdot \cos\varphi. \tag{1}$$

Für Dreieck ist $U_1 = U$ und $I_1 = I/\sqrt{3}$, und für Stern $U_1 = U/\sqrt{3}$ und $I_1 = I$. Demnach ist für beide Schaltungen

$$N = \sqrt{3} \cdot U \cdot I \cdot \cos\varphi. \tag{2}$$

Wir vergleichen nun den Verlust in Drehstromleitungen mit dem in Gleichstromleitungen. Die Leistung N sei bei derselben Netzspannung U und demselben Verlust auf dieselbe Entfernung durch Drehstrom und Gleichstrom zu übertragen. Für einen Einzelleiter sei der Widerstand R und der Querschnitt q, während für die gesamte Leitung das Gewicht gleich G und der Verlust gleich V sei. Durch g sei Gleichstrom, durch d Drehstrom bezeichnet. Dann ist:

Gleichstrom	Drehstrom
$N = U \cdot I$	$N = \sqrt{3}\, U I \cos\varphi$
$I = N : U$	$I = N : \sqrt{3}\, U \cos\varphi$
$V = 2\, I^2 R_g = 2 N^2 R_g : U^2$	$V = 3\, I^2 R_d = N^2 R_d : U^2 \cos^2\varphi$.

Setzen wir die Verluste gleich, so wird $2\,R_g = R_d/\cos^2\varphi$. Da die Widerstände sich bei gegebener Länge umgekehrt verhalten wie die Querschnitte und die gesamten Gewichte des Kupfers sich wie die Summen der Einzelquerschnitte verhalten, so wird

$$\frac{q_d}{q_g} = \frac{R_g}{R_d} = \frac{1}{2\cos^2\varphi}, \quad \text{d. h.} \quad \frac{G_d}{G_g} = \frac{3 q_d}{2 q_g} = \frac{0{,}75}{\cos^2\varphi}.$$

Ist z. B. $\cos\varphi = 1$, so ist für die Drehstromleitung nur 75% des Kupfers aufzuwenden, das bei der Gleichstromleitung nötig ist. Die Verhältnisse liegen aber bei Phasenverschiebung wesentlich ungünstiger.

Wir gehen jetzt dazu über, die Wirkleistung zu messen.

Dabei müssen die Vorzeichen der Strom- und Spannungsspulen sorgfältig beobachtet werden, damit man einen Ausschlag mit dem richtigen Vorzeichen in die Rechnung einsetzen kann. Im folgenden ist stets angenommen, daß die Energiequelle links liegt, und daß die positive Klemme der Stromspule links, die der Spannungsspule oben liegt.

1. Symmetrische Spannungen und symmetrische Belastung.

a) Messung der Leistung eines Stranges. Ist der Nullpunkt zugänglich, mißt man nach Bild 281 die Leistung N_1 eines Stranges.

Ist der Nullpunkt unzugänglich, stellt man nach Bild 282 aus drei Widerständen

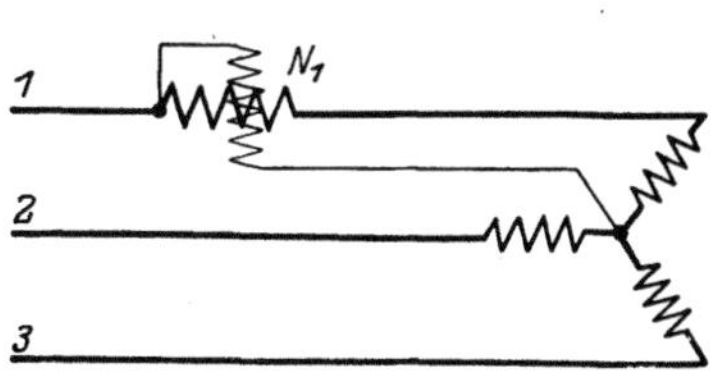

Bild 281. Messung der Leistung eines Stranges.

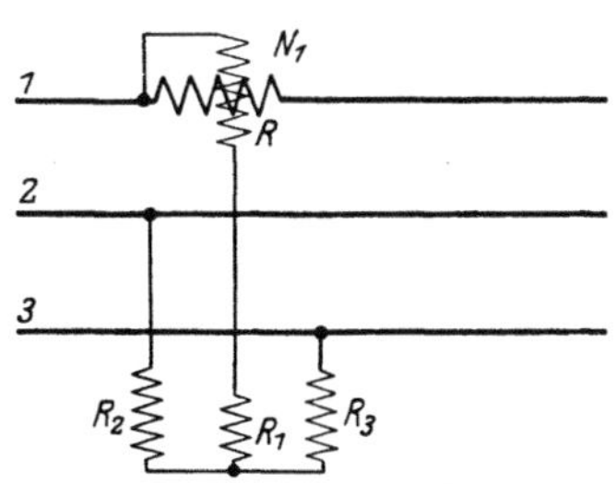

Bild 282. Künstlicher Nullpunkt.

einen künstlichen Nullpunkt her. Ist R der Widerstand der Spannungsspule, so muß die Bedingung erfüllt sein: $R_1 + R = R_2 = R_3$. Der Widerstand R_1 ist bei Berechnung der Konstante des Leistungszeigers zu berücksichtigen.

In beiden Fällen ist die Gesamtleistung $N = 3 N_1$.

b) Umschaltung der Spannungsspule. Wir bezeichnen mit $\mathfrak{U}\mathfrak{J}$ das Produkt $U \cdot I \cdot \cos\varphi$ und berücksichtigen, daß nach S. 137 die Leistung der Summe gleich der Summe der Leistungen der Komponenten ist. Da nach Bild 283 $\mathfrak{U}_{12} + \mathfrak{U}_{13} = 3\mathfrak{U}_{10}$ ist, so wird

$$\mathfrak{U}_{13}\mathfrak{J}_1 + \mathfrak{U}_{12}\mathfrak{J}_1 = 3\, \mathfrak{U}_{10}\mathfrak{J}_1, \quad \text{d. h. nach Bild 284} \quad N = N'' + N'.$$

Ist die Phasenverschiebung größer als 60°, so bildet der Strahl $\mathfrak{J}_1$, der wie $\mathfrak{U}_{10}$ auf den Nullpunkt zu gerichtet ist, nach Bild 283 mit $\mathfrak{U}_{12}$ einen stumpfen Winkel. Der Leistungszeiger schlägt also, wenn der Umschalterhebel in Bild 284 links steht, verkehrt aus. Man muß dann die Spannungsspule umschalten und N' mit negativem Vorzeichen in die Rechnung einführen.

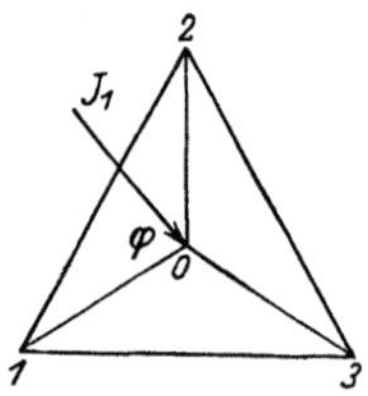

Bild 283. $\mathfrak{U}_{12} + \mathfrak{U}_{13} = 3\,\mathfrak{U}_{10}$.

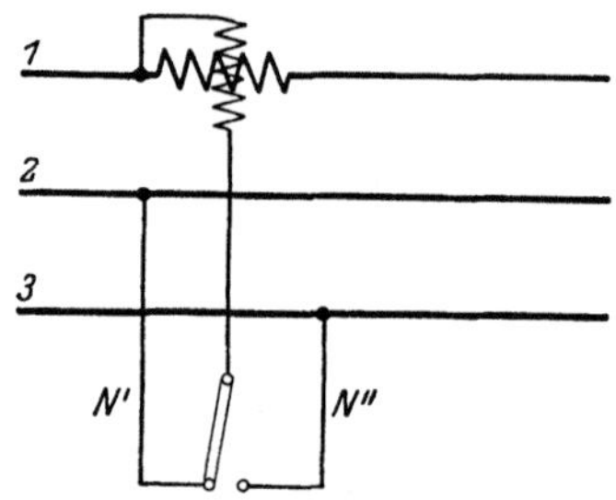

Bild 284. Umschaltung der Spannungsspule.

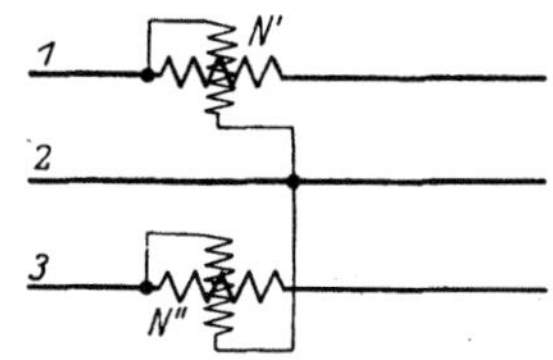

Bild 285. Aronschaltung.

2. Unsymmetrische Spannungen und unsymmetrische Belastung.

a) Anlagen ohne Nulleiter. Bei der Aronschaltung (Bild 285) ergibt sich für die Zeitwerte, daher für beliebige Kurvenform, da $i_1 + i_2 + i_3 = 0$ ist:

$$N_t = u_{10}\,i_1 + u_{20}\,i_2 + u_{30}\,i_3 = u_{10}\,i_1 - u_{20}\,(i_1 + i_3) + u_{30}\,i_3.$$

Nun ist $u_{10} - u_{20} = u_{10} + u_{02} = u_{12}$, also $N_t = u_{12}\,i_1 + u_{32}\,i_3$.

Demnach ist der Mittelwert der Gesamtleistung nach Bild 285

$$N = N'' + N'.$$

Ist die Phasenverschiebung größer als 60°, so wird wieder nach Bild 283 der Winkel zwischen $\mathfrak{J}_1$ und $\mathfrak{U}_{12}$ stumpf, d. h. der Ausschlag N' negativ. Er ist dann wieder nach Umschaltung der Spannungsspule mit negativem Vorzeichen einzusetzen.

Ergibt sich als Gesamtleistung ein negativer Wert, so bedeutet dies, daß die Energie nicht von der Seite kam, von der man es angenommen hatte. Der Leistungszeiger ist also ein Energierichtungszeiger.

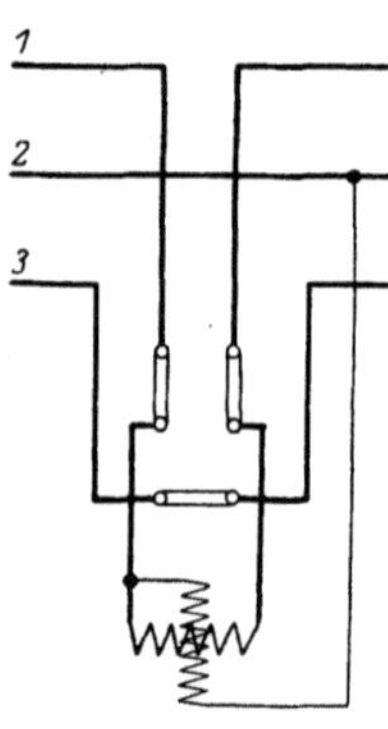

Bild 286.

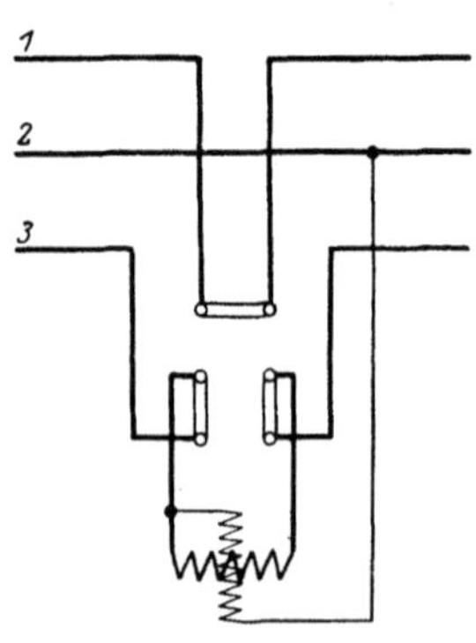

Bild 287.

Umschaltung des Leistungszeigers.

Hat man nur einen Leistungszeiger zur Verfügung, so muß man ihn nach Bild 286 schalten und nach Ablesung durch Umlegen der drei Bügel nach Bild 287 schalten.

Will man bei der Ermittlung der Leistung aus zwei Einzelleistungen die doppelte Ablesung vermeiden, so benutzt man einen Leistungszeiger, der aus zwei einzelnen Leistungszeigern besteht. Ihre beweglichen Spulen sitzen auf derselben Achse, so daß sich die Drehmomente unter Berücksichtigung des Vorzeichens zusammensetzen.

b) Anlagen mit Nulleiter. In Anlagen mit Nulleiter ist die Leistung jedes Stranges nach Bild 281 einzeln zu messen. Die Summe ist die Gesamtleistung.

86. Blindleistungsmessung.

Die Blindleistung ist $B = U \cdot I \cdot \sin\varphi$. Ersetzt man U durch eine gleich große Spannung, die nach Bild 288 um 90° zurückgeschoben ist, so wird $B = U' \cdot I \cos\varphi'$. Man kann also die Blindleistung durch ein Meßgerät messen, in dem der Strom der Spannungsspule künstlich um 90° gegen die zu messende Spannung zurückgeschoben ist. Daß gerade der Strom der Spannungsspule um 90° zurück geschoben wird, geschieht deshalb, damit man bei positiver Phasenverschiebung zwischen Strom und Spannung einen positiven, bei negativer Phasenverschiebung einen negativen Ausschlag erhält.

Für solche besonderen Blindleistungszeiger gelten bei Drehstrom die bei der Wirkleistungsmessung angegebenen Verfahren. Man kann jedoch auch gewöhnliche Leistungszeiger verwenden, wenn man die Spannungsspule an eine im symmetrischen Drehstromsystem bereits vorhandene Spannung anschließt, die gegen die zu messende Spannung um 90° nacheilt[1]. Dazu muß aber die Phasenfolge bekannt sein und nötigenfalls vorher festgestellt werden. Man schaltet dazu zwei gleiche Wirkwiderstände R und einen induktiven Widerstand $L\omega$ in Stern (Bild 289).

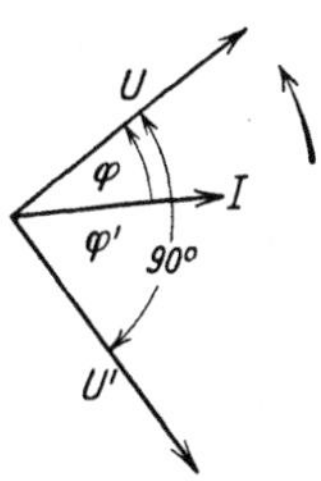

Bild 288. Messung der Blindleistung.

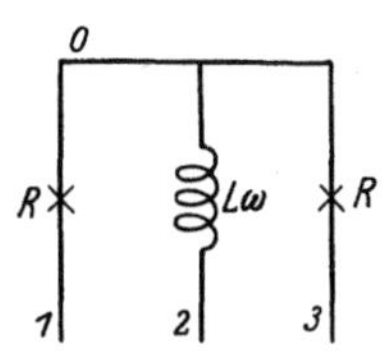

Bild 289. Drehfeldrichtungszeiger.

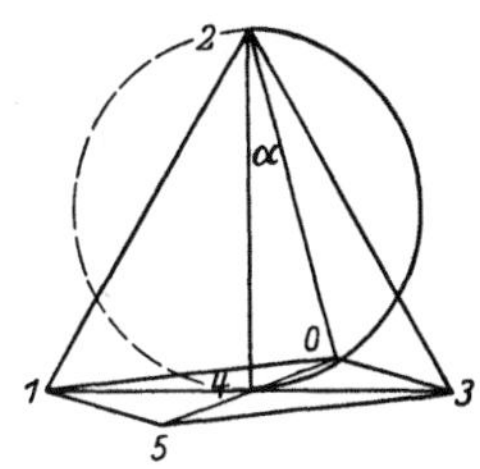

Bild 290. Potentialbild.

Speisen wir den Stern mit Drehstrom, so verschiebt sich das Potential des Sternpunktes aus dem Schwerpunkt (Bild 290). Nun ist, wenn wir die Höhe des Dreiecks zeichnen:

$$\mathfrak{U}_{50} = \mathfrak{U}_{10} + \mathfrak{U}_{30} = \mathfrak{J}_1 R + \mathfrak{J}_3 R = (\mathfrak{J}_1 + \mathfrak{J}_3) R = -\mathfrak{J}_2 R.$$

Anderseits ist $\mathfrak{U}_{20} = j \mathfrak{J}_2 L\omega$. Wir erhalten also $\mathfrak{U}_{20} : \mathfrak{U}_{50} = -j L\omega / R$, d. h. $\mathfrak{U}_{20}$ bleibt gegen $\mathfrak{U}_{50}$ um 90° zurück, und das Potential des Sternpunktes beschreibt bei veränderlichem $L\omega$ einen Kreis über dem Durchmesser $\mathfrak{U}_{24}$. Da $\mathfrak{U}_{10}$ viel größer ist als $\mathfrak{U}_{30}$, so leuchtet die Lampe im Strang 1 hell. Nun kommt bei der Phasenfolge 1 2 3 der Strang 1 nach dem Strang 3. Allgemein leuchtet also die Lampe hell, deren Phase gegen die der andern Lampe nacheilt. Um den Unterschied der Helligkeit recht groß zu machen, wird $L\omega = R$ gewählt. Dann wird $U_{20} = U_{50}$, d. h. $\operatorname{tg}\alpha = 0{,}5$.

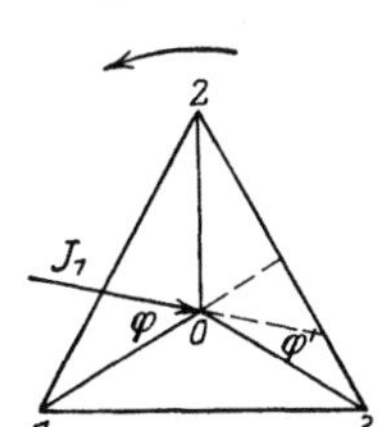

Bild 291. Spannungsbild.

Wenn man statt der Induktivität einen Kondensator verwendet, bewegt sich das Potential des Sternpunktes bei Änderung der Kapazität auf dem gestrichelten Teil des Kreises. Dann leuchtet die Lampe hell, die in der Phase gegen die der andern voreilt.

Die Blindleistungsmessung mit gewöhnlichen Leistungszeigern kann nun bei symmetrischen Netzspannungen nach folgenden Verfahren geschehen:

1. Symmetrische Belastung. Die Blindleistung ist nach Bild 291

$$B = 3\, U_{10} \cdot I_1 \sin\varphi = \sqrt{3}\, U_{23}\, I_1 \cdot \cos\varphi'. \tag{a}$$

[1] Vgl. Sengel, ETZ 1924, S. 973 ff.

Nun ist wieder nach S. 137 die Leistung einer Summe gleich der Summe der Leistungen der Komponenten. Schreiben wir also $U \cdot I \cdot \cos\varphi$ kurz gleich $\mathfrak{U}\mathfrak{J}$, so wird

$$B = \sqrt{3}\,\mathfrak{U}_{23}\,\mathfrak{J}_1 = \sqrt{3}\,(\mathfrak{U}_{13}\,\mathfrak{J}_1 - \mathfrak{U}_{12}\,\mathfrak{J}_1). \tag{b}$$

Weiter ist aus Symmetriegründen $\mathfrak{U}_{13}\mathfrak{J}_1 = \mathfrak{U}_{32}\mathfrak{J}_3$, d. h.

$$B = \sqrt{3}\,(\mathfrak{U}_{32}\,\mathfrak{J}_3 - \mathfrak{U}_{12}\,\mathfrak{J}_1). \tag{c}$$

Nun ist das Produkt $\mathfrak{U}\mathfrak{J} = UI\cos\varphi$ mit einem gewöhnlichen Leistungszeiger meßbar. Dies geschieht nach Gl. (a) in Bild 292 (Frankenfield-Schaltung), wobei $B = \sqrt{3}N'$ ist, nach Gl. (b) durch Umschaltung der Spannungsspule (Bild 284) und endlich nach Gl. (c) durch die Aron-Schaltung in Bild 285. In den beiden letzteren Fällen wird

$$B = \sqrt{3}\,(N'' - N') \qquad N = N' + N'' \qquad tg\,\varphi = \frac{\sqrt{3}(N'' - N')}{N'' + N'}.$$

Es ist aber zu beachten, daß die Aron-Schaltung für die Blindleistungsmessung auf symmetrische Belastung beschränkt ist.

2. Unsymmetrische Belastung.

a) Anlagen ohne Nulleiter. Wir bezeichnen $U \cdot I \cdot \sin\varphi$ mit $[\mathfrak{U}\mathfrak{J}]$ und beachten, daß auch die Blindleistung einer Summe gleich der Summe der Blindleistungen der Komponenten ist. Mit $\mathfrak{J}_2 = -(\mathfrak{J}_1 + \mathfrak{J}_3)$ folgt nach Bild 293:

$$B = [\mathfrak{U}_{14}\,\mathfrak{J}_1] + [\mathfrak{U}_{24}\,\mathfrak{J}_2] + [\mathfrak{U}_{34}\,\mathfrak{J}_3] = [\mathfrak{U}_{12}\,\mathfrak{J}_1] + [\mathfrak{U}_{32}\,\mathfrak{J}_3].$$

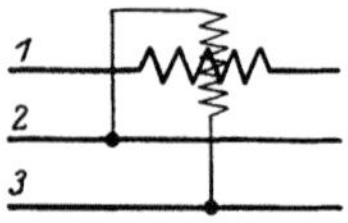

Bild 292. $B = \sqrt{3}\,N'$.

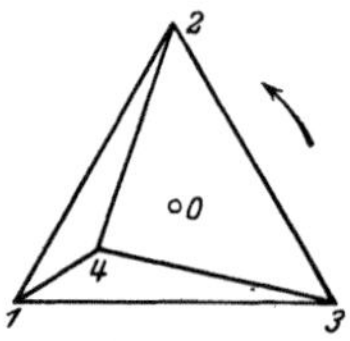

Bild 293. Unsymmetrische Belastung.

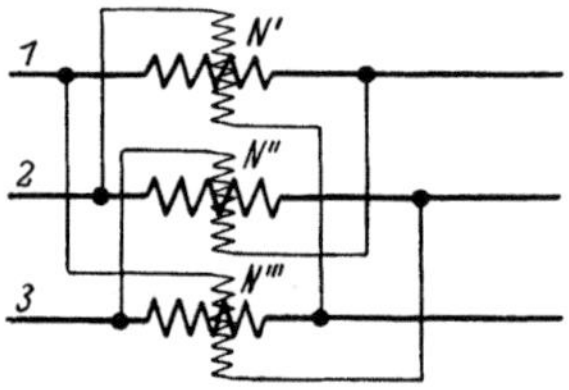

Bild 294. $B = (N' + N'' + N'''):\sqrt{3}$.

Ist nun 0 der Schwerpunkt des Spannungsdreiecks, so kann man statt $\mathfrak{U}_{12}$ und $\mathfrak{U}_{32}$ die um 90^0 zurückliegenden Spannungen $\sqrt{3}\,\mathfrak{U}_{03}$ und $\sqrt{3}\,\mathfrak{U}_{10}$ und statt des Sinus den Kosinus einführen. Dadurch wird, wenn außerdem zyklisch vertauscht wird:

$$B = \sqrt{3}\,(\mathfrak{U}_{10}\,\mathfrak{J}_3 + \mathfrak{U}_{03}\,\mathfrak{J}_1)$$
$$B = \sqrt{3}\,(\mathfrak{U}_{20}\,\mathfrak{J}_1 + \mathfrak{U}_{01}\,\mathfrak{J}_2)$$
$$B = \sqrt{3}\,(\mathfrak{U}_{30}\,\mathfrak{J}_2 + \mathfrak{U}_{02}\,\mathfrak{J}_3).$$

Durch Addition erhält man $B = (\mathfrak{U}_{23}\mathfrak{J}_1 + \mathfrak{U}_{31}\mathfrak{J}_2 + \mathfrak{U}_{12}\mathfrak{J}_3) : \sqrt{3}$, also die Schaltung in Bild 294, die sich als eine Verdreifachung der Frankenfield-Schaltung darstellt.

b) Anlagen mit Nulleiter. Hierbei sind die Blindleistungen der drei Stränge mit besonderen Blindleistungszeigern einzeln zu messen und zusammenzuzählen.

87. Unsymmetrische Belastung.

Bei unsymmetrischer Belastung eines Drehstromnetzes wendet man zur Ermittlung der Spannungen und Ströme das Steinmetzsche topographische Verfahren an (vgl. Görges, Arch. f. El. Bd. 6, S. 1). Dabei wird jeder Stelle des Netzes ein bestimmter Punkt der Zeichenebene zugeordnet, derart daß der zwischen zwei Punkten gezogene Strahl die Spannung zwischen den beiden Stellen des Netzes nach Größe und Phase angibt.

In Bild 295 sei z. B. das Dreieck U, V, W dadurch bestimmt, daß zwischen den Klemmen U, V, W des Netzes die Spannungen UV, VW und WU gemessen sind.

Ebenso ist A dadurch bestimmt, daß zwischen den Klemmen des Netzes und A die Spannungen UA, VA und WA gemessen werden. Die Spannungen müssen, wie überhaupt bei der komplexen Rechnung, sinusförmig sein. Dazu stellen wir jetzt noch eine andere Bedingung. Im allgemeinen sind die Spannungen bei Wechselstrom wegen des magnetischen Wechselflusses, der die von der Meßleitung gebildete Schleife durchsetzt, nicht unabhängig von dem Wege, auf dem sie gemessen werden. Wir wollen nun annehmen, daß der Wechselfluß, der eine Meßschleife durchsetzt, vernachlässigbar klein ist. Dann ist die Spannung unabhängig von der Lage der Meßschleife, und wir können sie als Potentialunterschied ansehen. Die Potentiale der verschiedenen Stellen des Netzes werden dann dargestellt durch die Strahlen, die von den betreffenden Punkten der Zeichenebene nach einem beliebigen Anfangspunkt mit dem Potential Null gezogen werden.

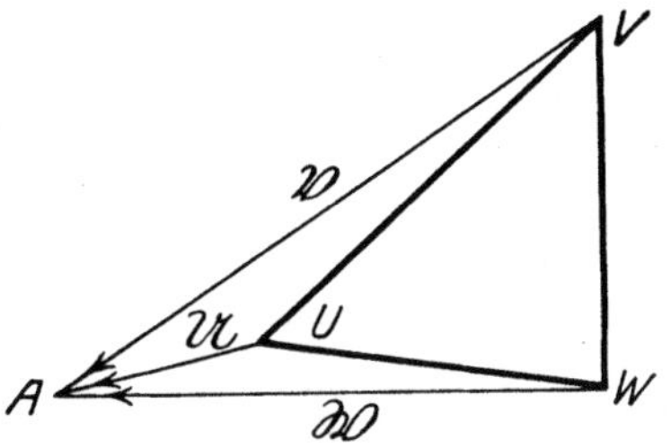

Bild 295. Potentialbild.

Vielfach schreibt man der Erde oder dem Sternpunkt des Kraftwerkes das Potential Null zu. Man kann jedoch, sofern es sich um ein eigentliches Potentialbild handelt, ganz davon absehen, einer bestimmten Stelle das Potential Null zuzuordnen, wenn man statt der auf den Nullpunkt zugehenden Strahlen allein deren Anfangspunkte betrachtet. Die Punkte der Zeichenebene stellen dann unmittelbar die Potentiale der entsprechenden Stellen des Netzes dar. Gerade darin, daß von der Festsetzung eines bestimmten Nullpunktes abgesehen wird und die Potentiale als die auf einen beliebigen gedachten Nullpunkt hingezogenen Strahlen eingeführt werden, liegt das Wesen des Potentialbildes gegenüber dem Spannungsbild.

Im Grunde ist die Rechnung mit Potentialen statt mit Spannungen nichts anderes als die Einführung der Punktrechnung an Stelle der Vektorrechnung. Es ist dabei besonders bequem, das Potential als einen Strahl aufzufassen, der von der betreffenden Stelle auf den gedachten Nullpunkt hin gerichtet ist. Sind z. B. in Bild 296 $\mathfrak{U}$ und $\mathfrak{V}$ die Potentiale der Klemmen U und V, so ist der Strahl, der von V nach U gerichtet ist und entsprechend mit VU bezeichnet werden soll, nach S. 136 gegeben durch die Gleichung $VU = \mathfrak{V} - \mathfrak{U}$. Ebenso ist die Spannung $UV = \mathfrak{U} - \mathfrak{V}$.

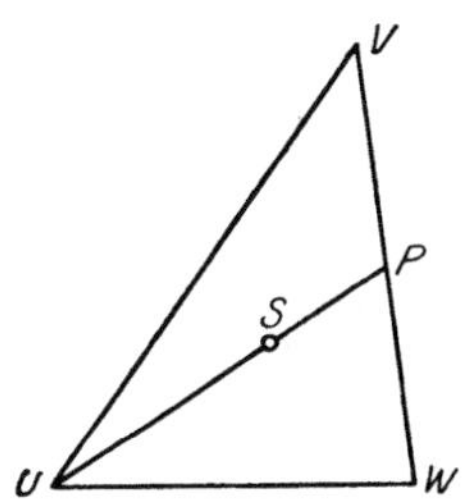

Bild 296. Potentialbild.

Ganz mechanisch ergibt sich dann eine beliebige Spannung U zwischen A und B, die als positiv von A nach B gezählt werden soll, zu $U_{AB} = AB = \mathfrak{A} - \mathfrak{B}$, wo $\mathfrak{A}$ und $\mathfrak{B}$ die Spannungen gegenüber einem gedachten, gar nicht bekannten Nullpunkt sind und als positiv auf den Nullpunkt hin gezählt werden. Man braucht dabei gar keine Zählpfeile mehr.

Ebenso ist U_{BA} eine Spannung, die von B nach A gezählt wird und sich zu $U_{BA} = BA = \mathfrak{B} - \mathfrak{A}$ berechnet. In Bild 296 ist z. B. $VP = 0{,}5\, VW$, d. h. $\mathfrak{V} - \mathfrak{P} = 0{,}5 \cdot (\mathfrak{V} - \mathfrak{W})$ oder $\mathfrak{P} = 0{,}5\,(\mathfrak{V} + \mathfrak{W})$. Um also das Potential des Schwerpunktes S zu erhalten, setzen wir

$$US = {}^2/_3 \cdot UP \quad \text{oder} \quad \mathfrak{U} - \mathfrak{S} = {}^2/_3\,(\mathfrak{U} - \mathfrak{P}) = [\mathfrak{U} - 0{,}5\,(\mathfrak{V} + \mathfrak{W})] \cdot 2/3.$$

Daraus folgt, wie bei der Punktrechnung, das Potential $\mathfrak{S}$ des Schwerpunktes zu

$$\mathfrak{S} = (\mathfrak{U} + \mathfrak{V} + \mathfrak{W}) : 3\,. \tag{a}$$

Im Gegensatz zu den früheren Spannungsbildern kommt bei den Potentialbildern eine Parallelverschiebung von Strahlen nicht in Frage.

In Bild 297 seien $\mathfrak{y}_1$, $\mathfrak{y}_2$ und $\mathfrak{y}_3$ die Leitwerte der drei Stränge einer Drehstromschaltung. Die Potentiale der Klemmen, d. h. die Strahlen nach einem gedachten, gar nicht bekannten Nullpunkt seien $\mathfrak{P}_1$, $\mathfrak{P}_2$, $\mathfrak{P}_3$. Gesucht wird das Potential $\mathfrak{P}_4$ des Sternpunktes. Wir erhalten

$$\mathfrak{J}_1 = (\mathfrak{P}_1 - \mathfrak{P}_4)\,\mathfrak{y}_1 \qquad \mathfrak{J}_2 = (\mathfrak{P}_2 - \mathfrak{P}_4)\,\mathfrak{y}_2 \qquad \mathfrak{J}_3 = (\mathfrak{P}_3 - \mathfrak{P}_4)\,\mathfrak{y}_3 . \tag{3}$$

Da die Summe der drei Ströme gleich Null ist, so folgt

$$\mathfrak{P}_4 = \frac{\mathfrak{P}_1 \cdot \mathfrak{y}_1 + \mathfrak{P}_2 \cdot \mathfrak{y}_2 + \mathfrak{P}_3 \cdot \mathfrak{y}_3}{\mathfrak{y}_1 + \mathfrak{y}_2 + \mathfrak{y}_3} . \tag{4}$$

Dies ist nichts anderes als die Knotengleichung eines Netzes nach S. 122. Wir können sie noch vereinfachen, wenn wir von den Potentialen zu den Spannungen übergehen, indem wir das Potential eines beliebigen Punktes, also z. B. $\mathfrak{P}_1$ gleich Null setzen. Dann werden aus den übrigen Potentialen die Spannungen gegenüber dem Punkt *1*, und wir erhalten

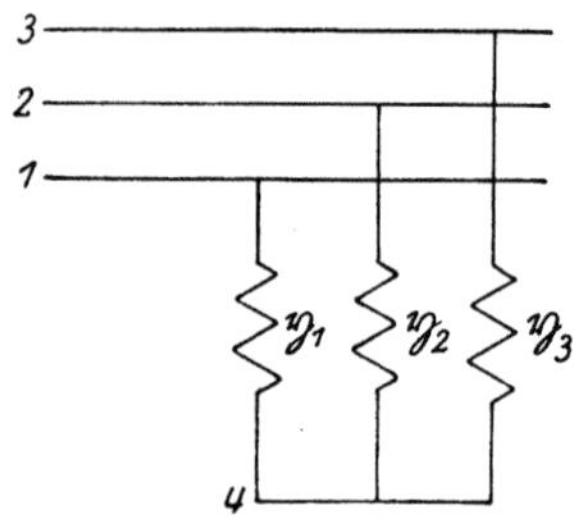

Bild 297. Unsymmetrische Belastung.

$$\mathfrak{U}_{41} = \frac{\mathfrak{U}_{21}\,\mathfrak{y}_2 + \mathfrak{U}_{31}\,\mathfrak{y}_3}{\mathfrak{y}_1 + \mathfrak{y}_3 + \mathfrak{y}_2} \quad \text{oder} \quad \mathfrak{U}_{14} = \frac{\mathfrak{U}_{12}\,\mathfrak{y}_2 + \mathfrak{U}_{13}\,\mathfrak{y}_3}{\mathfrak{y}_1 + \mathfrak{y}_2 + \mathfrak{y}_3} . \tag{5}$$

Man kann nun entweder rechnerisch oder bequemer nach Bild 298 und 299 zeichnerisch vorgehen. Die Potentiale 1, 2, 3 seien durch die Zeichnung eines Dreiecks aus den gemessenen Spannungen $\mathfrak{U}_{12}$, $\mathfrak{U}_{23}$ und $\mathfrak{U}_{31}$ gegeben. Ferner seien die Leitwerte nach Betrag und Phasenwinkel gegeben. Da eine Proportion zwischen vier Strahlen stets zwei ähnliche Dreiecke ergibt, so zeichnet man nach Gl. (5) das Dreieck *1 5 2* ähnlich dem Dreieck *ABC* und das Dreieck *1 6 3* ähnlich dem Dreieck *CDA*. Die Summe *1 4* aus *1 5* und *1 6* gibt nach Gl. (5) den Strahl $\mathfrak{U}_{14}$ und damit den Punkt *4*, der das Potential des Sternpunktes darstellt. Aus Gl. (3) ergeben sich dann die Ströme nach Größe und Phase.

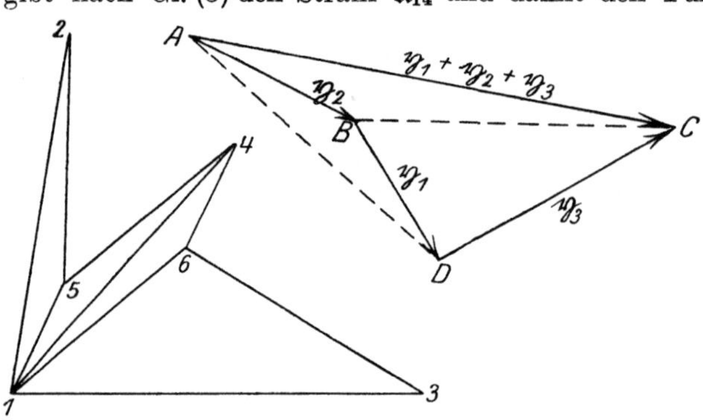

Bild 298 und 299. Zeichnerische Ermittlung des Potentials des Sternpunktes der Belastung.

Bei symmetrischer Belastung ist $\mathfrak{y}_1 = \mathfrak{y}_2 = \mathfrak{y}_3$, also nach Gl. (5): $\mathfrak{U}_{14} = (\mathfrak{U}_{12} + \mathfrak{U}_{13})/3$. Das Potential des Sternpunktes *4* liegt also im Schwerpunkt *S*. Bei Kurzschluß des Stranges *1* wird $\mathfrak{y}_1 = \infty$, und das Potential des Sternpunktes *4* fällt mit *1* zusammen.

Wir wollen nun für die Unsymmetrie eine solche Annahme machen, daß das Potential des Sternpunktes *4* einen geometrischen Ort beschreibt.

1. Jeder Strang enthalte zunächst den gleichen Leitwert $\mathfrak{y}$ mit dem Phasenwinkel γ. Im ersten Strang werde dann ein Leitwert $\mathfrak{y}'$ von festem Phasenwinkel δ, aber veränderlichem Betrag parallel zu $\mathfrak{y}$ geschaltet. Dann wird nach Gl. (5)

$$\mathfrak{U}_{14} = \frac{(\mathfrak{U}_{12} + \mathfrak{U}_{13})\,\mathfrak{y}}{3\,\mathfrak{y} + \mathfrak{y}'} . \tag{6}$$

Dann ist der geometrische Ort des Punktes *4* nach S. 158 ein Kreis, der durch den Schwerpunkt *S* und *1* geht. Ein von *S* aus gezogener Strahl, der gegen *S 1* um den Winkel $\delta - \gamma$ voreilt, bildet die Tangente und weist in die positive Umlaufrichtung, für welche der Betrag von $\mathfrak{y}'$ von 0 bis $+\infty$ wächst.

Es sei z. B. $\mathfrak{y}$ ein induktiver Blindleitwert, also nach S. 153 gleich $-j/L\omega$ und $\mathfrak{y}'$ ein Wirkleitwert. Dann ergibt sich der Phasenwinkel von $\mathfrak{y}$ zu $\gamma = -\pi/2$ und der Phasenwinkel von $\mathfrak{y}'$ zu $\delta = 0$. Die Tangente in S eilt also gegen $S\,1$ nach S. 158 um den Winkel $\delta - \gamma = \pi/2$ voraus, d. h. $S\,1$ ist Durchmesser. Wir erhalten bei Änderung des parallelgeschalteten Wirkleitwertes als geometrischen Ort für das Potential des Sternpunktes den ausgezogenen Kreis in Bild 300. Der Fall entspricht einem aus drei Einphasentransformatoren zusammengeschalteten Drehstromtransformator, der primär und sekundär in Stern geschaltet und nur in einem Strang, und zwar induktionslos, belastet ist. Man sieht deutlich, wie sich die Sternspannung mit der Belastung ändert. Darüber, daß die Belastung in diesem Fall keine nennenswerte Stromentnahme bedeutet, siehe Abschn. 107.

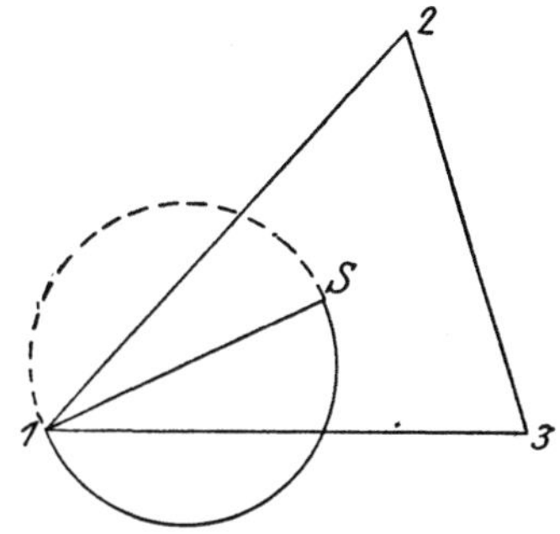

Bild 300. Einseitige Belastung eines Transformators oder einseitiger Erdschluß eines Kabels.

Ist $\mathfrak{y}$ ein rein kapazitiver Blindleitwert $j \cdot C\omega$, also von dem Phasenwinkel $\gamma = \pi/2$, und $\mathfrak{y}'$ ein reiner Wirkleitwert, so erhält man auf demselben Wege den gestrichelten Kreis in Bild 300. Der Fall entspricht einem verseilten Kabel, dessen Mantel geerdet ist, wo also die Leiter mit der Erde durch einen gleichen kapazitiven Leitwert verbunden sind, während der Leiter *1* außerdem durch einen Erdschluß mit der Erde Verbindung hat. Je größer der Erdschluß ist, desto weiter rückt das Potential des Sternpunktes auf dem gestrichelten Kreise von S nach *1*.

2. Alle Leitwerte mögen gleichen Phasenwinkel besitzen. $\mathfrak{y}_1$ und $\mathfrak{y}_2$ seien fest, während $\mathfrak{y}_3$ sich nach seinem Betrage ändert. Dann liegt nach G. (5) und S. 158 der Punkt *4*, der das Potential des Sternpunktes angibt, auf einer Geraden.

Für $\mathfrak{y}_3 = 0$ fällt das Potential nach G. (5) in den Punkt A, der den Strahl $\mathfrak{U}_{12}$ im Verhältnis $\overline{1A} : \overline{1\,2} = \mathfrak{y}_2 : (\mathfrak{y}_1 + \mathfrak{y}_2)$ teilt (Bild 301).

Für $\mathfrak{y}_3 = \infty$ wird nach Gl. (5) $\mathfrak{U}_{14} = \mathfrak{U}_{13}$, d. h. das Potential des Sternpunktes *4* fällt mit *3* zusammen. Ändert sich also $\mathfrak{y}_3$ von 0 bis ∞, so bewegt sich der Punkt, der das Potential des Sternpunktes darstellt, von A bis *3*.

Dies gilt, wenn die drei Leitwerte entweder sämtlich Wirkwerte oder sämtlich induktive Blindwerte oder sämtlich kapazitive Blindwerte sind, also z. B. für ein konzentrisches Kabel, dessen Leiter gegen den den Sternpunkt bildenden Mantel oder gegen Erde verschiedene Kapazität besitzen.

Unsere Entwicklungen gelten aber auch, wenn die Leitwerte zum Teil induktive, zum Teil kapazitive Blindleitwerte sind. Die Beträge der induktiven Leitwerte sind dabei mit negativem Vorzeichen einzuführen. Der Punkt A auf der durch *1* und *2* gehenden Geraden kann dann statt zwischen *1* und *2* jenseits von *1* oder *2* liegen. Ferner kann der Punkt *4* auf der Geraden $3\,A$, der das Potential des Sternpunktes angibt, statt zwischen *3* und A, auch jenseits von *3* oder A liegen.

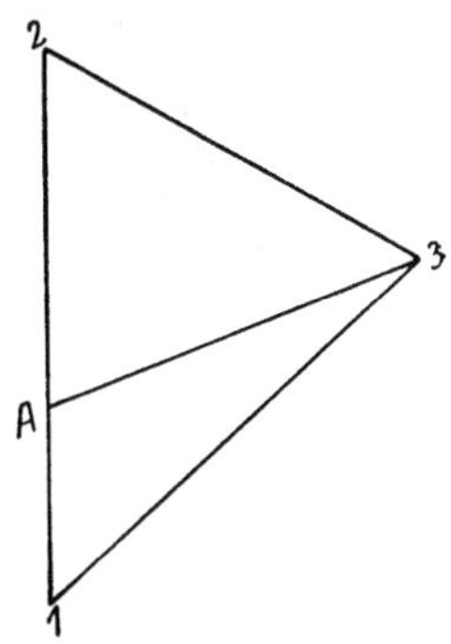

Bild 301. Potentialbild für gleiche Phasenwinkel und veränderlichen Betrag von $\mathfrak{y}_3$.

Die Belastung bestehe z. B. aus einem leerlaufenden Transformator. Der induktive Widerstand bei Leerlauf sei x_0. Der Leitungsdraht 1 möge in der Nähe des Transformators reißen und das an den Transformator angeschlossene Ende möge zur Erde fallen (Bild 302). Dann hat die Klemme 1′ des Transformators mit dem Leiter 1 nur eine Verbindung über den kapazitiven Widerstand x_c des Feldes zwischen 1 und Erde. In Gl. (5) ist dann nach Bild 297 zu setzen: $\mathfrak{y}_2 = \mathfrak{y}_3 = -j/x_0$ und $\mathfrak{y}_1 =$

$-j/(x_0+x_c)$. Dabei hat x_c nach S. 149 einen negativen Zahlenwert. Dann wird nach Gl. (5)

$$\mathfrak{U}_{14} = \frac{(\mathfrak{U}_{12}+\mathfrak{U}_{13}) \cdot 1/x_0}{2/x_0 + 1/(x_0+x_c)} = \frac{(\mathfrak{U}_{12}+\mathfrak{U}_{13})(x_0+x_c)}{3x_0+2x_c}. \tag{b}$$

Es sei z. B. $x_c = -3x_0$. Dann wird $\mathfrak{U}_{14} = (\mathfrak{U}_{12} + \mathfrak{U}_{13}) \cdot 2/3$. Man erhält also in Bild 303 den Punkt 4 als das Potential des Sternpunktes des Transformators. Nun verhält sich nach Bild 302

$$\mathfrak{U}_{11'} : \mathfrak{U}_{14} = x_c : (x_c + x_0).$$

Dies Verhältnis ist aber in unserem Falle gleich 3:2. Daraus folgt in Bild 303 das Potential der Klemme 1'. Wir erhalten also am Transformator völlig symmetrische Klemmenspannungen, aber mit vertauschter Reihenfolge der Stränge, d. h. das Spannungsdreieck klappt um. Dadurch erklärt sich das sogenannte Kippen des Netzes, wobei die Motoren in verkehrter Drehrichtung laufen.

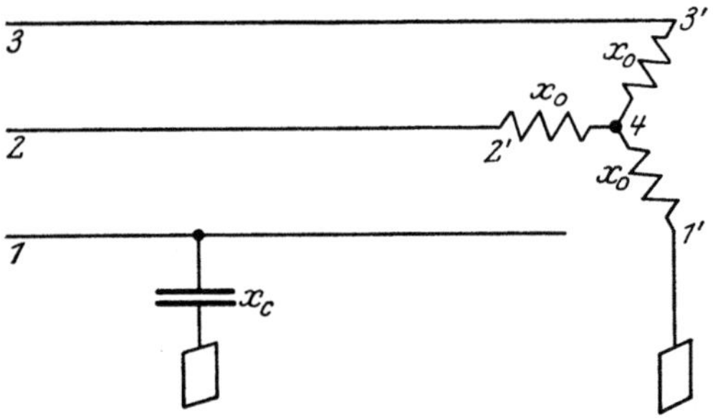

Bild 302. Ursache für Kippen des Netzes.

Ist $x_c = -1{,}5x_0$, so wird $\mathfrak{U}_{14}$ in Gl. (b) gleich ∞ (Resonanz!). Schon in der Nähe der Resonanz können Überspannungen die Anlage gefährden.

Wir wenden uns nun zur Stromverteilung für den Fall, daß eine unsymmetrische Belastung in Dreieck geschaltet ist. In diesem Falle ist das Dreieck zur Ermittlung der Stromverteilung in einen Stern überzuführen, derart, daß die Potentiale der Klemmen sich nicht ändern. Dazu verwenden wir nach Gl. (10) auf S. 122 die Gleichungen, die zur Überführung des Sternes in Bild 304 in ein Dreieck (Bild 305) dienen:

$$\mathfrak{y}_{12} = \frac{\mathfrak{y}_1 \cdot \mathfrak{y}_2}{\mathfrak{y}_1+\mathfrak{y}_2+\mathfrak{y}_3} \qquad \mathfrak{y}_{13} = \frac{\mathfrak{y}_1 \cdot \mathfrak{y}_3}{\mathfrak{y}_1+\mathfrak{y}_2+\mathfrak{y}_3} \qquad \mathfrak{y}_{23} = \frac{\mathfrak{y}_2 \cdot \mathfrak{y}_3}{\mathfrak{y}_1+\mathfrak{y}_2+\mathfrak{y}_3}.$$

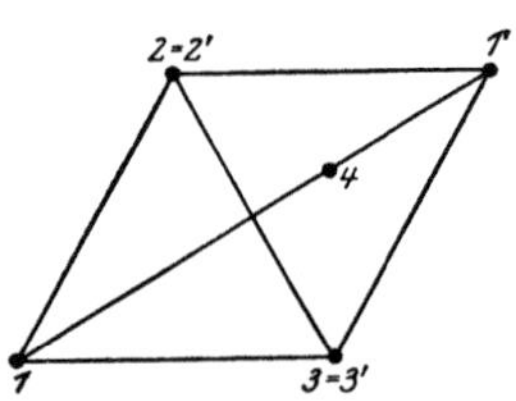

Bild 303. Kippen des Netzes.

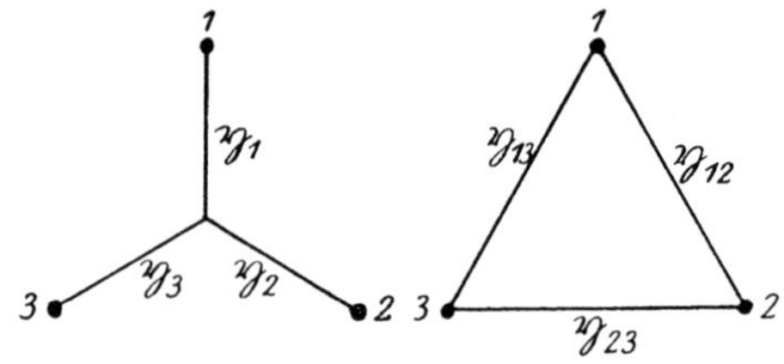

Bild 304 und 305. Umwandlung eines Sterns in ein Dreieck.

Wir bilden nun unter Benutzung dieser Gleichungen $\mathfrak{y}_{12} \cdot \mathfrak{y}_{13}/\mathfrak{y}_{23}$ und fügen $\mathfrak{y}_{12}$ und $\mathfrak{y}_{13}$ hinzu. Dadurch erhalten wir die Kenellysche Gleichung:

$$\mathfrak{y}_1 = \mathfrak{y}_{12} + \mathfrak{y}_{13} + \mathfrak{y}_{12} \cdot \mathfrak{y}_{13}/\mathfrak{y}_{23} \text{ usw.} \tag{7}$$

Wir können also das Dreieck durch den Stern ersetzen und nach Gl. (3) oder (5) vorgehen. Der Widerstand zwischen zwei Klemmen bleibt durch den Übergang vom Stern zum Dreieck und umgekehrt ungeändert.

Liegen mehrere dreiphasige unsymmetrische Belastungen in Sternschaltung am Netz, so muß man sie, da die Nullpunkte im allgemeinen nicht dasselbe Potential haben, in Dreieckschaltungen überführen, die Dreieckschaltungen zu einem einzigen Dreieck vereinigen, dieses in einen Stern überführen und dann nach Gl. (3) oder (5) vorgehen.

88. Zerlegung eines unsymmetrischen Drehstromsystems in symmetrische Systeme.

Sind die Belastungen der drei Stränge des Drehstromes ungleich, so werden auch die Spannungsverluste ungleich und damit die Verbraucherspannungen unsymmetrisch. Das Potentialbild der Verbraucherklemmen gibt dann kein gleichseitiges Dreieck mehr. Man kann dann das unsymmetrische System nach **Stokvis** in zwei symmetrische Systeme von entgegengesetzter Phasenfolge zerlegen. Die Netzspannungen eines unsymmetrischen Systems seien $\mathfrak{A}$, $\mathfrak{B}$, $\mathfrak{C}$ (Bild 306).

Wir setzen $\alpha = 2\pi/3$ und denken $\mathfrak{C}$ und $\mathfrak{A}$ je in zwei Komponenten zerlegt, so daß die Bedingung erfüllt ist:

$$\mathfrak{C} = \mathfrak{M} + \mathfrak{G}, \qquad \mathfrak{A} = \mathfrak{M} \cdot \varepsilon^{-j\alpha} + \mathfrak{G} \cdot \varepsilon^{j\alpha}.$$

Da $\mathfrak{A} + \mathfrak{B} + \mathfrak{C} = 0$ ist und drei Strahlen, die um $\alpha = 2\pi/3$ verschoben sind, die Summe Null ergeben, so gilt dann auch die Gleichung $\mathfrak{B} = \mathfrak{M} \cdot \varepsilon^{j\alpha} + \mathfrak{G} \cdot \varepsilon^{-j\alpha}$. Dann stellen die Komponenten, die $\mathfrak{M}$ enthalten, das mitlaufende und die Komponenten, die $\mathfrak{G}$ enthalten, das gegenlaufende symmetrische System dar.

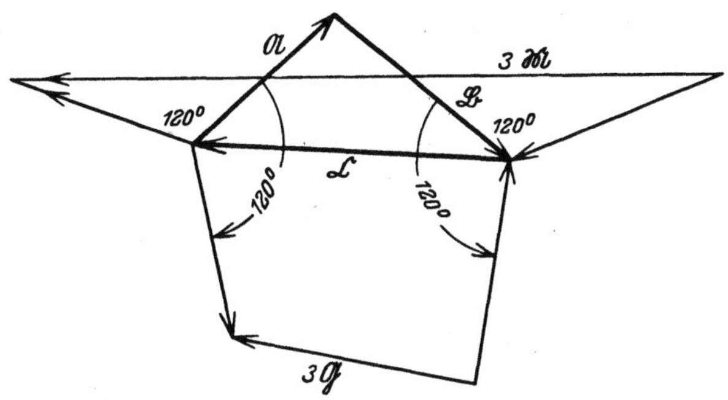

Bild 306. Zerlegung in symmetrische Systeme.

Um $\mathfrak{M}$ zu ermitteln, vervielfachen wir die Gleichung für $\mathfrak{A}$ mit $\varepsilon^{j\alpha}$ und die für $\mathfrak{B}$ mit $\varepsilon^{-j\alpha}$ und fügen beide zur Gleichung für $\mathfrak{C}$. Dadurch erhalten wir, da die Summe von drei Strahlen, die je um $2\alpha = 4\pi/3$ verschoben sind, gleich Null ist:

$$\mathfrak{C} + \mathfrak{A} \cdot \varepsilon^{j\alpha} + \mathfrak{B} \cdot \varepsilon^{-j\alpha} = 3\,\mathfrak{M}.$$

Man hat also in Bild 306 $\mathfrak{A}$ und $\mathfrak{B}$ um 120° nach **außen** zu klappen und zu $\mathfrak{C}$ hinzuzufügen und erhält so den gesuchten Wert $3\,\mathfrak{M}$. Ähnlich ergibt sich, wenn man $\mathfrak{A}$ und $\mathfrak{B}$ je um 120° nach innen klappt und zu $\mathfrak{C}$ hinzufügt, daß man den dreifachen Wert von $\mathfrak{G}$ erhält (vgl. Die Verbandsnormalien, ETZ 1922, S. 358).

Das gegenläufige Spannungssystem hat bei Motoren ein Drehfeld zur Folge, das entgegen der Drehrichtung des Läufers umläuft und daher ein gegenläufiges Drehmoment und stark erhöhte Eisenverluste und Kupferverluste zur Folge hat.

89. Induktivität von Drehstromleitungen.

Wie früher auf S. 40 kann von einer Induktivität nicht in einem einzelnen **Leiter**, sondern nur in einer **Schleife** die Rede sein. Eine solche Schleife besteht neben den Verbindungen am Anfang und Ende, deren Einfluß vernachlässigt werden kann, entweder aus zwei Leitern, oder aus einem Leiter und Erde, oder aus einem Leiter und einer zwischen Anfang und Ende liegenden Meßleitung für einen Spannungszeiger.

Eine Schleife bestehe aus zwei langen, geraden, runden Leitern von der Länge l, dem Halbmesser r und dem Abstand d. Die Induktivität, die durch das Feld zwischen den Leitern in der Luft veranlaßt wird, ist dann nach Gl. (20) auf S. 40.

$$L_1 = \frac{\Pi_0}{\pi} \cdot l \cdot \ln \frac{d}{r} \cdot \qquad \text{(a)}$$

Wie bereits auf S. 40 erwähnt wurde, kommt hierzu noch eine Induktivität, die durch das Feld im Innern der Leiter verursacht wird. Um sie zu berechnen, brauchen wir die Flußverkettung beim Strom Eins. Diese können wir nicht mehr, wie früher, als die Verkettung des Flusses mit Windungen auffassen, sondern müssen dafür die allgemeinere, auch für die einfachen Fälle auf S. 40 gültige Festsetzung der Verkettung des Flusses mit Strömen einführen. Der Sicherheit wegen leiten wir dann die Induktivität auch aus der magnetischen Energie ab.

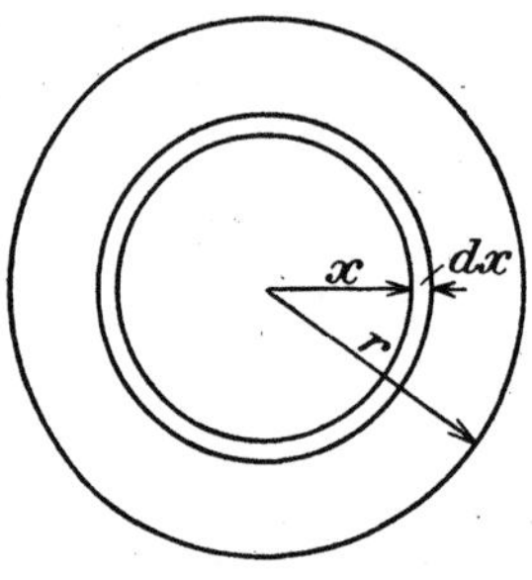

Bild 307. Leiterquerschnitt.

Wir setzen eine auf dem ganzen Leiterquerschnitt gleichmäßige Stromdichte voraus. Bei der Stromstärke I ist dann nach Bild 307 die Durchflutung innerhalb eines Kreises vom Halbmesser x gleich $I \cdot x^2/r^2$. Ist $\mathfrak{H}$ die Erregung für die Längeneinheit am Umfang des Kreises, so gilt nach dem Durchflutungsgesetz

$$\mathfrak{H} \cdot 2x\pi = I \cdot x^2/r^2, \quad \text{d. h.} \quad \mathfrak{H} = Ix/2\pi r^2.$$

Dann wird die Induktion am Umfang des Kreises

$$\mathfrak{B} = \Pi \cdot \mathfrak{H} = \Pi \cdot I \cdot x/2\pi r^2. \tag{b}$$

Durch die Fläche von der Breite dx und der Länge l geht dann ein Fluß

$$d\Phi = \mathfrak{B} \cdot l \cdot dx = \Pi \cdot I \cdot l \cdot x \cdot dx/2\pi r^2.$$

Die Verkettung dieses Flusses mit dem von ihm umschlossenen Strom ist dann $d\Phi \cdot I \cdot x^2/r^2$, und die gesamte Flußverkettung eines Leiters wird

$$\int_0^r \frac{d\,\Phi\, I \cdot x^2}{r^2} = \int_0^r \frac{\Pi \cdot I^2 \cdot l \cdot x^3\, dx}{2\,\pi \cdot r^4} = \frac{\Pi \cdot l}{8\,\pi} \cdot I^2.$$

Wegen der Hin- und Rückleitung vervielfachen wir mit 2 und teilen durch I^2. Dadurch erhalten wir die Induktivität zu

$$L_2 = \frac{\Pi \cdot l}{4\,\pi}. \tag{c}$$

Für Kupfer und andere unmagnetische Metalle ist $\Pi = \Pi_0 = 4\pi \cdot 10^{-9}$ Henry/cm. Bei einer Kupferleitung von 1 km $= 10^5$ cm Länge ist also

$$L_2 = \frac{4\,\pi \cdot 10^{-9} \cdot 10^5}{4\,\pi} = 10^{-4} \text{ Henry}.$$

Dasselbe Ergebnis erhalten wir mit Hilfe der magnetischen Energie. Diese ergibt sich in einem Hohlzylinder von der Länge l, dem Halbmesser x und der Wandstärke dx bei der festen magnetischen Leitfähigkeit Π nach S. 43 zu

$$dW = \frac{\mathfrak{B}^2}{2\,\Pi} \cdot 2\,x\,\pi \cdot l \cdot d\,x.$$

Mit Hilfe der Gl. (b) erhalten wir

$$dW = \frac{\Pi \cdot I^2 \cdot l \cdot x^3 \cdot dx}{4\,\pi\, r^4}$$

oder wenn wir zwischen 0 und r integrieren und wegen der Hin- und Rückleitung mit 2 vervielfachen:

$$W = \frac{\Pi \cdot I^2 \cdot l}{8\,\pi}.$$

Nun war nach S. 43 die Energie gleich $0{,}5 \cdot L_2 I^2$. Durch Gleichsetzung erhalten wir wie oben $L_2 = \Pi \cdot l/4\pi$.

Die Gesamtinduktivität wird dann

$$L_a = L_1 + L_2 = \frac{l}{4\,\pi}\left(4\,\Pi_0 \cdot \ln\frac{d}{r} + \Pi\right). \tag{8}$$

Wird l in cm und Π und Π_0 in Henry/cm eingesetzt, so erhält man L_a in Henry.

Allerdings wird die gleichmäßige Stromdichte, von der wir ausgegangen sind, gerade durch die Selbstinduktion, die von dem Feld im Innern der Leiter herrührt, gestört, und die Stromdichte wird nach dem Innern zu geringer (**Hautwirkung**). Dies ist aber bei den in der Starkstromtechnik üblichen Frequenzen nicht von Bedeutung.

Wir berechnen nun die gegenseitige Induktivität zwischen den Schleifen a und b in Bild 308. Die Schleife a führe den Gleichstrom Eins, der im Leiter 2 hinfließt und im Leiter 3 zurückfließt. Der Fluß, der dabei die Schleife a durchsetzt, dringt weiter durch die Schleifen b und c hindurch. Demnach ist die nach Gl. (8) berechnete Selbstinduktivität L_a gleich der Summe der gegenseitigen Induktivitäten M_{ab} und

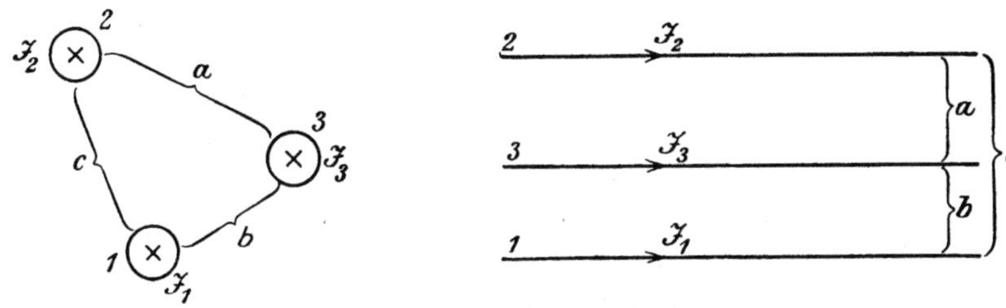

Bild 308. Unsymmetrische Drehstromleitung.

M_{ac}. Zyklische Vertauschung ergibt eine ebensolche Beziehung für die übrigen Schleifen. Wir erhalten so $L_a = M_{ab} + M_{ac}$, $L_b = M_{ba} + M_{bc}$, $L_c = M_{ca} + M_{cb}$. Daraus folgt

$$M_{ab} = 0{,}5\ (L_a + L_b - L_c). \tag{9}$$

Dadurch sind wir imstande, gegenseitige Induktivitäten durch Induktivitäten der Selbstinduktion auszudrücken.

Wir ermitteln nun die Spannung, die wir bei Drehstrom durch einen zwischen Anfang und Ende des Leiters 1 geschalteten Spannungszeiger messen. Wenn wir der Einfachheit halber den Wirkwiderstand eines Leiters gleich Null annehmen, so messen wir durch den Spannungszeiger nur eine induktive Spannung. Die Meßleitung ist in Bild 309 mit 0 bezeichnet, und die Schleifen, die sie unmittelbar mit dem Leiter 1 und unter Vermittlung der Stränge des Stromerzeugers und der Belastung mit den Leitern 2 und 3 bildet, sind α, β und γ genannt. Wir setzen nun zunächst nach Bild 308 die positive Stromrichtung in den drei Leitern vom Anfang nach dem Ende gerichtet fest. Weiter setzen wir für die Schleifen α, β und γ eine positive **Umlaufrichtung** fest, die wir willkürlich in der Schleife α oder 1, 0 im Sinne des positiven Stromes $\mathfrak{J}_1$, in der Schleife β oder 2, 0 im Sinne des positiven Stromes $\mathfrak{J}_2$ und in der Schleife γ oder 3, 0 im Sinne des positiven Stromes $\mathfrak{J}_3$ wählen. Wir haben dann jeden Strom als negativ einzuführen, der dieser Richtung entgegenfließt oder dessen Fluß die Schleife entgegengesetzt durchsetzt wie die eines im positiven Umlaufsinne fließenden Stromes.

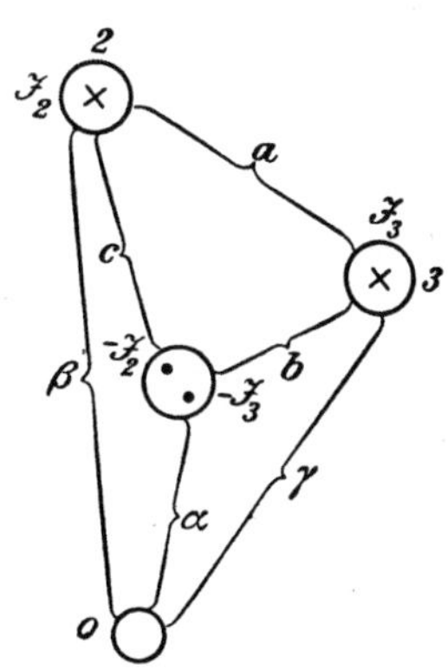

Bild 309. Zurückführung auf Ströme in zwei Schleifen.

Wir setzen nun voraus, daß kein neutraler Leiter vorhanden ist. Dann ist $\mathfrak{J}_1 = -\mathfrak{J}_2 - \mathfrak{J}_3$. Wir können also annehmen, daß nach Bild 309 die Schleife a stromlos ist und die Schleifen b und c vom Strom $\mathfrak{J}_3$ bzw. $\mathfrak{J}_2$ durchflossen werden. Der induktive Spannungsverbrauch in der Meßschleife α wird dann allein durch die gegenseitige Induktion der Schleifen b und c auf die Meßschleife α verursacht. Die Spannung, die wir messen, ist also bei der Kreisfrequenz ω unter Berücksichtigung der obigen Regel über das Vorzeichen: $\mathfrak{B}_\alpha = -j\,M_{c\alpha}\cdot\omega\cdot\mathfrak{J}_2 - j\,M_{b\alpha}\cdot\omega\cdot\mathfrak{J}_3$.

Nun können wir die gegenseitigen Induktivitäten nach Gl. (9) durch die Selbstinduktivitäten ausdrücken, und zwar wird nach Bild 309

$$M_{c\alpha} = 0{,}5\cdot(L_c + L_\alpha - L_\beta) \qquad M_{b\alpha} = 0{,}5\cdot(L_b + L_\alpha - L_\gamma).$$

Setzen wir noch $(-\mathfrak{J}_2-\mathfrak{J}_3)L_a=\mathfrak{J}_1\cdot L_a$, so erhalten wir

$$\mathfrak{B}_\alpha=-j\,0{,}5\,\omega\,(L_c\mathfrak{J}_2+L_b\cdot\mathfrak{J}_3)+j\,0{,}5\,\omega\,(\mathfrak{J}_1L_\alpha+\mathfrak{J}_2L_\beta+\mathfrak{J}_3L_\gamma). \tag{10}$$

Die Spannung, die wir messen, ist also von den Induktivitäten der Schleifen α, β und γ, d. h. von der Lage der Meßleitung abhängig. Je nachdem wie wir die Meßleitung legen, messen wir eine verschiedene Spannung. Dies ist der Grund, weshalb man von einem Potentialunterschied im Wechselstromfeld nicht allgemein sprechen kann. Die Größe $\mathfrak{B}_\alpha$ ist daher auch nicht als Spannungsverlust in einem Leiter, sondern als der induktive Spannungsverbrauch in der aus Leiter und Meßleitung gebildeten Schleife zu bezeichnen.

Liegt die Meßleitung weit genug von den Leitern entfernt, so wird $L_\alpha=L_\beta=L_\gamma$. Da die Summe der drei Ströme Null ist, so verschwindet jetzt das letzte Glied in unserer Gl. (10), und wir erhalten:

$$\mathfrak{B}_\alpha=-j\,0{,}5\cdot\omega\cdot(L_c\cdot\mathfrak{J}_2+L_b\cdot\mathfrak{J}_3). \tag{11}$$

Durch zyklische Vertauschung ergeben sich ebenso $\mathfrak{B}_\beta$ und $\mathfrak{B}_\gamma$.

Bei einer symmetrischen Leitung wird $L_a=L_b=L_c$. Wir bezeichnen dann 0,5 L_a als die Betriebsinduktivität L. Da die Summe der drei Ströme gleich Null ist, so wird nach Gl. (11)

$$\mathfrak{B}_\alpha=jL\cdot\omega\cdot\mathfrak{J}_1 \qquad \mathfrak{B}_\beta=jL\cdot\omega\cdot\mathfrak{J}_2 \qquad \mathfrak{B}_\gamma=jL\cdot\omega\cdot\mathfrak{J}_3. \tag{12}$$

Die Voraussetzung, daß die Meßleitung weit genug entfernt ist, läßt sich verwirklichen, wenn wir den Sternpunkt des Stromerzeugers erden und den Sternpunkt der Belastung nach Bild 310 über einen Spannungszeiger, der die Spannung $\mathfrak{U}_0$ mißt, ebenfalls zur Erde führen.

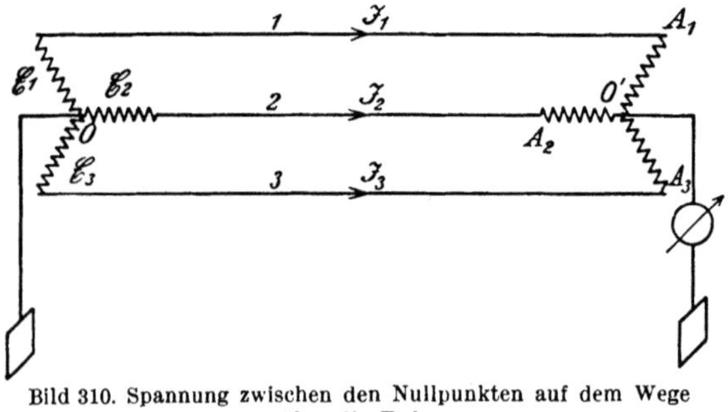

Bild 310. Spannung zwischen den Nullpunkten auf dem Wege über die Erde.

Es seien dann $\mathfrak{z}_1$, $\mathfrak{z}_2$ und $\mathfrak{z}_3$ die Scheinwiderstände der drei Stränge zwischen den Nullpunkten, enthaltend den Scheinwiderstand des Stromerzeugers, den Wirkwiderstand eines Leiters und den Scheinwiderstand des betreffenden Stranges der Belastung. Sind dann $\mathfrak{E}_1$, $\mathfrak{E}_2$ und $\mathfrak{E}_3$ nach Größe und Phase die erzeugten Spannungen des Stromerzeugers, so gelten unter Einführung der induktiven Spannungen aus Gl. (11) oder (12) die Gleichungen:

$$\begin{aligned}\mathfrak{E}_1&=\mathfrak{J}_1\mathfrak{z}_1+\mathfrak{B}_\alpha+\mathfrak{U}_0\\ \mathfrak{E}_2&=\mathfrak{J}_2\mathfrak{z}_2+\mathfrak{B}_\beta+\mathfrak{U}_0\\ \mathfrak{E}_3&=\mathfrak{J}_3\mathfrak{z}_3+\mathfrak{B}_\gamma+\mathfrak{U}_0\\ 0&=\mathfrak{J}_1+\mathfrak{J}_2+\mathfrak{J}_3.\end{aligned}$$

Aus diesen vier Gleichungen in Verbindung mit Gl. (11) bzw. (12) lassen sich $\mathfrak{U}_0$, $\mathfrak{J}_1$, $\mathfrak{J}_2$ und $\mathfrak{J}_3$, sowie die Spannungsabfälle nach Größe und Phase berechnen. Man erhält dann Bild 311. Darin bedeutet A_1B_1 die Summe aus dem inneren Spannungsverlust im Stromerzeuger und im Wirkwiderstand des Leiters 1 und dem induktiven Spannungsverlust $\mathfrak{B}_\alpha$. OO' sei gleich der berechneten Spannung $\mathfrak{U}_0$. Dann ist $O'A_1$ die Sternspannung des Stranges 1 der Belastung. Ähnlich ergeben sich die Sternspannungen $O'A_2$ und $O'A_3$ für die beiden andern Stränge der Belastung. $A_2\,A_1$, $A_3\,A_2$ und $A_1\,A_3$ sind dann die verketteten Spannungen an der Belastung.

Es ist befremdend, daß $\mathfrak{U}_0$ von der Lage der Meßleitung abhängt. Die Lage der Punkte O', A_1, A_2 und A_3 ist eben nur bis auf eine additive Konstante zu ermitteln, die durch das zweite Glied in Gl. (10) gegeben ist. An den Spannungen der Belastung wird aber dadurch nichts geändert, indem sich O', A_1, A_2, A_3 um ein und dieselbe Strecke in gleicher Richtung verschieben.

Meist kann man die Spannung zwischen den Sternpunkten wegen der annähernd gleichen Belastung der drei Stränge gleich Null setzen und von den Strömen ausgehend mit Hilfe von Gl. (11) oder (12) die Spannungen an der Belastung ermitteln. Dies ist um so besser, als man überhaupt im Betrieb nicht mit Scheinwiderständen, sondern mit Strömen rechnet.

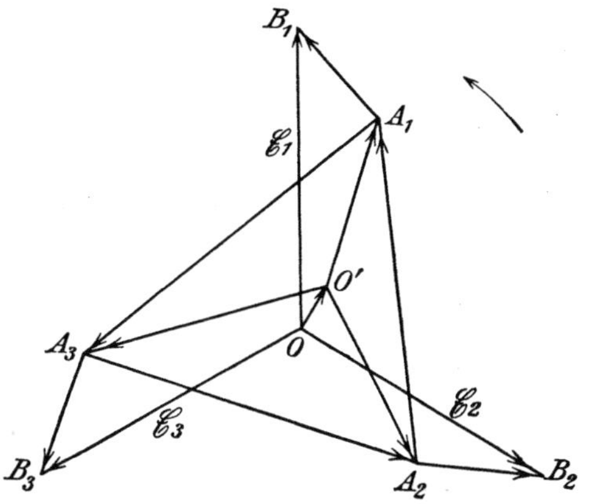

Bild 311. Ermittlung der Sternspannungen der Belastung.

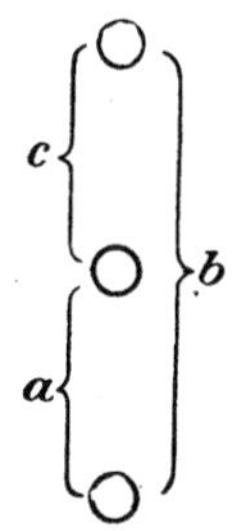

Bild 312. Unsymmetrische Drehstromleitung.

Es sei z. B. bei der Kupferleitung in Bild 312 $l = 20$ km, der Drahthalbmesser $r = 0{,}2$ cm und der Abstand d für die Schleifen a und c gleich 30 cm, für b also 60 cm. Dann ist nach Gl. (8) auf S. 178 und Gl. (3) auf S. 5

$$L_a = L_c = 0{,}042 \text{ Henry} \qquad L_b = 0{,}0476 \text{ Henry} \qquad R = 27{,}2 \text{ Ohm}.$$

Die Netzspannung sei 10000 Volt, also die Sternspannung $10000/\sqrt{3} = 5800$ Volt. Die vom Kraftwerk abgegebene Leistung sei 432 kW bei einem Leistungsfaktor $\cos\varphi = 0{,}8$ und der Frequenz $f = 50$ Hertz. Dann ist bei gleichmäßiger Belastung die Stromstärke jedes Leiters

$$I = \frac{432\,000}{\sqrt{3} \cdot 10\,000 \cdot 0{,}8} = 31{,}25 \text{ Amp.}$$

Die geringe Ungleichmäßigkeit, die durch die Unsymmetrie der Leitung hervorgerufen wird, ist dabei vernachlässigt. Wir ermitteln dann bei großer Entfernung der Leitung des Spannungszeigers den Spannungsverlust nach Gl. (11). Mit Rücksicht auf das negative Vorzeichen und die Vervielfachung mit j haben wir die Komponenten des Spannungsverlustes um 90° gegen den Strom zurückbleiben zu lassen, durch den sie verursacht werden.

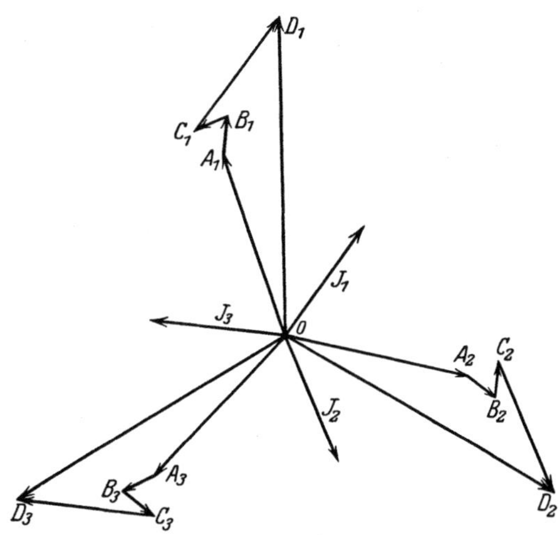

Bild 313. Spannungsverlust einer Drehstromleitung.

Es seien nun in Bild 313 OD_1, OD_2, OD_3 die Sternspannungen des Kraftwerkes und $\mathfrak{J}_1$, $\mathfrak{J}_2$, $\mathfrak{J}_3$ die um den Winkel φ zurückbleibenden Ströme. Für die Schleife a ziehen wir dann von der Spannung OD_1 entsprechend Gl. (11) folgende Strahlen ab:

in Richtung des Stromes $\mathfrak{J}_1$: $C_1D_1 = I_1 R = 850$ Volt

um 90° gegen $\mathfrak{J}_2$ nacheilend: $B_1C_1 = 0{,}5\omega \cdot L_c \cdot I_2 = 206$ Volt

um 90° gegen $\mathfrak{J}_3$ nacheilend: $A_1B_1 = 0{,}5\omega \cdot L_b \cdot I_3 = 233$ Volt.

Dann erhalten wir unter Vernachlässigung der geringen Spannung zwischen den Nullpunkten die Sternspannung der Belastung zu OA_1. Die Zeichnung in Bild 313 ist der Deutlichkeit wegen mit den dreifachen Spannungsverlusten ausgeführt.

Ebenso ergeben sich die beiden andern Sternspannungen. Die gesamten induktiven Spannungsverluste A_1C_1 und A_3C_3 eilen nicht mehr genau um 90° gegen die Ströme $\mathfrak{J}_1$ und $\mathfrak{J}_3$ vor. Im praktischen Falle wird man die Unsymmetrie der Leitung vernachlässigen können. Sie läßt sich auch durch Verdrillen ganz beseitigen.

90. Kapazität von Drehstromleitungen[1].

Wir berechnen zunächst die Kapazität einer symmetrischen Drehstromfreileitung vom Drahthalbmesser r und dem Drahtabstand a. Wir zeichnen dazu in Bild 314 die Spiegelbilder der Leiter gegenüber der Erdoberfläche. Die Entfernung von der Erde sei so groß, daß der Abstand eines Leiters von irgendeinem der Spiegelbilder gleich d gesetzt werden kann. Es seien q die Ladungen für die Längeneinheit. Dann ist das Potential an der Oberfläche des Leiters 1, das durch die Wirkung der drei Schleifen 11′, 22′ und 33′ zustande kommt, nach Gl. (8) auf S. 56:

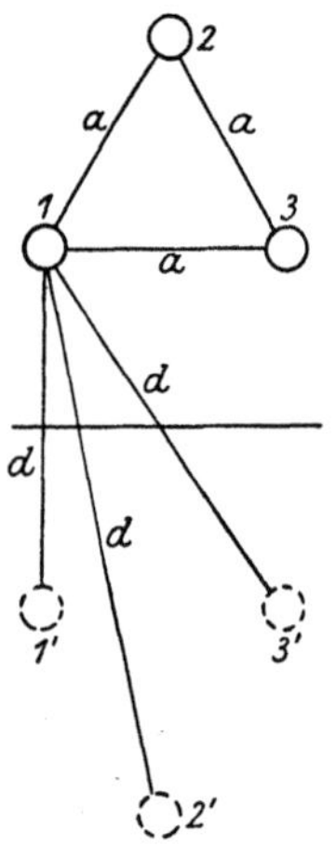

Bild 314. Symmetrische Freileitung.

$$P_1 = \frac{1}{2\pi\Delta_0}\left(q_1 \ln\frac{d}{r} + q_2 \ln\frac{d}{a} + q_3 \ln\frac{d}{a}\right).$$

Entsprechend ergeben sich die Potentiale P_2 und P_3. Diese Potentiale sind nichts anderes als die Spannungen gegen Erde, oder bei geerdetem Nullpunkt des Kraftwerkes die Sternspannungen, deren Summe bei sinusförmiger Spannungskurve Null ist. Aus $P_1 + P_2 + P_3 = 0$ folgt dann sofort $q_1 + q_2 + q_3 = 0$, d. h. $q_2 + q_3 = -q_1$. Unsere Gleichung für P_1 nimmt daher die Form an

$$P_1 = \frac{q_1}{2\pi\Delta_0}\left(\ln\frac{a}{r}\right).$$

Die sogenannte Betriebskapazität für die Längeneinheit, d. h. das Verhältnis der Ladung der Längeneinheit zur Sternspannung, ist $q_1 : P_1$, sie ergibt also zu

$$C' = \frac{2\pi\Delta_0}{\ln a/r}. \tag{13}$$

Mit $\Delta_0 = 8{,}84 \cdot 10^{-14}$ Farad/cm erhält man die Kapazität in Farad/cm. Die Kapazität für 1 km ist 10^5mal so groß. Sie ist nach Gl. (14) auf S. 58 doppelt so groß wie die einer Einphasenleitung vom Halbmesser r und vom Drahtabstand a. Im allgemeinen ist die Kapazität bei Freileitungen nur von geringem Einfluß. Der voreilende Strom, den sie bewirkt, macht sich nur in der Nähe des Leerlaufs durch die Spannungserhöhung, die er bewirkt, stärker bemerkbar.

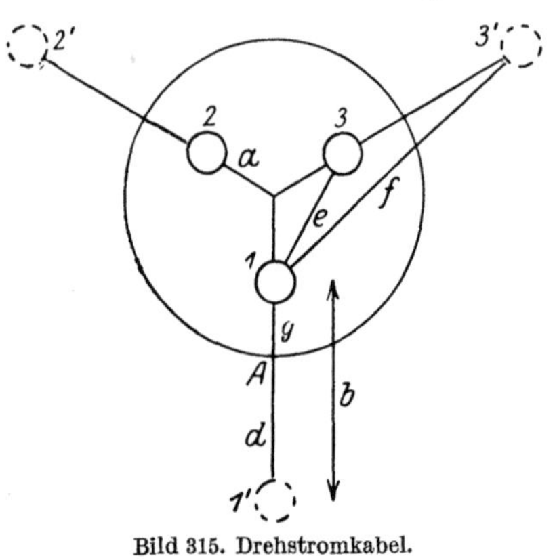

Bild 315. Drehstromkabel.

Wir berechnen nun die Kapazität eines Drehstromkabels (Bild 315). Es sei r der Halbmesser der Leiter, R der innere Halbmesser des Metallmantels und a der Abstand der Leitermitten vom Kabelmittelpunkt. Die Ladungen für die Längeneinheit seien q. Die von den Oberflächen der Leiter ausgehenden elektrischen Flüsse betrachten wir als von den Leitermitten ausgehend, wobei wir allerdings im Vergleich zur Freileitung einen ziemlichen Fehler in Kauf nehmen müssen.

[1] Vgl. Lichtenstein, ETZ 1904, S. 110.

Der Mantel bildet für die drei Flüsse eine Niveaufläche mit den Ladungen $-q_1$, $-q_2$ und $-q_3$. Diese Ladungen können wir durch die gleich großen Ladungen der elektrischen Achsen 1', 2' und 3' ersetzen. Diese liegen nach S. 52 so, daß die Bedingung erfüllt ist: $a(a+b)=R^2$. Wir haben dann drei Schleifen ohne den Mantel in einem gleichförmigen Dielektrikum. Im Felde dieser Schleifen ist das Potential der Oberfläche des Leiters 1 nach Gl. (8) auf S. 56

$$P_1 = (q_1 \ln b/r + q_2 \ln f/e + q_3 \ln f/e) : 2\pi\Delta.$$

Ebenso ergibt sich das Potential des Mantels, der für jede der drei Ladungen eine Niveaufläche ist, zu

$$P_A = (q_1 \ln d/g + q_2 \ln d/g + q_3 \ln d/g) : 2\pi\Delta.$$

Der Unterschied $P_1 - P_A$, d. h. die Spannung zwischen dem Leiter 1 und A, ist bei geerdetem Mantel die Sternspannung u_1 des Drehstromstranges 1. Ebenso ergeben sich die Sternspannungen der beiden anderen Drehstromzweige. Die Summe der Spannungen ist bei sinusförmiger Spannungskurve gleich Null. Daraus folgt

$$q_1 + q_2 + q_3 = 0, \text{ d. h. } q_2 + q_3 = -q_1.$$

Wir führen diesen Wert in die Gleichungen für P_1 und P_A ein und erhalten die Betriebskapazität C' für die Längeneinheit als das Verhältnis der Ladung q zur Sternspannung $P_1 - P_A$ zu

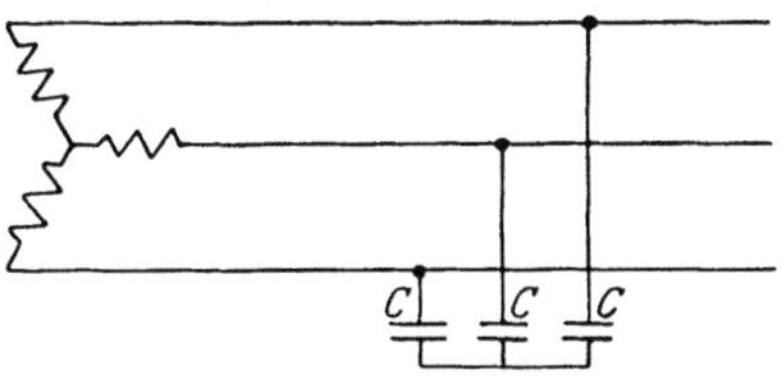

Bild 316. Ersatzschaltung.

$$C' = \frac{2\pi\Delta}{\ln \dfrac{b \cdot e}{r \cdot f}}. \tag{14}$$

Mit Einführung der Dielektrizitätskonstante ε wird $\Delta = \varepsilon \cdot \Delta_0 = \varepsilon \cdot 8{,}84 \cdot 10^{-14}$ Farad/cm und C' ist dann die Kapazität für 1 cm. Das 10^5fache ist die Kapazität für 1 km. Das Kabel läßt sich darstellen durch drei in Stern geschaltete Kondensatoren, von denen jeder die Betriebskapazität besitzt (Bild 316).

XVI. Ausgleichvorgänge und Wanderwellen.

91. Ausgleichvorgänge[1].

Wir haben bisher im Stromkreise einen gleichmäßigen Dauerzustand vorausgesetzt und untersuchen jetzt den Übergangszustand, der zwischen einer im Stromkreise eingetretenen Änderung und dem Erreichen des Dauerzustandes liegt. Induktivität und Kapazität sollen dabei voneinander gesondert und jede an einem bestimmten Punkt zusammengedrängt sein. Es seien i und q die Zeitwerte des Stromes und der Ladung, i_d und q_d die Dauerwerte, die in einem Zeitpunkt der Übergangszeit auftreten würden, wenn sich sofort der Dauerzustand einstellen würde, i_f und q_f der freie Strom und die freie Ladung, welche die Dauerwerte zu den wirklichen Werten ergänzen. Dann ist

$$i = i_d + i_f. \quad (1) \qquad q = q_d + q_f. \quad (2)$$

Enthält der Stromkreis nur den Widerstand R und die Induktivität L in Reihe, so ist die Spannung in jedem Zeitpunkt nach Gl. (1) auf S. 145 $u = i \cdot R + L \cdot di/dt$ oder

$$u = i_d \cdot R + L \cdot di_d/dt + i_f \cdot R + L \cdot di_f/dt.$$

Nun ist nach der Festsetzung des Dauerstromes

$$u = i_d \cdot R + L \cdot di_d/dt, \text{ d. h. } i_f \cdot R + L \cdot di_f/dt = 0.$$

[1] Siehe Fraenkel, Theorie der Wechselströme, 2. Aufl., Berlin 1921, S. 252ff., u. Rüdenberg, Elektrische Schaltvorgänge, 2. Aufl., Berlin 1927.

Wir lösen für di_f/i_f auf und integrieren, wobei der Festwert gleich $-\ln K$ gesetzt wird. Dadurch erhalten wir

$$\int \frac{di_f}{i_f} = -\frac{R}{L} \cdot t = \ln i_f - \ln K, \quad \text{d. h.} \quad i_f = K \cdot \varepsilon^{-\frac{R}{L} \cdot t}. \tag{3}$$

Man bezeichnet R/L als den Dämpfungsfaktor und L/R als die Zeitkonstante. Fügt man den freien Strom aus Gl. (3) zum Dauerstrom, so erhält man den wirklichen Strom. Den Festwert K ermittelt man aus dem wirklichen Strom zur Zeit $t=0$.

Enthält der Stromkreis nur den Widerstand R und die Kapazität C in Reihe, so ist nach S. 149 $u = i \cdot R + \int i \cdot dt/C$. Da diese Gleichung wieder durch den Dauerstrom i_d allein erfüllt wird, so gilt für den freien Strom $i_f \cdot R + \int i_f \cdot dt/C = 0$. Setzen wir $i_f = dq_f/dt$, so erhalten wir ähnlich wie oben:

$$q_f + R \cdot C \cdot dq_f/dt = 0, \quad \text{d. h.} \quad q_f = K \,\varepsilon^{-\frac{1}{R \cdot C} \cdot t}. \tag{4}$$

Der Dämpfungsfaktor ist $1/RC$. Die freie Ladung q_f aus Gl. (4) fügt man zur bekannten Dauerladung und erhält so die wirkliche Ladung. Den Festwert K ermittelt man aus der Ladung für $t=0$.

Enthält der Stromkreis Widerstand, Induktivität und Kapazität in Reihe, so ist nach S. 149 $u = i \cdot R + L \cdot di/dt + \int i dt/C$. Da diese Gleichung wieder durch den Dauerstrom allein erfüllt wird, so gilt für den freien Strom $i_f \cdot R + L \cdot di_f/dt + \int i_f dt/C = 0$. Setzen wir $\int i_f dt = q_f$, so erhalten wir

$$R \cdot dq_f/dt + L \cdot d^2q_f/dt^2 + q_f/C = 0. \tag{5}$$

Je nach dem Verhältnis $R^2 : 4\,L/C$ egeben sich dafür verschiedene Lösungen. Wir behandeln hier nur den Fall, in welchem R^2 kleiner ist als $4\,L/C$. Dafür ergibt die Theorie, wie sich leicht durch Differenzieren nachprüfen läßt, unter Benutzung der noch zu bestimmenden Festwerte A und α

$$q_f = \varepsilon^{-a \cdot t} \cdot A \cdot \sin(b \cdot t + \alpha). \tag{6}$$

Darin ist

$$a = R/2\,L, \qquad b = \sqrt{4\,L/C - R^2} : 2\,L.$$

a ist der Dämpfungsfaktor. Man erhält nun aus Gl. (6)

$$i_f = dq_f/dt = -a \cdot A \cdot \varepsilon^{-at} \sin(bt + \alpha) + b \cdot A \cdot \varepsilon^{-at} \cdot \cos(bt + \alpha).$$

Wir setzen jetzt

$$b/a = \operatorname{tg}\chi \qquad a/\sqrt{a^2 + b^2} = \cos\chi \qquad b/\sqrt{a^2 + b^2} = \sin\chi.$$

Nach den Gleichungen für a und b ist dabei $\sqrt{a^2 + b^2} = 1/\sqrt{L \cdot C}$. Führen wir dann die Werte von a und b aus den Gleichungen für $\cos\chi$ und $\sin\chi$ in die Gleichung für i_f ein, so erhalten wir:

$$i_f = \frac{-A \cdot \varepsilon^{-at}}{\sqrt{L \cdot C}} \cdot \sin(b \cdot t + \alpha - \chi). \tag{7}$$

Man fügt nun die Werte der freien Ladung und des freien Stromes aus Gl. (6) und (7) zu den entsprechenden Dauerwerten und erhält daraus die Gleichungen für die wirkliche Ladung und den wirklichen Strom. Die darin enthaltenen Festwerte A und α bestimmt man aus der wirklichen Ladung und Stromstärke zur Zeit $t=0$.

Die freie Ladung und Stromstärke ergeben sich in unserem Falle, d. h. bei $R^2 < 4\,L/C$, als gedämpfte Sinusschwingungen von der Kreisfrequenz b, die sich über die Dauerwerte überlagern. Man kann sie darstellen, indem man die Senkrechten der ungedämpften Schwingungen entsprechend dem Dämpfungsfaktor und der Zeit verkleinert. Bei verschwindendem Widerstand R ergibt sich die Kreisfrequenz der Eigenschwingungen nach der Gleichung für b zu $1/\sqrt{LC}$.

92. Beispiele für Gleichstrom.

1. Der Widerstand R und die Induktivität L in Reihe werden an eine Gleichstromspannung U geschaltet. Dann ist der Dauerstrom gleich U/R. Fügen wir ihn zu dem nach Gl. (3) berechneten freien Strom, so erhalten wir den wirklichen Strom $i = U/R + K \cdot \varepsilon^{-\frac{R}{L} \cdot t}$. Für $t = 0$ ist $i = 0$. Setzen wir beide Werte in unsere Gleichung, so wird $K = -U/R$. Der Strom ist also

$$i = U/R - \varepsilon^{-\frac{R}{L} \cdot t} \cdot U/R. \tag{8}$$

Für $t = L/R$ wird $i = U/R - \varepsilon^{-1} \cdot U/R = (1 - 1/2{,}718) \cdot U/R = 0{,}63 \cdot U/R$. Die Zeitkonstante L/R gibt also in unserem Falle die Zeit an, in welcher der Strom auf das 0,63fache des Endwertes angewachsen ist.

Es sei z. B. $U = 10$ Volt, $R = 2$ Ohm und $L = 2$ Henry. Dann ist der Dauerstrom $I = U/R = 5$ Amp. und der Zeitwert des Stromes während des Ausgleiches $i = 5 - 5\varepsilon^{-t}$. Bild 317 zeigt für diesen Fall die Abhängigkeit der Stromstärke von der Zeit. Der Endwert des Stromes wird, genau genommen, erst nach unendlicher Zeit erreicht. Jedoch steigt der Strom schon in kurzer Zeit nahezu auf den Endwert. Wir berechrechnen z. B. die Zeit, in der der Unterschied gegenüber dem Dauerstrom nur mehr $1^0/_{00}$ beträgt, der Strom also auf 4,995 Amp. angewachsen ist. Wir erhalten: $4{,}995 = 5 - 5\varepsilon^{-t}$, d. h. $\varepsilon^{-t} = 0{,}001$. Daraus ergibt sich $\varepsilon^{t} = 1000$, also $t = \ln 1000 = (\log 1000) : 0{,}4343 = 6{,}9$ sek.

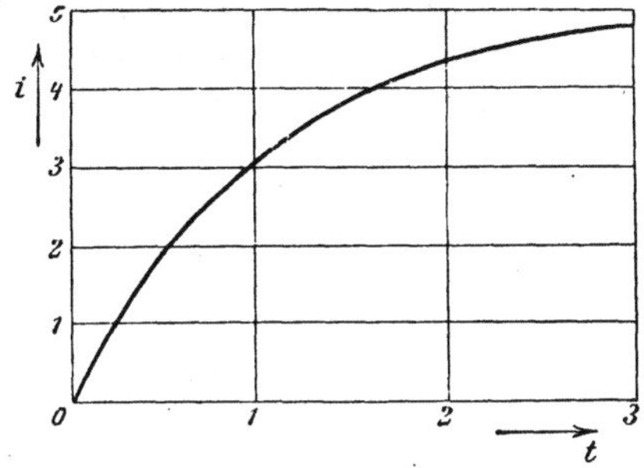

Bild 317.
Gleichstrom beim Einschalten.

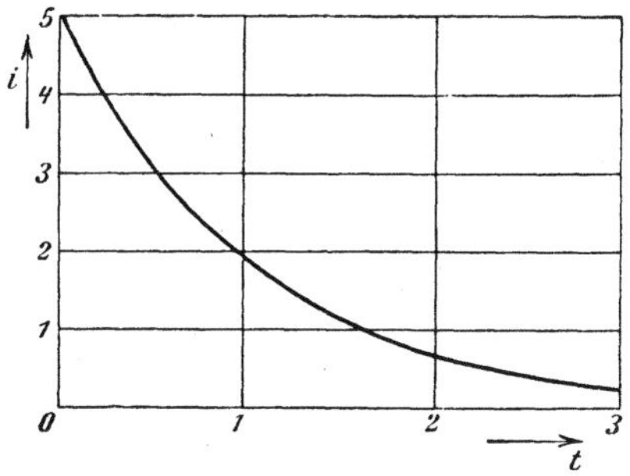

Bild 318.
Gleichstrom beim Aufhören der Spannung.

2. Bei einem vom Gleichstrom I erregten Elektromagneten, neben dessen Wicklung nach Bild 62 ein Widerstand geschaltet ist, werde der Hauptstrom ausgeschaltet. Die Summe aus den dann in Reihe liegenden Widerständen der Wicklung und des nebengeschalteten Zweiges sei R, die Induktivität sei gleich L. In der Magnetwicklung ist der Dauerstrom Null, also der wirkliche Strom nach Gl. (3): $i = i_f = K \cdot \varepsilon^{-\frac{R}{L} \cdot t}$. Für $t = 0$ ist $i = I$. Daraus erhalten wir $K = I$, d. h. $i = I \cdot \varepsilon^{-\frac{R}{L} \cdot t}$. Für $t = L/R$ wird $i = I \cdot \varepsilon^{-1} = 0{,}37\,I$. Die Zeitkonstante L/R gibt also in unserem Falle die Zeit an, in der der Strom auf das 0,37fache des Anfangswertes gefallen ist. Im Nebenzweig kehrt der Strom seine Richtung augenblicklich um, da der Zweig nur Wirkwiderstand enthält. Unsere Entwicklungen gelten auch für einen Elektromagneten, der durch Kurzschließen seiner Klemmen stromlos wird. Für $I = 5$, $R = 2$ und $L = 2$ ist die Stromkurve in Bild 318 gezeichnet. Sie ist das Spiegelbild der Stromkurve in Bild 317.

3. Die Magnetwicklung einer Gleichstrommaschine werde an eine Gleichspannung U geschaltet. Die Induktivität sei nicht gleichbleibend. Die Abhängigkeit des Flusses Φ eines Polpaares vom Magnetstrom i sei durch die Magnetisierungskurve

im linken Teil des Bildes 319 gegeben. Die Kurve ist gegenüber der sonst üblichen Darstellung um 90° gedreht. Die Windungszahl auf allen Polpaaren zusammen sei w und der Widerstand der Magnetwicklung auf allen Polen zusammen gleich R. Dann ist

$$U = i \cdot R + \frac{w \cdot d\,\Phi}{dt}, \text{ d. h. } \frac{dt}{w/R} = \frac{d\,\Phi}{U/R - i}. \tag{9}$$

Wir tragen dann in senkrechter Richtung $OA = U/R$ und in einem noch zu bestimmenden Maßstab $OP = a = w/R$ auf und ziehen durch A und P Wagerechte.

Der Fluß nehme von Null in der Zeit $\varDelta t$ um $\varDelta \Phi = AB$ zu. Dann ist der erreichte Strom i_1 gleich der nicht gezeichneten Höhe von D, also ist $DB = U/R - i_1$. Ziehen wir also OQ gleichgerichtet mit AD und loten wir Q hinauf nach F, so verhält sich $OF : QF = AB : DB$. Nach Gl. (9) ist also $OF = \varDelta t$, oder, da wir von $t = 0$ angefangen haben, gleich der zum Strom i_1 gehörigen Zeit t_1. Der Schnittpunkt der Wagerechten durch D und der Senkrechten durch F gibt also die Stromstärke als Funktion der Zeit an.

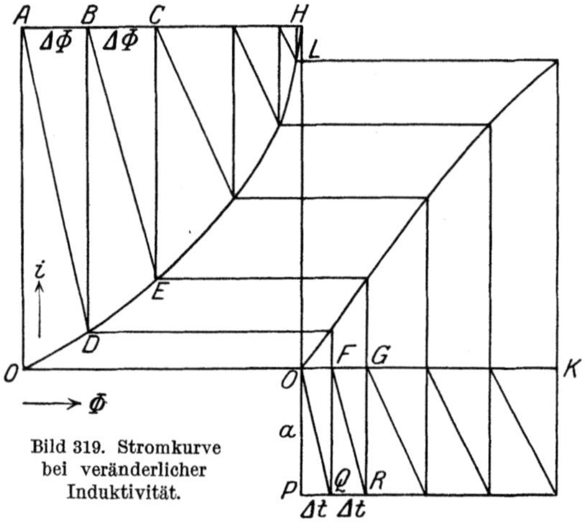

Bild 319. Stromkurve bei veränderlicher Induktivität.

Im nächsten Zeitraum $\varDelta t$ wachse der Fluß um $\varDelta \Phi = BC$. Der zugehörige Strom i_2 ist dann gleich der Senkrechten des Punktes E, demnach ist $EC = U/R - i_2$. Ziehen wir also FR gleichgerichtet mit BE, so ist, wie oben, FG gleich der zugehörigen Zeit $\varDelta t$. Auf diese Weise fahren wir fort und erhalten die Kurve der Stromstärke in Abhängigkeit von der Zeit. Der Maßstab für den Strom, die Zeit und den Fluß kann willkürlich gewählt werden. Es sei z. B.

$$1 \text{ cm} = c_i \text{ Amp}, \qquad 1 \text{ cm} = c_t \text{ sek}, \qquad 1 \text{ cm} = c_\Phi \text{ Voltsek}.$$

Dann folgt daraus der Maßstab für die durch OP dargestellte Größe $a = w/R$ in derselben Weise, wie sich a nach Gl. (9) aus den betreffenden Größen selbst berechnet, zu $c_a = c_i \cdot c_t / c_\Phi$.

In Bild 319 ist z. B. $U = 120$ Volt, $w = 4500$, $R = 15$ Ohm. Gewählt ist $c_i = 2$, $c_t = 2$, $c_\Phi = 2 \cdot 10^{-2}$. Dann wird $c_a = 200$. Die Zeit bis zur Erreichung des Stromes OL gleich dem 0,9fachen Endwert ergibt sich, da $OK = 3{,}1$ cm ist, gleich $3{,}1 \cdot 2 = 6{,}2$ sek. Der Endwert OH wird theoretisch erst nach unendlicher Zeit erreicht.

Häufig ist die Magnetisierungskurve im ersten Anfang konvex gegen die Achse, in der die Erregung aufgetragen ist. Dann erhält die Stromkurve eine ganz unregelmäßige Form (vgl. Rüdenberg, Wissenschaftl. Veröff. a. d. Siemens-Konzern, Berlin 1920, S. 182).

4. Die Kapazität C und der Widerstand R in Reihe werden an die Gleichstromspannung U gelegt. Die Induktivität werde gleich Null gesetzt. Dann ist die Dauerladung $q_d = C \cdot U$, also die Gesamtladung als die Summe der Dauerladung und der nach Gl. (4) berechneten freien Ladung $q = C \cdot U + K \cdot \varepsilon^{-t/RC}$. Für $t = 0$ ist $q = 0$, also $K = -C \cdot U$. Demnach ist

$$q = C \cdot U - C \cdot U\, \varepsilon^{-\frac{t}{R \cdot C}} \quad \text{und} \quad i = dq/dt = \varepsilon^{-\frac{t}{R \cdot C}} \cdot U/R. \tag{10}$$

Im Zeitpunkt des Einschaltens, also für $t = 0$, wird die Stromstärke nach unserer Gleichung gleich U/R. Sie ist also bei kleinem Widerstand außerordentlich groß, obwohl der Stromkreis im gewöhnlichen Sinne überhaupt nicht geschlossen ist. Tatsächlich ist nun allerdings immer etwas Selbstinduktion vorhanden, die bewirkt, daß der Strom im Zeitpunkt des Einschaltens nicht gleich U/R ist, sondern von Null an zunimmt. Er kann aber doch so stark werden, daß es sich empfiehlt, ein Kabel nicht sofort auf die volle Spannung zu schalten, sondern die Spannung allmählich zu erhöhen, oder das Kabel durch einen sogenannten Schutzschalter über einen Widerstand anzuschließen. Der Widerstand wird schon während des Schaltens kurz geschlossen.

5. Eine Drosselspule mit der gleichbleibenden Induktivität L und ein Kondensator mit der Kapazität C in Reihe werden zur Zeit $t=0$ an eine Gleichstromspannung U geschaltet. Der Wirkwiderstand R sei verschwindend klein. Da die Bedingung $R^2 < 4\,L/C$ erfüllt ist, so ergibt sich die freie Ladung aus Gl. (6) zu $q_f = \varepsilon^{-a \cdot t} \cdot A \cdot \sin(b \cdot t + \alpha)$. Darin ist nach S. 184 $a=0$ und $b = 1/\sqrt{LC}$. Da die Dauerladung $q_d = C \cdot U$ ist, so wird die wirkliche Ladung

$$q = q_d + q_f = C \cdot U + A \cdot \sin(t/\sqrt{CL} + \alpha),$$

$$\text{d. h. } i = dq/dt = \cos(t/\sqrt{CL} + \alpha) \cdot A/\sqrt{CL}.$$

Für $t=0$ ist $q=0$ und $i=0$. Daraus folgt $A \cdot \sin\alpha = -C \cdot U$ und $A \cdot \cos\alpha/\sqrt{CL} = 0$. Daraus folgt $\alpha = \pi/2$ und $A = -C \cdot U$. Demnach wird

$$q = C \cdot U - C \cdot U \cdot \cos\frac{t}{\sqrt{LC}} \quad (11) \qquad i = \frac{U}{\sqrt{L/C}} \cdot \sin\frac{t}{\sqrt{LC}} \cdot \quad (12)$$

Der Strom ist ein Wechselstrom mit dem Höchstwert $U : \sqrt{L/C}$. Die Kreisfrequenz ist $1/\sqrt{LC}$, also die Frequenz gleich $1 : 2\pi\sqrt{LC}$ und die Zeit einer Schwingung $T = 2\pi\sqrt{LC}$. Wenn der Widerstand, wie angenommen, gleich Null ist, dauern die Schwingungen unbegrenzt fort. Bild 320 zeigt den zeitlichen Verlauf des Stromes, der Dauerladung, der freien Ladung und der Gesamtladung.

Im ersten Viertel der Periode wächst der Strom bis auf den Höchstwert $i_m = U : \sqrt{L/C}$ und die in der Drosselspule aufgespeicherte Energie erreicht nach Gl. (25) auf S. 43 den Betrag $L \cdot i_m^2/2 = C \cdot U^2/2$. Gleichzeitig erreicht nach Gl. (11) die Ladung des Kondensators den Betrag $C \cdot U$, die Spannung am Kondensator also den Betrag U, und die elektrische Energie erreicht nach Gl. (17) auf S. 59 den Betrag $C \cdot U^2/2$. Die Stromquelle liefert also im ersten Viertel der Periode die Energie $C \cdot U^2$.

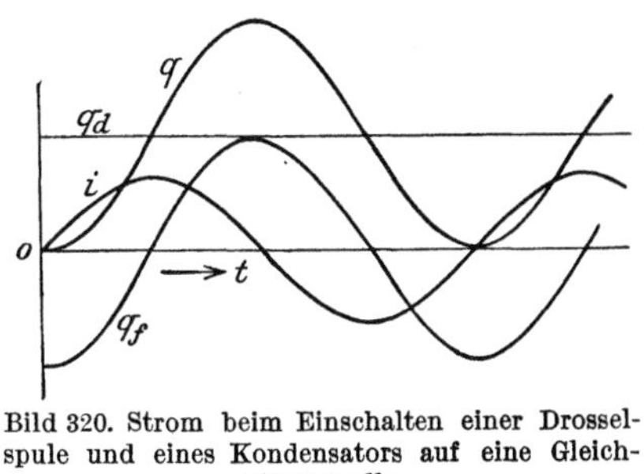

Bild 320. Strom beim Einschalten einer Drosselspule und eines Kondensators auf eine Gleichstromquelle.

Zur Zeit $T/2$, die dem Bogen π entspricht, ist der Strom nach Gl. (12) Null, die Drosselspule hat also ihre Energie abgegeben. Gleichzeitig ist die Ladung des Kondensators nach Gl. (11) gleich $2 \cdot CU$, also die Kondensatorspannung gleich $2U$, d. h. doppelt so groß wie die Gleichstromspannung. Die elektrische Energie ist dann $C(2 \cdot U)^2/2 = 2\,C \cdot U^2$. Davon stammt der Betrag $C \cdot U^2/2$ aus der Drosselspule, während $C \cdot U^2$ im zweiten Viertel der Periode aus der Stromquelle geliefert ist.

Im dritten Viertel der Periode wird die elektrische Energie des Kondensators zum großen Teil frei, unter Aufspeicherung von magnetischer Energie und Rücklieferung an die Stromquelle. Endlich wird im vierten Teil der Periode die magnetische Energie der Drosselspule und der Rest der elektrischen Energie des Kondensators an die Stromquelle zurückgegeben, worauf das Spiel von neuem beginnt.

93. Beispiele für Wechselstrom.

1. Eine Spule mit der festen Induktivität L und verschwindend kleinem Wirkwiderstand werde zur Zeit $t=0$ an eine Wechselstromquelle mit der Spannung $u = u_m \cdot \sin(\omega t + \psi)$ angeschlossen. Da der Dauerstrom beim Wirkwiderstand Null um $\pi/2$ gegen die Spannung zurückbleibt, so ist er $i_m \cdot \sin(\omega t + \psi - \pi/2)$. Da ferner der Dämpfungsfaktor nach Gl. (3) gleich Null ist, so ist der freie Strom gleichbleibend gleich K. Der wirkliche Strom ist also $i = i_m \cdot \sin(\omega t + \psi - \pi/2) + K$. Für $t=0$ ist $i=0$, d. h. der Festwert K, der jetzt einen gleichbleibenden Strom darstellt, ist $K = -i_m \cdot \sin(\psi - \pi/2) = i_m \cos\psi$. Der wirkliche Strom besteht also aus einem Gleichstrom $i_m \cdot \cos\psi$, über den sich ein sinusförmiger Wechselstrom lagert. Bild 321 zeigt die Welle der Spannung, deren Ursprung gegen den Anfangspunkt um den Winkel ψ zurückliegt, sowie die Welle des Dauerstromes, die gegen die Spannungswelle um $\pi/2$ zurückbleibt. Der freie Strom wird durch die Gerade dargestellt. Ihre Höhe folgt daraus, daß für $t=0$ $i=0$ ist, also Dauerstrom und freier Strom entgegengesetzt gleich sind. Die Kurve des wirklichen Stromes verläuft wie die des Dauerstromes, ist aber um den gleichbleibenden Wert K des freien Stromes in senkrechter Richtung verschoben. Wenn der Wirkwiderstand unserer Annahme entsprechend gleich Null ist, was natürlich nie ganz zutrifft, bleiben die Kurven ungeändert, d. h. der Gesamtstrom enthält dauernd einen Gleichstrom.

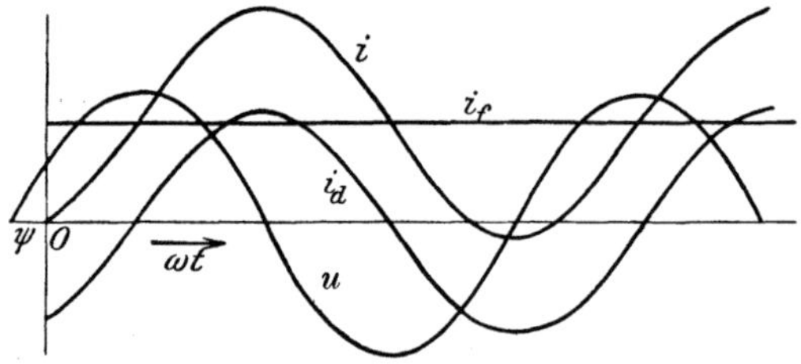

Bild 321. Einschaltstrom bei widerstandloser Induktionsspule.

Der freie Strom wird am größten, wenn die Spannung beim Einschalten gerade durch Null hindurchgeht. Er ist dann gleich dem Höchstwert i_m des Dauerstromes.

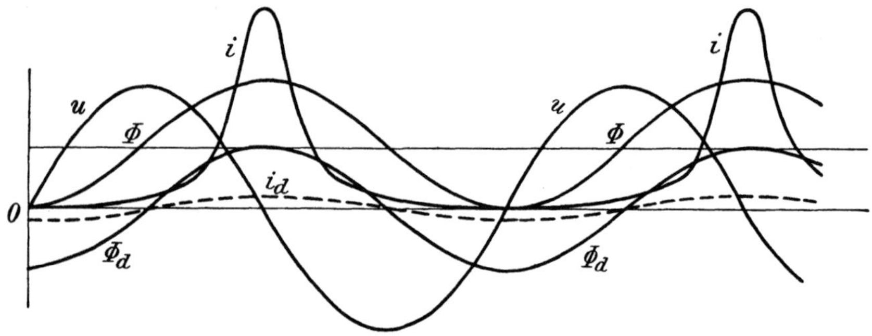

Bild 322. Fluß- und Stromkurve bei gesättigtem Eisen.

Auch der Höchstwert des Gesamtstromes wird in diesem Falle am größten. Er ist gleich $2 i_m$ und wird nach Ablauf einer halben Periode erreicht. Die Kurve des Gesamtstromes liegt dann dauernd oberhalb oder unterhalb der Wagerechten, so daß der Strom seine Richtung überhaupt nicht ändert.

Wird endlich eingeschaltet, wenn die Spannung ihren Höchstwert besitzt, so ist $\psi = \pi/2$, also der freie Strom K gleich Null. Daher fällt die Kurve des Gesamtstromes mit der des Dauerstromes zusammen.

2. Eine widerstandslose Induktionsspule mit einem Eisenkern, der bei der Magnetisierung stark gesättigt wird, werde an eine sinusförmige Wechselstromspannung geschaltet. Die aufgedrückte Spannung bedingt eine entgegengesetzt gleiche Selbstinduktionsspannung und dadurch zwar nicht denselben Fluß, aber dieselbe Fluß-

änderung wie im Dauerzustand. Man hat dann die Kurve des Dauerflusses Φ_d, der nach S. 141 um $\pi/2$ gegen die aufgedrückte Spannung zurückbleibt, senkrecht so weit zu verschieben, daß sie für $t=0$ durch Null hindurchgeht und erhält dadurch den wirklichen Fluß Φ. Bild 322 zeigt dies unter der Annahme, daß die Spannung zur Zeit $t=0$ durch Null hindurchgeht, wobei der Fluß auf das Doppelte des größten Dauerflusses ansteigt.

Der Strom i ergibt sich dann dadurch, daß man den Fluß durch den Eisenquerschnitt teilt und die erforderliche Erregung für 1 cm aus Bild 46 ermittelt. Wenn diese der Einfachheit wegen als Senkrechte aufgetragen wird, ergibt sich die Kurve i. Zum Vergleich ist die entsprechende Kurve des Dauerstromes gezeichnet, die jetzt im Gegensatz zu früher keine Rolle mehr bei der Ermittlung des Gesamtstromes spielt. Bei der Zeichnung ist angenommen, daß der Höchstwert der Induktion beim Dauerzustand gleich 8000, also beim Übergangszustand gleich 16000 Gauß ist. Da bei 16000 Gauß 35 Amperewindungen/cm nötig sind, bei 8000 Gauß aber nur 2 Amperewindungen/cm, so ist der Höchstwert des Einschaltstromes 17,5(!)mal so groß wie der des Dauerstromes. Beim Einschalten großer Transformatoren oder Drehstrommotoren mit stark gesättigtem Eisen werden daher häufig die auf S. 187 erwähnten Schutzschalter verwendet. Der Widerstand, der in ihnen enthalten ist und schon

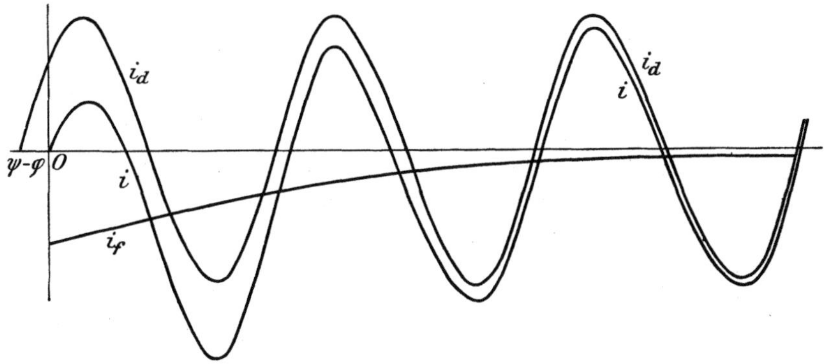

Bild 323. Einschaltstrom für Widerstand und Induktivität bei Wechselstrom.

während der Schaltbewegung kurzgeschlossen wird, ist so bemessen, daß er im Dauerzustand bei Leerlauf einige Prozente der Netzspannung vernichten würde. Durch die dämpfende Wirkung wird der Höchstwert des Stromes schon bei seinem ersten Auftreten verringert. Übrigens wird der theoretische große Einschaltstrom auch dadurch etwas gemildert, daß neben dem Fluß im Eisen ein Streufluß durch die Luft auftritt. Der Einschaltstrom wird daher höchstens doppelt so groß wie der Dauerkurzschlußstrom.

Auch hier wieder fällt die Kurve des wirklichen Stromes mit der des Dauerstromes zusammen, wenn beim Einschalten der Dauerstrom durch Null hindurchgeht, also die Spannung ihren Höchstwert hat.

Ähnliche Erhöhungen des Magnetisierungsstromes wie oben treten auf, wenn ein schwach gesättigter induktiv belasteter Stromerzeuger fest mit einem zugehörigen stark gesättigten Transformator verbunden ist und beide, z. B. bei Kurzschluß, von den sekundären Sammelschienen selbsttätig abgeschaltet werden. Dann tritt nach Abschn. 117 eine Spannungserhöhung des Stromerzeugers und damit ein Magnetisierungsstrom des Transformators wie in Bild 322 auf. Dies gibt dann zu Überspannungen Veranlassung.

3. Ein Stromkreis mit der festen Induktivität L und dem Widerstand R werde zur Zeit $t=0$ an die Spannung $u=u_m\cdot\sin(\omega t+\psi)$ geschaltet. Ist i_m der Höchstwert des Dauerstromes und $\operatorname{tg}\varphi=L\omega/R$, so ist der Zeitwert des Dauerstromes

$i_d = i_m \cdot \sin(\omega t + \psi - \varphi)$. Er ist durch die Kurve i_d in Bild 323 dargestellt. Der freie Strom ist nach Gl. (3) $i_f = K \cdot \varepsilon^{-\frac{R}{L} \cdot t}$, und der wirkliche Strom als die Summe des Dauerstromes und des freien Stromes ist:

$$i = i_m \cdot \sin(\omega t + \psi - \varphi) + K \cdot \varepsilon^{-\frac{R}{L} \cdot t}.$$

Für $t = 0$ ist $i = 0$, d. h. $K = -i_m \cdot \sin(\psi - \varphi)$. Der freie Strom wird also durch die Kurve i_f dargestellt. Der wirkliche Strom ist dann

$$i = i_m \cdot \sin(\omega t + \psi - \varphi) - \varepsilon^{-\frac{R}{L} \cdot t} \cdot i_m \cdot \sin(\psi - \varphi).$$

Er ist durch die Kurve i gegeben, die durch das Zusammenzählen der Senkrechten der Kurven i_d und i_f gewonnen ist. Nach einer Zahl von Schwingungen, die, genau genommen, unendlich groß ist, geht der Strom in den Dauerstrom über. Wir fragen, unter welchen Umständen der Höchstwert des wirklichen Stromes am größten wird. Wenn wir unsere Gleichung partiell nach ψ und t differenzieren und die Differentialquotienten gleich Null setzen, erhalten wir

$$\cos(\omega t + \psi - \varphi) - \cos(\psi - \varphi) \cdot \varepsilon^{-\frac{R}{L} \cdot t} = 0.$$

$$\omega \cdot \cos(\omega t + \psi - \varphi) + \frac{R}{L} \cdot \sin(\psi - \varphi) \cdot \varepsilon^{-\frac{R}{L} \cdot t} = 0.$$

Wenn wir $\cos(\omega t + \psi + \varphi)$ herausschaffen und $L\omega / R = \operatorname{tg} \varphi$ setzen, wird $L\omega \cdot \cos(\psi - \varphi) = -R \cdot \sin(\psi - \varphi)$, d. h. $\operatorname{tg} \varphi = -\operatorname{tg}(\psi - \varphi)$. Daraus folgt $\psi = 0$ oder $\psi = \pi$. Der Strom wird also, wie in dem Beispiel 1 auf S. 188 am größten, wenn beim Durchgang der Spannung durch Null eingeschaltet wird.

4. Eine Drosselspule mit der Induktivität L in Reihe mit einem Kondensator von der Kapazität C bei vernachlässigbarem Wirkwiderstand werde zur Zeit $t = 0$ an die Spannung $u = u_m \cdot \sin(\omega t + \psi)$ angeschlossen. Der Dauerstrom ist dann ein sinusförmiger Wechselstrom. Je nachdem dann $L\omega$ oder $1/C\omega$ überwiegt, bleibt der Dauerstrom i_d um $+\pi/2$ oder $-\pi/2$ gegen die Spannung zurück. Die Dauerladung wird ebenfalls sinusförmig und bleibt gegen den Strom um $\pi/2$ zurück. Im übrigen bleibt der Gang der Rechnung derselbe wie im Fall 5 des vorigen Abschnittes. Der Strom, den man erhält, besteht aus dem sinusförmigen Dauerstrom von der Kreisfrequenz ω, über den sich der sinusförmige freie Strom von der Eigenfrequenz $1/\sqrt{LC}$ überlagert.

Wir wollen nun annehmen, daß im Zeitpunkt eingeschaltet wird, wenn die Spannung ihren Höchstwert u_m besitzt. Tatsächlich wird bei den gebräuchlichen Schaltern der Strom immer in diesem Zeitpunkt geschlossen. Wir setzen weiter den Fall, daß die eigene Kreisfrequenz $1\sqrt{CL}$ sehr groß ist gegen die Kreisfrequenz ω der Stromquelle. Dann können wir annehmen, daß viele Eigenschwingungen vollendet sind, ehe sich die Spannung der Stromquelle wesentlich ändert. Wir können also im Anfang mit einer gleichbleibenden Spannung rechnen. Der Höchstwert der Spannung am Kondensator wird dann wie früher gleich $2 u_m$ und der Höchstwert des Stromes nach Gl. (12) $i_m = u_m : \sqrt{L/C}$. Gleichzeitig hat unsere Annahme, daß ω gegen $1/\sqrt{LC}$ verschwindet, zur Folge, daß ω^2 gegen $1/LC$ erst recht verschwindet, also $L\omega$ gegen $1/C\omega$ zu vernachlässigen ist. Der Gesamtwiderstand ist dann $1/C\omega$, d. h. der Höchstwert i_{dm} des Dauerstromes ist $u_m \cdot C\omega$. Daraus folgt:

$$\frac{i_m}{i_{dm}} = \frac{u_m / \sqrt{L/C}}{u_m \cdot C\,\omega} = \frac{1/\sqrt{L \cdot C}}{\omega}.$$

Der Höchstwert des Stromes nach dem Einschalten verhält sich also zum größten Dauerwert wie die Eigenfrequenz zur Frequenz der Stromquelle. Der große Einschaltstrom ergibt wieder die Notwendigkeit von Schutzschaltern beim Einschalten von Kabeln.

94. Wanderwellen.

Wir haben bisher angenommen, daß Selbstinduktion und Kapazität in getrennten Teilen des Stromkreises vorhanden sind. Tatsächlich ist diese Annahme nie vollkommen erfüllt. Sie trifft jedoch häufig angenähert zu, da z. B. bei den Wicklungen von Maschinen und Transformatoren die Kapazität meist gegenüber der Selbstinduktion zu vernachlässigen ist, während das Umgekehrte oft bei Kabeln der Fall ist. Für eine solche getrennte Induktivität und Kapazität ergaben sich in den letzten beiden Abschnitten in manchen Fällen Überspannungen und Überströme. Auch bei der Resonanz in Abschn. 76 waren Induktivität und Kapazität getrennt. Wir behandeln jetzt, wie im Abschn. 78, den Fall, in welchem die Teile eines Stromkreises, wie z. B. die Leitungen, längs ihrer ganzen Bahn sowohl Selbstinduktion als Kapazität besitzen[1]. (Verteilte Selbstinduktion und Kapazität.)

Es sei l die einfache Länge der Leitung, L die Induktivität für die Längeneinheit und C die Kapazität für die Längeneinheit. Der Widerstand werde gleich Null gesetzt. Ebenso werde angenommen, daß abgesehen vom Verschiebungsstrom kein Strom durch das Dielektrikum geht, die Isolation also vollkommen ist. Wir bestimmen dann die Spannung u und die Stromstärke i im Abstand x vom Leitungsanfang in Abhängigkeit vom Ort und von der Zeit (Bild 324). Die partiellen Differentialquotienten werden dabei durch ein rundes ∂ kenntlich gemacht.

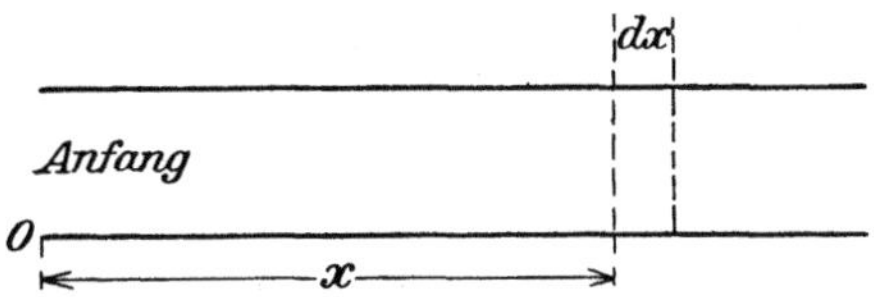

Bild 324. Leitungsteil von der Länge dx.

Der Spannungsverbrauch auf der Längeneinheit, die wir uns dabei sehr klein vorstellen müssen, ist $L\cdot\partial i/\partial t$. Er ist gleich der negativen Zunahme der Spannung auf der Längeneinheit, also $-\partial u/\partial x$. Demnach ist

$$L\,\partial i/\partial t = -\,\partial u/\partial x. \tag{13}$$

Anderseits ist die Stromabnahme auf der Längeneinheit infolge des scheinbar durch das Dielektrikum fließenden Verschiebungsstromes gleich $C\cdot\partial u/\partial t$. Sie ist gleich der negativen Zunahme des Stromes auf der Längeneinheit, also gleich $-\partial i/\partial x$, d. h.

$$C\cdot\partial u/\partial t = -\,\partial i/\partial x. \tag{14}$$

Wir differenzieren partiell Gl. (13) nach x und Gl. (14) nach t:

$$L\cdot\frac{\partial^2 i}{\partial t\cdot\partial x} = -\frac{\partial^2 u}{\partial x^2} \quad \text{und} \quad C\frac{\partial^2 u}{\partial t^2} = -\frac{\partial^2 i}{\partial x\cdot\partial t}.$$

Wenn $\frac{\partial^2 i}{\partial t\cdot\partial x}$ herausgeschafft wird, ergibt sich mit einem Festwert v:

$$\partial^2 u/\partial t^2 = v^2\,\partial^2 u/\partial x^2 \quad (15) \qquad v = 1/\sqrt{L\cdot C}. \tag{16}$$

Die Auflösung der Gl. (15) ergibt nach der Theorie

$$u = \varphi(x - v\cdot t) + \varrho(x + v\cdot t). \tag{17}$$

Dabei ist $\varphi(x-v\cdot t)$ eine Funktion von $x-v\cdot t$ und $\varrho(x+v\cdot t)$ eine Funktion von $x+v\cdot t$. Man kann sich leicht von der Richtigkeit der Auflösung überzeugen, wenn man die zweiten Differentialquotienten von u nach x und t bildet.

Wir ermitteln nun die Stromstärke und differenzieren dazu Gl. (17) nach t, wobei φ statt $\varphi(x-vt)$ und ϱ statt $\varrho(x+vt)$ gesetzt wird:

$$\frac{\partial u}{\partial t} = -\,v\,\frac{\partial\varphi}{\partial(x-v\cdot t)} + v\,\frac{\partial\varrho}{\partial(x+v\cdot t)}.$$

[1] Vgl. die Pionierarbeit von K. W. Wagner, Elektromagnetische Ausgleichsvorgänge in Freileitungen und Kabeln, Leipzig und Berlin 1908.

Setzen wir diesen Wert in Gl. (14) ein, so erhalten wir

$$-C \cdot v \cdot \frac{\partial \varphi}{\partial (x - v \cdot t)} + C \cdot v \cdot \frac{\partial \varrho}{\partial (x + v \cdot t)} = -\frac{\partial i}{\partial x}.$$

Durch Integration ergibt sich dann $i = C \cdot v \cdot \varphi - C \cdot v \cdot \varrho$. Dabei ist nach Gl. (16) $C \cdot v = \sqrt{C/L}$. Wir setzen den umgekehrten Wert gleich Z und bezeichnen ihn als den **Schwingungswiderstand** der Leitung. Dann ergibt sich, wenn die Funktionen wieder vollständig geschrieben werden:

$$Z = \sqrt{L/C} \quad (18) \qquad i = \{\varphi(x - v \cdot t) - \varrho(x + v \cdot t)\} : Z. \quad (19)$$

Die Funktionen φ und ϱ sind von der Zeit und dem Ort abhängig. Dabei hat φ stets denselben Wert, wenn $x - v \cdot t$ einen beliebigen festen Wert p erreicht. Ebenso hat ϱ stets denselben Wert, wenn $x + v \cdot t$ einen beliebigen festen Wert q annimmt. Wir setzen also $x - v \cdot t = p$, $x + v \cdot t = q$ und erhalten durch Differenzieren nach t für φ: $dx/dt = v$, für ϱ: $dx/dt = -v$. Die Funktion φ ist dann nach Bild 325 eine Wanderwelle, die in unveränderter Form mit der Geschwindigkeit v vorwärts schreitet. Dagegen ist ϱ eine Welle, die in unveränderter Form mit der Geschwindigkeit v rückwärts schreitet. Die Bezeichnungen φ und ϱ sind mit Rücksicht auf diese Fortschreitungsrichtung gewählt. Für Freileitungen wird nach Gl. (16) mit Benutzung von Gl. (20) auf S. 40 und Gl. (14) auf S. 58 unter Vernachlässigung des magnetischen Feldes im Innern der Leiter $v = 3 \cdot 10^5$ km/sek, also gleich der Lichtgeschwindigkeit. Die Form der Wellen ergibt sich aus den Anfangsbedingungen (vgl. Abschn. 96 und 97). Nach Gl. (19) unterscheiden sich die Strom- und Spannungswellen nur durch den Widerstand Z, der hier reell ist.

Bild 325. Vorwärts und rückwärts schreitende Wellen.

95. Reflexionsgesetze[1].

1. Leitungsende offen. Es seien φ und ϱ die Zeitwerte der vorwärts und rückwärts laufenden Wellen am Leitungsende. Nun ist nach Gl. (19) $\varphi - \varrho = i \cdot Z$. Da der Strom am offenen Leitungsende gleich Null ist, so wird $\varphi = \varrho$. Läuft also eine beliebige Spannungswelle φ nach Bild 326a auf das Ende zu, so entsteht eine rück-

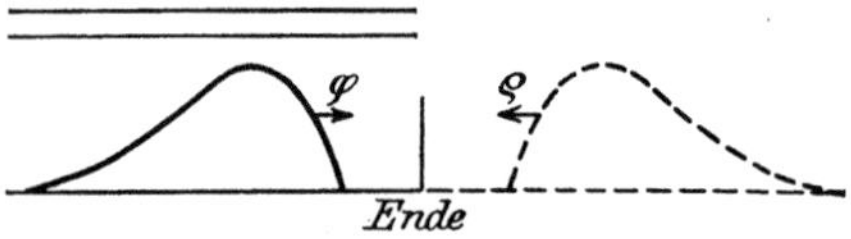

Bild 326a. Leitungsende offen.

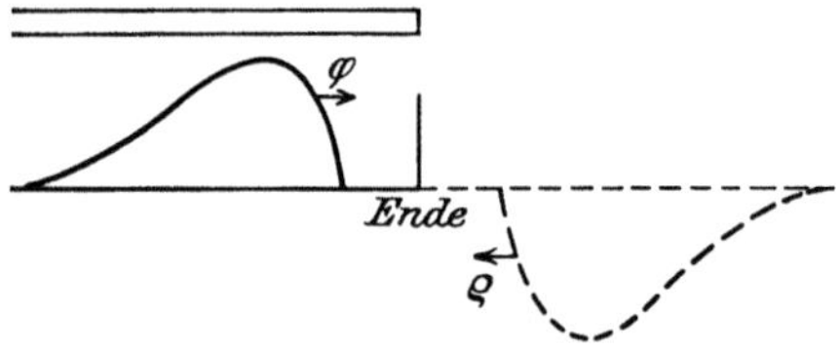

Bild 326b. Leitungsende kurz geschlossen.

wärts laufende Welle ϱ, die das Spiegelbild in bezug auf eine Senkrechte im Leitungsende ist. An jeder Stelle der Leitung ist die Spannung $u = \varphi + \varrho$, d. h. die Spannung wird durch die Überlagerung größer als der Welle φ entspricht. Ebenso ergibt sich an jeder Stelle der Leitung der Strom durch den Unterschied der Wellen φ und ϱ nach der Gleichung $i \cdot Z = \varphi - \varrho$.

2. Leitungsende kurz geschlossen. Da die Spannung am kurzgeschlossenen Ende gleich Null ist, so gilt die Gleichung $u = \varphi + \varrho = 0$, d. h. $\varrho = -\varphi$. Läuft also eine beliebige Spannungswelle φ nach Bild 326b auf das Leitungsende zu, so ent-

[1] Nach der überaus anschaulichen Darstellung bei K. W. Wagner im 1. Sonderheft der Telegraphen- und Fernsprechtechnik, April 1919.

steht gleichzeitig eine rückläufige Welle ϱ, die das Spiegelbild in bezug auf die senkrechte und wagerechte Achse ist.

3. Leitungsende über Widerstand R geschlossen. Dann gelten für das Ende die Gleichungen:

$$\begin{aligned} u = \varphi + \varrho &= i \cdot R \\ \varphi - \varrho &= i \cdot Z \end{aligned} \qquad \left.\begin{aligned} 2\varphi &= i(R+Z) \\ 2\varrho &= i(R-Z) \end{aligned}\right\} \text{ d. h. } \varrho = \frac{R-Z}{R+Z} \cdot \varphi .$$

Wir setzen nun

$$(R - Z):(R + Z) = p \tag{20}$$

und bezeichnen diese Größe als den Reflexionsfaktor. Ist R größer als Z, so ist p positiv, und wir erhalten eine rückläufige Welle wie in Bild 326a, nur mit verringerter Höhe. Die Überlagerung ergibt dann ebenfalls eine Spannungserhöhung gegenüber der Welle φ allein.

Ist R kleiner als Z, so ist p negativ, und wir erhalten eine rückläufige Welle wie in Bild 326b, jedoch ebenfalls mit verringerter Höhe. Für $R = Z$ ist die rückläufige Welle gleich Null.

4. Übergang von einer Leitung 1 auf die Leitung 2. Eine beliebige Spannungswelle φ_1 laufe mit der Geschwindigkeit v_1 auf der Leitung 1 nach dem Verbindungspunkt hin. Die Welle, die in die Leitung 2 weiterläuft, sei φ_2. Da die rückwärtslaufende Welle dieser Leitung gleich Null ist, so ist nach Gl. (17) und (19) am Verbindungspunkt $u_2 = \varphi_2 = i_2 \cdot Z_2$. Da Spannung und Stromstärke am Verbindungspunkt beiden Leitungen gemeinsam sind, so gilt für den Verbindungspunkt auch die Gleichung $u_1 = i_1 Z_2$. Wir haben dann dieselben Verhältnisse, wie wenn die erste Leitung von dem Wellenwiderstand Z_1 auf einen Ohmschen Widerstand Z_2 geschlossen wäre. Der Reflexionsfaktor p und die in die Leitung 1 zurücklaufende Welle ϱ_1 sind also nach Gl. (20)

$$p = \frac{Z_2 - Z_1}{Z_2 + Z_1}, \qquad \varrho_1 = \frac{Z_2 - Z_1}{Z_2 + Z_1} \cdot \varphi_1 .$$

Über die Vorzeichen gilt dasselbe wie unter 3. Daraus, daß die Spannung am Verbindungspunkt, die oben zu φ_2 berechnet wurde, beiden Leitungen gemeinsam ist, ergibt sich dann

$$\varphi_2 = \varphi_1 + \varrho_1 = \frac{2 \cdot Z_2}{Z_2 + Z_1} \cdot \varphi_1 .$$

Dabei ist $2 Z_2/(Z_2 + Z_1)$ der sogenannte Brechungsfaktor.

Die in die zweite Leitung eindringende Welle φ_2 läuft mit einer der zweiten Leitung entsprechenden Geschwindigkeit v_2. Die Welle ist für $Z_2 > Z_1$ größer als die ankommende Welle φ_1. Dies ist z. B. der Fall, wenn eine Welle aus einem Kabel in eine Freileitung übertritt. Wenn dagegen Z_2 kleiner ist als Z_1, so ist die in die Leitung 2 weiterlaufende Welle φ_2 kleiner als die ankommende Welle φ_1. Bild 327 zeigt dies für den Fall einer langen Welle φ_1 von gleichmäßiger Höhe und senkrechter Wellenstirn, wobei $Z_2 : Z_1 = 1/2$ angenommen ist. Dabei ergeben sich die Wellen $\varphi_2 = 2/3\,\varphi_1$ und $\varrho_1 = -\varphi_1/3$, die im gezeichneten Zeitpunkt gegen den mit $x = 0$ bezeichneten Verbindungspunkt um $v_2 \cdot t$ bzw. $v_1 \cdot t$ vorgeschritten sind.

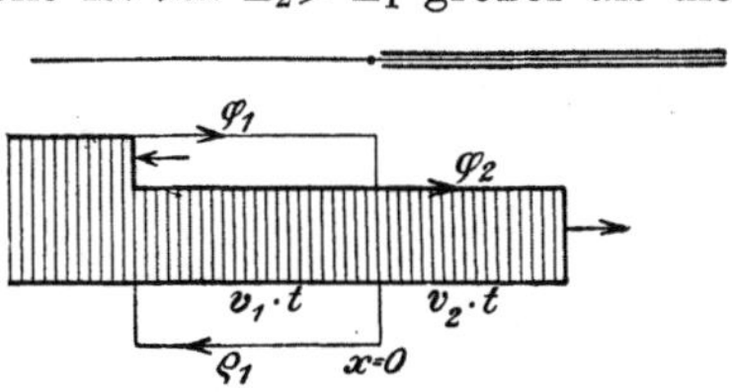

Bild 327. Reflexion und Brechung am Verbindungspunkt.

5. Leitungsende über Widerstand R und Induktivität L geschlossen. Für diesen Fall ist am Leitungsende $u = \varphi + \varrho = i \cdot R + L \cdot di/dt$ und $\varphi - \varrho = i \cdot Z$, demnach $2\varphi = i(R + Z) + L \cdot di/dt$. Die Leitung verhält sich also, wie Petersen zuerst im Archiv für Elektrotechnik 1912, S. 245 als allgemein gültig ausgesprochen hat, in bezug auf das Ende wie ein Stromkreis, in welchem am Ende die Spannung 2φ wirksam ist und der Wellenwiderstand wie ein Ohmscher Widerstand zu behandeln ist.

Für den Fall einer langen Spannungswelle φ von gleicher Höhe ist 2φ ein Festwert, und der Strom am Ende wird unter Benutzung von Gl. (8) in Abschn. 92

$$i = \frac{2\varphi}{R+Z} - \frac{2\varphi}{R+Z} \cdot \varepsilon^{-\frac{R+Z}{L} \cdot t}.$$

Die rückwärts laufende Welle ϱ wird dann

$$\varrho = \varphi - i \cdot Z = \frac{R-Z}{R+Z} \cdot \varphi + \frac{2\varphi \cdot Z}{R+Z} \cdot \varepsilon^{-\frac{R+Z}{L} \cdot t}.$$

Für $R = 0$ gibt Bild 328 die Welle ϱ, die von rechts her über die Leitung hinwegzuziehen beginnt. Die Summe $\varphi + \varrho$ ist dann die Spannung, die durch die Senkrechten der gestreiften Fläche gegeben ist. Ebenso ist der Unterschied $\varphi - \varrho$, der ebenfalls durch die Senkrechten einer gestreiften Fläche dargestellt ist, gleich $i \cdot Z$, also ein Maß für den Strom. Beide gestreifte Flächen müssen wir von rechts her über die Leitung hinwegbewegt denken. Wie Bild 328 zeigt, wird eine Spannungswelle durch eine Induktivität im ersten Augenblick unter Erhöhung auf den doppelten Wert zurückgeworfen. Die Induktivität wirkt also anfangs wie ein offenes Leitungsende.

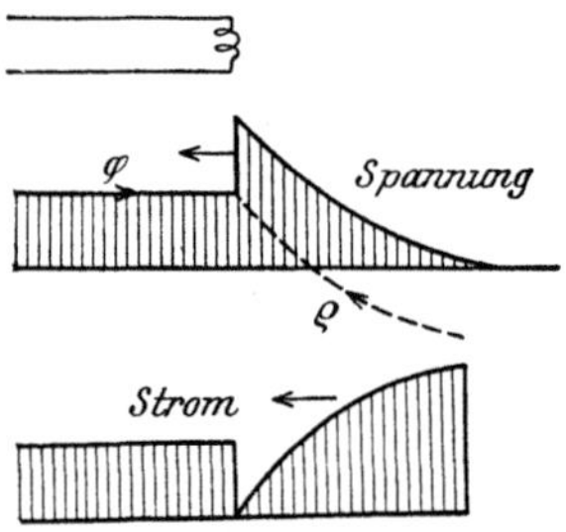

Bild 328.
Reflexion an einer Induktivität.

6. Leitungsende durch Widerstand R und Kapazität C geschlossen. Ist φ die am Leitungsende einfallende Welle, so ergibt die obige Regel für das Leitungsende: $2\varphi = i \cdot (R+Z) + \int i \cdot dt/C$. Nach Gl. (10) in Abschn. 92 ergibt sich daraus für den Fall, daß die Welle φ eine gleichmäßige Höhe besitzt, also φ ein Festwert ist:

$$i = \frac{2\varphi}{R+Z} \cdot \varepsilon^{-\frac{t}{(R+Z) \cdot C}}$$

$$\varrho = \varphi - i \cdot Z = \varphi - 2\varphi \cdot \frac{Z}{R+Z} \cdot \varepsilon^{-\frac{t}{(R+Z) \cdot C}}.$$

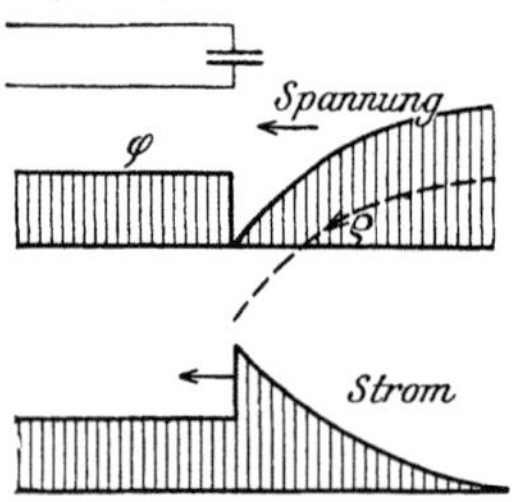

Bild 329.
Reflexion an einer Kapazität.

Bild 329 zeigt für $R = 0$ die rücklaufende Welle ϱ im Zeitpunkt $t = 0$, wo sie über die Leitung herzuziehen beginnt. Die Senkrechten der oberen gestreiften Fläche geben wieder die Spannung $\varphi + \varrho$, während die der unteren gestreiften Fläche die Größe $\varphi - \varrho = i \cdot Z$ darstellen. Beide Flächen müssen wir wieder von rechts her über die Leitung herziehend denken. Wie man sieht, wirkt die Kapazität wie ein Kurzschluß, indem die Spannung im ersten Augenblick auf Null heruntergeht.

96. Einschaltvorgang bei einer Leitung.

Eine unbelastete Leitung von der Länge l werde an eine Gleichstromquelle von der Spannung U geschaltet. Der Widerstand der Leiter, sowie der Leitwert der Isolationsschicht sei gleich Null. Der Anfang der Leitung ist in Bild 330 mit A, das Ende mit B bezeichnet. Die Funktion φ werde durch die Senkrechten einer ausgezogenen Kurve, die Funktion ϱ durch die einer gestrichelten Kurve dargestellt.

Vor dem Einschalten, also zur Zeit $t = 0$, ist die Spannung und die Stromstärke an allen Punkten der Leitung gleich Null. Wir erhalten also, wenn $t = 0$ gesetzt wird, aus Gl. (17) und (19) für jeden Wert von x die Beziehungen: $0 = \varphi(x) + \varrho(x)$ und $0 = \varphi(x) - \varrho(x)$. Demnach sind zur Zeit $t = 0$ für jeden Wert von x die Funktionen $\varphi(x)$ und $\varrho(x)$ gleich Null, d. h. die beiden Kurven fallen mit der wagerechten Achse AB zusammen. Sie sind indessen der Deutlichkeit wegen etwas übereinander gezeichnet.

Die Kurven φ und ϱ, von denen wir bisher nur die in die wagerechte Achse fallenden Teile von der Länge AB kennen, schreiten nun nach dem Einschalten mit der Geschwindigkeit v fort, und zwar die Kurve φ nach rechts, die Kurve ϱ nach links. Zur Zeit $T/8$ sind sie um die halbe Leitungslänge vorgeschritten.

Die Spannung am Leitungsanfang ist dabei dauernd gleich U. Da sie die Gl. (17) erfüllt und die rückwärts schreitende Welle ϱ entsprechend MR gleich Null ist, so muß die zur Zeit $t=0$ ohne Änderung ihrer Form von A aus vorwärts schreitende Welle φ die feste Höhe U besitzen.

Damit sind wir nun imstande, zunächst für $t=0$ die ganzen Wellen, die von links und rechts her über die Leitung hinwegzuziehen beginnen, zu zeichnen. Eine Senkrechte der ausgezogenen Kurve links ergibt mit einer gleich weit vom Anfang A entfernten Senkrechten der gestrichelten Kurve rechts zusammen den Wert U.

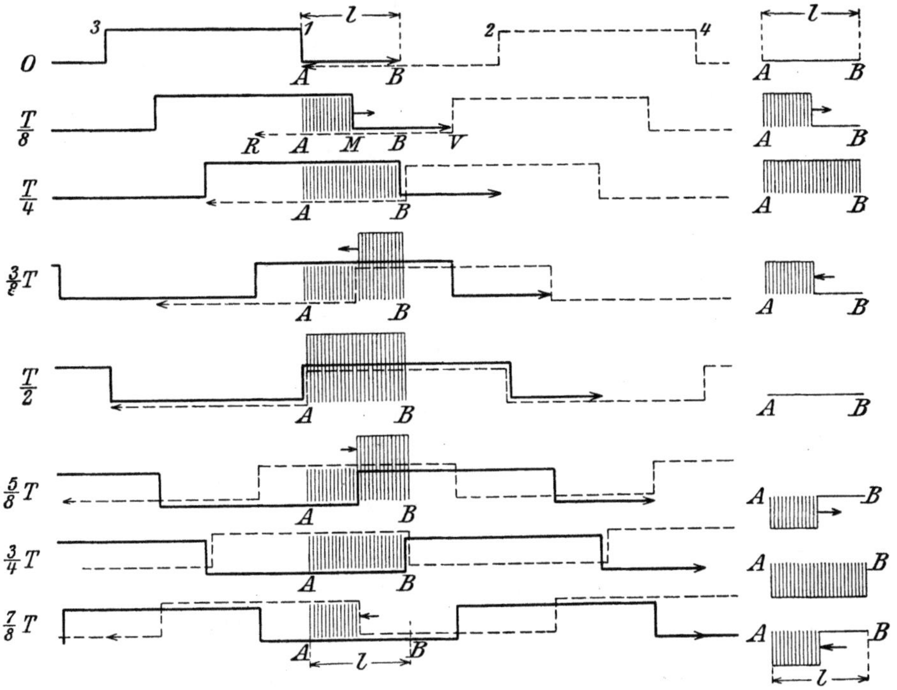

Bild 330. Wanderwellen beim Einschalten einer offenen Leitung.

Anderseits ist der Strom am Leitungsende B gleich Null. Nach Gl. (19) müssen also zwei gleich weit von B entfernte Senkrechte der ausgezogenen Kurve links und der gestrichelten Kurve rechts gleich groß sein, d. h. die beiden Kurven sind Spiegelbilder in bezug auf B (vgl. das Reflexionsgesetz in Abschnitt 95). Aus der Ecke 1 erhält man die Ecke 2, aus dieser die Ecke 3 usw. So ergeben sich zwei rechteckige Wellen von der Wellenlänge $4l$, deren Symmetrielinie um $U/2$ gegen die wagerechte Achse, die mit AB zusammenfällt, nach oben verschoben ist.

Es sei nun T die Zeit, in der die Wellen um eine Wellenlänge, also um die Strecke $4l$ fortschreiten. Wir zeichnen dann beide Wellen in Zeitabschnitten von $T/8$ sek. Wenn wir auf der Länge l die Senkrechten beider Wellen zusammenzählen, ergibt sich nach Gl. (17) die Spannung an jeder Stelle. Sie wird durch die Senkrechten der gestreiften Flächen im linken Teil des Bildes dargestellt.

Wir fassen nun die Bewegung der Gesamtwelle ins Auge, die sich als die Summe der vorwärts und rückwärts schreitenden Welle ergibt. Zunächst schreitet eine Ladewelle von der Höhe U in der Richtung vom Anfang zum Ende. Zur Zeit $T/8$ hat sie die Mitte der Leitung, zur Zeit $T/4$ das Ende erreicht und wird dort unter Erhöhung der Spannung auf das Doppelte zurückgeworfen, so daß eine Ladewelle von der Höhe U zum Anfang zurückkehrt. Dort wird sie zur Zeit $T/2$ unter Verringerung der Spannung auf den einfachen Wert wieder zurückgeworfen, d. h. eine Entladewelle von der Höhe U schreitet vom Anfang zum Ende. Hat sie dann zur Zeit $^3/_4\,T$ das Ende erreicht, so wird sie unter Verringerung der Spannung auf Null wieder zum Anfang zurückgeworfen. Dann wiederholt sich das Spiel, bis sich infolge der dämpfenden Wirkung des doch nicht zu vernachlässigenden Wirkwiderstandes der Leitung die Senkrechten der Einzelwellen φ und ϱ, bezogen auf ihre wagerechte Symmetrielinie, allmählich verkleinern. Die Wellen laufen sich dadurch tot, und die ganze Leitung steht schließlich unter der Spannung $2 \cdot U/2$. Auch für die Lade- und Entladewellen der Spannung gelten die Reflexionsgesetze.

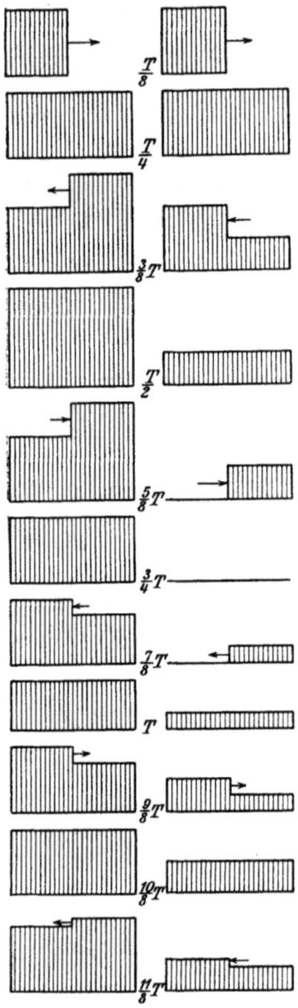

Bild 331. Wanderwellen beim Einschalten einer durch Widerstand belasteten Leitung.

In ähnlicher Weise ergibt sich die Stromstärke aus dem Unterschied der Einzelwellen φ und ϱ. Sie ist im rechten Teil des Bildes als Senkrechte der gestreiften Fläche aufgetragen.

Nun ist die elektrische Energie zwischen den Leitern für die Längeneinheit gleich $C \cdot u^2/2$, dagegen die magnetische Energie gleich $L \cdot i^2/2$. Wie Bild 330 zeigt, wird zeitweise Arbeit unter Aufspeicherung von Energie aus der Stromquelle geliefert und zeitweise Arbeit durch Abnahme der Energie zurückgeliefert. Ferner wird zeitweise magnetische Energie in elektrische umgesetzt und umgekehrt.

Die bisher offene Leitung sei jetzt über den Widerstand R geschlossen. Dann ist für das Ende stets nach Abschn. 95 $\varrho = \varphi (R - Z)/(R + Z)$. Bei einem Kabel sei z. B. $Z = \sqrt{L/C} = 100$ Ohm. Der am Ende zwischen die Leiter geschaltete Widerstand sei $R = 300$ Ohm. Dann ist am Ende $\varrho = \varphi \cdot (300 - 100) : (300 + 100) = \varphi/2$. Die Wellen φ und ϱ ergeben sich dann wie in Bild 330, mit dem Unterschied, daß die Senkrechte der gestrichelten Kurve rechts halb so groß sein muß wie die gleich weit von B entfernte Senkrechte der ausgezogenen Kurve links. Gleich weit von A entfernte Senkrechte der beiden Kurven ergeben dagegen wie früher die Summe U.

Die Summe der Senkrechten beider Kurven längs der Leitung AB ergibt die Spannung, der Unterschied, durch $Z = 100$ geteilt, den Strom (Bild 331). Spannung und Strom sind wie früher durch die Senkrechten der gestreiften Flächen dargestellt. Auch hier wieder ergeben sich aus den Einzelwellen die Lade- und Entladewellen der Spannung, die dem Reflexionsgesetz folgen. Man überzeugt sich leicht, daß die Stromstärke am Ende, abgesehen von den Zeitpunkten $T/4$, $T/2$ usw., in allen Zeiträumen gleich dem Verhältnis der Spannung zum Widerstand R ist.

97. Zusammenschalten von zwei Leitungen.

Wir betrachten den Fall, in welchem eine lange, offene Leitung 2 an eine lange, unter der Spannung U stehende Leitung 1 geschaltet wird[1]. Die Induktivität und Kapazität seien bei beiden Leitungen verschieden, so daß auch die Schwingungswider-

[1] Vgl. Rüdenberg, Elektrotechnik u. Maschinenbau 1912, Heft 8.

stände Z_1 und Z_2, sowie die Fortschreitungsgeschwindigkeiten in beiden Leitungen verschieden sind. Der Schalter liege bei $x=0$ (Bild 332 und 333). Für $t=0$, wenn der Schalter offen ist, erhalten wir für jeden Punkt der Leitung 1: $u_1=\varphi_1+\varrho_1=U$ und $i_1=(\varphi_1-\varrho_1)/Z_1=0$ und für jeden Punkt der Leitung 2: $u_2=\varphi_2+\varrho_2=0$ und $i_2=(\varphi_2-\varrho_2)/Z_2=0$. Daraus folgt in jedem Punkt der Leitungen für $t=0$: $\varphi_1=$

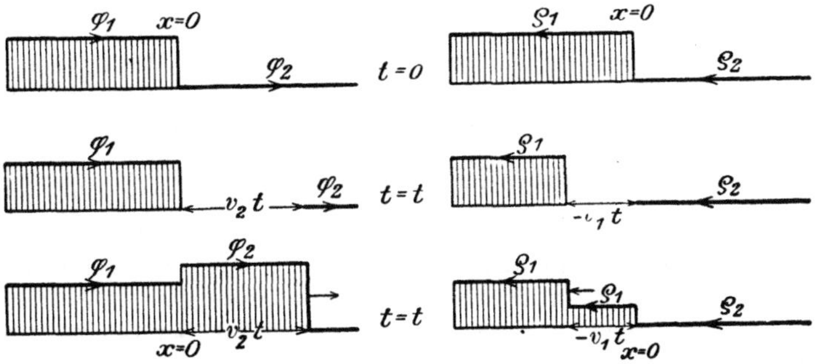

Bild 332. Einzelwellen beim Zusammenschalten zweier Leitungen.

$\varrho_1=U/2$ und $\varphi_2=\varrho_2=0$. Dieser Zustand ist im oberen Teil des Bildes 332 dargestellt.

Zur Zeit t ist φ_1 um $v_1 t$ vorwärts und ϱ_1 um $v_1 t$ rückwärts geschritten, ebenso φ_2 um $v_2 t$ vorwärts und ϱ_2 um $v_2 t$ zurück (Bild 332 Mitte). Dabei kennen wir φ_1 und ϱ_2 an jeder Stelle, dagegen φ_2 und ϱ_1 nur so weit, wie sie gezeichnet sind. Die fehlenden Teile erhalten wir daraus, daß in jedem Zeitpunkt für $x=0$, also an der Verbindungsstelle, die Gleichungen gelten: $u_1=u_2$ und $i_1=i_2$, d. h. $\varphi_1+\varrho_1=\varphi_2+\varrho_2$ und $(\varphi_1-\varrho_1)/Z_1=(\varphi_2-\varrho_2)/Z_2$. Nun ist nach Bild 332 Mitte für $x=0$: $\varphi_1=U/2$ und $\varrho_2=0$. Führen wir diese Werte in die letzten beiden Gleichungen ein und setzen wir $\alpha=Z_1/Z_2$, so erhalten wir $0{,}5\,U+\varrho_1=\varphi_2$ und $0{,}5\,U-\varrho_1=\alpha\cdot\varphi_2$. Daraus folgt:

$$\varphi_2=\frac{U}{1+\alpha}, \qquad \varrho_1=\frac{1-\alpha}{1+\alpha}\cdot\frac{U}{2}.$$

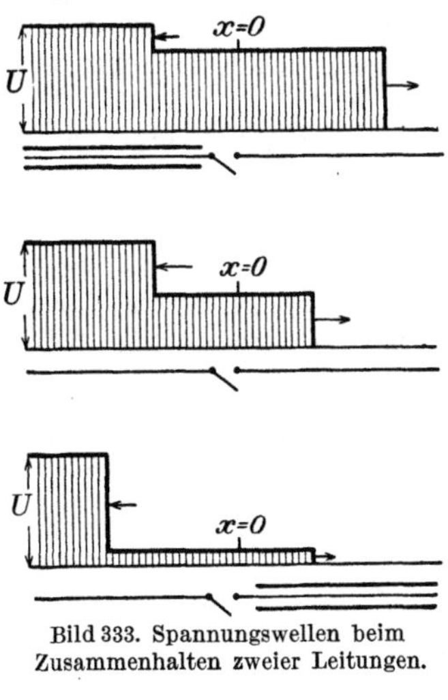

Bild 333. Spannungswellen beim Zusammenhalten zweier Leitungen.

Dies sind für jeden Zeitpunkt die Werte für $x=0$. Da sich φ_2 und ϱ_1 unverändert fortsetzen, so erhalten wir die unten in Bild 332 dargestellten Kurven.

Das Bild ist unter der Annahme gezeichnet, daß Z_1 kleiner ist als Z_2, also α kleiner ist als Eins. Dies ist der Fall, wenn ein Kabel eine Freileitung speist. Fügen wir nun φ und ϱ auf jeder Leitung zusammen, so erhalten wir Bild 333 oben. Wie wir sehen, wandert eine Welle von der Höhe $U/(1+\alpha)$ in die bisher spannungslose Leitung 2 nach vorwärts, um sie teilweise zu laden. Dagegen wandert eine Welle $U-U/(1+\alpha)$ nach rückwärts in die Speiseleitung und entladet sie teilweise.

Bild 333 Mitte zeigt denselben Fall für das Zusammenschalten zweier gleicher Leitungen. Die Lade- und Entladewellen werden in diesem Falle gleich groß. Endlich bezieht sich Bild 333 unten auf das Laden eines Kabels durch eine Freileitung.

In allen betrachteten Fällen sind die Wellen rechteckig, d. h. sie haben eine senkrechte Wellenstirn. Wenn diese auch in Wirklichkeit stets mehr oder weniger abgeflacht wird, so hat doch der Spannungssprung zur Folge, daß ein Punkt eines Leiters, der gerade von der Welle getroffen wird, gegen den benachbarten Punkt desselben Leiters, der noch nicht getroffen ist, eine starke Spannung besitzt, die gegebenenfalls gleich der doppelten Betriebsspannung sein kann. Dies ist deswegen gefährlich, weil die Wicklungen von Maschinen, Transformatoren oder Apparaten ebenfalls verteilte Selbstinduktion und Kapazität besitzen. Wenn sie also an die Leitungen angeschlossen sind, dringen die Wanderwellen in sie hinein. Die Spannung zwischen benachbarten Windungen kann auf diese Weise so groß werden, daß die Isolation durchschlagen wird. Man schützt sich gegen diese Gefahr durch stärkere Isolierung der Eingangswindungen oder besser noch aller Windungen überhaupt. Ferner schaltet man vor die Stromerzeuger oder Transformatoren Schutzdrosselspulen, vielfach in Verbindung mit einer Kapazität, die zwischen Leiter und Erde eingeschaltet wird. Auf diese Weise werden die Wanderwellen unter Abflachung ihrer steilen Stirn zurückgeworfen. Als Kapazität dient in den Kraftwerken die Verbindung zwischen Stromerzeugern und Sammelschiene, die stets als Kabel ausgeführt werden sollte. Endlich ermöglicht man durch den Einbau von Hörnerableitern einen Ausgleich der Überspannungen.

Der beste Schutz gegen Überspannungen besteht indessen darin, daß man nach Möglichkeit die Entstehung von Wellen gefährlicher Höhe vermeidet. Abgesehen von den Schaltern, die beim Synchronisieren benutzt werden, kommen daher vielfach Schutzschalter mit Widerstandsstufe zur Anwendung. Ferner beugt man dem aussetzenden Erdschluß, der Wanderwellen erregt, durch Einbau von Löschspulen oder Löschtransformatoren vor (vgl. den folgenden Abschnitt). Auch sucht man die Leitungsnetze so anzuordnen, daß sich die Wellen, ohne auf Induktivitäten zu stoßen, im fortlaufenden Zuge durch Dämpfung des Ohmschen Leitungswiderstandes totlaufen können (vgl. Petersen, ETZ 1913, S. 238). Induktivitäten, wie z. B. die Meßtransformatoren der Stromzähler oder die Auslösespulen der selbsttätigen Schalter werden dabei durch Ohmsche Widerstände überbrückt. Diese sind so groß, daß kein nennenswerter Teil des gewöhnlichen Leitungsstromes durch sie hindurchgeht. Für das Totlaufen der Wanderwellen sind natürlich Ringnetze am günstigsten, bei denen aber das selbsttätige Abschalten einzelner Leitungszweige weniger einfach ist.

98. Nullpunkterdung.

Die Hauptursache für Betriebsstörungen in Wechselstromanlagen ist der sogenannte aussetzende Erdschluß. An einem Isolator des Stranges 1 einer Freileitung sei ein Überschlag zur Erde e erfolgt. Dabei bildet sich ein Lichtbogen, dessen Widerstand gleich Null angenommen werde. Nach dem Überschlag sei ein stationärer Zustand eingetreten. Dabei seien $\mathfrak{U}_1$, $\mathfrak{U}_2$, $\mathfrak{U}_3$ die Strangspannungen eines Transformators, die außen vom Leiter zum Nullpunkt als positiv gezählt werden. $\mathfrak{U}_1$ ist also gleichbedeutend mit $\mathfrak{U}_{10}$ usw. Das Potential des Nullpunktes möge festliegen, so daß die Strangspannungen symmetrisch sind. Die Felder zwischen den Leitern und Erde seien durch Ersatzkondensatoren von der Kapazität C dargestellt (Bild 334).

Bild 334. Überschlag vom Leiter 1 zur Erde.

Der Kondensator des Stranges 1 ist stromlos. Der Strom in den beiden anderen Kondensatoren sei $\mathfrak{J}_2$ und $\mathfrak{J}_3$ und der Strom im Lichtbogen gleich $\mathfrak{J}_e$. Alle Ströme werden auf die Erde zu als positiv gezählt. Da der Leiter 1 durch den Lichtbogen an Erde liegt, so ist die Spannung zwischen Erde und Nullpunkt gleich $\mathfrak{U}_1$.

Wir schreiten nun von der Klemme 2 über die zugehörige Kapazität C zur Erde. Der Spannungsverbrauch auf diesem Wege ist $\mathfrak{J}_2\left(-j\frac{1}{C\omega}\right)$. Dies ist derselbe Spannungsverbrauch, wie von der Klemme 2 nach 0 und von dort über den Spannungszeiger zur Erde, er ist also gleich $\mathfrak{U}_2 - \mathfrak{U}_1$. Demnach ist $\mathfrak{J}_2 = j(\mathfrak{U}_2 - \mathfrak{U}_1) \cdot C\omega$. Wir erhalten also die Gleichungen

$$\begin{aligned} \mathfrak{J}_1 &= 0 \\ \mathfrak{J}_2 &= j(\mathfrak{U}_2 - \mathfrak{U}_1) \cdot C\omega \\ \mathfrak{J}_3 &= j(\mathfrak{U}_3 - \mathfrak{U}_1) \cdot C\omega \\ 0 &= \mathfrak{J}_1 + \mathfrak{J}_2 + \mathfrak{J}_3 + \mathfrak{J}_e. \end{aligned}$$

Da $\mathfrak{U}_2 + \mathfrak{U}_3 = -\mathfrak{U}_1$ ist, so folgt durch Zusammenzählen der Erdschlußstrom

$$\mathfrak{J}_e = j \cdot \mathfrak{U}_1 \cdot 3\,C\omega. \tag{21}$$

Der Lichtbogenstrom eilt also gegen die Spannung $\mathfrak{U}_1$ um 90^0 vor. Nun hat der Lichtbogen die Neigung, beim Hindurchgehen seines Stromes durch Null zu erlöschen. Die Spannung $\mathfrak{U}_1$ hat also im Augenblick des Erlöschens ihren Höchstwert u_{1m}. Rechnen wir nun die Zeit vom Augenblick des Erlöschens an, so erhalten wir für $\mathfrak{U}_1$ die Sinuskurve in Bild 335, die der Deutlichkeit wegen mit u_{10} bezeichnet ist.

Die Spannung u_{eo} zwischen Erde und Nullpunkt war nun im Augenblick des Erlöschens gleich u_{1m}. Sie sinkt dann nicht plötzlich auf Null, sondern ganz allmählich, längs einer Exponentialkurve.

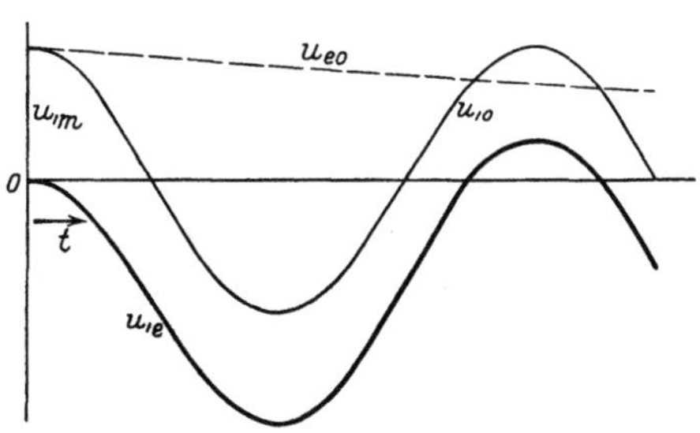

Bild 335. Spannungen nach dem Erlöschen.

Wir ermitteln nun die Spannung u_{1e} zwischen dem kranken Leiter und Erde nach dem Erlöschen. Dazu setzen wir

$$u_{1e} = u_{10} + u_{0e} = u_{10} - u_{e0}.$$

Bilden wir die Differenzen, so erhalten wir die Kurve u_{1e}.

Wie man sieht, erreicht die Spannung zwischen dem kranken Leiter und Erde nach einer halben Periode fast den doppelten Höchstwert der Strangspannung. Da sich die kranke Stelle dann noch nicht abgekühlt hat und noch stark ionisiert ist, so findet eine Rückzündung statt, der dann wieder ein Erlöschen folgt usw. Dabei wird die Spannung gegen Erde ein Mehrfaches der Betriebspannung, wodurch die Anlage stark gefährdet wird. Noch bedenklicher ist die sich ständig wiederholende Auslösung von Sprung- oder Wanderwellen an der kranken Stelle, durch die die Wicklungen der Transformatoren und Maschinen gefährdet werden (vgl. Biermanns, ETZ 1922, S. 305ff.).

Man sucht daher vielfach den gefährlichen aussetzenden Erdschluß in einen dauernden zu verwandeln. Dies geschieht dadurch, daß man den Nullpunkt des Netzes erdet, und zwar bei mittleren Spannungen über Widerstände, bei Höchstspannungen unmittelbar. Jeder Erdschluß wird dadurch zu einem Kurzschluß. Über die kranke Stelle fließt dann der Kurzschlußstrom des Netzes, der kranke Leiter wird dadurch dauernd an Erde gelegt und der Überstromschutz des Netzes schaltet den kranken Teil ab.

Meist handelt es sich aber gar nicht um einen wirklich schadhaften Isolator, sondern um einen vorübergehenden Erdschluß, der durch eine atmosphärische Störung, eine Wanderwelle, oder durch Vögel, Baumzweige usw. veranlaßt wird. In solchen Fällen bedeutet der durch die Erdung des Nullpunktes veranlaßte Kurzschluß eine ganz unnötige Störung des Betriebes. Diese wird nach einem von Petersen angegebenen Verfahren dadurch vermieden, daß man zwischen Nullpunkt und Erde eine Drosselspule oder Löschspule schaltet (vgl. Petersen, ETZ 1919, S. 5).

In Bild 336 sei $\mathfrak{J}_r$ der Strom des Lichtbogens und $\mathfrak{J}$ der Strom der Drosselspule. Beide werden in der Pfeilrichtung als positiv gezählt. Während der Lichtbogen brennt, ist die Spannung an der Drosselspule, d. h. zwischen Erde und Nullpunkt, wieder gleich der Strangspannung $\mathfrak{U}_1$. Wir erhalten also

$$\mathfrak{J}_1 = 0$$
$$\mathfrak{J}_2 = j(\mathfrak{U}_2 - \mathfrak{U}_1) \cdot C\omega$$
$$\mathfrak{J}_3 = j(\mathfrak{U}_3 - \mathfrak{U}_1) \cdot C\omega$$
$$\mathfrak{J} = \mathfrak{J}_1 + \mathfrak{J}_2 + \mathfrak{J}_3 + \mathfrak{J}_r.$$

Da wieder $\mathfrak{U}_2 + \mathfrak{U}_3 = -\mathfrak{U}_1$ ist, so ergibt sich durch Zusammenzählen

$$\mathfrak{J}_r - \mathfrak{J} = j \cdot 3\,C\omega \cdot \mathfrak{U}_1.$$

Vernachlässigen wir zunächst den Ohmschen Widerstand der Drosselspule, so wird bei der Induktivität L der Strom der Drosselspule, während der Lichtbogen brennt, $\mathfrak{J} = -j\mathfrak{U}_1 : L\omega$. Demnach wird der Lichtbogenstrom selbst, der als Reststrom mit $\mathfrak{J}_r$ bezeichnet ist

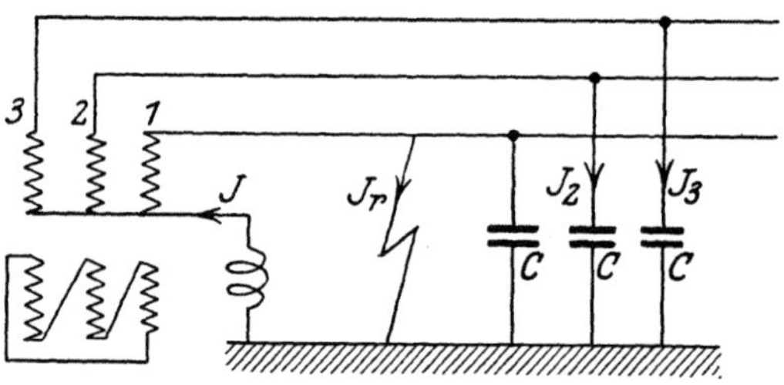

Bild 336. Erdungsspule von Petersen.

$$\mathfrak{J}_r = j\mathfrak{U}_1\left(3\,C\omega - \frac{1}{L\omega}\right).$$

Ist jetzt $1/L\omega$ angenähert gleich $3\,C\omega$, so ist der Lichtbogenstrom nahezu gleich Null. Gleichzeitig wird $\mathfrak{J} = -j\mathfrak{U}_1 : L\omega \cong -j\mathfrak{U}_1 \cdot 3\,C\omega$. Nach Gl. (21) führt also die Drosselspule einen Strom, der nahezu gleich dem Strom ist, der ohne Drosselspule im Lichtbogen auftreten würde. Die Drosselspule saugt also den Strom zum größten Teil aus dem Lichtbogen ab.

Dies ist aber nicht der Hauptwert der Drosselspule. Ihre Bedeutung gewinnt sie erst nach dem Erlöschen des Lichtbogens. Die Spannung u_{eo} zwischen Erde und Nullpunkt ist jetzt nämlich identisch mit der Spannung an der Drosselspule. Sie war, während der Lichtbogen brannte, gleich u_{10} und sinkt nach dem Erlöschen jetzt nicht nach einer Exponentialkurve, sondern, wie die Theorie ergibt, nach einer gedämpften Sinuskurve ab, deren Frequenz bei kleinem Wirkwiderstand der Drosselspule etwa gleich der Netzfrequenz ist (Bild 337).

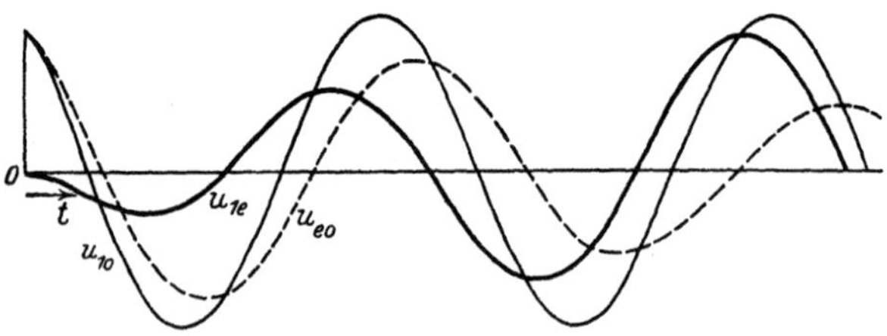

Bild 337. Spannungen nach dem Erlöschen.

Wie oben gibt die Differenz $u_{10} - u_{eo}$ wieder die Spannung u_{1e} zwischen dem kranken Leiter und Erde nach dem Erlöschen. Sie beginnt mit Null und schwingt sich ganz allmählich auf den Dauerwert u_1 ein. Die kranke Stelle hat daher Zeit, sich abzukühlen und Rückzündungen sind nicht zu befürchten.

Wie die Erfahrung gezeigt hat, ist es nicht nötig, die Drosselspule so abzustimmen daß $3\,C\omega = 1/L\omega$ ist, d. h. daß ihr Strom bei Strangspannung genau gleich dem Erdschlußstrom $\mathfrak{J}_e$ ist. Eine Abweichung bis zu 30% hindert nicht die Löschwirkung. Eine genaue Abstimmung wäre ja auch gar nicht möglich, da sich die Kapazität des Netzes durch die Witterung und durch Zu- und Abschalten von Netzteilen ständig ändert.

Damit nicht bei genauer Abstimmung der Drosselspule infolge der Hintereinanderschaltung von Induktivität und Kapazität Resonanz auftritt, wird die Drosselspule so gebaut, daß sie bei Speisung mit Strangspannung im Knie der Magnetisierungskurve arbeitet.

Eine ähnliche Wirkung wie durch die Petersenspule wird durch den Bauchschen Löschtransformator erzielt (vgl. ETZ 1920, S. 827).

XVII. Transformatoren.

99. Aufbau und Schaltung der Transformatoren.

Ein Transformator enthält einen Eisenkörper mit zwei Wicklungen. Er liegt gewöhnlich zur Kühlung und Isolierung unter Öl.

Der Eisenkörper wird zur Verringerung der Wirbelstromverluste aus Blechen zusammengesetzt, die meist mit Silicium legiert sind und eine geringe Verlustziffer

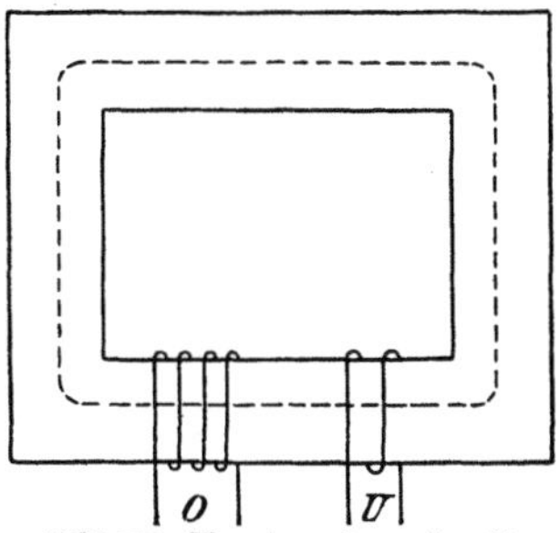

Bild 338. Kerntransformator für Einphasenstrom.

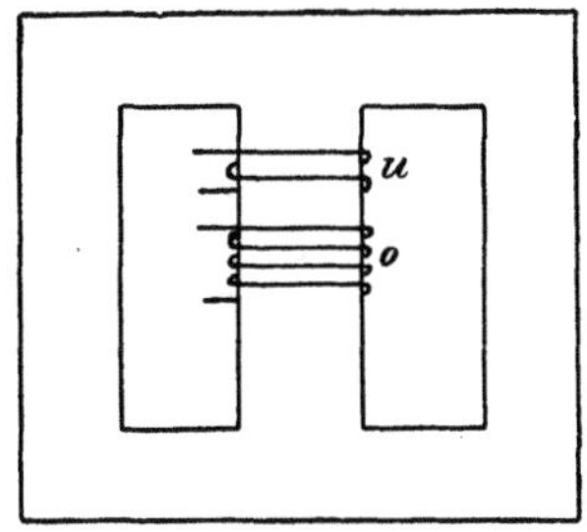

Bild 339. Manteltransformator für Einphasenstrom.

aufweisen. Der Transformator wird entweder als Kerntransformator oder als Manteltransformator gebaut (Bild 338 und 339).

Von den beiden Wicklungen wird die erste durch Wechselstrom gespeist, während die zweite Wechselstrom liefert. Die erste Wicklung liegt bei Transformatoren, die zur Spannungswandlung dienen, am Netz. Bei den Strom- oder Reihentransformatoren wird sie vom Netzstrom durchflossen. Die Spule mit der größeren Windungszahl heißt Oberspannungsspule (O), die andere Unterspannungsspule (U). Anfänge und Enden der Spulen werden oft mit A_1 und E_1 bzw. A_2 und E_2 bezeichnet. Dabei liegen unter Voraussetzung gleichen Wicklungssinnes die Anfänge an der gleichen Stelle und ebenso die Enden. Der positive Zählsinn ist dann beide Male von A nach E, obwohl die Ströme in beiden Spulen einander wesentlich entgegengesetzt sind.

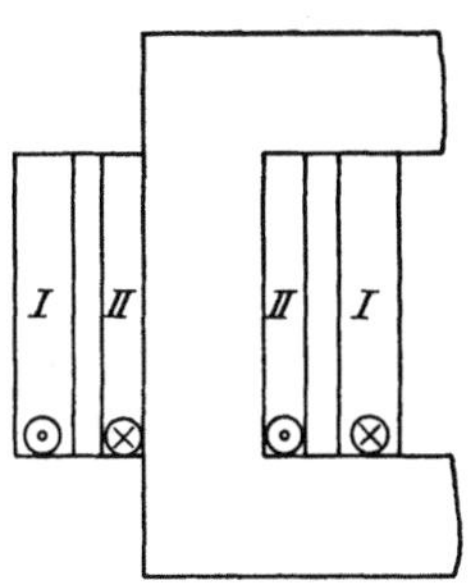

Bild 340. Röhrenwicklung.

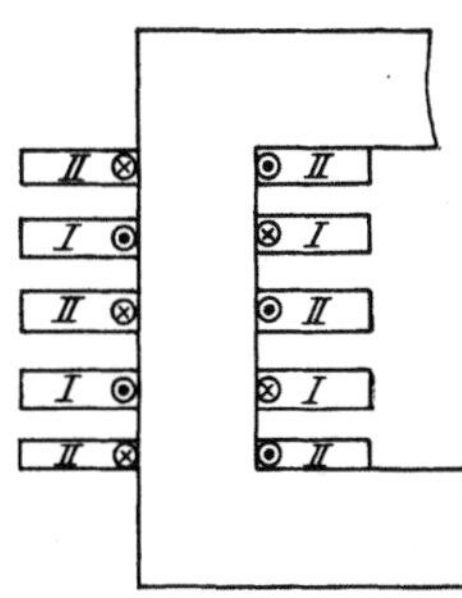

Bild 341. Scheibenwicklung.

Bei der R ö h r e n w i c k l u n g (vgl. Bild 340) liegen die beiden Spulen ü b e r e i n a n d e r, und zwar liegt die Unterspannungsspule, die gegen das Eisen in geringerem Maße isoliert zu werden braucht, innen. Damit die Spannung zwischen zwei übereinander liegenden Windungen nicht zu groß wird, teilt man die Oberspannungsspule in eine Reihe von nebeneinander liegenden Einzelspulen.

Bei der S c h e i b e n w i c k l u n g (vgl. Bild 341) besteht jede Wicklung aus einer Reihe von scheibenförmigen Einzelspulen. Die Scheiben der beiden Wicklungen werden abwechselnd aufeinander geschichtet. Die äußersten Scheiben gehören wegen der Isolierung gegen Eisen zur Unterspannungsspule und enthalten zur Verringerung der Streuung halb so viele Windungen wie die übrigen Scheiben.

Bei den Transformatoren für Induktionsöfen wird die zweite Spule durch eine Rinne geschmolzenen Metalles gebildet, das durch die Stromwärme flüssig gehalten wird (Bild 342).

In der Regel sind beide Spulen voneinander isoliert. Wenn jedoch die Spannungen beider Spulen in der Größenordnung nicht sehr verschieden sind, kann man zur Verringerung der Kosten und der Verluste nach der sogenannten Sparschaltung die Unterspannungsspule als einen Teil der Oberspannungsspule ausbilden (Bild 343). Die Spannung der Oberspannungsseite entspricht den gesamten Windungen, die der

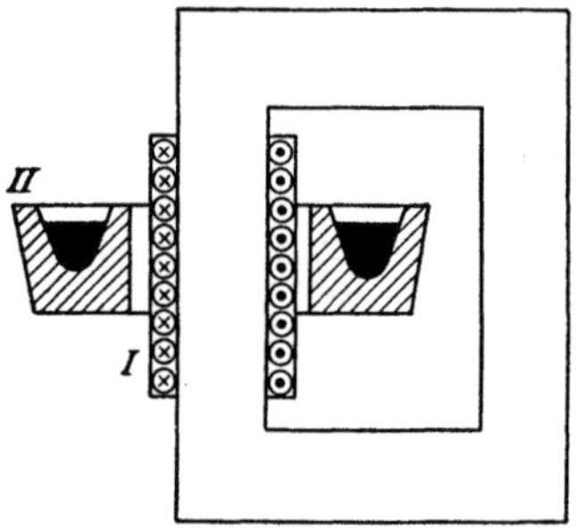

Bild 342. Induktionsofen.

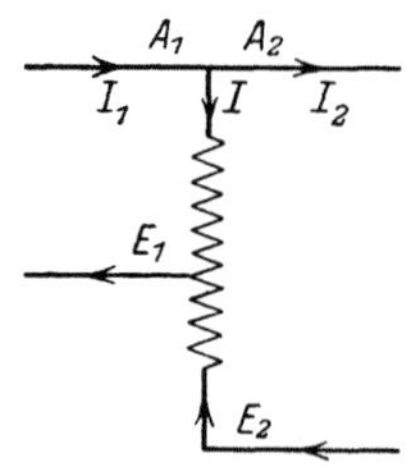

Bild 343. Sparschaltung. (Pfeile geben Stromrichtung.)

Unterspannungsseite dem oberen Teil der Windungen. Der Strom I_1 teilt sich bei A_1. Der eine Teil fließt unmittelbar in das sekundäre Netz, und die Windungen, die dem primären und sekundären Teil gemeinsam sind, werden nur von der Differenz beider Ströme durchflossen.

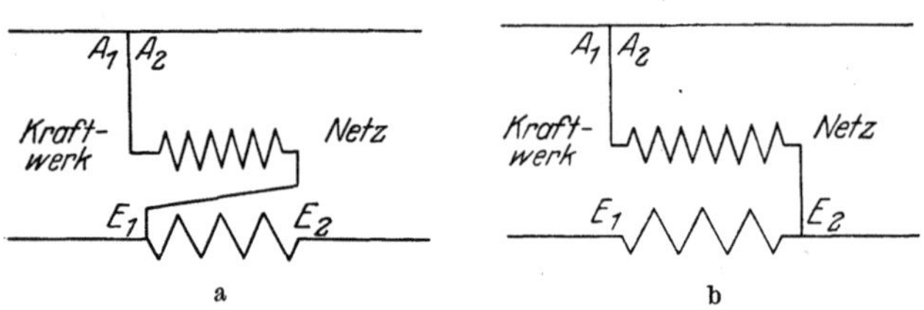

Bild 344 a, b. Zusatztransformator.

Auch die Transformatoren, die zur Erhöhung der Spannung dienen, sind nichts anderes als Transformatoren in Sparschaltung. In Bild 344a sei z. B. der Wicklungssinn in beiden auf demselben Kern liegenden Spulen derselbe. Dann sind beide Spulen, wie in Bild 343, in gleichem Sinne in Reihe geschaltet und ergeben zusammen die erhöhte Spannung am Netz.

Bei Drehstromtransformatoren liegen die drei Stränge entweder nach

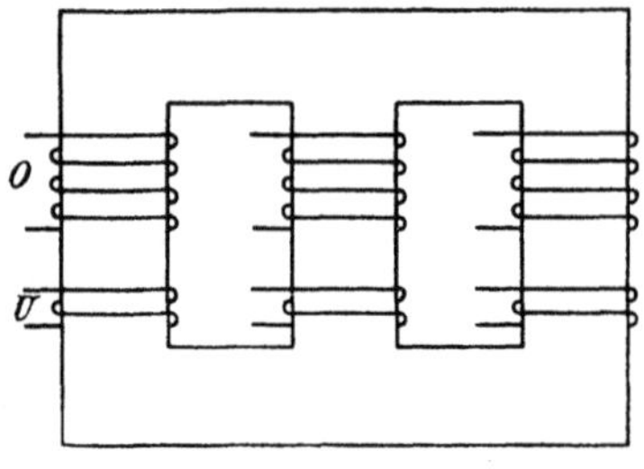

Bild 345. Kerntransformator für Drehstrom.

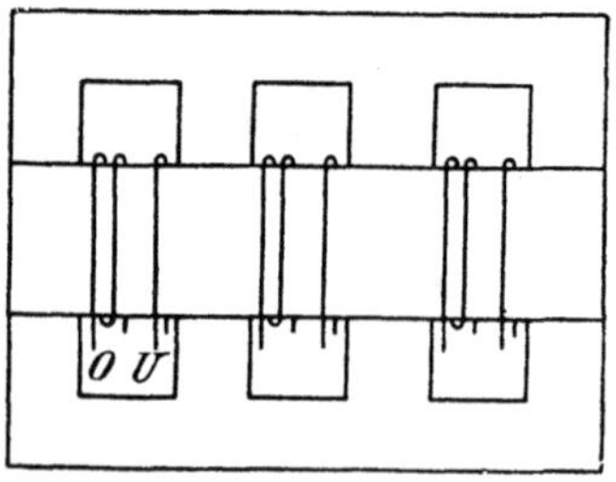

Bild 346. Manteltransformator für Drehstrom.

Bild 345 auf je einem besonderen Kern, wobei die geringe Ungleichmäßigkeit in der Weglänge der Feldlinien ohne Belang ist, oder die drei Stränge liegen, durch Eisen voneinander getrennt, nach Bild 346 auf einem einzigen Kern. Dabei werden vorteilhaft bei jeder Wicklung des mittelsten Stranges Anfang und Ende entgegengesetzt gewählt wie bei den äußeren Strängen, da dann der Querschnitt der dazwischen liegenden Blechpakete kleiner gehalten werden kann.

Zuweilen wird auch für jeden Strang ein besonderer Einphasentransformator verwendet, damit bei Betriebsstörungen ein Ersatz leichter beschafft werden kann.

Die Stränge der Drehstromtransformatoren können sowohl primär als auch sekundär in Stern oder in Dreieck oder in Zickzack geschaltet werden (vgl. Abschn. 108). Zusatztransformatoren für Drehstrom kann man nach Bild 347 schalten. Statt der gezeichneten primären Sternschaltung verwendet man vielfach wegen der Verzerrung der Kurve des Leerstromes (vgl. S. 101) die Dreieckschaltung.

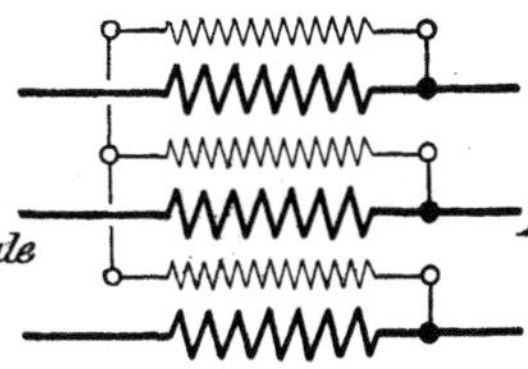

Bild 347. Schaltung des Zusatztransformators.

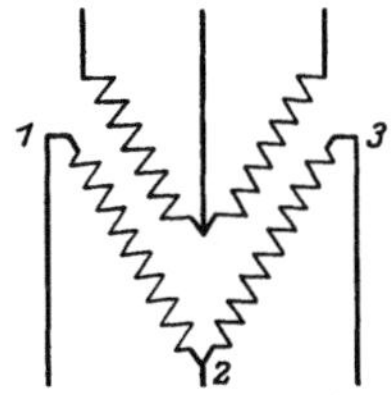

Bild 348. V-Schaltung.

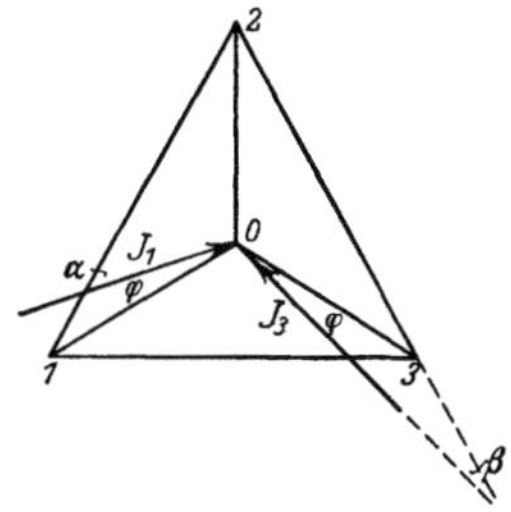

Bild 349. Spannungsbild.

Ganz kleine Drehstromtransformatoren kann man zur Verringerung der Kosten aus zwei Einphasentransformatoren in V-Schaltung zusammensetzen. Drückt man den beiden primären Wicklungen 1, 2 und 2, 3 in Bild 348 zwei Spannungen eines symmetrischen Dreiphasensystems auf, so ist die Spannung 3, 1 symmetrisch zu ihnen, und man erhält auch drei symmetrische Sekundärspannungen und bei symmetrischer Belastung auch angenähert symmetrische sekundäre Strömung, die dann ebensolche primären Ströme zur Folge haben.

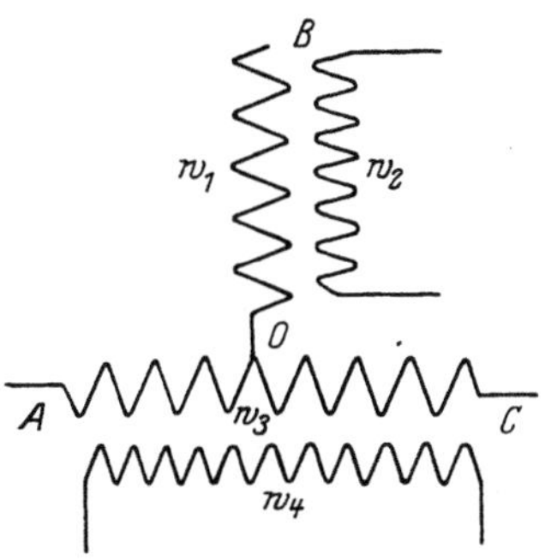

Bild 350a. Scottsche Schaltung.

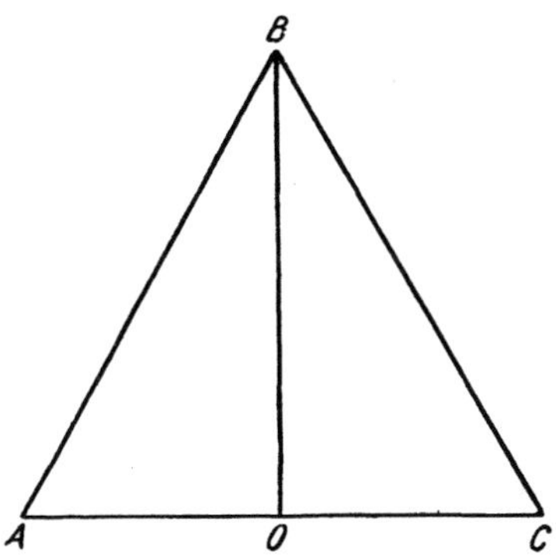

Bild 350b. Spannungen bei der Scottschen Schaltung.

Ist φ der Phasenverschiebungswinkel in den drei sekundären Netzsträngen, so sind die Leistungen der beiden Wicklungen nach Bild 349 $U_{12} I_1 \cos\alpha$ und $U_{32} I_3 \cos\beta$. Beides zusammen gibt, wie bei einer Aronschaltung, die Gesamtleistung, also $\sqrt{3}\, U I \cos\varphi$. Netzwerte und Strangwerte sind in unserem Falle gleich. Zugleich ergibt sich, daß die Phasenverschiebung in Strang 1 2 des Transformators gleich $30^0 + \varphi$, in Strang 3 2 gleich $30^0 - \varphi$ ist. Die Stränge werden also unnötig durch Blindstrom belastet.

Man kann auch einen größeren Transformator, der im Betriebe in Dreieck-Dreieckschaltung arbeitet, beim Schadhaftwerden einer Hochspannungswicklung, die dann natürlich zu entfernen ist, in V-Schaltung weiter benutzen. Bei Dreieck-Sternschaltung ist dies nur möglich, wenn man sehr große Unsymmetrie der sekundären Sternspannungen in Kauf nimmt.

Transformatoren zur Umwandlung von Zweiphasenstrom in Drehstrom oder umgekehrt bestehen nach der Scottschen Schaltung aus zwei Einphasentransformatoren, die nach Bild 350a geschaltet sind. An A, B, C werden die symmetrischen

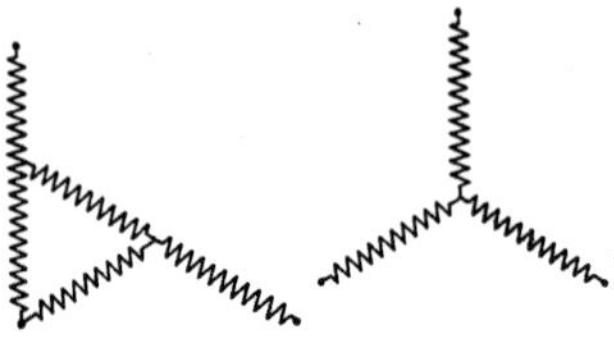

Bild 350c.

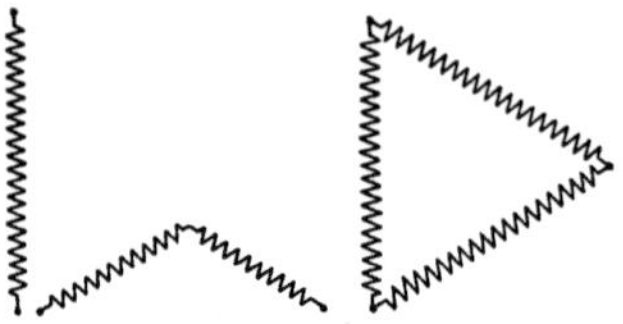

Bild 350d.

Umwandlung von Zwei- in Dreiphasenstrom.

Drehstromspannungen gelegt. Die Windungszahlen entsprechen nach Bild 350b der Gleichung

$$w_1 : w_2 = 0{,}866 \cdot w_3 : w_4.$$

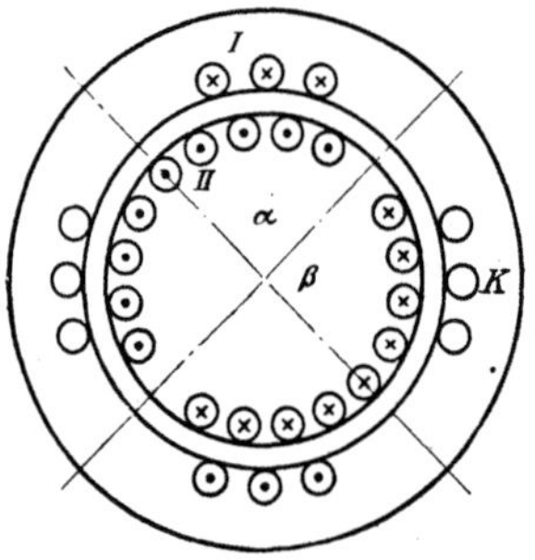

Bild 351. Einphasiger Induktionsregler.

Dann erhält man an den Windungen w_2 und w_4 zwei gleiche, um 90° verschobene Einphasenspannungen, d. h. ein Zweiphasensystem.

Anstelle der Scottschen Schaltung wird von der AEG die in der Ausführung billigere Anordnung nach Bild 350c und d verwendet, wobei ein einziger Transformator mit drei Kernen benutzt wird. Bei passender Wahl der Windungszahlen erhält man symmetrische Spannungen.

In allen obigen Fällen hatten die erste und zweite Spule eine feste Lage zueinander. Man kann dann das Verhältnis der Spannungen nur durch Anzapfungen ändern. Im Gegensatz dazu stehen die Induktionsregler, die sich bei Einphasenstrom und Drehstrom verschieden erhalten.

Bei Einphasen-Induktionsreglern liegt die erste Wicklung nach Bild 315 auf dem inneren Umfang eines Ständers, die zweite Wicklung ist auf dem ganzen Umfang einer drehbaren Eisentrommel untergebracht. Fallen die Achsen der beiden Wicklungen zusammen, so ist die in der zweiten Spule erzeugte Spannung am größten. Bilden sie einen rechten Winkel miteinander, so ist sie Null. Allgemein kommt für die gegenseitige Induktion der beiden Wicklungen von den Windungen der zweiten Spule nur der Teil in Betracht, der auf dem Bogen α gegenüber den Drähten der ersten Spule liegt. Die auf dem Bogen β liegenden Windungen der zweiten Spule würden eine schädliche Selbstinduktion zur Folge haben, wenn ihre Wirkung nicht durch eine ihnen auf dem Ständer gegenüberliegende Kurzschlußwicklung K aufgehoben würde.

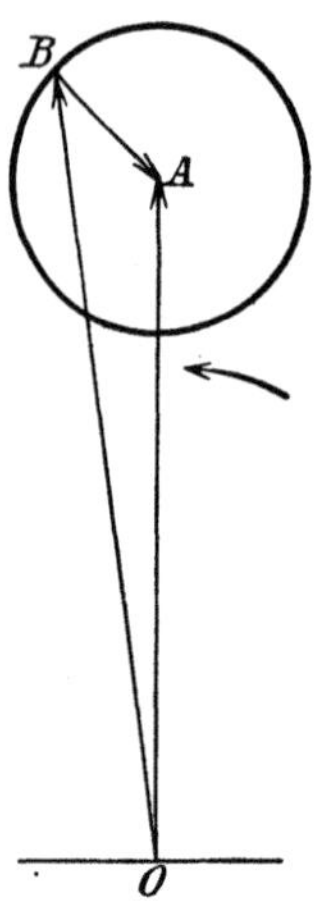

Bild 352. Verringerung der Spannung OB auf OA.

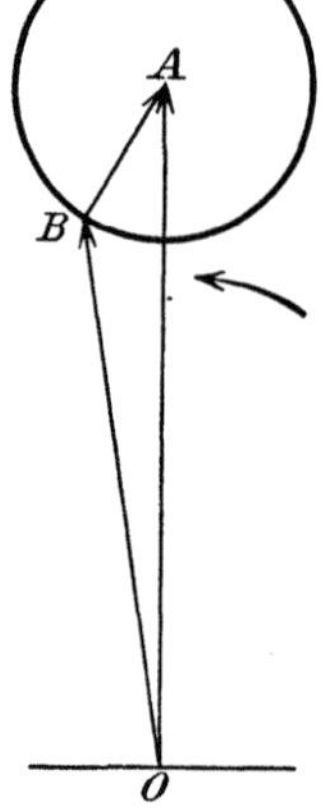

Bild 353. Erhöhung der Spannung OB auf OA.

Bei Drehstrom-Induktionsreglern entsteht nach Abschn. 122 ein Drehfeld. Dabei hat eine Verdrehung der Trommel keinen Einfluß auf die Größe der in der zweiten Spule erzeugten Spannung. Statt dessen ändert sich die Phase dieser Spannung. Man benutzt dies in den Zusatztransformatoren von Unterwerken, um die Netzspannung bei Schwankungen der dem Unterwerk zugeführten Spannung ungeändert zu halten. Man speist dabei die Wicklung auf der drehbaren Trommel von der gleichbleibenden Netzspannung und schaltet die Wicklung auf dem Ständer in den Hauptschluß. In Bild 352 und 353 ist OB die vom Kraftwerk dem Unterwerk zugeführte Spannung. Zu ihr fügt sich geometrisch die Spannung BA der Ständerwicklung des Zusatztransformators. Durch Änderung der Phase dieser Spannung wird die Netzspannung OA trotz der Verschiedenheit der Spannung OB auf demselben Betrag gehalten. Da beide Wicklungen, wie beim Drehstrommotor, ein Drehmoment aufeinander ausüben, so müssen besondere Vorkehrungen zum Festhalten des drehbaren Teiles getroffen werden.

In Bild 352 und 353 ändert sich die Phase der Netzspannung um den Winkel AOB gegenüber der Spannung des Kraftwerkes. Dies muß vermieden werden, wenn im Netz Transformatoren auf beiden Seiten parallel geschaltet werden sollen. Man muß dann zwei gleiche Induktionsregler in Reihe schalten, deren Zusatzspannungen gegen die Spannung des Kraftwerkes in entgegengesetztem Sinne verschoben sind. Die Summe der Zusatzspannungen und damit auch die Gesamtspannung ist dann in Phase mit der Kraftwerkspannung.

100. Der Magnetisierungsstrom des Transformators.

Bei Leerlauf, d. h. bei offenem Stromkreis der zweiten Spule, ist nur die erste Spule wirksam. Die an sie gelegte primäre Spannung erzeugt einen Strom und dieser einen Fluß, dessen zeitliche Änderung eine erzeugte Spannung hervorruft. Diese Spannung ist unter Vernachlässigung des bei Leerlauf immer sehr kleinen inneren Ohmschen Spannungsverbrauches entgegengesetzt gleich der primären Klemmenspannung. Ist Φ der Höchstwert des Flusses, w_1 die primäre Windungszahl und f die Frequenz, so ist die primäre Spannung nach Gl. (23) auf S. 141

$$U_1 = 4{,}44 \cdot \Phi \cdot w_1 \cdot f. \qquad (1)$$

Der Fluß besteht aus einem Streufluß, der nur mit den primären Windungen verkettet ist und bei Leerlauf vernachlässigt werden kann, und einem Fluß im Eisen, der auch von den sekundären Windungen umfaßt wird. Ist also w_2 die sekundäre Windungszahl, so ist die in der sekundären Spule induzierte Spannung und damit die Klemmenspannung

$$U_2 = 4{,}44 \cdot \Phi \cdot w_2 \cdot f. \qquad (2)$$

Die Spannungen bei Leerlauf verhalten sich also wie die Windungszahlen.

Der bei Leerlauf zufließende Strom ist nun dadurch vorgeschrieben, daß er den durch die primäre Klemmenspannung bedingten Fluß erzeugen muß. Er ist immer sehr klein gegenüber dem Nennstrom. Wenn wir die Eisenverluste vernachlässigen, ist der Leerstrom ein reiner Magnetisierungsstrom und bleibt um 90^0 hinter der primären Spannung zurück. Er ist daher ein Blindstrom. Wir wollen nun den Magnetisierungsstrom vorausberechnen. Es sei bei $f = 50$ Hertz

die Primärspannung $U_1 = 2000$ Volt	der Eisenquerschnitt $F = 850\ \text{cm}^2$
die Windungszahl $w_1 = 106$.	die Weglänge im Eisen $l = 110$ cm.

Dann ist

$$\Phi = \frac{U_1}{4{,}44 \cdot f \cdot w_1} = 8{,}5 \cdot 10^{-2}\ \text{Voltsek} \qquad \mathfrak{B}_m = \frac{8{,}5 \cdot 10^{-2} \cdot 10^8}{850} = 10000\ \text{Gauß}.$$

Dafür ergibt Bild 46 3 Amperewindungen/cm. Der Höchstwert der Erregung für den Eisenweg beträgt also $3 \cdot 110 = 330$ Amperewindungen.

Dazu kommt die Erregung für die Stoßfugen zwischen Kernen und Joch. Die Stoßfugen sind entweder verzapft, wobei an der Stoßstelle je ein Kernblech und ein Jochblech abwechselnd aufeinander liegen, oder sie sind stumpf mit Papierzwischenlagen zwischen Joch und Kern.

Jede Stoßfuge kann man bei Verzapfung gleich einer Luftlänge von 0,0035 cm, bei stumpfem Stoß einer Luftlänge von 0,0135 cm gleichsetzen. Die Erregung für die Stoßfugen berechnet sich dann wie beim Luftspalt einer Dynamomaschine.

Im obigen Beispiel ist sie bei vier verzapften Stoßfugen eines Einphasentransformators

$$(I \cdot w)_l = \frac{\mathfrak{B}_m \cdot l}{\Pi_0} = \frac{10000 \cdot 10^{-8} \cdot 4 \cdot 0{,}0035}{4\pi \cdot 10^{-9}} = 112 \text{ Amperewindungen.}$$

Die Gesamterregung ist also $330 + 112 = 442$ Amperewindungen. Bei $w_1 = 106$ ist dann der zugehörige Höchstwert des Magnetisierungsstromes $i_m = 442 : 106 = 4{,}15$ Amp. und der Effektivwert $I_\mu = 4{,}15 : \sqrt{2} = 3$ Amp.

Beim Drehstromtransformator mit drei Kernen und gemeinsamen Jochen berechnet man den Höchstwert i_m des Magnetisierungsstromes in einem der äußeren Kerne nach dem Durchflutungsgesetz. Wenn man davon absieht, daß die drei Kerne in einer Ebene eine Unsymmetrie verursachen, ist der Strom des mittelsten Kernes gleich $0{,}5\, i_m$ in dem Zeitpunkt, wo der Strom im äußeren Kern gleich dem Höchstwert ist. Die Durchflutung des Fensters ist also $1{,}5\, i_m \cdot w_1$.

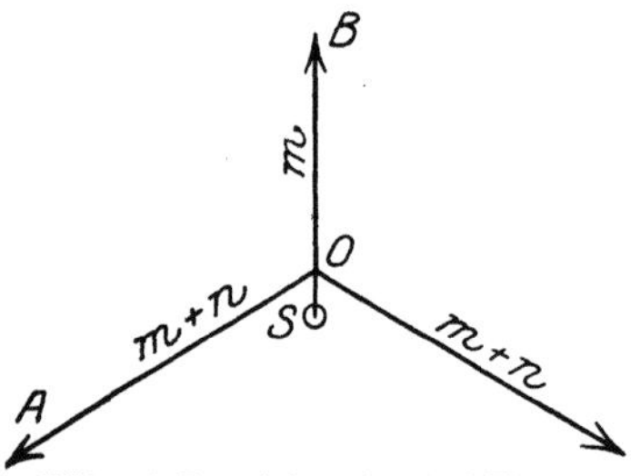

Bild 354. Leerströme der drei Kerne.

Der Höchstwert der Induktion sei nun $\mathfrak{B}_m$ und dieser entspreche aus der Magnetisierungskurve eine Feldstärke $\mathfrak{H}_1$. Da der Höchstwert des Flusses des äußeren Kernes sich in den beiden andern Kernen praktisch in zwei annähernd gleiche Teile teilt, so ist die Induktion im mittleren Kern gleich $0{,}5\, \mathfrak{B}_m$. Ihr entspreche die Erregung $\mathfrak{H}_2$ für die Längeneinheit. Ist dann l_k die Kernlänge, l_J die doppelte Länge des Joches zwischen äußerem und mittlerem Kern und l_l die Luftlänge zweier Stoßfugen, so ergibt sich nach dem Durchflutungsgesetz

$$\mathfrak{H}_1 (l_k + l_J) + \mathfrak{B}_m \cdot l_l : \Pi_0 + \mathfrak{H}_2 \cdot l_k + \mathfrak{B}_m \cdot l_l : 2\Pi_0 = 1{,}5 \cdot \sqrt{2}\, I_\mu \cdot w_1. \qquad \text{(a)}$$

Setzt man $\mathfrak{B}_m$ in Voltsek/cm², die Längen l in cm, I in Amp. und $\mathfrak{H}$ in Amp/cm ein, so hat man $\Pi_0 = 4\pi \cdot 10^{-9}$ Henry/cm zu setzen.

Da man hierbei so vorgeht, als wenn die verhältnismäßig geringe magnetische Leitfähigkeit, die im Zeitpunkt der größten Induktion vorhanden ist, während der ganzen Periode auftritt, so gibt Gl. (a) einen Magnetisierungsstrom, der etwas zu groß ist.

Wir ermitteln nun bei Sternschaltung ohne Nulleiter unter Annahme einer konstanten Leitfähigkeit den Einfluß der Unsymmetrie der drei Kerne. Es sei m der magnetische Spannungsverbrauch im Kern und n der in den beiden zugehörigen Jochhälften. Wenn wir zunächst von einer Verschiebung des Potentials des Sternpunktes absehen, so sind bei symmetrischen Netzspannungen auch die erzeugten Gegenspannungen und damit auch die Flüsse symmetrisch. Die drei magnetischen Spannungsverbrauche bilden also Winkel von 120° (Bild 354). Es seien dann $\mathfrak{A}$, $\mathfrak{B}$ und $\mathfrak{C}$ die Leerlauferregungen auf den drei Kernen. Wir zeichnen dann eine geschlossene Kurve, die durch einen Kern hin und durch einen anderen zurückläuft und dabei die mit entgegengesetztem Vorzeichen einzusetzenden Stromdrähte beider Kerne umschließt. Wir erhalten dann nach dem Durchflutungsgesetz

$$m_1 + n_1 - m_2 = \mathfrak{A} - \mathfrak{B} \qquad m_2 - m_3 - n_3 = \mathfrak{B} - \mathfrak{C}.$$

Wir ziehen beide Gleichungen voneinander ab, setzen $\mathfrak{A} + \mathfrak{B} + \mathfrak{C} = 0$ und wegen der Symmetrie der Flüsse $m_1 + m_2 + m_3 = 0$. Dann erhalten wir

$$\mathfrak{B} = m_2 - \frac{n_1 + n_3}{3} \qquad \mathfrak{A} = m_1 + n_1 - \frac{n_1 + n_3}{3} \qquad \mathfrak{C} = m_3 + n_3 - \frac{n_1 + n_3}{3}.$$

Die Erregungen auf den drei Kernen enthalten also eine überall gleiche zusätzliche Erregung $SO = -(n_1 + n_3) : 3$, die sich zu dem für Erzeugung des Flusses nötigen magnetischen Spannungsverbrauch addiert, und deren magnetische Wirkung sich in den drei geschlossenen magnetischen Kreisen aufhebt. Dann werden $\mathfrak{A}$, $\mathfrak{B}$, $\mathfrak{C}$ durch SA, SB und SC dargestellt. S liegt dabei im Schwerpunkt, wodurch die Bedingung erfüllt ist, daß die Summe der drei Ströme Null ist.

Da die Strangspannungen gegen die Flüsse und damit gegen OA, OB und OC um 90° voreilen, so wird der Winkel zwischen Strom und Spannung im Strang 1 stumpf, im Strang 3 spitz. Der Strang 3 empfängt also aus dem Netz eine Leistung, die aus dem Strang 1 dem Netz zurückgegeben wird.

Wie auf S. 219 wird die auf allen drei Kernen gleich große und phasengleiche zusätzliche Erregung einen wilden Streufluß schaffen, durch den die drei Sternspannungen etwas unsymmetrisch werden. Der Einfluß wird aber nur gering sein.

101. Einfluß der Sättigung[1].

1. Einphasenstrom und Drehstrom mit Sternschaltung und primärem Nulleiter. Bei sinusförmiger Spannung ist die Induktion in Bild 356 eine Sinusfunktion der Zeit. Infolge der Sättigung ist dann die Kurve des Magnetisierungsstromes i verzerrt. Sie enthält eine Grundwelle i_1 und eine Reihe von Oberwellen, von denen die dritte überwiegt. In Bild 355 und 356 ist angenommen, daß nur Grundwelle i_1 und dritte Oberwelle i_3 vorhanden sind. Wenn die Hysteresis vernachlässigt wird, ist die Stromkurve symmetrisch zu ihrer größten Senkrechten, d. h. i_1 und i_3 sind Null für $t=0$. Die Kurven sind aus der Magnetisierungskurve in Bild 355 abgeleitet, indem die schräge Gerade so gezogen ist, daß die größten wagerechten Abstände zwischen ihr und der Magnetisierungskurve entgegengesetzt gleich werden. Für $\mathfrak{B} = OA$ ist $i = AB = DE$ und, da $\mathfrak{B}$ und i_1 einander proportional sind, $i_1 = AC = DF$, also $i_3 = CB = DG$.

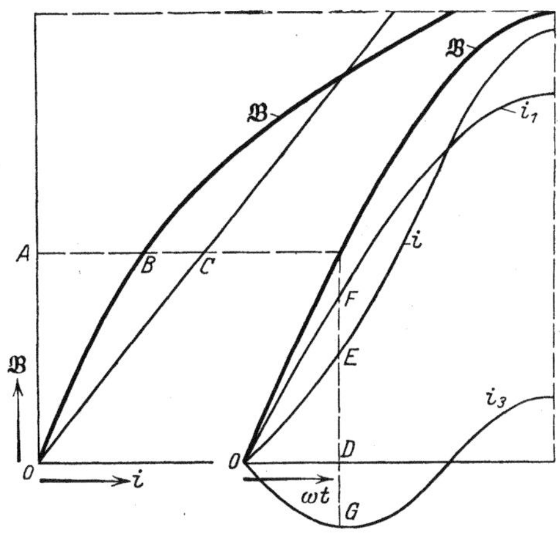

Bild 355. Magnetisierungskurve. Bild 356. Stromkurven.

2. Drehstrom mit Sternschaltung ohne primären Nulleiter. Die Sekundärwicklung sei zunächst in Stern geschaltet. Ströme dreifacher Ordnungszahl können jetzt nicht auftreten, da sie in den drei Zuleitungen eine Verschiebung von 120° besitzen, also phasengleich sein würden, wodurch ihre Summe nicht gleich Null würde. Wenn wir also von Strömen noch höherer Ordnungszahl absehen, ist die Stromkurve in Bild 358 sinusförmig. Dadurch wird dann die Kurve der Induktion und damit die der Strangspannung verzerrt. Sie enthält dann Oberwellen, von denen wieder die dritte vorherrscht. Bild 358 ist aus Bild 357 entwickelt wieder unter der Annahme, daß neben der Grundwelle nur eine dritte Oberwelle vorhanden ist. Die Gerade in Bild 357 wird dabei so gezeichnet, daß die größten senkrechten Abstände zwischen ihr und der Magnetisierungskurve entgegengesetzt gleich sind. Für einen Strom $OA = DF$, d. h. für eine Induktion AC, ist dann, da $\mathfrak{B}_1$ und i einander proportional sind, $\mathfrak{B}_1 = AB = DG$ und $\mathfrak{B}_3 = BC = DE$.

Der Fluß dreifacher Frequenz erzeugt Spannungen, die in den drei Strängen gleichphasig sind, die sich also, da stets zwei Stränge gegeneinander geschaltet sind, in der Netzspannung nicht bemerkbar machen. Dagegen hat der Sternpunkt gegen-

[1] Vgl. Vidmar, Die Oberwellen des Magnetisierungsstromes von Transformatoren. E. u. M. 1923.

über den Klemmen eine übergelagerte Spannung dreifacher Frequenz, d. h. gegen den Sternpunkt der Belastung oder gegen Erde eine Spannung dritter Ordnungszahl.

Bei einem Dreiphasen-Kerntransformator treten die Flüsse dreifacher Frequenz, da sie gleichphasig sind und oberhalb des mittelsten Kernes aufeinanderstoßen, nach Bild 382 seitlich aus und bilden einen wilden Streufluß. Er wird oft dadurch nachteilig, daß er sich über benachbarte Eisenteile, z. B. über die Kesselwand, schließt und eine zusätzliche Erwärmung verursacht.

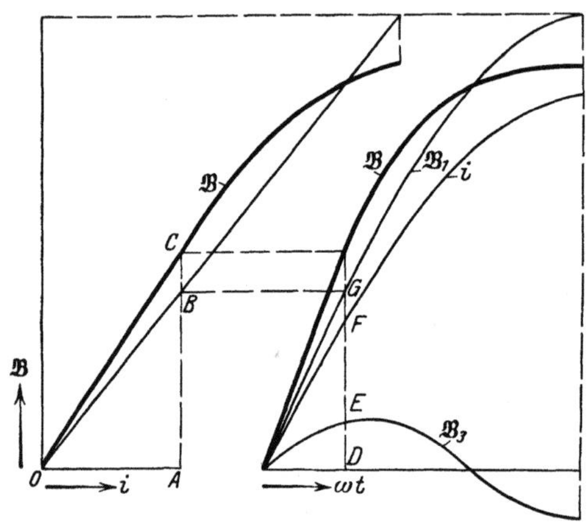

Bild 357. Magnetisierungskurve.

Bild 358. Kurven der Induktion.

Ist die Sekundärseite in **Dreieck** geschaltet, so entsteht durch die in allen Strängen gleichphasige Spannung dreifacher Frequenz ein Kurzschlußstrom von dreifacher Ordnungszahl im Dreieck. Die Spannung dreifacher Frequenz wird dadurch im inneren Ohmschen Widerstand verbraucht und tritt wieder im Netz nicht in Erscheinung. Gleichzeitig dämpft der Kurzschlußstrom das Feld dreifacher Frequenz nahezu ab. Er ergänzt dabei den Strom einfacher Frequenz derartig, daß das Feld sinusförmig wird. Dasselbe Ergebnis erhält man bei Stern-Sternschaltung durch eine im Dreieck geschaltete dritte Wicklung.

3. **Dreieckschaltung primär.** Jetzt ist sowohl die Induktion sinusförmig, als auch der Netzstrom, wenn von Wellen abgesehen wird, deren Ordnungszahl größer ist als drei. Im geschlossenen primären Dreieck entsteht, ebenso wie früher im sekundären Dreieck, ein Strom dreifacher Frequenz. Er ergänzt den vom Netz gelieferten Strom so, daß trotz der Sättigung die geforderte sinusförmige Induktion zustande kommt.

102. Die Eisenverluste.

Neben dem Blindstrom nimmt der Transformator bei Leerlauf noch einen **Wirkstrom** auf, der die zur Deckung der Eisenverluste erforderliche Leistung zuführt. Diese Eisenverluste bestehen aus dem **Hysteresis**verlust und dem **Wirbelstrom**verlust.

Der Einfluß der Hysteresis läßt sich aus der Hysteresisschleife in Bild 359 ableiten. Wir tragen z. B. für einen Einphasentransformator in Bild 360 die Zeit wagerecht und den Zeitwert der Induktion senkrecht auf und erhalten bei sinusförmiger Klemmenspannung eine Sinuskurve.

Für die Induktion EB ist der Strom nach Bild 359 gleich OB. Diesen Wert übertragen wir für die gleiche Induktion EB nach Bild 360.

Die Kurve, die man so erhält, stellt den zeitlichen Verlauf des Magnetisierungsstromes mit Berücksichtigung der Hysteresis dar. Sie ist keine Sinuskurve mehr, so daß sich der Strom nicht mehr durch einen Strahl darstellen läßt. Theoretisch müßte man die Stromkurve nach **Fourier** in Wellen verschiedener Frequenz zerlegen und nur mit der Grundwelle arbeiten. Diese eilt, wie ja schon ein Blick auf Bild 360 ergibt, der Induktion um einen bestimmten Winkel vor. Dadurch kommt es dann, daß der Strom jetzt nicht mehr reiner Blindstrom ist, daß also der Transformator bei Leerlauf eine Leistung aufnimmt.

Zu dem **Hysteresis**verlust kommt der Wirbelstromverlust hinzu. In Bild 361 ist ein Schnitt durch ein Transformatorblech gezeichnet. Die Stärke der Bleche sei a, die Länge b und die Tiefe senkrecht zur Zeichenebene c. Die Induktion ist senkrecht zu diesem Schnitt gerichtet. Der Wirbelstromfaden von der Breite dx und der Tiefe c im Abstand x von der Blechmitte hat den gezeichneten Verlauf. Da die Blechstärke a

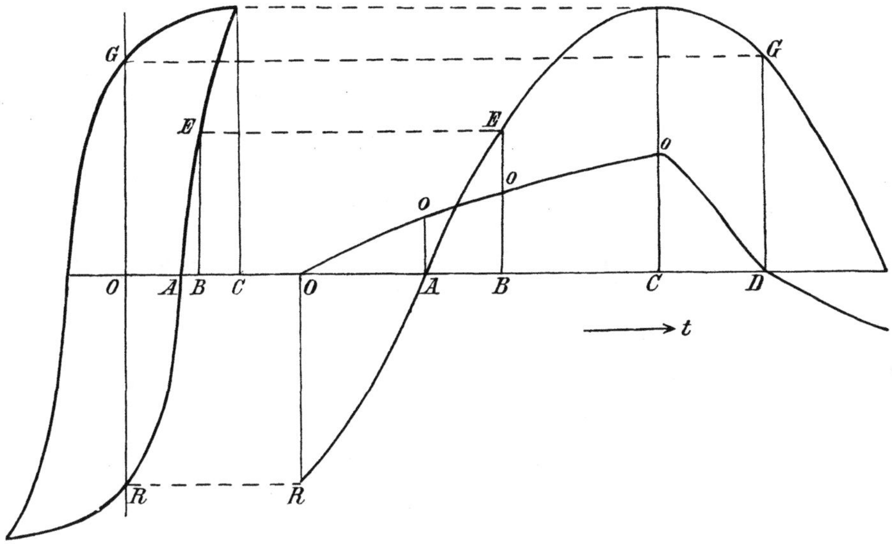

Bild 359. Hysteresisschleife.

Bild 360. Magnetische Induktion und Leerstrom in Abhängigkeit von der Zeit.

gegenüber der Länge b sehr klein ist, so ist der Höchstwert des Flusses, der von dem Faden umschlossen wird, $\Phi = \mathfrak{B}_m \cdot 2x \cdot b$.

Nach Gl. (23) auf S. 141 ist also der Effektivwert der Spannung, die den Strom durch den Widerstand des Fadens treibt, bei der Windungszahl $w = 1$

$$E_x = 4{,}44 \cdot \Phi \cdot w \cdot f = 4{,}44 \cdot \mathfrak{B}_m \cdot 2x \cdot b \cdot f = k_1 \cdot x,$$

wo $k_1 = 4{,}44 \cdot \mathfrak{B}_m \cdot 2b \cdot f$ ist.

Wir verstehen nun unter $\mathfrak{B}_m$ den Höchstwert des wirklichen Feldes, das durch den Magnetisierungsstrom des Transformators und durch die magnetische Wirkung der Wirbelströme zustande kommt. Dann wird die von diesem Feld erzeugte Spannung allein für Ohmschen Widerstand verbraucht. Nun ergibt sich der Leitwert eines geschlossenen Wirbelstromfadens von der Breite dx beim spezifischen Widerstand ϱ zu $c \cdot dx : 2b\varrho = k_2 dx$, wo $k_2 = c : 2b\varrho$ ist. Demnach ist der Wirbelstromverlust

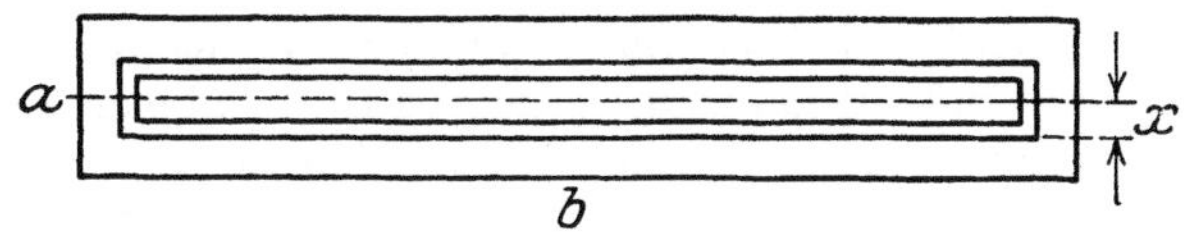

Bild 361. Schnitt durch ein Blech.

$$N = \int_0^{a/2} E_x^2 \cdot k_2 \cdot dx = k_1^2 \cdot k_2 \left| \frac{x^3}{3} \right|_0^{a/2} = k_1^2 \cdot k_2 \frac{a^3}{24}.$$

Führt man k_1 und k_2 ein und setzt $a \cdot b \cdot c$ gleich dem Volumen V des Bleches, so erhält man den Verlust zu

$$N = 1{,}65 \frac{(\mathfrak{B}_m \cdot f \cdot a)^2}{\varrho} \cdot V.$$

Es werde nun gemessen: der Verlust in Watt, die Induktion in Gauß, die Frequenz in Hertz, die Blechstärke in mm, das Volumen in cdm und der spezifische Widerstand in Ohm$\times$mm²:m. Dann erhalten wir nach S. 60

$$N = 1{,}65 \frac{(10^{-8}\,\mathfrak{B}_m \cdot f \cdot 10^{-1} \cdot a)^2}{\frac{\varrho \cdot 10^{-2}}{100}} \cdot V \cdot 10^3 \cdot$$

Wird dann noch das Gewicht in kg statt des Volumens in cm³ eingeführt, so hat man rechts noch mit dem spezifischen Gewicht 7,7 zu teilen. Man erhält

$$N = \frac{1{,}65}{7{,}7\,\varrho} \cdot 10^{-11}\,(\mathfrak{B}_m \cdot f \cdot a)^2 \cdot G.$$

Der spezifische Widerstand ϱ des gewöhnlichen Eisens ist dabei etwa 0,4 Ohm$\times$mm²:m, während er bei hochlegiertem Blech etwa das Fünffache ist.

Im praktischen Falle muß man allerdings wegen unvollkommener Isolierung der Bleche und wegen zusätzlicher Verluste durch Oberwellen erhebliche Zuschläge machen.

Es sei nun I_h der Wirkstrom, der die ganzen Eisenverluste einschließlich der Wirbelstromverluste deckt. Dann besteht der Leerstrom I_0 nach Bild 362 aus einem Blindstrom oder Magnetisierungsstrom I_μ, der gegen die Spannung U_1 um 90° nach-

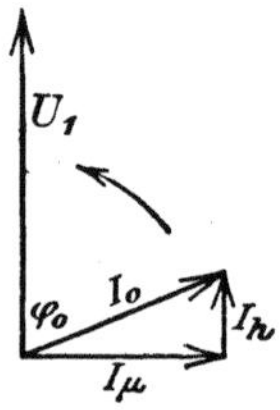

Bild 362. Leerlauf.

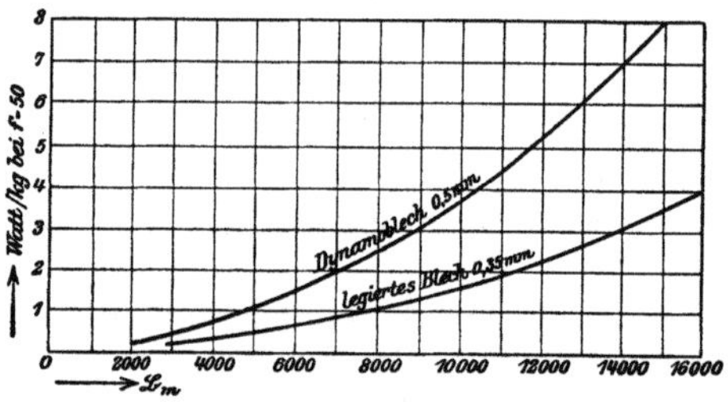

Bild 363. Verlust in Watt/kg bei der Frequenz 50 Hertz (nach Arnold u. la Cour, Transformatoren. 2. Aufl.).

eilt und mit der Induktion gleiche Phase hat, und einem Wirkstrom I_h, der mit der Spannung gleiche Phase besitzt. Mißt man bei Leerlauf die für die Eisenverluste zugeführte Leistung N_0, die Spannung U_1 und den Strom I_0, so wird

$$\cos\varphi_0 = \frac{N_0}{U_1 \cdot I_0}, \quad (3) \qquad I_h = \frac{N_0}{U_1}, \quad (4) \qquad I_\mu = \sqrt{I_0^2 - I_h^2}. \quad (5)$$

Bei der Vorausberechnung kann der Verlust in Watt/kg bei der Frequenz 50 Hertz aus Bild 363 entnommen werden. In dem obigen Beispiel war $U_1 = 2000$ Volt und $\mathfrak{B}_m = 10000$ Gauß. Bei dieser Induktion ist der Verlust für 1 kg bei legiertem Blech nach Bild 363 gleich 1,7 Watt. Das Eisengewicht sei $G = 800$ kg. Dann ist der Leerlaufverlust $N_0 = 800 \cdot 1{,}7 = 1360$ Watt. Demnach ist der Wirkstrom $I_h = N_0/U_1 = 0{,}68$ Amp. Bei dem oben berechneten Magnetisierungsstrom $I_\mu = 3$ Amp. ist also der Leerstrom $I_0 = \sqrt{I_\mu^2 + I_h^2} = 3{,}07$ Amp.

103. Der Transformator bei Belastung.

Bei Leerlauf bewirkt die erzeugte Gegenspannung, die der Klemmenspannung fast entgegengesetzt gleich ist, daß die primäre Spule nur den geringen Leerstrom aufnimmt. Diese Wirkung der Selbstinduktion hört scheinbar bei Belastung auf. Dies erklärt sich daraus, daß die primäre Wicklung nun nicht mehr allein unter dem Einfluß ihrer eigenen Selbstinduktion, sondern auch unter dem der gegenseitigen Induktion der zweiten Spule steht. Bei Stromentnahme aus der zweiten Spule fließt daher ein entsprechender Strom in die erste Spule hinein.

Nach dem Gesetz von der Erhaltung der Arbeit ist die sekundär abgegebene Leistung unter Vernachlässigung der Verluste gleich der primär zugeführten Leistung, d. h. $U_1 \cdot I_1 \cos\varphi_1 = U_2 I_2 \cdot \cos\varphi_2$. Vernachlässigen wir den geringen Magnetisierungsstrom, so sind auch die Blindleistungen einander gleich, d. h. $U_1 \cdot I_1 \sin\varphi_1 = U_2 I_2 \cdot \sin\varphi_2$. Daraus folgt $\varphi_1 = \varphi_2$ und $U_1 \cdot I_1 = U_2 \cdot I_2$. Da sich die Spannungen wie die Windungszahlen verhalten, so verhalten sich die Ströme umgekehrt wie die Windungszahlen. Demnach ist bei Vernachlässigung des Magnetisierungsstromes $I_1 \cdot w_1 = I_2 \cdot w_2$.

Dies wird sehr anschaulich, wenn wir nach Kapps Vorgang die magnetischen Wirkungen beider Ströme ins Auge fassen. Durch die an die erste Spule gelegte Klemmenspannung ist unter Vernachlässigung des primären Spannungsverlustes eine gleich große erzeugte Gegenspannung, also auch ein bestimmter Fluß vorgeschrieben, gleichgültig, ob Sekundärstrom entnommen wird oder nicht. Zur Erzeugung dieses Flusses ist eine bei allen Zuständen gleiche Erregung nötig, die bei Leerlauf gleich dem Produkt $I_0 \cdot w_1$, bei Betrieb dagegen gleich der geometrischen Summe $I_1 \cdot w_1$ und $I_2 \cdot w_2$ ist. Wenn wir also alle Produkte durch w_1 teilen, ist der Leerstrom I_0 die geometrische Summe aus dem primären Strom I_1 und dem Strom $I_2 \cdot w_2/w_1$. Wir setzen nun $I_2 \cdot w_2/w_1$ gleich I_{II} und bezeichnen diesen Strom als den auf gleiche Windungszahl umgerechneten Sekundärstrom (Bild 364 bis 366).

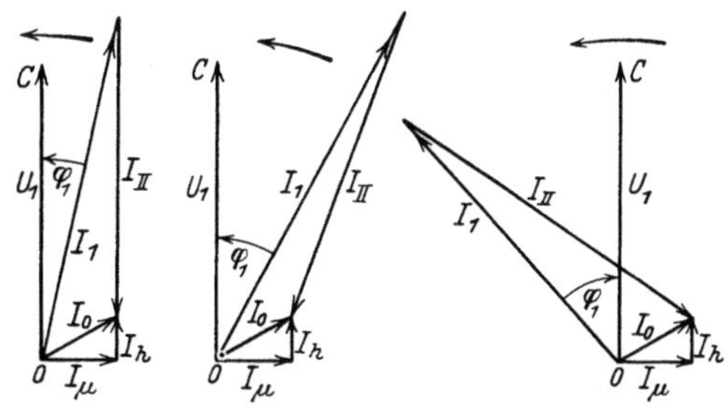

Bild 364. Bild 365. Bild 366.
Ströme des Transformators
Belastung durch Wirkstrom. Induktive Belastung. Kapazitive Belastung.

Bei Stromentnahme aus der sekundären Spule fließt also in die primäre Spule so viel Strom zu, daß die magnetische Wirkung der sekundären Erregung durch Erhöhung der primären Erregung ausgeglichen wird. Die beiden Ströme haben dabei im wesentlichen entgegengesetzte Phase. Dies geht auch aus der Überlegung hervor, daß die erzeugte Spannung in beiden Spulen von demselben Fluß herrührt, also gleiche Phase hat. Der primäre Strom ist nun, wie bei einem Motor, der erzeugten Spannung wesentlich entgegengerichtet, während der sekundäre Strom, der wie bei einem Stromerzeuger von der erzeugten Spannung geliefert wird, wesentlich gleiche Phase mit ihr hat.

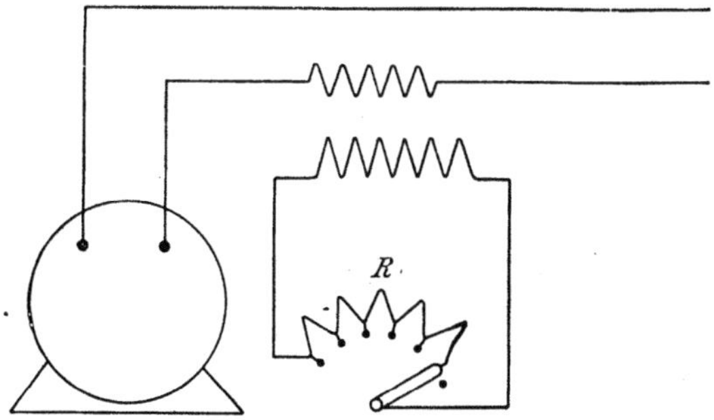

Bild 367. Reihentransformator.

In Bild 364 bis 366 ist CO die in der primären Spule erzeugte Gegenspannung und OC die Klemmenspannung U_1. Nun ist $U_1 = U_2 \cdot w_1/w_2$. Wir nennen $U_2 \cdot w_1/w_2$ die auf das Windungsverhältnis 1 umgerechnete Sekundärspannung und bezeichnen sie mit U_{II}.

Unsere Entwicklungen gelten ebensowohl für den meist vorliegenden Fall, daß die Transformatoren primär an einer festen Netzspannung liegen, wie für den Fall des Strom- oder Reihentransformators in Bild 367, wo die primäre Wicklung im Hauptschluß liegt. Wir wollen annehmen, daß die Sekundärwicklung auf einen äußeren Wirkwiderstand R geschaltet ist, den wir von ∞ bis 0 ändern. Die Spannung an der ersten Spule sei in allen Fällen so klein, daß Änderungen am Transformator den ins Netz fleißenden Strom nicht beeinflussen. Dann ist I_1 nach Größe und Phase unveränderlich (Bild 368). Da die sekundäre Belastung induktionslos ist, so steht der Strahl des sekundären Stromes nach Bild 364 senkrecht auf dem des Magnetisierungsstrom I_μ, d.h. der Endpunkt des Strahles I_μ beschreibt einen Kreis über dem Durchmesser I_1. Da die Primärspannung unter Voraussetzung geringer Sättigung dem Magnetisierungsstrom proportional ist und diesem Strom um 90° voreilt, so beschreibt der Endpunkt ihres Strahles ebenfalls einen Kreis, dessen Durchmesser auf dem Strahl I_1 senkrecht steht.

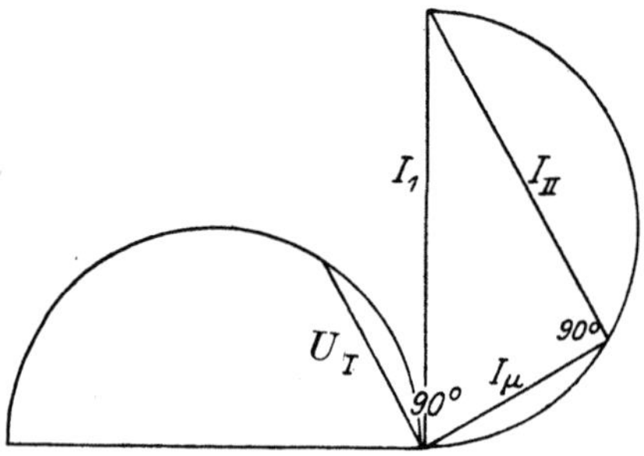

Bild 368. Reihentransformator.

Für $R = \infty$ ist die Sekundärspule offen, $I_2 = 0$, also $I_\mu = I_1$. Die Primärspannung ist dabei am größten, da der ganze, ins Netz fließende Strom, ohne daß eine Gegenmagnetisierung durch den sekundären Strom erfolgt, magnetisiert. Der Kraftfluß wird dabei so groß, daß die Isolation der Wicklung infolge der großen Eisenwärme verbrennt. Bei Stromwandlern für Meßzwecke, bei denen der Sekundärkreis durch einen Stromzeiger gebildet wird, darf man also den Sekundärkreis nie öffnen.

Ist $R = 0$, wie dies angenähert bei den Stromwandlern für Meßinstrumente der Fall ist, so ist die Sekundärspule kurzgeschlossen und I_{II} wird gleich I_1. Dabei ist der Magnetisierungsstrom und die Spannung fast gleich Null. Ein Kurzschluß bedeutet also hier keine Erhöhung der Stromstärke, sondern ein Sinken der primären Spannung des Stromwandlers auf Null.

104. Berücksichtigung der Spannungsverluste.

Die Spannungsverluste werden zunächst durch den Wirkwiderstand R_1 und R_2 der beiden Spulen verursacht.

Weiter wird ein Spannungsverlust dadurch verursacht, daß neben dem gemeinsamen nützlichen Fluß im Eisen, der beide Spulen durchsetzt, noch Streuflüsse auftreten, die nur mit einer einzelnen Spule verkettet sind, also einen schädlichen Spannungsverlust durch Selbstinduktion zur Folge haben. Liegen primäre und sekundäre Spule, wie in Bild 369 auf verschiedenen Kernen, so wird der Streufluß ganz unzulässig groß, und die Sekundärspannung kann bei Belastung bis auf Null heruntergehen.

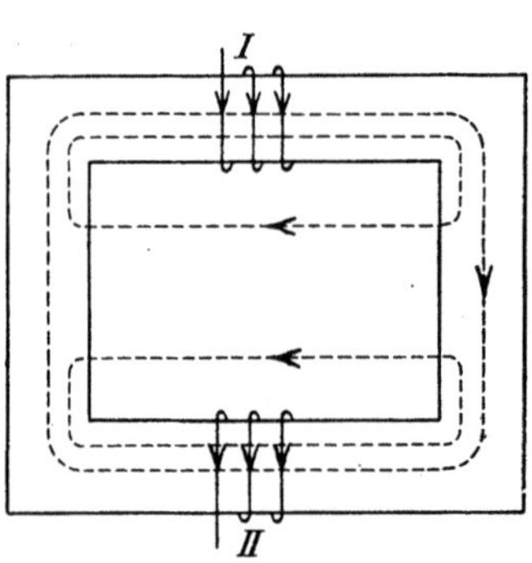

Bild 369. Nutzfluß und Streuflüsse.

Die Streuflüsse sind den Strömen, von denen sie erzeugt werden, proportional. Die durch die Streuung verursachten induktiven Widerstände seien x_1 und x_2. Primäre Spannung, Stromstärke und Leistung, also auch die Phasenverschiebung im primären Kreis, seien gemessen. Das Windungsverhältnis sei zunächst gleich Eins.

Von der primären Spannung $U_1 = OA$ (Bild 370) zieht sich jetzt ab $I_1 R_1 = CA$ in Phase mit I_1 und $I_1 x_1 = EC$ um 90° gegen I_1 voreilend. Der Rest OE der Primärspannung dient dazu, die durch den gemeinsamen Fluß erzeugte Spannung $E_1 = EO$, die gegen I_μ um 90° nacheilt, zu überwinden.

Bei dem Windungsverhältnis Eins ist die in der Sekundärspule erzeugte Spannung E_2 ebenfalls gleich EO. Von ihr zieht sich ab $I_2 \cdot x_2 = CF$, um 90° gegen I_2 voreilend, und $I_2R_2 = FB$ in Phase mit I_2. Der Rest BO ist die von Sekundärspule geliefert**e** Klemmenspannung. Sie hat wesentlich entgegengesetzte Phase wie die primäre Spannung. Wir wollen jedoch unter U_2 eine dem Transformator von einem sekundären Netz aufgedrückte Spannung verstehen, die also durch OB gegeben ist und wesentlich dieselbe Phase hat wie die Primärspannung.

Ist das Windungsverhältnis nicht gleich Eins, so ist $EO = E_1 = E_2 \cdot w_1/w_2$ und $I_{II} = I_2 \cdot w_2/w_1$. Bild 370 gilt also auch für diesen Fall, wenn die auf das Windungsverhältnis Eins umgerechneten Werte des Sekundärstromes und der sekundären Spannungen eingetragen werden. Es ist also z. B.

$$FB = I_2 \cdot R_2 \cdot \frac{w_1}{w_2} = \frac{I_2 \cdot w_2}{w_1} \cdot R_2 \cdot \frac{{w_1}^2}{{w_2}^2} = I_{II} \cdot R_{II}.$$

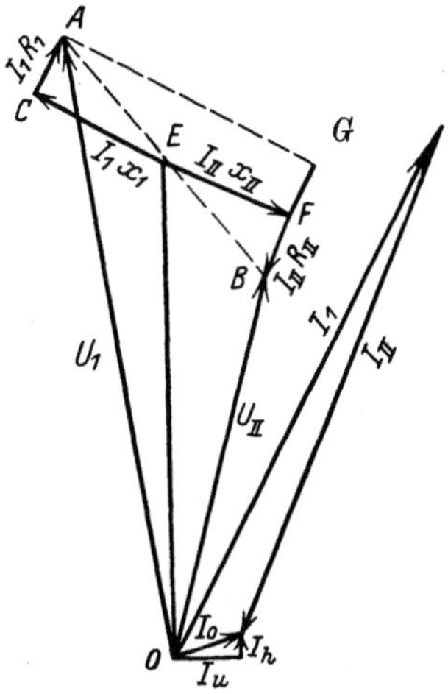

Bild 370. Strom- und Spannungsbild.

Man bezeichnet dabei R_{II} als den auf das Windungsverhältnis Eins umgerechneten Sekundärwiderstand. Ebenso ist dann $EF = I_{II} \cdot x_{II}$, wo $x_{II} = x_2 \cdot w_1^2/w_2^2$ ist.

Bild 370 ist nun gleichzeitig, genauer nach Drehung um 90⁰, ein Flußbild. Darin ist OC der Fluß innerhalb der primären Spule. Nach Abzug des primären Streuflusses EC bleibt der Fluß OE. Er wird in Bild 371 durch die bei A und B im Eisen verlaufenden Kraftlinien dargestellt. Davon zieht sich der sekundäre Streufluß FE ab und es bleibt ein Fluß OF übrig. Die Spannung, die durch diesen erzeugt wird, deckt den sekundären Spannungsverbrauch im inneren Ohmschen Widerstand und im äußeren Kreise.

Nach Bild 371 denken wir also auch den sekundären Streufluß als einen Teil des Flusses im primären Teil und lassen ihn erzeugt sein von der Komponente des primären Stromes, der dem sekundären Strom das Gleichgewicht hält. Größe und Phase dieses Streuflusses hängen aber nach wie vor vom sekundären Strom ab, durch dessen Gegenwirkung er in den Streuweg gedrängt wird.

Bei Leerlauf geht fast der gesamte Fluß den Eisenweg und durch die sekundäre Spule. Je größer der sekundär entnommene Strom wird, desto größer wird der Streufluß, desto kleiner der von der Sekundärspule umfaßte Fluß und damit die Sekundärspannung.

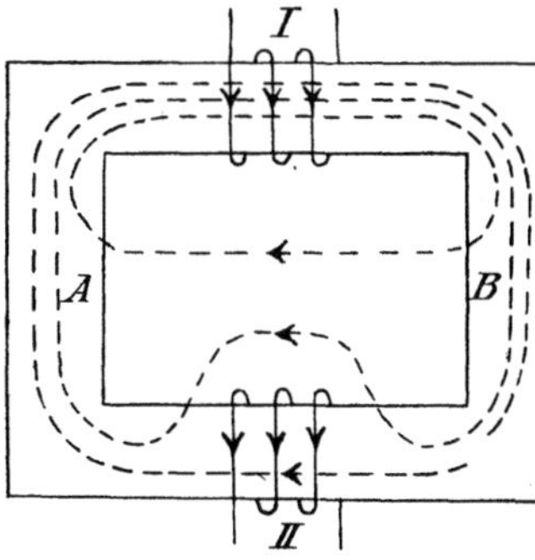

Bild 371. Sekundärer Streufluß vom primären Strom erzeugt.

Bei Kurzschluß geht fast der ganze Fluß, der durch die primäre Klemmenspannung nach Abzug des primären Ohmschen Verlustes vorgeschrieben ist, in den primären und sekundären Streuweg. Die Sekundärspule wird dabei nur von dem Fluß durchsetzt, der nötig ist, um eine Spannung gleich dem geringen inneren sekundären Ohmschen Spannungsverbrauch zu erzeugen.

Bei ideellem Kurzschluß, wo R_2 gleich Null angenommen wird, ist die Ohmsche Spannung und damit der Fluß in der Sekundärspule gleich Null, d. h. der ganze Fluß wird durch den Gegendruck der sekundären Stromwindungen in den Streuweg gedrängt. Wenn wir den geringen Widerstand der Primärspule vernachlässigen, ist dann der Primärstrom wieder, wie bei Leerlauf, nur Magnetisierungsstrom. Er ist aber weit größer als bei Leerlauf, da der durch die Primärspannung vorgeschriebene Fluß nicht im bequemen Eisenweg, sondern im unbequemen Streuweg zu erzeugen ist.

Wir kehren nun in Gedanken die Richtung des Sekundärstromes um und betrachten I_2 als den Teil des primären Stromes, der der magnetischen Wirkung des wirklichen Sekundärstromes das Gleichgewicht hält. Wir kommen dadurch zu der Ersatzschaltung in Bild 372, durch welche beide Wicklungen zu einer einzigen Schaltung zusammengefaßt werden. Man sieht, daß I_2 um den Betrag des Leerstromes I kleiner ist als I_1, und daß die Sekundärspannung sich von der Primärspannung um die Spannungsverluste in beiden Wicklungen unterscheidet. Der induktive Widerstand x entspricht dem Nutzfluß bei Leerlauf, und der Ohmsche Widerstand R ist so groß, daß seine Stromwärme den Eisenverlusten entspricht.

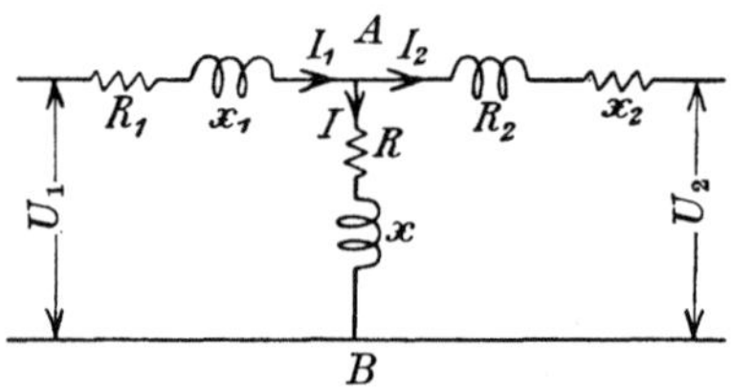

Bild 372. Ersatzschaltung.

Wenn wir den geringen Leerstrom vernachlässigen, ist I_{II} nach Größe und Phase gleich I_1. Der gesamte Ohmsche Spannungsverlust in Bild 370 ist dann

$$BG = I_1 R_1 + I_1 \cdot R_{II}.$$

Setzen wir $R_1 + R_{II} = R_k$ und ebenso $x_1 + x_{II} = x_k$, so sind nach Kapps Vorgang in schöner Weise beide Wicklungen gleichsam zu einer einzigen Spule vom Gesamtwiderstand $z_k = \sqrt{R_k^2 + x_k^2}$ zusammengefaßt, die gleichsam vom primären Strom durchflossen wird. Nach Abzug des gesamten Spannungsverlustes $U_k = I_1 \cdot z_k$ bleibt dann nach Bild 373 die umgerechnete Sekundärspannung übrig.

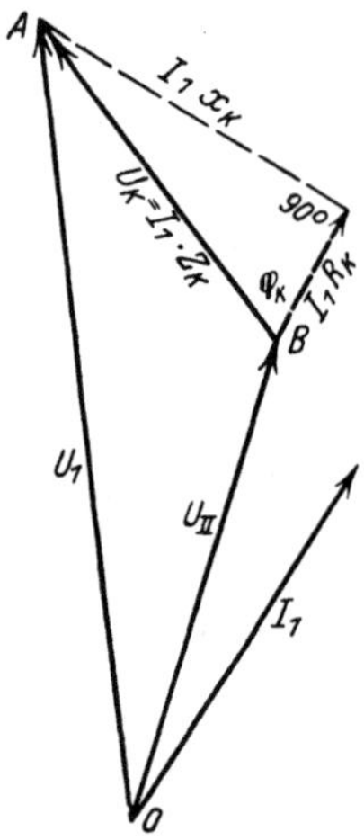

Bild 373. Gesamter Spannungsabfall $I_1 \cdot z_k$.

Für feste primäre Spannung und festen primären Strom, sowie für veränderliche Phasenverschiebung erhalten wir dann das Kappsche Spannungsbild (Bild 374). Darin ist der Strahl des primären Stromes willkürlich fest in die senkrechte Achse gelegt. OA und AB sind die Spannungsverluste im ganzen Transformator. Da der Endpunkt C des Strahles U_1 auf einem Kreise liegt und B wegen des konstanten primären Stromes fest liegen bleibt, so ist BC für die verschiedenen Betriebszustände die umgerechnete Sekundärspannung.

Bei Voreilung der Spannung vor dem Strom liegt C im linken Quadranten, und die umgerechnete sekundäre Spannung ist kleiner als die primäre. Bei Phasengleichheit der Spannung und des Stromes wird der Unterschied zwischen der primären und sekundären Spannung schon sehr gering. Bei negativer Phasenverschiebung, d. h. bei kapazitiver Belastung, liegt C im rechten Quadranten, und die umgerechnete sekundäre Spannung wird größer als die primäre.

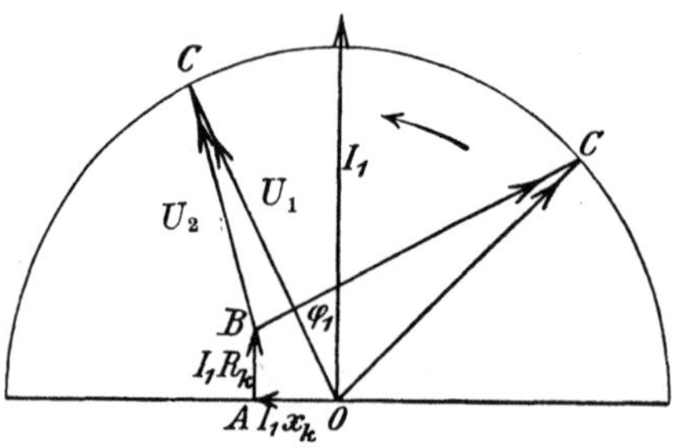

Bild 374. Spannungsbild für feste Spannung und Stromstärke.

Die Widerstände R_k und x_k können wir durch den Versuch bestimmen. Wir schließen dazu die Sekundärspule kurz und legen an die primäre Spule eine Spannung U_k, die so klein gewählt wird, daß der entstehende Strom gleich dem Nennstrom I_1 wird. Da die Eisenverluste bei Kurzschluß fast Null sind und die zugeführte Leistung N_k nur die Kupferverluste zu decken hat, so ist

$$\cos \varphi_k = \frac{N_k}{U_k \cdot I_1} \quad (6) \qquad R_k = \frac{U_k}{I_1} \cos \varphi_k \quad (7) \qquad x_k = \frac{U_k}{I_1} \sin \varphi_k. \quad (8)$$

Anstatt durch Kurzschlußversuch lassen sich die inneren Widerstände auch durch Gegenschaltung ermitteln. Beim Windungsverhältnis 1 schaltet man nach Bild 375 beide Wicklungen an einer Seite unmittelbar und an der anderen Seite über einen Spannungszeiger aneinander. Bei gleichem Wicklungssinn sind, wie gezeichnet, gleichliegende Klemmen zu verbinden, so daß die erzeugten Spannungen gegeneinander geschaltet sind. Der Spannungszeiger zeigt dann bei Belastung nur den Unterschied der Spannungen, also den inneren Spannungsabfall an. Der Sicherheit wegen nimmt man auf alle Fälle zunächst einen Spannungszeiger für die doppelte Primärspannung und ändert, wenn tatsächlich diese Spannung gemessen wird, die Verbindung beider Spulen. Man belastet nun sekundär. Die Stromspule des Leistungszeigers wird dabei vom primären Strom durchflossen, die Spannungsspule mißt den Spannungsverlust U_k. Ist N_k die abgelesene Leistung, so ergibt sich R_k und x_k nach den obigen Gleichungen.

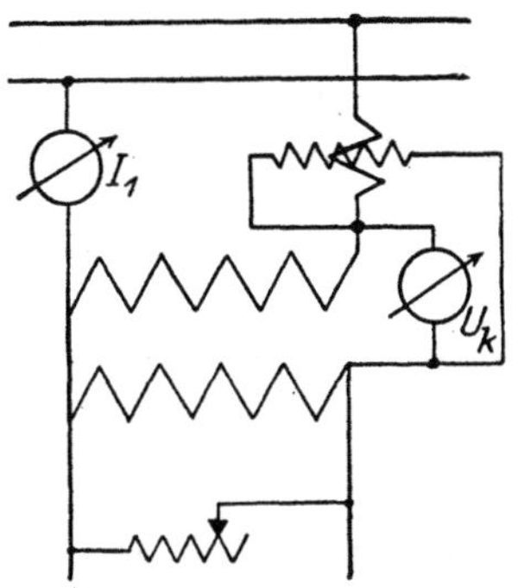

Bild 375. Gegenschaltung, $w_1/w_2 = 1$.

Der innere Spannungsverbrauch U_k, der bei Betrieb mit Nennstrom auftritt und durch den Kurzschlußversuch oder durch Gegenschaltung gemessen wird, heißt die Kurzschlußspannung. Transformatoren, die primär und sekundär an je einem Netz liegen, haben im Betriebe zwangläufig denselben inneren Spannungsverlust, unabhängig von ihrer Größe oder Konstruktion. Sie nehmen also nur dann primär den Nennstrom auf, für den sie gebaut sind, wenn der innere Scheinwiderstand z_k so bemessen wird, daß das Produkt aus dem Nennstrom und dem Scheinwiderstand gleich dem Unterschied der primären und umgerechneten sekundären Netzspannung ist. Durch Anzapfungen läßt sich allerdings das Windungsverhältnis und damit auch die Stromaufnahme etwas regeln.

Die Kurzschlußspannung U_k hat noch eine weitere Bedeutung dadurch, daß sie den Strom I_k, der bei Kurzschluß mit voller Netzspannung auftritt, begrenzt. Ist I_1 der Nennstrom, so folgt aus $I_k = U_1 : z_k$ und $I_1 \cdot z_k = U_k$:

$$\frac{I_k}{I_1} = \frac{U_1/z_k}{I_1} \qquad \frac{I_k}{I_1} = \frac{U_1}{U_k}.$$

Der Kurzschlußstrom verhält sich also zum Nennstrom wie die Nennspannung zur Kurzschlußspannung. Wegen der starken mechanischen Beanspruchung, der die Wicklungen beim Kurzschluß ausgesetzt sind, wird bei großen Hochspannungsanlagen die hohe Kurzschlußspannung von 10% gefordert. Sie wird dadurch erreicht, daß man die Streuung beim Entwurf verhältnismäßig groß macht.

105. Berechnung der Streuung.

Bei einer Zylinderwicklung sei w_1 die primäre Windungszahl, Δ der Luftabstand, Δ_1 und Δ_2 die Höhe der beiden Wicklungen, U_m der mittlere Umfang des Luftraumes und h die Kernlänge. Der Leitwert des Kraftlinienweges in der Luft außerhalb des Zwischenraumes werde gleich Null gesetzt. Dann ist der Beitrag des Zwischenraumes zur Induktivität nach S. 39

$$L_l = w_1^2 \Lambda_l = w_1^2 \Pi_0 \cdot \frac{U_m \cdot \Delta}{h}.$$

Zu den Streulinien im Luftzwischenraum kommen die im Kupfer, die nur mit einem Teil der Wicklung verkettet sind. Bei dem idealisierten Kraftlinienverlauf in Bild 376 ist der Fluß auf der Breite dx mit $w_1 \cdot x/\Delta_1$ Windungen verkettet. Er durchsetzt einen Raum vom Leitwert $\Pi_0 \cdot U_m \cdot dx/h$. Der Beitrag zur Induktivität ist also

$$L' = \int_0^{\Delta_1} \frac{w_1^2 \cdot x^2 \cdot \Pi_0 \cdot U_m \cdot dx}{\Delta_1^2 \cdot h} = w_1^2 \frac{\Pi_0}{h} \cdot U_m \frac{\Delta_1}{3}.$$

Ebenso ergibt sich der Beitrag der sekundären Streulinien. Die Gesamtinduktivität eines Kernes primär und sekundär zusammen ist also

$$L = w_1^2 \frac{\Pi_0}{h} \cdot U_m \left(\Delta + \frac{\Delta_1 + \Delta_2}{3}\right). \qquad (9$$

Mit $\omega = 2\pi f$ ergibt sich dann $x_k = L\omega$. Man erhält x_k in Ohm, wenn $\Pi_0 = 4\pi \cdot 10^{-9}$ Henry/cm, alle Längen in cm und f in Hertz eingesetzt werden.

Ist z. B. $U_1 = 2900$ Volt, $I_1 = 6$ Amp., $w_1 = 1300$, $U_m = 60$ cm, $h = 40$ cm, $f = 50$ Hertz, $\Delta = 0{,}9$ cm und $\Delta_1 + \Delta_2 = 3{,}6$ cm, so wird

$$L = \frac{1300^2 \cdot 4\pi \cdot 10^{-9} \cdot 60}{40}(0{,}9 + 1{,}2) = 6{,}64 \cdot 10^{-2} \text{ Henry.}$$

Mit $\omega = 2\pi f = 314$/sek wird $x_k = 21$ Ohm und

$$\frac{I_1 \cdot x_k}{U_1} = \frac{6 \cdot 21}{2900} = 4{,}3\ \%.$$

Wesentlich kleiner ist die Streuung bei einer Scheibenwicklung (Bild 377). Es sei n die Anzahl der primären Scheiben eines Kernes, l die Wicklungshöhe, U_m der mittlere Umfang einer Windung, Δ der Luftabstand und Δ_1 und Δ_2 die Wicklungsbreiten. Da die Kraftlinien den Weg l hin und zurück verlaufen, so ergibt sich bei der Windungszahl w_1/n einer primären Einzelspule der Beitrag des Luftraumes zur Induktivität zu

$$L_l = \left(\frac{w_1}{n}\right)^2 \cdot \frac{\Pi_0 U_m \cdot \Delta}{2l}.$$

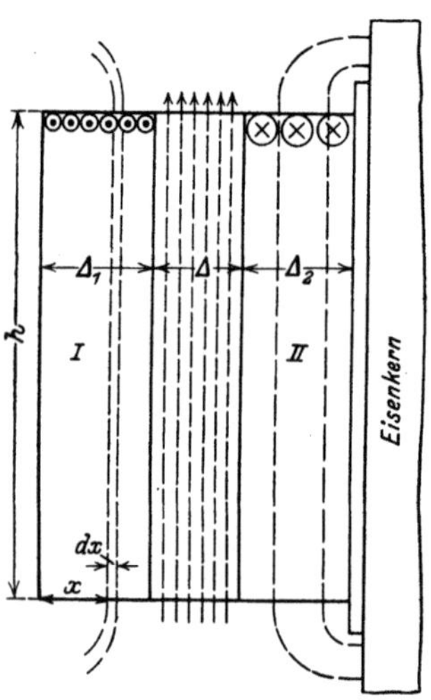

Bild 376.
Streufluß einer Zylinderwicklung.

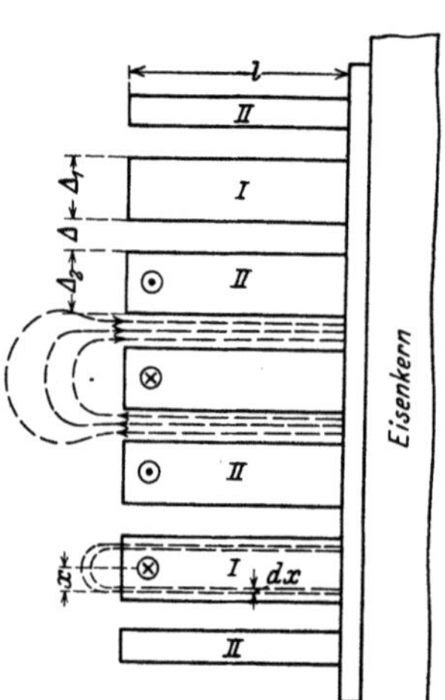

Bild 377.
Streufluß einer Scheibenwicklung.

Bei dem idealisierten Verlauf der Streulinien im primären Kupfer ist der Fluß auf der Breite dx mit $2x/\Delta_1 \times w_1/n$ Windungen verkettet. Er durchsetzt einen Raum vom Leitwert $\Pi_0 \cdot U_m \cdot dx/2l$. Der primäre Wicklungsraum liefert also zur Induktivität den Beitrag

$$L' = \int_0^{\Delta_1/2} \left(\frac{2x \cdot w_1}{\Delta_1 \cdot n}\right)^2 \cdot \frac{\Pi_0 \cdot U_m \cdot dx}{2l} = \left(\frac{w_1}{n}\right)^2 \cdot \frac{\Pi_0 U_m \cdot \Delta_1}{12 l}.$$

Ebenso ergibt sich der Beitrag der Streulinien im sekundären Kupfer. Da n Scheiben in Reihe geschaltet sind, so wird die Induktivität für einen Kern

$$L = \frac{w_1^2}{n} \frac{\Pi_0 \cdot U_m}{2l}\left(\Delta + \frac{\Delta_1 + \Delta_2}{6}\right). \qquad (10)$$

Wenn die Längen in cm und die Induktivität in Henry gemessen wird, ist wieder $\Pi_0 = 4\pi \cdot 10^{-9}$ Henry/cm zu setzen. Es sei

$$w_1 = 1300 \qquad U_m = 80 \text{ cm} \qquad f = 50 \text{ Hertz} \qquad n = 6$$
$$\Delta = 0{,}9 \text{ cm} \qquad \Delta_1 + \Delta_2 = 6 \text{ cm} \qquad l = 5 \text{ cm.}$$

Dann wird

$$x_k = L\omega = \frac{169 \cdot 10^4}{6} \cdot \frac{4\pi \cdot 10^{-9} \cdot 80}{10} \left(0{,}9 + \frac{6}{6}\right) \cdot 2\pi \cdot 50 = 16{,}6 \text{ Ohm.}$$

106. Verluste und Wirkungsgrad von Transformatoren.

Die Verluste eines Transformators bestehen aus der Stromwärme $I_1^2 R_1 + I_2^2 R_2$ und aus den durch die Leerlaufleistung N_0 gemessenen Eisenverlusten. Die Eisenverluste bestehen aus dem Hysteresisverlust und dem Wirbelstromverlust. Der Hysteresisverlust ist bei gegebener Induktion der ersten Potenz der Frequenz proportional. Dagegen ist der Wirbelstromverlust der zweiten Potenz der Frequenz proportional, da die Spannung und damit auch die Stromstärke des Wirbelstromes der Frequenz proportional sind. Dadurch lassen sich beide Verluste trennen. Man speist dabei den Transformator von einer Maschine, deren Erregung so eingestellt wird, daß sie bei der vorgeschriebenen Frequenz die vorgeschriebene Spannung liefert. Man ändert dann bei ungeänderter Erregung die Drehzahl. Da sich dadurch die Spannung und die Frequenz in gleichem Verhältnis ändern, so bleibt nach Gl. (1) auf S. 205 die Induktion ungeändert. Man trägt dann, wie in Bild 160, die Frequenz wagerecht und das Verhältnis des Gesamtverlustes zur Frequenz senkrecht auf und trennt die Verluste wie bei der Gleichstrommaschine.

Aus den Verlusten ergibt sich der Wirkungsgrad

$$\eta = \frac{U_2 \cdot I_2 \cdot \cos\varphi_2}{U_1 \cdot I_1 \cdot \cos\varphi_1} = \frac{U_2 \cdot I_2 \cdot \cos\varphi_2}{U_2 \cdot I_2 \cdot \cos\varphi_2 + N_0 + I_1{}^2 R_1 + I_2{}^2 R_2}. \tag{11}$$

Bei kleiner Belastung fällt der Eisenverlust und bei großer Belastung die Stromwärme stark ins Gewicht, und der Wirkungsgrad ist in beiden Fällen gering. Wenn beide Verluste etwa gleich sind, hat der Wirkungsgrad einen Höchstwert, für den sehr hohe Beträge, z. B. 0,98, erreicht werden.

Der Wirkungsgrad kann unmittelbar durch Messung der zugeführten und abgegebenen Leistung ermittelt werden. Er kann aber vorteilhafter auch nach Gl. (11) aus den Verlusten berechnet werden. Dies ist notwendig, wenn kein Kraftwerk von der erforderlichen Leistung zur Verfügung steht. Dabei wird als Eisenverlust der Leerlaufverlust und als Kupferverlust der Kurzschlußverlust beim Nennstrom eingesetzt.

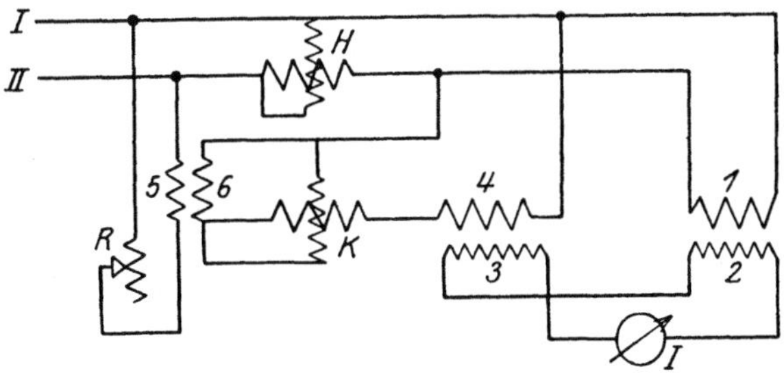

Bild 378. Rückarbeitung.

Man kann aber auch Rückarbeitung vornehmen und die Verluste unmittelbar bei Vollbelastung messen, ohne dem Kraftwerk die der Vollast entsprechende Leistung zu entnehmen. Man schaltet dabei nach Bild 378 die Primärwicklungen 1 und 4 zweier gleicher Transformatoren auf das Netz. Vor die Wicklung 4 ist die Sekundärwicklung 6 eines kleinen Hilfstransformators geschaltet, dessen Primärwicklung 5 in Reihe mit einem Widerstand R am Netz liegt. Die Sekundärwicklungen 2 und 3 der zu untersuchenden Transformatoren werden zunächst über einem Spannungszeiger verbunden. Dieser wird durch einen Stromzeiger ersetzt, wenn sich zeigt, daß die Wicklungen wirklich gegeneinander geschaltet sind. Man regelt den Widerstand R so, daß der Stromzeiger den vorgeschriebenen Strom I anzeigt. Bei der gezeichneten Schaltung ist die Spannung 1 größer als die Spannung 4. Rechnen wir z. B. die positive Zählrichtung von I nach II, so ist die positive Zählrichtung in 1 und damit auch in 2 von rechts nach links. Dann ist auch die Zählrichtung in 3 und damit auch in 4 von rechts nach links. Anderseits ist die Zählrichtung in 5 und damit auch in 6 von unten nach oben. Nun ist $\mathfrak{U}_4 + \mathfrak{U}_6 = \mathfrak{U}_1$, d. h. $\mathfrak{U}_1$ ist größer als $\mathfrak{U}_4$. Die Arbeit wird also von 1 auf 2, von 2 auf 3 und von 3 auf 4 übertragen, d. h. 1 ist die Primärspule und 4 die Sekundärspule der Gesamtschaltung. Der Strom, welcher der Wicklung 1 zufließt, wird dann zum größten Teil von der Wicklung 4 zurückgeliefert. Sind Leerstrom und Verluste klein, so mißt der Leistungszeiger H die Eisenverluste und K die Kupferverluste beider Transformatoren zusammen. In jedem Falle gibt die Summe beider Ausschläge die Gesamtverluste.

Das Verfahren hat natürlich nur dann einen Zweck, wenn die im Hilfstransformator und im Widerstand R verbrauchte Leistung klein ist. Liegt also, wie in unserem Falle, die Spule 5 an demselben Netz wie die Haupttransformatoren, so muß ihre Windungszahl groß sein gegenüber der der Spule 6, damit ihr Strom klein wird.

Bei Umschaltung der Netzanschlüsse des Hilfstransformators würde die Leistung von der Spule 4 auf die Spule 1 übertragen. Wesentlich einfacher ergibt sich der Gesamtverlust beider Transformatoren, wenn man in der Lage ist, die erzeugte Spannung auf der Sekundärseite des vom Netz gespeisten Transformators oder auf der am Netz liegenden Sekundärseite des zweiten Transformators durch Zusatzwindungen zu erhöhen. Man kommt dann ohne Hilfstransformator aus.

Das Verfahren kann Anwendung finden, um den Wirkungsgrad bei Vollast ohne Leistungsvergeudung zu messen. Wichtiger ist es bei Erwärmungsproben.

107. Der Drehstromtransformator bei unsymmetrischer Belastung.

Drehstromtransformatoren, die ein Verteilungsnetz speisen, werden sekundär in Stern oder Zickzack geschaltet, um für die Lampen die Sternspannung, für die Motoren die verkettete Spannung benutzen zu können. Wir untersuchen nun den Einfluß der Unsymmetrie der Belastung. Dabei haben wir Transformatoren mit voneinander unabhängigen und abhängigen Flüssen zu unterscheiden. Voneinander unabhängig sind die Flüsse bei den Manteltransformatoren nach Bild 346 oder bei Drehstromtransformatoren, die aus drei Einphasentransformatoren zusammengeschaltet sind. Voneinander abhängig sind die Flüsse beim Kerntransformator in Bild 345.

a) Stern-Sternschaltung. Wenn die Flüsse voneinander unabhängig sind, kann man für jeden Strang die Ersatzschaltung nach Bild 372 einführen und bei einer Unsymmetrie des Verbraucherkreises das Potential des primären und damit auch des sekundären Sternpunktes wie auf S. 174 ermitteln. Die Unsymmetrie verschiebt das Potential der Sternpunkte aus dem Schwerpunkt der Potentialdreiecke und macht dadurch die Strangspannungen unsymmetrisch.

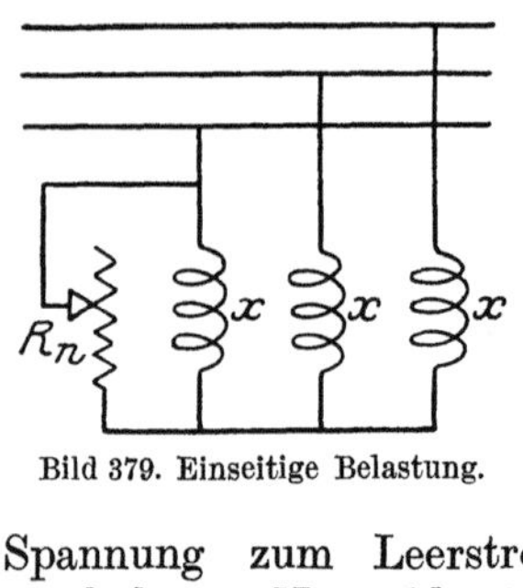

Bild 379. Einseitige Belastung.

Eine starke Unsymmetrie im Verbraucherkreis verhindert sogar überhaupt die Belastung. In der Ersatzschaltung in Bild 379 sind z. B. x die drei induktiven Leerlaufwiderstände, die durch das Verhältnis der Spannung zum Leerstrom gegeben sind, und R_n ein allein in Strang 1 eingeschalteter Nutzwiderstand. Da der Strom des Stranges 1 durch die andern Stränge weiter fließt, so wirken die großen Leerlaufwiderstände dieser Stränge wie Drosselspulen, d. h. der Strom bleibt in der Größenordnung des Leerstromes. Dies erklärt sich auch daraus, daß die Spannung an dem verhältnismäßig kleinen Nutzwiderstand infolge der Verschiebung des Potentials des Sternpunktes nur gering ist.

Bei unsymmetrischer Belastung ist daher Stern-Sternschaltung nur möglich, wenn man auch primär einen Nulleiter verlegt, der die Anlage allerdings verteuert, oder wenn man Ausgleichtransformatoren aufstellt, die primär in Dreieck, sekundär in Zickzack geschaltet sind. Bei diesen liegt wie nach S. 220 bei Dreieck-Stern das Potential des sekundären Sternpunktes fest.

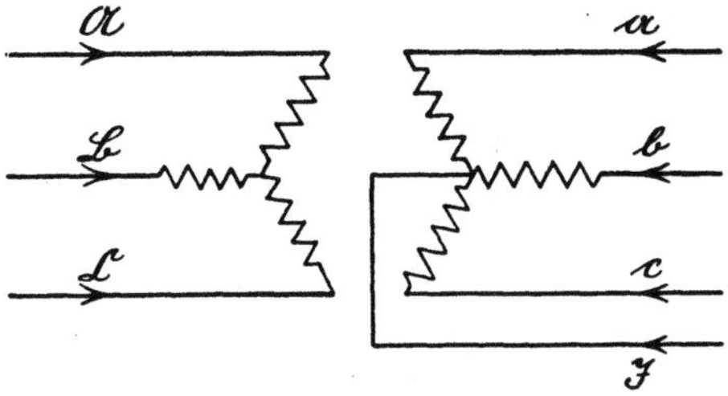

Bild 380. Stern-Sternschaltung. Die Pfeile geben pos. Zählrichtung.

Wir behandeln jetzt den Fall, daß die drei Flüsse, wie beim Kerntransformator in Bild 345, voneinander abhängig sind. Wir legen eine geschlossene Kurve durch je zwei Kerne und die sie verbindenden Teile des Joches und vernachlässigen den Leerstrom gegenüber den Belastungsströmen, setzen also den magnetischen Spannungsverbrauch gleich Null. Sind dann nach Bild 380 $\mathfrak{A}$, $\mathfrak{B}$ und $\mathfrak{C}$ die primären Stromwindungen der drei Kerne und $\mathfrak{a}$, $\mathfrak{b}$, $\mathfrak{c}$ die sekundären Stromwindungen, so ist nach dem Durchflutungsgesetz

$$\left.\begin{aligned} \mathfrak{A} + \mathfrak{a} - (\mathfrak{B} + \mathfrak{b}) = 0, \qquad \mathfrak{B} + \mathfrak{b} - (\mathfrak{C} + \mathfrak{c}) = 0 \\ \text{oder } \mathfrak{A} + \mathfrak{a} = \mathfrak{B} + \mathfrak{b} = \mathfrak{C} + \mathfrak{c}. \end{aligned}\right\} \tag{a}$$

Nun ist wegen der primären Sternschaltung $\mathfrak{A} + \mathfrak{B} + \mathfrak{C} = 0$. Dagegen gilt, wenn $\mathfrak{J}$ das Produkt aus dem Strom im sekundären Nulleiter und der sekundären Windungszahl ist, die Gleichung

$$\mathfrak{a} + \mathfrak{b} + \mathfrak{c} + \mathfrak{J} = 0.$$

Aus beiden Beziehungen folgt durch Addition

$$\mathfrak{A} + \mathfrak{a} + \mathfrak{B} + \mathfrak{b} + \mathfrak{C} + \mathfrak{c} + \mathfrak{J} = 0,$$

oder nach Gl. (a)

$$\mathfrak{A} + \mathfrak{a} = \mathfrak{B} + \mathfrak{b} = \mathfrak{C} + \mathfrak{c} = \frac{-\mathfrak{J}}{3}. \tag{b}$$

Die Summe aus den primären und den sekundären Stromwindunggen, d. h. die resultierende Durchflutung jedes Kernes ist also nicht, wie sonst, gleich Null, sondern gleich dem dritten Teil des negativen Stromes im sekundären Nulleiter, mal der sekundären Windungszahl.

Der Strang 1 sei z. B. allein belastet. Die Ströme $\mathfrak{b}$ und $\mathfrak{c}$ sind also Null. Gleichzeitig wird nach Bild 381 $\mathfrak{J} = -\mathfrak{a}$. Demnach wird nach Gl. (b)

$$\mathfrak{A} = -2/3\ \mathfrak{a}, \qquad \mathfrak{B} = \mathfrak{a}/3, \qquad \mathfrak{C} = \mathfrak{a}/3.$$

Dabei sind, abgesehen vom Vorzeichen, alle Ströme phasengleich. Ist z. B. $\mathfrak{a} = 30$ Amp., so wird die resultierende Durchflutung auf jedem der drei Kerne gleich 30 : 3 = 10 Amp. Sie kommt auf dem Kern 1 dadurch zustande, daß der Sekundärstrom von 30 Amp. über den primären von 20 Amp. um 10 Amp. überwiegt (Bild 381) (vgl. Kittler-Petersen, Allg. Elektrotechnik, Bd. 2, Stuttgart 1909).

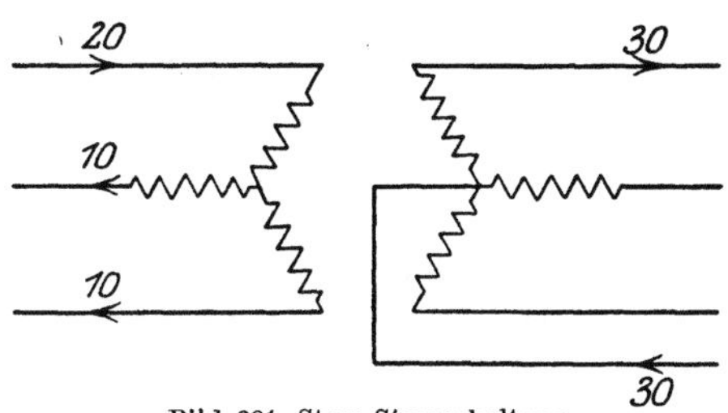

Bild 381. Stern-Sternschaltung. Die Pfeile geben Stromrichtung.

Allgemein ergibt sich auf allen drei Kernen eine gleich große und phasengleiche zusätzliche Erregung, die sich in dem geschlossenen Eisenweg in ihrer Wirkung aufhebt. Sie erzeugt aber nach Bild 382 ein sogenanntes wildes Streufeld, das im Gegensatz zu den sonstigen Streufeldern mit beiden Wicklungen verkettet ist. Es erzeugt eine, in allen drei Strängen gleiche Spannung E_z, die um 90° gegen den Strom $-\mathfrak{J}$ zurückbleibt und trotz des großen magnetischen Widerstandes des Streufeldes nicht unerheblich ist.

In Bild 383 werden dann die Spannungen E', E'', E''' von Flüssen induziert, die im Eisen verlaufen, ihre Summe ist daher Null und sie sind symmetrisch. Zu ihnen addiert sich in jedem Strang die Zusatzspannung E_z, so daß die Gesamtspannungen E_1, E_2, E_3 unsymmetrisch werden. Auch beim Kerntransformator ist also bei stark unsymmetrischer Belastung die Stern-Sternschaltung ausgeschlossen. Die wilden Streuflüsse, die wir schon auf S. 207 und 208 kennen gelernt haben, sind übrigens auch dadurch nachteilig, daß sie sich über benachbarte Eisenteile schließen und zusätzliche Erwärmung zur Folge haben.

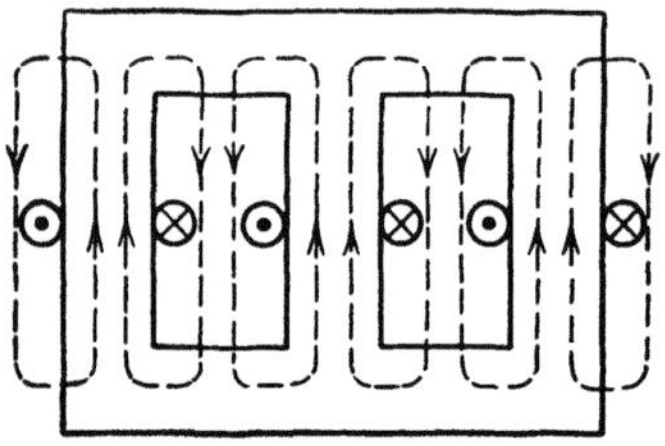

Bild 382. Gleiche resultierende Durchflutung auf den drei Kernen.

Man kann nach Vidmar die Zusatzspannung E_z dadurch messen, daß man die drei sekundären Wicklungen bei offener Primärwicklung parallel schaltet und einphasig an eine solche Spannung U von der Netzfrequenz anschließt, daß der Gesamtstrom gleich dem obigen Strom im Nulleiter ist. Unter Vernachlässigung des Ohmschen Widerstandes ist dann die Spannung U gleich der erzeugten Gegenspannung, also gleich E_z.

b) Dreieck-Stern. Wir zeichnen in Bild 384 die Strahlen des sekundären Spannungsbildes parallel den entsprechenden primären Strahlen. Auch die positive Richtung muß beide Male übereinstimmen. So z. B. ist nach dem Schaltbild die primäre Spannung UV gleich der sekundären uo, weil beide im ersten Kern von oben nach unten gezählt werden. Im Spannungsbild müssen dann ebenfalls UV und uo in ihrer Richtung und im positiven Zählsinn übereinstimmen.

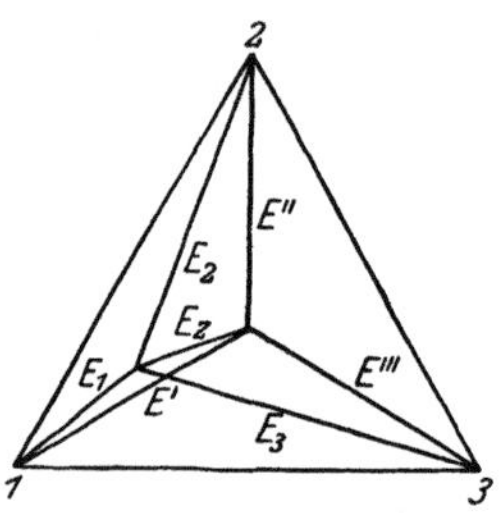

Bild 383. Verschiebung des Potentials des Sternpunktes.

Wir sehen dann, daß bei Dreieck-Sternschaltung die sekundären Sternspannungen durch die primären Netzspannungen gegeben sind, also symmetrisch sind. Selbst bei unsymmetrischer Belastung bleibt also das Potential des sekundären Sternpunktes im Schwerpunkt. Ein Strom, der von der sekundären Sternspannung eines Kernes abgenommen wird, wird jetzt, abgesehen von Leerstrom, in seiner magnetischen Wirkung durch den primären Strom desselben Kernes vollständig aufgehoben und die resultierende Durchflutung ist Null.

Die Anwendung der Dreieck-Sternschaltung ist indessen dadurch beschränkt, daß bei ihr im die Eingangswindungen am Anfang und Ende jedes Stranges durch verstärkte Isolierung gegen Wanderzellen geschützt werden müssen.

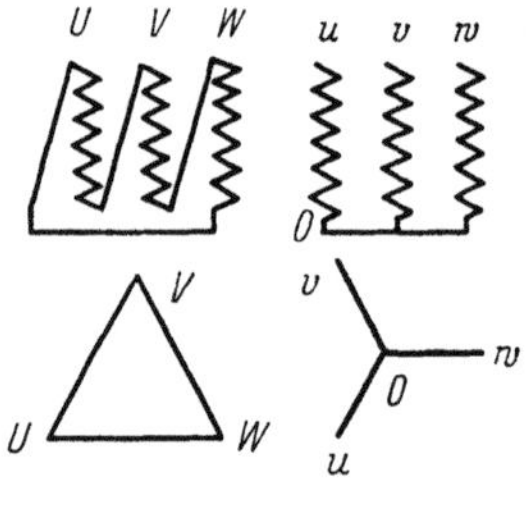

Bild 384. Dreieck-Stern.

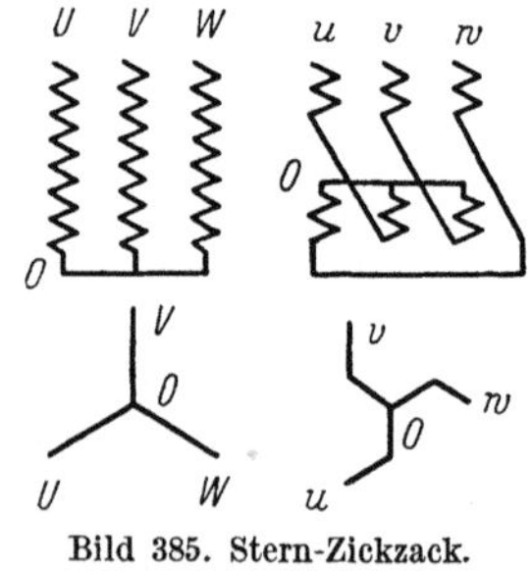

Bild 385. Stern-Zickzack.

c) Stern-Zickzackschaltung. Beide Wicklungen sind Stern geschaltet. Die sekundäre Wicklung ist aber in zwei Hälften geteilt, die auf verschiedenen Kernen liegen und in entgegengesetztem Sinne in Reihe geschaltet sind (Bild 385). Wenn wir den Weg sekundär von o nach u im Schaltbild auch auf der primären Seite verfolgen, ergibt sich für die Spannungen $ou = 0{,}5\,VO + 0{,}5\,OU = 0{,}5\,VU$.

Die sekundären Strang- oder Sternspannungen entsprechen also zwangsweise den primären Netzspannungen. Sie sind also symmetrisch und das Potential des sekundären Sternpunktes liegt im Schwerpunkt des Potentialdreiecks, auch bei unsymmetrischer Belastung. Die Ableitung ist unabhängig von der Lage des Potentials des primären Sternpunktes.

Das Übersetzungsverhältnis, d. h. das Verhältnis der primären zur sekundären Spannung ist jetzt aber nicht mehr gleich $w_1 : w_2$, sondern

$$\frac{U_1}{U_2} = \frac{I_2}{I_1} = \frac{w_1}{w_2 \cdot {}^1/_2 \sqrt{3}}, \quad \text{d. h. } w_2 = \frac{U_2}{U_1} \cdot \frac{w_1}{0{,}866}.$$

Die sekundäre Windungszahl muß also gegenüber der Stern-Sternschaltung im Verhältnis 1:0,866 erhöht werden. Dies ist ein Nachteil der Zickzackschaltung.

108. Parallelschalten von Drehstromtransformatoren.

Transformatoren, die primär und sekundär an je einem Netz liegen, sind sowohl auf der primären Seite, als auch auf der sekundären Seite parallel geschaltet. Die primären Klemmen seien mit U, V, W, die sekundären entsprechend mit u, v, w bezeichnet. Da nur Klemmen gleichen Potentials verbunden werden dürfen, so werden die Transformatoren in bestimmte Gruppen geteilt. Jedes Glied einer Gruppe kann man zu jedem Glied derselben Gruppe, nicht aber zu einem Glied einer andern Gruppe parallel schalten (vgl. ETZ 1922, S. 324).

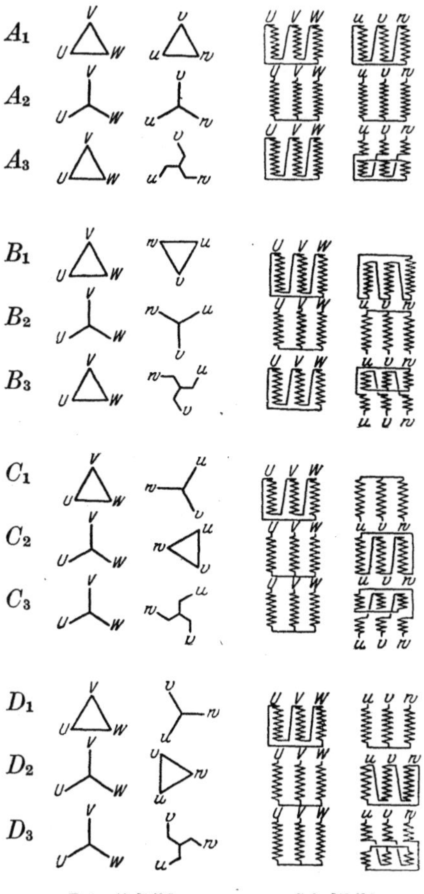

Potentialbilder. Schaltbilder.

Bild 386.

Die Gruppe A in Bild 386 enthält zunächst in A_1 und A_2 die Transformatoren, die primär und sekundär gleiche Schaltung (Dreieck-Dreieck bzw. Stern-Stern) und gleiche Verbindung der Anfänge und Enden besitzen. Wie man sieht, stimmen die sekundären Potentiale, die sich mit Hilfe der Schaltbilder zwangsläufig aus den primären ergeben, beide Male überein. Weiter enthält die Gruppe A in A_3 auch die Transformatoren, die primär in Dreieck, sekundär in Zickzack geschaltet sind. Sie haben dieselben Potentialbilder wie bei Stern-Stern- und Dreieck-Dreieckschaltung.

Die Gruppe B entsteht aus Gruppe A durch Umschaltung der Anfänge und Enden einer Wicklung. Dadurch verschieben sich die Spannungen um 180° und die Potentialbilder klappen um. Man sieht deutlich an den Potentialbildern, daß die Glieder dieser Gruppe unter sich, nicht aber mit denen der andern Gruppe parallel geschaltet werden können.

Die Gruppe C enthält Transformatoren mit Dreieck-Stern und Stern-Dreieck, daneben auch in C_3 die Stern-Zickzackschaltung. Man sieht wieder, daß die sekundären Potentiale übereinstimmen.

Die Gruppe D entsteht aus der Gruppe C durch Umschaltung der Anfänge und Enden einer Wicklung oder auf dem unten angegebenen Wege.

Für die Parallelschaltung eines Transformators auf ein Netz ergibt sich dann folgendes Verfahren. Man schaltet den zuzuschaltenden Transformator primär ein und verbindet e i n e seiner sekundären Klemmen x, y, z mit einer von den Klemmen u, v, w des Sekundärnetzes. Man habe z. B. u mit x verbunden. Man probiert dann mit einem Spannungszeiger, ob zwei Paare von Klemmen gleichen Potentials vorhanden sind. Ist dies nicht der Fall, so verbindet man statt dessen u mit y und versucht es gegebenenfalls ein drittes Mal durch die Verbindung uz. Kommt man auch dann nicht zum Ziel, so gehört der zuzuschaltende Transformator zu einer andern Gruppe als die übrigen Transformatoren des Netzes.

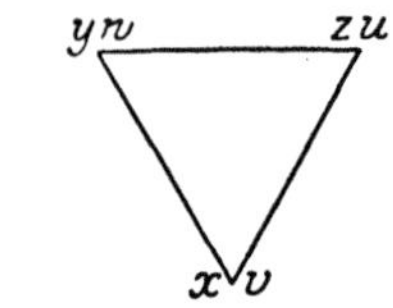

Bild 387. Verbindung von zwei Klemmen gleichen Potentials.

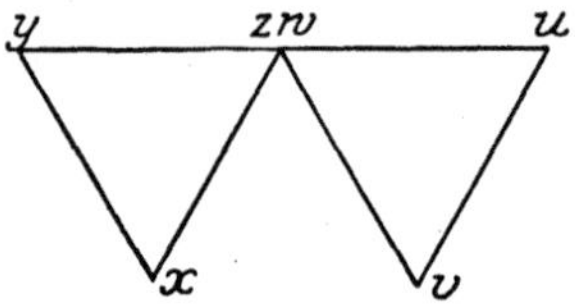

Bild 388. Verbindung von zwei Klemmen ungleichen Potentials.

Statt zu probieren, kann man auch das Potentialbild mit den gemessenen Spannungen, die gleich den Entfernungen der Potentiale in der Zeichenebene sind, zeichnen. Man legt dabei zunächst das Dreieck uvw fest. Es seien nun z. B. die Klemmen v und x verbunden (Bild 387). Durch Messung sei festgestellt, daß die Spannung zwischen y und w und anderseits zwischen z und u Null ist. Dann haben x und v, y und w sowie z und u dasselbe Potential. Man hat dann x mit v bzw. y mit w und z mit u zu bezeichnen.

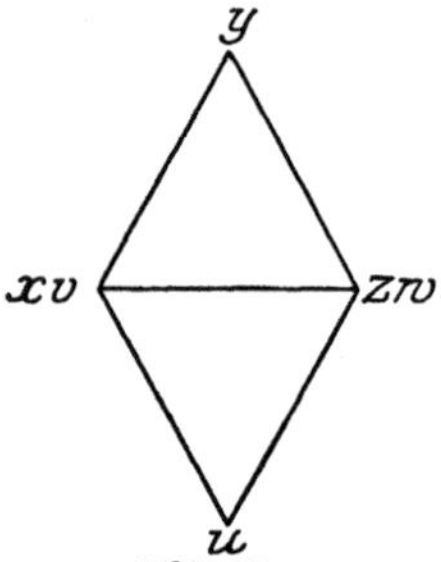

Bild 389.

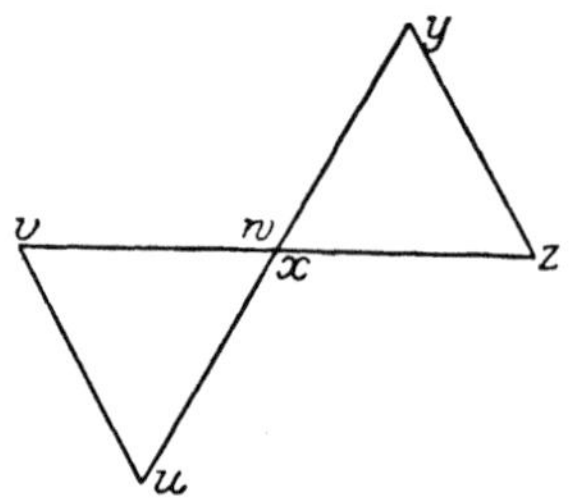

Bild 390.

Ungleiche innere Verbindung.

Hat man anderseits zufällig w und z verbunden, so erhält man in d e m g l e i c h e n F a l l durch Zeichnung mit Hilfe der gemessenen Spannungen das Bild 388 und erkennt daraus durch Parallelverschiebung ebenfalls, daß x mit v, y mit w und z mit u zu verbinden ist.

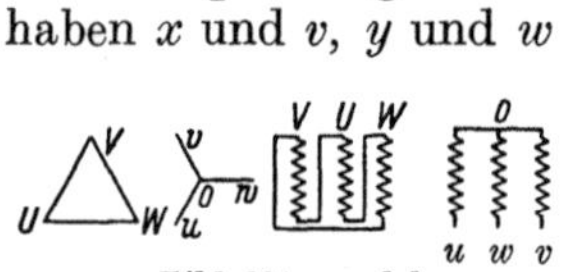

Bild 391 a und b. Überführung von C_1 in D_1.

Liegen die Potentialbilder wie in Bild 389 oder 390, so hat man die Anfänge und Enden der primären oder sekundären Wicklung zu vertauschen. Bei Transformatoren der Gruppen C und D kann man statt dessen auch bequemer zwei primäre Zuleitungen vertauschen. Ein Transformator der Schaltung C_1 sei z. B. in D_1 überzuführen. Wir lassen dabei in Bild 391a das primäre Potentialbild, das ja die Potentiale des N e t z e s angibt, ungeändert, vertauschen aber im S c h a l t b i l d U und V (Bild 391b), ohne daß wir die Schaltung selbst ändern. Auf der sekundären Seite zeichnen wir das Potentialbild wie in Gruppe D. Wir sehen dann, daß die sekundäre Spannung ou nach dem Potentialbild gleich der primären Spannung VU ist. Ebenso ist ov gleich WV und ow gleich UW. Daraus ergeben sich die Klemmenbezeichnungen in Bild 391b. Bei der Vertauschung von U und V sind also sekundär v und w zu vertauschen.

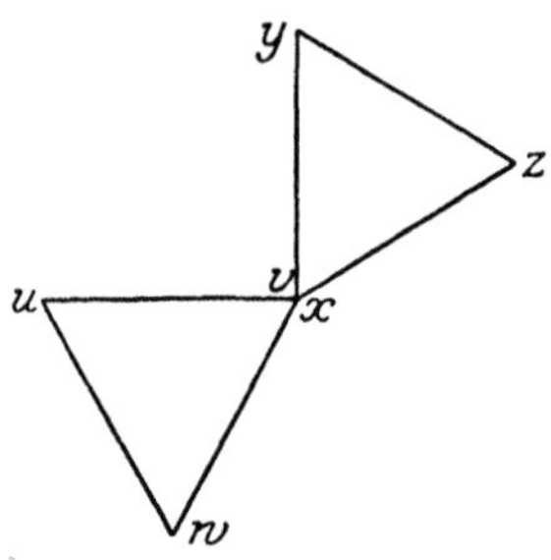

Bild 392. Verschiedene Gruppen.

Liegen die Potentialbilder wie in Bild 392, so gehört der zuzuschaltende Transformator zur Gruppe A oder B und die übrigen zur Gruppe C oder D, oder umgekehrt, und die Parallelschaltung ist unmöglich.

XVIII. Bau und Spannung der Wechselstrommaschinen.

109. Der Aufbau der Wechselstrommaschinen[1].

Die Wechselstrommaschinen werden als synchrone und asynchrone Maschinen, sowie als Maschinen mit Stromwender gebaut.

Die synchronen Stromerzeuger und Motoren besitzen einen feststehenden Anker aus Blechen, den sogenannten Ständer, dessen Klemmen der in der Regel hochgespannte Wechselstrom entnommen oder zugeführt wird, und einen umlaufenden Magnetkörper, dem der zur Erregung dienende Gleichstrom durch Schleifringe zugeführt wird. Der Magnetkörper ist bei langsam laufenden Maschinen ein Polrad, bei den schnellaufenden Turbomaschinen nach Bild 393 eine Trommel. Die zu den Synchronmaschinen gehörenden Einankerumformer sind Gleichstrommaschinen, die außer dem Stromwender Schleifringe besitzen.

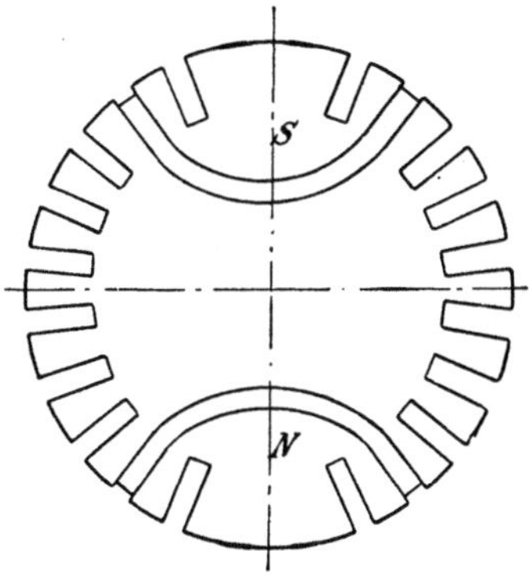

Bild 393.
Magnetkörper einer Turbomaschine.

Die Asynchronmaschinen werden fast ausschließlich für Drehstrom gebaut, und zwar in der Regel als Motoren. Der äußere feststehende Teil, der sogenannte Ständer, der dem Anker einer Synchronmaschine gleicht, wird von außen gespeist. Im Läufer wird ein Strom vom Ständer durch magnetische Wirkung induziert.

Die Maschinen mit Stromwender sind Motoren, bei denen sich ein wie bei Gleichstrom gewickelter Anker mit Stromwender innerhalb eines vom Wechselstrom durchflossenen Ständers dreht.

Wir bezeichen bei Wechselstrommaschinen als Spulenseite die zu einem Strang gehörige Draht- oder Stabgruppe einer Polteilung. Um den Umfang auszunutzen und die schädliche Selbstinduktion zu verringern, liegt jede Spulenseite in mehreren Nuten.

Bei Einphasenmaschinen ist die Breite der Spulenseite, falls der Umfang vollständig bewickelt wird, gleich der Polteilung. Meist wird aber nur ein Teil des Umfanges bewickelt.

Bei Dreiphasenwicklungen hat die Spulenseite, abgesehen von den Maschinen mit Stromwender, eine Breite von $^1/_3$ der Polteilung. Sie wird gewöhnlich in zwei bis vier, bei den Läufern von Drehstrommotoren in drei bis sieben Nuten untergebracht. Turbomaschinen, die wegen ihrer großen Drehzahl eine sehr kleine Polzahl besitzen und selbst für Leistungen von vielen tausend Kilowatt noch zweipolig ausgeführt werden, erfordern wegen ihrer großen Polteilung eine größere Nutenzahl für die Spulenseite. Bei den Ankern der Maschinen mit Stromwender ist die Breite der Spulenseite bei drei Phasen $^2/_3$ der Polteilung.

Kleinere Maschinen erhalten Spulenwicklung, deren Köpfe meist bandförmig sind. Die Köpfe für die einzelnen Nuten einer Spulenseite, die nach Bild 394 ungleich lang sind, werden meist zu einem gemeinsamen Wicklungskopf zusammengefaßt. Bei Mehrphasenmaschinen wird die gegenseitige Berührung der Köpfe verschiedener Stränge in der durch Bild 394 dargestellten Weise oder in einer ähnlichen Art vermieden.

[1] S. Richter, Ankerwicklungen für Gleich- u. Wechselstrommaschinen, Berlin: Julius Springer 1920.

Größere Maschinen erhalten Stabwicklung. Dabei werden die Stirnverbindungen meist wie bei Gleichstrommaschinen nach Bild 395 gabelförmig mit zwei in verschiedenen Stirnebenen liegenden Teilen ausgebildet. Sie können jedoch auch nach Bild 397 verschränkt werden. In beiden Fällen sind die Köpfe für alle Nuten einer Spulenseite gleich lang.

Die Stirnverbindungen einer Spulenseite können auch nach Bild 396 in gleichen Hälften nach entgegengesetzten Richtungen des Umfanges geführt werden. Dies

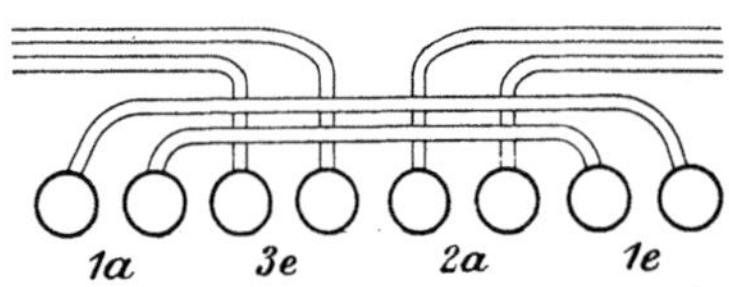

Bild 394. Kopf einer Spulenwicklung.

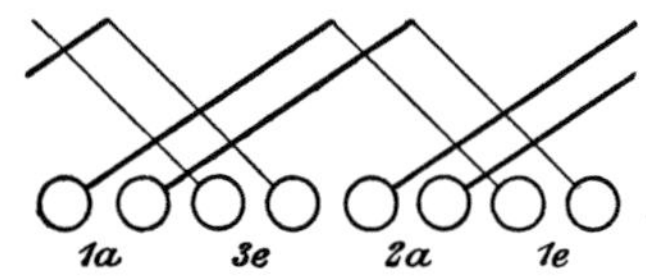

Bild 395. Gabelförmige Stirnverbindungen.

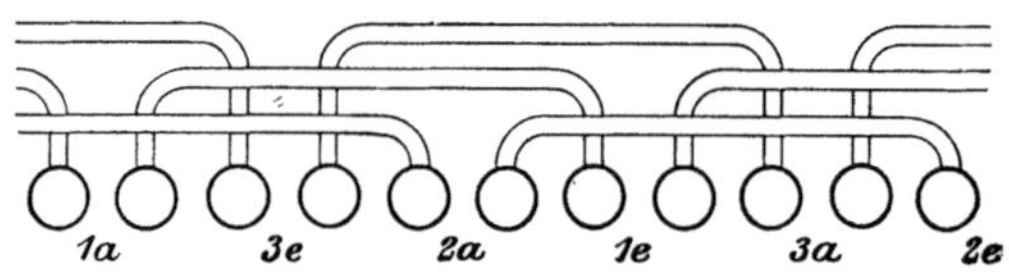

Bild 396. Spulenwicklung, Stirnverbindungen nach entgegengesetzten Seiten geführt.

führt zu einer erheblichen Verringerung der Wicklungslänge. Zu dieser Art Wicklung zählt auch die Stabwicklung mit zwei Schichten nach Bild 398. Die Führung nach entgegengesetzten Seiten bedeutet bei Reihenschaltung aller Stäbe, daß die Hälfte der Wicklung des ganzen Stranges für sich allein fertig geschaltet und dann unter Umkehrung der Wicklungsrichtung die andere Hälfte dahinter geschaltet wird. Bei solchen Wicklungen liegen die Spulenköpfe in drei Ebenen, während sie bei

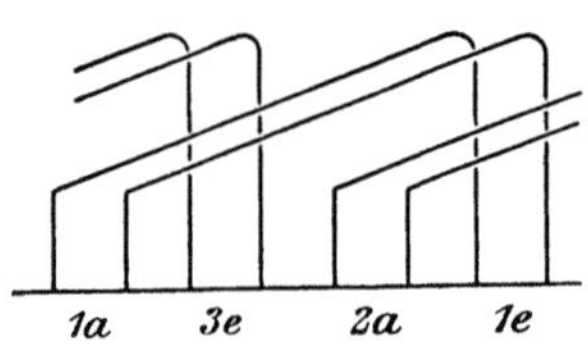

Bild 397.
Verschränkte Stirnverbindungen.

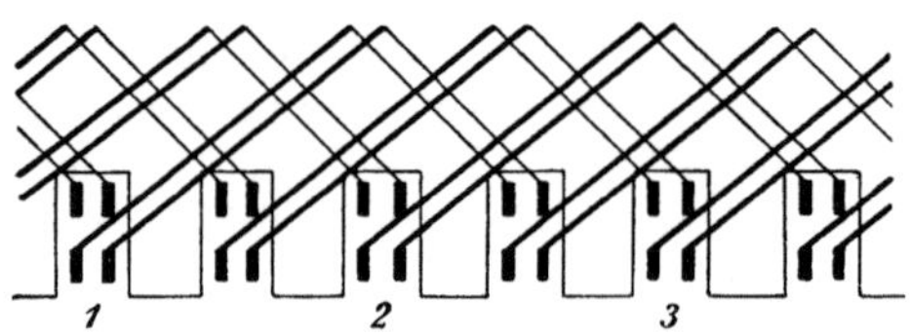

Bild 398. Stabwicklung, Stirnverbindungen nach entgegengesetzten Seiten geführt.

Wicklungen, wo die Köpfe einer Spulenseite nach einer Seite geführt werden, nach Bild 394 in zwei Ebenen liegen.

Grundsätzlich kann bei Spulen und bei Stäben sowohl Schleifenwicklung, als auch Wellenwicklung verwendet werden. Bei der Schleifenwicklung folgen die Nuten einer Spulenseite im Wicklungsgang unmittelbar aufeinander, während sie bei Wellenwicklung erst bei den wiederholten Umgängen an die Reihe kommen.

Wir behandeln zunächst die Breite der Spulenseite gleich $^1/_3$ der Polteilung, zeichnen nur die vorderen Spulenköpfe des ersten Stranges und nehmen an, daß dieser gerade den größten Strom führt. Seine Spulenseiten werden dann nach S. 166 eingefaßt von Spulenseiten anderer Stränge, die einen halb so starken Strom von derselben Richtung führen. Die drei Stränge sind dadurch unterschieden, daß Schaft und Spitze des Strompfeiles im ersten Strang und die Umrandung der Nuten des zweiten Stranges stark gezeichnet sind. Die drei Anfänge sind mit a, die Enden mit e bezeichnet. Die Anfänge sind an sich um $^1/_3$ einer doppelten Polteilung gegeneinander verschoben, können jedoch, wie dies in den Abbildungen geschehen wird, um eine gerade Anzahl von Polteilungen versetzt werden, ohne daß sich etwas an der Schaltung ändert. Alle Verbindungen hinten sind gestrichelt.

Bild 399 und 400 zeigen vierpolige Spulenwicklungen mit zwei Nuten für die Spulenseite. Während die Köpfe der Spulenseite in Bild 399 nach derselben Richtung geführt sind, laufen sie in Bild 400 nach verschiedenen Richtungen. Dies ist dadurch

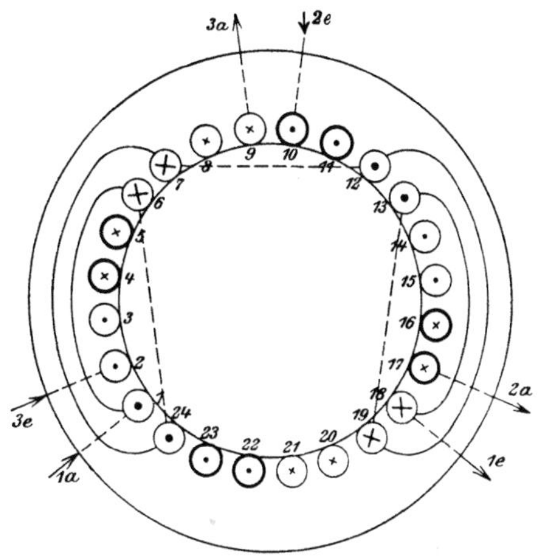

Bild 399. Vierpolige Spulenwicklung. Köpfe nach derselben Richtung.

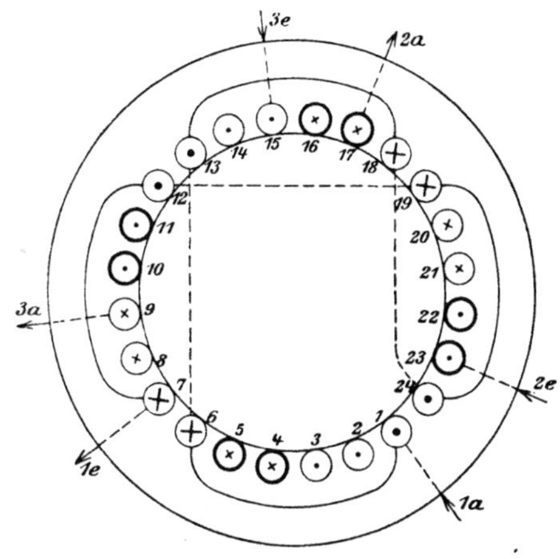

Bild 400. Vierpolige Spulenwicklung. Köpfe nach verschiedenen Richtungen.

erreicht, daß nach Durchlaufen der Wicklungshälfte 1, 6, 13, 18 der Fortschreitungssinn umgekehrt wird, d. h. die Wicklung im Sinne 24, 19, 12, 7 weiterschreitet. Die Wicklung in Bild 399 ist eine Schleifenwicklung, die in Bild 400 wird dadurch von selbst zur Wellenwicklung, daß jede Spulenseite nur zwei Nuten enthält.

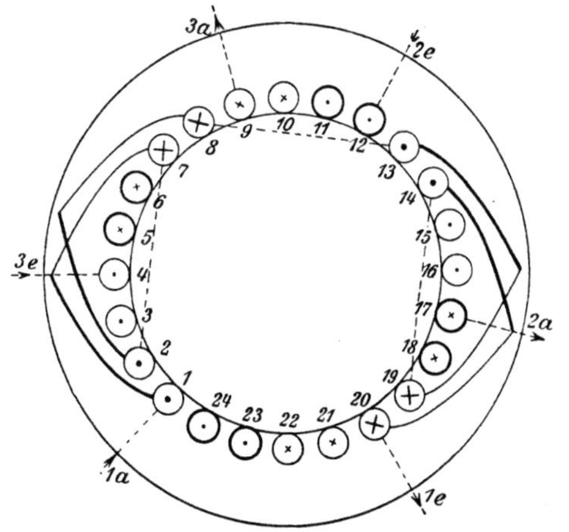

Bild 401. Vierpolige Stabwicklung. Köpfe einer Spulenseite nach derselben Richtung.

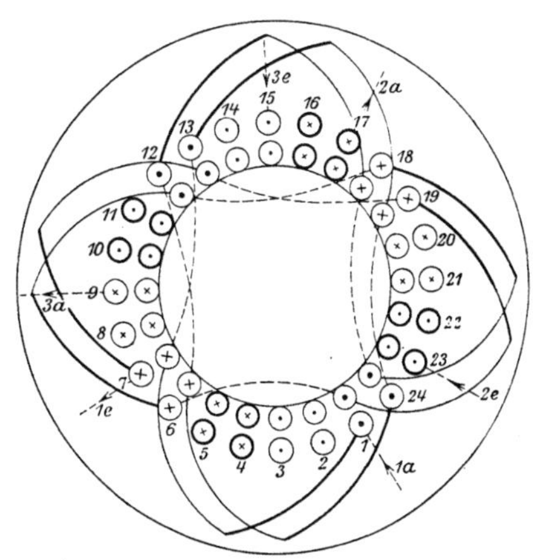

Bild 402. Vierpolige Stabwicklung. Köpfe einer Spulenseite nach verschiedenen Richtungen.

Bild 401 gibt eine vierpolige Stabwicklung mit einem Stab in der Nut, mit gabelförmigen, gleich langen, genau eine Polteilung umfassenden Stirnverbindungen. Die Wicklung ist eine Schleifenwicklung, und die Stirnverbindungen einer Spulenseite sind nach derselben Richtung geführt.

Bild 402 zeigt eine vierpolige Stabwicklung, mit zwei Stäben übereinander und zwei Nuten für die Spulenseite. Die Stirnverbindungen der Oberstäbe sind nach der einen Richtung, die der Unterstäbe nach der andern Richtung geführt. Die Wicklung ist eine Wellenwicklung, die bei 1 anfangend im Uhrzeigersinn fortschreitet. Bei der Verbindung 18 unten nach 24 unten ändert sich die Fortschreitungsrichtung, wodurch die vorderen Spulenköpfe vollständig regelmäßig werden.

Wir wenden uns jetzt zur Wicklung der dreiphasigen Einankerumformer mit einer Breite der Spulenseite gleich $^2/_3$ der Polteilung. Sie entsteht dadurch, daß wir die Wicklung eines Gleichstromankers an drei Stellen zu Schleifringen führen. Wir erhalten dadurch nach Bild 273 eine in Dreieck geschaltete Drehstromwicklung mit einer Breite der Spulenseite gleich $^2/_3$ der Polteilung. Die Stegzahl muß dabei durch drei teilbar sein. Bei mehr als zwei Gleichstromzweigen sind für sämtliche Spulen Ausgleichverbinder nötig.

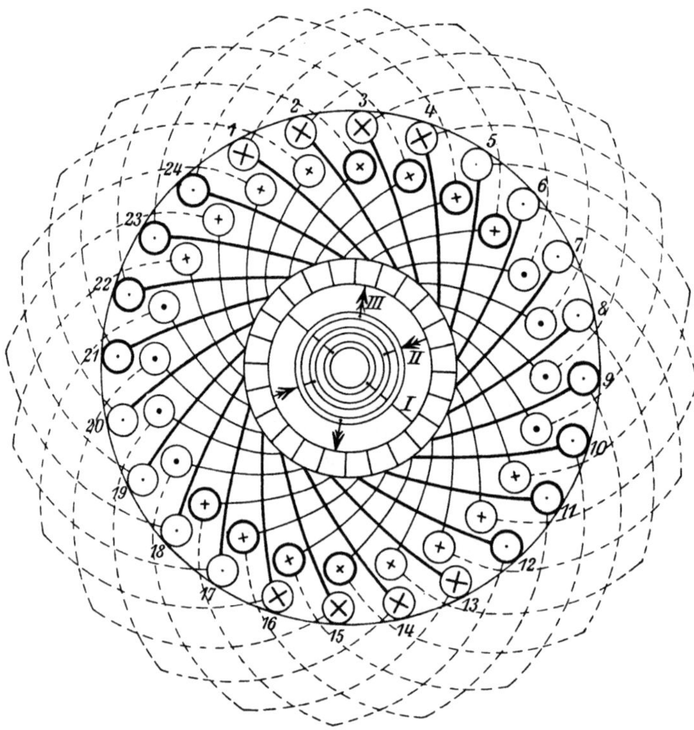

Bild 403. Vierpoliger Einankerumformer mit Schleifenwicklung.

Bild 403 zeigt z. B. eine vierpolige Schleifenwicklung eines Einankerumformers. Von 1 oben ist z. B. die Wicklung hinten nach der um eine Polteilung versetzten Stelle 7 unten und von dort vorn über den Stromwender nach 2 oben geführt usw.

Die Zuleitung vom Netz zum inneren Schleifring sei gerade stromlos. Der Strom, der vom Netz dem äußeren Schleifring zufließt, fließt in zwei gleichen Teilen zum Stromwender. Jeder dieser Teile teilt sich dann in zwei Teile, von denen der stärkere durch einen einzelnen Strang und ein halb so starker Strom durch zwei Stränge hintereinander zum mittleren Schleifring fließt. Die Spulenseiten des Drehstromes bestehen aus vier Nuten, sie bedecken also $^2/_3$ der Polteilung. Gleichzeitig sehen wir, wie sie sich gegenseitig überlappen. Ihre magnetischen Wirkungen unterstützen sich zwar im allgemeinen noch. Aber gleichzeitig heben sich an einzelnen Stellen, z. B. bei 5 und 6, die Ströme gegenseitig auf.

In elektrischer und magnetischer Hinsicht ist eine breite Spulenseite ungünstig. Wenn man daher Gleichstromwicklungen, wie oft der Fall ist, für Läufer von Drehstrommotoren benutzt, so schneidet man die Wicklung auf, so daß jeder Teil nur die halbe Breite besitzt, und schaltet die Teile in Reihe oder parallel. Die Wicklung in Bild 404 müssen wir z. B. jedesmal aufschneiden, wenn zwei nebeneinander liegende Nuten, die $^1/_3$ der Polteilung bedecken, bewickelt sind. Wir erhalten dann in Bild 404 für den ersten Strang die Teile:

oben	1 2	13 14	7 8	19 20
unten	7 8	19 20	13 14	1 2.

Wir können nun diese in Reihe oder nebeneinander schalten. Wir wählen Reihenschaltung, schalten also unter Benutzung der von der Gleichstromwicklung übernommenen Stirnverbindungen die ersten beiden Teile durch die von 8 unten nach 13 oben führende Verbindung *a* und die beiden letzten durch die von 14 unten nach 19 oben führende Verbindung *b* in Reihe. Die dadurch entstehenden beiden Teile werden dann unter Berücksichtigung der Stromrichtung, d. h. wie in Bild 404 unter Umkehrung der Wicklungsrichtung, durch die Verbindung *c*, die von 20 unten nach 2 unten führt, hintereinander geschaltet.

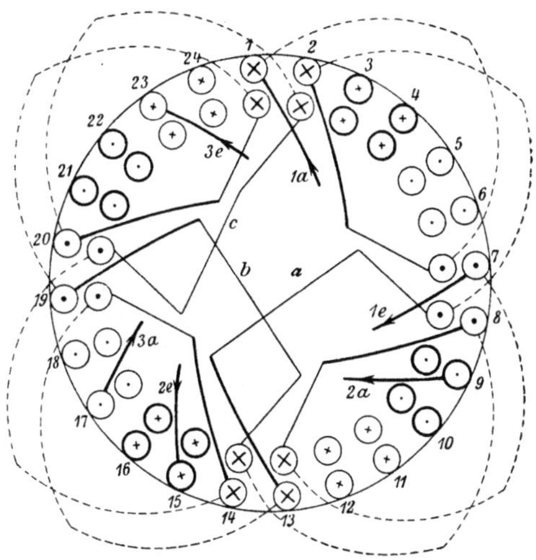

Bild 404. Aufgeschnittene Gleichstromwicklung.

Ist die Nutenzahl eines Drehstromstranges nicht durch die Polpaarzahl teilbar, so wird die Nutenzahl für Pol und Strang eine gebrochene Zahl (Bruchlochwicklungen). Es sei N die Nutenzahl und p die Zahl der Polpaare. Sämtliche Nuten seien bewickelt, und zwar in Einschichtwicklung. Da die Nutenzahl immer gerade ist, so können wir $N/2$ als die Spulenzahl bezeichnen. Wenn sie mit p einen größten gemeinsamen Teiler t besitzt, so besteht die ganze Wicklung aus t völlig gleichen Teilen, die einzeln nach dem unten angegebenen Verfahren behandelt werden können. $N/2$ und p werden dabei als teilerfremd angenommen.

Man legt die fortlaufend am Umfang bezeichneten Nuten entsprechend der Lage, die sie zu den verschiedenen Polen haben, auf einem einzigen Polpaar zusammen. Dazu hat man zwei wagerechte Reihen von $N/2$ Feldern anzulegen. Da der elektrische Winkelabstand $p$mal so groß ist als der räumliche Winkelabstand, so hat man von 1 um p Felder weiter zu schreiten, um nach 2 zu gelangen usw. Dabei erhält man für gerade und ungerade Polpaarzahlen ein verschiedenes Ergebnis.

1. p ungerade. Ist z. B. $N=24$ und $p=5$, so erhält man folgende zweipolige Anordnung, bei der man zweimal 12 Felder anlegt und von 1 um je 5 Felder nach 2, 3, 4, 5 und von dort nach 6 weiter schreitet:

1. Polteilung	1	6	.	.	.	2	.	.	.	.	3	.
2. Polteilung	.	.	.	4	.	.	.	.	5	.	.	.

Wir ermitteln nun die Anzahl y der Schritte, die man machen muß, um von 1 zum benachbarten Feld rechts zu gelangen. Da man dabei $p \cdot y$ Felder bestreicht und, in Feldern gemessen, den Weg $xN+1$ zurücklegt, so wird

$$p \cdot y = x \cdot N + 1, \text{ d. h. } y = \frac{x \cdot N + 1}{p}.$$

Dabei ist x eine ganze Zahl, die y zu einer ganzen Zahl macht. Im obigen Falle wird

$$y = \frac{x \cdot 24 + 1}{5} = \frac{1 \cdot 24 + 1}{5} = 5.$$

Daraus ergibt sich dann ohne die obige Tafel unmittelbar folgende Lage der Nuten im zweipoligen Wicklungsbild:

1. Polteilung	1	6	11	16	21	2	7	12	17	22	3	8
		——I——								——II——		
2. Polteilung	13	18	23	4	9	14	19	24	5	10	15	20.
						——III——						

Die unterstrichenen Nummern sind dann die Spulenanfänge der drei Stränge. Die senkrecht darunter oder darüber stehenden Nuten, die gegen die Anfänge um den elektrischen Bogen π verschoben sind, können als die Spulenenden angesehen werden, ohne daß damit über die Verbindung der einzelnen Drähte schon entschieden wäre. Man erhält so das Schaltbild in Bild 405, wo die Spulen für den Strang 1 stark gezeichnet sind. Die Wicklung ist nach der Zahlentafel gleichwertig mit einer Durchmesserwicklung, bei der die Nutenzahl für Pol und Strang allgemein $q = N/6$ ist.

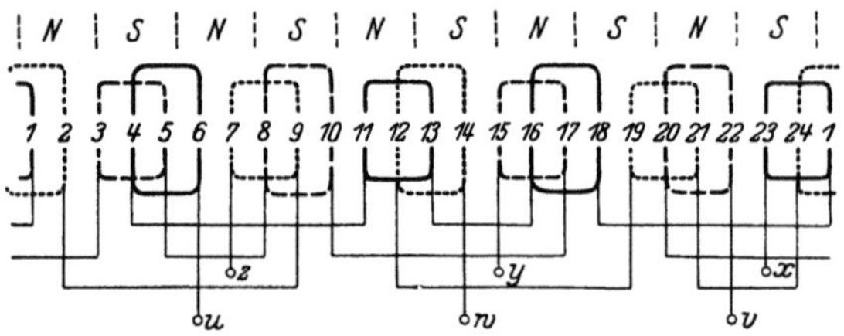

Bild 405. $N = 24$ $p = 5$.

2. p gerade. In diesem Fall haben je zwei Nuten immer dieselbe Lage vor einem gleichnamigen Pol und man erhält im zweipoligen Wicklungsbild zwei Doppelreihen, also für $N = 30$ und $p = 4$, indem man von 1 um $p = 4$ Schritte nach 2 weitergeht usw.:

1. Polteilung	1	·	9	·	2	·	10	·	3	·	11	·	4	·	12	
2. Polteilung	·	5	·	13	·	6	·	14	·	7	·	15	·	8	·	
1. Polteilung	16	·	24	·	17	·	25	·	18	·	26	·	19	·	27	
2. Polteilung	·	20	·	28	·	21	·	29	·	22	·	30	·	23	·	

Zwei senkrecht übereinander stehende Nuten haben jetzt wegen der geraden Polpaarzahl keinen Phasenunterschied. Wir ordnen jetzt[1] durch senkrechte Verschiebung alle ungeraden Zahlen in einer Reihe, alle geraden in einer zweiten Reihe an und erhalten

1	5	9	13 \	17	21	25	29	3 \	7	11	15	19	23 \	27
	×		×	×		×		×	×		×		×	×
16	20	24	28	2 \	6	10	14	18	22 \	26	30	4	8	12 \
	×		×			×		×			×		×	
←		I		→	←		III		→	←		II		→

Wir ermitteln jetzt wieder die Anzahl y der Schritte, die man machen muß, um von Nut 1 zu dem jetzt räumlich rechts benachbarten Feld, also nach 5, zu gelangen. Man bestreicht dabei $p \cdot y$ Felder und legt, in Feldern gemessen, den Weg $x \cdot N/2 + 1$ zurück. Demnach ist

$$p \cdot y = \frac{x \cdot N}{2} + 1, \quad \text{d. h.} \quad y = \frac{x \cdot N/2 + 1}{p}.$$

Da p gerade ist, so ist x notwendig ungerade. Damit die ungeraden Zahlen alle in einer Reihe liegen, wird man zweckmäßig x so wählen, daß y gerade wird. In unserem Falle ergibt sich

$$y = \frac{x \cdot 15 + 1}{4} = \frac{1 \cdot 15 + 1}{4} = 4.$$

[1] Vgl. Tittel ETZ 1928, S. 1103.

Mit diesem „Nutenschritt“ läßt sich also die obige Zahlentafel unmittelbar hinschreiben. Die Zahlen der unteren Reihe sind um $N/2$ größer als die darüber stehenden der oberen Reihe und mit ihnen phasengleich. Zwei nebeneinander liegende Nuten haben dann den Phasenabstand $p \cdot y \cdot 2\pi : N$. Dies ist rund gleich π.

Ohne über die wirkliche Verbindung zu entscheiden, betrachten wir jetzt zwei schräge untereinander liegende Nuten als zu einer Spule gehörig, deren Spulenweite, da zwei übereinander stehende Nuten dasselbe Potential haben, ebenfalls gleich y ist und erhalten durch die schrägen Trennlinien die Aufteilung in die drei Stränge. Dabei ist 27 nach links neben 1 hinüber zu holen, so daß 27, 16 eine Spule ergibt.

Allgemein liegen jetzt die vor gleichnamigen Polen befindlichen Anfänge der Spulen senkrecht übereinander und im Abstand von zwei Feldern nebeneinander. Sie sind in der Zahlentafel angekreuzt. Man sieht, daß 27, 7, 17 und 27 je einen Phasenabstand von $2\pi/3$ haben. Bild 406 zeigt die entsprechende Schaltung.

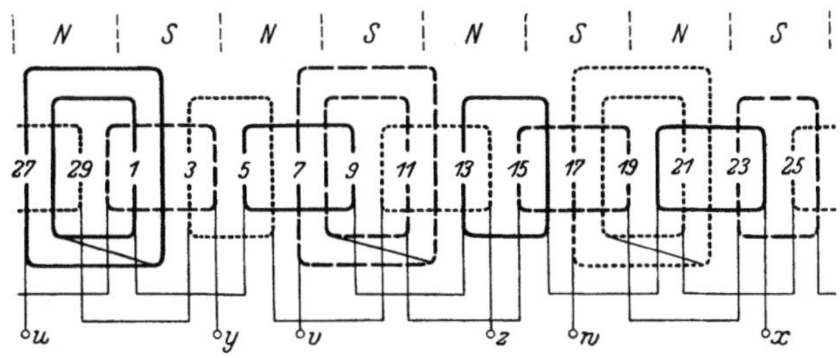

Bild 406. $N = 30$ $p = 4$.

Die Wicklung ist gleichwertig mit einer Ganzlochwicklung mit $q = N/6$ Nuten für Pol und Strang auf $^1/_3$ der Polteilung mit einer Spulenweite y.

Im nächsten Abschnitt ergibt sich, daß Bruchlochwicklungen besonders geringe Oberwellen in der Spannung haben, wozu bei gerader Polpaarzahl gerade die Abweichung der Spulenweite vom Durchmesser noch besonders beiträgt. Man wird daher oft die Spulenweite noch kürzer wählen, indem man statt einer einzigen Nut eine größere ungerade Anzahl von Nuten in der Zahlentafel nach links hinüberholt (vgl. Tittel, a. a. O.). Werden $\underset{\times}{19}$ 23 $\underset{\times}{27}$ nach links hinübergeholt, so wird die Spulenweite 19—16 = 3 Nutteilungen.

Zu den Bruchlochwicklungen gehören auch die Wellenwicklungen für Gleichstrom.

Die Breite der Spulenseite war bei den oben behandelten gewöhnlichen Drehstromwicklungen $^1/_3$ der Polteilung, was auch bei den besprochenen Bruchlochwicklungen für die resultierende Breite zutrifft. Nur bei den Maschinen mit Stromwender ist die Breite gleich $^2/_3$ der Polteilung. Im Gegensatz dazu stehen die Käfig- oder Kurzschlußwicklungen von Drehstrommotoren. Diese enthalten eine Reihe von Stäben, die in je einer Nut verlegt und an den Stirnseiten durch Ringe kurzgeschlossen sind. Die Zahl der Stränge ist dann nicht drei, sondern gleich der Nutenzahl einer Polteilung. Die Breite der Spulenseite ist gleich Null zu setzen.

110. Der Wicklungsfaktor.

Das magnetische Feld am Umfang sei zunächst infolge geeigneter Abrundung der Polecken sinusförmig. Ist w die Windungszahl in Reihe für einen Strang und $\omega = 2\pi f$, so wird bei Einlochwicklung nach Gl. (3) auf S. 127 $e_m = \Phi \cdot w \cdot \omega$. Mit $2\pi : \sqrt{2} = 4{,}44$ erhält man den Effektivwert

$$E = 4{,}44 \cdot \Phi \cdot f \cdot w. \tag{1}$$

Liegen die Drähte einer Spulenseite in mehreren Nuten, so werden sie nicht alle gleichmäßig induziert. Ist dann wieder der Nutenabstand im elektrischen Maß gleich α, so haben wir die in allen Spulenseiten erzeugten Spannungen nach Gl. (1) einzeln zu berechnen und nach Bild 407 unter dem Winkel α zusammenzusetzen. Sie werden dabei durch die Sehnen s über dem Bogen α dargestellt. Demnach ist bei q Nuten für einen Pol und Strang die Summe gleich der Sehne S über dem Bogen $q \cdot \alpha$. Ist r der Halbmesser, so wird $s = 2r \cdot \sin(\alpha/2)$ und $S = 2r \cdot \sin(q \cdot \alpha/2)$.

Wir führen nun den sogenannten Wicklungsfaktor ξ des sinusförmigen Feldes ein, der das Verhältnis der Spannung der verteilten Wicklung zu der in einem Nutenpaar vereinigten Wicklung ist. Dann wird allgemein die Spannung für sinusförmiges Feld

$$E = 4{,}44 \cdot \xi \cdot \Phi \cdot f \cdot w. \tag{2}$$

Der Wicklungsfaktor ist gleichzeitig das Verhältnis der geometrischen Summe der Spannung der einzelnen Nuten zur algebraischen Summe, d. h.

$$\xi = \frac{S}{q \cdot s} = \frac{\sin(q \cdot \alpha/2)}{q \cdot \sin(\alpha/2)} \tag{3}$$

Ist z. B. bei einer Dreiphasenmaschine die Nutenzahl für Pol und Strang $q = 2$ und der Nutenabstand daher gleich $^1/_6$ der Polteilung, d. h. $\alpha = \pi/6$, so ist

$$\xi = \frac{\sin(2 \cdot \pi/12)}{2 \cdot \sin(\pi/12)} = \frac{0{,}5}{0{,}518} = 0{,}965.$$

Bei kleinem Nutenabstand können wir die Wicklung als eine glatte Wicklung ansehen, deren Drähte gleichmäßig auf dem Umfang verteilt sind. Dann wird der gebrochene Linienzug in Bild 407 zu einem Kreisbogen, und der Wicklungsfaktor wird das Verhältnis der Sehne zum Bogen $2\,\gamma$ der Spulenbreite. Dieses Verhältnis ist

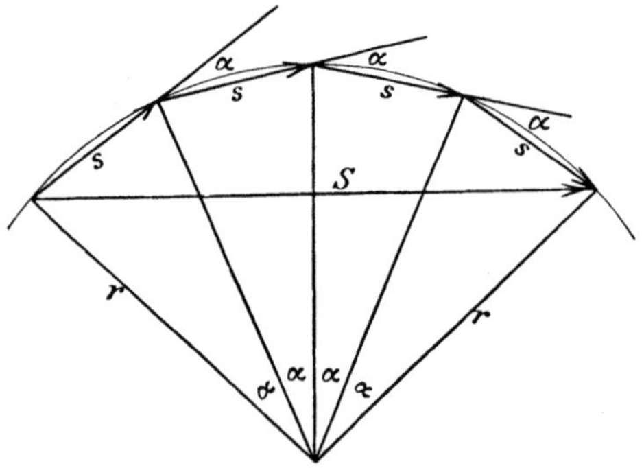

Bild 407. Summe der Spannungen der einzelnen Nuten.

$$\xi = \frac{2 \sin \gamma}{2\,\gamma} = \frac{\sin \gamma}{\gamma}. \tag{4}$$

Ist z. B. die Breite der Spulenseite gleich $^1/_3$ der Polteilung, so ist $2\,\gamma$ gleich $\pi/3$, γ also $\pi/6$, d. h. $\xi = 3/\pi$.

Bei einer Breite der glatten Spulenseite gleich $^2/_3$ der Polteilung, wie sie bei dreiphasigen Einankerumformern vorkommt, ist $2\gamma = {}^2/_3\,\pi$, also der Wicklungsfaktor gleich $^1/_2\sqrt{3} : \pi/3 = 0{,}83$.

Ist endlich die Breite der Spulenseite, wie bei Einankerumformern für Einphasenstrom, gleich der Polteilung, so wird der Wicklungsfaktor gleich dem Verhältnis des Durchmessers zum Halbkreis, also gleich $2/\pi$.

Es ist aber zu beachten, daß w die in Reihe liegende Windungszahl eines Stranges bedeutet, und daß α in elektrischen Graden zu messen ist. Man hat also den räumlichen Bogen mit der Zahl der Polpaare zu vervielfachen.

Falls die Feldkurve nicht sinusförmig ist, kann man sie nach Fourier in eine sinusförmige Grundwelle und in sinusförmige Oberwellen zerlegen (vgl. S. 128). Die Spannung enthält dann ebenfalls neben der Grundwelle Oberwellen. Ist ν die Ordnungszahl der Oberwelle, Φ_ν der Fluß der νten Oberwelle und f die Frequenz der Gesamtwelle, so wird die Spannung der Oberwelle

$$E_\nu = 4{,}44\, \xi_\nu \cdot \Phi_\nu \cdot \nu \cdot f \cdot w.$$

Dabei ergibt sich, wenn α der Nutenabstand in elektrischen Graden für die Grundwelle ist

$$\xi_\nu = \frac{\sin \dfrac{q \cdot \nu \cdot \alpha}{2}}{q \cdot \sin \dfrac{\nu \cdot \alpha}{2}}. \tag{a}$$

Eine vierpolige Dreiphasenmaschine mit Zweischicht- und Durchmesserwicklung enthalte z. B. $q=6$ Nuten für Pol und Strang, also zusammen 72 Nuten. Der räumliche Nutenabstand ist dann $360:72=5^0$, d. h. $\alpha=p\cdot 5^0=10^0$. Gesucht werden die Wicklungsfaktoren für die Grundwelle und die fünfte Oberwelle. Wir erhalten

$$\xi_1=0{,}956 \quad \text{und} \quad \xi_5=0{,}197.$$

Wird statt der Durchmesserwicklung eine Sehnenwicklung angewendet, so ist der Wicklungsfaktor das Produkt aus dem Wicklungsfaktor ξ' der Spulen und dem Wicklungsfaktor ξ'' einer einzigen Spule. Ist z. B. die Nutenzahl N, die Zahl der Polpaare p und die Spulenweite, gemessen in Nutteilungen, gleich b, so ist für eine Spule

$$q=2 \qquad \alpha''=\pi-b\cdot\frac{p\cdot 2\pi}{N}.$$

Nach Gl. (a) wird dann der Wicklungsfaktor einer Spule, wenn das Vorzeichen unbeachtet bleibt, mit Rücksicht darauf, daß ν ungerade ist:

$$\xi_\nu''=\frac{\sin\nu\alpha''}{2\sin\frac{\nu\alpha''}{2}}=\cos\frac{\nu\alpha''}{2}=\sin\left(\frac{\nu b p\cdot\pi}{N}\right). \tag{b}$$

Ist z. B. bei der obigen Maschine die Spulenweite statt 72:4 nur $b=16$ Nutteilungen, so ist

$$\xi_1''=\sin\left(\frac{16\cdot 2\pi}{72}\right)=0{,}985 \qquad \xi_5''=\sin\left(\frac{5\cdot 16\cdot 2\pi}{72}\right)=0{,}643.$$

Die Sehnung beeinflußt also die Grundwelle nur wenig, verringert aber die fünfte Oberwelle auf das 0,643fache.

Besonders klein werden die Wicklungsfaktoren der Oberwellen bei Bruchlochwicklungen, da die resultierende Nutenzahl, die vor einem Pol vereinigt gedacht wird und zur Berechnung der Wicklungsfaktoren in Frage kommt, viel größer ist als die Nutenzahl eines einzelnen Pols bei einer Ganzlochwicklung. Bei gerader Polpaarzahl kommt noch hinzu, daß die Spulenweite etwas kleiner ist als die Polteilung und nötigenfalls noch weiter verringert werden kann. Bei der Nutenzahl $N=30$ und der Polpaarzahl $p=4$ ist nach der Tafel auf S. 228 $q=5$ und $\alpha=\pi:15=12^0$, also z. B. nach Gl. (a) auf S. 230

$$\xi_1'=\frac{\sin(5\cdot 6^0)}{5\cdot\sin 6^0}=0{,}954 \qquad \xi_5'=\frac{\sin(5\cdot 5\cdot 6^0)}{5\cdot\sin(5\cdot 6^0)}=0{,}2.$$

Die Spulenweite ist nach der Tafel auf S. 228 $y=4$ Nuten. Nach Gl. (b) wird also bei $N=30$ Nuten

$$\xi_1''=\sin\frac{4\cdot 4\cdot\pi}{30}=0{,}9945 \qquad \xi_5''=\sin\frac{5\cdot 4\cdot 4\cdot\pi}{30}=0{,}866.$$

Das Produkt $\xi'\cdot\xi''$ ergibt dann den Wicklungsfaktor. Hätte man in der Tafel auf S. 228 die Nuten 19 $\underset{\times}{23}$ $\underset{\times}{27}$ nach vorn herübergeholt, so wäre die Spulenweite gleich $b=19-16=3$ Nuten und man erhielte

$$\xi_1''=\sin\frac{3\cdot 4\cdot\pi}{30}=0{,}951. \qquad \xi_5''=\sin\frac{5\cdot 3\cdot 4\cdot\pi}{30}=0!$$

XIX. Synchronmaschinen im Betrieb.

111. Das Einschalten einer Synchronmaschine.

Sind mehrere Synchronmaschinen an ein Netz angeschlossen, so ist die Frequenz des Stromes in allen Maschinen dieselbe wie im Netz. Ist n die Drehzahl und p die Polpaarzahl, so ist die Frequenz

$$f=p\cdot n. \tag{1}$$

Die Drehzahl ist also durch die Frequenz genau gegeben, und die Maschinen arbeiten synchron, d. h. gleichlaufend. Nur bei einem Stromerzeuger, der allein das Netz speist, kann die Drehzahl willkürlich gewählt werden, falls nicht eine bestimmte Frequenz gefordert wird.

Gl. (1) gilt sowohl für die synchronen Stromerzeuger als auch für die synchronen Motoren. Diese sind genau gebaut wie die Stromerzeuger, so daß jede Wechselstrommaschine ohne weiteres als Wechselstrommotor benutzt werden kann. Wenn wir das Polrad des Stromerzeugers in Bild 407a im Sinne des Uhrzeigers drehen, so fließt der Strom vor dem Nordpol von vorn nach hinten. Dabei hat die Antriebsmaschine das vom Strom und Magnetfeld aufeinander ausgeübte Drehmoment zu überwinden. Daraus folgt bei dem Motor in Bild 407b, daß die elektromagnetische Wechselwirkung das Polrad entgegen dem Uhrzeiger dreht.

Nun steht in einem bald darauffolgenden Zeitpunkt statt des Nordpols ein Südpol vor dem gezeichneten Draht. Dann muß der Strom inzwischen seine Richtung geändert haben, damit das neue Drehmoment mit dem früheren Drehmoment gleichgerichtet ist. Dies ist auch der Fall, da die Drehzahl genau der Frequenz des Netzes entspricht. Wie wir später sehen werden, hält sich diese Übereinstimmung, wenn sie einmal vorhanden ist, im Betriebe aufrecht.

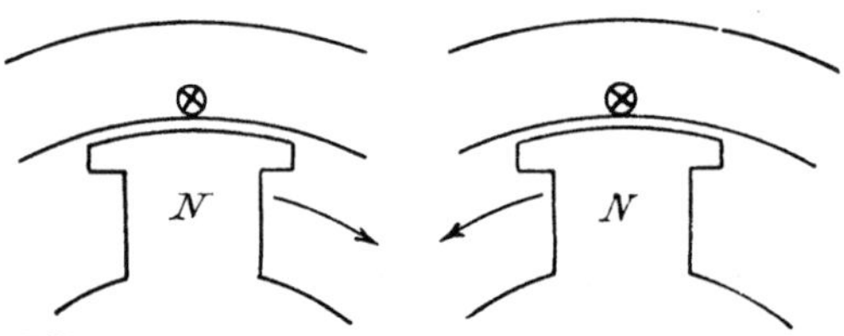

Bild 407a. Stromerzeuger. Bild 407b. Motor.

Wir wenden uns nun zum Einschalten eines Stromerzeugers oder Motors auf ein Netz von gegebener Spannung und Frequenz.

Stromerzeuger werden durch ihre Antriebsmaschine auf Synchronismus gebracht und unter Benutzung von Phasenlampen (vgl. S. 233) parallel geschaltet.

Synchronmotoren können, wenn eine Gleichstromquelle vorhanden ist, durch die mit dem Synchronmotor gekuppelte Erregermaschine, die dabei als Motor läuft, auf Synchronismus gebracht werden und mit Hilfe von Phasenlampen parallel geschaltet werden. Mehrphasige Synchronmotoren, die eine Dämpferwicklung besitzen (vgl. S. 245), können auch vom Stillstand aus mit $^1/_3$ der Netzspannung von der Drehstromseite aus angelassen werden. Die Feldwicklung muß dabei unterteilt oder kurz geschlossen sein, da sonst lebensgefährliche Spannungen in der Feldwicklung erzeugt werden. Die Maschine läuft als Asynchronmaschine an. Wenn sie fast auf Synchronismus gekommen ist, wird die Gleichstromerregung eingeschaltet, und die Maschine springt in den vollen Synchronismus hinein.

Einankerumformer werden, wenn ein Gleichstromnetz zur Verfügung steht, von der Gleichstromseite angelassen und mit Hilfe von Phasenlampen parallel geschaltet. Wenn kein Gleichstromnetz vorhanden ist, können sie durch einen asynchronen Anwurfmotor, der ein Polpaar weniger besitzt als der Umformer, auf Synchronismus gebracht werden. Will man dabei das Parallelschalten mit Phasenlampen umgehen, so kuppelt man, wenn der Synchronismus praktisch erreicht ist, den Anwurfmotor ab und schaltet den Umformer über Widerstände auf das Drehstromnetz.

Soll ein Einankerumformer von der Drehstromseite aus angelassen werden, so verfährt man wie oben beim Synchronmotor. Das Kurzschließen der Magnetwicklung beim Anlassen erfolgt zweckmäßig über den Anker, wobei der Anschluß, wie bei einer Gleichstrommaschine, dem Drehsinn entsprechen muß. Wie bei jedem Drehstrommotor, der vom Rotor gespeist wird, läuft der Rotor entgegen dem Drehsinn des Feldes an. Das Feld läuft im Raume mit dem Unterschied der Drehzahlen des Feldes und des Rotors um. Ist nahezu Synchronismus erreicht, so wird die Magnetwicklung wie oben an den Anker gelegt, wenn sie nicht bereits von vorneherein an den Anker angeschlossen war. Der Umformer kommt dadurch in den vollen Synchronismus, wobei das Feld im Raume stillsteht. Die Polarität und damit das Vorzeichen der Gleichstrombürsten ist dabei ganz dem Zufall überlassen, und man muß, falls keine besonderen Relais vorgesehen sind, die Maschine wieder abschalten und den Vorgang wiederholen, bis die Gleichstromklemmen das richtige Vorzeichen haben.

Für das Parallelschalten mit Phasenlampen oder Spannungszeigern sind mehrere Verfahren möglich. Man läßt, wie oben erwähnt, die Maschine leer anlaufen, so daß die Drehzahl möglichst der Frequenz des Netzes entspricht. Darauf macht man, wie bei Gleichstrommaschinen, durch Veränderung der Magneterregung die Span-

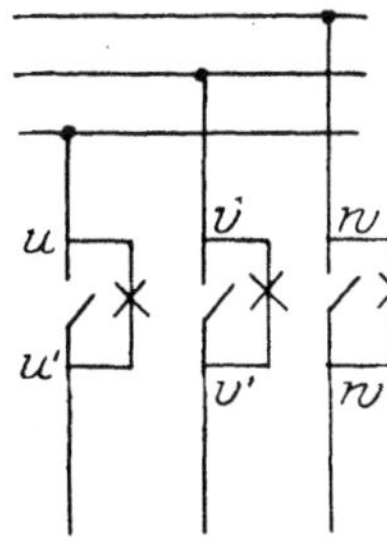

Bild 408. Phasenlampen in Dunkelschaltung.

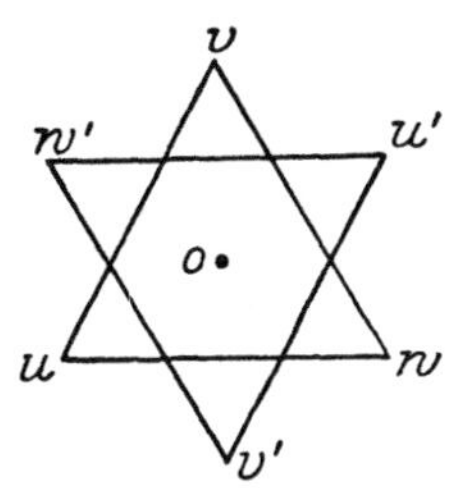

Bild 409. Potentialbild.

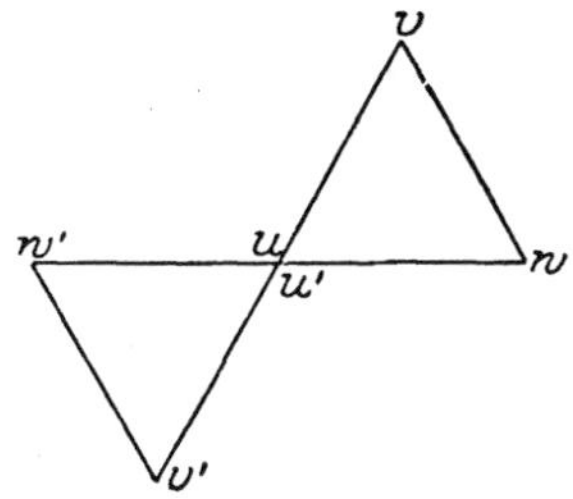

Bild 410. Potentialbild.

nung der Maschine gleich der Netzspannung. Bevor man aber einschaltet, muß man wie bei der Gleichstrommaschine sicher sein, daß wirklich gleichnamige Klemmen verbunden werden, also Maschine und Netz gegeneinander geschaltet sind. Um zu erkennen, ob dies im Augenblick des Einschaltens der Fall ist, verwendet man die sogenannten Phasenlampen (Bild 408), durch welche die Maschinenklemmen bei offenem Hauptschalter mit den Netzklemmen verbunden sind. Man bringt dann die Maschine auf die vorgeschriebene Spannung und regelt ihre Drehzahl so, daß die Lampen ganz langsam flackern. In einem Zeitpunkt, wo sie dunkel sind, sind Netz und Maschine gegeneinander geschaltet und man schaltet ein.

Leuchten die Lampen nicht gleichzeitig auf, so ist die Phasenfolge des Netzes und der Maschine nicht dieselbe. Man muß dann zwei Zuleitungen von der Maschine oder vom Netz zum Schalter vertauschen.

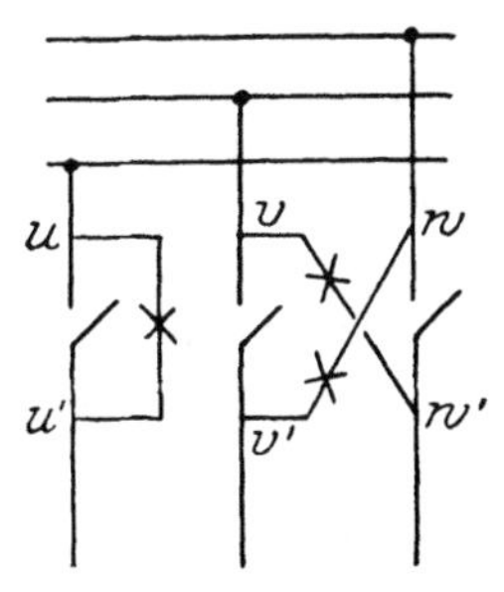

Bild 411. Synchronismusrose.

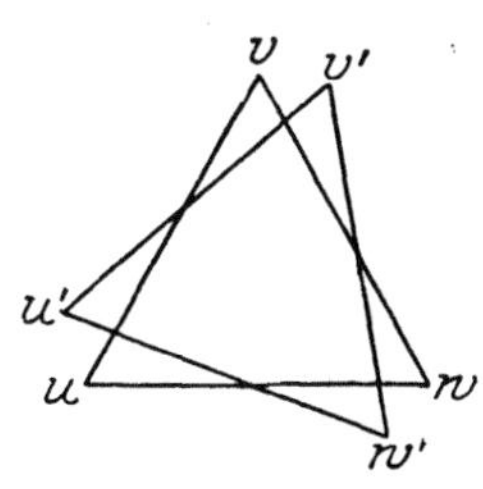

Bild 412. Potentialbild.

Wenn die Frequenz der Maschine annähernd dieselbe ist wie die des Netzes, dreht sich das Potentialbild $u'\ v'\ w'$ der Maschine in Bild 409 ganz langsam gegenüber dem Potentialbild $u\ v\ w$ des Netzes, das wir als feststehend annehmen, und zwar um den Punkt O. Die Lampen haben also die doppelte Sternspannung auszuhalten.

Man kann auch einen beliebigen Pol des Schalters, z. B. $u\ u'$ von vornherein schließen und nur die beiden andern Pole durch Lampen überbrücken. Dann dreht sich in Bild 410 das Potentialbild $u'\ v'\ w'$ der Maschine um den Punkt $u\ u'$. Im gezeichneten Zeitpunkt tritt zwischen w und w' die doppelte verkettete Spannung auf, die die Lampen also auszuhalten haben.

Will man beim Synchronisieren erkennen, ob die Maschine zu schnell oder zu langsam läuft, so muß man einen Pol des Schalters in Dunkelschaltung überbrücken und die beiden anderen Pole in Hellschaltung kreuzweise überbrücken (Bild 411). Das Potentialbild *u' v' w'* der Maschine dreht sich z. B. in Bild 412 bei zu kleiner Drehzahl im Sinne des Uhrzeigers gegen das Potentialbild *u v w* des Netzes. Im gezeichneten Zeitpunkt ist die Spannung *u u'* eben durch Null hindurchgegangen, die Spannung *v w'* steht kurz vor ihrem Höchstwert und die Spannung *w v'* nimmt ab. Die Lampen leuchten also bei der Anordnung in Bild 411 in der Reihenfolge *uu'*, *wv'* und *vw'* auf.

Bei zu großer Drehzahl dreht sich das Potentialbild *u' v' w'* entgegengesetzt und die Lampen leuchten im umgekehrten Sinne auf.

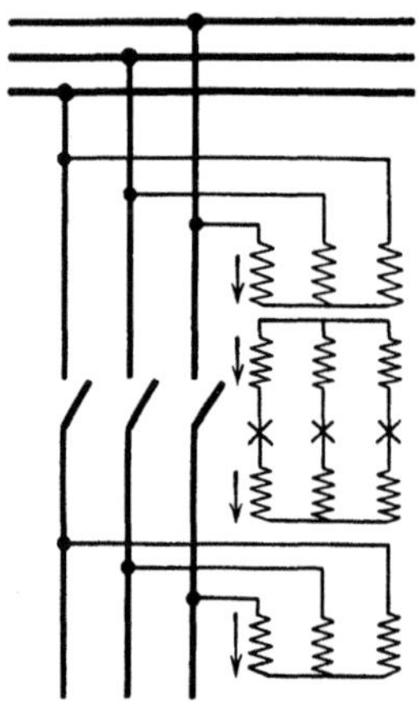

Bild H413.ellschaltung mit drei Lampen.

Man schaltet ein, wenn die Lampe *uu'* dunkel ist und die beiden andern gleich hell brennen. Werden alle Lampen gleichzeitig dunkel, so ist die Phasenfolge falsch, und man hat zwei Zuleitungen von der Maschine oder vom Netz zum Schalter zu vertauschen.

Die Klemmen *u* und *u'* dürfen in diesem Falle nicht kurz geschlossen werden. Dagegen ist es natürlich möglich, falls die Phasenfolge richtig ist, die Klemmen *uu'* offen zu lassen, also mit einphasiger Hellschaltung zu arbeiten.

Eine Hellschaltung mit drei Lampen ist nur in der Weise möglich, daß man mit Hilfe von Transformatoren die Sekundärspannungen auf der Netzseite und Maschinenseite um 180⁰ verschiebt (Bild 413). Die Lampen liegen dabei, wie bei der Dunkelschaltung, zwischen je zwei übereinstimmenden Klemmen. Man erkennt aber, wenn man die Zählpfeile der beiden primären Wicklungen übereinstimmend einzeichnet, daß sich bei Phasengleichheit der primären Spannungen die sekundären Spannungen algebraisch addieren, anstatt sich, wie bei der Dunkelschaltung, entgegen zu wirken. Man hat also einzuschalten, wenn die Lampen hell aufleuchten.

In allen diesen Fällen setzt die Anwendung der Phasenlampen voraus, daß die Maschine noch nicht völlig synchron verläuft. Nach dem Einschalten stellt sich dann bald der völlige Gleichlauf her.

112. Die Synchronmaschine bei Änderung der Erregung.

Eine Synchronmaschine sei auf ein Netz von fester Spannung geschaltet. Der Ohmsche Widerstand und der durch Streulinien des Ankers verursachte induktive Widerstand werde vernachlässigt. Dann ist die durch den Fluß erzeugte Spannung entgegengesetzt gleich der Netzspannung, also konstant. Demnach ist auch der Fluß konstant, selbst wenn wir die Magneterregung ändern.

Dieser Fluß kommt im Betriebe durch die gemeinsame Wirkung der Gleichstromerregung auf den Polen und der Stromwindungen des Ankers zustande. Wie beim Transformator ist also die resultierende Erregung konstant, und zwar gleich der bei Leerlauf oder beim Synchronisieren eingestellten Magneterregung. Dies gilt streng für eine Maschine mit zylindrischem Magnetkörper, bei der der magnetische Leitwert für jede Richtung des Ankerdurchmessers derselbe ist, aber angenähert auch für Maschinen mit ausgeprägten Polen.

Es fragt sich allerdings, ob man die Gleichstromerregung der Magnete mit einer vom Wechselstrom des Ankers ausgeübten Erregung zusammensetzen darf. Bei Einphasenstrom muß man die Stromwindungen des Ankers, d. h. das Produkt aus Stromstärke und Windungszahl, nach Abschn. 136 in zwei gleiche, entgegengesetzt mit synchroner Drehzahl umlaufende Stromwindungen zerlegen. Der mit dem Polrad umlaufende Teil läßt sich ohne weiteres mit der umlaufenden Gleichstromerregung zusammensetzen. Der entgegengesetzt umlaufende Teil muß in seiner magnetischen Wirkung durch eine Kurzschlußwindung auf den Magnetpolen abgedämpft werden, damit nicht durch das sogenannte inverse Feld, das sich gegen die Magnetwicklung mit der doppelten Netzfrequenz verschiebt, Hochspannung in der Gleichstromwicklung auftritt.

Bei einer Drehstrommaschine läuft die vom Anker ausgeübte Erregung von vornherein synchron mit dem Polrad um. In dem Zeitpunkt, wo nach Bild 414 die eine Spulenseite den größten Strom i_m und die benachbarten Spulenseiten den halben Strom führen, ist bei w' Windungen des Ankers für einen Strang und ein Polpaar die Ankererregung gleich $i_m \cdot w' + 2 \cdot i_m \cdot w'/_2 = 2\sqrt{2} \cdot I \cdot w'$. Nach $^1/_6$ Periode tritt wieder derselbe Wert auf, um 60^0 räumlich verschoben. In dem dazwischen liegenden Zeitraum ist die Erregung etwas kleiner. Auch sind die Stromdrähte des Ankers räumlich anders verteilt als die der Magnete. Wir wollen aber die Ungenauigkeit, die dadurch entsteht, vernachlässigen und die Ankererregung einer Magneterregung vom Betrage $I \cdot w' \cdot 2\sqrt{2}$ gleichsetzen.

Nun sei die Magneterregung beim Synchronisieren gleich $I_\mu \cdot w_m$, und sie sei nach

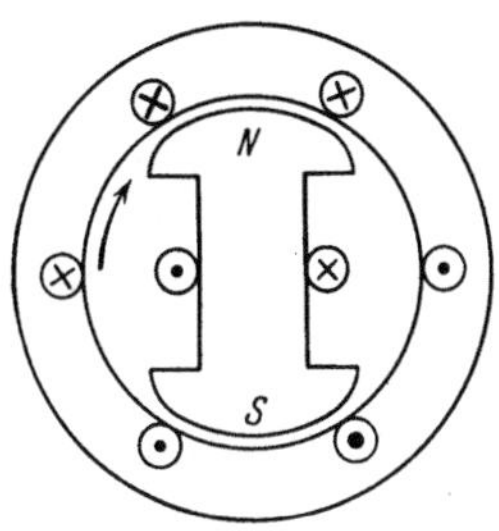

Bild 414. Magneterregung und Ankererregung.

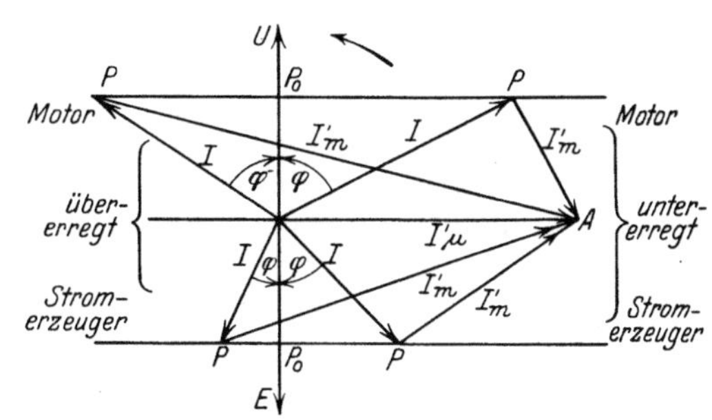

Bild 415. Zusammensetzung der Erregungen.

dem Parallelschalten auf den Betrag $I_m \cdot w_m$ erhöht oder erniedrigt. Wir teilen dann alle Erregungen durch $2\sqrt{2} \cdot w'$ und setzen

$$I_\mu \cdot w_m : 2\sqrt{2}\, w' = I'_\mu \quad \text{und} \quad I_m w_m : 2\sqrt{2}\, w' = I'_m .$$

Wir erhalten dadurch die auf das Windungsverhältnis 1 umgerechneten Magnetströme. Dann ist in Bild 415 die konstante resultierende Erregung $I'_\mu = OA$ die Summe aus dem Ankerstrom $I = OP$ und der Magneterregung $I'_m = PA$.

Da die erzeugte Spannung E um 90^0 gegen I'_μ zurückbleibt, so eilt die entgegengesetzt gleiche Netzspannung U gegen I'_μ um 90^0 vor. Wir zeichnen also den Strahl der Netzspannung U auch beim Stromerzeuger entgegengesetzt der erzeugten Spannung. U bedeutet also nicht die von der Maschine gelieferte Spannung, sondern die ihr aufgedrückte Spannung des Netzes.

Der untere Teil von Bild 415 gilt für den Stromerzeuger, bei dem der Ankerstrom wesentlich in Phase mit der erzeugten Spannung ist, während der obere Teil für den Motor gilt, bei dem der Strom wesentlich in Phase mit der Netzspannung ist.

Der Ankerstrom $I = OP$ besitzt eine Wirkkomponente OP_0, die mit der Spannung die Leistung ergibt und, wie der nächste Abschnitt zeigt, durch Änderung der Magneterregung nicht beeinflußt wird. P bewegt sich also bei Änderung der Magneterregung auf einer zu I'_μ parallelen Geraden, die durch P_0 geht.

Rechts von P_0 ist I'_m kleiner als I_μ. Die Magneterregung ist also nach dem Parallelschalten verringert, die Maschine untererregt. Der Ankerstrom verstärkt dabei das Feld, so daß die durch die Netzspannung vorgeschriebene Erregung zustande kommt. Die kleinste überhaupt mögliche Magneterregung I'_m ist die, bei der P senkrecht über oder unter A liegt, sie ist also ebenso groß wie OP_0, d. h. gleich der Erregung durch den Wirkstrom des Ankers. Wird die Maschine noch schwächer erregt, so fällt sie aus dem Tritt. Es gibt allerdings Synchronmaschinen, die bei Leerlauf auch ohne jede Gleichstromerregung im Tritt bleiben. Aber das sind Maschinen mit ausgeprägten Polen, auf die Bild 415 nicht streng anwendbar ist.

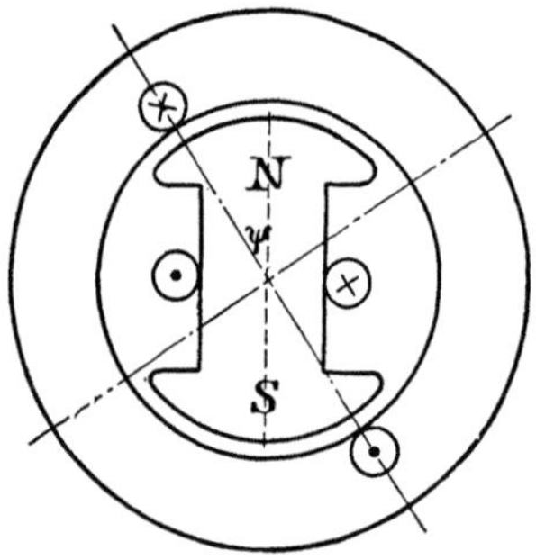

Bild 416. Übererregung, Feldschwächung.
Rechtslauf: Generator, Stromnacheilung.
Linkslauf: Motor, Stromvoreilung.

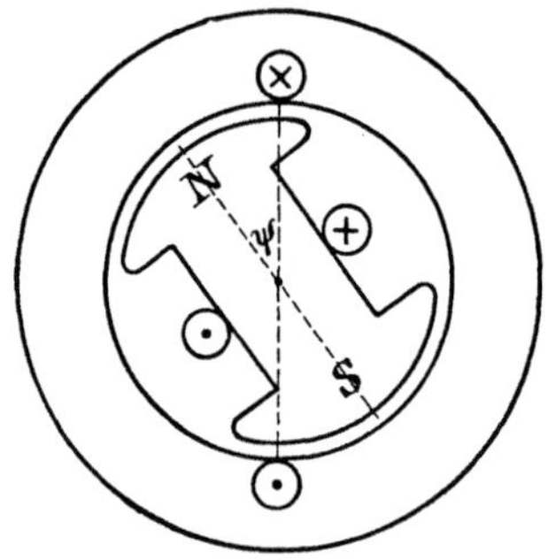

Bild 417. Untererregung, Feldverstärkung.
Rechtslauf: Generator, Stromvoreilung.
Linkslauf: Motor, Stromnacheilung.

Links von P_0 ist I'_m größer als I'_{μ}. Die Magneterregung ist also nach dem Parallelschalten verstärkt worden, die Maschine ist übererregt. Der Ankerstrom schwächt jetzt das Feld, damit wieder die vorgeschriebene konstante Erregung besteht.

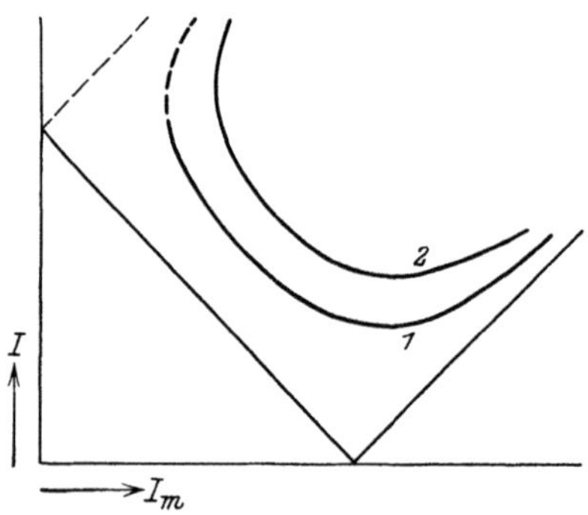

Bild 418. V-Kurve.

Wir ermitteln jetzt den Einfluß der Erregung auf die Phasenverschiebung. Bild 415 zeigt deutlich: Ein Stromerzeuger liefert bei Übererregung nacheilenden, bei Untererregung voreilenden Strom. Ein Motor nimmt bei Übererregung voreilenden, bei Untererregung nacheilenden Strom auf. Dies wird uns durch das Bild 416 und 417 anschaulich. Dabei denke man sich eine Kraftlinie durch Polmitte, Luftraum und Anker verlaufend. Hat dann die Durchflutung des Ankers gleiches Vorzeichen mit der der Magnete, so verstärkt der Ankerstrom das Feld, die Maschine ist also untererregt usw. Ferner ist hinsichtlich der in den Unterschriften angegebenen Phasenverschiebung zu beachten, daß die größte Spannung in einer Nut erzeugt wird, wenn die Polmitte vor der Nut steht, und daß der Strom im dargestellten Zeitpunkt in dem gezeichneten Strang gerade seinen Höchstwert hat.

Um das Verhalten der Maschine bei Änderung der Erregung noch deutlicher zu machen, tragen wir bei konstanter Leistung, also konstanter Höhe des Punktes P in Bild 418 den Magnetstrom I'_m wagerecht und den zugehörigen Ankerstrom I senkrecht auf und erhalten dadurch die sogenannte V-Kurve 1 in Bild 418. Für eine größere Leistung ergibt sich die Kurve 2. Im tiefsten Punkt der Kurve ist der Strom bei der gegebenen Leistung am kleinsten und daher nur Wirkstrom, also $\cos\varphi = 1$ und der Blindstrom ist Null. Damit sind die Stromwärmeverluste am kleinsten und der Wirkungsgrad am größten. Die Verbindungslinie der tiefsten Punkte ist die Regulierungskurve für $\cos\varphi = 1$. Sie zeigt, wie stark die Maschine bei den verschiedenen Belastungen zu erregen ist, um $\cos\varphi$ auf Eins zu halten. Die

Regulierungskurve steigt ziemlich steil nach rechts an, man muß also die Erregung bei größerer Belastung etwas verstärken, um $\cos\varphi$ konstant auf Eins zu halten. Bei einem Einankerumformer kann dies selbsttätig durch eine zusätzliche, vom Gleichstrom durchflossene Hauptschlußwicklung auf den Polen geschehen. Die untere eckige Kurve gilt für den Leerlauf.

Im rechten Teil ist die Maschine übererregt, der Strom also beim Stromerzeuger nacheilend, beim Motor voreilend. Im linken Teil ist die Maschine untererregt, der Strom also beim Stromerzeuger voreilend, beim Motor nacheilend. Die kleinste mögliche Erregung ist auch hier gleich den Stromwindungen des Wirkstromes.

Die Kurve ist symmetrisch zu den Achsen. Im praktischen Falle wird natürlich I_m statt I'_m aufgetragen, wodurch die Symmetrie gestört wird.

Im allgemeinen wird man die Maschinen eines Kraftwerkes so erregen, daß alle mit demselben Leistungsfaktor arbeiten. Dies gilt auch für mehrere parallel arbeitende Kraftwerke.

Bisher haben wir den Einfluß der Magneterregung auf den Gesamtstrom des Ankers dargestellt. In Wirklichkeit wird, da der Wirkstrom sich nicht ändert, nur der Blindstrom beeinflußt. Beim Stromerzeuger ist der von ihm gelieferte Blindstrom bei Übererregung positiv, bei Untererregung negativ. Dabei eilt ein positiver Blindstrom gegen die erzeugte Spannung des Generators um 90° nach, ein negativer um 90° vor.

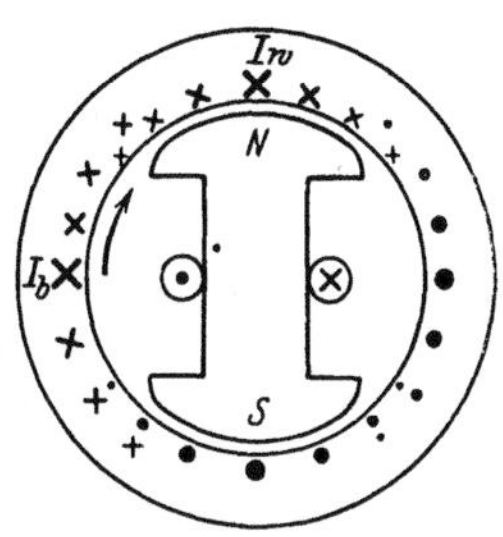

Bild 419. Zerlegung in Wirkstrom und Blindstrom bei Übererregung.

Beim Motor ist der von ihm aufgenommene Blindstrom bei Übererregung negativ, bei Untererregung positiv.

Im Grunde sind es gerade die Stromwindungen des Blindstromes, die das Feld verstärken oder schwächen. Dies wird deutlich, wenn wir nach Bild 419 den sinusförmig verteilten umlaufenden Gesamtstrom in einen ebenso verteilten umlaufenden Wirkstrom und Blindstrom zerlegen, von denen der Wirkstrom ständig ziemlich genau vor der Polmitte, der Blindstrom ziemlich genau in der neutralen Zone liegt. Man sieht deutlich in Bild 419 die entmagnetisierende Wirkung des Blindstromes bei Übererregung.

Die obigen Regeln über den Blindstrom lassen sich noch vereinfachen. Wenn ein Motor negativen Blindstrom aufnimmt, so ist es, als wenn er positiven liefert. Jede übererregte Maschine, gleichgültig ob Stromerzeuger oder Motor, liefert also positiven Blindstrom.

Übererregte Synchronmotoren sind auf diese Weise imstande, den Leistungsfaktor des Netzes zu verbessern und die Leitung von Blindstrom zu entlasten. In Bild 421 ist A eine Gruppe von Asynchronmotoren, die als Induktionsmotoren

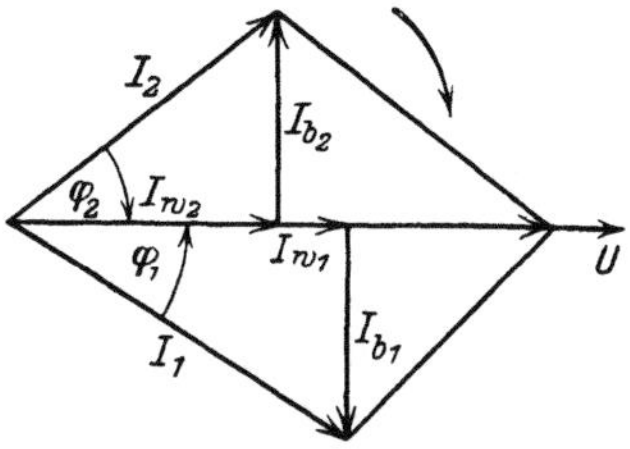

Bild 420. Parallelschaltung von Asynchron- und Synchronmotoren.

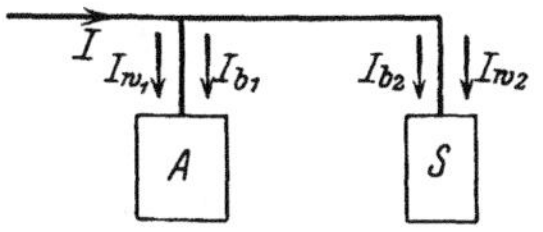

Bild 421. Strombild für Phasenausgleich.

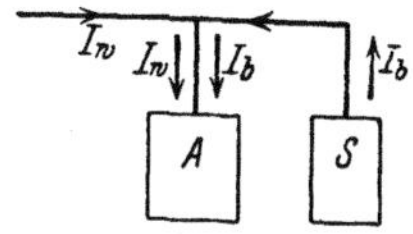

Bild 422. Phasenschieber.

neben dem Wirkstrom I_{w1} einen positiven, nacheilenden Blindstrom I_{b1} aufnehmen. S ist ein Synchronmotor, der infolge von Übererregung neben dem Wirkstrom I_{w2} einen negativen Blindstrom I_{b2} aufnimmt. Erregt man den Synchronmotor so, daß I_{b2} entgegengesetzt gleich I_{b1} ist, so hat nach Bild 420 der Gesamtstrom gleiche Phase mit der Spannung. Im Netzleiter ist also der Blindstrom Null.

In Wirklichkeit wird in unserem Falle der positive Blindstrom der Asynchronmaschinen von dem übererregten Synchronmotor geliefert. Wenn der übererregte Synchronmotor, abgesehen von seinem eigenen Leerlauf, keine mechanische Arbeit leistet, wird er zum Phasenschieber, der an der Verbraucherstelle aufgestellt, nur negativen Blindstrom aufnimmt, also positiven Blindstrom liefert und so die Zuleitung von Blindstrom entlastet (Bild 422). Das Produkt aus Blindstrom und Windungszahl des Ankers ist dabei gleich dem Überschuß der Magneterregung über die beim Synchronisieren eingestellte Erregung. Solche Maschinen sind in Europa für Blindstromleistungen von 12000 kVA, in Amerika bis zu 50000 kVA gebaut. Da die Entlastung von Blindstrom die Spannungsabfälle in der Leitung ändert, so nennt man solche Maschinen auch Spannungsregler. Über asynchrone Phasenschieber siehe Abschnitt 151.

In besonderen Fällen laufen auch Phasenschieber im Kraftwerk, wobei nur die Generatoren, aber nicht die Netzleitung vom Blindstrom entlastet werden.

Wir haben bisher das Verhalten einer Maschine verfolgt, die auf ein Netz von fester Spannung geschaltet ist, und deren Erregung und deren Blindstrom nach dem Parallelschalten willkürlich geändert wird. Eine Zunahme des Blindstromes unserer Maschine hat dann eine Verringerung des Blindstromes der übrigen Maschinen zur Folge, da der gesamte Blindstrom durch die im Netz eingeschalteten Verbraucher gegeben ist.

Bei einer Maschine, die allein für sich ein Verbrauchernetz speist, kann die Erregung, sofern die Spannung konstant bleiben soll, nicht willkürlich geändert werden. Dennoch kann man auch hier von Über- und Untererregung sprechen. Bei induktiver Belastung ist die Maschine von selbst übererregt, indem der Ankerstrom das Magnetfeld beim Betriebe schwächt und die Klemmenspannung daher nach dem Abschalten des Netzes ansteigt. Das Umgekehrte ist bei kapazitiver Belastung der Fall, wo die Spannung beim Betriebe größer ist als nach dem Abschalten des Verbrauchernetzes.

Ebenso sind bei einem Kraftwerk, wenn der Blindstrom richtig verteilt ist, alle Maschinen bei induktiver Last von selbst übererregt, bei kapazitiver Last untererregt.

113. Die Belastung der Synchronmaschine.

Eine von einer Kraftmaschine angetriebene Gleichstrommaschine liege als Stromerzeuger an einem Netz, das durch parallel geschaltete Maschinen unter fester Spannung steht. Dann erhöht man die von der Maschine abgegebene Leistung dadurch, daß man den Magnetstrom erhöht. Dadurch wächst der Fluß und die erzeugte Spannung E, und damit der Ankerstrom nach der Gleichung $I_a = (E - U) : R_a$.

Die abgegebene elektrische Leistung wirkt nun auf die Antriebsmaschine zurück. Dies geschieht dadurch, daß zunächst die bisher noch zugeführte mechanische Leistung für die vergrößerte elektrische Leistung nicht mehr ausreicht. Die Maschine verzögert sich daher, und dies beeinflußt den Regler der Antriebsmaschine, so daß mehr mechanische Leistung zugeführt wird. Wenn dadurch auch die Verzögerung zum großen Teil wieder eingeholt wird, so ist doch im Gleichgewichtszustand die Drehzahl dauernd geringer als vorher, da der Regler fortdauernd in einer geänderten Lage steht. Bei diesem Vorgang wird also willkürlich zuerst die abgegebene elektrische Leistung eingestellt und nach ihr richtet sich unter geringer Abnahme der Drehzahl die zugeführte mechanische Leistung. Die Nachfrage reguliert hier das Angebot.

Bei Synchronmaschinen ist dieser Vorgang unmöglich, weil die Maschinen an den Synchronismus gebunden sind und nicht nur sich selbst, sondern auch ihre Antriebsmaschinen in synchronem Gang halten. Man ist also genötigt, die Belastung dadurch zu erhöhen, daß man den Regler der Antriebsmaschine verstellt, so daß bei derselben Drehzahl mehr Leistung zugeführt wird. Die Verstellung kann von Hand oder durch einen Elektromotor erfolgen, der von der Schalttafel aus eingeschaltet wird. Jetzt überwiegt für einen kurzen Zeitraum die mechanisch zugeführte Leistung über die abgegebene elektrische Leistung. Dadurch wird das Polrad kurzzeitig beschleunigt und kommt in eine solche Lage gegenüber dem stromführenden Ankerdraht, daß die abgegebene elektrische Leistung wächst. Im Gleichgewichtszustand hält sie der zugeführten Leistung das Gleichgewicht. Hier wird also zuerst die zugeführte mechanische Leistung geändert, und die abgegebene elektrische Leistung stellt sich danach ein. Hier regelt also das Angebot die Nachfrage.

Ebenso wird bei einem Motor das Polrad durch das Anhängen der Last kurzzeitig verzögert und kommt in eine solche Lage zu dem stromführenden Ankerdraht, daß sich das Kraftmoment und die Leistung erhöhen.

Bild 423 zeigt den Vorgang deutlich. Der Ankerstrom und der umgerechnete Magnetstrom I'_m ergeben, wie früher, die resultierende Erregung I'_μ, die gegen die Netzspannung U um 90^0 nacheilt und in ihrer Stärke durch den Fluß, d. h. durch die Netzspannung vorgeschrieben ist. Da an der Magneterregung nichts geändert wird, so beschreibt der Anfangspunkt P des Strahles I'_m einen Kreis um A.

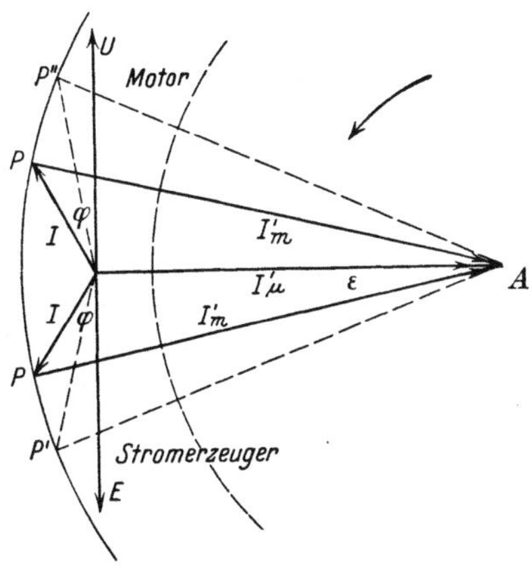

Bild 423. Belastungsänderung.

Wenn wir nun dem Stromerzeuger mehr mechanische Leistung zuführen, verschieben wir das Polrad nach vorwärts und der Strahl I'_m kommt in die Lage $P'A$. Dadurch vergrößert sich der Wirkstrom, so daß die abgegebene elektrische Leistung der vergrößerten mechanischen Leistung das Gleichgewicht hält.

Ebenso verschiebt sich das Polrad bei vergrößerter Belastung des Motors nach rückwärts und I'_m kommt in die Lage $P''A$, wodurch wieder der Wirkstrom und die zugeführte elektrische Leistung größer wird. Der ausgezogene Kreis bezieht sich auf eine übererregte, der gestrichelte auf eine untererregte Maschine.

Bei gegebener Magneterregung ist die Leistung um so größer, je größer der Winkel ε ist, um den das Polrad gegenüber der Leerlaufslage verschoben ist. Ist jedoch die Verschiebung so groß geworden, daß P senkrecht über oder unter A liegt, so hat eine Vergrößerung der mechanischen Leistung keine Erhöhung, sondern eine Verringerung der elektrischen Leistung zur Folge und die Maschine fällt außer Tritt. Wir sehen dabei bestätigt, daß beim Außertrittfallen der Wirkstrom gleich dem umgerechneten Magnetstrom ist (vgl. S. 236).

Um auch bei zufälligen Überlastungen noch sicher zu sein, daß die Maschine im Tritt bleibt, wird die Maschine so gebaut, daß der umgerechnete Magnetstrom mindestens doppelt so groß ist wie der Wirkstrom bei Nennlast. Dann ist die Überlastbarkeit etwa 2:1. Eine starke Magneterregung, also hohe Induktion und großer Luftspalt, sowie eine geringe Windungszahl auf dem Anker, sind also in dieser Hinsicht günstig. Der großen Induktion sind aber durch die Eisenverluste Grenzen gesetzt. Auch wird die Maschine bei großem Luftabstand teuer. Endlich ergibt sich nach S. 254 bei starker Magneterregung ein großer Dauerkurzschlußstrom.

Um das Verhalten einer Maschine, die durch die kurzzeitige Beschleunigung zum Stromerzeuger, durch die kurzzeitige Verzögerung zum Motor wird, recht anschaulich zu machen, kuppeln wir unsere Maschine mit einer Gleichstrommaschine, die auf ein von andern Maschinen oder einer Batterie gespeistes Netz geschaltet ist. Wenn wir dann die Gleichstrommaschine, die jetzt ebenfalls stets genau mit der synchronen Drehzahl läuft, so stark erregen, daß ihre erzeugte Spannung über die des

Netzes überwiegt, arbietet sie als Stromerzeuger. Wenn wir sie dagegen schwächer erregen, so überwiegt die Netzspannung, so daß die Gleichstrommaschine als Motor angetrieben wird.

Die Wechselstrommaschine laufe nach dem Einschalten noch leer. Wir schwächen dann den Magnetstrom der Gleichstrommaschine, die als Motor arbeitet und bisher nur die Leerlaufverluste zuführte. Sonst hat eine solche Schwächung des Feldes bei Gleichstrommotoren eine Erhöhung der Drehzahl zur Folge. Jetzt aber ist die Drehzahl unseres Maschinensatzes unabänderlich durch die Frequenz des Netzes gegeben, so daß sich durch eine Schwächung des Feldes die erzeugte Spannung E des Gleichstrommotors verringert. Nach der Gleichung $I_a = (U - E)/R_a$ wächst dadurch der Strom erheblich an, und der Anker wird beschleunigt. Das damit gekuppelte Polrad der Wechselstrommaschine kommt dadurch in eine solche Lage zu dem Anker, daß sich die erzeugte elektrische Leistung vergrößert. Diese hält dann der größer gewordenen mechanischen Leistung des Gleichstrommotors das Gleichgewicht.

Wir verstärken nun den Magnetstrom der Gleichstrommaschine, anstatt ihn abzuschwächen. Die Folge ist bei der festen Drehzahl eine Vergrößerung der erzeugten Spannung des Gleichstrommotors. Diese überwiegt dann über die Spannung des Gleichstromnetzes, so daß elektrische Leistung von der nun zum Stromerzeuger gewordenen Gleichstrommaschine abgegeben wird. Daher tritt eine kurzzeitige Verzögerung ein, durch welche die Wechselstrommaschine zum Motor wird.

Es erhebt sich nun die Frage, ob bei einem synchronen Stromerzeuger, dessen Drehzahl unabänderlich durch die Netzfrequenz gegeben ist, der Regler der Antriebsmaschine entbehrt werden kann. Tatsächlich ist dies der Fall, aber nur dann, wenn die Leistung der Maschine immer konstant sein soll. Wenn jedoch bei Änderungen des Stromverbrauches die Last sich gleichmäßig auf alle Maschinen verteilen soll, so müssen sämtliche Antriebsmaschinen Regler besitzen. Sie treten dann alle in Tätigkeit, wobei sich die Frequenz in geringem Maße ändert. Eine mechanische Verstellung aller Regler bringt dann die Frequenz wieder auf den vorgeschriebenen Betrag.

Einen ähnlichen Unterschied gegenüber den Gleichstrommaschinen wie beim Parallelschalten sehen wir auch beim Abschalten. Eine Gleichstrommaschine wird vor dem Abschalten durch Schwächung ihrer Erregung entlastet. Soll dagegen eine Synchronmaschine vom Netz abgeschaltet werden, so wird durch Verstellen des Reglers der Antriebsmaschine der Wirkstrom auf Null gebracht. Ein etwa noch vorhandener Blindstrom ist dann durch Änderung der Erregung auf Null zu bringen.

114. Die synchronisierende Kraft.

Mehrere gleiche und gleich stark erregte Stromerzeuger, auf welche dieselbe Leistung übertragen wird, seien nebeneinander auf das Netz geschaltet. Dann verteilt sich die im äußeren Kreise verbrauchte Leistung gleichmäßig auf alle Maschinen. Da die Netzspannung allen Maschinen gemeinsam ist, so folgt, daß auch die erzeugte Spannung überall gleiche Phase hat. Der Ankerdraht der einen Maschine hat dann stets genau dieselbe Lage zu den Polen wie der entsprechende Draht der andern Maschinen. Die Maschinen laufen also zeitlich ganz gleichmäßig, d. h. synchron. Dies bedeutet nicht nur eine gleiche Anzahl von Umdrehungen in einem bestimmten Zeitraum, sondern auch eine Übereinstimmung in den Zeitwerten der erzeugten Spannung.

Wir fragen uns nun, wie sich diese Übereinstimmung in der Drehzahl und in der Phase bei zufälligen Schwankungen der Geschwindigkeit einer einzelnen Maschine aufrecht erhält. Die Wichtigkeit dieser Frage leuchtet ohne weiteres ein. Die von den nebeneinander geschalteten Wechselstrommaschinen erzeugten Spannungen, die ja für sich allein gegeneinander geschaltet, müssen in jedem Augenblick gleiche Phase haben, wenn nicht die schlimmsten Ausgleichströme auftreten sollen.

Die völlige Übereinstimmung in der Drehzahl ließe sich nun niemals durch äußere Mittel erzwingen. Glücklicherweise haben aber parallelgeschaltete Synchronmaschinen von selbst das Bestreben, synchron zu laufen. Ein Stromerzeuger sei z. B. infolge des Ungleichförmigkeitsgrades der Antriebsmaschine vor den andern Maschinen in einem bestimmten Zeitpunkt ein wenig vorausgeeilt. Diese räumliche Vorauseilung ist gleichbedeutend mit einer Voreilung des Strahles des Magnetstromes PA in Bild 423, hat also bis zu einer gewissen Grenze eine Vergrößerung der gesamten erzeugten elektrischen Leistung zur Folge. Dafür reicht die bisher zugeführte Leistung der Antriebsmaschine nicht mehr aus, d. h. die Maschine bremst sich selbst. Die Folge ist eine Verzögerung, die den umlaufenden Magnetkörper in die richtige Stellung gegenüber dem Anker zurückbringt.

Umgekehrt hat das Zurückbleiben eines einzelnen Stromerzeugers hinter den andern Maschinen nach Bild 423 eine Verkleinerung der elektrischen Leistung der einzelnen Maschine zur Folge. Dann überwiegt die Antriebsleistung. Die dadurch veranlaßte Beschleunigung bringt den Magnetkörper der zurückgebliebenen Maschine wieder in die richtige Stellung zu dem Anker, so daß seine Stellung mit den andern Maschinen übereinstimmt. Die elektrische Maschine schreibt also der Antriebsmaschine eine feste Drehzahl vor und hält sie im Gleichlauf.

Die Maschinen müssen dabei allerdings in dem Bereich arbeiten, wo nach Bild 423 eine Voreilung des Polrades eine wesentliche Zunahme der elektrischen Leistung zur Folge hat. Dann werden die unvermeidlichen Voreilungen und Verzögerungen der Antriebsmaschinen durch die synchronisierende Wirkung der elektrischen Maschinen kräftig ausgeglichen. Dabei bedeutet eine Verschiebung um wenige räumliche Grade eine $p$fache Verschiebung in elektrischen Graden.

Wenn jedoch die Maschine in der Nähe ihrer größten Leistung arbeitet, so ergibt sich für eine Zunahme des Winkels eine sehr geringe Zunahme der Leistung, d. h. eine geringe synchronisierende Kraft der Maschine. Wenn der Höchstwert der Leistung überschritten wird, hat sogar das Voreilen der Maschine eine Abnahme der Leistung zur Folge. Die Antriebsleistung überwiegt dann über die abgegebene elektrische Leistung noch weiter und die Maschine wird noch mehr beschleunigt. Dadurch kommt der Ankerdraht in eine immer falschere Lage zu den Polen, die Maschine fällt aus dem Tritt und das ganze Zusammenarbeiten ist gestört. Dabei fließen natürlich sehr starke Ströme zwischen den Maschinen hin und her.

Wir haben nun bisher die synchronisierende Kraft wesentlich als die Zu- und Abnahme der elektrischen Leistung aufgefaßt, die durch die Vor- und Nacheilung einer Maschine verursacht wird. In der Regel spricht man dagegen von Synchronisierungsströmen und meint damit, daß die voreilende Maschine zu viel und die zurückbleibende zu wenig Strom liefert. Wenn nur zwei Maschinen aufs Netz arbeiten, so können wir uns den Vorgang so vorstellen, daß ein Ausgleichstrom zwischen beiden Maschinen hin und her fließt, der sich zum Strom der voreilenden Maschine hinzufügt und vom Strom der zurückbleibenden Maschine abzieht. Die voreilende wird gleichsam durch diesen Strom, den sie liefert, gebremst und die nacheilende, die den Strom empfängt, gleichsam als Motor angetrieben.

Wir berechnen nun die sogenannte Direktionskraft, d. h. das Drehmoment, das durch die Synchronisierungsströme ausgeübt wird, wenn das Polrad sich um die mechanische Bogeneinheit aus der normalen Lage verschoben hat. Nach Bild 423 ist $I \cos\varphi = I'_m \cdot \sin\varepsilon$. Sind U und I Strangwerte, so ist die Leistung der Drehstrommaschine

$$N = 3\,U I \cos\varphi = 3\,U I'_m \cdot \sin\varepsilon.$$

Eilt nun zufällig das Polrad um den Bogen $d\varepsilon$ vor, so ist die Zunahme der Leistung $dN = 3\,U I'_m \cos\varepsilon \cdot d\varepsilon$. Dann ist $dN : d\varepsilon$ die Zunahme der Leistung für die elektrische Bogeneinheit. Die räumliche Bogeneinheit ist $p$mal so groß. Außerdem ist $N = M \cdot 2\pi n$, wo M das Drehmoment und n die Drehzahl ist. Endlich ist ε bei der

Nennlast immer ein kleiner Winkel, so daß $\cos\varepsilon$ gleich Eins gesetzt werden kann. Demnach wird die Direktionskraft, d. h. das Drehmoment für die mechanische Bogeneinheit

$$B = \frac{p \cdot 3\,U I'_m}{2\pi n}. \tag{2}$$

Wird $U \cdot I'_m$ in Watt und n in sek^{-1} eingesetzt, so erhält man die Direktionskraft in Joule/Bogeneinheit. In Abschn. 120 wird sich ergeben, daß $3\,UI'_m$ ebenso groß ist wie die Scheinleistung bei Kurzschluß.

Dabei haben wir, wie bisher stets, den inneren Widerstand der Maschine gleich Null gesetzt. In Wirklichkeit wirkt dieser verringernd auf die Synchronisierungsströme und auf die Direktionskraft ein. Man vermeidet daher beim Synchronisieren von Maschinen die sonst so bewährten Schutzschalter.

115. Das Pendeln von Wechselstrommaschinen[1].

Wenn eine Wechselstrommaschine von einer Dampfturbine oder Wasserkraftmaschine angetrieben wird, so läuft sie während jeder Umdrehung mit fester Geschwindigkeit. Wird sie jedoch von einer Dampfmaschine oder von einem Gasmotor angetrieben, so erleidet sie bei jeder Umdrehung Voreilungen und Verzögerungen, die durch das ungleichmäßige Drehmoment der Antriebsmaschine bedingt sind. Liegt sie gleichzeitig im Nebenschluß mit andern Maschinen am Netz, so ist sie durch die synchronisierende Kraft des Ankers ebenfalls regelmäßig wechselnden Antrieben ausgesetzt. Wenn die Maschine zur Verringerung der Schwankungen der Geschwindigkeit eine Dämpferwicklung auf den Polen besitzt, kommen auch hierdurch regelmäßig wechselnde Antriebe zustande.

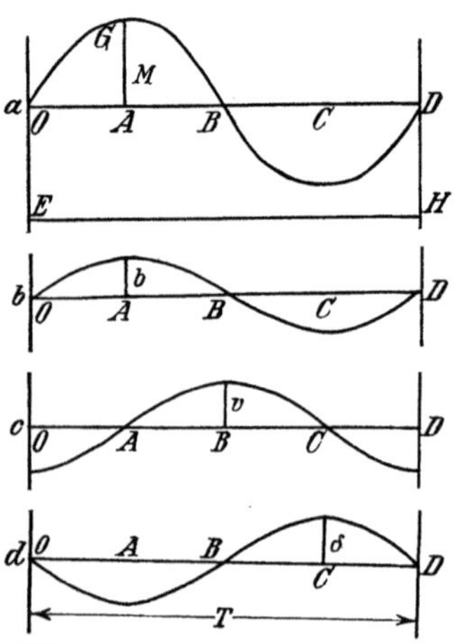

Bild 424. Zusätzliches Drehmoment, Beschleunigung, Geschwindigkeit und Voreilung.

In Bild 424a mögen z. B. die Senkrechten der Kurve $OGBD$, von EH gemessen, das gesamte auf die Maschine wirkende Drehmoment darstellen. Ist EO das mittlere Drehmoment, so geben uns die Senkrechten der Kurve OGB, von OD an gemessen, das zusätzliche Drehmoment an, das von uns als sinusförmig angenommen wird. Es sei nun M das größte zusätzliche gesamte Drehmoment, m die Masse des umlaufenden Teiles, r der Trägheitshalbmesser und T die Zeit, in der sich das größte zusätzliche Moment wiederholt. Ist ferner b die größte Beschleunigung, so ist die größte Beschleunigungskraft gleich mb, also $M = m \cdot r \cdot b$, oder

$$b = M : mr.$$

Die Beschleunigung erreicht ihren Höchstwert gleichzeitig mit dem zusätzlichen Drehmoment, d. h. in Bild 424b im Zeitpunkte A. Solange sie positiv ist, nimmt die Geschwindigkeit zu. Sie wächst also in dem Zeitraum von O bis B von ihrem niedrigsten auf ihren höchsten Wert. Im Zeitpunkt A geht sie durch ihren mittleren Wert hindurch, und von da an beginnt die positive zusätzliche Geschwindigkeit, die am größten im Zeitpunkt B wird (Bild 424c). Der Höchstwert v der zusätzlichen Geschwindigkeit berechnet sich aus der mittleren Beschleunigung $b \cdot 2/\pi$ mal der Zeit $AB = T/4$ zu:

$$v = {}^2/_\pi \cdot b \cdot T/4.$$

[1] Vgl. die Aufsätze von Görges, ETZ 1900, S. 188, 1902, S. 1053 und von Rosenberg, ETZ 1902, S. 425, 1903, S. 827.

Solange die zusätzliche Geschwindigkeit positiv ist, nimmt die Voreilung vor der richtigen Stellung zu. Sie wächst im Zeitraum AC von ihrem niedrigsten (negativen) Wert auf ihren höchsten Wert. Im Zeitpunkt B hat sie ihren Mittelwert Null. Der Höchstwert der Voreilung ergibt sich, wenn wir die mittlere zusätzliche Geschwindigkeit $v \cdot 2/\pi$ mit der Zeit $BC = T/4$ vervielfachen, zu $s = v \cdot T/2\pi$. Wir teilen nun s durch den Halbmesser r und führen v und b aus den obigen Gleichungen ein. Dann wird der Bogen der größten Voreilung, d. h. die Amplitude der Schwingungen um die richtige Lage:

$$\delta = M \cdot T^2 : 4\pi^2 m r^2. \tag{3}$$

Arbeitet die Maschine allein auf das Netz, so ist für M das größte zusätzliche Moment A der Antriebsmaschine einzusetzen. Der Bogen α der größten Voreilung wird dabei nach Gl. (3):

$$\alpha = A \cdot T^2 : 4\pi^2 m r^2. \tag{4}$$

Arbeitet die Maschine auf ein Netz, das auch von andern Maschinen gespeist wird, so kommt das Synchronisierungsmoment hinzu. Bei der Direktionskraft B und einer größten Voreilung β ist das größte Synchronisierungsmoment gleich $B \cdot \beta$. Dieses tritt im Zeitpunkt der größten Nacheilung auf, also nach Bild 424a bis d in demselben Zeitpunkt, in welchem das gesamte zusätzliche Moment am größten ist. Daraus folgt, daß das zusätzliche Antriebsmoment und das Synchronisierungsmoment sich algebraisch zum Gesamtmoment zusammenfügen, d. h. für das Gesamtmoment M ist $B \cdot \beta \pm A$ einzusetzen. Gl. (3) nimmt dann die Form an

$$\beta = \frac{(B\beta \pm A)T^2}{4\pi^2 \cdot m r^2}. \tag{5}$$

Wir lösen für β auf und setzen nach Gl. (4) $AT^2 = \alpha \cdot 4\pi^2 \cdot m r^2$. Dadurch erhalten wir den sogenannten Vergrößerungsfaktor, d. h. das Verhältnis der zusätzlichen Voreilung beim Zusammenarbeiten mit andern Maschinen zur Voreilung beim Alleinbetrieb zu

$$k = \frac{\beta}{\alpha} = \pm \frac{1}{1 - BT^2/4\pi^2 m r^2}. \tag{6}$$

Das obere Vorzeichen gilt, wenn $4\pi^2 m r^2$ größer ist als BT^2, also bei großem Trägheitsmoment, kleiner synchronisierender Kraft und kleiner Schwingungszeit. Synchronisierungsmoment und zusätzliches Moment der Antriebsmaschine wirken dann in demselben Sinne, d. h. das Antriebsmoment erreicht seinen positiven Höchstwert, wie das Synchronisierungsmoment, im Zeitpunkt der größten Nacheilung. Das untere Vorzeichen gilt, wenn $4\pi^2 \cdot m r^2$ kleiner ist als BT^2, also bei kleinem Trägheitsmoment, großer synchronisierender Kraft und großer Schwingungszeit. Das zusätzliche Moment der Antriebsmaschine erreicht in diesem Fall seinen positiven Höchstwert im Zeitpunkt der größten Voreilung und zieht sich von dem entgegengesetzt wirkenden Synchronisierungsmoment ab.

In beiden Fällen ist beim Arbeiten der Maschine auf ein von andern Maschinen gespeistes Netz die größte Voreilung vor der mittleren Lage größer, als wenn die Maschine für sich allein arbeitet. Den Fall, daß $BT^2/4\pi^2 m r^2$ größer ist als 2, wollen wir dabei ausschließen, da er sehr geringe Schwungmassen voraussetzt. Das Anwachsen der Voreilung geschieht in der Weise, daß die Voreilung bei jeder Schwingung zunimmt und sich dabei im allgemeinen einem endlichen Grenzwert nähert. Die diesem Grenzwert entsprechende synchronisierende Kraft bewirkt dann in Verbindung mit dem anfänglichen zusätzlichen Moment der Antriebsmaschine gerade die betreffende Voreilung, so daß Gleichgewicht besteht.

Ist G das Gewicht des umlaufenden Teiles, g die Beschleunigung der Schwere und d der Trägheitsdurchmesser, so ist

$$m r^2 = \frac{G}{g} \cdot \frac{d^2}{4}.$$

Man bezeichnet Gd^2 als das Schwungmoment. Soll mr^2 im praktischen Maß, also in Joule mal sek², das Schwungmoment in kgm² und die Beschleunigung der Schwere in m/sek² gemessen werden, so setzt man nach S. 60

$$1\ \text{kgm}^2 = \frac{9{,}81}{100}\ \frac{\text{Joule}}{\text{cm}} \cdot 10^4\ \text{cm}^2 \qquad 1\ \text{m/sek}^2 = 100\ \text{cm/sek}^2$$

und erhält

$$mr^2 = \frac{9{,}81 \cdot 10^4}{100 \cdot 100\, g} \cdot \frac{Gd^2}{4} = \frac{9{,}81}{g} \cdot \frac{Gd^2}{4}.$$

Bei einer Maschine, die von einer Tandemmaschine, also mit zwei Schwingungen in einer Umdrehung, angetrieben wird, sei $p = 32$, die Drehzahl $n = 94$/min, die Scheinleistung bei Kurzschluß 2080000 Watt und das Schwungmoment $Gd^2 = 222000$ kgm². Dann ist die durch den Synchronisierungsstrom geschaffene Direktionskraft nach Gl. (2) auf S. 242

$$B = \frac{32 \cdot 2\,080\,000}{2\pi \cdot 94/60} = 6{,}78 \cdot 10^6\ \text{Joule/Bogen}.$$

Weiter wird mit g = 9,81 m/sek² $mr^2 = \frac{222000}{4} = 55\,500$ Joule × sek².

Die Zeit einer Schwingung des Polrades wird $T = 1 : 2n/60 = 0{,}32$ sek. Demnach wird der Vergrößerungsfaktor

$$k = \frac{\beta}{\alpha} = \frac{1}{1 - BT^2/4\pi^2 mr^2} = \frac{1}{1 - 0{,}318} = 1{,}5.$$

Für $T^2 = 4\pi^2 \cdot mr^2/B$ wird der Vergrößerungsfaktor unendlich groß. Die Voreilungen werden dann bei jeder Schwingung größer und machen schließlich infolge der starken Ströme, die dabei auftreten, ein Zusammenarbeiten mit den übrigen Maschinen unmöglich. Man nennt diesen Zustand die Resonanz. Der Vorgang wird uns sofort deutlich, wenn wir beachten, daß $4\pi^2 \cdot mr^2/B$ das Quadrat der Schwingungsdauer eines Pendels ist. Beim Parallelarbeiten mit andern Maschinen würde ein gleichförmig angetriebenes Polrad, das durch Schaltvorgänge zufällig beschleunigt oder verzögert wird, unter dem Einfluß der synchronisierenden Kraft mit dieser Schwingungsdauer schwingen, bis es, durch Wirbelströme oder Reibung gedämpft, wieder die gleichmäßige Drehbewegung annimmt. Bei der Resonanz ist diese Eigenschwingungszeit gleich der Schwingungszeit, in der sich die zusätzlichen Momente der Antriebsmaschine wiederholen, d. h. gerade in dem Zeitpunkt, wo die elektrische Maschine eine Eigenschwingung beendet, erfolgt der neue Antrieb von außen. Die Voreilungen vergrößern sich also.

Schon in der Nähe der Resonanz wird der Betrieb durch das Schwingen der Maschine, das man als Pendeln bezeichnet, gefährdet. Daher muß der Unterschied zwischen den beiden Schwingungszeiten möglichst groß gemacht werden. Wenn die Eigenschwingungszeit, wie es in der Regel bei Stromerzeugern der Fall ist, an sich schon größer ist, als die der Antriebsmaschine (positives Vorzeichen in Gl. 6), so muß man, um sich noch weiter vom Zustand der Resonanz zu entfernen, den Unterschied zwischen beiden Schwingungszeiten noch größer machen, d. h. das Schwungmoment erhöhen. Daß daneben auch die anfängliche Voreilung abnimmt, ist ein weiterer, aber nebensächlicher Vorteil.

Ein zweiter Weg ist die Einschaltung einer Drosselspule zwischen Maschine und Sammelschiene. Dadurch wird die scheinbare Kurzschlußleistung und damit die Direktionskraft kleiner. Das ergibt dann eine Verringerung des Vergrößerungsfaktors.

Ist die Eigenschwingungszeit der Wechselstrommaschine von vornherein kleiner als die der Antriebsmaschine (negatives Vorzeichen in Gl. 6), so würde eine Vergrößerung der Schwungmassen die Schwingungszeiten einander nähern. In diesem Falle wird eine Verringerung der Schwungmassen von Vorteil sein.

Die Maschine besitze nun eine **Dämpferwicklung** aus Kupferstäben, die in Nuten der Polschuhe verlegt und an den Stirnseiten wie die Käfigwicklung eines Asynchronmotors durch Ringe kurzgeschlossen ist. Bei den zylindrischen Magnetkörpern der Turbomaschinen wird die Dämpferwicklung durch die metallischen, an den Stirnseiten verbundenen Keile gebildet, welche die Nuten des Magnetkörpers schließen. Da das vom Anker erzeugte Feld nach S. 235 mit synchroner Geschwindigkeit umläuft, so wird die Dämpferwicklung bei gleichförmigem Gang von keinen Feldlinien geschnitten. Bei ungleichförmigem Gang schneidet dagegen das vom Anker erzeugte Feld durch die Dämpferwicklung des Magnetkörpers. Die dadurch erzeugten Ströme üben ähnlich wie der Läuferstrom eines Asynchronmotors ein Drehmoment aus, das die Verschiebung zwischen Feld und Stromleiter hindert. Es ist nach Abschn. 127 um so größer, je größer die zusätzliche Geschwindigkeit oder die Schlüpfung ist. Ist γ die größte zusätzliche Voreilung und C ein Festwert, so ist das größte zusätzliche Dämpfungsmoment gleich $C \cdot \gamma$. Der Höchstwert tritt auf, wenn die zusätzliche Geschwindigkeit am größten ist. Da er der Bewegung entgegenwirkt, so haben wir im Zeitpunkt B in Bild 424a bis d den negativen Höchstwert. Das Dämpfungsmoment eilt also dem gesamten Moment und dem phasengleichen Synchronisierungsmoment um 90° vorauf.

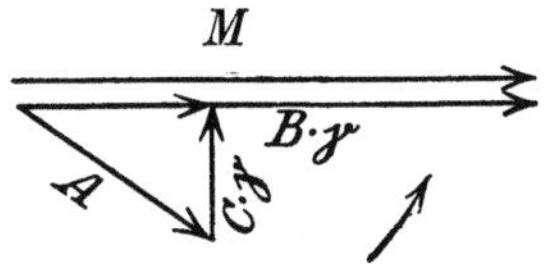

Bild 425. Drehmomente für $M > B \cdot \gamma$.

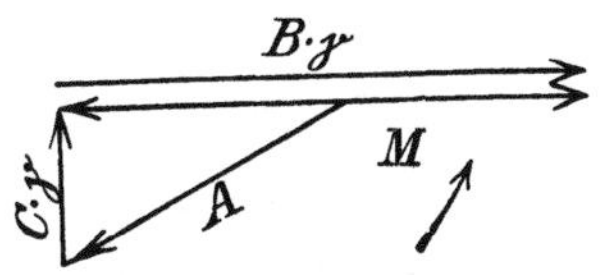

Bild 426. Drehmomente für $M < B \cdot \gamma$.

Wir können dann die zusätzlichen Drehmomente durch Strahlen darstellen. In Bild 425 und 426 ist A das zusätzliche Moment der Antriebsmaschine, $C \cdot \gamma$ das Dämpfungsmoment, $B \cdot \gamma$ das Synchronisierungsmoment und M das dem Synchronisierungsmoment phasengleiche gesamte Moment. Je nachdem dieses sich algebraisch durch eine Summe oder eine Differenz ergibt, erhalten wir das gesamte Drehmoment zu $M = B \cdot \gamma \pm \sqrt{A^2 - C^2\gamma^2}$. Nun stehen nach Gl. (3) die gesamten Drehmomente der gedämpften und ungedämpften Maschine in demselben Verhältnis wie die Voreilungen, d. h.

$$\frac{B\gamma \pm \sqrt{A^2 - C^2\gamma^2}}{B\beta \pm A} = \frac{\gamma}{\beta} \quad \text{oder} \quad \frac{\gamma^2}{\beta^2} = \frac{A^2}{A^2 + C^2\beta^2}.$$

Die Dämpfung macht also in allen Fällen die Voreilung vor der Gleichgewichtslage kleiner. Man muß aber beachten, daß das Dämpfungsmoment und Synchronisierungsmoment beide eine zusätzliche Leistung mit sich bringen, die im einen Zeitraum positiv, im andern negativ ist, also als Ganzes Blindleistung ist. Die Gesamtleistung schwingt also um einen Mittelwert, und dies verursacht dann entsprechende Schwingungen der Stromstärke, die den Betrieb stören können. Wir müssen also wissen, ob diese Schwingungen durch die Dämpfung größer oder geringer werden. Da die Leistungen sich wie die Drehmomente verhalten, so entspricht die zusätzliche Leistung mit Dämpfung nach Bild 425 und 426 dem Moment $\sqrt{B^2\gamma^2 + C^2\gamma^2}$, ohne Dämpfung dem Moment $B \cdot \beta$. Das Verhältnis der Quadrate der zusätzlichen elektrischen Leistungen mit und ohne Dämpfung ist also unter Benutzung der letzten Gleichung:

$$\frac{(B^2 + C^2)\gamma^2}{B^2\beta^2} = \frac{B^2 + C^2}{B^2} \cdot \frac{A^2}{A^2 + C^2\beta^2}.$$

Nun ist nach Gl. (4) und (5) der Vergrößerungsfaktor

$$k = \beta/\alpha = (B \cdot \beta \pm A) : A \quad \text{oder} \quad \beta = A\,(k \mp 1) : B.$$

Das obere Vorzeichen gilt wie früher für den Fall, daß die Schwungmassen größer sind als dem Resonanzfall entspricht. Wir führen β in die rechte Seite unserer Gleichung ein und erhalten das Verhältnis der Quadrate der zusätzlichen Drehmomente zu:

$$\frac{(B^2+C^2)\cdot\gamma^2}{B^2\cdot\beta^2}=\frac{B^2+C^2}{B^2+C^2\,(k\mp 1)^2}.$$

Da die Leistungen in demselben Verhältnis stehen wie die Drehmomente, so verringert sich die zusätzliche Leistung durch die Dämpfung in allen Fällen für das untere Vorzeichen, wenn also die Schwungmassen kleiner sind, als dem Resonanzfall entspricht. Die Dämpfung hilft auch noch für den Fall des oberen Vorzeichens, d. h. wenn die Schwungmassen größer sind als im Resonanzfall, sofern $k-1$ größer als 1 oder k größer als 2 ist. Sind jedoch die Schwungmassen schon so groß, daß der Vergrößerungsfaktor kleiner ist als 2, so werden nach der letzten Gleichung die zusätzliche Blindleistung und damit die Schwingungen der Stromstärke durch die Dämpfung vergrößert.

116. Berücksichtigung der Spannungsverluste bei ungesättigten Maschinen.

Wir berücksichtigen jetzt den Spannungsverlust im Anker. Neben dem Ohmschen Spannungsverlust $I\cdot R$ tritt ein induktiver Spannungsverlust $I\cdot L\omega$ auf. Dieser

Bild 427. Nutenstreuung.

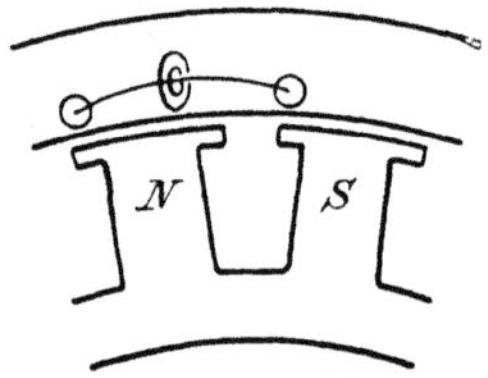

Bild 428. Stirnstreuung.

kommt durch die Streulinien zustande, die nach Bild 427 und 428 vom Ankerstrom allein erzeugt und mit Ankerleitern allein verkettet sind. Statt des induktiven Spannungsverlustes können wir auch die entgegengesetzt gleiche, von den Streulinien erzeugte Spannung einführen. Wir wollen dabei unsere bisherige Anschauung, daß im gemeinsamen Kreis der Magnete und des Ankers nur ein einziger, wirklicher Fluß besteht, der durch die Magneterregung und Ankererregung zusammen erzeugt wird, vorübergehend verlassen.

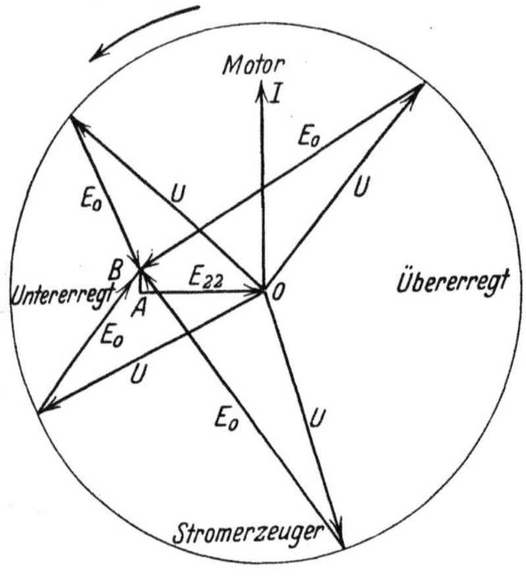

Bild 429. $U=\text{const.}$, $I=\text{const.}$

Bei ungesättigten Maschinen, die streng genommen außerdem wieder einen zylindrischen Rotor haben müssen, kann man die wirkliche Induktion im Luftspalt, die durch die resultierende Erregung zustande kommt, aus zwei Teilen bestehen lassen, von denen die eine allein durch die Magneterregung, die andere allein vom Anker erzeugt wird. Beide sind bei übererregten Maschinen einander wesentlich entgegen gerichtet. Entsprechend besteht dann die wirkliche erzeugte Spannung aus einer Spannung E_0, die von der Magneterregung allein herrührt und der Leerlaufkurve entnommen werden kann, und einer vom Ankerstrom erzeugten Spannung. Diese rührt von den Kraftlinien her, die der Ankerstrom allein im gemeinsamen Kreis des Ankers und der Magnete erzeugen würde. Wir fassen sie mit der Streuspannung des Ankers zur Summe E_{22} zusammen, die um 90^0 hinter dem Ankerstrom zurückbleibt. Diese Summe läßt sich bei geblättertem Magnetkörper dadurch bestimmen, daß man bei offener Magnetwicklung dem Anker einen Strom I' bei der Spannung U' zuführt. Die Spannung muß so klein gewählt werden, daß keine lebensgefährlichen Spannungen in der Magnetwicklung erzeugt werden können. Die Blindkomponente von U', im Verhältnis des Nennstromes zum Strom I' umgerechnet, ist dann entgegengesetzt gleich E_{22}.

Ist nun im Betriebe $\mathfrak{U}$ die aufgedrückte Netzspannung, so gilt für Motor und Stromerzeuger die Gleichung

$$\mathfrak{E}_{22} + \mathfrak{U} + \mathfrak{E}_0 = \mathfrak{J} \cdot R. \tag{a}$$

Für konstante Netzspannung und einen konstanten Ankerstrom, der bei Änderung der Belastung durch Regelung der Erregung eingestellt wird, ergibt sich dann Bild 429, wo $AB = I \cdot R$ ist. Wir sehen hier bestätigt, daß die Phasenverschiebung beim untererregten Motor und übererregten Stromerzeuger positiv, beim übererregten Motor und untererregten Stromerzeuger negativ ist. Ferner sieht man, daß beim Stromerzeuger E_0 gegen U voreilt, entsprechend der mechanischen Beschleunigung des Polrades bei Vergrößerung der Antriebsleistung. Beim Motor bleibt dagegen E_0 gegen U zurück, entsprechend der Verzögerung durch das Anhängen der Last.

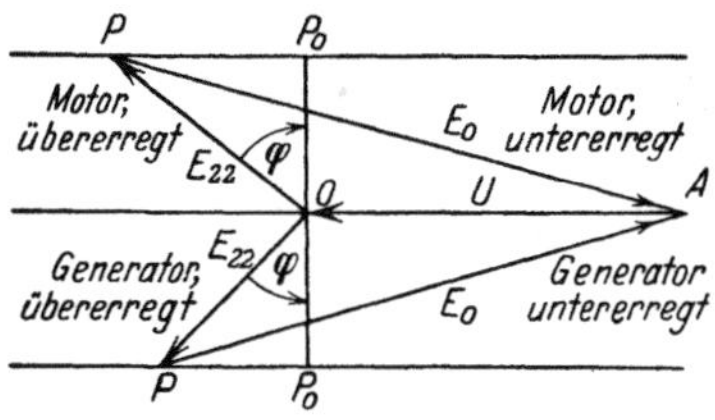

Bild 430. Spannung und Leistung konstant.

Bei konstanter Belastung und Änderung der Erregung erhält man mit Vernachlässigung des Widerstandes R Bild 430. Darin eilt der Strom gegen E_{22} um 90^0 vor. Wenn also OP_0 senkrecht auf U gezogen wird, so ist POP_0 gleich dem Phasenverschiebungswinkel φ zwischen Strom und Netzspannung. Da E_{22} proportional dem Strom I ist, so ist bei konstanter Belastung und konstanter Netzspannung mit $I \cos \varphi$ auch OP_0 konstant, und P bewegt sich auf einer Parallelen zu U. Unter Vernachlässigung der Streuung wird Bild 430, abgesehen vom Maßstab, identisch mit Bild 415.

Bei Berücksichtigung des Ohmschen Widerstandes sei N die mechanische Leistung einschließlich Reibung. Dann ist für den Motor

$$U \cdot I \cdot \cos \varphi = N + I^2 R.$$

Sind in Bild 431 x und y die Koordinaten des Endpunktes P des Strahles für den Strom und wird U in die Richtung der positiven Ordinatenachse gelegt, so ist $I^2 = x^2 + y^2$ und $I \cdot \cos \varphi = y$. Dadurch wird

$$x^2 + y^2 - \frac{U}{R} \cdot y = - \frac{N}{R}.$$

Demnach liegt bei konstanter Leistung N und Änderung der Erregung P auf einem Kreise, dessen Halbmesser r der Gleichung entspricht: $r^2 = (U/2R)^2 - N/R$. Der Mittelpunkt hat die Ordinate $OM = U/2R$.

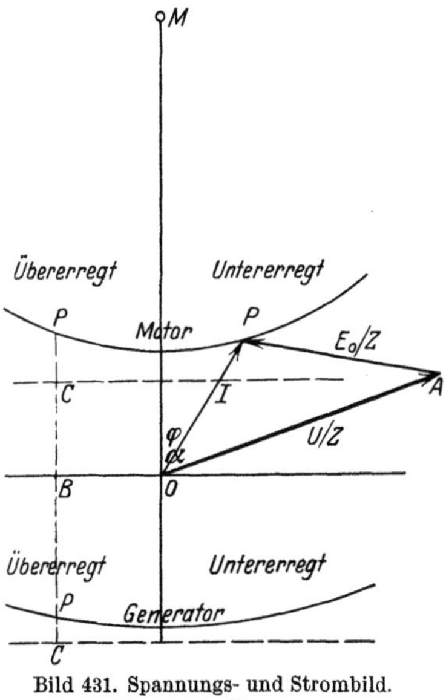

Bild 431. Spannungs- und Strombild. $N = \text{const.}$, $U = \text{const.}$

Für den Stromerzeuger erhält man auf dieselbe Weise bei gleichem Mittelpunkt $r^2 = (U/2R)^2 + N/R$, wo N die zugeführte mechanische Leistung abzüglich der Reibung ist.

Zieht man die gestrichelte Gerade im Abstand $BC = N/U$ von der x-Achse, so wird, abgesehen vom Faktor U, der Verlust durch Stromwärme durch CP dargestellt. Man sieht deutlich, daß er für $\cos\varphi = 1$ am kleinsten ist.

Für $R = 0$ werden die Kreise zu den Geraden in Bild 430.

Bild 431 gibt nun auch die von der Magneterregung allein herrührende Spannung E_0. Ist nämlich L_2 die Gesamtinduktivität des Ankers, so ist $\mathfrak{E}_{22} = -j L_2 \omega \mathfrak{J}$. Setzen wir dann $R + j L_2 \omega = \mathfrak{z}$, so erhalten wir aus Gl. (a):

$$\mathfrak{J} = \frac{\mathfrak{U}}{\mathfrak{z}} + \frac{\mathfrak{E}_0}{\mathfrak{z}}.$$

Dann ist $OA = U/z$ und $AP = E_0/z$.

Nun bleibt $OA = \mathfrak{U}/\mathfrak{z}$ um den Winkel α, der zum Scheinwiderstand $\mathfrak{z}$ gehört, gegen $\mathfrak{U}$ zurück. Da $OM = U/2R$ war, so wird $0{,}5\,OA : OM = R : z$. Dies ist aber nichts anderes als $\cos\alpha$. Demnach ist das Dreieck OMA gleichschenklig.

117. Berücksichtigung der Eisensättigung.

Ist das Eisen mehr oder weniger gesättigt, so ist die obige Zerlegung des wirklichen Feldes in einen allein von den Magneten und einen allein vom Anker erzeugten Teil nicht mehr möglich. Man muß dann mit dem wirklichen Feld arbeiten und zur Ermittlung der Erregung die Leerlaufkurve benutzen. In Bild 432 sei z. B. für einen Motor die Magneterregung bei gegebener Spannung, Stromstärke und Leistungsfaktor zu bestimmen. Streng genommen gilt auch diese Rechnung wieder nur für zylindrischen Rotor.

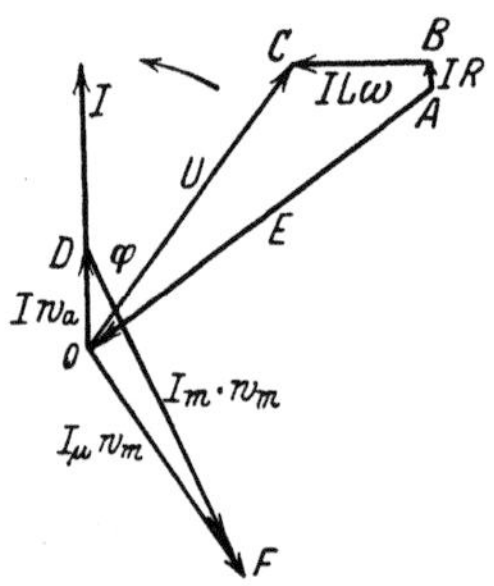

Bild 432. Spannungs- und Strombild.

Es sei in Bild 432 $AB = I \cdot R$ der Ohmsche und $BC = L\omega I$ der induktive Spannungsverlust durch Ankerstreuung. Der gesamte Spannungsverbrauch AC ist dann die Summe aus der im Anker erzeugten Spannung $OA = E$ und der Netzspannung $OC = U$.

Die Spannung E wird durch den wirklichen Fluß im Anker erzeugt, der durch die gemeinsame Wirkung der Magneterregung und des Ankerstromes, d. h. durch die resultierende Erregung $OF = I_\mu \cdot w_m$ zustande kommt. Diese Erregung wird entsprechend der erzeugten Spannung E aus der Leerlaufkurve entnommen. Sie eilt dem Strahl E um 90^0 vor. In Richtung des Stromes I tragen wir die nach S. 235 berechneten Stromwindungen $OD = I \cdot w_a$ auf und erhalten $DF = I_m \cdot w_m$. Man sieht deutlich, daß der Motor entsprechend dem voreilenden Strom übererregt ist und der Ankerstrom der Magneterregung wesentlich entgegenwirkt.

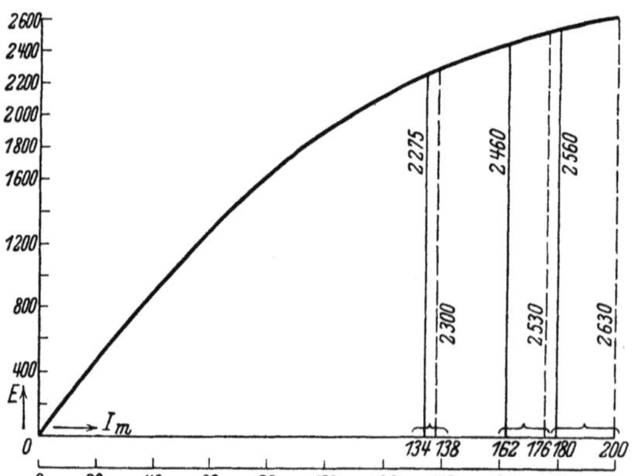

Bild 433. Leerlauf-Kurve.

Bei einem Stromerzeuger, dessen Leerlaufkurve in Bild 433 gegeben ist, sei die Erregung für eine Klemmenspannung von 2200 Volt und einen Strom von 200 Amp. zu bestimmen, und zwar für $\cos\varphi = 1$, 0,8 und 0. In allen drei Fällen soll die Spannungserhöhung ermittelt werden, die beim Abschalten der belasteten Maschine vom Netz auftritt. Der innere Widerstand sei

$R = 0{,}22$ Ohm und der induktive Widerstand durch Streuung sei $L\omega = 1{,}8$ Ohm. Die vom Anker ausgeübte Erregung, gemessen in Ampere des Magnetstromes, sei 20 Amp. Die Angaben sind aus einer Arbeit Heylands, ETZ 1900, S. 1011 entnommen.

1. $\cos\varphi = 1$. Der Spannungsverbrauch durch Wirkwiderstand ist $I \cdot R = 200 \cdot 0{,}22 = 44$ Volt. Die Wirkspannung außen ist bei induktionsloser Belastung, also $\cos\varphi = 1$, gleich der Klemmenspannung von 2200 Volt. Die Summe der Wirkspannungen in Bild 434 ist also $AB = 2200 + 44 = 2244$ Volt.

Der innere Spannungsverbrauch durch Ankerstreuung ist bei 200 Amp. und einem Streuwiderstand $L\omega = 1{,}8$ Ohm $GA = 360$ Volt.

Die Summe aus den Spannungen GA und AB ergibt die erzeugte Spannung zu $GB = \sqrt{2244^2 + 360^2} = 2275$. Dazu ergibt die Kurve in Bild 433 eine Gesamterregung $\Theta = HB = 134$ Amp.

Anderseits ist die vom Anker ausgeübte Erregung bei 200 Amp. $\Theta_2 = 20$ Amp. Durch Zusammenfügen von Θ und Θ_2 erhalten wir die Magneterregung $\Theta_1 = 138$ Amp. Der Einfachheit wegen ist Θ dabei in gleicher Richtung mit GB aufgetragen, d. h. die Erregungen und Spannungen sind für zeitlich um 90° verschiedene Zustände gezeichnet. (Bild 434.)

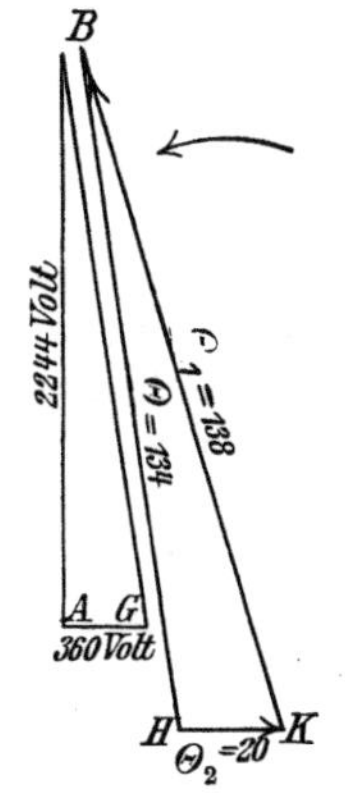

Bild 434. cos φ = 1.

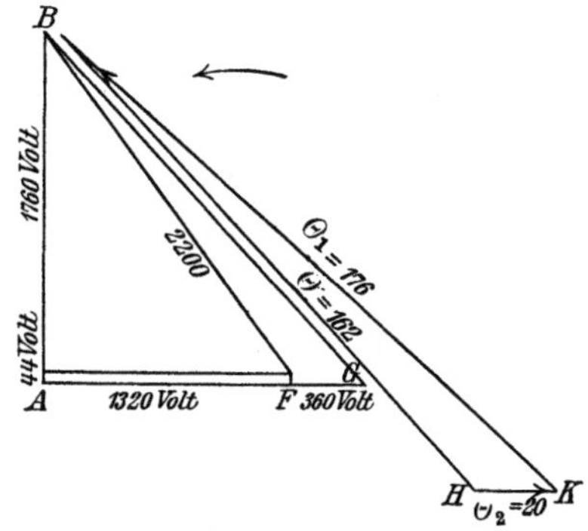

Bild 435. cos φ = 0,8.

Vorausbestimmung der Erregung.

Wir ermitteln jetzt die Spannungserhöhung, die nach Abschaltung des Netzes eintritt. Für 138 Amp. Erregung ergibt die Leerlaufkurve eine Spannung von 2300 Volt. Da die Klemmenspannung bei Betrieb gleich 2200 Volt war, so ergibt sich eine Spannungserhöhung von 2300—2200 = 100 Volt. Das ist 4,55% der Klemmenspannung, also ein sehr günstiger Wert.

2. $\cos\varphi = 0{,}8$. Wir erhalten, ähnlich wie auf S. 147:

$$IR = 200 \cdot 0{,}22 = 44, \qquad U \cdot \cos\varphi = 2200 \cdot 0{,}8 = 1760,$$
$$I \cdot L\omega \text{ (wie oben)} = 360, \qquad U \cdot \sin\varphi = 2200 \cdot 0{,}6 = 1320.$$

Die Summe des Wirkspannungsverbrauchs ist also $1760 + 44 = 1804$ Volt und die Summe des induktiven Spannungsverbrauches $1320 + 360 = 1680$ Volt. Die erzeugte Spannung ist also in Bild 435: $GB = \sqrt{1804^2 + 1680^2} = 2460$ Volt. Dafür ergibt die Leerlaufkurve eine Gesamterregung $\Theta = 162$ Amp. Dazu fügen wir $\Theta_2 = 20$ Amp. und erhalten eine Magneterregung $\Theta_1 = KB = 176$ Amp.

Um also bei einem Leistungsfaktor 0,8 die Klemmenspannung von 2200 Volt aufrecht zu halten, haben wir die Erregung gegenüber den bei induktionsloser Belastung erforderlichen 138 Amp. auf 176 Amp. zu verstärken. Wenn wir dann das Netz abschalten, steigt die Spannung an, und zwar erhalten wir aus Bild 433 für 176 Amp. Erregung eine Spannung von 2530 Volt. Die Spannungserhöhung ist also 2530—2200 = 330 Volt oder 15% der Klemmenspannung.

3. $\cos\varphi = 0$. Bei rein induktiver Belastung ist der äußere induktive Spannungsverbrauch gleich der Klemmenspannung von 2200 Volt, die Summe des induktiven Spannungsverbrauches ist also $2200 + 360 = 2560$ Volt. Da der Wirkspannungsverbrauch von 44 Volt, der an sich sehr gering ist und sich jetzt noch dazu unter einem rechten Winkel zu den übrigen Spannungen hinzufügt, jetzt kaum eine Rolle

mehr spielt, so ist die erzeugte Spannung ebenfalls gleich 2560 Volt. Dafür gibt die Leerlaufkurve eine Gesamterregung $\Theta = 180$ Amp. Hierzu fügt sich jetzt fast in gleicher Richtung die Ankererregung von 20 Amp., und wir erhalten die Magneterregung $\Theta_1 = 180 + 20 = 200$ Amp.

Wenn jetzt wieder das äußere Netz abgeschaltet wird, so steigt die Spannung nach der Leerlaufkurve bis auf 2630 Volt, also um 2630—2200 = 430 Volt. Das sind 19,5% der Klemmenspannung, was als verhältnismäßig günstig zu bezeichnen ist.

Früher legte man auf eine geringe Spannungserhöhung viel Gewicht. Die obige Maschine ist daher mit großer Sättigung gebaut. Auch führte diese Rücksicht auf große Luftspalte, also starke Magneterregung, so daß die Ankerrückwirkung wenig ausmachte. Das verteuert aber die Maschinen. In der Zeit der Schnellregler ist es auch nicht mehr so wichtig, daß die Spannungserhöhung gering ist. Endlich verbietet auch die Rücksicht auf den Kurzschlußstrom, die Ankerrückwirkung zu klein gegenüber der Magneterregung zu halten (vgl. S. 254).

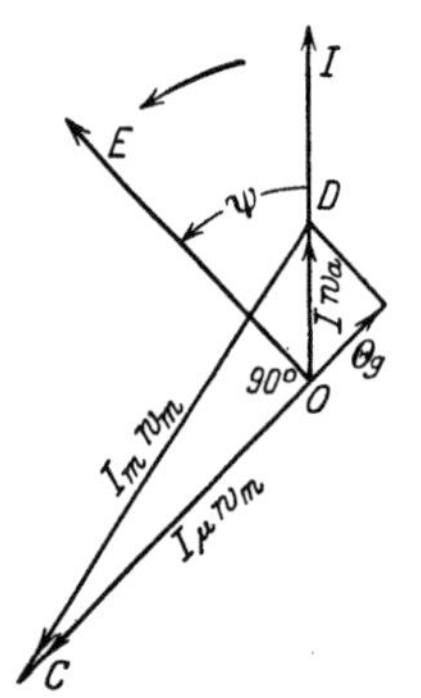

Bild 436. $\Theta_g = I \cdot w_a \cdot \sin\psi$.

Die Beziehung zwischen der Gesamterregung und der bei Betrieb erzeugten Spannung E wird wegen der Magnetstreuung nicht genau durch die Leerlaufkurve dargestellt. Um dies zu beweisen, betrachten wir zwei Zustände bei Leerlauf und Betrieb, bei denen der Fluß Φ_m der Magnete gleich ist. Die ganze Magnetstreuung trete am Luftspalt auf. Sind dann die Flüsse im Luftspalt und Streuweg bei Leerlauf Φ_o und Φ_{so}, bei Betrieb Φ und Φ_s, so ist $\Phi_m = \Phi + \Phi_s = \Phi_o + \Phi_{so}$. Daraus folgt:

$$\Phi_o - \Phi = \Phi_s - \Phi_{so}. \quad \text{(a)}$$

Bei Leerlauf sei nun die für den Luftspalt nötige Erregung gleich Θ_{lo}. Diese ist auch am Streuweg wirksam. Die Erregung für Zähne und Ankerjoch werde vernachlässigt.

Bei Betrieb ist die Ankerrückwirkung zu überwinden. Setzen wir nach Bild 436 $\Theta_g = I \cdot w_a \cdot \sin\psi$, so ist, wenn Θ_l die für den Luftspalt selbst verbrauchte Erregung ist, die am Streuweg wirksame Erregung $\Theta_l + \Theta_g$.

Sind dann Λ und Λ_s die magnetischen Leitwerte des Luftspaltes und des Streuweges, so ergeben sich nach dem Ohmschen Gesetz für Magnetismus die Gleichungen:

Luftspalt

Leerlauf $\Phi_o = \Theta_{l_0} \cdot \Lambda$

Betrieb $\Phi = \Theta_l \cdot \Lambda$

Streuweg

$\Phi_{s_0} = \Theta_{l_0} \cdot \Lambda_s$

$\Phi_s = (\Theta_l + \Theta_g) \cdot \Lambda_s$.

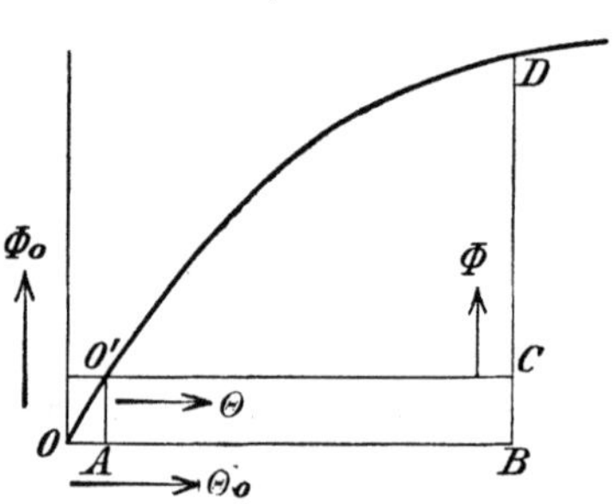

Bild 437. Fluß bei der Leerlauferregung und Gesamterregung.

Wir ziehen die übereinander stehenden Gleichungen voneinander ab und erhalten nach Gl. (a)

$$\Phi_o - \Phi = (\Theta_{l_0} - \Theta_l) \cdot \Lambda = (\Theta_g + \Theta_l - \Theta_{l_0})\Lambda_s. \quad \text{(b)}$$

Lösen wir für $\Theta_{l_0} - \Theta_l$ auf, so erhalten wir

$$\Theta_{l_0} - \Theta_l = \Theta_g \cdot \Lambda_s : (\Lambda + \Lambda_s).$$

Die Erregung für den Luftspalt ist also um diesen Betrag geringer als bei Leerlauf. Wir tragen also in Bild 437 $OA = \Theta_g \cdot \Lambda_s : (\Lambda + \Lambda_s)$ auf. Eine Senkrechte in A schneide die Leerlaufkurve in O'. Da diese Kurve in ihrem anfänglichen Teil die Magnetisierungskurve für die Luftstrecke darstellt, so ist nach dem Ohmschen Gesetz für Magnetismus $AO' = OA \cdot \Lambda = (\Theta_{l_0} - \Theta_l)\Lambda$, oder nach Gl. (b) $AO' = \Phi_o - \Phi$.

Ziehen wir dann durch O' eine Wagerechte, so wird $BC = AO'$ und $O'C = AB$. Verlegen wir also den Anfangspunkt von O nach O', so stellt uns bei Betrieb die Kurve die Abhängigkeit des Flusses $\Phi = CD$ von der Gesamterregung $\Theta = O'C$ dar.

Der Winkel ψ, der in den Fällen, in denen die Magneterregung im voraus bestimmt werden soll, noch nicht bekannt ist, wird sich ohne Fehler schätzen und nötigenfalls berichtigen lassen.

Aus der Zeichnung wird es nun deutlich, daß bei Maschinen, die im geradlinigen Teil der Kurve arbeiten, der Einfluß der Magnetstreuung keine Rolle spielt. Eine Verschiebung des Anfangspunktes von O nach O' ändert dann an der Kurve gar nichts.

118. Spannungsbild bei ausgeprägten Polen.

Bei Maschinen mit ausgeprägten Polen ist eine unmittelbare Zusammensetzung der von den Magneten und vom Anker herrührenden Erregungen ungenau, und zwar auch bei geringer Sättigung. Man zerlegt dann zweckmäßig nach Blondel die umlaufenden Stromwindungen Θ_a des Ankers in eine sinusförmig verteilte Längserregung $\Theta_g = \Theta_a \cdot \sin\psi$, die der Magneterregung direkt entgegen wirkt und und in eine dazu senkrechte Quererregung $\Theta_q = \Theta_a \cdot \cos\psi$. Dabei ist jetzt ψ der Winkel, um den der Strom gegen die durch das Längsfeld erzeugte Spannung zurückbleibt. Die Darstellung in Bild 419, die für Wirk- und Blindstrom nur ungefähr galt, stimmt für Quer- und Längserregung genau.

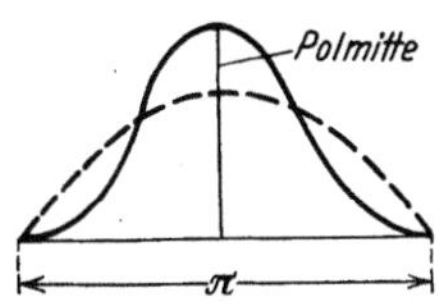

Bild 437 a. Feld der Längserregung des Ankers.

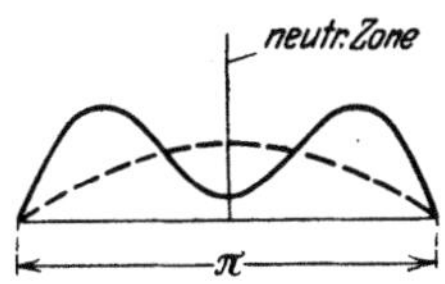

Bild 437 b. Feld der Quererregung des Ankers.

Θ_a war von uns auf S. 235 rund gleich $2\sqrt{2} \cdot I \cdot w'$ gesetzt, wo I der effektive Ankerstrom und w' die Windungszahl eines Stranges für ein Polpaar war. Nun vergrößert sich aber die Luftlänge von der Polmitte nach der neutralen Zone zu, so daß die Kurve des vom Anker allein erzeugten Längsfeldes durch Bild 437a, die des Querfeldes durch Bild 437b gegeben ist. Von diesen Kurven kommen nur die Grundwellen in Betracht. Wir wollen daher Θ_a bei der Längserregung nur rund gleich $2I \cdot w'$ und bei der Quererregung nur gleich $I \cdot w'$ setzen.

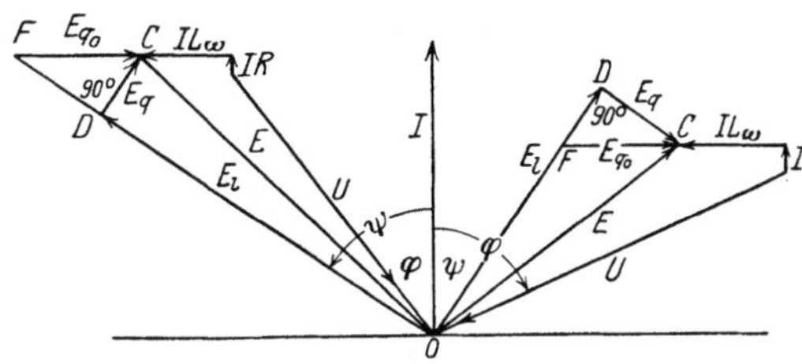

Bild 438. Spannungsbild eines Generators. (Übererregt, φ positiv; untererregt, φ negativ.)

Die Längserregung Θ_g des Ankers gibt mit der Magneterregung Θ_m die resultierende Längserregung $\Theta = \Theta_m - \Theta_g$, und dieser entspricht dann aus der Leerlaufkurve eine zugehörige Spannung E_l. Ist ψ negativ, so wird auch Θ_g negativ, d. h. die resultierende Erregung ist größer als die Magneterregung.

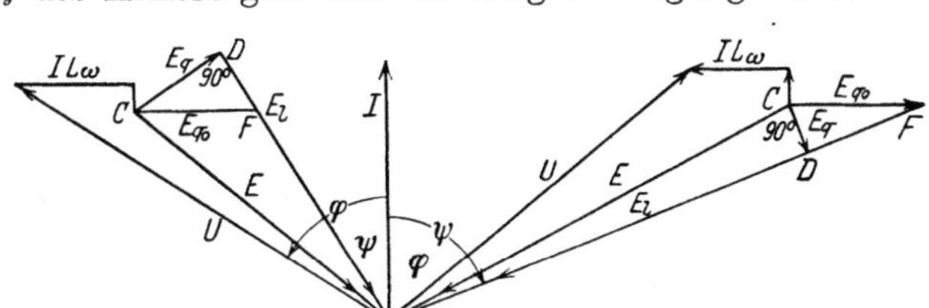

Bild 439. Spannungsbild eines Motors. (Untererregt, φ positiv; übererregt, φ negativ.)

Die Quererregung Θ_q erzeugt ein Feld, das gegen das Längsfeld beim Stromerzeuger um 90° nacheilt, beim Motor um 90° voreilt. Dieses Feld erzeugt eine Spannung E_q, die nach der Leerlaufkurve der Erregung Θ_q entspricht und der durch das resultierende Längsfeld erzeugten Spannung E_l beim Stromerzeuger um 90^0 nacheilt, beim Motor um 90^0 voreilt. Die Summe aus den erzeugten Spannungen E_l und E_q bildet die ganze erzeugte Spannung E. Betrachten wir die Netzspannung U beim Generator wie beim Motor als eine der Maschine aufgedrückte Spannung, so wird die Summe aus Netzspannung U und erzeugter Spannung E gleich dem inneren Ohmschen und induktiven, durch Streuung verursachten Spannungsverbrauch (vgl. Bild 438 und 439).

Es sei nun bei der Vorausberechnung der Magneterregung einer Maschine die Spannung, der Strom, der Leistungsfaktor und der innere Ohmsche und induktive Spannungsverlust gegeben und dadurch E in Bild 438 und 439 ermittelt. Da ψ noch nicht bekannt ist, so ist auch $\Theta_q = \Theta_a \cos\psi$ noch nicht bekannt. Man entnimmt daher aus der Leerlaufkurve zunächst die zu Θ_a gehörige erzeugte Spannung E_{q_0} und subtrahiert sie in allen Fällen von E, wobei E_{q_0} gegen den Strom um 90^0 nacheilt. Ein Lot von C auf OF ist dann gleich $E_{q_0} = E_0 \cdot \cos\psi$. Damit ist dann auch $E_l = OD$ gegeben, wofür die Leerlaufkurve die resultierende Längserregung ergibt. Dazu hat man die Längserregung Θ_l des Ankers mit Berücksichtigung des Vorzeichens zu addieren, um die Magneterregung zu erhalten.

119. Trennung der Ankererregung und Ankerstreuung.

Um die Ankererregung und Ankerstreuung durch den Versuch zu ermitteln, nehmen wir zunächst die Leerlaufkurve auf. Wir schließen dann die noch unerregte, mit der gewöhnlichen Drehzahl angetriebene Maschine über Stromzeiger kurz, er-

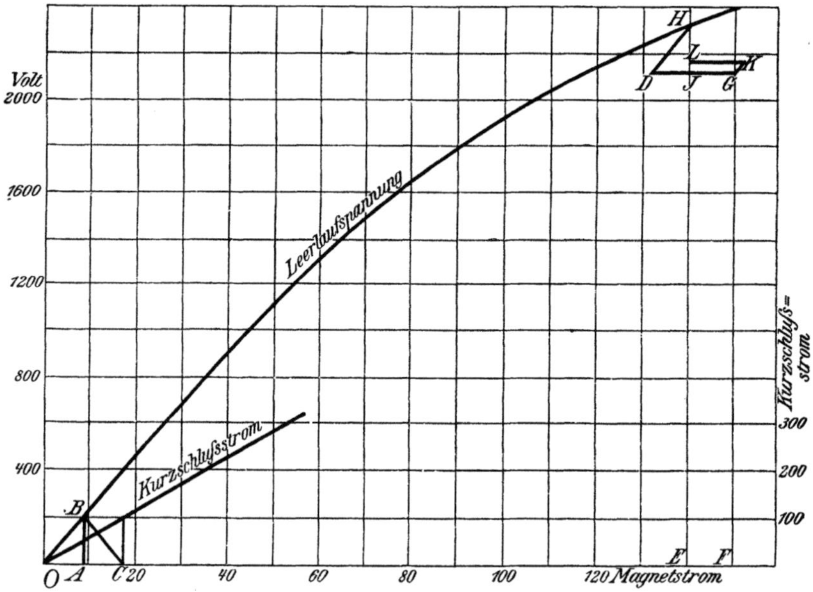

Bild 440. Leerlauf- und Kurzschlußkurve und Potiersches Dreieck.

regen schwach und beobachten den Ankerstrom bei der jeweiligen Erregung. Wir tragen dann den Magnetstrom wagerecht und die Leerlaufspannung sowie den Kurzschlußstrom senkrecht auf (Bild 440). Die gezeichneten Kurven sind aus einer Arbeit Heylands (ETZ 1900, S. 1011) entnommen.

Die Maschine wird dann durch Drosselspulen oder leerlaufende Drehstrommotoren oder endlich durch stark untererregte, leerlaufende Synchronmotoren rein induktiv belastet. Unter Vernachlässigung des kleinen Ohmschen Spannungsverlustes ist die erzeugte Spannung dann die algebraische Summe aus dem inneren induktiven Spannungsverlust und der äußeren Klemmenspannung. Gleichzeitig wirkt der Ankerstrom der Magneterregung direkt entgegen, die resultierende Magnetisierung ist also die algebraische Differenz der Magneterregung und Ankererregung.

Nun ist beim Kurzschlußversuch der induktive Spannungsverlust AB bei der gleichen Stromstärke ebenso groß wie bei induktiver Belastung und die Ankererregung CA wirkt der Magneterregung OC ebenfalls direkt entgegen.

Daraus folgt nun nach Potier ein Verfahren zur Trennung der Ankererregung und Ankerstreuung. Der Strom bei Kurzschluß und induktiver Belastung sei gleich 100 Amp. Man zeichnet dann fortlaufend:

$OF = 150$ Amp. die Magneterregung bei rein induktiver Belastung.

$FG = 2140$ Volt die Klemmenspannung bei rein induktiver Belastung.

$GD = OC = 18$ Amp. die Magneterregung bei Kurzschluß.

DH in Richtung des anfänglichen Teiles der Leerlaufkurve.

Da die Dreiecke OBC und DHG übereinstimmen, ist die Ankerrückwirkung bei einem Ankerstrom von 100 Amp. $GJ = CA = 10$ Amp. die Ankererregung Θ_a, gemessen in Ampere des Magnetstromes, und $JH = AB = 180$ Volt der induktive Spannungsabfall. Der Beweis beruht darauf, daß in der Zeichnung die algebraische Summe aus Spannungsverlust und Klemmenspannung die erzeugte Spannung EH gibt, die durch die resultierende Erregung $OE = OF - EF$ zustande kommt.

Wird die am Schluß des vorigen Abschnittes abgeleitete Verlegung des Anfangspunktes der Leerlaufkurve berücksichtigt, so verschiebt sich G in Richtung des anfänglichen Teiles der Leerlaufkurve nach K, und zwar um den noch unbekannten Betrag $\Theta_a \cdot \Lambda_s/(\Lambda + \Lambda_s)$ wagerecht nach rechts. Wenn wir dann von K aus dieselbe Zeichnung ausführen wie von G aus, so kommen wir auf denselben Punkt H, aber die Ankerrückwirkung wird genau genommen LK statt JG und die Streuspannung HL statt HJ. Demnach ist

$$\Theta_a = LK = JG + \Theta_a \Lambda_s/(\Lambda + \Lambda_s), \text{ d. h. } \Theta_a = JG(\Lambda + \Lambda_s)/\Lambda.$$

120. Der Kurzschlußstrom der Synchronmaschine[1].

Man unterscheidet den Dauerkurzschlußstrom und den Stoßkurzschlußstrom. Bei beiden wollen wir den inneren Ohmschen Widerstand vernachlässigen. Der Kurzschluß geschehe in allen drei Strängen und zwar unmittelbar an den Klemmen.

Der Dauerkurzschlußstrom I_k wird im inneren Streuwiderstand $L\omega$ des Ankers durch das geringe Feld erzeugt, das durch die Entgegenwirkung der Magneterregung $I_m \cdot w_m$ und der Ankererregung $I_k \cdot w_a$ zustande kommt. Dabei ist w_a nach S. 235 bei der Dreiphasenmaschine, wenn wir uns der Einfachheit wegen auf Maschinen mit zylindrischem Rotor beschränken, gleich $2w'$, wenn w' die Windungszahl eines Stranges für ein Polpaar ist. Wir rechnen alle Erregungen für ein Polpaar.

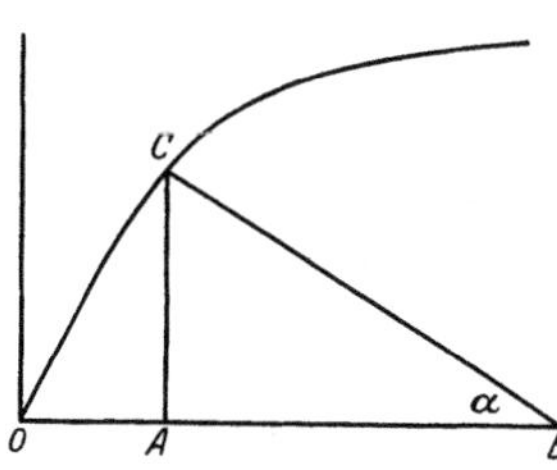

Bild 441. Dauerkurzschluß.

Dann ist in Bild 441 OB die Magneterregung $I_m \cdot w_m$ des Betriebes, $AB = I_k \cdot w_a$, OA die resultierende Erregung und $AC = L\omega I_k$, wo L die Streuinduktivität des Ankers ist. Da mit Berücksichtigung des Maßstabes $\operatorname{tg}\alpha = L\omega : w_a$ ist, so läßt sich der Dauerkurzschlußstrom leicht ermitteln.

Wenn wir den induktiven Widerstand $L\omega$ vernachlässigen, wird $I_k \cdot w_a = I_m \cdot w_m$. Die Ankererregung des Dauerkurzschlußstromes hält dann der Magneterregung das Gleichgewicht und das resultierende Feld im Anker ist gleich Null.

[1] Vgl. Rüdenberg, Wissenschaftl. Veröffentlichungen aus dem Siemens-Konzern Bd. III, Heft 2. 1924.

Gleichzeitig erkennt man, daß I_k niemals größer sein kann als $I_m \cdot w_m/w_a$. Maschinen mit kleiner Magneterregung, d. h. mit kleinem Luftspalt und kleiner Luftinduktion haben also einen kleinen Dauerkurzschlußstrom, um so mehr, als bei kleiner Luftinduktion die Windungszahl des Ankers groß sein muß, damit im Betriebe die Nennspannung erzeugt wird.

Sehr viel größer ist der Stoßkurzschlußstrom I_{st}. Im Augenblick, wo der Kurzschluß erfolgt, ist noch der volle Fluß des Betriebes in den Polkernen vorhanden, und er verschwindet, wenigstens bei Maschinen mit Dämpferwicklung, nur allmählich aus dem Anker. Unmittelbar nach Eintritt des Kurzschlusses entsteht daher ein sehr starker Stoßkurzschlußstrom. Er ergibt sich, wenn E die im Betriebe erzeugte Spannung ist, zu

$$I_{st} = \frac{E}{L\omega}. \tag{a}$$

Bei Maschinen ohne Dämpferwicklung tritt allerdings sofort eine Verringerung des Flusses im Anker auf, indem er teilweise durch Gegenwirkung des sich bildenden Stoßkurzschlußstromes in den Streuweg der Magnete gedrängt wird. Für L ist dann in der obigen Gleichung die Summe der Induktivitäten des Anker- und Magnetstreufeldes einzusetzen.

Der Stoßkurzschlußstrom ist um so gefährlicher, als sein Höchstwert, wie beim Einschalten eines Transformators (vgl. Abschn. 93), etwa das Doppelte des berechneten Wertes betragen kann. Die Spulenköpfe sind daher gegen die starken mechanischen Kräfte, die von dem Stoßkurzschlußstrom herrühren, gegeneinander und gegen die Endplatten des Ankers abzusteifen.

Zur Beschränkung des Stoßkurzschlußstromes dient in erster Linie eine große Ankerstreuung. Erweitern wir Gl. (a) mit I, so ergibt sich $I_{st} : I = E : IL\omega$. Soll also nach den Verbandsnormalien der Stoßkurzschlußstrom nicht mehr als das 15fache des Nennstromes betragen, so muß mit Berücksichtigung der obigen Verdoppelung die Streuspannung sich zur erzeugten Spannung verhalten wie 1:7,5 oder wie 13:100.

Bildet ein Stromerzeuger mit einem zugehörigen Transformator eine Einheit und erfolgt der Kurzschluß an den sekundären Klemmen des Transformators, so ist in Gl. (a) unter L die Summe der Streuinduktivitäten der Maschine und des Transformators zu verstehen.

121. Selbsttätige Spannungsregelung.

Mit Erfolg ist die selbsttätige Spannungsregelung durch Schnellregler durchgeführt worden. Bei allen Schnellreglern, z. B. dem Tirrillregler der AEG, dem S.S.W.-Regler und dem B.B.C.-Regler wird durch eine etwaige Spannungsänderung ein Schaltvorgang ausgelöst, der die Spannung im entgegengesetzten Sinne nicht nur in dem erforderlichen Betrage, sondern in starkem Überschuß zu ändern sucht. Die übermäßige Änderung der Spannung wird dann durch einen entgegengesetzten Schaltvorgang verhindert[1]. Von den Schnellreglern soll im folgenden der Tirrillregler beschrieben werden (Bild 442). Dem Polrad der Wechselstrom- oder Drehstrommaschine G, von der das Netz gespeist wird, wird mit Hilfe von Schleifringen der Erregerstrom zugeführt. Dieser Strom wird von der Maschine M geliefert, deren Magnetwicklung R_m unter Zwischenschaltung des Widerstandes R an den Anker der Erregermaschine angeschlossen ist. Der Widerstand R wird durch den Kontakt k in regelmäßigen Zwischenräumen kurzgeschlossen. Dies erfolgt durch die Wirkung der Doppelhebel h_1 und h_2. Wir denken uns zunächst den Hebel h_2 festgehalten. Auf den Hebel h_1 wirkt die Feder f im Sinne des Uhrzeigers und die magnetische Wirkung der Spule s_1, die von der Erregermaschine gespeist wird, entgegen dem Uhrzeiger. Der Hebel h_1 wirkt dann wie der Hammer eines Induktors.

[1] Schwaiger, Elektrotechnik und Maschinenbau 1908, S. 421 und Natalis, Die selbsttätige Regulierung elektrischer Generatoren, Braunschweig 1908.

Bei geschlossenem Kontakt k ist der Widerstand R kurzgeschlossen, die Erregermaschine ist also stark erregt, und ihre Spannung ist groß. Dann überwiegt die Kraft der von ihr gespeisten Spule s_1 über die der Feder f und zieht den Kontakt k auseinander. Dadurch wird der Widerstand R in den Magnetkreis der Erregermaschine eingeschaltet, die Spannung dieser Maschine nimmt ab, und damit auch die Kraft der von ihr gespeisten Spule s_1. Dann überwiegt die Kraft der Feder f und schließt den Kontakt k wieder usw. Dieser Vorgang wiederholt sich dauernd in regelmäßigen, ganz kurzen Zwischenräumen.

Nun braucht der Magnetstrom der Erregermaschine wegen der Selbstinduktion eine gewisse Zeit, ehe er auf seinen Endwert bei kurzgeschlossenem Widerstand R angestiegen ist. Der Kontakt k wird daher geöffnet, lange bevor dieser Endwert erreicht wird, und wieder geschlossen, lange ehe der Magnetstrom bei eingeschaltetem Widerstand angenähert auf seinen Endwert gesunken ist.

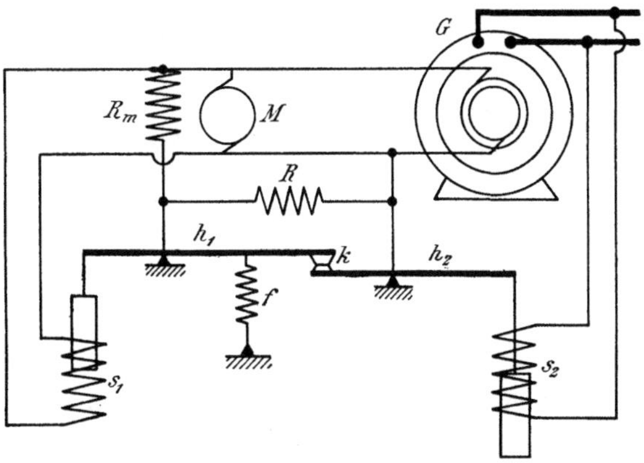

Bild 442. Schaltung des Tirrillreglers.

Der Magnetstrom sei bei dauernd eingeschaltetem Widerstand R gleich OA, bei dauernd kurzgeschlossenem Widerstand gleich OB (Bild 443). Während der Kontakt kurzgeschlossen ist, nimmt dann der Strom entsprechend der Kurve C_1 zu, und während der Kontakt offen ist, nimmt er entsprechend der Kurve C_2 ab. Die Kurven verlaufen ähnlich wie die in Bild 317 und 318. Bei einem bestimmten Betriebszustand seien die regelmäßigen Schwankungen des Magnetstromes der Erregermaschine durch die mittlere Zickzacklinie gegeben, die sich aus den in derselben Höhe befindlichen Teilen der Kurven C_1 und C_2 zusammensetzt. Entsprechende Schwankungen um eine mittlere Lage führt dann die Spannung der Erregermaschine und die Spannung des Stromerzeugers G aus.

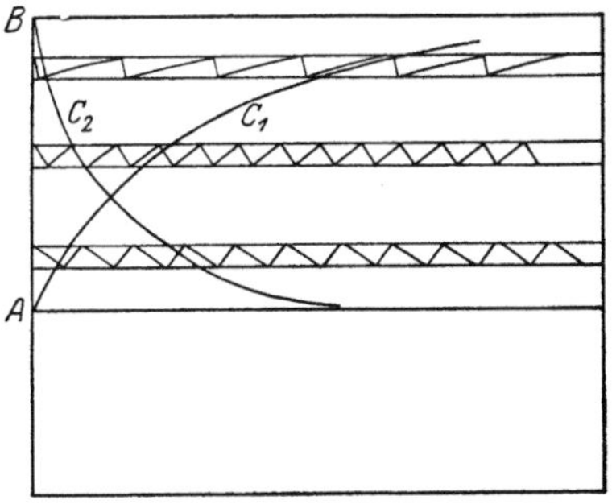

Bild 443. Erregerstrom beim Tirrillregler.

Wir wollen nun, während sich der obere Teil des Kontaktes regelmäßig bewegt, den unteren Teil von Hand nach oben verschieben und dann wieder festhalten. Während unserer Verschiebung liegen die beiden Teile dauernd aufeinander, so daß der Widerstand einmalig eine verhältnismäßig lange Zeit kurzgeschlossen ist. Der Magnetstrom wächst also auf einen höheren Endwert an als früher. Zugleich spannen wir durch unsere Verrückung die Feder stärker, so daß nun auch zur Unterbrechung des Kontaktes eine größere Kraft der Spule s_1, also eine größere Spannung und ein größerer Magnetstrom der Erregermaschine nötig ist. Der obere Teil des Kontaktes schwingt also von jetzt an um eine höhere Gleichgewichtslage und der Magnetstrom um einen größeren Mittelwert. Die Zickzacklinie dieses Stromes verschiebt sich daher in Bild 443 nach oben.

Wenn wir anderseits während der regelmäßigen Bewegung des Kontaktes den unteren Teil nach unten verschieben und dann festhalten, so wird der Kontakt einmalig für eine verhältnismäßig lange Zeit geöffnet. Der Magnetstrom sinkt dadurch auf einen geringeren Endwert als früher. Der Kontakt schwingt dann um die neue Gleichgewichtslage, bei der die Feder schwächer gespannt ist, wodurch auch der Magnetstrom um einen geringeren Mittelwert schwingt. Die Zickzacklinie verschiebt sich dann in Bild 443 nach unten.

In Wirklichkeit vollziehen sich die Bewegungen, die wir von Hand ausführten, selbsttätig durch eine Änderung der Klemmenspannung. Dazu dient der Hebel h_2, den die Kraft der Spule s_2 entgegen dem Uhrzeiger dreht, während das Gewicht des Eisenkernes im Sinne des Uhrzeigers wirkt. Die Spule s_2 ist an die Netzspannung angeschlossen, und zwar hält bei der vorgeschriebenen Netzspannung die Kraft der Spule dem Eisenkern in jeder Lage das Gleichgewicht.

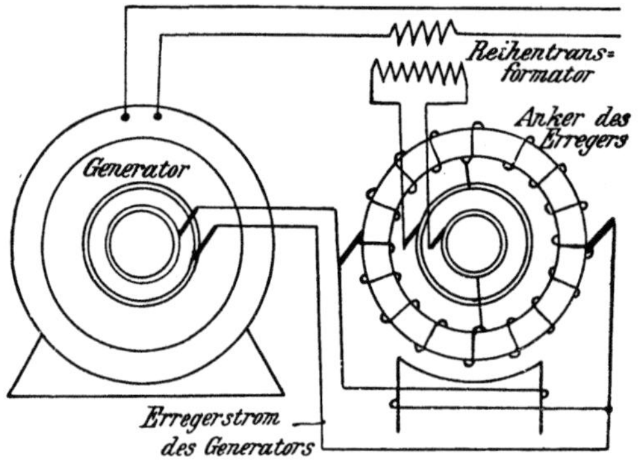

Bild 444. Erregung durch Danielsonmaschine.

Wenn nun die Netzspannung infolge stärkerer Belastung sinkt, so überwiegt das Gewicht des Eisenkernes, dreht den Hebel h_2 ein wenig im Uhrzeigersinn und verschiebt dadurch den unteren Teil des Kontaktes nach oben. Wenn anderseits die Klemmenspannung infolge Abnahme der Belastung wächst, so überwiegt die Kraft der Spule s_2, dreht den Hebel h_2 entgegen dem Uhrzeiger und verschiebt den unteren Teil des Kontaktes nach unten. Wir erhalten dann durch diese selbsttätige Verschiebung dieselben Veränderungen des Magnetstromes der Erregermaschine wie bei Verrückung von Hand. Diese Veränderungen halten dann die Netzspannung auf dem gleichen Betrage.

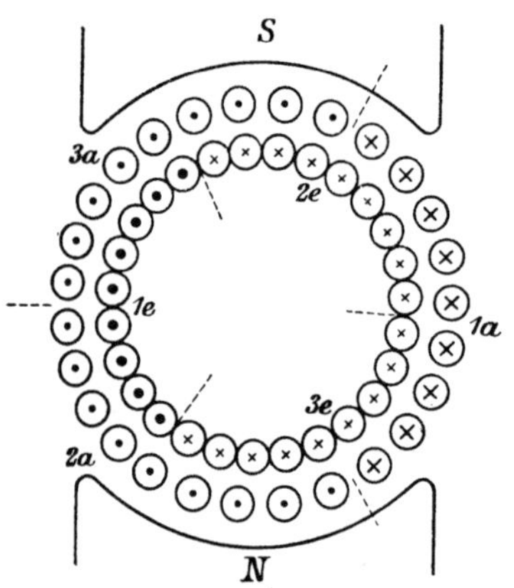

Bild 445. Danielsonmaschine.

Aus Bild 443 geht hervor, daß die Schwingungszahl bei einer Lage des Kontaktes, die etwa der mittleren Zickzacklinie entspricht, am größten ist und bei schwachem und starkem Magnetstrom abnimmt. Die Stärke des Magnetstromes ist also nicht eindeutig durch die Schwingungszahl gegeben.

Ferner ergibt sich, daß bei geringem mittleren Magnetstrom die Zeit, in welcher der Strom anwächst, kleiner ist als die Zeit, in welcher er abfällt. Umgekehrt überwiegt bei starkem mittlerem Magnetstrom die Zeit des Anwachsens über die Zeit des Abfallens. Es scheint, daß diese Erscheinung nicht eine Ursache, sondern eine Folge der Änderungen des Magnetstromes der Erregermaschine ist.

Man kann auch nach Danielson die Netzspannung dadurch auf dem gleichen Betrage halten oder nötigenfalls selbsttätig erhöhen, daß man den Netzstrom unter Vermittlung eines Transformators mit Hilfe von Schleifringen durch die mit dem Stromerzeuger gekuppelte Gleichstrom-Erregermaschine leitet (Bild 444). Das Polgestell der Erregermaschine kann gegenüber dem umlaufenden Anker verdreht werden. Den Transformator können wir dabei vernachlässigen und annehmen, daß beide Maschinen in Reihe geschaltet sind, was bei Kuppelung ausführbar ist.

Wir leiten also den von der Wechselstrommaschine erzeugten Strom, den wir als Dreiphasenstrom annehmen wollen, unmittelbar dem Anker der Erregermaschine zu. Im feststehenden Anker würde dadurch eine synchron umlaufende Stromverteilung entstehen. Wenn der Anker dagegen entgegengesetzt dieser Umlaufrichtung gedreht wird, so stehen die Ströme — bei vielen Phasen — im Raume fest. Diese Erscheinung tritt auch beim Einankerumformer auf oder bei jedem synchronen Stromerzeuger oder Motor, bei dem der Anker umläuft und die Pole feststehen.

Wir können nun durch Verdrehung des Polgestells jede beliebige Phase zwischen dem Ankerstrom und der erzeugten Spannung herstellen. Wir drehen also das Polgestell nach Bild 445 so, daß die Spulenseiten, die den größten Strom führen, bei rein induktiver Belastung in der neutralen Zone liegen, und zwar so, daß die vom Anker ausgeübte Erregung in demselben Sinne wirkt wie die der Magnete. Wenn dann bei irgendeiner Belastung der äußere Blindstrom wächst, so verstärkt er das Magnetfeld der Erregermaschine und damit den Erregerstrom. So wird der durch eine Zunahme des nacheilenden Stromes verursachte Spannungsverlust ausgeglichen und die Netzspannung auf denselben Betrag gehalten.

Die Spannung an den Schleifringen des Danielson-Umformers fügt sich unter Vermittlung des Transformators zur Spannung der Hauptmaschine. Die Danielson-Maschine arbeitet dabei je nach der Stellung ihres Polgestells in geringem Maße als Stromerzeuger oder als Motor.

XX. Drehstrommotoren.

122. Wirkungsweise der Drehstrommotoren.

Die asynchronen Drehstrommotoren enthalten einen aus Eisenblech zusammengesetzten und in drei Strängen bewickelten feststehenden Teil, den sogenannten Ständer, der vom Drehstromnetz gespeist wird, und einen ebenfalls aus Eisenblechen zusammengesetzten umlaufenden Teil, den sogenannten Läufer, in dessen Wicklung ein Strom durch gegenseitige Induktion vom Ständer aus erzeugt wird. Die Motoren heißen daher auch Induktionsmotoren. Die Läuferwicklung besteht bei der Käfig- oder Kurzschlußwicklung aus Stäben, die durch Stirnringe verbunden sind. Zuweilen wird der Käfiganker auch in der Weise hergestellt, daß eine Aluminiumlegierung in die axialen Löcher auf dem Umfang des Läufers hineingegossen wird, wobei auch die Stirnringe mit gegossen werden. Die Phasenanker enthalten eine Zwei- oder Dreiphasenwicklung, die über Schleifringe zu Widerständen geführt ist. Diese werden nach dem Anlaufen kurzgeschlossen oder zum Regeln der Drehzahl geändert.

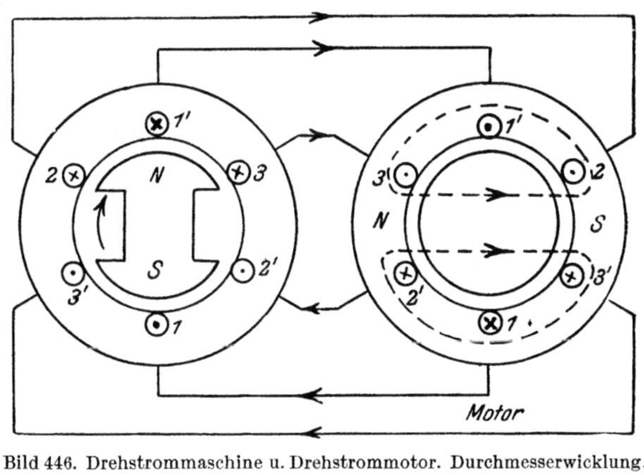

Bild 446. Drehstrommaschine u. Drehstrommotor. Durchmesserwicklung.

Bild 446 zeigt einen Stromerzeuger, der den Ständer eines Drehstrommotors speist. Je zwei gegenüberliegende Spulenseiten bilden einen Strang. So führt z. B. die Wicklung des ersten Stranges im Stromerzeuger in der Nut 1 von hinten nach vorn, dann vorn quer über die Stirnfläche nach 1′, dort von vorn nach hinten, weiter hinten von 1′ nach 1 usw., bis alle Windungen durchlaufen sind.

Die Ständerwicklung des Motors ist genau wie die des Stromerzeugers ausgeführt. Die entsprechenden Stränge des Stromerzeugers und des Motors sind miteinander verbunden. Um Überkreuzungen zu sparen, sind sie beim Motor im entgegengesetzten Sinne bezeichnet wie beim Stromerzeuger. In Wirklichkeit ergeben sich statt der gezeichneten sechs Zuleitungen nach S. 166ff. nur drei Zuleitungen.

Die Mitte des Polrades liegt in Bild 446 gerade vor den Spulenseiten des Stranges 1. Falls wir die Phasenverschiebung vernachlässigen, führt dieser Strang also den größten Strom, während die benachbarten Spulenseiten nach S. 166 einen halb so starken Strom führen.

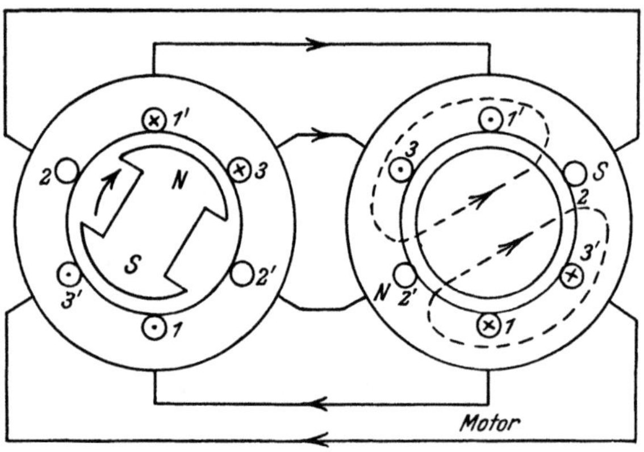

Bild 447. Drehstrommaschine und Drehstrommotor, $^1/_{12}$ Periode nach dem in Bild 446 dargestellten Zeitpunkt. Durchmesserwicklung.

Verfolgen wir jetzt den Strom im Ständer des Motors, so erkennen wir, daß die Spulenseiten 3', 1 und 2' einerseits und die Spulenseiten 2, 1' und 3 anderseits magnetisch zusammengehören. Obwohl sie zu verschiedenen Strängen gehören, bilden sie doch gleichsam eine gemeinsame, in demselben Sinne durchflossene Spulenseite. Nach der Ampereschen Regel ergibt sich dann im Motor das gestrichelt angedeutete Feld, sowie die Lage der Polmitten *N* und *S* im Ständer.

Wir zeichnen jetzt in Bild 447 den Stromerzeuger nach einer Drehung des Polrades um 30°. Dann liegt der zweite Strang gerade in der neutralen Zone und ist stromlos, während die beiden anderen Stränge je den Strom $i_m \cdot \sin 60^0 = 0{,}866\, i_m$ führen. Im Motor gehören jetzt die Spulenseiten 1 und 3' und anderseits die Spulenseiten 3 und 1' magnetisch zusammen. Es ergibt sich dann wieder das gestrichelt angedeutete Feld und die Lage der Polmitten *N* und *S*.

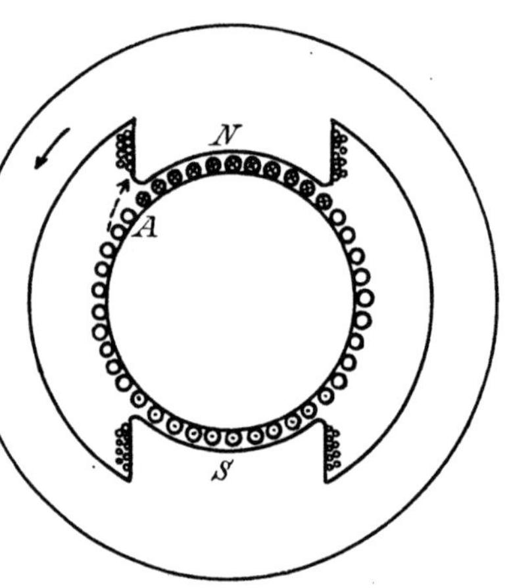

Bild 448. Umlaufendes Polgestell zur Veranschaulichung eines Drehfeldes.

Die Polmitten haben sich also im Zeitraum von $^1/_{12}$ Periode um $^1/_{12}$ des Umfanges verschoben. Wir erhalten also im Motor ein Feld, das synchron mit dem Stromerzeuger umläuft. Denken wir uns statt der dreiphasigen Wicklungen vielphasige, so verschiebt sich, wie wir es bereits in Abschn. 83 sahen, im Motor und im Stromerzeuger die sinusförmige Stromverteilung mit gleichmäßiger Stärke und Geschwindigkeit synchron mit dem Polrad, und das Drehfeld ist vollkommen. Wir haben es sogar mit einem wirklichen Drehstrom und nicht nur mit einem Drehfeld zu tun. Um dieses umlaufende Feld zu veranschaulichen, ersetzen wir es durch ein Polgestell, das in Bild 448 entgegengesetzt dem Uhrzeiger umläuft. Es ist also, als wenn der Läufer im Sinne des Uhrzeigers durch das feststehende Feld gedreht würde. Nach der bekannten Regel haben wir also vor dem Nordpol den Schaft und vor dem Südpol die Spitze zu zeichnen, um die Richtung der erzeugten Spannung anzudeuten.

Wir nehmen dann aber weiter an, daß das gezeichnete Polrad uns nicht eigentlich das vom Ständer allein erzeugte Feld darstellt, sondern das Gesamtfeld, das sich aus der gemeinsamen Wirkung des Ständer- und Läuferstromes ergibt.

In diesem Falle haben wir keine Phasenverschiebung zwischen der im Läufer erzeugten Spannung und dem Läuferstrom. Vor den Polmitten hat also nicht nur die erzeugte Spannung, sondern gleichzeitig auch der Strom den Höchstwert.

Nun wirkt nach dem Lenzschen Gesetz der erzeugte Strom der Bewegung entgegen. Er sucht also die Verschiebung zwischen Magnetfeld und Läuferdraht zu verhindern, d. h. der Läufer läuft in Richtung der Drehung des Feldes mit. Um das zu verstehen, schwimmen wir nach der Ampereschen Regel vor dem Nordpol von vorn nach hinten, mit dem Gesicht nach dem Nordpol. Die ausgeübte Kraft sucht den Nordpol nach unserer linken Hand zu treiben. Durch diese Kraft, die durch den gestrichelten Pfeil angedeutet ist, sind das Magnetfeld und der Läufer gleichsam miteinander gekuppelt. Es ist, als ob das umlaufende Polrad gegen einen Anschlag des Läufers stößt, der an Stelle des gestrichelten Pfeiles gedacht werden kann und den Läufer mitnimmt. Noch besser ist der Vergleich mit einem unmagnetischen Eisengestell, das den Läufer mit Hilfe eines Riemens mitnimmt.

Ist der Läufer unbelastet und läuft er ganz ohne Reibung in den Lagern, so ist seine Drehzahl gleich der Drehzahl des Feldes, d. h. synchron. Da dann überhaupt kein Feld geschnitten wird, so sind erzeugte Spannung und Strom im Läufer gleich Null. Daß dabei eine Drehung erfolgt, erscheint auf den ersten Blick widersinnig. Es ist indessen zu beachten, daß wir vollständigen Leerlauf ins Auge gefaßt haben.

Ist der Läufer dagegen belastet, so ist zur Hervorbringung des erforderlichen Drehmomentes ein bestimmter Läuferstrom nötig. Der Läufer bleibt daher in seiner Drehzahl etwas hinter der Drehzahl des Feldes zurück, d. h. es tritt eine Schlüpfung auf. Dieser Unterschied in den Drehzahlen ist die Schlupfdrehzahl n_s. Er ermöglicht es, daß die Drähte des Läufers das Feld schneiden, so daß in ihnen der für das Drehmoment nötige Strom erzeugt wird. Dieser Strom ist, wie der Ständerstrom, ein Drehstrom, der gegenüber dem Läufer mit der Schlupfdrehzahl n_s umläuft. Da der Läufer sich im Raume mit der Drehzahl n dreht, so dreht sich der Läuferstrom im Raume mit der Drehzahl $n + n_s = n_0$, also, wie der Ständerstrom, synchron. Gewöhnlich genügt eine ganz geringe Spannung, um in dem kleinen Wirkwiderstand des Läufers den genügenden Strom zu erzeugen. Deshalb ist die Schlüpfung immer gering (oft nur 1 bis 2%).

Jetzt wird es auch deutlich, warum wir den Vergleich mit dem Riemen dem mit dem Anschlag vorzogen. Bei der Übertragung durch den Riemen ist infolge des Riemengleitens die Drehzahl des Läufers ebenfalls ein wenig geringer als die des umlaufenden Eisengestelles.

Wenn nun die Drehzahl des Läufers bei gewöhnlichen Verhältnissen annähernd gleich der Drehzahl des Feldes ist, so folgt, daß zweipolige Wicklungen bei der üblichen Frequenz im allgemeinen nicht anwendbar sind. Da man mit Rücksicht auf ruhiges Brennen der im Drehstromnetz liegenden Lampen mit der Frequenz 50 Hertz arbeitet, so würden bei zweipoliger Wicklung des Ständers das Feld und der Läufer 50 mal in der Sekunde oder 3000 mal in der Minute umlaufen. Man vermeidet diese hohen Drehzahlen durch Anwendung mehrpoliger Wicklungen. Wir schieben zu diesem Zwecke die bei zweipoliger Wicklung auf dem ganzen Umfang liegenden Spulen so zusammen, daß sie nur auf dem halben Umfang liegen, und denken uns die Spulen der andern Hälfte entsprechend dahintergeschaltet. In Bild 449 umfaßt z. B. jede Windung den vierten Teil des Umfanges. Die Stirnverbindungen sind nur für einen Strang durchgeführt. Bei den andern Strängen sind nur Schaft und Spitze der Strompfeile in die Nuten hineingezeichnet, unter der Annahme, daß im gezeichneten Zeitpunkt der Strom in dem vollständig gezeichneten Strang am stärksten und in den beiden andern Strängen halb so stark ist. In Bild 449 ergeben sich vier Pole, deren Lage für den gezeichneten Zeitpunkt angegeben ist. Mit der Verschiebung der Ströme in den einzelnen Leitern verschiebt sich auch die Lage der Pole. Während einer Periode macht das Feld in Bild 449 nur eine halbe Umdrehung.

Es sei allgemein p die Anzahl der Polpaare, f die Frequenz des Netzes und n_0 die Drehzahl des Feldes, d. h. die synchrone Drehzahl oder die Drehzahl bei völligem Leerlauf. Dann ist

$$n_0 = f/p. \tag{1}$$

Ist n die Drehzahl des belasteten Läufers, so ist der Unterschied der Drehzahlen zwischen Leerlauf und Belastung gleich $n_0 - n$. Es ist, als wenn der Läufer mit dieser Drehzahl durch ein feststehendes Feld hindurchschneidet. Ist σ die Schlüpfung, d. h. das Verhältnis des Drehzahlabfalles zur Drehzahl des Feldes, so wird die Frequenz, mit der das Feld die Läuferdrähte schneidet:

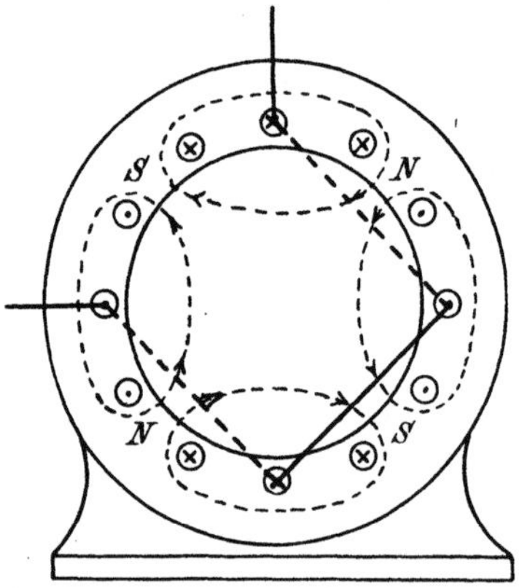

Bild 449. Vierpolige Wicklung.

$$\sigma \cdot f = p \cdot (n_0 - n) \text{ oder } \sigma = \frac{n_0 - n}{n_0}. \tag{1a}$$

Wegen der Abnahme der Drehzahl bei Belastung heißen die gewöhnlichen Drehstrommotoren Asynchronmotoren.

Die Drehrichtung des Läufers ist dieselbe wie die des Drehfeldes. Sie wird umgekehrt, wenn man zwei Hauptleitungen des in Stern oder Dreieck geschalteten Ständers miteinander vertauscht.

Wird statt des Ständers der Läufer gespeist, wobei die kurzgeschlossene Ständerwicklung der sekundäre Teil ist, so dreht sich der Läufer entgegen dem Drehfeld, das jetzt im Raume mit der Frequenz der Schlüpfung umläuft, also beim absoluten Leerlauf stillsteht.

Läufer mit Phasenwicklung werden für dieselbe Polzahl, meist auch für dieselbe Strangzahl gewickelt wie der Ständer. Läufer mit Käfigwicklung sind für Ständer jeder beliebigen Polzahl verwendbar.

123. Das Feld der Drehstromwicklung.

Die Drehstromwicklung sei in so vielen Nuten untergebracht, daß wir sie als gleichmäßig verteilte, glatte Wicklung ansehen können. Die Breite der Spulenseite sei zunächst gleich $^1/_3$ der Polteilung. Der Umfang werde gerade gestreckt. Die Umrahmung des Stranges 1 sei stark, die des Stranges 2 schwach und die des Stranges 3 gestrichelt gezeichnet. Der Zeitwert des Stromes sei im Strang 1 entsprechend Bild 450 im dargestellten Zeitpunkt etwas kleiner als der Höchstwert, in Strang 2 am kleinsten. Die Produkte aus der Drahtzahl einer Spulenseite und dem Zeitwert der Stromstärke seien nach ihrem absoluten Wert Θ_1, Θ_2 und Θ_3. Dann gilt nach Bild 450 für die absoluten Werte im betrachteten Zeitpunkt die Beziehung $\Theta_1 = \Theta_2 + \Theta_3$.

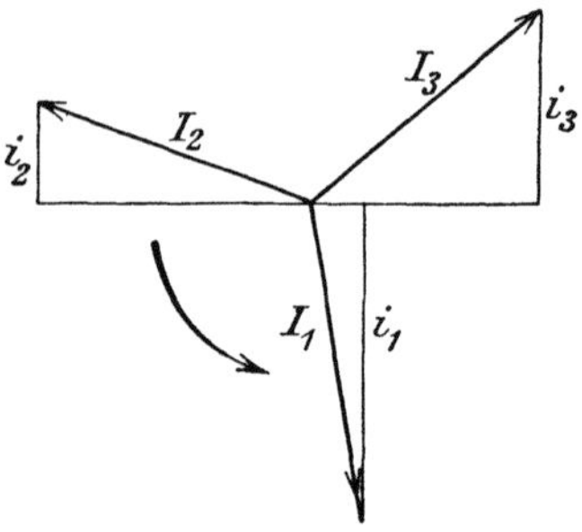

Bild 450. Zeitwerte des Stromes.

Wir ermitteln nun an den einzelnen Stellen des Umfanges die Induktion im Luftraum. Dazu verfolgen wir in Bild 451 eine geschlossene Linie, die an der betrachteten Stelle vom Ständer zum Läufer geht und an einer Stelle von entgegengesetzt gleicher Induktion wieder vom Läufer zum Ständer zurückkehrt. Beide Stellen sind dabei um eine Polteilung voneinander entfernt. In den Fällen einer symmetrischen Stromverteilung wie in Bild 452 und 453 können wir, statt eine Polteilung zu umschließen, auch die geschlossenen Kurven mit den Feldlinien zusammenfallen lassen.

Die von der geschlossenen Linie umschlossene Durchflutung ist nach dem Durchflutungsgesetz gleich $\int \mathfrak{H} dl$. Wenn der Weg im Eisen vernachlässigt wird, so ergibt sich, daß die Induktion an den beiden Stellen des Luftspaltes der zwischen diesen Stellen liegenden Durchflutung proportional ist. Wenn wir also an Stelle der Induktion die Durchflutung als Senkrechte auftragen, erhalten wir, abgesehen vom Maßstab, die Feldkurve. Mit Berücksichtigung der Stromrichtung, wobei alle Spitzen der Strompfeile als positiv gezählt werden, ergibt sich:

zwischen B und H die Durchflutung $\Theta_1 + \Theta_2 - \Theta_3 = 2\ \Theta_2$
„ D „ K „ „ $\Theta_1 + \Theta_2 + \Theta_3 = 2\ \Theta_1$
„ F „ M „ „ $\Theta_1 + \Theta_3 - \Theta_2 = 2\ \Theta_3$.

Diese Durchflutungen sind den Zeitwerten i_2, i_1 und i_3 der Ströme in Bild 450 proportional, und wir können diese Zeitwerte unmittelbar an den betreffenden Stellen

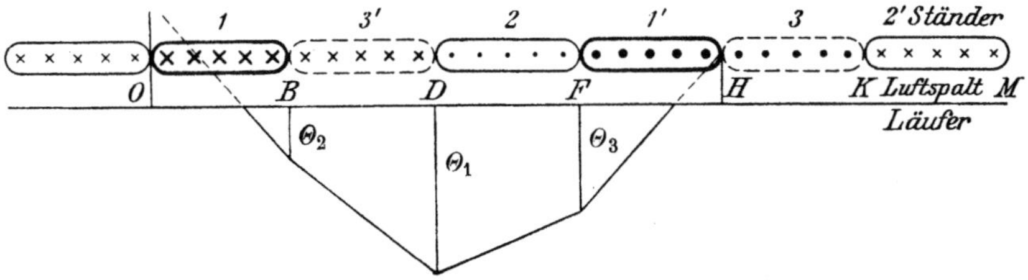

Bild 451. Feldkurve für Breite gleich 1/3 der Polteilung.

als Senkrechte auftragen. Wir erhalten so die Induktion in den Punkten B, D und F. Aus Symmetriegründen haben wir in entgegengesetzter Richtung in O die Senkrechte

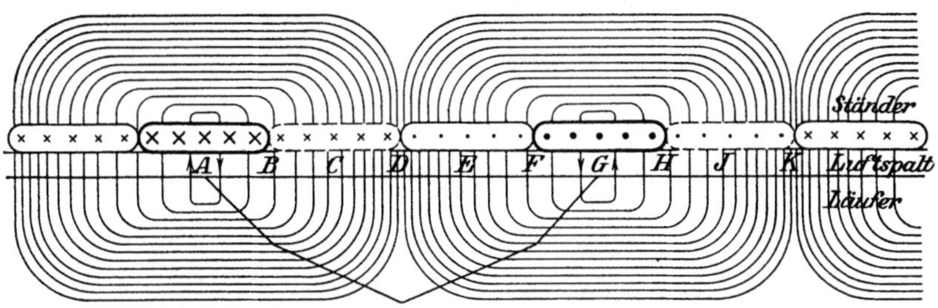

Bild 452. Feldkurve für Breite gleich 1/3 der Polteilung, $i_1 = i_m$.

i_3 und in H die Senkrechte i_2 aufzutragen. Über den einzelnen Spulenseiten ist die Feldkurve dann geradlinig.

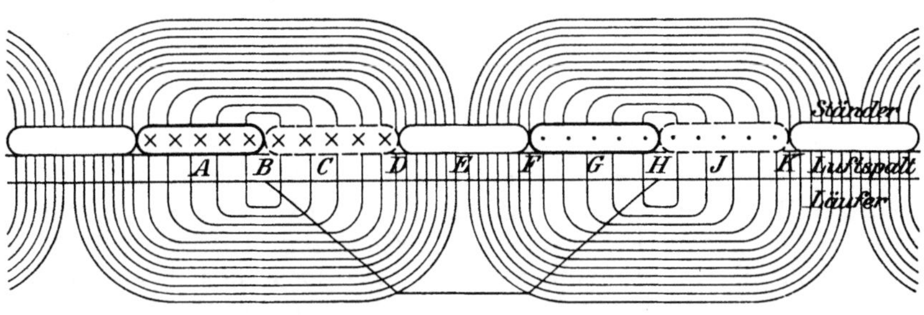

Bild 453. Feldkurve für Breite gleich 1/3 der Polteilung, $i_2 = 0$.

Kurz vor dem dargestellten Zeitpunkt ist der Strom i_1 gleich dem Höchstwert i_m und die Ströme i_2 und i_3 sind gleich $i_m/2$. Wir erhalten dann die Feldkurve in Bild 452. Das Feld geht jetzt bei A und G, d. h. in der Mitte der in gleichem Sinne durchflossenen Spulenseiten durch Null hindurch und erreicht bei B und F den halben Höchstwert, entsprechend i_m, bei D den vollen Höchstwert, entsprechend $2 \cdot i_m$.

Kurz nach dem in Bild 451 dargestellten Zeitpunkt ist der Strom i_2 gleich Null und die Ströme i_1 und i_3 sind je gleich $i_m \cdot \sin 60^0 = 0{,}866\, i_m$. Der erste und dritte Strang bilden jetzt nach Bild 453 eine gemeinsame, gleichmäßig durchflossene Spulenseite von doppelter Breite. Das Feld geht in ihrer Mitte bei B und H durch Null hindurch und hat zwischen D und F einen gleichbleibenden Wert, entsprechend $2 \cdot 0{,}866\, i_m$.

Wie man sieht, ist das Feld zwischen den in Bild 452 und 453 dargestellten Zeitpunkten, also in $^1/_{12}$ Periode, um $^1/_6$ der Polteilung weitergewandert und ist dabei aus der spitzen Form in die flache Form übergegangen. Zwischen diesen regelmäßigen Formen liegen unregelmäßige nach Bild 451. Die Stellen der Unstetigkeit bleiben bei der Wanderung fest liegen. Im nächsten zwölften Teil der Periode geht die flache Form dann wieder in die spitze über. Die Feldlinien sind entsprechend der Induktion verschieden dicht gezeichnet.

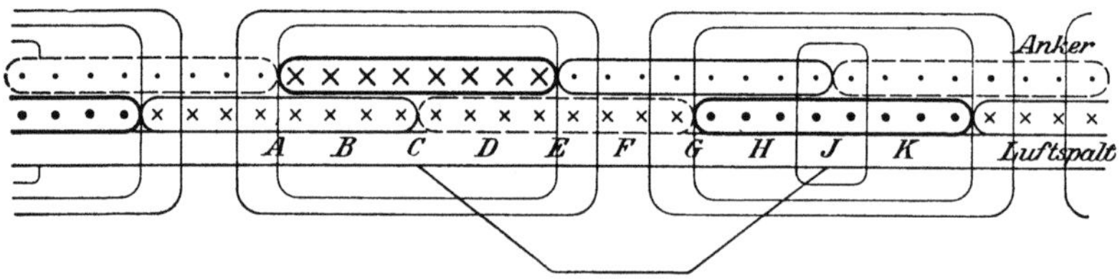

Bild 454. Feldkurve für Breite gleich $^2/_3$ der Polteilung, $i_1 = i_m$.

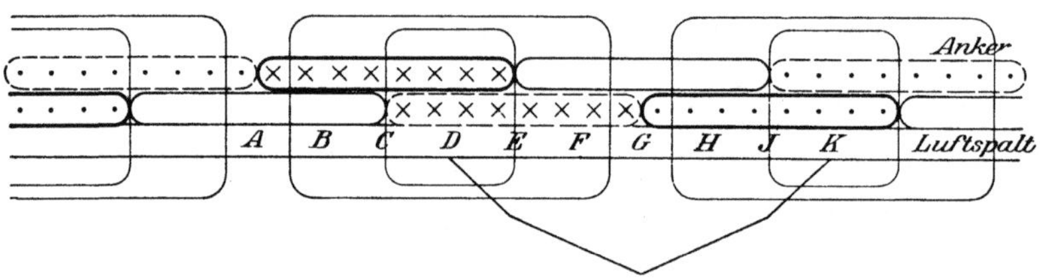

Bild 455. Feldkurve für Breite gleich $^2/_3$ der Polteilung, $i_2 = 0$.

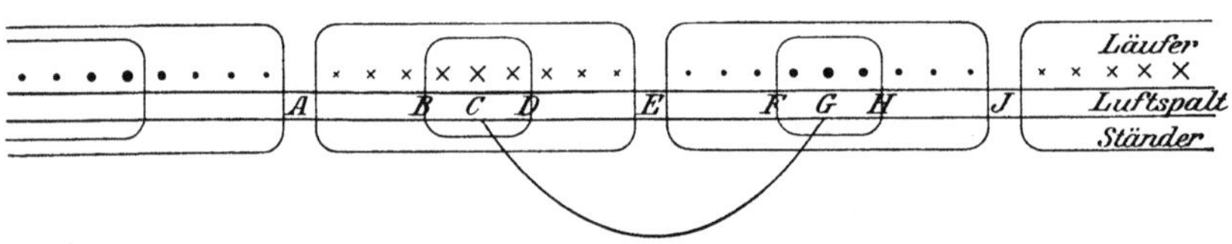

Bild 456. Vom Käfiganker erzeugtes Feld.

Der Mittelwert der Feldkurven in Bild 452 und 453 ergibt sich als nahezu völlig gleich. Der Fluß ändert sich also während seiner Drehung trotz der Änderung der Form der Feldkurve nicht.

Wir betrachten nun die Wicklung eines Einankerumformers mit einer Breite von $^2/_3$ der Polteilung. Die Spulenseiten der verschiedenen Stränge überlappen sich dabei nach Bild 454 und 455 gegenseitig. In Bild 454 ist der Strom i_1 gleich dem Höchstwert i_m. Die magnetische Wirkung der Spulenseite 1 zwischen A und E wird durch die von ihr überlappten halben Spulenseiten der beiden andern Stränge, die jeder den Strom $i_m/2$ führen, unterstützt. Das Feld, das bei C gleich Null ist, entspricht also bei A und E dem Strom $1{,}5 \cdot i_m$. Es behält dann seine Stärke zwischen E und G, wo entgegengesetzt durchflossene Spulenseiten sich in ihrer Wirkung aufheben, bei. Wir erhalten eine flache Feldkurve.

Nach $^1/_{12}$ Periode ist der Strom i_2 gleich Null und die Ströme i_1 und i_3 je gleich $0{,}866 i_m$ (Bild 455). Die Induktion, die jetzt bei D gleich Null ist, entspricht bei C und E dem Strom $2 \cdot 0{,}866\, i_m \cdot {^1/_2} = 0{,}866 \cdot i_m$ und bei A und G dem Strom $2 \cdot 0{,}866 \cdot i_m$. Wir erhalten so die gezeichnete spitze Feldkurve.

Die Feldkurven sind dieselben wie in Bild 452 und 453, haben jedoch in den betrachteten Zeitpunkten ihre Rolle gewechselt. Gleichzeitig sind die mittleren Induktionen im Verhältnis 0,866:1 kleiner. Die breite Spulenseite ist also in magnetischer Hinsicht ungünstig und kommt daher für Drehstrommotoren nicht in Frage.

Wir ermitteln endlich das Feld, das von dem Läuferstrom eines Käfigankers erzeugt wird. Dieser Strom ist nahe zu sinusförmig verteilt, was in Bild 456 durch entsprechend starke Zeichnung des Schaftes und der Spitze der Strompfeile angedeutet ist. Das vom Strom erzeugte Feld ist bei C und G Null, nimmt dann sinusförmig zu und erreicht bei E einen Höchstwert. Wenn dann die Stromverteilung fortschreitet, schreitet auch das Feld fort, und zwar im Gegensatz zu den Phasenankern ohne Änderung der Feldkurve.

124. Der Magnetisierungsstrom unter Vernachlässigung des Eisenwiderstandes[1].

In Bild 457 führe bei offenem Rotor der Ständerstrang 1 den Höchstwert i_m des Stromes. Ist Λ der Leitwert der doppelten Luftstrecke vor einem Zahn, q die Nutenzahl eines Stranges für einen Pol, s die Drahtzahl in Reihe für eine Nut, p die Zahl

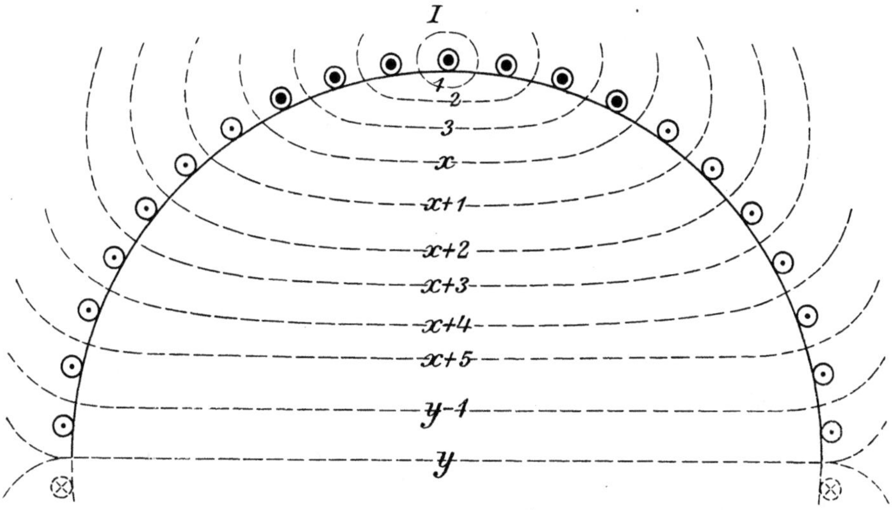

Bild 457. Magnetische Feldlinien, von drei Strängen erzeugt, mit Strang 1 verkettet.

der Polpaare, so ist die Verkettung der Windungen des Stranges 1 mit den vom Strom i_m erzeugten Flüssen, die, abgesehen vom Zahn y, doppelt auftreten:

$$p \cdot \Lambda \cdot i_m \cdot s^2 \cdot \{2(1^2 + 3^2 + 5^2 \ldots + q^2) + 2(q-1) \cdot q^2 + q^2\}.$$

Die Verkettung der Windungen des Stranges 1 mit den Flüssen, die vom Strom $i_m/2$ der beiden andern Stränge erzeugt werden, ist

$$2\,p \cdot \Lambda \cdot \frac{i_m}{2} \cdot s^2 \cdot q\,\{2\,(1 + 2 + 3 \ldots + q - 1) + q\}.$$

Die Summe beider Verkettungen ist nach der Theorie der Reihen

$$\Sigma \Phi w = p \cdot \Lambda \cdot i_m \cdot s^2 \cdot q\,(5q^2 + 1) \cdot {}^2/_3. \qquad \text{(a)}$$

Ist nun w die Gesamtwindungszahl eines Stranges, F die Fläche einer Polteilung und l der doppelte Luftabstand, so ist

$$s = \frac{w}{p \cdot q} \qquad \Lambda = \frac{\Pi_0 \cdot F}{3\,q \cdot l} \qquad i_m = \sqrt{2}\,I_0\,.$$

[1] vgl. Görges, ETZ. 1907, S. 1.

Setzen wir diese Werte in Gl. (a) ein, so ergibt sich mit $U_1 = 4{,}44\, \Sigma \Phi w \cdot f$ der effektive Leerstrom zu

$$I_0 = \frac{9}{4\pi \Pi_0} \cdot \frac{q^2}{5q^2+1} \cdot \frac{p \cdot l \cdot U_1}{f \cdot F \cdot w^2}.$$

Für gerade Werte von q ergibt sich dasselbe. Wir setzen nun $4\pi \cdot \Pi_0 \cdot (5q^2 + 1) : 9_q{}^2 = k$. Mit $\Pi_0 = 4\pi \cdot 10^{-9}$ Henry/cm erhalten wir bei verschiedenen Nutenzahlen für Pol und Strang folgende Werte von k:

$q =$	1	2	3	4	∞
$k =$	1,05	0,91	0,88	0,87	$0{,}86 \times 10^{-7}$ Henry/cm.

Bei einem 110-kW-Motor der Gesellschaft Oerlikon (vgl. Arnolds Konstruktionstafeln für den Dynamomaschinenbau) sei z. B.

$U_1 = 1910$ Volt, $f = 50$ Hertz, $p = 6$, $F = 763\ \text{cm}^2$, $l = 0{,}15$ cm, $w = 336$ und $q = 3$. Dann wird

$$I_0 = \frac{1910 \cdot 6 \cdot 0{,}15}{0{,}88 \cdot 10^{-7} \cdot 336^2 \cdot 763 \cdot 50} = 4{,}5 \text{ Amp.}$$

125. Berücksichtigung der Eisensättigung.

In dem Beispiel des letzten Abschnittes sei die Länge eines Ständer- und Läuferzahnes zusammen gleich 6 cm und das Verhältnis der Zahnteilung zur Zahnbreite im Mittel gleich 2,5. Wir berechnen dann unter Annahme eines sinusförmigen Feldes den Ständerfluß nach S. 230 zu

$$\Phi_1 = \frac{E_1}{4{,}44 \cdot \xi \cdot f \cdot w} = \frac{1910}{4{,}44 \cdot 0{,}96 \cdot 50 \cdot 336} = 2{,}69 \cdot 10^{-2} \text{ Voltsek.}$$

Der Luftfluß Φ_l sei wegen der Ständerstreuung 2% kleiner, also $2{,}64 \cdot 10^{-2}$ Voltsek. Dann wird der Mittelwert der Luftinduktion in Gauß gleich $10^8 \cdot \Phi_l : F$, also der Höchstwert

$$\mathfrak{B}_m = \frac{\pi}{2} \cdot \frac{\Phi_l \cdot 10^8}{F} = \frac{\pi}{2} \cdot \frac{2{,}64 \cdot 10^6}{763} = 5450 \text{ Gauß.}$$

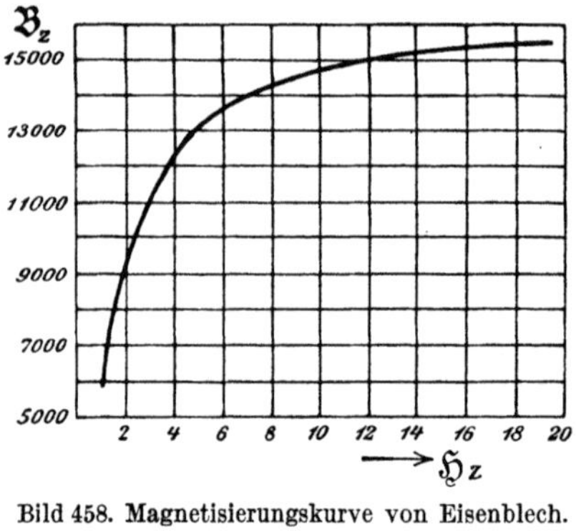

Bild 458. Magnetisierungskurve von Eisenblech.

Wir wählen nun einen beliebigen Wert von $\mathfrak{B}$ und berechnen die Erregung, die für Luft und Eisen aufzuwenden ist, um an der betreffenden Stelle des Luftraumes diese Induktion $\mathfrak{B}$ zu erreichen. Für die Luft selbst ist der Anteil $\Theta_l = 0{,}8\, \mathfrak{B} \cdot l$. Da $l = 0{,}15$ cm ist, so ist $\Theta_l = 0{,}8 \mathfrak{B} \cdot 0{,}15 = 0{,}12 \cdot \mathfrak{B}$. Im Eisen ist die Induktion mit Berücksichtigung des Raumverlustes durch Papier im Verhältnis $2{,}5 : 0{,}85 = 2{,}95 : 1$ größer, also $\mathfrak{B}_z = 2{,}95\, \mathfrak{B}$.

Zu $\mathfrak{B}_z$ ergibt sich die Erregung $\mathfrak{H}$ für die Längeneinheit aus der Magnetisierungskurve für Eisenblech in Bild 458. Dann wird $\Theta_z = \mathfrak{H}_z \cdot l_z$. Dabei ist l_z das Doppelte der einfachen Zahnlängen. Wir erhalten also in unserem Falle $\Theta_z = \mathfrak{H}_z \cdot 2 \cdot 6 = 12 \cdot \mathfrak{H}_z$. $\Theta_l + \Theta_z$ ergibt uns dann die für die betreffende Induktion nötige wirksame Erregung Θ. Diese Rechnung ist für Werte von $\mathfrak{B}$ zwischen 2000 und 5200 ausgeführt und in der Zahlentafel zusammengestellt:

$\mathfrak{B}$	$\Theta_l = 0{,}12 \cdot \mathfrak{B}$	$\mathfrak{B}_z = 2{,}95 \cdot \mathfrak{B}$	$\mathfrak{H}_z$	$\Theta_z = 12 \cdot \mathfrak{H}_z$	$\Theta = \Theta_l + \Theta_z$
2000	240	5900	1,1	13	253
3000	360	8850	1,9	23	383
4000	480	11800	3,6	43	523
4500	540	13300	5,4	65	605
5000	600	14800	10,7	128	728
5200	624	15300	18,5	222	850

Wir schätzen nun, um wieviel der Leerstrom infolge des Eisenwiderstandes gegenüber dem obigen Wert zu vergrößern ist. Es sei ein Zuschalg von 20% erforderlich, d. h. es sei $I_0 = 5{,}5$ Ampere.

Wir tragen nun den Umfang wagerecht und die an der betreffenden Stelle wirksame Erregung $\Theta = \Theta_l + \Theta_z$ senkrecht auf und erhalten so die Kurve Θ in Bild 459, die dem ersten Grenzfall in Bild 452 entspricht. Für den Bogen $\pi/2$ erhalten wir dabei eine größte Erregung: $2 \cdot i_m \cdot w/p = 2\sqrt{2} \cdot 5{,}5 \cdot 336/6 = 870$. Dagegen ergibt sich für $\pi/6$ eine wirksame Erregung, die halb so groß ist wie die größte.

Die Werte Θ tragen wir dann auf der senkrechten Achse auf und ziehen durch die Teilpunkte Wagerechte. Wo diese die Kurve Θ schneiden, errichten wir Senkrechte und machen deren Länge, von der wagerechten Achse gemessen, gleich den zugehörigen obigen Werten von $\mathfrak{B}$.

Die Kurve, welche die Endpunkte der Senkrechten miteinander verbindet, ist die gesuchte Feldkurve in dem betrachteten Zeitpunkt bei einem Strome von 5,5 Amp. Die von

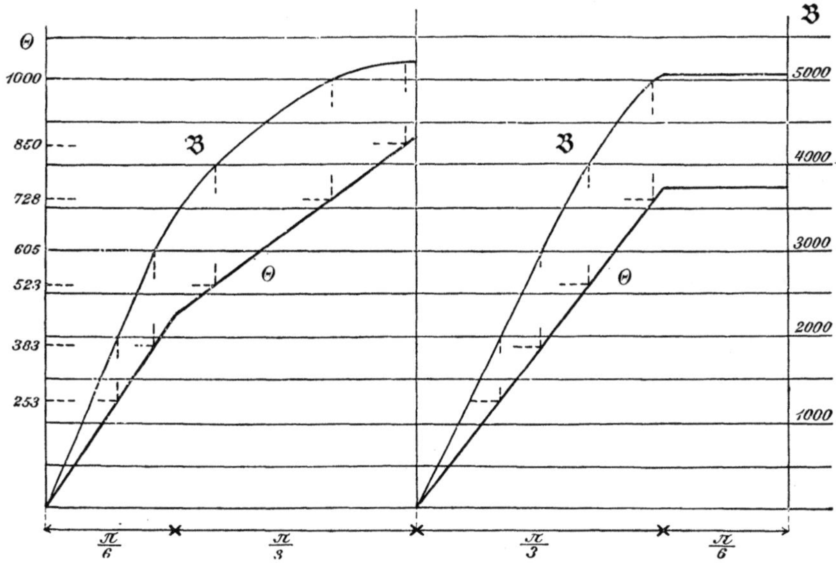

Bild 459. Bild 460.

Feldkurven unter Berücksichtigung des Eisenwiderstandes der Zähne.

dieser Feldkurve und der wagerechten Achse eingeschlossene Fläche haben wir dann nach der Simpsonschen Regel zu ermitteln und durch die Grundlinie zu teilen. Wir erhalten dadurch die mittlere Induktion bei einem Magnetisierungsstrom von 5,5 Amp. zu 3635.

Dieselbe Zeichnung ist für den zweiten Grenzfall in Bild 460 durchgeführt. Dabei wird die größte Erregung nach Bild 453 $1{,}73 \cdot i_m \cdot w/p = 1{,}73 \cdot \sqrt{2} \cdot 5{,}5 \cdot 336/6 = 750$. Wir zeichnen nun wieder die Kurven Θ und $\mathfrak{B}$, ermitteln die von der Kurve $\mathfrak{B}$ und der wagerechten Achse eingeschlossene Fläche und teilen sie durch die Grundlinie. Dadurch erhalten wir die mittlere Induktion zu 3583. Nehmen wir das Mittel aus beiden Grenzfällen, so wird: $\mathfrak{B}_{\text{mittel}} = 0{,}5\,(3635 + 3583) = 3609$. Der wirkliche in den Läufer eintretende Fluß Φ ergibt sich dann zu: $\Phi = \mathfrak{B}_{\text{mittel}} \cdot F = 3609 \cdot 763 \cdot 10^{-8} = 2{,}75 \cdot 10^{-2}$ Voltsek. Dieser Wert liegt so nahe an dem von uns gewünschten Wert von $2{,}64 \cdot 10^{-2}$, daß wir gleiches Verhältnis zwischen Stromstärke und Fluß annehmen können. Der zur Erzeugung von $2{,}64 \cdot 10^{-2}$ Voltsek erforderliche Strom ergibt sich also zu: $I_0 = 5{,}5 \cdot 2{,}64/2{,}75 = 5{,}3$ Amp.

Tatsächlich ist nun ein Leerstrom von 6 Amp. gemessen. Der Grund dafür, daß auch jetzt noch der berechnete Leerstrom kleiner ist als der gemessene, liegt darin, daß der Eisenwiderstand des Ständer- und Läuferkernes sowie die Verringerung des Leitwertes des Luftraumes infolge der Nutenöffnungen noch nicht berücksichtigt ist.

126. Das Drehmoment des Drehstrommotors.

Die Mitte der Spulenseite eines Stranges eines dreiphasigen Rotors sei nach Bild 461 um α gegen den Nullwert des sinusförmigen Feldes verschoben. Dann sind der Mittelwert der Induktion längs der Spulenseite des Rotors und die im Läufer erzeugte Spannung proportional $\sin\alpha$. Wenn wir nun unter dem Feld das wirkliche resultierende Feld im Läufer verstehen, in welchem die vom Läufer erzeugten Kraftlinien mit enthalten sind, so besteht keine Phasenverschiebung zwischen der Spannung e_2 und dem von ihr erzeugten Läuferstrom i_2. Demnach ist nicht nur die Induktion, sondern auch der Läuferstrom proportional $\sin\alpha$, d. h. die Umfangskraft ist proportional $\sin^2\alpha$.

Für den zweiten und dritten Strang ist statt dessen $\sin^2(\alpha+120^0)$ und $\sin^2(\alpha+240^0)$ einzuführen. Nun ergibt sich aus $\cos 2\alpha = 1 - 2\sin^2\alpha$

$$\sin^2\alpha + \sin^2(\alpha+120^0) + \sin^2(\alpha+240^0) = 3/2.$$

Das Drehmoment des Motors ist also unabhängig von α, d. h. in allen Zeitpunkten konstant.

Zur Berechnung des Drehmomentes M führen wir die vom Ständer auf den Läufer übertragene Leistung N_{12} ein. Sie wird durch ein mit der synchronen Drehzahl n_0 umlaufendes Feld übertragen, ergibt sich also zu

$$N_{12} = M \cdot 2\pi \cdot n_0. \tag{2}$$

Das Drehmoment ist also proportional der auf den Rotor übertragenen Leistung. Anderseits ist die mechanische Leistung bei der Drehzahl n

$$N_m = M \cdot 2\pi \cdot n \tag{2a}$$

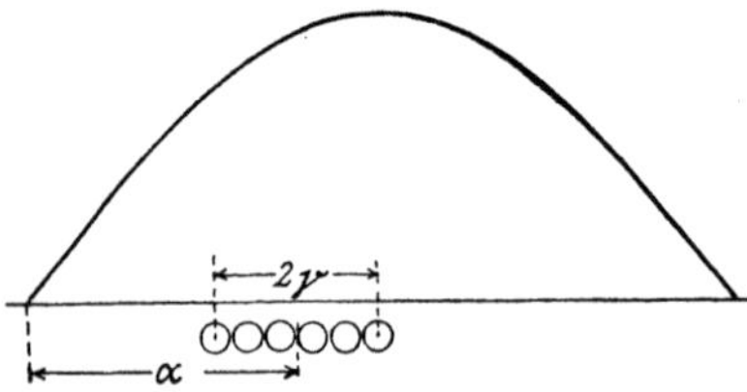

Bild 461. Spulenseite des Läufers im Feld.

Demnach ist der Verlust durch Stromwärme bei dem Läuferstrom I_2 und dem Läuferwiderstand R_2

$$3 I_2^2 R_2 = N_{12} - N_m = M \cdot 2\pi (n_0 - n). \tag{3}$$

Daraus folgt die Schlüpfung zu

$$\sigma = \frac{n_0 - n}{n_0} = \frac{3 I_2^2 \cdot R_2}{N_{12}}. \tag{4}$$

Der relative Leistungsverlust im Läufer ist also, wie beim Gleichstrom-Nebenschlußmotor, gleich dem relativen Drehzahlabfall.

Nun ist nach S. 230 bei sinusförmigem Feld

$$I_2 \cdot R_2 = E_2 = 4{,}44\,\xi_2 \Phi \cdot \sigma \cdot f \cdot w_2,$$

wo R_2 der Widerstand eines Stranges und w_2 die Windungszahl eines Läuferstranges ist. Demnach ist nach Gl. (4)

$$N_{12} = \frac{3 \cdot I_2^2 \cdot R_2}{\sigma} = 3 \cdot 4{,}44 \cdot \xi_2 \cdot \Phi \cdot f \cdot w_2 \cdot I_2. \tag{5}$$

Aus Gl. (2) folgt dann mit $n_0 = f/p$:

$$M = 3p \cdot 4{,}44\,\xi_2 \Phi \cdot w_2 I_2 / 2\pi. \tag{6}$$

Setzt man Φ in Voltsek und I in Amp. ein, so erhält man das Drehmoment in Joule. Um es in mkg zu erhalten, muß man mit 9,81 teilen. Die Gleichung ähnelt der für das Drehmoment eines Gleichstrommotors.

Bei einem Kurzschlußläufer bedeutet $3w_2$ die halbe Stabzahl des Läufers und der Wicklungsfaktor wird Eins. Der Kurzschlußläufer entwickelt also unter sonst gleichen Verhältnissen ein etwas größeres Drehmoment als der Phasenläufer.

Gl. (6) ergibt sich auch auf folgendem Wege. Wir bremsen den Läufer fest, indem wir einen auf der Welle befestigten Hebelarm auf eine Wage drücken lassen, schalten zwischen die Schleifringe außen die Widerstände R_n, wobei wir im Läufer und im äußeren Kreis gleiche Schaltung, also z. B. Sternschaltung, annehmen. Wenn wir dann den Ständer speisen, so arbeitet der Motor wie ein Transformator. Bei demselben Ständerstrom sind dann Läuferstrom, Fluß, übertragene Leistung und Drehmoment dieselben wie beim Lauf als Motor. Zwar entspricht die im Rotor erzeugte Spannung jetzt nicht mehr der kleinen Schlüpfung, sondern der vollen Netzfrequenz. Dafür ist aber der Widerstand im Rotorkreis nicht mehr R_2, sondern $R_2 + R_n$, so daß der Rotorstrom wieder derselbe ist wie bei Betrieb. Jetzt ergibt sich unmittelbar, indem man Spannung und Stromstärke im Läufer miteinander vervielfacht:

$$N_{12} = 3 \cdot 4{,}44\, \xi_2 \Phi \cdot f \cdot w_2 \cdot I_2.$$

Man kann durch diese Untersuchung bei Stillstand unmittelbar das Drehmoment des Betriebes messen und sogar, da $N_{12} = 3 I^2 (R_2 + R_n)$ ist, die Schlüpfung des Betriebes berechnen nach der Gleichung

$$\sigma = \frac{3 I_2^2 R_2}{N_{12}} = \frac{R_2}{R_2 + R_n}.$$

127. Der streuungslose Drehstrommotor.

Wir nehmen der Einfachheit wegen an, daß der Streufluß, der die Nuten und Spulenköpfe des Ständers oder Läufers umgibt, ohne die Wicklung des andern Teiles zu durchsetzen, zu vernachlässigen ist. Dann besteht nur ein einziger magnetischer Fluß, der gleichmäßig das Ständereisen, den Luftweg und das Läufereisen durchdringt. Er kommt durch die gesamte Erregung des Ständers und Läufers zustande und ist unter Vernachlässigung des Ohmschen Spannungsverlustes im Ständer durch die konstante Netzspannung vorgeschrieben, also konstant. Sein Feld sei in Bild 462 gerade von links nach rechts gerichtet. Wir zeichnen daher den Strahl der resultierenden Erregung I_μ von links nach rechts.

Das Feld drehe sich, wie die Strahlen, entgegen dem Uhrzeiger. Es erzeugt dabei in den Läuferdrähten Ströme, die bei A und B einen Höchstwert haben, und zwar sehen wir nach der Faradayschen Regel links den Schaft und rechts die Spitze des Strompfeiles. Spitze und Schaft zeichnen wir in den vier Nuten bei A und B, die zu einem Strang gehören, besonders stark. In den benachbarten Strängen ist der Strom halb so stark, was durch schwächere Zeichnung angedeutet ist.

Da der Strahl der vom Läufer ausgeübten Erregung I_{II} in derselben Richtung zu zeichnen ist, wie das vom Läuferstrom allein erzeugte Feld, so ist er von oben nach unten gerichtet. Damit nun die Gesamterregung I_μ zustande kommt, muß die Ständererregung nach Größe und Phase gleich I_1 sein. Der Höchstwert des Ständerstromes liegt also bei C und D, wobei CD senkrecht auf I_1 steht, und zwar haben wir bei C die Spitze und bei D den Schaft des Strompfeiles anzudeuten. Jede Spulenseite des Ständers liegt im vorliegenden Falle in drei Nuten. Wir zeichnen in den Spulenseiten bei C und D die Strompfeile am stärksten und in den benachbarten Spulenseiten halb so stark.

Bild 462 zeigt nun, daß der Ständer- und Läuferstrom wie die Ströme in der ersten und zweiten Wicklung eines Transformators einander wesentlich entgegengesetzt sind. Der Ort des größten Stromes im Läufer verschiebt sich dabei, wie schon auf S. 259 abgeleitet wurde, im Raume gleichlaufend mit dem Ständerstrom und dem Drehfeld. Wir haben also im Läufer wie im Ständer sowohl bei Stillstand als auch beim Lauf eine sich im Gleichlauf drehende Erregung. Der Begriff des sich im Raume gleichlaufend drehenden Läuferstromes ist von der größten Wichtigkeit für das Verständnis des Drehstrommotors. Er ist allerdings nicht ganz leicht zu fassen, da bei Betrieb die Läuferdrähte in Bewegung sind und sich in Richtung des Drehfeldes und des umlaufenden Ständerstromes, also auch in Richtung der eigenen umlaufenden Läufererregung drehen. Am besten stellt man sich die umlaufenden Läuferströme ganz losgelöst von den Leitern vor, so daß es ganz gleichgültig ist, in welchem Leiter ein Strom gerade fließt, und ob sich die Leiter drehen oder nicht.

Bild 462 zeigt, daß der Strom in der Spulenseite des Läufers am stärksten ist, die im stärksten Teile des den Läufer schneidenden Feldes liegt. Dennoch, oder vielmehr gerade deshalb bleibt der Strom eines Läuferstranges um 90° hinter dem von diesem Strang umfaßten Fluß zurück. Denn die Spulenseiten bei A und B, die den größten Strom führen, umfassen den Fluß Null. Entsprechend bleibt daher der Strahl I_{II}, der den Läuferstrom darstellt, gegen den umfaßten Fluß, der durch I_μ dargestellt wird, um 90° zurück. Wir haben also volle Übereinstimmung mit dem induktionslos belasteten Transformator.

Wir beachten nun, daß das Feld nicht nur durch den Läufer, sondern auch durch den Ständer schneidet, daß also der Höchstwert der Spannung im Ständer ebenfalls im gezeichneten Zeitpunkt bei A und B erzeugt wird. Der Bogen CA entspricht also dem Phasenverschiebungswinkel φ zwischen Ständerstrom und Netzspannung U. Dies geht auch daraus hervor, daß die Netzspannung U gegen I_μ um 90° voreilt.

Die verhältnismäßig große Phasenverschiebung der Drehstrommotoren ist darin begründet, daß sie als Induktionsmotoren sich ihr eigenes Feld schaffen und dazu wegen des Luftzwischenraumes ein starker Blindstrom oder Magnetisierungsstrom nötig ist. Obgleich man den Abstand zwischen Ständer und Läufer oft bis auf einige Zehntel eines Millimeters erniedrigt, wird $\cos\varphi = 0{,}9$ nur bei größeren Motoren erreicht und nur bei besonders großen Motoren überschritten.

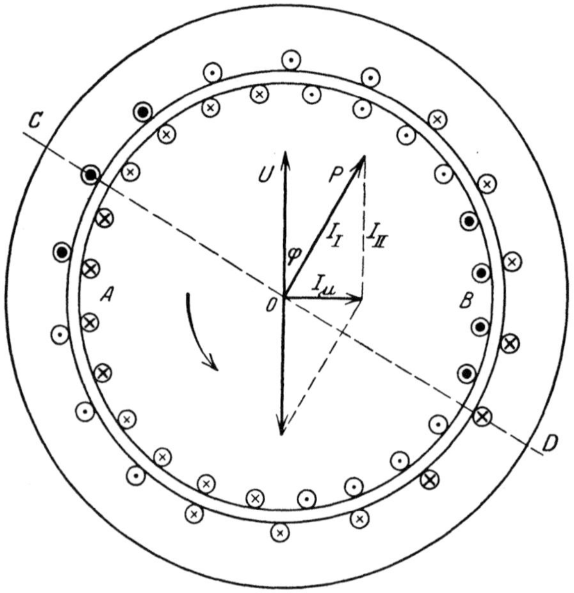

Bild 462. Stromverteilung im Drehstrommotor.

Da beim streuungslosen Motor Φ und I_μ konstant sind, so bewegt sich der Endpunkt P des Strahles des Ständerstromes bei Änderung der Belastung auf einer Parallelen zu U.

Wir wollen nun die wichtigsten Größen des streuungslosen Motors in Abhängigkeit von der Schlüpfung darstellen. Die im Ständer erzeugte Spannung E_1 ist von dem Flusse Φ abhängig, der beim streuungslosen Motor dem Ständer und Läufer gemeinsam ist, außerdem von der Frequenz f und der Drahtzahl des Ständers, sowie von dem Wicklungsfaktor ξ_1, der bei der Breite der Spulenseite von $1/3$ der Polteilung gleich 0,955 ist. Wenn w_1 die Windungszahl eines Ständerzweiges ist, so wird die in einem Strang erzeugte Spannung: $E_1 = 4{,}44 \cdot \xi_1 \cdot \Phi \cdot f \cdot w_1$. Vernachlässigen wir den Verlust durch den Wirkwiderstand des Ständers, so ist die erzeugte Spannung entgegengesetzt gleich der Klemmenspannung, also unveränderlich, also auch der Fluß Φ unveränderlich.

Wenn nun das Feld mit der Frequenz $\sigma \cdot f$ der Schlüpfung durch die Läuferdrähte schneidet, so erzeugt es in ihnen die Spannung $E_2 = 4{,}44 \cdot \xi_2 \cdot \Phi \cdot \sigma \cdot f \cdot w_2$.

Wenn R_2 der Widerstand eines Läuferstranges ist, so ergibt sich der Läuferstrom zu $I_2 = E_2/R_2$, er ist also nach der obigen Gleichung für E_2 der Schlüpfung proportional. Wenn also C_1 einen Festwert bedeutet, so wird $I_2 = C_1 \cdot \sigma$. Daß der Läuferstrom der Schlüpfung proportional ist, gilt innerhalb der normalen Betriebsgrenzen auch für den Motor mit Streuung, da das Feld im Läufer als fast unveränderlich angesehen werden kann.

Das Drehmoment berechnet sich nach Gl. (6) auf S. 266 aus dem Läuferstrom I_2 mal dem Fluß Φ. Dieser ist in unserem Falle unveränderlich, während der Läuferstrom der Schlüpfung proportional ist. Wenn C_2 daher einen Festwert bedeutet, so wird: $M = C_2 \cdot \sigma$.

Die auf den Läufer übertragene Leistung N_{12} ist nach Gl. (5) auf S. 266 dem Fluß und dem Läuferstrom proportional. Da der Fluß unveränderlich ist, so ist sie der Schlüpfung proportional. Wenn also C_3 einen Festwert bedeutet, so ist: $N_{12} = C_3 \cdot \sigma$.

Die mechanische Leistung N_m ergibt sich endlich, wenn wir von der auf den Läufer übertragenen Leistung den Verlust durch Stromwärme im Läufer abziehen. Nun ist dieser Verlust dem Quadrate des Stromes, also dem Quadrate der Schlüpfung proportional. Wenn also C_4 einen Festwert und R_2 den Läuferwiderstand für einen Strang bedeutet, so ist $N_m = N_{12} - 3 \cdot I_2^2 \cdot R_2 = C_3 \cdot \sigma - C_4 \cdot \sigma^2$.

Wir tragen nun in Bild 463 die Drehzahl wagerecht und den Läuferstrom, das Drehmoment, die übertragene Leistung und die mechanische Leistung senkrecht auf. Ist dann OA die Drehzahl n_0 bei vollständigem Leerlauf und OB die Drehzahl n bei einem bestimmten Betriebszustand, so ist $OA - OB = BA$ der durch Schlüpfung verursachte Drehzahlabfall. Der Läuferstrom I_2, das Drehmoment M und die auf den Läufer übertragene Leistung N_{12} sind diesem Abfall proportional und werden daher durch die Senkrechten der Geraden dargestellt. Dagegen ist die mechanische Leistung N_m durch die Senkrechte einer Parabel gegeben. Sie ist gleich Null im Punkte O, d. h. wenn die Drehzahl gleich Null ist, wenn also der Motor eingeschaltet aber noch nicht in Bewegung gekommen ist, oder wenn er festgebremst ist. Sie ist aber auch gleich Null im Punkte A, also bei vollständigem Leerlauf. Der Betrieb, für den der Motor gebaut ist, liegt weit rechts, wo Schlüpfung und Verlust im Läufer gering und der Wirkungsgrad hoch ist.

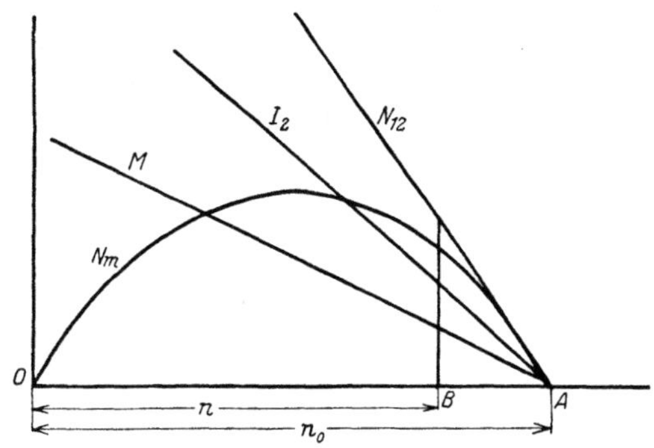

Bild 463. Stromstärke, Drehmoment und Leistung in Abhängigkeit von der Drehzahl.

Der wirkliche Motor unterscheidet sich nun von dem eben besprochenen streuungslosen Motor wesentlich in bezug auf das Drehmoment beim Anlassen und die Überlastbarkeit. Für das Anlassen, d. h. bei der Drehzahl Null, ergibt unsere Zeichnung ein besonders großes Drehmoment. Im Gegensatz dazu ist das Anlaufmoment beim wirklichen Motor infolge der Streuung besonders klein, falls nicht Widerstand in den Läuferkreis geschaltet wird (vgl. Abschn. 129).

128. Das Strombild des Drehstrommotors mit Streuung[1].

Die magnetische Durchlässigkeit werde bei allen Betriebszuständen als gleichbleibend angenommen. Wir wollen nach Rogowski unter dem Läuferstrom wie unter dem Ständerstrom einen synchron mit dem Felde umlaufenden Strom

[1] Die geschichtliche Entwicklung des Strombildes ist von großem Interesse. Heyland gab 1894 in der ETZ das Strombild unter Benutzung der Induktivitäten, und zwar schon mit Berücksichtigung des Ständerwiderstandes. Die wenig durchsichtige Arbeit blieb gänzlich unbeachtet, so daß Heyland sich veranlaßt sah, eine vereinfachte Darstellung zu geben, bei der der primäre Widerstand mit in den sekundären Kreis geworfen wurde. (Voits Sammlung el. Vorträge, Bd. II, 1900.) Inzwischen hatte Behrend, gestützt auf Arbeiten Blondels und ohne Heylands Arbeit zu kennen, 1895 das Strombild unter Vernachlässigung

verstehen[1]. Wir vernachlässigen den Ständerwiderstand. Dann ist die im Ständer erzeugte Spannung entgegengesetzt gleich der Klemmenspannung, also unveränderlich. Damit ist auch der gesamte Ständerfluß unveränderlich. Er bleibt um 90^0 hinter der Klemmenspannung zurück. Legen wir also in Bild 464 den Strahl der Klemmenspannung U senkrecht nach oben, so fällt der Strahl OA des gesamten Ständerflusses Φ_1 wagerecht nach rechts. Der Strahl des Ständerstromes falle in die Richtung OP.

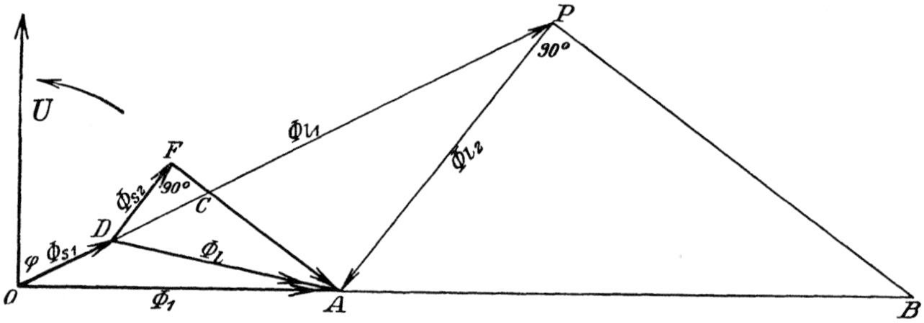

Bild 464. Magnetische Flüsse im Drehstrommotor.

Der gesamte Ständerfluß ist nun nach Bild 465 die Summe aus dem Ständerstreufluß $\Phi_{s1} = OD$, der in Phase mit dem Ständerstrom ist, und dem Luftfluß $\Phi_l = DA$. Dabei ist DA die Summe aus einem Luftfluß $\Phi_{l1} = DP$, den der Ständerstrom allein erzeugen würde, und einem Luftfluß $\Phi_{l2} = PA$, den der Läuferstrom allein erzeugen würde. Der Läuferstrom fällt also in die Richtung PA.

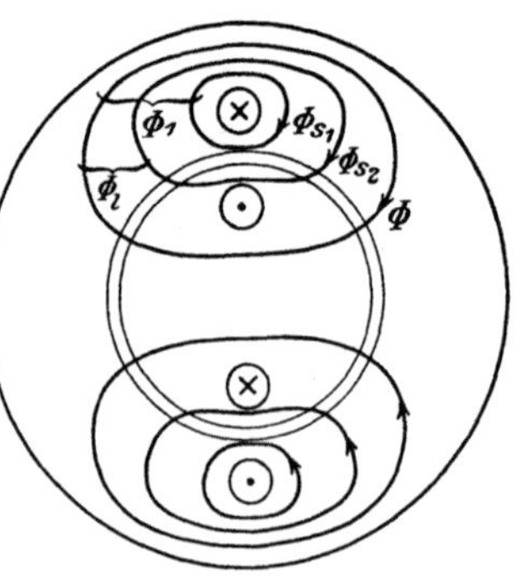

Bild 465.
Magnetische Flüsse im Drehstrommotor.

Bei Leerlauf durchdringt der Luftfluß in seiner vollen Stärke den Läufer. Bei Betrieb spaltet er sich nach Bild 465 in den Läuferstreufluß $\Phi_{s2} = DF$ und den Läuferfluß $\Phi = FA$. Dies erklärt sich daraus, daß bei Betrieb die Ständererregung wie beim Transformator dazu dient, um die entgegengesetzt wirkende, vom Läufer ausgeübte Erregung aufzuheben oder ihr das Gleichgewicht zu halten. Infolge des Gegendruckes der Läufererregung wird dann ein Streufluß in den sekundären Streuweg gedrängt.

Da der Läuferstrom in die Richtung von PA fällt, so fällt der Teil des Ständerstromes, der dem Läuferstrom das Gleichgewicht hält, in die Richtung AP. Er treibt nach Bild 464 den Läuferstreufluß $\Phi_{s2} = DF$, der gleiche Phase mit AP hat, seitlich durch den Streuweg des Läufers. Hiernach wird also auch der Läuferstreufluß vom Ständerstrom erzeugt. Er hat dann entgegengesetzte Phase wie der Läuferstrom.

Der Rest FA ist dann der Teil des Luftflusses, der die Läuferwindungen durch-

des Ständerwiderstandes in durchsichtiger Weise entwickelt (vgl. ETZ 1896, S. 63). Eine geringe Unstimmigkeit in der Behrendschen Darstellung wurde dann 1900 von Emde richtig gestellt (ETZ 1900, S. 781), wodurch eine äußerst fruchtbare Diskussion in der ETZ ausgelöst wurde. Ossanna gab in der Wiener Zeitschrift für Elektrotechnik 1899 und in der ETZ 1900 die analytische Ableitung mit Berücksichtigung des Ständerwiderstandes und zeigte die Ablesung der Leistung mit Hilfe der Leistungsgeraden. Arnold und La Cour griffen das Problem mit Hilfe der Inversion an, während Bloch 1917 mit großem Erfolg die komplexe Rechnung anwendete. Für die Aufnahme im Prüffeld hat Petersen sehr wichtige Unterlagen geliefert (Kittler-Petersen, Allgem. Elektrotechnik, Bd. II, Stuttgart 1910).

[1] Vgl. Rogowski, E. u. M. 1909, S. 513.

setzt, d. h. der Läuferfluß Φ bei Betrieb. Er erzeugt im Läufer eine Spannung, die um 90° hinter dem Fluß zurückbleibt.

Da $\Phi = FA$ den wirklichen Fluß darstellt, der den Läuferkreis durchsetzt, so ist außerdem kein Selbstinduktionsfluß mehr vorhanden. Der Läuferstrom ist also wie auf S. 268 in Phase mit der im Läufer durch diesen Fluß $\Phi = FA$ erzeugten Spannung und bleibt wie diese um 90° gegen FA zurück. Demnach ist der Winkel DFA gleich 90°.

Es seien nun Λ_{s1} und Λ_{s2} die Leitwerte der Streufelder und Λ der des Luftfeldes. Wir benutzen dann die Streufaktoren, die gegeben sind durch die Gleichungen:

$$\eta_1 = \frac{\Lambda}{\Lambda_{s1} + \Lambda} = \frac{DP}{OP} \qquad \eta_2 = \frac{\Lambda}{\Lambda_{s2} + \Lambda} = \frac{PA}{PA + FD} = \frac{CP}{DP}.$$

Wir zeichnen nun PB in gleicher Richtung mit FA und erhalten:

$$\eta_1 \cdot \eta_2 = CP : OP = AB : OB. \tag{7}$$

Da OA unveränderlich ist, so sind es auch AB und OB. Da APB gleich 90° ist, so liegt P auf einem Kreis mit dem Durchmesser AB. Nun ist der Ständerstrom dem von ihm erzeugten Fluß phasengleich und proportional. Demnach liegt auch der Endpunkt des Strahles OP des Ständerstromes I in Bild 466 auf einem Kreis. Da der Motor bei Leerlauf und bei theoretischem Kurzschluß mit widerstandslosem Läuferkreis nur induktiven Widerstand darstellt, so bleiben Leerstrom und Kurzschlußstrom um 90° hinter der Spannung zurück, d. h. OA ist der Leerstrom I_0 und OB der theoretische Kurzschlußstrom I_k bei widerstandslosem Läufer (und widerstandslosem Ständer). (Heylandscher Kreis.) Zwischen dem theoretischen Kurzschlußstrom $OB = I_k$ und dem Leerstrom $OA = I_0$ besteht dann die Beziehung:

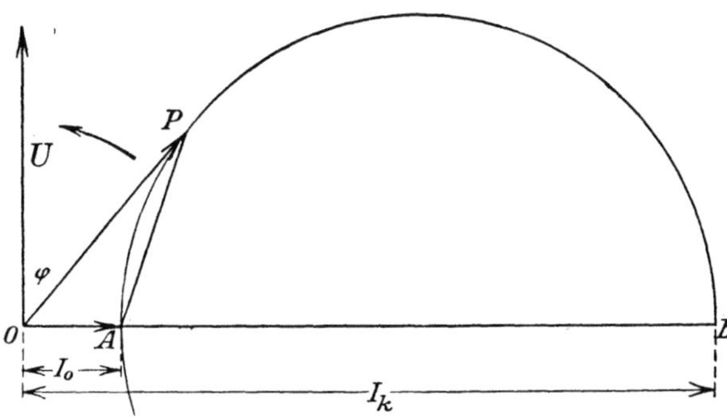

Bild 466. Strombild des Drehstrommotors.

$$(I_k - I_0) : I_k = \eta_1 \eta_2 \quad (8) \qquad \text{d. h.} \quad I_0 : I_k = 1 - \eta_1 \eta_2. \quad (9)$$

Ferner folgt das Verhältnis des Läuferstromes I_2 zum Ständerstrom I_1 nach Bild 464 aus der Gleichung $I_2 w_2 : I_1 w_1 = PA : DP = PA : \eta_1 OP$. Wenn also im Strombild OP den Ständerstrom I_1 darstellt, so ist

$$PA = \eta_1 \cdot I_2 w_2 : w_1. \tag{10}$$

Anstatt von den Flüssen kann man auch von den durch sie erzeugten Spannungen ausgehen. Der Einfachheit wegen trage der Läufer Phasenwicklung. Es sei L_1 bzw. L_2 die auf der Wirkung aller drei Stränge beruhende Gesamtinduktivität des Ständers bzw. Läufers, und M in demselben Sinne die gegenseitige Induktivität zwischen Ständer und Läufer. Bei gleicher Windungszahl ist M proportional dem übertragenen Fluß und L_1 bzw. L_2 proportional dem Gesamtfluß, wenn der eine Teil mit dem Strom Eins gespeist und der andere offen ist.

Die Winkelgeschwindigkeit, mit welcher der feststehende Ständerstrang geschnitten wird, ist für die beiden synchron umlaufenden Felder, die vom Ständer und Läufer geschaffen werden, gleich der Winkelgeschwindigkeit ω des Ständerstromes. Demnach ist im Ständer die Spannung der Selbstinduktion $E_{11} = L_1 \omega I_1$ und die Spannung der gegenseitigen Induktion $E_{21} = M \omega I_2$.

Dabei bleibt E_{11} um 90⁰ gegen den Ständerstrom I_1 zurück. Beide Spannungen ergeben nach Bild 467 eine Summe OA. Da sie der gleichbleibenden Klemmenspannung unter Vernachlässigung des Ständerwiderstandes entgegengesetzt gleich ist, so ist AO die Klemmenspannung. Der Winkel φ, um den der Strom der Klemmenspannung nacheilt, ist dann gleich dem Winkel, um den E_{11} gegen die positive senkrechte Achse zurückbleibt.

Ist weiter σ die Schlüpfung, so schneidet sowohl das vom Ständer als auch das vom Läufer erzeugte Drehfeld durch den umlaufenden Läuferstrang mit der Kreisfrequenz $\sigma \cdot \omega$. Demnach wird die Spannung der Selbstinduktion und gegenseitigen Induktion im Läufer $E_{22} = L_2 \cdot \sigma \cdot \omega \cdot I_2$ und $E_{12} = M \cdot \sigma \cdot \omega \cdot I_1$. Beide ergeben als Summe den Spannungsverbrauch $I_2 R_2$ durch den Widerstand R_2 des Läufers. $I_2 \cdot R_2$ eilt der vom Strom I_2 erzeugten Spannung E_{22} um 90⁰ vor.

Nun ist allerdings die Winkelgeschwindigkeit, mit der die Strahlen umlaufen, für den Läufer und Ständer verschieden. Indessen ist der Winkel zwischen E_{11} und E_{21} derselbe wie zwischen E_{12} und E_{22}, da er durch den Phasenunterschied der beiden

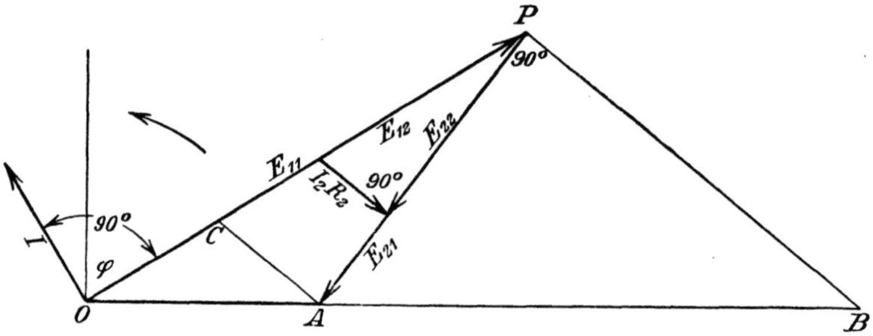

Bild 467. Ableitung des Strombildes aus dem Spannungsbild.

umlaufenden Felder gegeben ist. Für einen bestimmten Zeitpunkt fällt also E_{22} in die Richtung von E_{21}, wenn E_{12} in die Richtung von E_{11} fällt.

Ziehen wir nun CA und PB in Richtung von $I_2 R_2$, so wird

$$CP = \frac{E_{12} \cdot E_{21}}{E_{22}}, \quad \text{d. h.} \quad \frac{AB}{OB} = \frac{CP}{E_{11}} = \frac{E_{12}}{E_{11}} \cdot \frac{E_{21}}{E_{22}} = \frac{M^2}{L_1 \cdot L_2}. \qquad (11)$$

Da $M = \eta_1 \cdot L_1 \cdot w_2/w_1 = \eta_2 L_2 \cdot w_1/w_2$ ist, so wird $AB:OB$, wie oben, gleich $\eta_1 \eta_2$. Der Endpunkt des Strahles E_{11} liegt also auf einem Kreise über dem Durchmesser AB. Da E_{11} proportional dem Ständerstrom I ist, so ist OP wie früher unter Änderung des Maßstabes der Ständerstrom. Da der Winkel zwischen OP und der senkrechten Achse gleich φ ist, so fällt der Strahl der Klemmenspannung im Strombild nach oben in die senkrechte Achse.

Zu demselben Ergebnis kamen wir durch komplexe Rechnung auf S. 160.

129. Die elektrischen und mechanischen Größen nach dem Strombild.

Wir haben bisher den Ständerwiderstand gleich Null angenommen und auch die Eisenverluste vernachlässigt. Wir erhielten dadurch als Strombild einen Kreis mit dem Mittelpunkt auf der wagerechten Achse. Eine genaue Berücksichtigung des Ständerwiderstandes (vgl. S. 159 und 164) ergibt fast dieselben Werte für den Durchmesser und die Abszisse des Mittelpunktes, aber der Mittelpunkt liegt etwas oberhalb der wagerechten Achse. Bei kleinen Motoren, die einen verhältnismäßig großen Ständerwiderstand haben, wird dadurch der größte erreichbare Leistungsfaktor verbessert, und es kann auch vorkommen, daß der Strom bei Belastung zunächst etwas größer ist als der Leerstrom.

Bei mittleren und großen Motoren ist aber der Einfluß des Ständerwiderstandes so gering, daß er mit Heyland bei der Zeichnung des Kreises vernachlässigt werden kann. In Bild 468 ist dann $O'A$ der früher mit I_0 bezeichnete Magnetisierungsstrom

I_μ, und der Mittelpunkt M liegt, wie früher, auf der Verlängerung von $O'A$. Die Kupferverluste im Ständer werden dann dadurch berücksichtigt, daß ein entsprechender Betrag von der zugeführten Leistung abgezogen wird.

Die Eisenverluste V_ε, die unmittelbar vom Netz gedeckt werden, wollen wir dadurch berücksichtigen, daß wir den Anfangspunkt O des Strahles des Ständerstromes um $OO' = V_\varepsilon : 3U$ nach unten verlegen. Dabei werden die Eisenverluste bei allen Betriebszuständen als fest angenommen, was sich dadurch rechtfertigt, daß der Fluß im Ständerjoch und den Ständerzähnen durch die primäre Spannung vorgeschrieben ist. Er verursacht also einen konstanten Eisenverlust, selbst wenn er, wie bei Kurzschluß, ein vollständiger Streufluß ist. Heyland selbst schlägt einfacher, aber weniger genau, die Eisenverluste zu dem Reibungsverlust, als wenn sie durch Arbeitsleistung des Läufers gedeckt werden.

In Bild 468 ist OP_0 der Leerstrom, der zur Magnetisierung und zur Deckung der Eisen- und Reibungsverluste benötigt wird, OB der theoretische Kurzschlußstrom bei widerstandslosem Ständer und Läufer, OP_{k_i} der ideelle Kurzschlußstrom bei widerstandslosem Läufer und OP_k der wirkliche Kurzschlußstrom.

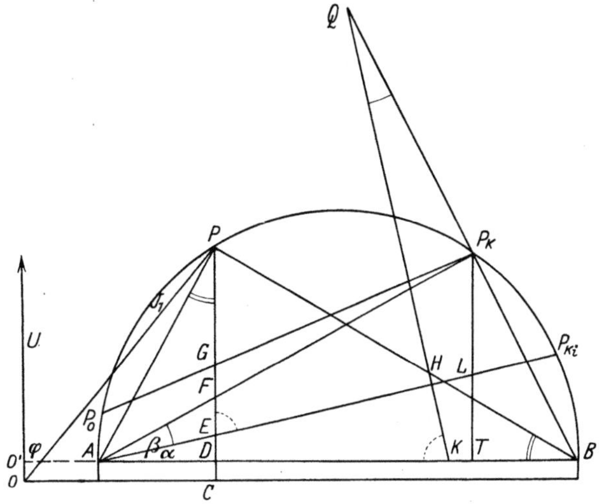

Bild 468. Strombild des Drehstrommotors.

Das Strombild ergibt nun zunächst für jeden Ständerstrom $OP = I_1$ den zugehörigen Leistungsfaktor $\cos\varphi$. Er wird am größten, wenn OP die Tangente an den Kreis bildet. Dafür ergibt sich beim Halbmesser r, nach Gl. (9), da OO' verschwindend klein ist:

$$(\cos\varphi)_m = \frac{r}{r + I_0} = \frac{0{,}5\,(I_k - I_0)}{0{,}5\,(I_k + I_0)} = \frac{\eta_1\,\eta_2}{2 - \eta_1\,\eta_2}\,. \tag{12}$$

Der größte Leistungsfaktor hängt also allein von der Streuung ab. Die unten folgende Zahlentafel gibt den größten Leistungsfaktor für verschiedene Streufaktoren, also auch verschiedene Werte des Verhältnisses $I_k : I_0$ unter der Annahme, daß η_1 gleich η_2 ist. Wir erkennen, daß $\cos\varphi = 0{,}9$ nur schwer erreicht und selten überschritten werden kann, weil dabei η_1 und η_2 den verhältnismäßig hohen Wert 0,97 haben müssen.

Ferner ergibt sich aus Bild 466 der für den Leistungsfaktor günstigste Betriebsstrom I_1, dessen Strahl die Tangente an den Kreis bildet, durch die Gleichung

$$I_1 = \sqrt{I_0 \cdot I_k} \quad \text{oder nach Gl. (9)} \quad I_0/I_1 = \sqrt{1 - \eta_1\,\eta_2}\,. \tag{13}$$

Die Werte von I_0/I_1 sind in der folgenden Zahlentafel für verschiedene Streufaktoren angegeben. Man erkennt daraus, daß der Leerstrom $^1/_5$ bis $^1/_3$ des Betriebsstromes bei kleinster Phasenverschiebung ist. Obwohl dieser verhältnismäßig hohe Leerstrom, der durch den Luftraum zwischen Ständer und Läufer veranlaßt wird, ein Blindstrom ist und als solcher keinen unmittelbaren Arbeitsverlust verursacht, so bildet er doch einen gewissen Nachteil. Bei einer Streuung von nur 2% im Ständer und Läufer ist der Leerstrom immer noch das 0,2fache des Betriebsstromes.

Weiter lassen sich die einzelnen Leistungen aus dem Strombild ablesen. Sind U und I Strangwerte, so ist die zugeführte Leistung $N_1 = 3\,U \cdot CP$. Davon ziehen sich die Eisenverluste $V_\varepsilon = 3U \cdot CD$ ab. Um von dem Rest die Kupferverluste im Ständer abzuziehen, ziehen wir AP_{k_i} so, daß $\operatorname{tg}\alpha = (AB + 2I_0) \cdot R_1 : U$ ist. Dann ist nach dem allgemeinen Pythagoras

$$I^2 - I_0^2 = AP^2 + 2I_0 \cdot AD = AD \cdot AB + 2I_0 \cdot AD = AD(AB + 2I_0).$$

Demnach wird $3(I^2 - I_0^2)R_1 = 3U \cdot AD \cdot \operatorname{tg}\alpha = 3U \cdot DE$.

Wenn man also den geringen Verlust $3I_0^2 R_1$ vernachlässigt, stellt DE die Stromwärme im Ständer dar. Der Verlust $3I_0^2 R_1$ kann dann zu den Leerlaufverlusten zugeschlagen werden, um so eher, als er bei Leerlauf gemeinsam mit Reibungs- und Eisenverlusten gemessen wird.

Es sei nun $R_{II} = R_2 w_1^2 / w_2^2$ der auf gleiche Windungszahl umgerechnete Läuferwiderstand. Wir ziehen dann AP_k so, daß $\operatorname{tg}\beta - \operatorname{tg}\alpha = AB \cdot R_{II} : \eta_1^2 U$ ist. Dann wird nach Gl. (10)

$$3I_2^2 R_2 = \frac{3AP^2 \cdot w_1^2}{\eta_1^2 \cdot w_2^2} \cdot R_2 = \frac{3AD \cdot AB}{\eta_1^2} \cdot R_{II} = 3U \cdot AD(\operatorname{tg}\beta - \operatorname{tg}\alpha).$$

Da $AD \cdot \operatorname{tg}\beta = DF$ und $AD \cdot \operatorname{tg}\alpha = DE$ ist, so ist $3I_2^2 R_2 = 3U \cdot EF$.

AP_k und AP_{k_i} sind die sogenannten Ossannaschen Leistungsgeraden.

Die mechanische Leistung wird $N_m = 3U \cdot FP$. Davon zieht sich der Reibungsverlust ab. Da er bei Leerlauf am größten ist, mit wachsender Schlüpfung abnimmt und bei Stillstand Null ist, so stellen wir ihn angenähert durch den Abschnitt FG zwischen AP_k und P_0P_k dar. Dann ist die Nutzleistung $N = 3U \cdot GP$ und der Wirkungsgrad $\eta = GP : CP$.

Die auf den Rotor übertragene Leistung wird $N_{12} = 3U \cdot EP$. Daraus folgt nach S. 266 das Kraftmoment und das nutzbare Drehmoment zu

$$M = \frac{3p \cdot U}{2\pi f} \cdot EP \quad (14) \qquad M_n = \frac{3p \cdot U}{2\pi f} \cdot (EP - AP_0). \quad (15)$$

Werden Spannung, Strom und Frequenz im praktischen Maß gemessen, so erhält man das Drehmoment in Joule.

Unter Vernachlässigung des Ständerwiderstandes ist das gesamte Drehmoment proportional der Kreisordinate. Um dann die Überlastbarkeit des Motors festzustellen, nehmen wir wieder an, daß der Motor bei Nennlast mit kleinster Phasenverschiebung arbeitet, so daß der Strahl des Ständerstromes den Kreis berührt. Dann ist unter Vernachlässigung des Ständerwiderstandes die betreffende Senkrechte des Kreises ein Maß für das Nenndrehmoment, während der Halbmesser ein Maß für das Kippmoment, d. h. für das größte Drehmoment ist. Die Überlastbarkeit wird also, wenn φ der kleinste Phasenverschiebungswinkel ist, gleich $1 : \sin\varphi$.

Hiernach ist die letzte Spalte der Zahlentafel berechnet.

Eine Überlastung auf das Doppelte wird hiernach nur selten überschritten. Selbstverständlich kann man nun den Motor so bauen, daß der Ständerstrom bei der vorgeschriebenen Belastung kleiner ist als die Tangente an den Kreis. Das wird den Winkel φ nur unwesentlich vergrößern, während die Überlastbarkeit, bezogen auf die niedrig gewählte Belastung, natürlich erheblich wächst.

$\eta_1 = \eta_2$	$\frac{I_k}{I_0} = \frac{1}{1 - \eta_1 \eta_2}$	$(\cos\varphi)_m = \frac{\eta_1 \cdot \eta_2}{2 - \eta_1 \eta_2}$	$\frac{I_0}{I} = \sqrt{1 - \eta_1 \eta_2}$	Überlastbarkeit $= 1 : \sin\varphi$
0,94	8,6	0,79	0,34	1,62
0,96	12,8	0,85	0,28	1,92
0,98	25	0,92	0,20	2,56

Die Schlüpfung ergibt sich zeichnerisch nach dem auf S. 159 angegebenen Verfahren, sie läßt sich aber gerade in der Nähe der Nennlast nur ungenau ablesen. Wir ziehen daher von einem beliebigen Punkt Q des Strahles BP_k eine Senkrechte auf AP_{ki}, die PB in H und AB in K schneidet. Dann sind die Dreiecke AEF und

QKB und ebenso die Dreiecke AEP und HKB wegen Gleichheit der entsprechend bezeichneten Winkel einander ähnlich. Demnach ist die Schlüpfung als der relative Leistungsverlust im Läufer

$$\sigma = \frac{EF}{EP} = \frac{EF}{AE} \cdot \frac{AE}{EP} = \frac{KB}{QK} \cdot \frac{HK}{KB} = \frac{HK}{QK}.$$

Wird Q so gewählt, daß QK gleich 100 mm ist, so gibt HK in mm unmittelbar die prozentische Schlüpfung.

Die Aufnahme des Heylandschen Kreises im Prüffeld erfolgt in der Weise, daß man zunächst den Leerstrom OP_0 nach Größe und Phase durch Strom- und Leistungsmessung feststellt. Dann wird mit verringerter Spannung der Kurzschlußstrom gemessen und proportional auf Nennspannung umgerechnet. Bei einem Phasenanker mißt man noch bei Leerlauf kurz nach Abheben der Bürsten den Leerstrom OA ohne Reibung. Die Reibungsverluste werden dabei nicht vom Netz aus zugeführt, sondern durch Abnahme der kinetischen Energie gedeckt. Bei einem Kurzschlußläufer muß man statt dessen bei Leerlauf mit konstanter Frequenz und veränderter Spannung speisen. Da das Feld dabei synchron umläuft und die Schlüpfung gering ist, so kann man innerhalb weiter Grenzen mit konstanter Drehzahl rechnen und Eisen- und Reibungsverluste wie bei einer Gleichstrommaschine in Bild 163 und 164 trennen, wobei die Spannung als Wagerechte aufgetragen wird. Dadurch erhält man jetzt auch beim Kurzschlußläufer den Punkt A, der dem Leerlauf ohne Reibung entspricht.

Eine Mittelsenkrechte auf P_0P liefert dann den Kreismittelpunkt auf einer Wagerechten durch A. Den Punkt P_{ki} erhält man entweder aus $\operatorname{tg}\alpha$ oder man macht auf der Senkrechten des Punktes P_k den Abschnitt $LT = I_k^2 \cdot R_1 : U_1$ und zieht von A einen Strahl durch L.

130. Beispiel.

Im folgenden sollen die Eisenverluste zu den Reibungsverlusten hinzugeschlagen werden. Wir zeichnen das Strombild für einen Motor der Maschinenfabrik Oerlikon (vgl. ETZ 1900, S. 1087). Der Motor ist für eine Leistung von 440 kW bei der besonders niedrigen Drehzahl von rund 75/min gebaut. Diese niedrige Drehzahl bedingt natürlich eine verhältnismäßig große Polzahl und, wie wir im 135. Abschnitt sehen werden, eine verhältnismäßig große Streuung. Aus diesem Grunde wurde statt der gewöhnlichen Frequenz 50 Hertz die Frequenz $f = 22{,}5$ gewählt, was natürlich nur möglich ist, wenn der Stromerzeuger gleichzeitig mit dem Motor entworfen wird. Dabei ergibt sich dann bei $n = 75/60$ Umdr/sek die Zahl der Polpaare zu $p = f/n = 18$. Der Durchmesser des Läufers ist rund 300 cm, der Luftabstand 0,2 cm.

Die Spannung an den Klemmen des in Dreieck geschalteten Ständers ist $U = 1900$ Volt. Der Ständerwiderstand ist $R_1 = 0{,}4$ Ohm für einen Strang, der wirkliche Läuferwiderstand $R_2 = 0{,}016$ Ohm für einen Strang. Die Windungszahl eines Ständerstranges ist $w_1 = 432$. Der Läufer besitzt eine blanke Drahtwicklung, die in 432 Nuten untergebracht ist, so daß sich die Windungszahl w_2 eines Stranges zu 72 ergibt.

Der Leerstrom ist im Netzleiter 62 Amp., in einem Strang also $I_0 = 62/\sqrt{3} = 36$. Der Nennstrom ist im Netzleiter 170 Amp., in einem Strang also $I = 170/\sqrt{3} = 100$ Ampere. Der gesamte Leerverlust einschließlich Eisenverlust wurde zu $N_0 = 16000$ Watt und der Streufaktor zu $\eta_1 = \eta_2 = 0{,}946$ ermittelt.

Demnach erhalten wir $OA = I_0 = 36$ und nach Gl. (9) $OB = I_k = I_0 : (1 - \eta_1 \eta_2) = 342$. Ferner wird nach S. 274 $R_{II} = R_2 w_1^2 / w_2^2 = 0{,}58$, $\operatorname{tg}\alpha = (AB + 2 I_0) \cdot R_1 : U = 0{,}08$ und $\operatorname{tg}\beta = AB \cdot R_{II} : \eta_1^2 U + \operatorname{tg}\alpha = 0{,}186$.

Da der Wirkstrom für die Reibungsleistung gleich $N_0/3\,U = 2{,}8$ ist, so ergibt sich mit Hilfe des in Bild 469 nicht bezeichneten, zwischen D und F liegenden Punktes E das nutzbare Drehmoment nach Gl. (15) zu

$$M_n = \frac{3\,p\,U}{9{,}81 \cdot 2\pi f} \cdot (EP - 2{,}8) = 74\,(EP - 2{,}8) \text{ mkg.}$$

Die Nutzleistung ist $3\,U(FP - 2{,}8)$ und der Wirkungsgrad $\eta = (FP - 2{,}8):DP$. Alle Strecken sind natürlich in Amp. abzulesen.

Auf diese Weise ergibt sich aus Bild 469 für beliebige Werte von I die folgende Zahlentafel. Die dritte wagerechte Reihe entspricht der Nennlast. Die letzte senkrechte Reihe enthält den Netzstrom, der bei der Dreieckschaltung des Ständers $\sqrt{3} \cdot I$ ist.

$I = OP$	$FP - 2{,}8$	DP	$\eta = \dfrac{FP - 2{,}8}{DP}$	$\cos\varphi = \dfrac{DP}{OP}$	$M_n = 74\,(EP - 2{,}8)$	$\sqrt{3}\,I$
45	21,2	24,2	0,87	0,548	1 565	78
60	38,7	42,7	0,91	0,718	2 900	104
100	73,5	80,5	0,916	0,805	5 600	173
196,3	121,2	142,7	0,85	0,73	9 520	340
220	123,9	150	0,83	0,682	10 000	380
243	121,2	152,5	0,793	0,63	10 100	421
(284	113,5	150,2	0,793	0,57	9 700	490)

Mit Hilfe dieser Werte sind dann die Kurven in Bild 470 gezeichnet, wobei das nutzbare Drehmoment wagerecht aufgetragen ist. Wie man sieht, ist das größte

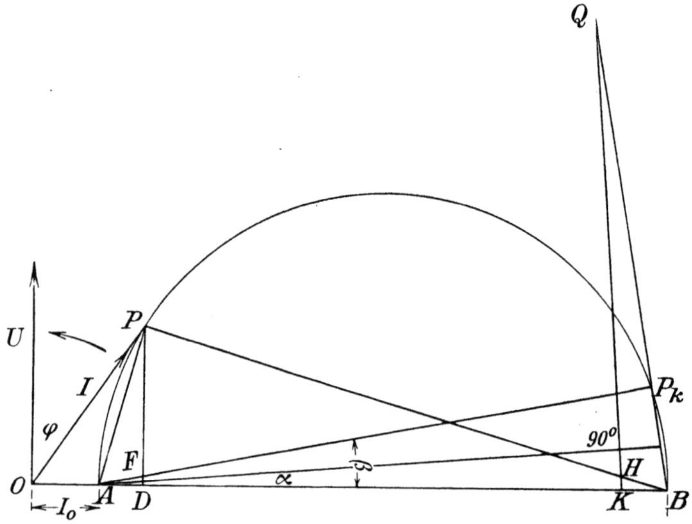

Bild 469. Strombild. 1 mm = 4 Amp.

Drehmoment gleich 10000 mkg, während das Drehmoment bei Nennlast etwa 5600 mkg beträgt. Der Motor kann also rund auf das Doppelte überlastet werden, wobei die Stromstärke im Netz von 173 Amp. auf 421 Amp. steigt. Bei noch stärkerer Belastung bleibt der Motor stehen. Die aus dem rechten Teil des Strombildes entnommenen Werte treten daher im Gleichgewichtszustand nicht auf. Sie gelten nur für die Anlaufzeit oder auch für die Auslaufzeit, wenn der überlastete Motor allmählich zum Stillstand kommt.

Die Drehzahl ist bei Nennlast gleich 73, die Schlüpfung also 2 auf 75 oder 2,7%. Bei stärkerer Belastung nimmt die Drehzahl dauernd ab und sinkt bei der höchsten Belastung auf 66,6.

Die Kurven des Wirkungsgrades und des Leistungsfaktors steigen bei wachsender Belastung verhältnismäßig schnell an, erreichen bei der vorgeschriebenen Belastung ihren höchsten Wert und fallen dann bei Überlastung langsam wieder ab. Bemerkenswert ist, daß beide Kurven in der Nähe ihres Höchstwertes über eine große Strecke fast wagerecht verlaufen. Es könnte auffallen, daß bei einem Motor von 440 kW nur ein Wirkungsgrad von rund 92% und ein Leistungsfaktor $\cos\varphi = 0{,}81$ erzielt wird. In Abschn. 135 wird sich jedoch ergeben, daß die besonders niedrige Drehzahl

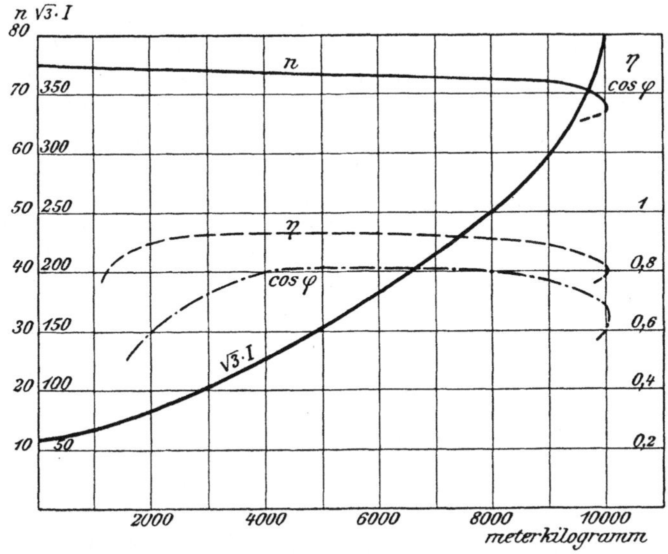

Bild 470. Elektrische und mechanische Größen des Drehstrommotors.

unseres Motors und die dadurch bedingte große Polzahl eine große Streuung bewirkt. Dadurch wird die Phasenverschiebung verhältnismäßig groß und ebenso der Wirkungsgrad ungünstig. Ein gewöhnlicher Motor derselben Gesellschaft für die gleiche Leistung und eine Drehzahl 370 bei der Frequenz 50 ergab z. B. $\cos\varphi = 0{,}92$, $\eta = 0{,}95$ und $\sigma = 1{,}5\%$.

131. Schlüpfung und Drehmoment.

Der Widerstand im Läuferkreis bleibe zunächst unverändert, bestehe also z. B. aus dem inneren Widerstand allein ohne vorgeschalteten Anlasser. Dadurch ist dann in Bild 468 der Kurzschlußpunkt P_k, der einer Schlüpfung $\sigma = 1$ entspricht, gegeben.

Beim Betrieb als Motor, d. h. bei $0 < \sigma < 1$ liegt dann der Endpunkt des Strahles des Ständerstromes auf dem Kreisbogen P_kA. Je kleiner die Belastung, d. h. das Drehmoment ist, desto kleiner wird die Schlüpfung, bis sie bei vollständigem Leerlauf gleich Null wird. Tragen wir das Drehmoment als Funktion der Schlüpfung auf, so erhalten wir bei kleinem Läuferwiderstand etwa die untere Kurve in Bild 471 rechts. Für kleine Schlüpfungen oder Belastungen ist das Drehmoment proportional der Schlüpfung. Es erreicht dann bei einer bestimmten Schlüpfung einen Höchstwert, der unter Vernachlässigung des Ständerwiderstandes der größten Senkrechten des Kreises entspricht. Wird die Belastung darüber hinaus gesteigert, so bleibt der Motor stehen. Für $\sigma = 1$, also beim Anlauf oder bei Festbremsung ohne Einschalten von Anlaßwiderstand im Läuferkreis ist das sogenannte Anlaufmoment gleich AB. In dem Teil der Kurve zwischen B und dem Höchstwert ist der Motor im allgemeinen nicht stabil, da das Kraftmoment mit abnehmender Schlüpfung, also zunehmender Drehzahl wächst. Dieser Teil der Kurve gilt daher nur für den Anlauf. Der Motor läuft dabei unter Überschreitung seines größten Drehmomentes auf seine normale Drehzahl hinauf. Nur dann, wenn sich das Lastmoment mit wachsender Drehzahl stärker erhöht als das Kraftmoment des Motors, wie z. B. bei Gebläsen oder beim Antrieb von Nebenschlußmaschinen, ist der Motor auch im rechten Teil der Kurven in Bild 471 stabil.

Wird der Widerstand des Rotorkreises bei einem Schleifringrotor durch einen dauernd eingeschalteten Widerstand vergrößert, so wird nach der Gleichung $\sigma = 3 I_2^2 R_2 : N_{12}$ die Schlüpfung bei gegebener Belastung beliebig vergrößert. Es ist dabei zu beachten, daß das Drehmoment der auf den Rotor übertragenen Leistung N_{12} proportional ist und der Strom I_2 sich nach dem Drehmoment richtet, also durch Änderung des Widerstandes im Rotorkreis nur vorübergehend, aber nicht dauernd geändert wird. Natürlich ist dabei konstantes Lastmoment vorausgesetzt.

Man erhält dann in Bild 471 für das Drehmoment als Funktion der Schlüpfung von rechts aus gesehen ohne Zusatzwiderstand die untere Kurve, und mit Zusatzwiderstand etwa die mittlere Kurve. Wird der Zusatzwiderstand so bemessen, daß der Motor mit seinem größten Drehmoment anfährt, so erhält man die obere Kurve. Bei gegebenem Drehmoment ist dann die Schlüpfung um so größer, je größer der Widerstand im Rotorkreis ist. Man kann also durch Einschalten von Widerstand im Rotorkreis die Drehzahl beliebig nach abwärts regeln.

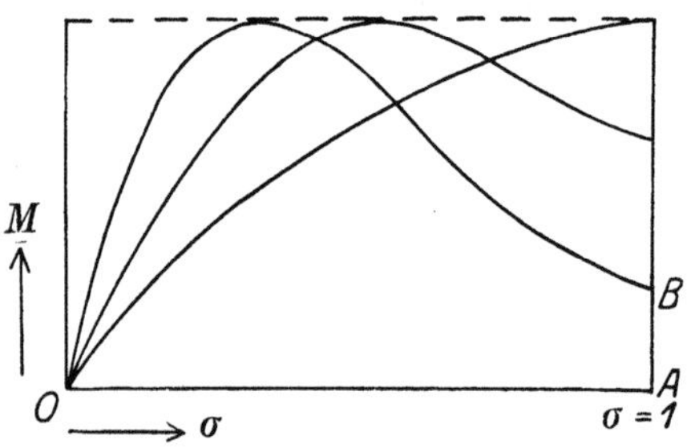

Bild 471. Schlüpfung und Drehmoment.

Wir betrachten nun einen Betriebszustand, bei dem die Schlüpfung größer ist als Eins. Das ist z. B. der Fall, wenn bei einem im Hubsinne eingeschalteten Kranmotor so viel Widerstand in den Läuferkreis eingeschaltet wird, daß das Drehmoment nicht zum Ziehen der Last genügt. Die Last zieht dann den Motor, dessen Drehfeld im Hubsinne umläuft, im Senksinne durch. Die auf diese Weise mechanisch zugeführte Arbeit und die dem Ständer elektrisch zugeführte Arbeit setzen sich im Widerstand des Läuferkreises in Stromwärme um, und der Motor wird dadurch gebremst (Gegenstrom-Senkbremsung). Für einen solchen Betriebszustand liegt der Endpunkt P des Strahles des Ständerstromes, von A aus gesehen, jenseits des Kurzschlußpunktes P_k, der selbst infolge des großen, im Läuferkreis eingeschalteten Widerstandes stark nach links gerückt ist (Bild 472). Der Schnittpunkt F des Strahles AP_k mit PD fällt jetzt in die Verlängerung von DP. Wie früher gibt uns jetzt unter Vernachlässigung des Ständerwiderstandes DP die elektrisch zugeführte Leistung und gleichzeitig das Drehmoment, das durch das Lastmoment gegeben ist, PF die vom Motor aufgenommene mechanische Leistung, und DF die im Läuferkreis in Wärme umgesetzte Leistung. Ferner ist $DF:DP$ die Schlüpfung. Will man die Drehzahl im Senksinne steigern, so muß man bei gegebener Last, also bei der gegebenen Senkrechten DP, die Strecke PF vergrößern, also P_k nach links rücken, d. h. β vergrößern. Dies geschieht nach S. 274 durch eine Vergrößerung des Widerstandes im Läuferkreis, die also jetzt die Drehzahl erhöht.

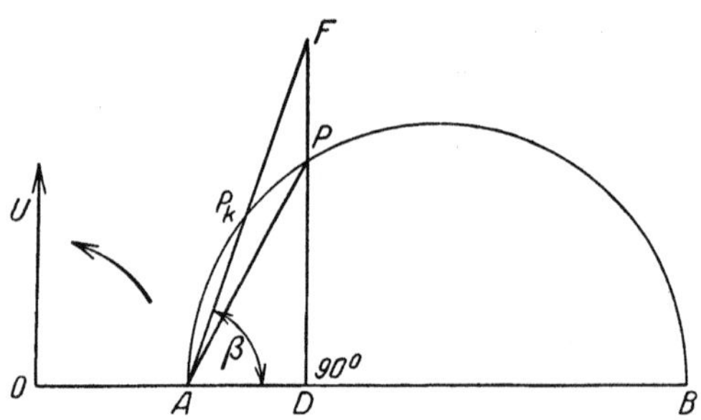

Bild 472. Schlüpfung größer als Eins.

Von Wichtigkeit ist ferner der Fall, wo der Punkt P in Bild 468 auf dem Kreise nach links rückt, bis er unterhalb der wagerechten Achse liegt. Dieser Fall tritt ein, wenn ein Motor im Drehsinne des Feldes von außen mit einer übersynchronen

Geschwindigkeit angetrieben wird. Er wird dadurch zum asynchronen Stromerzeuger. Man benutzt dies ebenfalls zur Bremsung bei elektrischen Kranen. Dabei wird beim Übergang vom Heben zum Senken die Schaltung geändert, d. h. der Motor im Senksinne eingeschaltet, wie wenn er im Senksinne Arbeit leisten soll. Ist die Last sehr klein und die Reibung des Getriebes groß, so läuft die Maschine auch wirklich als Motor und bewegt dabei die Last nach abwärts. Überwiegt dagegen die Last über das Drehmoment der Reibung, so treibt sie die Maschine mit übersynchroner Geschwindigkeit als Stromerzeuger an. Die Schlüpfung und Leistung wird dabei negativ, d. h. die Maschine nimmt nicht elektrische Leistung auf, sondern sie gibt sie unter Verbrauch von mechanischer Leistung an das Drehstromnetz zurück und wird dadurch gebremst. Wenn im Läuferkreis nur der innere Widerstand des Läufers selbst enthalten ist, so ist die Drehzahl nur wenig größer als die synchrone. Je mehr Widerstand dann in den Läuferkreis eingeschaltet wird, desto mehr nimmt die Drehzahl zu. Ebenso nimmt die Drehzahl durch Vergrößerung der Last zu.

Auch für Kraftwerke hat sich der asynchrone Stromerzeuger infolge der Einfachheit seiner Bauart eingeführt. Allerdings entnimmt die Maschine dann, wie früher als Motor, auch jetzt einen Magnetisierungsstrom aus dem Netz, das also beispielsweise gleichzeitig von einem synchronen Stromerzeuger gespeist werden muß. Der asynchrone Stromerzeuger kann aber auch den zu seiner Erregung erforderlichen Blindstrom dadurch erhalten, daß er auf einen übererregten Synchronmotor bzw. übererregten Einankerumformer arbeitet. Wenn er auf diese Weise nacheilenden Strom aufnimmt, so liefert er als Generator voreilenden Strom. Nacheilende Ströme im Netz müssen also durch parallel arbeitende Synchronmaschinen geliefert werden. Dadurch, daß diese nun noch dazu einen beträchtlichen nacheilenden Strom für den Asynchrongenerator liefern müssen, wird das Anwendungsgebiet dieser Maschine stark beschränkt.

132. Anlassen des Drehstrommotors.

Beim Anlassen eines Drehstrommotors kommt es zunächst darauf an, daß der Anlaufstrom so gering ist, daß parallel geschaltete Glühlampen keine Lichtschwankung infolge des Spannungsverlustes erleiden. Motoren mit Käfiganker sind daher beim Anschluß an Verteilungsnetze bisher nur für kleine Leistungen verwendbar, und auch dann muß der Anlaufstrom dadurch verringert werden, daß die Ständerspannung beim Anlassen herabgesetzt wird. Dies kann durch einen Anlaßwiderstand im Ständerkreis, durch einen Anlaßtransformator oder, wie üblich, durch Sterndreieckschaltung des Ständers geschehen. Dabei wird der Ständer zunächst in Stern geschaltet, so daß auf jeden Strang nur der $\sqrt{3}$. Teil der Netzspannung kommt, und nach dem Anlaufen wird auf Dreieck umgeschaltet.

Es ist aber zu beachten, daß das Anlaufmoment eines Motors mit Käfiganker an sich schon sehr gering ist und durch Herabsetzung der Ständerspannung noch weiter verringert wird. Die Kleinheit des Anlaufmomentes beruht darauf, daß bei dem kleinen Rotorwiderstand auch der Ohmsche Spannungsverbrauch im Läufer, und damit auch die erzeugte Spannung E_2, die diesen Spannungsverbrauch deckt, sehr klein ist. Da das Drehfeld die Rotordrähte bei Stillstand mit der vollen Netzfrequenz schneidet, so genügt zur Erzeugung der Spannung E_2 ein ganz geringer Fluß im Rotor. Fast der ganze, der Ständerspannung entsprechende Ständerfluß wird dabei durch die Gegenwirkung des Rotorstromes in den Streuweg gedrängt und in den Rotor dringt nur ein sehr kleiner Teil, der dem Ohmschen Spannungsverbrauch im Rotor entspricht. Nach der Gleichung $M = \Phi \cdot I_2$ wird also das Anlaufmoment sehr gering. Die Herabsetzung der Ständerspannung verringert dieses an sich schon geringe Anlaufmoment noch im Verhältnis des Quadrates der Spannung, da mit der Spannung sich sowohl der Fluß Φ, als auch der Strom I_2 ändert. So ist z. B. das Anlaufmoment bei der Sternschaltung des Ständers dreimal so klein, wie wenn der Ständer gleich beim Anlauf in Dreieck geschaltet wird.

Die gewöhnlichen Käfiganker laufen daher nur leer an und müssen mit einer Fliehkraftkuppelung versehen sein, durch die die Last nach Erreichung von annähernd der vollen Drehzahl mitgenommen wird. Bei Sterndreieckschaltung soll diese Mitnahme erst erfolgen, nachdem der Ständer von Stern auf Dreieck umgeschaltet ist.

Ist der Widerstand eines Käfigankers zu klein, so daß der Motor nicht anläuft, so kann man sich bei der Herstellung dadurch helfen, daß man den Widerstand durch Abdrehen der Stirnringe vergrößert.

In besonderen Fällen kann man den Motor mit Kurzschlußanker gleichzeitig mit dem Stromerzeuger anlaufen lassen oder man kann den Motor durch eine damit gekuppelte Maschine annähernd auf Synchronismus bringen und dann auf das Netz schalten. Natürlich muß die Drehrichtung des Läufers dabei dieselbe sein wie die des entstehenden Drehfeldes.

Für größere Leistungen wurden bis jetzt fast stets Schleifringläufer verwendet. Bei diesen wird beim Anlassen Widerstand zwischen die Schleifringe geschaltet, der während des Anlaufs kurz geschlossen wird. Dieser Anlaßwiderstand erfüllt zunächst die Aufgabe, den Anlaufstrom zu verringern, indem der Kurzschlußpunkt P_k im Heylandkreis mehr nach links gerückt wird. Der Widerstand erfüllt aber zugleich die wichtige Aufgabe, das Anlaufmoment zu erhöhen, indem die Senkrechte des Kreises dadurch vergrößert wird. Zwar wird dadurch die Stromstärke im Rotor, die in Bild 468 durch AP_k gegeben ist, verringert, aber diese Verringerung ist nur unbedeutend. Dagegen wird der Kraftfluß im Rotor stark vergrößert, da sich durch den vergrößerten Widerstand des Rotorkreises ein größerer Ohmscher Spannungsverbrauch im Rotor, also auch eine größere erzeugte Spannung E_2 und damit ein größerer Fluß im Rotor ergibt. Der Anlaßwiderstand wird in Stern geschaltet. Häufig werden Flüssigkeitsanlasser benutzt, bei denen ein tieferes Eintauchen der Elektroden den Widerstand verringert.

Neuerdings tritt aber der Schleifringläufer gegenüber dem Motor mit Doppelkäfiganker oder Stromverdrängungsmotor stark zurück und behält seine Bedeutung nur für die Regelung der Drehzahl.

Um bei Schleifringankern den Verlust durch Bürstenreibung zu vermeiden, werden häufig die Schleifringe nach erfolgtem Anlauf durch einen Handgriff kurz geschlossen und die Bürsten abgehoben.

Motoren mittlerer Größe werden oft auch in der Weise angelassen, daß die Läuferwindungen zunächst so geschaltet sind, daß die erzeugten Spannungen sich zum Teil aufheben. Nach dem Anlauf werden sie dann durch einen Fliehkraftschalter so geschaltet, daß alle erzeugten Spannungen eines Stranges in gleichem Sinne wirken (Gegenschaltung von Görges).

Um sicher zu sein, daß der Motor mit der nötigen Zugkraft anläuft, müssen Ständer und Läufer verschiedene Nutenzahl besitzen. Sonst stellt sich der Läufer so, daß seine Zähne denen des Ständers genau gegenüber stehen und ist dann aus dieser Lage des geringsten magnetischen Widerstandes schwer herauszubringen.

Bei Motoren mit Kurzschlußanker ist außerdem auch das Verhältnis der Nutenzahlen des Ständers und Läufers wichtig. Das Feld des Drehstrommotors ist nicht rein sinusförmig, sondern enthält Oberwellen, d. h. Wellen höherer Polzahl, von denen die 7. Oberwelle in Richtung des Grundfeldes mit $1/7$ der Geschwindigkeit der Grundwelle umläuft. Der Anker kommt dann bei ungünstigem Verhältnis der Nutenzahlen des Ständers und Läufers beim Anlauf nicht über $1/7$ der Nenndrehzahl hinaus, da er bei Überschreitung dieser Drehzahl, bezogen auf die 7. Oberwelle, zu einem Generator wird und sich dadurch bremst. Im Zusammenhang damit zeigen dann die Drehmomentenkurven von Bild 471 im rechten Teil eine Einbuchtung, so daß mit Abnahme der Schlüpfung, d. h. Zunahme der Drehzahl, das Drehmoment kleiner werden kann als das Lastmoment.

133. Stromverdrängungsmotoren.

Das Bestreben, den Anlaufstrom des Drehstrommotors herabzusetzen und das Anlaufmoment zu erhöhen, hat zur Ausbildung von Stromverdrängungsmotoren geführt. Schon auf S. 179 hatten wir die sogenannte Hautwirkung kennen gelernt, d. h. die Erscheinung, daß die inneren Teile eines Leiters bei Wechselstrom wegen ihrer größeren Selbstinduktivität eine kleinere Stromdichte besitzen als die äußeren Teile. Die Folge ist eine Vergrößerung des Ohmschen Spannungsverbrauches. Diese Erscheinung ist aber in sehr starkem Maße von der Frequenz abhängig und verschwindet bei niederen Frequenzen nahezu und bei Gleichstrom vollständig.

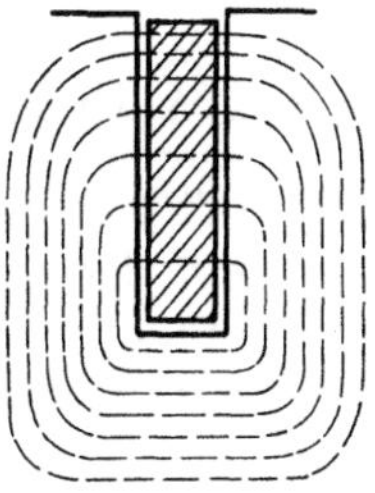

Bild 473. Nut eines Stromverdrängungsmotors.

Die einfachste Ausführung des Stromverdrängungsmotors enthält im Anker Stäbe von großer radialer Tiefe. Wie Bild 473 zeigt, ist die Streuinduktivität der einzelnen Teile des Stabes um so größer, je weiter sie nach dem Nutengrund zu liegen. Beim Anlauf, wo der Rotorstrom die Frequenz des Netzes hat, fließt der Rotorstrom also wesentlich in den äußeren Teilen, d. h. der Rotorwiderstand und damit das Anzugsmoment sind groß und der Anlaufstrom verhältnismäßig gering. Man erreicht also dasselbe wie durch den Anlaßwiderstand eines gewöhnlichen Schleifringankers.

Beim Lauf ist die Frequenz des Läuferstromes fast Null und die Stromverdrängung hört nahezu auf. Der Rotorstrom hat dann den vollen Querschnitt gleichmäßig zur Verfügung, und der Motor arbeitet also wie ein gewöhnlicher Käfiganker, d. h. mit geringer Schlüpfung und gutem Wirkungsgrad.

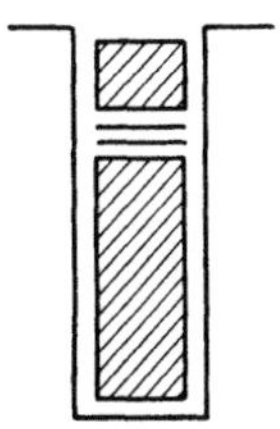

Bild 474. Zwei Stäbe in einer Nut.

Den Übergang zum Doppelkäfiganker bildet der Zweistabmotor, bei dem ein äußerer und innerer Stab durch gemeinsame Stirnringe verbunden sind (Bild 474). Zwischen beiden Stäben liegen Eisenbleche, durch welche die Streuung des inneren Stabes willkürlich eingestellt werden kann. Der Rotorstrom fließt beim Anlauf hauptsächlich im äußeren Stab, so daß der Widerstand wieder groß ist; beim Lauf sind beide Stäbe an der Stromführung beteiligt.

In ähnlicher Weise wirkt der Anker des Stromverdrängungsmotors der AEG. Die Löcher des Ankers haben die in Bild 475 dargestellte Form und werden durch eine Aluminiumlegierung ausgegossen, die mit den gleichzeitig gegossenen Stirnringen einen einzigen metallischen Käfig bildet. Der am äußeren Umfang liegende Teil, der beim Anlauf wirksam ist, hat wegen seines geringen Querschnittes einen großen Widerstand und bewirkt daher ein großes Anlaufmoment. Der innere Teil, dessen Streulinien sich durch den metallischen Verbindungssteg schließen, führt beim Lauf den Hauptteil des Stromes.

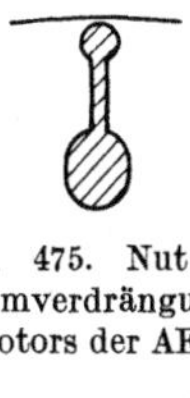

Bild 475. Nut des Stromverdrängungsmotors der AEG.

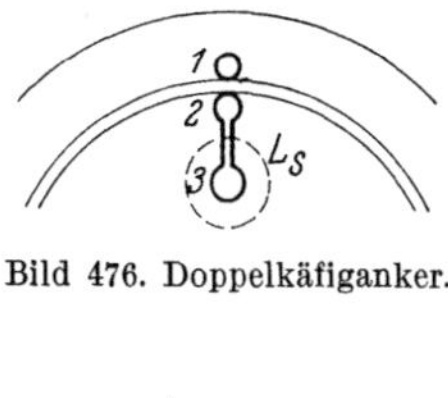

Bild 476. Doppelkäfiganker.

Ein Schritt weiter ist dann die Anordnung mit Doppelkäfiganker, bei der jeder Käfig seine besonderen Stäbe und besonderen Stirnringe besitzt (Bild 476). Diese Anordnung wurde bereits im Jahre 1890 von Dobrowolski und später von Boucherot angegeben und ausgeführt. Sie wird auch bei dem sogenannten Heemafmotor verwendet, der noch die Besonderheit besitzt, daß die äußere Wicklung eine größere Nutenzahl besitzt als die innere, um die Streuung der äußeren Wicklung zu verringern.

In allen Fällen wird eine Vergrößerung des Anlaufmomentes unter Verringerung des Anlaufstromes erreicht, allerdings unter geringer Abnahme des Leistungsfaktors beim Lauf.

Für die Darstellung der Wirkungsweise ist die Ausführung als Doppelkäfiganker am einfachsten[1]. Es bedeute:

$\mathfrak{U}$	Spannung	L_s	Streuinduktivität
$\mathfrak{J}$	Stromstärke	R	Wirkwiderstand
L	Gesamtinduktivität	ω	primäre Kreisfrequenz
M	Gegeninduktivität	σ	Schlüpfung.

Der Widerstand R_1 werde gleich Null angenommen. Wir setzen dann

$$a = j\,L_1\,\omega \qquad b = j\,L_2\,\omega \qquad c = j\,L_s\,\omega \qquad d = j\,M_{12}\,\omega.$$

Wenn der magnetische Widerstand des Rotoreisens gleich Null angenommen wird, so umfassen sämtliche vom Leiter 2 erzeugten Kraftlinien auch den Leiter 3, und der Teil der Kraftlinien des Leiters 1, der die Leiter 2 umfaßt, umfaßt auch die Leiter 3, d. h.

$$L_2 = M_{23} \qquad M_{13} = M_{12}.$$

Demnach ergibt die zweite Kirchhoffsche Regel

$$\begin{aligned} \mathfrak{U}_1 &= \mathfrak{J}_1 \cdot a + \mathfrak{J}_2 \cdot d + \mathfrak{J}_3 \cdot d \\ o &= \mathfrak{J}_1 \cdot d \cdot \sigma + \mathfrak{J}_2 (R_2 + b \cdot \sigma) + \mathfrak{J}_3 \cdot b \cdot \sigma \\ o &= \mathfrak{J}_1 \cdot d \cdot \sigma + \mathfrak{J}_2 \cdot b \cdot \sigma + \mathfrak{J}_3 [R_3 + (b + c)\,\sigma]. \end{aligned}$$

Eliminiert man $\mathfrak{J}_2$ und $\mathfrak{J}_3$ und setzt man

$$\frac{\mathfrak{U}_1}{a} = \mathfrak{J}_0 \quad \text{(a)} \qquad \mathfrak{J}_0 \cdot \frac{ab}{ab - d^2} = \mathfrak{J}_\infty, \qquad \text{(b)}$$

$$\varrho_2 = \frac{ab}{ab-d^2} \cdot \frac{R_2}{b} \qquad \varrho_3 = \frac{R_3}{c} \qquad \varrho = \frac{R_2}{c} + \varrho_2 + \varrho_3,$$

so erhält man nach einigen Umrechnungen

$$\mathfrak{J}_1 = \mathfrak{J}_\infty + \frac{(\mathfrak{J}_0 - \mathfrak{J}_\infty) \cdot \varrho_2 \cdot (\sigma + \varrho_3)}{\sigma^2 + \sigma \cdot \varrho + \varrho_2 \varrho_3}. \qquad \text{(c)}$$

Wir zerlegen nun in Partialbrüche, indem wir den Nenner gleich Null setzen und die Wurzeln der Gleichung ermitteln. Sie sind

$$p = -\frac{\varrho}{2} + \sqrt{\frac{\varrho^2}{4} - \varrho_2 \varrho_3} \qquad q = -\frac{\varrho}{2} - \sqrt{\frac{\varrho^2}{4} - \varrho_2 \varrho_3}.$$

Dann wird

$$\frac{\sigma + \varrho_3}{\sigma^2 + \sigma\varrho \cdot \varrho_2 \varrho_3} = \frac{p + \varrho_3}{p - q} \cdot \frac{1}{\sigma - p} + \frac{q + \varrho_3}{q - p} \cdot \frac{1}{\sigma - q}. \qquad \text{(d)}$$

Dies ist die Summe zweier Kreisstrahlen. Der Strom $\mathfrak{J}_1$ ist also nach Gl. (c) die Summe aus $\mathfrak{J}_\infty$ und aus zwei Kreisstrahlen r' und r''. Für $\sigma = \infty$ werden beide Kreisstrahlen 0 und man erhält $\mathfrak{J}_1 = \mathfrak{J}_\infty$. Für $\sigma = 0$ erhält man die Kreistrahlen r_0' und r_0'' und es wird $\mathfrak{J}_1 = \mathfrak{J}_0$. Dabei bleibt $\mathfrak{J}_0$ nach Gl. (a) um 90^0 gegen $\mathfrak{U}_1$ zurück und $\mathfrak{J}_\infty$ hat nach Gl. (b) gleiche Phase mit $\mathfrak{J}_0$.

p und q werden positiv imaginär, wodurch r_0' und r_0'' gleichphasig mit $\mathfrak{J}_0 - \mathfrak{J}_\infty$ werden. Aus der Form des Nenners $\sigma - p$ bzw. $\sigma - q$ folgt nach S. 158, daß der Peripheriewinkel über der Sehne, die in jedem der beiden Kreise die Punkte für $\sigma = 0$ und $\sigma = \infty$ verbindet, gleich 90^0 ist, d. h. r_0' und r_0'' sind Durchmesser.

[1] Vgl. des Verfassers Aufsatz im Archiv für Elektrotechnik 1928, Heft 3.

Sind r_1' und r_1'' die Kreisstrahlen für $\sigma = 1$, also für Stillstand, so wird nach Gl. (d)

$$\frac{r_1'}{r_1' - r_0'} = p \qquad \frac{r_1''}{r_1'' - r_0''} = q.$$

Hiermit lassen sich die Punkte P_1' und P_1'' zeichnen. In Bild 477 ist $OP_0 = \mathfrak{J}_0$ und $OP_\infty = \mathfrak{J}_\infty$. Die Strahlen des rechten Kreises haben den Anfangspunkt P_∞, die des linken den Anfangspunkt P. Um Strahlen, die zu demselben Wert von σ gehören, zu zeichnen, ziehen wir nach S. 159 die Schlüpfungsgeraden, die in unserem Falle parallel zu r_0' und r_0'' werden. Im rechten Kreis ziehen wir von P ($\sigma=0$) einen Strahl nach einem Punkt der Schlüpfungsgeraden, der z. B. der Schlüpfung 0,4 entspricht. Sei A der Schnittpunkt dieses Strahles mit dem rechten Kreis, so ist $P_\infty A$ der Strahl r' für $\sigma = 0{,}4$. Ebenso ziehen wir im linken Kreis von dem Punkt P_0, der der Schlüpfung Null entspricht, einen Strahl nach dem Punkt der zugehörigen Schlüpfungsgeraden, der der Schlüpfung 0,4 entspricht. Er schneide den linken Kreis in B.

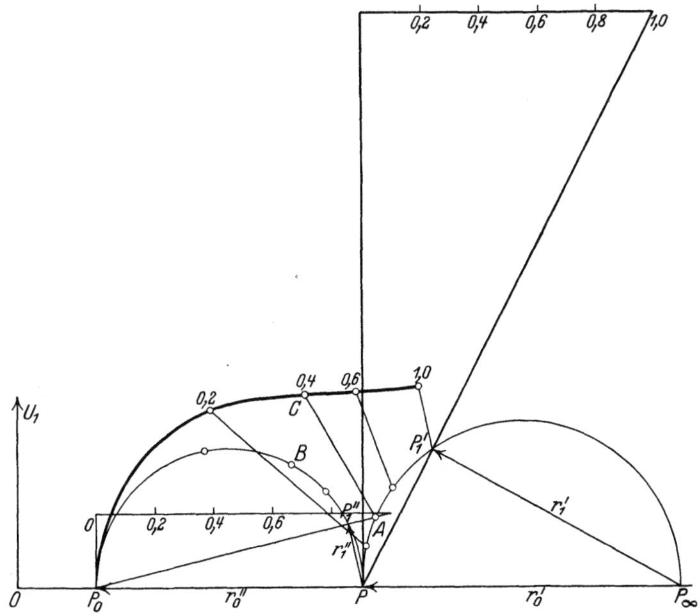

Bild 477. Strombild des Motors mit Doppelkäfiganker.

Dann ist $PB = r''$. Dann gibt die Summe aus $OP_\infty + P_\infty A + PB = OC$ den primären Strom bei $\sigma = 0{,}4$. Auf diese Weise ist das stark ausgezogene Strombild gewonnen.

Man sieht deutlich, daß der Anlaufstrom ($\sigma = 1$) wesentlich kleiner ist als der ideelle Kurzschlußstrom OP_∞, und daß wegen der großen Ordinate des Anlaufpunktes ($\sigma = 1$) das Anlaufmoment groß ist. Gleichzeitig weicht das Strombild in der Nähe des Leerlaufes und sogar beim praktischen Betrieb nicht wesentlich von dem gewöhnlichen Kreis über dem Durchmesser $P_0 P_\infty$ ab, so daß die Verringerung des Leistungsfaktors gegenüber dem gewöhnlichen Käfiganker nur unbedeutend ist.

Über die Berücksichtigung des primären Widerstandes siehe Thomälen, Arch. f. El. Bd. XXI, 1928, 3. Heft.

134. Verlustlose Drehzahlregelung.

Die Regelung der Drehzahl mit Hilfe des Regulieranlassers im Rotorkreis ist außerordentlich unwirtschaftlich. Der Ständer nimmt nach Herabsetzung der Drehzahl, falls die Belastung ungeändert bleibt, genau dieselbe Leistung auf, wie vorher, und ein Teil der Arbeit wird jetzt im Regulieranlasser in Stromwärme umgesetzt.

Auch verliert jetzt der Motor sein „Nebenschlußverhalten", d. h. seine von der Belastung fast unabhängige Drehzahl, die ihn dem Nebenschlußmotor für Gleichstrom ähnlich macht. Mit zunehmender Belastung geht jetzt die Drehzahl stark zurück, ohne daß jedoch diese „Eigenregelung" wie beim Hauptschlußmotor für Gleichstrom von günstigem Einfluß auf den Betrieb ist.

Um die großen Verluste bei der Regelung durch Regulieranlasser zu vermeiden, hat man die Kaskadenschaltung zweier Motoren angewendet. Dabei werden zwei Motoren miteinander gekuppelt. Der Ständer des Motors 1 wird vom Netz mit der Frequenz f gespeist und sein Rotor arbeitet auf den Rotor des Motors 2. Dieser Motor wird also vom Rotor aus gespeist, und sein Ständer ist der sekundäre Teil, der beim Anlassen über Widerstand geschlossen und beim Lauf kurz geschlossen wird. Dadurch sind bei Kaskadenschaltung Schleifringe entbehrlich. Da jedoch beide Motoren auch einzeln benutzt werden sollen, so sind Schleifringe doch nicht zu umgehen. Daß man beim Motor 2 den Rotor zum primären Teil macht, hat also nicht seine Ursache darin, daß man ohne Schleifringe auskommt, sondern darin, daß man es vorzieht, beide Rotoren für Niederspannung zu wickeln und die Netzspannung beim Betrieb allein mit dem Motor 2 an dessen Stator zu legen.

Es seien nun f die Frequenz des Netzes und p_1 bzw. p_2 die Polpaarzahl. Der Maschinensatz laufe bei Kaskadenschaltung vollständig leer mit der Drehzahl n. Dann ist die Frequenz im Läufer des Motors 1 gleich $f - p_1 \cdot n$. Dies ist dann auch die Frequenz, mit der der Motor 2 gespeist wird. Da er bei Leerlauf, bezogen auf diese Frequenz, synchron läuft, so ist $f - p_1 \cdot n = p_2 \cdot n$ oder

$$n = \frac{f}{p_1 + p_2}.$$

Bei Betrieb allein mit dem Motor 1 erhält man bei Leerlauf die Drehzahl $n' = f : p_1$ und allein mit dem Motor 2 die Drehzahl $n'' = f : p_2$. Man hat also drei synchrone Drehzahlen zur Verfügung.

Ein großer Nachteil der Kaskadenschaltung besteht aber darin, daß gleichsam der Blindwiderstand des zweiten Motors in Reihe mit dem Blindwiderstand des Rotors des ersten Motors geschaltet ist. Dadurch wird der Leistungsfaktor außerordentlich gering.

Über die verlustlose Drehzahlregelung mit Regelsätzen siehe Abschn. 149.

Ein weiteres Mittel zur verlustlosen Drehzahlregelung besteht in der Polumschaltung des Ständers. Bei Motoren mit Phasenanker müßte neben dem Ständer auch der Läufer umgeschaltet werden. Polumschaltung kommt daher fast nur bei Motoren mit Käfiganker in Frage. Da sich mehrere besondere Ständerwicklungen für verschiedene Polzahlen schwer unterbringen lassen, wird man ein und dieselbe Ständerwicklung für verschiedene Polzahlen umschalten. Nach Dahlander erhält man z. B. eine zweipolige Maschine, wenn man bei einer vierpoligen Maschine die Stromrichtung in einer Wicklungshälfte jedes Stranges umkehrt.

Bild 478 zeigt eine vierpolige Zweischichtwicklung, bei der die Nutenzahl für einen Pol und Strang sehr groß sei. Die Drähte des Stranges 1 liegen in Reihe innerhalb der starken Umrahmung, die des Stranges 2 innerhalb der schwach ausgezogenen und die des Stranges 3 innerhalb der gestrichelten Umrahmung.

Im Strang 1 bilden die Drähte zwischen A und C mit den entsprechenden Drähten zwischen D und F Windungen. Wenn also der Strom zwischen A und C mit i_1 bezeichnet wird, so ist der Strom zwischen D und F gleich $-i_1$. Bei der vierpoligen Wicklung haben wir dann wieder zwischen G und J i_1 und zwischen K und M den Strom $-i_1$. Ebenso ergeben sich die Ströme der andern Stränge.

Wir betrachten nun zunächst den Zeitpunkt, wo $i_1 = i_m$ und $i_2 = i_3 = -i_m/2$ ist. Wir zählen dann die Stromdrähte längs des Umfanges zusammen, indem wir von B, wo das Feld Null ist, anfangen, und erhalten, wenn w' die Drahtzahl innerhalb einer halben Umrahmung ist, bei C die Summe $w'(i_1 - i_2) = 1{,}5\, i_m \cdot w'$. Nach dem Durchflutungsgesetz ist dies die Erregung, die unter Vernachlässigung des Eisenwiderstandes im Luftspalt bei C verbraucht wird.

Zwischen C und D ist $i_3 - i_2 = 0$, also bleibt die wirksame Erregung, von B an gerechnet, konstant gleich $1{,}5\, i_m w'$. Sie sinkt dann, immer von B an gerechnet, proportional dem Umfang bis E auf Null.

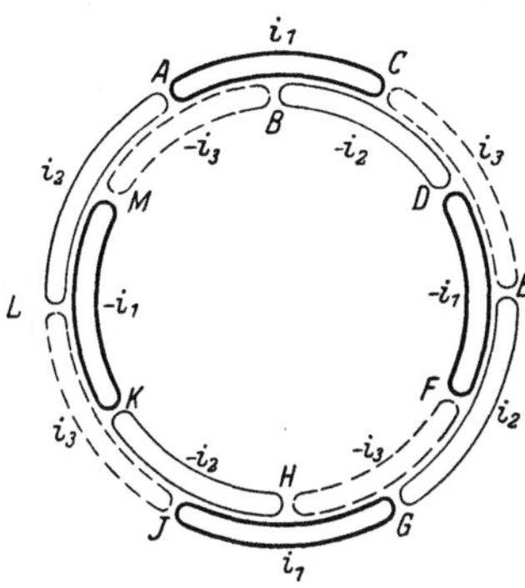

Bild 478.

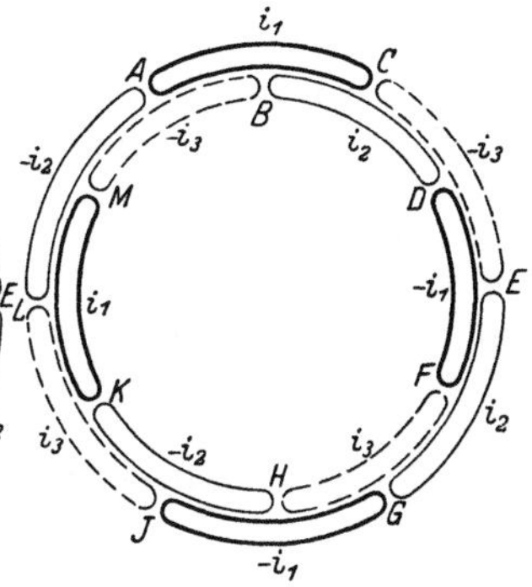

Bild 482.

Tragen wir dann die am Umfang für einen Luftspalt wirksame Erregung als Ordinate auf, so erhalten wir nach Richter in Bild 479 die sogenannte Felderregerkurve, die sich unter Vernachlässigung des Eisenweges von der Feldkurve des Luftspaltes nur durch den Maßstab unterscheidet.

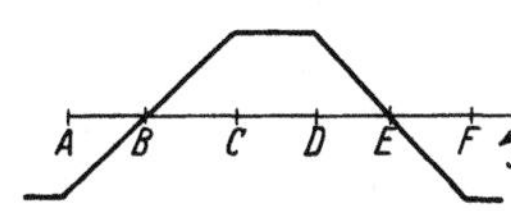

Bild 479.

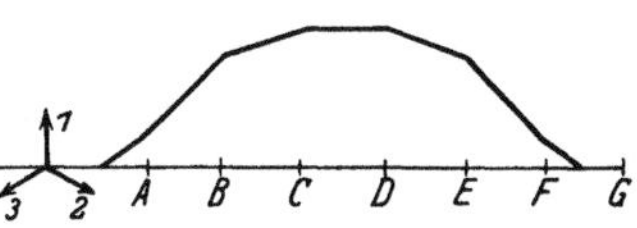

Bild 483.

Nach $1/_{12}$ Periode ist nach dem Strombild rechts von Bild 480 $i_1 = 0{,}866\, i_m$, $i_2 = 0$ und $i_3 = -0{,}866\, i_m$. Das Feld geht jetzt in der Mitte zwischen A und B durch Null hindurch. Indem wir von hier an zählen, erhalten wir die Erregung für einen Luftspalt bei B zu $1/_2\, w'(i_1 - i_3) = 0{,}866\, i_m \cdot w'$ und bei C zu $0{,}866\, i_m w' + w'(i_1 - i_2) = 1{,}73\, i_m \cdot w'$ usw. Wir erhalten so die Felderregerkurve in Bild 480. Sie hat sich gegen Bild 479 nach links verschoben.

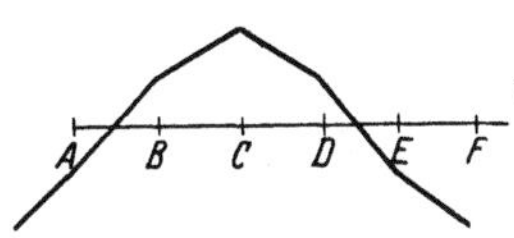

Bild 480.

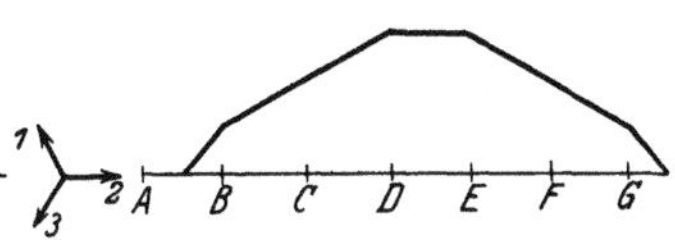

Bild 484.

Wir nehmen jetzt eine Umschaltung vor, durch die sich die Stromrichtung in der einen Wicklungshälfte jedes Stranges umkehrt. In GJ und KM, sowie in LA und BD, und endlich in CE und FH ändert sich also in Bild 482 das Vorzeichen gegenüber Bild 478.

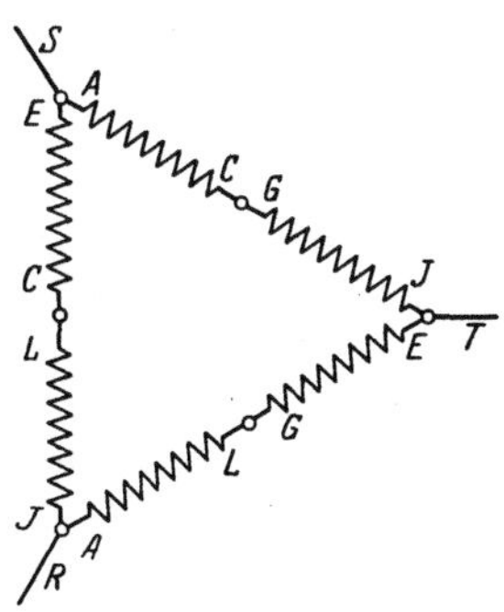

Bild 481.

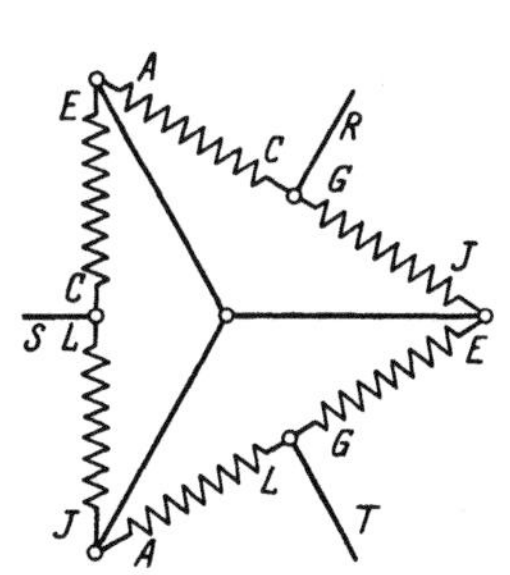

Bild 485.

Polumschaltung.

Es sei wieder zunächst $i_1 = i_m$, also $i_2 = i_3 = -i_m/2$. Das Feld ist Null in der Mitte der gleichmäßig durchflossenen Drähte, also in der Mitte zwischen M und A. Wir fangen von dort an zu zählen und erhalten bei A die Erregung $1/_2\, w'(-i_2 - i_3) = 1/_2\, i_m \cdot w'$, bei B die Erregung $1/_2\, i_m \cdot w' + w'(i_1 - i_3) = 2\, i_m \cdot w'$ und endlich bei C die Erregung $2\, i_m w' + w'(i_1 + i_2) = 2{,}5\, i_m \cdot w'$. Dies gibt die Felderregerkurve in Bild 483.

Nach $1/_{12}$ Periode ist, wie früher $i_1 = 0{,}866\, i_m$, $i_2 = 0$, $i_3 = -0.866\, i_m$. Das Feld geht jetzt in der Mitte zwischen A und B durch Null. Wenn wir von dort aus zählen, erhalten wir bei B die Erregung $1/_2\, w'(i_1 - i_3) = 0{,}866\, i_m \cdot w'$, bei C die Erregung $0{,}866\, i_m \cdot w' + w'(i_1 + i_2) = 1{,}73\, i_m \cdot w'$ und endlich bei D die Erregung $1{,}73\, i_m w' + w' \cdot (i_2 - i_3) = 2{,}6\, i_m \cdot w'$, sowie die Felderregerkurve in Bild 484.

Aus der vierpoligen Maschine ist also eine zweipolige geworden, und zwar mit Felderregerkurven, die keine besonderen Unregelmäßigkeiten aufweisen. Der Drehsinn ist aber durch die Umschaltung verändert worden. Es ist daher nötig, bei der Umschaltung zwei Hauptleitungen miteinander zu vertauschen.

Die Umschaltung wird am einfachsten, wenn die vierpolige Wicklung nach Bild 481 in Dreieck geschaltet wird, wobei z. B. AC und GJ in gleichem Sinne durchflossen werden. Die zweipolige Wicklung wird nach Bild 485 in Stern geschaltet, wobei AC und GJ (die Reihenfolge der Buchstaben ist zu beachten) entgegengesetzt durchflossen werden. Die Vertauschung zweier Zuleitungen ist in Bild 485 bereits berücksichtigt.

Über die verlustlose Regelung mit Hilfe von Kommutatorwicklungen siehe Abschnitt 150.

135. Der Streuungsfaktor.

Wie wir sahen, wird das Verhalten des Drehstrommotors im Betriebe wesentlich durch die Streufaktoren η_1 und η_2 bestimmt. Wir untersuchen zunächst, wie diese durch den Versuch bestimmt werden.

Wenn der Läufer Phasenwicklung besitzt, so legen wir eine Spannung U_{11} bei offenem Läufer an den Ständer und messen die Spannung U_{12} an den Schleifringen des Läufers. Ebenso legen wir bei offenem Ständer eine Spannung U_{22} an den Läufer und messen die Spannung U_{21} am Ständer. Unter der Voraussetzung, daß die Schaltung im Läufer dieselbe ist wie im Ständer, ist nach der Festsetzung von η_1 und η_2 auf S. 271.

$$\eta_1 = \frac{U_{12}}{U_{11}} \cdot \frac{w_1}{w_2}, \qquad \eta_2 = \frac{U_{21}}{U_{22}} \cdot \frac{w_2}{w_1}, \qquad \eta_1 \eta_2 = \frac{U_{12} \cdot U_{21}}{U_{11} \cdot U_{22}}.$$

Auf eine verschiedene Schaltung des Ständers und Läufers ist dabei keine Rücksicht genommen, da sie das Produkt $\eta_1 \cdot \eta_2$ nicht ändert. Diese Ermittlung der Streufaktoren ist aber nur dann zuverlässig, wenn die Spannungszeiger mit sehr großer Genauigkeit abgelesen werden können. Daß sie an sich richtig zeigen, ist von geringerem Einfluß, vorausgesetzt, daß sie bei beiden Messungen nicht vertauscht werden.

Es muß aber auch hier wieder darauf hingewiesen werden, daß die Eisensättigung einen störenden Einfluß ausübt. Selbst wenn die Sättigung im Ständerjoch und Läuferkern und in den Zähnen gering ist, kann eine Sättigung der Zahnstege den magnetischen Widerstand dieser Stege und damit den Streufluß stark beeinflussen. Da dieser Streufluß und damit die Sättigung von der Stromstärke abhängig ist, so ist der magnetische Widerstand des Streuweges bei Betrieb größer als bei Leerlauf. Dadurch wird dann das Verhältnis des Luftwiderstandes zum Streuwiderstand bei Betrieb kleiner als bei Leerlauf. Die Maschine arbeitet also bei Belastung günstiger, als nach den obigen Leerlaufmessungen angenommen wird.

Dadurch wird, streng genommen, die Gültigkeit des Heylandschen Strombildes beschränkt. Man wird sich darauf beschränken müssen, den Streufaktor als konstant anzunehmen, und zwar so groß, wie er gerade bei Nennlast vorhanden ist. Es kommt daher vor allem darauf an, den Streufaktor für den vorgeschriebenen Betriebszustand zu ermitteln. Bei Motoren mit geringem Ständer- und Läuferwiderstand schließt man dazu den Läufer kurz und mißt den Kurzschlußstrom des Ständers bei ruhendem Läufer. Bei dem geringen Widerstande fällt dann der Strahl des Kurzschlußstromes OP_k in Bild 469 mit dem Strahl

OB zusammen. Man erhält auf diese Weise $OB = I_k$ und berechnet nach Gl. (8) auf S. 271 $\eta_1 \eta_2 = (I_k - I_0) : I_k$.

Nimmt man nun diese Beobachtung des Kurzschlußstromes bei der gewöhnlichen Spannung vor, so wird die Stromstärke viel zu groß. Aber selbst wenn der Motor diese Stromstärke aushielte, würde die Messung kein brauchbares Ergebnis liefern, da die Sättigung der Zahnstege dabei weit größer ist als bei Betrieb. Man muß vielmehr eine solche Spannung an den Ständer legen, daß bei Kurzschluß gerade der vorgeschriebene Betriebsstrom durch den Ständer fließt. Dann ist beim Kurzschluß der Streufluß in den Zahnstegen, also auch das Verhältnis der magnetischen Widerstände des Streufeldes und Nutzfeldes ebenso groß wie beim vorgeschriebenen Betrieb. Man gewinnt auf diese Weise allerdings nicht einen allgemeingültigen Wert von $\eta_1 \eta_2$, aber wenigstens den Wert für den vorgeschriebenen Betriebszustand. Für I_0 ist ebenfalls der Leerstrom bei der verringerten Spannung einzusetzen.

Bei dem Motor auf S. 275 wurde z. B. nicht die Netzspannung von 1900 Volt, sondern nacheinander die Spannung von 390 bzw. 600 Volt an den Ständer gelegt. Dabei ergaben sich die Kurzschlußströme eines Stranges zur 63,7 bzw. 116 Amp. Der Leerstrom betrug bei 1900 Volt 36 Amp., er berechnet sich also bei 390 bzw. 600 Volt zu 7,4 bzw. 11,4 Amp. Daraus erhalten wir nach Gl. (8) auf S. 271 bei einem Ständerstrom von 63,7 bzw. 116 Amp. einen Streufaktor

$$\eta_1 \eta_2 = (63{,}7 - 7{,}4)/63{,}7 = 0{,}884 \text{ bzw. } (116 - 11{,}4)/116 = 0{,}901.$$

Die Messung zeigt deutlich, daß die relative Streuung mit zunehmendem Ständerstrom wegen der Sättigung der Zahnstege abnimmt. Der absolute Wert des Streuflusses wird natürlich bei wachsender Stromstärke größer.

Für den vorgeschriebenen Betriebsstrom von 100 Amp. in einem Strang erhalten wir dann durch Interpolation zwischen $I_k = 63{,}7$ und 116 bzw. zwischen $\eta_1 \cdot \eta_2 = 0{,}884$ und 0,901 den Wert $\eta_1 \eta_2 = 0{,}896$. Wenn wir annehmen, daß $\eta_1 = \eta_2$ ist, so ergibt sich daraus $\eta_1 = \eta_2 = 0{,}946$.

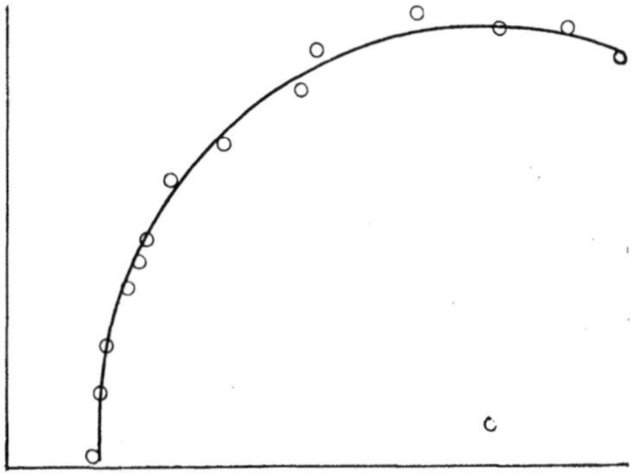
Bild 486. Strombild eines Drehstrommotors.

Ist der Ständer- und Läuferwiderstand nicht zu vernachlässigen, so kann nicht mehr angenommen werden, daß der Kurzschlußstrom gleich OB in Bild 469 ist. In diesem Falle wird man das Strombild nach S. 159 zeichnen oder wie in Bild 486 punktweise aufnehmen und $\eta_1 \eta_2$ als das Verhältnis des Durchmessers zur größten Abszisse berechnen. Bild 486 wurde unter Festbremsung des Läufers aufgenommen.

Da der Leistungsfaktor und die Überlastungsfähigkeit vom Streufaktor $\eta_1 \eta_2$ abhängen, so ergibt sich als erste Aufgabe beim Entwurf eines Drehstrommotors, die Streuung so weit wie möglich zu beschränken. Man sieht sofort, daß die Unterbringung der Drähte in geschlossenen Nuten wegen des geringen Widerstandes des Streuweges vermieden werden muß. Am vorteilhaftesten wäre sicherlich die auch in bezug auf Herstellung der Wicklung günstigste ganz offene Nut, weil der Widerstand des Streupfades dabei am größten ist. Derartige Nuten veranlassen aber eine Erhöhung des magnetischen Widerstandes der Luftstrecke und daher des Magnetisierungsstromes, so daß der Leistungsfaktor sehr ungünstig wird. In der Regel werden daher, wenigstens in Europa, halbgeschlossene Nuten verwendet.

Um dabei die fertig gewickelten und isolierten Spulen in die Nuten einlegen zu können, werden oft die Bleche mit ganz offenen Nuten gestanzt. Die Nuten werden dann durch Spreizkeile aus Eisenblech, die einen Schlitz in der Nutenrichtung besitzen, verschlossen.

In jedem Falle aber ist es nötig, mehrere Nuten für die Spulenseite anzuwenden, damit der Streufluß, der von den Stromdrähten einer Nut geschaffen wird, möglichst gering wird. Gleichzeitig wird der die ganze Spulenseite umfassende Streufluß geringer. Mit der Anzahl der Nuten nimmt nämlich auch die Anzahl der Zähne zu, und die Zahnfläche eines einzelnen Zahnes wird kleiner als bei geringer Nutenzahl. Der Teil des Streuflusses, der die ganze Spulenseite umfaßt und daher besonders schädlich ist, tritt dann aus einer kleinen Zahnfläche aus und ist daher verhältnismäßig gering.

Natürlich kann man in der Erhöhung der Nutenzahl nicht beliebig weit gehen, weil dann der durch Isolation eingenommene Raum unverhältnismäßig groß wird. Man beschränkt sich daher darauf, die Spulenseite des Ständers in 3 bis 5, die des Läufers in 4 bis 7 Nuten unterzubringen. Aus den obigen Überlegungen geht auch hervor, daß große Drehzahlen, d. h. kleine Polzahlen, in bezug auf Streuung günstig sind, da es bei großer Polteilung leichter ist, die Drähte einer Spulenseite auf mehrere Nuten zu verteilen. Auch große Durchmesser bei kleiner Länge sind günstig. Allerdings erhöhen sich bei großem Durchmesser und geringer Eisenlänge die Kosten der Maschine. Das ergibt sich aus der einfachen Überlegung, daß man die Leistung ohne besondere Mehrkosten erheblich steigern kann, wenn man beim Entwurf die Eisenlänge vergrößert. Auch ist bei großem Durchmesser der Einfluß der Stirnstreuung wieder größer, wodurch der Vorteil der verringerten Nutenstreuung zum Teil wieder aufgehoben wird.

Ein weiteres Mittel zur Verringerung der Streuung ist die Verkleinerung des Luftspaltes. Der Luftfluß ist für gleichen magnetisierenden Strom dem Luftabstand umgekehrt proportional, so daß die relative Streuung dem Luftabstand proportional ist.

Es ist nun von Wert, den Einfluß der Größe des Luftspaltes auf die Wirkungsweise des Motors zu verfolgen. Natürlich darf man dabei nicht einen einzelnen Motor verwenden, bei dem man zur Vergrößerung des Luftspaltes den Ständer oder Läufer abdreht. Dadurch vergrößert man nicht bloß den Luftspalt, sondern zugleich den Widerstand der Zahnstege. Wir vergleichen vielmehr zwei Motoren mit verschieden großem Luftspalt, aber im übrigen genau von derselben Bauart, besonders also auch derselben Nutenanordnung.

Je kleiner der Luftspalt ist, desto kleiner ist die relative Streuung, desto größer also der größte Leistungsfaktor nach der Gleichung für $(\cos\varphi)_m$ auf S. 273. Ebenso ist natürlich bei dem Motor mit geringerem Luftabstande der Leerstrom geringer, weil jetzt schon ein schwächerer Magnetisierungsstrom zur Erzeugung des durch die Klemmenspannung vorgeschriebenen Flusses genügt.

Wir verfolgen nun den Einfluß der Größe des Luftabstandes auf das größte Drehmoment. Der Durchmesser ist nach Gl. (8) und (9) auf S. 271 $I_k - I_0 = I_0 \cdot \eta_1 \eta_2 / (1 - \eta_1 \eta_2)$. Darin ist $1 - \eta_1 \eta_2$ die gesamte relative Streuung. Da der Motor mit dem größeren Luftspalt also sowohl einen größeren Leerstrom, als auch eine proportional größere relative Streuung besitzt, so verhalten sich die Durchmesser und damit die größten Drehmomente wie $\eta_1 \eta_2$. Das größte Drehmoment wird also bei Vergrößerung des Luftabstandes etwas kleiner.

Von besonders großem Einfluß auf die Streuung ist nun die Frequenz bei gegebener Drehzahl, oder umgekehrt die Drehzahl bei gegebener Frequenz. Wir betrachten dazu zwei Motoren, deren Eisengestell dieselben Abmessungen und dieselbe Nutenzahl hat, und die beide für die gleiche Spannung und Leistung bestimmt sind. Die Frequenz sei in beiden Fällen $f = 50$ Hertz. Der eine Motor soll aber für die Drehzahl 600, der andere für die Drehzahl 1000 gewickelt sein. Beide Motoren sollen in bezug auf Ausnutzung des Nutenquerschnittes, Stromdichte und Anzahl der Stromdrähte für die Längeneinheit des Umfanges bei Betrieb gleich sein.

Wenn wir von der Verschiedenheit des Leistungsfaktors beider Motoren absehen, so ist bei gleicher Leistung und Spannung auch der Betriebsstrom in beiden Fällen gleich. Die Bedingung einer gleichen Zahl von Stromdrähten für die Längeneinheit des Umfanges ist dann gleichbedeutend mit gleicher gesamter Drahtzahl. Bei gleicher Nutenzahl haben wir dann auch dieselbe Drahtzahl in einer Nut.

Dagegen sind beide Motoren in bezug auf die Zahl der Polpaare verschieden. Nach der Gleichung $p=f\cdot 60/n$ muß der Motor bei der Drehzahl 600 die Polpaarzahl 5, bei der Drehzahl 1000 die Polpaarzahl 3 erhalten. Da der Umfang bei beiden Motoren derselbe ist, so verhalten sich die Polteilungen wie 3:5. Auf dem ersten Motor (Bild 487) sind beispielsweise drei Nuten für eine Spulenseite oder neun Nuten für eine Polteilung vorhanden. Dann besitzt der zweite Motor fünf Nuten für eine Spulenseite oder 15 Nuten für eine Polteilung (Bild 488). Die Drahtzahlen einer Spulenseite verhalten sich also wie 3:5.

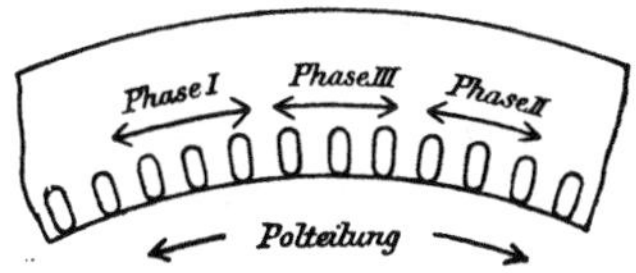

Bild 487. $f=50$, $p=5$, $n=600$.

Da bei derselben Spannung, gesamter Drahtzahl und Frequenz der Fluß beider Motoren derselbe ist, die Polteilungen sich aber wie 3:5 verhalten, so verhalten sich die Induktionen wie 5:3. Der Motor mit der kleineren Drehzahl und größeren Polzahl hat also einen weit größeren Verlust durch Hysteresis und Wirbelströme.

Ferner ist beim Leerlauf zur Erzeugung der größeren Induktion auch eine größere Erregung nötig. Da die Drahtzahl einer Spulenseite bei der kleineren Drehzahl nur 3/5 der Drahtzahl bei der größeren Drehzahl ist, so wird der Leerstrom $(5/3)^2$mal so groß.

Schwieriger gestaltet sich die Beurteilung, wenn wir den Streufaktor in beiden Fällen ins Auge fassen. Wir erhalten bei der Drehzahl 600, entsprechend der geringen Polbreite, einen im Verhältnis 5:3 größeren Widerstand des Luftfeldes als bei der Drehzahl 1000. Da nun nach S. 288 die relative Streuung angenähert dem Luftwiderstand proportional ist, so folgt, daß sie der Drehzahl umgekehrt proportional ist, und zwar unter der Voraussetzung, daß der Widerstand des Streufeldes bei beiden Motoren gleich ist. Wir würden auf diese Weise zum Ergebnis kommen, daß Motoren für eine große Drehzahl eine kleine relative Streuung aufweisen müssen. Es ist indessen sehr fraglich, ob wir mit demselben Widerstand des Streufeldes rechnen können, da die Kopfstreuung in Bild 488 infolge der größeren Stirnverbindungen größer ist als in Bild 487.

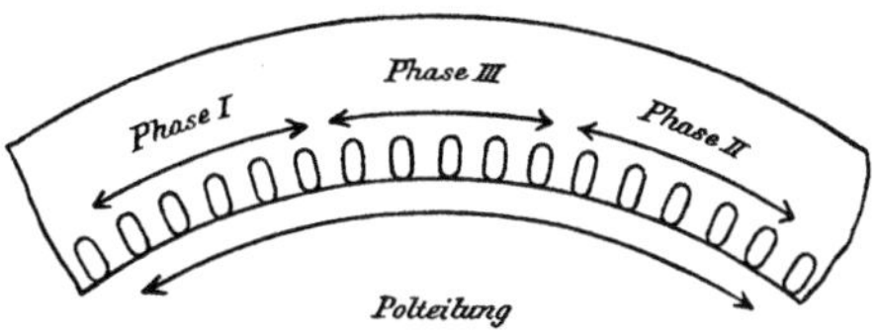

Bild 488. $f=50$, $p=3$, $n=1000$.

Bisher haben wir das Wesen der Streuung dahin aufgefaßt, daß ein Teil des vom Ständer erzeugten Flusses den Läufer nicht durchsetzt oder umgekehrt. Genauer muß man die Streuung als einen Verlust an Flußverkettungen und nicht nur als einen Verlust an magnetischem Fluß auffassen. (Vgl. Rogowski und Simons, ETZ 1909, S. 219.) Wenn ein vom Ständer erzeugter Fluß zwar in den Läufer dringt, aber mit den Läuferwindungen infolge Verschiedenheit der Nutenzahlen weniger verkettet ist als mit den Ständerwindungen, so hat dies denselben Einfluß wie ein Verlust durch Streuung. Diese Erscheinung heißt nicht gerade sehr zutreffend die doppeltverkettete Streuung.

Wir wollen voraussetzen, daß der Motor gar keine Nutenstreuung und Stirnstreuung besitzt, so daß die Induktivitäten L_1 und L_2 des Ständers und Läufers keine derartige Streuung mit einschließen. Wir speisen dann den Ständer bei offenem Läufer und messen die Spannung U_{11} am Ständer und die Spannung U_{12} am Läufer.

Wir rechnen dann auf gleiche Windungszahl um, berechnen also $U_{12} \cdot w_1/w_2$. Die umgerechnete Läuferspannung kann dann trotz des Fehlens jeder eigentlichen Streuung kleiner sein als die Ständerspannung. Ebenso speisen wir den Läufer bei offenem Ständer, messen die Spannung U_{22} am Läufer und die Spannung U_{21} am Ständer und bilden $U_{21} \cdot w_2/w_1$. Wir setzen dann wie auf S. 271

$$\eta' = \frac{U_{12}\, w_1/w_2}{U_{11}} = \frac{M}{L_1} \cdot \frac{w_1}{w_2} \qquad \eta'' = \frac{U_{21}\, w_2/w_1}{U_{22}} = \frac{M}{L_2} \cdot \frac{w_2}{w_1}.$$

Die Berechnung von η' und η'' läuft also auf eine Berechnung der Induktivitäten M, L_1 und L_2 hinaus. Wir führen sie an einem Beispiel mit drei Nuten im Ständer und zwei Nuten im Läufer durch. Die Maschine werde vom Läufer aus magnetisiert. Wir berechnen dann die in dem Ständerstrang I auftretenden Flußverkettungen, wenn dieser Strang von dem Höchstwert des vom Läufer erzeugten Flusses durchsetzt wird. Dabei haben wir, wie im Abschn. 123, zunächst anzunehmen, daß dieser Höchstwert nach Bild 489 durch einen Läuferstrang mit dem größten Strom und zwei Läuferstränge mit der halben größten Stromstärke erzeugt wird. Der Strom sei in dem Läuferstrang, der dem betrachteten Ständerstrang I in Bild 489 gegenüberliegt, gleich Eins. Er ist dann in den andern Läufersträngen halb so groß. In jeder Nut des Ständers und Läufers liege ein Draht.

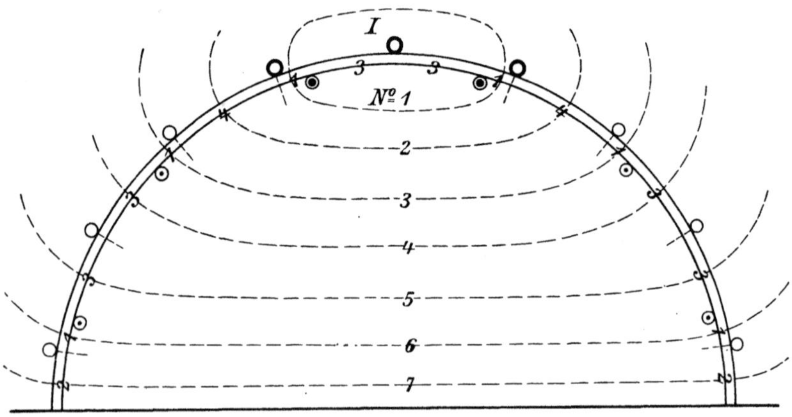

Bild 489. Vom Läufer erzeugter Fluß, mit einem Ständerzweig verkettet. 1. Hauptstellung.

Wir ermitteln nun zunächst die Abstände zwischen je einer Ständer- und Läufernut längs des Umfanges. Der Abstand zweier Läufernuten ist $1/_6$ der Polteilung, der Abstand zweier Ständernuten gleich $1/_9$ der Polteilung. Dann wird der kleinste Abstand einer Ständer- und Läufernut $(1/_6 - 1/_9) \cdot 1/_2 = 1/_{36}$ der Polteilung. Nehmen wir den Bogen der Polteilung in einem willkürlichen Maß zu 36 an, so wird der kleinste Abstand einer Ständer- und Läufernut gleich 1. Der Abstand zweier Ständernuten ist dann gleich 4 und der zweier Läufernuten gleich 6. Daraus ergeben sich dann die in Bild 489 eingeschriebenen Abstände zwischen je einer Ständer- und Läufernut. Wenn wir die Länge des Eisens in Richtung der Achse gleich Eins setzen, geben uns diese Abstände gleichzeitig die Flächen F an, die von den mit 1 bis 7 bezeichneten Flüssen durchsetzt werden.

Die Induktivitäten sind dann, abgesehen von Festwerten gleich den vom Fluß umschlossenen, also den Fluß erzeugenden Strömen Θ, mal dem Teil F des Luftquerschnittes, den der Fluß durchdringt, mal dem vom Fluß durchsetzten Teil w der Windungen unseres betrachteten Stranges. Demnach ergibt sich für Bild 489 folgende Zahlentafel, bei der wir uns auf die obere Hälfte beschränken:

Bezeichnung des Flusses	Umschlossene, magnetisierende Läuferströme Θ	Fläche F	Durchsetzte Windungen w des Stranges I	$\Theta \cdot F \cdot w$
(1)	$2 \cdot 1$	1	1	2
(2) + (3)	$2 \cdot 1$	4 + 1	3	30
(4) + (5)	$2 \cdot 1 + 2 \cdot {}^1/_2$	3 + 3	3	54
(6) + (7)	$2 \cdot 1 + 4 \cdot {}^1/_2$	1 + 2	3	36
				$M = 122$

Führen wir dieselbe Rechnung in Bild 490 für die zweite Hauptstellung des Läufers durch, in welcher zwei Stränge des Läufers je den Strom $0{,}866 \cdot 1$ führen, so wird $M = 121{,}24$. Im Mittel ist also die Verkettung zwischen Läufer und Ständer: $M = 0{,}5(122 + 121{,}24) = 121{,}6$.

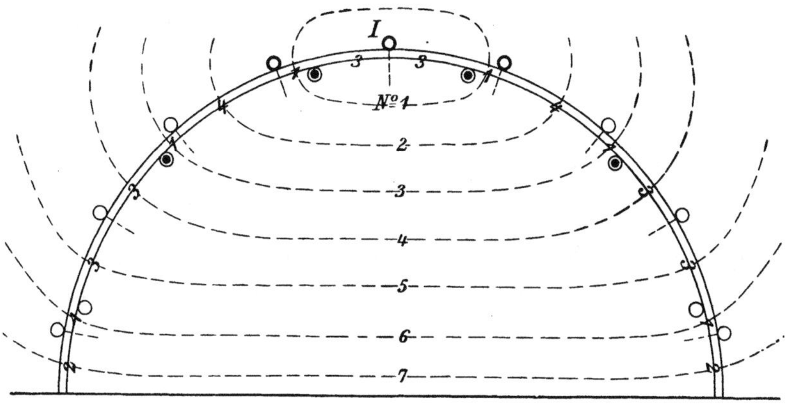

Bild 490. Vom Läufer erzeugter Fluß, mit einem Ständerzweig verkettet. 2. Hauptstellung.

Auf dieselbe Weise ergibt sich aus Bild 489 die Verkettung des vom Läufer erzeugten Flusses mit den Windungen eines Läuferstranges und ebenso die Verkettung des Ständers auf sich selbst zu $L_2 = 84$ und $L_1 = 184$.

Mit Hilfe von L_1, L_2 und M ergibt sich dann, da $w_1 : w_2 = 3:2$ ist: $\eta' = M\, w_1/L_1\, w_2 = 0{,}993$ und $\eta'' = M w_2/L_2 w_1 = 0{,}967$. Der relative Verlust an Flußverkettung wird also $1 - \eta' \eta'' = 0{,}04$. Er fügt sich zu dem durch Nuten- und Stirnstreuung verursachten Verlust hinzu. Bei größerer Nutenzahl wird die durch ungleiche Nutenzahl bedingte, doppelt verkettete Streuung geringer. Sie geht bei fünf und sechs Nuten bis auf 0,01 herab. Bei den Wechselstrommotoren mit Stromwender auf S. 298 werden wir der doppelt verketteten Streuung wieder begegnen. Der dort berechnete Wert k ist nichts anderes als $\eta' = \eta''$.

XXI. Einphasige Induktionsmotoren.

136. Entgegengesetzt umlaufende Erregungen des Einphasenmotors.

Außer den gewöhnlichen mehrphasigen Induktionsmotoren gibt es auch einphasige asynchrone Induktionsmotoren. Der Ständer eines solchen Motors enthält nur eine einzige Wicklung, deren Seite in der Regel etwa $^2/_3$ der Polteilung bedeckt. Diese Wicklung wird mit Wechselstrom gespeist, so daß zunächst ein schwingendes Feld entsteht, dessen Achse im Raume feststeht. Der Läufer wird als Kurzschlußläufer gebaut oder, wenn starke Ströme beim Anlaufen vermieden werden sollen, mehrphasig mit Schleifringen ausgeführt.

Wenn wir den geschlossenen Läufer eines solchen Einphasenmotors, gleichgültig in welcher Richtung, bei eingeschaltetem Ständer von außen nahezu auf Gleichlauf bringen, so entwickelt er ein Drehmoment. Dasselbe ist der Fall, wenn wir eine Zuleitung eines laufenden Drehstrommotors unterbrechen, wodurch der Motor zum Einphasenmotor wird. Auf den ersten Blick ist allerdings schwer einzusehen, wie ein solches Drehmoment zustande kommt, da die Achse des vom Ständer erzeugten Feldes im Raume feststeht. Auch erscheint es überraschend, daß die Richtung dieses Drehmomentes durch die willkürlich von außen gewählte Drehrichtung bestimmt ist.

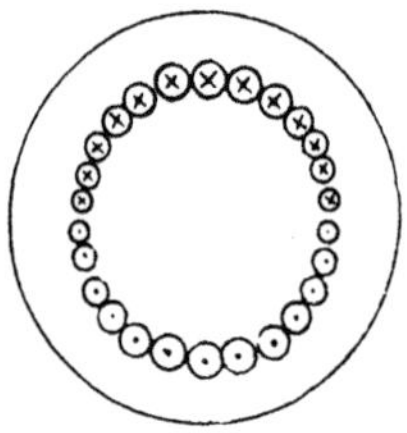

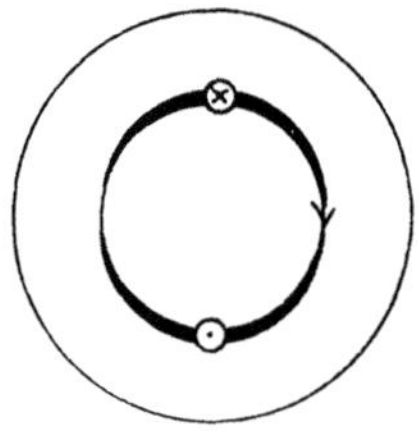

Bild 491. Bild 492.
Sinusförmig verteilte Erregung.

Nach dem Vorgang von Ferraris zerlegt man das vom Ständerstrom erzeugte Wechselfeld in zwei entgegengesetzt umlaufende Felder, eine Zerlegung, die man übrigens auch bei Einphasen-Stromerzeugern ausführt. Wir wollen noch einen Schritt weiter gehen und nicht nur die Felder, sondern auch die Stromwindungen des Ständers in zwei entgegengesetzt umlaufende Erregungen zerlegen. Dabei müssen wir annehmen, daß die Drähte längs des Umfanges sinusförmig verteilt sind, wie in Bild 491 durch verschieden große Nuten angedeutet ist. Im Grunde führt dies allerdings zu einer unendlich großen Zahl unendlich dünner Drähte.

Wir können eine umlaufende, sinusförmig verteilte Erregung auf die in Bild 492 gezeichnete Weise darstellen. Der Pfeil soll dabei nicht andeuten, daß die Wicklung

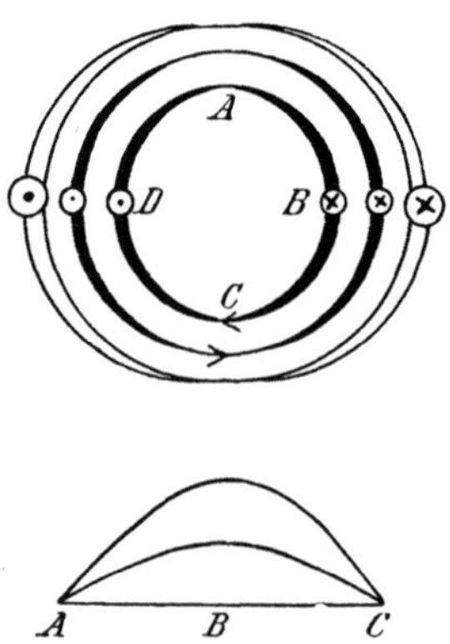

Bild 493.

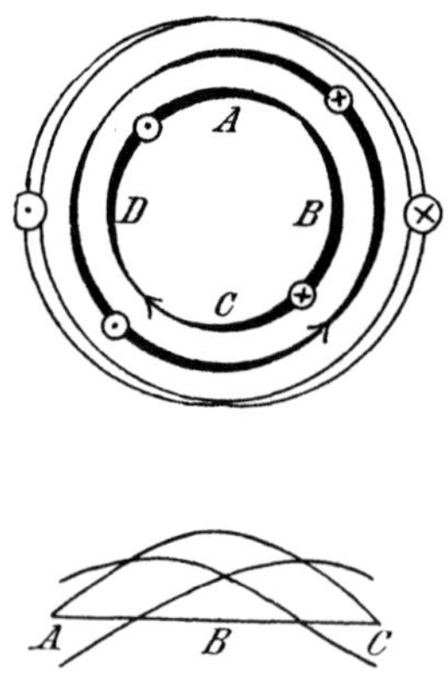

Bild 494.

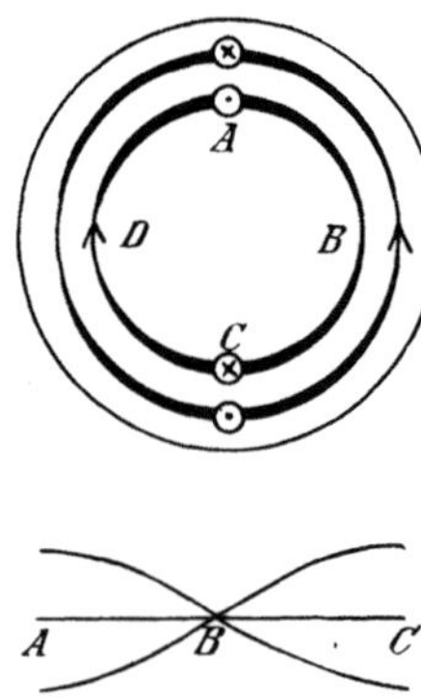

Bild 495.

Lage der entgegengesetzt umlaufenden Ströme.

$i = i_m$. $i = i_m \cdot \sin 45^0$. $i = 0$.

selbst umläuft, sondern daß in feststehenden gleichmäßig längs des Umfanges angeordneten Drähten die sinusförmige Stromverteilung umläuft. Wir wollen nun nachweisen, daß die Wirkung der Wechselerregung in jedem Augenblick und an jedem Orte genau gleich der Wirkung zweier gleichbleibender sinusförmiger Erregungen ist, die entgegengesetzt umlaufen und halb so stark sind, wie die wirkliche Erregung im Zeitpunkt des größten Stromes.

In Bild 493 hat der wirkliche Ständerstrom seinen Höchstwert. In diesem Zeitpunkt überdecken sich die in gleichem Sinne durchflossenen, umlaufenden Spulenseiten und unterstützen sich in ihrer Wirkung. Sie sind also gleichwertig der außen angedeuteten feststehenden Erregung, die gerade ihren Höchstwert hat.

Nach $^1/_8$ Periode ist der wirkliche Ständerstrom gleich $i_m \cdot \sin 45^0 = 0{,}707 i_m$. In Bild 494 heben sich dann die umlaufenden Erregungen bei A und C auf. Die Zusammensetzung im unteren Teil des Bildes ergibt dann eine Sinuskurve, deren Höchstwert wieder bei B liegt. Ihre Senkrechten sind gegenüber Bild 493 im Verhältnis 0,707:1 verkleinert, so daß die Wirkung wieder gleich der der tatsächlichen Erregung ist.

Dasselbe ergibt sich nach dem weiteren Verlauf von $^1/_8$ Periode, wenn der tatsächliche Ständerstrom zu Null geworden ist (Bild 495). In diesem Zeitpunkt überdecken sich entgegengesetzte Spulenseiten der umlaufenden Erregungen und heben sich in ihrer Wirkung auf.

Gegenüber der gegenlaufenden Erregung hat der Läufer eine Schlüpfung von fast 200%. Infolgedessen entsteht ein starker Kurzschlußstrom im Läufer, der bei widerstandslosem Läufer der gegenlaufenden Ständererregung genau entgegengesetzt ist und den gegenlaufenden Fluß aus dem Läufer hinaus in den Streuweg des Läufers drängt. Wenn der Läuferwiderstand gleich Null ist, so braucht auch tatsächlich nur ein unendlich schwaches Feld geschnitten zu werden, um einen Läuferstrom zu erzeugen, welcher der gegenlaufenden Ständererregung das Gleichgewicht hält. Der den Läufer durchdringende gegenlaufende Fluß ist also gleich Null oder mit Berücksichtigung des kleinen Läuferwiderstandes nahezu Null.

Demnach bleibt nur ein mitlaufendes Feld übrig, das durch den mitlaufenden Teil des Ständerstromes und einen induzierten mitlaufenden Rotorstrom erzeugt wird. Der Einphasenmotor besitzt also, da das gegenlaufende Feld durch die Wirkung eines gegenlaufenden Rotorstromes ausgelöscht wird, ein Drehfeld.

137. Strombild mit Hilfe der Zerlegung der Ständererregung.

Wir zerlegen den Ständerstrom I in zwei entgegengesetzt umlaufende Ströme von der Stärke $I/2$. Wie Bild 493 zeigt, umfaßt die Ständerwicklung je den größten, von beiden Strömen erzeugten Fluß in demselben Zeitpunkt, beide Ströme haben also im Strombild dieselbe Phase.

Der Läuferwiderstand sei gleich Null. Dann ist das vom gegenlaufenden Strom $I/2$ erzeugte Feld ein reines Streufeld, wie beim vollständigen Kurzschluß eines Drehstrommotors. Da es gleichgültig ist, in welcher Richtung es aus der Ständerwicklung verschwindet, so können wir es ohne weiteres zu dem Ständerstreufeld der mitlaufenden Erregung hinzuzählen.

Es seien Λ, Λ_{s1} und Λ_{s2} die magnetischen Leitwerte des Luftweges und des Ständer- und Läuferstreuweges. Dann ist der Ständerstreufluß der mitlaufenden Ständererregung gleich $\Lambda_{s1} \cdot I/2$. Dazu kommt zunächst der von der gegenlaufenden Ständererregung erzeugte Ständerstreufluß, der ebenfalls gleich $\Lambda_{s1} \cdot I/2$ ist. Weiter kommt dazu der nach Bild 465 ebenfalls von der gegenlaufenden Ständererregung erzeugte Läuferstreufluß, der wie beim vollständigen Kurzschluß eines Drehstrommotors dieselbe Phase hat wie der Ständerstrom. Er durchdringt nacheinander die Widerstände $1/\Lambda$ des Luftweges und $1/\Lambda_{s2}$ des Streuweges, also den Gesamtwiderstand $1/\Lambda + 1/\Lambda_{s2}$. Er ergibt sich also zu

$$\frac{I}{2} : \left(\frac{1}{\Lambda} + \frac{1}{\Lambda_{s2}}\right) = \frac{I}{2} \cdot \frac{\Lambda \cdot \Lambda_{s2}}{\Lambda + \Lambda_{s2}}.$$

Die Summe der drei Streuflüsse, die wir jetzt alle der mitlaufenden Erregung zuschreiben wollen, ist dann in Bild 496

$$OD = \frac{I}{2}\left(2\,\Lambda_{s1} + \frac{\Lambda \cdot \Lambda_{s2}}{\Lambda + \Lambda_{s2}}\right).$$

Die Ständerstreuung wird dadurch angenähert dreimal so groß wie beim Drehstrommotor oder Transformator.

Wir erhalten dann in Bild 496 dieselben Flüsse wie in Bild 464. DA ist der mitlaufende Luftfluß, der die Summe aus den vom Ständer und Läufer einzeln erzeugten Luftflüssen DP und PA ist, DF der mitlaufende Läuferstreufluß, FA der Fluß im Läufer und OA der Fluß im Ständer. Wir setzen nun nach S. 271 $\eta_1 = \Lambda:(\Lambda+\Lambda_{s1})$ und $\eta_2 = \Lambda:(\Lambda+\Lambda_{s2})$ und erhalten: $OD = I/_2 \cdot \Lambda \cdot (2 - \eta_1 - \eta_1\eta_2)/\eta_1$. Demnach ist das Verhältnis des Luftflusses $DP = \Lambda \cdot I/2$ zu dem gesamten vom Ständer erzeugten Fluß

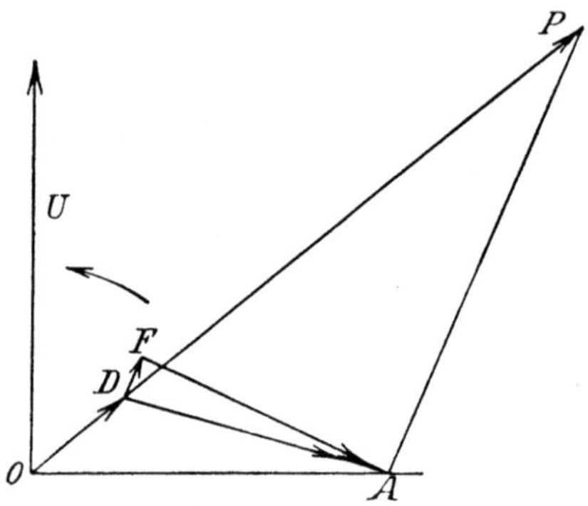

Bild 496. Flüsse des Einphasenmotors.

$$\eta' = \frac{DP}{OP} = \frac{DP}{OD+DP} = \frac{\eta_1}{2-\eta_1\eta_2}.$$

Wir haben nun η' statt η_1 einzuführen, sonst ist alles wie beim Drehstrommotor. P liegt also auch jetzt auf einem Kreise, für den sich nach S. 271 ergibt: $AB : OB = \eta' \cdot \eta_2 = \eta_1 \cdot \eta_2 : (2 - \eta_1\eta_2)$.

Dabei ist OP dem Strom $I/2$, also auch dem Strom I proportional, so daß wir für den Strom Bild 497 erhalten. Der Leerstrom OA bei geschlossenem Läufer, also beim Lauf, wird dann nach unserer Gleichung

$$OA = OB - AB = \frac{2 - 2\,\eta_1\,\eta_2}{2 - \eta_1\,\eta_2} \cdot OB.$$

Da $2 - \eta_1\eta_2$ wenig größer als Eins ist, so ist nach Gl. (9) auf S. 271 der Leerstrom beim Lauf fast doppelt so groß wie bei Stillstand mit offenem Läufer, der Leistungsfaktor ist also bei Betrieb sehr ungünstig.

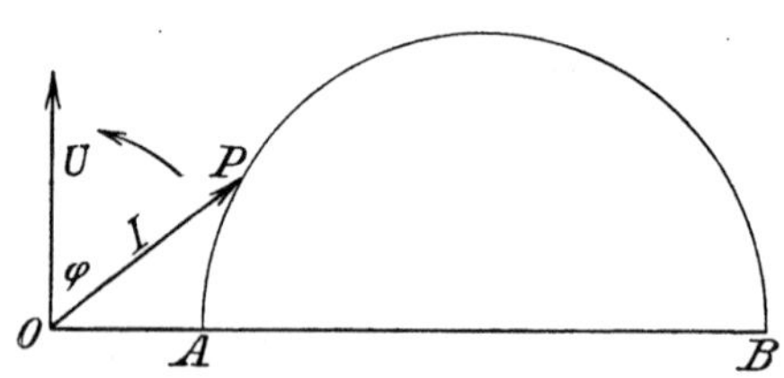

Bild 497. Strombild des Einphasenmotors.

Da die Schlüpfung beim widerstandslosen Läufer gleich Null ist, so bleibt die Drehzahl bei allen Belastungen dieselbe. Das Drehmoment ist also proportional der Leistung, d. h. der Senkrechten des Kreises. Die Überlastungsfähigkeit ist dabei viel geringer als beim Drehstrommotor.

Ein Angehen ist selbst bei Einschaltung von Widerstand in den Läuferkreis ausgeschlossen. Man erreicht das Angehen durch eine Hilfswicklung, die räumlich um 90⁰ gegen die Hauptwicklung versetzt ist. Sie wird durch einen Wechselstrom gespeist, dessen Phase gegen den Hauptstrom verschoben ist. Man erreicht dies durch die Schaltung nach Bild 498. Darin ist H die Hauptwicklung und W die Hilfswicklung, die mit der Hauptwicklung in Reihe geschaltet ist. In der Anlaufstellung A des Umschalters wird ein Ohmscher Widerstand R parallel zur Hilfswicklung gelegt. Ist U' die Spannung an der Hilfswicklung, so bleibt nach Bild 499 der Strom I' der induktiven Hilfswicklung gegen U' um 90⁰ zurück, während der Strom I'' des Ohmschen Widerstandes R in Phase mit U' ist. Die Summe beider Ströme ist der Strom der Hauptwicklung, der also gegen den Strom der Hilfsphase um den Winkel α verschoben ist. Der Motor läuft also als Zweiphasenmotor an, bei dem die beiden Stränge räumlich um 90⁰, zeitlich um den Winkel α verschoben sind.

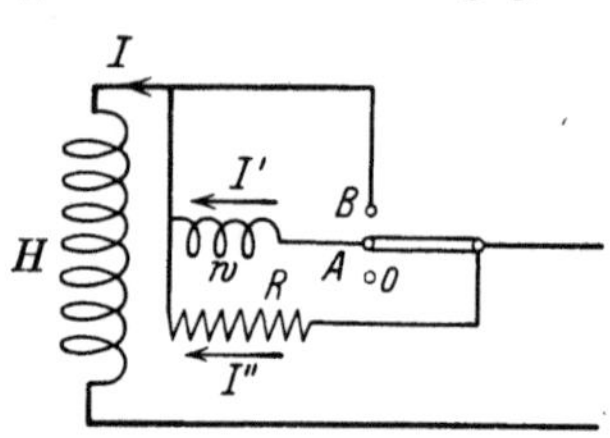

Bild 498. Schaltung für Anlauf.

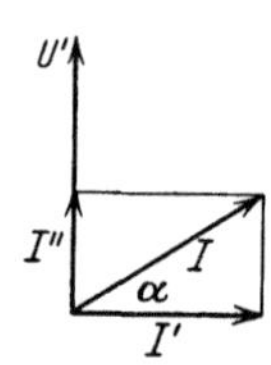

Bild 499. Ströme beim Anlauf.

In der Betriebsstellung B ist die Hilfswicklung abgeschaltet. Dabei muß, wie gezeichnet, die Verbindung zwischen Hilfswicklung und Widerstand unterbrochen sein, da das Drehfeld, das sich ausbildet, in der Hilfswicklung eine Spannung erzeugt, die einen Strom durch den Widerstand treiben würde.

Vielfach wird statt des Widerstandes auch ein Kondensator verwendet.

Einphasen-Aufzugsmotoren laufen als Stromwendermotoren an (vgl. Abschn. 141) und werden dann selbsttätig in Induktionsmotoren umgeschaltet.

Es ergibt sich ferner, daß auch bei Berücksichtigung des Läuferwiderstandes der Endpunkt des Strahles des Ständerstromes auf einem Kreise liegt (vgl. Thomälen, ETZ 1905, S. 1111). Dies folgt jedoch einfacher nach Abschn. 138 (vgl. Görges, ETZ 1903, S. 271).

138. Strombild auf Grundlage des Querfeldes.

Der Ständerstrom I, der nach Bild 500 sinusförmig verteilt sein möge, erzeugt zunächst durch Transformatorwirkung in der Wicklung des Läufers, die aus geschlossenen Schleifen vom Widerstand R bestehen möge, eine sinusförmig verteilte Läufererregung I_y, deren Achse feststeht und mit der Achse der Ständerwindungen gleichgerichtet ist. Wir lassen den Strom I_y in einer besonderen Wicklung fließen, die wir als die Y-Wicklung bezeichnen. Unter der Entgegenwirkung der Ströme I und I_y kommt im Läufer ein senkrechtes Feld mit dem Fluß Φ_y zustande.

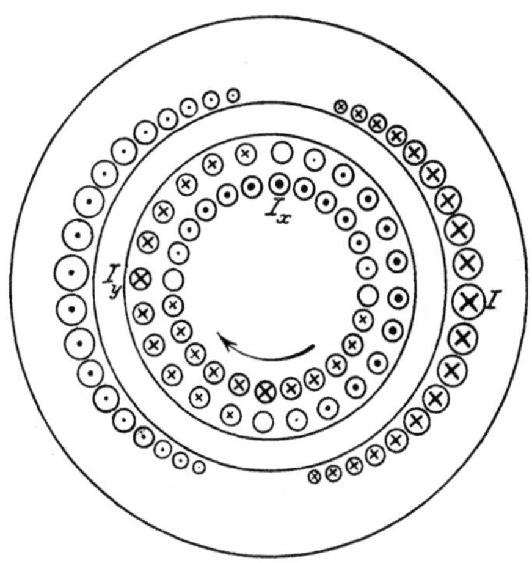

Bild 500. Stromverteilung im Einphasenmotor.

Dadurch, daß nun die Läuferdrähte bei ihrer Drehung das senkrechte Feld schneiden, wird in ihnen eine Spannung der Bewegung erzeugt, die einen Läuferstrom I_x zur Folge hat. Sein räumlicher und zeitlicher Höchstwert tritt in einer Windung auf, deren Achse in Bild 500 wagerecht ist, und die wir kurz als die X-Windung bezeichnen. Die sinusförmig verteilte Läufererregung I_x, deren Achse dauernd wagerecht ist, erzeugt im Läufer ein wagerechtes Feld mit dem Querfluß Φ_x, das räumlich um 90^0 gegen das senkrechte Feld verschoben ist.

Wir setzen den Ständerwiderstand gleich Null und erhalten für die Y-Wicklung ein Spannungsbild wie beim Transformator oder Drehstrommotor. Dabei ist unter Voraussetzung gleicher Windungszahl auf Ständer und Läufer im Ständerkreis in Bild 501:

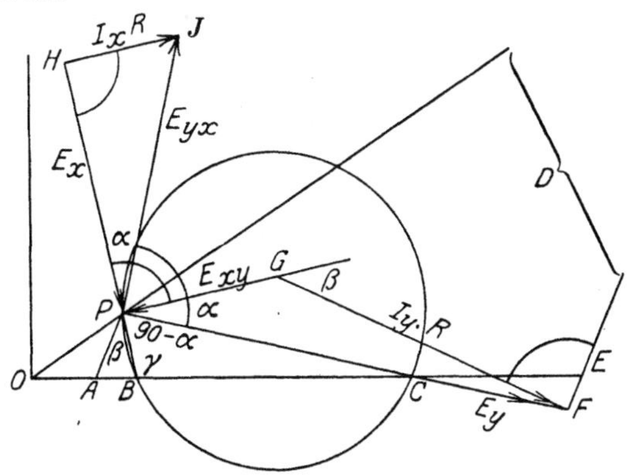

Bild 501. Spannungsbild des Einphasenmotors.

OP die Streuspannung des Ständers, OD die gesamte, vom Ständerstrom im Ständer erzeugte Spannung, DE die Spannung der gegenseitigen Induktion von Läufer auf den Ständer, und EO die feste Netzspannung.

In der Y-Wicklung des Läufers ergibt die Spannung der gegenseitigen Induktion PD und die Spannung der Selbstinduktion DF die Summe PF, die die vom Fluß Φ_y erzeugte Spannung der Ruhe E_y darstellt. Sie gibt mit der Spannung der Bewegung $GP = E_{xy}$, die durch den Fluß Φ_x geschaffen wird, den Ohmschen Spannungsverbrauch $GF = I_y \cdot R$.

In der X-Wicklung des Läufers ergeben die Spannung der Selbstinduktion $HP = E_x$ und die Spannung der Bewegung $PJ = E_{yx}$, die durch den Fluß Φ_y geschaffen wird, den Ohmschen Spannungsverbrauch $HJ = I_x \cdot R$.

Dabei ist GP parallel HJ und die mit einem Bogen bezeichneten Winkel sind gleich 90°. Wir ziehen dann PA parallel zu DE. Dann ergibt sich aus dem festen Verhältnis $PD:OD$, daß A ein fester Punkt ist. Ferner ist

$$\frac{AC}{CE} = \frac{PA}{EF} = \frac{PA}{DE} \cdot \frac{DE}{EF}.$$

Dies Verhältnis ist also ebenfalls konstant, d. h. C liegt ebenfalls fest.

Wir verlängern nun HP bis zum Schnittpunkt B mit OE. Dann wird durch wiederholte Anwendung des Sinussatzes, da die mit α bezeichneten und ebenso die mit β bezeichneten Winkel einander gleich sind:

$$\sin\beta = \frac{AB}{PA} \cdot \sin\gamma = \frac{PF}{I_y \cdot R} \sin\alpha \qquad \sin(90^{\circ} - \alpha) = \frac{BC}{PC} \cdot \sin\gamma.$$

Daraus folgt, indem wir $\operatorname{tg}\alpha$ bilden:

$$\frac{AB}{BC} = \frac{AP}{I_y \cdot R} \cdot \frac{PF}{PC} \cdot \operatorname{tg}\alpha.$$

Nun läßt sich leicht nachweisen, daß alle drei Faktoren der rechten Seite konstant sind, daß also auch B festliegt. P liegt dann auf einem Kreise mit dem Peripheriewinkel $90^{\circ} - \alpha$ über der festen Sehne BC.

Nun ist OP proportional dem Ständerstrom I_1. Demnach erhalten wir als Strombild ebenfalls einen Kreis, in welchem die Spannung U_1 in die Ordinatenachse fällt und OB der Leerlaufstrom ist, der sich nach Ausrechnung aller obigen Proportionalitäten ebenso groß ergibt wie im vorigen Abschnitt, und OC der ideelle Kurzschlußstrom ist. Je größer der Läuferwiderstand ist, desto mehr rückt der Kreismittelpunkt nach oben.

XXII. Einphasenmotoren mit Stromwender.

139. Die erzeugten Spannungen.

Der einphasige Induktionsmotor ist infolge seiner verhältnismäßig geringen Überlastbarkeit, seines ungünstigen Leistungsfaktors und wegen des Fehlens eines Anzugsmomentes für viele Zwecke ungeeignet. Er kommt z. B. für Bahnzwecke nicht in Frage. Der Drehstrommotor arbeitet günstiger. Seiner allgemeinen Verwendung für Bahnen stehen jedoch die Notwendigkeit mehrerer Oberleitungen und die Verluste bei der Regelung der Geschwindigkeit im Wege.

Der Bau von brauchbaren Einphasenmotoren mit Stromwender[1] ist daher als ein sehr wesentlicher Fortschritt zu betrachten. Diese Motoren vereinigen den Vorteil eines hohen Anzugsmomentes mit dem einfachen und verlustlosen Anlassen und Regeln, wozu ein Transformator mit Stufenschalter oder ein Induktionsregler verwendet wird.

Die Einphasenmotoren mit Stromwender lassen sich nur als Motoren mit Reihenschlußverhalten bauen, da bei Nebenschlußmotoren infolge der Selbstinduktion der Magnetwicklung eine Phasenverschiebung von fast 90° zwischen dem Magnetfluß und der Klemmenspannung auftreten würde. Da nun der Ankerstrom hauptsäch-

[1] Vgl. Osnos, ETZ 1904, S. 1; Eichberg, ETZ 1904, S. 75 und Pichelmayer, ETZ 1904, S. 464.

lich Wirkstrom ist und fast dieselbe Phase hat wie die Klemmenspannung, so ist er gegen den Magnetfluß zeitlich ebenfalls fast um 90^0 verschoben. Das Drehmoment wäre also sehr gering.

Um die Wirkungsweise der Motoren verfolgen zu können, berechnen wir zunächst die Spannungen der Ruhe und der Bewegung, die im Anker ereugt werden, und zwar für den allgemeinen Fall, daß die Achse der Stromwindungen des Ankers um den Winkel α gegen die Achse der Ständerwindungen verschoben ist. Dabei soll eine gleichmäßig verteilte Ständerwicklung angenommen werden (Bild 502). Die Eisensättigung sei gering, was allerdings in Wirklichkeit nicht zutrifft.

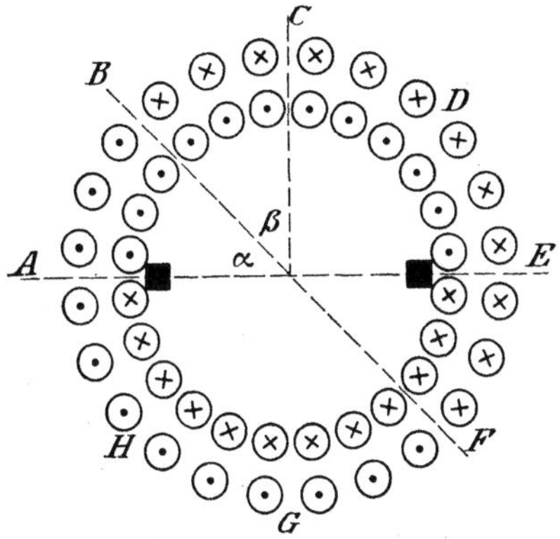

Bild 502. Verteilte Ständer- und Läuferwicklungen (Achsen um den Winkel α verschoben).

Wir berechnen zunächst die gegenseitige Induktivität zwischen Ständer und Anker. In Bild 503 ist der Umfang gerade gestreckt. Die Spulenbreite BF des Ständers sei wie der Bürstenabstand des Ankers gleich der Polteilung. Die in Reihe geschaltete Drahtzahl einer Polteilung sei auf dem Ständer gleich s_1, auf dem Anker gleich s_2. Sind z_1 und z_2 die gesamten Drahtzahlen auf Ständer und Anker, so berechnet sich bei $2p$ Polen und $2a_1$ bzw. $2a_2$ nebeneinander geschalteten Stromzweigen

$$s_1 = \frac{z_1}{2p \cdot 2a_1} \qquad s_2 = \frac{z_2}{2p \cdot 2a_2}.$$

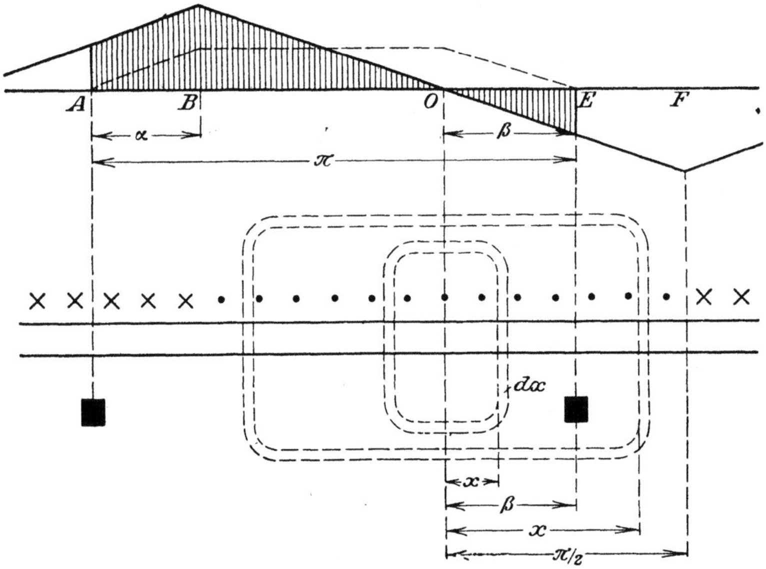

Abb. 503. Vom Ständer erzeugter Fluß, den Anker durchsetzend.

Der magnetische Leitwert des Luftzwischenraumes sei Λ. Er ergibt sich bei der Polfläche F, dem doppelten Luftspalt l und der magnetischen Leitfähigkeit Π_0 der Luft nach Gl. (9) auf S. 31 zu $\Lambda = \Pi_0 \cdot F/l$.

Wir betrachten in Bild 503 die Bogenbreite dx im Abstand x von der Mitte O der Wicklungsbreite des Ständers. Da die Polteilung dem Bogen π entspricht, so ist der Leitwert des Bogens dx gleich $\Lambda \cdot dx/\pi$. Zwischen den Grenzen 0 und $\beta =$

$\pi/2 - \alpha$ umschließen die vom Ständer erzeugten Feldlinien, die den Bogen dx durchsetzen, auf dem Ständer die Drahtzahl $s_1 \cdot 2x/\pi$ und auf dem Anker die Drahtzahl $s_2 \cdot 2x/\pi$. Der Bogen zwischen 0 und β liefert also nach Gl. (22) auf S. 42 zur gegenseitigen Induktivität den Anteil

$$M' = \int_0^\beta s_1 \cdot \frac{2x}{\pi} \cdot s_2 \cdot \frac{2x}{\pi} \cdot \Lambda \cdot \frac{dx}{\pi}.$$

Zwischen den Grenzen β und $\pi/2$ umfassen die vom Ständer erzeugten Feldlinien, die einen Bogen dx durchsetzen, auf dem Ständer zwar, wie oben, die Drahtzahl $2x \cdot s_1/\pi$, auf dem Anker dagegen nur die Drahtzahl $2\beta \cdot s_2/\pi$. Die übrigen Drähte des Ankers gehören zu Windungen, die in ihren beiden Spulenseiten entgegengesetzt induziert werden. Der Bogen zwischen β und $\pi/2$ liefert also zur gegenseitigen Induktivität den Beitrag

$$M'' = \int_\beta^{\pi/2} \frac{2x \cdot s_1}{\pi} \cdot \frac{2\beta \cdot s_2}{\pi} \cdot \Lambda \cdot \frac{dx}{\pi}.$$

Bei $2p$ Polen haben wir die $2p$fache Induktivität. Wir integrieren, summieren beide Teile, vervielfachen mit $2p$ und setzen

$$k = 3\beta/\pi - 4\beta^3/\pi^3. \tag{1}$$

Dann erhalten wir die gegenseitige Induktivität zu

$$M = \tfrac{1}{3} k \cdot s_1 \cdot s_2 \cdot p \cdot \Lambda. \tag{2}$$

Daraus folgt nun in einfacher Weise die Selbstinduktivität L_1 und L_2 des Ständers und Ankers. Wir setzen $\alpha = 0$, also $\beta = \pi/2$, wodurch k den Wert Eins annimmt. Außerdem setzen wir beim Ständer s_1 statt s_2 und beim Läufer s_2 statt s_1 ein. Mit Berücksichtigung der Streuung (vgl. S. 271) erhalten wir dann

$$L_1 = \frac{M}{k \cdot \eta_1} \cdot \frac{s_1}{s_2} \quad (3) \qquad\qquad L_2 = \frac{M}{k \cdot \eta_2} \cdot \frac{s_2}{s_1}. \quad (4)$$

In diesen Gleichungen berücksichtigt η_1 bzw. η_2 die wirkliche Streuung und k die sogenannte doppelt verkettete Streuung, d. h. die unvollkommene Flußverkettung, die daher rührt, daß die Spulenseiten des Ständers und des Ankers um den Winkel α verschoben sind.

Wir berechnen nun die im Anker durch Bewegung erzeugte Spannung E_b. Ist Φ der zeitliche Höchstwert des Flusses, der zwischen zwei Ankerbürsten in den Anker tritt, so ist der Höchstwert der Spannung der Bewegung nach S. 74 $e_{b_m} = \Phi \cdot n \cdot z_2 \cdot p/a_2$.

Wir berechnen nun zunächst den Fluß Φ und tragen dazu im oberen Teil des Bildes 503 die Induktion des vom Ständerstrom erzeugten Feldes in Abhängigkeit vom Bogen x auf. Das Feld ist dreieckig, und sein räumlicher Höchstwert liegt bei B. Ist nun i_m der zeitliche Höchstwert des Ständerstromes im Außenleiter, so ist der räumliche und zeitliche Höchstwert der magnetischen Induktion

$$\mathfrak{B}_m = \Pi_0 \cdot s_1 \cdot i_m/l.$$

Wir bilden dann den Inhalt der gestreiften Fläche mit Berücksichtigung des Vorzeichens, indem wir von der ganzen Dreieckfläche $\mathfrak{B}_m \cdot \pi/2$ den doppelten Inhalt des Dreiecks unter OE, also $\beta \cdot \mathfrak{B}_m \cdot \beta : \pi/2$ abziehen. Statt dessen können wir auch davon ausgehen, daß die auf dem Bogen $BD = 2\beta$ in Bild 502 liegenden Ständerdrähte kein Feld erzeugen, das für die Spannung der Bewegung in Betracht kommt. Das senkrechte Feld, durch das die Spannung der Bewegung erzeugt wird, wird allein von den Ständerwindungen auf dem Bogen $DF = 2\alpha$ geschaffen. Dies Feld ist trapezförmig und hat die durch die gestrichelte Kurve in Bild 503 angegebene Form. Das Trapez ist symmetrisch, die rechte Ecke liegt also im allgemeinen nicht über O.

Die Fläche zwischen der gestrichelten Feldkurve und der Wagerechten ergibt sich dann wie oben gleich $\mathfrak{B}_m(\pi/2 - \beta^2 \cdot 2/\pi)$.

Wir vervielfachen diese Fläche mit dem Verhältnis der Polfläche F zum Bogen π und erhalten mit den obigen Werten von Λ und $\mathfrak{B}_m$ den zeitlichen Höchstwert des von den Ankerdrähten geschnittenen Flusses zu

$$\Phi = \Lambda/_2 \cdot s_1 \cdot i_m (1 - 4\beta^2/\pi^2).$$

Das Verhältnis der Drehzahl n zur synchronen Drehzahl f/p setzen wir nun gleich v. Ferner lösen wir die Gleichung für s_2 in S. 297 nach z_2 auf. Dadurch wird

$$p \cdot n = v \cdot f = v \cdot \omega/2\pi \quad \text{und} \quad z_2 = 4p \cdot a_2 \cdot s_2.$$

Die berechneten Werte von Φ, $p \cdot n$ und z_2 setzen wir in die Gleichung für e_{b_m} ein und nehmen auf beiden Seiten den Effektivwert. Die Spannung der Bewegung wird dadurch

$$E_b = \frac{\Lambda}{2} \cdot s_1 \cdot I_1 \left(1 - 4\frac{\beta^2}{\pi^2}\right) \frac{v \cdot \omega}{2\pi} \cdot 4p \cdot s_2. \tag{5}$$

Wir setzen nun

$$h = (1 - 4\beta^2/\pi^2) \cdot 3/\pi$$

und berechnen mit Hilfe von Gl. (2) die Spannung der Ruhe E_{12} durch gegenseitige Induktion vom Ständer auf den Läufer. Sie ergibt sich zu

$$E_{12} = M\omega I_1 = {}^1/_3 k \cdot s_1 s_2 \cdot p \cdot \Lambda \cdot \omega \cdot I_1.$$

Demnach ist

$$E_b/E_{12} = v \cdot h/k. \tag{6}$$

Wenn die Ständerwicklung nur einen Teil, z. B. $^2/_3$ der Polteilung einnimmt, so sind die Induktivitäten in ähnlicher Weise zu berechnen.

140. Der Reihenschlußmotor für Wechselstrom.

Der Reihenschlußmotor für Wechselstrom unterscheidet sich, abgesehen davon, daß das Magnetgestell aus Blechen zusammengesetzt sein muß, grundsätzlich nicht von einem Hauptschlußmotor für Gleichstrom. Leiten wir Wechselstrom in einen für Gleichstrom gebauten Hauptschlußmotor, so kehrt sich der Strom im Anker und in der Magnetwicklung gleichzeitig um, und das Drehmoment hat während der ganzen Periode des Wechselstromes stets dieselbe Richtung.

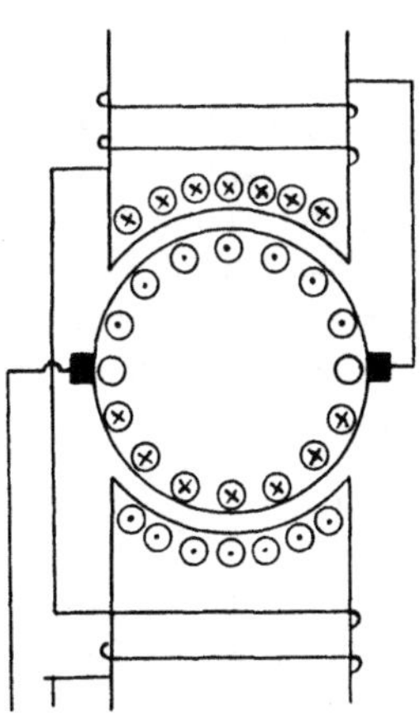

Bild 504. Reihenschlußmotor mit Querwicklung.

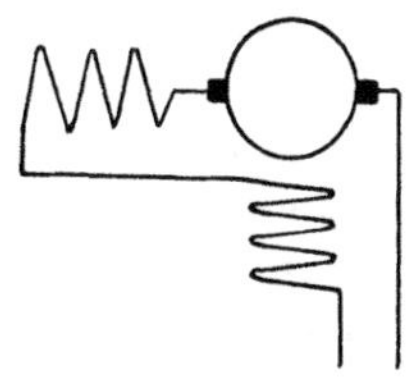

Bild 505. Querwicklung in Reihe mit dem Anker.

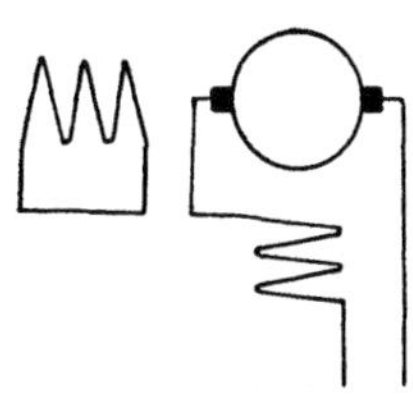

Bild 506. Querwicklung kurz geschlossen.

Damit die Phasenverschiebung zwischen Strom und Spannung gering wird, muß die magnetische Wirkung des Ankerstromes durch eine Kompensations- oder Querwicklung aufgehoben werden (Bild 504). Die Querwicklung kann nach Bild 505 mit der Magnet- und Ankerwicklung in Reihe geschaltet werden. Sie kann aber auch nach Bild 506 in sich kurz geschlossen werden, wobei ihr Strom durch Transformatorwirkung vom Anker aus erzeugt wird. Der Anker stellt dann die erste Wicklung eines Reihentransformators dar, dessen zweite Wicklung in sich kurzgeschlossen ist. Abgesehen von der Streuung, wird keine Spannung der Ruhe erzeugt, da die Ströme beider Wicklungen sich gegenseitig aufheben.

Bei großen Motoren sind Kompensationswicklung und die stets vorhandene Wendepolwicklung getrennt. Bei kleinen Motoren fehlt die Kompensationswicklung. Dafür wird dann die Wendepolwicklung entsprechend stark bemessen.

Wir zeichnen nun in Bild 507 das Spannungsbild für den Reihenschlußmotor. Der Strom werde durch den mit I bezeichneten Strahl dargestellt. Ist $L\omega$ die Summe aus dem induktiven Widerstand der Magnete und dem Streuwiderstand der Anker- und Querwicklung, und R der gesamte Ohmsche Widerstand, so ist OA, um 90^0 gegen den Strom voreilend, gleich dem induktiven Spannungsverbrauvh $I \cdot L\omega$ und AP, in Phase mit dem Strome, gleich $I \cdot R$. Der Strahl $OP = I \cdot \sqrt{R^2 + L^2\omega^2}$ stellt dann den gesamten Spannungsverlust dar. Dazu fügen wir die Spannung PB hinzu, die der durch Bewegung erzeugten Spannung das Gleichgewicht hält. Diese durch Bewegung erzeugte Spannung ist am größten, wenn der Fluß, also auch der den Fluß erzeugende Strom, am größten ist. Sie ist wie beim Gleichstrommotor dem Strom entgegengerichtet. Die Spannung PB, die ihr das Gleichgewicht hält, ist also in Phase mit dem Strom. Die Summe OB aller Spannungen ist dann die Klemmenspannung U, die dem Strome um φ voreilt.

Nun ist $\operatorname{tg}\gamma = L\omega/R$, also unveränderlich. Demnach liegt P auf einem Kreise, in welchem $OB = U$ die Sehne über dem Bogen $\pi - \gamma$ ist. Ist OC der Durchmesser, so

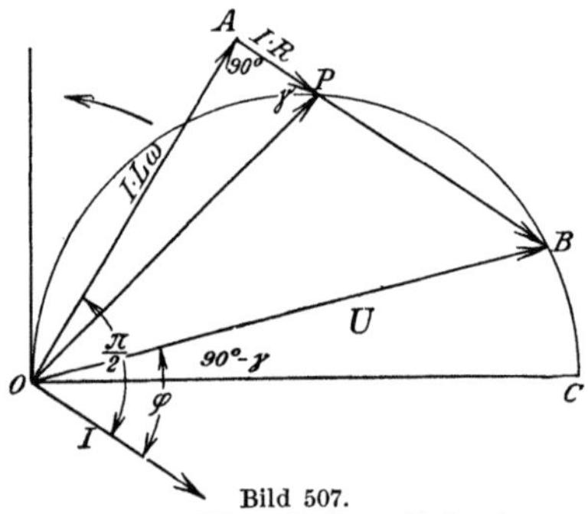

Bild 507.
Spannungsbild des Reihenschlußmotors.

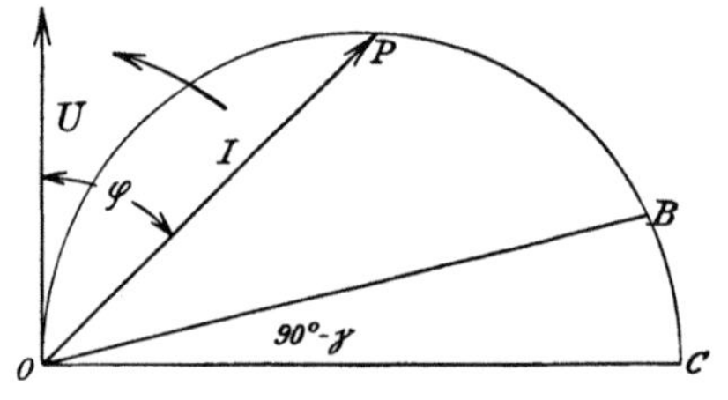

Bild 508.
Strombild des Reihenschlußmotors.

ist der Winkel COB gleich $\pi/2 - \gamma$, d. h. der Durchmesser OC ist gleich $U/\sin\gamma$. Der Durchmesser ist in der Zeichnung wagerecht gelegt. Nun sind BOC und POA beide gleich $\pi/2 - \gamma$. Demnach ist POC gleich AOB, also gleich $\pi/2 - \varphi$. OP bleibt also um φ gegen die senkrechte Achse zurück.

Wir teilen nun alle Strahlen durch $\sqrt{R^2 + L^2\omega^2}$ und erhalten dadurch Bild 508, in welchem der Strahl OP den Strom I darstellt. Der Endpunkt P liegt dann auf einem Kreise mit dem Durchmesser

$$OC = \frac{U/\sin\gamma}{\sqrt{R^2 + L^2\omega^2}} = \frac{U}{L\omega}.$$

Der Strahl $OB = U/\sqrt{R^2 + L^2\omega^2}$ ist der Kurzschlußstrom. Da OP um den Winkel φ gegen die senkrechte Achse zurückbleibt, so liegt der Strahl der Spannung U im Strombild in dieser Achse.

Das Drehmoment ist dem Fluß und der Stromstärke, also bei geringer Sättigung dem Quadrate der Stromstärke proportional.

Die Drehzahl ergibt sich, abgesehen von einem Festwert, wenn wir in Bild 507 die Spannung der Bewegung $E_b = BP$ durch den Fluß teilen. Wenn wir die allerdings bei Vollbelastung nicht zutreffende Annahme machen, daß die Sättigung gering ist, so ist der Fluß dem Strahl OP proportional. Die Drehzahl ist also dem Verhältnis $BP:OP$, d. h. unter Vernachlässigung des Widerstandes R dem Werte $\cot\varphi$ proportional. Mit wachsender Drehzahl nimmt also der Leistungsfaktor $\cos\varphi$ zu. Das erklärt sich auch daraus, daß dabei der Wirkstrom im Verhältnis zum Blindstrom zunimmt und P in Bild 508 nach links rückt. Der Motor arbeitet also günstig bei übersynchronem Lauf.

Tragen wir die Stromstärke aus Bild 508 wagerecht und das Drehmoment und die Drehzahl senkrecht auf, so erhalten wir ähnliche Kurven wie beim Hauptschlußmotor für Gleichstrom. Der Motor besitzt also die günstige Eigenregelung (vgl. S. 115).

Wie beim Gleichstrommotor tritt in der durch die Bürsten kurzgeschlossenen Spule eine Spannung der Selbstinduktion auf, die der Stromstärke und Drehzahl proportional ist. Da es sich um einen Wechselstrom handelt, so ändert sich die Spannung der Selbstinduktion mit dem Zeitwert des Stromes. Sie ist am größten, wenn in der Spule, die sich gerade unter der Bürste befindet, der Höchstwert des Stromes umzukehren ist. Die Selbstinduktionsspannung hat also in unserem Falle ausnahmsweise gleiche Phase mit dem Strom. Sie läßt sich durch Wendepole in ähnlicher Weise aufheben wie bei Gleichstrommaschinen.

Gleichzeitig wird in der kurzgeschlossenen Spule, die vom Magnetfluß durchsetzt wird und gegenüber der Magnetwicklung die zweite Wicklung eines Transformators bildet, eine Spannung der Ruhe erzeugt. Diese bleibt um 90° hinter dem Fluß zurück und ist diesem und der Frequenz proportional. Beim Anfahren ist sie am größten, weil dabei der Strom, also auch der Magnetfluß am größten ist.

Die in der kurzgeschlossenen Spule erzeugte Spannung der Ruhe verursacht einen starken Kurzschlußstrom, der Bürstenfeuer zur Folge haben kann. Man muß daher dafür sorgen, daß die Spannung der Ruhe möglichst gering ist, und wählt daher den Fluß und die Frequenz entsprechend niedrig. Reihenschlußmotoren arbeiten daher mit 15 oder $16^2/_3$ Perioden. Auch empfiehlt sich die Verwendung von schmalen und harten Bürsten. Nötigenfalls sind Widerstände zwischen Ankerspulen und Stromwender einzubauen, die vielfach plattenförmig ausgeführt und wie die Stege eines Kommutators zwischen isolierenden Platten liegen, so daß das Ganze fast wie ein Kommutator aussieht.

Ein weiteres Mittel zur Aufhebung der Spannung der Ruhe in der kurzgeschlossenen Spule besteht in der Verwendung von Hilfspolen, die durch eine Nebenschlußerregung gespeist werden und im Grunde zu einem doppelt gespeisten Motor führen. Das von der Nebenschlußerregung erzeugte Feld des Hilfspols bleibt, wie der erzeugende Strom, wegen der Selbstinduktion der Nebenschlußerregung um 90° hinter der Klemmenspannung, also fast um 90° hinter dem Ständerstrom zurück. Es erzeugt in der kurzgeschlossenen Spule eine Spannung der Bewegung, die ebenfalls um etwa 90° hinter dem Strome zurückbleibt, also geeignet ist, die obenerwähnte Spannung der Ruhe aufzuheben. Dies geschieht allerdings nur bei einer bestimmten Drehzahl vollständig. Bei Stillstand ist die durch die Nebenschlußerregung der Hilfspole erzeugte Spannung der Bewegung auf jeden Fall Null, so daß gerade in dem wichtigsten Zeitraum, d. h. beim Anlassen, Kurzschlußströme unter den Bürsten nicht zu beseitigen sind. Ein und derselbe Hilfspol darf übrigens nicht gleichzeitig eine Hauptstromwicklung zur Schaffung des Wendefeldes und eine Nebenschlußwicklung für die Aufhebung der Transformatorspannung in der kurzgeschlossenen Spule tragen, da beide Wicklungen sich durch gegenseitige Induktion beeinflussen.

141. Der Repulsionsmotor.

Beim Repulsionsmotor wird der Strom, der die Zugkraft ausübt, dem Anker nicht durch die Bürsten zugeführt. Er wird in dem über die Bürsten kurzgeschlossenen Anker durch gegenseitige Induktion von einem Teil der Ständerwicklung, die wir als Querwicklung bezeichnen wollen, erzeugt und gleichzeitig von diesem Teil der

Wicklung kompensiert (Bild 509). Die Ständerwicklung zerfällt in die Querwicklung *BD* und die Erregerwicklung *DF*. In Wirklichkeit ergeben beide zusammen eine einzige Wicklung, deren Achse nach Bild 502 gegen die der Ankerwindungen verschoben ist. Die Ständerwicklung kann dabei nach Bild 502 gleichmäßig auf der ganzen Polteilung oder nur auf $^2/_3$ der Polteilung verteilt sein. Wie in Bild 509 stellt in Bild 502 *BD* die Querwicklung und *DF* die Erregerwicklung dar. In Bild 502 ergibt sich ein Drehmoment entgegen dem Uhrzeiger. Es hat stets die Richtung, in der die magnetische Achse des Ankers gegen die des Ständers verschoben ist. Unter dem Verschiebungswinkel ist dabei der spitze Winkel zu verstehen. Die Drehzahl läßt sich durch Bürstenverschiebung regeln.

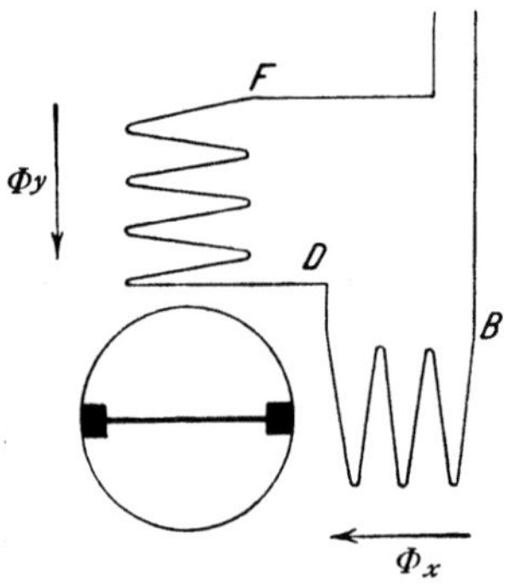

Bild 509.
Schaltbild des Repulsionsmotors.

Es ist aber zu beachten, daß Repulsionsmotoren aus einer Bürstenstellung angelassen werden, bei der die magnetischen Achsen des Ankers und Ständers um 90⁰ verschoben sind. Die induzierende Wirkung des Ständers auf den Anker ist dabei gleich Null und die Ständerwicklung stellt dabei eine reine Drosselspule dar. Infolge ihrer Selbstinduktion ist daher der Strom am kleinsten. Beim Anlassen werden dann die Bürsten in die Betriebsstellung verschoben, bei welcher die Achsen einen Winkel von etwa 10 bis 20⁰ bilden. Der Winkel der Verschiebung der Bürsten aus der Ruhelage ist dann der Komplementwinkel zum Achsenverschiebungswinkel, und der Motor dreht sich entgegen dem Sinne, in dem die Bürsten aus der Ruhelage verschoben werden. Zum Umsteuern werden die Bürsten in Ruhelage zurückgezogen und nach Stillstand des Motors im entgegengesetzten Sinne verschoben.

Will man die Ankerwicklung zu einem genauen Spiegelbild der Querwicklung machen, so daß sie in magnetischer Hinsicht nur einen gewissen Teil des Umfanges einnimmt, so kann man nach Bild 101 einen verkürzten Wicklungsschritt anwenden. Man kann aber auch, wie beim Dérimotor in Bild 510, Doppelbürsten anwenden. Nach Bild 510 sind dann nur die Abteilungen *BD* und *FH* des Ankers in Tätigkeit, während die Abteilungen *DF* und *BH* ausgeschaltet sind. Man erreicht dadurch eine bessere Entgegenwirkung des Ständer- und Ankerstromes in der Querrichtung, d. h. die Ankerstreuung wird kleiner.

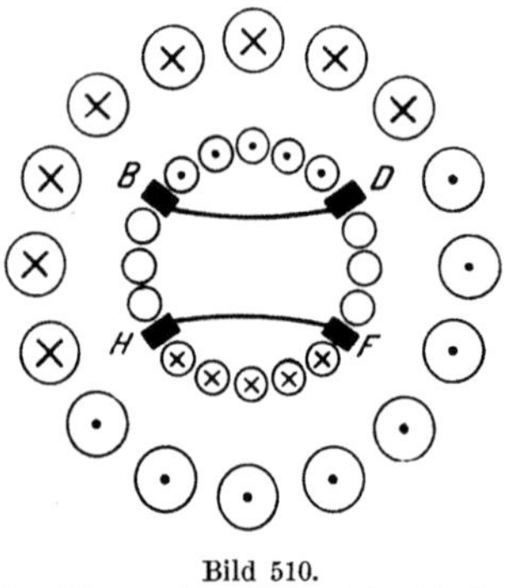

Bild 510.
Repulsionsmotor mit doppelten Bürsten.

Die Bürsten bei *D* und *H*, die in der magnetischen Achse des Ständers liegen, stehen fest, während die beiden anderen Bürsten beweglich sind. Bei Stillstand steht die bei *B* gezeichnete Bürste bei *D* und ebenso die bei *F* gezeichnete Bürste bei *H*, so daß der Anker offen ist. Beim Anlassen werden die Bürsten dann in die Betriebsstellung verschoben. Man kann dabei den Winkel α, den die Achsen des Ankers und Ständers bilden, besonders feinstufig verändern, da eine Vergrößerung der Verschiebung der Bürsten nur eine halb so große Vergrößerung der Verschiebung der magnetischen Achsen zur Folge hat. Die Drehzahl läßt sich auf diese Weise feinstufig regeln.

Wir wollen nun bei einem Motor mit einfachem oder doppeltem Bürstensatz den durch die Erregerwicklung *DF* des Ständers in Bild 509 oder 510 geschaffenen Erregerfluß Φ_y und den durch die Querwicklung *BD* zusammen mit dem Anker geschaffenen Transformatorfluß Φ_x nach Größe und Phase bestimmen. Wir brauchen dabei nach dem Vorgang von Görges den Kunstgriff, daß wir den Fluß Φ_y des räumlich senkrechten Feldes willkürlich durch einen Strahl darstellen, der in die senkrechte Achse fällt. Wir erreichen dies dadurch, daß wir den Strahl des Ständerstromes I_1, der den Fluß Φ_y erzeugt und gleiche Phase mit ihm hat, senkrecht nach oben gerichtet annehmen (Bild 511).

Der Erregerfluß Φ_y des senkrechten Feldes erzeugt im Anker eine Spannung E_b der Bewegung, die am größten ist, wenn der Ständerstrom I_1, der den Fluß Φ_y erzeugt, am größten ist. Da die durch Bewegung erzeugte Spannung, wie bei Gleichstrom, dem Ankerstrom wesentlich entgegengesetzt ist und Ankerstrom und Ständerstrom wesentlich entgegengesetzte Phase haben, hat die Spannung der Bewegung gleiche Phase mit dem Ständerstrom. Sie ist durch den Strahl E_b gegeben.

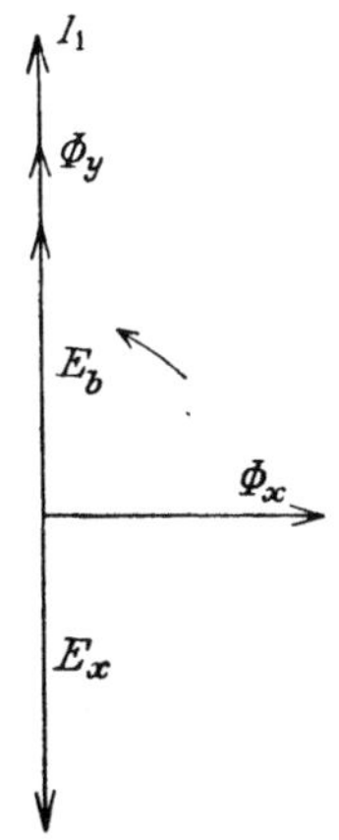

Bild 511. Flüsse und Spannungen des Repulsionsmotors.

Der Transformatorfluß Φ_x des wagerechten Feldes, das durch die Entgegenwirkung der Ständerabteilung BD und des erzeugten Ankerstromes zustande kommt, erzeugt in der kurzgeschlossenen Ankerwicklung eine Spannung der Ruhe E_x, die unter Vernachlässigung des Ankerwiderstandes der Spannung der Bewegung das Gleichgewicht hält. Ihr Strahl ist also senkrecht nach unten gerichtet. Da sie um 90° hinter dem Fluß Φ_x zurückbleibt, so ist der Strahl dieses Flusses wagerecht nach rechts gerichtet. Die beiden räumlich um 90° verschobenen Flüsse haben also auch eine zeitliche Verschiebung von 90°, d. h. der Repulsionsmotor besitzt ein Drehfeld. Daß der Strahl Φ_x wagerecht liegt, erleichtert wieder die Übersicht.

Nun wird die Spannung der Ruhe E_x von dem Fluß Φ_x bei einer der synchronen Drehzahl f/p entsprechenden Frequenz erzeugt. Dagegen wird die Spannung der Bewegung E_b durch den Fluß Φ_y bei der Drehzahl n erzeugt. Wir werden keinen großen Fehler machen, wenn wir die Spannungen dem Produkt aus Fluß und Drehzahl proportional setzen. Da beide Spannungen gleich sind, so folgt mit Einführung von v aus S. 299

$$\Phi_x \cdot f/p = \Phi_y \cdot n, \qquad \text{d. h.} \quad \Phi_x = v \cdot \Phi_y. \tag{7}$$

Für synchronen Lauf, d. h. für $v = 1$ sind also die beiden Flüsse gleich, und das Drehfeld ist vollkommen. Bei Stillstand ($v = 0$) ist das wagerechte Feld gleich Null, weil dabei, wie beim Anlauf eines kurzgeschlossenen Drehstrommotors, das ganze wagerechte Feld durch die Gegenwirkung des Ankerstromes aus dem Anker heraus und in den Streuweg gedrängt wird. Bei großer Drehzahl überwiegt nach der obigen Gleichung das wagerechte Feld bedeutend über das senkrechte Erregerfeld.

Wir zeichnen nun das Spannungs- und Strombild. Der Ständerstrom sei in Bild 512 durch den mit I_1 bezeichneten Strahl gegeben. Die Spannung der Selbstinduktion $E_{11} = OP$, die der Ständer auf sich selbst erzeugt, bleibt um 90° hinter dem Ständerstrom zurück. Sie bildet mit der Spannung E_{21} der gegenseitigen Induktion vom Anker auf den Ständer eine Summe OA, die unter Vernachlässigung des Ständerwiderstandes der Klemmenspannung $AO = U$ entgegengerichtet ist. In der Zeichnung falle der Strahl AO der Klemmenspannung wagerecht nach links. OP bleibt dann hinter der senkrechten Achse um denselben Winkel φ zurück, um den der Strom I_1 hinter der Spannung U zurückbleibt.

Die Spannung E_{12} der gegenseitigen Induktion vom Ständer auf den Anker hat dieselbe Phase wie die Spannung E_{11}, da sie durch denselben Strom geschaffen wird. Sie bildet mit der Spannung E_{22} der Selbstinduktion des Ankers, die wieder gleiche Phase mit E_{21} hat, eine Summe OC, die unter Vernachlässigung des Ankerwiderstandes der Spannung E_b der Bewegung das Gleichgewicht hält. Da die Spannung der Bewegung dieselbe Phase hat wie der Fluß und der Strom, so fällt E_b in die Richtung des Stromes I_1, d. h. der Winkel COP ist gleich 90°.

Wir ziehen nun PB in Richtung von OC und verlängern PA bis D. Wir benutzen dann die Gleichungen: $E_{11} = L_1 \omega I_1$, $E_{22} = L_2 \omega I_2$, $E_{12} = M \omega I_1$ und $E_{21} = M \omega I_2$ und erhalten:

$$\frac{AB}{OB} = \frac{E_{21}}{PD} = \frac{E_{21}}{E_{22} \cdot E_{11}/E_{12}} = \frac{M^2}{L_1 \cdot L_2}.$$

Da AO die feste Klemmenspannung ist, so sind auch AB und OB fest. Da ferner OPB gleich 90° ist, so liegt P auf einem Kreise durch O, dessen Mittelpunkt auf der Verlängerung von OA liegt.

Wir teilen nun alle Strahlen durch $L_1 \omega$. Der Strahl OP stellt dann in Bild 513 unmittelbar den Ständerstrom I_1 dar, und sein Endpunkt liegt, wie in Bild 512, auf einem Kreise. Ist I_0 der Leerstrom bei offenem Anker oder bei einer Verschiebung der magnetischen Achsen um 90°, so gilt die Gleichung $U = L_1 \omega I_0$. Da wir $OA = U$

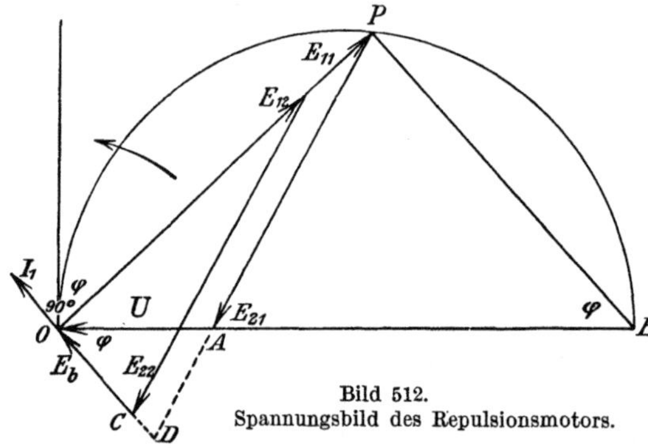

Bild 512.
Spannungsbild des Repulsionsmotors.

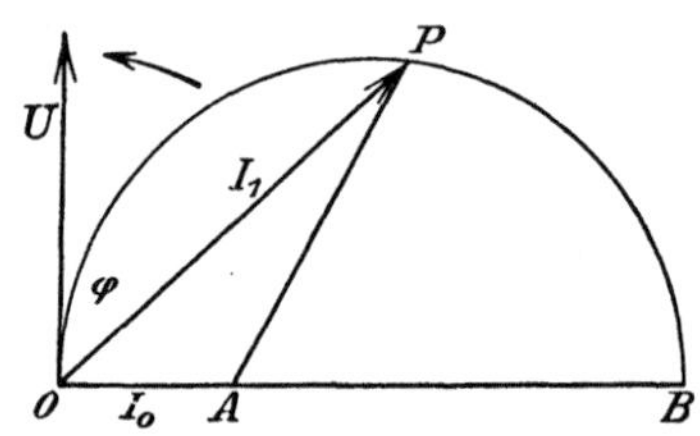

Bild 513.
Strombild des Repulsionsmotors.

ebenfalls durch $L_1 \omega$ geteilt haben, so haben wir im Strombild in OA den Leerstrom I_0 erhalten. Das obige Verhältnis $AB:OB$ gibt uns dann den Durchmesser. Es ist bemerkenswert, daß dasselbe Verhältnis bei der Ermittlung des Strombildes des Drehstrommotors und bei der Berechnung der doppelt verketteten Streuung auftrat. Tatsächlich berücksichtigen unsere berechneten Induktivitäten auf S. 298 sowohl die wirkliche Streuung als auch die ungünstige Flußverkettung infolge Verschiebung der magnetischen Achsen, die als doppelt verkettete Streuung wirkt.

Den Ankerstrom I_2 erhalten wir aus der Beziehung, daß im Strombild $PA = E_{21}/L_1 \omega = I_2 \cdot M \omega / L_1 \omega$ wird.

Nehmen wir nun eine auf der ganzen Polteilung verteilte Ständerwicklung an, so folgt die Drehzahl nach Gl. (6) aus der Beziehung:

$$\frac{v \cdot h}{k} = \frac{E_b}{E_{12}} = \frac{OD}{E_{11}} = \frac{OD}{PB} \cdot \frac{PB}{E_{11}}.$$

Nun ist $OD/PB = OA/AB = (L_1 L_2 - M^2)/M^2$ und $PB/E_{11} = \cot\varphi$. Demnach wird $v \cdot h/k = \cot\varphi \cdot (L_1 L_2 - M^2)/M^2$. Die Drehzahl ist also $\cot\varphi$ proportional.

Endlich berechnen wir noch das Drehmoment aus der Gleichung:

$$M = \frac{U \cdot I_1 \cdot \cos\varphi}{2\pi \cdot n}.$$

Wir setzen wie früher n gleich $v \cdot f/p$ und führen für v den soeben ermittelten Wert ein. Dann folgt, daß das Drehmoment proportional $I_1 \cdot \sin\varphi$, d. h. proportional der Projektion des Strahles OP des Ständerstromes auf die wagerechte Achse ist. Nach einem bekannten Satz der Planimetrie ist das Drehmoment dann auch proportional dem Quadrat des Ständerstromes. Dabei ist die Sättigung gering angenommen, was allerdings der Wirklichkeit nicht entspricht.

In Bild 514 ist nun die Stromstärke wagerecht und der Leistungsfaktor, die Geschwindigkeit und das Drehmoment in mkg senkrecht aufgetragen, und zwar für Achsenverschiebungswinkel $\alpha = 10^0$, 20^0 und 30^0. Der Einfachheit wegen wurde dabei I_0 und $p \cdot U/f = 1$ und $(L_1 L_2 - M^2)/M^2 = 0{,}2$ angenommen. Man erkennt, daß auch der Repulsionsmotor sich ähnlich verhält wie ein Hauptschlußmotor für Gleichstrom.

Werfen wir nun einen Blick auf den Vorgang der Stromwendung. Zunächst tritt eine Selbstinduktionsspannung in der kurzgeschlossenen Spule auf, die der Drehzahl proportional ist. Diese Selbstinduktion wirkt in derselben Weise wie beim Gleichstrommotor.

Außerdem wird in der kurzgeschlossenen Spule eine Spannung der Bewegung im Fluß Φ_x erzeugt, die gleiche Phase mit diesem Fluß hat, und eine Spannung der Ruhe durch den Fluß Φ_y, die um 90^0 hinter diesem Fluß zurückbleibt. Daraus folgt nach Bild 511, daß die Spannungen der Ruhe und der Bewegung in der kurzgeschlossenen Spule sich entgegenwirken. Beim Gleichlauf heben sie sich vollständig auf, da $v = 1$ ist und nach S. 303 beide Flüsse gleich werden. Wir können die Verhältnisse beim Gleichlauf auch so auffassen, daß dabei ein vollkommenes Drehfeld entsteht, das sich ebenfalls im Gleichlauf dreht und daher auf die kurzgeschlossene Spule keinen Einfluß ausübt. In diesem Falle bleibt also nur die Selbstinduktion der kurzgeschlossenen Spule übrig.

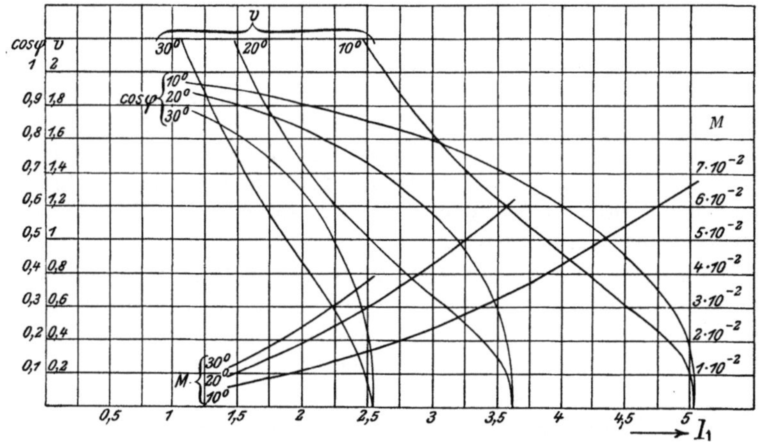

Bild 514. Drehmoment, Geschwindigkeit und Leistungsfaktor in Abhängigkeit von der Stromstärke.

Bei einer Geschwindigkeit, die kleiner ist als beim Gleichlauf, überwiegt der senkrechte Erregerfluß Φ_y. Es läßt sich dann zeigen, daß die von ihm in der kurzgeschlossenen Spule erzeugte Spannung der Ruhe die Selbstinduktion der kurzgeschlossenen Spule zum Teil aufhebt. Der Repulsionsmotor ist also in bezug auf funkenlose Stromwendung bei untersynchroner Geschwindigkeit günstig gestellt.

Ist die Geschwindigkeit größer als beim Gleichlauf, so ist der Fluß Φ_x nach S. 303 größer als der Fluß Φ_y. Da gleichzeitig $v > 1$ ist, so überwiegt in der kurzgeschlossenen Spule die Spannung der Bewegung bedeutend über die der Ruhe. Weiter ist zu beachten, daß die außerdem noch auftretende Spannung der Selbstinduktion der kurzgeschlossenen Spule bei der großen Geschwindigkeit, mit der die Stromwendung bei hoher Drehzahl vor sich geht, besonders groß ist. Es läßt sich außerdem nachweisen, daß sie sich zu der Spannung der Bewegung in der kurzgeschlossenen Spule unter einem um so kleineren Winkel hinzufügt, je größer die Geschwindigkeit ist.

Bei hoher Drehzahl wirken also drei ungünstige Umstände zusammen. Zunächst ist die Geschwindigkeit zu groß, weiter ist der Fluß Φ_x zu groß, und endlich fügen sich die Spannungen der Selbstinduktion und der Bewegung unter einem spitzen Winkel aneinander. Beide werden durch die Spannung der Ruhe, die in der Spule durch den Fluß Φ_y erzeugt wird, nur unvollkommen aufgehoben.

142. Der Eichberg-Motor und der Latour-Motor.

Der Eichberg-Motor und der Latour-Motor unterscheiden sich grundsätzlich dadurch von dem Repulsionsmotor, daß sie nach Bild 515 mit Hilfe des Ständerstromes I, der dem Anker zugeführt wird und einen senkrechten Fluß Φ_y erzeugt, vom Anker aus erregt werden. Bei der wirklichen Ausführung wird in der Regel der Anker nicht, wie in Bild 515, unmittelbar durch den Ständerstrom I, sondern von der zweiten Wicklung eines Transformators gespeist, dessen erste Wicklung mit den Ständerwindungen in Reihe geschaltet ist. Das Übersetzungsverhältnis des Transformators ist veränderlich, um ein möglichst funkenfreies Anlaufen und eine Regelung der Drehzahl zu ermöglichen. Ist beim Transformator u das Verhältnis der Windungen der ersten und zweiten Wicklung, so ist der Strom I_y in der senkrechten Erregerwicklung gleich $u \cdot I$.

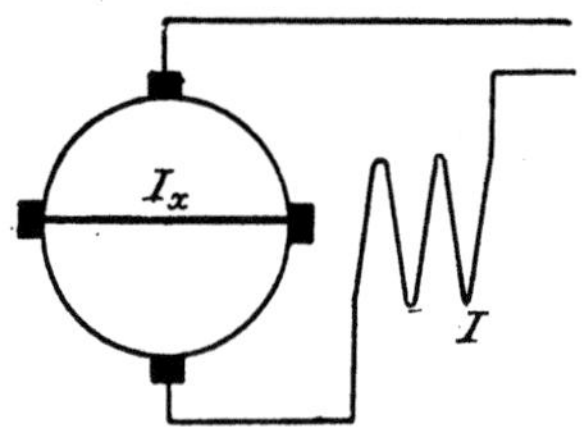

Bild 515. Grundsätzliche Schaltung des Eichberg-Motors und Latour-Motors.

Der die Zugkraft liefernde Ankerstrom I_x, dessen Windungen in der Zeichnung eine wagerechte Achse besitzen, wird wie beim Repulsionsmotor vom Ständer aus durch eine Spannung der Ruhe in dem über die Bürsten kurzgeschlossenen Anker erzeugt. Die Ankerwindungen mit wagerechter Achse bilden dabei die zweite Wicklung eines Transformators, dessen erste Wicklung durch die Ständerwindungen gebildet wird (Bild 516).

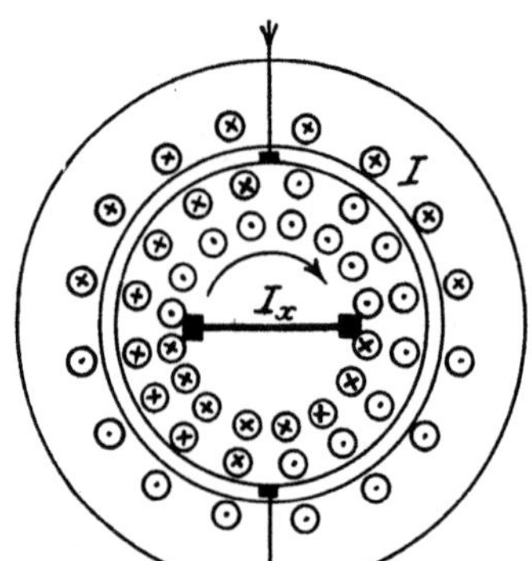

Bild 516. Stromverteilung im Eichberg-Motor.

Im Anker des Eichberg-Motors und Latour-Motors treten nun zwei Flüsse auf. Der senkrechte Fluß Φ_y wird vom Erregerstrom uI geschaffen und hat gleiche Phase mit diesem Strom. Er erzeugt in der Wicklung mit senkrechter Achse eine Spannung der Ruhe E_y, die um 90^0 hinter dem Fluß Φ_y zurückbleibt, und in der Wicklung mit der wagerechten Achse eine Spannung der Bewegung E_{yx}, die gleiche Phase mit dem Fluß Φ_y hat. Legen wir in Bild 517 den Strahl des Ständerstromes I und des Erregerstromes uI senkrecht nach oben, so liegt der Strahl der Spannung der Bewegung $E_{yx} = OF$ ebenfalls senkrecht nach oben und der Strahl der Spannung der Ruhe E_y wagerecht nach rechts.

Der wagerechte Fluß Φ_x wird durch die Entgegenwirkung des Ständerstromes I und des durch Transformatorwirkung von ihm erzeugten Ankerstromes I_x geschaffen. Er erzeugt in der kurzgeschlossenen wagerechten Ankerwicklung eine Spannung der Ruhe E_x, die unter Vernachlässigung des Wirkwiderstandes des Ankers der Spannung E_{yx} das Gleichgewicht hält. Ihr Strahl ist also senkrecht nach unten gerichtet und gleich FO. Da sie um 90^0 hinter dem Fluß Φ_x zurückbleibt, ist dieser wagerecht nach rechts gerichtet. Die beiden räumlich um 90⁰ verschobenen Flüsse haben also eine zeitliche Verschiebung von 90⁰, d. h. der Motor besitzt ein Drehfeld.

Der wagerechte Fluß Φ_x erzeugt nun außerdem in der senkrechten Wicklung des Ankers eine Spannung E_{xy} der Bewegung, die gleiche oder entgegengesetzte Phase hat wie der Fluß Φ_x. Wir können die sonst etwas unbequeme Entscheidung durch die Überlegung gewinnen, daß beim Gleichlauf das Drehfeld den Anker überhaupt nicht schneidet, also die Spannung E_{xy} der Bewegung und die Spannung E_y der Ruhe sich entgegenwirken. E_{xy} fällt also wagerecht nach links.

Im Ständer ist nun OB die an den Ständer gelegte Klemmenspannung, BD die vom Strom I erzeugte Spannung der Selbstinduktion $L_1 \omega I$, die um 90⁰ gegen I zurückbleibt, und DO die vom wagerechten Ankerstrom erzeugte Spannung der gegenseitigen Induktion $M \omega I_x$. Die drei Spannungen ergeben die Summe Null.

In der X-Wicklung des Läufers ist OF, in Phase mit dem Strom uI, die Spannung E_{yx} der Bewegung im Fluß Φ_y und FO die ihr entgegengesetzte Spannung der Ruhe E_x. Dabei ist FO die Summe aus der Spannung der gegenseitigen Induktion $M \omega I = FG$, die gegen den Ständerstrom I um 90⁰ zurückbleibt, und der mit $M \omega I_x$ phasengleichen Spannung $L_2 \omega I_x = GO$, die die wagerechte Ankerwicklung in sich selbst erzeugt.

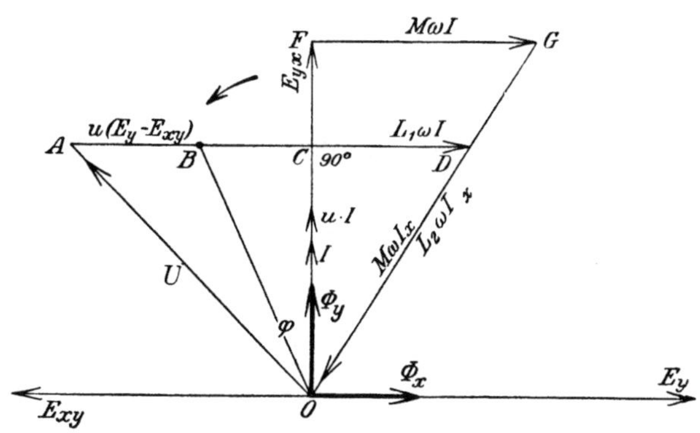

Bild 517. Flüsse u. Spannungen des Eichberg-Motors u. Latour-Motors.

In der Y-Wicklung des Läufers, d. h. in der Erregerwicklung, hält die den senkrechten Bürsten aufgedrückte Spannung der erzeugten Spannung $E_y - E_{xy}$ das Gleichgewicht und ist ihr entgegengesetzt gleich. Ist, wie in Bild 517, E_y größer als E_{xy}, so ist der Strahl der gesamten erzeugten Spannung von links nach rechts gerichtet, also die aufgedrückte Spannung von links nach rechts. Die Spannung an der ersten Wicklung des Transformators ist $u$mal so groß wie die der Erregerwicklung aufgedrückte Spannung, also in Bild 517 durch $BA = u(E_y - E_{xy})$ gegeben. Ist dagegen E_y kleiner als E_{xy}, so liegt A nicht links, sondern rechts von B. Stets ist die Spannung an den Erregerbürsten, d. h. am Transformator, gegenüber dem Strom I eine reine Blindspannung.

Die Netzspannung U ist dann die Summe aus der Ständerspannung OB und der Transformatorspannung BA, also gleich OA. Sie eilt dem Strom I um den Winkel φ voraus. Der Winkel wird negativ, wenn infolge hoher Drehzahl E_{xy} über E_y so stark überwiegt, daß B rechts von C zu liegen kommt.

Wir berechnen nun das Verhältnis der durch denselben Fluß erzeugten Spannung E_{xy} der Bewegung zur Spannung der Ruhe E_x. Obwohl diese Spannungen in verschiedenen Wicklungen erzeugt werden, können wir doch Gl. (6) anwenden. Wir müssen aber bei der Berechnung der Spannung der Bewegung, also des Faktors h, die Achsenverschiebung $\alpha = \pi/2$, also $\beta = 0$ setzen, dagegen bei Berechnung der Spannung der Ruhe, also des Faktors k, $\alpha = 0$, d. h. $\beta = \pi/2$ setzen. Dadurch wird $h = 3/\pi$ und $k = 1$, und wir erhalten nach Gl. (6): $E_{xy}/E_x = E_{yx}/E_y = v \cdot 3/\pi$. Demnach sind die beiden entgegengesetzt gleichen Spannungen in der X-Wicklung, da $E_y = L_2 \omega \cdot u \cdot I$ ist:

$$E_x = E_{yx} = v \cdot E_y \cdot 3/\pi = v \cdot L_2 \omega \cdot u \cdot I \cdot 3/\pi.$$

Die Spannung der Bewegung in der senkrechten Erregerwicklung wird

$$E_{xy} = vE_x \cdot 3/\pi = v^2 \cdot L_2\omega \cdot u \cdot I \cdot 9/\pi^2.$$

Wenn dann nach Bild 517 $CD = M\omega \cdot I \cdot M/L_2$ gesetzt wird, so ist

$$U \cdot \sin\varphi = u(E_y - E_{xy}) + L_1\omega \cdot I - I\omega M^2/L_2, \quad U \cdot \cos\varphi = E_{yx} \cdot M/L_2.$$

Wir führen für E_y, E_{xy} und E_{yx} die obigen Werte ein und setzen

$$(L_1 - M^2/L_2 + u^2 L_2)\omega = a \qquad u^2 \cdot L_2\omega \cdot 9/\pi^2 = b \qquad u \cdot M\omega \cdot 3/\pi = c.$$

Dann wird $U \cdot \sin\varphi = (a - bv^2)I$, $U \cdot \cos\varphi = c \cdot v \cdot I$ und $\operatorname{tg}\varphi = (a - bv^2)/cv$. Für jede Geschwindigkeit läßt sich also der Winkel φ und damit der Strom berechnen. Die Geschwindigkeit, bei welcher der Verschiebungswinkel φ gleich Null wird, ergibt sich aus der obigen Gleichung für $\operatorname{tg}\varphi$ zu $v_0 = \sqrt{a/b}$. Sie liegt oberhalb des Gleichlaufs. Ist die Geschwindigkeit noch größer, so wird der Verschiebungswinkel negativ. Dies beruht darauf, daß bei großer Geschwindigkeit die Spannung der Bewegung in der senkrechten Erregerwicklung über die entgegengesetzte Spannung der Ruhe über-

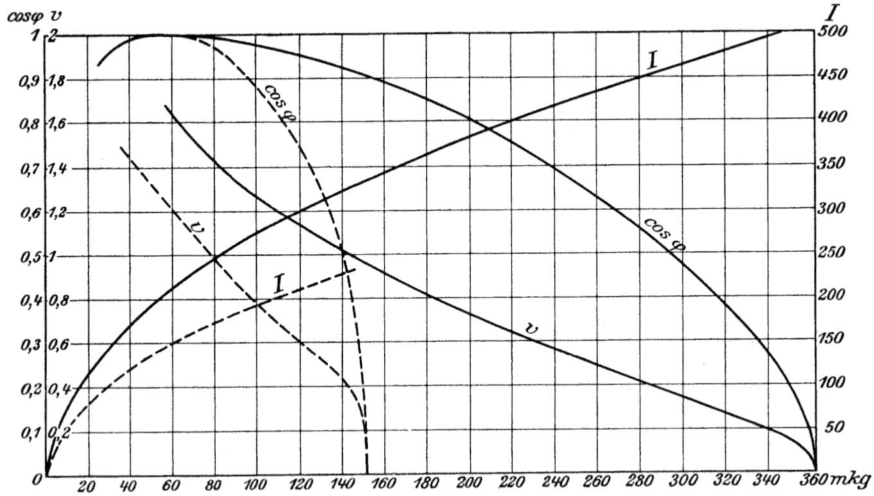

Bild 518. Kurven des Eichberg-Motors.

wiegt, so daß der Unterschied negativ wird. Dadurch kann die Selbstinduktion in der Ständerwicklung und wagerechten Ankerwicklung mehr als aufgehoben werden, so daß die Maschine voreilenden Strom aufnimmt.

Das Drehmoment M ergibt sich mit der Gleichung für $U\cos\varphi$ zu

$$M = \frac{U \cdot I \cdot \cos\varphi}{2\pi \cdot n} = \frac{c \cdot p \cdot I^2}{2\pi \cdot f}.$$

Für $L_1\omega = L_2\omega = 6{,}3$ und $M\omega = 6$ Ohm, sowie für eine Spannung von 500 Volt, eine Frequenz 50 Hertz und p = 3 sind auf diese Weise Strom, Leistungsfaktor und Drehmoment (in mkg) in Abhängigkeit von der Geschwindigkeit berechnet, und zwar für $u = 0{,}25$ und 0,5. Darauf sind in Bild 518 Strom, Leistungsfaktor und Geschwindigkeit in Abhängigkeit vom Drehmoment aufgetragen. Die ausgezogenen Kurven beziehen sich auf $u = 0{,}25$, die gestrichelten auf $u = 0{,}5$. Die Kurven zeigen ein Verhalten wie beim Reihenschlußmotor. Sie stimmen mit den beim Versuch aufgenommenen Kurven überein (vgl. Eichberg, ETZ 1904, S. 80), wenn sich auch bei ausgeführten Motoren der Einfluß der Sättigung bemerkbar macht. Die Phasenverschiebung ist im äußersten linken Teil der Kurven negativ.

Bemerkenswert ist das Verhältnis der beiden Flüsse bei den verschiedenen Betriebszuständen und das Verhältnis der Spannungen am Ständer und an den Erregerbürsten.

Beim Anlauf ist der Strom am größten, also auch der senkrechte Erregerfluß am größten. Dagegen ist der wagerechte Fluß im Anker gleich Null, da der vom Ständer durch den Luftraum gesandte wagerechte Fluß in den Streuweg des Ankers gedrängt wird. Daher entfällt von der ganzen Spannung auf den Ständer nur eine kleine Spannung, die durch die Streuflüsse des Ständers und der wagerechten Ankerwicklung bedingt ist, dagegen auf die Erregerwicklung die große Spannung, die durch Luftfluß und Streufluß dieser Wicklung bedingt ist.

Beim Lauf bildet sich ein von den Ankerwindungen umfaßter wagerechter Fluß aus. Da sich die Spannungen der Ruhe E_x und E_y wie die sie erzeugenden Flüsse verhalten, so ist nach der Gleichung für E_x auf S. 307 $\Phi_x = v \cdot \Phi_y \cdot 3/\pi$.

Bei geringer Geschwindigkeit überwiegt also der senkrechte Erregerfluß. Gleichzeitig ist die Spannung an den Erregerbürsten noch groß gegenüber der Spannung am Ständer.

Beim Gleichlauf wird $v = 1$ und die beiden Flüsse sind einander nahezu gleich. Das Drehfeld ist dann vollkommen, und da der Anker sich ebenso schnell dreht wie das Feld, so wird keine Spannung in ihm erzeugt. Die Spannung an den Erregerbürsten wird daher Null, was auch daraus hervorgeht, daß dann in der Erregerwicklung die Spannung der Ruhe E_y die der Bewegung E_{xy} genau aufhebt (vgl. Bild 517). Die ganze Netzspannung liegt dann am Ständer, und man kann ohne Änderung der elektrischen Verhältnisse den Anker auch über die Erregerbürsten kurzschließen. Man erhält dadurch einen einphasigen Induktionsmotor, mit einer Längs- und Querwicklung des Ankers, auf den die in Abschn. 138 entwickelte Anschauung in vorzüglicher Weise anwendbar ist. Wie der Induktionsmotor zeigt die Maschine dann Nebenschlußverhalten, d. h. fast unveränderliche Drehzahl.

Bei noch größerer Geschwindigkeit überwiegt der wagerechte Fluß. Gleichzeitig wird die Spannung an den Erregerbürsten nacheilend gegen den Strom, so daß das Voreilen an den Ständerbürsten, das durch die Streuung in der wagerechten Achse verursacht wird, ausgeglichen wird. Die Phasenverschiebung zwischen Strom und Gesamtspannung wird dann zunächst Null und bei noch größerer Geschwindigkeit negativ.

Die Stromwendung macht an den senkrechten Erregerbürsten keine Schwierigkeit. Da die von diesen Bürsten kurzgeschlossene Spule eine wagerechte Achse hat, so ist in ihr die Spannung der Ruhe proportional Φ_x und die Spannung der Bewegung proportional $v \cdot \Phi_y$. Da nach obigem Φ_x rund gleich $v \cdot \Phi_y$ ist, so haben beide Spannungen den gleichen Betrag. Daß sie entgegengesetzt gleich sind, folgt aus den Strahlen der Flüsse im Bild 517 und dem vollständigen Drehfeld bei Gleichlauf, das überhaupt keine Spannung in der kurzgeschlossenen Spule erzeugt. Demnach heben sich die Spannungen der Ruhe und der Bewegung in den von den Erregerbürsten kurzgeschlossenen Spulen bei jeder Geschwindigkeit auf. Selbst bei Stillstand, wo die Spannung der Bewegung gleich Null ist, trifft dies zu, da der ganze wagerechte, vom Ständer erzeugte Fluß dabei in den Streuweg gedrängt wird. Der von der kurzgeschlossenen Spule umfaßte wagerechte Fluß und damit die Spannung der Ruhe ist also Null.

Die wagerechten Bürsten der kurzgeschlossenen Wicklung schließen Spulen mit senkrechter Achse kurz. In diesen Spulen ist die Spannung der Ruhe proportional Φ_y, die Spannung der Bewegung proportional $v \cdot \Phi_x$. Da wieder nach obigem Φ_x rund gleich $v \cdot \Phi_y$ ist, so verhalten sich die Spannungen wie $1 : v^2$. Beim Anlauf ist nur die Spannung der Ruhe durch den Erregerfluß Φ_y vorhanden. Ihr nachteiliger Einfluß auf das Bürstenfeuer kann dadurch aufgehoben werden, daß man beim Anlassen ein kleines Übersetzungsverhältnis u beim Transformator, d. h. einen kleinen Erregerstrom $u \cdot I$ einstellt. Der Motor läuft dann mit kleinem Erregerfluß Φ_y und entsprechend höherem Strom an. Beim Gleichlauf heben sich die Spannungen der Ruhe und der Bewegung wieder auf. Oberhalb des Gleichlaufs überwiegt die

Spannung der Bewegung sehr stark. Die Motoren arbeiten daher bei großer Geschwindigkeit ungünstig, während ein Reihenschlußmotor um so günstiger arbeitet, je größer die Geschwindigkeit gegenüber dem Gleichlauf ist. Der Reihenschlußmotor hat daher den Eichberg-Motor aus dem Feld geschlagen.

143. Doppelschlußmotoren[1].

Die Doppelschlußmotoren für Wechselstrom besitzen einen mit Stromwender versehenen Anker, eine auf dem Ständer liegende Feldwicklung, deren magnetische Achse gegen die des Ankers um 90° verschoben ist, und eine gleichfalls auf dem Ständer liegende Querwicklung, deren magnetische Achse der des Ankers entgegengerichtet ist. Die Feldwicklung liegt entweder nach Bild 519 mit dem Anker oder nach Bild 520 mit der Querwicklung in Reihe. Der Kreis des Ankers und der Kreis der Querwicklung werden mit Hilfe eines Spartransformators durch Spannungen von gleicher Phase gespeist. Das Übersetzungsverhältnis des Transformators ist veränderlich. Eine besondere Ausführung nach Bild 519 ist der Alexandersonmotor, bei dem die Windungszahl des Ankers halb so groß ist wie die der Querwicklung. Diese

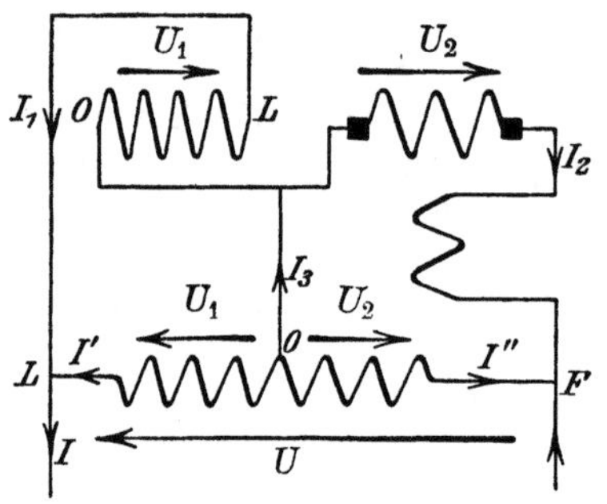

Bild 519. Feld in Reihe mit Anker.

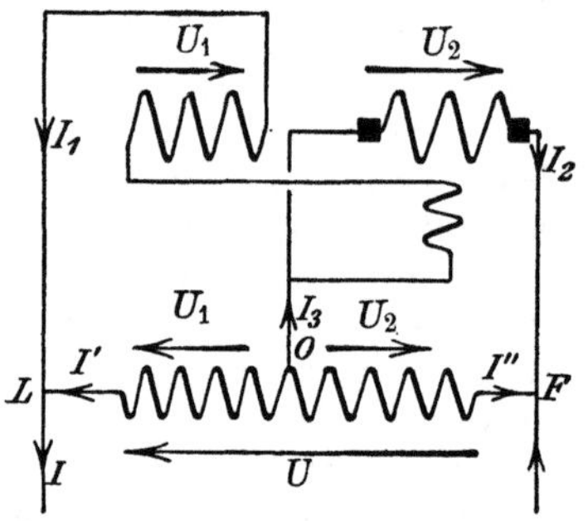

Bild 520. Feld in Reihe mit Querwicklung.

Pfeile geben positive Richtungen, nicht gleichzeitige Augenblickswerte.

bedeckt nur einen Teil des Umfanges, und der Anker ist infolge Verkürzung des Wicklungsschrittes ein genaues Spiegelbild der Querwicklung.

Zur Festsetzung der positiven Richtungen für Spannungen und Ströme zeichnen wir den Anker ebenfalls wie eine Spule, und zwar mit demselben Wicklungssinn wie bei der Querwicklung. Diese ist so geschaltet, daß der Strom, der im wesentlichen aus der Querwicklung in den Anker weiterfließt, beide Wicklungen in entgegengesetztem Sinne durchfließt. Da die Querwicklung die erste, der Anker die zweite Wicklung eines Transformators darstellt, so geben wir der Querwicklung die Bezeichnung 1, dem Anker die Bezeichnung 2.

Wegen des gleichen Wicklungssinnes setzen wir dann in beiden Wicklungen dieselbe Zählrichtung für die Ströme und Spannungen fest. Nur unter dieser Bedingung haben wir überhaupt das Recht, den von einem Strom erzeugten Spannungen der Selbstinduktion und gegenseitigen Induktion dieselbe Phase und nicht etwa die entgegengesetzte Phase zuzuschreiben. Die positive Richtung in der Anker- und Querwicklung ist in den Bildern willkürlich von links nach rechts angenommen. Eine positive Spannung wirkt also in der Querwicklung von O nach L und im Anker von O nach F, gleichgültig, ob es sich um eine aufgedrückte oder eine innen erzeugte Spannung handelt. Dadurch ist auch die durch die Pfeile bezeichnete positive Richtung der Ströme I_1 und I_2 festgelegt, die in den beiden Wicklungen dieselbe ist wie für die Spannungen.

Damit sind auch für den Transformator die Zählrichtungen der Klemmenspan-

[1] Vgl. Kittler-Petersen, Allgemeine Elektrotechnik, Bd. III, Stuttgart 1910, S. 613.

nungen U_1 und U_2 und der Ströme I' und I'' festgelegt, die auch hier von O nach L und von O nach F zu rechnen sind. Wir wählen ferner die Zählrichtung des Stromes I_3 im Mittelleiter willkürlich auf den Motor hin und die der Gesamtspannung U und des Gesamtstromes I willkürlich von F nach L. Dann ergibt sich:

$$\mathfrak{U} = \mathfrak{U}_1 - \mathfrak{U}_2 \qquad \mathfrak{J} = \mathfrak{J}_1 + \mathfrak{J}' = -\mathfrak{J}_2 - \mathfrak{J}'' \qquad \mathfrak{J}_3 = \mathfrak{J}_1 + \mathfrak{J}_2.$$

Es sei nun L_1 die Induktivität der Querwicklung, und zwar in Bild 520 mit Einschluß der vorgeschalteten Feldwicklung. Ebenso sei L_2 die Induktivität des Ankers, und zwar in Bild 519 gleichfalls mit Einschluß der Feldwicklung. Die gegenseitige Induktivität zwischen Querwicklung und Anker sei M, und es sei $\eta_1 = M/L_1$ und $\eta_2 = M/L_2$. Der Wirkwiderstand und die Verluste im Eisen werden vernachlässigt. Die Sättigung ist wieder gering angenommen.

Wir behandeln zunächst den Motor, dessen Feld nach Bild 519 in Reihe mit dem Anker liegt. Wir legen dazu in Bild 521 den Strahl FL der Klemmen-

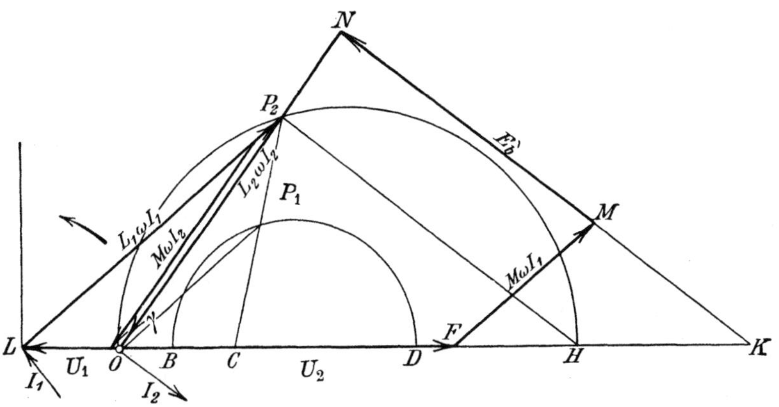

Bild 521. Spannungsbild des Doppelschlußmotors. Feld in Reihe mit Anker.

spannung U willkürlich wagerecht von rechts nach links. In dieselbe Richtung fällt dann der Strahl OL, der die Spannung U_1 an der Querwicklung darstellt. Der Strom I_1 der Querwicklung bleibe, wie gezeichnet, hinter dieser Spannung U_1 zurück. Er erzeugt in der Querwicklung die Spannung $LP_2 = L_1 \omega I_1$, die gegen ihn um 90^0 nacheilt. Außerdem erzeugt in der Querwicklung der Ankerstrom I_2 eine Spannung der gegenseitigen Induktion $P_2 O = M \omega I_2$. Die Summe der drei Spannungen U_1, $L_1 \omega I_1$ und $M \omega I_2$ ist, wie gezeichnet, Null.

Im Ankerkreis wird die Bürstenspannung U_2 durch den Strahl OF und der Strom durch einen gegen $M \omega I_2$ um 90^0 voreilenden Strahl I_2 dargestellt. Zur Bürstenspannung $U_2 = OF$ fügt sich die Spannung der gegenseitigen Induktion $FM = M \omega I_1$, ferner die durch Bewegung erzeugte Spannung $MN = E_b$ und die durch Selbstinduktion erzeugte Spannung $NO = L_2 \omega I_2$. Die Summe dieser vier Spannungen ist ebenfalls Null. Dabei hat $M \omega I_1$ dieselbe Phase wie $L_1 \omega I_1$, und ebenso hat $L_2 \omega I_2$ dieselbe Phase wie $M \omega I_2$. Die Spannung E_b der Bewegung hat, abgesehen vom Vorzeichen, dieselbe Phase wie der Fluß, der sie hervorruft, also auch wie der Ankerstrom, der diesen Fluß erzeugt. Das Vorzeichen folgt daraus, daß die Spannung der Bewegung, wie bei Gleichstrom, dem Strom I_2, der das Drehmoment ausübt, entgegengerichtet ist. Der Winkel zwischen E_b und $L_2 \omega I_2$ wird auf diese Weise 90^0.

Wir ziehen nun durch P_2 einen Strahl in Richtung von E_b. Die wagerechte Achse werde durch diesen Strahl in H und durch die Verlängerung von E_b in K geschnitten. Dann ist:

$$\eta_1 = M \omega I_1 : L_1 \omega I_1 = FK/(U_1 + OH) \quad \text{und} \quad \eta_2 = M \omega I_2 : L_2 \omega I_2 = OH/(U_2 + FK).$$

Wir setzen FK aus der zweiten Gleichung in die erste ein und lösen für OH auf. Dadurch erhalten wir

$$OH = \frac{\eta_1 \cdot \eta_2 \cdot U_1 + \eta_2 \cdot U_2}{1 - \eta_1 \eta_2}.$$

Sind also die Gesamtspannung und das Übersetzungsverhältnis des Transformators gegeben, so ist OH fest. Demnach liegt der Anfangspunkt P_2 des Strahles $P_2O = M\omega I_2$ auf einem Halbkreise über OH.

Ist nun OP_1 nach Größe und Richtung gleich $M\omega I_1$, so ist $\eta_1 = OP_1/LP_2 = CO/(CO + U_1)$, d. h. $CO = \eta_1 \cdot U_1/(1 - \eta_1)$. Der Punkt C liegt also fest. Da das Verhältnis CP_1 zu CP_2 ebenfalls gleich η_1 ist, so liegt P_1 auf einem Kreise, der mit dem Kreis über OH den Ähnlichkeitspunkt C hat. Sein Durchmesser BD ist bestimmt durch: $CB:CO = CD:CH = \eta_1$.

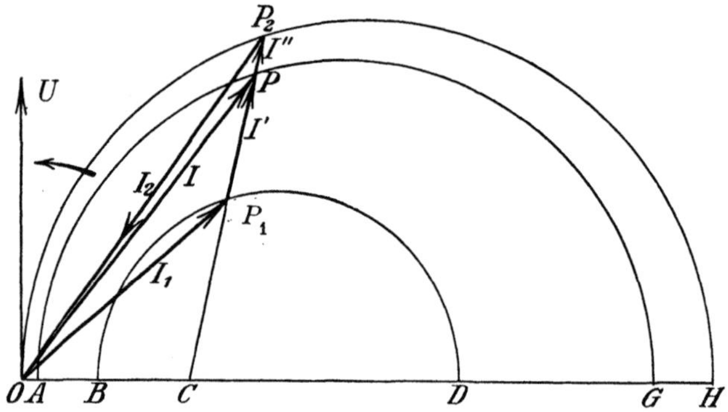

Bild 522. Strombild des Doppelschlußmotors. Feld in Reihe mit Anker.

Um nun zum Strombild überzugehen, teilen wir alle Strahlen und Strecken durch $M\omega$. Dadurch erhalten wir Bild 522, in welchem P_1 und P_2 wiederum auf Kreisen liegen und OP_1 den Strom I_1 der Querwicklung und P_2O den Strom I_2 des Ankers darstellt. Da alle Strahlen, z. B. der Strahl des Stromes I_1, gegenüber Bild 521 um 90^0 nach rückwärts gedreht sind, so fällt der Strahl der Klemmenspannung, der in Bild 521 durch FL gegeben war, jetzt senkrecht nach oben.

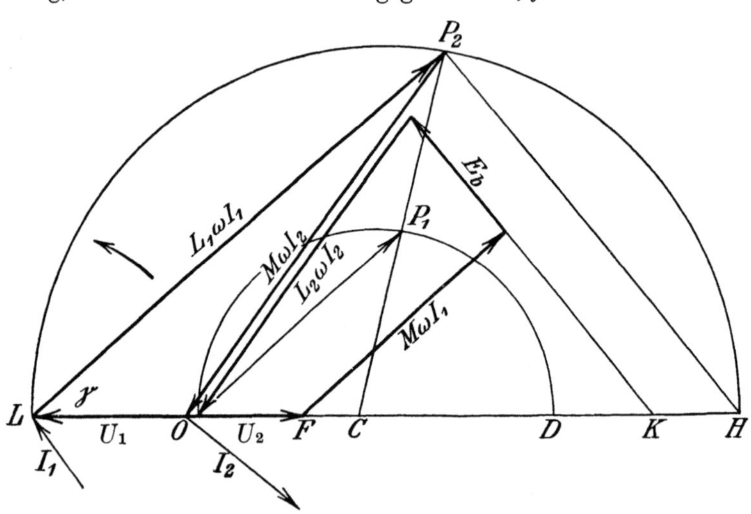

Bild 523. Spannungsbild des Doppelschlußmotors. Feld in Reihe mit Querwicklung.

Wir ermitteln nun den Netzstrom. Nach Bild 519 ist $\mathfrak{J}' + \mathfrak{J}'' = -(\mathfrak{J}_1 + \mathfrak{J}_2)$, also gleich P_1P_2. Nun verhalten sich die Ströme im Transformator umgekehrt wie die Spannungen. Wir teilen also P_1P_2, so daß die Bedingung erfüllt ist $P_1P : PP_2 = U_2 : U_1$. Dann ist P_1P gleich $\mathfrak{J}'$ und $PP_2 = \mathfrak{J}''$. Der Netzstrom $\mathfrak{J} = \mathfrak{J}_1 + \mathfrak{J}'$ ist dann gleich OP. Der Punkt P liegt dabei auf einem Kreise über dem Durchmesser AG, der die Bedingungen erfüllt: $BA:AO = DG:GH = U_2:U_1$.

Für den Motor, bei dem die Feldwicklung nach Bild 520 in Reihe mit der Querwicklung geschaltet ist, erhalten wir in Bild 523 ganz ähnliche Verhältnisse, nur steht hier der Strahl der Spannung der Bewegung nicht senkrecht auf dem Strahl $L_2 \omega I_2$, sondern auf dem Strahl $L_1 \omega I_1$. Auch ändern sich die Längen der Strahlen, da der induktive Widerstand der Feldwicklung jetzt nicht in $L_2\omega$, sondern in $L_1\omega$ mit enthalten ist. Infolgedessen kehrt sich die Reihenfolge der Punkte H und K um. Im übrigen bleibt alles ungeändert, und wir erhalten die Punkte H, C und D wie oben. P_2 beschreibt in Bild 523 und 524 einen Kreis über dem Durchmesser LH und ebenso P_1 einen Kreis über dem Durchmesser OD. Der Endpunkt P des Strahles des Netzstromes OP liegt auf einem Kreise mit dem Durchmesser AG, welcher der Gleichung entspricht: $OA:AL = DG:GH = U_2:U_1$. Da P auch auf der senkrechten Achse oder jenseits davon liegen kann, so läßt sich $\cos\varphi = 1$ oder ein negativer Verschiebungswinkel erreichen.

Die Drehzahl ist bei der Reihenschaltung von Feld und Anker durch das Verhältnis E_b zu $L_2\omega I_2$, bei Reihenschaltung von Feld und Querwicklung durch das Verhältnis E_b zu $L_1\omega I_1$ gegeben. Nach einigen Umrechnungen folgt dann, daß sie bei beiden Motoren mit der Tangente des Winkels γ wächst. Das Drehmoment folgt dann aus dem Verhältnis der Leistung zur Drehzahl.

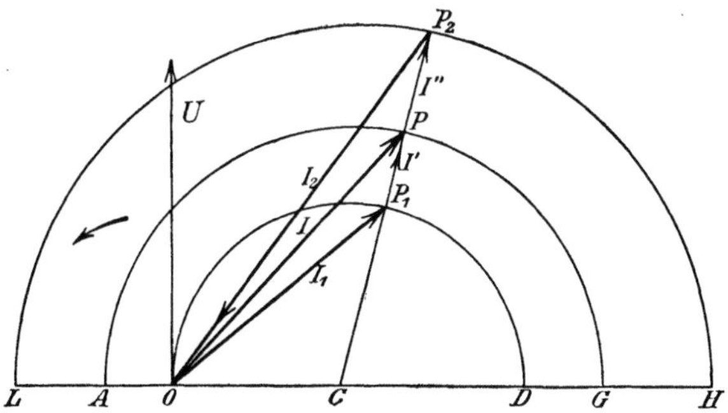

Bild 524. Strombild des Doppelschlußmotors. Feld in Reihe mit Querwicklung.

Beide Motoren besitzen ein Querfeld, das durch die gemeinsame Wirkung der Querwicklung und des Ankers erzeugt wird und für die Stromwendung günstig ist. Seine Größe und Phase läßt sich durch Änderung des Übersetzungsverhältnisses des Transformators so einstellen, wie es für die Stromwendung erforderlich ist. Mit dem Hauptfeld gibt das Querfeld ein allerdings unvollkommenes Drehfeld.

XXIII. Drehstrom-Reihenschlußmotoren.

144. Schaltung und Stromverteilung.

Die gewöhnlichen Drehstrommotoren sind nur durch Einschaltung von Widerstand in den Läuferkreis, also unter Umsetzung von Arbeit in Wärme, in ihrer Drehzahl regelbar. Der Wunsch, auch bei Drehstrom verlustlos regeln zu können, führte zur Ausbildung von Drehstrommotoren mit Stromwender. Diese besitzen den Ständer eines gewöhnlichen Drehstrommotors und den Anker einer Gleichstrommaschine. Auf dem Stromwender schleifen für jedes Polpaar drei Bürsten, die um 120 elektrische Grade verschoben sind. Die Motoren können als Reihenschluß- oder Nebenschlußmotoren gebaut werden. Im folgenden sollen die Reihenschlußmotoren behandelt werden, und zwar unter Vernachlässigung der Eisensättigung, der Streuung, des Widerstandes und der Kurzschlußströme unter den Bürsten. (Vgl. Rüdenberg, ETZ 1910, S. 1181ff.)

Die Ständerwicklung ist nach Bild 525 unverkettet. Die Anfänge $1a$, $2a$, $3a$ liegen am Netz, die Enden $1e$, $2e$, $3e$ an den auf dem Stromwender schleifenden Bürsten des Ankers. Vor dem Einschalten stehen die Bürsten so, daß die Ströme den Ständer und Anker genau in derselben Richtung magnetisieren.

In Bild 526 habe der Strom im Ständerstrang 1 seinen Höchstwert i_m. Er fließt zu gleichen Teilen durch je einen Ankerstrang und durch die Ständerstränge 2 und 3. Der eine Ankerstrang ist stromlos.

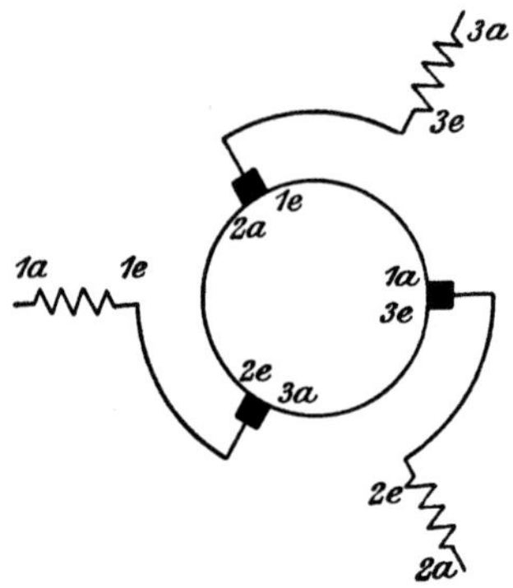

Bild 525. Drehstrom-Reihenschlußmotor.

In Bild 527 sei der Strom im Ständerstrang 1 auf $0{,}866\, i_m$ gesunken, im Ständerstrang 2 auf $0{,}866 \cdot i_m$ angewachsen und im Ständerstrang 3 zu Null geworden. Der Strom des Ständerstranges 1 teilt sich dann im Anker in zwei ungleiche Teile. Der stärkere Teil fließt durch einen Ankerstrang zum Ständerstrang 2, während ein halb so starker Strom durch zwei Ankerstränge hintereinander ebenfalls zum Ständerstrang 2.

Wir erhalten dann im ersten Falle die Stromverteilung in Bild 528, im zweiten Falle die Stromverteilung in Bild 529. Wenn die Windungszahl des Ankers, wie in Bild 528 und 529, doppelt so groß ist wie die des Ständers, so liegt der Erregung des Ständers an jeder Stelle eine gleichgroße Erregung des Ankers gegenüber. Die magnetisierenden Wirkungen beider Teile sind also einander gleich.

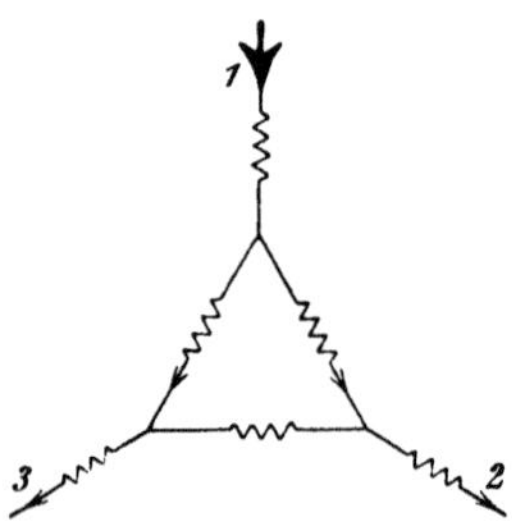

Bild 526. $i = i_m$.

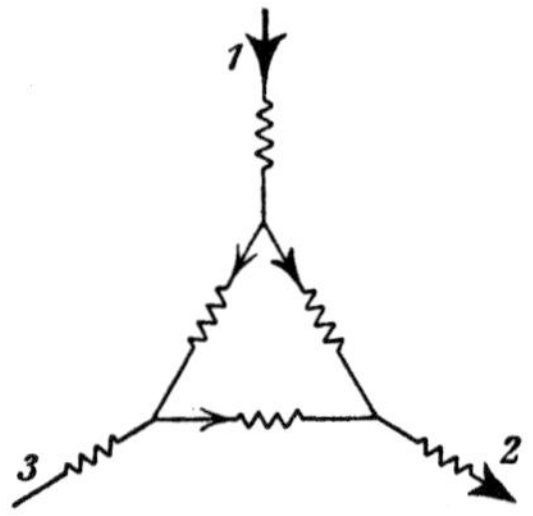

Bild 527. $i = 0{,}866 \cdot i_m$.

Wie Bild 528 und 529 zeigen, liegt in der Einschaltstellung ein Ankerstrang immer genau vor zwei Ständersträngen. Er ist mit diesen nach Bild 525 in Reihe geschaltet, so daß die verkettete Netzspannung die Spannungen zu überwinden hat, die in dem Ankerstrang und in den beiden zugehörigen Ständersträngen erzeugt werden.

An Stelle der geometrischen Summe der Spannungen der beiden Ständerstränge führen wir nun die in einem einzigen Strang erzeugte Spannung E_1 ein. Ebenso

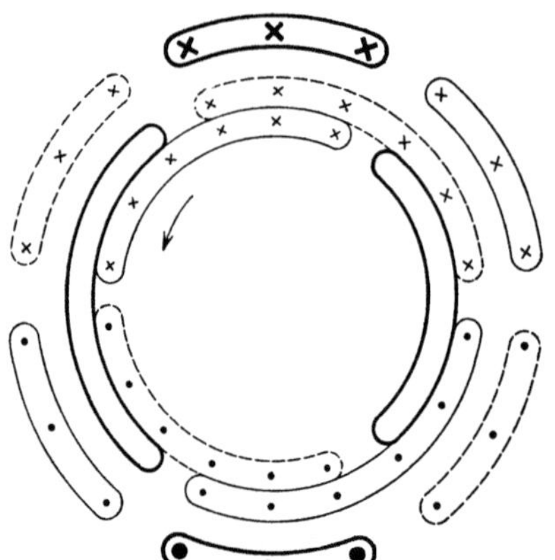
Bild 528. $i = i_m$.

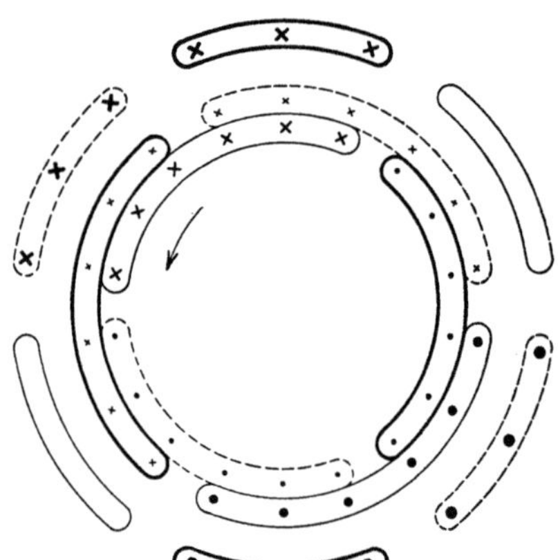
Bild 529. $i = \frac{1}{2}\sqrt{3} \cdot i_m$.

Ströme im Drehstrom-Reihenschlußmotor in der Einschaltstellung. Durchmesserwicklung.

führen wir statt der in einem Ankerstrang erzeugten Spannung die Spannung E_2 ein, die in dem unserem Ständerstrang beim Anlauf gegenüberliegenden halben

Ankerstrang erzeugt wird, und endlich statt der Netzspannung die Sternspannung U des Netzes. Diese Sternspannung, die wir kurz als Netzspannung bezeichnen, ist entgegengesetzt gleich der Summe aus den in einem Ständerstrang und dem zugehörigen halben Ankerstrang erzeugten Spannungen E_1 und E_2. Dabei hat nach Bild 528 und 529 der halbe Ankerstrang dieselbe Windungszahl wie der Ständerstrang.

145. Spannungs- und Strombild.

Die Ströme und das Feld mögen in Bild 530 entgegen dem Uhrzeiger umlaufen. Wir verschieben jetzt die Ankerbürsten aus der Einschaltstellung um den stumpfen Winkel β entgegen der Drehrichtung des Feldes. Dann wirken sich die Ständererregung Θ_1 und die gleich große Ankererregung Θ_2 wesentlich entgegen und geben zusammen eine Gesamterregung Θ. Dabei eilt die sinusförmig angenommene Ständererregung Θ_1 der Ankererregung Θ_2 um den Winkel β vorauf.

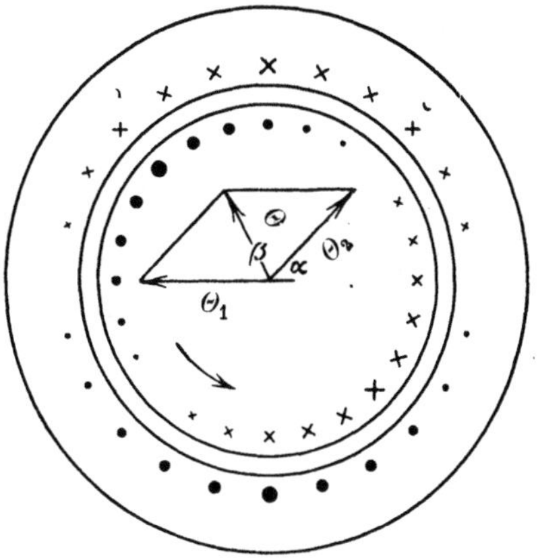

Bild 530. Drehstrom-Reihenschlußmotor.

Wie die Amperesche Schwimmerregel zeigt, ergibt das Feld, das nach Größe und Phase der Gesamterregung Θ entspricht, mit dem Ankerstrom zusammen nach Bild 530 ein Drehmoment entgegen dem Uhrzeiger, also im Sinne des Drehfeldes, wie dies mit Rücksicht auf geringe Verluste durch Wirbelströme und Hysteresis erforderlich ist. Ein Drehmoment entgegen dem Drehsinn des Feldes durch entgegengesetzte Verschiebung der Bürsten zu erreichen, kommt nicht in Frage.

Auch jetzt ergeben die Sternspannung U des Netzes und die in einem Ständerstrang und dem halben zugehörigen Ankerstrang erzeugten Spannungen E_1 und E_2 die Summe Null. Jetzt wird aber die Spannung E_2 bei der Drehung des Feldes nach Bild 530 um den Winkel β früher erzeugt als die im Ständerstrang, E_2 eilt also gegen E_1 um β voraus.

Die Frequenz der Spannung an den Ankerbürsten, also auch der in einem halben Ankerstrang erzeugten Gegenspannung E_2 ist gleich der des Ständerstromes. Wenn man die ständig zwischen zwei Bürsten liegenden Drähte als Ganzes betrachtet, macht es nichts aus, ob der Anker sich dreht oder nicht, und mit welcher Geschwindigkeit die Drähte innerhalb dieses Ganzen ihre Rolle wechseln.

Die Größe der Spannung E_2 in einem halben Ankerstrang entspricht der Schlüpfung, d. h. dem Unterschied der Drehzahl des Feldes und des Ankers. Dagegen entspricht die Spannung E_1 in einem Ständerstrang der Frequenz des Netzes. Da beide Spannungen durch dasselbe Feld erzeugt werden und die Drahtzahl nach dem Schluß des vorigen Abschnittes dieselbe ist, so ist die Schlüpfung $\sigma = E_2 : E_1$.

Wir stellen nun das Spannungsbild beim Betriebe auf. Die Netzspannung $OG = U$ in Bild 531 ergibt mit der im Anker erzeugten Spannung $GP = E_2$ und der im Ständer erzeugten Spannung $PO = E_1$ die Summe Null. Dabei eilt E_2 gegen E_1 um den Winkel β vor, um den die Bürsten aus der Einschaltstellung entgegen der Richtung des Drehfeldes verschoben worden sind. Da die Netzspannung bei allen Betriebszuständen gleich bleibt, so liegt P bei gegebener Bürstenstellung auf einem Kreise, in welchem $OG = U$ die Sehne über dem Bogen $180^0 - \beta$ ist. PO ist dabei die im Ständer erzeugte Spannung und OP die einem Ständerstrang aufgedrückte Klemmenspannung. Die Schlüpfung σ ist gleich $GP : PO$.

Bei Stillstand, d. h. nach dem Verschieben der Bürsten, ehe der Motor sich in Bewegung setzt oder bei Festbremsung, ist $\sigma = 1$, demnach $E_2 = E_1$. P fällt dann mit dem Punkt K zusammen, der dadurch bestimmt ist, daß $GK = OK$ ist. OK bildet dabei mit OG den Winkel $\beta/2$.

Beim Gleichlauf ist $\sigma = 0$, also auch $E_2 = 0$ und P fällt mit G zusammen. Die einem Ständerstrang aufgedrückte Spannung ist dann gleich der Netzspannung U. Diese wird also vollständig im Ständer verbraucht, so daß die Spannung zwischen den Ankerbürsten gleich Null ist.

Unterhalb des Gleichlaufs liegt P auf dem Bogen KG.

Oberhalb des Gleichlaufs ist die Richtung, in der die Ankerdrähte vom Feld geschnitten werden, entgegengesetzt wie unterhalb des Gleichlaufs, und die Schlüpfung ist negativ. Die im Anker erzeugte Spannung E_2 wechselt daher beim Durchgang durch den Synchronismus ihre Richtung und eilt der im Ständer erzeugten Spannung E_1 um $\pi - \beta$ nach. P liegt dann auf dem Bogen GO.

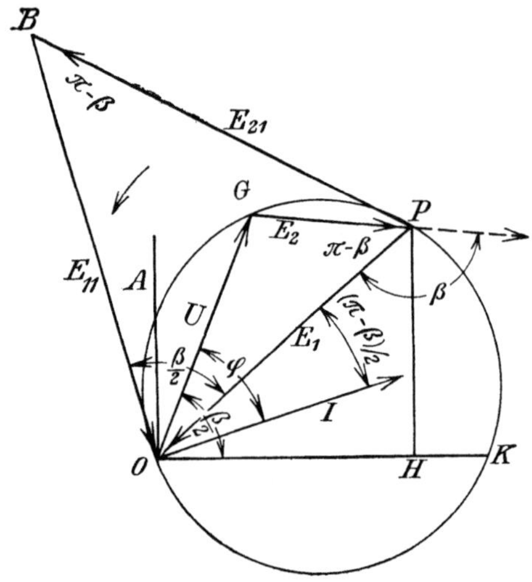

Bild 531. Spannungsbild des Reihenschlußmotors.

Beim doppelten Gleichlauf ist die Schlüpfung gleich -1 und die Spannungen E_1 und E_2 werden wieder gleich. P fällt dann mit dem Punkt A zusammen, der den Bogen OG halbiert. OA steht dabei senkrecht auf OK.

Um die Phase des Stromes zu ermitteln, setzen wir die durch das wirkliche Feld im Ständer erzeugte Spannung $E_1 = PO$ gleich der Summe aus den Spannungen $E_{11} = BO$ und $E_{21} = PB$, die von der Ständer- und Ankererregung einzeln herrühren. Da nach S. 314 beide Erregungen gleich sind, so ist das Dreieck OBP gleichschenklig.

Dabei bleibt E_{21} gegen E_{11} um denselben Winkel β zurück, um den nach Bild 530 infolge der Bürstenverschiebung die Ankererregung gegen die Ständererregung zurückbleibt. PBO ist also gleich $\pi - \beta$ und POB gleich $\beta/2$.

Nun eilt der Ständerstrom I gegen die von ihm erzeugte Spannung $E_{11} = BO$ um 90^0 vorauf, d. h. er bleibt nach Bild 531 gegen die dem Ständerstrang aufgedrückte Spannung $U_1 = OP$ um $\pi/2 - \beta/2$ zurück. Daraus folgt also auch der Winkel φ, um den die Netzspannung $U = OG$ gegen den Strom voreilt. Beim doppelten Gleichlauf ($U_1 = OA$) wird diese Voreilung gleich Null, da AOG gleich $\pi/2 - \beta/2$ ist. Bei noch größerer Geschwindigkeit, welcher der Bogen AO entspricht, wird sie negativ.

Es sei nun I_0 der Ständerstrom, wenn der Ständer für sich allein in Stern geschaltet ist. Er erzeugt in einem Ständerstrang eine Spannung, die der Sternspannung U des Netzes entgegengesetzt gleich ist. Daraus folgt: $E_{11} : U = I : I_0$. Nun ist nach Bild 531 $E_{11} = E_1 : 2\cos\beta/2$, also ist der Strom

$$I = \frac{I_0}{2\,U \cdot \cos\beta/2} \cdot E_1. \tag{1}$$

Für den Gleichlauf wird $E_1 = U$, also der Strom $I_g = I_0 : 2\cos\beta/2$.

Für Stillstand wird $E_1 = KO = U : 2\cos\beta/2$, also nach der Gleichung für I der Kurzschlußstrom $I_k = I_0 : 4\cos^2\beta/2$.

Zur Ermittlung der Leistung setzen wir nach Bild 531 den Winkel $POK = \beta/2 - \varphi + \pi/2 - \beta/2 = 90^0 - \varphi$. Ziehen wir also PH senkrecht auf OK, so wird $PH = E_1 \cos\varphi$, und die zugeführte Leistung ergibt sich mit Gl. (1) zu

$$N = 3\,U \cdot I \cdot \cos\varphi = \frac{3\,I_0}{2\cos\beta/2} \cdot PH \text{ Watt.} \tag{2}$$

Da wir die Verluste vernachlässigen, ist die abgegebene Leistung gleich N. Das Drehmoment ergibt sich also durch Teilung der Leistung mit $2\pi \cdot n$. Nun tritt beim Gleichlauf an die Stelle von PH die Senkrechte des Punktes G, d. h. $U \sin\beta/2$ und n wird gleich f/p. Demnach wird das Drehmoment beim Gleichlauf

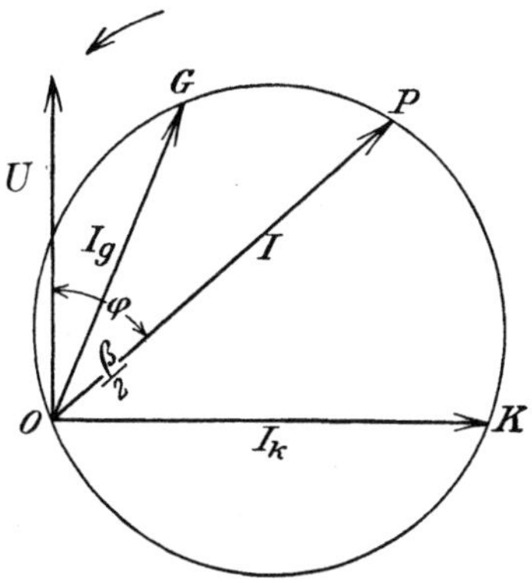

Bild 532. Strombild des Drehstrom-Reihenschlußmotors.

$$M_g = \frac{3\,I_0 \cdot p \cdot U \sin\beta/2}{2 \cdot 2\pi f \cdot \cos\beta/2}.$$

Da sich bei geringer Sättigung die Drehmomente wie die Quadrate des Stromes verhalten, ergibt sich mit Gl. (1) allgemein

$$M = \frac{M_g \cdot I^2}{I_g^2} = \frac{3 \cdot p \cdot U \cdot \sin\beta}{2\pi f \cdot I_0} \cdot I^2. \tag{3}$$

Setzen wir darin für I den obigen Wert von I_k ein, so erhalten wir das Anlaufmoment zu:

$$M_k = \frac{3p \cdot U \cdot I_0 \cdot \sin\beta}{2\pi f \cdot 16\cos^4\beta/2}.$$

Das Anlaufmoment ist also um so größer, je weiter die Bürsten aus der Einschaltstellung verschoben sind. Allerdings wird für $\beta = 180^0$ das Feld gleich Null, dafür aber die Stromstärke bei unseren Voraussetzungen unendlich groß.

Wir vervielfachen nun nach Gl. (1) alle Strahlen des Spannungsbildes mit $I_0 : 2\,U\cos\beta/2$ und erhalten dadurch das Strombild in Bild 532. Darin ist OP der Strom bei Betrieb, OG der Strom beim Gleichlauf und OK der Strom beim Anlauf. OG ist dabei gleich I_g und eilt gegen OK um $\beta/2$ vor. P liegt dann wieder auf einem Kreise, in welchem $\pi - \beta$ der Peripheriewinkel über der Sehne OG ist. Da POK gleich $90^0 - \varphi$ war, so fällt der Strahl der Klemmenspannung U dauernd in die Richtung senkrecht zu OK.

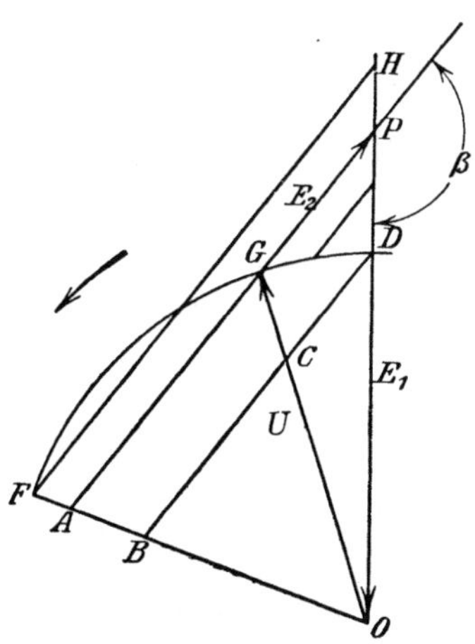

Bild 533.

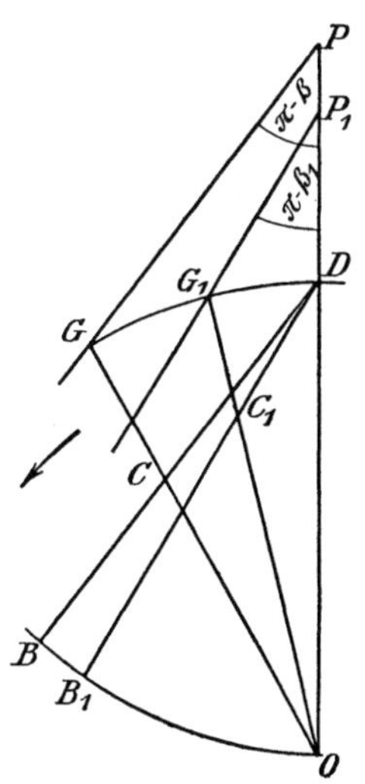

Bild 534.

Spannungsbild des Drehstrom-Reihenschlußmotors für einen einzelnen Wert von β. für verschiedene Werte von β.

Bild 531 und 532 gelten nur für eine bestimmte Bürstenverschiebung. In dieser Hinsicht ist Bild 533 und 534 günstiger (vgl. Binder, ETZ 1913, Heft 15). Der Strahl der im Ständer erzeugten Spannung $E_1 = OP$ liegt dabei fest, und der Endpunkt G des Strahles der festen Netzspannung verschiebt sich auf einem Kreise mit dem Halbmesser $U = OG$. Bei gegebenem Bürstenverschiebungswinkel β haben dann die Strahlen der im Anker erzeugten Spannung E_2 bei allen Betriebszuständen dieselbe Richtung. Der Strom bleibt wieder um $\pi/2 - \beta/2$ gegen OP zurück. Sein Strahl liegt also fest.

Unterhalb des Gleichlaufs liegt OG links, oberhalb des Gleichlaufs rechts von OP. Beim Gleichlauf fällt P mit D und OG mit OD zusammen.

Bei Stillstand ist die im Ständer erzeugte Spannung gleich HO, die gleichgroße im Läufer erzeugte Spannung gleich FH und die Netzspannung gleich OF. Wir verlängern nun PG bis A und ziehen DB in gleicher Richtung. Dann sind ODB und OPA ebenso wie OHF gleichschenklig, und es wird die Schlüpfung $\sigma = GP:PO = CD:DO = CD:BD$.

Bei Änderung von β ändert sich auch die Richtung OF. Das neue Bild läßt sich dann leicht zeichnen, da B auf einem Kreise mit dem Mittelpunkt D und dem Halbmesser U liegt. Bei derselben Belastung, also gleichbleibendem Drehmoment, werde z. B. β auf β_1 vergrößert. Da das Drehmoment nach Gl. (3) proportional $I^2 \cdot \sin\beta$, also nach Gl. (1) proportional $E_1^2 \cdot \operatorname{tg}\beta/2$ ist, ergibt sich dann zunächst die im Ständer erzeugte Spannung P_1O in Bild 534 aus $\overline{P_1O}^2 \cdot \operatorname{tg}\beta_1/2 = \overline{PO}^2 \cdot \operatorname{tg}\beta/2$. Zieht man dann $DB_1 = DB$ in der durch die neue Bürstenverschiebung gegebenen Richtung, so sieht man, daß sich die Schlüpfung im Verhältnis DC_1 zu DC verringert, die Drehzahl also durch Vergrößerung der Bürstenverschiebung zugenommen hat.

146. Verbesserung des Leistungsfaktors und des Anlaufs.

Wir nahmen bisher gleiche magnetische Wirkung des Ständers und Ankers, also gleiche Windungszahl in einem Ständerstrang und einem halben Ankerstrang an. Dabei sind nach Bild 535, das mit Bild 531 übereinstimmt, die beim Anlauf oder Stillstand im Ständer und Anker erzeugten Spannungen E_1 und E_2 einander gleich.

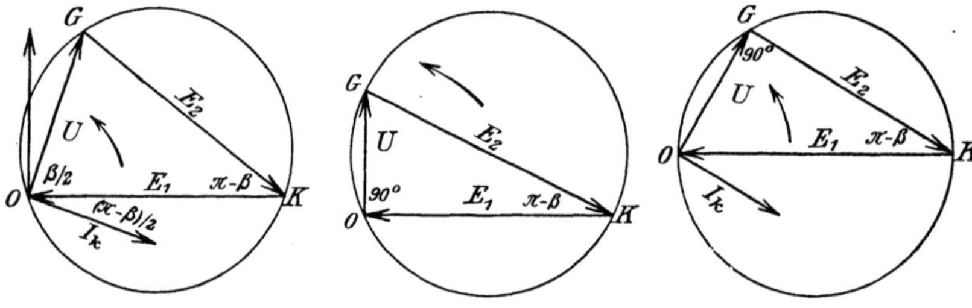

Bild 535. Bild 536. Bild 537

Spannungsbild des Drehstrom-Reihenschlußmotors bei Stillstand.

$w_2 = 2w_1$. $w_2 > 2w_1$. $w_2 < 2w_1$.

Wir wollen nun die Windungszahl des Ankers gegenüber der des Ständers so weit erhöhen, daß nach Bild 536 im Spannungsdreieck bei Stillstand der dem Strahl E_2 gegenüberliegende Winkel gleich 90^0 wird. (Vgl. Schenkel, ETZ 1912, S. 473ff.)

Da der Motor sich bei Stillstand wie eine Drosselspule verhält, so bleibt der Anlaufstrom um 90^0 hinter der Netzspannung U zurück, er fällt also in die Richtung OK, d. h. er hat dieselbe Phase wie die dem Ständerzweig aufgedrückte Spannung. Da wie im vorigen Abschnitt auch jetzt die Verschiebung zwischen Strom und Ständerspannung unveränderlich ist und sie bei Stillstand Null ist, so ist sie auch bei allen Betriebszuständen gleich Null. Da ferner beim Gleichlauf die Spannung am Anker gleich Null, also die am Ständer gleich der Netzspannung ist, so ist beim Gleichlauf auch die Phasenverschiebung zwischen Strom und Netzspannung gleich Null. Der Leistungsfaktor Eins wird also nicht wie früher beim doppelten, sondern beim einfachen Gleichlauf erreicht.

Ein solcher Motor zeigt aber im erhöhten Maße die auch bei gleicher magnetischer Wirkung des Ständers und Ankers auftretende Erscheinung, daß der Strom, der beim Anlauf durch OK gegeben ist, sich während des Anlaufens zunächst vergrößert, wenn sich P auf dem Kreise nach oben in die Betriebslage verschiebt. Der größte Strom, der überhaupt möglich ist, ist durch den von O aus gezogenen Kreisdurchmesser in Bild 532 gegeben. Alle Strahlen OP, deren Endpunkte auf dem Bogen unterhalb dieses Durchmessers liegen, wiederholen sich in ihrem Betrage oberhalb. Zu einem gegebenen Drehmoment, also gegebener Stromstärke, gehören dann zwei verschiedene Punkte P auf dem Kreise, also auch zwei verschiedene Drehzahlen. Davon ist die Drehzahl, die einem Punkt P unterhalb des Durchmessers entspricht, nicht stabil. Der Motor läuft dabei von selbst auf die höhere Drehzahl hinauf, dadurch, daß sich sein Drehmoment, wie auch beim Drehstrommotor mit Kurzschlußläufer, mit wachsender Drehzahl zunächst vergrößert. Dies hat zur Folge, daß der Anlauf stoßweise erfolgt.

Um ein besonders ruhiges Anlaufen zu erreichen, kann man die Windungszahl des Ankers gegenüber der des Ständers umgekehrt so weit verringern, daß dem Strahl E_1 nach Bild 537 ein rechter Winkel gegenüberliegt. Der Strom ist dann bei Stillstand am größten und verringert sich ganz allmählich, wenn der Motor auf seine betriebsmäßige Drehzahl hinaufläuft.

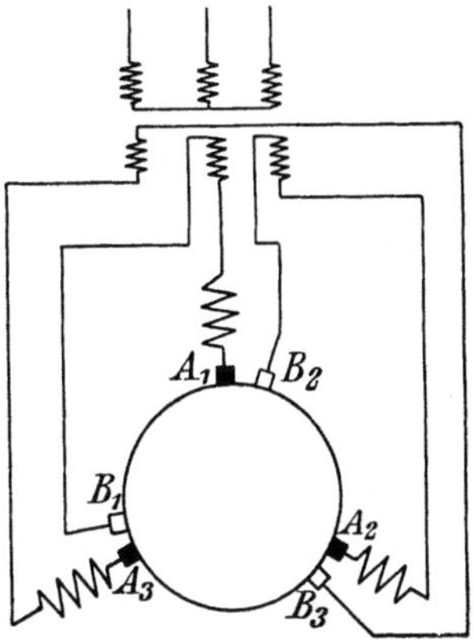

Bild 538. Schaltbild bei doppeltem Bürstensatz.

Allerdings hat nun ein solcher Motor beim Gleichlauf einen geringeren Leistungsfaktor als bei gleicher Windungszahl auf Ständer und Anker. Der Strom, der wieder bei Stillstand um 90° hinter der Netzspannung zurückbleibt, bleibt jetzt nach Bild 537 bei Stillstand und daher auch wieder allgemein um $\pi-\beta$ statt um $\pi/2-\beta/2$ hinter der Ständerspannung zurück, die bei Gleichlauf gleich der Netzspannung ist. Noch geringer wird der Leistungsfaktor, wenn das Spannungsdreieck bei Stillstand stumpfwinklig ist. Es ist daher vorteilhaft, wenn die Ankerwindungen nur so weit verringert werden, daß das Dreieck gerade rechtwinklig wird. Dafür ist nach Bild 537 $E_2 = E_1 \cdot \cos(\pi-\beta)$. Das Windungsverhältnis muß also gleich $\cos(\pi-\beta)$ sein, d. h. das Windungsverhältnis läßt sich bei dem beschriebenen Reihenschlußmotor nur für eine einzige Bürstenstellung so einrichten, daß das Spannungsdreieck bei Stillstand gerade rechtwinklig wird. Dies genügt aber nicht für den Betrieb, bei dem die Bürstenstellung nach der Belastung und Drehzahl geändert wird.

Bei dem von den Siemens-Schuckertwerken durchgebildeten Motor mit doppeltem Bürstensatz (Bild 538) ändert sich das Windungsverhältnis selbsttätig so, daß das Spannungsdreieck bei Stillstand für jede Bürstenstellung rechtwinklig ist. Der Motor wird dazu über einen Transformator gespeist, bei dem Anfang und Ende jedes Stranges der zweiten Wicklung zu einer festen und einer beweglichen Bürste des Motors geführt sind. Die festen Bürsten A_1, A_2 und A_3 stehen in der Achse der Ständerwicklung. Die beweglichen, in einer andern Ebene liegenden Bürsten B_1, B_2, B_3 stehen bei dem Einschalten auf denselben Stegen wie die entsprechenden festen, so daß kein Strom in den Anker fließt. Beim Ingangsetzen werden die beweglichen Bürsten in die Betriebsstellung verschoben.

Ist β wieder wie früher der Bürstenverschiebungswinkel, so ist die Verschiebung der magnetischen Achsen, ohne Rücksicht auf das Vorzeichen betrachtet, nach Bild 539 nicht wie früher $\pi-\beta$, sondern $\pi/2-\beta/2$, also halb so groß. Eine große räumliche Verschiebung bewirkt also nur eine kleine Verschiebung der Achsen, so daß die Drehzahl feinstufig geregelt werden kann. Da in das Spannungsbild nicht die räumliche Bürstenverschiebung, sondern die Achsenverschiebung einzuführen ist, so lautet jetzt die Bedingung dafür, daß das Spannungsdreieck bei Stillstand rechtwinklig wird: $E_2 = E_1 \cdot \sin\beta/2$.

Nach Abschn. 110 ist nun bei sinusförmigem Feld die bei Stillstand im Ankerstrang erzeugte Spannung bei w Windungen des Ankerstranges

$$E_2 = 4{,}44\, \Phi \cdot f \cdot w \cdot \frac{\sin\beta/2}{\beta/2}.$$

Nun bleibt in unserem Falle $w:\beta/2$ bei Verschiebung der beweglichen Bürste B_1 ungeändert, also ist die erzeugte Spannung proportional $\sin\beta/2$. Man legt nun auf den Anker so viel Windungen, daß bei Stillstand mit $\beta/2 = \pi/2$ im Anker dieselbe Spannung erzeugt wird wie im Ständer. Dann ist die bei Stillstand im Anker erzeugte Spannung bei jeder Bürstenstellung gleich $E_1 \cdot \sin\beta/2$. Demnach ist das Spannungsdreieck bei Stillstand jetzt für jede Bürstenstellung rechtwinklig, der Anlauf wird also sicher beherrscht. Die große Bürstenzahl ist indessen ein Nachteil, so daß der Motor jetzt nur für größere Leistungen ausgeführt wird.

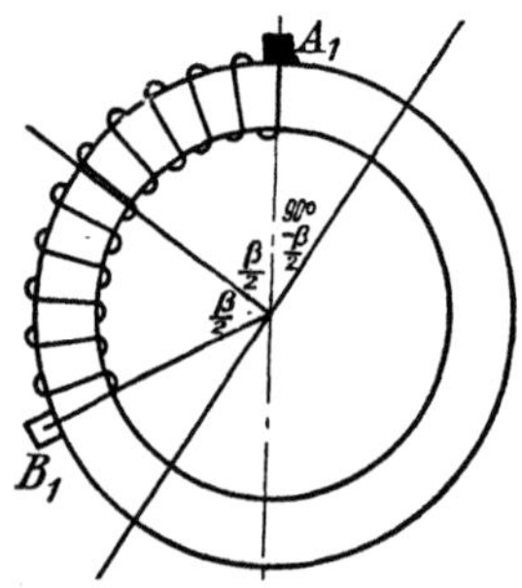

Bild 539. Ankerstrang zwischen zusammengehörenden Bürsten.

Wenn man die Windungszahl des Ankers etwas größer bemißt, als es der Bedingung $E_2 = E_1 \sin\beta/2$ entspricht, so ändert dies den Anlauf nur wenig, aber der Leistungsfaktor wird günstiger. Dies ist besonders der Fall, wenn man die sonst festen Bürsten ebenfalls verschiebt, und zwar entgegen den beweglichen Bürsten. Man kann dadurch erreichen, daß die vollen Ankerwindungen zwischen zwei zusammengehörigen Bürsten liegen. Wie wir sahen, ist eine solche große Windungszahl in bezug auf den Leistungsfaktor vorteilhaft. In den Gleichungen für Drehzahl, Stromstärke und Drehmoment ist dann das geänderte Windungsverhältnis auf Anker und Ständer zu berücksichtigen.

XXIV. Kompensierte Drehstrommotoren.

147. Der ständergespeiste Motor.

Bei den kompensierten Drehstrommotoren wird der Leistungsfaktor dadurch verbessert, daß man den Motor mit einem Kommutator versieht und die Erregung nicht mehr von der primären Seite aus vornimmt.

Der ständergespeiste Motor nach Heyland besitzt einen gewöhnlichen dreiphasigen Ständer 1, der vom Netz gespeist wird, und eine Käfigwicklung 2 (Bild 540). Auf dem Ständer liegt noch eine aus sehr wenig Windungen bestehende Dreiphasenwicklung 3, die mit Hilfe von drei um 120^0 versetzten Bürsten die Kommutatorwicklung 4 speist. Die Wicklung 3 kann auch in Sparschaltung einen Teil der Wicklung 1 bilden. Die Bürsten werden so gestellt, daß der der Kommutatorwicklung zufließende Strom Magnetisierungsstrom ist.

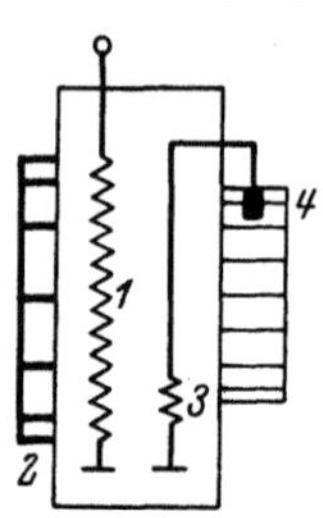

Bild 540. Ständergespeister Motor.

Die Induktivitäten der Wicklungen seien zunächst für eine Bürstenlage gegeben, bei der ein fortlaufend fließender Strom in der Wicklung 3 eine entgegengesetzte Magnetisierung hervorruft wie in der Wicklung 4. Mit diesen Induktivitäten sei

$$a_{11} = j L_1 \omega \qquad a_{22} = j L_2 \omega \qquad a_{33} = j L_3 \omega \qquad a_{44} = j L_4 \omega \qquad a_{12} = j M_{12} \omega \text{ usw.}$$

Die Bürsten seien dann um den Winkel α entgegen dem Drehfeld des Ständerstromes verschoben. Dann wird die Wicklung 4 um den Winkel α früher induziert als die Wicklung 3. Die induzierten Spannungen der Wicklung 4 sind also mit $\varepsilon^{j\alpha}$ zu vervielfachen. Die magnetisierende Wirkung des Stromes $\mathfrak{J}_4$ bleibt dagegen um α gegen $\mathfrak{J}_3$ zurück, sie ist also mit $\varepsilon^{-j\alpha}$ vervielfacht einzuführen.

Es ist dann möglich, nach der zweiten Kirchhoffschen Regel die Gleichungen für die vier Stromkreise aufzustellen und durch Elimination von $\mathfrak{J}_2$, $\mathfrak{J}_3$ und $\mathfrak{J}_4$ die Gleichung für den Strom $\mathfrak{J}_1$ in Abhängigkeit von σ zu gewinnen. Man erhält dann eine Gleichung, in der Glieder mit σ^2 vorkommen, und die daher keine Kreisgleichung ist. Man kann sie entweder wie Gl. (c) in Abschn. 133 behandeln oder sich auf kleine Werte der Schlüpfung beschränken, wobei σ^2 vernachlässigt wird und die Stromkurve sich einem Kreis anschmiegt.

Einfacher nimmt man an, daß die Streuung zwischen den Wicklungen 1 und 3 und ebenso die zwischen 2 und 4 gleich Null ist, da je zwei dieser Wicklungen auf demselben Eisenkern liegen. Dann wird auch für diesen Motor das Strombild ein Kreis. Da auch dann die Rechnung unbequem wird, so beschränken wir uns auf die Berechnung des Stromes bei synchronem Lauf, woraus sich das Verhalten bei Betrieb angenähert übersehen läßt. Der primäre Widerstand R_1 sei Null. Da $\mathfrak{J}_2$ bei synchronem Lauf gleich Null ist, so ergibt sich für den Stromkreis 1 die Gleichung

$$\mathfrak{J}_1 \cdot a_{11} + \mathfrak{J}_3\, a_{13} + \mathfrak{J}_4\, a_{14} \cdot \varepsilon^{-j\alpha} = \mathfrak{U}_1. \tag{a}$$

Da die Streuung zwischen 1 und 3 und der Widerstand R_1 gleich Null gesetzt ist, so ist die erzeugte Spannung der Wicklung 3 gleich $-\mathfrak{U}_1 \cdot w_3/w_1$. Da ferner bei Synchronismus die erzeugte Spannung in der Wicklung 4 gleich Null ist, so wird in dem geschlossenen Stromkreis 3 und 4, wenn $R_3 + R_4 = R$ und $\mathfrak{J}_4 = -\mathfrak{J}_3$ gesetzt wird:

$$\mathfrak{J}_3 \cdot R = -\mathfrak{U}_1 \cdot \frac{w_3}{w_1}. \tag{b}$$

Gl. (a) ergibt dann, wenn für $\mathfrak{J}_1$ der Strom $\mathfrak{J}_s$ bei synchronem Lauf eingeführt wird und $\mathfrak{U}_1 : a_{11} = \mathfrak{J}_\mu$, $a_{13} \cdot w_3/w_1 = a_{33}$ und $a_{14} \cdot w_3/w_1 = a_{34}$ gesetzt wird:

$$\mathfrak{J}_s = \mathfrak{J}_\mu \left(1 + \frac{a_{33} - a_{34}\, \varepsilon^{-j\alpha}}{R}\right). \tag{c}$$

Bild 541 zeigt die Zusammensetzung der entsprechenden drei Strahlen, wobei a_{33} und a_{34} als positiv imaginär einzuführen sind. $-\mathfrak{J}_\mu \cdot a_{34}/R$ eilt gegen $\mathfrak{J}_\mu$ um 90° nach. Multiplikation mit $\varepsilon^{-j\alpha}$ dreht nochmals um α zurück, so daß eine Verschiebung um $90^0 + \alpha$ eintritt.

Für $\sigma = \infty$ ergibt die Rechnung fast genau den primären Strom wie bei dem unkompensierten Motor. Ebenso ergibt die Rechnung, daß der Peripheriewinkel über $P_s P_\infty$ gleich 90° wird. Man erhält so den Kreis in Bild 541. Die Schlüpfungsgerade ergibt sich wie auf S. 159.

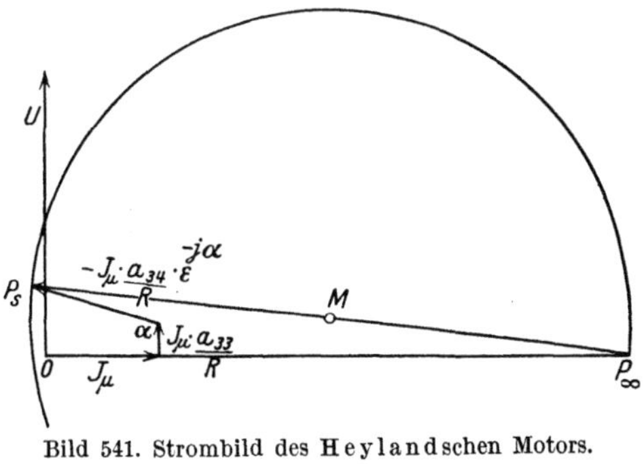

Bild 541. Strombild des Heylandschen Motors.

148. Der läufergespeiste Motor.

Bei dem läufergespeisten Motor (Bild 542), der auch als Sachsenwerkmotor bekannt ist, wird der primäre Strom den Schleifringen des Läufers zugeführt. In den Stromkreis der auf dem Ständer liegenden Sekundärwicklung 2 ist eine Zusatzspannung eingeschaltet, die durch eine besondere, auf dem Läufer liegende Hilfswicklung 3 mit Kommutator erzeugt wird. Die Phase dieser Zusatzspannung wird durch Bürstenverschiebung so eingestellt, daß der Sekundärstrom eine magnetisierende Komponente erhält. Der primäre Strom kommt dadurch in Phase mit der Spannung oder wird sogar voreilend.

Wie bei allen Drehstrommaschinen, deren Läufer gespeist wird, dreht sich der Läufer entgegen dem Drehfeld, und das Drehfeld dreht sich im Raume oder gegenüber dem Ständer mit der Frequenz der Schlüpfung. Auch die Spannung $\mathfrak{K}$ an den Kommutatorbürsten ist von der Frequenz der Schlüpfung. Dagegen ist die Größe dieser Spannung von der Geschwindigkeit abhängig, mit der sich das Feld gegenüber dem Rotordraht verschiebt, also von der Netzfrequenz. Demnach genügt zur Erzeugung der an sich kleinen Spannung $\mathfrak{K}$ eine außerordentlich kleine Windungszahl der Kommutatorwicklung, was für die Kommutierung vorteilhaft ist[1]. Dies ist der Grund, warum der Motor mit Speisung des Läufers ausgeführt wird. Nach dem Vorschlag von Richter, der beim Sachsenwerk häufig angewendet wird, kann die Spannung $\mathfrak{K}$ in einer offenen Wicklung nach Bild 543 erzeugt werden. Dabei sind die Stäbe des Ankers auf der einen Seite an einen Stirnring, auf der andern Seite an die Kommutatorstege angeschlossen. Jeder Strang besteht also nur aus den paar Stäben, die jeweilig durch die Bürsten mit der Ständerwicklung verbunden und dadurch eingeschaltet sind.

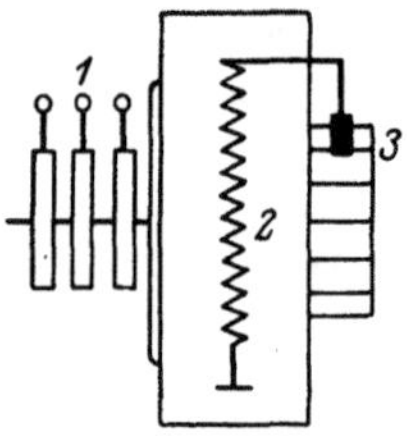

Bild 542. Läufergespeister Motor.

Als Anfangslage der Bürsten bezeichnen wir wieder die, bei der die magnetische Wirkung eines fortlaufenden Stromes in Wicklung 2 und 3 genau entgegengesetzt gerichtet ist. Auf diese Anfangslage seien die Induktivitäten bezogen.

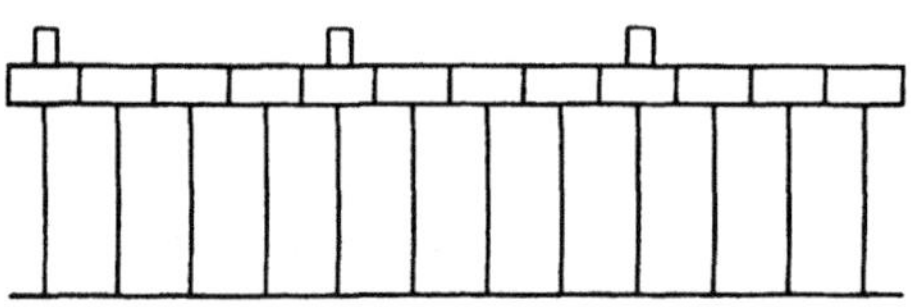
Bild 543. Offene Wicklung nach Richter.

Aus der Anfangslage seien die Bürsten um den Winkel α gegen den Drehsinn des Rotors, also im Sinne des Drehfeldes verschoben. Demnach wird die Hilfswicklung 3 später induziert als die Wicklung 2 und die induktiven Spannungsverbrauche in dieser Wicklung sind mit $\varepsilon^{-j\alpha}$ zu vervielfachen. Dagegen ist der Strom $\mathfrak{J}_3$ mit $\varepsilon^{j\alpha}$ zu vervielfachen.

Die Aufstellung der Gleichungen nach der zweiten Kirchhoffschen Regel ergibt dann in allen Fällen eine Kreisgleichung. Der Einfachheit wegen setzen wir $R_1 = 0$ und nehmen an, daß die Streuung zwischen den Wicklungen 1 und 3 gleich Null ist. Dann ergibt sich mit den Bezeichnungen auf S. 320, wenn $\mathfrak{K}$ die der Wicklung 2 und 3 aufgedrückte Spannung ist:

$$\mathfrak{J}_1 a_{11} + \mathfrak{J}_2 a_{12} + \mathfrak{J}_3 a_{13} \varepsilon^{j\alpha} = \mathfrak{U}_1$$

$$\mathfrak{J}_2 \cdot R_2 + \sigma(\mathfrak{J}_1 a_{12} + \mathfrak{J}_2 a_{22} + \mathfrak{J}_3 a_{23} \varepsilon^{j\alpha}) = \mathfrak{K}$$

$$\mathfrak{J}_3 R_3 = \mathfrak{K} - \varepsilon^{-j\alpha} \cdot \mathfrak{U}_1 \cdot \frac{w_3}{w_1}.$$

Dabei ist $\mathfrak{J}_3 = -\mathfrak{J}_2$. Man eliminiert $\mathfrak{K}$ und $\mathfrak{J}_2$ und benutzt dabei, da die Streuung zwischen 1 und 3 gleich Null angenommen ist, die Beziehungen

$$\frac{w_3}{w_1} = \frac{a_{23}}{a_{21}} = \frac{a_{33}}{a_{13}} \quad \text{und} \quad a_{11} \cdot a_{23} = a_{12} \cdot a_{13}.$$

Dadurch erhält man, wenn $R = R_2 + R_3$ gesetzt wird:

$$\mathfrak{J}_1 = \mathfrak{U}_1 \frac{R + a_{33} - a_{23}\,\varepsilon^{-j\alpha} + \sigma(a_{22} - a_{23}\,\varepsilon^{j\alpha})}{a_{11} R + \sigma(a_{11} a_{22} - a_{12}^2)}.$$

[1] Vgl. Richter, Z. d. V. d. J. 1926, S. 850.

Für $\sigma = 0$ erhält man mit $\mathfrak{U}_1 : a_{11} = \mathfrak{J}_\mu$ den Strom bei Synchronismus zu

$$\mathfrak{J}_s = \mathfrak{J}_\mu \cdot \left(1 + \frac{a_{33} - a_{23}\,\varepsilon^{-j\alpha}}{R}\right).$$

Dies ist dieselbe Gleichung wie beim ständergespeisten Motor, wenn a_{34} mit a_{23} vertauscht wird. Für $\sigma = \infty$ erhält man, wenn a_{23} wegen der geringen Windungszahl w_3 gegen a_{22} vernachlässigt wird, denselben Strom wie beim unkompensierten Motor.

Da der Phasenwinkel von $a_{11} a_{22} - a_{12}^2$ gleich π und der von $a_{11} R$ gleich $\pi/2$ ist, so wird der Peripheriewinkel über $P_s P_\infty$ gleich $\pi/2$. Damit ergibt sich ein Strombild wie in Bild 541.

Bemerkenswert ist bei den kompensierten Motoren das große Kippmoment, das durch die größte Senkrechte des Kreises gegeben ist. Ferner ist bemerkenswert, daß der Luftspalt viel größer gewählt werden kann als bei den gewöhnlichen Drehstrommotoren.

XXV. Drehstrom-Regelsätze.

149. Drehzahlregelung[1].

Zur verlustlosen Regelung von Drehstrommotoren kann man einen sogenannten Hintermotor verwenden. Am einfachsten ist dabei eine Anordnung, bei der als Hintermotor ein auf der Welle des Drehstrommotors sitzender Drehstrommotor mit Stromwender benutzt wird. Dieser wird entweder als Reihenschlußmotor gebaut und durch Bürstenverschiebung geregelt oder als Nebenschlußmotor mit Spannungsregelung ausgeführt. Er wird von dem Läufer des Hauptmotors gespeist.

Bei einer andern, von Scherbius angegebenen Anordnung wird der Hintermotor, der ebenfalls als Drehstrommotor mit Stromwender ausgeführt ist, getrennt vom Hauptmotor aufgestellt. Er treibt einen auf das Netz geschalteten asynchronen Stromerzeuger an. Die vom Läufer des Hauptmotors abgegebene elektrische Arbeit wird also nicht, wie oben, mechanisch, sondern elektrisch nutzbar gemacht.

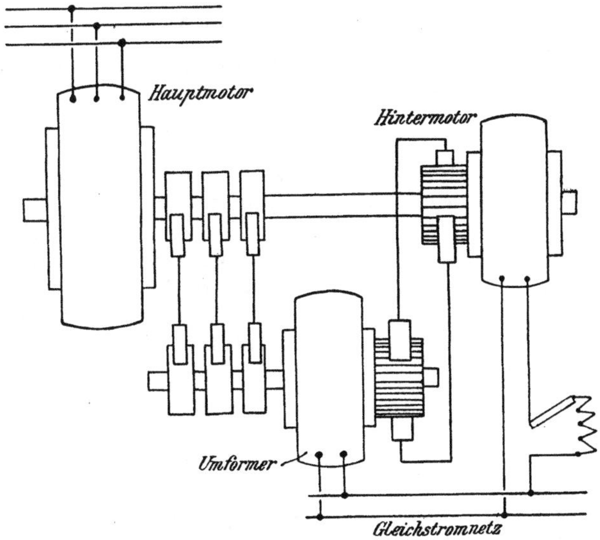

Bild 544. Regelsatz mit Gleichstrom-Hintermotor.

Ein weiteres Mittel besteht darin, daß man den Läuferstrom des Hauptmotors nach Bild 544 einem Einankerumformer zuführt. Von der Gleichstromseite dieses Umformers wird ein auf der Welle des Hauptmotors sitzender Gleichstrommotor gespeist. Die Drehzahl wird durch Änderung der Erregung des Gleichstrommotors geregelt.

Da ein Umformer sich auf der Drehstromseite genau wie ein Synchronmotor verhält, so ist es möglich, durch geeignete Erregung beim Umformer den Leistungsfaktor Eins zu erreichen. Dieser Fall soll im folgenden bei allen verschiedenen Betriebs-

[1] Vgl. Dr. Georg Meyer, „EKB" 1911, Heft 22 bis 24.

zuständen vorausgesetzt werden. Wie sich im Abschnitt 152 ergibt, stehen beim Einankerumformer die Drehstrom- und Gleichstromspannung in einem bestimmten, unveränderlichen Verhältnis. Daher stehen wegen Gleichheit der zugeführten und abgegebenen Leistung auch die Stromstärken des Drehstromes und Gleichstromes im Umformer in einem unveränderlichen Verhältnis.

Wir wollen nun weiter annehmen, daß der Fluß im Läufer des Hauptmotors bei allen Betriebszuständen derselbe ist. Dies trifft bei Vernachlässigung der Streuung genau zu und gilt auch bei Berücksichtigung der Streuung mit großer Genauigkeit für den linken Teil des Heylandschen Kreises. Die Verluste mögen in allen drei Maschinen der Anordnung in Bild 544 vernachlässigt werden. Dann ist die Spannung an den Schleifringen des Hauptmotors proportional der Schlüpfung σ.

Anderseits ist die Spannung des Gleichstrommotors proportional dem Fluß Φ des Gleichstrommotors und der Drehzahl, die wegen der Anordnung der beiden Motoren auf derselben Welle proportional $1-\sigma$ ist.

Da beide Spannungen gleichzeitig am Umformer liegen, so ist ihr Verhältnis unveränderlich. Mit einem Festwert k ist also

$$\Phi \cdot (1-\sigma) = k \cdot \sigma, \quad \text{d. h.} \quad \Phi = k \cdot \sigma / (1-\sigma). \tag{1}$$

Ferner wird nach Abschn. 126 von der Leistung N_1, die dem Ständer des Hauptmotors zugeführt wird, der Betrag $\sigma \cdot N_1$ im Läuferkreis in elektrische Leistung umgesetzt. An die Stelle der Stromwärme in einem an die Schleifringe des Läufers angeschlossenen Widerstand tritt einfach die dem Umformer zugeführte Arbeit. Diese wird weiter dem Gleichstrommotor zugeführt, und die Leistung dieses Motors wird

$$N_g = \sigma \cdot N_1 . \tag{2}$$

Demnach ist die vom Drehstrommotor unmittelbar an die Welle abgegebene mechanische Leistung

$$N_d = N_1 - N_g = (1-\sigma) \cdot N_1 . \tag{3}$$

Wie Gl. (1) erkennen läßt, ist bei ungeänderter Erregung des Gleichstrommotors auch die Schlüpfung und damit die Drehzahl bei allen Belastungen dieselbe. Das Getriebe verhält sich also wie ein Nebenschlußmotor. Weiter zeigen Gl. (2) und (3), daß das Verhältnis der vom Gleichstrommotor und vom Drehstrommotor auf die Welle übertragenen Leistung bei ungeänderter Erregung des Gleichstrommotors ebenfalls unabhängig von der Belastung ist.

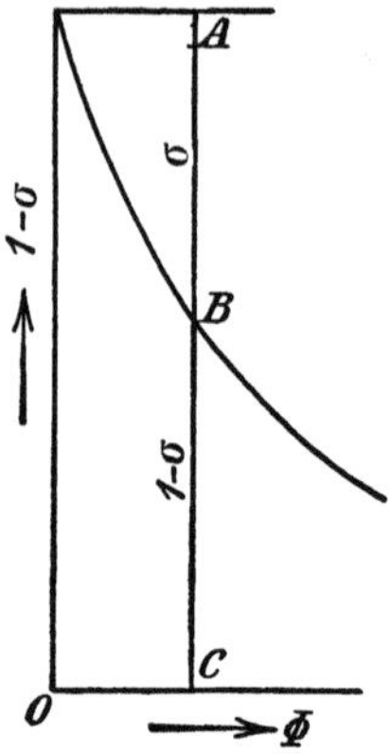

Bild 545. Abhängigkeit der Drehzahl BC von der Erregung des Hintermotors.

Um den Einfluß der Feldänderung des Gleichstrommotors deutlich zu machen, tragen wir den Fluß Φ des Gleichstrommotors in Bild 545 wagerecht und den zugehörigen, nach Gl. (1) berechneten, der Drehzahl entsprechenden Wert $1-\sigma$ senkrecht auf. Die Kurve, die wir so erhalten, gibt für jeden Fluß die Drehzahl an. Sie schneidet die senkrechte Achse in der Höhe Eins, da für $\Phi = 0$ auch $\sigma = 0$ ist. Wir ziehen nun durch den Schnittpunkt eine Wagerechte. Dann ist AB für eine beliebige Erregung OC die Schlüpfung σ. Nach Gl. (2) und (3) sind dann AB und BC die Teile der Gesamtleistung, die vom Gleichstrommotor und Drehstrommotor übernommen werden.

Wie die Kurve zeigt, verringert sich die Drehzahl mit wachsender Erregung der Hintermotors. Dies vollzieht sich in der Weise, daß eine Verstärkung der Erregung die Spannung an den Bürsten des Hintermotors und damit auch auf dem Umwege über den Umformer die Spannung an den Bürsten des Hauptmotors erhöht. Nun ist allgemein der Spannungsverlust im Läufer des Drehstrommotors gleich dem Unterschied der im Läufer erzeugten Spannung und der Schleifringspannung. Mit wachsender Schleifringspannung wird also der Läuferstrom des Hauptmotors und das von diesem ausgeübte Drehmoment geringer, und die Drehzahl nimmt ab, bis infolge der größeren Schlüpfung der Strom wieder stark genug für das Drehmoment ist.

Da das Verhältnis der Stromstärken auf der Gleichstrom- und Wechselstromseite des Umformers unveränderlich ist, so ist der Strom des Gleichstrommotors proportional dem Läuferstrom des Hauptmotors. Er ist also nach Bild 466 und Gl. (10) auf S. 271 nahezu proportional dem primären Wirkstrom, also der dem Hauptmotor zugeführten Leistung und damit der gesamten mechanischen Leistung. Diese ist natürlich nicht nur von der jeweiligen Belastung, d. h. von dem durch beide Motoren gemeinsam zu überwindenden Lastmoment, sondern auch von der in weiten Grenzen geregelten Drehzahl abhängig.

Durch eine zusätzliche Hauptschlußwicklung auf dem Hintermotor läßt sich erreichen, daß das Getriebe die Eigenschaften eines mit Belastung in seiner Drehzahl abfallenden Doppelschlußmotors besitzt, was bei Kuppelung mit Schwungmassen von Vorteil ist (Pufferung).

Anstatt durch einen Hintermotor kann die Drehzahl auch nach Heyland durch einen Frequenzwandler verlustlos geregelt werden (vgl. Abschn. 151).

150. Eigenerregter Phasenschieber.

Zur Verbesserung des Leistungsfaktors von Drehstrommotoren wird vielfach ein eigenerregter Phasenschieber verwendet. Er enthält einen mit einer Gleichstromwicklung versehenen, trommelförmigen Anker, der mit einem Stromwender versehen ist und von außen in Drehung versetzt wird. Der Läuferstrom des Drehstrommotors wird dem Stromwender durch feststehende Bürsten zugeführt. Bei kleineren Leistungen kann nach Bild 546 für den Phasenschieber ein besonderer Ständer entbehrt werden[1]. Bei größeren Leistungen muß man mit Rücksicht auf funkenfreien Gang für den Rückschluß der Feldlinien einen unbewickelten Ständer vorsehen, der da, wo der Kurzschluß der Spulen durch die Bürsten erfolgt, Aussparungen enthält[2].

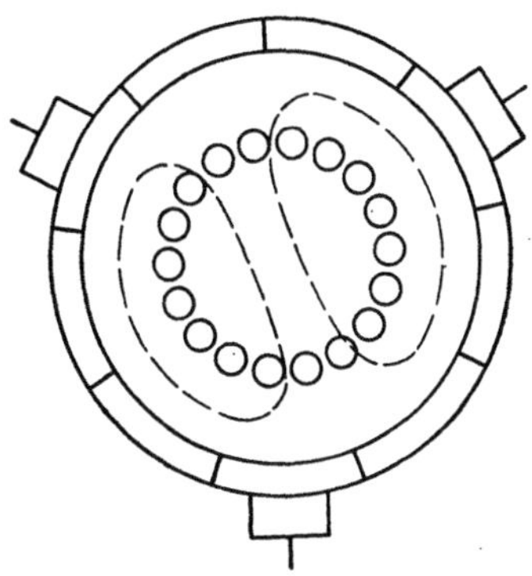

Bild 546. Ständerloser Phasenschieber.

Das vom Läuferstrom im Phasenschieber erzeugte Feld dreht sich langsam im Raume mit einer Drehzahl n_s, die der Schlüpfungsfrequenz des Drehstrommotors proportional ist, unabhängig davon, ob der Phasenschieber still steht oder gedreht wird. Die zwischen zwei Bürsten erzeugte Spannung hat daher immer die Frequenz der Schlüpfung. Ihr Effektivwert ist dagegen von der Drehgeschwindigkeit abhängig. Er ist am größten bei Stillstand des Phasenschiebers und nimmt ab, wenn der Phasenschieber im Sinne seines Drehfeldes gedreht wird. Ist beim Gleichlauf die Drehzahl gleich der des Feldes, so wird die erzeugte Spannung gleich Null. Zwischen Stillstand und Gleichlauf bleibt die erzeugte Spannung, die ja eine Selbstinduktionsspannung ist, um 90° gegen den Läuferstrom zurück.

Der Phasenschieber werde nun im Sinne seines Drehfeldes übersynchron mit einer festen Drehzahl angetrieben. Dann ändert die erzeugte Spannung in einer zwischen zwei Bürsten liegenden Wicklungsabteilung ihr Vorzeichen, bleibt aber um 90° gegen den Strom verschoben und eilt daher dem Strom um 90° vorauf. Sie kann

[1] Scherbius, ETZ 1912, S. 1079.
[2] Rüdenberg, El. Kraftbetriebe und Bahnen, 1914, S. 425.

daher dazu dienen, die Selbstinduktion, die durch Streuung des Drehstrommotors verursacht wird, aufzuheben oder noch eine entgegengesetzte überschüssige Spannung zu liefern. Der Phasenschieber wirkt dadurch wie ein Kondensator, der an die Schleifringe des Hauptmotors geschaltet ist und die Phasenverschiebung im primären Kreis dieses Motors zu Null oder sogar negativ macht. Es sei

$\mathfrak{U}_1$ die feste Netzspannung,
L_1, L_2, L_p die Gesamtinduktivität des Ständers, Läufers und Phasenschiebers,
M die gegenseitige Induktivität zwischen Ständer und Läufer,
R_2 der Gesamtwiderstand des Läuferkreises einschließlich des Phasenschiebers,
$\varkappa\omega$ die Kreisfrequenz, die der festen Drehzahl des Phasenschiebers entspricht,
σ die Schlüpfung des Hauptmotors.

Wir setzen dann

$$a = j L_1 \omega \qquad b = j L_2 \omega \qquad c = j M \omega \qquad d = j L_p \cdot \omega$$

und erhalten unter Vernachlässigung des primären Widerstandes nach der zweiten Kirchhoffschen Regel:

$$\mathfrak{U}_1 = \mathfrak{J}_1 \cdot a + \mathfrak{J}_2 \cdot c$$
$$0 = \mathfrak{J}_1 \cdot c \cdot \sigma + \mathfrak{J}_2 [R_2 + b \cdot \sigma + d(\sigma - \varkappa)].$$

Daraus erhalten wir nach Eliminierung von $\mathfrak{J}_2$:

$$\mathfrak{J}_1 = \mathfrak{U}_1 \cdot \frac{R_2 - \varkappa \cdot d + \sigma(b+d)}{a(R_2 - \varkappa d) + \sigma[a(b+d) - c^2]}.$$

Dies ist die Gleichung eines Kreises. Für $\sigma = 0$ wird $\mathfrak{J}_0 = \mathfrak{U}_1 : a$. Dies ist gleich dem Leerstrom des Motors ohne Phasenschieber. Für $\sigma = \infty$ wird

$$\mathfrak{J}_\infty = \frac{\mathfrak{U}_1}{a} \cdot \frac{a(b+d)}{a(b+d) - c^2}.$$

Falls d klein ist gegen b, erhält man $\mathfrak{J}_\infty$ fast so groß wie beim Motor ohne Phasenschieber.

Nun ist der Phasenwinkel von a gleich $\pi/2$ und der von $R_2 - \varkappa \cdot d$ oder $R_2 - j \cdot L_p \cdot \varkappa\omega$ ist $-\operatorname{arctg} L_p \cdot \varkappa\omega / R_2$. Nach S. 158 ist also $\gamma = \pi/2 - \operatorname{arctg} L_p \cdot \varkappa\omega/R_2$. Ebenso ist δ der Phasenwinkel von $a(b+d) - c^2$, also gleich π. Demnach ist

$$\eta = \delta - \gamma = \pi/2 + \operatorname{arctg} L_p \cdot \varkappa\omega / R_2.$$

Die Tangente in P_0 eilt dann gegen $P_0 P_\infty$ um η vor (Bild 547). Bei einer bestimmten Belastung wird auf diese Weise der primäre Phasenverschiebungswinkel Null oder sogar negativ. Im letzteren Falle liefert der Motor positiven Blindstrom in das Netz. Bei Leerlauf und kleiner Belastung hat man aber immer positive Phasenverschiebung. Soll dies vermieden werden, so muß man den fremderregten Phasenschieber (Frequenzwandler) verwenden (vgl. Abschn. 151).

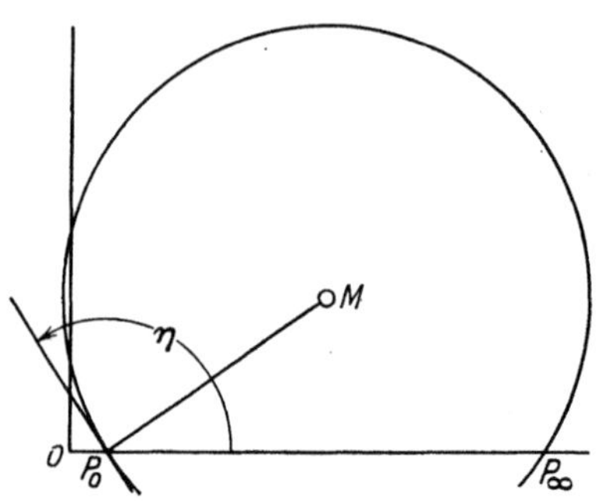

Bild 547. Strombild für Motor mit eigenerregtem Phasenschieber.

Die Schlüpfungsgerade ergibt sich in der üblichen Weise.

Wird die Hauptmaschine durch übersynchronen Antrieb zum Generator, so kehrt sich die Drehrichtung des Feldes im Phasenschieber, bezogen auf den rotierenden Teil um. Man muß dann zwei Zuleitungen zum Stromwender vertauschen oder die Drehrichtung des Phasenschiebers umkehren. Dadurch wird $\varkappa$ in den obigen Gleichungen negativ und man erhält ein Strombild, das das Spiegelbild zu Bild 547 in bezug auf die wagerechte Achse ist, und dessen unterer Teil für den Generator gilt.

151. Der Frequenzwandler.

Durch Verwendung eines Frequenzwandlers, der von Le Blanc angegeben wurde, läßt sich entweder eine verlustlose Regelung der Drehzahl, oder bei allen Belastungen eine Phasenkompensierung erreichen. Der Frequenzwandler (Bild 548) enthält einen Gleichstromanker, der in einem unbewickelten, nur den magnetischen Schluß für den Fluß bildenden Ständer läuft und bei der einfachsten Anordnung auf der Welle des Hauptmotors sitzt. Der Anker besitzt einen Stromwender, der über Bürsten an die Schleifringe des Hauptmotors angeschlossen ist, und außerdem Schleifringe, die über einen regelbaren Transformator an das Netz angeschlossen sind.

Der Maschinensatz laufe mit einer bestimmten Schlüpfung. Dann wird der Frequenzwandler über den Stromwender mit einer der Schlüpfung entsprechenden Frequenz gespeist. Der dem Stromwender durch die drei Bürsten zugeführte Strom wirkt trotz der Drehung des Ankers genau wie der Strom einer feststehenden Wicklung, wie er z. B. den Klemmen des Ständers eines gewöhnlichen Drehstrommotors zugeführt wird. Im Frequenzwandler entsteht also ein Feld, das sich im Raume mit der Frequenz der Schlüpfung dreht. Dabei ist die Schaltung zwischen den Schleifringen des Hauptmotors und den Bürsten des Stromwenders derartig gewählt, daß das Feld im Frequenzwandler sich entgegengesetzt der Drehrichtung des Maschinensatzes dreht. Die Geschwindigkeit eines einzelnen Ankerdrahtes gegenüber dem Feld ist also die Summe aus einer der Drehzahl des Maschinensatzes entsprechenden Frequenz und der Frequenz der Schlüpfung des Hauptmotors. Spannung und Strom an den Schleifringen des Frequenzwandlers haben also genau die Netzfrequenz, so daß von den Schleifringen des Frequenzwandlers Strom ins Netz geliefert werden kann.

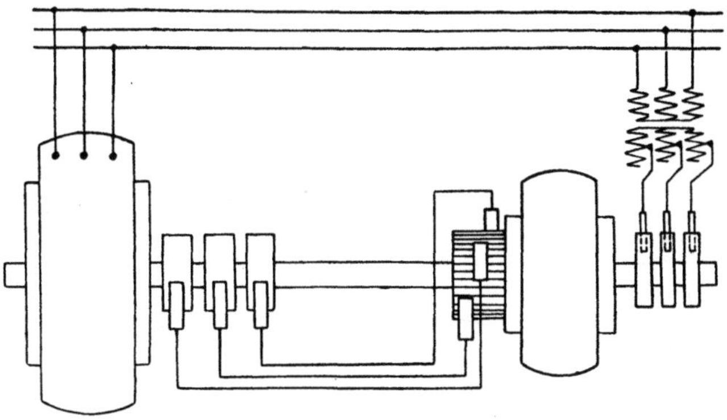

Bild 548. Grundsätzliche Anordnung des Frequenzwandlers.

Obwohl die Frequenzen auf der Kommutatorseite und der Schleifringseite verschieden sind, sind die Spannungen auf beiden Seiten gleich groß, da sie beide durch die Geschwindigkeit des Feldes gegenüber den Ankerdrähten gegeben sind. Daher paßt die Schleifringspannung des Frequenzwandlers nicht unmittelbar für das Netz, sondern sie muß durch einen Transformator auf die Netzspannung umgeformt werden.

Da der Frequenzwandler wie ein Transformator wirkt, so sind bei den gleichen Spannungen auch die Ströme der beiden Seiten gleich groß.

Nun kann die Phase der Kommutatorspannung willkürlich durch Verschiebung der Kommutatorbürsten eingestellt werden. Werden die Bürsten so gestellt, daß Spannung (genauer die Sternspannung) und Strom am Kommutator miteinander in Phase sind, so wirkt der Frequenzwandler wie ein Ohmscher Widerstand. Je größer man dann durch Änderung am Regeltransformator die Schleifringspannung des Frequenzwandlers einstellt, desto größer ist der Ohmsche Widerstand, den der Frequenzwandler darstellt, desto kleiner also die Drehzahl des Hauptmotors. Diese Drehzahlregelung ist verlustlos, indem die Schlupfleistung nicht nutzlos in Wärme umgesetzt wird, sondern über den Regeltransformator dem Netz bzw. dem Hauptmotor wieder zugeführt wird.

Werden dagegen die Bürsten am Kommutator so eingestellt, daß die Spannung am Kommutator gegen den dem Kommutator zufließenden Strom um 90^0 nacheilt, so wirkt der Frequenzwandler wie ein Kondensator, der mit dem Rotor des Hauptmotors in Reihe geschaltet ist und die Phasenverschiebung des Ständerstromes verringert oder negativ macht. Der Hauptmotor wird dabei teilweise oder völlig vom Rotor aus magnetisiert, da die Abgabe von voreilendem Strom aus den Schleifringen gleichbedeutend ist mit Zuführung von nacheilendem Strom. Man nennt daher den Frequenzwandler auch eine „Erregermaschine" oder häufig auch „fremderregter Phasenschieber".

Natürlich muß die positive Blindleistung vom Netz über den Regeltransformator dem Frequenzwandler zufließen. Es ist aber zu beachten, daß die Blindleistung dem Frequenzwandler mit der kleinen Spannung der Schleifringseite zugeführt wird, also wegen der kleinen Schlupffrequenz des Hauptmotors sehr klein ist. Wie überall ist bei kleiner Frequenz die Blindleistung gering.

Allgemein sei die Spannung auf der Kommutatorseite bei einer bestimmten Einstellung der Bürsten und des Regeltransformators gleich $\mathfrak{K}$. Es sei

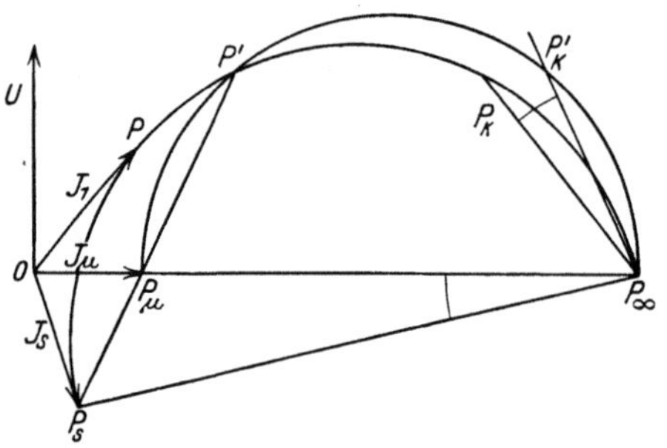

Bild 549. Kreisbild für Motor mit Frequenzwandler.

$\mathfrak{U}_1$ die Netzspannung,

L_1 und L_2 die Gesamtinduktivität des Ständers und des Rotors,

M die gegenseitige Induktivität,

R_2 der Rotorwiderstand,

ω die primäre Kreisfrequenz,

σ die Schlüpfung.

Dann ergibt die zweite Kirchhoffsche Regel unter Vernachlässigung des Ständerwiderstandes, wenn $jL_1\omega = a$, $jL_2\omega = b$ und $jM\omega = d$ gesetzt wird:

$$\mathfrak{U}_1 = \mathfrak{J}_1 \cdot a + \mathfrak{J}_2 \cdot d \qquad \text{(a)}$$

$$\mathfrak{K} = \mathfrak{J}_1 \cdot d \cdot \sigma + \mathfrak{J}_2 (R_2 + b \cdot \sigma). \qquad \text{(b)}$$

Eliminiert man $\mathfrak{J}_2$, so erhält man die Kreisgleichung

$$\mathfrak{J}_1 = \frac{\mathfrak{U}_1 \cdot R_2 - \mathfrak{K} \cdot d + \sigma \cdot \mathfrak{U}_1 \cdot b}{R_2 \cdot a + \sigma (ab - d^2)}. \qquad \text{(c)}$$

Für $\sigma = 0$ ergibt sich der Strom $\mathfrak{J}_s$ bei Synchronismus. Wird $\mathfrak{U}_1 : a$ gleich dem Leerstrom $\mathfrak{J}_\mu$ ohne Frequenzwandler gesetzt, so wird

$$\mathfrak{J}_s = \frac{\mathfrak{U}_1 \cdot R_2 - \mathfrak{K} \cdot d}{R_2 \cdot a} = \mathfrak{J}_\mu - \frac{\mathfrak{K}}{R_2} \cdot \frac{M}{L_1}.$$

In Bild 549 ist OP_μ der Leerstrom $\mathfrak{J}_\mu$ ohne Phasenschieber. $P_s P_\mu$ ist gleich $\mathfrak{K} \cdot M : R_2 L_1$, also phasengleich mit $\mathfrak{K}$. Dann ist $OP_s = \mathfrak{J}_s$. Werden nun die Bürsten verschoben, wobei die Größe von $\mathfrak{K}$ unverändert gelassen wird, so beschreibt P_s einen Kreis mit dem Halbmesser $P_\mu P_s$[1].

Für $\sigma = \infty$ ergibt Gl. (c)

$$\mathfrak{J}_\infty = \frac{\mathfrak{U}_1}{a} \cdot \frac{ab}{ab - d^2} = \mathfrak{J}_\mu \cdot \frac{ab}{ab - d^2}.$$

Dies ist derselbe Strom wie beim Motor ohne Phasenschieber. Nun ist nach S. 158 γ der Winkel von $R_2 \cdot a$, also gleich $\pi/2$, und δ der Winkel von $ab - d^2$, also gleich π. Demnach ist $\eta = \delta - \gamma = \pi/2$, d. h. der Kreis hat den Durchmesser $P_s P_\infty$.

Für $\sigma = 1$ ergibt Gl. (c)

$$\mathfrak{J}_\varkappa = \frac{\mathfrak{U}_1 (R_2 + b) - \mathfrak{K} \cdot d}{a (R_2 + b) - d^2}.$$

Bildet man nun das Verhältnis $\mathfrak{J}_s - \mathfrak{J}_\infty : \mathfrak{J}_\varkappa - \mathfrak{J}_\infty$, so ergibt sich nach einigen Um-

---

[1] Einen ähnlichen Kreis hat Bolz im Archiv für Elektrotechnik 1928, XIX, S. 275, für den geometrischen Ort des Kreismittelpunktes abgeleitet.

rechnungen, daß dieses Verhältnis unabhängig von $\mathfrak{K}$ ist. Ist also $P'_\varkappa$ der Kurzschlußpunkt für den Motor ohne Phasenschieber, so ist

$$\sphericalangle P_\varkappa P_\infty P_s = \sphericalangle P'_\varkappa P_\infty P_\mu .$$

Die Schlüpfungsgerade ergibt sich dann nach S. 159.

Nun ist nach Gl. (a), wenn $\mathfrak{U}_1 = \mathfrak{J}_\mu \cdot a$ gesetzt wird:

$$\mathfrak{J}_2 = (\mathfrak{J}_\mu - \mathfrak{J}_1) \cdot \frac{a}{d} .$$

$\mathfrak{J}_2$ hat also die Phase von PP_μ. Wir zeichnen nun den Kreis für den Hauptmotor ohne Frequenzwandler mit dem Durchmesser $P_\mu P_\infty$. In dem besonderen Falle, wo P mit dem Schnittpunkt P' beider Kreise zusammenfällt, hat $\mathfrak{J}_2$ entgegengesetzte Phase mit $P_s P_\mu$, also mit der den Schleifringen aufgedrückten Spannung $\mathfrak{K}$. Der Frequenzwandler wirkt dann wie ein Ohmscher Widerstand, regelt also die Drehzahl. Um für diesen Betriebszustand die Schlüpfung zu berechnen, setzen wir nach S. 158

$$\sigma = \frac{\mathfrak{E}}{\mathfrak{D}} \cdot \frac{P_0 P'}{P' P_\infty} .$$

Dabei sind $\mathfrak{E}$ und $\mathfrak{D}$ nach Gl. (c) von $\mathfrak{K}$ unabhängig und $P'P_\infty$ ist für den Motor ohne und mit Frequenzwandler gleich. Für P_0 ist ohne Frequenzwandler P_μ und mit Frequenzwandler P_s einzusetzen. Demnach wird die Schlüpfung durch den Frequenzwandler in dem betrachteten Falle im Verhältnis $P_s P' : P_\mu P'$ erhöht. Da P_s unterhalb der Abszissenachse liegt, wird das Kippmoment durch den Frequenzwandler verkleinert.

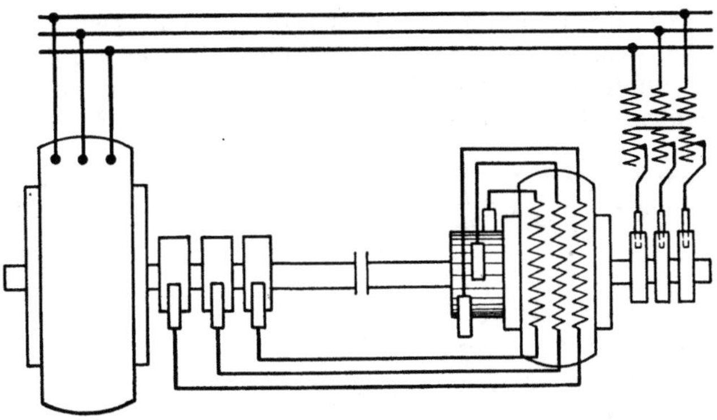

Bild 550. Drehstromregelsatz nach Kozisek.

Viel günstiger verhält sich der Motor bei der Phasenkompensation, wobei $P_\mu P_s$ um den Punkt P_μ so gedreht wird, daß P_s oberhalb der Abszissenachse liegt. Dann ergibt der Kreis mit dem Durchmesser $P_s P_\infty$ ein besonders großes Kippmoment. Liegt dabei P unterhalb der Abszissenachse, so wird der Motor zum Generator, und zwar zu einem solchen, der bis zu einer gewissen Belastung nacheilenden Strom liefert.

Soll der Maschinensatz rein als Phasenschieber arbeiten, so werden die Kommutatorbürsten so gestellt, daß P_s nach links in die Abszissenachse fällt. Die Maschine nimmt dann einen reinen voreilenden Blindstrom auf, d. h. sie wirkt als asynchroner Blindstromgenerator. Er hat vor dem synchronen Phasenschieber den Vorteil, daß er keine Gleichstromerregung braucht und beim Kurzschluß im Netz schnell stromlos wird.

Eine sehr wesentliche Änderung hat der Frequenzwandler durch Kozisek erfahren, indem der Läuferstrom der Hauptmaschine, ehe er dem Kommutator zugeleitet wird, nach Bild 550 erst eine Ständerwicklung des Frequenzwandlers durchfließt, die die magnetische Wirkung des Kommutatorstromes genau aufhebt. Die Folge ist, daß den Schleifringen vom Transformator her nur ein Magnetisierungsstrom zufließt, der ein der Schleifringspannung entsprechendes Feld schafft. Schleifringe und Transformator führen dann nur diesen kleinen Magnetisierungsstrom. Gleichzeitig ist der Frequenzwandler nicht mehr wie ein Transformator ein Durchgangsapparat für Wirkleistung oder Blindleistung, sondern ein fremderregter Drehstrommotor, dessen Ankerwicklung durch eine Ständerwicklung kompensiert ist. Bei Drehzahlregelung wird z. B. die Schlupfleistung des Hauptmotors nicht in Wärme umgesetzt, wie beim gewöhnlichen Phasenanker, auch nicht ins Netz zurückgeliefert, wie beim gewöhnlichen Frequenzumformer, sondern in mechanische Leistung umgesetzt.

Eine willkürliche Verschiebung der Bürsten zur Drehzahl- oder Phasenregelung ist aber jetzt wegen der erforderlichen Entgegenwirkung des Kommutatorstromes und Ständerstromes der Zusatzmaschine nicht mehr möglich. Die Einstellung erfolgt jetzt durch eine verschiebbare Kuppelung zwischen beiden Maschinen.

Im übrigen ist die Wirkungsweise, auch das Strombild, dasselbe wie früher. Neben der Entlastung der Schleifringseite der Zusatzmaschine zeigt sich auch noch der Vorteil einer besseren Kommutierung. Außerdem wird die Verringerung des Kippmomentes, die sonst bei Drehzahlregelung auftritt, jetzt dadurch ausgeglichen, daß sich das Drehmoment der Zusatzmaschine zu dem des Hauptmotors addiert.

XXVI. Einankerumformer.

152. Das Verhältnis der Spannungen und Ströme.

Der Einankerumformer ist eine Gleichstrommaschine, deren Ankerwicklung außer an den Stromwender an Schleifringe angeschlossen ist. Je nach der Anzahl der Schleifringe unterscheidet man Umformer für Einphasenstrom, Zwei- und Vierphasenstrom, Dreiphasenstrom und Sechsphasenstrom (Bild 551 bis 554).

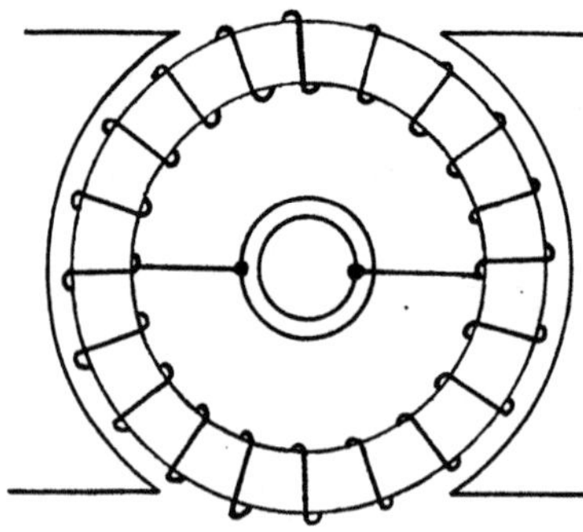

Bild 551. Einankerumformer für Einphasenstrom.

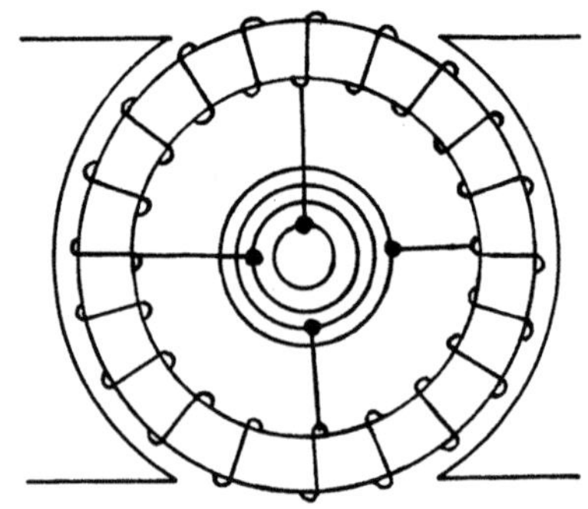

Bild 552. Einankerumformer für Zwei- und Vierphasenstrom.

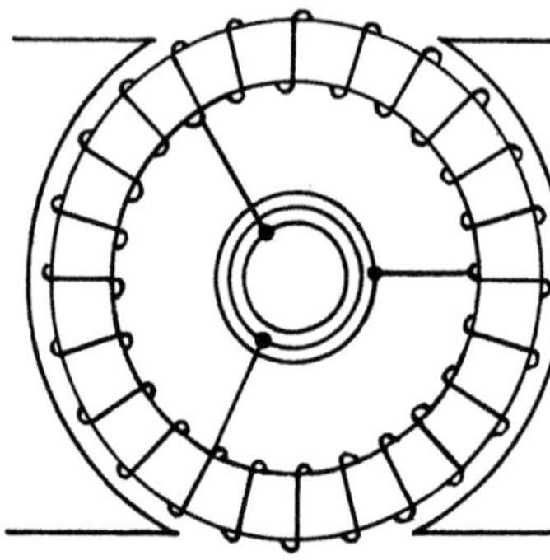

Bild 553. Einankerumformer für Dreiphasenstrom.

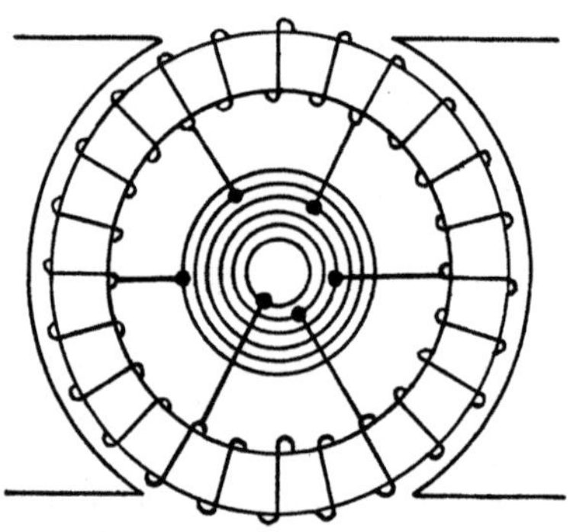

Bild 554. Einankerumformer für Sechsphasenstrom.

Man erhält einen Sechsphasenstrom einfach dadurch, daß man, wie in Bild 538, die zweite Wicklung eines Dreiphasentransformators nicht verkettet. Dadurch sind dann ohne weiteres sechs Zuleitungen zum Umformer gegeben. Im Grunde genommen ist der Sechsphasenumformer ein Dreiphasenumformer. Er kann als eine Maschine mit nur drei Abteilungen aufgefaßt werden, deren Seiten die Breite einer vollen Polteilung haben, um 120⁰ verschoben sind und sich teilweise überdecken.

Der Einankerumformer ist auf der Wechselstromseite eine gewöhnliche Synchronmaschine. Er arbeitet auf dieser Seite gewöhnlich als ein- oder mehrphasiger Motor und auf der Gleichstromseite als Stromerzeuger. Er kann jedoch auch von der Gleichstromseite als Motor angetrieben werden, so daß er auf der Wechselstromseite als Stromerzeuger arbeitet. Wenn dabei eine induktive Belastung eingeschaltet wird, wird das Feld des Einankerumformers nach S. 237 geschwächt. Wenn also der Umformer für sich allein das Wechselstromnetz speist, muß durch besondere Hilfsmittel eine Erhöhung der Drehzahl verhindert werden.

Die Maschine kann auch zur gleichzeitigen Lieferung von Gleichstrom und Wechselstrom benutzt werden, wobei allerdings die Gesamtleistung stark herabgesetzt werden muß.

Der Einankerumformer wird entweder durch einen besonderen asynchronen Anwurfmotor, der ein Polpaar weniger besitzt als der Umformer, oder von der Gleichstromseite aus auf die vorgeschriebene Drehzahl gebracht und dann wie eine gewöhnliche Synchronmaschine aufs Netz geschaltet. Über das Anlassen von der Wechselstromseite aus siehe S. 232.

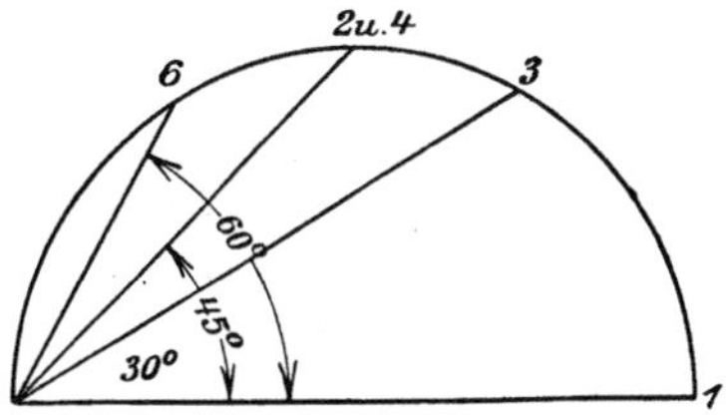

Bild 555. Spannungen des Umformers bei 1, 3, 4 und 6 Phasen.

Die wesentliche Eigenschaft des Einankerumformers besteht darin, daß die Spannung des Gleichstromes und des Wechselstromes durch dasselbe Feld bei derselben Drehzahl erzeugt wird. Dabei ist unter dem Feld nicht etwa das von den Magneten allein erzeugte Feld, sondern das wirkliche, im Anker vorhandene Feld zu verstehen, daß unter dem Einfluß der Erregung der Magnete und des Ankers zustande kommt, und in dem auch das Streufeld des Ankers enthalten ist. Unter Vernachlässigung des Ohmschen Spannungsverlustes schreibt nach S. 234 die Klemmenspannung und nicht die Magneterregung das Feld vor.

Wenn man also nicht besondere Vorkehrungen trifft, so folgt, daß die Klemmenspannung des Wechselstromes und des Gleichstromes in einem ganz bestimmten Verhältnis stehen. Dieses Verhältnis hängt von der Anzahl ν der Ankerzweige ab, die bei Einphasenstrom gleich 2, bei Zwei- und Vierphasenstrom gleich 4, bei Dreiphasenstrom gleich 3 und bei Sechsphasenstrom gleich 6 ist.

Nach S. 230 ist die Spannung einer Abteilung die geometrische Summe der in den einzelnen Nuten erzeugten Spannungen, sie wird also im zweipoligen Ersatzbild durch die Sehne eines Kreises dargestellt. Die größte Sehne, d. h. der Durchmesser, entspricht der Einphasenspannung E_1. Ihr zeitlicher Höchstwert wird erreicht, wenn die Anzapfungen, die zu den Schleifringen führen, in der neutralen Zone liegen. Er ist also gleich der Gleichstromspannung E_g. Daraus folgt: $E_g = 1{,}414\ E_1$. Nach Bild 555 ergibt sich dann folgende Zahlentafel:

$$E_g : E_1 : E_3 : E_4 : E_6 = 1{,}414 : 1 : 0{,}866 : 0{,}707 : 0{,}5\,. \qquad (1)$$

Dadurch, daß Gleichstrom- und Wechselstromspannung von derselben Größenordnung sind, wird bei Umformung von hochgespanntem Wechselstrom in Gleichstrom ein ruhender Transformator nötig, wodurch die Anlage etwas verteuert wird. Sie stellt sich aber doch billiger als eine Doppelmaschine, die aus einem Wechselstrommotor und einer Gleichstrommaschine besteht.

Wir berechnen jetzt das Verhältnis der Stromstärken auf der Wechselstrom- und Gleichstromseite. Ist I_w der effektive Wechselstrom eines Ankerzweiges und φ die Phasenverschiebung zwischen der Spannung und Stromstärke, so ist die Wechselstromleistung aller Zweige zusammen: $N_w = \nu \cdot E \cdot I_w \cdot \cos\varphi$. Ist ferner I_g der Gleichstrom in einem der beiden Gleichstromzweige und E_g die Gleichstromspannung, so ist die Gleichstromleistung: $N_g = 2 E_g \cdot I_g$. Setzen wir nach dem Gesetz von der Erhaltung der Arbeit und unter Vernachlässigung der Verluste beide Leistungen gleich, so ergibt sich das Verhältnis des Wechselstromes zum Gleichstrom zu

$$\frac{I_w}{I_g} = \frac{2}{\nu \cdot \cos\varphi} \cdot \frac{E_g}{E}.$$

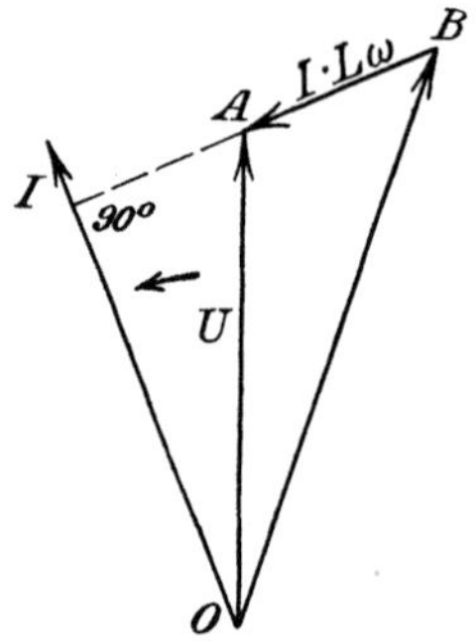

Bild 556. Spannungserhöhung durch Drosselspule.

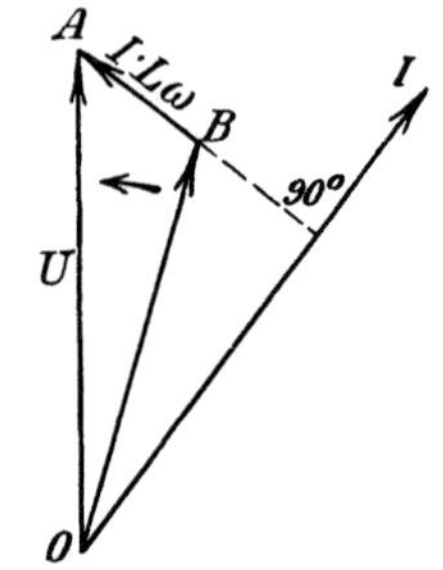

Bild 557. Spannungserniedrigung durch Drosselspule.

Nun ist, wenn γ die halbe Breite des Wechselstromzweiges ist, $E_g : E_1 = \sqrt{2} : 1$, d. h. $E_g : E = \sqrt{2} : \sin\gamma$. Dadurch wird mit $\nu \cdot \gamma = \pi$:

$$\frac{I_w}{I_g} = \frac{2 \cdot \sqrt{2}}{\pi \cdot \cos\varphi} \cdot \frac{\gamma}{\sin\gamma}. \qquad (2)$$

Für Drehstrom wird das Verhältnis 1,09 : cos φ, für Sechsphasenstrom 0,94 : cos φ. Die Gleichung gilt auch für mehrpolige Maschinen.

Der Leistungsfaktor cos φ läßt sich, wie bei jedem Synchronmotor, willkürlich durch Änderung der Erregung einstellen. Bei gegebener Wechselstromspannung, also gegebenem wirklichen Feld, ändert sich durch Änderung der Erregung die Größe und Phase des Wechselstromes, und zwar in einer solchen Weise, daß die Gesamterregung, die sich aus der Gleichstromerregung und der Ankerrückwirkung des Wechselstromes ergibt, unverändert bleibt. Man kann also nicht ohne weiteres die Gleichstromspannung durch Änderung der Erregung wesentlich beeinflussen.

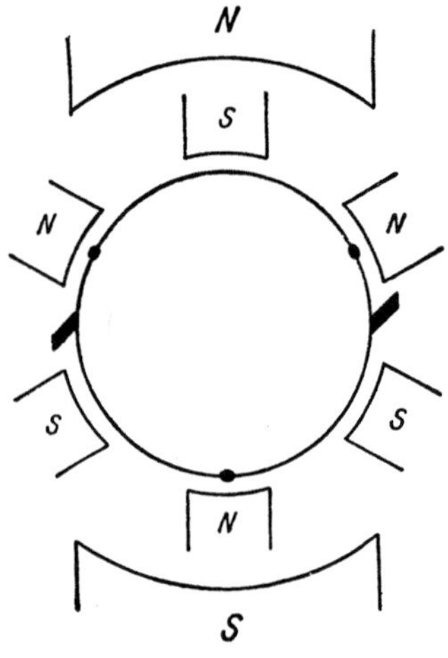

Bild 558. Hauptpole und zusätzliche Pole, gleichwertig mit verschieden erregten Spaltpolen.

Man kann die Gleichstromspannung des Einankerumformers dadurch regeln, daß man die Wechselstromspannung des Umformers über einen Transformator mit veränderlichem Windungsverhältnis zuführt.

Die Spannung kann aber auch dadurch geregelt werden, daß man vor die Wechselstromseite eine Drosselspule schaltet. Ist ein ruhender Transformator zur Herabsetzung der Wechselstromspannung erforderlich, so kann man den induktiven Widerstand auch dadurch erreichen, daß man einen Transformator mit großer Streuung verwendet. Die Spannung des Wechselstromnetzes sei U und der induktive Widerstand der Drosselspule $L\omega$. Wenn wir den Umformer übererregen, so nimmt er einen Strom auf, welcher der Spannung an seinen Schleifringen voreilt (Bild 556). Der induktive Spannungsverbrauch $I \cdot L\omega = BA$ in der Drosselspule eilt nun dem Strome um 90° vor und ergibt mit der Schleifringspannung OB die Netzspannung OA. Statt dessen können wir auch sagen, daß die Schleifringspannung OB die Summe aus der Netzspannung OA und der in der Drosselspule erzeugten Spannung AB ist. Wir haben also durch Übererregung die Schleifringspannung gegenüber der Netzspannung erhöht. Ebenso können wir durch Untererregung nach Bild 557 die Schleifringspannung gegenüber der Netzspannung erniedrigen.

Ein weiteres Mittel zur Veränderung der Gleichstromspannung bei gegebener Wechselstromspannung ist die Verschiebung der Gleichstrombürsten aus der neutralen Zone heraus, so daß eine Abteilung des Gleichstromes mehr oder weniger vor entgegengesetzten Polen liegt. Damit die durch die Bürsten kurzgeschlossenen Spulen nicht in einem starken Felde liegen, ist es nötig, die Pole zu spalten.

Spaltpole sind auch zu dem Zwecke vorgeschlagen, um unmittelbar das Verhältnis der Gleichstrom- und Wechselstromspannung zu ändern. Die Spaltpole werden in diesem Falle verschieden stark erregt. Am besten stellen wir uns vor, daß sie gleichwertig sind mit einem, der einfachen Frequenz entsprechenden Polpaar und einem darübergelagerten Polgestell für eine mehrfache Frequenz. Die Anzahl der zusätzlichen Pole ist so gewählt, daß sie nur auf die Gleichstromspannung und nicht auf die Wechselstromspannung einen Einfluß haben. Bei dem zweipoligen Dreiphasenumformer in Bild 558 bedeckt z. B. die Seite eines Drehstromankerzweiges zwei volle Polteilungen der zusätzlichen Pole, so daß die von diesen Polen erzeugte Spannung bei sinusartigem Feld in jedem Augenblicke gleich Null ist. Dagegen wird eine Ankerabteilung des Gleichstromes außer durch die Hauptpole durch zwei gleichnamige und einen ungleichnamigen Hilfspol beeinflußt, so daß die Spannung durch gleichmäßige Änderung der Erregung aller Hilfspole geregelt werden kann. Man braucht nun nicht zwei getrennte Polgestelle, sondern kann die magnetischen Wirkungen beider übereinander lagern. Man spaltet also die Hauptpole in drei Teile und erregt den mittelsten stärker oder schwächer als die äußeren.

Zu einem ähnlichen Ergebnis gelangt man, wenn man jeden Pol nur in zwei Teile spaltet und beide Teile verschieden stark erregt. Die Regelung des Verhältnisses der Gleichstrom- und Wechselstromspannung beruht dann darauf, daß sich die von den beiden Einzelpolen erzeugten Spannungen für den Gleichstrom algebraisch, für den Wechselstrom geometrisch zusammensetzen.

Früher hat man auch zur Spannungsregelung mit dem Umformer eine synchrone Zusatzmaschine gekuppelt, deren Anker zwischen die Anzapfpunkte des Umformerankers und die Schleifringe geschaltet war und verschieden stark erregt wurde.

153. Die Stromwärme im Einankerumformer.

Wir betrachten wieder einen Umformer, der als Wechselstrommotor und als Gleichstromerzeuger arbeitet. Die erzeugten Spannungen des Gleichstromes und Wechselstromes haben im Ankerdraht wesentlich dieselbe Richtung, und der Motorstrom ist der erzeugten Spannung entgegengerichtet, während der Strom des Stromerzeugers der erzeugten Spannung gleichgerichtet ist. Wechselstrom und Gleichstrom im Ankerdraht sind also wesentlich entgegengerichtet und heben sich zum Teil gegenseitig auf. Das ist von wesentlichem Vorteil in bezug auf die Stromwärme im Anker. Dabei ist natürlich eine geringe Verschiebung zwischen Spannung und Stromstärke des Wechselstromes günstig. Aber selbst wenn sie gleich Null ist, liegt doch zeitweise die Seite eines Ankerstranges des Wechselstromes gleichzeitig vor entgegengesetzten Polen, so daß die beiden Ströme sich nur in einem Teil des Ankerstranges entgegenwirken, in dem andern Teil aber gleichgerichtet sind. Nur bei unendlicher Stegzahl und Strangzahl würden sich beide Ströme stets aufheben.

Das Verständnis und die rechnerische Behandlung wird am leichtesten, wenn wir die Zahl der Stege als sehr groß voraussetzen, je eine Windung an zwei Stege anschließen und den zeitlichen Verlauf des Stromes in einer einzelnen Windung ins Auge fassen. Dazu wählen wir zunächst die Windung, welche die Mitte des Ankerstranges des Wechselstromes bildet, und setzen vorläufig voraus, daß die Phasenverschiebung gleich Null ist, was durch geeignete Erregung immer erzielt werden kann.

Sobald nun der Draht der betrachteten Windung in Bild 559 durch die neutrale Zone hindurchgeht, kehrt sowohl der Gleichstrom als auch der Wechselstrom seine

Richtung um. Dann stellt uns die rechteckige Kurve in Bild 560 den zeitlichen Verlauf des Gleichstromes in der betrachteten Windung dar. Ebenso stellt die Sinuskurve den Verlauf des Wechselstromes dar. Setzen wir beide Ströme mit Berücksichtigung des Vorzeichens zusammen, so erhalten wir die Stromkurve in Bild 561. Die Einzelwerte i des Gesamtstromes haben wir zu quadrieren und mit dem Wider-

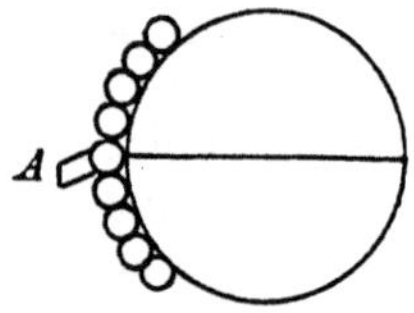

Bild 559. Mitte des Ankerzweiges unter der Bürste hindurchgehend.

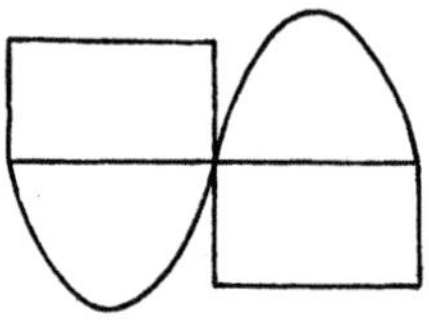
Bild 560. Gleichstrom und Wechselstrom in der Mitte des Ankerzweiges.

Bild 561. Wirklicher Strom in der Mitte des Ankerzweiges.

stand R der Windung zu vervielfachen, um die Zeitwerte des Verlustes durch Stromwärme zu erhalten.

Ungünstiger liegen die Verhältnisse für eine Windung, deren Seite um den Bogen ε von der Mitte des Ankerstranges entfernt ist (Bild 562). Sobald ihre Drähte bei A durch die neutrale Zone hindurchschreiten, tritt der Stromwechsel des Gleichstromes

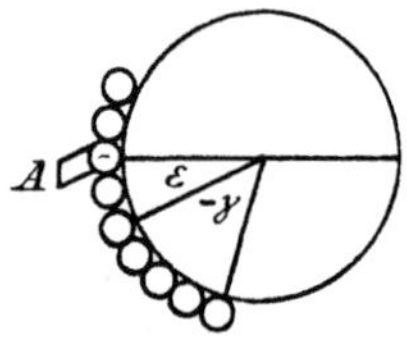

Bild 562. Draht im Abstand ε von der Mitte des Ankerzweiges liegend, unter der Bürste vorbeigleitend.

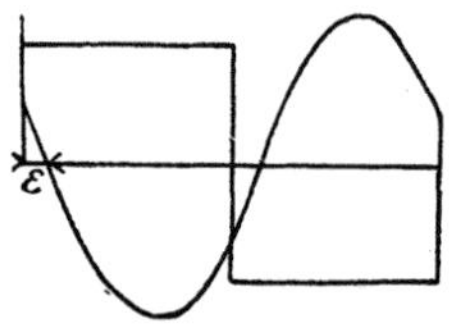

Bild 563. Ströme im Abstand ε von der Mitte.

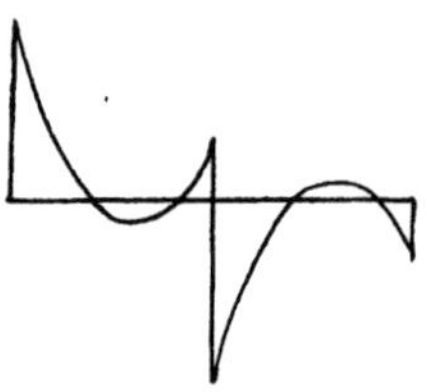
Bild 564. Wirklicher Strom im Abstand ε von der Mitte.

ein. Da die Phasenverschiebung gleich Null angenommen ist, so erfolgt der Stromwechsel des Wechselstromes erst um den Bogen ε später, wenn die Mitte des Ankerstranges durch die neutrale Zone hindurchschreitet. Die Kurve des Wechselstromes erscheint also in Bild 563 nach rechts hin verschoben, und bei der Zusammensetzung der Zeitwerte erhalten wir die Kurve in Bild 564, die uns den zeitlichen Verlauf des Stromes in der betrachteten Windung darstellt. Bleibt nun allgemein der Strom um den Winkel φ hinter der erzeugten Spannung zurück, so erscheint die Stromkurve um den weiteren Bogen φ nach rechts verschoben (Bild 565).

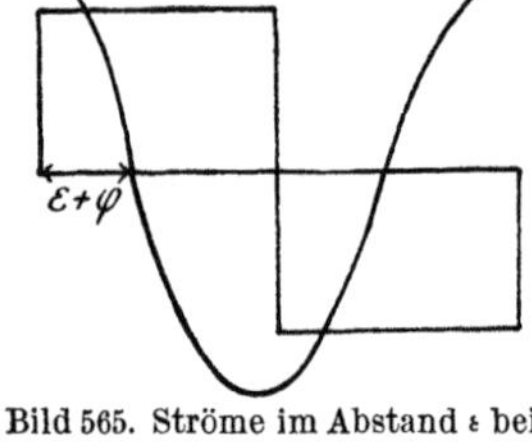

Bild 565. Ströme im Abstand ε bei Phasenverschiebung.

Den Zeitwert des Stromes in der betrachteten Windung erhalten wir dann für diesen allgemeinsten Fall, wenn $\alpha = \omega t$ gesetzt wird, zu: $i = I_g - \sqrt{2}\, I_w \cdot \sin(\alpha - \varepsilon - \varphi)$. Wir quadrieren diesen Wert, vervielfachen mit dem Widerstand R der betrachteten Windung und nehmen das Mittel zwischen 0 und π. Dabei sind ε und φ als unveränderlich anzusehen. Auf diese Weise erhalten wir den mittleren zeitlichen Verlust in der einen betrachteten Windung zu:

$$\frac{R}{\pi}\int_0^\pi i^2 d\alpha = R\left\{I_w^2 + I_g^2 - \frac{4\sqrt{2}}{\pi} I_g \cdot I_w \cos(\varepsilon + \varphi)\right\}\cdot$$

Nun sei die Drahtzahl auf der Bogeneinheit gleich c. Dann ist die Drahtzahl auf dem Bogen $d\varepsilon$ gleich $c \cdot d\varepsilon$. Wenn wir diese mit dem eben berechneten mittleren zeitlichen Verlust einer Windung vervielfachen, erhalten wir den mittleren zeitlichen Verlust elner Ankerabteilung von der Breite $d\varepsilon$. Um den gesamten Verlust zu erhalten, haben wir zwischen $\varepsilon = -\gamma$ und $\varepsilon = +\gamma$ zu integrieren, wo γ die halbe Breite des Ankerzweiges ist. Auf diese Weise erhalten wir den Verlust eines Ankerzweiges des Umformers zu:

$$N_v = R \cdot c \cdot 2\gamma \left(I_g^2 + I_w^2 - \frac{4\sqrt{2}}{\pi} I_g \cdot I_w \cos\varphi \cdot \frac{\sin\gamma}{\gamma} \right).$$

Setzen wir für I_w den Wert aus Gl. (2) auf S. 332 ein, so erhalten wir den Verlust eines Zweiges des Umformers zu

$$N_v = R \cdot c \cdot 2\gamma \cdot I_g^2 \left\{ \left(\frac{\gamma}{1{,}11 \cdot \sin\gamma \cos\varphi} \right)^2 - 0{,}62 \right\}. \tag{3}$$

Nun ist $R \cdot c \cdot 2\gamma \cdot I_g^2$ der Verlust eines Zweiges, wenn die Maschine bei demselben Strom I_g als Gleichstromerzeuger angetrieben wird. Demnach ist

$$a = \left(\frac{\gamma}{1{,}11 \sin\gamma \cdot \cos\varphi} \right)^2 - 0{,}62$$

das Verhältnis des Verlustes des Umformers zum Verlust des Stromerzeugers für gleiche Stärke des Gleichstromes.

Wir fragen nun, wie stark wir den Einankerumformer belasten können, ohne daß der Anker zu warm wird. Zu diesem Zwecke ermitteln wir für dieselbe Wärmeentwicklung das Verhältnis b des Gleichstromes I_g im Umformer zu dem Strom I der als Gleichstromerzeuger arbeitenden Maschine. Der Verlust des Stromerzeugers ist proportional I^2, der des Umformers $a \cdot I_g^2$. Sollen beide Verluste gleich sein, so folgt $aI_g^2 = I^2$. Demnach ist das Verhältnis der zulässigen Leistung des Umformers zur zulässigen Leistung des Stromerzeugers: $b = I_g/I = 1/\sqrt{a}$.

Die Werte von a und b sind unten übersichtlich zusammengestellt.

	$\cos\varphi$	Einphasen	Dreiphasen	Zwei- u. Vierphasen	Sechsphasen
Zahl der Ankerzweige ν		2	3	4	6
Halbe Breite γ		$\pi/2$	$\pi/3$	$\pi/4$	$\pi/6$
$a = \dfrac{\text{Verlust im Umformer}}{\text{Verlust im Stromerzeuger}}$	1	1,38	0,56	0,38	0,27
	0,8	2,5	1,23	0,94	0,77
	0,6	4,93	2,68	2,15	1,85
$b = \dfrac{\text{Leistung des Umformers}}{\text{Leistung des Stromerzeugers}}$	1	0,85	1,33	1,62	1,93
	0,8	0,63	0,9	1,03	1,14
	0,6	0,45	0,61	0,68	0,74

Wie die Reihe für a zeigt, ist für $\cos\varphi = 1$ bei demselben Gleichstrom der Verlust im Einphasenumformer das 1,38fache, im Sechsphasenumformer nur das 0,27fache des Verlustes im Gleichstromerzeuger.

Weiter ist nach der Reihe b für $\cos\varphi = 1$ bei derselben Stromwärme die Leistung des Einphasenumformers das 0,85fache, die des Sechsphasenumformers das 1,93fache der Leistung des Gleichstromerzeugers.

Gleichzeitig zeigen die Reihen für a und b den ungünstigen Einfluß eines schlechten Leistungsfaktors. Man muß daher den Umformer möglichst so erregen, daß $\cos\varphi = 1$ wird.

154. Der Kaskadenumformer.

Der Kaskadenumformer nach Bragstadt-la Cour besteht aus einem gewöhnlichen Drehstrommotor, der mit einem Einankerumformer gekuppelt ist. Die Wechselstromseite des Einankerumformers wird mit Hilfe einer Reihe von Verbindungsleitungen von dem Läufer des Drehstrommotors gespeist. Die Zahl der Polpaare sei im Motor gleich p_m und im Umformer gleich p_u. Die Frequenz sei im Ständer des Motors gleich f, im Läufer und Umformer gleich $\sigma \cdot f$. Dann gelten die Gleichungen: $\sigma \cdot f = p_u \cdot n$ und $f - \sigma \cdot f = p_m \cdot n$. Aus beiden Gleichungen erhalten wir: $n = f/(p_m + p_u)$. Die Drehzahl ist also so groß wie die eines Synchronmotors mit einer Polzahl gleich der Summe beider Maschinen.

Die geringe Drehzahl bei einer im Verhältnis kleinen Polzahl oder umgekehrt, die geringe Polzahl bei der durch die Betriebsverhältnisse vorgeschriebenen Drehzahl ist ein wesentlicher Vorteil.

Falls beide Maschinen dieselbe Polpaarzahl p besitzen, ist $n = f/2p$. Da f/p die Drehzahl des Feldes im Drehstrommotor ist, so beträgt die Schlüpfung 50%. Dabei wird die Hälfte der auf den Läufer des Drehstrommotors übertragenen Leistung zum Antrieb des Läufers verwendet und durch die Welle auf die Gleichstrommaschine übertragen, die auf diese Weise als Stromerzeuger angetrieben wird. Die andere Hälfte wird, wie bei einem Drehstrommotor mit Anlaßwiderstand, elektrisch vom Läufer abgegeben. Sie wird auf den Umformer übertragen, der auf diese Weise Wechselstrom empfängt und Gleichstrom liefert. Die Vorteile des geringen Verlustes im Anker treten auch hier, wie beim Einankerumformer, zutage. Allerdings ist die Gleichstrommaschine jetzt nur zur Hälfte ein Einankerumformer. Dafür aber ist sie dadurch wieder etwas günstiger, daß es keine Schwierigkeiten bietet, die Anzahl der Ankerstränge des Einankerumformers zu vergrößern und dadurch für die Verluste und die Belastungsfähigkeit noch günstigere Werte zu erhalten, als sie auf S. 335 angegeben sind. Da die Stromzuführung nicht durch Bürsten und Schleifringe zu erfolgen braucht, so kann man ohne besondere Kosten 12phasige Anker verwenden. Der sonst beim Einankerumformer erforderliche Transformator fällt weg.

Die Läuferstränge des Drehstrommotors sind auf der einen Seite an den Umformer angeschlossen, auf der andern sind sie beim Anlassen noch offen. Beim Anlassen werden drei Stränge über Schleifringe und Widerstände in einem Sternpunkt aneinandergelegt und nach dem Anlaufen alle Stränge in einem Sternpunkt kurzgeschlossen.

XXVII. Quecksilbergleichrichter.

155. Aufbau und Schaltung.

Eine hocherhitzte Kathode sendet im Vakuum negativ geladene Elektronen aus. Besteht die Kathode aus Quecksilber, so bildet sich gleichzeitig Quecksilberdampf, der durch die Elektronen in positiv geladene Ionen und negative Elektronen zerlegt wird. Die positiven Ionen wandern zur Kathode, die negativen Elektronen zur Anode, wodurch ein Stromdurchgang in der Richtung von der Anode zur Kathode verursacht wird. Dadurch ergibt sich die Ventilwirkung des Quecksilberlichtbogens[1].

Für Stromstärken bis zu mehreren hundert Ampere besteht das Gleichrichtergefäß aus Glas. Das Vakuum — etwa 0,001 mm Quecksilbersäule — hält sich während der ganzen Lebensdauer des Gleichrichters, die tausende von Betriebsstunden beträgt, aufrecht. Bei größeren Stromstärken werden Eisengefäße verwendet, die durch Quecksilber, Gummi oder Blei gedichtet werden. Das Vakuum ist dann von Zeit zu Zeit durch eine rotierende Vorpumpe und eine Quecksilberdampffeinpumpe zu erneuern. Das Eisengefäß wird von der Erde isoliert und durch Wasser gekühlt.

Die Anoden bestehen aus Graphit oder Eisen. Die aus dem Gefäß herausragenden Teile der Anoden sind beim Eisengleichrichter von einem Kühlmantel umgeben, der eine zu große Erhitzung der Anoden verhindert.

[1] S. A. Güntherschulze im Handbuch der Physik, Bd. XVI, Berlin 1927.

Die Kathode bildet die positive Klemme für den Gleichstromkreis. Die Rückleitung des Gleichstromes ist zum sekundären Nullpunkt des Transformators geführt der die Anoden speist, und dessen Übersetzung durch Änderung der Windungszahl geregelt werden kann.

Zur Bildung des Kathodenfleckes ist eine Zündung erforderlich. Die Glasgleichrichter enthalten zu diesem Zwecke eine über einen Widerstand mit einer Anode verbundene Hilfskathode aus Quecksilber, das bei geschlossenem Gleichstromkreis durch Kippen mit der Hauptkathode in Berührung gebracht wird (Bild 566). Beim Zurückkippen bildet sich ein Lichtbogen zwischen Hilfskathode und Hauptkathode, der die Bildung des Kathodenfleckes einleitet, vorausgesetzt, daß zur Zeit des Bestehens des Hilfslichtbogens das Quecksilber zufällig der negative Pol ist. Andernfalls ist das Kippen zu wiederholen. Bei den Eisengleichrichtern wird die Zündung durch eine an eine Anode angeschlossene Zündstange aus Eisen bewirkt, die elektromagnetisch der Kathode bis zur Berührung genähert und dann wieder entfernt wird. Da ein Lichtbogen zwischen Eisen und Quecksilber langsam abreißt, so gibt es immer einen Zeitpunkt, wo das Quecksilber der negative Pol ist, so daß man nicht mehrmals zu zünden braucht.

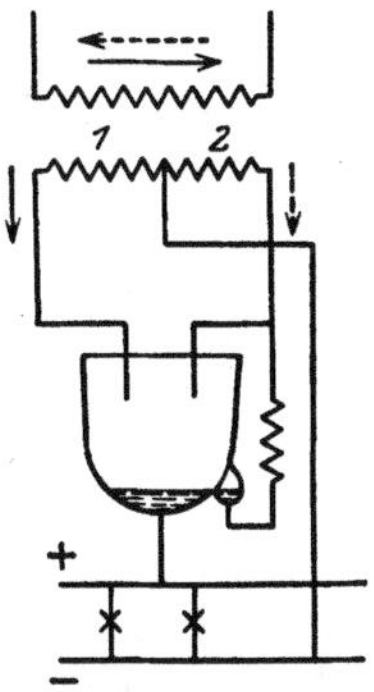

Bild 566. Quecksilbergleichrichter für Einphasenstrom.

Besonders wichtig ist es, daß es gelungen ist, die sog. Rückzündung in ihren Ursachen aufzuklären und zu verhindern. Wenn aus irgend einer Ursache eine Anode einmal negatives Potential erhält, so ist damit nahezu ein Kurzschluß zwischen ihr und den andern Anoden gegeben. Diese Rückzündung wird durch schlechtes Vakuum, Verunreinigungen, ungünstige Führung des Lichtbogens, zu hohe Erhitzung der Anoden und Kondensation von Quecksilberdampf auf einer Anode verursacht. Elektrische Abschirmung der Anoden durch Metallbleche hat sich als günstig erwiesen. Anodendrosseln haben außer den später angegebenen Wirkungen auch den Vorteil, daß sie den Kurzschlußstrom verringern.

Großgleichrichter erhalten neben den Hauptanoden auch noch zwei Erregeranoden, die von einem besonderen Einphasentransformator gespeist werden. Sie bilden mit der Hauptkathode einen eigenen Gleichrichter, der dauernd in seinem

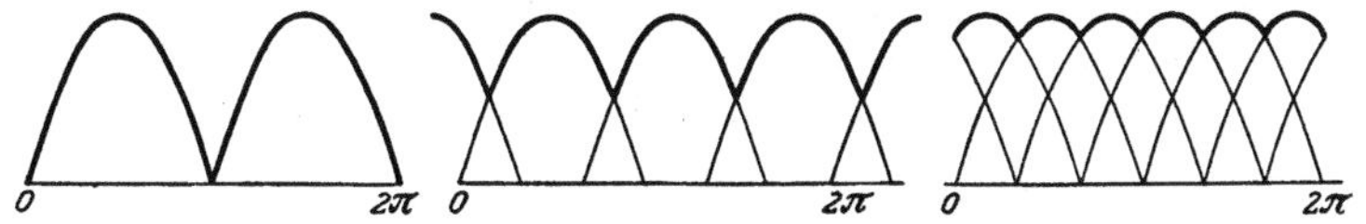

Bild 567. Bild 568. Bild 569.
Spannungs- und Stromkurve bei Einphasen-, Dreiphasen- und Sechsphasenstrom.

Gleichstromkreis durch eine Induktivität und Ohmschen Widerstand belastet ist. Sein Lichtbogen und damit der Kathodenfleck bleibt auch dann bestehen, wenn der Hauptlichtbogen wegen Aufhörens der Gleichstrombelastung erlischt. Wenn dann die Gleichstrombelastung wieder einsetzt, braucht nicht von neuem gezündet zu werden.

Gleichrichter für Einphasenstrom enthalten zwei Anoden, die an die Klemmen der Sekundärwicklung des Transformators angeschlossen sind. Die Rückleitung des Gleichstromes wird zur Mitte der Sekundärwicklung geführt. Während der Primärstrom in Bild 566 im Sinne des ausgezogenen Pfeiles von links nach rechts fließt, führt die linke Anode Strom. In der folgenden halben Periode, der die gestrichelten Pfeile entsprechen, ist die rechte Anode in Tätigkeit. Man erhält theoretisch einen pulsierenden Gleichstrom wie in Bild 567. Im praktischen Fall muß durch eine Kathodendrossel (vgl. S. 342) das Heruntergehen des Stromes auf Null und damit das Erlöschen des Lichtbogens verhindert werden.

Dreiphasengleichrichter enthalten drei Anoden, die an die in Stern oder Zickzack geschaltete Sekundärwicklung des Transformators angeschlossen sind. Die Primärwicklung muß bei sekundärer Sternschaltung in Dreieck und nicht in Stern geschaltet sein, da sonst der primäre Strom des gerade belasteten Kernes durch die großen Leerlaufswiderstände der andern Stränge weiterfließen müßte. Von den Anoden führt jeweils die Anode Strom, deren Spannung gegenüber dem Sternpunkt gerade höher ist als die der anderen Stränge. Man erhält dadurch beim Fehlen jeglicher Induktivitäten die Kurve des Gleichstromes wie in Bild 568.

Beim Sechsphasengleichrichter erhält man die Gleichstromkurve in Bild 569. Die Sekundärseite des Transformators ist dabei entweder wie in Bild 573 als sechsphasiger Stern, wobei wieder wie oben primäre Sternschaltung nicht gut verwendbar ist, oder in Zickzackschaltung (Bild 574 und 575) ausgeführt. Bei der Ausführung der AEG wird die Gabelschaltung (Bild 576) verwendet, während die Brown-Boveri & Cie den sechsphasigen Stern in zwei dreiphasige Sterne auflöst (Bild 580). Bei Gleichrichtern mit 12 Anoden sind je zwei Anoden parallel geschaltet, sie zählen also als Gleichrichter mit 6 Anoden.

156. Verhältnis der Spannungen und Ströme.

Wir setzen voraus, daß keine Induktivitäten im Anodenkreis vorhanden sind. Dann wechselt der Lichtbogen sprunghaft von einer Anode zur andern, ohne daß sich die Anodenströme überlappen. Wir setzen ferner auch den Gleichstromkreis als induktionslos voraus und vernachlässigen auch den Spannungsverlust im Gleichrichtergefäß. Die Spannung sei sinusförmig und der Gleichstromkreis durch Ohmschen Widerstand belastet. Es sei dann:

n die Anzahl der Anoden ungleicher Phase
U_2 die effektive sekundäre Sternspannung
i_m der Höchstwert des Anodenstromes
I_a der Effektivwert des Anodenstromes
$M(i_g)$ der Mittelwert des Gleichstromes
I_g der Effektivwert des Gleichstromes
u_m der Höchstwert der Anoden-Sternspannung
U_g der Effektivwert der Gleichstromspannung
N_g die Gleichstromleistung
α der Bogen, gerechnet vom Zeitpunkt des größten Stromes.

Da die Kurve des Gleichstromes aus gleichen Teilen von der Breite $2\,\pi/n$ besteht und jeder Teil zwei symmetrische Hälften von der Breite πn enthält, so wird:

$$M(i_g) = \frac{1}{\pi/n}\int_0^{\pi/n} i_m \cdot \cos\alpha\, d\alpha = \frac{n}{\pi}\cdot i_m \cdot \sin\frac{\pi}{n} \tag{a}$$

$$I_g^2 = \frac{1}{\pi/n}\int_0^{\pi/n} i_m^2 \cos^2\alpha \cdot d\alpha = i_m^2\left(\frac{1}{2} + \frac{n}{4\pi}\sin\frac{2\pi}{n}\right). \tag{b}$$

Ebenso ist

$$U_g^2 = u_m^2\left(\frac{1}{2} + \frac{n}{4\pi}\sin\frac{2\pi}{n}\right), \text{ d.h. } U_g = U_2\cdot\sqrt{2}\cdot\sqrt{\frac{1}{2} + \frac{n}{4\pi}\cdot\sin\frac{2\pi}{n}}\,. \tag{c}$$

Da weiter jede Anode nur den $n$ten Teil einer Periode Strom führt, so wird $I_a^2 = I_g^2 : n$, oder

$$I_a = I_g : \sqrt{n}\,. \tag{d}$$

Ferner ergibt sich die Gleichstromleistung zu

$$N_g = \frac{1}{\pi/n}\int_0^{\pi/n} \sqrt{2}\cdot U_2 \cdot i_m \cdot \cos^2 \alpha\, d\alpha = U_2 \cdot i_m \cdot \sqrt{2}\left(\frac{1}{2} + \frac{n}{4\pi}\sin\frac{2\pi}{n}\right)$$

oder mit Gl. (b) und (c)

$$N_g = U_g \cdot I_g. \tag{e}$$

Daraus folgt:

	$M(i_g) : i_m$	$I_g : i_m$	$I_g : I_a$	$U_g : U_2$	$U_g I_g : U_2 I_a$
$n = 2$	0,637	0,707	1,414	1	1,414
$n = 3$	0,830	0,841	1,73	1,19	2,06
$n = 6$	0,955	0,956	2,45	1,35	3,3

Die zeitweise Belastung einer sekundären Wicklung durch den Anodenstrom hat eine Belastung der zugehörigen primären Wicklung durch einen entgegengesetzten

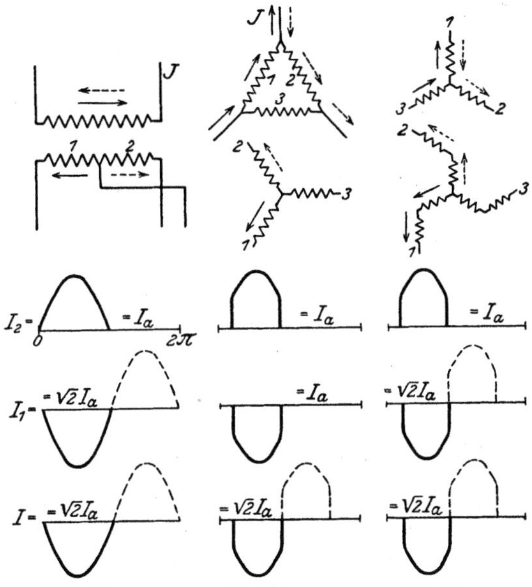

Bild 570. Einphasenstrom.

Bild 571. Bild 572. Dreiphasenstrom. Dreieck-Stern. Stern-Zickzack.

Strom zur Folge. In Bild 570 bis 576 ist ständig angenommen, daß der sekundäre Strang 1 den Strom I_2 führt, der durch den ausgezogenen Pfeil dargestellt ist. Die gleichachsige primäre Wicklung führt einen Strom von entgegengesetzter Richtung mit dem Effektivwert I_1. Nach $1/n$ Periode des Wechselstromes führt der Strang 2 den gestrichelt gezeichneten Strom. In Bild 574 ist auch noch der Strom des folgenden Zeitraumes punktiert angedeutet.

Die Zeitwerte der Ströme I_2 und I_1, sowie des aus beiden folgenden primären Netzstromes I sind unterhalb der Schaltbilder als Funktion des Bogens ωt aufgetragen. Dabei ist das Windungsverhältnis so angenommen, daß die Höchstwerte primär und sekundär gleich sind. Der Netzstrom bezieht sich auf den mit J bezeichneten Leiter und ist als positiv vom Netz auf die primäre Wicklung zu gerechnet. Aus den Flächen der Stromkurven ergeben sich die in die Abbildungen eingetragenen Effektivwerte in ihrem Verhältnis zum Effektivwert des Anodenstromes.

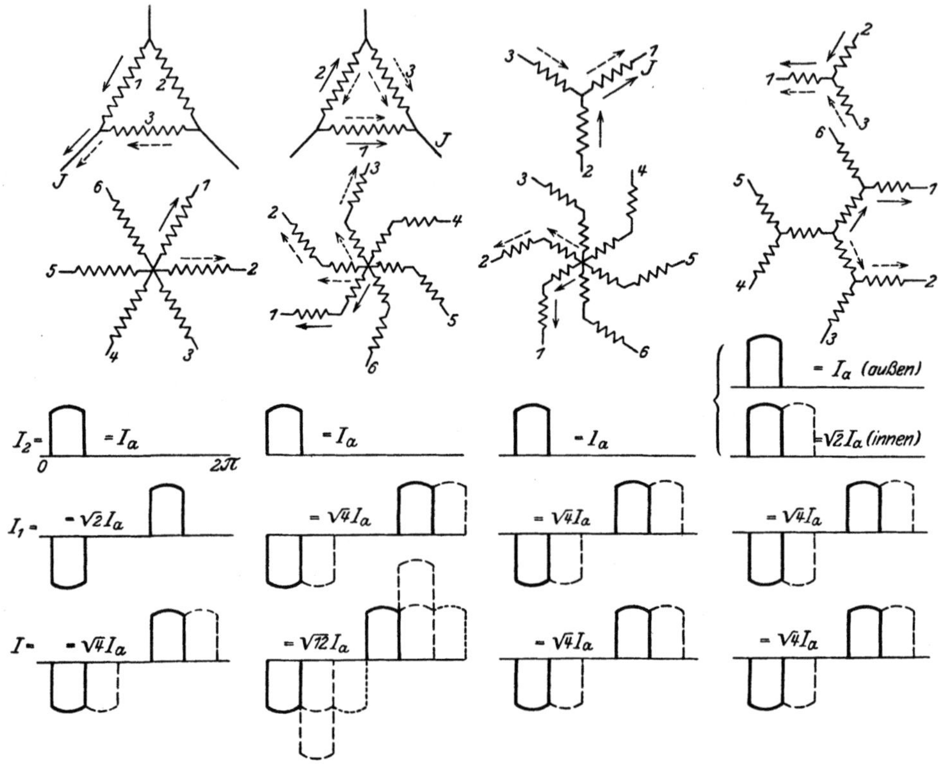

Bild 573. Dreieck-Stern. Bild 574. Dreieck-Zickzack. Bild 575. Stern-Zickzack. Bild 576. Stern-Gabel.

Sechsphasenschaltung.

157. Größe des Transformators und Verzerrungsfaktor.

Wir berechnen unter Vernachlässigung der Verluste und unter der Annahme, daß keine Induktivitäten vorhanden sind, die Scheinleistung des Transformators. Ist N_{s1} die primäre und N_{s2} die sekundäre Scheinleistung, so ist der Transformator für die Scheinleistung 0,5 $(N_{s1} + N_{s2})$ zu bemessen. Wir nehmen wieder an, daß der primäre und sekundäre Strom entgegengesetzt gleich sind. Dann erhalten wir mit Berücksichtigung der Effektivwerte des Primärstromes in Bild 571 bis 576 und der letzten Spalte der obigen Zahlentafel die rechtsstehende und bis auf Seite 341 hinüberreichende Tafel.

	Dreiphasen	
	Dreieck-Stern	Stern-Zickzack
	$N_{s_2} = 3\,U_2 \cdot I_a$	$6 \dfrac{U_2}{\sqrt{3}} \cdot I_a$
	$N_{s_1} = 3\,U_2 \cdot I_a$	$3 \dfrac{U_2}{\sqrt{3}} \cdot \sqrt{2}\, I_a$
	$0{,}5\,(N_{s_1} + N_{s_2}) = 3\,U_2 \cdot I_a$	$2{,}95 \cdot U_2 \cdot I_a$
	$\dfrac{0{,}5\,(N_{s_1} + N_{s_2})}{U_g \cdot I_g} = 1{,}46$	$1{,}43$

Die letzte wagerechte Reihe gibt den Faktor an, mit dem die Gleichstromleistung zu vervielfachen ist, um die Scheinleistung zu erhalten, für die der Transformator zu bemessen ist.

Wir berechnen nun die für das primäre Netz maßgebende Scheinleistung $N_s = \sqrt{3} \cdot U \cdot I$, wo U die primäre Netzspannung und I der Netzstrom ist. Wir erhalten mit den Netzströmen I aus Bild 571 bis 576:

Dreiphasen		Sechsphasen			
Dreieck-Stern	Stern Zickzack	Dreieck Stern	Dreieck-Zickzack	Stern Zickzack	Stern-Gabel
$N_s = \sqrt{3}\cdot U_2\cdot\sqrt{2}\,I_a$	$\sqrt{3}\cdot U_2\cdot\sqrt{2}\,I_a$	$\sqrt{3}\cdot U_2\cdot\sqrt{4}\,I_a$	$\sqrt{3}\cdot\frac{U_2}{\sqrt{3}}\cdot\sqrt{12}\,I_a$	$\sqrt{3}\cdot U_2\cdot\sqrt{4}\,I_a$	$\sqrt{3}\,U_2\cdot\sqrt{4}\,I$

Daraus ergibt sich mit den Werten der letzten Spalte der Zahlentafel auf S. 339.

Dreiphasen	Sechsphasen
$\frac{U_g\cdot I_g}{N_s} = 0{,}84$	$\frac{U_g\cdot I_g}{N_s} = 0{,}95$

Das Verhältnis zwischen Gleichstromleistung und Scheinleistung des Wechselstromes ist also selbst beim Fehlen jeglicher Induktivitäten kleiner als Eins. Es wird der Verzerrungsfaktor genannt und hat denselben Einfluß wie der Leistungsfaktor bei sinusförmiger Spannung. Die Ursache, warum die Gleichstromleistung kleiner ist als die Scheinleistung, beruht in der Verschiedenheit der Spannungs- und Stromkurven. Von der Stromwelle wird zur Bildung der Wirkleistung nur die Grundwelle ausgenutzt, die mit der sinusförmigen Spannung gleiche Frequenz hat. Beim Vorhandensein von Induktivitäten wird das Verhältnis der Gleichstromleistung zur Scheinleistung natürlich noch weiter verringert.

158. Der innere Spannungsverlust.

Der Spannungsverlust ε im Gleichrichtergefäß ist von den Abmessungen und von der Stromstärke nahezu unabhängig und ergibt sich zu etwa 23 Volt. Dies zeigt, daß der Durchgang des Stromes durch das mit Quecksilberdampf gefüllte Gefäß grundsätzlich verschieden ist von dem Durchgang durch einen metallischen Leiter. Der Spannungsverlust hat bei einer bestimmten Belastung, die im allgemeinen mit der Nennlast zusammenfällt, nach Bild 577 seinen geringsten Wert.

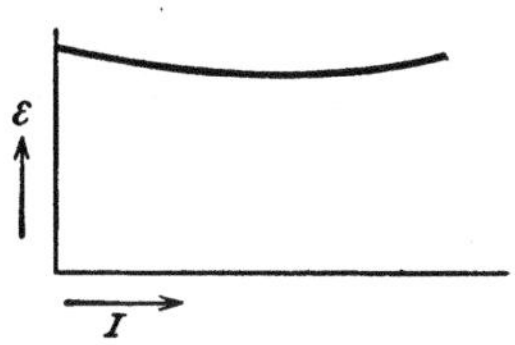

Bild 577. Der Spannungsverlust im Gleichrichtergefäß.

Zur Messung des inneren Spannungsverlustes beim Betriebe des Gleichrichters[1] schaltet man in eine Anodenleitung einen Stromzeiger, der eine bewegliche Spule im Feld eines Dauermagneten enthält (Drehspulgerät), und die Stromspule eines Leistungszeigers. Die Spannungsspule des Leistungszeigers wird an die betreffende Anode und an die Kathode angeschlossen. Sie steht zwar, während die Anode stromlos ist, nahezu unter der verketteten Anodenspannung und muß durch einen Vorschaltwiderstand gegen zu große Beanspruchung geschützt sein. Aber wirksam ist die Spule nur während des

Sechsphasen			
Dreieck-Stern	Dreieck-Zickzack	Stern-Zickzack	Stern-Gabel
$6\cdot U_2\cdot I_a$	$12\frac{U_2}{\sqrt{3}}\cdot I_a$	$12\frac{U_2}{\sqrt{3}}\cdot I_a$	$6\frac{U_2}{\sqrt{3}}\cdot I_a$ $3\frac{U_2}{\sqrt{3}}\cdot\sqrt{2}\,I_a$
$3\cdot U_2\cdot\sqrt{2}\,I_a$	$3\frac{U_2}{\sqrt{3}}\cdot\sqrt{4}\,I_a$	$3\frac{U_2}{\sqrt{3}}\cdot\sqrt{4}\,I_a$	$3\frac{U_2}{\sqrt{3}}\cdot\sqrt{4}\,I_a$
$5{,}12\cdot U_2\cdot I_a$	$5{,}19\cdot U_2\cdot I_a$	$5{,}19\cdot U_2\cdot I_a$	$4{,}7\cdot U_2\cdot I_a$
1,56	1,57	1,57	1,43

[1] Vgl. K. E. Müller, Der Quecksilberdampfgleichrichter Bd. I, Berlin 1925, S. 60.

Teiles der Periode, in welchem auch die Stromspule Strom führt. Der Ausschlag im Leistungszeiger ist also, wenn der Lichtbogen während der Zeit $t_2 - t_1$ brennt:

$$N' = \frac{1}{t_2 - t_1} \int_{t_1}^{t_2} \varepsilon \cdot i_a \cdot dt.$$

Nun mißt der Stromzeiger den Mittelwert des Anodenstromes, d. h.

$$M(i_a) = \frac{1}{t_2 - t_1} \int_{t_1}^{t_2} i_a \cdot dt.$$

Demnach gibt das Verhältnis der Ausschläge des Leistungszeigers und Stromzeigers den Spannungsverlust ε. Dies gilt auch, wenn sich die Anodenströme nach S. 343 überlappen.

Da der Spannungsverlust fast konstant ist, so wird der Wirkungsgrad des Gleichrichters um so größer, je größer die Gleichstromspannung ist. Er ergibt sich, bezogen auf den Mittelwert des Gleichstromes, zu

$$\eta = \frac{U_g}{U_g + \varepsilon}.$$

Das Produkt $\varepsilon \cdot M(i_g)$ gibt die im Gleichrichter in Wärme umgesetzte Leistung an.

Es ist aber zu beachten, daß zu dem Spannungsverlust des Gleichrichters selbst noch der im Transformator und gegebenenfalls in Drosselspulen hinzukommt. Daher wird der gesamte Spannungsverlust nicht konstant sein, sondern mit der Belastung wachsen. Ebenso sind beim Gesamtwirkungsgrad die Verluste im Transformator mit zu berücksichtigen.

In den Kurven in Abb. 567 bis 569 kann man den konstanten Spannungsverlust ebenso wie die konstante Spannung eines Gleichstromnetzes oder eine konstante Gegenspannung im Gleichstromkreis dadurch berücksichtigen, daß man im Spannungsbild die wagerechte Achse parallel nach oben verschiebt.

159. Einfluß der Induktivitäten.

Zur Glättung der Kurve der Gleichstromspannung wird häufig in den Kathodenkreis eine sogenannte Kathodendrossel mit der Induktivität L_k eingeschaltet. Von dem Wechselstrom, der dem Gleichstrom übergelagert ist, wird dann beim abnehmenden Gesamtstrom eine Spannung erzeugt, die sich zu der Anodenspannung in gleichem Sinne addiert, also den Zeitraum, in dem die Anode Strom führt, verlängert. Man erhält so eine Kurve der Gleichstromspannung, deren ungefährer Verlauf in Abb. 576 angegeben ist.

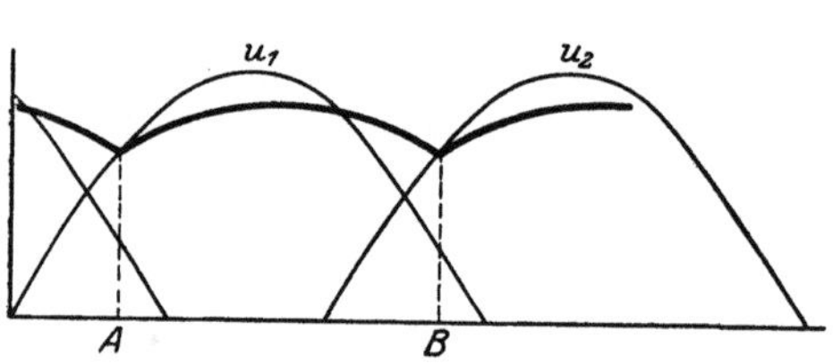

Bild 578. Einfluß der Kathodendrossel.

Im Zeitpunkt B wird die Spannung der Anode 1 einschließlich der im gleichen Sinne wirkenden erzeugten Spannung $-L \cdot di_g/dt$ gleich groß wie die Spannung der Anode 2, und der Strom auf der Anodenseite geht sprunghaft auf diese Anode über. Von da an wirkt die erzeugte Spannung der Kathodendrossel, die dem anwachsenden Gleichstrom entgegenwirkt, spannungsvermindernd, bis sie schließlich beim Höchstwert des Stromes gleich Null ist, wobei die Kurven der Gleichspannung und Wechselspannung sich schneiden. Die stark ausgezogene Kurve der Gleichspannung, die gleichzeitig den Gleichstrom i_g darstellt, muß sich stets um $-L \cdot di_g/dt$ von der Wechselspannung unterscheiden.

Bei Einphasengleichrichtern und auch bei Dreiphasen zur Speisung einer Batterie ist die Einschaltung einer Kathodendrossel unumgänglich nötig, damit der Strom nicht zeitweise auf einige Ampere heruntergeht und der Lichtbogen erlischt.

Man kann auch parallel zum Gleichstromkreis eine Induktivität und eine Kapazität in Reihe mit einem Wirkwiderstand legen, die so abgestimmt sind, daß für die Oberwelle, die hauptsächlich in der Stromkurve enthalten ist, also z. B. bei Dreiphasengleichrichtern für die dritte Oberwelle, Resonanz eintritt. Aus dem Gleichstrom wird dadurch gleichsam die Oberwelle herausfiltriert.

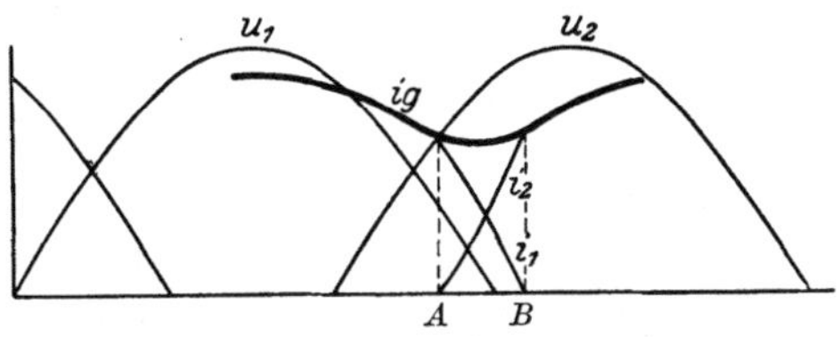

Bild 579. Einfluß der Anodendrosseln.

Einen wesentlich weiteren Einfluß hat das Vorhandensein von Induktivitäten L_a in den Anodenkreisen. Dazu zählt die immer vorhandene Streuinduktivität des Transformators. Häufig werden aber noch Anodendrosseln eingeschaltet, um den Spannungsverlust künstlich zu vergrößern, so daß er im Gegensatz zu Abb. 577 auch im Anfang mit wachsender Belastung zunimmt. Nur dann läßt sich bei parallelgeschalteten Gleichrichtern eine der Größe des Gleichrichters entsprechende Lastverteilung erreichen. Dies wird besonders dann nötig, wenn mehrere Gleichrichter von demselben Transformator gespeist werden.

Der Einfluß der Anodeninduktivitäten zeigt sich darin, daß der Strom nun nicht mehr sprunghaft, sondern allmählich von einer Anode zur andern übergeht, d. h. daß zeitweise, z. B. in dem Zeitraum von A bis B in Bild 579 zwei Anoden gleichzeitig Strom führen (Überlappung). Der Strom i_1 nimmt langsam auf Null ab und der Strom i_2 langsam von Null an zu. Dabei ist in jedem Augenblick der Überlappungszeit $u_1 - L_a \cdot di_1/dt = u_2 - L_a \cdot di_2/dt$ und $i_1 + i_2 = i_g$. Auf diese Weise ergibt sich die stark ausgezogene Kurve des Gleichstromes, die natürlich nur den ungefähren Verlauf angeben soll. Eine genaue rechnerische Behandlung stößt auf große Schwierigkeiten. Die Differenzialgleichungen für die Spannungen lassen sich zwar aufstellen und lösen, aber die dabei auftretenden Konstanten müssen durch Probieren gewonnen werden, was besonders bei Berücksichtigung des Wirkwiderstandes des Transformators nahezu unmöglich ist. Ein zeichnerisches Verfahren, das sich dem Einschwingen in den stationären Zustand nach dem Einschalten anschließt, ist von Pflieger-Haertel angegeben worden[1].

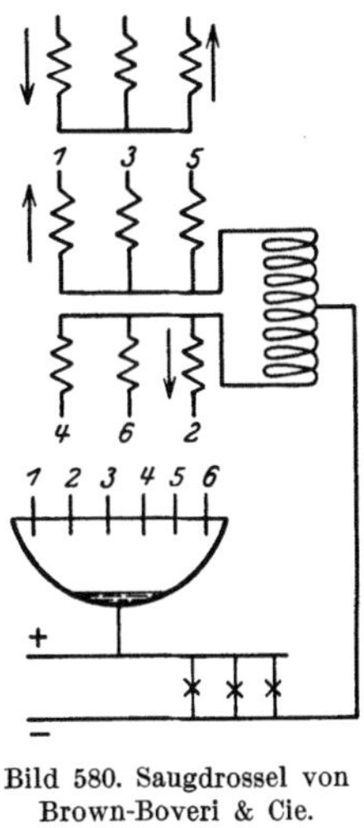

Bild 580. Saugdrossel von Brown-Boveri & Cie.

Einen noch weiteren Einfluß hat die sogenannte Saugdrossel von Brown-Boveri & Cie., die es erreicht, daß bei einem Sechsphasengleichrichter stets mindestens zwei Anoden gleichzeitig Strom führen. Der sechsphasige Stern ist dabei in zwei dreiphasige aufgelöst. (Bild 580.) Die Numerierung ergibt sich daraus, daß sich im sechsphasigen Stern die Stränge 1 und 4, 3 und 6, 5 und 2 gegenüberliegen. Die Enden der Saugdrossel sind zu den beiden Sternpunkten geführt, während der Mittelpunkt an die Rückleitung des Gleichstromes angeschlossen ist. Bei ganz geringer Belastung ist jeweils nur eine einzelne Anode, also z. B. die Anode 1 in Tätigkeit. Dadurch wird bei abnehmendem Strom, wie bei der Kathodendrossel, die Spannung des Zweiges 1 erhöht, gleichzeitig aber die Spannung des noch nicht in Tätigkeit getretenen Stranges 2 erniedrigt. Bei größerer Stromstärke tritt

[1] Pflieger-Haertel, Wissenschaftl. Veröffentl. aus dem Siemens-Konzern 1923, Bd. III, S. 61.

dann der Zustand ein, wo die Spannungen beider Zweige gleich sind, d. h. die Gleichstromspannung ist durch die stark ausgezogene Kurve in Abb. 581 gegeben, die den Unterschied zwischen zwei aufeinanderfolgende Anodenspannungen halbiert. Dieser Unterschied ist gleich der Spannung der Drosselspule und von dreifacher Frequenz. Von A bis B sind die Anoden 6 und 1, von B bis C die Anoden 1 und 2 wirksam usw.

Dabei ist die Erhöhung der Stromstärke ohne Einfluß auf die Spannung der Drossel, da die Ströme der gleichzeitig arbeitenden Anoden die Drossel in entgegengesetztem Sinne durchfließen.

Die gleichzeitige Stromführung durch zwei Anoden ist nun in doppelter Hinsicht von Vorteil. Zunächst führen die Wicklungen des Transformators die doppelte Zeit Strom, sind also besser ausgenutzt und der Transformator wird kleiner. Gleichzeitig aber wird durch die Parallelschaltung zweier Anodenzweige, also auch der zugehörigen Sekundärwicklungen der Spannungsverlust im Transformator geringer. Man erhält dann zwar, entsprechend den Kurven in Bild 581 zwar zunächst einen Spannungsabfall. Sobald aber die Belastung so groß ist, daß die Spannung der Saugdrossel gleich der Differenz zweier aufeinander folgender Anodenspannungen ist, wird die Gleichstromspannung nahezu unabhängig von der Belastung. In Bahnanlagen wird daher oft gar keine Regulierung vorgesehen. Die geringe Welligkeit der Gleichstromspannung ist ein weiterer Vorteil.

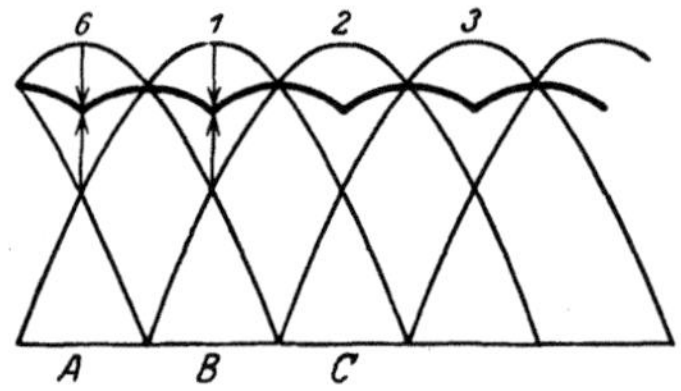

Bild 581. Gleichstromspannung bei Verwendung einer Saugdrossel.

Bezeichnungen.

Fußzeichen:

- $_a$ Anker, Anode,
- $_b$ Batterie, blind, Bewegung,
- $_d$ Dauer, Drehstrom,
- $_e$ Erde, Einanker,
- $_f$ frei,
- $_g$ Galvanometer, Gleichlauf, gegen, Generator, Gleichstrom, Glas,
- $_h$ Hysteresis, Hauptschluß,
- $_i$ Inneres, ideell,
- $_J$ Joch,
- $_k$ Kurzschluß, Klemme, Ordnungszahl, Kathode,
- $_l$ Leitung, Luft, längs,
- $_m$ Magnete, mechanisch, Höchstwert, Motor,
- $_n$ normal, Nutzwert, Nut, Nebenschluß,
- $_p$ Pol,
- $_q$ quer,
- $_r$ Reibung, Rest,
- $_s$ Streuung, Selbstinduktion, Schlüpfung, synchron,
- $_{st}$ Stoß,
- $_t$ Zeitwert,
- $_u$ Umformer,
- $_v$ Verlust,
- $_w$ Wirk, Welle, Wärme, Stromwendung, Wirbel, Wechsel,
- $_z$ Zusatz, Zahn, Zweig.

- $_\lambda$ beliebige Ordnungszahl,
- $_\mu$ Magnetisierung,
- $_\nu$ Ordnungszahl.

- $_0$ Leerlauf, Nullpunkt, Zeitanfang, Luft,
- $_1$ primär, Ständer,
- $_2$ sekundär, Läufer,
- $_{II}$ sekundär umgerechnet.

Kleine lateinische und deutsche Buchstaben:

		Zuerst auf Seite
a	Atomgewicht	17
	halbe Zahl der parallelen Stromzweige	68
	Leitwert	121
	$i_m \cdot \cos x$	128
	Dämpfungsfaktor	184
	Blechstärke	209
b	Ankerlänge	38
	Breite	77
	Gesamtleitwert	122
	$i_m \cdot \sin x$	128
	Blindleitwert	153
	Eigenfrequenz	184
	Beschleunigung	242
c	Übersetzung	117
d	Durchmesser	38
	Leiterabstand	40
e	Zeitwert der erzeugten Spannung	26
f	Bahnwiderstand	117
	Frequenz	126
g	Wirkleitwert	153
	Beschleunigung der Schwere	243
h	Kernhöhe	215
i	Zeitwert des Stromes	26
$j = \sqrt{-1}$		137
k	Leitvermögen	121
	bestimmte Ordnungszahl	128
	Vergrößerungsfaktor	243
l	Länge	5
$\mathfrak{m}$	magnetischer Spannungsverbrauch im Kern	206
m	Masse	242
n	Wertigkeit	17
	Drehzahl	74
$\mathfrak{n}$	magnetischer Spannungsverbrauch im Joch	306
p	Polpaarzahl	68
	Reflexionsfaktor	193
q	Querschnitt	5
	Ladung für Längeneinheit	55
	Nutenzahl für Pol und Strang	230
r	Halbmesser	35
s	Weglänge	26
	relative Steigung	117
	Drahtzahl einer Nut	263
t	Zeit	1
	Tiefe	77
u	Zeitwert der Spannung	127
	Übersetzung	306
v	Geschwindigkeit	27
	Drehzahl: synchrone Drehzahl	303
w	Windungszahl	26
$x = \omega t$		128
	Blindwiderstand	150
y	Scheinleitwert	153
z	Drahtzahl	38
	Scheinwiderstand	147

Große lateinische und deutsche Buchstaben:

		Zuerst auf Seite
A	Arbeit	12
	Knotenbelastung	122
	Zusatzmoment des Antriebs	243
B	resultierende Knotenbelastung	122
	Blindleistung	171
	Direktionskraft	242
$\mathfrak{B}$	magnetische Induktion	25
C	Kapazität	56
$\mathfrak{D}$	elektrische Verschiebung	49
E	elektromotorische Kraft	2
$\mathfrak{E}$	elektrische Feldstärke	28
F	Fläche	25
G	Gewicht	17
$\mathfrak{H}$	magnetische Feldstärke	30
I	Stromstärke	1
L	Induktivität	39
M	Drehmoment	38
	gegenseitige Induktivität	42
N	Leistung	13
P	Kraft	37
	Potential	55
$\mathfrak{P}$	Potential, komplex	147
Q	Elektrizitätsmenge	1
	Wärmemenge	12
	elektrischer Fluß	50
R	Widerstand	2
S	Felderzahl	70
T	Zeit des Kurzschlusses	40
	Zeit einer Periode	126
U	Spannung	2
	Umfang	215
V	Leistungsverlust	169
	Rauminhalt	209
$\mathfrak{V}$	induktiver Spannungsverlust	180
W	Energie	43
Y	Wicklungsschritt	70
Z	Schwingungswiderstand	193
$\mathfrak{Z}$	Schwingungswiderstand, komplex	156

Große und kleine griechische Buchstaben:

		Zuerst auf Seite
α	Temperaturkoeffizient	7
	doppelte Bürstenverschiebung	79
	$= Z_1 : Z_2$	179
	Nutenabstand	229
	anfängliche Voreilung	242
	Achsenverschiebungswinkel	297
β	Polbogen	77
	resultierende Voreilung	242
γ	resultierende Voreilung	245
	halbe Breite der Spulenseite	322
δ	Voreilung	242
Δ	dielektrische Leitfähigkeit	54
	Luftabstand	215
ε	Dielektrizitätskonstante	56
	Spannungsabfall	121
η	Wirkungsgrad	101
	Streufaktor	271
ϑ	Temperatur	7
Θ	Durchflutung	76
λ	reeller Parameter	158
Λ	magnetischer Leitwert	31
μ	Durchlässigkeit	30
ν	Anzahl der Umformerzweige	331
ξ	Wicklungsfaktor	230
Π	magnetische Leitfähigkeit	30
ϱ	spezifischer Widerstand	5
	rückwärtsschreitende Welle	191
σ	Energiedichte	43
	Schlüpfung	159
φ	Phasenverschiebungswinkel	133
	Widerstandswinkel	147
	vorwärtsschreitende Welle	191
Φ	magnetischer Fluß	25
ψ	Phasenwinkel	128
ω	Winkelgeschwindigkeit	106
	Kreisfrequenz	128

Namen- und Sachverzeichnis.

Elektrische Starkstromanlagen. Maschinen, Apparate, Schaltungen, Betrieb. Kurzgefaßtes Hilfsbuch für Ingenieure und Techniker sowie zum Gebrauch an technischen Lehranstalten. Von Oberstudienrat Dipl.-Ing. **Emil Kosack**, Magdeburg. Siebente, durchgesehene und ergänzte Auflage. Mit 308 Textabbildungen. XI, 342 Seiten. 1928. RM 8.50; gebunden RM 9.50

Schaltungsbuch für Gleich- und Wechselstromanlagen. Dynamomaschinen, Motoren und Transformatoren, Lichtanlagen, Kraftwerke und Umformerstationen. Unter Berücksichtigung der neuen, vom Verband Deutscher Elektrotechniker festgesetzten Schaltzeichen. Ein Lehr- und Hilfsbuch von Oberstudienrat Dipl.-Ing. **Emil Kosack**, Magdeburg. Zweite, erweiterte Auflage. Mit 257 Abbildungen im Text und auf 2 Tafeln. X, 198 Seiten. 1926. RM 8.40; gebunden RM 9.90

Berechnung von Drehstrom-Kraftübertragungen. Von Oberingenieur **Oswald Burger**. Mit 36 Textabbildungen. V, 115 Seiten. 1927. RM 7.50

Elektrotechnische Meßkunde. Von Dr.-Ing. **P. B. Arthur Linker**. Dritte, völlig umgearbeitete und erweiterte Auflage. Mit 408 Textfiguren. XII, 571 Seiten. 1920. Unveränderter Neudruck 1923. Gebunden RM 11.—

Meßgeräte u. Schaltungen zum Parallelschalten von Wechselstrom-Maschinen. Von Oberingenieur **Werner Skirl**. Zweite, umgearbeitete und erweiterte Auflage. Mit 30 Tafeln, 30 ganzseitigen Schaltbildern und 14 Textbildern. VIII, 140 Seiten. 1923. Gebunden RM 5.—

Meßtechnische Übungen der Elektrotechnik. Von Oberingenieur a. D. **Konrad Gruhn**, Gewerbestudienrat. Mit 305 Textabbildungen. VI, 177 Seiten. 1927. RM 10.50

Elektrotechnische Meßinstrumente. Ein Leitfaden von Oberingenieur a. D. **Konrad Gruhn**, Gewerbestudienrat. Zweite, vermehrte und verbesserte Auflage. Mit 321 Textabbildungen. IV, 223 Seiten. 1923. Gebunden RM 7.—

Die Meßwandler, ihre Theorie und Praxis. Von Dr. **I. Goldstein**, Oberingenieur. Mit 130 Textabbildungen. VII, 166 Seiten. 1928. RM 12.—; gebunden RM 13.50

Anlaß- und Regelwiderstände. Grundlagen und Anleitung zur Berechnung von elektrischen Widerständen. Von **Erich Jasse**. Zweite, verbesserte und erweiterte Auflage. Mit 69 Textabbildungen. VII, 177 Seiten. 1924. RM 6.—; gebunden RM 7.20

GPSR Compliance

The European Union's (EU) General Product Safety Regulation (GPSR) is a set of rules that requires consumer products to be safe and our obligations to ensure this.

If you have any concerns about our products, you can contact us on ProductSafety@springernature.com

In case Publisher is established outside the EU, the EU authorized representative is:

Springer Nature Customer Service Center GmbH
Europaplatz 3
69115 Heidelberg, Germany

Batch number: 10683525

Printed by Printforce, the Netherlands